Klaus Heuck
Klaus-Dieter Dettmann

Elektrische Energieversorgung

Aus dem Programm
Elektrische Energietechnik

Vieweg Handbuch Elektrotechnik
herausgegeben von W. Böge und W. Plaßmann

Vieweg Taschenlexikon Technik
von A. Böge (Hrsg.)

Leistungselektronik
von P. F. Brosch, J. Landrath und J. Wehberg

Elektrische Maschinen und Antriebe
von K. Fuest und P. Döring

Schaltnetzteile und ihre Peripherie
von U. Schlienz

Grundkurs Leistungselektronik
von J. Specovius

vieweg

Klaus Heuck
Klaus-Dieter Dettmann

Elektrische Energieversorgung

Erzeugung, Übertragung
und Verteilung elektrischer Energie
für Studium und Praxis

6., vollständig überarbeitete
und erweiterte Auflage

Unter Mitarbeit von Egon Reuter

Mit 587 Abbildungen, 31 Tabellen und
75 Aufgaben mit Lösungen

Bibliografische Information der Deutschen Bibliothek
Die Deutsche Bibliothek verzeichnet diese Publikation in der Deutschen Nationalbibliographie;
detaillierte bibliografische Daten sind im Internet über <http://dnb.ddb.de> abrufbar.

Univ.-Prof. Dr.-Ing. *Klaus Heuck*, Dipl.-Ing., Professor an der Helmut-Schmidt-Universität/Universität der Bundeswehr Hamburg, Fachgebiet Energieversorgung und Hochspannungstechnik.

Dr.-Ing. *Klaus-Dieter Dettmann*, Dipl.-Ing., Akademischer Direktor und Laborleiter beim Fachgebiet Energieversorgung und Hochspannungstechnik an der Helmut-Schmidt-Universität/Universität der Bundeswehr Hamburg.

Prof. Dr.-Ing. *Egon Reuter*, Dipl.-Ing., Honorarprofessor an der Helmut-Schmidt-Universität/Universität der Bundeswehr Hamburg und bis zu seinem Ruhestand Direktor für die Elektrotechnik in einem regionalen Energieversorgungsunternehmen.

1. Auflage 1984
2., neubearbeitete Auflage 1991
3., vollständig überarbeitete und erweiterte Auflage 1995
   1 Nachdruck
4., vollständig neubearbeitete und erweiterte Auflage 1999
5., vollständig überarbeitete Auflage September 2002
6., vollständig überarbeitete und erweiterte Auflage Februar 2005

Alle Rechte vorbehalten
© Friedr. Vieweg & Sohn Verlag/GWV Fachverlage GmbH, Wiesbaden, 2005

Lektorat: Thomas Zipsner / Imke Zander

Der Vieweg Verlag ist ein Unternehmen von Springer Science+Business Media.
www.vieweg.de

Das Werk einschließlich aller seiner Teile ist urheberrechtlich geschützt. Jede Verwertung außerhalb der engen Grenzen des Urheberrechtsgesetzes ist ohne Zustimmung des Verlags unzulässig und strafbar. Das gilt insbesondere für Vervielfältigungen, Übersetzungen, Mikroverfilmungen und die Einspeicherung und Verarbeitung in elektronischen Systemen.

Umschlaggestaltung: Ulrike Weigel, www.CorporateDesignGroup.de
Druck und buchbinderische Verarbeitung: Wilhelm & Adam, Heusenstamm
Gedruckt auf säurefreiem und chlorfrei gebleichtem Papier.
Printed in Germany

ISBN 3-528-58547-1

Vorwort

Das vorliegende Buch „Elektrische Energieversorgung" vermittelt die Grundkenntnisse, die von Studenten sowie Jungingenieuren der Elektrotechnik erwartet werden, wenn sie bei einem Hersteller oder Betreiber energietechnischer Anlagen tätig werden wollen. Dementsprechend umfasst dieses Buch die gesamte Breite der elektrischen Energieversorgung. Es wird die Kette von der Energieerzeugung bis hin zu den Verbrauchern behandelt. Den Schwerpunkt bilden die Einrichtungen zur Übertragung und zur Verteilung elektrischer Energie. Das notwendige theoretische Rüstzeug wird anhand technologisch moderner, praxisüblicher Konstruktionen entwickelt. Es ist Wert darauf gelegt worden, dass der aktuelle Stand der wesentlichen Normen (VDE-Bestimmungen, DIN, EN, IEC) berücksichtigt und bereits in die Ableitung der Projektierungsmethoden einbezogen wird. Diese Gesichtspunkte dürften auch für den bereits im Berufsleben stehenden Ingenieur von Interesse sein, wenn er seine Kenntnisse auffrischen bzw. erweitern möchte.

Bei der Gestaltung des Buches ist weiterhin darauf geachtet worden, dass es für ein Selbststudium geeignet ist. So werden die einzelnen Begriffe stets folgerichtig entwickelt. Außerdem werden Grundlagenkenntnisse, die nicht generell nach dem Vorexamen an einer Universität oder Fachhochschule vorliegen müssen, nochmals erläutert oder zumindest gestreift. Als Beispiele dafür seien die Berechnung galvanisch-induktiv gekoppelter Kreise sowie die Tordarstellung von Netzen genannt. Zur Lernkontrolle folgen am Ende der Kapitel insgesamt 75 Aufgaben; die zugehörigen Lösungen sind vor dem Anhang zu finden.

Um die Verständlichkeit des Buches weiter zu erhöhen, sind die Modelle und damit auch deren analytische Formulierung zunächst immer sehr einfach gehalten. Sofern die Idealisierung für wichtige Bereiche der Praxis zu weitgehend ist, wird auf kompliziertere Modelle eingegangen. Dabei wird verstärkt mit der physikalischen Plausibilität argumentiert.

Der beschriebene Aufbau stellt ein Charakteristikum dieses Buches dar und ist auch bei allen Erweiterungen von Auflage zu Auflage konsequent eingehalten worden. Diese Ausrichtung ist wohl ein wesentlicher Grund dafür, dass die bisherigen fünf Auflagen sowie ein Nachdruck vom Markt gut angenommen worden sind. Einen weiteren Grund für diese Akzeptanz sehen die Autoren darin, dass sie das Buch stets aktualisiert haben.

Zu einem erheblichen Teil fußt die fachliche Weiterentwicklung des Buches auf den Verbesserungsvorschlägen, die aus der Leserschaft eingegangen sind. Viele dieser Anregungen sind in den Rezensionen enthalten, die den Autoren auch bei der fünften Auflage zugesandt und von ihnen als recht positiv empfunden worden sind. Häufig wird der Praxisbezug des Buches gelobt. Diese Eigenschaft des Buches ist nicht zuletzt darauf zurückzuführen, dass die Autoren auf Gebieten, bei denen sie ihre eigenen Vor-Ort-Erfahrungen als nicht ausreichend beurteilen, den Rat von profilierten Fachleuten gesucht und eingearbeitet haben. Bei den früheren Auflagen sind insbesondere die Herren Prof. Funk (Hannover), Prof. Hosemann (Erlangen), Prof. Oswald (Hannover) und Dr. Dietrich (Nürnberg) zu nennen.

Bei der vorliegenden sechsten Auflage galt es, die Deregulierung in der Elektrizitätswirtschaft detaillierter als bisher darzustellen; dieses Regelwerk hat sich inzwischen so weitgehend verfestigt, dass es Eingang in ein Lehrbuch finden sollte. Deshalb haben sich

die Autoren an Herrn Dr. Rosenberger (Hamburg) mit der Bitte gewandt, dass er ihnen aus seiner Sachkenntnis den notwendigen Änderungsbedarf auf diesem Gebiet aufzeigen möge. Dieser betrifft insbesondere die Kapitel 8 sowie 13. Anschließend hat Herr Dr. Rosenberger wiederum die überarbeitete Version von Kapitel 13 überprüft. In gleicher Weise haben die Autoren die neue Fassung von Kapitel 8 sowie den Abschnitt 4.11.4 über Leittechnik in Schaltanlagen Herrn Dr. Bouillon (Bayreuth) zugesandt. Als Mitverfasser der Verbändevereinbarung und verantwortlicher Erfahrungsträger auf dem Gebiet der Betriebsführung von Übertragungsnetzen konnte er den Autoren eine Reihe von sehr konstruktiven Verbesserungen vorschlagen. Gewissermaßen im dritten Iterationsschritt hat dann Herr Dipl.-Ing. Schuster (Lehrte) aus seinen direkten Vor-Ort-Kenntnissen noch das Kapitel 8 um weitere Ergänzungen bereichert. Die Autoren sind nun der Meinung, dass die vorliegende Fassung den aktuellen Stand der Deregulierung wiedergibt. Darüber hinaus haben die Autoren Herrn Dr. Luther (Bayreuth) gebeten, die Darstellung der Netzplanung in Kapitel 8 kritisch zu betrachten, da er aus seiner beruflichen Position mit diesen Fragestellungen befasst ist. Naturgemäß hat er mehrere wertvolle Gesichtspunkte aufgezeigt, die es in Abschnitt 8.2 einzuarbeiten galt.
In der Leserschaft ist u. a. gewünscht worden, den Abschnitt 7.5 über die dynamische Stabilität ausführlicher zu behandeln und zugleich das Buch um die Themen schnelle Blindleistungskompensation sowie FACTS zu ergänzen. Diesen Bitten haben die Autoren entsprochen und anschließend Herrn PD Dr. Hofmann (Bayreuth) um Durchsicht der entsprechenden Manuskriptteile gebeten. Er hat eine Reihe konstruktiver Vorschläge geliefert. Sehr nützliche Verbesserungen zu den neuen Abschnitten 4.8.4 und 4.8.5 hat auch Herr Prof. Lindemann (Magdeburg) angeregt.
Die sechste Auflage ist um einen Abschnitt über Bordnetze – einschließlich der Kurzschlussstromberechnung in diesen Netzen – erweitert worden. Über die Bordnetze von Kraftfahrzeugen haben die Autoren Hilfestellung von Herrn Prof. Leohold (Kassel) sowie Herrn Dr. Schumacher (Bühl) erhalten. Beide haben verantwortlich Entwicklungserfahrungen auf diesem Gebiet und konnten daher wertvolle Hinweise erteilen. Über Bordnetze in Flugzeugen gibt es nur wenig Literatur. Herr Dipl.-Ing. Krumbholz (Airbus Hamburg) hat diesen Mangel durch seine intensive Unterstützung beseitigt und sehr aktiv mit Rat und Tat geholfen. Eine ähnlich unbefriedigende Literatursituation wie bei den Flugzeugen ist auch bei den Bordnetzen von Schiffen anzutreffen. Zunächst haben sich die Autoren deshalb an Herrn Dipl.-Ing. Vogt (Howaldtswerke – Deutsche Werft AG) gewandt. Als Nautiker und Elektroingenieur zugleich hat er ihnen den Zugang zu aktuellen technischen Informationen geliefert. Weiteres Material hat Herr Nickel, Leiter der Normenstelle für Schiffs- und Meerestechnik im DIN beschafft. Auf dieser Grundlage haben die Autoren eine Darstellung erarbeitet und diese dann Herrn Prof. Ackermann (Hamburg-Harburg) vorgelegt. Als Spezialist für Elektroenergiesysteme auf Schiffen hat er noch manche relevante Änderung in den betreffenden Abschnitt einfließen lassen.
Neben diesen zentralen Änderungen sind praktisch über die gesamte Breite des Buches noch sehr viele kleinere Passagen überarbeitet worden. Stellvertretend seien drei Beispiele angegeben. So wird im Kapitel 5 eine neu entwickelte Methode zur Berechnung von Netzeigenwerten dargestellt. Sie liefert die Eigenwerte sowohl für den Fall einer Stromeinprägung als auch einer Spannungseinprägung. Im Abschnitt 11.3 wird das chaotische Verhalten der Ferroresonanzschwingungen herausgestellt. Als letztes Beispiel sei die Modellierung von Erdungsanlagen im Abschnitt 12.3 genannt, die jetzt didaktisch wesentlich günstiger gestaltet worden ist
Durch diese Überarbeitung glauben die Autoren die Aussagefähigkeit des Buches merk-

lich gesteigert zu haben. Einen besonderen Anteil daran haben die zuvor genannten Herren. Bei Ihnen möchten sich die Autoren an dieser Stelle noch einmal für das Entgegenkommen und die uneigennützige Hilfestellung sehr herzlich bedanken.

Weiterhin sind wir Herrn Beneke, Frau Jacob, Frau Wilkens, Frau Jürgens sowie insbesondere Herrn Dipl.-Ing. Waldhaim zu großem Dank verpflichtet. Ohne deren Engagement und tatkräftige Hilfe hätte auch die sechste Auflage nicht erscheinen können. Im Rahmen der Überarbeitung sind alle Bilder nunmehr den aktuellen Normen entsprechend angefertigt worden. Diese aufwändigen Zeichenarbeiten sind von Frau Jacob vom Zentralen Zeichenbüro an der Helmut-Schmidt-Universität Hamburg unter der Leitung von Herrn Beneke sowie von Frau Jürgens sehr präzise und engagiert durchgeführt worden. Wie bereits bei den vorhergehenden Auflagen hat Frau Wilkens zuverlässig und schnell die überarbeiteten Passagen ins Manuskript sowie in das LaTeX-Format übertragen. Unterstützt wurde sie dabei von Herrn Waldhaim, Mitarbeiter des Fachgebiets Energieversorgung. Zusätzlich hat er – nun bereits zum fünften Mal – mit viel Tatkraft und Akribie den gesamten Satz sowie das Layout des Buches erstellt.

Eine sehr beachtliche Hilfestellung ist durch Herrn Dr. Hirsch erfolgt, der bei der Abfassung des Buches als Oberingenieur am Fachgebiet Energieversorgung tätig war. Im gleichen Sinne hat Herr Dipl.-Math. Lotter, Mitarbeiter des Fachgebiets, mitgewirkt. Beide haben über die gesamte Breite des Buches die Verfasser mit Rat und Tat unterstützt und waren stets engagierte Diskussionspartner. Außerdem haben sie sorgfältig Korrektur gelesen. Ebenso hat auch Herr Dipl.-Phys. Das Sharma, Mitarbeiter beim Fachgebiet Energieversorgung, das Manuskript durchgesehen.

Dank schulden die Autoren ferner dem Verlag Vieweg für die Bereitschaft, die sechste Auflage herauszugeben. Dabei haben die Firmengruppe Ritz Messwandler Hamburg, die Firma EMH Energie-Messtechnik aus Hamburg sowie das Software- und Consulting-Unternehmen DIgSILENT aus Gomaringen diese Auflage finanziell unterstützt; dafür ein Dankeschön.

Hamburg, im Januar 2005

Klaus Heuck
Klaus-Dieter Dettmann
Egon Reuter

Inhaltsverzeichnis

Formelzeichen	XVIII

1 Überblick über die geschichtliche Entwicklung der elektrischen Energieversorgung — 1

2 Grundzüge der elektrischen Energieerzeugung — 5
- 2.1 Stromerzeugung mit fossil befeuerten Kraftwerken ... 5
  - 2.1.1 Kohlebefeuerte Blockkraftwerke ... 5
    - 2.1.1.1 Dampfkraftwerksprozess in kohlebefeuerten Blockkraftwerken ... 6
    - 2.1.1.2 Aufbau kohlebefeuerter Blockkraftwerke ... 9
    - 2.1.1.3 Wärmeverbrauchskennlinie von Kondensationskraftwerken ... 16
  - 2.1.2 Erdgasbefeuerte Kraftwerke ... 17
    - 2.1.2.1 Gasturbinen-Kraftwerke ... 17
    - 2.1.2.2 Gas-und-Dampf-Kraftwerke ... 18
    - 2.1.2.3 Blockheizkraftwerke ... 19
    - 2.1.2.4 Brennstoffzellen ... 20
  - 2.1.3 Erdgas-/kohlebefeuerte Anlagen ... 21
- 2.2 Stromerzeugung mit Wasserkraftwerken ... 22
  - 2.2.1 Bauarten von Wasserturbinen ... 23
  - 2.2.2 Bauarten von Wasserkraftwerken ... 23
- 2.3 Stromerzeugung mit Kernkraftwerken ... 24
- 2.4 Stromerzeugung aus regenerativen Energiequellen ... 27
  - 2.4.1 Windenergieanlagen ... 27
  - 2.4.2 Solarthermische Kraftwerke ... 29
  - 2.4.3 Geothermische Kraftwerke ... 29
  - 2.4.4 Gezeitenkraftwerke ... 30
  - 2.4.5 Photovoltaische Anlagen ... 30
  - 2.4.6 Strom aus Biomasse ... 32
  - 2.4.7 Schlussfolgerungen ... 32
- 2.5 Kraftwerksregelung ... 33
  - 2.5.1 Regelung von Wärmekraftwerken ... 33
    - 2.5.1.1 Regelung eines Kraftwerks im Inselbetrieb ... 33
    - 2.5.1.2 Regelung im Insel- und Verbundnetz ... 38
  - 2.5.2 Regelung von Wasser- und Kernkraftwerken ... 42
- 2.6 Kraftwerkseinsatz ... 43
  - 2.6.1 Verlauf der Netzlast ... 43
  - 2.6.2 Deckung der Netzlast ... 44
- 2.7 Aufgaben ... 45

3 Aufbau von Energieversorgungsnetzen — 47
- 3.1 Übertragungssysteme ... 48
  - 3.1.1 Einphasige Systeme ... 48

	3.1.2	Dreiphasige Systeme	48
	3.1.3	HGÜ-Anlagen	51
3.2	Wichtige Strukturen von Drehstromnetzen		52
	3.2.1	Niederspannungsnetze	53
	3.2.2	Mittelspannungsnetze	55
	3.2.3	Hoch- und Höchstspannungsnetze	57
3.3	Aufbau und Funktion von Bordnetzen		60
	3.3.1	Bordnetz von Kraftfahrzeugen	60
		3.3.1.1 Bauweise und Funktion von Klauenpolgeneratoren	60
		3.3.1.2 Spannungsregelung und Gleichrichtung des erzeugten Drehstroms	62
		3.3.1.3 Netzgestaltung bei Kraftfahrzeugen	63
	3.3.2	Bordnetz von Flugzeugen	65
		3.3.2.1 Stromerzeugung bei Flugzeugen	65
		3.3.2.2 Netzgestaltung bei Flugzeugen	65
	3.3.3	Bordnetz von Schiffen	67
		3.3.3.1 Stromerzeugung bei Schiffen	68
		3.3.3.2 Netzgestaltung bei Schiffen	70
	3.3.4	Weitere Bordnetze	72
3.4	Aufgaben		74

4 Aufbau und Ersatzschaltbilder der Netzelemente — 75

4.1	Berechnung von Netzwerken mit induktiven Kopplungen		75
	4.1.1	Analytische Beschreibung induktiver Kopplungen	75
	4.1.2	Stationäre Beschreibung von Netzen mit induktiven Kopplungen	79
		4.1.2.1 Veranschaulichung der manuellen Berechnungsmethode an einem Beispiel	80
		4.1.2.2 Admittanzform von mehrtorigen Netzen	81
		4.1.2.3 Impedanzform von mehrtorigen Netzen	83
	4.1.3	Ausgleichsvorgänge in Netzen	85
		4.1.3.1 Anwendung der Laplace-Transformation	85
		4.1.3.2 Erläuterungen zu Eigenfrequenzspektren	87
	4.1.4	Nichtlineare Induktivitäten	89
4.2	Leistungstransformatoren		92
	4.2.1	Einphasige Zweiwicklungstransformatoren	92
		4.2.1.1 Aufbau, Eigenfrequenzspektren und transientes Verhalten von einphasigen Zweiwicklungstransformatoren	93
		4.2.1.2 Niederfrequentes Ersatzschaltbild eines einphasigen Zweiwicklungstransformators	102
		4.2.1.3 Betriebsverhalten von Zweiwicklungstransformatoren im einphasigen Netzverband	107
	4.2.2	Einphasige Dreiwicklungstransformatoren	109
	4.2.3	Dreiphasige Leistungstransformatoren	113
		4.2.3.1 Aufbau eines Drehstromtransformators mit zwei Wicklungen	113
		4.2.3.2 Schaltungen	114
		4.2.3.3 Übersetzung bei symmetrischem Betrieb	116
		4.2.3.4 Ersatzschaltbild für den symmetrischen Betrieb	119

		4.2.3.5	Betriebsverhalten von dreiphasigen Zweiwicklungstransformatoren im Netzverband 126

- 4.2.4 Spartransformatoren 128
  - 4.2.4.1 Aufbau und Einsatz von Spartransformatoren 128
  - 4.2.4.2 Ersatzschaltbild eines Spartransformators 129
- 4.2.5 Transformatoren mit einstellbarer Übersetzung 131
  - 4.2.5.1 Erläuterung der direkten Spannungseinstellung 132
  - 4.2.5.2 Erläuterung der indirekten Spannungseinstellung 134
  - 4.2.5.3 Leistungsverhältnisse bei Umspannern mit einstellbaren Übersetzungen 136

4.3 Messwandler 139
- 4.3.1 Spannungswandler 140
- 4.3.2 Stromwandler 142

4.4 Synchronmaschinen 145
- 4.4.1 Grundsätzlicher Aufbau von Synchronmaschinen 146
- 4.4.2 Modellgleichungen einer Synchronmaschine 148
  - 4.4.2.1 Qualitative Feldverhältnisse in einer Vollpolmaschine . . 148
  - 4.4.2.2 Formulierung der Modellgleichungen 151
- 4.4.3 Betriebsverhalten von Synchronmaschinen 154
  - 4.4.3.1 Ersatzschaltbild für den stationären Betrieb 154
  - 4.4.3.2 Betriebseigenschaften von Synchronmaschinen in Energieversorgungsnetzen 157
  - 4.4.3.3 Spannungsregelung von Synchronmaschinen 161
- 4.4.4 Verhalten von Synchronmaschinen bei einem dreipoligen Kurzschluss 163
  - 4.4.4.1 Dreipoliger Klemmenkurzschluss bei einer verlustfreien, leerlaufenden Synchronmaschine mit Dauermagnetläufer . 164
  - 4.4.4.2 Dreipoliger Klemmenkurzschluss bei einer verlustfreien Vollpolmaschine mit Gleichstromerregung 167
  - 4.4.4.3 Netzkurzschluss bei einer verlustbehafteten Vollpolmaschine mit Erreger- und Dämpferwicklung 174

4.5 Freileitungen 180
- 4.5.1 Aufbau von Freileitungen 180
  - 4.5.1.1 Masten 181
  - 4.5.1.2 Leiterseile 182
  - 4.5.1.3 Erdseile 184
  - 4.5.1.4 Isolatoren 185
- 4.5.2 Ersatzschaltbilder von Drehstromfreileitungen für den symmetrischen Betrieb 186
  - 4.5.2.1 Induktivitätsbegriff bei Dreileitersystemen 188
  - 4.5.2.2 Kapazitätsbegriff bei Dreileitersystemen 194
  - 4.5.2.3 Ohmscher Widerstand bei Dreileitersystemen 200
  - 4.5.2.4 Ableitungswiderstand bei Dreileitersystemen 201
- 4.5.3 Betriebsverhalten von symmetrisch aufgebauten Drehstromfreileitungen bei symmetrischem Betrieb 202
  - 4.5.3.1 Natürlicher Betrieb 203
  - 4.5.3.2 Übernatürlicher Betrieb 204
  - 4.5.3.3 Unternatürlicher Betrieb 204

		4.5.3.4	Betriebsverhalten verlustbehafteter Freileitungen	205

- 4.5.4 Transientes Verhalten von Freileitungen im symmetrischen Betrieb ... 207
- 4.6 Kabel 210
  - 4.6.1 Aufbau von Kabeln 211
    - 4.6.1.1 Kunststoffkabel 211
    - 4.6.1.2 Massekabel 214
    - 4.6.1.3 Ölkabel 215
    - 4.6.1.4 Gaskabel 215
  - 4.6.2 Zulässige Betriebsströme von Kabeln 216
  - 4.6.3 Bezeichnungen von Normkabeln 217
  - 4.6.4 Garnituren von Kabeln 219
  - 4.6.5 Ersatzschaltbild und Betriebsverhalten von Drehstromkabeln 221
- 4.7 Lasten 224
  - 4.7.1 Motorische Lasten 224
  - 4.7.2 Mischlasten 225
  - 4.7.3 Leistungsverhalten von Lasten im Netzbetrieb 226
- 4.8 Leistungskondensatoren 228
  - 4.8.1 Aufbau von Leistungskondensatoren 228
  - 4.8.2 Grundsätzliche Erläuterungen zur Blindleistungskompensation ... 229
  - 4.8.3 Blindleistungskompensation bei Netzen mit parasitären Oberschwingungen 231
    - 4.8.3.1 Modell eines Netzes mit Stromrichteranlagen 232
    - 4.8.3.2 Auswertung des Ersatzschaltbilds 233
    - 4.8.3.3 Netzrückwirkungen 234
  - 4.8.4 Schnelle Blindleistungskompensation 236
  - 4.8.5 Leistungsflusssteuerung mit FACTS 238
- 4.9 Drosselspulen 241
- 4.10 Schalter 244
  - 4.10.1 Eigenschaften idealer und realer Schalter 244
  - 4.10.2 Aufbau und Wirkungsweise von Schaltern 245
    - 4.10.2.1 Leistungsschalter 246
    - 4.10.2.2 Trennschalter 249
    - 4.10.2.3 Lastschalter 251
- 4.11 Schaltanlagen 252
  - 4.11.1 Schaltungen von Schaltanlagen 252
  - 4.11.2 Bauweise von Schaltanlagen 258
    - 4.11.2.1 Konventionelle Freiluftschaltanlagen 258
    - 4.11.2.2 Gasisolierte metallgekapselte Schaltanlagen 262
    - 4.11.2.3 Konventionelle Zellenbauweise 268
  - 4.11.3 Berücksichtigung von Schaltanlagen in Ersatzschaltbildern 270
  - 4.11.4 Leittechnik in Schaltanlagen 271
    - 4.11.4.1 Aufgaben der Feld-, Stations- und Netzleitebene 272
    - 4.11.4.2 Kommunikation der Leitebenen 273
    - 4.11.4.3 Kommunikation über Rundsteuerung 274
- 4.12 Isolationskoordination und Schutz von Betriebsmitteln vor unzulässigen Überspannungen 275

        4.12.1 Beanspruchungen von Betriebsmitteln durch verschiedene Überspannungsarten 275
            4.12.1.1 Zeitweilige Überspannungen 275
            4.12.1.2 Transiente Überspannungen 276
        4.12.2 Festlegung des Isoliervermögens von Betriebsmitteln mithilfe von genormten Bemessungsspannungen 282
            4.12.2.1 Durchschlagskennlinien von Spitze-Platte-Anordnungen . 282
            4.12.2.2 Kennzeichnung der Durchschlagskennlinien durch repräsentative Überspannungen 283
            4.12.2.3 Festlegung von Isolationspegeln 285
            4.12.2.4 Isoliervermögen weiterer Anordnungen 286
        4.12.3 Überspannungsableiter und Blitzschutzeinrichtungen 287
            4.12.3.1 Ventilableiter 288
            4.12.3.2 Metalloxidableiter 291
            4.12.3.3 Blitzschutzeinrichtungen 294
    4.13 Schutz der Betriebsmittel vor unzulässigen Strombeanspruchungen 295
        4.13.1 Sicherungen und I_s-Begrenzer 295
            4.13.1.1 HH-Sicherungen 295
            4.13.1.2 NH-Sicherungen 298
            4.13.1.3 I_s-Begrenzer 300
        4.13.2 Schutzsysteme für Betriebsmittel 300
            4.13.2.1 Vergleichsprinzip 301
            4.13.2.2 Überstromprinzip 302
            4.13.2.3 Distanzprinzip 304
            4.13.2.4 Weitere Netzschutz-Prinzipien 305
            4.13.2.5 Technische Umsetzung der Schutzprinzipien 306
    4.14 Aufgaben 307

5 Auslegung von Netzen im Normalbetrieb 316
    5.1 Kriterien für zulässige thermische Dauerbelastung und Spannungshaltung 316
    5.2 Einseitig gespeiste Leitung ohne Verzweigungen 317
    5.3 Einseitig gespeiste Leitung mit Verzweigungen 322
    5.4 Zweiseitig gespeiste Leitung 323
    5.5 Vermaschtes Netz 327
    5.6 Nachbildung von Teilnetzen 328
    5.7 Lastflussberechnung in Energieversorgungsnetzen 330
        5.7.1 Lastflussberechnung mithilfe der Stromsummen 331
            5.7.1.1 Netze mit Stromeinprägungen 331
            5.7.1.2 Netze mit einer eingeprägten Spannungsquelle und Lasten mit konstantem Strom 333
            5.7.1.3 Netze mit einer eingeprägten Spannungsquelle und Lasten mit konstanter Wirk- und Blindleistung 333
            5.7.1.4 Netze mit mehreren eingeprägten Spannungsquellen . . . 334
            5.7.1.5 Netze mit Kraftwerkseinspeisungen 335
        5.7.2 Lastflussberechnung mithilfe der Leistungssummen 336
        5.7.3 Lastflussberechnung in Netzen mit mehreren Spannungsebenen . . 339
    5.8 Aufgaben 340

6 Dreipoliger Kurzschluss — 344

- 6.1 Generatorferner dreipoliger Kurzschluss 345
  - 6.1.1 Berechnung des Kurzschlussstromverlaufs in unverzweigten Netzen mit einer Netzeinspeisung 345
    - 6.1.1.1 Berechnung des stationären Kurzschlusswechselstroms . . 345
    - 6.1.1.2 Berechnung des Einschwingvorgangs 347
  - 6.1.2 Berechnung der Kurzschlussströme in verzweigten Netzanlagen mit mehreren Netzeinspeisungen 350
    - 6.1.2.1 Modellierung und Lösungsmethodik von verzweigten Netzanlagen 350
    - 6.1.2.2 Berechnung der stationären Kurzschlussströme mit dem Verfahren der Ersatzspannungsquelle 352
    - 6.1.2.3 Berechnung des Einschwingvorgangs bei dem Verfahren mit der Ersatzspannungsquelle 354
    - 6.1.2.4 Veranschaulichung der Kurzschlussstromberechnung bei verzweigten Netzen an einem Beispiel 359
    - 6.1.2.5 Einfluss der Netzkapazitäten und Mischlasten auf die Kurzschlussströme 363
- 6.2 Generatornaher dreipoliger Kurzschluss 365
  - 6.2.1 Modell eines verlustlosen, mehrfach gespeisten Netzes mit einem generatornahen Kurzschluss 365
  - 6.2.2 Berechnung des Anfangskurzschlusswechselstroms bei generatornahen Kurzschlüssen 369
  - 6.2.3 Berechnung des Stoßkurzschlussstroms für generatornahe Fehler . 371
  - 6.2.4 Berechnung des Kurzschlussausschaltstroms 375
  - 6.2.5 Berücksichtigung von Netzkapazitäten, Mischlasten und motorischen Verbrauchern bei generatornahen Kurzschlüssen 378
- 6.3 Kurzschluss in Bordnetzen 379
  - 6.3.1 Kraftfahrzeuge 379
  - 6.3.2 Flugzeuge 380
  - 6.3.3 Schiffe 380
- 6.4 Aufgaben 383

7 Auslegung von Netzen gegen Kurzschlusswirkungen und Auslegung von Schaltern — 387

- 7.1 Lichtbogenkurzschlüsse in Anlagen 387
- 7.2 Mechanische Kurzschlussfestigkeit 390
  - 7.2.1 Auslegung von linienförmigen, biegesteifen Leitern 391
    - 7.2.1.1 Berechnung der Stromkräfte 391
    - 7.2.1.2 Dimensionierung der Leiterschienen 393
    - 7.2.1.3 Stromkräfte bei gekrümmten und gekapselten Leiterschienen 395
  - 7.2.2 Auslegung von Leiterschienen mit großen Querschnittsabmessungen 396
  - 7.2.3 Auslegung von Stützern 399
  - 7.2.4 Auslegung von Leiterseilen und Kabeln 400
- 7.3 Thermische Kurzschlussfestigkeit 400
  - 7.3.1 Berechnung der Wärmebeanspruchung 400

		7.3.2	Festlegung des zulässigen Kurzzeitstroms	403
	7.4	\multicolumn{2}{l}{Maßnahmen zur Beeinflussung der Kurzschlussleistung . . . .}	405

- 7.3.2 Festlegung des zulässigen Kurzzeitstroms 403
- 7.4 Maßnahmen zur Beeinflussung der Kurzschlussleistung 405
- 7.5 Auswirkungen von Kurzschlüssen auf das transiente Generatordrehzahlverhalten 408
  - 7.5.1 Wichtige Netzparameter zur Gewährleistung der transienten Stabilität 409
    - 7.5.1.1 Modellierung einer Generatornetzanbindung 409
    - 7.5.1.2 Diskussion der Modellgleichung 414
    - 7.5.1.3 Interpretation verschiedener Fehlersituationen mit dem Flächenkriterium 414
    - 7.5.1.4 Fehler im unterlagerten Netz 415
    - 7.5.1.5 Fehler im Höchstspannungsnetz 416
    - 7.5.1.6 Fehler mit Ausschaltung 418
  - 7.5.2 Drehzahlverhalten der Generatoren in einem kurzschlussbehafteten Netz mit mehrfacher Generatoreinspeisung 418
- 7.6 Auslegung von Schaltern 421
  - 7.6.1 Einschwingspannungen nach einem Schalter-Klemmenkurzschluss in einphasigen Netzen 423
  - 7.6.2 Bewertung der Einschwingspannungen 427
  - 7.6.3 Abstandskurzschluss in einphasigen Netzen 429
  - 7.6.4 Auslegung von Leistungsschaltern in Drehstromnetzen 432
  - 7.6.5 Schaltvorgänge ohne Kurzschluss 433
- 7.7 Aufgaben 435

8 Grundzüge der Betriebsführung und Planung von Netzen   437
- 8.1 Betriebsführung von Netzanlagen 437
  - 8.1.1 Organisation des Strommarktes 437
    - 8.1.1.1 Organisation des Strommarktes vor der Deregulierung .. 437
    - 8.1.1.2 Organisation des Strommarktes nach der Deregulierung . 438
  - 8.1.2 Betriebsführung von Übertragungsnetzen 441
    - 8.1.2.1 Datenbasis und Aufgabenspektrum des Netzrechners ... 442
    - 8.1.2.2 Offline-Netzführung mit dem Netzrechner 444
    - 8.1.2.3 Online-Netzführungsrechnung 448
    - 8.1.2.4 Fahrplanmanagement 448
  - 8.1.3 Betriebsführung von Verteilungsnetzen 450
    - 8.1.3.1 Datenbasis und Aufgabenspektrum der Schaltleitung .. 450
    - 8.1.3.2 Führung von Verteilungsnetzen 451
- 8.2 Gesichtspunkte zur Planung von Netzen 451
  - 8.2.1 Planung von Niederspannungsnetzen 451
  - 8.2.2 Ausbauplanung von Mittelspannungsnetzen 454
  - 8.2.3 Ausbauplanung von Hoch- und Höchstspannungsnetzen 455
- 8.3 Aufgaben 457

9 Berechnung von unsymmetrisch gespeisten Drehstromnetzen mit symmetrischem Aufbau   461
- 9.1 Methode der symmetrischen Komponenten 461
- 9.2 Anwendung der symmetrischen Komponenten auf unsymmetrisch betriebene Drehstromnetze 463

9.3 Impedanzen wichtiger Betriebsmittel im Mit- und Gegensystem der symmetrischen Komponenten 469
9.4 Impedanzen wichtiger Betriebsmittel im Nullsystem der symmetrischen Komponenten 471
    9.4.1 Nullimpedanz einer Freileitung ohne Erdseil 472
        9.4.1.1 Ohmscher Widerstand einer nullspannungsgespeisten Freileitung 473
        9.4.1.2 Induktivität einer nullspannungsgespeisten Freileitung . . 475
        9.4.1.3 Kapazitäten einer nullspannungsgespeisten Freileitung . . 477
    9.4.2 Nullimpedanz einer Freileitung mit Erdseil 477
    9.4.3 Nullimpedanz einer Doppelleitung 479
    9.4.4 Nullimpedanz von Kabeln 481
    9.4.5 Nullimpedanz von Transformatoren 483
        9.4.5.1 Dreischenkeltransformatoren 483
        9.4.5.2 Fünfschenkeltransformatoren 490
    9.4.6 Nullimpedanz von Synchronmaschinen 491
9.5 Veranschaulichung des Berechnungsverfahrens an einem Beispiel 491
9.6 Aufgaben 496

10 Berechnung von Drehstromnetzen mit symmetrischen Betriebsmitteln und punktuellen unsymmetrischen Fehlern   497
10.1 Beschreibung häufiger unsymmetrischer Fehler 497
10.2 Erläuterung des Berechnungsverfahrens 498
10.3 Anwendung des Berechnungsverfahrens auf verschiedene Fehlerarten . . . 504
    10.3.1 Erdschluss mit Übergangswiderstand 504
    10.3.2 Zweipoliger Kurzschluss mit und ohne Erdberührung 505
        10.3.2.1 Zweipoliger Kurzschluss ohne Übergangswiderstände . . . 505
        10.3.2.2 Zweipoliger Kurzschluss mit Übergangswiderständen . . 508
    10.3.3 Einpolige Leiterunterbrechung 510
    10.3.4 Unsymmetrische Mehrfachfehler 513
10.4 Ausgleichsvorgänge bei unsymmetrischen Fehlern 515
    10.4.1 Transiente Komponentenersatzschaltbilder für unsymmetrische generatorferne Fehler 516
    10.4.2 Transiente Komponentenersatzschaltbilder für unsymmetrische generatornahe Fehler 520
    10.4.3 Numerische Auswertung der transienten Komponentenersatzschaltbilder 521
    10.4.4 Näherungsverfahren zur Bestimmung des Stoßkurzschlussstroms bei ein- und zweipoligen Kurzschlüssen 523
10.5 Aufgaben 524

11 Sternpunktbehandlung in Energieversorgungsnetzen   527
11.1 Einfluss der Sternpunktbehandlung auf das stationäre Netzverhalten bei einpoligen Erdschlüssen 527
    11.1.1 Netze mit isolierten Sternpunkten 527
    11.1.2 Netze mit Erdschlusskompensation 531
    11.1.3 Netze mit niederohmiger Sternpunkterdung 537

11.2 Einfluss der Sternpunktbehandlung auf das transiente Netzverhalten bei einpoligen Erdschlüssen 541
    11.2.1 Transiente Überspannungen durch Dauererdschlüsse 541
    11.2.2 Erdschlüsse mit selbstständig löschendem Lichtbogen 544
11.3 Einfluss der Sternpunktbehandlung auf Ferroresonanzerscheinungen . . . 547
    11.3.1 Erläuterung des Ferroresonanzeffekts 547
    11.3.2 Ferroresonanzgefährdete Anlagenkonfigurationen 551
11.4 Aufgaben 557

12 Wichtige Maßnahmen zum Schutz von Menschen und Tieren   560
12.1 Berührungsschutz in Netzen mit Nennspannungen größer als 1 kV 560
    12.1.1 Zulässige Körperströme und Berührungsspannungen 560
    12.1.2 Direkter und indirekter Berührungsschutz 562
12.2 Berührungsspannungen bei Erdern 564
12.3 Berechnung von Erdungsspannungen bei unsymmetrischen Fehlern 568
12.4 Wichtige Auslegungskriterien für Erdungsanlagen 575
    12.4.1 Auslegungskriterien für Netze mit isolierten Sternpunkten oder mit Erdschlusskompensation 575
    12.4.2 Auslegungskriterien für Netze mit niederohmiger Sternpunkterdung 576
12.5 Indirekter Berührungsschutz in Niederspannungsnetzen 576
12.6 Aufgaben 581

13 Investitionsrechnung und Wirtschaftlichkeitsberechnung für Netzanlagen   584
13.1 Struktur der Kosten 584
    13.1.1 Kostenarten 584
        13.1.1.1 Kapitalkosten 584
        13.1.1.2 Betriebskosten 586
        13.1.1.3 Sonstige Kosten 587
        13.1.1.4 Ausgaben, Einnahmen, operatives Betriebsergebnis . . . 588
    13.1.2 Fixe und variable Kosten 588
    13.1.3 Einzel- und Gemeinkosten 589
13.2 Gestaltung der Strompreise 591
    13.2.1 Grundstruktur der Preise bzw. Entgelte 591
    13.2.2 Preisgestaltung der Netzbetreiber 592
    13.2.3 Preisgestaltung der Stromhändler 594
    13.2.4 Strombezugsverträge mit Niederspannungsnetzkunden 594
    13.2.5 Strombezugsverträge mit Mittelspannungsnetzkunden 595
    13.2.6 Strombezugsverträge mit Großkunden 596
13.3 Aufbereitung der Lastverläufe 596
13.4 Investitionsrechnung für Netzanlagen 598
    13.4.1 Kostenvergleich 598
        13.4.1.1 Zulässigkeit eines Kostenvergleichs 598
        13.4.1.2 Statischer Kostenvergleich einer Ersatzinvestition für einen Umspanner 599
        13.4.1.3 Dynamischer Kostenvergleich einer Ersatzinvestition für einen Umspanner 601
        13.4.1.4 Kostenvergleich bei einer Rationalisierungsinvestition . . 603

   13.4.2 Methoden zur Beurteilung der Wirtschaftlichkeit 604
      13.4.2.1 Kapitalwertmethode 604
      13.4.2.2 Methode des internen Zinsfußes 605
      13.4.2.3 Annuitätenmethode 606
      13.4.2.4 Dynamische Amortisationsdauer 606
   13.4.3 Investitionsentscheidung 607
 13.5 Aufgaben 607

Lösungen   610

Anhang   666

 Richtwerte für Freileitungen 666
 Richtwerte für Kabel 668
 Zulässige Betriebsströme für Stromschienen aus Aluminium 669
 Kennlinien für NH-Sicherungen zum Motorschutz 669
 Übersichtsschaltpläne realer Energieversorgungsnetze 670
 Richtwerte für Kosten 673
 Elektrischer Wirkungsgrad wichtiger Kraftwerksarten 674
 Beispiel für Strompreise 674
 Wichtige Laplace-Transformierte 675

Quellenverzeichnis   676

Verzeichnis der zitierten Normen   677

Literatur   681

Sachwortverzeichnis   688

Formelzeichen

A	Elektrische Energie	I_E	Erdungsstrom
A	Fläche, Querschnitt	I_e	Erdschlussstrom
a	Abstand	I_k	Dauerkurzschlussstrom
$\underline{a}$	$e^{j120°}$	I_k''	Anfangskurzschlusswechsel-strom ($I_k'' = I_{k3p}''$)
a_m	Wirksamer Hauptleiterabstand		
a_s	Wirksamer Teilleiterabstand	$[\underline{I}_k]$	Ströme der Komponentensysteme
B	Magnetische Induktion		
C	Kapazität	I_n	Nennstrom
C	Kapitalwert	I_R, I_S, I_T	Außenleiterströme
C_b	Betriebskapazität	I_r	Bemessungsstrom
C_E	Erdkapazität	I_{rest}	Reststrom
const	Konstante	I_s	Stoßkurzschlussstrom
$\cos\varphi$	Leistungsfaktor	I_{th}	Thermisch gleichwertiger Kurzzeitstrom
D	Durchmesser		
D	mittlerer geometrischer Abstand	I_{thr}	Bemessungs-Kurzzeitstrom
		$I_{th,zul}$	Thermisch zulässiger Kurzzeitstrom
d	Abstand		
E	Elektrische Feldstärke	I_z	Zulässiger Betriebsstrom
E	Synchrone Spannung ($U_P/\sqrt{3}$)	I_0	Leerlaufstrom
E'	Transiente Spannung einer Synchronmaschine	I_μ	Magnetisierungsstrom
		$I(p)$	Laplace-Transformierte des Stroms $i(t)$
E''	Subtransiente Spannung einer Synchronmaschine		
		I'	Fiktiver Laststrom (Leitungsanfang)
E_A	Arbeitsentgelt		
E_d	Durchschlagsfeldstärke	I''	Fiktiver Laststrom (Leitungsende)
E_d'	Längskomponente von E'		
E_F	Fixer Anteil des Leistungspreises	i_{kG}	Zeitverlauf des Generatorkurzschlussstroms
E_P	Leistungspreis	i_{kg}	Gleichstromkomponente des Kurzschlussstroms
e_A	Spezifischer Arbeitspreis		
e_P	Spezifischer Leistungspreis	i_{kw}	Zeitverlauf des Kurzschlusswechselstroms
F	Kraft		
f	Frequenz	i_s	Ableitstoßstrom
G	Wirkleitwert	i_{sn}	Nennableitstoßstrom
g	Gleichzeitigkeitsgrad	J	Trägheitsmoment
H	Magnetische Feldstärke (magnetische Erregung)	j	Imaginäre Einheit
		K_M	Maschinenleistungszahl
I_a	Ausschaltwechselstrom	K_N	Netzleistungszahl
I_b	Betriebsstrom	$K_{P,b}$	Jährliche fixe Betriebskosten
I_{CE}	Kapazitiver Erdschlussstrom	$K_{P,Ne,Vb}$	Fixe Gemeinkosten der überlagerten Netzebenen
I_{dS}	Durchlassstrom einer Sicherung		
		$K_{P,sonst}$	Sonstige Kosten
I_d	Zulässiger Dauerstrom	$K_{Vl,Ne,Vb}$	Variable Gemeinkosten der überlagerten Netzebenen
$[\underline{I}_d]$	Ströme des Drehstromsystems		
I_E	Erregerstrom (Synchronmaschine)	K_w	Energieerzeugungskosten
		KE	Kapitaleinsatz

k	Kennzahl der Schaltgruppe eines Drehstromtransformators	R_E	Wirksamer Erdwiderstand
		R_G	Ständerwiderstand
k	Korrekturfaktor für den wirksamen Mittenabstand	R_L	Leiterwiderstand
		R_{g20}	Gleichstromwiderstand bei einer Temperatur von 20 °C
L	Selbstinduktivität		
L_d	Synchrone Induktivität	R_{mJ}	Magnetischer Widerstand eines Jochs
L_{50}	Induktivität bei 50 Hz		
L_∞	Induktivität bei hohen Frequenzen	R_{mS}	Magnetischer Widerstand eines Schenkels
l	Länge	$R_{m\sigma}$	Magnetischer Streufeldwiderstand
M	Drehmoment		
M	Gegeninduktivität	R_{sE}	Stoßerdungswiderstand
M_A	Antriebsmoment einer Turbine	R_{sG}	Subtransienter Widerstand (fiktiver Stoßwiderstand)
M_B	Stromblindmoment		
M_B^*	Leistungsblindmoment	R_{w90}	Ohmscher Widerstand bei 50 Hz und Betriebstemperatur 90 °C
M_G	Gegenmoment eines Generators (Bremsmoment)		
M_W	Stromwirkmoment	R_0	Gleichstromwiderstand
M_W^*	Leistungswirkmoment	R_{50}	Ohmscher Widerstand bei 50 Hz
m	Wärmewirkung durch Gleichstromkomponente		
N	Normale	r	Radius
n	Wärmewirkung durch Wechselstromkomponente	r	Reduktionsfaktor
		r	Rentenbarwertfaktor
		r_B	Ersatzradius für Bündelleiter
P	Wirkleistung	r_L	Leiterradius
P_A	Antriebsleistung	S	Scheinleistung
P_N	Wirkleistungsabgabe ins Netz (Bremsleistung)	S	Stromdichte
		S_D	Durchgangsleistung
P_{bN}	Wirkleistungsabgabe ins Netz im Normalbetrieb	S_E	Eigenleistung
		S_k''	Kurzschlussleistung
P_{kN}	Wirkleistungsabgabe ins Netz im Kurzschlussfall	S_{th}	Kurzzeitstromdichte
		S_{thr}	Bemessungs-Kurzzeitstromdichte
$P_{Vb,max}$	Höchstlast eines Verbrauchers		
$P_{Vb,96}$	Maximaler Messwert eines 96-Stunden-Leistungszählers	$S_{th,zul}$	Zulässige Kurzzeitstromdichte
		T	Periodendauer, Zeitkonstante
P_w	Wirbelstromverluste	$[\underline{T}]$	Transformationsmatrix
p	Druck	T_a	Ausnutzungsdauer
p	Komplexe Variable im Laplace-Bereich	T_{ben}	Benutzungsdauer
		T_{dG}'	Transiente Generatorzeitkonstante bei Klemmenkurzschluss
p	Polpaarzahl		
p_{int}	Interner Zinsfuß		
Q	Blindleistung	T_{dG}''	Subtransiente Generatorzeitkonstante bei Klemmenkurzschluss
Q	Ladung		
Q	Wärmemenge		
q	Spezifischer Wärmewert	T_{dN}'	Transiente Generatorzeitkonstante mit Netzeinfluss
q	Zinsfaktor		
R	Ohmscher Widerstand	T_{dN}''	Subtransiente Generatorzeitkonstante mit Netzeinfluss
R_A	Ausbreitungswiderstand		

T_{gG}	Gleichstromzeitkonstante eines Generators bei Klemmenkurzschluss	$\ddot{u}$	Übersetzung
		$\ddot{u}_r$	Bemessungsübersetzung
		$\ddot{u}_0$	Leerlaufübersetzung
T_{gN}	Gleichstromzeitkonstante eines Generators mit Netzeinfluss	W	Widerstandsmoment
		w	Windungszahl
T_{kr}	Bemessungs-Kurzzeit	X_b	Betriebsreaktanz
T_n	Nutzungsdauer	X_d	Synchrone Reaktanz
t	Zeit	X'_d	Transiente Reaktanz
t_l	Löschzeit	X''_d	Subtransiente Reaktanz
t_{min}	Mindestschaltverzug	X_{E50}	Eingangsreaktanz bei 50 Hz
t_s	Schmelzzeit	X_h	Hauptreaktanz
$\tan\delta$	Verlustfaktor	X_k	Kurzschlussreaktanz
U_A	Ausgangsspannung	X_N	Netzreaktanz
U_B	Berührungsspannung	X_0	Nullreaktanz
U_b	Betriebsspannung	X_σ	Streureaktanz
U_{bez}	Bezugsspannung	x_d	Synchrone Reaktanz (relative Größe)
U_c	Ableiter-Dauerspannung		
U_c	Kapazitive Spannung	x'_d	Transiente Reaktanz (relative Größe)
U_d	Durchschlagsspannung		
U_E	Eingangsspannung	x''_d	Subtransiente Reaktanz (relative Größe)
U_E	Erdungsspannung		
U_l	Lichtbogenspannung	$\underline{Y}$	Komplexe Admittanz
U_l	Löschspannung	$\underline{Y}_{ii}$	Eingangsadmittanz am Tor i
U_m	Höchste Spannung für Betriebsmittel	$\underline{Y}_{ij}$	Übertragungsadmittanz zwischen den Toren i und j
U_{nN}	Netznennspannung	$\underline{Z}$	Komplexe Impedanz
U_P	Polradspannung	$\underline{Z}_{E50}$	Eingangsimpedanz bei 50 Hz
U_r	Bemessungsspannung	$\underline{Z}_{ii}$	Eingangsimpedanz am Tor i
U_{rW}	Bemessungs-Kurzzeitwechselspannung (Effektivwert)	$\underline{Z}_{ij}$	Übertragungsimpedanz zwischen den Toren i und j
U_S	Schutzpegel	$\underline{Z}_L, \underline{Z}_V$	Lastimpedanz, Verbraucher
U_S	Spulenspannung	Z_P	Eingangserdimpedanz
U_Y	Sternspannung	$\underline{Z}_Q$	Innenimpedanz einer Netzeinspeisung
U_0	Leerlaufspannung		
U_{1UN}	Sternspannung des Außenleiters U auf der Oberspannungsseite	Z_W	Wellenwiderstand
		Z_∞	Kettenleiterimpedanz
		$Z(p)$	Impedanz im Laplacebereich
U_{2VW}	Leiterspannung zwischen den Außenleitern V und W auf der Unterspannungsseite	α, β	Winkel
		ΔP	Leistungsänderung
		ΔU	Spannungsabfall (Außenleiterspannung)
$U(p)$	Laplace-Transformierte der Spannung $u(t)$		
		ΔU_l	Längsspannungsabfall
u_a	Ansprechspannung	ΔU_q	Querspannungsabfall
u_k	Relative Kurzschlussspannung	δ	Erdfehlerfaktor
u_{rB}	Bemessungs-Blitzstoßspannung	δ	Erdstromtiefe
u_{rest}	Restspannung	δ	Luftspaltbreite
u_{rS}	Bemessungs-Schaltstoßspannung	δ	Winkel zwischen $\underline{E}'$ und Netzspannung $\underline{U}_{bN}/\sqrt{3}$

δ_{ij}	Winkel zwischen $\underline{E}'_i$ und $\underline{E}'_j$ bei zwei Synchronmaschinen	N	Neutralleiter, Sternpunkt
		NS	Niederspannung
δ_L	Lastabwurffaktor	OS	Oberspannung
ε	Dielektrizitätskonstante	PE	Schutzleiter, Schutzerdung
ε_0	Dielektrizitätskonstante des leeren Raums	R, S, T	Bezeichnungen der Außenleiter
		Re$\{\underline{U}\}$	Realteil einer komplexen Größe
Θ	Durchflutung	SS	Sammelschiene
ϑ	Polradwinkel	US	Unterspannung
ϑ	Temperatur	ÜNB	Übertragungsnetzbetreiber
ϑ_b	Betriebstemperatur	VNB	Verteilungsnetzbetreiber
ϑ_e	Endtemperatur im Kurzschlussfall	U, I	Effektivwert einer sinusförmigen, zeitabhängigen Größe
κ	Spezifischer elektrischer Leitwert	U, I	Wert einer konstanten Größe
		$\hat{U}, \hat{I}$	Amplitude, Spitzenwert
κ	Stoßfaktor	$\underline{U}$	Komplexe Größe
Λ	Magnetischer Leitwert	E^*	Spezielle Kennzeichnung
Λ_i	Magnetischer Leitwert von Tor i aus gesehen	K^*	Barwert von K
		$\underline{U}^*$	Konjugiert komplexe Größe
Λ_{ij}	Magnetischer Leitwert zwischen den Toren i und j	$|\underline{U}|, U$	Betrag einer komplexen Größe
		$\hat{u}, \hat{\imath}$	Amplitude, Spitzenwert
μ	Abklingfaktor	$u, u(t)$	Zeitlich veränderliche Größe
μ	Permeabilität	u, x	Bezogene Größe
μ_r	Relative Permeabilität		(z. B. $u_k = U_k/U_r$)
ρ	Leiterradius	Y, y	Sternschaltung
ρ	Spezifischer Widerstand	Z, z	Zickzackschaltung
ρ_{ers}	Ersatzradius für Bündelleiter	1U	Oberspannungsanschluss U
σ	Mechanische Spannung	1V	Oberspannungsanschluss V
Φ	Magnetischer Fluss	1W	Oberspannungsanschluss W
Φ_{12}, Φ_K	Koppelfluss	2U	Unterspannungsanschluss U
φ	Phasenwinkel, Drehwinkel	2V	Unterspannungsanschluss V
Ψ	Induktionsfluss	2W	Unterspannungsanschluss W
Ω	Kreisfrequenz $2\pi f$	$[\underline{Y}]$	Matrix oder Vektor (allgemein)
ω	Kreisfrequenz des Netzes	$[\underline{Y}_{ij}]$	Quadratische Matrix
ω_{mech}	Mech. Winkelgeschwindigkeit	$[\underline{Y}_i]$	Vektor
		$[\underline{Y}]^{-1}$	Inverse der Matrix $[\underline{Y}]$

Besondere Kennzeichnungen

		Π	Produkt
		Σ	Summe
BKV	Bilanzkreisverantwortlicher	$\parallel$	Parallelschaltung
D, d, Δ	Dreieckschaltung	$\angle(\underline{U}, \underline{I})$	Winkel zwischen $\underline{U}$ und $\underline{I}$
DGL	Differenzialgleichung	$\vec{F}$	Vektor
ESB	Ersatzschaltbild	$d\Phi/dt$	1. Ableitung von $\Phi(t)$ nach der Größe t
EVU	Energieversorgungsunternehmen		
HS	Hoch- oder Höchstspannung	$\dot{\varphi}$	1. Ableitung von $\varphi(t)$ nach der Zeit
Im$\{\underline{U}\}$	Imaginärteil einer komplexen Größe	$\ddot{\varphi}$	2. Ableitung von $\varphi(t)$ nach der Zeit
L1, L2, L3	Bezeichnungen der Außenleiter	$\dfrac{\partial i(t, \varphi)}{\partial t}$	Partielle Ableitung von $i(t, \varphi)$ nach der Zeit
MS	Mittelspannung		

Indizes, tiefgestellt

		max	Maximal
		min	Minimal
A	Antrieb	N	Netz
A	Ausgang	N	Neutralleiter
a	Ausschaltwert	Ne	Netz
B	Blindleitwert	n	Nennwert
B	Blitz	n	Normalkomponente
B	Bündelleiter	n	Zählindex (z. B. für Jahre)
B	Bürde	nat	Natürlicher Betrieb
b	Betriebswert (ungestörter Betrieb)	OS	Oberspannungsseite
		P	Parallelschaltung
C	Kapazitiv	P	Wirkleistung
D	Dämpferwicklung	Q	Anschlusspunkt (Netzeinspeisung)
D	Drosselspule		
d	Drehstromsystem	Q	Blindleistung
E	Eingang	R, S, T	Bezeichnungen für Außenleiter
E	Erde	r	Bemessungswert
E	Erregerwicklung	r	Resultierend
ES	Erdseil	res	Resultierend
e	Eigenfrequenz	res	Resonanz
e	Erdschluss	rest	Restwert (z. B. Reststrom)
F	Fehlerstelle	S	Serien-, Reihenschaltung
G	Generator	S	Ständer
g	Gleichanteil	SVl	Stromwärmeverluste
ges	Gesamt	s	Stoßwert
H	Hauptleiter	s	Teilleiter (sub)
h	Hauptfluss, -induktivität	T	Transformator
ind	Induktiv, induziert	t	Tangentialkomponente
K	Kabel	th	Thermisch
K	Koppelfluss, -induktivität	Um	Umspannwerk
k	Komponentensystem	US	Unterspannungsseite
k	Kurzschluss (ohne Zusatz: dreipolig)	U, V, W	Bezeichnungen für Außenleiter
		U1	Spulenanfang im Strang U
k1p	Einpoliger Erdkurzschluss	U2	Spulenende im Strang U
k1pol	Einpoliger Erdkurzschluss	V	Last (Verbraucher)
k2p	Zweipoliger Kurzschluss	Vb	Verbraucher
k2pol	Zweipoliger Kurzschluss	Vl	Verluste
k3p	Dreipoliger Kurzschluss	W	Windung
k3pol	Dreipoliger Kurzschluss	W	Wirkkomponente
L	Induktiv, Induktivität	z	Zulässig
L	Last	zul	Zulässig
L	Läufer	σ	Streufluss, -induktivität
L	Leitung	0	Leerlaufzustand
LVl	Leerlaufverluste	0	Nullsystem der symmetrischen Komponenten
l	Lichtbogen		
M	Mast	1	Mitsystem der symmetrischen Komponenten
M	Motor		
m	Hauptleiter (main)	1	Oberspannungsseite

2	Gegensystem der symmetrischen Komponenten	$''$	Subtransienter Zeitbereich
2	Unterspannungsseite	$*$	Konjugiert komplexe Größe
Y	Sterngröße	$*$	Spezielle Kennzeichnung
Δ	Dreieckgröße		

Indizes, hochgestellt

$'$ Bezogene Größe (mit $\ddot{u}$ oder $\ddot{u}^2$ umgerechnet)

$'$ Längenbezogene Größe (z. B. $C' = C/l$)

$'$ Transienter Zeitbereich

Indizes, Reihenfolge

1. Komponentensystem (z. B. I_1)
2. Zustand (z. B. I_{1k})
3. Betriebsmittel (z. B. I_{1kT})
4. Unterscheidung gleicher Betriebsmittel (z. B. I_{1kT5})
5. Teil des Betriebsmittels (z. B. I_{1kT5US})

1 Überblick über die geschichtliche Entwicklung der elektrischen Energieversorgung

Seit langem ist die Elektrizität als physikalisches Phänomen bekannt. So entdeckten schon die Griechen vor etwa 2000 Jahren, dass ein Stück Bernstein über eine anziehende Kraft verfügt, wenn es zuvor mit einem Wolllappen gerieben wird. Wissenschaftliche Untersuchungen dieses Phänomens setzten jedoch erst um 1800 ein. Im Rahmen dieser Arbeiten entwickelte Volta die erste brauchbare Spannungsquelle, die aus zwei Metallplatten und einer Salzlösung bestand. Mit einer Vielzahl solcher Elemente, auch als Voltasche Elemente bezeichnet, betrieb Morse um 1840 den von ihm entwickelten Telegraphen.
Aufgrund dieser und weiterer wichtiger Erfindungen – z. B. des Telefons – verstärkte sich der Wunsch nach einer vorteilhaften Erzeugung der elektrischen Energie, da die Voltaschen Elemente nicht ohne übermäßigen Aufwand größere Leistungen abgeben konnten. 1866 entdeckte dann Siemens das elektrodynamische Prinzip und schuf damit zunächst die Grundlage für den Bau von Gleichstromgeneratoren. Sie wurden durch Dampfmaschinen bzw. Wasserturbinen angetrieben. Dadurch wurde eine preiswerte Stromerzeugung möglich. Das von Siemens erkannte Prinzip leitete darüber hinaus die Entwicklung von Gleichstrommotoren ein. Die Betriebssicherheit dieser Motoren wurde im Laufe der nächsten Jahre so groß, dass sie mit den bisher üblichen Antrieben zunehmend konkurrieren konnten. Jeder von diesen bestand aus einem Dampferzeuger, einer Dampfmaschine sowie mechanischen Transmissionseinrichtungen. Bei einer elektrischen Energieversorgung benötigte man stattdessen nur *einen* zentralen Dampferzeuger im Kraftwerk. Die dort erzeugte elektrische Energie ließ sich mit Leitungen im Vergleich zu den Transmissionsriemen über lange Strecken zu den Verbrauchern übertragen.
Als um 1890 praktisch einsetzbare Drehstromtransformatoren und Drehstrommotoren entwickelt wurden, begann sich der Wechsel- bzw. Drehstrom gegenüber dem Gleichstrom schnell durchzusetzen. Drehstromnetze zeichneten sich durch eine einfache Bau- und Betriebsweise aus. Darüber hinaus konnten mit den Transformatoren hohe Spannungen erzeugt werden, die eine besonders verlustarme Energieübertragung ermöglichten. Zugleich waren bei diesen Systemen wegen der Nulldurchgänge, die im Zeitverlauf des Stroms auftraten, Schaltvorgänge besser zu beherrschen als bei Gleichstrom.
Bereits auf der Weltausstellung 1891 in Frankfurt (Main) wurde den Besuchern die kommerzielle Nutzbarkeit dieser Entwicklungen demonstriert. Neben umfangreichen elektrischen Beleuchtungsanlagen wurde ein künstlicher Wasserfall vorgeführt, dessen Pumpe von einem Drehstrommotor mit 100 PS (73,6 kW) angetrieben wurde. Die Energie dafür wurde über eine 175 km lange 15-kV-Leitung von einem Kraftwerk in Lauffen am Neckar nach Frankfurt (Main) transportiert. So zeigte diese Weltausstellung auf spektakuläre Weise die Leistungsfähigkeit der Elektrizität und kann gewissermaßen als die Geburtsstunde der elektrischen Energieversorgung angesehen werden.
Nach der Weltausstellung nahm der Bedarf an elektrischer Energie rasch zu. Die Glühlampe konnte sich gegen Öl- und Gaslicht genauso schnell durchsetzen wie der Elektromotor gegen die Dampfmaschine mit Transmission. Die mittlere Zuwachsrate der Verbraucher hat bis etwa 1975 bei den Industrienationen ca. 7 % pro Jahr betragen. Bis 1990 ist der Zuwachs dann auf ca. 2 % abgesunken; in den nächsten Jahren wird ein noch schwächerer Anstieg erwartet. Diese Entwicklung ist in dem Bild 1.1 verdeutlicht. Die dargestellten

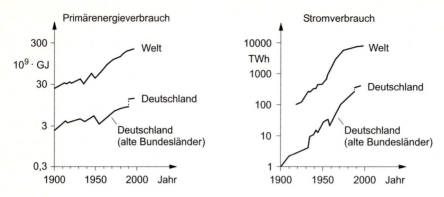

Bild 1.1
Primärenergie- und Stromverbrauch der Welt und der Bundesrepublik Deutschland

Verläufe zeigen, dass früher auch der Verbrauch an natürlichen Energierohstoffen wie z. B. Kohle oder Öl – der *Primärenergieverbrauch* – einen vergleichbaren Anstieg wie der Stromverbrauch aufwies. In neuerer Zeit wächst der Primärenergieverbrauch dagegen langsamer als der Stromverbrauch und beginnt zu stagnieren.

Mit zunehmender Verbraucherleistung – auch kurz *Last* genannt – wurde das Streben nach Wirtschaftlichkeit im Laufe der Zeit immer wichtiger. Deshalb setzte sich etwa ab dem Jahre 1900 zunehmend die *Dampfturbine* als Antrieb für die Generatoren anstelle der bisher üblichen *Kolbendampfmaschine* durch. Mit dem Streben nach größerer Wirtschaftlichkeit sind weiterhin Entwicklungen eingeleitet worden, die im Grunde genommen auch heute noch nicht beendet sind.

Seit diesen Anfängen sind die Erzeugereinheiten, also Turbinen, Generatoren und Transformatoren, ständig für immer größere Leistungen ausgelegt worden. Größere Betriebsmittel können so dimensioniert werden, dass sie bei einem besseren Wirkungsgrad eine größere Leistung pro Gewichtseinheit erzeugen bzw. übertragen. Sie lassen sich, wie man sagt, höher ausnutzen und damit auch kostengünstiger herstellen. Allerdings führt die erhöhte Ausnutzung zu einer stärkeren Belastung der Werkstoffe wie z. B. einer größeren Wärmebeanspruchung der Isolierstoffe in elektrischen Maschinen. Daher sind bei gleichbleibender Werkstofftechnologie einer solchen Entwicklung Grenzen gesetzt, die durch die so genannten *Grenzleistungsmaschinen* markiert werden. Sie charakterisieren die zurzeit jeweils leistungsstärksten, wirtschaftlich vertretbaren Ausführungen. Erst nach einer Erhöhung des Technologieniveaus können wieder größere Grenzleistungsmaschinen entwickelt werden.

Das Streben nach größerer Wirtschaftlichkeit hat sich auch darin gezeigt, dass zunehmend solche Standorte bevorzugt wurden, bei denen die benötigten Rohstoffe, z. B. Braunkohle- oder Wasserenergie, unmittelbar zur Verfügung standen. Überwiegend hat diese Entwicklung zu längeren Transportwegen für die elektrische Energie geführt. Zugleich mussten infolge der ständig wachsenden Kraftwerkseinheiten immer größere Leistungen übertragen werden. Es stellte sich daher das Problem, sowohl den Transport als auch die Verteilung der Energie möglichst wirtschaftlich zu gestalten.

Eine Betrachtung des dafür nötigen Kapitaleinsatzes zeigt, dass es für den Energietransport jeweils eine optimale Spannungsebene gibt, die mit der Größe der übertragenen Leistung anwächst. Bei umfangreicheren Systemen bilden die weiträumigen Leitungen mit hoher Spannung das *Transport*- bzw. *Übertragungsnetz*. Erst in der Nähe der Verbraucher wird auf niedrigere Betriebsspannungen transformiert. Aus den Leitungen dieser Spannungsebenen setzen sich die *Verteilungsnetze* zusammen.

Immer dann, wenn aufgrund der ständig wachsenden Last bzw. infolge der sich verlängernden Transportwege die benötigten Leiterquerschnitte zu hohe Werte erreichen und eine weitere Verstärkung der Leitungen unwirtschaftlich wäre, wird bei einem anschließenden Netzausbau eine höhere Spannungsebene erforderlich. Diese Entwicklung ist in der Tabelle 1.1 für die Spannungen im Transportnetz wiedergegeben. Bezogen auf die deutschen Lastverhältnisse hat sich gezeigt, dass die Planung von Transportnetzen üblicherweise ausgewogen ist, wenn die Spannungshöhe in kV in etwa der Leitungslänge in Kilometern entspricht.

Tabelle 1.1
Entwicklung der höchsten Spannungsebenen

Jahr	Deutschland	Ausland
1891	15 kV	
1912	110 kV	
1924		220 kV (USA)
1929	220 kV	
1952		380 kV (Schweden)
1957	380 kV	
1963		500 kV (USA, UdSSR)
1965		735 kV (Kanada)

Planung und Betrieb der Energieversorgungsnetze sowie der Stromerzeugung und Stromlieferung werden in der Bundesrepublik von privatwirtschaftlich organisierten Energieversorgungsunternehmen (EVU) vorgenommen. Zurzeit decken gut 700 Energieversorgungsunternehmen mehr als 99 % des benötigten Strombedarfs. Diese Unternehmen haben sich im Verband der Elektrizitätswirtschaft (VDEW) zusammengeschlossen. Den Forderungen des Energiewirtschaftsgesetzes entsprechend sind diese Unternehmen jeweils nur für die Erzeugung, die Übertragung oder die Verteilung zuständig, nicht jedoch für mehrere Bereiche. Im Hinblick auf einen besseren Abgleich ihrer spezifischen Interessen haben sich sowohl die Betreibergesellschaften für die Übertragungsnetze (ÜNB) als auch diejenigen für die Verteilungsnetze (VNB) in dem *Verband der Netzbetreiber (VDN)* organisiert, der einen Fachverband innerhalb des VDEW darstellt. Für den Betrieb der Übertragungsnetze sind allerdings nur vier Gesellschaften zuständig. Ihre Versorgungsgebiete sind in Bild 1.2 dargestellt.

Parallel dazu bilden Unternehmen mit gleichartigen Aufgabenstellungen weitere Verbände. So haben sich solche EVU, die eine großräumige Versorgung betreiben, in dem Verband der Verbund- und Regionalunternehmen (VRE) zusammengeschlossen. Diese Unternehmen betreiben etwa 2/3 des Stromversorgungsnetzes in Deutschland und haben einen Anteil von nahezu 90 % an der Stromerzeugung. Ca. 600 EVU, die nur in Städten, Gemeinden und Landkreisen eine Stromversorgung durchführen, haben sich dem Verband Kommunaler Unternehmen (VKU) angeschlossen. Darüber hinaus sind in der Technischen Vereinigung der Großkraftwerksbetreiber (VGB PowerTech) – einem weiteren Fachverband des VDEW – fast alle öffentlichen und industriellen Unternehmen organisiert, die Kraftwerke betreiben.

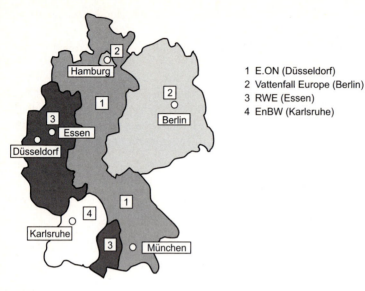

Bild 1.2
Übertragungsnetzbetreiber (ÜNB) und ihre Regelzonen

Mit ca. 87 % stellt die in öffentlichen Netzen erzeugte elektrische Energie zwar den wesentlichen Teil, jedoch keineswegs die gesamte Stromproduktion der Bundesrepublik dar. Daneben entfallen ca. 12 % auf die Eigenversorger der Industrie, die sich zusätzlich in dem Verband der Industriellen Energie- und Kraftwirtschaft (VIK) zusammengeschlossen haben. Ferner wird etwa 1 % von Kraftwerken der Deutschen Bahn erzeugt.
Ein kleinerer Teil des Stroms wird aus dem Ausland importiert. Über den nationalen Rahmen hinaus hat sich nämlich nach dem Zweiten Weltkrieg ein westeuropäisches Verbundnetz gebildet. Die westeuropäischen Staaten, die wiederum ihre Transportnetze untereinander gekuppelt haben, sind in der UCTE (Union pour la Coordination du Transport de l'Electricité) zusammengeschlossen. Inzwischen sind auch einige osteuropäische Länder, die zum angrenzenden CENTREL-Verbundnetz gehören, an das UCTE-Netz angeschlossen worden. Weitere Verbunderweiterungen stehen zur Diskussion.
Aus diesen Entwicklungen ergeben sich u. a. bei der Energieverteilung ständig neue technische Problemstellungen, die auch Kenntnisse über die *Erzeugung* elektrischer Energie erfordern.

2 Grundzüge der elektrischen Energieerzeugung

Zur Erzeugung elektrischer Energie werden heute im Wesentlichen fossile Brennstoffe, Kernenergie und Wasser herangezogen. Die in diesen natürlichen Energieträgern enthaltene Energie wird, wie bereits erwähnt, als *Primärenergie* bezeichnet. Die Umwandlung dieser Primärenergie in elektrische Energie erfolgt vorwiegend in fossil befeuerten Kraftwerken, Kern- und Wasserkraftwerken [1]. Das Ziel dieses Kapitels besteht darin, die Grundzüge dieser Energieumwandlung zu vermitteln. Dies erfolgt jedoch nur in dem Umfang, wie es als Hintergrundwissen für das Verständnis der Probleme bei der elektrischen Energieverteilung erforderlich ist.

Zurzeit werden in Deutschland ca. 60 % der in öffentlichen Netzen benötigten elektrischen Energie durch fossil befeuerte Kraftwerke gedeckt. Im Vergleich zu den anderen Kraftwerksarten wird daher auf diesen Typ ausführlicher eingegangen.

2.1 Stromerzeugung mit fossil befeuerten Kraftwerken

Im Wesentlichen verwendet man von den fossilen Brennstoffen Kohle und Erdgas. Nach wie vor werden bevorzugt Stein- und Braunkohle mit jeweils ca. 25 % als die wesentlichen Energieträger eingesetzt; den Rest der fossilen Brennstoffe deckt Erdgas mit ca. 10 %. Dessen Anteil wird sich zukünftig stark erhöhen, da neue Kraftwerkstechnologien eine bessere Ausnutzung dieser Brennstoffart ermöglichen.

Sehr nachhaltig prägen die eingesetzten Brennstoffe die Bauart der Wärmekraftwerke. Wird nur Erdgas oder Kohle alleine verwendet, so spricht man von erdgas- oder kohlebefeuerten Kraftwerken. Sinngemäß gebraucht man den Ausdruck erdgas-/kohlebefeuerte Anlage, wenn beide Brennstoffe zugleich genutzt werden. Im Laufe der Zeit hat sich bei allen drei Kraftwerksarten die Technologie erheblich geändert; denn stets gilt es, deren Wirkungsgrad zu erhöhen, ihre Emissionen zu senken und dabei die Kostengesichtspunkte zu beachten. Zunächst wird auf die Funktion und Gestaltung eines modernen kohlebefeuerten Kraftwerks eingegangen, wobei sich die Beschreibungen der technischen Ausführungen auf Steinkohle als Brennstoff beschränken. Die prinzipiellen Aussagen über die wesentlichen Prozessabläufe gelten in ähnlicher Form auch für die Braunkohle, jedoch weisen solche Kraftwerke wegen des niedrigeren Heizwerts dieser Kohlenart in einigen Komponenten wesentlich größere Abmessungen auf.

2.1.1 Kohlebefeuerte Blockkraftwerke

Seit einigen Jahrzehnten ist es üblich, jedem Dampferzeuger nur einen Turbinensatz und diesem wiederum einen Generator zuzuordnen. Sie bilden einen zusammenhängenden Block, der im Vergleich zu anderen Konfigurationen einfacher zu regeln ist. Folgerichtig bezeichnet man eine solche Anlage als Blockkraftwerk. Häufig wird darüber hinaus die Generatorbemessungsleistung des Blockkraftwerks angefügt. Man spricht dann z. B. von einem 800-MW-Block. Der Zusatz besagt, dass dieses Kraftwerk im Dauerbetrieb maximal 800 MW ins Netz einspeisen kann.

2.1.1.1 Dampfkraftwerksprozess in kohlebefeuerten Blockkraftwerken

Grundsätzlich gliedert sich der Dampfkraftwerksprozess eines kohlebefeuerten Kraftwerks in drei Abschnitte: Verbrennung, Verdampfung und Umwandlung der aufgenommenen Wärme in mechanische Energie. Bei der technischen Realisierung dieser drei Prozessabschnitte ist das folgende thermodynamische Prinzip zu beachten.

Die in den fossilen Brennstoffen gebundene chemische Energie wird umso vollständiger in mechanische Energie umgewandelt, *je höher Werte die Zustandsgrößen Druck und Temperatur* bei der Verdampfung aufweisen. Die Wahl der Zustandsgrößen Druck und Temperatur wird jedoch von der Belastbarkeit der verwendeten Werkstoffe begrenzt. In der Vergangenheit beruhte die stetige Verbesserung des Wirkungsgrads im Wesentlichen darauf, dass es bisher stets gelungen ist, höher belastbare Werkstoffe zu entwickeln. So konnten in den letzten 25 Jahren die Zustandsgrößen des Frischdampfs von $p = 160$ bar, $\vartheta = 530\,°C$ auf bis zu $p = 250$ bar, $\vartheta = 570\,°C$ erhöht werden. Dadurch ist der Wirkungsgrad von ca. 38 % bis auf 43 % gestiegen. Demgegenüber hat sich prinzipiell am Ablauf des Dampfkraftwerksprozesses selbst nur wenig geändert.

Die Beschreibung des Prozesses möge – an sich willkürlich – bei der Speisewasserpumpe beginnen (Bild 2.1). Diese saugt aus dem Speisewasserbehälter das Speisewasser und bringt es auf den hohen Druck von 200...300 bar. Nach der Erwärmung in den später noch erläuterten Hochdruckvorwärmern wird anschließend im Kessel so viel Wärme auf das Wasser übertragen, dass daraus *Satt-* bzw. *Nassdampf* entsteht. Dieser Name soll kennzeichnen, dass der Dampf noch geringe Mengen von Wassertröpfchen enthält. Der Nassdampf wird schließlich in einem *Überhitzer* auf eine Temperatur von beispielsweise 570 °C gebracht. Dieser überhitzte Dampf, den man sinngemäß als *Heißdampf* oder *Frischdampf* bezeichnet, wird in einem Turbinensatz zunächst einer Hochdruckturbine zugeführt. Dort wird ein Teil der enthaltenen thermischen Energie in mechanische Energie umgewandelt, was sich beim austretenden Dampf in einer Absenkung der Zustandsgrößen äußert.

Üblicherweise wird der Dampf danach in einen Zwischenüberhitzer geleitet und dort wieder nahezu auf seine Ausgangstemperatur oder sogar noch höhere Werte erhitzt. Durch diese *Zwischenüberhitzung* wird die Zustandsgröße „Temperatur" und damit auch – entsprechend den vorhergehenden Überlegungen – der Wirkungsgrad erhöht. Anschließend wird der Dampf noch in eine Mitteldruck-/Niederdruckturbine geleitet (Bild 2.1). Bei großen Anlagen werden statt dieser Turbine zwei Teilturbinen verwendet: eine Mitteldruck- und eine Niederdruckturbine.

Der aus der Niederdruckturbine austretende Dampf – auch Abdampf genannt – strömt schließlich in einen Kondensator. Dort wird ihm durch Kühlwasser so viel Wärme entzogen, dass der Dampf kondensiert. Das kondensierte Wasser, das *Kondensat*, weist dabei annähernd die Temperatur des Kühlwassers auf. Die vom Kühlwasser aufgenommene Wärmemenge beträgt etwa 50 % der in den Prozess eingebrachten Energie und wird an die Umgebung abgegeben.

Mithilfe einer Kondensatpumpe wird das Kondensat über Vorwärmer, deren Funktion noch erläutert wird, in den Speisewasserbehälter geleitet, aus dem der Kessel dann wieder mit dem Speisewasser versorgt wird. Der Kreis hat sich geschlossen; der Prozess beginnt in der beschriebenen Weise wieder von vorne, daher der Name *Kreisprozess*. Bei der Kondensation des Dampfes verringert sich sein Volumen; es stellt sich im Kondensator ein Vakuum ein, dessen Druck im Wesentlichen vom Dampfdruck des kondensierten Wassers abhängt. Dieser wird primär von der Temperatur des Kondensats und damit wiederum

2.1 Stromerzeugung mit fossil befeuerten Kraftwerken

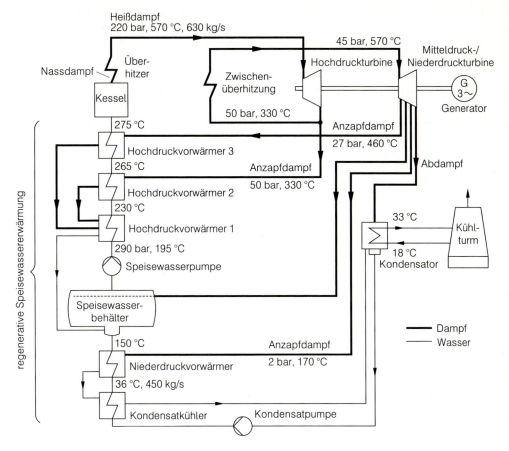

Bild 2.1
Prinzipieller Wärmeschaltplan eines 700-MW-Kondensationskraftwerks

von der Kühlwassertemperatur bestimmt. Von dem im Kondensator herrschenden Druck bzw. der Kühlwassertemperatur hängt der Wirkungsgrad des Prozesses in starkem Maße ab.

Da die Umgebungstemperatur die Kühlwassertemperatur festlegt, unterliegt der Wirkungsgrad jahreszeitlichen Schwankungen. Es drängt sich an dieser Stelle die Frage auf, ob es nicht sinnvoller ist, auf die Kondensation zu verzichten und den Abdampf stattdessen direkt in den Kessel zu leiten. Dies hätte den großen Vorteil, dass die Kondensationswärme von ca. 50 % nicht verloren ginge. In diesem Fall wären jedoch für die Kompression anstelle der Speisewasserpumpe große Verdichter notwendig. Sie benötigten dafür im Vergleich zu den herkömmlichen Verfahren derartig viel Energie, dass sich insgesamt kein Gewinn ergäbe.

Der Wirkungsgrad lässt sich dagegen noch auf eine andere Weise – mit der *regenerativen Speisewassererwärmung* – steigern. Zu diesem Zweck wird das Wasser auf dem Wege vom Kondensator zum Kessel in mehreren Stufen – den Vorwärmern – erwärmt. Die dazu nötige Energie liefert der Dampf, der von den einzelnen Teilturbinen abgezapft wird. In Anlehnung an diese Entnahmeart verwendet man für diese Dampfmengen den Ausdruck *Anzapfdampf*. Die verwendeten Vorwärmer werden abhängig von ihrer Lage zur Speisewasserpumpe als Nieder- oder Hochdruckvorwärmer bezeichnet. Zu beachten ist, dass sich durch die Speisewassererwärmung die Zustandsgrößen im Prozess so steigern lassen, dass die Leistungsminderung überdeckt wird, die durch die Verringerung der Dampfmenge in der Turbine entsteht.

Bis auf den Anzapfdampf wird der im Kessel produzierte Dampf im Kondensator wieder kondensiert. Solche Blockkraftwerke werden als *Kondensationsblöcke* bezeichnet. Ein weiteres Merkmal besteht darin, dass die Speisewasserpumpe das Speisewasser zwangsweise zum Durchlauf bringt. Man spricht daher von *Zwangsdurchlaufkesseln*. Im Unterschied zu den früher üblichen Umlaufkesseln können diese schnell ihre Leistung ändern und an den Lastbedarf des Netzes anpassen.

Die bisherigen Erläuterungen zeigen, dass der Prozess der Energieumwandlung selbst Energie benötigt, den so genannten Eigenbedarf. Die Speisewasserpumpe, die Kondensatpumpe, die später noch erläuterten Kohlemühlen und die Rauchgasreinigung stellen wesentliche Verbraucher innerhalb des Eigenbedarfs eines kohlebefeuerten Blockkraftwerks dar. Im Nennbetrieb liegt der Eigenbedarf bei ca. 5 % der Nennleistung und wird aus dem elektrischen Netz entnommen. Falls das Netz diesen Eigenbedarf nicht decken kann, ist das Kraftwerk nicht in der Lage anzufahren. Dieser Effekt ist bei großflächigen Netzausfällen zu bedenken.

Neben den Kondensationsblöcken gibt es vermehrt auch Kraftwerke, bei denen die Erzeugung von elektrischer Energie und Wärme miteinander gekoppelt sind. Sie liefern neben der elektrischen bzw. der mechanischen Energie, der Kraft, auch Wärme in Form von Fernwärme, Heizwasser oder Prozessdampf. Kraftwerke, die eine solche *Kraft-Wärme-Kopplung* aufweisen, werden als *Heizkraftwerke* bezeichnet.

Bei kleineren Heizkraftwerken gestaltet man die Blöcke auch als *Gegendruckanlagen* (Bild 2.2). Im Unterschied zum Kondensationskraftwerk weist der Abdampf deutlich höhere Zustandsgrößen auf; sie liegen im Bereich $p = 2\ldots 6$ bar und im Intervall $\vartheta = 110\ldots 220\,°C$. Dadurch ist es möglich, über einen Wärmetauscher Wasser in einem zweiten Kreislauf zu erwärmen und als Fernwärme einzusetzen; der Versorgungsradius liegt meist unterhalb von $5\ldots 10$ km.

Es gibt eine Reihe weiterer Möglichkeiten, die Kraft-Wärme-Kopplung zu gestalten [1]. Bei größeren Blockkraftwerken kann man den Kondensationsbetrieb mit einer Kraft-Wärme-Kopplung kombinieren. Dort entnimmt man bereits aus dem Mitteldruckteil den Dampf; die Niederdruckturbine mit einem nachgeschalteten Kondensator wird nur dann in die elektrische Energieerzeugung einbezogen, wenn es die Betriebssituation erfordert. In dem Maße, wie mehr elektrische Energie über die Niederdruckturbine erzeugt wird, sinkt natürlich die Wärmeabgabe und umgekehrt. So weist das in den Bildern 2.3a und

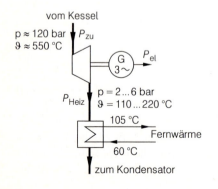

Bild 2.2
Turbine und Fernwärme bei Gegendruckbetrieb

2.3b dargestellte Heizkraftwerk im reinen Kondensationsbetrieb eine elektrische Leistung von 700 MW auf. Bei der Abgabe einer Wärmeleistung von 550 MW sinkt die elektrische Leistung auf 600 MW.
Bisher ist der funktionelle Ablauf des Wasser-Dampf-Kreislaufs eines kohlebefeuerten Kraftwerks beschrieben worden. Darüber hinaus benötigt der Elektrotechniker auch noch Grundkenntnisse über die technologische Gestaltung dieses Prozesses, denn davon wird auch der Netzbetrieb beeinflusst.

2.1.1.2 Aufbau kohlebefeuerter Blockkraftwerke

Aus den Bildern 2.3a und 2.3b ist die bauliche Gliederung eines modernen Heizkraftwerks zu ersehen. Mit ca. 30 % der Anlagenkosten stellt der Kessel das teuerste Anlagenelement dar, auf das zunächst näher eingegangen wird.

Kesselanlagen

Bei dem dargestellten Dampferzeuger handelt es sich um die heute übliche Bauweise, einen *einzügigen Zwangsdurchlaufkessel*. Dort liegen alle Rohrsysteme, in denen das Wasser erwärmt wird, übereinander. Im Unterschied zu den früher eingesetzten zweizügigen Bauformen wird bei dieser Bauart die Längenausdehnung des Materials, die sich bei Temperaturänderungen einstellt, besser beherrscht. Eine besonders hohe Temperaturdifferenz stellt sich beim Anfahren des Kessels ein. Bei großen Blockkraftwerken verlängert sich der Kessel während dieser Zeitspanne um ca. 30 cm. Dadurch werden mechanische Wärmespannungen ausgelöst. Sie sind umso ausgeprägter, je kürzer die Anfahrzeit gewählt wird. Um die mechanische Beanspruchung zu begrenzen, muss sich der Anfahrvorgang auf ca. 1...2 Stunden erstrecken. Dann ist zugleich sichergestellt, dass auch die Turbinen nur im erlaubten Maß durch Wärmespannungen belastet werden, denn ihre zulässigen mechanischen Grenzwerte sind noch geringer als beim Kessel. Aber auch im Betrieb stellen sich Temperaturdifferenzen bzw. Wärmespannungen ein. Sie treten immer dann auf, wenn die abgegebene Kesselleistung geändert wird. Um die Anlage nicht überzubeanspruchen, darf ein Kessel seine Leistung pro Minute nur etwa um 5...10 % der Nennleistung erhöhen. Anderenfalls wird die zulässige *Leistungsänderungsgeschwindigkeit* überschritten.
Ein wesentliches Element eines Kessels stellt sein Feuerraum dar. Bei der Ausführung in Bild 2.3a bzw. 2.3b sind an dessen vier Ecken jeweils zwei Brenner in einer Ebene angeordnet. Vier Ebenen liegen übereinander, sodass sich eine Gesamtzahl von 32 Brennern ergibt.
In den bereits erwähnten Kohlemühlen wird die Kohle zu Staub gemahlen. Dieser wird dann zusammen mit Luft in die Brenner und dann in den Feuerraum geblasen. In dem Brenner wird das Gemisch gezündet; die Kohleteilchen verglühen dann im Feuerraum. Dabei wird die freigesetzte Wärme im Wesentlichen abgestrahlt. Die verwendete Verbrennungsluft ist zuvor bereits in einem Luftvorwärmer vorgewärmt worden, der später noch erläutert wird. Durch die damit verbundene Temperaturerhöhung steigt der Wirkungsgrad.
Die bei dem Verbrennungsprozess freiwerdende Wärmestrahlung trifft auf die Feuerraumwände. Diese bestehen aus einem Rohrsystem, das sich dort schraubenförmig emporwindet. In den Rohren fließt das Speisewasser, das die Wärme aufnimmt und dabei allmählich verdampft. Daher wird dieses Rohrsystem auch als *Verdampferheizfläche* bezeichnet. Da das Wasser zugleich unter einem hohen Druck von ca. 200...300 bar steht, reißt mitunter

2 Grundzüge der elektrischen Energieerzeugung

a)

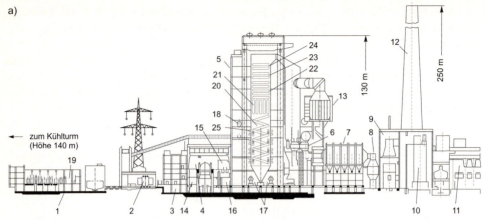

1 Wasseraufbereitung	8 Saugzuggebläse	15 Kessel-Speisewasser-Pumpen	21 Verdampfer mit gerader Berohrung
2 Maschinentransformator	9 REA-Wärmetauscher	16 Hochdruckvorwärmer	22 Überhitzer
3 Schaltanlagen	10 REA-Absorber	17 Kohlemühlen	23 Zwischenüberhitzer
4 Maschinenhaus	11 REA-Gips-Aufbereitung	18 Speisewasserbehälter	24 Economizer
5 Kesselhaus	12 Schornstein	19 Rohwasserbecken	25 Brenner (2 in jeder Ecke des Feuerraums)
6 Luftvorwärmer	13 DENOX-Anlage	20 Verdampfer mit Schrägwicklung	
7 Elektrofilter	14 Niederdruckvorwärmer		

b)

c) d)

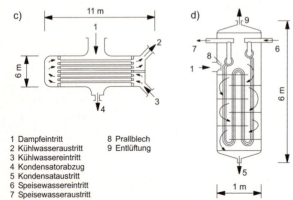

1 Dampfeintritt 8 Prallblech
2 Kühlwasseraustritt 9 Entlüftung
3 Kühlwassereintritt
4 Kondensatorabzug
5 Kondensataustritt
6 Speisewassereintritt
7 Speisewasseraustritt

Bild 2.3

Darstellung eines
700-MW-Heizkraftwerks mit
Kohlefeuerung
a) Schnittbild
b) Aufbau des Blocks
c) Darstellung des
   Oberflächenkondensators
d) Darstellung eines
   Oberflächenvorwärmers
   (Hochdruckvorwärmer)

eines der Rohre auf. Es tritt dann Dampf aus; der Kessel muss kurz danach abgeschaltet werden. Diese so genannten *Rohrreißer* bewirken vergleichsweise am häufigsten einen Kesselausfall. Sie treten auch bei den im Folgenden erläuterten Rohrsystemen auf, den so genannten Nachschaltheizflächen.

In Anschluss an die regenerative Speisewasservorwärmung wird das Speisewasser vor dem Eintritt in den Verdampfer bis kurz unterhalb der Siedetemperatur erwärmt. Dieser Vorgang erfolgt in einem besonderen Rohrbündel, das sich im Deckenbereich des Kesselraums befindet und als *Economizer* (ECO) bezeichnet wird. Daran streichen die Rauchgase vorbei, die dort immerhin noch eine Temperatur von gut 400 °C aufweisen. Unterhalb des Economizers liegen die Rohrbündel des *Überhitzers* und *Zwischenüberhitzers*. Dabei ist der Überhitzer meist in zwei Rohrbündel aufgeteilt. Dazwischen befindet sich der Zwischenüberhitzer. Auf diese Nachschaltheizflächen wird die Wärme primär durch Konvektion übertragen. Sie sind räumlich so weit oben angebracht, dass sowohl die Wärmestrahlung der Kohlepartikel als auch der Rauchgase bereits abgeklungen ist. Bei den hohen Feuerraumtemperaturen von ca. 1200 °C werden nämlich die beim Verbrennungsprozess entstehenden Gase – im Wesentlichen Kohlendioxid und Wasserdampf sowie der Stickstoff der Verbrennungsluft – teilweise angeregt, sodass sie ebenfalls beginnen, Strahlungswärme abzugeben.

Bei Kesseltemperaturen bis ca. 1200 °C schmilzt die Asche noch nicht. Sie wird zu ca. 80 % als Flugasche von den Rauchgasen mitgeführt, nur ca. 20 % fällt auf den trichterförmig gestalteten Boden. Eingebaute Rußbläser beseitigen von Zeit zu Zeit die Ascheablagerungen auf den Rohren, damit sich der Wärmeübergang nicht verschlechtert.

Falls die Kesseltemperaturen höher gewählt werden, beginnt die Asche zu schmelzen. Sie tropft dann als Schlacke nach unten. Der Boden ist bei solchen Kesseln mit Schmelzstaubfeuerung kammerartig und nicht trichterförmig gestaltet wie im Bild 2.3a. Bei dieser Kesselbauweise ist der Anteil an Flugasche recht niedrig. Dieser Vorteil wird jedoch durch einen anderen Effekt überdeckt. Die hohe Feuerraumtemperatur sorgt dafür, dass sich beim Verbrennungsprozess der Anteil an Stickoxiden deutlich vergrößert. Meistens sind diese Emissionsbestandteile jedoch kostenintensiver zu beseitigen als die Asche in den Rauchgasen. Daher wird die Schmelzfeuerung jetzt seltener verwendet.

Aus Umweltschutzgründen dürfen die Stickoxide, der Flugstaub und die ebenfalls bei der Verbrennung entstehenden Schwefeloxide in den Rauchgasen gesetzlich festgesetzte Grenzwerte nicht überschreiten. Die entsprechenden Maßnahmen werden als *Entstickung* (DENOX), *Entstaubung* und *Entschwefelung* (REA) bezeichnet. Meistens erfolgt die Rauchgasreinigung auch in dieser Reihenfolge.

Besonders aufwändig sind die Einrichtungen zur Entstickung. Meistens wird das heiße SCR-Verfahren angewendet (Selective Catalytic Reduction). Die eigentliche Reaktion besteht darin, dass sich die Stickoxide im Rauchgas mit eingedüstem Ammoniak zu Stickstoff und Wasser reduzieren. Allerdings ist dafür die Anwesenheit eines Katalysators notwendig. Er befindet sich in einem Reaktor und besteht aus wabenförmigen Modulen. Es handelt sich um keramikartiges Material auf Titanoxidbasis mit Zuschlägen von Metalloxiden wie V_2O_5 und WO_3. An diesen zahlreichen Modulen streicht das Gasgemisch entlang. Die gewünschte Reaktion findet nur statt, sofern die Temperatur etwa bei 300 ... 400 °C liegt. Da die Rauchgase nach dem Economizer noch diese Temperatur aufweisen, muss die DENOX-Anlage unmittelbar nach dem Economizer errichtet werden und ist an den Kessel angegliedert.

Auf die Entstickung folgt die Entstaubung. Man verwendet dafür elektrostatische Filter. Sie reinigen die Rauchgase bis zu 99,8 % von den Staubpartikeln. Anschließend wird das staubfreie Gas dann entschwefelt. In der ebenfalls aufwändigen Entschwefelungsanlage werden die Rauchgase mit einer Suspension aus fein gemahlenem Kalkstein und Wasser in Berührung gebracht, in die zusätzlich noch Luft eingeblasen wird. Dabei bildet sich Gips, der nach einer Aufbereitung an die Bauindustrie geliefert wird.

Nach den bisherigen Erläuterungen handelt es sich bei dem in Bild 2.3a bzw. Bild 2.3b dargestellten Dampferzeuger um einen Zwangsdurchlaufkessel mit Trockenstaubfeuerung. Für Blockkraftwerke mit einer kleineren Leistung als 300 MW hat sich anstelle der beschriebenen Brenner- eine Wirbelschichtfeuerung als günstiger erwiesen, die im Folgenden erläutert wird.

In den Feuerraum des Kessels wird mit einem Luftstrom, der Förderluft, horizontal ein feinkörniges Gemisch eingeblasen (Bild 2.4). Es besteht aus Kalkkörnern, Kohlekörnern sowie Ballaststoffen. Zusätzlich wird der Feuerraum von unten mit der Verbrennungsluft beblasen. Bei einer passend gewählten Strömungsgeschwindigkeit gehen die Feststoffe in einen wirbelnden Zustand über. Es bildet sich ein Wirbelbett aus, in dem der eigentliche Verbrennungsprozess stattfindet. Durch die Wirbelbewegung erfolgt ein schneller Ortswechsel der Partikel. Dadurch kommen die Kohle- und Kalkteilchen sehr intensiv mit der Verbrennungsluft bzw. mit den Abgasen in Berührung. Infolgedessen kann zum einen auch ballastreiche Kohle geringen Heizwerts verbrannt werden. Zum anderen reagiert der Kalk mit den entstehenden SO_2-Gasen. Es bildet sich Kalziumsulfat, das gemeinsam mit der Asche ausfällt und daher nicht als Baustoff geeignet ist.

Die aufsteigenden Rauchgase führen kleine Partikel mit sich. Sie werden in einem Zyklon nachträglich entfernt und wieder in den Kessel eingeblasen; Staub wird aus den Abgasen durch einen Elektrofilter abgeschieden. Zwischen den Stoffen, die der Wirbelschicht zugeführt werden und diese verlassen, bildet sich stationär ein Gleichgewicht aus. Daher heißt das beschriebene Verfahren auch *stationäre Wirbelschichtfeuerung*.

Infolge der weitgehenden Absorption des SO_2-Gases können die aufwändigen REA-Maßnahmen entfallen. Eine Belastung mit Stickoxiden ist ebenfalls kaum gegeben, denn die Verbrennungstemperatur kann mit ca. 850 °C so niedrig gewählt werden, dass sich der Oxidationsprozess von Stickstoff unter den zulässigen Grenzwerten bewegt. DENOX-Einrichtungen sind daher ebenfalls nicht notwendig.

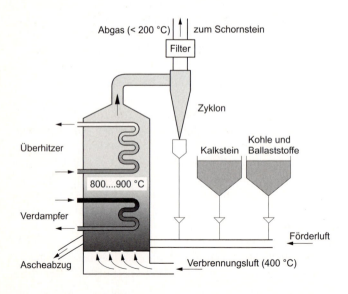

Bild 2.4
Prinzipieller Aufbau einer Kesselanlage mit Wirbelschichtfeuerung

Obwohl die Zustandsgröße Temperatur bei dem Wirbelschichtverfahren sehr niedrig liegt, ist der Gesamtwirkungsgrad mit herkömmlichen Feuerungen vergleichbar (s. Anhang). Dafür maßgebend ist u. a. der gute Übergang der Verbrennungswärme auf das Speisewasser, da der Dampferzeuger direkt in die Wirbelschicht eintaucht.
Gemeinsam ist allen Kesselausführungen, dass der am Kesselausgang auftretende Heiß- bzw. Frischdampf über Rohrleitungen den im Folgenden beschriebenen Turbinen zugeleitet wird.

Dampfturbine

Der prinzipielle Aufbau einer Dampfturbine ist dem Bild 2.5a zu entnehmen. Sie besteht aus mehreren Stufen, die sich jeweils aus einem Kranz von Leit- und Laufschaufeln zusammensetzen. Die *Leitschaufeln* sind an der Innenseite des Gehäuses, die *Laufschaufeln* außen am Laufrad befestigt, das wiederum mit der Welle verbunden ist. In jeder einzelnen Stufe läuft folgender Vorgang ab:
Bei den Leitschaufeln verkleinert sich in Strömungsrichtung die Durchtrittsfläche ($b < a$). Dadurch wirken die Schaufeln auf den einströmenden Dampf wie eine Düse. Der Druck wird demnach kleiner, die Geschwindigkeit des Dampfes steigt. Sie kann am Austritt der Leitschaufeln Werte erreichen, die in der Nähe der Schallgeschwindigkeit oder sogar darüber liegen. Die thermische Energie des Dampfes wird durch diese Anordnung in kinetische Energie umgewandelt. Der sich mit hoher Geschwindigkeit bewegende Dampf wird dann auf die dahinter liegenden Schaufeln des Laufrads gelenkt und gibt nach dem Impulssatz einen Teil seiner kinetischen Energie an das drehbare Laufrad ab.
Bei manchen Ausführungen weisen die Laufschaufeln im Unterschied zu den Leitschaufeln keine Querschnittsverengung auf. Dann ist die Fläche am Eintritt gleich derjenigen am Austritt (c). Man spricht deshalb von *Gleichdruckturbinen*, um anzudeuten, dass sich in den Laufschaufeln das Druckniveau nicht ändert (Bild 2.5b). Es sind jedoch auch Bauweisen üblich, bei denen sich der Strömungsquerschnitt der Laufschaufeln ebenfalls verjüngt. In diesem Fall wird nicht nur in den Leit-, sondern auch in den Laufschaufeln die

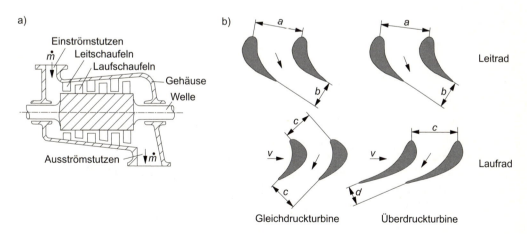

Bild 2.5
Schnittbild und Schaufelformen von Turbinen
a) Längsschnitt einer Axialturbine ohne Regelstufe
b) Schaufelform bei Überdruck- und Gleichdruckturbinen

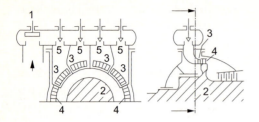

Bild 2.6
Prinzipskizze einer Regelstufe
1: Hauptabsperrventil
2: Läufer
3: Leitschaufel der Regelstufe
4: Laufschaufel der Regelstufe (Aktionsrad)
5: Ventil

kinetische Energie des Dampfes erhöht. Turbinen dieser Bauweise werden als *Überdruckturbinen* bezeichnet (Bild 2.5b). Im Wesentlichen sind die beiden Bauarten gleichwertig. Eine tiefer gehende und zugleich leicht verständliche Darstellung über das weite Gebiet der Dampfturbinen sowie ihre Regelung ist [2] zu entnehmen.

Die Regelung der abgegebenen Turbinenleistung erfolgt durch eine Regelung der zugeführten Dampfmenge. Zu diesem Zweck wird der ersten Turbinenstufe eine Regelstufe vorgeschaltet. Es handelt sich um eine spezielle Gleichdruckstufe, die auch als Aktionsrad bezeichnet wird. Wie Bild 2.6 zeigt, ist das Leitrad dieser Regelstufe in mehrere Beschaufelungssegmente unterteilt. Die angestrebte Regelung der Dampfmenge wird nun über ein Öffnen oder Schließen der vorgelagerten Regelventile erreicht. Dementsprechend wird bei Teillast nur ein Teil des Leitradkranzes mit Dampf beaufschlagt. Vor der ersten Stufe der nachgeschalteten Turbine stellt sich jedoch wieder eine gleichmäßige Druckverteilung ein.

Bei einem Versagen der Regelung kann die Drehzahl in kurzer Zeit auf so hohe Werte anwachsen, dass die Turbine durch die Fliehkräfte zerstört wird. Als Sicherheitseinrichtung weist jeder Turbinensatz ein *Schnellschlussventil* auf. Es unterbricht selbsttätig die Dampfzufuhr, wenn die Turbinendrehzahl um mehr als 5 % über der dauernd zulässigen Drehzahl, der *Nenndrehzahl*, liegt und dadurch die Turbinen gefährdet sind. Nach dem Schnellschlussfall wird der zu viel produzierte Dampf abgeleitet. Dies geschieht über ein Bypass-Ventil und eine Umleitarmatur, die den Dampf unter Umgehung der Turbinen unmittelbar in den Kondensator einleitet.

Meist gibt die Niederdruckturbine eine deutlich größere Leistung ab als die Hochdruckturbine. Da der Druck des eingeleiteten Dampfes bei der Niederdruckturbine wesentlich niedriger ist (Bild 2.1), weist er ein erheblich höheres Volumen auf. Dementsprechend besitzen die Niederdruckturbinen – u. a. auch die Schaufeln – sehr viel größere Abmessungen. An ihren Endschaufeln sinkt der Druck auf sehr kleine Werte im Vakuumbereich ab. Im Vergleich zur Hochdruckturbine ist bei Niederdruckturbinen das Druck- und damit auch das Volumenverhältnis zwischen Einström- und Ausströmstutzen sehr viel größer. Dementsprechend ist auch der Unterschied in der Schaufelhöhe sehr ausgeprägt. Typisch für Niederdruckturbinen ist ein zweiflutiger Aufbau, die Parallelschaltung zweier Turbinen auf einer Welle und die Einspeisung des Dampfes in der Mitte (Bild 2.7). Nach dem letzten Schaufelkranz wird der Dampf über einen Abdampfstutzen in den Kondensator geleitet.

Kondensator

Von den verschiedenen Ausführungen wird der Oberflächenkondensator am häufigsten verwendet (Bild 2.3c). Bei dieser Konstruktion strömt der Abdampf an Röhren vorbei, durch die Kühlwasser gedrückt wird. Der Dampf gibt dabei Wärme ab und kondensiert. Dadurch verringert sich das Dampfvolumen auf das Wasservolumen; es entsteht, wie bereits beschrieben, ein sehr geringes Druckniveau. Um eindringende Luft zu entfernen,

2.1 Stromerzeugung mit fossil befeuerten Kraftwerken

Bild 2.7
Aufbau einer typischen zweiflutigen Niederdruckturbine
(Parallelschaltung zweier Turbinen auf einer Welle, Dampfzufuhr erfolgt in der Mitte)

wird zusätzlich eine Vakuumpumpe installiert. Eine weitere Pumpe, die Kondensatpumpe, befördert das kondensierte Wasser zu den Vorwärmern (Bild 2.1).

Für die Ableitung der Kondensationswärme benötigt man große Kühlwassermengen, die meist Flüssen oder Seen entnommen werden. Man spricht dann von einer *Frischwasserkühlung*. Wenn dies in ausreichendem Maße nicht möglich ist, müssen Kühltürme eingesetzt werden, die hohe zusätzliche Baukosten bedingen. Am häufigsten wird die wirkungsvolle Verdunstungskühlung angewandt (Bild 2.3b).

Kondensatoren sind baulich so ausgelegt, dass sie die maximal anfallende Heißdampfmenge kondensieren können, die allerdings durch das Einspritzwasser zuvor noch abgekühlt wird. Damit ist sichergestellt, dass auch im Schnellschlussfall, wenn das Bypass-Ventil des Turbinensatzes geöffnet ist, die Anlage nicht durch eine Wärmeüberlastung des Kondensators gefährdet wird.

Kesselspeisepumpen

Die Kesselspeisepumpen sind speziell für den Kraftwerksbetrieb entwickelte Pumpen. Bei großen Anlagen von z. B. 900 MW liegen die Antriebsleistungen der Pumpen bei ca. 20 MW. Speisewasserpumpen stellen in Kraftwerken die *größten Eigenbedarfsverbraucher* dar.

Beim Ausfall einer Speisewasserpumpe würde kein Speisewasser mehr in die Kesselrohre gedrückt werden. Die Rohre könnten die Wärme nicht mehr abgeben und wären in kurzer Zeit zerstört. Aus diesem Grunde sind mindestens zwei Kesselspeisepumpen zu installieren.

Luftvorwärmer

Nach dem Austritt aus dem Kessel weisen die Rauchgase noch eine Temperatur von gut 350 °C auf. Ihre Wärme wird zu einem großen Teil auf die Frischluft übertragen. Häufig wird dafür ein so genannter Drehluvo verwendet. Dessen Rotor wird mit einer Geschwindigkeit von ungefähr $2\ldots 5$ min^{-1} gedreht. Die radial auf dem Rotor angeordneten Bleche dienen dabei als Energiespeicher für die Wärme. Auf der einen Seite werden sie durch die aus dem Kessel tretenden Rauchgase erhitzt, und auf der anderen Seite geben sie die Wärme an die angesaugte Frischluft ab (Bild 2.3a).

Speisewasservorwärmer

Die regenerative Speisewassererwärmung findet bei Kraftwerken mit gutem Wirkungsgrad in bis zu neun hintereinander geschalteten Stufen statt. Je größer diese Stufenzahl ist, desto intensiver erfolgt eine Wärmeübertragung, sodass sich das Speisewasser umso stärker erwärmt. Hochdruck- und Niederdruckvorwärmer arbeiten als Oberflächenvorwärmer, deren prinzipieller Aufbau in Bild 2.3d dargestellt ist. Das Speisewasser durchfließt in einem solchen Vorwärmer Rohrbündel, die vom Anzapfdampf erwärmt werden. Dabei kondensiert der Anzapfdampf. Das entstehende Kondensat wird danach über Kondensatpumpen wieder dem Speisewasserkreislauf zugeführt.

2.1.1.3 Wärmeverbrauchskennlinie von Kondensationskraftwerken

Ein wesentliches Beurteilungskriterium für den Gesamtwirkungsgrad eines Kondensationskraftwerks ist die *Wärmeverbrauchskennlinie*. Sie liegt umso niedriger, je besser die in den vorangegangenen Abschnitten erläuterten baulichen Maßnahmen zur Wirkungsgraderhöhung sind. In Bild 2.8 ist der prinzipielle Verlauf einer Wärmeverbrauchskennlinie $q(P)$ in kJ/kWh dargestellt. Dieser spezifische Wärmeverbrauch q gibt als charakteristische Größe für Wärmekraftwerke an, welche Wärmemenge für die Erzeugung einer kWh benötigt wird. Sie ist ein Maß für den Wirkungsgrad.

Bei einer Turbinenregelung über Ventile (gestrichelter Verlauf) erhöht sich zusätzlich der Wärmeverbrauch, wenn Drosselverluste aufgrund von nur teilweise geöffneten Dampfventilen entstehen. Falls die Leistung ohne Regelstufe allein über den Kessel verändert wird, können diese Verluste nicht auftreten. Der günstigste Wirkungsgrad der hier gezeigten Kennlinien liegt bei P_{opt} kurz unterhalb der Nennlast P_n, die im Dauerbetrieb maximal abgegeben werden kann.

Ein guter Wirkungsgrad und damit eine günstige Wärmeverbrauchskennlinie lassen sich durch einen hohen baulichen Aufwand und damit hohe Investitionskosten erreichen. Über die Wirtschaftlichkeit des jeweiligen Kraftwerks ist damit jedoch noch keine Aussage getroffen. Die Kosten für die Erzeugung der elektrischen Leistung errechnen sich aus der Wärmemenge $\dot{Q}$ und den marktabhängigen Brennstoffkosten w:

$$\frac{\dot{K}_w}{\text{EUR/h}} = \underbrace{\frac{q(P)}{\text{GJ/MWh}} \cdot \frac{P}{\text{MW}}}_{\dot{Q}} \cdot \frac{w}{\text{EUR/GJ}} \ . \tag{2.1}$$

Der Brennstoffpreis w kann bei den Primärenergieträgern erheblich differieren. Im Kapitel 13 wird die Beziehung (2.1) noch benötigt.

In den siebziger Jahren ist für die bereits erläuterten Kraftwerkstypen mit Brennerfeuerung mitunter keine Kohle, sondern stattdessen Erdgas verwendet worden. Der Wirkungsgrad solcher Anlagen war dann etwas günstiger, da keine Kohlemühlen benötigt wurden und sich damit der Eigenbedarf senkte. Ab den achtziger Jahren setzte bei den stationär betriebenen Gasturbinen eine stürmische Entwicklung ein, die bis heute noch

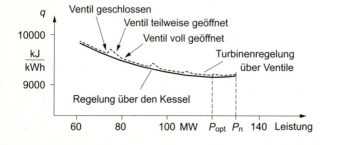

Bild 2.8 Wärmeverbrauchskennlinie

nicht abgeschlossen ist. Sie führte zu erdgasbefeuerten Kraftwerken mit einem anderen Prozessablauf.

2.1.2 Erdgasbefeuerte Kraftwerke

Im Wesentlichen findet man zwei Arten von erdgasbefeuerten Anlagen:
- Gasturbinen-Kraftwerke,
- Gas-und-Dampf-Kraftwerke.

Grundsätzlich können sie jedoch auch mit Heizöl betrieben werden. Zunächst werden die Gasturbinen-Anlagen erläutert.

2.1.2.1 Gasturbinen-Kraftwerke

In Bild 2.9a ist der prinzipielle Schaltplan und der Aufbau eines modernen Gasturbinen-Kraftwerks dargestellt, das abkürzend auch als GT-Kraftwerk bezeichnet wird.
Zunächst saugt ein Verdichter die Frischluft für den Verbrennungsprozess an und verdichtet sie auf Werte, die meist im Bereich 15...20 bar liegen. Im Bild 2.9b stellt der linke Teil der Anlage den Verdichter dar. Die komprimierte Luft wird mit dem Erdgas den Brennern zugeführt. Sie sind gleichmäßig verteilt auf der ringförmig gestalteten Brennkammer angeordnet. Dort wird das Gemisch gezündet, um dann in der Brennkammer zu verbrennen. Die Verbrennungsgase – im Wesentlichen Kohlendioxid, Wasserdampf und Stickstoff – erreichen bei modernen Gasturbinen Temperaturen bis ca. 1250 °C. Zu Beginn der Achtzigerjahre betrug dieser Wert noch ca. 750 °C. Die heißen Abgase strömen dann in die eigentliche Gasturbine, die sich in Bild 2.9b im rechten Teil der Anlage befindet. Vom Turbinenaustritt werden die Abgase entweder direkt oder mitunter auch über einen Wärmetauscher, der die Frischluft vorwärmt, ins Offene geleitet. Daher bezeichnet man diesen Prozess als offenen Gasturbinenbetrieb.

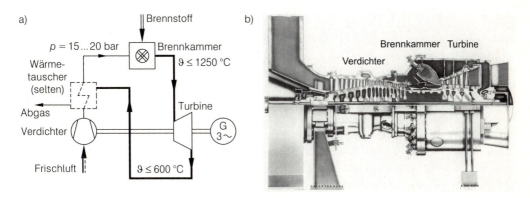

Bild 2.9
Aufbau eines Gasturbinen-Kraftwerks
a) Prinzipielle Gestaltung einer offen betriebenen Gasturbinen-Anlage
b) Technische Verwirklichung

Erst das Zusammenspiel einer Reihe von technologischen Neuheiten hat die Beherrschung der hohen Temperaturen ermöglicht: Die Auskleidung der Brennkammer mit Keramikschilden, die Verwendung von wärmestabilen Einkristallschaufeln und die Filmkühlung der Schilde und Schaufeln mit komprimierter Frischluft. Zugleich wird mit der Frischluft die Turbine intensiv von außen gekühlt.

Die Erhöhung der Zustandsgrößen hat zu einem Anstieg des Wirkungsgrads von ca. 25 % auf ca. 39 % geführt. Gleichzeitig wurden die Nennleistungen der Gasturbinen erheblich gesteigert. Sie können heute bis zu 250 MW ins Netz einspeisen. Zusätzlich müssen Gasturbinen noch die mechanische Antriebsleistung für die Verdichter erzeugen, die im gleichen Größenbereich wie die elektrische Nennleistung liegt.

Beim Anfahrvorgang wird die gesamte Maschine durch einen zusätzlich vorhandenen Anlaufmotor angetrieben. Im Unterschied zu Kondensationskraftwerken können Gasturbinen wegen der im Vergleich zu Dampfturbinen sehr viel dünnwandigeren Konstruktion rasch hochgefahren werden. Hochlaufzeiten von wenigen Minuten einschließlich Netzsynchronisation sind möglich.

Trotz der hohen Temperaturen in der Brennkammer lässt sich der Verbrennungsprozess so gestalten, dass die Grenzwerte für Stickoxide nicht verletzt werden; der Prozess ist bezüglich der Schwefeldioxide und des Flugstaubs emissionsfrei. Dadurch entfallen im Unterschied zum kohlebefeuerten Kraftwerk insgesamt die aufwändigen Maßnahmen zur Entstickung, Entstaubung und Entschwefelung. Bei Gasturbinen-Kraftwerken sind daher die Investitionskosten vergleichsweise niedrig. Dafür weisen sie jedoch höhere Betriebskosten auf: zum einen wegen des niedrigeren Wirkungsgrads und zum anderen wegen der höheren Brennstoffkosten für Erdgas im Vergleich zu Kohle. Unabhängig von der Kostenfrage werden Gasturbinen-Kraftwerke auch aus betriebstechnischen Gründen für den Netzbetrieb benötigt. Sie können bei Spitzenlast oder bei Ausfall eines Kraftwerks als so genannte Minutenreserve schnell ans Netz genommen werden, während kohlebefeuerte Blockkraftwerke dafür eine Hochlaufzeit von 1...2 Stunden benötigen. Diese schnelle Verfügbarkeit der Gasturbinen weisen üblicherweise auch die umfassenderen Gas-und-Dampf-Kraftwerke auf.

2.1.2.2 Gas-und-Dampf-Kraftwerke

Bei einem Gas-und-Dampf-Kraftwerk – abkürzend auch als GuD-Kraftwerk bezeichnet – arbeiten ein Gasturbinen- und ein Dampfkraftwerk zusammen. Anders als bei einer reinen GT-Anlage werden die austretenden Verbrennungsgase von ca. 600 °C einem *Abhitzekessel* zugeführt. Es handelt sich um einen speziellen Wärmetauscher, der naturgemäß sehr viel einfacher aufgebaut ist als ein Zwangsdurchlaufkessel. Ein solcher Abhitzekessel erzeugt Dampf von z. B. 55 bar und 530 °C. Der nachgeschaltete Wasser-Dampf-Prozess ist wie bei den kohlebefeuerten Kraftwerken beschaffen. Ganz grob wird mit dieser Anlage nochmals die halbe Gasturbinennennleistung gewonnen.

Aus dem Schaltplan in Bild 2.10 ist zu ersehen, dass sowohl die Gas- als auch die Dampfturbine jeweils mit einem Generator gekuppelt ist. Bei dieser zweiwelligen Konfiguration kann die Gasturbine auch alleine hochgefahren werden, ohne dass die Dampfanlage aktiviert wird. Eine GuD-Anlage entspricht dann einem GT-Kraftwerk.

GuD-Kraftwerke weisen einen wesentlich günstigeren Wirkungsgrad als kohlebefeuerte Anlagen auf. Anstelle von $\eta = 43\,\%$ liegt er dort bei ca. $\eta = 50\,\%$ (s. Anhang), Werte von 58 % sind bereits möglich. Allerdings benötigen diese Kraftwerke den thermisch hochwertigeren Brennstoff Erdgas. Zukünftig wird man auch Kohle indirekt einsetzen

2.1 Stromerzeugung mit fossil befeuerten Kraftwerken

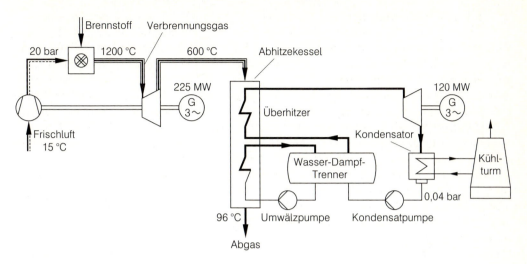

Bild 2.10
Prinzipieller Schaltplan eines zweiwelligen GuD-Kraftwerks

können; sie ist jedoch vorher zu vergasen. Zurzeit existieren dafür nur Pilotanlagen. Der Vergasungsprozess benötigt natürlich zusätzliche Energie, wodurch der Gesamtwirkungsgrad solcher Anlagen fast auf den Wert von kohlebefeuerten Blockkraftwerken sinkt. Alle bisher beschriebenen Prozesse sind für Kleinanlagen mit Nennleistungen bis zu einigen MW nicht geeignet. Dafür verwendet man Blockheizkraftwerke.

2.1.2.3 Blockheizkraftwerke

Bei einem Blockheizkraftwerk, abgekürzt mit BHKW, ist ein mit Erdgas oder Diesel betriebener Motor mit einem Generator gekuppelt (Bild 2.11). Die Abwärme des Motors wird über Wärmetauscher zum Heizen eingesetzt. In Deutschland ist 2004 eine elektrische Leistung von insgesamt ca. 8000 MW auf diese Weise erzeugt worden. Dabei liegt die Nennleistung der einzelnen Einheiten meist im Bereich zwischen 50 kW und 15 MW. Eventuelle überschüssige Leistung wird ins Netz eingespeist und verrechnet.
Die beschriebenen Anlagen mit Kraft-Wärme-Kopplung (KWK) werden vom Staat gefördert. Dies gilt auch für die aussichtsreichen Brennstoffzellen.

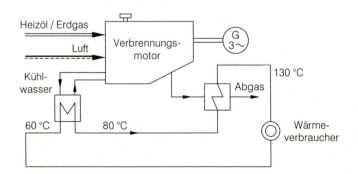

Bild 2.11
Diesel- oder Gasmotor in Kraft-Wärme-Kopplungsschaltung

2.1.2.4 Brennstoffzellen

Grundsätzlich wird in Brennstoffzellen die Wasser-Elektrolyse umgekehrt. An einer Elektrode streicht Wasserstoff, an der anderen Sauerstoff vorbei. Auf der Oberfläche der unterschiedlichen Elektrodenwerkstoffe findet dabei eine elektrochemische Reaktion statt, die zu einer Ionisation der Gase führt. Zwischen den Elektroden liegt bei jeder Bauart eine gasundurchlässige Trennschicht. Es handelt sich um einen Elektrolyten, der nur eine Ionenart (im Prinzip H^+ oder O^{2-}) weitertransportiert. Ist die Schicht passiert, treffen diese Ionen auf die jeweils andere Ionenart. Es bildet sich Wasser unter Freisetzung von Wärme. Die für diesen Vorgang erforderliche Betriebstemperatur ist von der Bauart der Brennstoffzelle abhängig und liegt im Bereich 80...1000 °C. Man verwendet dementsprechend die Bezeichnung Nieder- bzw. Hochtemperaturbrennstoffzelle.

Durch die beschriebene Ionisation entsteht auf der einen Elektrode ein Überschuss, auf der anderen ein Mangel an Elektronen. Über den angeschlossenen äußeren Stromkreis können sie sich ausgleichen; es fließt ein Strom. In Bild 2.12 ist ein Beispiel für den prinzipiellen Aufbau einer Brennstoffzelle dargestellt. Jede Brennstoffzelle liefert stets eine Gleichspannung; ihre Ausgangsspannung liegt bei ca. 1 V. Durch eine Hintereinander- bzw. Parallelschaltung vieler solcher Zellen entstehen leistungsfähige Module. Der von ihnen gelieferte Gleichstrom wird dann durch Wechselrichter in einen Wechsel- oder Drehstrom umgewandelt. Vereinzelt sind bereits Anlagen mit einer Leistung bis zu 11 MW erstellt worden.

Inzwischen sind auch Brennstoffzellen entwickelt, die mit Erdgas zu betreiben sind. Bei Brennstoffzellen, die mit niedrigen Betriebstemperaturen arbeiten, wird das Erdgas extern in ein CO- und H_2-Gasgemisch umgewandelt bzw. reformiert. Nach der Ionisation in der Zelle wird es dann zu Wasser (H_2O) und Kohlendioxid (CO_2) oxidiert. Anstelle des dazu benötigten Sauerstoffs ist es auch möglich, Luft zu verwenden. Bei Hochtemperaturbrennstoffzellen erfolgt die Reformierung des Erdgases bereits intern in der Zelle.

Zu beachten ist, dass Erdgas und Luft wie in Gasturbinen zu Wasser und Kohlendioxid umgewandelt werden. Dort reagieren jedoch Moleküle unter Flammenbildung miteinander. In Brennstoffzellen verbinden sich dagegen Ionen, ohne dass Flammen auftreten. Man bezeichnet diesen Vorgang als *kalte Verbrennung*. Allerdings bestehen Unterschiede in der Ausnutzung der chemisch gebundenen Energie und damit auch im Wirkungsgrad. In den Hochtemperaturbrennstoffzellen liegt er bei 60 %, in Gasturbinen beträgt er dagegen nur 39 % (s. Anhang).

Im Vergleich zu den bisher verwendeten Methoden ist die Stromerzeugung mit Brennstoffzellen zurzeit noch nicht ohne staatliche Förderungsmaßnahmen konkurrenzfähig. Diese Aussage gilt auch für die relativ weit verbreiteten Phosphorsäure-Brennstoffzellen

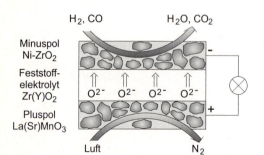

Bild 2.12
Funktionsprinzip einer Hochtemperatur-Brennstoffzelle (SOFC)

(PAFC). Ihr Name besagt, dass als Elektrolyt Phosphorsäure verwendet wird. Sie ermöglicht nur den Transport von H^+-Ionen. Die Leistungsgrenzen dieser Technologie erstrecken sich auf den Bereich von 50 kW bis 11 MW; der elektrische Wirkungsgrad liegt im Erdgasbetrieb bei gut 40 %. Diese Bauart gehört mit einer Betriebstemperatur von ca. 200 °C zu den Niedertemperaturausführungen. Weltweit sind bereits eine Reihe von Anlagen gebaut worden, um damit breitbandige Betriebserfahrungen zu sammeln.

Parallel zu diesen Aktivitäten werden mit großem Aufwand die bereits laborreifen Polymermembran-Brennstoffzellen (PEMFC) weiterentwickelt. Bei ihnen wird als Elektrolyt eine Polymermembrane verwendet, die – wie bei der Phosphorsäurebauart – nur für H^+-Ionen durchlässig ist. Diese Ausführung gehört mit einer Betriebstemperatur von ca. 80 °C ebenfalls zu der Klasse der Niedertemperaturbrennstoffzellen. Das Entwicklungsziel ist vornehmlich darauf ausgerichtet, sie als Stromlieferant für Elektroautos einzusetzen. Man erhofft sich, dass sie auch für die dezentrale Versorgung von Wohnhäusern zu verwenden sind, die über einen Gasanschluss verfügen. Eventuelle überschüssige elektrische Energie wird dann in das Niederspannungsnetz eingespeist und mit dem EVU verrechnet. Die beim Betrieb zusätzlich freiwerdende Wärme dient zur Warmwasserversorgung bzw. für Heizzwecke.

Große Hoffnungen knüpft man auch an die bereits laborreifen Hochtemperaturbrennstoffzellen. Im Wesentlichen werden zwei Entwicklungslinien – die Schmelzkarbonat- und die keramische Festoxidausführung – verfolgt (MCFC bzw. SOFC). Bei der Verwendung von Schmelzkarbonat als Elektrolyt werden CO_3^{2-}-Ionen transportiert. Sie können sich an der Kathode nur bilden, wenn dort neben Sauerstoff auch Kohlendioxid vorhanden ist. Abweichend davon ist der Elektrolyt bei der keramischen Festoxidausführung nur für Sauerstoffionen O^{2-} durchlässig. Sowohl der Elektrolyt als auch die Elektroden bestehen bei dieser Brennstoffzelle aus unterschiedlichen keramischen Werkstoffen (Bild 2.12). Hochtemperaturbrennstoffzellen sind vorwiegend für den Einsatz von größeren Einheiten wie z. B. in Blockheizkraftwerken gedacht. Bei dieser Technologie lässt sich das Brenngas mit vergleichsweise geringem Aufwand aufbereiten. Im Wesentlichen gilt es nur, schwefelhaltige Substanzen zu entfernen, die für alle Brennstoffzellen-Bauarten schädlich sind.

Die Betriebstemperatur der Festoxidausführung liegt bei ca. 1000 °C. Die heißen Abgase sind daher dafür geeignet, in einem nachgeschalteten GuD-Prozess verarbeitet zu werden. Man erwartet, dass solche Anlagen einen elektrischen Wirkungsgrad von ca. 70 % aufweisen. Ein weiteres Anwendungsfeld eröffnet sich mit der Kohlevergasung. Aus dem dabei erzeugten Kohlengas gewinnt man über eine Reduktion von Wasser ein Gemisch aus CO und H_2. Damit können dann wiederum direkt die Brennstoffzellen betrieben werden.

Bisher sind lediglich Anlagen betrachtet worden, die entweder Kohle oder Gas alleine einsetzen. Neben diesen Kraftwerkstypen gibt es auch Mischformen, die beide Brennstoffe zugleich verwenden.

2.1.3 Erdgas-/kohlebefeuerte Anlagen

In den siebziger und achtziger Jahren sind erdgas-/kohlebefeuerte Anlagen zumeist als *Kombinationskraftwerke* errichtet worden. Sie bestehen jeweils aus einem Gasturbinen- und einem kohlebefeuerten Kraftwerk. Dabei wird von der Gasturbine kaum mehr als 1/3 der Gesamtnennleistung geliefert. Bis zu diesem Anteil ist es problemlos möglich, die Abgase der Gasturbine direkt der Brennluft des Kohleblocks zuzumischen. Anderenfalls wird infolge eines Mangels an Sauerstoff der Ausbrand der Kohle im Zwangsdurchlaufkessel beeinträchtigt. Durch die erhöhte Temperatur der Verbrennungsluft vergrößert sich der Wirkungsgrad der Gesamtanlage auf ca. 45 %.

Eine größere Freizügigkeit bieten die *Verbundkraftwerke*, die seit Beginn der neunziger Jahre stattdessen gebaut werden. Sie setzen sich ebenfalls aus einer Gasturbinenanlage und einem kohlebefeuerten Kraftwerk zusammen, sind jedoch anders als die Kombinationskraftwerke miteinander verknüpft. So ist die Gasturbinenanlage mit einem Abhitzekessel ausgerüstet. In dem Abhitzekessel wird Mitteldruckdampf erzeugt und zusätzlich der Mitteldruckturbine des kohlebefeuerten Blockkraftwerks zugeführt, das weiterhin einen Zwangsdurchlaufkessel aufweist. Darüber hinaus wird auch noch das Speisewasser des Kohleblocks im Abhitzekessel regenerativ vorgewärmt.

Bei dieser Prozessführung lässt sich der Wirkungsgrad auf Werte bis zu 50 % steigern. Im Vergleich zu der jeweils getrennten Errichtung eines GuD-Kraftwerks und eines kohlebefeuerten Blockkraftwerks benötigt eine Verbundanlage niedrigere Investitionskosten, da die Dampfturbine und der Kühlkreislauf nur einmal zu installieren sind. Zugleich weist die Verbundanlage auch die betriebliche Freizügigkeit auf, dass der Kohleblock und im Notfall auch die Gasturbine jeweils alleine gefahren werden können. Ein solcher Einzelbetrieb ist jedoch mit deutlichen Wirkungsgradabsenkungen verbunden.

Im Unterschied zu den beschriebenen fossil befeuerten Wärmekraftwerken hat sich während der letzten Jahrzehnte der Prozessablauf bei den Wasserkraftanlagen deutlich weniger geändert.

2.2 Stromerzeugung mit Wasserkraftwerken

Im Unterschied zum Wärmekraftwerk ist der schematische Aufbau eines Wasserkraftwerks recht einfach: Es besteht lediglich aus einer Wasserturbine mit angekoppeltem Generator (Bild 2.13). Zur Inbetriebnahme der Wasserturbinen brauchen nur Schieber geöffnet zu werden. Aus diesem Grunde kann ein Wasserkraftwerk, im Gegensatz zu einem Kondensationskraftwerk, in 1...2 Minuten angefahren werden. Ein weiterer Vorteil liegt in den niedrigen Betriebskosten, da Brennstoffkosten nicht anfallen. Weitere Ausbaumöglichkeiten fehlen jedoch, sodass der vorhandene Lastanstieg nicht mehr mit dieser Energieart gedeckt werden kann. Zurzeit werden etwa 4 % der eingespeisten elektrischen Energie durch Wasserkraft erzeugt.

Prinzipiell weisen Wasserturbinen im Vergleich zu Dampfturbinen eine niedrigere Drehzahl auf, die im Bereich bis zu einigen hundert Umdrehungen pro Minute liegt. Da in der Regel jedoch eine 50-Hz-Spannung in das Netz einzuspeisen ist, werden für den Generator hochpolige Synchronmaschinen in Schenkelpolausführung eingesetzt (s. Abschnitt 4.4).

Die Bauart der Wasserturbinen wird im Wesentlichen durch die Fallhöhe des Wassers bestimmt. Im Folgenden werden dazu einige Erläuterungen gegeben.

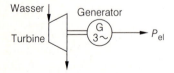

Bild 2.13
Schematischer Aufbau eines Wasserkraftwerks

2.2 Stromerzeugung mit Wasserkraftwerken

2.2.1 Bauarten von Wasserturbinen

Anlagen mit einer Fallhöhe des Wassers von weniger als 60 m bezeichnet man als *Niederdruckanlagen*. Sie werden an Flussläufen gebaut, an denen gleichzeitig eine Regulierung und Kanalisierung vorgenommen werden muss. Die Errichtung eines solchen Kraftwerks allein mit dem Ziel, elektrische Energie zu erzeugen, ist aufgrund der hohen Baukosten meist unwirtschaftlich.

Bei Niederdruckanlagen hat sich als Antrieb für den Generator die *Kaplan-Turbine* durchgesetzt, deren prinzipielle Bauweise in Bild 2.14 dargestellt ist. Auffällig ist bei dieser Turbinenart die propellerartige Ausführung des Laufrads.

Die Funktion dieser Turbinenart soll im Folgenden kurz erläutert werden: Aus dem Fallrohr strömt das Wasser durch das Spiralgehäuse, das für eine gleichmäßige Geschwindigkeitsverteilung sorgt, auf die tragflügelähnlich profilierten Leitschaufeln. Diese lenken die Strömung auf die Schaufeln des beweglichen Laufrads. Daran gibt das Wasser einen Teil seiner kinetischen Energie ab. Durch das Saugrohr verlässt es die Turbine dann wieder. Die Leistungsregelung der Turbine erfolgt durch eine Mengenregulierung des Wasserstroms, indem im Wesentlichen die Schaufeln des Leitapparats verstellt werden (Finksche Drehschaufeln). Darüber hinaus sind bei der Kaplan-Turbine auch die Laufradschaufeln verstellbar, sodass sie sich wechselnden Betriebsbedingungen recht gut anpassen kann.

Bei einer Fallhöhe des Wassers zwischen etwa 60 m und 300 m werden Wasserkraftwerke als *Mitteldruckanlagen* bezeichnet. Meistens wird bei diesen Anlagen eine *Francis-Turbine* eingesetzt, bei der das Wasser über einen Leitapparat radial von außen in das Laufrad einströmt. Wie bei der Kaplan-Turbine erfolgt auch bei dieser Turbinenart die Leistungsregelung über drehbare Leitschaufeln. Im Gegensatz dazu sind die geschwungen ausgeführten Laufschaufeln jedoch nicht verstellbar.

Wenn die Fallhöhe des Wassers mehr als 300 m beträgt, spricht man von *Hochdruckanlagen*. In solchen Anlagen wird überwiegend die *Pelton-Turbine* verwendet, bei der das Wasser aus Düsen auf ein Laufrad mit Schaufeln schießt. Dadurch wird die potenzielle Energie des Wassers in kinetische Energie umgewandelt. Die Leistungsregelung der Turbine wird wiederum über die austretende Wassermenge reguliert.

2.2.2 Bauarten von Wasserkraftwerken

Neben der Fallhöhe des Wassers besteht ein weiteres Unterscheidungsmerkmal von Wasserkraftwerken im Speichervermögen der Anlage.

Bei *Laufwasserkraftwerken* handelt es sich im Wesentlichen um eine Staustufe in einem Fluss, in der meist einige Kaplan-Turbinen eingesetzt sind. Sie verarbeiten die jeweils anfallende Wassermenge. Fällt mehr Wasser an, als die Turbinen fassen können, so läuft

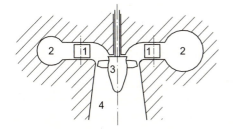

1= Leitschaufel
   (Finksche Drehschaufel)
2= Spiralgehäuse
3= Laufrad
4= Saugrohr

Bild 2.14
Prinzipskizze einer
Kaplan-Turbine

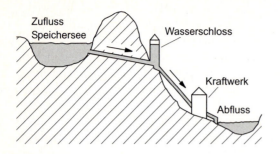

Bild 2.15
Prinzip eines Speicherwasserkraftwerks

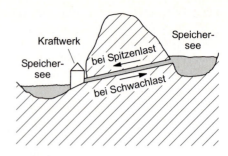

Bild 2.16
Prinzip eines Pumpspeicherwerks

die überschüssige Menge ungenutzt ab.

Andere Verhältnisse liegen bei *Speicherkraftanlagen* vor. Diese Wasserkraftwerke verfügen über einen Speicher. Das zufließende Wasser wird nicht unmittelbar genutzt, sondern in Zeiten mit schwacher Belastung gesammelt und in Zeiten erhöhten Energieverbrauchs aus dem Speicher entnommen. Den prinzipiellen Aufbau einer solchen Anlage zeigt Bild 2.15. Je nach Größe des Speicherbeckens und des Ausgleichsvermögens durch die Zuläufe nennt man die Speicher Jahres-, Monats-, Wochen- oder Tagesspeicher.

Bei Hochdruckanlagen ist es üblich, so genannte *Wasserschlösser* einzubauen. Bei einem schnellen Verschließen der Düse würden sonst infolge der hohen kinetischen Energie des fließenden Wassers große Drucksteigerungen in den Rohren auftreten. Die Wasserschlösser sorgen für den erforderlichen Druckausgleich.

Um spezielle Speicherkraftanlagen handelt es sich bei *Pumpspeicherwerken* (Bild 2.16). Zu Schwachlastzeiten wird mit preiswerter elektrischer Energie aus z. B. nicht ausgelasteten Laufwasserkraftwerken Wasser in einen Stausee hochgepumpt. In Zeiten erhöhten Stromverbrauchs wird die potenzielle Energie des Wassers über Turbinen, die Generatoren antreiben, in elektrische Energie zurückverwandelt. Der Wirkungsgrad von Pumpspeicherwerken liegt bei ca. 75 %. Wegen ihrer guten Regelbarkeit gewinnen sie eine steigende Bedeutung für die Bereitstellung von Regelleistung in Übertragungsnetzen (s. Abschnitte 8.1 und 13.2.2). Ein weiterer entscheidender Vorteil liegt in ihrer geringen Hochlaufzeit von nur ca. 90 Sekunden. Daher stellen sie neben Gasturbinen eine sehr gute Momentanreserve dar.

2.3 Stromerzeugung mit Kernkraftwerken

Neben den fossilen Brennstoffen stellt die Kernenergie in der öffentlichen Stromerzeugung eine wichtige Primärenergie dar. In der Bundesrepublik wird etwa 25 % der erzeugten elektrischen Energie von Kernkraftwerken geliefert. Für diesen Kraftwerkstyp sind eine Reihe verschiedener Reaktortypen entwickelt worden. Im Wesentlichen wird davon in der Energieversorgung bisher nur die Gruppe der *Leichtwasserreaktoren* in den Kernkraftwerken eingesetzt.

Der prinzipielle Aufbau dieser Reaktoren ist aus Bild 2.17 zu ersehen. Ihre Funktion wird im Folgenden skizziert: Das Kernstück eines Reaktors stellen die Brennelemente dar, die häufig aus ca. 250 gasdicht verschweißten Zircalloyrohren bestehen, in die angereichertes

2.3 Stromerzeugung mit Kernkraftwerken

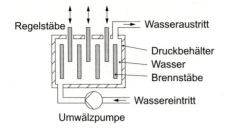

Bild 2.17
Prinzipieller Aufbau eines Leichtwasserreaktors

Uran in Tablettenform eingebracht wird. Im Vergleich zum Natururan, das im Wesentlichen aus U-238-Atomen besteht, ist bei diesem Uran der Anteil an dem Isotop U 235 in Anreicherungsanlagen von 0,7 % auf ca. 2,5...3,5 % erhöht worden.

Prinzipiell kann bei Uran 238 und dem Isotop U 235 ein Beschuss mit Neutronen – aus einer fremden Neutronenquelle – Kernspaltungen auslösen. Die freiwerdenden Spaltatome verbleiben in den Brennstäben und weisen eine hohe kinetische Energie auf, die sich auf die Umgebung der Brennstäbe überträgt. Sie macht sich dort als starke Wärmeentwicklung bemerkbar. Der eigentliche Zweck des Reaktors liegt in der Nutzung dieser Wärme.

Bei einer Kernspaltung werden zugleich zusätzliche Neutronen freigesetzt. Sie lösen weitere Kernspaltungen aus. Im Hinblick auf die Wärmeentwicklung wird eine selbstständige Fortsetzung dieser Kernspaltungen – eine so genannte *Kettenreaktion* – angestrebt. Dieser Prozess kann beim Uran 238 prinzipiell nicht eingeleitet werden, da zu viele Neutronen in den Kernen absorbiert werden. Mit dem Isotop U 235 ist bei der vorliegenden Konzentration dagegen eine Kettenreaktion dann möglich, wenn die Neutronen in ihrer Geschwindigkeit richtig bemessen sind. Die bei einer Kernspaltung freigesetzten Neutronen erfüllen diese Bedingung nicht, da sie überwiegend zu schnell sind. Um auch diese Neutronen für eine Kettenreaktion nutzen zu können, müssen sie auf die erforderliche Geschwindigkeit abgebremst werden. Diese Aufgabe erfüllt der *Moderator*.

Bei Leichtwasserreaktoren ist der Moderator leichtes Wasser (H_2O), das die Brennstäbe umhüllt. Die aus den Brennstäben tretenden Neutronen werden dadurch so abgebremst, dass sie in den benachbarten Brennstäben bei den U-235-Atomen Kernspaltungen herbeiführen. Die Anzahl dieser Kernspaltungen kann ein von der Auslegung vorgesehenes Maß nicht überschreiten, da in den Brennstäben nur eine schwache Dotierung mit U-235-Atomen vorliegt. Damit ist die Neutronenproduktion stets begrenzt; es entsteht eine *kontrollierte Kettenreaktion*. Das Wasser, das die Brennelemente umhüllt, dient zugleich als Kühlmittel. Umwälzpumpen bewirken einen Zwangsumlauf des Wassers.

Der Neutronenfluss lässt sich durch zusätzlich angebrachte Regelstäbe verkleinern. Sie befinden sich zwischen den Brennstäben und bestehen aus Borkarbid, einem Stoff, der gut Neutronen absorbiert. In dem Maße, wie die Regelstäbe tiefer zwischen die Brennstäbe geschoben werden, wird die Absorption wirksamer und damit die Anzahl der Neutronen bzw. die entwickelte Wärmemenge kleiner. Auf diese Weise lässt sich die Leistung des Reaktors im Vergleich zu Kesseln rein technisch relativ schnell verändern. Im praktischen Betrieb wird jedoch auch bei einem Kernkraftwerk die Größe solcher schnellen Lastwechsel begrenzt, um Wärmespannungen in den Brennstäben sowie in den angeschlossenen Turbinen zu vermeiden. Bei Leichtwasserreaktoren lassen sich zwei Ausführungen, die Druck- und die Siedewasserreaktoren, unterscheiden:

Bei einem *Druckwasserreaktor* wird das Wasser bis ca. 320 °C erhitzt. Ein Sieden tritt jedoch nicht ein, da für einen entsprechend hohen Druck von ca. 160 bar gesorgt wird. Das

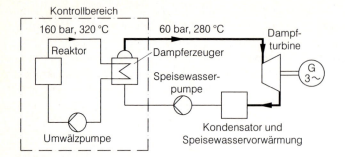

Bild 2.18
Prinzipieller Schaltplan eines Kernkraftwerks mit einem Druckwasserreaktor

Wasser wird mit diesen Zustandsgrößen durch einen Wärmetauscher geleitet, der in einem Sekundärkreislauf Satt- bzw. Nassdampf mit ca. 280 °C bei etwa 60 bar erzeugt. Nach dem Wärmetauscher entsprechen die Anlagenteile konventionellen Dampfkraftwerken. Da nur der Reaktor und der Wärmetauscher mit radioaktivem Material in Berührung kommen, ist lediglich für diese Anlagenteile ein besonderer Schutz notwendig. Bild 2.18 zeigt den prinzipiellen Aufbau eines Kernkraftwerks mit Druckwasserreaktor.

Bei einer anderen Bauart, dem *Siedewasserreaktor*, bildet sich der Dampf bereits im Reaktor. Da dort neben dem gebildeten Dampf auch Wasser existiert, kann wie beim Druckwasserreaktor nur Sattdampf erzeugt werden. In Bild 2.19 ist der prinzipielle Aufbau eines Kernkraftwerks mit einem Siedewasserreaktor wiedergegeben. Bis auf die Erzeugung des Dampfes durch einen Reaktor entspricht es sonst einem konventionellen Dampfkraftwerk. Die Ähnlichkeit geht sogar so weit, dass bei diesem Reaktortyp infolge der niedrigen Zustandsgrößen im Reaktor zusätzlich auch die Drehzahl der Speisewasserpumpen als Stellgröße zur Leistungsregelung verwendet wird.

Nachteilig wirken sich bei den beschriebenen Reaktortypen die niedrigen Zustandsgrößen des Dampfes aus. Ihr Wirkungsgrad beträgt deshalb nur ca. 30 %. Abhilfe ließe sich über höhere Zustandsgrößen erzielen, was bei den derzeitigen Werkstoffen jedoch nicht ausführbar ist.

Hohe Leistungen lassen sich aufgrund der niedrigen Zustandsgrößen daher nur über hohe Volumenströme und damit große Abmessungen der Turbine erreichen. Die großen Abmessungen bedingen hohe Fliehkräfte. Diese Turbinen können deshalb meist bei Anlagen über 600 MW nur für Drehzahlen von 1500 min^{-1} ausgelegt werden. Da die Turbinen aus den Leichtwasserreaktoren mit Sattdampf gespeist werden, bezeichnet man sie auch als *Sattdampfturbinen*.

Von der europäischen Industrie wird zurzeit von den beiden Reaktorbautypen der Druckwasserreaktor bevorzugt [3]. Intensiv wird daran gearbeitet, dessen an sich bereits sehr

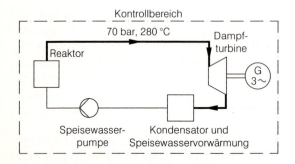

Bild 2.19
Prinzipieller Schaltplan eines Kernkraftwerks mit einem Siedewasserreaktor

hohes Sicherheitsniveau so weit zu erhöhen, dass bei allen praktisch denkbaren Unfällen keine Strahlung freigesetzt werden kann und die Bevölkerung niemals gefährdet wird. So ist z. B. bei den neu entwickelten EPR-Bautypen nochmals das Risiko erheblich abgesenkt worden, dass die Reaktorkühlung total ausfällt. Aber selbst wenn dieser sehr unwahrscheinliche Fall eintritt und die Brennstäbe schmelzen sollten, wird eine solche Kernschmelze noch sicher beherrscht. Trotz einer derartig hohen Sicherheitsstufe steht ein großer Teil der deutschen Bevölkerung dieser Technologie reserviert gegenüber.
Mittel- und langfristig werden auch die regenerativen Energiequellen an Attraktivität gewinnen.

2.4 Stromerzeugung aus regenerativen Energiequellen

Der Ausdruck „regenerativ" bedeutet so viel wie „erneuerungsfähig". Im Rahmen von energetischen Betrachtungen wird damit ausgesagt, dass der Strom aus Energiequellen erzeugt wird, die in relativ kurzer Zeit aus dem Energiehaushalt der Erde „erneuert" werden. Deren Energiehaushalt wird bekanntlich im Wesentlichen von dem einfallenden Sonnenlicht gedeckt, jedoch auch aus dem Isotopenzerfall im Erdinneren (Erdwärme) und von der kinetischen Energie der Planetenbewegung. Im Einzelnen erfolgt die Umwandlung solcher regenerativen Energiequellen in elektrische Energie über Windenergieanlagen, solar- sowie geothermische Kraftwerke, Gezeitenkraftwerke, photovoltaische Anlagen und solche, die Biomasse verwerten. Von der Definition her gehören in diese Kategorie prinzipiell auch die Wasserkraftwerke. Sie werden jedoch vielfach – wie auch hier – aufgrund ihrer eigenständigen Rolle in der Vergangenheit gesondert betrachtet [1].

2.4.1 Windenergieanlagen

Zurzeit sind in der Bundesrepublik bereits zahlreiche Windenergieanlagen in Betrieb. Man nennt sie auch Windkraftanlagen oder Windkonverter. Ihre installierte Gesamtleistung beträgt im Jahr 2004 bereits über 15 000 MW, also mehr als 15 % der deutschen Kraftwerksleistung. Die von einer Windkraftanlage maximal abgebbare Leistung im Dauerbetrieb wird wiederum als Bemessungsleistung bezeichnet. Sie hängt im Wesentlichen von der gewählten Turmhöhe und der damit in Beziehung stehenden Länge der Rotorblätter ab. Für eine 300-kW-Anlage ist z. B. eine Turmhöhe von knapp 40 m und eine Rotorblattlänge von 16 m erforderlich; das Gesamtgewicht beträgt ca. 70 t. Zumeist liegt die Bemessungsleistung der einzelnen Windkraftanlagen zwischen 30 kW und 3000 kW. Zukünftig dürften sich die in der Vergangenheit erreichten Zuwachsraten beim Bau von Windenergieanlagen verlangsamen, da es immer schwieriger wird, geeignete Standorte zu finden, die eine Auslastung von 2000...3000 Volllastbenutzungsstunden pro Jahr gewährleisten. Ein wirtschaftlicher Betrieb ist bei den derzeitigen Förderungsmaßnahmen erst ab 2000 Stunden möglich. Im Vergleich zu Kraftwerken ist eine solche Ausnutzung allerdings niedrig. Daher tragen die Windkonverter mit knapp 5 % deutlich weniger zur Energieerzeugung bei, als es ihrem Anteil an der installierten Leistung entspricht. Auf weitere Probleme bei der Nutzung der Windenergie wird in Abschnitt 2.4.7 und in Kapitel 8 noch eingegangen.
Durch einen vertikal angebrachten Azimutmotor (Bild 2.20) wird der Rotor stets gegen den Wind ausgerichtet. Überwiegend weist der Rotor drei propellerartige Blätter auf,

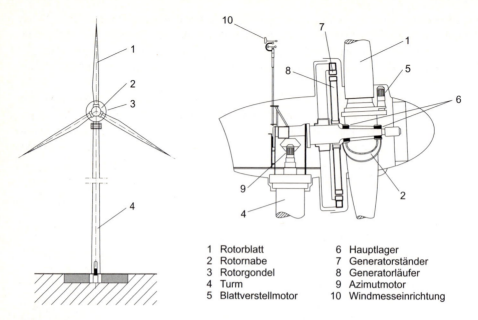

Bild 2.20
Aufbau einer 500-kW-Windenergieanlage und Schnittbild der Rotorgondel
(Rotordurchmesser: 40 m, Nabenhöhe: 50 m)

die der Luftströmung kinetische Energie entziehen und auf diese Weise ein Drehmoment erzeugen [4].
Bei kleinen Anlagen sind die Rotorblätter starr mit der Nabe verbunden, die über ein *Getriebe* wiederum einen Asynchrongenerator antreibt. Ab einer Windgeschwindigkeit von ca. 3 m/s beginnt die Anlage, ins Netz Leistung einzuspeisen. Mit steigender Windgeschwindigkeit wächst die abgegebene Leistung an und erreicht bei ca. 13 m/s ihren Bemessungswert. Anschließend beginnen sich die Strömungsverhältnisse an den Rotorblättern allmählich zu verschlechtern. Dadurch sinkt der Wirkungsgrad der Anlage und damit auch die abgegebene Leistung; die Anlage regelt sich auf diese Weise selbst. Man bezeichnet diesen Effekt als *Stallregulierung*. Ab Windgeschwindigkeiten von ca. 25 m/s wird die mechanische Festigkeit der Anlage gefährdet. Um Schäden zu vermeiden, wird der Rotor dann durch den Azimutmotor aus dem Wind gedreht und außer Betrieb genommen.
Üblicherweise speisen die Generatoren mit einer Klemmenspannung von 400 V über einen Transformator ins Mittelspannungsnetz; große Windenergieparks speisen teilweise schon ins 110-kV-Netz. Bei kleineren Anlagen werden meistens Asynchronmaschinen mit Käfigläufern eingesetzt. Stellt man erhöhte Anforderungen an den Wirkungsgrad, so sind polumschaltbare Ausführungen oder mehrere Generatoren auf einer Welle zu verwenden. Soll darüber hinaus die Spannungs- und Frequenzkonstanz verbessert werden, sind die Generatoren mit leistungselektronischen Zusatzkomponenten auszurüsten. Bei extremen Bedingungen an den Blindleistungsbedarf installiert man stromrichtergeregelte Asynchrongeneratoren mit Schleifringläufern.
Größere Windenergieanlagen werden meist mit pitchgeregelten Rotorblättern ausgeführt. Bei diesen Konstruktionen sind die Rotorblätter auf der Nabe verstellbar montiert und werden durch mikroprozessorgesteuerte Blattverstellmotoren jeweils in die strömungs-

technisch günstigste Position gebracht (Bild 2.20). Durch diese Maßnahme wird der Wirkungsgrad bei niedrigen Strömungsgeschwindigkeiten deutlich verbessert. Außerdem entfällt der Leistungsabfall bei Geschwindigkeiten oberhalb des Bemessungswerts; der Generator speist in diesem Bereich stets die Bemessungsleistung als Wirkanteil ins Netz.

Bei großen Wirkleistungen werden auch Synchrongeneratoren eingesetzt, die den jeweils erforderlichen Blindleistungsbedarf über einen weiten Bereich liefern können. Moderne Bauarten werden als hochpolige Schenkelpolmaschinen mit Stromrichter- oder Permanenterregung ausgelegt. Diese hochpoligen Synchronmaschinen weisen Durchmesser bis zu 5 m auf und ragen ringförmig aus der Rotorgondel hervor (Bild 2.20).

Ein weiterer wesentlicher Vorteil der an sich bereits recht aufwändigen hochpoligen Maschinen besteht darin, dass sie direkt die niedrigen Drehzahlen des Rotors verarbeiten können. Es entfällt daher das Getriebe zwischen Rotornabe und Generator, das bei Asynchronmaschinen benötigt wird. Allerdings muss bei solchen Synchronmaschinen die Ankopplung zum Netz über Stromrichteranlagen erfolgen.

Die bisherigen Ausführungen zeigen, dass es für die Umwandlung der Windenergie in elektrische Energie eine Reihe von Systemlösungen gibt. Prinzipiell gilt, dass ihr Investitionsaufwand mit wachsendem Wirkungsgrad und erhöhter Freizügigkeit beim Netzbetrieb ansteigt. Im Vergleich zur Windenergie wird die Strahlungswärme der Sonne bisher nur wenig genutzt.

2.4.2 Solarthermische Kraftwerke

Dieser Kraftwerkstyp stellt prinzipiell ein Wärmekraftwerk dar, bei dem die Umwandlung des Wassers in Dampf nicht über einen Kessel, sondern über die Energie des einfallenden Sonnenlichts erfolgt. Zu diesem Zweck wird das Sonnenlicht durch Hohlspiegel aufgefangen und fokussiert, sodass im Bereich des Brennpunkts Wasser in Dampf umgewandelt wird. Die auf diesem Wege realisierbaren Druck- und Temperaturwerte sind niedrig. Daher sind große Volumenströme und demzufolge große Spiegelflächen erforderlich. Für eine 100-MW-Anlage ist z. B. eine Fläche von ca. 0,8 km^2 notwendig.

In sonnenreichen Ländern wie in Kalifornien (USA) ist der Einsatz solcher Kraftwerke bereits im Bereich der Wirtschaftlichkeit. Dort werden schon solche Anlagen betrieben. In Kürze wird weltweit mit einer Kapazität von 400 MW gerechnet, wobei ein Zuwachs von 30...40 MW/Jahr angenommen wird. In der Bundesrepublik ist die Anzahl der Sonnentage zu klein, um solche Anlagen wirtschaftlich betreiben zu können.

2.4.3 Geothermische Kraftwerke

In manchen Gegenden der Erde steigt die Erdwärme in einigen Kilometern Tiefe bereits auf recht hohe Werte an. In solchen Zonen treten natürliche Heißdampfquellen auf (Geysire). Mit deren Dampf lassen sich direkt Turbinen zur Stromerzeugung antreiben. Schwierigkeiten entstehen im Betrieb durch die im Dampf enthaltenen Verunreinigungen, insbesondere durch Schwefel. Sie rufen u. a. Korrosion in den Turbinen hervor. Dies bedingt intensive Wartungsarbeiten.

Über die natürlich auftretenden Geysire hinaus hat man durch Bohrungen weitere Heißdampfquellen geschaffen; einen Schwerpunkt bildet dabei Neuseeland. Derzeit ist bereits weltweit eine Kapazität von 5000 MW vorhanden. Ein weiterer Ausbau ist nur bedingt zu erwarten, da sonst die Dampfleistung der bereits vorhandenen Quellen abgesenkt würde. Daher arbeitet man an einem weitergehenden Verfahren, das als hot-dry-rock bezeichnet wird. Durch Bohrungen bis 5000 m Tiefe wird Wasser unter hohem Druck ins Erdreich eingeleitet. Es soll dann aus einer benachbarten zweiten Bohrung als Dampf austreten. Inwieweit solche Anlagen für einen Dauerbetrieb geeignet sind, ist noch offen. In der Bundesrepublik sind die nötigen geothermischen Voraussetzungen kaum gegeben, sodass ein Bau derartiger Kraftwerkstypen nicht zu erwarten ist [1].

2.4.4 Gezeitenkraftwerke

Prinzipiell handelt es sich bei Gezeitenkraftwerken um Wasserkraftwerke. Sie sind dort möglich, wo ein Tidenhub über 5 m auftritt, die Mindestfallhöhe der Kaplan-Turbinen. Bei Flut wird ein Wasserbecken gefüllt, das bei Ebbe wieder geleert wird. Sowohl beim Ein- als auch beim Ausströmen des Wassers werden Kaplan-Turbinen angetrieben. Infolge des großen Tidenhubs werden meist große Sandmengen im Wasser mitgeführt, die u. a. die Becken merklich versanden. Abhilfe bringen intensive Baggerarbeiten, die zu zusätzlichen Wartungskosten führen.

In St. Malo (Frankreich) ist ein 240-MW-Gezeitenkraftwerk errichtet worden; weltweit sind insgesamt etwa 300 MW installiert. Da die Investitions- und Wartungskosten im Vergleich zu Wasserkraftwerken hoch sind, ist der Bau solcher Anlagen nur vereinzelt zu erwarten. In der Bundesrepublik ist die technische Voraussetzung, die Mindesthöhe des Tidenhubs, ohnehin nicht erfüllt, sodass der Bau solcher Kraftwerke entfällt.

2.4.5 Photovoltaische Anlagen

Eine Reihe von Halbleitern – häufig auf Siliziumbasis – weisen die Eigenschaft auf, dass einfallendes Sonnenlicht Ladungsträger freisetzt (Photoeffekt). Besitzt der Halbleiter einen p-n-Übergang, bildet sich dort ein elektrisches Feld aus. Es trennt die Ladungen, die sich dann an der Ober- und Unterseite ansammeln. Dadurch wird eine Gleichspannung bewirkt. Diese Erscheinung wird als *photovoltaischer Effekt* bezeichnet (Bild 2.21).

Zwei Metallschienen auf der Ober- und eine Metallschicht auf der Unterseite stellen die Anschlüsse dar, zwischen denen die Gleichspannung abgegriffen wird. Solche Systeme bezeichnet man als *Solarzellen*. Bei größeren Anlagen werden sie zumeist als Kacheln von 10 cm × 10 cm hergestellt. Eine größere Anzahl dieser Kacheln – häufig 33 ... 36 – werden neben- und hintereinander in so genannten Modulen angeordnet. Elektrisch verknüpft man sie allerdings nur seriell. Je nach Anwendungszweck schaltet man von diesen Modulen wiederum eine größere Anzahl in Serie oder parallel. Die sich dann ergebende

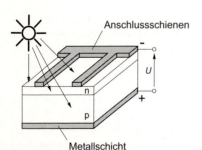

Bild 2.21
Prinzipieller Aufbau einer Solarzelle mit $U \approx 0{,}5$ V
(übliche Abmessungen: 10 cm × 10 cm)

2.4 Stromerzeugung aus regenerativen Energiequellen

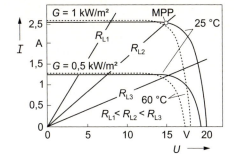

Bild 2.22
Strom-Spannungs-Kennlinien eines handelsüblichen Solarzellenmoduls und einer ohmschen Last R_L in Abhängigkeit von der Einstrahlungsleistung G und der Zellentemperatur (max. 70...80 °C)

Anordnung nennt man *Solargenerator* oder *Photovoltaischer Generator* (PV-Generator) [5], [6].

Das Betriebsverhalten eines Solargenerators ist bereits durch die Strom-Spannungs-Kennlinien eines seiner Module bestimmt. Solche Kennlinien sind Bild 2.22 zu entnehmen. Daraus ist zu erkennen, dass drei Parameter für die Ausgangsleistung der Anlage sehr bedeutsam sind. Von grundlegender Bedeutung ist zunächst die Einstrahlungsleistung G. Je größer sie ist, desto besser lässt sich das Sonnenlicht in elektrische Energie umwandeln. Für den Bemessungswert der Ausgangsleistung wird die Einstrahlung relativ hoch zu $G = 1$ kW/m^2 angenommen. Darüber hinaus ist die Last optimal zu wählen. Wie aus der Kennlinie zu ersehen ist, liefert das Modul bei zu hohen oder zu niedrigen Lastwiderständen eine geringere Ausgangsleistung; der optimale Wert wird als MPP (Maximum Power Point) bezeichnet.

Eine weitere wichtige Einflussgröße stellt die Zellentemperatur innerhalb des Moduls dar. Steigt diese, so sinkt die Gleichspannung zwischen den Anschlüssen; zugleich erhöht sich die Verlustleistung im Inneren des Moduls. Die Angabe des Bemessungswerts bezieht sich dabei stets auf eine konstante Zellentemperatur von 25 °C. Das zur Kennlinie in Bild 2.22 gehörende Modul weist bei einem Wirkungsgrad von nahezu 15 % einen Bemessungswert von ca. 50 W auf. Demnach benötigt ein Solargenerator für 1 kW Bemessungsleistung 20 derartige Module mit jeweils 34 Solarzellen, die insgesamt eine Fläche von 6,8 m^2 aufweisen. Aus konstruktiven Gründen vergrößert sich der Flächenbedarf bei einer Dachmontage mit einem Tragegerüst jedoch auf ca. 10 m^2.

In der Energieversorgung werden PV-Generatoren als dezentrale Einspeisung – ähnlich wie die Brennstoffzellen – eingesetzt. Ihr Bemessungswert erstreckt sich vom Kilowattbereich bis hin zu einigen Megawatt. Der gewählte Systemaufbau einer solchen photovoltaischen Anlage hängt in hohem Maße von der Struktur der Last ab. Handelt es sich um Wechselstromverbraucher, benötigt man zusätzlich noch Wechselrichter, die den erzeugten Gleichstrom in Wechselstrom umwandeln. Deren Wirkungsgrad liegt bei ca. 95 %, sodass sich die gewonnene elektrische Energie nochmals um 5 % erniedrigt (Bild 2.23).

Bei Anlagen mit Wechselrichtern ist eine Kopplung mit dem Niederspannungsnetz möglich. Überschüssige Leistung kann dann ins Netz eingespeist werden; darüber hinaus besteht auf diese Weise die Möglichkeit, an Tagen mit schlechten Witterungsverhältnissen die fehlende Leistung aus dem Netz zu beziehen. Wird die photovoltaische Anlage ohne Netzanschluss konzipiert und sind die Lasten stetig zu versorgen, so ist ein Speicher z. B. in Form von Batterien vorzusehen. Diese sind an der Gleichspannungssammelschiene anzuschließen (Bild 2.23).

In Deutschland liefert die über ein Jahr verteilte Sonneneinstrahlung üblicherweise eine solche Energiemenge, dass man damit einen Solargenerator 800...1000 Stunden pro Jahr

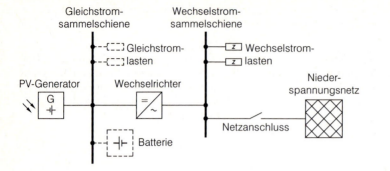

Bild 2.23
Blockschaltbild einer photovoltaischen Anlage (Batterie und Netzanschluss stellen Wahlmöglichkeiten dar)

im Bemessungsbetrieb einsetzen kann (Volllastbenutzungsstunden). Eine Anlage mit einem Bemessungswert von 1 kW liefert demnach 800...1000 kWh; der Jahresverbrauch eines normalen deutschen Familienhaushalts ohne elektrische Warmwasserbereitung liegt bei ca. 4000 kWh.

Wie aus den Tabellen im Anhang zu ersehen ist, sind die Investitionskosten einer PV-Anlage bis jetzt noch sehr hoch. Daher sind sie im Vergleich zu der herkömmlichen Versorgung aus dem Netz ohne staatliche Förderungsmaßnahmen nicht attraktiv. Liegt jedoch kein Netzanschluss vor, so können Solaranlagen eine wertvolle Ergänzung zu anderen Stromerzeugungsmethoden darstellen. Diese Möglichkeit wird u. a. bei Seezeichen und Parkscheinautomaten genutzt. Als weiteres Beispiel seien Einödhöfe genannt; dort kann mitunter zusätzlich Strom aus Biomasse gewonnen werden.

2.4.6 Strom aus Biomasse

Unter Biomasse wird im Wesentlichen die Nutzung von Pflanzen, land- und forstwirtschaftlichen Abfällen sowie tierischen Exkrementen verstanden. Sie lassen sich entweder durch verschiedene Verfahren wie z. B. Pyrolyse oder Fermentieren in brennbare Gase wie Methan umwandeln oder auch direkt verbrennen. Durch den Antrieb von Motoren bzw. Turbinen ist es dann möglich, elektrische Energie zu gewinnen. Vornehmlich ist diese Art der Stromerzeugung für landwirtschaftliche Betriebe von Interesse (Nischennutzung). Eine breite Anwendung ist nicht zu erwarten, da durch einen gezielten Anbau von Biomasse anderenfalls eine Konkurrenz zur Nahrungsmittelproduktion entstünde.

2.4.7 Schlussfolgerungen

Die bisherigen Betrachtungen zeigen, dass in der Bundesrepublik für die Nutzung regenerativer Energiequellen zurzeit nur die Windkraftanlagen von Bedeutung sind. Langfristig werden auch die photovoltaischen Anlagen an Gewicht gewinnen. Jedoch ist zu beachten, dass die eingespeiste Leistung sowohl bei den Windkraft- als auch den photovoltaischen Einrichtungen stark von den Wetterverhältnissen abhängt. Es müssen daher stets auch solche Anlagen zur Verfügung stehen, die bei ungünstigen Wettersituationen wie schwachem Wind oder fehlendem Sonnenschein die Last decken und Lastschwankungen ausregeln können (s. Kapitel 8). Dadurch erhöht sich die installierte Leistung im Vergleich zur bisherigen Situation. Der wesentliche Vorteil dieser kombinierten Energieerzeugung liegt darin, dass der Verbrauch der bisher eingesetzten konventionellen Energieträger abgesenkt und die Reichweite ihrer Lagervorkommen vergrößert wird. Zugleich wird die Umwelt weniger belastet.

Allerdings muss man in diese Bilanz auch die energetischen Aufwendungen zur Herstellung der regenerativen Anlagen einbeziehen. Dieser Anteil ist bei der Photovoltaik recht beachtlich. So liefert ein Modul während seiner Lebenszeit nur das 3...6-fache der Energie, die bereits für seine Fertigung benötigt wird. Darüber hinaus sind auch die bei der Herstellung bereits entstandenen Schadstoffemissionen zu beachten.

2.5 Kraftwerksregelung

Um einen genaueren Einblick in das Systemverhalten von Netzen gewinnen zu können, sind zumindest qualitative Kenntnisse darüber notwendig, auf welche Weise die erzeugte Leistung dem sich ständig ändernden Bedarf der Verbraucher nachgeführt wird. Auf eine vertiefte analytische Betrachtung dieser Zusammenhänge wird in dieser Einführung verzichtet. Sie ist u. a. [7] zu entnehmen. Zunächst werden die Verhältnisse bei Wärmekraftwerken dargestellt.

2.5.1 Regelung von Wärmekraftwerken

Es wird von den einfachen Verhältnissen des Inselbetriebs ausgegangen. Diese Betriebsform liegt dann vor, wenn nur ein Kraftwerk in ein Netz speist. Diese Situation ergibt sich in der Praxis u. a. dann, wenn bei einem Industrieunternehmen die Netzeinspeisung ausfällt und das betriebseigene Kraftwerk allein die Versorgung übernimmt.

2.5.1.1 Regelung eines Kraftwerks im Inselbetrieb

Änderungen in der Netzlast führen über den Generator zu Änderungen in der Belastung der Turbine und damit letztlich zu einem anderen Gegenmoment an der Turbinenwelle. Das Antriebsmoment ist von solchen Schwankungen unberührt. Es wird allein von der aus dem Kessel zugeführten Leistung, den Zustandsgrößen und der Menge des Heißdampfes bestimmt. In Bild 2.24 sind diese Verhältnisse veranschaulicht.

Je nach Größe des Antriebs- bzw. Gegenmoments stellt sich eine bestimmte Drehzahl des Turbinenlaufrads und des Generatorläufers ein, die starr miteinander gekuppelt sind. Diese Drehzahl ist der Frequenz, mit der ins Netz eingespeist wird, direkt proportional.

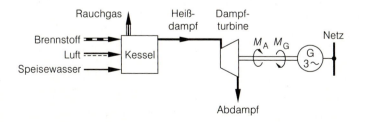

Bild 2.24
Momentengleichgewicht an der Turbinenwelle
M_A: Antriebsmoment
M_G: Gegen- bzw. Bremsmoment

Änderungen in der Kesselleistung oder in der Netzlast führen daher zu Drehzahl- und damit zu Frequenzänderungen im Netz. Allerdings äußern sich Änderungen in der Leistung nicht unmittelbar in einer stationären bzw. bleibenden Drehzahländerung. Vielmehr setzt ein Einschwingvorgang ein. Er wird dadurch verursacht, dass die Rotationsenergie, die im Laufrad der Turbine, im Läufer des Generators und in den Läufern eventueller Arbeitsmaschinen gespeichert ist, sich nicht sprungförmig ändern kann.

Wenn z. B. die Netzlast sprungförmig erniedrigt wird und die Kesselleistung gleich bleibt, wächst die Drehzahl und infolgedessen die Netzfrequenz auf einen neuen höheren, stationären Wert an. Die angenommene Lastabsenkung kann in der Praxis durch Abschaltung von Verbrauchern oder in Extremfällen sogar durch Kurzschlüsse (s. Kapitel 6) hervorgerufen werden. Bei dem umgekehrten Fall, einer Senkung der Antriebsleistung, erniedrigt sich die Netzfrequenz, bis sie ihren Endwert erreicht hat. In der Praxis kann ein solcher Betriebszustand z. B. durch den Ausfall einer Speisewasserpumpe oder Kohlemühle im Kraftwerk verursacht werden.

Die sich einstellende stationäre Frequenzabweichung wird allerdings dadurch etwas abgemildert, dass bei vielen Lasten der Wirkleistungsbedarf frequenzabhängig ist. Besonders extrem ist dieser so genannte Selbstregeleffekt mit $P_\mathrm{L} \sim f^3$ bei Gebläsen ausgeprägt. Summarisch lässt sich dieses Verhalten im Bereich der Nennleistung durch die lineare Beziehung

$$\frac{\Delta P_\mathrm{L}}{P_\mathrm{n}} = c_\mathrm{P} \cdot \frac{\Delta f}{f_\mathrm{n}} \qquad (2.2)$$

beschreiben. Die Größe c_P hängt von der Struktur des Lastgebiets ab und liegt in der Bundesrepublik vielfach bei ca. 0,5 [8], [9]. Insgesamt gilt festzuhalten, dass ein *Überschuss an erzeugter Wirkleistung im Netz eine Frequenzerhöhung und ein Mangel eine Frequenzabsenkung nach sich zieht.*

Untersucht man bei einer Turbine mit konstanter Antriebsleistung P_A den Zusammenhang zwischen der stationären Turbinendrehzahl n und der Last P, so ergibt sich in erster Näherung eine lineare Beziehung. Das zugehörige Kennlinienfeld ist Bild 2.25 zu entnehmen. Wie das Bild zeigt, führen bereits kleine Leistungsänderungen ΔP zu technisch nicht mehr vertretbaren Drehzahländerungen Δn. Aus diesem Grunde ist eine Regelung vorzusehen, die dafür sorgt, dass die Antriebsleistung entsprechend nachgeführt wird. Bei Turbinen mit einer Regelstufe geschieht dies dadurch, dass die Regelventile verstellt werden. Dabei werde zunächst angenommen, dass der Kessel in der Lage ist, die erhöhte Leistung zu liefern, wenn die Ventile geöffnet werden. Der zugehörige Regelkreis, der die Leistungsanpassung über die Ventile automatisch vornimmt, ist prinzipiell entsprechend Bild 2.26 aufgebaut. Über Aufnehmer wird der Istwert der Drehzahl ermittelt und in einen proportionalen Strom- oder Spannungswert umgesetzt. Dann wird die Abweichung von einem vorgegebenen Sollwert gebildet. Diese Größe wird verstärkt auf ein Stellglied gegeben, das je nach Abweichung die Ventile entsprechend verstellt.

Heutzutage sind als Stellglieder zumeist elektrohydraulische Vorrichtungen eingesetzt, die im regelungstechnischen Sinne Proportionalglieder darstellen. Als Regler wird ein Proportionalregler (P-Regler) gewählt. Der Regelkreis wirkt somit ebenfalls proportional (Bild 2.27). Solche Kreise gewährleisten eine schnellstmögliche Ausregelung. Dies ist in Anbetracht der Gefährdung, die durch eine erhöhte Drehzahl gegeben ist, wünschenswert.

Proportional wirkende Regelkreise haben den Nachteil, dass Regelabweichungen, die durch Störgrößen hervorgerufen werden, nicht vollständig ausgeregelt werden; es bleibt

2.5 Kraftwerksregelung

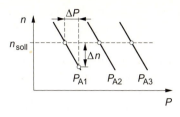

Bild 2.25
Kennlinienfeld einer Turbine mit konstanten Antriebsleistungen P_{A1}, P_{A2}, P_{A3}

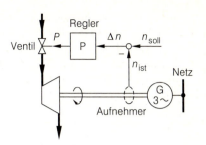

Bild 2.26
Prinzip der Drehzahlregelung einer Turbine

stationär eine Regeldifferenz bestehen. Leistungsschwankungen der Last sind in diesem Sinne als Störgröße aufzufassen (Bild 2.27). Die Regelparameter werden meist so eingestellt, dass die stationäre Regeldifferenz zwischen Schwachlast und Nennleistung ungefähr 2,5 Hz beträgt. Damit verläuft die Kennlinie einer drehzahlgeregelten Turbine wesentlich flacher als im ungeregelten Fall (Bild 2.28). Dieses Verhalten wird durch den Zusammenhang

$$\Delta P = -K_M \cdot (f - f_n) \quad \text{bzw.} \quad \frac{\Delta P}{P_n} = -\frac{1}{s_M} \cdot \frac{(f - f_n)}{f_n} \tag{2.3}$$

beschrieben. Der darin auftretende Faktor K_M wird als *Maschinenleistungszahl* bezeichnet; für die früher übliche Größe s_M wird der Begriff Statik verwendet.

Zu beachten ist, dass die stationäre Kennlinie der geregelten Einheit weitgehend von den Parametern des Reglers bestimmt wird und kaum von der Auslegung der Turbine abhängt, die jedoch überwiegend die Dynamik des Einschwingvorgangs beeinflusst. Physikalisch ist dieser Sachverhalt plausibel: Der Regler öffnet die Ventile unabhängig von den speziellen Turbinenparametern in dem Maße, wie es der Drehzahl-Sollwert erfordert. Da P-Regelkreise für eine schnelle Ausregelung sorgen, würde das Dampfventil innerhalb kurzer Zeit – im Sekundenbereich – seine Position verändern. Die Positionierung der Ventile selbst wird jedoch meist nochmals von einem weiteren Öffnungsregelkreis vorgenommen. Er verhindert zu schnelle Ventilbewegungen und damit auch zu schnelle Querschnittsveränderungen. Diese wären mit Druck- und Temperaturschwankungen verbunden, die zu unerwünscht hohen Wärmespannungen in der Turbine führten.

Die verbleibende Regelabweichung Δn in der Drehzahl wird von einem weiteren Regelkreis beseitigt. Eine mögliche Ausführung ist aus Bild 2.29 zu ersehen. Als Regelgröße

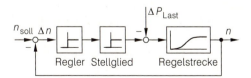

Bild 2.27
Wirkungen von Lastschwankungen als Störgröße

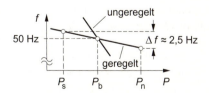

Bild 2.28
Stationäre Frequenz-Leistungs-Kennlinie einer drehzahlgeregelten Turbine
P_b: Im Betrieb gefahrene Leistung
P_n: Nennleistung; P_s: Schwachlast

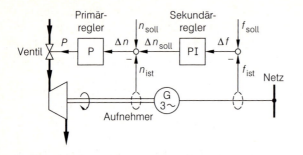

Bild 2.29
Wirkungsweise der Sekundärregelung

wird die Netzfrequenz f benutzt, die im Vergleich zur Drehzahl n eine sekundäre Größe darstellt. Aus diesem Grunde ist es üblich, diesen Kreis als *Sekundärregelung* und die Drehzahlregelung, die direkt auf die Turbine wirkt, als *Primärregelung* zu bezeichnen. Vergleichsweise langsam verstellt die Sekundärregelung den Sollwert der Drehzahl. Daher findet die unterlagerte, schnelle Primärregelung genügend Zeit, sich jeweils auf den so nachgeführten Sollwert einzustellen. Der Sekundärregler ist als PI-Regler aufgebaut, d. h. er integriert die Regelabweichung und sieht daher gewissermaßen größere Fehler, als in Wirklichkeit vorhanden sind. Aus diesem Grunde ist er in der Lage, auch kleine Abweichungen auszuregeln. Allerdings erstreckt sich dieser Vorgang über einen längeren Zeitraum von einigen Minuten. Das Zusammenspiel ist in Bild 2.30 veranschaulicht: Die Kennlinie der primärgeregelten Turbine wird so lange verschoben, bis die geforderte Verbraucherleistung mit Sollfrequenz gedeckt wird.

Um die Turbinen zu schonen, wird der Primärregler so ausgeführt, dass er erst bei größeren Drehzahlabweichungen anspricht. Kleine Abweichungen werden dann nur von der langsameren Sekundärregelung ausgeregelt.

Regelkreise, die in einer solchen hierarchischen Struktur zusammenarbeiten, werden in der Regelungstechnik als Kaskadenregelung bezeichnet. Dieses Konzept wird sehr häufig auch bei anderen Aufgabenstellungen angewendet. An dieser Stelle sei darauf hingewiesen, dass im Rahmen der hier ausgeführten Beschreibung nur auf die prinzipielle Wirkungsweise der Regelungen eingegangen wird. Die gerätetechnische Realisierung kann eventuell von dem skizzierten Aufbau abweichen [10].

Die von den Reglern gewünschten Leistungsänderungen des Kessels sind letztlich von der Feuerung nachzuvollziehen, also u. a. auch von der Brennstoff- und Luftzufuhr. Im Folgenden werden die Vorgänge skizziert, die sich nach einer Änderung der Ventilposition abspielen.

Wie bereits angesprochen, bewirkt die Ventiländerung eine Querschnittsänderung. Dadurch stellen sich andere Zustandsgrößen ein. Die Regelabweichung vom Sollwert des Drucks wird auf einen Kesselregler, den so genannten Kessellastgeber, geleitet. Dieser gibt daraufhin für etwa 150 Regelkreise neue Führungsgrößen, also neue Sollwerte vor.

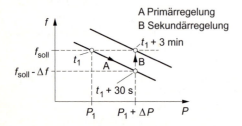

Bild 2.30
Darstellung der Regelvorgänge nach einer Leistungserhöhung um ΔP

2.5 Kraftwerksregelung

Es handelt sich gewissermaßen um eine Kaskade, bei der viele parallel geschaltete unterlagerte Regelkreise vorhanden sind. Besonders wichtige Regelkreise stellen die Regelungen des Frischluftgebläses, der Brennstoffzufuhr und der Speisewasserpumpe dar, die mit ihrer Drehzahl den Dampfdurchsatz bestimmen. Das Zusammenwirken dieser Regelkreise zeigt Bild 2.31.

Beim Schließen des Regelventils staut sich die Dampfmenge im Kessel. Dies bewirkt zunächst einen Druckanstieg, für den die Anlage ausgelegt ist. Die Turbine reagiert auf die verringerte Dampfzufuhr bereits einige Sekunden danach mit einer verringerten Drehzahl. Die Zeitkonstante für diesen Regelvorgang liegt im Bereich von $5\ldots 10$ s.

Anders verhält es sich bei Leistungssteigerungen. In diesem Fall müssen u. a. die Brennstoffmenge und die Luftzufuhr erhöht werden. Je nach Art des Brennstoffs (Öl, Kohle) kommt die Feuerung für sprungförmige Leistungserhöhungen bis zu 5 % der Nennlast P_n erst innerhalb von $25\ldots 200$ s nach. Bei vielen Kesseln sorgt jedoch der Nachverdampfungseffekt, auch Ausspeicherung genannt, bereits nach einigen Sekunden für eine Leistungserhöhung: Durch den plötzlichen Druckabfall beim Öffnen der Regelventile verdampft für einen Zeitraum von ca. 1 min mehr Wasser, sodass trotz der niedrigeren Zustandsgrößen eine erhöhte Leistungsabgabe auftritt. Bei einer abgestimmten Kesselregelung ist nach Abklingen der Ausspeicherung die Feuerung bereits so nachgeführt, dass es anschließend zu keinem Leistungseinbruch kommt. Bei Kesseln mit sehr hohen Zustandsgrößen ist der Nachverdampfungseffekt nur schwach ausgeprägt. Abhilfe kann dann durch den Einbau von Dampfspeichern erreicht werden, die jedoch aus Kostengründen nur selten verwendet werden.

Es gilt festzuhalten, dass kleine Leistungserhöhungen bis etwa 5 % von P_n bei modernen kohlebefeuerten Kesseln in ca. $30\ldots 40$ s aufgefangen werden. Bei einer Aussteuerung größerer Leistungsbereiche, z. B. zwischen 40 % und 100 % der Nennlast, ist im Wesentlichen nur noch die Dynamik der Feuerung maßgebend, die eine kleinere Leistungsänderungsgeschwindigkeit bedingt. Von modernen Blockkraftwerken wird für den Bereich $(0,4\ldots 1) \cdot P_n$ der sehr viel größere Zeitraum von $15\ldots 30$ min benötigt. Bei dieser Änderungsgeschwindigkeit werden die Maschinen jedoch stark belastet. Außerdem tritt ein hoher Brennstoffverbrauch auf, sodass eine solche schnelle Fahrweise nur in außergewöhnlichen Situationen gewählt wird.

Bei der bisher beschriebenen Kesselregelung orientiert sich der Kessellastgeber am Druck vor der Regelstufe. Da der Sollwert des Drucks stationär festgehalten wird, spricht man von einer *Festdruckregelung* bzw. vom *Festdruckbetrieb*. Es handelt sich bei dieser Rege-

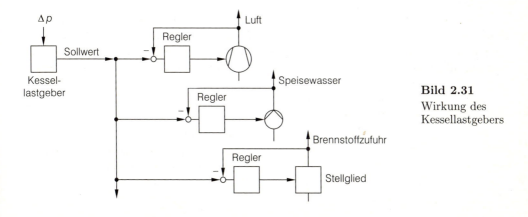

Bild 2.31
Wirkung des Kessellastgebers

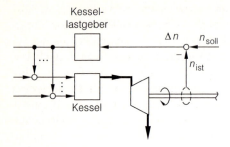

Bild 2.32
Prinzip des Gleitdruckbetriebs

lung im Vergleich zu der anschließend besprochenen Variante um eine schnelle Regelung. Allerdings beruht die Regelfreudigkeit auf entsprechenden Hubbewegungen der Ventile. Die damit verbundenen Änderungen in den Zustandsgrößen beim Heißdampf führen zu relativ hohen Wärmespannungen in den dickwandigen Bauteilen der Turbine.

Eine Alternative zum Festdruckbetrieb stellt der *Gleitdruckbetrieb* dar, der häufig bei Blockkraftwerken über 300 MW zu finden ist. Die prinzipielle Wirkungsweise dieses Konzepts ist Bild 2.32 zu entnehmen. Bei dieser Regelung stellt der Druck keine Regelgröße dar, sondern er gleitet. In diesem Fall wird die Drehzahlabweichung direkt auf den Kessellastgeber geführt, der dann im beschriebenen Sinne auf die Feuerung einwirkt.

Beim reinen Gleitdruckbetrieb ist der Turbineneinlass stets geöffnet, sodass prinzipiell überhaupt keine Regelstufe vorhanden zu sein braucht. Da unter diesen Bedingungen auch kein Nachverdampfungseffekt zum Tragen kommen kann, ist diese Regelung träger, aber auch schonender. In der Praxis wird häufig eine Übergangsform zwischen dem Gleit- und Festdruckbetrieb angewendet, die als *modifizierter Gleitdruckbetrieb* bezeichnet wird. Bei dieser Fahrweise werden kleine Drehzahländerungen relativ langsam im Gleitdruck-, größere Abweichungen jedoch im schnelleren Festdruckbetrieb ausgeregelt. Auf diesen Betrachtungen aufbauend, ist es nun möglich, die Verhältnisse bei Netzen mit mehreren Kraftwerkseinspeisungen zu verstehen.

2.5.1.2 Regelung im Insel- und Verbundnetz

Zunächst wird die Regelung in Netzen behandelt, die aus relativ wenigen Kraftwerken gespeist werden. Solche in sich abgeschlossenen Netzverbände ohne Kupplungen zu weiteren Netzgebieten werden als Inselnetze bezeichnet. Die Aufgabenstellung der Regelung ist dort noch eingeschränkter als bei den umfassenderen Verbundnetzen.

Inselnetze

Grundsätzlich ist die in Inselnetzen eingesetzte Regelung dem bisher beschriebenen Konzept für den Inselbetrieb eines einzelnen Kraftwerks sehr ähnlich. So sind alle Kraftwerke wieder mit der bereits beschriebenen Primärregelung ausgerüstet. Dagegen weist die übergeordnete Regelung Unterschiede auf. Sie erwachsen aus der Eigenschaft, dass die üblicherweise eingesetzten Blockkraftwerke mehr Leistung ins Inselnetz einspeisen können, als zur Deckung der Last notwendig ist. Es besteht also ein Freiheitsgrad darin, welche Anteile der Last den einzelnen einspeisenden Kraftwerken zugeordnet werden bzw. welche Leistung die Maschinen tatsächlich ins Netz liefern sollen. Auf die Aufteilung der Last wird im Abschnitt 2.6 noch näher eingegangen.

2.5 Kraftwerksregelung

In diesem Zusammenhang interessiert die Frage: Wie werden nun die gewünschten Leistungswerte an den einzelnen Turbinen eingestellt? Dazu wird ein weiterer Regelkreis mit einem so genannten *Leistungsregler* installiert. Den Aufbau einer solchen Regelung zeigt Bild 2.33. Zur Ermittlung des Istwerts der Leistung werden an jeder Generatorklemme über Messwandler Strom und Spannung gemessen. Die Differenz aus P_soll und P_ist ergibt die Regelabweichung. Diese Größe wird einem Leistungsregler mit PI-Verhalten zugeführt. Im Festdruckbetrieb wird der Reglerausgang auf das Stellglied, also auf das Regelventil, oder im Gleitdruckbetrieb direkt auf den Kessellastgeber weitergeleitet. Der Leistungsregler arbeitet parallel zu der Drehzahlregelung; die Dynamik entspricht in etwa der Sekundärregelung.

Bei dem bisher beschriebenen Konzept kann der Fall auftreten, dass vom Leistungsregler aufgrund des vorgegebenen Sollwerts ein Öffnen des Ventils gefordert wird, die Drehzahlregelung dagegen wegen einer Frequenzerhöhung im Netz ein Schließen der Ventile anstrebt. In solchen Konfliktfällen ist die Drehzahlregelung bevorrechtigt. Eine Abschaltautomatik vermeidet, dass diese beiden Regelkreise gegeneinander arbeiten und ein Falschregeleffekt auftritt.

Wichtig für das weitere Verständnis ist die nicht näher begründete Eigenschaft, dass nach plötzlichen Laständerungen bereits nach ganz kurzer Zeit wieder alle Kraftwerke die *gleiche Drehzahl* aufweisen, wenngleich sie sich im Netzverband in Form von Schwingungen noch zeitlich ändern kann.

Aufgrund dieser Eigenschaft sehen alle Primärregler bei gleichem Sollwert n_soll auch die gleiche Regelabweichung. Die parallel wirkenden Primärregler eines Inselnetzes verhalten sich daher wie ein einzelner Regler im Inselbetrieb. Sie können auch insgesamt nur die Drehzahl bis auf eine verbleibende Drehzahl- bzw. Frequenzabweichung ausregeln. Aus diesen Gründen ist wiederum eine *Sekundärregelung* notwendig, die jedoch in *Inselnetzen nicht mit dem Drehzahl-, sondern mit dem Leistungsregler zusammenarbeitet*.

Es sei darauf hingewiesen, dass in dem Versorgungsgebiet nur ein *einziger Sekundärregler* vorhanden sein darf, weil sonst unerwünschte Schwingungen in der Netzfrequenz auftreten können. Der Sekundärregler befindet sich in einer zentralen Einrichtung des Netzbetreibers, von der aus die Führung des Netzes erfolgt. Diese Einrichtung wird als *Schaltleitung* oder *Netzbetriebsführung* bezeichnet. Von dort aus steuert der Sekundärregler über ein Kommunikationsnetz einen Teil der Kraftwerke. Sie werden *Regelblöcke* oder *Regelmaschinen* genannt.

Gemäß Bild 2.34 wird die Aufteilung der Regelabweichung von den Größen α_1 und α_2 bestimmt. Sie werden meist so gewählt, dass diejenigen Maschinen einen großen Anteil

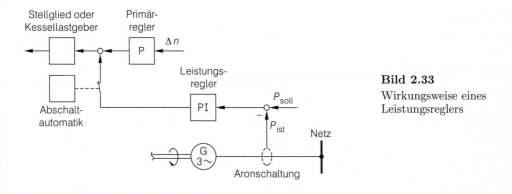

Bild 2.33

Wirkungsweise eines Leistungsreglers

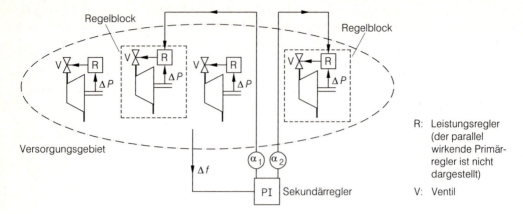

Bild 2.34
Regelung der Turbinen in einem Inselnetz

übernehmen, bei denen die Leistung über einen großen Bereich verstellt werden kann, ohne dass der Anlagenzustand z. B. durch Zuschalten von Kohlemühlen oder der zweiten Speisewasserpumpe zu verändern ist.

Das Zusammenspiel zwischen Sekundär- und Primärregelung verläuft analog zum Inselbetrieb. Die schnellen Primärregelungen sprechen bei einer hinreichend großen Frequenz- bzw. Drehzahlabweichung von ca. 10…20 mHz an und regeln diese mit allen Kraftwerken im Netz grob aus. Anschließend wird eine Feinkorrektur im Minutenbereich mit dem übergeordneten Sekundärregler vorgenommen, allerdings nur mit den dafür vorgesehenen Regelblöcken. Kleinere Frequenzänderungen werden meist infolge einer eingebauten Unempfindlichkeitsschwelle, dem so genannten Totband, nur von der Sekundärregelung erfasst. Da sie träger arbeitet, werden die Hubbewegungen der Ventile langsamer und damit für die Turbine schonender.

Normalerweise sind die Änderungen der Netzlast so langsam, dass sie nur von der Sekundärregelung mit den zugehörigen Regelblöcken ausgeregelt werden. Diese Regelblöcke stellen mithin den Leistungspuffer dar, der zunächst die Netzlaständerungen auffängt. Es ist dazu natürlich notwendig, dass diese Regelkraftwerke die Leistungsänderungen auch aufnehmen können, also über genügend freie Leistung – die *Sekundärregelleistung* – verfügen. Wird diese freie Leistung infolge größerer Laständerungen zu klein, verlagert man Leistung von den Regelmaschinen auf spezielle Kraftwerke, die bereits am Netz liegen. Die dafür vorgesehenen Blöcke zählt man zur so genannten *Minutenreserve* (s. Abschnitt 8.1.2.4). Sie übernehmen dann die Laständerungen, sodass sich die verfügbare Sekundärregelleistung wieder vergrößert. Im Weiteren soll nun die Regelung für ein noch umfassenderes Netz, das Verbundnetz, betrachtet werden.

Verbundnetze

In Verbundnetzen besteht zusätzlich zur Regelung der Frequenz bzw. der Drehzahl eine weitere Aufgabe. Es gilt dafür zu sorgen, dass auch die *Austauschleistungen* auf den Kuppelleitungen zwischen den einzelnen Netzbereichen, den so genannten *Regelzonen*, eingehalten werden. Die räumliche Ausdehnung der vier deutschen Regelzonen ist Bild 1.2 zu entnehmen.

In Bild 2.35 ist der prinzipielle Aufbau dieser so genannten Leistungs-Frequenz-Regelung dargestellt. Dort wirkt der Sekundärregler wiederum in der schon beschriebenen Weise auf

2.5 Kraftwerksregelung

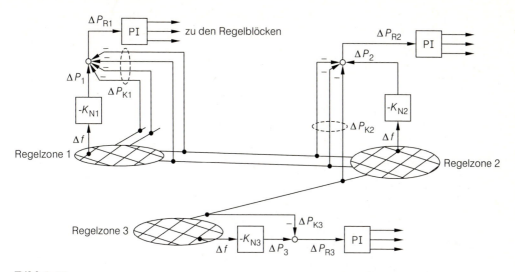

Bild 2.35
Leistungs-Frequenz-Regelung im Verbundbetrieb (ΔP_R: Eingangssignal des Reglers)

die Leistungsregler der Regelblöcke. Bemerkenswert ist, dass jede Regelzone einen eigenen Sekundärregler aufweisen kann, ohne dass sich die Regler gegenseitig zu Schwingungen anregen. Zu diesem Zweck wird dem Regler das Signal

$$\Delta P_{Ri} = \Delta P_i - \Delta P_{Ki} \quad \text{mit} \quad \Delta P_i = -K_{Ni} \cdot \Delta f \quad \text{und} \quad \Delta f = f - f_n \tag{2.4}$$

zugeführt (Bild 2.35). Der erste Anteil ΔP_i leitet sich aus einer eventuell auftretenden Frequenzabweichung ab; die zugehörige Proportionalitätskonstante K_{Ni} wird als *Netzleistungszahl* des jeweils betrachteten i-ten Teilnetzes bezeichnet. Sie erfasst im Unterschied zu der Maschinenleistungszahl K_M die gesamte Leistungsänderung im betrachteten Netz, die aus einer Frequenzabweichung Δf resultiert. Im Wesentlichen wird diese Leistungsänderung durch die eingestellten Charakteristiken derjenigen Primärregler bestimmt, die sich in der Regelzone gerade im Einsatz befinden. Demnach wird die *Netzleistungszahl* durch die *Summe der zugehörigen Maschinenleistungszahlen* gebildet. Leichte Abweichungen können sich durch die Frequenzabhängigkeit der Lasten ergeben (Selbstregeleffekt). Der untere Schwellwert der Größe K_N wird jedem Verbundpartner vom VDN zugewiesen [11].

Im *ungestörten* Netzbetrieb mit Frequenzschwankungen $|\Delta f|$, die sich unterhalb von ca. 40 mHz bewegen, ist der diskutierte Signalanteil ΔP_i nicht relevant. Dann kommt allein die zweite Komponente ΔP_{Ki} aus der Beziehung (2.4) zum Tragen. Diese Größe erfasst die Abweichungen zwischen den Ist- und Sollwerten der Wirkleistungsflüsse P_{Kj} und $P_{Kj,\text{soll}}$ auf den n_i Kuppelleitungen der Regelzone i (Bild 2.35), wobei abfließende Leistungen positiv gezählt werden:

$$\Delta P_{Ki} = \sum_{j=1}^{n_i} (P_{Kj} - P_{Kj,\text{soll}}) \,. \tag{2.5}$$

Dieses Signal steuert daher im Wesentlichen den Regler: $\Delta P_{Ri} \approx -\Delta P_{Ki}$. Dementsprechend werden von dem Sekundärregler die Regelmaschinen der jeweiligen Regelzone so ausgefahren, dass die Bilanz der Austauschleistungen den gewünschten Wert annimmt.

Dagegen wird die Aufteilung der Austauschleistung auf die einzelnen Kuppelleitungen zwischen jeweils zwei Regelzonen über Transformatoren mit Quer- oder Schrägeinstellung gesteuert (s. Abschnitt 4.2.5.2). Es gilt festzuhalten, dass im ungestörten Netzbetrieb der Sekundärregler im Wesentlichen den Energieaustausch zwischen den einzelnen Netzbezirken sicherstellt.

Eine andere Situation tritt im *Störungsfall* auf, wenn die Frequenzschwankungen $|\Delta f|$ deutlich über dem normalen Pegel liegen. Bei dieser Bedingung sprechen die Primärregler im gesamten Netzverbund an, da alle Regler die gleiche Frequenzabweichung registrieren. Falls z. B. als Ursache ein Leistungsmangel infrage kommt, bewirkt die dadurch hervorgerufene Frequenzabsenkung Δf eine höhere Leistungsabgabe aller eingesetzten Maschinen.

In den fehlerfreien Netzteilen entsteht dann entsprechend der Beziehung (2.4) ein Leistungsüberschuss, der über die Kuppelleitung in den Netzteil mit der Störung abfließt. Die beiden Signale ΔP_i und ΔP_{Ki} sind bei einem fehlerfreien Netzteil gleich groß, wenn vorausgesetzt wird, dass bereits vor dem Fehlereintritt die Sollwerte der Austauschleistungen eingehalten worden sind. Da beide Signale am Reglereingang subtrahiert werden, kompensieren sie sich. Am zugehörigen Sekundärregler tritt daher keine Eingangsgröße auf, sodass er – wie gewünscht – nicht anspricht; die Regler sind stationär entkoppelt.

Auf das fehlerbehaftete Netz fließt dagegen die im gesamten Netzverbund erzeugte zusätzliche Leistung zu. Dementsprechend weisen die beiden Signale ΔP_i und ΔP_{Ki} eine Differenz ΔP_{Ri} auf. Der für dieses Versorgungsgebiet zuständige Sekundärregler gleicht dann im Minutenbereich diesen Leistungsmangel aus.

Es zeigt sich also, dass durch das beschriebene Regelkonzept bei schnell auftretenden Fehlern alle eingesetzten Maschinen des Verbundnetzes zur Hilfestellung gezwungen werden, die längerfristige Korrektur jedoch allein dem gestörten Versorgungsgebiet überlassen bleibt.

Erwähnt sei, dass die Netzleistungszahl analog zur Beziehung (2.3) die Steigung einer Leistungs-Frequenz-Kennlinie für das ganze Netz darstellt, die dementsprechend als Netzkennlinie bezeichnet wird. Aufgrund dieses Zusammenhangs verwendet man für die Leistungs-Frequenz-Regelung auch den Begriff *Netzkennlinienregelung*. In diese Regelung werden auch Wasser- und Kernkraftwerke einbezogen.

2.5.2 Regelung von Wasser- und Kernkraftwerken

Wie bei Dampfturbinen ist natürlich auch bei Wasserturbinen und Reaktoren eine Regelung der Antriebsleistung notwendig. Die zugehörigen Stellorgane sind in den Abschnitten 2.2 und 2.3 bereits beschrieben.

Bei Mittel- und Hochdruckanlagen weist die Primärregelung einen anderen Aufbau auf als bei Dampfturbinen. Die Regelung hat dort zusätzlich die Laufzeiteffekte zu berücksichtigen, die durch die Wasserzuführung zwischen Speichersee und Turbine verursacht werden.

Die besonderen Vorteile der Wasserturbinen liegen aus regelungstechnischer Sicht in dem kurzen Anfahrvorgang von ca. 90 s und ihrer hohen Leistungsänderungsgeschwindigkeit $\Delta P / \Delta t$, die insbesondere auch bei größeren Leistungshüben im Gegensatz zu den Dampfturbinenkraftwerken erhalten bleibt. Dieses Verhalten ist darauf zurückzuführen, dass sich der Wasserstrom einfacher aktivieren bzw. regulieren lässt als Dampf. Aufgrund dieser Eigenschaft werden Wasserkraftwerke bevorzugt an die Sekundärregelung angeschlossen.

2.6 Kraftwerkseinsatz

Bei Kernkraftwerken wirkt die Drehzahlabweichung analog zum Gleitdruckbetrieb auf den Reaktor bzw. auf die Regelstäbe. Dieses Regelkonzept bewirkt bekanntlich eine schonende Fahrweise. Kernkraftwerke werden üblicherweise nicht als Regelblöcke eingesetzt, weil aufgrund der geringeren Brennstoffkosten die Vorhaltung freier Leistung unwirtschaftlich wäre. Weitere Gesichtspunkte, die über diesen Aspekt hinaus für den Kraftwerkseinsatz wichtig sind, werden im Folgenden behandelt.

2.6 Kraftwerkseinsatz

Von den Energieversorgungsunternehmen (EVU) ist der Kraftwerkseinsatz so festzulegen, dass die Last zu jedem Zeitpunkt gedeckt wird. Neben einer sicheren Erzeugung sind auch der Transport und die Verteilung der elektrischen Energie so vorzunehmen, dass die Verbraucher stets zuverlässig und kostenminimal versorgt werden.
Da die thermischen Kraftwerke Anfahrzeiten von mehreren Stunden aufweisen und damit eine kurzzeitige Aktivierung entfällt, ist bereits aus diesem Grunde eine Planung des Kraftwerkseinsatzes im Voraus notwendig. Dies ist jedoch nur möglich, wenn für die Last eine hinreichend genaue Prognose erstellt werden kann.

2.6.1 Verlauf der Netzlast

Die Erfahrung zeigt, dass sich die Belastungskurven von jeweils einzelnen Tagen stark ähneln. So weisen z. B. die Wochentage Dienstag bis Freitag oder auch die jeweils aufeinander folgenden Sonntage einen ähnlichen Verlauf auf. Für Industriegebiete ist es z. B. kennzeichnend, dass an Werktagen eine annähernd gleichmäßig hohe Belastung während der Arbeitszeit auftritt. Dabei bildet sich um die Mittagszeit ein schwaches Maximum aus. Nach Arbeitsschluss sinkt die Last ab und steigt in den Abendstunden entsprechend den Lebensgewohnheiten wieder an. Zwischen 0 und 6 Uhr erreicht die Last ein Minimum, um dann wieder im Bereich von 6 bis 8 Uhr sehr steil anzusteigen (Bild 2.36). Zusätzlich übt die Jahreszeit einen starken Einfluss auf Höhe und Verlauf der Last aus. Im Winter erreicht die Last ihren Höchststand, um im Sommer auf besonders niedrige – bisweilen auf halb so große – Werte abzufallen. Oft wird dieses niedrige Lastniveau für die Revision von Kraftwerks- und Netzanlagen genutzt. Im Niedriglastbereich ändert sich auch der beschriebene Verlauf. Es bildet sich ein deutliches Mittagsmaximum aus (Bild 2.36).

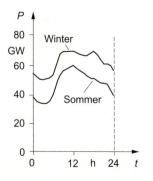

Bild 2.36
Charakteristischer Lastverlauf des deutschen Verbundnetzes an einem Winter- und einem Sommertag (Höchst- und Niedrigstlast)

Aufgrund der Tatsache, dass die Lastverläufe sehr stark mit vergangenen Verläufen korrespondieren, ist eine Lastprognose auf ca. 5 % Genauigkeit und besser möglich. Änderungen wichtiger Einflussgrößen wie Temperatur, Witterung usw. werden bei der täglichen Lastprognose berücksichtigt. Auf der Lastprognose aufbauend, ist es für die EVU möglich, den Kraftwerkseinsatz zu planen.

2.6.2 Deckung der Netzlast

Bei der Einsatzplanung sind eine Reihe netz- und betriebstechnischer Forderungen zu berücksichtigen. Zu den netztechnischen Bedingungen zählt z. B., dass in einem Netz die Spannung stets in einem vorgegebenen Toleranzband bleiben muss (Spannungshaltung). Als Beispiel für eine betriebstechnische Restriktion sei die Forderung genannt, dass eine angebrochene Schicht möglichst zu Ende gefahren werden soll. Daraus resultiert eine Mindesteinsatzzeit für das Kraftwerk. Ferner müssen Abnahmeverpflichtungen für bestimmte Brennstoffmengen eingehalten werden. Es handelt sich um notwendige Bedingungen, die zu beachten sind. Wenn im Rahmen dieser Forderungen noch Freiheitsgrade vorhanden sind, lässt man sich bei der Einsatzplanung vor allem von Kostengesichtspunkten leiten und versucht, die Brennstoffkosten zu minimieren.

Dieser gesamte Aufgabenkomplex wird von den Kraftwerks- sowie den Netzbetreibern gemeinsam gelöst. Auf das Zusammenspiel und die Zuordnung der einzelnen Aufgaben wird in Abschnitt 8.1 genauer eingegangen. Die angesprochene Minimierung der Brennstoffkosten – auch als *wirtschaftliche Lastverteilung* bezeichnet – führt dazu, dass die Kraftwerke unterschiedlich zur Lastdeckung herangezogen werden.

Natürlicherweise werden Kraftwerke mit günstigen Wärmeverbrauchskennlinien $q(P)$ und niedrigen Brennstoffkosten w (s. Gl. (2.1)) verstärkt eingesetzt. Man bezeichnet sie als *Grundlastkraftwerke*, wenn ihre Betriebszeiten über 5000 Stunden pro Jahr liegen. Als Beispiel seien Kernkraftwerke mit einer durchschnittlichen Betriebsdauer von 7000 Stunden genannt. Die hohe Betriebsdauer hat zur Folge, dass Kernkraftwerke mit etwa 25 % an der öffentlichen Stromerzeugung beteiligt sind, obwohl ihr Anteil an der installierten Kraftwerksleistung nur ca. 20 % beträgt.

Bei kleineren Einsatzzeiten spricht man von *Mittellastkraftwerken*; ein typisches Beispiel dafür sind Steinkohlekraftwerke mit 4000 Stunden pro Jahr. Kurz anhaltende Lastspitzen werden zweckmäßigerweise mit Kraftwerken gedeckt, die eine sehr schnelle Hochlaufzeit aufweisen, also Pumpspeicher- und Gasturbinenanlagen. Sie werden nur sporadisch, ca. 500...1000 h/a, eingesetzt. Da sie nur Spitzenlast decken, werden sie als *Spitzenlastkraftwerke* bezeichnet.

Naturgemäß koordinieren diejenigen EVU, die für Netze zuständig sind, auch den Netzbetrieb. Sie bestimmen z. B., welche Transformatoren und Leitungen für Wartungszwecke abgeschaltet werden dürfen. Um diese Maßnahmen im Einzelnen verstehen zu können, sind genauere Kenntnisse über die Energieversorgungsnetze notwendig. Im Kapitel 3 wird zunächst deren Aufbau beschrieben.

2.7 Aufgaben

Aufgabe 2.1: Im Bild ist ein Inselnetz dargestellt, das aus den beiden Teilnetzen N_1 und N_2 bestehe. Der Leistungsschalter sei geöffnet. In das zunächst betrachtete Teilnetz N_1 speisen drei Generatoren mit den Bemessungsleistungen $P_{r1} = 150$ MW, $P_{r2} = 200$ MW und $P_{r3} = 250$ MW ein. Die zugehörigen Minimalleistungen betragen $P_{m1} = 50$ MW, $P_{m2} = 75$ MW und $P_{m3} = 100$ MW. Der Primärregler ist so eingestellt, dass eine Erhöhung von der Minimal- auf die Bemessungsleistung zu einer Frequenzabsenkung von $\Delta f_1 = 1$ Hz, $\Delta f_2 = 2$ Hz, $\Delta f_3 = 2$ Hz führt.

a) Wie groß ist die Leistungszahl der einzelnen Generatoren?

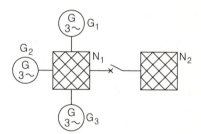

b) Es liege Bemessungsfrequenz vor, wenn die Generatoren jeweils eine Leistung um 25 MW über der Minimalleistung fahren. Welche neue Frequenz stellt sich stationär ein, wenn die Last durch einen Kurzschluss um 50 MW verkleinert wird und nur die Primärregler wirksam sind?

c) Welche Leistungen fahren die drei Blockkraftwerke etwa nach 3...10 Sekunden?

d) Skizzieren Sie für den Generator G_1 im stationären Leistungs-Frequenz-Diagramm den Verlauf, den der Primärregler bewirkt (quasistationärer Verlauf). Tragen Sie in das Diagramm ein, wie der Sekundärregler den so erreichten Betriebspunkt verändert, wenn die drei Blockkraftwerke an der Netzregelung liegen.

e) Skizzieren Sie in dem Diagramm qualitativ, wie diese Verläufe durch eine frequenzabhängige Last verändert werden.

f) In welchen Zeitbereichen erfolgen diese Regelvorgänge bei Leistungserhöhungen und -absenkungen?

g) Erläutern Sie, warum es nicht sinnvoll ist, die Leistungszahlen auf sehr große Werte einzustellen.

Aufgabe 2.2: Zu dem Teilnetz N_1 werde das Teilnetz N_2 zugeschaltet, wobei vor der Schaltmaßnahme die drei Generatoren G_1, G_2, G_3 gemäß Aufgabe 2.1 jeweils eine Leistung um 25 MW oberhalb des Minimalwerts fahren. Die zusätzliche wirksame Last senkt die Frequenz vom Bemessungswert stationär auf 49,95 Hz ab. Welche Leistung fließt in das Teilnetz N_2?

Aufgabe 2.3: Es wird der in Aufgabe 2.1 dargestellte Netzverband betrachtet.

a) Wie groß ist die Netzleistungszahl des Teilnetzes N_1, wenn die drei Generatoren G_1, G_2 und G_3 in das Netz einspeisen?

b) Wie groß ist die Netzleistungszahl, wenn das Teilnetz N_2 zugeschaltet wird?

c) Welche Netzleistungszahl weisen die Netze N_1 und N_2 gemeinsam auf, wenn nur die Generatoren G_2 und G_3 einspeisen?

d) Folgern Sie aus den Ergebnissen der Fragen a) und c), ob der Ausfall eines Generators bei größeren Netzen mit ca. 15 bis 20 Blockkraftwerken zu merklichen Änderungen in der Netzleistungszahl führt.

e) Erläutern Sie, ob die Netzleistungszahl im Verlauf eines Tages konstant bleibt oder von der Netzbetriebsführung am Sekundärregler nachgestellt werden muss.

f) Wie verändert sich die Netzleistungszahl in der Frage a), wenn die Last frequenzabhängig ist?

Aufgabe 2.4: Es wird der im Bild dargestellte Netzverband untersucht. Zum betrachteten Zeitpunkt fließen auf den Kuppelleitungen L_1, L_2 keine Austauschleistungen. Durch einen Fehler möge im Netz N_2 ein Blockkraftwerk ausfallen. Dessen zuvor eingespeiste Leistung möge 100 MW betragen. Die drei Netze weisen die Netzleistungszahlen $K_{N1} = 400$ MW/Hz und $K_{N2} = K_{N3} = 500$ MW/Hz auf.

Beachten Sie, dass der Kraftwerksausfall auf die anderen Generatoren wie eine Last*erhöhung* wirkt.

a) Welche Frequenz stellt sich in den Netzen N_1, N_2 und N_3 nach Ansprechen der Primärregler ein?

b) Welche Leistungen werden zwischen den Netzen dann ausgetauscht?

c) Welche Eingangssignale ΔP_R weisen zu diesem Zeitpunkt die Sekundärregler in den Netzen N_1, N_2 und N_3 auf?

d) Nach welchem Zeitraum stellt sich etwa auf den Kuppelleitungen wieder der Zustand vor dem Störungsfall ein (konstante Last vorausgesetzt)?

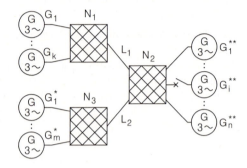

e) Durch welche regelungstechnische Maßnahme könnte die Hilfestellung der Nachbarnetze erhöht werden?

Sind damit auch negative Auswirkungen für das Betreiben dieser Netze verbunden?

Aufgabe 2.5: Modernere Blockkraftwerke weisen eine Leistungsänderungsgeschwindigkeit von $\Delta P/\Delta t \approx (3\,\%) \cdot (P_n - P_{min})$ pro Minute mit $P_{min} \approx P_n/3$ auf.

a) Mit wie vielen festdruckgeregelten 450-MW-Blöcken ließe sich ein Ausfall von 500 MW in ca. 2 min bei hinreichend freier Reserve ausregeln?

b) Welche Leistungszahl würde ein derartiges Netz aufweisen?

3 Aufbau von Energieversorgungsnetzen

In der elektrischen Energietechnik werden für die Effektivwerte der Wechselströme und Wechselspannungen die großen Buchstaben I und U verwendet. Sollen mit diesen Größen spezielle Betriebszustände gekennzeichnet werden, so ist eine Indizierung mit kleinen Buchstaben vorzusehen. Gilt es dagegen, einen Ort bzw. ein Betriebsmittel innerhalb eines Netzes zu lokalisieren oder sogar eine ganze Netzebene zu kennzeichnen, so wird für den Index ein großer Buchstabe gewählt. Im Falle einer Mehrfachindizierung ist die Reihenfolge vorgeschrieben. Zuerst kommt der Betriebszustand, danach wird der örtliche Bereich charakterisiert. Dabei gilt der Grundsatz, dass erst der umfassendere und dann der speziellere Index auftreten soll (DIN 1304-3 und DIN 40108).
Entsprechend dieser Konvention wird für die *Netznennspannung* einer Netzebene der Ausdruck U_{nN} verwendet. Der zweite Index N besagt, dass es sich um eine Netzebene handelt; der erste Buchstabe n steht für den Nennwert (nominal value). Bei dem zugeordneten Zahlenwert soll es sich um einen runden, allgemein anerkannten Spannungswert handeln, der in der Netzebene während des Betriebs auch auftreten kann. Er dient allerdings nur zur Kennzeichnung der Netzebene. So spricht man z. B. von einem 380-kV-, 110-kV- bzw. 10-kV-Netz.
Für die Betriebsmittel, aus denen sich ein Netz zusammensetzt, ist ein *Bemessungsbetrieb* definiert. Bei diesem Betriebszustand werden die Betriebsmittel im Dauerbetrieb mit der maximal zulässigen elektrischen Leistung beansprucht, die an dem Netzelement zu keinen Beeinträchtigungen führen darf. Gekennzeichnet wird ein derartiger Netzbetrieb durch die Bemessungsleistung P_r, die Bemessungsspannung U_r, den Bemessungsstrom I_r sowie eine Bemessungsfrequenz f_r (r: rated value). Für Umspanner ist zusätzlich noch eine Bemessungsübersetzung $ü_r$ festzulegen.
Bei Motoren wird unter der Bemessungsleistung der Wert verstanden, der mechanisch an der Welle maximal abgegeben werden darf. Darüber hinaus ist noch die zugehörige Betriebsart anzugeben. Neben dem bereits erwähnten Dauerbetrieb ist bei Motoren beispielsweise noch der periodische Betrieb und der Kurzzeitbetrieb zu beachten (s. DIN VDE 0530). Abgesehen von den Motoren wird für die Auslegung der Netzbetriebsmittel jedoch nur der *Dauerbetrieb* zugrunde gelegt. Der dafür maßgebende Bemessungsbetrieb stellt eine Grenzbeanspruchung dar und ist dementsprechend ein wichtiges Auslegungskriterium. Daher ist es auch verständlich, dass bereits bei unterschiedlichen Betriebsmitteln einer Netzebene deren Bemessungsspannungen durchaus unterschiedliche Werte aufweisen können und keineswegs mit der Netznennspannung U_{nN} übereinstimmen müssen. So kann bei einer Netznennspannung von $U_{nN} = 380$ kV die Bemessungsspannung einer zugehörigen Transformatorwicklung z. B. $U_{rT} = 423$ kV betragen.
Früher wurden die Betriebsmittel wie die Netzebenen durch *Nennwerte* gekennzeichnet, für die der Index n verwendet wurde: P_n, U_n, I_n, f_n, $ü_n$. Häufig wiesen diese Größen die gleichen Zahlenwerte wie die entsprechenden Bemessungsgrößen auf. Leider ist diese Umstellung zurzeit noch nicht endgültig abgeschlossen, sodass teilweise noch Nennwerte angegeben werden. Soweit es mit den VDE-Bestimmungen vereinbar ist, werden im Weiteren jedoch nur *Bemessungswerte* verwendet.
Neben den bereits erwähnten Bezeichnungen ist die Größe U_m noch von Bedeutung. Sie ist als die *höchste zulässige Spannung für Betriebsmittel* definiert und liegt um ca. 10...15 %

über der Netznennspannung (s. Abschnitt 3.2). Angemerkt sei, dass für Spannungen im Netz, die von der Netznennspannung abweichen, die Ausdrücke *Netzspannung* oder auch *Betriebsspannung* verwendet werden.

Bevor nun der Aufbau der Energieversorgungsnetze erläutert wird, sind zunächst die drei Möglichkeiten darzustellen, mit denen die Energie übertragen und verteilt wird.

3.1 Übertragungssysteme

Bei den drei verwendeten Übertragungsarten handelt es sich im Einzelnen um das einphasige System, das Drehstromsystem und die Hochspannungs-Gleichstromübertragung, die auch kurz als HGÜ bezeichnet wird.

3.1.1 Einphasige Systeme

Fast immer werden elektrische Bahnen aus einphasigen Netzen versorgt, denn dann ist nur ein einziger Stromabnehmer erforderlich. Das Bahnnetz in Deutschland weist Nennspannungen von 110 kV, 60 kV und 15 kV auf.

Aus historischen Gründen, die u. a. in der Beherrschung der Kommutierungsprobleme bei den damaligen Gleichstrommaschinen gelegen haben, wird das Bahnnetz überwiegend mit einer Frequenz von 16 2/3 Hz betrieben. Die Speisung dieser Netze erfolgt entweder aus entsprechenden Generatoren oder über Umformer aus dem öffentlichen 50-Hz-Energieversorgungsnetz. Heute sind bereits auch einphasige 50-Hz-Bahnnetze im Einsatz. Demgegenüber ist das öffentliche Netz dreiphasig aufgebaut.

3.1.2 Dreiphasige Systeme

Bei einem dreiphasig aufgebauten Netz werden entsprechend Bild 3.1 die einzelnen Netzelemente in Dreieck oder Stern geschaltet. Für die Zuführungsleitungen verwendet man dann den Ausdruck *Außenleiter* oder auch nur *Leiter*, sofern keine Verwechselungen möglich sind. Dementsprechend heißen die Spannungen zwischen den Außenleitern *Außenleiterspannungen* oder kurz *Leiterspannungen*. Parallel dazu verwendet man auch den Ausdruck *Dreieckspannung*. Die Ströme in den Außenleitern werden sinnvollerweise als *Außenleiter-* bzw. *Leiterströme* bezeichnet.

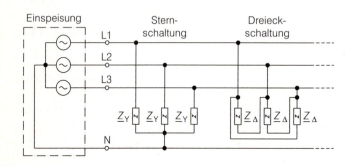

Bild 3.1
Dreiphasige
Energieübertragung

3.1 Übertragungssysteme

Gemäß DIN VDE 0197 und DIN 40108 sind die Außenleiter eines Drehstromnetzes vorzugsweise mit L1, L2 und L3 zu kennzeichnen. Teilweise werden im Weiteren jedoch auch noch die früher üblichen Buchstaben R, S und T verwendet, wenn dadurch eine übersichtlichere Schreibweise erreicht wird. Im Unterschied dazu gelten für die Anschlüsse von Betriebsmitteln die Kennzeichnungen U, V und W (DIN VDE 0197 und DIN 40108).

Jedes Betriebsmittel weist wiederum mehrere *Stränge* auf. Dabei handelt es sich um die Zweige, die bei der Dreieckschaltung zwischen den Außenleitern liegen oder sich bei der Sternschaltung jeweils zwischen einem Außenleiter und dem Sternpunkt, also dem Knotenpunkt N in Bild 3.1, befinden. Die Spannungen, die an einem Strang abfallen, werden als *Strangspannungen* bezeichnet. Speziell bei der Sternschaltung wird für die Strangspannung auch der Begriff *Sternspannung* verwendet. Analog dazu gilt für die Ströme die Bezeichnung Strangstrom; im Fall der Sternschaltung ist auch der Ausdruck *Sternstrom* üblich. Entsprechend gelten bei einer Dreieckschaltung die Begriffe Dreieckspannung bzw. Dreieckstrom.

Im Zeigerdiagramm werden die Spannungen im Weiteren stets so dargestellt, dass die Zeiger der Strangspannungen mit den Pfeilspitzen auf den Sternpunkt weisen. Die Leiterspannungen bilden dann ein Dreieck mit rechtswendigem Umlaufsinn (Bild 3.2). Mit dieser – an sich willkürlichen – Festlegung gilt für Zeiger und ihre zugehörigen Zählpfeile dieselbe Richtungsregel. Daneben wird in der Literatur auch eine andere Darstellung mit umgekehrten Zeigerrichtungen verwendet, die zu identischen Ergebnissen führt [12]. Der Vorteil des hier gewählten Zeigersystems liegt darin, dass die Reihenfolge der Indizes stets auch die Zeigerrichtung kennzeichnet. So weist z. B. der Zeiger $\underline{U}_{RN}$ von dem Punkt R zum Punkt N.

Unabhängig von der Wahl des Zeigersystems liegt ein *symmetrisches dreiphasiges Spannungs- bzw. Stromsystem* vor, wenn die drei Außenleiterspannungen bzw. -ströme jeweils die gleichen Beträge aufweisen und untereinander jeweils um $360°/3$, also $120°$, phasenverschoben sind (Bild 3.2). Für die Ströme wird dann auch der Ausdruck *Drehstromsystem* verwendet, denn sie erzeugen in elektrischen Maschinen ein sich drehendes Magnetfeld. Da die dreiphasigen Netze üblicherweise mit symmetrischen Spannungssystemen gespeist werden, genügt es, einen einzigen Wert zur Kennzeichnung der Nennspannung anzugeben. *Als Bezugsgröße wird stets die Außenleiterspannung gewählt.*

Ein Netz gilt als symmetrisch aufgebaut, wenn sich bei der Speisung mit einem symmetrischen Spannungs- bzw. Stromsystem auch bei der jeweils nicht eingeprägten Größe ein symmetrisches System ausbildet. Dieser Fall liegt bei dem Netz in Bild 3.1 dann vor, wenn in den drei Strängen der Dreieck- und Sternschaltung die wirksamen Impedanzen jeweils untereinander gleich groß sind. Wenn sowohl ein *symmetrischer Netzaufbau* als auch eine *symmetrische Netzspeisung* gegeben sind, spricht man von einem *symmetrischen Netzbetrieb*.

Sofern nur die drei Außenleiter L1, L2, L3 bzw. R, S, T vorliegen, handelt es sich um

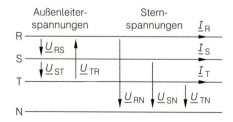 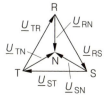

Bild 3.2

Zählpfeile und Zeigerdiagramm bei einem symmetrisch gespeisten Vierleitersystem

ein *Dreileitersystem*. Im Falle des symmetrischen Betriebs kann mit diesen drei Leitern die gleiche Leistung übertragen werden wie mit drei Einphasensystemen, die dazu jedoch sechs Leiter benötigen. Ein weiterer Vorteil des symmetrischen Betriebs ist darin zu sehen, dass die Summe aller in den Leitern übertragenen Leistungen einen zeitlich konstanten Wert aufweist. Dieser Wert hängt zum einen von der Spannung ab, die tatsächlich zwischen den Außenleitern herrscht und als *Betriebsspannung* U_b (Effektivwert) bezeichnet wird; zum anderen ist der Außenleiterstrom I_b (Effektivwert) maßgebend, der im Allgemeinen um einen Winkel φ phasenverschoben ist:

$$P = \sqrt{3} \cdot U_\text{b} \cdot I_\text{b} \cdot \cos\varphi . \tag{3.1}$$

Im Einphasensystem stellt sich dagegen ein mit 100 Hz pulsierender Leistungsfluss ein. Demzufolge gibt ein Drehstrommotor im Gegensatz zum einphasigen Wechselstrommotor ein zeitlich konstantes Drehmoment ab. Aufgrund dieser Vorteile werden normalerweise *Drehstromnetze symmetrisch betrieben*.

Wenn wie in Bild 3.1 der vierte Leiter N, der *Neutral-* oder *Sternpunktleiter*, an den Sternpunkt N angeschlossen ist, liegt ein *Vierleitersystem* vor. Ein solches Drehstromsystem hat den Vorteil, dass gleichzeitig zwei verschiedene Spannungen zur Verfügung stehen (Bild 3.2). Die Außenleiterspannungen sind im Betrag um einen Faktor $\sqrt{3}$ größer als die Sternspannungen. Je nach Wahl einer Stern- oder Dreieckschaltung können demnach die Verbraucher mit der einen oder der anderen Spannung versorgt werden. Bei einem symmetrischen Betrieb ergänzen sich die Außenleiterströme stets zu null, sodass der Neutralleiter stromlos ist. Aufgrund dessen unterscheiden sich bei diesem Betriebszustand Drei- und Vierleitersysteme nicht in ihrem Verhalten.

Aus dieser Eigenschaft lässt sich auch folgern, dass die Sternpunkte bei den vorausgesetzten Symmetrieverhältnissen stets dasselbe Potenzial aufweisen. Wie in Bild 3.3 veranschaulicht, beeinflussen sich dann die drei Außenleiter mit ihren Lasten gegenseitig nicht und können daher in drei äquivalente einphasige Systeme überführt werden. Von diesen Systemen, die jeweils einen Leiter beschreiben, braucht nur eines ausgewertet zu werden. Üblicherweise wählt man dafür den Leiter L1. Die Ströme und Spannungen der beiden anderen Leiter sind dann infolge der Symmetrieverhältnisse bekannt. Bei dieser Vorgehensweise wird für eine Schaltungsanalyse nur ein Drittel des Rechenaufwands benötigt.

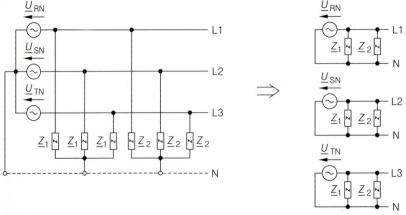

Bild 3.3
Reduktion eines Drei- und Vierleiternetzes auf einphasige Systeme

3.1 Übertragungssysteme

Auch Dreieckschaltungen können in die Netzreduktion einbezogen werden. Dazu sind diese in äquivalente Sternschaltungen umzuwandeln, also in Schaltungen, die das gleiche Eingangsverhalten aufweisen [13]. Es gilt dann $\underline{Z}_Y = \underline{Z}_\Delta/3$. Selbst komplizierte Betriebsmittel wie z. B. Transformatoren können bei der vorausgesetzten Symmetrie auf einphasige Darstellungen reduziert werden, sodass es möglich ist, ganze Energieversorgungsnetze in dieser einfachen Weise zu beschreiben.

Ein- und dreiphasige Netze weisen gemeinsam den Nachteil auf, dass der Energietransport mit Freileitungen höchstens bis zu 1000 km, mit Kabeln nur bis etwa 30 km, wirtschaftlich vertretbar ist (s. Abschnitte 4.5 und 4.6). Sofern längere Strecken vorliegen, bietet die HGÜ, die Hochspannungs-Gleichstrom-Übertragung, Abhilfe.

3.1.3 HGÜ-Anlagen

Die HGÜ arbeitet nach dem in Bild 3.4a skizzierten Prinzip. Die im Drehstromnetz 1 vorhandene Spannung der Frequenz f_1 wird mit einem statischen Umrichter auf bis zu 1000 kV Gleichspannung gebracht, wobei die Spannungshöhe durch einen vorgeschalteten Transformator bestimmt wird. Über eine Freileitung oder ein Kabel wird die Energie mittels Gleichstromübertragung zu der Gegenstation transportiert. Diese besteht ebenfalls aus einem statischen Umrichter, der jedoch als Wechselrichter arbeitet. Über einen Transformator wird dann mit der Frequenz f_2 in das Netz 2 eingespeist, wobei häufig $f_2 \approx f_1$ gilt. Dabei kann die Übertragungsrichtung durch entsprechende Steuerung der Stromrichterventile umgekehrt werden.

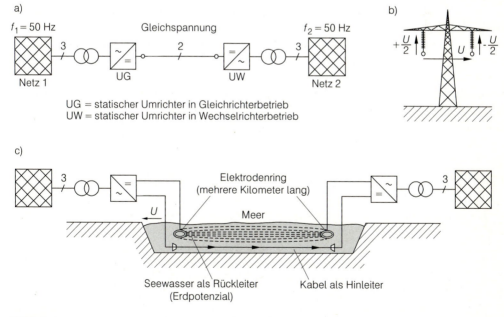

Bild 3.4
Grundsätzlicher Aufbau von HGÜ-Anlagen
a) Prinzipielle Funktion
b) Potenzialverhältnisse an einer HGÜ-Freileitung
c) HGÜ-Anlage für Seekabel

Für einen Energietransport über Land wählt man üblicherweise Freileitungen. Deren Hin- und Rückleiter wird jeweils auf das halbe Potenzial gelegt (Bild 3.4b). Ein markantes Beispiel bildet die 1400 km lange HGÜ-Freileitung von Cabora-Bassa nach Südafrika. Bei dem Einsatz von Seekabeln wird dagegen üblicherweise nur der Hinleiter verkabelt. Er liegt auf vollem Potenzial; als Rückleiter mit dem Potenzial null wird das Seewasser verwendet (Bild 3.4c). Der Aufbau von HGÜ-Seekabeln wird noch in Abschnitt 4.6 beschrieben. In der Ost- und Nordsee sind bereits eine Reihe von HGÜ-Kabelverbindungen über Entfernungen bis hin zu 500 km verlegt oder werden in Kürze gebaut. Zumeist binden sie Skandinavien enger an das westeuropäische Verbundnetz an. Die Bemessungsleistung dieser Verbindungen kann Werte bis zu $P_r = 600$ MW erreichen, ihre Bemessungsspannung liegt häufig bei $U_r = 400$ kV. Weltweit sind noch eine Reihe weiterer Anlagen in Betrieb bzw. geplant.

Eine Gleichstromübertragung weist eine Reihe netztechnischer Vorteile gegenüber der Wechsel- bzw. Drehstromtechnik auf. So wird der stationäre Spannungsabfall allein durch die ohmschen Widerstände bestimmt, die Reaktanzen ωL und $1/(\omega C)$ sind nicht maßgebend. Neben dem kleineren Spannungsabfall sind auch die Übertragungsverluste geringer. Im stationären Betrieb entfällt nämlich nicht nur die Blindleistung, sondern es treten außerdem keine Wirbelstromverluste auf. Daher können bei gleicher Wirkleistung im Vergleich zu Drehstrom kleinere Leiterquerschnitte verwendet werden.

Viel wesentlicher als die bisher genannten Vorteile ist jedoch die folgende Eigenschaft: Mit HGÜ-Leitungen können auch Energieversorgungsnetze mit unterschiedlicher Frequenzkonstanz gekuppelt werden, die durch Drehstromleitungen nicht miteinander verknüpft werden dürfen. Der Gleichstromkreis entkoppelt die Netze. Dadurch können – im Unterschied zu Drehstromkupplungen – im Fehlerfall keine hohen Kurzschlussströme übertragen werden, die eventuell den Netzverbund gefährden würden. Wenn die gekuppelten Netze räumlich aneinander grenzen, reduziert sich die Länge der Kuppelleitung auf einige 10 m. Dementsprechend werden diese HGÜ-Anlagen dann auch als Kurzkupplungen bezeichnet.

Im Vergleich zu HGÜ ist die Drehstrom-Hochspannungs-Übertragung (DHÜ) sehr viel bedeutsamer [14]. Die Aussagen der weiteren Kapitel beschränken sich zunächst auf symmetrisch betriebene Drehstromnetze. Die dort beschriebenen Zusammenhänge gelten prinzipiell auch für einphasige Verhältnisse.

3.2 Wichtige Strukturen von Drehstromnetzen

In der öffentlichen Energieversorgung haben sich, wie in Kapitel 1 bereits beschrieben, im Laufe der Zeit verschiedene Spannungsebenen entwickelt. Sie werden nach ihrer Nennspannung üblicherweise in vier Gruppen eingeteilt, die in der Tabelle 3.1 zusammengestellt sind.

Daneben gibt es auch noch Anlagen mit Zwischenwerten wie 220 kV, 60 kV und 30 kV; weitere Nennspannungen sind in Industrienetzen üblich. Solche Spannungsebenen sind dann anhand ihrer Gestaltung und Funktion einzuordnen. Die Werte dieser Normspannungen sind in DIN VDE 0175 festgelegt. Erwähnt sei, dass der Sprachgebrauch des Begriffes „Hochspannung" fließend ist. So werden z. B. Motoren mit einer Bemessungsspannung von 6 kV nicht als Mittelspannungs-, sondern als Hochspannungsmotoren bezeichnet.

3.2 Wichtige Strukturen von Drehstromnetzen

Tabelle 3.1
Übliche Spannungsebenen in der Bundesrepublik Deutschland

Bezeichnung	Kurzform	U_n	U_m	Bemerkungen
Höchstspannung	HS	380 kV	420 kV	400-kV-Ebene
Hochspannung		110 kV	123 kV	Verteilungs-spannungen
Mittelspannung	MS	20 kV	24 kV	
		10 kV	12 kV	
Niederspannung	NS	230 V / 400 V	—	0,4-kV-Ebene

Unabhängig von der Spannungsebene ist die Struktur des Netzes stets so zu gestalten, dass dessen Versorgung durch *einen* Fehler nicht unterbrochen wird. Erst ab dem Auftreten *zweier* Fehler zur gleichen Zeit kann es zu Versorgungsunterbrechungen kommen; ein einfacher Ausfall muss dagegen beherrscht werden. Diese weltweit übliche Sicherheitsmaxime wird als *(n–1)-Ausfallkriterium* bezeichnet und hat sich hinreichend bewährt. Zur Einhaltung dieser Bedingung haben sich in den einzelnen Netzebenen unterschiedliche Strukturen als zweckmäßig erwiesen.

3.2.1 Niederspannungsnetze

Der größte Teil der elektrischen Verbraucher besteht aus Niederspannungsgeräten. Die Endverteilung der elektrischen Energie auf diese Verbraucher erfolgt durch Niederspannungsnetze, die über *Netzstationen* (s. Abschnitt 4.11) aus einem übergeordneten Mittelspannungsnetz gespeist werden. In öffentlichen Energieversorgungsnetzen bewegen sich die Bemessungsleistungen dieser Stationen häufig bei 250, 400 oder 630 kVA. Niederspannungsnetze sind im Unterschied zu den anderen Spannungsebenen nicht als Drei-, sondern als Vierleitersysteme (Bild 3.1) aufgebaut, um den Anschluss einphasiger Verbraucher zu ermöglichen.
Die Struktur der Netze ist dabei wesentlich von dem Parameter *Lastdichte* abhängig, der die Summe aller Lasten – bezogen auf die Fläche – angibt. Bei niedrigen Lastdichten, wie sie z. B. in ländlichen Gegenden auftreten können, werden *Strahlennetze* bevorzugt (Bild 3.5). Diese Netzform besteht aus einer Reihe verzweigter Leitungen, die aus einer gemeinsamen Netzstation versorgt werden (s. Abschnitt 4.11.1.2). Nachteilig an dieser Netzform ist, dass beim Einschalten großer Lasten die Netzspannung absinkt und dann nicht mehr ausreichend hoch ist. Weiterhin führen bereits einfache Ausfälle zu Versorgungsunterbrechungen bei vielen Verbrauchern. Besonders extrem wirkt sich in dieser Hinsicht ein Fehler in der Netzstation aus. Diese strukturelle Schwäche kann jedoch durch zwei Maßnahmen behoben werden.
Zum einen sind in der 0,4-kV-Ebene fahrbare Notstromanlagen einsetzbar, die in Strahlennetzen die dort fehlende Reservefunktion abdecken. Eine andere Möglichkeit besteht darin, Verbindungsleitungen zu Nachbarnetzen vorzusehen, die im Fehlerfall geschlossen werden. Es wird dann *rückwärtig eingespeist*; häufig werden solche Netze auch als Kuppelnetze bezeichnet. Kostengesichtspunkte entscheiden darüber, welche Maßnahme vorteilhafter ist.
Während bei sehr niedrigen Lastdichten als Übertragungsmittel noch Freileitungen und Kabel miteinander konkurrieren, werden für höhere Lastdichten eindeutig Kabel bevorzugt. Sie werden entlang der Straßen verlegt, wobei häufig beide Seiten genutzt werden.

Bild 3.5
Strahlennetz

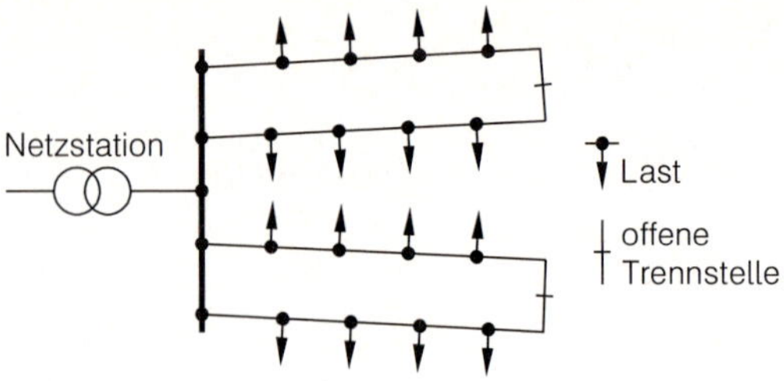

Bild 3.6
Ringleitung, offen betrieben
(geschlossene Trennstellen nicht dargestellt)

Die Bauarbeiten beschränken sich dann auf die Bürgersteige und behindern nicht den Straßenverkehr.

Bei einer Verlegung auf beiden Straßenseiten bietet es sich an, *Ringleitungen* zu bilden. Sie werden im normalen Netzbetrieb in der Mitte, also am Ende des Straßenverlaufs, aufgetrennt, sodass dann wieder ein Strahlennetz vorliegt (Bild 3.6). Darüber hinaus werden in jedem Halbring noch weitere Trennstellen vorgesehen. Sie werden häufig als so genannte Hausanschlusssäulen ausgeführt, die für das EVU-Personal von außen zugänglich sind. Bei Kabelverzweigungen, z. B. in Kreuzungsbereichen, werden stattdessen Kabelverteilerschränke verwendet. Falls nun innerhalb der Ringleitung ein Kurzschluss auftritt, wird die fehlerhafte Kabelstrecke durch das Öffnen der beiden angrenzenden Trennstellen freigeschaltet. Zugleich wird die Trennstelle in der Mitte der Ringleitung geschlossen. Auf diese Weise können alle Verbraucher, die nicht am abgeschalteten Kabelabschnitt angeschlossen sind, weiter versorgt werden. Diese Netzform weist im Vergleich zum reinen Strahlennetz bereits in sich eine erhöhte Sicherheit auf, die man auch als *Eigensicherheit* bezeichnet. Sie vergrößert sich mit steigendem Vermaschungsgrad und wachsender Anzahl der Einspeisungen; eine Zwischenform stellt der verzweigte Ring in Bild 3.7 dar. Allerdings wird dort implizit eine erhöhte Lastdichte vorausgesetzt, bei der sich die entsprechenden Möglichkeiten auch von der Straßenführung her anbieten.

Für Netze, die von ihrer Struktur her viele Maschen und mehrfache Einspeisungen aufweisen, wird der Ausdruck *Maschennetz* verwendet (Bild 3.8); bei einem geringeren Grad an Maschen spricht man von *vermaschten Netzen*. In beiden Fällen wird vorausgesetzt, dass die vorhandenen Trennstellen in der Mehrzahl auch im Betrieb durchverbunden sind.

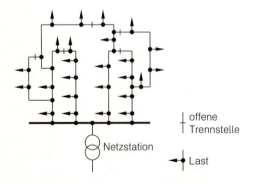

Bild 3.7
Verzweigter Ring

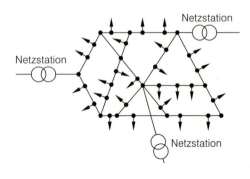

Bild 3.8
Maschennetz

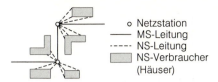

○ Netzstation
—— MS-Leitung
---- NS-Leitung
▓ NS-Verbraucher
  (Häuser)

Bild 3.9
Anschlussnetz
NS: Niederspannung; MS: Mittelspannung

Maschennetze sind etwa ab Lastdichten von 5 MVA/km² möglich. Sie weisen die geforderte Eigensicherheit, die gewünschte Spannungskonstanz sowie niedrige Netzverluste auf. Diesen Vorteilen steht jedoch auch ein Nachteil gegenüber. So ist es recht schwierig, ein großes Maschennetz nach einem Zusammenbruch wieder in Betrieb zu nehmen. Das wesentliche Problem besteht darin, dass die verschiedenen Netzstationen nur manuell und daher nicht gleichzeitig eingeschaltet werden können. Deshalb ist eine Überlastung der zuerst ans Netz gehenden Stationen möglich. Sie können dadurch ausfallen, sodass sich die Inbetriebnahme des Maschennetzes weiter erschwert. Hauptsächlich aus diesem Grunde werden seit den siebziger Jahren bei Neuplanungen größere Maschennetze vermieden. Statt dessen werden trotz der schlechteren Betriebsbedingungen mehrere parallele, vermaschte Netze bevorzugt, die von wenigen Netzstationen gespeist werden. Die Versorgungssicherheit wird wieder durch rückwärtige Speisung bzw. mobile Notstromanlagen gewährleistet.

Gleiches gilt auch für *Anschluss*- oder *Stummelnetze*. Sie werden üblicherweise bei großen Lastdichten, z. B. in Innenstädten, bei Werten ab 30...50 MVA/km², eingesetzt. Es handelt sich dabei um kurze Strahlennetze, an die jeweils nur wenige große Lasten angeschlossen sind (Bild 3.9). Angefügt sei, dass sich die Netzgestaltung auch als Optimierungsaufgabe formulieren lässt. Die angegebenen Strukturen ergeben sich als deren Lösung [15].

In Niederspannungsnetzen beträgt die Nennspannung üblicherweise 400 V für Drehstromverbraucher und 230 V für einphasige Verbraucher. Da das 0,4-kV-Netz nur Verbraucher bis zu einer Leistung von etwa 300 kW zulässt, jedoch in *Industrienetzen* häufig größere Lasten auftreten, gibt es auch noch höhere Nennspannungen wie z. B. 690 V und 1000 V. Industrienetze sind üblicherweise als Strahlennetze geschaltet und weisen eine Anhäufung von motorischen Verbrauchern auf. Sofern die motorischen Lasten auch die Leistungsfähigkeit dieser höheren Spannungsebenen übersteigen, müssen sie direkt an das Mittelspannungsnetz angeschlossen werden.

3.2.2 Mittelspannungsnetze

Ein Mittelspannungsnetz wird über *Umspannstationen* (s. Abschnitt 4.11) aus einem Hochspannungsnetz gespeist. Die Bemessungsleistung dieser Umspannstationen beträgt üblicherweise 20...50 MVA. Das Mittelspannungsnetz verteilt die elektrische Energie dann über die Netzstationen in die unterlagerten Niederspannungsnetze; der direkte Anschluss von Endverbrauchern ist selten. Die Wahl der Nennspannung ist wiederum von der Lastdichte abhängig.

In ländlichen Gebieten mit geringer Lastdichte wird meistens eine Nennspannung von 20 kV gewählt. Als Übertragungsmittel werden anstelle von Freileitungen zunehmend Kabel eingesetzt. In Städten werden dagegen fast ausschließlich Kabel verwendet. Sie werden überwiegend in einer Tiefe von ca. 1,20 m unterhalb der eventuell vorhandenen Niederspannungskabel verlegt. Die Entfernung zwischen den Netzstationen beträgt dort

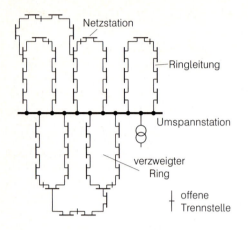

Bild 3.10
Aufbau eines Mittelspannungsnetzes aus strahlenförmig betriebenen Ringleitungen bzw. verzweigten Ringleitungen

selten mehr als 500 m. Bei solchen Verhältnissen wird für die Mittelspannungsnetze meist eine Nennspannung von 10 kV verwendet.

Eine typische Struktur der Mittelspannungsnetze ist Bild 3.10 sowie dem Anhang zu entnehmen. Die wesentlichen Elemente stellen Ringleitungen bzw. verzweigte Ringe dar. Wie in den Niederspannungsnetzen werden die einzelnen Ringe mithilfe von Trennstellen im Normalbetrieb offen, d. h. als Strahlennetz betrieben. Anstelle der einzelnen Verbraucher werden in Mittelspannungsnetzen Netzstationen versorgt, wobei jede Ringleitung üblicherweise 5...10 Stationen speist. Die Stationen sind so ausgerüstet, dass die Leitungen zwischen den Stationen freigeschaltet werden können. Dadurch ist es wiederum möglich, im Falle einer Störung die Fehlerstelle herauszutrennen.

Sofern der Fehler in einer *Leitung* auftritt, können nach dem Schließen der mittleren Trennstelle und dem Freischalten des fehlerbehafteten Zweiges alle Stationen der Ringleitung weiter versorgt werden. Sollte die Störung in einer *Netzstation* auftreten, sind davon nur die Verbraucher in dem Niederspannungsnetz betroffen, das von dieser Station versorgt wird. Bei einer derartigen Gestaltung wird zumindest auf den Ringleitungen

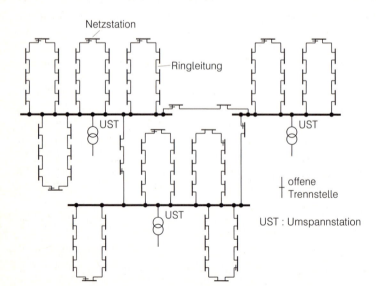

Bild 3.11
Typischer Aufbau eines gewachsenen, eigensicheren Mittelspannungsnetzes (Ringleitungen aus Übersichtlichkeitsgründen ohne Verzweigungen dargestellt)

ein einfacher Ausfall beherrscht. Ein entsprechendes Maß an Eigensicherheit ist zusätzlich in den einspeisenden Umspannstationen erforderlich. Aus diesem Grunde werden z. B. häufig zwei Transformatoren in den Umspannstationen eingesetzt. Eine Kupplung der Umspannstationen untereinander durch eine oder mehrere Mittelspannungsleitungen führt zu einer größeren Freizügigkeit (Bild 3.11). Bei einer Kupplung mit mehreren Leitungen kann die gegenseitige Reservehaltung so ausgeprägt sein, dass die Umspannstationen jeweils über einen einzigen Transformator hinreichend sicher versorgt werden. Neben den genannten Spannungsebenen treten in Industrienetzen häufig auch 6-kV-Netze auf. Diese Spannung bietet besondere Vorteile für große Motoren, deren Leistungsaufnahme von einem 660-V-Industrienetz nicht mehr gedeckt werden kann. So lassen sich Motoren beim Übergang auf 6 kV mit einem relativ geringen Mehraufwand bauen, während der Sprung zur 10-kV-Ebene mit noch höheren Kosten verbunden wäre.

Zu erwähnen bleibt noch, dass im Prinzip auch in Mittelspannungsnetzen vermaschte Netze mit mehreren Einspeisungen auftreten. Um jedoch, wie später noch gezeigt wird, Kurzschlussströme zu beherrschen, werden der Vermaschungsgrad und die Anzahl der Einspeisungen gering gehalten. Im Regelfall ist nur eine Einspeisung vorhanden.

3.2.3 Hoch- und Höchstspannungsnetze

Die Mittelspannungsnetze werden in der beschriebenen Weise aus dem überlagerten Hochspannungsnetz gespeist, das mit einer Nennspannung von 110 kV betrieben wird. Die 110-kV-Netze werden in geringem Umfang durch einzelne Mittel- und Spitzenlastkraftwerke, überwiegend jedoch von Einspeisungen aus einem Höchstspannungsnetz versorgt, die als *Umspannwerke* bezeichnet werden (Bild 3.12). Die zugehörigen 380/110-kV-Transformatoren sind meist für Bemessungsleistungen von 100...300 MVA ausgelegt.

Bei den Höchstspannungsnetzen hat sich die Netznennspannung 380 kV durchgesetzt. Daneben existieren aber noch ältere Netze, die mit 220 kV betrieben werden. Diese höchsten Spannungsebenen stellen reine Transportnetze dar, die auch Maschen enthalten können. Diese Netzebene verbindet zum einen die Kraftwerke mit den Umspannwerken und zum anderen das Transportnetz des eigenen Unternehmens mit denen der Nachbarn (s. Anhang); Verbraucher sind nicht vorhanden. Trotz seiner vergleichsweise einfachen Struktur ist das Höchstspannungsnetz besonders sicher. Die Übertragungswege sind bereits eigensicher gestaltet, da üblicherweise mehrere Leitungen parallel geschaltet sind. Durch eine besonders intensive Wartung der Betriebsmittel und einen hohen Automatisierungsgrad in der Netzbetriebsführung (s. Kapitel 8) weist das Höchstspannungsnetz eine sehr hohe Verfügbarkeit auf. Zugleich ist die Fehlerquote der einfachen Störungen bereits sehr niedrig, sodass bei dem heutigen Technologiestand die Gefahr von Mehrfachfehlern besonders unwahrscheinlich ist. Aus dieser Häufigkeitsverteilung – ein Maß für die Zuverlässigkeit der Betriebsmittel – leitet sich letztlich auch die Berechtigung des (n–1)-Ausfallkriteriums ab. Diese Aussage gilt in analoger Weise für die unterlagerten Netzebenen.

Im Unterschied zum Höchstspannungsnetz entwickelt sich das 110-kV-Netz infolge der steigenden Lastdichten in den Großstädten immer mehr zu einem Verteilungsnetz, häufig in Kabelausführung. Aufgrund dieser Veränderung treten in dieser Spannungsebene neben einfachen Strahlennetzen zum Teil schon Strukturen auf, die in Mittelspannungsnetzen zu finden sind. Ein Beispiel für ein reales 110-kV-Netz ist im Anhang dargestellt.

Auf der Ebene der Höchstspannungsnetze erfolgt auch der bereits in Kapitel 1 beschriebene Zusammenschluss der Übertragungsnetze zu einem Verbundnetz. Dadurch ist ein

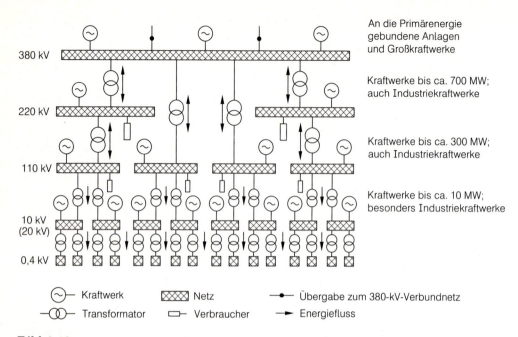

Bild 3.12
Prinzipieller Aufbau des Energieversorgungsnetzes der Bundesrepublik Deutschland

Energieaustausch möglich. Von besonderer Bedeutung ist dies bei Störungen, z. B. Kraftwerksausfällen. Da eine größere Anzahl von Kraftwerken zur Verfügung steht, ist der Ausfall eines Blockkraftwerks dann weniger bedeutsam. Die Übertragungsnetzbetreiber können infolgedessen eine *geringere Reserveleistung* vorhalten, die selbst dann noch mit ca. 15 % zu veranschlagen ist. Aber auch im Normalbetrieb ist das Verbundnetz von großem Wert. Es ermöglicht einen *wirtschaftlichen Stromaustausch*. So kann z. B. die in den Alpen von den Wasserkraftwerken erzeugte billige elektrische Überschussenergie – vor allem im Frühjahr zur Zeit der Schneeschmelze – an die Verbraucherschwerpunkte im süddeutschen Raum weitergeleitet werden. Die auftretenden Netzverluste liegen im Verbundnetz etwa bei 3 % der transportierten Leistung. Darüber hinaus ermöglicht das Verbundnetz den Einsatz großer Kraftwerke von z. B. 1300 MW, da nur das Übertragungsnetz solche hohen Leistungen transportieren kann.

Schon diese beiden Beispiele zeigen, dass zwischen den Übertragungsnetzbetreibern bzw. deren Regelzonen Energie ausgetauscht wird. Im Abschnitt 8.1 wird auf die technische Realisierung solcher *Transite* genauer eingegangen.

Es muss nun sichergestellt werden, dass sich an den Kuppelstellen zwischen den Regelzonen auch tatsächlich die gewünschten Leistungen einstellen. Diese Aufgabe wird von den Sekundärreglern übernommen (s. Abschnitt 2.5). Bei dem Zusammenschluss der Verbundunternehmen ist darauf zu achten, dass diese Regelung grundsätzlich nur dann einwandfrei arbeitet, wenn die einzelnen Transportnetze strahlenförmig untereinander verbunden sind. Wohl dürfen mehrere Kuppelleitungen zwischen je zwei Unternehmen bestehen, es darf jedoch – zumindest im regelungstechnischen Konzept – keine Masche bei der Verschaltung der einzelnen Unternehmen auftreten. Die ausgezogenen Linien in Bild 3.13 zeigen einen solchen zulässigen Schaltzustand des Verbundnetzes, dessen geografische Darstellung Bild 1.2 zu entnehmen ist.

3.2 Wichtige Strukturen von Drehstromnetzen

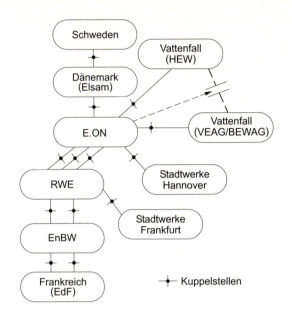

Bild 3.13
Schaltungsbeispiel für das Verbundnetz

Eine direkte Kupplung der beiden Regelzonen des Unternehmens Vattenfall (VEAG/ BEWAG und HEW) wäre in dieser Situation nur möglich, wenn man regelungstechnisch z. B. das Unternehmen E.ON dazwischen schalten würde. In Bild 3.13 ist diese Verbindung gestrichelt gezeichnet. Gerätetechnisch lässt sich dieses Konzept dadurch verwirklichen, dass die Austauschleistung an dieser Kuppelstelle mit in die Wirkleistungsbilanz des Sekundärreglers für die E.ON-Regelzone einbezogen wird. Durch diesen Schritt ist es möglich, die notwendige regelungstechnische Struktur zu erhalten, obwohl die Transportnetze der Unternehmen im geografischen Schaltzustand Maschen bilden.

Größere Störungen im Verbundnetz wirken sich auf alle Verbundpartner aus. Falls in einem Teilnetz beispielsweise durch einen Kraftwerksausfall Leistungsmangel auftritt, sinkt im gesamten Verbundnetz die Frequenz. Aufgrund dieser Frequenzabsenkung geben, wie bereits dargestellt, alle Kraftwerke im Rahmen ihrer Primärregelung eine höhere Leistung ab und unterstützen auf diese Weise das Übertragungsnetz, dessen Leistungsgleichgewicht gestört ist. Im Allgemeinen erweist sich diese Hilfe durch die Verbundpartner als ausreichend. Wenn das nicht der Fall sein sollte, läuft der 5-Stufen-Plan des VDN ab. So werden bei einer Frequenz von 49,8 Hz alle Lastverteiler des Verbunds alarmiert, die schnell aktivierbaren Wirkleistungsreserven, die *Momentanreserve*, zu mobilisieren [16]. Dafür bietet sich der Einsatz von Gasturbinen-Kraftwerken sowie Pumpspeicherwerken an. Weitere Möglichkeiten bestehen in einer Drosselung des Anzapfdampfes und in der Erhöhung des Speisewasserumlaufs in den dafür ausgerüsteten Blockkraftwerken. Bei einem weiteren Absinken der Frequenz erfolgt dann bei Werten von 49,0 Hz, 48,7 Hz und 48,4 Hz jeweils ein unverzögerter Lastabwurf von 10...15 % der Netzlast. Die Abschaltungen werden mithilfe von Frequenzrelais automatisch ausgeführt.

Wenn trotz dieser Maßnahme die Frequenz noch weiter absinkt, werden bei einer Frequenz von 47,5 Hz alle betroffenen Kraftwerke vom Netz abgetrennt. Es wird dann versucht, nur noch die Eigenbedarfsleistung in Höhe von ca. 5 % der Nennleistung des Blockkraftwerks zu decken, die u. a. zur Versorgung der Gebläse, Kohlemühlen und Speisewasserpumpen benötigt wird. Anderenfalls könnte das Kraftwerk nicht wieder selbstständig anfahren, weil diese Leistung nach einem solchen Zusammenbruch (blackout) nicht mehr aus dem

Netz bezogen werden kann. In solchen Notfällen muss die fehlende Leistung mit Einheiten erzeugt werden, die ohne Fremdstrom anfahren können. Dafür stehen Pumpspeicherwerke, Wasserkraftwerke und speziell ausgerüstete Gasturbinen zur Verfügung.

Bisher sind nur ortsfeste Netze betrachtet worden. Daneben gibt es auch in Verkehrsmitteln Energieversorgungsnetze, so genannte Bordnetze.

3.3 Aufbau und Funktion von Bordnetzen

In diesem Abschnitt wird der grundsätzliche Aufbau von Bordnetzen dargestellt. Zunächst werden die Bordnetze von Kraftfahrzeugen, dann von Flugzeugen und Schiffen behandelt. Abschließend wird noch kurz die Versorgung von Eisenbahnwagen erläutert.

3.3.1 Bordnetz von Kraftfahrzeugen

Von wenigen Ausnahmen abgesehen weisen Kraftfahrzeuge, insbesondere PKW, nur einen einzigen Generator zur Energieversorgung auf, der auch als *Lichtmaschine* bezeichnet wird. Üblicherweise werden dazu *Synchrongeneratoren* in Klauenpolausführung verwendet. Deren Bemessungsleistung überschreitet zurzeit selbst bei PKW der gehobenen Klasse selten den Wert von 3 kW. Bei solchen Kleinmaschinen werden andere konstruktive Lösungen gewählt als bei den leistungsstarken Generatoren in Kraftwerken. Während die Großmaschinen eingehend im Abschnitt 4.4 betrachtet werden, soll an dieser Stelle nur so weit auf die qualitative Funktion des Klauenpolgenerators eingegangen werden, wie es für das prinzipielle Verständnis von Bordnetzen in Kraftfahrzeugen erforderlich ist. Genauere Ausführungen sind u. a. in [17] und [18] zu finden.

3.3.1.1 Bauweise und Funktion von Klauenpolgeneratoren

In den Bildern 3.14 und 3.15 ist der prinzipielle Aufbau eines Klauenpolgenerators dargestellt. Diese Bezeichnung charakterisiert die Bauweise des Läufers, bei dem eine gleichstromdurchflossene Erregerwicklung konzentrisch die Läuferwelle umhüllt und in einen Eisenkern eingebettet ist, der an jedem Ende in einem Kranz mit Klauen mündet. Meistens weisen die Kränze bzw. Polkappen jeweils sechs dieser Klauen auf, die zueinander versetzt angeordnet sind und ineinander greifen. Die Luftspalte zwischen diesen Klauen sind größer als diejenigen zwischen Ständer und Klauen. Dadurch tritt der wesentliche

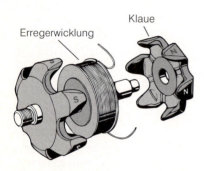

Bild 3.14
Prinzip eines zwölfpoligen
Klauenpolgenerators ($p = 6$)

3.3 Aufbau und Funktion von Bordnetzen

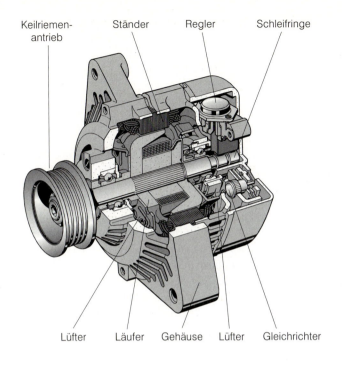

Bild 3.15
Aufbau eines
Klauenpolgenerators

Teil des Magnetfelds, das von der Erregerwicklung erzeugt wird, aus den Klauen der Kränze aus und wird vom Ständerblechpaket zu den jeweils benachbarten Klauen des anderen Kranzes weitergeleitet, um dort erneut einzutreten. Auf diese Weise werden abwechselnd an dem einen Ende magnetische Süd- und am anderen Ende magnetische Nordpole erzeugt (Bild 3.14). Anzumerken ist, dass innerhalb des Luftspalts zwischen Klauen und Ständer das Feld entsprechend dem Brechungsgesetz für Magnetfelder senkrecht verläuft.

Befindet sich der Motor in Betrieb, so treibt er über einen Keilriemen den beschriebenen Generatorläufer an. Dann streichen die Magnetpole bzw. Klauen an der Drehstromwicklung entlang, die im Ständer angebracht ist. Dort induziert das Feld des Luftspalts entsprechend dem Induktionsgesetz für bewegte Felder

$$u(t) = B_\mathrm{L} \cdot v_\mathrm{Umf} \cdot l \tag{3.2}$$

eine Spannung $u(t)$, die so genannte Polradspannung. Diese Formulierung beinhaltet bereits die beschriebenen Feldverhältnisse: den senkrechten Verlauf des Feldes B_L im Luftspalt sowie eine tangential gerichtete Relativgeschwindigkeit zwischen Leitern der Wicklung und dem Magnetfeld. Die Größe l gibt dabei die Länge des Leiters bzw. der Nut im Ständer an; v_Umf kennzeichnet die Umfangsgeschwindigkeit. Zu beachten ist nun, dass über den Ständerumfang verteilt eine Drehstromwicklung angebracht ist. Sie besteht aus p Wicklungsteilen, von denen jede $1/p$ des Ständerumfangs beansprucht. Jeder Wicklungsteil weist drei Teilstränge U, V, W auf (s. Abschnitt 4.4.1). Die Anzahl der Wicklungsteile entspricht der Anzahl der Klauen an einem Kranz bzw. einer Polkappe. Bei sechs Klauen pro Polkappe gilt somit $p = 6$.

Bei einer Umdrehung des Läufers streichen jeweils ein Süd- und ein Nordpol p-mal an jedem der p Wicklungsteile vorbei und erzeugen an deren Klemmen drei gleich große

Spannungen $\hat{U}_U$, $\hat{U}_V$ und $\hat{U}_W$. Bei n Umdrehungen pro Minute ergibt sich deren Frequenz f zu

$$f = p \cdot \frac{n}{60}\,. \tag{3.3}$$

Aus dem Induktionsgesetz (3.2) lässt sich auch der Zusammenhang

$$\hat{U} \sim \Phi_L \cdot n \tag{3.4}$$

ableiten, wobei Φ_L den magnetischen Fluss im Luftspalt darstellt. Aus dieser Beziehung ist zu erkennen, dass bei einer konstant gehaltenen Klemmenspannung $\hat{U}$ an der Ständerwicklung der Fluss und damit die Baugröße des Eisenkreises umso kleiner gewählt werden kann, je höher der Wert der Drehzahl liegt. Zugleich verringert sich durch die höhere Drehzahl auch das Antriebsmoment M, wie man aus der bekannten Beziehung $P = M \cdot \omega$ ersieht; P bezeichnet dabei die Antriebsleistung des Generators. Ein kleineres Antriebsmoment stellt geringere Anforderungen an die Festigkeit der Welle und ist damit ebenfalls vorteilhaft für den Bau kleinerer sowie leichterer Maschinen.

Generell ergeben sich bei Bordnetzen Platz- und Gewichtsprobleme. Um den daraus erwachsenden Anforderungen gerecht zu werden, wählt man durchweg höhere Frequenzen als in öffentlichen Energieversorgungsnetzen. Bei Autos wird deshalb die Übersetzung des Keilriemenantriebs für den Generator relativ groß gewählt. So weist dessen Drehzahl im Leerlauf des Motors einen typischen Wert von $n_0 = 1800$ U/min auf, um dann im Bemessungsbetrieb auf etwa $n_r = 6000$ U/min anzuwachsen. Im Überlastbetrieb des Motors steigert sich die Generatordrehzahl sogar auf Werte von $18\,000$ U/min. Bei gleicher Baugröße bzw. gleichem Fluss Φ_L führt die stark veränderliche, vom Auto vorgegebene Drehzahl gemäß der Beziehung (3.4) zu großen Spannungsschwankungen. Da die meisten Verbraucher im Kraftfahrzeug jedoch eine annähernd konstante Spannung benötigen, ist eine Regelung erforderlich.

3.3.1.2 Spannungsregelung und Gleichrichtung des erzeugten Drehstroms

In einem PKW liegt der Sollwert der Ausgangsspannung meistens bei 14 V, in Nutzfahrzeugen beträgt er 28 V. Für die Regelung wird ein Teil des Generatorausgangsstroms über eine Einweggleichrichtung – die Erregerdioden – gleichgerichtet (Bild 3.16). Mit dem so erzeugten Gleichstrom wird die Erregerspule des Läufers dann über Schleifringe gespeist. Wenn die Ausgangsspannung einen oberen Grenzwert überschreitet, wird ein zusätzlicher Widerstand in den Erregerkreis geschaltet, sodass sich der Erregerstrom I_E vermindert. Dadurch verringert sich wiederum das erzeugte Feld B_L und damit auch die Klemmenspannung. Unterschreitet die Klemmenspannung einen unteren Grenzwert, so wird der Zusatzwiderstand kurzgeschlossen und die Klemmenspannung erhöht sich wieder.

Der nach diesem Prinzip arbeitende Regler wird als *Zweipunktregler*, der gesamte Regelkreis als *Zweipunktregelung* bezeichnet. Da die Erregerströme mit ca. 5 A im Vergleich zu den Klemmenströmen von gut 100 A recht niedrig sind, können die Regler heute bereits in integrierter Technik hergestellt werden. Diese Technologie erlaubt es, auch weitere Einflussgrößen zu erfassen und Stromsprünge beim Schalten zu verringern. Allerdings werden durch die Regelung nicht die zugleich auftretenden Frequenzschwankungen der Klemmenspannung beseitigt. Diese stören aber nicht, wie die folgenden Erläuterungen zeigen.

3.3 Aufbau und Funktion von Bordnetzen

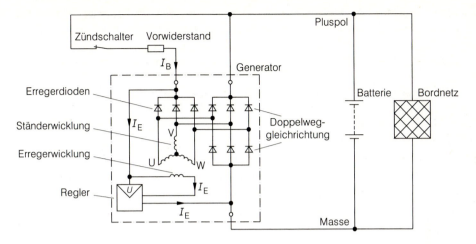

Bild 3.16
Übersichtsschaltplan einer selbsterregten Lichtmaschine mit Anschluss an das Gleichstrom-Bordnetz und an die Batterie

Beim Stillstand des Motors liefert der Generator keine Energie. Diese wird dann einer *Batterie* entnommen, die parallel zum Generator geschaltet ist (Bild 3.16). Während dieser Zeitspanne können die Verbraucher nur mit Gleichstrom versorgt werden. Um einheitliche Verhältnisse zu erreichen, wird deshalb die am Generatorausgang auftretende dreiphasige Wechselspannung über eine Doppelweggleichrichtung ebenfalls in eine Gleichspannung umgewandelt. Wenngleich durch die Drehzahländerungen des Motors auch die Frequenz der Wechselspannung stark schwankt, so ist selbst deren unterer Wert mit ca. 180 Hz noch relativ hoch. Daher ist die Welligkeit des erzeugten Gleichstroms recht klein. Sie verbessert sich noch weiter dadurch, dass die verbleibenden Oberschwingungen in die Batterie fließen; deren Innenwiderstand ist mit ca. 25 mΩ sehr niedrig.

Wenn die Batterie beansprucht worden ist, sinkt ihre Ladung und damit ihre Klemmenspannung. Dann fließt vom Generator ein Teil des Ausgangsstroms in die Batterie und lädt diese wieder auf. Andererseits unterstützt sie den Generator, falls die insgesamt aufgenommene Verbraucherleistung kurzzeitig die maximale Generatorleistung überschreitet. Selbst wenn der Generator ganz ausfällt, stellt die Batterie noch für eine begrenzte Zeit die Versorgung des Gleichstromnetzes sicher; dabei verhindern die Dioden, dass die Batterie sich über die Lichtmaschine entlädt.

3.3.1.3 Netzgestaltung bei Kraftfahrzeugen

In das Gleichstromnetz wird von den Polen der Doppelweggleichrichter bzw. der Batterie eingespeist. Aufgebaut ist das Netz *strahlenförmig*, wobei in den einzelnen Strängen Schutzeinrichtungen eine Überlastung verhindern. Diese Aufgabe übernehmen Schmelzsicherungen oder in zunehmendem Maße elektronische Schutzschaltungen (smart power devices), die reversibel sind und deshalb im Fehlerfall nicht ausgetauscht werden müssen. Sofern die Metallteile des Autos untereinander verbunden sind, wird üblicherweise ein *Einleiternetz* verwendet. Es führt im Vergleich zu einem Zweileiternetz zu einer Gewichtsersparnis und benötigt kleinere Kabelbäume, denn bei Einleiternetzen stellt das Chassis des Kraftfahrzeugs die Masse – den Rückleiter – dar. Die einzelnen Verbraucher schließt man zu diesem Zweck an Erdungspunkte an, die über das Fahrzeug verteilt angebracht sind. Zweileiterausführungen findet man in Kraftfahrzeugen nur selten, z. B. bei Hochstromverbrauchern wie der elektrischen Servolenkung.

Für die Auslegung des Netzes ist sowohl die *Höhe* der Verbraucherleistung maßgebend als auch die *Dauer* der Belastung. So wird das Netz dauernd z. B. von der Zündung, der elektronisch geregelten Benzineinspritzung und bei Klimaanlagen auch von den Gebläsen für die Lüftung beansprucht; die verschiedenen Arten der Beleuchtung belasten das Netz ebenfalls meist längerfristig. Demgegenüber sind andere Verbraucher nur kurzfristig wirksam. Als Beispiel seien die Heckscheibenheizung und die immer zahlreicher werdenden Komforteinrichtungen genannt wie z. B. elektrische Fensterheber oder die Sitzheizung. Die aus solchen Lastschwankungen resultierenden Spannungsschwankungen werden ebenfalls von der Spannungsregelung ausgeglichen.

Eine Reihe von Verbrauchern schalten auch Ströme und verursachen dadurch Spannungsimpulse. Besonders störend sind in dieser Hinsicht die Zündung und abgeschwächt der Spannungszweipunktregler, denn solche Spannungsimpulse können den Betrieb elektronischer Verbraucher beeinträchtigen.

Impulse entstehen auch noch auf andere Weise, z. B. durch Einkopplung. Sind das Netz sowie die einzelnen Verbraucher gegen solche parasitären Effekte störsicher ausgelegt, so ist die Anlage e̲lektro-m̲agnetisch v̲erträglich gestaltet. Die Festlegung der zulässigen Grenzwerte sowie der Prüf- und Abhilfemaßnahmen haben sich zu einem Spezialgebiet entwickelt, das kurz als EMV bezeichnet wird. Für Kraftfahrzeuge hat sich eine eigene Normung als notwendig erwiesen. Es sind zahlreiche DIN-Vorschriften entstanden, die z. B. in [18] aufgelistet und näher erläutert werden.

Einen leistungsstarken und zugleich weiteren EMV-problematischen Verbraucher stellt der Starter, ein Reihenschluss-Gleichstrommotor dar. Dort entstehen beim Kommutieren des Stroms Abreißfunken. Zur Abrundung sei noch kurz auf die Vorgänge während der Startphase eingegangen.

Durch das Einschalten des Zündschlosses wird von der Batterie über einen Vorwiderstand die Erregerwicklung mit einem relativ geringen Gleichstrom I_B gespeist, der ausreicht, um einen Selbsterregungsvorgang einzuleiten (Bild 3.16). Wird nun der Motor beim Anlassen durch den Starter hochgefahren, so treibt er zugleich auch den Generator an. Der Erregerstrom induziert dann einen Ausgangsstrom, der zurückgekoppelt wird und dadurch den Erregerstrom vergrößert. Diese Selbsterregung setzt sich fort, bis der Bemessungsbetrieb erreicht ist.

Zukünftig wird der elektrische Verbrauch in Kraftfahrzeugen weiter ansteigen. Insbesondere wird dieser Anstieg durch zunehmende Komforteinrichtungen verursacht. Man rechnet mit einer Verfünffachung des Verbrauchs. Die damit verbundenen Ströme sind allerdings zu hoch für die bisher verwendeten Speisespannungen von 14 V bzw. 28 V. Man wird dann voraussichtlich eine überlagerte 42-V-Spannungsebene einrichten. Sollten noch höhere Spannungen nötig sein, so gilt die Verwendung von Einleiternetzen als problematisch; z. B. müsste dann durch besondere Schutzmaßnahmen ein ausreichender Personenschutz sichergestellt werden (s. Kapitel 12). Hinausgezögert werden kann eine höhere Spannungsebene durch die Einführung eines Bordnetzmanagements, das bei zu großer Leistungsaufnahme unwichtige Verbraucher abschalten kann. Weitere Entwicklungen, die den Aufbau der Bordnetze in Zukunft beeinflussen werden, sind Hybridfahrzeuge und Stromerzeugungs-Aggregate mit Brennstoffzellen.

Interessanterweise wird die Metallstruktur nicht nur bei Kraftfahrzeugen als Rückleiter verwendet, sondern auch bei Flugzeugen.

3.3.2 Bordnetz von Flugzeugen

Bei kleinen propellerangetriebenen Flugzeugen sind die Bordnetze sehr ähnlich beschaffen wie diejenigen von Autos. Allerdings weisen Bordnetze von größeren Verkehrsmaschinen einen komplexeren Aufbau auf. Maßgebend dafür sind der wesentlich erhöhte Bedarf an elektrischer Energie, das extrem hohe Sicherheitsniveau sowie der verstärkte Wunsch, die elektrische Ausrüstung gewichts- und volumenmäßig möglichst weitgehend zu reduzieren.

3.3.2.1 Stromerzeugung bei Flugzeugen

Üblicherweise werden bei Verkehrsmaschinen zwei bis vier Turboprop- oder Turbofan-Triebwerke eingesetzt, um den für das Flugzeug benötigten Schub zu erzeugen. Zugleich wird von jedem dieser Triebwerke ein Generator angetrieben, der das Bordnetz mit elektrischem Strom versorgt. Diese Triebwerkgeneratoren sind jeweils mit einem hydromechanischen Konstantdrehzahl-Antrieb CSD (constant-speed-drive), der die variable Turbinendrehzahl in eine konstante Generatordrehzahl umwandelt, baulich in einer Einheit (IDG) integriert. Bei modernen Flugzeugen beträgt die Generatordrehzahl 24 000 U/min. Man kann dann eine zweipolige, fremderregte *Synchronmaschine* verwenden. Deren Läufer ist infolge der hohen Fliehkraft als Vollpolläufer ausgeführt (s. Abschnitt 4.4). Gemäß der Beziehung (3.3) ist die Drehzahl des Läufers proportional zur Frequenz f an den Generatorklemmen, sodass sich wegen $p = 1$ für die Frequenz der Wert 400 Hz ergibt. Durch die hohe Generatordrehzahl können die Triebwerkgeneratoren besonders leicht und klein gebaut werden (s. Abschnitt 3.3.1). Unabhängig davon bewirkt die relativ hoch gewählte Netzfrequenz von 400 Hz, dass auch die motorischen Antriebe *im Netz* klein und leicht gebaut werden können.

Anders als beim Kraftfahrzeug wird der Erregerstrom von einer zusätzlichen Synchronmaschine, der Erregermaschine, geliefert, die mit auf der Welle des Triebwerkgenerators sitzt (Fremderregung). Deren Ausgangsstrom wird gleichgerichtet und der Erregerwicklung des Generators zugeleitet. Weitere Einzelheiten sind im Abschnitt 4.4.3.3 unter der Zwischenüberschrift „Bürstenlose Erregung" zu finden. Daraus ist auch zu ersehen, dass ein Spannungsregler den Sollwert für den Erregerstrom vorgibt. Dieser Sollwert wird stets so gewählt, dass trotz der geringen Drehzahlschwankungen des CSD sowie Änderungen in der Last die Klemmenspannung des Drehstromgenerators konstant bleibt. Der Bemessungswert der zugehörigen Außenleiterspannung beträgt 200 V.

3.3.2.2 Netzgestaltung bei Flugzeugen

Jedem Triebwerkgenerator wird ein Netz zugeordnet, das er alleine speist (Bild 3.17). Neben der *Außenleiterspannung* 200 V kann auch eine *Sternspannung* von 200 V/$\sqrt{3}$ = 115 V abgegriffen werden. In diesen Netzen werden nur dreiadrige Kabel verlegt, wodurch sich im Vergleich zu vieradrigen Kabeln eine Gewichtseinsparung ergibt; den für die Sternspannung notwendigen vierten Leiter stellt die leitfähige Aluminiumstruktur der Flugzeugaußenhülle dar. Sie ist als Masse anzusehen und verbindet die Sternpunkte der Generatoren mit den Sternpunkten der Verbraucher. Deshalb werden die Sternpunkte bzw. Rückleiter aller Verbraucher – wie beim Kraftfahrzeug – an speziellen Erdungspunkten (Masse-Nietungen) angeschlossen, die jeweils einen niederohmigen Kontakt mit der Aluminiumstruktur aufweisen. Der summarische Erdungswiderstand vom Generatorsternpunkt bis zum Endverbraucher liegt unter 35 mΩ.

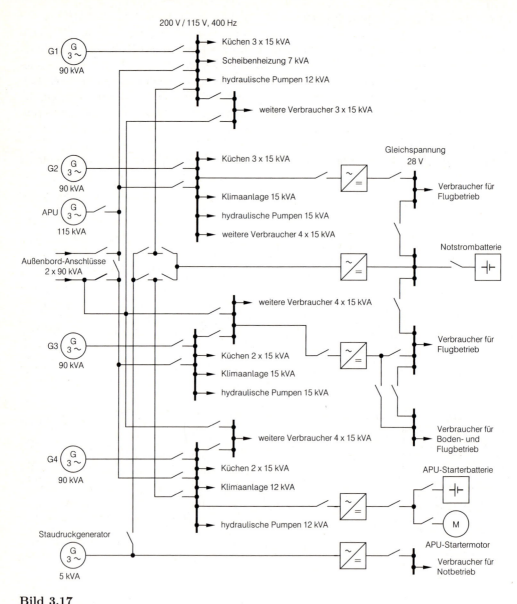

Bild 3.17
Prinzipieller Aufbau eines Flugzeugbordnetzes mit den vier Triebwerkgeneratoren G1...G4 (Airbus)

Das Netz selber gliedert sich in Generatorschiene, Hauptsammelschiene und Unterverteilungen, von denen die parallel geschalteten Verbraucher abgehen (Bild 3.17). Von der Konfiguration her handelt es sich also um ein Strahlennetz. Dessen einzelne Strahlen werden gegen thermische Überlastung und Kurzschlüsse durch thermische Bimetallrelais und Schutzschalter geschützt, die auch fernsteuerbar ausgeführt werden. Im Hinblick auf EMV sind bei der Auslegung und der Prüfung der Bordnetze die RTCA-Normen zu beachten.
Das beschriebene 400-Hz-Drehstromnetz erlaubt die Versorgung von Verbrauchern in

Dreieck- oder Sternschaltung. Mit einem Anteil von knapp 50 % stellen die Küchen die Hauptverbraucher dar. Daneben sind die Ventilatoren für die Klimaanlage, die Beleuchtung und – relativ kurzzeitig wirkend – die Hydraulikpumpen von Bedeutung.

Aus dem 400-Hz-Netz wird zusätzlich über einen so genannten Transformatorgleichrichter (Transformator mit integriertem Gleichrichter) ein 28-V-Gleichstromnetz gespeist. Es versorgt kleinere Verbraucher bis zu einigen hundert Watt und datenbusfähige Geräte wie z. B. Rechner bzw. Controller. Auch dieses Gleichstromnetz ist strahlenförmig konfiguriert und als Einleiternetz ausgeführt; die Aluminiumstruktur stellt also wiederum den Rückleiter dar.

Beim Ausfall eines Triebwerkgenerators wird dessen 400-Hz-Netz von einem anderen Triebwerkgenerator mitversorgt; seine Bemessungsleistung von ca. 100 kVA ist dementsprechend ausgelegt. Für solche Fehlersituationen sind verschiedene Schaltungsmöglichkeiten vorgesehen (s. Bild 3.17), wobei jedoch stets ein Parallelbetrieb der Generatoren vermieden wird. Falls alle Triebwerkgeneratoren ausgefallen sind, übernimmt ein Hilfsgenerator die Versorgung. Er kann das gesamte Netz oder Teilnetze speisen und wird von einer Hilfsturbine im Heck des Flugzeugs angetrieben; der Hilfsgenerator und die Hilfsturbine zusammen werden als APU (auxiliary power unit) bezeichnet. Deren Leistung ist etwas größer als die eines Triebwerkgenerators. Ein Betrieb der APU ist allerdings nur bis zur Hälfte der maximalen Flughöhe möglich; anderenfalls ist der äußere Luftdruck für die Hilfsturbine zu niedrig. Normalerweise versorgt die APU das 400-Hz-Bordnetz bei stillstehenden Triebwerken am Boden, solange noch kein Außenbordanschluss mit einer 400-Hz-Flughafeneinspeisung verbunden ist. Zusätzlich hat die APU die Aufgabe, die zum Starten der Triebwerke benötigte Druckluft zu erzeugen. Die APU selber wird von einem elektrischen Startermotor angefahren, der aus einer speziellen Batterie gespeist wird (s. Bild 3.17).

Sollte auch die APU ausfallen, kann bei Geschwindigkeiten bis zu ca. 120 Knoten ein Staudruckgenerator aktiviert werden. Er wird von einer z. B. am Flügel ausklappbaren Windturbine über eine Hydraulik angetrieben und liefert eine Leistung von ca. 5 kVA. Auf diese Weise können zumindest besonders wichtige Teile des Netzes weiter versorgt werden. Ansonsten stellen die an Bord befindlichen Batterien noch für eine Zeitspanne von z. B. 20 Minuten einen Notbetrieb sicher, um eine Landung zu ermöglichen.

Die beschriebenen Ausfallszenarien lassen erkennen, dass auch in Störungsfällen die Generatoren stets im Einzelbetrieb arbeiten. Ein Parallelbetrieb findet sich nur noch bei älteren Flugzeugen, da die Leistungsaufteilung auf die einzelnen Maschinen eine komplizierte Regelung erfordert. Dagegen ist bei Schiffen ein Parallelbetrieb von Generatoren durchaus üblich.

3.3.3 Bordnetz von Schiffen

Bei sehr kleinen Schiffen wie z. B. Sportbooten mit einem Leistungsbedarf von einigen Kilowatt unterscheidet sich das Bordnetz nur wenig von demjenigen bei einem PKW und bei Sportflugzeugen: selbsterregte Synchronmaschinen, strahlenförmig aufgebaute Gleichstromnetze. Allerdings wird bei Schiffen eine Zweileiterausführung für diese Netze verwendet.

Bei großen Fahrgastschiffen erreicht heutzutage die installierte Leistung Werte von 60 MVA. In dem Maße, wie der Bedarf an elektrischer Leistung anwächst, ergeben sich zunehmend ähnliche Lösungen wie bei Industrienetzen mit Eigenerzeugung.

3.3.3.1 Stromerzeugung bei Schiffen

Auf Schiffen wird üblicherweise der Propeller durch einen Dieselmotor angetrieben, der auch als *Hauptantriebsmotor* bezeichnet wird. Zusätzlich werden noch für die Versorgung mit elektrischer Energie mindestens zwei *Dieselgeneratoren* installiert, bei denen jeweils ein Generator mit einem eigenen Dieselmotor gekuppelt ist. Als Generatoren werden bürstenlose Synchrongeneratoren mit integriertem Spannungsregler verwendet (s. Abschnitt 4.4.3.3), deren Bemessungsleistung abhängig vom Typ und der Größe des Schiffs jeweils zwischen 400 kVA und 4 MVA liegt.

Die Dieselmotoren dieser Generatoraggregate sind mit einem Drehzahlregler ausgestattet, der eine leicht fallende Drehzahl-Drehmoment-Kennlinie $n(M)$ aufweist. Analog zur Frequenz-Leistungs-Kennlinie $f(P)$ von Turbinen (s. Bild 2.28) ändert sich dadurch die Drehzahl und somit auch die Frequenz der Generatorspannung geringfügig in Abhängigkeit von der Last. Zugelassen sind auf Schiffen Frequenzschwankungen von ca. 5 % [19]. Diese Toleranz entspricht der Drehzahländerung, die bei einem Dieselmotor mit Drehzahlregelung zwischen Leerlauf und Bemessungsbetrieb auftritt.

Das beschriebene Regelungskonzept ermöglicht einen einfachen Parallelbetrieb mehrerer Dieselgeneratoren. Leistungsänderungen teilen sich dabei ohne eine überlagerte Leistungsregelung stets entsprechend der jeweiligen $n(M)$-Kennlinien auf. Infolge eines synchronisierenden Moments bei den Synchronmaschinen nimmt die Drehzahl anschließend bei allen Generatoren von alleine den neuen Wert n_{neu} an.

Eine weitere, jedoch seltener angewendete Lösung für den Parallelbetrieb mehrerer Generatoren besteht auf Schiffen darin, den größten Generator mit einer Drehzahlregelung und alle weiteren mit einem Leistungsregler zu betreiben. Dann übernimmt die drehzahlgeregelte Maschine die Lastschwankungen des Netzes, und die anderen Generatoren und Antriebe können schonend mit konstanter Leistung gefahren werden. Wird eine noch höhere Genauigkeit an die Frequenz- bzw. Spannungskonstanz gestellt, so nähert sich das Lösungskonzept zunehmend demjenigen für öffentliche Netze an (s. Abschnitt 2.5.1).

Wie bereits in Kapitel 1 erwähnt, können größere Betriebsmittel mit einem besseren Wirkungsgrad ausgelegt werden. Dementsprechend weist auch der Hauptantriebsmotor eines Schiffs typischerweise einen geringeren spezifischen Brennstoffverbrauch als die im Vergleich dazu kleineren Dieselgeneratoren auf. Deshalb werden viele Schiffe mit weiteren Generatoren ausgerüstet, die entweder direkt auf der Propellerwelle sitzen oder über ein Getriebe von dem Hauptantriebsmotor angetrieben werden. Für solche Generatoren ist summarisch die Bezeichnung *Wellengenerator* üblich. Während der Wellengenerator in Betrieb ist, können die Dieselgeneratoren abgeschaltet werden, so dass deren Wartungsintervalle aufgrund der dann geringeren Betriebsstundenzahl vergrößert werden dürfen. Zu beachten ist, dass der Begriff Wellengenerator auch für die Erregermaschine eines Synchrongenerators im Zusammenhang mit der bürstenlosen Erregung verwendet wird (s. Abschnitt 4.4.3.3).

Häufig liegt die Drehzahl der Schiffsschraube im Bereich von etwa 100 Umdrehungen pro Minute. Bei einer Reihe von Schiffstypen werden die Flügel des Propellers – wie bei Windrädern – *verstellbar* ausgeführt. Dann kann die Propellerdrehzahl für den Wellengenerator konstant gehalten und die Schiffsgeschwindigkeit über die Steigung der Flügel gesteuert werden. Meistens wird die Drehzahl des Generators noch durch ein Getriebe angehoben, um direkt mit der Nennfrequenz von meistens 60 Hz in das Bordnetz einspeisen zu können (Bild 3.18). Zugleich kann der Wellengenerator wegen der höheren Drehzahl kleiner und leichter gebaut werden (s. Abschnitt 3.3.1.1).

3.3 Aufbau und Funktion von Bordnetzen

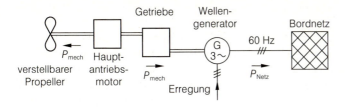

Bild 3.18
Kopplung des Hauptantriebsmotors (Dieselmotor) mit dem Wellengenerator bei einem verstellbaren Propeller

Alternativ zu dieser Lösung kann der Propeller auch mit *festen* Flügeln ausgestattet sein. Diese Variante wird bei großen Antriebsleistungen bevorzugt. Bei dieser Bauart richtet sich die Drehzahl der Welle nach der gewünschten Geschwindigkeit des Schiffs, die sich im Bereich von der Langsamfahrt bis zum Bemessungsbetrieb bewegt. Gemäß der Beziehung (3.3) ändert sich mit der Drehzahl der Welle die Frequenz der Generatorklemmenspannung. Sie wird über einen nachfolgenden Frequenzumrichter in eine frequenzkonstante Spannung umgewandelt (Bild 3.19). Üblicherweise wird dafür ein netzgeführter Umrichter mit Gleichstromzwischenkreis verwendet. Durch die Entwicklungsfortschritte bei schnellschaltenden Leistungshalbleitern für große Ströme und Spannungen (IGBT, IGCT) wird diese Bauart jedoch zunehmend durch selbstgeführte Pulswechselrichter abgelöst, die heute schon bis zu Leistungen von mehreren MVA eingesetzt werden.

Netzgeführte Umrichter können keine Blindleistung für das Bordnetz erzeugen, sondern benötigen sogar Blindleistung, die aus dem Bordnetz geliefert werden muss. Diese Aufgabe wird von einer gesonderten Blindleistungsmaschine – einer Synchronmaschine ohne Antrieb – übernommen (Bild 3.19). Sie hat außerdem die wichtige Funktion, im Kurzschlussfall kurzzeitig einen ausreichend großen Strom zu liefern, damit die Schutzeinrichtungen sicher ansprechen; typisch ist es, dafür mindestens den dreifachen Bemessungsstrom zu wählen. Infolgedessen braucht der Frequenzumrichter nur für den Bemessungsstrom I_r der Anlage ausgelegt zu werden. Interessanterweise zeigt eine Dimensionierungsrechnung, dass die Bemessungsscheinleistung S_r der Blindleistungsmaschine fast genauso groß wie die des Wellengenerators sein muss.

Wegen des Zusammenhangs $P = M \cdot \omega$ müsste der Wellengenerator für ein sehr großes Drehmoment M dimensioniert sein, wenn er schon bei niedriger Drehzahl die Bemessungsleistung liefern sollte. Deshalb werden derartige Anlagen so ausgelegt, dass erst

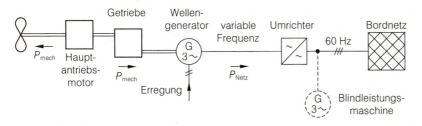

Bild 3.19
Kopplung des Hauptantriebsmotors (Dieselmotor) mit dem Wellengenerator und dem nachgeschalteten Umrichter bei starren Propellern (Blindleistungsmaschine nur bei netzgeführtem Umrichter)

ab ca. 70 % der maximalen Drehzahl die Bemessungsleistung verfügbar ist. Sind niedrige Drehzahlen wie z. B. bei Revierfahrten in engem Fahrwasser oder im Bereich des Liegeplatzes zu erwarten, wird der Wellengenerator deshalb abgestellt. Dann wird die Speisung des Bordnetzes von den Dieselgeneratoren übernommen, die darüber hinaus auch bei Störungen am Hauptantriebsmotor und bei Notmanövern gestartet werden.

In den bisherigen Ausführungen ist vorausgesetzt worden, dass die Dieselgeneratoren ausgeschaltet werden, wenn der Wellengenerator das Bordnetz versorgt. Jedoch ist auch ein Parallelbetrieb von Wellengenerator und Dieselgeneratoren üblich. Er bietet mehr betriebliche Freiheitsgrade, erfordert allerdings einen höheren Grad an Automatisierungstechnik, der besonders bei Störungen wichtig ist. Bei Wellengeneratoranlagen *mit Frequenzumrichter* wird dafür im Wesentlichen das gleiche Verfahren angewendet wie bei dem bereits beschriebenen Parallelbetrieb der Dieselgeneratoren untereinander. Die Steuerelektronik in dem Umrichter erzeugt dann eine fallende Drehzahl-Drehmoment-Charakteristik $n(M)$, die mit derjenigen eines Dieselaggregats vergleichbar ist. Wellengeneratoren *ohne Frequenzumrichter* werden dagegen nur selten parallel zu Dieselgeneratoren betrieben. Eine Ausnahme stellen z. B. Fischereischiffe dar.

Bisher ist stets davon ausgegangen worden, dass der Propeller von einem Dieselmotor angetrieben wird. Insbesondere große Fahrgastschiffe werden jedoch häufig schon mit einem *elektrischen Propellerantrieb* ausgerüstet. Bei diesen Schiffen erfolgt der Antrieb des Propellers bzw. der Propeller herstellerabhängig durch Asynchron-, Synchron- oder permanenterregte Maschinen. Diese Motoren können im Schiff untergebracht sein; zunehmend werden jedoch auch *Gondelantriebe* eingesetzt, bei denen die Motoren zusammen mit den zugehörigen Propellern als drehbare Gondeln unterhalb des Hecks angeordnet sind. In diesem Fall kann auf die Ruderanlage verzichtet werden, allerdings sind zusätzlich noch – ebenfalls elektrisch angetriebene – Querstrahlruder vorhanden.

Der große Vorteil der elektrischen Antriebe liegt in einer guten Manövrierfähigkeit des Schiffs. Nachteilig gegenüber einem herkömmlichen, direkten dieselmechanischen Propellerantrieb sind vor allem die hohen Investitionskosten und bei bestimmten Schiffstypen auch das hohe Gewicht. Anstelle von Getrieben und langen Wellen sind dann nämlich wesentlich leistungsstärkere Generatoren und Frequenzumrichter sowie zusätzlich noch leistungsstarke Antriebsmotoren für die Propeller erforderlich. Ein weiterer Nachteil besteht darin, dass die vom Hauptantriebsmotor gelieferte mechanische Energie erst in elektrische und dann wieder in mechanische Energie umgewandelt werden muss. Dadurch verschlechtert sich bei einem elektrischen Propellerantrieb der Wirkungsgrad. Diese Antriebsart hat demnach sowohl Vor- als auch Nachteile und stellt keine generelle Lösung dar.

Nachdem nun die Stromerzeugung und der Antrieb von Schiffen beschrieben worden sind, wird im Folgenden der Aufbau der Bordnetze dargestellt.

3.3.3.2 Netzgestaltung bei Schiffen

Üblicherweise speisen die Generatoren des Schiffs ein Niederspannungs-Drehstromnetz mit einer Nennfrequenz von 60 Hz oder teilweise auch 50 Hz. Bei leistungsstärkeren Schiffen wird dafür häufig als Nennspannung 690 V gewählt. Dann ist diesem Netz eine weitere Spannungsebene mit 400 V oder 440 V unterlagert (Bild 3.20). Die Niederspannungsnetze sind strahlenförmig aufgebaut. Sollten Maschen bestehen, so werden diese stets offen betrieben.

3.3 Aufbau und Funktion von Bordnetzen

Die wichtigsten Verbraucher werden an die Hauptschalttafel bzw. Hauptsammelschiene angeschlossen; als Beispiele seien die Ruderanlage, Winden, Kühlanlagen und Kräne bzw. Pumpen zur Löschung der Ladung genannt. Die unterlagerten Kraft- bzw. Unterverteilungen werden möglichst dort angebracht, wo die Verbraucher konzentriert sind; als Beispiel seien Wirtschaftsverbraucher (Küche), Beleuchtung oder Decksmaschinen angeführt.

Die Niederspannungsnetze sind als Dreileiternetze ausgeführt; die Schiffswand wird nicht als Rückleiter verwendet. Diese Netze entsprechen der IT-Bauweise, die im Abschnitt 12.5 noch erläutert wird. Der Vorteil dieser isolierten Verlegung liegt vor allem darin, dass Kurzschlüsse zur Masse hin nur kleine Ströme hervorrufen und der Betrieb trotz des Fehlers weitergeführt werden kann. Isolationswächter zeigen den Fehler an; das Per-

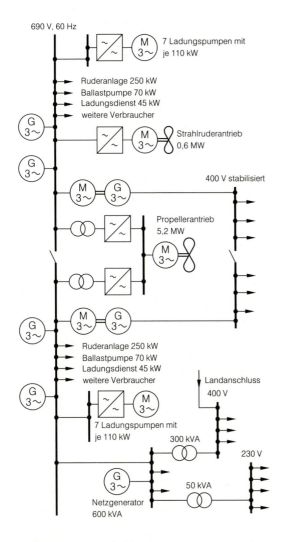

Bild 3.20
Prinzipschaltbild des Bordnetzes eines Tankers mit elektrischem Propellerantrieb

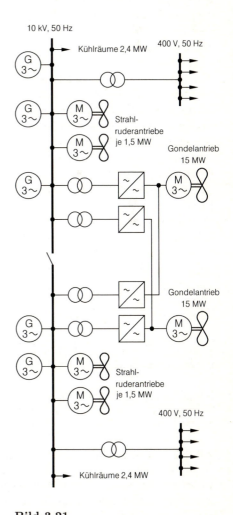

Bild 3.21
Prinzipschaltbild des Bordnetzes eines Fährschiffs mit elektrischem Propellerantrieb in Gondelausführung und Strahlruder-Antrieb

sonal ist dann in der Lage, den Kurzschluss zu finden und zu beseitigen. Für einphasige Verbraucher werden Teilbereiche auch als TN-S-Netz gebaut, das ebenfalls im Abschnitt 12.5 beschrieben ist.

Den Schiffskörper als Rückleiter zu verwenden, ist nicht empfehlenswert und nur für kleine Anlagen unter bestimmten Bedingungen zugelassen. Die Erdung der einzelnen Verbraucher würde die Einrichtung vieler niederohmiger Erdungsstellen erfordern, über die bei asymmetrischen Lastverhältnissen große Ströme in den Schiffskörper fließen. Falls sich im Seebetrieb an diesen Erdungsstellen die Kontakte lockern, kann es dort aufgrund der dann erhöhten Übergangswiderstände zu unerwünschten Erwärmungen kommen. Um solche Effekte zu vermeiden, wären intensive Wartungsarbeiten erforderlich. Außerdem stellt sich die Frage, ob die in den Belastungsströmen vorhandenen Gleichanteile eventuell Korrosionserscheinungen in den Schiffswänden begünstigen.

Ab einer installierten Leistung von etwa 5...10 MVA werden im Fall eines Kurzschlusses die Ströme unbeherrschbar groß. Dann ist es vorteilhafter, dem Niederspannungsnetz wie bei stationären Netzen eine Mittelspannungsebene – meist zwischen 6 kV und 15 kV – zu überlagern (Bild 3.21). Dieses Netz wird entweder über eine strombegrenzende Impedanz geerdet oder es handelt sich ebenfalls um eine ungeerdete Dreileiterausführung, die wie die ungeerdeten Niederspannungsnetze bei einem Fehler gegen Masse (Schiffswand) weiterbetrieben werden kann. Ein Melderelais erkennt diesen Fehler, sodass dessen Beseitigung eingeleitet werden kann (s. Abschnitt 11.1.1). Meist findet man diese ebenfalls strahlenförmig aufgebauten Mittelspannungsnetze auf großen Fahrgastschiffen mit elektrischem Propellerantrieb.

Auf solchen Schiffen werden von den Antriebsmotoren für jeden Propeller Leistungen bis zu 20 MVA benötigt. Zusätzlich sind für die Querstrahlruder-Antriebe Leistungen von jeweils 1...2 MW erforderlich. Bei großen Fahrgastschiffen mit zwei Propellern beläuft sich die gesamte Antriebsleistung dann auf bis zu 40 MVA. Darüber hinaus besteht noch der Leistungsbedarf der schiffselektrischen Ausrüstung, der bei großen Schiffen bis zu 20 MVA betragen kann. Insgesamt ergibt sich so für das Bordnetz die bereits genannte installierte Leistung von 60 MVA.

3.3.4 Weitere Bordnetze

Die bisher kennen gelernten Bordnetze stellen Grundstrukturen dar. Speziellere Anwendungszwecke führen zu Modifikationen. So ist für *Marineschiffe* eine hohe Geschwindigkeit sehr wichtig. Andererseits benötigen sie viele motorische Antriebe für die Waffensysteme. Um diese mit einem möglichst geringen Gewicht bauen zu können, wird neben dem 60-Hz-Niederspannungsnetz noch ein 400-Hz-Niederspannungsnetz installiert, das die motorischen Antriebe versorgt. Aus dem gleichen Grund verwendet man für die Generatoren in *Militärflugzeugen* permanenterregte 400-Hz-Synchronmaschinen, die Dauermagneten anstelle einer Erregerwicklung aufweisen. Diese Bauart ist im Vergleich zu den 60-Hz-Maschinen mit Erregerspule und Erregereinrichtung etwa um die Hälfte leichter. Wiederum anders gestalten sich die Bordnetze von *Eisenbahnen*.

Die Hauptaufgabe der Lokomotiven besteht darin, die für den Zug benötigte Antriebsleistung zu liefern. Daneben müssen auch die Personenwagen mit elektrischem Strom versorgt werden. Für den Antrieb wird bei modernen E-Lokomotiven einphasiger Wechselstrom aus dem 15-kV-Fahrdraht entnommen. Dieser Wechselstrom weist in Deutschland eine Frequenz von 16 2/3 Hz auf. Er wird in der Lokomotive in ein Drehstromsystem mit variabler Spannung und Frequenz umgewandelt. Die Frequenz wird dabei von der

3.3 Aufbau und Funktion von Bordnetzen

jeweiligen Drehzahl des Drehstrommotors bestimmt, der die Lokomotive antreibt; die Spannungshöhe legt wiederum die Beschleunigung bzw. die Antriebsleistung fest. Es ist viel Entwicklungsarbeit erforderlich gewesen, bis die leistungselektronischen Komponenten diese Aufgabe einwandfrei lösen konnten. Die dabei aus dem Bahnnetz gezogene Spitzenleistung kann beim Anfahren – je nach Zug – kurzzeitig bei einigen 10 MVA liegen.

Auch die Bordnetze der angeschlossenen Wagen haben sich geändert. Ein moderner Personenwagen benötigt etwa 60 kW. In der Lokomotive senkt zunächst ein Transformator die Fahrdrahtspannung von 15 kV auf 1 kV ab. Diese Ausgangsspannung gehört damit gerade noch zu dem Niederspannungsbereich, für den die VDE-Bestimmungen 0100 zuständig sind. Mit dieser Spannung wird ein offen betriebener Ring gespeist, der durch alle Wagen des Zugs geht. Daraus entnimmt jeder Wagen die benötigte Energie, wobei der einphasige 16 2/3-Hz-Wechselstrom zunächst gleichgerichtet wird (Bild 3.22). Aus dem anschließenden Gleichstromzwischenkreis werden u. a. zwei Wechselrichtersätze versorgt: Der eine liefert einen 50-Hz-Drehstrom bei Nennspannungen von $3 \times 230/400$ V. Mit einer Bemessungsleistung von etwa 20 kVA versorgt er die Lüfter der Klimaanlage, Küchengeräte sowie Nebenverbraucher wie z. B. die Beleuchtung. Der andere ist mit ca. 45 kVA größer und versorgt den Verdichtermotor für die Klimaanlage. Die Frequenz des dafür benötigten Drehstroms ist im Bereich 20...70 Hz, die zugehörige Spannung zwischen 100 V und 300 V einstellbar. Angemerkt sei, dass der Verdichter für die Klimaanlage bei Kraftfahrzeugen üblicherweise nicht über einen Elektromotor, sondern direkt vom Fahrzeugmotor über einen Keilriemen angetrieben wird. Bei Flugzeugen erfolgt dieser Antrieb hydraulisch.

Wie Bild 3.22 zeigt, ist bei Personenwagen der Eisenbahn zusätzlich noch eine 24-V-Batterie vorhanden. Sie wird über einen Gleichstromumrichter mit einer Leistung von etwa 7 kW geladen und stellt – wie bei praktisch allen Bordnetzen – den Notbetrieb sicher. Zugleich wird aus diesem Batterienetz über einen einphasigen Wechselrichter ein Anschlussnetz für Laptopsteckdosen im Wagen gespeist.

Während in Bordnetzen die leistungselektronischen Komponenten einen unverzichtbaren Anteil darstellen, sind sie in öffentlichen Drehstromnetzen seltener anzutreffen. Im

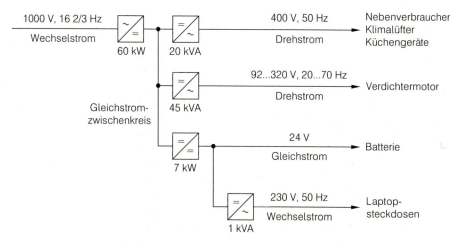

Bild 3.22
Prinzipschaltbild des Bordnetzes für einen Personenwagen der Eisenbahn

3.4 Aufgaben

Aufgabe 3.1: Im Bild speist ein symmetrisches 0,4-kV-Netz mit einer Betriebsspannung von $U_b = 400$ V eine symmetrische Stern- und Dreieckschaltung. Die Zuführungsleitungen weisen eine Reaktanz von $X_L = 2\,\Omega$ auf.

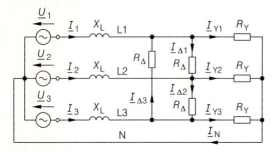

$$\underline{U}_1 = U_b/\sqrt{3} \cdot e^{j0°}$$
$$\underline{U}_2 = U_b/\sqrt{3} \cdot e^{-j120°}$$
$$\underline{U}_3 = U_b/\sqrt{3} \cdot e^{-j240°}$$

a) Die Stern- und Dreieckschaltung mögen jeweils die gleiche Leistung von 20 kW aufnehmen. Wie groß sind die zugehörigen Widerstände, wenn vereinfachend der Spannungsabfall auf der Leitung vernachlässigt wird?

b) Berechnen Sie die Verbraucher- und Leiterströme in der komplexen Ebene unter Berücksichtigung der Innenreaktanz des Netzes (*Hinweis:* Dreieck-Stern-Umwandlung).
Geben Sie die Leiterströme auch im Zeitbereich an.

Aufgabe 3.2: In dem Netzwerk gemäß Aufgabe 3.1 sei nur die Sternschaltung vorhanden. Zugleich überbrückt ein Kurzschluss den Widerstand R_Y im Leiter L1.

a) Welche Ströme fließen in den Leitern L1, L2 und L3?
b) Welcher Strom fließt im Neutralleiter?
c) Welcher Strom fließt in den Außenleitern, wenn der Neutralleiter nicht angeschlossen ist?
d) Welche Folgerung lässt sich aus diesen Ergebnissen im Hinblick auf die Auslegung von Neutralleitern ziehen?

Aufgabe 3.3: In dem Netzwerk gemäß Aufgabe 3.1 sei nur die Dreieckschaltung vorhanden. Zwischen den Leitern L1 und L2 möge der Dreieckwiderstand R_Δ durch einen Kurzschluss überbrückt werden.

a) Welche Ströme fließen in den Leitungen und in den Widerständen?
b) Vergleichen Sie die Stern- und Dreieckschaltung miteinander, und ziehen Sie daraus eine Folgerung bezüglich der Stromasymmetrie in den Außenleitern.

4 Aufbau und Ersatzschaltbilder der Netzelemente

In diesem Kapitel werden zunächst die wichtigsten Elemente beschrieben, aus denen sich ein Netz zusammensetzt. Im Einzelnen werden Transformatoren, Wandler, Generatoren, Freileitungen, Kabel, Kondensatoren, Drosselspulen, Schalter, Schaltanlagen und Schutzeinrichtungen betrachtet. Der Aufbau wird nur in dem Umfang wiedergegeben, wie es für das Verständnis der Wirkungsweise des jeweiligen Elements notwendig ist. Die daraus abgeleiteten Modelle beschreiben dann analytisch den Zusammenhang zwischen den interessierenden Strom- und Spannungsverhältnissen. Dadurch ist es möglich, das spätere Systemverhalten von Netzen zu ermitteln. In dieser Einführung werden nur grundlegende Betrachtungen angestellt. Primär wird das stationäre Verhalten erläutert, das sich nach dem Abklingen aller Ausgleichsvorgänge einstellt; transiente Vorgänge werden von den erstellten Modellen überwiegend nur teilweise erfasst.

Wenn nur stationäre Vorgänge betrachtet werden, verwendet man im technischen Sprachgebrauch anstelle des Begriffes „Modell" auch häufig den Begriff „Betriebsverhalten". Es wird sich zeigen, dass sich das Betriebsverhalten bei einer Reihe von Netzelementen durch galvanisch und induktiv gekoppelte Netzwerke beschreiben lässt, die dann entsprechend der Schaltskizze des Netzes miteinander verknüpft werden. Daher wird die prinzipielle Berechnungsmethodik dieser Kreise vorangestellt.

4.1 Berechnung von Netzwerken mit induktiven Kopplungen

Zunächst wird die analytische Beschreibung induktiver Kopplungen entwickelt. Darauf aufbauend wird dann ihr Einfluss auf das Verhalten von Netzen ermittelt.

4.1.1 Analytische Beschreibung induktiver Kopplungen

Bekanntlich wird das Strom-Spannungs-Verhalten einer Leiterschleife durch die nicht näher erläuterte Gesetzmäßigkeit

$$u_{L1} = \frac{d\Phi_1}{dt} \tag{4.1}$$

beschrieben, die sich aus dem allgemeinen Induktionsgesetz ableiten lässt. Der Fluss Φ_1 ergibt sich durch eine Integration der magnetischen Induktion $\vec{B}_1$ bzw. ihrer Normalkomponente B_{n1} über die Fläche A_1. Das so erhaltene Integral lässt sich in ein Produkt umformen, sofern die Permeabilität im gesamten Feldraum abschnittsweise konstant und somit stromunabhängig ist:

$$\Phi_1 = \int_{A_1} B_{n1} \cdot dA = L_1 \cdot i_1 \,. \tag{4.2}$$

In einzelnen Bereichen dürfen daher durchaus unterschiedliche Permeabilitätswerte vorhanden sein. Auf häufige Nichtlinearitäten wird im Abschnitt 4.1.4 noch eingegangen.

Wird Gl. (4.2) mit der Beziehung (4.1) kombiniert, erhält man den Ausdruck

$$u_{L1} = L_1 \cdot \frac{di_1}{dt} \ . \tag{4.3}$$

In dieser Fassung sowie in der Ausgangsgleichung (4.1) sind bereits mehrere Voraussetzungen enthalten:

a) An den Klemmen der Leiterschleife ist das *Verbraucherzählpfeilsystem* einzuführen. Die Zählpfeile für den Strom i und die Spannung u müssen zueinander *parallel* verlaufen, ihre Richtung kann jedoch beliebig gewählt werden.

b) Die positive Normalen- und damit die positive Feldrichtung wird rechtswendig zur Stromrichtung festgelegt.

c) Die von der Leiterschleife eingeschlossene Fläche A_1 muss sehr groß im Vergleich zu der Querschnittsfläche des Leiters selbst sein.

d) Der ohmsche Widerstand der Leiterschleife sei vernachlässigbar; für die Leitfähigkeit gelte $\kappa \to \infty$.

Falls die Voraussetzung d) nicht hinreichend erfüllt ist, kann der ohmsche Widerstand der Leiterschleife als konzentriertes Element vorgezogen werden. Das Strom-Spannungs-Verhalten der Schleife wird dann durch die Differenzialgleichung

$$u_1 = R_1 \cdot i_1 + u_{L1} = R_1 \cdot i_1 + L_1 \cdot \frac{di_1}{dt}$$

beschrieben (Bild 4.1). Nun erzeugt jede Leiterschleife auch außerhalb der eingeschlossenen Fläche A_1 ein Magnetfeld, z. B. in der Fläche A_2. Wiederum lässt sich der Fluss, der durch diese Fläche hindurchtritt, auf eine zu Gl. (4.2) analoge Form bringen:

$$\Phi_2 = \int_{A_2} B_{n1} \cdot dA = \pm M_{21} \cdot i_1 \ .$$

Die Größe M_{21} wird als *Gegeninduktivität* bezeichnet. Das Vorzeichen der zugehörigen Flusskomponente hängt von der Wahl der Normalenrichtung ab, die der Fläche A_2 zugeordnet ist. Zur besseren Unterscheidung von dem Begriff Gegeninduktivität wird die Größe L häufig auch als *Selbstinduktivität* bezeichnet. Beiden Größen ist gemeinsam, dass sie *strom- und spannungsunabhängig* sind, solange die Permeabilität nicht von der lokalen magnetischen Feldstärke beeinflusst wird.

Im Weiteren wird nun angenommen, dass es sich bei der Berandung der Fläche A_2 um eine geschlossene Leiterschleife handelt, in der die durch den Fluss Φ_2 induzierte Spannung einen Strom treiben kann. Dann liegt die einfachste Form einer induktiven Kopplung

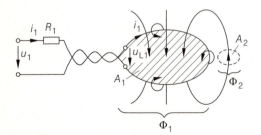

Bild 4.1
Zuordnung von Zählpfeilen und magnetischem Feld bei einer Leiterschleife

4.1 Berechnung von Netzwerken mit induktiven Kopplungen

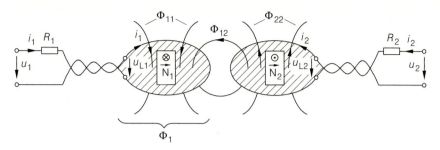

Bild 4.2
Zuordnung von Zählpfeilen und magnetischem Feld bei zwei induktiv gekoppelten
Leiterschleifen (Einkopplung Φ_{21} nicht eingezeichnet)

vor. Auch an der zweiten Schleife müssen nun die Zählpfeile für Strom und Spannung
gemäß den angegebenen Voraussetzungen festgelegt werden. Bei der Berechnung des
Flusses ist zu beachten, dass jede Schleife in die jeweils andere einen Feldanteil einkoppelt.
Demnach setzt sich das resultierende Feld aus der eigenerzeugten und der eingekoppelten
Komponente zusammen, die sich bei der speziellen Anordnung in Bild 4.2 verstärken. Auf
einfache Weise lassen sich die zugehörigen Flüsse mit den erläuterten Induktivitäts- und
Gegeninduktivitätsbegriffen ermitteln. In der Schleife 1 erhält man für den resultierenden
Fluss den Ausdruck

$$\Phi_1 = \Phi_{11} + \Phi_{12} = L_1 \cdot i_1 + M_{12} \cdot i_2 \ . \tag{4.4}$$

Dabei kennzeichnet der erste Index die jeweils betrachtete Schleife; der zweite gibt die
Schleife an, aus der das Feld eingekoppelt wird. Für den Fluss in der Leiterschleife 2
ergibt sich die analoge Form

$$\Phi_2 = \Phi_{22} + \Phi_{21} = L_2 \cdot i_2 + M_{21} \cdot i_1 \ . \tag{4.5}$$

In diesen Ausdrücken wurde die Flächennormale in der zweiten Leiterschleife jeweils so
gewählt, dass die Gegeninduktivitäten mit positivem Vorzeichen auftreten. Wenn die Gln.
(4.4) und (4.5) in die Beziehung (4.1) eingesetzt werden, die mit anderen Indizes auch
für die zweite Leiterschleife gilt, erhält man die so genannten Koppelgleichungen

$$u_{L1} = L_1 \cdot \frac{di_1}{dt} + M_{12} \cdot \frac{di_2}{dt} \ , \quad u_{L2} = L_2 \cdot \frac{di_2}{dt} + M_{21} \cdot \frac{di_1}{dt} \ .$$

Sofern ein stationärer Zustand mit sinusförmigen Spannungen und Strömen vorliegt,
können für die Ströme und Spannungen komplexe Zeiger $\underline{I} \cdot e^{j\omega t}$ und $\underline{U} \cdot e^{j\omega t}$ verwendet
werden. Für diese Größen geht der Differenziationsterm $\frac{d}{dt}$ in den Ausdruck $j\omega$ über. Die
beiden Koppelgleichungen nehmen damit die Form

$$\underline{U}_{L1} = j\omega L_1 \underline{I}_1 + j\omega M_{12} \underline{I}_2 \ , \quad \underline{U}_{L2} = j\omega L_2 \underline{I}_2 + j\omega M_{21} \underline{I}_1 \tag{4.6}$$

an. Bei mehreren, z. B. drei induktiv gekoppelten Schleifen setzt sich der Fluss in jeder
Schleife aus drei Komponenten zusammen: Aus dem eigenerzeugten und den jeweils zwei
eingekoppelten Anteilen. Speziell für die Anordnung in Bild 4.3 mit der zugehörigen
Zählpfeilwahl lauten die Koppelgleichungen dann:

$$\begin{aligned}
\underline{U}_{L1} &= +j\omega L_1 \underline{I}_1 - j\omega M_{12}\underline{I}_2 + j\omega M_{13}\underline{I}_3 \\
\underline{U}_{L2} &= -j\omega M_{21}\underline{I}_1 + j\omega L_2 \underline{I}_2 + j\omega M_{23}\underline{I}_3 \\
\underline{U}_{L3} &= +j\omega M_{31}\underline{I}_1 + j\omega M_{32}\underline{I}_2 + j\omega L_3 \underline{I}_3 \ .
\end{aligned} \tag{4.7}$$

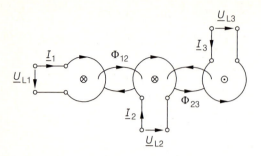

Bild 4.3
Festlegung der Zählpfeile bei drei induktiv gekoppelten Leiterschleifen (vereinfachend nur Darstellung der magnetischen Kopplung bei Erregung der Leiterschleife 2)

Über genauere Feldbetrachtungen lässt sich beweisen, dass unter der Annahme abschnittsweise konstanter Permeabilitäten für zwei beliebige Leiterschleifen i und j der Zusammenhang

$$M_{ij} = M_{ji}$$

gilt. Für die Bestimmung der neun Koeffizienten in Gl. (4.7) sind demnach nur sechs Flussberechnungen notwendig [13].
In der bisherigen Formulierung wird von sehr dünnen Leiterschleifen ausgegangen (Voraussetzung c). Wenn diese Bedingung nicht erfüllt ist, muss auch der Feldanteil, der die Leiter selbst durchsetzt, berücksichtigt werden. Er bewirkt einen zusätzlichen Induktivitätsanteil, die so genannte *innere Induktivität*. Die dafür notwendigen Feldberechnungen werden mit zunehmender Frequenz recht aufwändig, weil sich dann in den Leitern Wirbelstromeffekte ausbilden, die zu anderen Feldverteilungen führen und zusätzliche Verluste bewirken [20]. Dadurch werden die Widerstände, Induktivitäten und Gegeninduktivitäten der i-ten Leiterschleife insgesamt *frequenzabhängig*:

$$R_i = R_i(\omega), \quad M_{ij} = M_{ji} = M_{ij}(\omega), \quad L_i = L_i(\omega). \tag{4.8}$$

Die Widerstände setzen sich aus dem Gleichstromwiderstand und einem frequenzabhängigen Zusatzanteil zusammen. Dieser zusätzliche Widerstand wächst mit der Frequenz an. Der innere Induktivitätsanteil verkleinert sich, jedoch ist die Änderung im Vergleich zum Widerstandsanteil relativ gering [21]. Bei den Wirbelstromeffekten sind zusätzlich auch die Permeabilität μ, die elektrische Leitfähigkeit κ sowie die Ausdehnung d der leitfähigen Teile bedeutsam, in denen sich die Wirbelströme ausbilden. Für die Wirbelstromverluste P_w erhält man ein Produkt der Form

$$P_\mathrm{w} \sim \omega^{k_1} \cdot \kappa^{k_2} \cdot \mu^{k_3} \cdot d^{k_4}. \tag{4.9}$$

Abhängig von der Anordnung und der Betriebsbedingung wie Strom- oder Spannungseinprägung ergeben sich unterschiedliche Koeffizienten k_1, k_2, k_3 und k_4. Meist bewegen sie sich im Intervall 0...3 [13].
Bisher sind nur Schleifen betrachtet worden. In der Energieversorgung interessiert darüber hinaus auch das Verhalten von Spulen, bei denen w gleichartige Leiterschleifen bzw. Windungen bündig über- und nebeneinander liegen. Sie mögen in gleicher Weise rechtssinnig miteinander verknüpft sein, sodass der Strom in allen w Windungen auch ein Feld gleicher Richtung erzeugt. Die dadurch induzierten Leiterspannungen $u_{\mathrm{L}i}$ addieren sich zu der Spulenspannung u_S (Bild 4.4). Da der Strom im Unterschied zum System (4.7) in allen Windungen gleich ist, summieren sich die w Selbstinduktivitätswerte und

4.1 Berechnung von Netzwerken mit induktiven Kopplungen

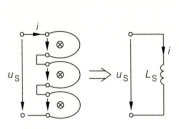 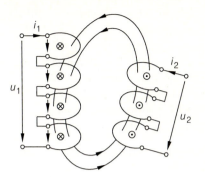

Bild 4.4
Zuordnung von Zählpfeilen und
Feldrichtung bei einer rechtssinnig
gewickelten Spule

Bild 4.5
Zuordnung von Zählpfeilen und magnetischem
Feld bei zwei beliebig angeordneten, induktiv
gekoppelten Spulen

$w \cdot (w-1)$ Gegeninduktivitätswerte zu einer Gesamtinduktivität L_S. Die Spannung u_S wird nicht mehr von einem Windungsfluss Φ, sondern von einem Summenfluss Ψ, dem so genannten *Induktionsfluss*, festgelegt. Für diese Größe gilt in Analogie zu Gl. (4.2) der Zusammenhang $\Psi = L_S \cdot i$, wobei im Weiteren auf den Index S verzichtet wird.

Wie bei den Leiterschleifen können auch bei benachbarten Spulen Feldkopplungen bestehen. Dabei braucht jedoch nicht jede Feldlinie des Koppelfelds alle Windungen zu durchdringen (Bild 4.5). Da der verursachende Strom, im Beispiel i_2, immer derselbe ist, können wiederum alle Gegeninduktivitäten zu einem summarischen Wert zusammengezogen werden; der eingekoppelte Gesamtfluss Ψ_{12} ergibt sich für die Anordnung in Bild 4.5 zu

$$\Psi_{12} = +M_{12} \cdot i_2 \; .$$

Diese Erläuterungen zeigen, dass die induktiven Kopplungen bei Spulen die gleiche Form annehmen wie bei einzelnen Windungen. Herauszustellen ist, dass diese Modellgleichungen das Strom-Spannungs-Verhalten der Spulen auch bei frequenzabhängigen Größen $R(\omega)$, $L(\omega)$ und $M(\omega)$ richtig erfassen, wenn die zugehörigen Frequenzgänge aus der richtigen Feldlösung oder aus Messungen ermittelt werden. Mit der beschriebenen analytischen Formulierung kann nun auch der Einfluss von induktiven Kopplungen in stationär betriebenen Netzwerken untersucht werden.

4.1.2 Stationäre Beschreibung von Netzen mit induktiven Kopplungen

Grundsätzlich unterscheiden sich die Berechnungsverfahren von Netzen mit und ohne induktive Kopplungen nur geringfügig (R,L,C,M-Netze). Es werden an jedem Netzelement wie üblich die Zählpfeile für Strom und Spannung parallel zueinander eingeführt. Anschließend werden die *Maschengleichungen* aufgestellt. Bei einer manuellen Berechnung ist es zweckmäßig, nach der Auftrennmethode vorzugehen: Nach jedem Umlauf wird ein Zweig markiert, der nicht mehr durchlaufen werden darf. Bei dieser Vorgehensweise ist die lineare Unabhängigkeit der Maschengleichungen sichergestellt. Weiterhin werden die *Knotenpunktgleichungen* benötigt. Sie sind ebenfalls linear unabhängig, wenn ein beliebiger Knoten unberücksichtigt bleibt. Bei z Zweigen ergeben sich auf diese Weise insgesamt z Gleichungen. Die noch fehlende Verknüpfung zwischen Strom und Spannung liefern die

Wechselstromgesetze für Widerstände, Induktivitäten und Kapazitäten. Sofern induktive Kopplungen vorhanden sind, treten die Koppelgleichungen an deren Stelle. Dabei sind die für die *jeweilige Frequenz gültigen Induktivitäts- bzw. Gegeninduktivitätswerte* zu verwenden. Gleiches gilt für den eventuell vorgezogenen *Widerstand*. Nach diesem Schritt ist das Gleichungssystem mit den üblichen Methoden der linearen Algebra zu lösen. Bei dem bisher dargestellten Verfahren handelt es sich um eine manuelle Methode. Sie wird nun an einem Beispiel veranschaulicht.

4.1.2.1 Veranschaulichung der manuellen Berechnungsmethode an einem Beispiel

Ausgegangen wird von der Schaltung in Bild 4.6. Die ohmschen Widerstände werden im Weiteren als so klein oder so groß angenommen, dass sie das stationäre Netzverhalten nur in dem technisch nicht interessierenden Bereich niedriger oder höherer Frequenzen merklich beeinflussen. Sie können daher vernachlässigt werden. Solche widerstandsfreien Netze, die erheblich einfacher zu berechnen sind, werden als *Reaktanznetzwerke* bezeichnet. Energieversorgungsnetze mit Ausnahme von Niederspannungsnetzen weisen diese Eigenschaft üblicherweise auf.

In Bild 4.6 sind an den Induktivitäten Punkte eingezeichnet, um die Richtung der magnetischen Kopplung festzulegen: Wenn der Strom jeweils bei dem Punkt in die Induktivität hineinfließt, addieren sich die magnetischen Flüsse beider Spulen gleichsinnig. In dem Beispielnetzwerk sind die Induktivitäten demnach gegensinnig gekoppelt. Mithilfe dieser Vereinbarung ergeben sich die Maschengleichungen, kombiniert mit den Wechselstromgesetzen, zu

$$-\underline{U}_{E1} + \underline{U}_{L1} + \frac{1}{j\omega C} \cdot \underline{I}_3 = 0 \,, \quad \frac{1}{j\omega C} \cdot \underline{I}_3 + \underline{U}_{L2} = 0 \,;$$

die Knotenpunkt- und Koppelgleichungen lauten

$$\underline{I}_1 + \underline{I}_2 - \underline{I}_3 = 0 \,,$$
$$\underline{U}_{L1} = j\omega L_1 \cdot \underline{I}_1 - j\omega M \cdot \underline{I}_2 \,, \quad \underline{U}_{L2} = -j\omega M \cdot \underline{I}_1 + j\omega L_2 \cdot \underline{I}_2 \,. \tag{4.10a}$$

Daraus lässt sich z. B. der Eingangsstrom zu

$$\underline{I}_1(\omega) = \frac{1}{j\omega} \cdot \frac{1}{L_1 + L_2 + 2M} \cdot \frac{1 - \omega^2/\Omega_1^2}{1 - \omega^2/\Omega_2^2} \cdot \underline{U}_{E1} \tag{4.10b}$$

mit

$$\Omega_1^2 = \frac{1}{L_2 C} \quad \text{und} \quad \Omega_2^2 = \frac{L_1 + L_2 + 2M}{(L_1 L_2 - M^2) \cdot C} \tag{4.10c}$$

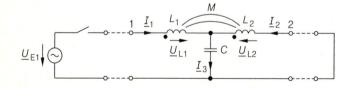

Bild 4.6
Untersuchtes Beispielnetz mit gekoppelten Induktivitäten

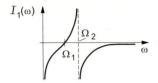

Bild 4.7
Frequenzgang des Eingangsstroms $I_1(\omega)$ im Beispielnetz gemäß Bild 4.6 (3 unabhängige Energiespeicher)

ermitteln. Wie der Frequenzgang in Bild 4.7 zeigt, ist der Eingangsstrom stark frequenzabhängig. Es wechseln sich Pole und Nullstellen ab, die sich als Serien- und Parallelresonanzen deuten lassen. Die Anzahl solcher Resonanzen wird bekanntlich durch die Anzahl der unabhängigen Energiespeicher bestimmt, also durch die Anzahl der Induktivitäten und Kapazitäten, die sich frequenzunabhängig nicht weiter zusammenfassen lassen. Bei n Energiespeichern können maximal $(n-1)$ Resonanzen auftreten.

Netze mit einer Einspeisung wie in Bild 4.6 werden als Eintore bezeichnet. In Anlehnung an diesen Begriff spricht man bei Netzen mit zwei Einspeisungen von Zweitoren. Sofern noch weitere Einspeisungen vorliegen, spricht man von Mehrtoren. Solche mehrtorigen Netze lassen sich durch eine Admittanzform beschreiben.

4.1.2.2 Admittanzform von mehrtorigen Netzen

Die wesentlichen Eigenschaften eines Mehrtors kann man bereits an einem Zweitor darstellen. Das Netzwerk in Bild 4.6 geht in ein Zweitor über, wenn am Knoten 2 anstelle der Kurzschlussbrücke eine weitere Spannungsquelle angeschlossen wird. Dabei ist es zweckmäßig, die Zählpfeilrichtungen genauso wie am Tor 1 zu wählen; die Ströme werden also positiv gezählt, wenn sie in die Tore hineinfließen.

Unabhängig von der Maschenzahl lässt sich das Eingangsverhalten eines Eintors durch *eine* Gleichung des Typs (4.10b) beschreiben. Sinngemäß sind dann für ein Zweitor zwei Gleichungen erforderlich:

$$\underline{I}_1(\omega) = \underline{Y}_{11}(\omega) \cdot \underline{U}_1 + \underline{Y}_{12}(\omega) \cdot \underline{U}_2$$
$$\underline{I}_2(\omega) = \underline{Y}_{21}(\omega) \cdot \underline{U}_1 + \underline{Y}_{22}(\omega) \cdot \underline{U}_2 \ . \tag{4.11}$$

Zur Bestimmung des Terms $\underline{Y}_{11}(\omega)$ wird die Spannungsquelle $\underline{U}_2 = 0$ gesetzt, sodass

$$\underline{I}_1(\omega) = \underline{Y}_{11}(\omega) \cdot \underline{U}_1 + \underline{Y}_{12}(\omega) \cdot 0$$

gilt. Daraus erhält man die gesuchte Größe zu

$$\underline{Y}_{11}(\omega) = \left.\frac{\underline{I}_1(\omega)}{\underline{U}_1}\right|_{U_2=0} .$$

Analog ergeben sich für die weiteren Koeffizienten die Ausdrücke

$$\underline{Y}_{22}(\omega) = \left.\frac{\underline{I}_2(\omega)}{\underline{U}_2}\right|_{U_1=0} , \quad \underline{Y}_{12}(\omega) = \left.\frac{\underline{I}_1(\omega)}{\underline{U}_2}\right|_{U_1=0} , \quad \underline{Y}_{21}(\omega) = \left.\frac{\underline{I}_2(\omega)}{\underline{U}_1}\right|_{U_2=0} .$$

Die angefügten Indizierungen kennzeichnen dabei diejenige Spannung, die gleich null zu setzen ist. Für die Größen $\underline{Y}_{11}(\omega)$ und $\underline{Y}_{22}(\omega)$ verwendet man den Begriff *Eingangsadmittanz*. Demgegenüber bezeichnet man die Koeffizienten $\underline{Y}_{12}(\omega)$ und $\underline{Y}_{21}(\omega)$ als *Übertragungsadmittanzen*, denn sie geben den Strom an, der von der Schaltung auf das jeweils kurzgeschlossene Tor übertragen wird. Für das Beispielnetz in Bild 4.6 ergibt sich die

Übertragungsadmittanz $\underline{Y}_{12}(\omega)$ aus den Gleichungen (4.10a) zu

$$\underline{Y}_{12}(\omega) = -\frac{1}{j\omega} \cdot \frac{1}{L_1 + L_2 + 2M} \cdot \frac{1 + \omega^2/\Omega_3^2}{1 - \omega^2/\Omega_2^2} \quad \text{mit} \quad \Omega_3^2 = \frac{1}{MC} \; .$$

Aufgrund der stets in die Tore hineingerichteten Stromzählpfeile weist sie im Unterschied zur Eingangsadmittanz ein negatives Vorzeichen auf. Eine analoge Rechnung liefert für das andere Tor denselben Wert. Diese Übereinstimmung gilt für alle passiven linearen R,L,C,M-Netzwerke [13]:

$$\underline{Y}_{12}(\omega) = \underline{Y}_{21}(\omega) \; . \tag{4.12a}$$

Netzwerke mit dieser Eigenschaft werden *reziprok* genannt. Bei dem untersuchten Zweitor gilt im Fall $L_1 = L_2$ zusätzlich der Zusammenhang

$$\underline{Y}_{11}(\omega) = \underline{Y}_{22}(\omega) \; . \tag{4.12b}$$

Zweitore, die sowohl die Bedingung (4.12a) als auch (4.12b) erfüllen, werden als *symmetrisch* bezeichnet. Für Netzwerke mit drei Toren ist das Klemmenverhalten völlig analog durch drei Gleichungen zu beschreiben:

$$\begin{aligned} \underline{I}_1(\omega) &= \underline{Y}_{11}(\omega) \cdot \underline{U}_1 + \underline{Y}_{12}(\omega) \cdot \underline{U}_2 + \underline{Y}_{13}(\omega) \cdot \underline{U}_3 \\ \underline{I}_2(\omega) &= \underline{Y}_{21}(\omega) \cdot \underline{U}_1 + \underline{Y}_{22}(\omega) \cdot \underline{U}_2 + \underline{Y}_{23}(\omega) \cdot \underline{U}_3 \\ \underline{I}_3(\omega) &= \underline{Y}_{31}(\omega) \cdot \underline{U}_1 + \underline{Y}_{32}(\omega) \cdot \underline{U}_2 + \underline{Y}_{33}(\omega) \cdot \underline{U}_3 \; . \end{aligned} \tag{4.13a}$$

Größere Gleichungssysteme lassen sich übersichtlicher darstellen, wenn die Matrizenschreibweise

$$\begin{bmatrix} \underline{I}_1(\omega) \\ \underline{I}_2(\omega) \\ \underline{I}_3(\omega) \end{bmatrix} = \begin{bmatrix} \underline{Y}_{11}(\omega) & \underline{Y}_{12}(\omega) & \underline{Y}_{13}(\omega) \\ \underline{Y}_{21}(\omega) & \underline{Y}_{22}(\omega) & \underline{Y}_{23}(\omega) \\ \underline{Y}_{31}(\omega) & \underline{Y}_{32}(\omega) & \underline{Y}_{33}(\omega) \end{bmatrix} \cdot \begin{bmatrix} \underline{U}_1 \\ \underline{U}_2 \\ \underline{U}_3 \end{bmatrix} \tag{4.13b}$$

oder in Kurzform

$$[\underline{I}(\omega)] = [\underline{Y}(\omega)] \cdot [\underline{U}] \tag{4.13c}$$

benutzt wird. Die Matrix $[\underline{Y}(\omega)]$ bezeichnet man als *Toradmittanzmatrix*. Sie ist nicht mit der im Kapitel 5 beschriebenen Knotenadmittanzmatrix zu verwechseln. Um die Koeffizienten $\underline{Y}_{ij}(\omega)$ der Toradmittanzmatrix zu bestimmen, führt man das Dreitor jeweils – wie beim Zweitor – auf ein Eintor zurück. Dazu sind dann allerdings zwei Tore kurzzuschließen. So gilt z. B. für die Übertragungsadmittanz $\underline{Y}_{13}(\omega)$

$$\underline{I}_1(\omega) = \underline{Y}_{11}(\omega) \cdot 0 + \underline{Y}_{12}(\omega) \cdot 0 + \underline{Y}_{13}(\omega) \cdot \underline{U}_3$$

bzw.

$$\underline{Y}_{13}(\omega) = \left. \frac{\underline{I}_1(\omega)}{\underline{U}_3} \right|_{\underline{U}_1 = \underline{U}_2 = 0} .$$

Eine Bestimmung der weiteren Übertragungsadmittanzen $\underline{Y}_{ij}(\omega)$ würde zeigen, dass an-

4.1 Berechnung von Netzwerken mit induktiven Kopplungen

stelle der Beziehung (4.12a) die allgemeinere Aussage

$$\underline{Y}_{ij}(\omega) = \underline{Y}_{ji}(\omega) \quad \text{mit} \quad i \neq j \tag{4.13d}$$

gilt, die auch als Reziprozitätsbedingung bezeichnet wird. Wiederum analog zu den Zweitoren sind bei *symmetrischen* Dreitoren auch die Elemente auf der Hauptdiagonalen untereinander gleich:

$$\underline{Y}_{11}(\omega) = \underline{Y}_{22}(\omega) = \underline{Y}_{33}(\omega) \,. \tag{4.13e}$$

Falls weitere Symmetrien als diese in der Toradmittanzmatrix auftreten, sind im Aufbau des Dreitors zusätzliche Symmetrien vorhanden. Die dargestellten Zusammenhänge sind völlig analog auf Netzwerke mit n Toren zu verallgemeinern.

Für die Berechnung von Energieversorgungsnetzen ist die bisher untersuchte Admittanzform besonders geeignet. Bei ihr stehen die eingeprägten Größen, die Spannungen, auf derselben Seite wie die Systemmatrix $[\underline{Y}]$, sodass die gesuchten Eingangsströme ohne eine Lösung des Gleichungssystems direkt zu berechnen sind (s. Gl. (4.13)). Demgegenüber bietet die im Folgenden behandelte *Impedanzform* Vorteile, wenn es gilt, die Modellgleichungen der Betriebsmittel abzuleiten.

4.1.2.3 Impedanzform von mehrtorigen Netzen

In der folgenden Beziehung wird die Impedanzform für ein Netzwerk mit drei Einspeisungen angeben:

$$\begin{bmatrix} \underline{U}_1(\omega) \\ \underline{U}_2(\omega) \\ \underline{U}_3(\omega) \end{bmatrix} = \begin{bmatrix} \underline{Z}_{11}(\omega) & \underline{Z}_{12}(\omega) & \underline{Z}_{13}(\omega) \\ \underline{Z}_{21}(\omega) & \underline{Z}_{22}(\omega) & \underline{Z}_{23}(\omega) \\ \underline{Z}_{31}(\omega) & \underline{Z}_{32}(\omega) & \underline{Z}_{33}(\omega) \end{bmatrix} \cdot \begin{bmatrix} \underline{I}_1 \\ \underline{I}_2 \\ \underline{I}_3 \end{bmatrix}$$

bzw.

$$[\underline{U}(\omega)] = [\underline{Z}(\omega)] \cdot [\underline{I}] \,.$$

Als ein Beispiel dafür sei die induktive Kopplung dreier Leiterschleifen angeführt (s. Gl. (4.7)). Daraus lässt sich zugleich veranschaulichen, dass für das Strom-Spannungs-Verhalten an den Klemmen die internen magnetischen bzw. elektrischen Felder maßgebend sind. Diese lassen sich leichter ermitteln, wenn die Ströme als eingeprägt anzusehen sind. Der Grund dafür ist, dass die Modellierung der Betriebsmittel mit den Maxwellschen Gleichungen erfolgt, bei denen die Ladungen und Ströme als Quelle der Felder betrachtet werden.

Die auf diesem Wege erhaltene Torimpedanzmatrix $[\underline{Z}(\omega)]$ weist die gleichen Eigenschaften auf wie die Toradmittanzmatrix $[\underline{Y}(\omega)]$. Beide Matrizen können durch eine Inversion ineinander übergeführt werden; die dargestellte Spiegelsymmetrie zur Hauptdiagonalen bleibt dabei erhalten:

$$\underline{Z}_{ij}(\omega) = \underline{Z}_{ji}(\omega) \quad \text{mit} \quad i \neq j \,.$$

Im Rahmen der weiteren Modellbeschreibung wird in einem anschließenden Schritt der Torimpedanz- bzw. Toradmittanzform ein Ersatzschaltbild aus R,L,C,M-Elementen zugeordnet. Dabei können sich durchaus *negative Netzelemente* – wie z. B. negative Induktivitäten – ergeben. Dadurch wird jedoch nicht die Beschreibung des Strom-Spannungs-Verhaltens an den Klemmen eingeschränkt.

Sofern die Impedanzform aus zeitunabhängigen elektrostatischen oder magnetischen Feldverhältnissen errechnet wird, ergeben sich frequenzunabhängige Induktivitäten und Kapazitäten. Dafür lässt sich relativ einfach ein Ersatzschaltbild formulieren. Falls jedoch Wirbelstromeffekte mit in die Feldberechnungen einbezogen werden, sind für diesen Schritt die systematischen Methoden der Netzwerksynthese erforderlich [22], [23].

Wenn die Impedanzform für Drehstrombetriebsmittel abgeleitet wird, ergeben sich Ausdrücke, die sich aus *diagonalsymmetrischen* 3×3-Blöcken zusammensetzen. Handelt es sich an den Eingängen um symmetrische Drehströme (Bild 4.8), können diese 3×3-Blöcke in eine Diagonalform umgewandelt werden. Jeder der drei Leiter wird dann durch ein Gleichungssystem beschrieben, das nicht mehr mit den anderen Leitern gekoppelt ist. Bei der Kenntnis eines Stroms sind die anderen beiden ebenfalls bekannt. Es genügt daher, der Impedanzform *eines* Leiters ein Ersatzschaltbild zuzuordnen. Die bisherigen Erläuterungen zeigen zugleich, dass ein solcher Schritt jedoch nur möglich ist, wenn die Betriebsmittel *symmetrisch aufgebaut und symmetrisch betrieben* werden. In Bild 4.8 ist diese Aussage noch einmal veranschaulicht. Falls ein umfassenderes Drehstromnetz wie ein in sich zusammenhängendes Betriebsmittel aufgefasst wird, kann dieses unter den gleichen Bedingungen ebenfalls einphasig dargestellt werden. Diese Eigenschaft der Drehstromnetze ist allerdings auch schon im Abschnitt 3.1 auf einem anderen Weg abgeleitet worden.

Darüber hinaus können die einphasigen Ersatzschaltbilder auch bei Ausgleichsvorgängen angewendet werden, wenn eine Schaltmaßnahme in allen drei Leitern zum gleichen Zeitpunkt erfolgt. Die dadurch verursachte Zustandsänderung ist dann ebenfalls symmetrisch, wenn auch die angegebenen Anfangsbedingungen aus einem vorhergehenden symmetrischen Betriebszustand ermittelt worden sind (s. Abschnitt 10.4). Bei Abschaltungen sind dabei zusätzlich Stromabrisse zu berücksichtigen [24]. Auf die Berechnung von Ausgleichsvorgängen wird im Folgenden näher eingegangen.

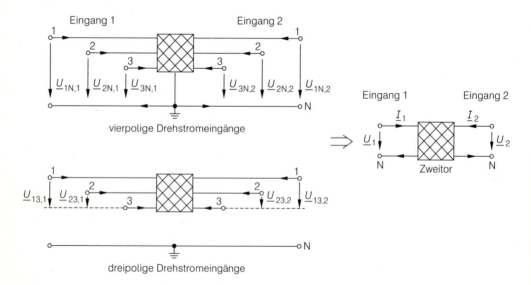

Bild 4.8
Festlegung der Zählpfeile bei Drehstromeingängen und ihre Reduktion auf Mehrtore bei Symmetrie

4.1.3 Ausgleichsvorgänge in Netzen

Obwohl die bisher beschriebenen Ersatzschaltbilder bei der Dimensionierung von Netzen im Wesentlichen stationär durchgerechnet werden, sind für einige spezielle Probleme auch Kenntnisse über transiente Vorgänge (Ausgleichsvorgänge) in Netzen notwendig. Ein wichtiges Hilfsmittel zur Berechnung solcher Einschwingvorgänge, die nach plötzlichen Zustandsänderungen im Netz auftreten, ist die Laplace-Transformation [25], [26]. Weitere Ausführungen zu transienten Vorgängen erfolgen in den Abschnitten 4.5.4, 4.12, 7.6 und 10.4 sowie in Kapitel 11.

4.1.3.1 Anwendung der Laplace-Transformation

Die Laplace-Transformation lehnt sich eng an die bereits beschriebene stationäre Methodik an. So ist anstelle der Frequenz $j\omega$ die komplexe Größe p zu wählen; die unbekannten Spannungen und Ströme lauten dann $U(p)$ und $I(p)$. Für die Spannungsabfälle an den Netzelementen werden die in der Tabelle 4.1 angegebenen Ausdrücke verwendet.

Tabelle 4.1
Spannungsabfälle eines R,L,C,M-Netzwerks im Zeitbereich, in der komplexen Ebene (stationär) und im Laplace-Bereich

Zeitbereich	Stationär	Laplace-Bereich
$u_L(t) = L \cdot \dfrac{di_1(t)}{dt}$	$\underline{U}_L = j\omega L \cdot \underline{I}_1$	$U_L(p) = pL \cdot I_1(p) - L \cdot I_{10}$
$u_M(t) = M \cdot \dfrac{di_2(t)}{dt}$	$\underline{U}_M = j\omega M \cdot \underline{I}_2$	$U_M(p) = pM \cdot I_2(p) - M \cdot I_{20}$
$u_C(t) = \dfrac{1}{C} \cdot \int i_C(t) dt + U_{C0}$	$\underline{U}_C = \dfrac{1}{j\omega C} \cdot \underline{I}_C$	$U_C(p) = \dfrac{1}{pC} \cdot I_C(p) + \dfrac{U_{C0}}{p}$
$u_R(t) = R \cdot i(t)$	$\underline{U}_R = R \cdot \underline{I}$	$U_R(p) = R \cdot I(p)$

Die mit Null indizierten Größen stellen dabei die Anfangsbedingungen dar, also die Ströme und Spannungen, die unmittelbar vor dem Schaltaugenblick an den Netzelementen auftreten. Mit den Beziehungen gemäß Tabelle 4.1 werden nun entsprechend den festgelegten Zählpfeilen die Maschen-, Knotenpunkt- und induktiven Koppelgleichungen aufgestellt. Für das Beispiel in Bild 4.6 lauten sie:

Maschengleichungen:

$$-U_{E1}(p) + U_{L1}(p) + \frac{1}{pC} \cdot I_3(p) + \frac{U_{C0}}{p} = 0$$
$$\frac{1}{pC} \cdot I_3(p) + \frac{U_{C0}}{p} + U_{L2}(p) = 0$$
(4.14a)

Induktive Koppelgleichungen:

$$U_{L1}(p) = L_1 \cdot (pI_1(p) - I_{10}) - M \cdot (pI_2(p) - I_{20})$$
$$U_{L2}(p) = -M \cdot (pI_1(p) - I_{10}) + L_2 \cdot (pI_2(p) - I_{20}) \ .$$

Aus diesen Gleichungen werden nun die interessierenden Ströme bzw. Spannungen berechnet, wobei die Größe p als konstanter Parameter anzusehen ist. Das Gleichungssystem ist dann linear. So ergibt sich für den Strom $I_1(p)$ der Ausdruck

$$I_1(p) = \frac{U_{E1}(p)}{\Omega_1^2(L_1L_2 - M^2)C} \cdot \frac{(p^2 + \Omega_1^2)}{p(p^2 + \Omega_2^2)} + I_{10} \cdot \frac{(p^2 + \Omega_4^2)}{p(p^2 + \Omega_2^2)}$$
$$- \frac{(L_2 + M)}{(L_1L_2 - M^2)C} \cdot I_{20} \cdot \frac{1}{p(p^2 + \Omega_2^2)} \qquad (4.14b)$$
$$- \frac{(L_2 + M)}{(L_1L_2 - M^2)} \cdot U_{C0} \cdot \frac{1}{(p^2 + \Omega_2^2)}$$

mit

$$\Omega_1^2 = \frac{1}{L_2 C}, \quad \Omega_2^2 = \frac{L_1 + L_2 + 2M}{(L_1L_2 - M^2)C}, \quad \Omega_4^2 = \frac{L_1 + M}{(L_1L_2 - M^2)C} \quad .$$

In dieser Beziehung ist die Speisespannung $U_{E1}(p)$ noch nicht festgelegt. Für die technisch wichtigsten Zeitverläufe einer Spannung sind die zugehörigen Laplace-Transformierten in der Tabelle 4.2 dargestellt. Weitere Angaben sind dem Anhang zu entnehmen.

Tabelle 4.2
Korrespondenzen für wichtige Anregefunktionen im Zeitbereich

Zeitfunktion	Stationärer Ausdruck	Laplace-Transformierte für geschaltete Zeitfunktion
$\sin \omega_n t$	$\mathrm{Im}\{e^{j\omega_n t}\}$	$\dfrac{\omega_n}{p^2 + \omega_n^2}$
$\cos \omega_n t$	$\mathrm{Re}\{e^{j\omega_n t}\}$	$\dfrac{p}{p^2 + \omega_n^2}$
Rechteckimpuls	—	$\dfrac{U_0}{p} \cdot (1 - e^{-T \cdot p})$

Unter der Voraussetzung einer sinusförmigen, zum Zeitpunkt $t = 0$ eingeschalteten Speisespannung lässt sich die Gl. (4.14b) mit $N_1(p) = (p^2 + \Omega_2^2)$ und $N_2(p) = (p^2 + \omega_n^2)$ umschreiben in

$$I_1(p) = \frac{\omega_n}{(L_1L_2 - M^2)C} \cdot \hat{U}_{E1} \cdot \left(\frac{1}{pN_1(p)N_2(p)} + \frac{p^2/\Omega_1^2}{pN_1(p)N_2(p)} \right)$$
$$+ \frac{I_{10}}{(L_1L_2 - M^2)C} \cdot \left(\frac{p^2}{pN_1(p)} + \frac{\Omega_4^2}{pN_1(p)} \right) \qquad (4.14c)$$
$$- \frac{L_2 + M}{(L_1L_2 - M^2)C} \cdot \frac{I_{20}}{pN_1(p)} - \frac{L_2 + M}{L_1L_2 - M^2} \cdot U_{C0} \cdot \frac{1}{N_1(p)} \quad .$$

Üblicherweise muss man die Nullstellen des Nennerpolynoms $N_1(p)$ bestimmen und die gebrochen rationale Funktion $I_1(p)$ in solche Partialbrüche zerlegen, die einer Tabelle zu entnehmen sind [25], [26]. Diesen Termen kann dann eine Zeitfunktion zugeordnet werden. Für die Ausdrücke in der Beziehung (4.14c) kann jedoch mit den im Anhang aufgeführten Korrespondenzen direkt – ohne Nullstellenbestimmung sowie Partialbruchzerlegung – die

Zeitfunktion angegeben werden. Im Einzelnen lautet sie

$$i_1(t) = -\overbrace{\frac{1}{\omega} \cdot \frac{1}{L_1 + L_2 + 2M} \cdot \frac{1 - \omega_n^2/\Omega_1^2}{1 - \omega_n^2/\Omega_2^2} \cdot \hat{U}_{E1} \cdot \cos\omega_n t}^{\text{stationäre Lösung}} + \frac{\hat{U}_{E1}}{\omega_n \cdot (L_1 + L_2 + 2M)}$$
$$- \frac{\omega_n \cdot (1 - \Omega_1^2/\Omega_2^2)}{\Omega_1^2 \cdot (L_1 + L_2 + 2M) \cdot (1 - \omega_n^2/\Omega_2^2)} \cdot \hat{U}_{E1} \cdot \cos\Omega_2 t$$
$$+ \left\{ I_{10} \cdot \left(\frac{L_1 + M}{L_1 + L_2 + 2M} + \frac{L_2 + M}{L_1 + L_2 + 2M} \cdot \cos\Omega_2 t \right) \right.$$
$$- I_{10} \cdot \frac{L_2 + M}{L_1 + L_2 + 2M} \cdot (1 - \cos\Omega_2 t)$$
$$\left. - U_{C0} \cdot \frac{L_2 + M}{(L_1 L_2 - M^2) \cdot \Omega_2} \cdot \sin\Omega_2 t \right\} \ .$$
(4.14d)

Aus dieser Lösung ist ein genereller Zusammenhang abzulesen. Der nach der Schaltmaßnahme auftretende Strom setzt sich aus der stationären Lösung (s. Gl. (4.10)) und zusätzlichen Ausgleichsanteilen zusammen. Bei den vorausgesetzten Reaktanznetzwerken treten sie in Form von sinus- und kosinusförmigen Schwingungen auf, den so genannten Eigenschwingungen. Zusätzlich kann sich noch ein Gleichglied ausbilden, das sich in diesem Beispiel aus mehreren Komponenten zusammensetzt. Die Frequenzen der Eigenschwingungen werden als *Eigenfrequenzen* bezeichnet, ihre Gesamtheit als *Spektrum*.

4.1.3.2 Erläuterungen zu Eigenfrequenzspektren

Eigenfrequenzspektren stellen eine Systemeigenschaft einer Anlage dar und sind, wie auch die Beziehung (4.14d) zeigt, unabhängig vom Einschaltaugenblick. Diese Aussage gilt jedoch nicht für die Amplituden der zugehörigen Eigenschwingungen, weil die Amplituden sehr stark von den Anfangsbedingungen und damit von der Vorgeschichte abhängen. Die Zeitdauer, in der die Eigenschwingungen anstehen, wird von den Wirkverlusten des Netzwerks bestimmt. Bei einer Berücksichtigung der tatsächlich auftretenden Wirkverluste im Ersatzschaltbild würde sich zeigen, dass die Eigenschwingungen üblicherweise bereits nach wenigen Netzperioden abgedämpft sind; der Gleichstrom kann dagegen länger anstehen – in extremen Fällen bis zu einigen Zehntelsekunden (s. Abschnitt 4.4.4.3).

Bekanntlich werden die Wirkverluste von den ohmschen Widerständen, von den Wirbelströmen und bei der Anwesenheit eiserner Konstruktionsteile von Hystereseeffekten verursacht. Bei höheren Eigenfrequenzen beeinflussen zusätzlich die dielektrischen Verluste (Polarisation) die Dämpfung. Grundsätzlich gilt, dass innerhalb eines Spektrums die Eigenschwingungen mit den höheren Eigenfrequenzen wesentlich ausgeprägter abgedämpft werden als die niedrigeren. So weiß man, dass z. B. Eigenfrequenzen über 2 kHz in Netzen aufgrund der dann bereits beachtlichen Dämpfung durch Wirbelströme keine Gefahr darstellen. Bei Eigenfrequenzen innerhalb von Betriebsmitteln (s. Abschnitt 4.2) liegt diese Grenze dagegen durchaus sehr viel höher.

Für viele technische Fragestellungen ist es demnach ausreichend, die Lage des Eigenfrequenzspektrums zu kennen. Eine Aussage darüber liefert auch schon die stationäre Lösung bzw. der Frequenzgang, der sich nach der Zustandsänderung einstellt.

Um diese Verknüpfung zu verstehen, sei das Reaktanznetzwerk in Bild 4.6 nochmals für den Fall betrachtet, dass beim Einschalten alle Anfangsbedingungen null sind. Ein Vergleich mit dem stationären Ansatz (4.10a) zeigt, dass die Umläufe in der Laplace- und der komplexen Ebene sehr ähnlich sind. Dies äußert sich u. a. darin, dass die Nennerpolynome der Laplace-Transformierten und der stationären Beziehung die gleichen Nullstellen und damit die gleichen Eigenfrequenzen aufweisen.

Im Frequenzgang sind die Eigenfrequenzen anhand der Polstellen erkennbar. Ihre Anzahl hängt gemäß Abschnitt 4.1.1 von der Anzahl der unabhängigen Energiespeicher bzw. der Zweige ab. Sofern bei $\omega = 0$ ein Pol auftritt, wird dadurch ein Gleichglied als Ausgleichskomponente gekennzeichnet.

Der beschriebene Zusammenhang gilt exakt nur für Reaktanznetze bzw. L,C,M-Netze. Während Mittel-, Hoch- und Höchstspannungsnetze als Reaktanznetzwerke angesehen werden können, ist eine solche Aussage für Niederspannungsnetze nur eingeschränkt zu treffen. Bei Anlagen mit ausgeprägtem ohmschen Anteil – auch als R,L,C,M-Netze bezeichnet – wird der Verlauf des Frequenzgangs nämlich zunehmend durch den ohmschen Anteil beeinflusst, der eine Dämpfung bewirkt. Dadurch sind die Polstellen im Frequenzgang nicht mehr klar erkennbar, denn sie werden mit zunehmendem Wirkwiderstand unschärfer. Falls nicht nur die Lage der Eigenfrequenzen, sondern darüber hinaus auch deren Dämpfung von Interesse ist, liefert die Knotenadmittanzmatrix des Netzes noch genauere Berechnungsmöglichkeiten (s. Abschnitt 5.7.1.1).

Für manche Problemstellungen interessieren über das Eigenfrequenzspektrum hinaus die Amplituden der Ausgleichskomponenten. Eine genauere Analyse würde zeigen, dass ein ausgeprägter Ausgleichsvorgang zu erwarten ist, wenn sich die stationären Spannungen bzw. Ströme vor und nach der Schaltmaßnahme stark unterscheiden. Die tatsächliche Höhe einer solchen Zustandsänderung hängt dabei allerdings noch vom Schaltaugenblick und der Phasenverschiebung der stationären Größen ab. Dabei wird zusätzlich vorausgesetzt, dass diese Zustandsänderung durch eine Schaltmaßnahme schlagartig auftritt. Wenn sich dagegen der Zustand verteilt über einen Zeitbereich ändert, sind die transienten Reaktionen schwächer. Man kann einen solchen Vorgang als eine Folge mehrerer kleinerer, zeitlich verschobener, schlagartiger Zustandsänderungen auffassen, deren Reaktionen sich dementsprechend ebenfalls zeitlich verschoben überlagern.

Eine *einmalige Zustandsänderung* erregt jeweils das gesamte Eigenfrequenzspektrum der Anlage, wobei generell gilt, dass die unteren Eigenfrequenzen höhere Amplituden aufweisen als die oberen. Resonanzeffekte können zu lokalen Verschiebungen führen. Bei einer *kurzzeitigen* Erregung mit Impulsen der Breite T werden dagegen vor allem die hohen Eigenfrequenzen eines Spektrums mit $\Omega > 1/T$ angeregt.

Die Anzahl der Eigenfrequenzen richtet sich nach der Anzahl der unabhängigen Energiespeicher. Bei Betriebsmitteln wie Umspannern, Wandlern oder Generatoren stellen die vielen darin vorhandenen Windungen jeweils solche Energiespeicher dar. Dementsprechend tritt dort häufig ein breites Spektrum mit vielen Eigenfrequenzen auf. Für Hochspannungstransformatoren gilt ganz grob eine Bandbreite von 15 kHz bis einigen MHz, wobei das Spektrum annähernd gleichmäßig belegt ist. Eine Anregung mit einem kurzen Impuls von einigen Mikrosekunden führt dazu, dass die vergleichsweise niederfrequenten Eigenschwingungen im Bereich bis ca. 100 kHz stets ausgeblendet werden, sodass insgesamt nur eine hochfrequente Beanspruchung bestehen bleibt.

Die bisher betrachteten Reaktanznetzwerke erfassen das Zusammenspiel zwischen Induktivitäten und Kapazitäten, jedoch nicht das Abklingverhalten der Eigenschwingungen und des Gleichstroms. In der Energieversorgung interessiert nun für die Planung von

Netzen auch der Abklingvorgang solcher transienten Reaktionen. Prinzipiell müsste man dann die komplizierteren R,L,C,M-Netzwerke durchrechnen. Speziell für die Zustandsänderung „dreipoliger Kurzschluss" (s. Kapitel 6) darf man jedoch bei diesen Netzen die Kapazitäten vernachlässigen. Begründen lässt sich diese Schaltungsvereinfachung mit der Zustandsänderung zwischen den stationären Verhältnissen vor und nach dem dreipoligen Kurzschluss. Die Ströme und Spannungen an den Widerständen und Induktivitäten werden aufgrund des hohen Kurzschlussstroms sehr viel größer, an den Kapazitäten dagegen sogar kleiner. Die Kapazitäten prägen daher nicht den Einschwingvorgang.

In den einfacheren R,L,M-Netzen treten anstelle der Eigenschwingungen und eines Gleichstroms verschiedene abklingende Gleichglieder auf, die unterschiedliche Zeitkonstanten besitzen. Diese Stromanteile werden auch als aperiodische Komponenten bezeichnet. Ihre Anzahl hängt wie die der Eigenschwingungen von der Zahl der unabhängigen Energiespeicher ab. Ein Maß dafür ist wiederum die Zahl der Zweige mit unterschiedlichen R,L-Werten. In Kapitel 6 wird gezeigt, dass man das Einschwingverhalten solcher Netzwerke noch weitergehender als bei den L,C,M-Netzen aus der stationären Lösung heraus kennzeichnen kann. In dieser Eigenschaft besteht der wesentliche Anreiz für die vorgenommene Vereinfachung.

Bei den bisherigen Betrachtungen ist stets vorausgesetzt worden, dass sich die Größen R, L, M stromunabhängig verhalten, da die Permeabilität als abschnittsweise konstant angesehen wird. Diese Bedingung gilt bei den später entwickelten Modellen immer nur in gewissen Grenzen. Im Weiteren werden die tatsächlichen Verhältnisse einer induktiven Anordnung mit Eisenkreis erläutert.

4.1.4 Nichtlineare Induktivitäten

Stromabhängige Induktivitäten und Gegeninduktivitäten werden in der Energietechnik häufig durch weichmagnetische Eisenbleche verursacht, die u. a. in Transformatoren und Generatoren verwendet werden. In diesen Werkstoffen prägen Sättigungserscheinungen und Ummagnetisierungsverluste das $\Psi(i)$-Verhalten, das für den speziellen Fall einer stationären, symmetrischen Wechselstromanregung durch eine Hystereseschleife beschrieben werden kann [13]. Dabei ergibt sich abhängig von der Größe der eingeprägten Spannung jeweils eine andere Schleife. Die Umkehrpunkte aller symmetrischen Hystereseschleifen legen die *Kommutierungskurve* fest, für die auch der Begriff *Magnetisierungskennlinie* verwendet wird. Diese Kurve kennzeichnet demnach die Schleifenaussteuerung und somit auch die Stromamplituden im stationären Betrieb. Für langsame *transiente* Vorgänge, so genannte statische Magnetisierungsvorgänge, ergeben sich kompliziertere Zusammenhänge. Sie werden an einer Induktivität erläutert, die mit einem eingeprägten oberschwingungsbehafteten Strom gespeist wird.

Unmittelbar nach dem Einschalten wird zunächst die *Neukurve* durchlaufen, falls das Eisen vorher mit den dafür entwickelten Methoden entmagnetisiert worden ist [27]. Diese Kennlinie, die weitgehend mit der Kommutierungskurve übereinstimmt, wird jedoch bereits nach dem ersten Vorzeichenwechsel des Stromanstiegs verlassen – im Bild 4.9a am Verzweigungspunkt 1. Für das sich anschließende $\Psi(i)$-Verhalten ist dann eine neue Abwärtstrajektorie maßgebend. Bei einem nochmaligen Vorzeichenwechsel des Stroms (Punkt 2) wird der Magnetisierungsvorgang wiederum durch eine neue Aufwärtskennlinie beschrieben. Sie endet näherungsweise im vorhergehenden Verzweigungspunkt, in diesem Fall dem Punkt 1.

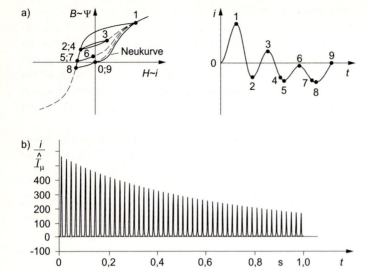

Bild 4.9
Beispiel für das Magnetisierungsverhalten nichtlinearer Induktivitäten
a) B(H)-Eingangsverhalten einer Spule mit weichmagnetischem Kern bei Einprägung des dargestellten niederfrequenten Stroms $i(t)$
1, 2, 3, 5, 6, 8: Umkehrpunkte
gestrichelt: Trajektorienverlauf bei einer Aussteuerung über den Umkehrpunkt hinaus
b) Verlauf eines Rushstroms nach dem Einschalten eines leerlaufenden 220-kV-Transformators ($\hat{I}_r = 260$ A, $I_\mu = 0{,}002 \cdot I_r$)

Im Punkt 3 erfolgt ein erneuter Vorzeichenwechsel; der nicht mehr durchlaufene Trajektorienteil ist zur Verdeutlichung gestrichelt dargestellt. Die anschließend verwendete Abwärtstrajektorie geht am Punkt 4, der näherungsweise mit Punkt 2 übereinstimmt, wieder in die alte, vom Punkt 1 kommende Abwärtstrajektorie über. Der weitere $\Psi(i)$-Verlauf erfolgt praktisch genauso, als ob die Unterschleife 2–3–4 überhaupt nicht aufgetreten wäre. Dieses Verhalten zeigt sich in gleicher Weise bei der darauf folgenden Unterschleife 5–6–7. Nach dem Verzweigungspunkt 8 erreicht die zugehörige Aufwärtstrajektorie im Endpunkt 9 schließlich wieder den Nullpunkt, in dem der gesamte Verlauf begonnen hat.

Bei einem weiteren Anstieg des eingeprägten Stroms würde die Trajektorie 8–9 auf dem gestrichelt dargestellten Verlauf bis zum Punkt 1 fortgesetzt werden, wo sie dann in die Neukurve übergehen würde. Im Anfangsbereich wird also nicht noch einmal die Neukurve durchlaufen, obwohl wieder vom Nullpunkt mit $i = 0$ und $\Psi = 0$ bzw. $H = 0$ und $B = 0$ ausgegangen wird. Dieses Verhalten zeigt, dass der magnetische Anfangszustand von Eisenblechen beim Einschalten nicht allein durch den Startpunkt zu beschreiben ist. Eine solche Aussage gilt sogar, wenn kein Remanenzfluss Ψ_{rem} vorhanden ist, also im Nullpunkt gestartet wird. Es muss vielmehr die *gesamte Vorgeschichte berücksichtigt werden*, wobei vollständig geschlossene Unterschleifen unbeachtet bleiben können. Lediglich nach einem Entmagnetisierungsvorgang ist die Information über vorangegangene Magnetisierungsverläufe gelöscht, sodass wieder die Neukurve durchlaufen wird.

4.1 Berechnung von Netzwerken mit induktiven Kopplungen

Insgesamt ergibt sich, dass der Zusammenhang

$$B = \mu(i) \cdot H \quad \text{bzw.} \quad \Psi = L(\mu(i)) \cdot i \tag{4.15}$$

ein stark stromabhängiges Verhalten aufweist. Eine Besonderheit tritt jedoch unmittelbar nach einem Umkehrpunkt auf. Dann ist die Anfangssteigung der neuen Trajektorie, die auch als *reversible Permeabilität* μ_{rev} bezeichnet wird, nur von B bzw. Ψ, nicht jedoch von H bzw. i abhängig [13].
Aus dem Beispiel in Bild 4.9a ist weiterhin zu ersehen, dass sich höherfrequente Stromanteile wie Oberschwingungen in Form von kleineren Unterschleifen im Kennlinienverlauf bemerkbar machen (z. B. Schleife 2–3–4). Aus dem Kennlinienverlauf selbst sind dagegen die Spannungsabfälle $d\Psi/dt$ nicht abzulesen, die durch die Stromeinprägung verursacht werden. Sie sind immer dann hoch, wenn ein Kennlinienteil steil ansteigt und der dadurch bedingte große $\Delta\Psi(i)$-Wert von dem Strom zugleich in kurzer Zeit Δt durchfahren wird. Die Ermittlung der jeweils gültigen Kennlinien ist u. a. [28] und [29] zu entnehmen.
An Induktivitäten mit Eisenkernen können Zustandsänderungen im Wesentlichen zwei transiente Effekte hervorrufen, die in der Praxis möglichst zu vermeiden sind. Bei dem einen handelt es sich um den *Einschaltstoßstrom*, der auch als *Rushstrom* oder kurz als Rush bezeichnet wird.
Er kann ausgelöst werden, wenn ein unbelasteter Transformator an die Netzspannung gelegt wird. Aus dem vorhergehenden Betrieb möge im Kern noch ein Remanenzfluss Ψ_{rem} vorhanden sein, sodass im Augenblick des Zuschaltens die Anfangsbedingung $\Psi(t=0) = \Psi_{\text{rem}}$ gilt. Weiterhin möge die Zuschaltung im Nulldurchgang der Netzspannung erfolgen. Mit dem Induktionsgesetz

$$d\Psi/dt = U_0 \cdot \sin \omega t$$

erhält man für den Flussverlauf im Kern

$$\Psi(t) = -U_0/\omega \cdot \cos \omega t + \Psi_0 \ .$$

Die unbekannte Integrationskonstante Ψ_0 ermittelt sich mithilfe der Anfangsbedingung für $t = 0$ aus der Beziehung

$$\Psi_{\text{rem}} = -U_0/\omega \cdot 1 + \Psi_0 \ .$$

Für den Flussverlauf resultiert damit der Zusammenhang

$$\Psi(t) = -U_0/\omega \cdot \cos \omega t + (\Psi_{\text{rem}} + U_0/\omega) \ .$$

In der weiteren Halbperiode steigt der Fluss auf den Wert $(2U_0/\omega + \Psi_{\text{rem}})$ und steuert damit das Kennlinienfeld bis tief in die Sättigung aus. Der Strom nimmt während dieses Intervalls sehr hohe Werte an, klingt jedoch infolge der Hystereseverluste auf den stationären Wert von einigen Ampere ab (Bild 4.9b). Sofern die Zuschaltung zu einem anderen Zeitpunkt auftritt oder der Remanenzfluss einen günstigeren Wert aufweist, erreicht der Einschaltstrom nur geringere Werte.
Bei Leistungstransformatoren treten durch die Blechung des Eisenkerns Stoßfugen auf. Sie scheren die Magnetisierungskennlinie und senken den Remanenzfluss Ψ_{rem} ab. Dadurch ist der Rushstrom in der Praxis beherrschbar.

Neben dem Rushstrom können Induktivitäten mit einem Eisenkern, insbesondere induktive Wandler, Ferroresonanzeffekte verursachen. Sie äußern sich z. B. in hohen Überspannungen, verbunden mit steilen Stromspitzen, aber auch in großen Strömen, deren Frequenz einige hundert Hertz nicht übersteigt. Genauere Ausführungen folgen dazu in Abschnitt 11.3.

Im Eisenkern bewirken steile Stromspitzen Wirbelströme. Die dadurch verursachten Verluste bauchen die durchfahrenen Schleifen wiederum weiter aus. Eine rechnerische Behandlung der dann gültigen Kennlinien ist bisher nur ansatzweise vorhanden. Trotz dieser ausgeprägten nichtlinearen Effekte ist es möglich, das Betriebs- und Kurzschlussverhalten der technisch wichtigen Leistungstransformatoren durch lineare Ersatzschaltbilder zu beschreiben.

4.2 Leistungstransformatoren

Für Leistungstransformatoren, auch als Umspanner bezeichnet, besteht die wesentliche Aufgabe darin, die Spannung so umzuformen, dass die elektrische Leistung möglichst günstig transportiert oder verteilt werden kann. Innerhalb des Transformators erfolgt die Umwandlung mit sehr geringen Verlusten; bei großen Einheiten ab ca. 200 MVA liegt der Wirkungsgrad etwa bei 99,5 %.

Prinzipiell bestehen die Umspanner aus mindestens zwei Wicklungen, die über einen Eisenkern magnetisch gekoppelt sind. Dabei versteht man unter einer *Wicklung* die Gesamtheit aller Windungen, die *einem* der elektrischen Kreise angehören. Sofern zwei Wicklungen vorliegen, zwischen denen keine galvanische Verbindung besteht, wird diese Anordnung als Transformator mit getrennten Wicklungen oder als *Volltransformator* bezeichnet. Im Unterschied dazu wird für Umspanner der Ausdruck *Spartransformator* verwendet, wenn mindestens zwei Wicklungen einen gemeinsamen Teil aufweisen. Bei Volltransformatoren richtet sich die Anzahl der Wicklungen stets nach den Netzebenen, die zu verbinden sind. Am häufigsten werden *Zweiwicklungs-* und *Dreiwicklungsausführungen* eingesetzt. Ihre Schaltzeichen sind Bild 4.10 zu entnehmen [14].

Je nach der Gestaltung des Netzes handelt es sich dabei um ein- oder dreiphasige Bauarten. Die Ersatzschaltbilder dreiphasiger Umspanner sowie deren Einbindung in die Netzberechnung lassen sich am einfachsten verstehen, indem zunächst einphasige Leistungstransformatoren betrachtet werden.

4.2.1 Einphasige Zweiwicklungstransformatoren

Einphasige Zweiwicklungstransformatoren werden in Deutschland überwiegend in Bahnnetzen verwendet. Im Folgenden wird der Aufbau dieser Leistungstransformatoren beschrieben und anschließend auf das Ersatzschaltbild eingegangen.

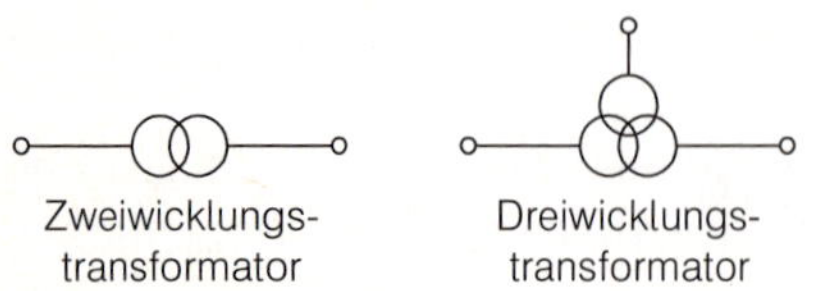

Bild 4.10
Schaltzeichen für Leistungstransformatoren

Zweiwicklungstransformator

Dreiwicklungstransformator

4.2.1.1 Aufbau, Eigenfrequenzspektren und transientes Verhalten von einphasigen Zweiwicklungstransformatoren

Bild 4.11a zeigt einen einphasigen Zweiwicklungstransformator, dessen aktives Bauteil in Bild 4.11b schematisch dargestellt ist. Seine wesentlichen Komponenten bestehen aus dem Eisenkern, den beiden Wicklungen und der Feststoffisolierung. Der gesamte Aktivteil befindet sich wiederum in einem Kessel aus Stahlblech, der bei Öltransformatoren mit Öl gefüllt ist. Weitere Einzelheiten zum Aufbau werden im Folgenden erläutert.

Aufbau von Leistungstransformatoren

Die waagrechten Segmente eines Eisenkerns werden als Joche, die senkrechten als Schenkel bezeichnet. Der mittlere Schenkel, auch Hauptschenkel genannt, führt den gesamten Fluss, der sich dann über die beiden Rückschlüsse schließt. Die zugehörigen Schenkel – als Rückschlussschenkel bezeichnet – führen jeweils nur den halben Fluss. Dementsprechend ist auch die Querschnittsfläche etwa nur halb so groß wie beim Hauptschenkel. Um diesen sind die beiden Wicklungen konzentrisch angeordnet, die zusammen mit der Feststoffisolierung die beiden Fenster im Eisenkern ausfüllen. Die Feststoffisolierung besteht aus

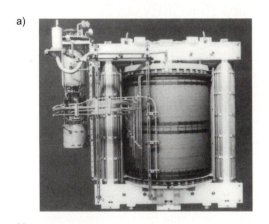

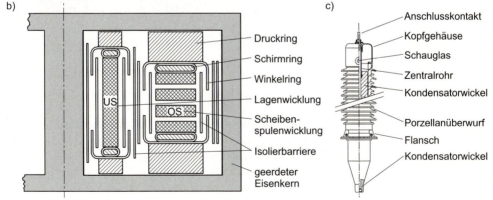

Bild 4.11
Darstellung eines einphasigen Zweiwicklungstransformators
a) Aufbau (Aktivteil ohne Kessel)
b) Schnittbild des Aktivteils
c) Kondensatordurchführung

Formteilen und Barrieren, die durch dazwischen liegende Distanzleisten fixiert werden. Als Werkstoff wird eine spezielle Zellulose, das Transformerboard, verwendet.

Vom Öl und dem Transformerboard werden die Wicklungen, die an ihren oberen Windungen ein hohes Spannungspotenzial aufweisen, gegen den geerdeten Eisenkern und den geerdeten Kessel isoliert. Die Feststoffisolierung verhindert zum einen die gefürchteten Faserbrückendurchschläge und erhöht zum anderen merklich das Isoliervermögen des Transformators im Bereich sehr kurzzeitiger Überspannungen (s. Abschnitt 4.12).

Die gesamte Isolierung muss so gestaltet sein, dass auch bei extremen Beanspruchungen – wie z. B. durch die Prüfspannungen im Prüffeld – die elektrische Feldstärke im Kesselraum nicht die Durchbruchfeldstärke E_d des jeweiligen Isolierstoffs erreicht. Anderenfalls entstehen in solchen überbeanspruchten Zonen Teilentladungen, die den Isolierstoff zerstören und Durchschläge einleiten können. Ein in diesem Sinne gefährdeter Bereich sind die Wicklungsenden, die auf hohem Spannungspotenzial liegen. Abhilfe wird durch Schirmringe erreicht. Sie bestehen aus Pressspan, verkleidet mit einer leitfähigen Folie. Das elektrische Feld verteilt sich über eine größere Fläche und wird dadurch schwächer. Eine umfassendere Darstellung der Isolationsgestaltung ist [30] zu entnehmen.

Die oberen Windungen jeder Wicklung sind mit einer Durchführung verbunden. Sie „führt" das hohe Spannungspotenzial auf kleinem Raum durch den geerdeten Kessel nach außen. Im Hoch- und Höchstspannungsbereich werden die in Bild 4.11c dargestellten Kondensatordurchführungen eingesetzt. Ihre Isolierung besteht aus epoxidharzgetränktem Papier, das den Leiter umhüllt. In diesen Wickel sind eine Vielzahl von konzentrisch angeordneten, metallenen Schirmen eingearbeitet; sie stellen die Flächen von Zylinderkondensatoren dar, die in Serie geschaltet sind. Als Metall bilden sie Äquipotenzialflächen im elektrischen Feld und steuern damit den elektrischen Feldverlauf. Die Steuerung des Felds wird so vorgenommen, dass die zulässige elektrische Feldstärke E_d in der Isolierung nicht überschritten wird. Außerhalb des Kessels wird der Wickel von einem mit Öl gefüllten Porzellanüberwurf geschützt, der wiederum mit einem Kopfgehäuse aus Stahl abgeschlossen ist. Dessen Anschlusskontakt wird über Leiterseile mit dem nachfolgenden Betriebsmittel verbunden [30].

Neben der Gestaltung der Isolierung ist bei Transformatoren auch die Gestaltung der Wicklung von großer Bedeutung. Bei Öltransformatoren sind die Unterspannungswicklungen (US) bis ca. 30 kV meist als *Lagenwicklung* ausgeführt. Für höhere Bemessungsspannungen wird üblicherweise eine *Scheibenspulenausführung* gewählt. Diese Bauart wird überwiegend für Oberspannungswicklungen (OS) eingesetzt. Sie liegen fast immer außen, da sich so die Isolierung einfacher gestaltet.

Bei der Scheibenspulenführung werden jeweils 8...12 Windungen zu Scheiben geformt. Diese werden elektrisch in Serie geschaltet und übereinander gelegt, wobei durch Distanzleisten ein mit Öl gefüllter Zwischenraum von ca. 0,5 cm Höhe entsteht. Sowohl die Lagen- als auch die Scheibenspulenwicklungen werden durch Druckringe zusammengepresst, die oben und unten vertikale Presskräfte bewirken. Diese senkrecht gerichteten Kräfte müssen deutlich größer als die entgegengesetzt wirkenden Vertikalkomponenten F_{Lo} und F_{Lu} der Stromkräfte sein. Sie werden auch als Schubkräfte bezeichnet und von den stromdurchflossenen Windungen im Zusammenwirken mit den jeweils dort auftretenden Streufeldern erzeugt. Die resultierende Kraft aus den vertikalen Komponenten muss so groß sein, dass zwischen den einzelnen Scheibenspulen bzw. Distanzleisten eine ausreichend hohe Haftkraft entsteht. Sie ist dann in der Lage, die radialen Stromkräfte F_R aufzufangen (s. Bild 4.15c). Anderenfalls könnten diese Radialkräfte die Scheiben verschieben.

4.2 Leistungstransformatoren

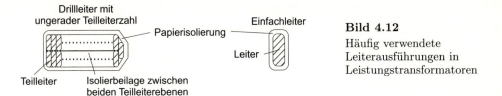

Bild 4.12
Häufig verwendete
Leiterausführungen in
Leistungstransformatoren

Entsprechend Beziehung (7.4) werden die radialen Stromkräfte durch die Längsfelder der Wicklungen hervorgerufen. Im Unterschied dazu verursachen die Querfelder an den Spulenrändern die vertikalen Schubkräfte. Diese vertikalen Komponenten sind zwar im Vergleich zu den radialen Kräften deutlich kleiner, jedoch darf die Presskraft durch die Druckringe auch nicht zu groß sein. Anderenfalls könnten die Papierbandagen der Windungen – die Leiterisolierung – gequetscht und beschädigt werden.
Bei kleineren Einheiten werden *Einfachleiter*, bei großen Ausführungen *Drillleiter* verwendet (Bild 4.12). Drillleiter setzen sich aus einer Reihe von lackisolierten Teilleitern zusammen, die mit einer gemeinsamen Papierbandage isoliert sind. Infolge einer Verdrillung vertauschen diese Teilleiter ihre Plätze innerhalb des Bündels. Dadurch wird erreicht, dass die einzelnen Teilleiter in gleicher Weise mit Wirbelstromverlusten (Näheeffekt) belastet werden und im gleichen Maße den Strom führen.
Die in der Wicklung erzeugte Wärme wird vom umgebenden Öl aufgenommen, das dann aufsteigt und sie über die Kesselwände nach außen abgibt. Eine weitere wesentliche Wärmequelle stellt der Eisenkern dar. Um die Wirbelstromverluste zu begrenzen, wird dieser aus Blechen von ca. 0,3 mm geschichtet ausgeführt. Bei großen Transformatoren werden meist mehrere Kühlkanäle im Kern eingebaut, indem parallel zu den Blechen Distanzleisten eingelegt werden. Das dort vorhandene Öl transportiert dann die Wärme ab, wobei neben den Wirbelströmen auch die Hystereseeffekte eine Wärmequelle darstellen (Eisenverluste). Demnach wirkt das Öl als Kühlmittel und Isolierstoff zugleich. Das Isoliervermögen ist umso besser, je geringer dessen Feuchtigkeitsgehalt ist. Um das Eindringen von Feuchtigkeit zu vermeiden, wird bei den Durchführungen ein besonderes Augenmerk auf die Gestaltung der Dichtungen gelegt. Ähnliche Maßnahmen sind auch für das Ölausdehnungsgefäß erforderlich, das stets oberhalb des Kessels angebracht ist (s. auch Bild 4.45a).
In der Hoch- und Höchstspannungsebene werden fast ausschließlich Öltransformatoren eingesetzt. Angemerkt sei, dass sich bei großen Transformatoren ohne Maßnahmen zur Geräuschdämmung der Schallleistungspegel im Bereich von 90...110 dB bewegt. Im Leerlauf ist als wesentliche Ursache die Ummagnetisierung der Weißschen Bezirke (Magnetostriktion) zu nennen. Bei einem Betrieb mit Last verringert sich dieser Einfluss. Dann überlagern sich jedoch noch die Wicklungsgeräusche, die durch die Stromkräfte hervorgerufen werden. Der resultierende Geräuschpegel ist in etwa konstant.
In der Mittelspannungsebene werden – insbesondere in brandgefährdeten Anlagen – alternativ *Gießharz-Trockentransformatoren* bzw. seltener *SF_6-Ausführungen* eingesetzt. Bei solchen Umspannern wird anstelle von Öl eine Feststoffisolierung aus Gießharz oder eine SF_6-Gasisolierung verwendet. Die zugehörige Unterspannungswicklung besteht bei Trockentransformatoren häufig aus großflächigen Aluminiumfolien bzw. -bändern, deren Breite der axialen Wicklungsabmessung entspricht.
Die bisherige Beschreibung der Transformatortechnologie stellt einen Überblick dar, der für das Verständnis der folgenden Ausführungen ausreicht. Eine umfassendere Behandlung bietet [31]. Im Weiteren wird nun auf die Frequenzgänge und die damit im Zusam-

menhang stehenden Eigenfrequenzspektren von Umspannern eingegangen.

Frequenzgänge und Eigenfrequenzspektren von Leistungstransformatoren

Um die Frequenzgänge zu ermitteln, ist es zweckmäßig, die US-Wicklung gedanklich in eine Reihe gleichartiger Segmente bzw. in ihre einzelnen Windungen aufzulösen. Sie stellen induktiv gekoppelte Elemente dar, von denen gemäß Abschnitt 4.1 jedes mit jedem über das magnetische Feld verknüpft ist. Weitere induktive Elemente kommen durch die Scheibenspulen der OS-Wicklung hinzu, die als eine Einheit angesehen, jedoch prinzipiell auch wieder in die einzelnen Windungen aufgespalten werden können: Jedes dieser Elemente besitzt eine Selbstinduktivität L und eine Gegeninduktivität M zu jedem weiteren Element.

Zugleich stellen die Windungen bzw. Scheiben Elektroden dar, zwischen denen sich elektrische Felder ausbilden. Grundsätzlich ist wiederum jeder Leiter mit jedem anderen über ein elektrisches Feld verknüpft. Über die Größe dieser elektrischen Kopplung geben die *Teilkapazitäten* C_{ij} Auskunft (Bild 4.13). Sie werden ähnlich wie die Größen L und M nur von der Geometrie der Leiter und der Beschaffenheit des Feldraums bestimmt, nicht jedoch von den elektrischen Größen u und i, mit denen sie beansprucht werden [13].

Relevante Teilkapazitäten haben besondere Funktionsbezeichnungen erhalten. So werden die Teilkapazitäten zu den geerdeten, leitfähigen Konstruktionsteilen wie Kessel und Eisenkern *Erdkapazitäten* genannt. Den Teilkapazitäten zwischen den Windungen bzw. Spulen wird der Begriff *Windungs-* bzw. *Spulenkapazität* zugeordnet, die in ihrer Gesamtheit als *Wicklungskapazität* bezeichnet werden. Im Unterschied dazu werden die Teilkapazitäten zwischen der US- und OS-Wicklung als *Koppelkapazitäten* bezeichnet.

Es sei angemerkt, dass die genaue rechnerische Ermittlung der Teilkapazitäten grundsätzlich eine elektrostatische Feldberechnung erfordert. Häufig kann man in der Praxis diese Rechnungen umgehen, indem man die Feldverteilungen mit analytisch berechenbaren Anordnungen wie z. B. Zylinder- oder Plattenkondensatoren abschätzt. So kann man die Koppelkapazität zwischen den Wicklungen als Zylinderkondensator auffassen. Durch eine nachträgliche Diskretisierung lassen sich die Auswirkungen der Potenzialunterschiede in der Wicklung auf den Verschiebungsstrom besser erfassen, z. B. indem jeweils die Hälfte der Kapazität am Anfang und Ende der Wicklung lokalisiert wird.

Die Gesamtheit aller Teilkapazitäten bildet ein Gitter, das zugleich mit einer Vielzahl von Selbst- und Gegeninduktivitäten verknüpft ist (Bild 4.14a). Für einen Zweiwicklungstransformator resultiert ein zweitoriges Reaktanznetzwerk, das mit wachsender Nachbildungsgenauigkeit eine steigende Anzahl unabhängiger Energiespeicher aufweist und dementsprechend immer mehr Eigenfrequenzen des Transformators erfasst. Jedoch wird dieses Netzwerk nicht allein von der Nachbildungsart des Umspanners, sondern maßgebend von weiteren Parametern geprägt. So ist sehr entscheidend, wie dessen Ausgänge

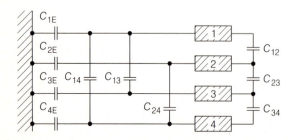

Bild 4.13
Veranschaulichung der Teilkapazitäten an einer Scheibenspulenausführung mit Berücksichtigung der Erdkapazitäten zum Eisenschenkel

4.2 Leistungstransformatoren

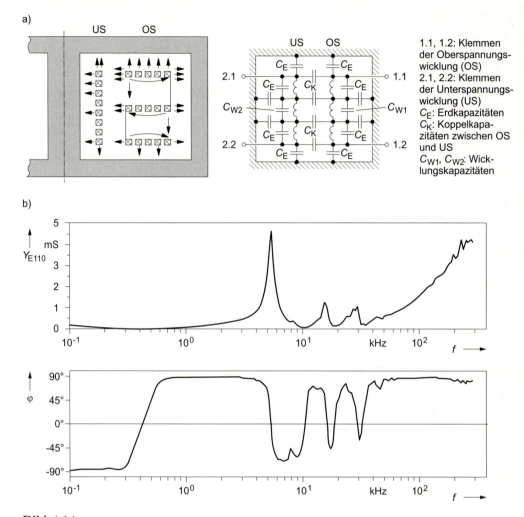

Bild 4.14
Beschreibung der internen Felder eines Hochspannungstransformators durch ein Reaktanznetzwerk zur Veranschaulichung des Eigenfrequenzspektrums

a) Schematisierte Darstellung des elektrischen Felds, der zugehörigen Teilkapazitäten und deren Kopplung mit den Induktivitäten zur Erfassung des magnetischen Felds (gegenseitige Kopplung der Induktivitäten nicht dargestellt)
b) Gemessener Frequenzgang der Eingangsadmittanz auf der 110-kV-Seite eines 220/110/10-kV-Dreiwicklungstransformators mit einer Bemessungsleistung von 100 MVA

beschaltet sind bzw. wie die Netzanlage beschaffen ist, in welche der Umspanner eingebunden ist. Eine weitere sehr formende Größe stellt die Art und der Ort des Fehlers dar, durch den die Zustandsänderung ausgelöst wird, die zu den Eigenschwingungen führt. Abhängig von diesen Einflussgrößen ergibt sich jeweils ein anderes Netzwerk, und damit prägt auch ein anderes Eigenfrequenzspektrum die Ausgleichsströme und -spannungen im Umspanner. Gemäß Abschnitt 4.1 kann man die Eigenfrequenzen auf folgende Weise ermitteln. Aus dem Netzwerk, das nach der Zustandsänderung vorliegt, wird der Frequenzgang derjenigen Größe, deren Ausgleichsverhalten interessiert, in Abhängigkeit von den eingeprägten Spannungen berechnet. Dabei kennzeichnen die Pole des Frequenzgangs die Eigenfrequenzen; ein Pol bei $\omega = 0$ zeigt an, dass daneben auch noch Gleichströme auftreten. Über die Dämpfung der Eigenschwingungen und abklingenden Gleichglieder liefern die Verläufe keine Aussagen.

Analysiert man die Eigenfrequenzverhältnisse in Umspannern, so stellt man Folgendes fest: Die unteren Eigenfrequenzen sind sehr viel nachhaltiger von den betrachteten Einflussgrößen abhängig als die oberen. In Bild 4.14b ist zur Veranschaulichung der gemessene Frequenzgang des Eingangsstroms eines Hochspannungsumspanners dargestellt, dessen weitere Wicklungen freigeschaltet sind.

Die an sich geringen Wirkverluste eines Umspanners führen dazu, dass sich die Pole und Nullstellen eines reinen Reaktanznetzwerks abrunden und im Betragsfrequenzgang der Eingangsadmittanz stattdessen als Maxima und Minima erscheinen (Bild 4.14b). Die daraus abzulesenden Eigenfrequenzen treten im Eingangsstrom besonders deutlich auf, wenn die Wicklung eingeschaltet wird, während die weiteren Wicklungen offen sind. Die internen Pole des Transformators liegen zwischen 5 und 200 kHz, dem Ende des Messbereichs. Tatsächlich treten auch danach noch Eigenfrequenzen bis in den MHz-Bereich auf. Allerdings sind sie durch die stark anwachsenden Wirbelstromverluste deutlich schwächer ausgebildet. Trotzdem sind auch solche hochfrequenten Eigenschwingungen bei der Auswahl von Leistungsschaltern zu beachten (s. Abschnitt 7.6).

Wie der Phasenfrequenzgang in Bild 4.14b zeigt, verhält sich der Eingangsstrom im unteren Frequenzbereich abwechselnd induktiv oder kapazitiv. Bei hohen Frequenzen reagiert der Eingangsstrom im Wesentlichen nur noch kapazitiv, denn das interne Kapazitätsgitter $1/(\omega C)$ wird immer niederohmiger und führt anstelle der hochohmigen Reaktanzen ωL den Strom. Die Wirkung des internen Kapazitätsgitters tritt auch bei schnellen, hochfrequenten Überspannungen in Erscheinung. Sie werden kapazitiv auf die anderen Ausgänge übertragen, denn das Gitter bildet einen kapazitiven Teiler. Bei einem 220/110-kV-Umspanner wird z. B. etwa 1/3 der Überspannung, die auf der 220-kV-Seite auftritt, auf die 110-kV-Seite weitergeleitet.

Bisher ist anhand des Frequenzgangs die Struktur der Einschwingvorgänge von Umspannern diskutiert worden. Im Weiteren wird auf die magnetischen Feldverteilungen eingegangen, die sich in den einzelnen Bereichen des Frequenzgangs einstellen. Dadurch ist das Ausgleichsverhalten des Transformators besser zu verstehen.

Ausgleichsverhalten von Leistungstransformatoren

Zunächst wird der niederfrequente Bereich betrachtet. Er ist dadurch gekennzeichnet, dass in allen Windungen einer Wicklung der gleiche Strom fließt. In Bild 4.15a ist die prinzipielle Verteilung des zugehörigen Magnetfelds B dargestellt. Der wesentliche Teil verläuft im Hauptschenkel und schließt sich dann überwiegend über die Rückschlussschenkel. Beide Wicklungen werden von diesem Feldanteil gemeinsam durchsetzt. Daher ist er in der Lage, die Energie von der einen zur anderen Wicklung zu übertragen. In diesem Energietransport besteht bekanntlich die Hauptaufgabe eines Leistungstransformators. Folgerichtig wird dieser Anteil als *Hauptfeld* bezeichnet.

Entlang des oberen Jochs treten auch Feldlinien aus dem Eisenkern aus, verlaufen dann im Fenster annähernd parallel zu den Schenkeln, um sich dann über das untere Joch und den Hauptschenkel zu schließen. Allerdings überdeckt das Joch nur einen Teil der Wicklung (Bild 4.15b); der außerhalb gelegene Wicklungssektor ist ebenfalls mit einem Feld verknüpft. Entsprechend Bild 4.15c verläuft es in diesem Wicklungsbereich ebenfalls weitgehend parallel zum Hauptschenkel. Allerdings kompensieren sich an dem oberen

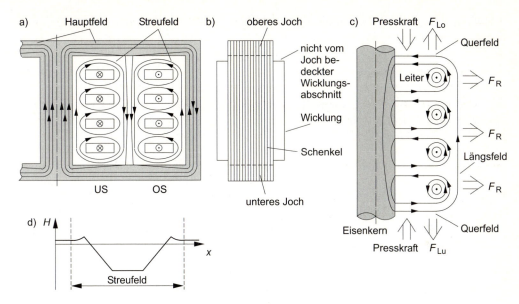

Bild 4.15
Prinzipieller Verlauf des magnetischen Felds B und seine Diskretisierung in Teilbereichen
a) Zweiwicklungstransformator mit Rückschlüssen bei unterspannungsseitiger Leistungseinspeisung und belasteter OS-Wicklung (Kompensation des Felds außerhalb des Streukanals umso ausgeprägter, je niederohmiger die Last)
b) Seitenansicht des Zweiwicklungstransformators zur Veranschaulichung der nicht vom Joch bedeckten Wicklungsabschnitte
c) Windungen um einen Eisenkern als Modell für das Feld der nicht vom Joch bedeckten Wicklungsabschnitte mit den auch dort vertikal sowie radial wirksamen Stromkräften F_L und F_R
d) Radiale Verteilung des zum Schenkel parallel verlaufend angenommenen Längsfelds H

und unteren Rand der Wicklungen die Querfelder der einzelnen Windungen nicht mehr, sodass dort eine merkliche Querkomponente auftritt.
Das gemeinsame Kennzeichen dieser aus dem Eisen austretenden Feldanteile besteht darin, dass sie entweder nur eine der Wicklungen oder sogar nur Bereiche von ihr durchsetzen. Daher kann diese Flusskomponente keine Energie übertragen. Stattdessen verursacht sie den internen induktiven Spannungsabfall eines Transformators. Bekanntlich wird dieser Feldanteil als *Streufeld* und die zugehörige Induktivität als Streuinduktivität L_σ bezeichnet.
Es wird sich später zeigen, dass sich mit dieser Kenngröße das Betriebsverhalten eines Umspanners bis in den Bereich einiger Kilohertz beschreiben lässt. Daher ist ihre möglichst genaue Berechnung eine wichtige Aufgabe. Einen um ca. 5...10 % zu großen Wert liefert der im Folgenden skizzierte Rechnungsgang. Im Unterschied zu den genaueren Verfahren lässt er dafür den Einfluss der Entwurfsparameter besonders klar erkennen.
Das Streufeld wird als rein parallel verlaufend angenommen, sodass die magnetische Feldstärke auf einer Feldlinie im Fenster konstant ist. Zugleich wird der magnetische Spannungsabfall im Eisen vernachlässigt. Unter diesen Bedingungen lässt sich über den Durchflutungssatz die magnetische Feldstärke im Fenster ermitteln; der sich ergebende qualitative Verlauf der Feldstärke ist aus Bild 4.15d zu ersehen. Daraus lässt sich dann die magnetische Feldenergie bestimmen. Für die spezielle Betriebssituation eines ober-

spannungsseitigen Klemmenkurzschlusses ergibt sich auf der Unterspannungsseite US der Zusammenhang

$$\frac{U_{\mathrm{US}}}{I_{\mathrm{US}}} = L_\sigma \cdot \omega = w_{\mathrm{US}}^2 \cdot \Lambda \cdot \omega, \qquad (4.16\mathrm{a})$$

für einen unterspannungsseitigen Klemmenkurzschluss erhält man analog dazu auf der Oberspannungsseite OS den Ausdruck

$$\frac{U_{\mathrm{OS}}}{I_{\mathrm{OS}}} = L_\sigma' \cdot \omega = w_{\mathrm{OS}}^2 \cdot \Lambda \cdot \omega \qquad \text{mit} \qquad L_\sigma' = L_\sigma \cdot w_{\mathrm{OS}}^2 / w_{\mathrm{US}}^2. \qquad (4.16\mathrm{b})$$

In dieser Beziehung kennzeichnen die Größen w_{OS}, w_{US} die Windungszahlen der Oberspannungs- und Unterspannungswicklung. Bei Λ handelt es sich um einen magnetischen Leitwert, der primär von dem radialen Abstand zwischen den Wicklungen – dem Streukanal – geprägt wird. Dimensioniert man ihn bei der Auslegung breit, so nimmt die Streuinduktivität einen großen Wert an. Allerdings übt auch die Dicke der Wicklung einen merklichen Einfluss aus. Wie weiter aus den Beziehungen (4.16) zu ersehen ist, stellt jedoch die Windungszahl den wesentlichen Parameter dar.

Aus dem Frequenzgang im Bild 4.14b ist ein deutliches Minimum bei ca. 400 Hz zu erkennen. Man könnte daraus den Schluss ziehen, dass bereits in diesem Frequenzbereich die Streuinduktivität nicht mehr aussagekräftig ist. Das dort dargestellte Verhalten tritt allerdings nur bei sehr hochohmig abgeschlossenen bzw. leerlaufenden Umspannern auf. Da dann keine Energie übertragen werden kann, wird das Eingangsverhalten primär vom Hauptfeld geformt. Die dabei wirksame induktive Eingangsreaktanz ist so hochohmig, dass sie bereits die Größe der bei diesen Frequenzen ebenfalls noch sehr hochohmigen kapazitiven Reaktanzen erreicht. Es bildet sich eine Parallelresonanz aus. Bei den betriebsüblichen Lastzuständen ist dagegen das Streufeld maßgebend, sodass dieser Effekt keine Rolle spielt.

Erst in der Nähe der ersten Eigenfrequenz beginnen die Kapazitäten das Verhalten des Umspanners merklich zu ändern. So verteilt sich das Feld im Eisen nicht mehr gleichmäßig über den Kernquerschnitt; es wird zunehmend zum Eisenrand gedrängt. Außerdem beginnen bereits aus den Windungen einer Spule Ströme aus- bzw. einzutreten, die über die immer niederohmiger werdenden kapazitiven Reaktanzen entweder zu- oder abfließen. Es entstehen andere Feldverläufe, als wenn alle Windungen einer Wicklung den gleichen Strom führen. Für den Fall, dass der Umspanner mit einer Eigenfrequenz erregt wird, verwendet man für die zugehörige Feldverteilung den Ausdruck *Eigenform*.

Für die erste Eigenfrequenz stellt sich die Eigenform in Bild 4.16 ein [32], [33]. Die Oberspannungswicklung teilt sich in zwei Teilspulen auf, die gegensinnig vom Strom durchflossen werden. Dadurch fließt er von beiden Seiten auf die Mitte zu und wird von den dort wirksamen Erdkapazitäten abgeleitet. Das zugehörige magnetische Feld verläuft praktisch nur im Fenster; es gibt kein Hauptfeld mehr im Eisen.

Die beiden Teilspulen stellen einen kurzgeschlossenen Übertrager dar, der einen besonders großen Strom verursacht. Es handelt sich um eine Art Serienresonanz, die erhöhte Spannungsabfälle an den Teilspulen bewirkt. Wenn anstelle der ersten die zweite Eigenfrequenz verwendet wird, teilt sich jede Teilspule wiederum in zwei Teilspulen auf. Sie werden jeweils abwechselnd gegensinnig vom Strom durchflossen. Diese Aufspaltung setzt sich so lange fort, bis bereits einzelne Teile der Windungen gegeneinander schwingen.

Allerdings sind diese Resonanzen im Eingangsverhalten kaum noch zu beobachten. Da der Wicklungsbereich, der zusammenhängend reagiert, immer kleiner wird, kompensieren

4.2 Leistungstransformatoren

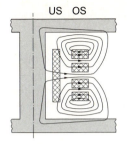
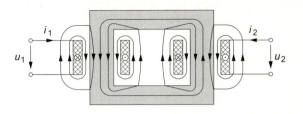

Bild 4.16
Feldverlauf für einen leerlaufenden, oberspannungsseitig gespeisten Zweiwicklungstransformator bei der 1. Eigenfrequenz

Bild 4.17
Symbolische Darstellung eines Zweiwicklungstransformators im Hinblick auf eine übersichtliche Darstellung der Zählpfeile

sich auch die zugehörigen magnetischen Felder immer weitgehender. Zugleich werden aus dem Kapazitätsgitter nur noch die in der unmittelbaren Nähe liegenden Netzelemente in die Resonanzwirkungen einbezogen.

Die bisherigen Betrachtungen ermöglichen es nun auch, das Verhalten eines Umspanners bei einer Erregung mit kurzzeitigen Impulsen zu verstehen. Dabei ist der folgende Grundsatz zu beachten: Der von der Überspannung verursachte Feldverlauf im Transformator setzt sich im Wesentlichen aus denjenigen Eigenformen zusammen, deren zugehörige Eigenfrequenzen im Frequenzspektrum des erregenden Impulses enthalten sind. Weist die Eigenfrequenz im Spektrum eine hohe Amplitude auf, ist auch das Feld der zugehörigen Eigenform kräftig ausgebildet. Dementsprechend können kurzzeitige Impulse, die nur hochfrequente Anteile besitzen, lediglich die Eigenformen der hohen Eigenfrequenzen anregen. Sie beanspruchen mit ihren Resonanzüberhöhungen dann zunehmend direkt die einzelnen Windungen. Sind diese Impulse zu hoch, führen sie zu Durchschlägen zwischen den Windungen einer Wicklung (s. Abschnitt 4.12).

Im Eisenkern bewirken kurzzeitige Impulse kaum ein Magnetfeld und daher nur geringe Verluste. Stattdessen entstehen *in den Windungen* deutlich stärkere Wirbelstromverluste als bei niederfrequenten Vorgängen. Ursache ist nicht allein die große Frequenz, sondern auch der andere Feldverlauf: Die Streufeldlinien durchsetzen die schmalen, hohen Leiter dann nicht mehr in Längs-, sondern in Querrichtung. Dadurch wird die Entstehung von Wirbelströmen in den Leitern begünstigt.

Die weiteren Betrachtungen erstrecken sich nur noch auf den niederfrequenten Bereich bis zu einigen Kilohertz. Dort ist für die Modellierung lediglich das ohmsch-induktive Verhalten zu beachten. Dabei wird im Folgenden für die Ableitung eines Ersatzschaltbilds von der Bauweise in Bild 4.17 ausgegangen. Es handelt sich um eine symbolische Ausführung, die nicht praxisgerecht ist, da der gesamte Raum zwischen den Schenkeln den Streukanal bildet und daher zu unrealistisch großen Spannungsabfällen führt. Bei einer solchen Bauart können jedoch die Zählpfeile zeichentechnisch übersichtlicher angeordnet werden. Die damit ermittelten Ersatzschaltbilder gelten auch für reale Ausführungen von Umspannern, denn die im Weiteren dargestellte Ableitung ist unabhängig von der technischen Gestaltung der Kopplung. Die tatsächlichen Feldverhältnisse spiegeln sich nur in der Höhe der verwendeten L- und M-Werte wider. Angemerkt sei, dass im Folgenden stets für die Oberspannungswicklung der Index 1 und für die Unterspannungswicklung der Index 2 gewählt wird. Nachdem der grundsätzliche Aufbau von einphasigen Leistungstransformatoren beschrieben ist, kann nun auf deren Ersatzschaltbild eingegangen werden.

4.2.1.2 Niederfrequentes Ersatzschaltbild eines einphasigen Zweiwicklungstransformators

Für die Ableitung eines niederfrequenten Ersatzschaltbilds wird der vereinfachte magnetische Kreis in Bild 4.18 zugrunde gelegt. Die Wicklungen werden im Folgenden als verlustfrei angenommen. Ihr ohmscher Widerstand wird analog zu den Leiterschleifen in Bild 4.2 vorgezogen. Das Eingangs- und Ausgangsverhalten der Anordnung wird dadurch nicht verändert. Setzt man ferner wiederum einen stationären Betrieb voraus, so wird dieses Modell durch die bereits kennen gelernten Koppelgleichungen

$$\underline{U}_{L1} = L_1 \cdot j\omega \underline{I}_1 - M \cdot j\omega \underline{I}_2, \quad \underline{U}_{L2} = L_2 \cdot j\omega \underline{I}_2 - M \cdot j\omega \underline{I}_1 \tag{4.17a}$$

beschrieben, aus denen dann die Systemgleichungen

$$\underline{U}_1 = j\omega L_1 \cdot \underline{I}_1 - j\omega M \cdot \underline{I}_2, \quad \underline{U}_2 = j\omega M \cdot \underline{I}_1 - j\omega L_2 \cdot \underline{I}_2 \tag{4.17b}$$

resultieren. Entsprechend Bild 4.19 kann diesen Systemgleichungen ein T-Ersatzschaltbild zugeordnet werden. Ein derartiger Schritt ermöglicht es, die magnetische Kopplung durch ein elektrisches Netzwerk zu beschreiben. Dabei ist es zweckmäßig, die Zählpfeile in der Weise einzutragen, wie es in Bild 4.18 erfolgt ist. Anderenfalls tritt die Gegeninduktivität in den Reaktanzen mit einem umgekehrten Vorzeichen auf. Das Ersatzschaltbild beschreibt zwar auch dann das Betriebsverhalten, ist jedoch infolge der negativen Reaktanzen unhandlicher.

Das Ersatzschaltbild in Bild 4.19 ist in dieser Form auch für Luftspulen gültig. Für *eisengekoppelte* Wicklungen ist eine noch weitergehende Interpretation möglich, auf die im Folgenden eingegangen wird.

Ersatzschaltbild für Umspanner mit Eisenkern

Bei Transformatoren mit einem Eisenkern ist die vereinfachende Annahme berechtigt, dass die *Streufelder nur axial ausgerichtet* und *mit jeder Windung in gleicher Weise verknüpft* sind. Die Induktivitäten nehmen dann bekanntlich die einfache Form

$$L_1 = w_1^2 \Lambda_1, \quad L_2 = w_2^2 \Lambda_2, \quad M = w_1 w_2 \Lambda_{12} \tag{4.18}$$

an [12]. In diesen Beziehungen bezeichnen die Größen w_1, w_2 die Windungszahlen der Ober- bzw. Unterspannungswicklung. Mit Λ_1, Λ_2 wird der magnetische Leitwert der Ober- bzw. Unterspannungswicklung beschrieben, der ein Maß für die Summe aus dem

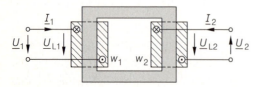

Bild 4.18
Festlegung der Zählpfeile an einem symbolisch dargestellten einphasigen Zweiwicklungstransformator

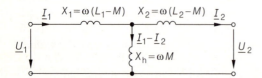

Bild 4.19
T-Ersatzschaltbild eines einphasigen Zweiwicklungstransformators

4.2 Leistungstransformatoren

Koppel- und dem jeweiligen Streufluss ist. Im Unterschied dazu erfasst der Koppelleitwert Λ_{12} nur den Koppelfluss – also den Fluss im Eisen. Die Reaktanzen ergeben sich mithilfe der Ausdrücke (4.18) zu

$$X_1 = \omega \left(w_1^2 \Lambda_1 - w_1 w_2 \Lambda_{12}\right), \quad X_2 = \omega \left(w_2^2 \Lambda_2 - w_1 w_2 \Lambda_{12}\right),$$
$$X_\mathrm{h} = \omega w_1 w_2 \Lambda_{12} \quad \text{mit} \quad \Lambda_{12} \approx \Lambda_1 \approx \Lambda_2 \,. \tag{4.19}$$

Das Ersatzschaltbild lässt sich in dieser Form nicht physikalisch interpretieren. Es kann sogar eine der Reaktanzen X_1, X_2 negativ werden. Eine Ausnahme liegt nur in dem Spezialfall $w_1 = w_2$ vor, für den die Gln. (4.19) die Gestalt

$$X_1 = \omega w_1^2 (\Lambda_1 - \Lambda_{12}), \quad X_2 = \omega w_1^2 (\Lambda_2 - \Lambda_{12}), \quad X_\mathrm{h} = \omega w_1^2 \Lambda_{12} \tag{4.20}$$

annehmen. Es sind dann alle Induktionsflüsse Ψ_i, Ψ_{ik} durch dieselbe Proportionalitätskonstante w_1 mit den korrespondierenden Flüssen Φ_i, Φ_{ik} verknüpft. Die Induktivitäten L und M stellen dann wie bei den Leiterschleifen wiederum ein direktes Maß für die Flussverhältnisse dar. Somit beschreiben die Reaktanzen $X_1 \sim (L_1 - M)$ bzw. $X_2 \sim (L_2 - M)$ die Streufelder. Sie werden deshalb als *Streureaktanzen* X_σ bezeichnet. Analog wird für die Größe $X_\mathrm{h} \sim M$, die den Haupt- bzw. Koppelfluss kennzeichnet, der Begriff *Hauptreaktanz* gewählt.

Umspanner mit ungleichen Windungszahlen können auf einfache Weise auf den Spezialfall $w_1 = w_2$ zurückgeführt werden. Dazu ist es notwendig, die Ausdrücke (4.18) und (4.19) in die Beziehungen (4.17b) einzusetzen. Anschließend wird eine Erweiterung mit dem zunächst willkürlich gewählten Faktor $\ddot{u} = w_1/w_2$ vorgenommen:

$$\underline{U}_1 = \mathrm{j}\,\omega w_1^2 \Lambda_1 \underline{I}_1 - \mathrm{j}\,\omega w_1 w_2 \Lambda_{12} \underline{I}_2 \cdot \frac{\ddot{u}}{\ddot{u}}$$
$$\ddot{u}\,\underline{U}_2 = \mathrm{j}\,\omega w_1 w_2 \ddot{u} \Lambda_{12} \underline{I}_1 - \mathrm{j}\,\omega w_2^2 \Lambda_2 \cdot \ddot{u}\,\underline{I}_2 \cdot \frac{\ddot{u}}{\ddot{u}} \,.$$

Verwendet man ferner die Definitionen

$$\underline{I}'_2 = \underline{I}_2 \cdot \frac{1}{\ddot{u}}, \quad \underline{U}'_2 = \underline{U}_2 \cdot \ddot{u}, \quad X'_2 = \ddot{u}^2 \cdot X_2 \,,$$

so erhält man die Zweitorgleichungen in der Form

$$\underline{U}_1 = \mathrm{j}\,\omega w_1^2 \Lambda_1 \underline{I}_1 - \mathrm{j}\,\omega w_1^2 \Lambda_{12} \underline{I}'_2, \quad \underline{U}'_2 = \mathrm{j}\,\omega w_1^2 \Lambda_{12} \underline{I}_1 - \mathrm{j}\,\omega w_1^2 \Lambda_2 \underline{I}'_2 \,. \tag{4.21}$$

Dieses Gleichungssystem lässt sich wiederum als T-Ersatzschaltbild interpretieren, das Bild 4.20 zu entnehmen ist. Auf den in dieser Abbildung ebenfalls dargestellten Widerstand R_P wird später noch eingegangen.

Wie durch die Transformation mit dem Faktor $\ddot{u}$ bezweckt, tritt in den Reaktanzen nur eine einzige Windungszahl auf. Vorteilhafterweise nehmen die Reaktanzen bei der gewählten Größe $\ddot{u}$ *nur positive* Werte an, da die Leitwerte Λ_1, Λ_2 stets größer als der Koppelleitwert Λ_{12} sind. Allerdings ist durch diesen Schritt neben der Spannung $\underline{U}_2$ und dem Strom $\underline{I}_2$ auch die Last $\underline{Z}$ transformiert worden:

$$\underline{Z}' = \frac{\underline{U}'_2}{\underline{I}'_2} = \frac{\ddot{u}\,\underline{U}_2}{\underline{I}_2/\ddot{u}} = \ddot{u}^2 \cdot \frac{\underline{U}_2}{\underline{I}_2} = \ddot{u}^2 \cdot \underline{Z} \,. \tag{4.22}$$

Die tatsächlichen Ströme und Spannungen der Wicklung 2 erhält man wieder, wenn die Transformation am Ausgang durch einen *idealen Umspanner* rückgängig gemacht wird, der auch als idealer Übertrager bezeichnet wird (Bild 4.20).

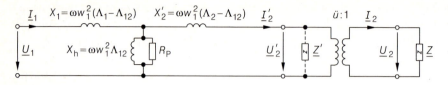

Bild 4.20
T-Ersatzschaltbild eines einphasigen Zweiwicklungstransformators bei Umrechnung aller Größen auf die eingangsseitige Windungszahl w_1

Ein idealer Umspanner weist eine unendlich große Hauptinduktivität auf und ist zugleich verlust- und streuungsfrei. Es gilt dann $\Lambda_1 - \Lambda_{12} = 0$ und $\Lambda_2 - \Lambda_{12} = 0$ mit $\Lambda_{12} \to \infty$. Unter diesen Bedingungen sind dessen Längsreaktanzen im Ersatzschaltbild null. Zugleich kann die unendliche Hauptreaktanz vernachlässigt werden, und $\underline{I}_2$ wird gleich $\ddot{u} \cdot \underline{I}'_2$. Wie auch aus den Gln. (4.21) hervorgeht, ist deshalb bei einem idealen Umspanner der Faktor $\ddot{u}$ identisch mit dem Quotienten der Ober- und Unterspannung. Aus diesem Grunde wird für die Größe $\ddot{u}$ auch der Begriff *Übersetzung* verwendet.

Wie aus den Gln. (4.21) ferner abzulesen ist, tritt bei einem realen Transformator dieses Spannungsverhältnis nur dann auf, wenn vom Aufbau her die Bedingung $\Lambda_1 \approx \Lambda_{12}$ erfüllt ist und der spezielle Betriebszustand $\underline{I}_2 = 0$, also Leerlauf, vorliegt:

$$\ddot{u}_0 = \frac{\underline{U}_1}{\underline{U}_2} = \frac{j\omega w_1^2 \Lambda_1 \underline{I}_1}{j\omega w_1 w_2 \Lambda_{12} \underline{I}_1} = \frac{w_1}{w_2} \cdot \frac{\Lambda_1}{\Lambda_{12}} \approx \frac{w_1}{w_2} \,. \tag{4.23}$$

Gemäß DIN VDE 0532 ist für die Leerlaufübersetzung $\ddot{u}_0$ nicht die durch die Windungszahlen bestimmte Näherung zu verwenden, sondern der genaue Wert, der zusätzlich durch die Größen Λ_1 und Λ_{12} beeinflusst wird (s. Gl. (4.23)). Um bei dieser Angabe eventuelle nichtlineare Einflüsse der Magnetisierungskennlinie auszuschalten, definiert man eine *Bemessungsübersetzung* $\ddot{u}_r$. Sie ergibt sich aus Gl. (4.23), indem für die Spannungen U_1 sowie U_2 die zugehörigen Bemessungsspannungen des Umspanners eingesetzt werden:

$$\ddot{u}_r = \frac{U_{r1T}}{U_{r2T}} \,.$$

Zu beachten ist, dass die Bemessungsspannungen des Transformators häufig über den Werten U_{nN} der jeweiligen Netzebenen liegen und sogar die Werte U_m übersteigen können. Dadurch lassen sich im Lastfall die internen Spannungsabfälle des Transformators zumindest teilweise kompensieren.

Das Ersatzschaltbild beschreibt nicht nur das stationäre Verhalten. Es gilt prinzipiell auch für *niederfrequente Ausgleichsvorgänge*, denn die bisherigen Berechnungen könnten auch ohne die komplexe Schreibweise direkt mithilfe von Differenzialgleichungen durchgeführt werden. Allerdings ist in dem beschriebenen Ansatz nicht die Stromabhängigkeit der Größen L_1, L_2 und M enthalten, die sich aus dem nichtlinearen Eisenverhalten $\Psi(i)$ ergibt (s. Abschnitt 4.1.4). Genauere Feldberechnungen sowie Messungen zeigen, dass die *Streu*induktivitäten praktisch stromunabhängig sind und daher die Modellvoraussetzungen erfüllen. Im Unterschied dazu weist die *Haupt*induktivität, die im Wesentlichen das Feld im Eisen beschreibt, eine ausgeprägte Stromabhängigkeit auf, die näherungsweise durch die Magnetisierungskennlinie $\Psi(i)$ bzw. die zugehörige $L(i)$-Kennlinie erfasst wird. Üblicherweise sind Leistungstransformatoren so dimensioniert, dass bei der Bemessungsspannung U_{rT} bereits der Krümmungsbereich der Magnetisierungskennlinie ausgesteuert wird. Dadurch verzerren sich die Magnetisierungsströme, die im Leerlauf das Eingangsverhalten prägen. Trotz der dann nichtlinearen Eingangsströme ist die *Ausgangsspannung* praktisch *sinusförmig*. Der Grund liegt darin, dass die Streureaktanzen im Vergleich zur Hauptreaktanz klein sind und der nichtlineare Spannungsabfall an der Streuinduktivität daher kaum von Bedeutung ist. Bei einer linearen Last ($R = $ const, $L = $ const) an den Ausgangsklemmen ist daher auch der Laststrom sinusförmig, der den kleinen nichtlinearen Magnetisierungsstrom überdeckt. Der Einfluss des Magnetisierungsstroms kann mit einer konstanten Hauptinduktivität abgeschätzt werden, die bei den weiteren Ableitungen vorausgesetzt wird.

Bei der Herleitung des Ersatzschaltbilds sind weiterhin die Hysterese- und Wirbelstromverluste im Eisenkern vernachlässigt worden. Für *stationäre* Rechnungen und einige spezielle Ausgleichsvorgänge können sie nachträglich durch einen Widerstand R_P berücksichtigt werden [34], der zur Hauptreaktanz parallel geschaltet wird (Bild 4.20). Meistens wird dieser Widerstand so bemessen, dass zumindest im Bemessungsbetrieb die Eisenverluste richtig erfasst werden. Die als linear angenommene Kennlinie $\Psi(i)$ der Hauptinduktivität weitet sich durch den Parallelwiderstand zu einer Ellipse auf. Der tatsächliche Verlauf der Hystereseschleife wird durch diesen Schritt zumindest näherungsweise erfasst [35]. Vor der Auslieferung eines Umspanners werden die wesentlichen Daten des diskutierten Ersatzschaltbilds im Prüffeld messtechnisch bestimmt.

Bestimmung der Daten für das Ersatzschaltbild

Zunächst wird auf die Hauptreaktanz X_h eingegangen. Sie kann aus einer Leerlaufmessung ermittelt werden. Wie aus dem Ersatzschaltbild 4.20 ersichtlich ist, nimmt in diesem Betriebszustand die gespeiste Wicklung einen Strom auf. Dieser Strom baut an dem Eisenkern den Koppelfluss auf und wird als Leerlaufstrom I_0 bezeichnet. Seine Größe beträgt bei technischen Transformatoren etwa $0{,}1\ldots 1\,\%$ des Bemessungsstroms I_r und übersteigt selten einige Ampere. Bei der Einführung eines Parallelwiderstands besteht I_0 aus dem Magnetisierungsstrom I_μ, der über X_h fließt, und einem Wirkstrom, der durch R_P verursacht wird. Die Messung ist insofern problematisch, als der Strom durch das nichtlineare Verhalten des Eisens oberschwingungshaltig wird. Zweckmäßigerweise nähert man den Verlauf möglichst gut sinusförmig an. Für die Praxis gilt dann mit $X_1, X_2' \ll X_\mathrm{h} = \omega w_1^2 \Lambda_{12}$ hinreichend genau:

$$X_\mathrm{h} = \operatorname{Im}\left\{\frac{\underline{U}_{\mathrm{r}1}}{\underline{I}_{\mu 1}}\right\} = \ddot{u}^2 \cdot \operatorname{Im}\left\{\frac{\underline{U}_{\mathrm{r}2}}{\underline{I}_{\mu 2}}\right\}. \tag{4.24}$$

Aus der Leerlaufmessung kann man u. a. auch den Widerstand R_P ermitteln. Im Leerlaufbetrieb mit $I_\mu \ll I_\mathrm{r}$ sind bei Leistungstransformatoren die Kupferverluste vernachlässigbar klein im Vergleich zu den Eisenverlusten. Daher kann der Widerstand R_P auch direkt aus den Leerlaufverlusten P_0 berechnet werden, die z. B. bei einem 200-MVA-Transformator etwa 80 kW betragen:

$$R_\mathrm{P} = \frac{U_{\mathrm{r}1}^2}{P_0} = \ddot{u}^2 \cdot \frac{U_{\mathrm{r}2}^2}{P_0}.$$

Die Streureaktanzen lassen sich aus einer Kurzschlussmessung bestimmen. Dazu wird üblicherweise die Unterspannungswicklung kurzgeschlossen. Anschließend wird die Spannung U_1 – ausgehend von null – so lange erhöht, bis sich auf der *Oberspannungsseite der Bemessungsstrom* $I_{\mathrm{r}1}$ einstellt. Die dann anliegende Spannung wird als Kurzschlussspannung $U_{\mathrm{k}1}$ bezeichnet und ist ein direktes Maß für die Summe der Streureaktanzen, da bei technisch üblichen Leistungstransformatoren der Querzweig mit der wesentlich größeren Hauptreaktanz zu vernachlässigen ist:

$$X_k \approx \frac{U_{k1}}{I_{r1}} \approx X_1 + X_2' \, .$$

Für die Größe X_k wird der Begriff *Kurzschlussreaktanz* gewählt. Bei der beschriebenen Transformation mit $\ddot{u} = w_1/w_2$ ergeben sich die Streureaktanzen aufgrund der Bedingung $\Lambda_1 \approx \Lambda_2$ in guter Näherung zu

$$X_1 \approx X_2' \approx 0{,}5 \cdot X_k \, . \tag{4.25}$$

Mit wachsender Übersetzung $\ddot{u}$ beginnen sich allerdings die Isolationsabstände zwischen den Wicklungen bzw. die Abmaße der Oberspannungsspulen zu vergrößern, sodass sich auch deren Leitwerte Λ_1, Λ_2 zunehmend voneinander unterscheiden. Die Kurzschlussreaktanz X_k teilt sich dann anders auf [36], [37].

Bei der beschriebenen Ermittlung der Streureaktanzen ist der Kupferwiderstand der Wicklung ebenso unberücksichtigt geblieben wie bereits bei der Bestimmung des Widerstands R_P. Diese Vernachlässigung ist gerechtfertigt, da im Hinblick auf gute Wirkungsgrade bei der Energieübertragung die Kupferwiderstände klein sind, wie auch aus der Relation $0{,}01 < R_k/X_k < 0{,}08$ zu ersehen ist. Der dadurch bedingte Fehler würde aufgrund der geometrischen Überlagerung

$$\frac{Z_k}{X_k} = \sqrt{1 + \frac{R_k^2}{X_k^2}}$$

selbst bei einem unrealistisch hohen Widerstand $R_k \approx 0{,}3 \cdot X_k$ nur ca. 4 % betragen. Es ist üblich, die Kurzschlussspannung auf die Bemessungsspannung zu beziehen; sie errechnet sich dann aus dem Ausdruck

$$u_k = \frac{U_{k1}}{U_{r1T}} = \frac{I_{r1T} \cdot X_k}{U_{r1T}} = \frac{I_{r1T}}{U_{r1T}} \cdot \frac{U_{r1T}}{U_{r1T}} = \frac{S_{rT} \cdot X_k}{U_{r1T}^2} \, . \tag{4.26}$$

Dabei kennzeichnet der Term $S_{rT} = U_{rT} \cdot I_{rT}$ die *Bemessungsleistung* des einphasigen Transformators. Die dimensionslose Größe u_k, ein Maß für die Streureaktanz, wird als *relative Kurzschlussspannung* bezeichnet. Üblicherweise wird sie in Prozent der Bemessungsspannung angegeben.

Mit den Beziehungen (4.24), (4.25) und (4.26) können die Reaktanzen des Ersatzschaltbilds in Bild 4.20 auch für solche Transformatoren, deren Aufbau unbekannt ist, mithilfe üblicher Richtwerte hinreichend genau bestimmt werden. Dies ist für die praktische Projektierungstätigkeit von Vorteil, da meistens nur die Anschlussdaten des Umspanners wie u_k, S_{rT} und $\ddot{u}_r$ bekannt sind.

Bei Leistungstransformatoren ist die Größe des Leerlaufstroms gegenüber dem Betriebsstrom zu vernachlässigen. Es liegt deshalb nahe, das Ersatzschaltbild dadurch zu vereinfachen, dass nur die Kurzschlussreaktanz berücksichtigt wird (Bild 4.21).

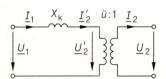

Bild 4.21
Vereinfachtes Ersatzschaltbild eines einphasigen Zweiwicklungstransformators

4.2 Leistungstransformatoren

Das Ersatzschaltbild beschreibt in dieser Form das *Betriebsverhalten* für die Bereiche, in denen die Bedingung $I_{b1} \gg I_{01}$ erfüllt ist. Bei Ausgleichsvorgängen müssen die zugrunde gelegten Voraussetzungen im Einzelfall überprüft werden. Auf diesen Betrachtungen aufbauend ist es nun auch möglich, das Betriebsverhalten eines Systems von Zweiwicklungstransformatoren zu ermitteln.

4.2.1.3 Betriebsverhalten von Zweiwicklungstransformatoren im einphasigen Netzverband

In Netzverbänden treten häufig mehrere Transformatoren mit unterschiedlichen Übersetzungen auf. Es interessiert nun, wie das Betriebsverhalten solcher Anlagen ermittelt werden kann. Die Berechnungsmethodik wird am Beispiel eines speziellen Netzverbands erläutert (Bild 4.22).

Bei dieser Netzanlage ist für den Bemessungsbetrieb der aus dem Netz gezogene Strom $\underline{I}_{b1}$ zu bestimmen. Der Einfluss der Leitungen, auf den später näher eingegangen wird, bleibt unberücksichtigt. Bei räumlich eng begrenzten Netzen, wie z. B. dem Netz eines großen Industriewerks, ist diese Vernachlässigung zulässig. Ferner wird das Netz N_0 vereinfachend als ideale Spannungsquelle betrachtet; eine genauere Darstellung erfolgt in Abschnitt 5.6. Dem Netzverband kann unter diesen Voraussetzungen das Ersatzschaltbild 4.23 zugeordnet werden.

Die darin auftretenden Kurzschlussreaktanzen der Transformatoren können gemäß Gl. (4.26) zu

$$X_{kTi} = \frac{u_{ki} \cdot U_{rTi}^2}{S_{rTi}} \quad \text{mit} \quad i = 1,2,3,4 \quad (4.27)$$

ermittelt werden. Um das Ersatzschaltbild zu vereinfachen, werden die Lasten $\underline{Z}_2$ und $\underline{Z}_4$ mithilfe der Beziehung (4.22) auf die jeweilige Oberspannungsseite umgerechnet. Die induktiven Kopplungen der Transformatoren T_2 und T_4 sind durch diesen Schritt eliminiert.

Im Weiteren wird diese Transformation auch für den Umspanner T_3 und anschließend für T_1 durchgeführt. Das Ersatzschaltbild enthält dann keine induktive Kopplung mehr (Bild 4.24). Der Netzverband ist damit auf einen Zweipol zurückgeführt, bei dem der gesuchte Betriebsstrom $\underline{I}_{b1}$ leicht zu bestimmen ist.

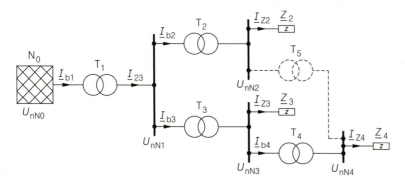

Bild 4.22
Beispiel für Zweiwicklungstransformatoren im Netzverband

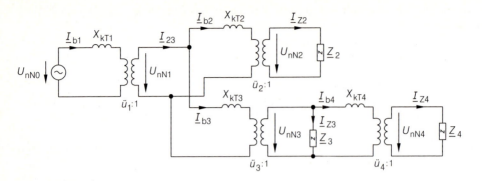

Bild 4.23
Ersatzschaltbild für den Netzverband gemäß Bild 4.22 ohne Transformator T_5

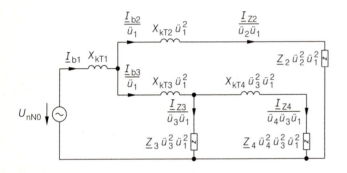

Bild 4.24
Ersatzschaltbild für Bild 4.22 nach vollständiger Transformation (ohne Transformator T_5)

Das bisher beschriebene, relativ umständliche Verfahren lässt sich erheblich vereinfachen, wenn die Übersetzungen der Transformatoren sich direkt aus den Nennspannungen der Netze, die miteinander verbunden werden, ergeben:

$$\ddot{u}_1 = \frac{U_{nN0}}{U_{nN1}}, \quad \ddot{u}_2 = \frac{U_{nN1}}{U_{nN2}}, \quad \ddot{u}_3 = \frac{U_{nN1}}{U_{nN3}}, \quad \ddot{u}_4 = \frac{U_{nN3}}{U_{nN4}}. \tag{4.28}$$

Falls diese Voraussetzung bei allen Transformatoren erfüllt ist, kann z. B. der Term für die transformierte Last $\underline{Z}'_4$ auf die Beziehung

$$\underline{Z}'_4 = \underline{Z}_4 \cdot \left(\frac{U_{nN3}}{U_{nN4}}\right)^2 \cdot \left(\frac{U_{nN1}}{U_{nN3}}\right)^2 \cdot \left(\frac{U_{nN0}}{U_{nN1}}\right)^2 = \underline{Z}_4 \cdot \left(\frac{U_{nN0}}{U_{nN4}}\right)^2$$

reduziert werden. Wie aus diesem Zusammenhang ersichtlich ist, brauchen die Lasten dann nur mit einer einzigen Übersetzung transformiert zu werden. Diese Übersetzung ergibt sich aus der Nennspannung der *Bezugsebene*, in der die Ströme berechnet werden sollen, und der Spannungsebene, in der sich die Lastimpedanz befindet. Mit einer solchen Übersetzung transformieren sich ferner auch alle Spannungen und Ströme, die nicht in der Bezugsebene auftreten. Sie müssen entsprechend zurücktransformiert werden, wenn der tatsächliche Wert interessiert. In gleicher Weise wie eine Last müssen auch die Kurzschlussreaktanzen der Transformatoren von Spannungsebene zu Spannungsebene transformiert werden, bis die Bezugsebene erreicht ist. Falls alle Übersetzungen wiederum die

Bedingung (4.28) erfüllen, gilt z. B. für den Umspanner T$_4$

$$X'_{\mathrm{kT4}} = \frac{u_{\mathrm{k}4} \cdot U_{\mathrm{nN3}}^2}{S_{\mathrm{rT4}}} \cdot \ddot{u}_3^2 \cdot \ddot{u}_1^2 = \frac{u_{\mathrm{k}4} \cdot U_{\mathrm{nN0}}^2}{S_{\mathrm{rT4}}} \ . \tag{4.29}$$

Es zeigt sich also, dass dann auch die transformierte Kurzschlussreaktanz einfach zu ermitteln ist, indem man in die Beziehung (4.27) direkt die Netznennspannung der Bezugsebene einsetzt. Mit dieser und der vorhergehenden Transformationsvorschrift lässt sich das Ersatzschaltbild für einen Netzverband in einem einzigen Schritt aufstellen.
In dem Beispiel ist bisher nur ein sehr einfacher, spezieller Netzverband untersucht worden. Falls in Bild 4.22 jedoch zusätzlich der Umspanner T$_5$ berücksichtigt wird, entsteht eine großräumige Masche, in der sich ein Ausgleichsstrom ausbilden kann. Dann ist darauf zu achten, dass auch infolge dieses Ausgleichsstroms keine Überlastungen auftreten.
Die einfachste Masche ist eine direkte *Parallelschaltung* zweier Umspanner T$_A$ und T$_B$. Dafür sind die einzuhaltenden Bedingungen in DIN VDE 0532 festgelegt:

$$\ddot{u}_{\mathrm{TA}} \approx \ddot{u}_{\mathrm{TB}} \tag{4.30a}$$

$$u_{\mathrm{kTA}} \approx u_{\mathrm{kTB}} \tag{4.30b}$$

$$0{,}5 < \frac{S_{\mathrm{rTA}}}{S_{\mathrm{rTB}}} < 2 \ . \tag{4.30c}$$

Die Forderung (4.30a) ist automatisch erfüllt, wenn sich die Transformatorbemessungsspannungen wie die Nennspannungen der Netze verhalten. Dann können sich keine Ausgleichsströme zwischen den parallel geschalteten Umspannern ausbilden. Durch die Einhaltung der Bedingung (4.30b) soll gewährleistet werden, dass die Transformatoren im Verhältnis ihrer Bemessungsleistungen ausgelastet werden. Durch die Ungleichung (4.30c) wird sichergestellt, dass der Einfluss der ohmschen Widerstände auf die Leistungsaufteilung zu vernachlässigen ist. Diese Überlegungen zeigen zugleich, dass sich Ausgleichsströme in großräumigen Maschen mit Transformatoren wie z. B. in Bild 4.22 nur vermeiden lassen, wenn für *alle* Übersetzungen die Bedingung (4.28) gilt. Ein allgemeineres Verfahren, das auch davon abweichende Werte zulässt, wird in Abschnitt 5.7.3 dargestellt.
Angefügt sei, dass auch die Impedanzen der bisher nicht berücksichtigten *Leitungen* in gleicher Weise wie Lasten transformiert werden. Im Folgenden wird gezeigt, dass für Dreiwicklungstransformatoren entsprechende Zusammenhänge wie bei Zweiwicklungstransformatoren gelten.

4.2.2 Einphasige Dreiwicklungstransformatoren

Dreiwicklungstransformatoren werden u. a. dann eingesetzt, wenn Verbraucher mit unterschiedlichen Bemessungsspannungen zu versorgen sind (Bild 4.25). Für diese Anwendung ist ein Dreiwicklungstransformator kostengünstiger als zwei äquivalente Zweiwicklungstransformatoren.
Der Aufbau unterscheidet sich von dem eines Zweiwicklungstransformators lediglich durch die zusätzliche, dritte Wicklung (Bild 4.26). Die einzelnen Wicklungen sind im Allgemeinen für unterschiedliche Bemessungsleistungen ausgelegt. Sie werden in der Reihenfolge ihrer Bemessungsspannungsgröße als Ober-, Mittel- und Unterspannungswicklung bezeichnet.
Um das Ersatzschaltbild eines Dreiwicklungstransformators zu ermitteln, wird im Hin-

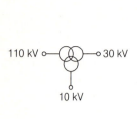
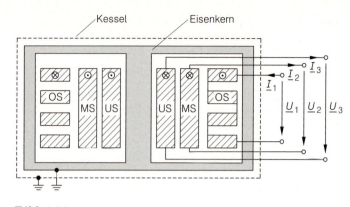

Bild 4.25
Beispiel für den Einsatz eines Dreiwicklungstransformators

Bild 4.26
Schematischer Aufbau eines einphasigen Dreiwicklungstransformators (ohne Darstellung der Isolierung)

blick auf eine einfache Ableitung wieder ein vereinfachter Eisenkern zugrunde gelegt (Bild 4.27). Die weiteren Rechengänge beschränken sich auf stationäre, sinusförmige Vorgänge, sodass auf die komplexe Schreibweise übergegangen werden kann. Für das System in Bild 4.27 wird in bekannter Weise die Flussbilanz aufgestellt. Wendet man ferner das Induktionsgesetz an, so resultieren die Koppelgleichungen

$$\begin{aligned}\underline{U}_{L_1} &= j\omega L_1 \underline{I}_1 - j\omega M_{12}\underline{I}_2 - j\omega M_{13}\underline{I}_3 \\ \underline{U}_{L_2} &= j\omega L_2 \underline{I}_2 - j\omega M_{21}\underline{I}_1 + j\omega M_{23}\underline{I}_3 \\ \underline{U}_{L_3} &= j\omega L_3 \underline{I}_3 + j\omega M_{32}\underline{I}_2 - j\omega M_{31}\underline{I}_1 \,.\end{aligned} \qquad (4.31)$$

Diese Beziehungen sind noch durch die Maschenumläufe

$$\underline{U}_1 = \underline{U}_{L_1}\,, \quad \underline{U}_2 = -\underline{U}_{L_2}\,, \quad \underline{U}_3 = -\underline{U}_{L_3} \qquad (4.32)$$

zu ergänzen. Durch die Induktivitäten L_i und die Gegeninduktivitäten M_{ij} ist der magnetische Kreis vollständig bestimmt. Die Zusammenhänge (4.31) und (4.32) beschreiben somit das Strom-Spannungs-Verhalten des vorausgesetzten Modells. Für die weitere Herleitung werden mithilfe der Übersetzungen

$$\ddot{u}_{12} = \frac{w_1}{w_2}\,, \quad \ddot{u}_{13} = \frac{w_1}{w_3} \qquad (4.33)$$

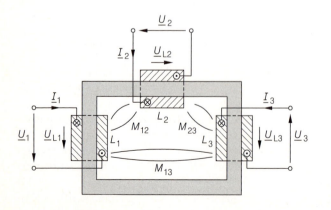

Bild 4.27
Symbolische Darstellung eines einphasigen Dreiwicklungstransformators

wieder die transformierten Größen

$$\underline{U}'_2 = \ddot{u}_{12} \cdot \underline{U}_2 , \quad \underline{U}'_3 = \ddot{u}_{13} \cdot \underline{U}_3 , \tag{4.34}$$

$$\underline{I}'_2 = \frac{\underline{I}_2}{\ddot{u}_{12}} , \quad \underline{I}'_3 = \frac{\underline{I}_3}{\ddot{u}_{13}} \tag{4.35}$$

eingeführt. Berücksichtigt man ferner die Induktivitätsausdrücke

$$\begin{aligned}L_1 &= w_1^2 \Lambda_1 , \quad L_2 = w_2^2 \Lambda_2 , \quad L_3 = w_3^2 \Lambda_3 , \\ M_{12} &= w_1 w_2 \Lambda_{12} , \quad M_{13} = w_1 w_3 \Lambda_{13} , \quad M_{23} = w_2 w_3 \Lambda_{23}\end{aligned} \tag{4.36}$$

sowie die Zusammenhänge

$$M_{21} = M_{12} , \quad M_{31} = M_{13} , \quad M_{32} = M_{23} ,$$

so nehmen die Gleichungen (4.31) und (4.32) die Form

$$\begin{aligned}\underline{U}_1 &= j\omega w_1^2(\Lambda_1 \underline{I}_1 - \Lambda_{12} \underline{I}'_2 - \Lambda_{13} \underline{I}'_3) \\ \underline{U}'_2 &= j\omega w_1^2(\Lambda_{12} \underline{I}_1 - \Lambda_2 \underline{I}'_2 - \Lambda_{23} \underline{I}'_3) \\ \underline{U}'_3 &= j\omega w_1^2(\Lambda_{13} \underline{I}_1 - \Lambda_{23} \underline{I}'_2 - \Lambda_3 \underline{I}'_3)\end{aligned} \tag{4.37}$$

an. Aus diesen Strom-Spannungs-Beziehungen gilt es nun, ein Ersatzschaltbild zu erstellen. Eine solche Schaltung lässt sich leichter angeben, wenn es gelingt, die Aussagen (4.37) so umzuformen, dass sie die Gestalt von Maschen- und Knotenpunktgleichungen annehmen. Die dafür notwendigen Rechnungen gestalten sich erheblich einfacher, wenn zusätzlich der Durchflutungssatz einbezogen wird.
Bei dem vorliegenden Gleichungssystem führt dieses Vorgehen auf ein relativ unhandliches Ersatzschaltbild mit sechs Induktivitäten [38], die Funktionen der sechs Λ-Parameter darstellen. Um eine übersichtlichere Ersatzschaltung zu erhalten, wird deshalb zunächst der Magnetisierungsstrom vernachlässigt. Der Durchflutungssatz liefert unter dieser Voraussetzung den Zusammenhang

$$w_1 \cdot \underline{I}_1 - w_2 \cdot \underline{I}_2 - w_3 \cdot \underline{I}_3 = 0 \quad \text{bzw.} \quad \underline{I}_1 - \underline{I}'_2 - \underline{I}'_3 = 0 . \tag{4.38}$$

Im Weiteren werden nun die Beziehungen (4.37) durch Differenzbildung auf die Form

$$\begin{aligned}\underline{U}_1 - \underline{U}'_2 &= j\omega w_1^2 \cdot [(\Lambda_1 - \Lambda_{12})\underline{I}_1 + (\Lambda_2 - \Lambda_{12})\underline{I}'_2 + (\Lambda_{23} - \Lambda_{13})\underline{I}'_3] \\ \underline{U}_1 - \underline{U}'_3 &= j\omega w_1^2 \cdot [(\Lambda_1 - \Lambda_{13})\underline{I}_1 + (\Lambda_{23} - \Lambda_{12})\underline{I}'_2 + (\Lambda_3 - \Lambda_{13})\underline{I}'_3]\end{aligned} \tag{4.39}$$

gebracht. Mithilfe der Gl. (4.38) resultieren daraus schließlich die Maschenumläufe

$$\begin{aligned}\underline{U}_1 - \underline{U}'_2 &= j\omega w_1^2 \cdot [(\Lambda_1 - \Lambda_{12} + \Lambda_{23} - \Lambda_{13})\underline{I}_1 + (\Lambda_2 - \Lambda_{12} - \Lambda_{23} + \Lambda_{13})\underline{I}'_2] \\ \underline{U}_1 - \underline{U}'_3 &= j\omega w_1^2 \cdot [(\Lambda_1 - \Lambda_{12} + \Lambda_{23} - \Lambda_{13})\underline{I}_1 + (\Lambda_3 + \Lambda_{12} - \Lambda_{23} - \Lambda_{13})\underline{I}'_3] ,\end{aligned} \tag{4.40}$$

die nun als Ersatzschaltbild interpretiert werden können (Bild 4.28). Die darin auftretenden Reaktanzen lauten

$$\begin{aligned}X_1 &= \omega w_1^2 \cdot (\Lambda_1 - \Lambda_{12} + \Lambda_{23} - \Lambda_{13}) \\ X'_2 &= \omega w_1^2 \cdot (\Lambda_2 - \Lambda_{12} - \Lambda_{23} + \Lambda_{13}) \\ X'_3 &= \omega w_1^2 \cdot (\Lambda_3 + \Lambda_{12} - \Lambda_{23} - \Lambda_{13}) .\end{aligned} \tag{4.41}$$

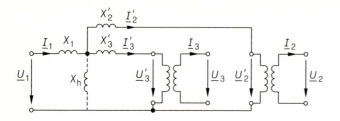

Bild 4.28
Ersatzschaltbild eines verlustfreien Dreiwicklungstransformators nach der Umrechnung auf die Windungszahl w_1

Natürlich gilt dieses Ersatzschaltbild nur für solche Betriebszustände, bei denen der Magnetisierungsstrom tatsächlich vernachlässigbar ist. Er lässt sich jedoch näherungsweise dadurch erfassen, dass zusätzlich noch eine Hauptreaktanz

$$X_\mathrm{h} \approx \omega w_1^2 \Lambda_1 = \frac{U_1}{I_{01}} \tag{4.42}$$

eingefügt wird. Diese Reaktanz ist in Bild 4.28 bereits dargestellt. Ferner ist eine Erweiterung auf verlustbehaftete Dreiwicklungstransformatoren möglich, indem die Längsreaktanzen, wie bereits im Abschnitt 4.1 beschrieben, mit den zugehörigen ohmschen Widerständen in Reihe geschaltet werden. Die so modifizierte Ersatzschaltung ist auch für Ausgleichsvorgänge zu verwenden.

Offen ist noch die physikalische Bedeutung der Reaktanzen X_1, X_2', X_3'. Um dies zu klären, ist die Größe X_1 lediglich durch einige Terme zu erweitern:

$$\begin{aligned}X_1 =\ &+\frac{1}{2}\cdot\omega w_1^2 \cdot \left[(\Lambda_1 - \Lambda_{12}) + (\Lambda_2 - \Lambda_{12})\right] \\ &+\frac{1}{2}\cdot\omega w_1^2 \cdot \left[(\Lambda_1 - \Lambda_{13}) + (\Lambda_3 - \Lambda_{13})\right] \\ &-\frac{1}{2}\cdot\omega w_1^2 \cdot \left[(\Lambda_2 - \Lambda_{23}) + (\Lambda_3 - \Lambda_{23})\right].\end{aligned}$$

Entsprechend den Betrachtungen beim einphasigen Zweiwicklungstransformator kennzeichnen die Ausdrücke in runden Klammern Streureaktanzen, deren Summe jeweils eine Kurzschlussreaktanz zwischen je zwei der drei Wicklungen bildet. Die Kurzschlussreaktanzen sind jeweils auf die erste Wicklung umgerechnet. Im Einzelnen handelt es sich um

$$\begin{aligned}X'_{\mathrm{k}12} &= \omega w_1^2 \cdot \left[(\Lambda_1 - \Lambda_{12}) + (\Lambda_2 - \Lambda_{12})\right] \\ X'_{\mathrm{k}13} &= \omega w_1^2 \cdot \left[(\Lambda_1 - \Lambda_{13}) + (\Lambda_3 - \Lambda_{13})\right] \\ X'_{\mathrm{k}23} &= \omega w_1^2 \cdot \left[(\Lambda_2 - \Lambda_{23}) + (\Lambda_3 - \Lambda_{23})\right].\end{aligned}$$

Durch diese Rechnung wird der Dreiwicklungstransformator gewissermaßen auf drei einphasige Zweiwicklungstransformatoren zurückgeführt, wobei die nicht indizierte Wicklung unberücksichtigt bleibt. Daher sind auch die einzelnen Kurzschlussreaktanzen mit denselben Methoden aus den Entwurfsparametern zu ermitteln, wie sie beim Zweiwicklungstransformator verwendet worden sind (s. Abschnitt 4.2.1).

Eine messtechnische Bestimmung dieser Kurzschlussreaktanzen ist ebenfalls möglich. Anstelle eines einzelnen Kurzschlussversuchs sind jedoch drei solcher Versuche durchzuführen. Dabei ist die nicht als Index auftretende Wicklung offen zu betreiben, sodass sie stromlos ist. Als Einspeisung muss stets diejenige Wicklung verwendet werden, deren Bemessungsleistung kleiner ist. Andernfalls könnte die kurzgeschlossene Wicklung überlastet werden. Die so ermittelten Reaktanzen sind dann nur noch auf die gewählte Bezugsebene umzurechnen.

Völlig analog zu den bisherigen Betrachtungen lassen sich auch die Reaktanzen X'_2 und X'_3 umformen. Insgesamt sind die Reaktanzen des Ersatzschaltbilds von den Kurzschlussreaktanzen wie folgt abhängig:

$$
\begin{aligned}
X_1 &= \frac{1}{2} \cdot (X'_{k12} + X'_{k13} - X'_{k23}) \\
X'_2 &= \frac{1}{2} \cdot (X'_{k12} - X'_{k13} + X'_{k23}) \\
X'_3 &= \frac{1}{2} \cdot (-X'_{k12} + X'_{k13} + X'_{k23}) \, .
\end{aligned}
\tag{4.43}
$$

Häufig nimmt einer dieser drei Ausdrücke einen negativen Wert an [14], [38]. Im Unterschied zum Zweiwicklungstransformator können daher im Ersatzschaltbild eines Dreiwicklungstransformators negative Reaktanzen auftreten; die Kurzschlussreaktanzen selbst sind jedoch immer positiv. Für Umspanner mit mehr als drei Wicklungen werden die Ersatzschaltbilder zweckmäßiger mit netzwerksynthetischen Methoden abgeleitet, die allerdings mathematisch aufwändiger sind [39], [40].

Die bisher behandelten Transformatortypen sind alle einphasig ausgeführt. In Drehstromnetzen werden jedoch *dreiphasige* Umspanner benötigt.

4.2.3 Dreiphasige Leistungstransformatoren

Einen dreiphasigen Umspanner erhält man bereits dadurch, dass drei einphasige Einheiten *elektrisch* zusammengeschaltet werden. Man spricht dann von einer *Drehstrombank*. In europäischen Energieversorgungsnetzen werden allerdings aus wirtschaftlichen Gründen – zumindest bei Spannungen bis zu 380 kV – überwiegend spezielle Drehstromtransformatoren verwendet, die auch wiederum als Zweiwicklungs- oder Dreiwicklungstransformatoren ausgeführt werden.

4.2.3.1 Aufbau eines Drehstromtransformators mit zwei Wicklungen

Die häufigste Ausführung stellt der *Dreischenkeltransformator* dar (Bild 4.29). Bei dieser Bauart handelt es sich um drei bewickelte Schenkel. Auf jedem der Schenkel befindet sich ein Teil der Ober- und Unterspannungswicklung. Die Teile der Oberspannungswicklung sind untereinander gleichartig aufgebaut. Entsprechendes gilt für die Unterspannungswicklung. Die gesamte Anordnung ist in *einem* mit Öl gefüllten Kessel untergebracht. Daneben werden im Mittelspannungsbereich, wie bereits dargestellt, auch Trockentransformatoren bzw. seltener SF_6-Ausführungen eingesetzt, wenn Brandschutz- oder Umweltgründe von besonderer Bedeutung sind.

Der beschriebene Dreischenkeltransformator weist einen asymmetrischen Eisenkern auf. Für die Wicklungsteile auf dem mittleren Schenkel ist der wirksame Eisenweg kürzer als für die beiden äußeren. Das führt, wie noch gezeigt wird, zu unterschiedlichen Magnetisierungsströmen. Über äußere magnetische Rückschlüsse lassen sich der magnetische Kreis bzw. die magnetischen Leitwerte und damit auch die Magnetisierungsströme symmetrischer gestalten [41]. Derartige Umspanner werden als *Fünfschenkeltransformator* bezeichnet (Bild 4.30). Ihr wesentlicher Vorteil besteht darin, dass der Rückschluss die

Bild 4.29
Aufbau eines Drehstromtransformators mit drei Schenkeln

Bild 4.30
Aufbau eines Drehstromtransformators mit fünf Schenkeln

Joche feldmäßig entlastet. Dadurch kann deren Querschnitt auf etwas über 50 % des Schenkelquerschnitts verringert werden. Infolgedessen weisen Fünfschenkeltransformatoren bei ansonsten gleichen axialen Wicklungsabmessungen eine geringere Bauhöhe auf. Deshalb wird diese Bauweise insbesondere bei großen Einheiten ab ca. 300 MVA verwendet, denn für deren Transportfähigkeit dürfen gewisse Höchstmaße nicht überschritten werden. So beträgt bei Bahntransporten in Deutschland für die Kessel die Höhe des Lademaßes über Schienenoberkante 4,65 m (Bahnprofil) [31]. Im Unterschied zu einphasigen Ausführungen ergeben sich bei Drehstromtransformatoren für die Wicklungen verschiedene Schaltungsmöglichkeiten.

4.2.3.2 Schaltungen

Bei Drehstromtransformatoren werden die Wicklungsteile, die zu einem Leiteranschluss gehören oder sich zwischen zwei Außenleitern befinden, als *Wicklungsstrang* bezeichnet. Für die drei Wicklungsstränge, die zu demselben elektrischen Kreis – z. B. zur Unterspannungsseite – gehören, wird wiederum als Oberbegriff der Ausdruck *Wicklung* verwendet. Die einzelnen Wicklungsstränge werden dabei zu einer Stern-, Dreieck- oder Zickzackschaltung verbunden. Bei der Zickzackschaltung wird jeder Wicklungsstrang auf zwei verschiedene Schenkel aufgeteilt (Tabelle 4.3).

Durch unterschiedliche Schaltungsmöglichkeiten sind eine Reihe von Kombinationen – auch *Schaltgruppen* genannt – zwischen der Ober- und Unterspannungsseite möglich. Sie sind DIN VDE 0532 zu entnehmen. Vier bevorzugte Varianten zeigt die Tabelle 4.3. Die Anschlüsse der Wicklungsstränge werden mit den Buchstaben U, V, W gekennzeichnet. In Anlehnung an die einphasigen Verhältnisse tragen die Ober- und Unterspannungsseite zusätzlich die Ziffern 1 und 2, also z. B. 1U oder 2V. Ferner können Anfang und Ende eines Wicklungsstrangs durch eine nachfolgende Ziffer 1 oder 2 unterschieden werden, z. B. 1U1 oder 1U2.

Um die Schaltgruppen von Drehstromtransformatoren zu kennzeichnen, sind Kurzzeichen wie z. B. Dy5 eingeführt worden. Dabei gibt der erste Buchstabe – ein Großbuchstabe – die Schaltung der Oberspannungswicklung an. Es folgt ein kleiner Buchstabe, der die Schaltungsart der Unterspannungswicklung beschreibt. Sinnvollerweise werden für die Dreieck-, Stern- und Zickzackschaltung die Bezeichnungen D, Y, Z bzw. d, y, z gewählt; für unverschaltete Wicklungen wird die Angabe III bzw. iii verwendet. Das Kurzzeichen wird noch durch eine Kennzahl ergänzt. Sie zeigt an, wie später noch ausgeführt wird, welche Phasenverschiebung zwischen Ober- und Unterspannung besteht. Ist der Sternpunkt einer Stern- oder Zickzackschaltung zu einem Anschluss herausgeführt, so wird

4.2 Leistungstransformatoren

Tabelle 4.3
Wichtige Schaltgruppen von Drehstromtransformatoren
(Spannungszählpfeile an den Spulen jeweils von links nach rechts gerichtet)

Bezeichnung		Zeigerbild		Schaltungsbild	
Kennzahl	Schaltgruppe	OS	US	OS	US
0	Yy0				
5	Dy5				
5	Yd5				
5	Yz5				

dies zusätzlich durch den Buchstaben N bzw. n kenntlich gemacht – z. B. YNd5 oder Yyn0. Es besteht dann die Möglichkeit, den Sternpunkt direkt oder über Drosselspulen mit der Erdungsanlage zu verbinden (s. Kapitel 11 und 12). Falls der Sternpunkt isoliert betrieben wird, schließt man dort einen Überspannungsableiter an, der bei zu großen Werten der Sternpunktspannung anspricht und eine Verbindung zur Erde herstellt. Die Art der Sternpunktbehandlung ist bei dem hier vorausgesetzten symmetrischen Betrieb ohne Einfluss auf das Betriebsverhalten, da sich die Ströme im Sternpunkt zu null ergänzen.

Für die Auswahl der Schaltungsart sind u. a. wirtschaftliche Gesichtspunkte maßgebend. So wird für *hohe Spannungen* die *Sternschaltung* bevorzugt, weil dort die Isolation – im Gegensatz zur Dreieckschaltung – nur für die $1/\sqrt{3}$-fache Außenleiterspannung auszulegen ist. Bei *hohen Strömen* ist dagegen die *Dreieckschaltung* günstiger. Bei dieser Schaltungsart werden die Wicklungsstränge nur mit dem $1/\sqrt{3}$-fachen Außenleiterstrom belastet, sodass im Vergleich zur Sternschaltung kleinere Leiterquerschnitte gewählt werden können. Bei Bemessungsspannungen unter 30 kV bringt üblicherweise eine Kupfereinsparung größere Kostenvorteile als eine Verminderung der Isolation.

Diesen Überlegungen entsprechend werden solche Transformatoren, die Netze mit Nennspannungen über 30 kV verbinden meist in Yy-Schaltung ausgelegt. Falls Übertragungsnetze gekuppelt werden, verwendet man dafür den Ausdruck *Netzkupplungstransformator*. Für Umspanner wiederum, die sich hinter einem Generator befinden und die Generatorspannung von ca. 6...30 kV auf die Spannung des Netzes hochtransformieren, wählt man die Bezeichnung *Maschinen*- bzw. *Blocktransformator*. Sofern sie in die Hoch- oder Höchstspannungsebene einspeisen, ist dafür aus den bereits genannten Gründen die Yd-Schaltung bevorzugt zu verwenden.

Kleinere Transformatoren, die aus einem Mittel- in ein Niederspannungsnetz einspeisen, werden als *Verteilungstransformatoren* bezeichnet. Für diese Umspanner ist bei Bemessungsleistungen über 200 kVA die Dy-Schaltung vorteilhaft. Für kleinere Leistungen wird die Schaltung Yz bevorzugt, weil die Zickzackschaltung günstiger unsymmetrisch belastbar ist (s. Kapitel 9). Diese unsymmetrischen Lasten sind in kleinen Drehstromnetzen mit einphasigen Verbrauchern besonders ausgeprägt. Bei dem in diesem Abschnitt vorausgesetzten symmetrischen Betrieb wirkt sich der Vorteil der aufwändigeren Zickzackschaltung jedoch nicht aus. Unabhängig von dem Gesichtspunkt der Wirtschaftlichkeit ist die Stern- oder Zickzackschaltung immer dann einzusetzen, wenn ein Sternpunktleiter erforderlich ist, wie es z. B. in Niederspannungsnetzen der Fall ist. Ferner kann auch die Art der Sternpunktbehandlung die Wahl der Schaltgruppe beeinflussen (s. Kapitel 11).

Die angegebenen Schaltgruppen setzen natürlich voraus, dass sich Drehstromtransformatoren symmetrisch verhalten: Bei einer symmetrischen Speisung sind nicht nur die Eingangsströme, sondern ebenso die ausgangsseitigen Strom- und Spannungssysteme symmetrisch. Unter diesen Bedingungen lassen sich – wie bereits in Kapitel 3 angedeutet – auch für Drehstromtransformatoren einphasige Ersatzschaltbilder entwickeln. In diesem Zusammenhang ist es zunächst notwendig, den Übersetzungsbegriff zu verallgemeinern.

4.2.3.3 Übersetzung bei symmetrischem Betrieb

In Anlehnung an die einphasigen Verhältnisse lässt sich auch für dreiphasige symmetrische Zweiwicklungstransformatoren eine *Bemessungsübersetzung* angeben. Gemäß DIN VDE 0532 verwendet man dafür die ober- und unterspannungsseitigen Dreieckspannungen im Leerlaufbetrieb:

$$\ddot{u}_\mathrm{r} = \frac{U_\mathrm{r1T}}{U_\mathrm{r2T}} \ . \tag{4.44a}$$

Wie bei einphasigen Transformatoren stellt die Übersetzung eine reelle Zahl dar. Bereits von der Definition her erfasst diese Größe nicht die Phasenverschiebung, die bei verschiedenen Schaltungen zwischen Ober- und Unterspannung auftritt. Für die Berechnung von Netzen ergibt sich eine übersichtlichere Schreibweise, wenn die Phasenverschiebung in die Übersetzung einbezogen wird. Anstelle der Beträge in Gl. (4.44a) sind dann lediglich die komplexen Zeiger einzusetzen, wobei jeweils äquivalente Leiterspannungen zu verwenden sind:

$$\underline{\ddot{u}}_\mathrm{r} = \frac{\underline{U}_\mathrm{1UV}}{\underline{U}_\mathrm{2UV}} = \frac{\underline{U}_\mathrm{1VW}}{\underline{U}_\mathrm{2VW}} = \frac{\underline{U}_\mathrm{1WU}}{\underline{U}_\mathrm{2WU}} \ . \tag{4.44b}$$

Im Folgenden soll die Übersetzung für die spezielle Schaltung Yd11 in Bild 4.31 berechnet werden. Vereinfachend wird ein *idealer Transformator* vorausgesetzt, sodass damit die Einflüsse der magnetischen Leitwerte auf die Übersetzung entfallen (s. Gl. (4.23)). Um dieses zu kennzeichnen, wird von nun ab auf den Index r verzichtet.

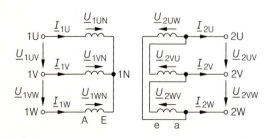

Bild 4.31

Drehstromtransformator in Yd11-Schaltung
A,E: Anfang und Ende der Oberspannungswicklung
a,e: Anfang und Ende der Unterspannungswicklung
(Beide Wicklungen rechtssinnig gewickelt)

4.2 Leistungstransformatoren

Die weitere Vorgehensweise besteht darin, die Ausgangsspannungen als Funktion der eingeprägten Eingangsspannungen für den Leerlauffall zu formulieren. Als eingeprägte Spannungen werden beispielsweise die Leiterspannungen auf der Oberspannungsseite angenommen; deren Zeiger lauten:

$$\underline{U}_{1UV} = U_{b1} \cdot e^{-j60°} \ , \quad \underline{U}_{1VW} = U_{b1} \cdot e^{-j180°} \ , \quad \underline{U}_{1WU} = U_{b1} \cdot e^{j60°} \ .$$

Daraus leiten sich die zugehörigen Strangspannungen, wie auch aus Bild 4.32 zu entnehmen ist, zu

$$\underline{U}_{1UN} = U_{b1}/\sqrt{3} \cdot e^{-j90°} \ , \underline{U}_{1VN} = U_{b1}/\sqrt{3} \cdot e^{j150°} \ , \underline{U}_{1WN} = U_{b1}/\sqrt{3} \cdot e^{j30°} \quad (4.45)$$

ab. Für den weiteren Rechnungsgang wird angenommen, dass Spulen, die auf einem gemeinsamen Schenkel sitzen, sich wie ein idealer einphasiger Transformator verhalten. Dementsprechend weisen derartige Spulen *phasengleiche Spannungen* auf. Die Beträge der Spannungen verhalten sich wie die Windungszahlen der zugehörigen Spulen. Im Einzelnen gilt

$$\underline{U}_{1UN} = \underline{U}_{2UW} \cdot w_1/w_2 \ , \quad \underline{U}_{1VN} = \underline{U}_{2VU} \cdot w_1/w_2 \ , \quad \underline{U}_{1WN} = \underline{U}_{2WV} \cdot w_1/w_2 \ .$$

Mithilfe dieser Beziehung lässt sich aus der unterspannungsseitigen Masche

$$\underline{U}_{2UW} + \underline{U}_{2VU} + \underline{U}_{2WV} = 0$$

z. B. die Spannung $\underline{U}_{2VU}$ in Abhängigkeit von den eingeprägten Spannungen formulieren:

$$\underline{U}_{2VU} = -\underline{U}_{2UW} - \underline{U}_{2WV} = -w_2/w_1 \cdot U_{b1}/\sqrt{3} \cdot (e^{-j90°} + e^{j30°}) \ .$$

Die Größe $\underline{U}_{2VU}$ ist nicht unmittelbar in die zugehörige Definitionsgleichung (4.44b) einzusetzen, da die Indizes VU und damit die Zählpfeilrichtung umgekehrt sind. Es ist daher noch ein Vorzeichenwechsel vorzunehmen:

$$\underline{U}_{2VU} = -\underline{U}_{2UV} \ .$$

Mit dem dann resultierenden Ausdruck sowie dem Term für die Spannung $\underline{U}_{1UV}$ geht die Definitionsgleichung (4.44b) in den Zusammenhang

$$\underline{\ddot{u}} = \sqrt{3} \cdot \frac{w_1}{w_2} \cdot \frac{e^{-j60°}}{(e^{-j90°} + e^{j30°})} = \sqrt{3} \cdot \frac{w_1}{w_2} \cdot e^{j330°} \quad (4.46)$$

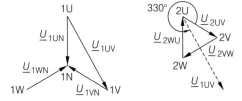

Bild 4.32
Veranschaulichung des Phasenwinkels bei der Schaltung Yd11 mithilfe der Zeiger für die Leiterspannungen

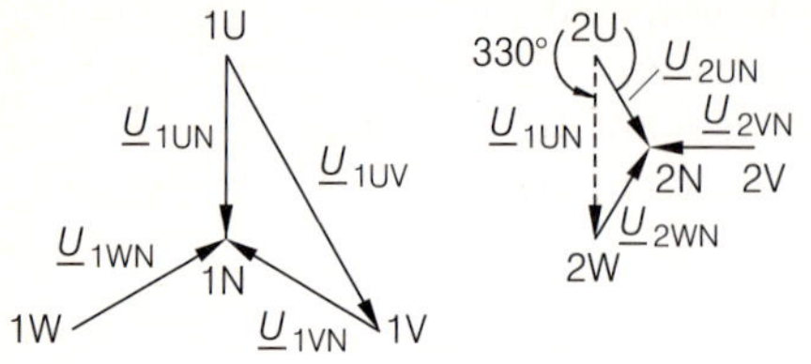

Bild 4.33
Veranschaulichung des Phasenwinkels bei der Schaltung Yd11 mithilfe der Zeiger für die Sternspannungen

über. Wie diese Beziehung zeigt, ist bei dem betrachteten idealen Transformator der Betrag $\underline{ü}$ nur vom Windungszahlverhältnis w_1/w_2 abhängig. Ähnlich wie beim einphasigen Umspanner weicht beim realen Drehstromtransformator die Bemessungsübersetzung $\underline{ü}_\mathrm{r}$ geringfügig von diesem Wert ab. Im Unterschied zum Betrag wird die Phasenverschiebung der Übersetzung $\underline{ü}$ nicht durch die Windungszahlen beeinflusst. Ansätze mit den genaueren Modellgleichungen (4.17) führen zusätzlich zu dem Ergebnis, dass der Phasenwinkel auch von den magnetischen Leitwerten unabhängig ist und somit ebenfalls für einen realen Transformator mit Streuung gilt. Der Winkel wird stets positiv angegeben und kennzeichnet dementsprechend, wie weit die Oberspannung der Unterspannung voreilt (Bild 4.32).

Führt man die beschriebene Schaltungsanalyse auch für weitere Schaltgruppen durch, so erhält man das Ergebnis, dass der Phasenwinkel in der Übersetzung stets ein Vielfaches von 30° ist. Der Wert dieses Winkels lässt sich mithilfe der Kennzahl der Schaltgruppe angeben. So gilt bei der betrachteten Schaltgruppe Yd11: $\varphi = 11 \cdot 30° = 330°$. Für einige häufig verwendete Schaltgruppen ist die Übersetzung der Tabelle 4.4 zu entnehmen. Erwähnt sei, dass die Phasenverschiebungen auch aus den Sternspannungen der beiden Wicklungen bestimmt werden können (Bild 4.33).

Yy0	$\underline{ü} = \dfrac{w_1}{w_2}$
Dy5	$\underline{ü} = \dfrac{w_1}{\sqrt{3}\cdot w_2} \cdot \mathrm{e}^{\mathrm{j}150°}$
Yd5	$\underline{ü} = \dfrac{\sqrt{3}\cdot w_1}{w_2} \cdot \mathrm{e}^{\mathrm{j}150°}$
Yd11	$\underline{ü} = \dfrac{\sqrt{3}\cdot w_1}{w_2} \cdot \mathrm{e}^{\mathrm{j}330°}$
Yz5	$\underline{ü} = \dfrac{2\cdot w_1}{\sqrt{3}\cdot w_2} \cdot \mathrm{e}^{\mathrm{j}150°}$

Tabelle 4.4
Übersetzung und Phasenverschiebung üblicher Schaltgruppen von Drehstromtransformatoren

Ähnliche Beziehungen ergeben sich für die Transformation der Ströme. Die Zusammenhänge lassen sich besonders einfach aus einer Leistungsbilanz am idealen Drehstromumspanner erkennen [12]. Aufgrund der Verlustfreiheit muss im symmetrischen Betrieb die Leistungsbilanz z. B. für den Wicklungsstrang U

$$\underline{S}_\mathrm{U} = P_\mathrm{U} + \mathrm{j}Q_\mathrm{U} = \underline{U}_\mathrm{1UN} \cdot \underline{I}^*_\mathrm{1U} = \underline{U}_\mathrm{2UN} \cdot \underline{I}^*_\mathrm{2U} \qquad (4.47)$$

lauten. Dabei sind die unterspannungsseitigen Dreieckspannungen in äquivalente Sternspannungen umgerechnet worden. In der Beziehung (4.47) ist der Strom durch einen Stern gekennzeichnet. Es handelt sich dann um die konjugiert komplexe Größe. Führt man in

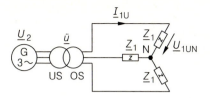

Bild 4.34
Drehstromtransformator mit symmetrischer Last

der Beziehung (4.47) die Übersetzung für die Spannungen ein, resultieren schließlich die Ausdrücke

$$\underline{I}_{1U}^* = \frac{\underline{I}_{2U}^*}{\underline{\ddot{u}}} \quad \text{bzw.} \quad \underline{I}_{1U} = \frac{\underline{I}_{2U}}{\underline{\ddot{u}}^*}, \tag{4.48}$$

die analog auch für die weiteren Wicklungsstränge gelten. Es zeigt sich also, dass für die Übertragung der Ströme die konjugiert komplexe Größe der Übersetzung maßgebend ist. Zu klären bleibt noch, wie sich Impedanzen bei dreiphasigen Umspannern transformieren. Als Beispiel wird die Schaltung in Bild 4.34 betrachtet. Diese Anordnung wird u. a. durch die Beziehungen

$$\underline{U}_{1UN} = \underline{Z}_1 \cdot \underline{I}_{1U}, \quad \underline{U}_{1UN} = \underline{\ddot{u}} \cdot \underline{U}_{2UN}$$

beschrieben. Daraus resultiert der Zusammenhang

$$\underline{U}_{2UN} = \frac{\underline{Z}_1}{\underline{\ddot{u}} \cdot \underline{\ddot{u}}^*} \cdot \underline{I}_{1U} \cdot \underline{\ddot{u}}^* = \underline{Z}_1' \cdot \underline{I}_{2U}.$$

Die Impedanz $\underline{Z}_1$ transformiert sich somit gemäß der Gleichung

$$\underline{Z}_1' = \frac{\underline{Z}_1}{\underline{\ddot{u}} \cdot \underline{\ddot{u}}^*} = \frac{\underline{Z}_1}{\ddot{u}^2}$$

auf die Unterspannungsseite. Vorteilhafterweise ist der Faktor $\underline{\ddot{u}} \cdot \underline{\ddot{u}}^* = \ddot{u}^2$ wieder reell, sodass für die *Transformation der Impedanzen dieselben Zusammenhänge gelten wie bei einphasigen Umspannern*. Nach diesen prinzipiellen Erläuterungen wird nun ein Drehstromtransformator mit Streuung betrachtet.

4.2.3.4 Ersatzschaltbild für den symmetrischen Betrieb

Im Weiteren interessiert das Betriebsverhalten eines Drehstromtransformators im symmetrischen Betrieb. Als Beispiel wird der Umspanner in Bild 4.35a betrachtet, der in einer Yd-Schaltung ausgelegt sei. Es handelt sich um ein System von 6 miteinander gekoppelten Spulen. Der Begriff Spule umfasst im Folgenden sowohl bei Lagenwicklungen als auch bei Scheibenspulenausführungen jeweils die Gesamtheit aller Windungen eines Wicklungsstrangs, die sich auf demselben Schenkel befinden. Im Unterschied zu den bisher behandelten einphasigen Umspannern liegt bei den untersuchten Drehstromtransformatoren ein verzweigter Eisenkreis vor. Bei solchen Anordnungen ergeben sich kompliziertere Feldverhältnisse. Ihre Berechnung lässt sich durch das *Verfahren der magnetischen Ersatznetzwerke* so formalisieren, dass bekannte netzwerktechnische Verfahren angewendet werden können. Der dadurch bedingte hohe Formalisierungsgrad erlaubt auch bei noch stärker verzweigten Eisenkreisen, die in der Praxis durchaus in Sonderfällen eingesetzt werden, eine übersichtliche Bestimmung der Modellgleichungen.

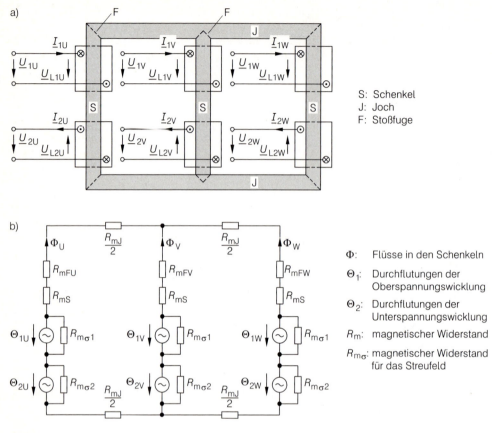

Bild 4.35
Drehstromtransformator mit Dreischenkelkern und zwei Wicklungen
a) Schematisierte Wicklungsdarstellung zur Festlegung der Zählpfeile
b) Magnetisches Ersatzschaltbild

Modellgleichungen eines Drehstromtransformators

Für die Ermittlung des benötigten magnetischen Ersatznetzwerks wird die gesamte Anordnung in einzelne Bereiche aufgeteilt. Ihnen werden magnetische Widerstände R_m zugeordnet, die dann wie ohmsche Widerstände zu behandeln sind; ihr reziproker Wert Λ_m wird in weiterer Analogie als magnetischer Leitwert bezeichnet. Abhängig von der Gestaltung des Eisenkreises werden die magnetischen Widerstände zu einem Netzwerk mit Maschen und Knoten zusammengeschaltet, das sich unter Vernachlässigung der Eisenverluste wie ein ohmsches Netzwerk verhält. Dabei entsprechen die magnetischen Flüsse Φ den Strömen $i(t)$ in einem elektrischen Netzwerk und die Durchflutungen der Spulen $\Theta = w \cdot i(t)$ den Spulenspannungen $u_L(t)$.

In Bild 4.35b ist für den Dreischenkelkern das zugehörige magnetische Ersatznetzwerk aufgestellt. Darin ist jedem Schenkel und Joch ein Widerstand R_{mS} bzw. R_{mJ} gemäß der Gleichung $R_m = l/(\mu \cdot A)$ zugeordnet. Die Größe l entspricht dabei der Länge des betrachteten Eisenbereichs und die Größe A dem zugehörigen Querschnitt. Zusätzlich ist in jedem Schenkel ein Luftspalt berücksichtigt, der summarisch die Fugen (Luft) zwischen den Blechstößen erfasst, die fertigungstechnisch nicht zu vermeiden sind. Er wird über den Widerstand R_{mF} erfasst. Obwohl diese Fugen nur sehr klein sind, liegen deren magnetische Widerstände infolge der geringen Permeabilität der Luft ($\mu_r = 1$) bereits im Bereich der Werte für den Eisenschenkel. Außerdem wird dem Streufeld jeder Spule ein magnetischer Widerstand $R_{m\sigma}$ zugewiesen, der den maßgebenden Feldanteil in der Nähe der Windungen erfasst und daher parallel zur magnetischen Spannungsquelle anzubringen ist.

Analog zu einer Analyse von elektrischen Netzwerken sind im Weiteren für das magnetische Ersatznetzwerk zunächst die zugehörigen Maschen- und Knotenpunktgleichungen aufzustellen. Sie lassen sich auf sechs lineare Gleichungen zurückführen, die jeweils den Fluss in einer Spule in Abhängigkeit von den Durchflutungen aller sechs Spulen formulieren. In der Oberspannungsspule 1U gilt z. B. $\Phi_{1U} = f(\Theta_{1U}, \Theta_{1V}, \Theta_{1W}, \Theta_{2U}, \Theta_{2V}, \Theta_{2W})$. Eine der- artige Darstellung entspricht bei elektrischen Netzwerken der Admittanzform (s. Abschnitt 4.1.2.2). In Analogie dazu werden die Koeffizienten als magnetische Eingangs- oder Übertragungsleitwerte bezeichnet.

Durch den Übergang auf die Induktionsflüsse entsprechend der Beziehung $\Psi = w \cdot \Phi$ und über die Substitution der Durchflutungen gemäß ihrer Definition $\Theta = w \cdot i$ ergeben sich sechs lineare Beziehungen der Art $\Psi_{1U} = g(i_{1U}, i_{1V}, i_{1W}, i_{2U}, i_{2V}, i_{2W})$. Auf die resultierenden Gleichungen wird das Induktionsgesetz angewendet. Mit diesem Schritt erhält man die gesuchten Modellbeziehungen $u(i)$. Geht man nun auf die komplexe Schreibweise über, resultiert daraus ein Gleichungssystem, das die sechs Spulenspannungen $\underline{U}_L$ in Bild 4.35a mit den sechs Spulenströmen verknüpft. Für die Oberspannungsspule 1U gilt z. B. der Zusammenhang $\underline{U}_{L1U} = h(\underline{I}_{1U}, \underline{I}_{1V}, \underline{I}_{1W}, \underline{I}_{2U}, \underline{I}_{2V}, \underline{I}_{2W})$. Bekanntlich handelt es sich um ein Gleichungssystem, dessen Koeffizienten Reaktanzen darstellen.

Aus diesen Modellgleichungen ist abzulesen, dass sich die Selbstinduktivität der k-ten Spule aus dem zugehörigen Eingangsleitwert Λ_{Ek} und dem Quadrat ihrer Windungszahl w_k ergibt: $L_k = w_k^2 \Lambda_{Ek}$. Für die Gegeninduktivität M_{kj} zwischen den Spulen k und j ist der Übertragungsleitwert Λ_{kj} mit den zugehörigen Windungszahlen w_k und w_j zu multiplizieren: $M_{kj} = w_k w_j \Lambda_{kj}$. Ein Vergleich mit den bereits hergeleiteten Induktivitätsausdrücken zeigt, dass sie von der Struktur her mit den neu berechneten Termen übereinstimmen. Eine solche Übereinstimmung ist auch zu erwarten, da die bisher behandelten einphasigen Transformatoren lediglich einen Sonderfall darstellen, der ebenso mit dem Verfahren des magnetischen Ersatznetzwerks untersucht werden könnte.

Für die Ableitung eines einphasigen Ersatzschaltbilds sind die Modellgleichungen in dieser Form noch nicht geeignet. Es sind zunächst einige praxisgerechte Näherungen einzuarbeiten.

Einphasiges Ersatzschaltbild eines Drehstromtransformators

Im Folgenden wird von einem symmetrischen Eisenkreis ausgegangen, sodass im magnetischen Netzwerk jeder Zweig den gleichen magnetischen Gesamtwiderstand aufweist. Gedanklich ließe sich dieses Verhalten z. B. durch eine entsprechende Variation der Stoßfugen erreichen. Außerdem wird der Verlauf des Streufelds der untereinander gleich ausgeführten Oberspannungsspulen als so ähnlich angenommen, dass ihnen jeweils der gleiche magnetische Widerstand $R_{m\sigma 1}$ zugewiesen werden darf. Entsprechend wird mit den Unterspannungsspulen verfahren, die ebenfalls untereinander gleichartig aufgebaut sind; der zugehörige magnetische Widerstand wird mit $R_{m\sigma 2}$ bezeichnet. *Unter diesen Annahmen* weisen die drei Oberspannungsspulen den gleichen magnetischen Eingangsleitwert Λ_{E1} auf, die Unterspannungsspulen entsprechend den Wert Λ_{E2}. Vereinfachend werden für diese Größen im Weiteren die Ausdrücke Λ_1 und Λ_2 verwendet. Ähnlich einfache

Verhältnisse ergeben sich für die verschiedenen Übertragungsleitwerte. Sie lassen sich alle in Abhängigkeit von dem magnetischen Leitwert Λ_{12} formulieren, der zwischen einer Ober- und Unterspannungsspule auf einem gemeinsamen Schenkel auftritt. Im Einzelnen ergeben sich die Induktivitätsterme zu

$$\begin{aligned}
L_1 &= L_{1U} = L_{1V} = L_{1W} = w_1^2 \Lambda_1 \\
L_2 &= L_{2U} = L_{2V} = L_{2W} = w_2^2 \Lambda_2 \\
\tilde{M}_{12} &= M_{1U2U} = M_{1V2V} = M_{1W2W} = w_1 w_2 \Lambda_{12} \\
M_{11} &= M_{1U1V} = M_{1V1W} = M_{1W1U} = w_1^2 \Lambda_{12}/2 \\
M_{22} &= M_{2U2V} = M_{2V2W} = M_{2W2U} = w_2^2 \Lambda_{12}/2 \\
M_{12} &= M_{1U2V} = M_{1U2W} = M_{1V2U} = M_{1V2W} = M_{1W2U} = M_{1W2V} = w_1 w_2 \Lambda_{12}/2.
\end{aligned} \qquad (4.49)$$

Mit diesen Induktivitätsdefinitionen und den in Bild 4.35a festgelegten Zählpfeilen resultieren die Induktionsflüsse in den einzelnen Schenkeln zu

$$\begin{bmatrix} \underline{\psi}_{1U} \\ \underline{\psi}_{1V} \\ \underline{\psi}_{1W} \\ \underline{\psi}_{2U} \\ \underline{\psi}_{2V} \\ \underline{\psi}_{2W} \end{bmatrix} = \begin{bmatrix} L_1 & -M_{11} & -M_{11} & -\tilde{M}_{12} & M_{12} & M_{12} \\ -M_{11} & L_1 & -M_{11} & M_{12} & -\tilde{M}_{12} & M_{12} \\ -M_{11} & -M_{11} & L_1 & M_{12} & M_{12} & -\tilde{M}_{12} \\ -\tilde{M}_{12} & M_{12} & M_{12} & L_2 & -M_{22} & -M_{22} \\ M_{12} & -\tilde{M}_{12} & M_{12} & -M_{22} & L_2 & -M_{22} \\ M_{12} & M_{12} & -\tilde{M}_{12} & -M_{22} & -M_{22} & L_2 \end{bmatrix} \cdot \begin{bmatrix} \underline{I}_{1U} \\ \underline{I}_{1V} \\ \underline{I}_{1W} \\ \underline{I}_{2U} \\ \underline{I}_{2V} \\ \underline{I}_{2W} \end{bmatrix}. \qquad (4.50a)$$

Mithilfe des Induktionsgesetzes erhält man daraus die Strom-Spannungs-Beziehungen für die Induktionsspannungen $[\underline{U}_L]$. Die dafür notwendige Differenziation der zeitabhängigen Ströme führt im Komplexen zu einer Multiplikation mit $j\omega$:

$$\begin{bmatrix} \underline{U}_{L1U} \\ \underline{U}_{L1V} \\ \underline{U}_{L1W} \\ \underline{U}_{L2U} \\ \underline{U}_{L2V} \\ \underline{U}_{L2W} \end{bmatrix} = j\omega \cdot \begin{bmatrix} L_1 & -M_{11} & -M_{11} & -\tilde{M}_{12} & M_{12} & M_{12} \\ -M_{11} & L_1 & -M_{11} & M_{12} & -\tilde{M}_{12} & M_{12} \\ -M_{11} & -M_{11} & L_1 & M_{12} & M_{12} & -\tilde{M}_{12} \\ -\tilde{M}_{12} & M_{12} & M_{12} & L_2 & -M_{22} & -M_{22} \\ M_{12} & -\tilde{M}_{12} & M_{12} & -M_{22} & L_2 & -M_{22} \\ M_{12} & M_{12} & -\tilde{M}_{12} & -M_{22} & -M_{22} & L_2 \end{bmatrix} \cdot \begin{bmatrix} \underline{I}_{1U} \\ \underline{I}_{1V} \\ \underline{I}_{1W} \\ \underline{I}_{2U} \\ \underline{I}_{2V} \\ \underline{I}_{2W} \end{bmatrix}. \qquad (4.50b)$$

In diesen Beziehungen ist bereits durch die spezielle Wahl der Induktivitäten und Gegeninduktivitäten die bauliche Symmetrie des Kerns eingearbeitet. Um daraus ein handliches Ersatzschaltbild zu erzeugen, sind den Gleichungen noch zusätzlich Schaltungseigenschaften mitzuteilen. So sind zunächst gemäß Bild 4.35a die Induktionsspannungen $[\underline{U}_L]$ durch die zugehörigen Klemmenspannungen $[\underline{U}]$ zu ersetzen:

$$\underline{U}_{L1i} = \underline{U}_{1i}, \quad \underline{U}_{L2i} = -\underline{U}_{2i} \quad \text{mit} \quad i = U, V, W\,.$$

Weiter wird vorausgesetzt, dass sich bei Sternschaltungen die Strang- bzw. Spulenströme zu null ergänzen. Entsprechend ergänzen sich bei einer Dreieckschaltung die Spannungen an den Spulen aufgrund des Maschenumlaufs stets zu null. Wird diese Spannungsbedingung in Gl. (4.50b) eingearbeitet bzw. werden die zugehörigen Zeilen addiert, so zeigt sich, dass nicht nur bei Stern-Stern-, sondern auch bei Stern-Dreieck-Schaltgruppen die

4.2 Leistungstransformatoren

Summe der Spulenströme auf der Ober- und Unterspannungsseite jeweils null ergibt:

$$\underline{I}_{1U} + \underline{I}_{1V} + \underline{I}_{1W} = 0 \, , \quad \underline{I}_{2U} + \underline{I}_{2V} + \underline{I}_{2W} = 0 \, .$$

Werden diese Bedingungen mit den Strom-Spannungs-Beziehungen (4.50b) verknüpft, so vereinfachen sich die sechs Gleichungen mit den Induktivitätstermen (4.49) auf drei entkoppelte Gleichungspaare, von denen nur das erste angegeben wird:

$$\underline{U}_{1U} = j\omega w_1^2 \left(\Lambda_1 + \frac{\Lambda_{12}}{2} \right) \underline{I}_{1U} - j\omega \frac{3}{2} w_1 w_2 \Lambda_{12} \underline{I}_{2U} \, ,$$

$$\underline{U}_{2U} = j\omega w_1 w_2 \frac{3}{2} \Lambda_{12} \underline{I}_{1U} - j\omega w_2^2 \left(\Lambda_2 + \frac{\Lambda_{12}}{2} \right) \underline{I}_{2U} \, .$$

Daraus ergeben sich die beiden weiteren Systeme, indem der Index U durch V bzw. W ersetzt wird. Durch die Einführung bezogener Größen $\underline{U}'$ und $\underline{I}'$ bleibt nur noch die Windungszahl einer einzigen Wicklung – der Bezugswicklung – erhalten. Wählt man dafür z.B. die Wicklung 1, so lauten die für die Umrechnung benötigten Beziehungen

$$\underline{U}'_{2U} = w_1/w_2 \cdot \underline{U}_{2U}, \quad \underline{I}'_{2U} = w_2/w_1 \cdot \underline{I}_{2U} \, .$$

Damit resultiert das Gleichungspaar

$$\underline{U}_{1U} = j\omega w_1^2 \left(\Lambda_1 + \frac{\Lambda_{12}}{2} \right) \underline{I}_{1U} - j\omega \frac{3}{2} w_1^2 \Lambda_{12} \underline{I}'_{2U} \, ,$$

$$\underline{U}'_{2U} = j\omega \frac{3}{2} w_1^2 \Lambda_{12} \underline{I}_{1U} - j\omega w_1^2 \left(\Lambda_2 + \frac{\Lambda_{12}}{2} \right) \underline{I}'_{2U} \, .$$

Von der Struktur her entspricht dieses Gleichungssystem den Beziehungen des einphasigen Falls. Das erhaltene Ergebnis besagt, dass ein phasendrehender Drehstromumspanner mit symmetrischem Kern sich durch drei Einphasentransformatoren beschreiben lässt. Im symmetrischen Betrieb ist *einer* dieser drei Einphasenumspanner ausreichend, um das Verhalten des gesamten Transformators nachzubilden, sodass ein einphasiges Ersatzschaltbild angegeben werden kann (Bild 4.36a).
Liegen die Schaltgruppen Yy0 oder Yy6 vor, so stellen die Spannungen und Ströme in dem Gleichungspaar Sterngrößen dar; die bezogenen Ausgangsgrößen $\underline{U}'_{2U}$, $\underline{I}'_{2U}$ können dann durch einen nachgeschalteten, einphasigen idealen Umspanner mit $\ddot{u} = w_1/w_2$ in die tatsächlichen Werte umgewandelt werden. Handelt es sich dagegen um die Schaltgruppe Yd5 oder Yd11, so stellt $\underline{U}'_2$ eine Dreieckspannung und $\underline{I}'_2$ einen Strangstrom dar. In diesem Fall ist ebenfalls ein idealer Umspanner nachzuschalten, der dann allerdings eine komplexe Übersetzung aufweisen muss (s. Tabelle 4.4). Er formt die Dreieckspannung $\underline{U}'_2$ in eine Sternspannung $\underline{U}_2$, den zugehörigen Strangstrom $\underline{I}'_2$ in einen Leiterstrom $\underline{I}_2$ um. Bei anderen Schaltgruppen ist entsprechend zu verfahren.
Zu beachten ist, dass die einphasigen Ersatzschaltbilder der Schaltgruppen Yy0 und Yy6 auch für transiente Rechnungen herangezogen werden dürfen, da die beschriebenen Rechnungen direkt im Zeitbereich durchgeführt werden könnten. Dies ist jedoch nicht möglich bei phasendrehenden Umspannern, denn diese weisen im einphasigen Ersatzschaltbild einen idealen Übertrager mit einer komplexen Übersetzung auf, der im Zeitbereich nicht realisierbar ist. Allerdings gibt es eine Ausnahme. Diese liegt dann vor, wenn ein phasendrehender Drehstromtransformator unmittelbar von einer idealen Spannungsquelle gespeist wird. Dann kann nämlich die Phasendrehung des Umspanners in die Spannungsquelle einbezogen werden (s. Abschnitt 10.4).

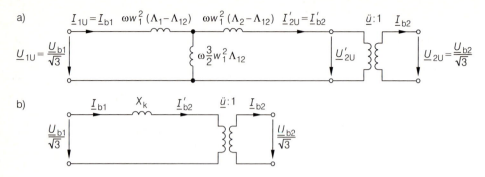

Bild 4.36
Einphasiges Ersatzschaltbild eines dreiphasigen, symmetrisch belasteten Zweiwicklungstransformators
a) Vollständiges Ersatzschaltbild
b) Vereinfachtes Ersatzschaltbild

Ein Vergleich der Ersatzschaltbilder für einen dreiphasigen und einen einphasigen Zweiwicklungstransformator zeigt, dass sie von der Struktur her analog aufgebaut sind. Sie unterscheiden sich durch den Faktor $1/\sqrt{3}$ vor den angegebenen Spannungen und die im Allgemeinen komplexe Übersetzung.

Aus der Ersatzschaltung kann man unmittelbar die Berechtigung der vorgenommenen Idealisierung erkennen: So wirkt sich die Symmetrierung des Eisenkreises lediglich auf die Hauptreaktanz X_h aus, durch die das Betriebsverhalten ohnehin nur gering beeinflusst wird. Bei den Streureaktanzen liegen kompliziertere Verhältnisse vor, obwohl alle drei Wicklungsstränge gleich aufgebaut sind. Die Streufelder werden nämlich auch von der Kernbauart beeinflusst. Bei Fünfschenkeltransformatoren werden alle drei Wicklungsstränge in gleicher Weise vom Eisen umhüllt. Daher treten bei dieser Bauweise praktisch keine Unterschiede in den Streureaktanzen auf. Bei Transformatoren mit Dreischenkelkern fehlen dagegen die Rückschlussschenkel. Dadurch weisen die äußeren Wicklungsstränge etwas geringere Streufelder und damit auch etwas kleinere Streureaktanzen auf als der mittlere. Trotz dieser Asymmetrie sind die daraus resultierenden Abweichungen jedoch kleiner als 2 % der Streureaktanz. Wegen dieses nur geringen Fehlers sind die getroffenen Modellvoraussetzungen auch für diese Kernbauart berechtigt. Angemerkt sei, dass die bisher nicht berücksichtigte Nichtlinearität des Eisenkerns ebenfalls wie bei den einphasigen Verhältnissen der Hauptinduktivität zugeordnet werden kann.

Wie beim einphasigen Umspanner kann die Hauptreaktanz auch beim Drehstromtransformator vernachlässigt werden, wenn der Magnetisierungsstrom klein gegenüber den Betriebsströmen ist. Die Streureaktanzen sind dann wiederum zu einer Kurzschlussreaktanz X_k zusammenzufassen (Bild 4.36b). Wenn der geringe ohmsche Widerstand der Wicklung unberücksichtigt bleibt, lässt sich ihre Größe aus der relativen Kurzschlussspannung

$$u_\mathrm{k} = \frac{U_\mathrm{kT}}{U_\mathrm{rT}} = \frac{U_\mathrm{kT}/\sqrt{3}}{U_\mathrm{rT}/\sqrt{3}} = \frac{X_\mathrm{k} \cdot I_\mathrm{rT}}{U_\mathrm{rT}/\sqrt{3}}$$

und der *Bemessungsleistung des Drehstromtransformators*

$$S_\mathrm{rT} = \sqrt{3} \cdot U_\mathrm{rT} \cdot I_\mathrm{rT} \tag{4.51}$$

zu

$$X_\text{k} = \frac{u_\text{k} \cdot U_\text{rT}^2}{S_\text{rT}} \quad (4.52)$$

ermitteln. Dieser Zusammenhang weist prinzipiell die gleiche Form wie bei einphasigen Transformatoren auf. Unterschiedlich ist dagegen die Definition der Bemessungsleistung (s. Gl. (4.51)). Ferner ist *zu beachten*, dass – wie die Bemessungsspannung U_rT – auch die Kurzschlussspannung U_kT bei Drehstromumspannern stets als *Dreieckspannung* angegeben wird.

U_r1T	10...20 kV	110 kV	380 kV
u_k	4...6 %	10...14 %	11...20 %

Tabelle 4.5
In Deutschland übliche Kurzschlussspannungen

In der obigen Rechnung ist die gespeiste Wicklung als Sternschaltung betrachtet worden. Die daraus ermittelten Streureaktanzen können direkt in den einphasigen Ersatzschaltbildern von Netzen verwendet werden. Sollte die eingespeiste Wicklung als Dreieckschaltung vorliegen, gilt entsprechend der Dreieck-Stern-Umwandlung

$$X_\text{kY} = X_{\text{k}\Delta}/3 \; .$$

Gemäß Abschnitt 4.2.1.1 wächst die Streu- bzw. Kurzschlussreaktanz mit der Bemessungsspannung U_r1T der Oberspannungsseite an. Eine Vergrößerung der Streureaktanzen bewirkt zwar einen höheren Spannungsabfall am Transformator im Betrieb, verringert jedoch andererseits die Kurzschlussströme. Die Kurzschlussproblematik stellt sich insbesondere in Netzen, in die große Transformatoren einspeisen (s. Kapitel 6 und 7). Daher verwendet man bei Umspannern größerer Leistung häufig die oberen Werte der in Tabelle 4.5 angegebenen Bereiche (s. DIN 42500 und DIN 42523).

Messtechnisch ist die Reaktanz X_k wiederum durch einen Kurzschlussversuch zu ermitteln. Dabei werden auf der Unterspannungsseite die *drei Wicklungsanschlüsse* 2U, 2V, 2W niederohmig miteinander verbunden; oberspannungsseitig wird dann der Betrag des einspeisenden *symmetrischen* Spannungssystems so gewählt, dass der Bemessungsstrom fließt.

Neben den bisher behandelten Zweiwicklungstransformatoren gibt es auch Drehstromumspanner mit drei Wicklungen (Bild 4.37). Die dritte Wicklung wird u. a. zum Anschluss

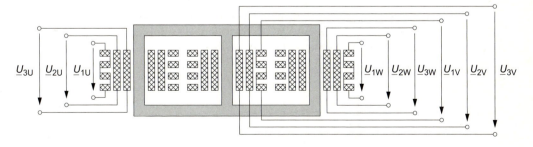

Bild 4.37
Prinzipieller Aufbau eines dreiphasigen Dreiwicklungstransformators ohne Darstellung der Isolierung

von Kompensationsdrosselspulen (s. Abschnitte 4.5.3 und 4.9) oder als Ausgleichswicklung (s. Abschnitt 9.4.5) benötigt. Die Schaltgruppenbezeichnungen für dreiphasige Dreiwicklungstransformatoren sind DIN VDE 0532 zu entnehmen.

Eine analytische Betrachtung der Verhältnisse beim dreiphasigen Dreiwicklungstransformator führt auf das gleiche Ersatzschaltbild wie bei der einphasigen Ausführung (Bild 4.28). Analog zu Zweiwicklungstransformatoren unterscheiden sich die Ersatzschaltbilder nur in der komplexen Übersetzung und dem Faktor $1/\sqrt{3}$ in den Spannungen.

Die Ersatzschaltbilder von dreiphasigen Transformatoren sind, wie bereits formal an der komplexen Übersetzung zu ersehen ist, im Allgemeinen nicht direkt für die Berechnung von Ausgleichsvorgängen geeignet. Sie können jedoch, wie in den Kapiteln 6 und 10 gezeigt wird, bei symmetrischen Schalthandlungen bedingt zu solchen Rechnungen herangezogen werden. Nach diesen Ausführungen sind nun die Grundlagen gelegt, um das Betriebsverhalten von Drehstromtransformatoren im Netzverband zu berechnen.

4.2.3.5 Betriebsverhalten von dreiphasigen Zweiwicklungstransformatoren im Netzverband

Das Betriebsverhalten von dreiphasigen Zweiwicklungstransformatoren im Netzverband lässt sich weitgehend analog zu der Vorgehensweise im Abschnitt 4.2.1.3 ermitteln. Die komplexen Übersetzungen führen zu gewissen Modifikationen, die anhand eines Beispiels dargestellt werden. Es wird ein räumlich eng begrenztes dreiphasiges Hochspannungsnetz z. B. eines großen Industriewerks betrachtet; der Einfluss der noch nicht behandelten Leitungen kann dann wieder vernachlässigt werden (Bild 4.38). Wie diesem Bild zu entnehmen ist, müssen bei parallel geschalteten Drehstromtransformatoren einerseits die Bedingungen (4.30) erfüllt sein. Zusätzlich sind die Ausgangsspannungen der Umspanner um den *gleichen Phasenwinkel* zu drehen. Diese Voraussetzung ist in jedem Fall erfüllt, wenn die Transformatoren die gleiche Schaltgruppe aufweisen. In dem Beispiel soll nun für einen dreipoligen Kurzschluss an der 10-kV-Seite des Transformators T_5 der Kurzschlussstrom ermittelt werden, der nach dem Abklingen aller Ausgleichsvorgänge stationär auf der 110-kV-Seite und an der Fehlerstelle F auftritt (vgl. Kapitel 6).

Zunächst wird das einphasige Ersatzschaltbild aufgestellt. Man erhält dann die Schaltung in Bild 4.39. Als Bezugsspannung wird in diesem Beispiel die Nennspannung $U_{nN} = 380$ kV des speisenden Netzes gewählt, das wiederum vereinfachend als ideale Spannungsquelle angesehen wird. Es sei nochmals darauf hingewiesen, dass eine *einphasige Darstellung* allein im Falle *eines symmetrischen Betriebs* sinnvoll ist. Nur in diesem

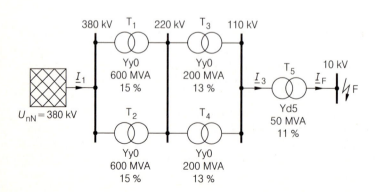

Bild 4.38
Netz mit dreipoligem Kurzschluss auf der 10-kV-Seite des Transformators T_5

4.2 Leistungstransformatoren

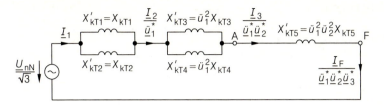

Bild 4.39
Einphasiges Ersatzschaltbild für die Anlage in Bild 4.38 nach Umrechnung auf die Bezugsebene

Fall bilden die Ströme und Spannungen symmetrische Systeme, sodass die Kenntnis der Strom-Spannungs-Verhältnisse in einem Strang bereits eine Aussage über alle drei Stränge darstellt.

Für die Kurzschlussreaktanzen der Transformatoren ergeben sich mithilfe der Beziehung (4.52) die Werte

$$X'_{kT1} = X'_{kT2} = 36{,}1\,\Omega\,, \quad X'_{kT3} = X'_{kT4} = 93{,}9\,\Omega\,, \quad X'_{kT5} = 317{,}7\,\Omega\,.$$

Die resultierende Kurzschlussreaktanz beträgt demnach 382,7 Ω. Im Außenleiter R des Netzes fließt somit ein Strom

$$\underline{I}_{1R} = \frac{380\,\text{kV} \cdot \text{e}^{\text{j}0°}}{\sqrt{3} \cdot \text{j}\,382{,}7\,\Omega} = 573{,}3\,\text{A} \cdot \text{e}^{-\text{j}90°}\,.$$

Mithilfe der Übersetzungen

$$\underline{\ddot{u}}_1 = \frac{380\,\text{kV}}{220\,\text{kV}} \cdot \text{e}^{\text{j}0°}\,, \quad \underline{\ddot{u}}_2 = \frac{220\,\text{kV}}{110\,\text{kV}} \cdot \text{e}^{\text{j}0°}\,, \quad \underline{\ddot{u}}_3 = \frac{110\,\text{kV}}{10\,\text{kV}} \cdot \text{e}^{\text{j}150°}$$

resultieren daraus auf der 110-kV-Seite die Ströme

$$\underline{I}_{3R} = \underline{\ddot{u}}_1^* \cdot \underline{\ddot{u}}_2^* \cdot \underline{I}_{1R} = 1{,}98\,\text{kA} \cdot \text{e}^{-\text{j}90°}\,,$$
$$\underline{I}_{3S} = 1{,}98\,\text{kA} \cdot \text{e}^{-\text{j}210°}\,, \quad \underline{I}_{3T} = 1{,}98\,\text{kA} \cdot \text{e}^{-\text{j}330°}\,,$$

an der Fehlerstelle erhält man die Werte

$$\underline{I}_{FR} = \underline{\ddot{u}}_3^* \cdot \underline{I}_{3R} = 21{,}78\,\text{kA} \cdot \text{e}^{-\text{j}240°}\,,$$
$$\underline{I}_{FS} = 21{,}78\,\text{kA} \cdot \text{e}^{\text{j}0°}\,, \quad \underline{I}_{FT} = 21{,}78\,\text{kA} \cdot \text{e}^{-\text{j}120°}\,.$$

Für die praktische Projektierung von Anlagen interessiert überwiegend der Betrag des jeweiligen Stroms, weniger die Phasenlage. Bei dem bisher vorausgesetzten dreipoligen Kurzschluss ist es daher häufig ausreichend, die *Ströme* nur mit *dem Betrag der Übersetzungen umzurechnen. In diesem Fall entsprechen sich die Berechnungsverfahren für ein- und dreiphasige Netzverbände*. Angemerkt sei, dass die Impedanzen von anderen Betriebsmitteln *wie diejenigen von Lasten transformiert werden*.

Bisher sind nur Volltransformatoren behandelt worden. In Deutschland setzt man diese Bauart in Mittel- und Hochspannungsnetzen ein. Speziell im Höchstspannungsbereich werden vorwiegend im Ausland, jedoch auch in Deutschland, Umspanner in Sparschaltung verwendet.

4.2.4 Spartransformatoren

Zunächst werden Aufbau und Anwendungsbereich von Spartransformatoren erläutert. Anschließend wird auf ihre Ersatzschaltbilder eingegangen.

4.2.4.1 Aufbau und Einsatz von Spartransformatoren

In Deutschland werden eine Reihe von Höchstspannungsnetzen über Drehstrombänke gekuppelt, deren einphasige Einheiten Spartransformatoren darstellen. Im Weiteren wird nur auf solche einphasigen Ausführungen eingegangen. Ohne Ableitung sei gesagt, dass sich bei den nicht betrachteten dreiphasigen Einheiten Ersatzschaltbilder der gleichen Struktur ergeben.

Das Schaltzeichen für einen einphasigen Spartransformator zeigt Bild 4.40. In der Schaltgruppe wird die Sparschaltung durch den kleinen Buchstaben a – z. B. Ya0 – gekennzeichnet. Nähere Ausführungen dazu sind DIN VDE 0532 zu entnehmen.

Die Ober- und die Unterspannungswicklung weisen bei Spartransformatoren einen gemeinsamen Wicklungsteil auf, der als *Parallelwicklung* bezeichnet wird (Bild 4.41). Für den weiteren Wicklungsteil, der nur der Oberspannungsseite zugeordnet ist, wird der Begriff *Reihenwicklung* verwendet. Diese beiden Wicklungsteile sind – wie bei einem induktiven Spannungsteiler – in Reihe geschaltet. Im Unterschied zum Spannungsteiler können jedoch aufgrund der magnetischen Kopplung Spannungen sowohl hoch- als auch heruntertransformiert werden. Die Leistung wird dabei nicht nur über den Eisenkreis magnetisch übertragen, sondern teilweise auch über die galvanische Verbindung. Zur Kennzeichnung dieser Verhältnisse werden zwei Leistungsbegriffe eingeführt: Die Gesamtleistung eines einphasigen Umspanners, die *Durchgangsleistung* S_{rD}, wird durch den Ausdruck

$$S_{rD} = U_1 \cdot I_1 \tag{4.53}$$

beschrieben. Im Unterschied dazu kennzeichnet die *Eigenleistung*

$$S_{rE} = U_{L1} \cdot I_1 \tag{4.54}$$

denjenigen Leistungsanteil, der über den magnetischen Kreis transportiert wird. Die Eigenleistung ist dementsprechend ein Maß für die Baugröße des Umspanners.

Bei Volltransformatoren sind Durchgangs- und Eigenleistung identisch. Bei gleicher

Bild 4.40
Schaltzeichen eines einphasigen Spartransformators

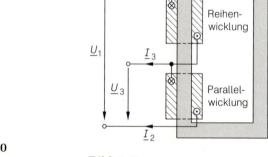

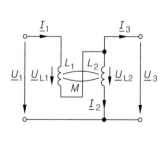

Bild 4.41
Schematischer Aufbau und Schaltung eines einphasigen Spartransformators

Durchgangsleistung kann demnach ein Spartransformator aufgrund der geringeren Eigenleistung kleiner und damit kostengünstiger gebaut werden als ein Volltransformator. Wie aus der Beziehung

$$\frac{S_{\text{rE}}}{S_{\text{rD}}} = \frac{U_{\text{L1}}}{U_1} = \frac{U_1 - U_3}{U_1} \tag{4.55}$$

ersichtlich ist, wird die Materialeinsparung umso größer, je geringer sich die Ober- und Unterspannung voneinander unterscheiden. Wenn anstelle eines Volltransformators ein Spartransformator zur Kupplung eines 380-kV- und 220-kV-Netzes verwendet wird, beträgt die Eigenleistung nur das 0,42-fache der Durchgangsleistung. Dadurch ergibt sich prinzipiell eine erhebliche Kostenersparnis, die sich jedoch stark verringert, wenn der Umspanner mit einstellbarer Übersetzung ausgeführt wird (s. Abschnitt 4.2.5). Bei der Kupplung eines 380-kV-Netzes mit einem 110-kV-Netz vergrößert sich das in Gl. (4.55) angegebene Verhältnis auf den Wert 0,71. Für diesen Anwendungsbereich ist deshalb der Anreiz geringer, einen Spartransformator einzusetzen, zumal die galvanische Kopplung auch gewisse Nachteile mit sich bringt.

So werden eventuelle Spannungsverlagerungen im Oberspannungsnetz, die bei einigen speziellen Störungen auftreten können (s. Kapitel 9 und 10), auf die Unterspannungsseite übertragen. Infolgedessen können Spartransformatoren nur zur Kupplung von Netzen mit niederohmiger Sternpunkterdung (s. Kapitel 11) eingesetzt werden, die in Deutschland überwiegend in 220-kV- und 380-kV-Netzen vorliegt. Ohne diese niederohmige Erdung dürfen Spartransformatoren nur verwendet werden, wenn sich Ober- und Unterspannung um weniger als 25 % unterscheiden. Nach diesen grundsätzlichen Betrachtungen wird nun für den Spartransformator ein Ersatzschaltbild ermittelt.

4.2.4.2 Ersatzschaltbild eines Spartransformators

Für die Herleitung des Ersatzschaltbilds wird das Zählpfeilsystem in Bild 4.41 zugrunde gelegt. Die Zählpfeile sind dabei bis auf die in Abschnitt 4.1 abgeleiteten Regeln beliebig gewählt worden. Der Umspanner lässt sich dann durch die Koppelgleichungen

$$\underline{U}_{\text{L1}} = j\omega L_1 \underline{I}_1 + j\omega M \underline{I}_2 \,, \quad \underline{U}_{\text{L2}} = j\omega L_2 \underline{I}_2 + j\omega M \underline{I}_1 \tag{4.56}$$

beschreiben. Verknüpft man diese Zusammenhänge mit den Kirchhoffschen Gesetzen

$$\underline{U}_1 = \underline{U}_{\text{L1}} + \underline{U}_{\text{L2}} \,, \quad \underline{U}_3 = \underline{U}_{\text{L2}} \,, \quad \underline{I}_1 = \underline{I}_2 + \underline{I}_3 \,,$$

so resultieren daraus die Beziehungen

$$\begin{aligned} \underline{U}_1 &= j\omega(L_1 + L_2 + 2M)\underline{I}_1 - j\omega(L_2 + M)\underline{I}_3 \\ \underline{U}_3 &= j\omega(L_2 + M)\underline{I}_1 - j\omega L_2 \underline{I}_3 \,. \end{aligned} \tag{4.57}$$

Im Weiteren werden die Induktivitäten wieder – wie bei Volltransformatoren – durch die magnetischen Leitwerte ausgedrückt:

$$L_1 = w_1^2 \Lambda \,, \quad L_2 = w_2^2 \Lambda \,, \quad M = w_1 w_2 \Lambda_{12} \,.$$

Die Beziehungen (4.57) nehmen dann die Gestalt

$$\begin{aligned} \underline{U}_1 &= j\omega[(w_1^2 + w_2^2)\Lambda + 2w_1 w_2 \Lambda_{12}] \cdot \underline{I}_1 - j\omega(w_2^2 \Lambda + w_1 w_2 \Lambda_{12}) \cdot \underline{I}_3 \\ \underline{U}_3 &= j\omega(w_2^2 \Lambda + w_1 w_2 \Lambda_{12})\underline{I}_1 - j\omega w_2^2 \Lambda \underline{I}_3 \end{aligned} \tag{4.58}$$

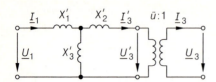

Bild 4.42
Transformiertes Ersatzschaltbild eines einphasigen Spartransformators

an. Um nun in bekannter Weise auf transformierte Größen überzugehen, wird zunächst die Übersetzung des Spartransformators für den Leerlauffall ermittelt. Dabei wird wie in Abschnitt 4.2.1.2 von der Näherung $\Lambda_{12} \approx \Lambda$ ausgegangen, also die Streuung vernachlässigt. Unter dieser Voraussetzung erhält man mithilfe der Zusammenhänge (4.58) das Ergebnis

$$\ddot{u}(I_3 = 0) = \frac{\underline{U}_{01}}{\underline{U}_{03}} \approx \frac{w_1 + w_2}{w_2} \ . \tag{4.59}$$

Für die Ströme liefert eine Kurzschlussbetrachtung den Ausdruck

$$\frac{\underline{I}_1}{\underline{I}_3} = \frac{1}{\ddot{u}} \ .$$

Es werden nun analog zu den Betrachtungen beim Volltransformator die transformierten Größen

$$\underline{U}'_3 = \ddot{u} \cdot \underline{U}_3 \ , \quad \underline{I}'_3 = \frac{\underline{I}_3}{\ddot{u}}$$

in die Beziehungen (4.58) eingeführt. Den daraus resultierenden Gleichungen kann ein T-Ersatzschaltbild mit den Reaktanzen

$$\begin{aligned} X'_1 &= \omega w_1 (w_1 - w_2)(\Lambda - \Lambda_{12}) \\ X'_2 &= \omega w_1 (w_1 + w_2)(\Lambda - \Lambda_{12}) \\ X'_3 &= \omega (w_1 + w_2)(w_2 \Lambda + w_1 \Lambda_{12}) \end{aligned} \tag{4.60}$$

zugeordnet werden (Bild 4.42). Diese Ersatzschaltung ist zwar reziprok, aber – im Unterschied zum Volltransformator – nicht mehr symmetrisch. Dies bedeutet, dass bei einem ober- und unterspannungsseitigen Kurzschluss unterschiedliche Kurzschlussreaktanzen wirksam sind, wenn der Querzweig berücksichtigt wird.

Für Spartransformatoren in Netzanlagen gilt in der Regel $\ddot{u} < 2$ – z. B. $\ddot{u} = 380$ kV/ 220 kV – und demzufolge $w_1 < w_2$. Unter dieser Voraussetzung wird die Reaktanz X'_1 negativ. Die Größen X'_2, X'_3 bleiben dagegen immer positiv. Den Beziehungen (4.60) ist ferner zu entnehmen, dass die Längsreaktanzen X'_1, X'_2 wegen $\Lambda_{12} \approx \Lambda$ erheblich kleiner sind als die Querreaktanz X'_3. Der Querzweig kann daher wiederum so lange vernachlässigt werden, wie der Magnetisierungsstrom klein im Vergleich zum Eingangsstrom ist. Die Längsreaktanzen können unter dieser Bedingung zu der Kurzschlussreaktanz

$$X_k = 2 \cdot \omega w_1^2 (\Lambda - \Lambda_{12}) \tag{4.61}$$

zusammengefasst werden, die vorteilhafterweise nur positive Werte annimmt. Das derart vereinfachte Ersatzschaltbild ist identisch mit der Schaltung in Bild 4.21. Es zeigt sich also, dass bei den praktischen Gegebenheiten die Unterschiede in den Eingangsreaktanzen zu vernachlässigen sind.

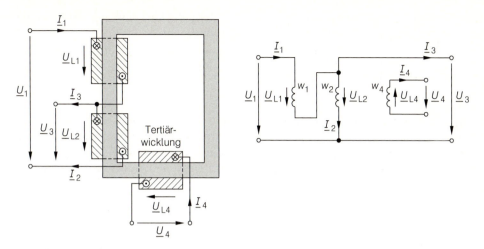

Bild 4.43
Schematischer Aufbau und Ersatzschaltbild eines Spartransformators mit induktiv angeschlossener Tertiärwicklung

In Höchstspannungsnetzen werden Spartransformatoren häufig als Dreiwicklungstransformatoren ausgeführt, die z. B. die Schaltgruppe Ya0d5 aufweisen. Dabei ist die dritte Wicklung, die auch als *Tertiärwicklung* bezeichnet wird, nur magnetisch gekoppelt (Bild 4.43). Die Herleitung des Ersatzschaltbilds erfolgt analog zu der bisherigen Vorgehensweise und wird deshalb nicht näher beschrieben. Als Resultat erhält man das gleiche Ersatzschaltbild wie beim einphasigen Volltransformator in Dreiwicklungsausführung (Bild 4.28). Für die Übersetzungen ergeben sich die Zusammenhänge

$$\ddot{u}_{12} = \frac{w_1 + w_2}{w_2} , \quad \ddot{u}_{14} = \frac{w_1 + w_2}{w_4} .$$

Bisher ist nur auf Transformatoren mit konstanter Übersetzung eingegangen worden. Im Folgenden werden Umspanner beschrieben, deren Übersetzung verändert werden kann.

4.2.5 Transformatoren mit einstellbarer Übersetzung

Die relative Kurzschlussspannung u_k lässt sich auch anschaulich interpretieren. Sie stellt ein Maß für die Verringerung der Ausgangsspannung zwischen Leerlauf und Bemessungslast dar. Diese Spannungsverringerung ist insbesondere bei höheren Spannungsebenen störend, da dort u_k-Werte von mehr als 16 % auftreten können. Abhilfe bietet eine Veränderung der Übersetzung. Dadurch kann verhindert werden, dass sich aufgrund des Spannungsabfalls im Transformator zu niedrige Spannungen an den nachgeschalteten Lasten einstellen. Das Schaltzeichen solcher Umspanner gibt Bild 4.44 wieder. Zugleich kann auf diese Weise der lastabhängige Spannungsabfall im Netz kompensiert werden.

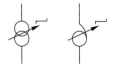

Bild 4.44
Schaltzeichen von Transformatoren mit einstellbarer Übersetzung

132   4 Aufbau und Ersatzschaltbilder der Netzelemente

Bei Transformatoren mit einstellbarer Übersetzung unterscheidet man zwischen Ausführungen mit *direkter* und *indirekter* Spannungseinstellung.

4.2.5.1 Erläuterung der direkten Spannungseinstellung

Bei Transformatoren mit direkter Spannungseinstellung wird eine der Wicklungen in eine Stamm- und eine Stufenwicklung aufgeteilt, die in Serie geschaltet sind. Dabei wird die Stufenwicklung häufig noch weiter in eine Feinstufen- und Grobstufenwicklung aufgeteilt. Bei den weiteren Betrachtungen wird vorausgesetzt, dass alle Teilwicklungen auf demselben Schenkel angeordnet sind. Im Wesentlichen liegt die Besonderheit der Stufenwicklung darin, dass sie Anzapfungen aufweist, die mit einem *Stufenschalter* verbunden sind [31]. Es handelt sich dabei um einen speziellen Schalter, mit dem unter Last ein anderer Wicklungsabgriff eingestellt werden kann. Gesteuert wird der Schalter durch einen Regler oder auch manuell. In Bild 4.45 sind der Aufbau und das Prinzipschaltbild eines solchen Umspanners skizziert. Der Begriff „direkte Spannungseinstellung" sagt aus, dass

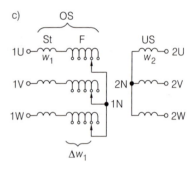
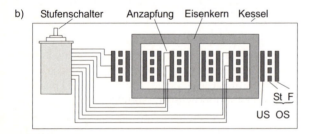

Bild 4.45
Drehstromtransformator mit Stufenschalter
a) 40-MVA-Netztransformator mit der Übersetzung 110 kV / 20 kV
 (Länge: 7,5 m; Breite: 3,0 m; Kesselhöhe: 3,9 m; Höhe mit Ölausdehnungsgefäß: 6,0 m)
b) Prinzipieller Aufbau
c) Schaltplan

die Änderungen der Übersetzung direkt an den Wicklungen des Transformators erfolgen. Abhängig von der relativen Kurschlussspannung u_k kann der Stellbereich bis zu ± 22 % der Bemessungsübersetzung betragen. Üblicherweise werden bei großen Stellbereichen maximal ± 13 Anzapfungen vorgesehen.

Die Einstellung der Windungszahl erfolgt in der Regel auf der *Oberspannungsseite*. Maßgebend dafür sind zum einen konstruktive Gründe. Meistens liegt die Oberspannungswicklung außen, sodass eine Durchführung durch die äußere Wicklung zur Unterspannungswicklung sehr aufwändig würde. Zum anderen ist zu beachten, dass in Deutschland bereits ab der 60-kV-Ebene die Oberspannungswicklungen grundsätzlich in Stern geschaltet sind. Da bei Volltransformatoren infolge des Sternpunkts jeweils eine Klemme der drei Wicklungsstränge gleiches Potenzial aufweist, kann die Veränderung der Übersetzung vorteilhafterweise mit *einem* Stufenschalter vorgenommen werden. Bei einer Dreieckschaltung fehlt ein solcher Punkt, sodass mehrere Stufenschalter erforderlich wären. Da die Unterspannungswicklungen wie z. B. bei den Maschinentransformatoren häufig in Dreieck geschaltet sind, würde sich eine unterspannungsseitige Einstellung der Übersetzung verteuern. Für oberspannungsseitige Anzapfungen spricht weiterhin der Umstand, dass dort die Ströme kleiner und daher von einem Stufenschalter leichter beherrschbar sind.

Bei Verteilungstransformatoren sind die u_k-Werte mit ca. 5 % niedriger, sodass sich kleinere und damit tragbare Spannungsabsenkungen ergeben. Um langfristige Änderungen z. B. in den Lastverhältnissen auffangen zu können, setzt man für kleinere Einstellungsbereiche die billigeren *Umsteller* ein. Im Unterschied zum Stufenschalter dürfen diese Umsteller nur im ausgeschalteten Zustand betätigt werden.

Bei Transformatoren mit einstellbarer Übersetzung gilt unabhängig davon, ob ein Stufenschalter oder Umsteller eingesetzt ist, der Zusammenhang

$$\ddot{u} = \frac{w_1 \pm \Delta w_1}{w_2} = \frac{\tilde{w}_1}{w_2} . \tag{4.62}$$

Für jede eingestellte Übersetzung kann dann in der bekannten Weise ein einphasiges Ersatzschaltbild angegeben werden, das z. B. für den Wicklungsstrang U in Bild 4.46 dargestellt ist. Darin ist die Kurzschlussreaktanz wieder durch die magnetischen Leitwerte Λ und Λ_{12} beschrieben. Nachteilig ist an diesem Ersatzschaltbild, dass sogar bei konstanten Werten für Λ und Λ_{12} eine veränderliche Reaktanz auftritt. Dieser Mangel lässt sich beseitigen, indem man die Reaktanz auf die Unterspannung bezieht. Zu diesem Zweck wird der Maschenumlauf

$$-\underline{U}_{1\mathrm{UN}} + \frac{\underline{I}_{2\mathrm{U}}}{\ddot{u}} \cdot \mathrm{j}\,\omega \cdot 2\tilde{w}_1^2 (\Lambda - \Lambda_{12}) + \ddot{u}\underline{U}_{2\mathrm{UN}} = 0$$

mit dem Faktor $1/\ddot{u}$ transformiert. Die daraus resultierende Beziehung

$$-\underline{U}_{1\mathrm{UN}} \cdot \frac{w_2}{w_1 \pm \Delta w_1} + \mathrm{j}\,\omega \cdot 2w_2^2 (\Lambda - \Lambda_{12})\underline{I}_{2\mathrm{U}} + \underline{U}_{2\mathrm{UN}} = 0$$

kann wiederum als Ersatzschaltbild interpretiert werden (Bild 4.47).

Die Kurzschlussreaktanz ist in dieser Ersatzschaltung auf die Bemessungsspannung derjenigen Wicklung bezogen, deren Windungszahl unverändert bleibt – in diesem Fall w_2. Die Reaktanz weist deshalb unter der Voraussetzung eines konstanten Streuleitwerts $(\Lambda-\Lambda_{12})$ trotz der einstellbaren Übersetzung einen konstanten Wert auf. Es ist jedoch zu beachten, dass bei der Übersetzung des zusätzlich vorhandenen idealen Umspanners (Bild 4.47)

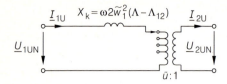

Bild 4.46
Ersatzschaltbild für einen Umspanner mit Stufenschalter (veränderliche Kurzschlussreaktanz)

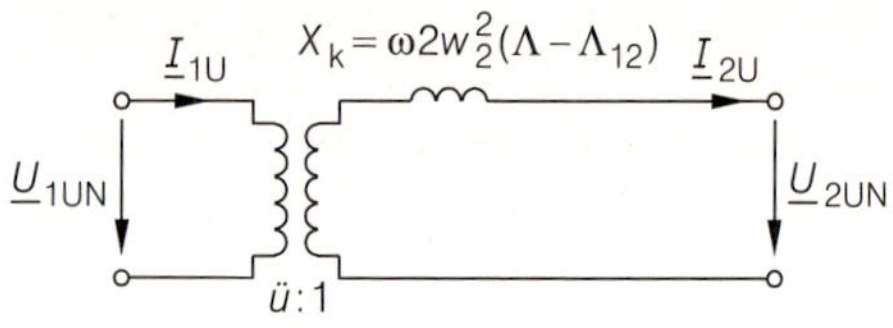

Bild 4.47
Ersatzschaltbild mit konstanter Kurzschlussreaktanz

stets die *tatsächlich vorhandene Einstellung* einzusetzen ist. Falls diese Übersetzung nicht dem Quotienten der Netznennspannungen entspricht, ist die Impedanzumrechnung mit dem vollständigen Verfahren durchzuführen, das in Abschnitt 4.2.1.3 beschrieben ist (Bild 4.24). Bei größeren Änderungen in der Übersetzung ändert sich auch der Streuleitwert merklich [42]. Es ist dann der jeweils zugehörige Wert in der Rechnung zu verwenden, der vom Hersteller zu erfahren ist.

Erwähnt sei noch, dass durch die zusätzliche Stufenwicklung weitere Wicklungsinduktivitäten und Teilkapazitäten entstehen. Dadurch erhöht sich die Anzahl der unabhängigen Energiespeicher. Als Folge davon bilden sich zahlreiche Eigenschwingungen aus, die im Vergleich zu Transformatoren ohne Stufenwicklung andere Frequenzwerte aufweisen.

Bisher sind nur Transformatoren mit einer direkten Spannungseinstellung beschrieben worden. Daneben wird auch noch eine *indirekte Spannungseinstellung* angewendet, die u. a. einen besonders großen Einstellungsbereich ermöglicht.

4.2.5.2 Erläuterung der indirekten Spannungseinstellung

Durch eine indirekte Spannungseinstellung lässt sich nicht nur die *Höhe* der Ausgangsspannung, sondern auch ihre *Phasenlage* in Bezug auf die Eingangsspannung verändern. Aufbau und Wirkungsweise eines solchen Betriebsmittels werden im Folgenden an einer Drehstrombank erläutert, die im Höchstspannungsbereich für diese Zwecke eingesetzt wird. Ihre Funktion lässt sich besonders gut anhand des Leerlaufbetriebs erklären, der im Weiteren vorausgesetzt wird.

Eine Drehstrombank setzt sich bekanntlich aus drei Einphasentransformatoren zusammen (s. Abschnitt 4.2.3). Sie bestehen jeweils aus einem *Haupt-* sowie einem *Zusatztransformator*, die entsprechend Bild 4.48 verschaltet sind. Bei dem Haupttransformator handelt es sich um einen einphasigen Spartransformator mit einer induktiv angekoppelten Tertiärwicklung (s. Abschnitt 4.2.4.2 und Bild 4.43). Für den einphasigen Zusatztransformator wird dagegen ein Zweiwicklungsumspanner mit variabler Übersetzung verwendet.

Die Parallelwicklungen der drei Haupttransformatoren sind untereinander in Stern geschaltet, die Tertiärwicklungen in Dreieck. Als Schaltgruppe wird Ya0d5 gewählt. Infolgedessen ist auf der Dreieckseite des Spartransformators die fiktive Sternspannung $\underline{U}_{3R}$ im Vergleich zur oberspannungsseitigen Eingangsspannung $\underline{U}_{b1R}$ bzw. zur phasengleichen Ausgangsspannung $\underline{U}_{22R}$ um 150° nach rechts gedreht (s. Abschnitt 4.2.3.3). Für den Leiter R sind die Verhältnisse im Zeigerdiagramm des Bilds 4.48 veranschaulicht. Zugleich ist daraus zu ersehen, dass mit der Wahl der Schaltgruppe auch die Lage der Dreieckspannungen $\underline{U}_{3RS}$, $\underline{U}_{3ST}$, $\underline{U}_{3TR}$ bestimmt ist. Ihr Betrag ergibt sich jeweils zu $w_3/(w_1 + w_2) \cdot U_{b1}/\sqrt{3}$.

4.2 Leistungstransformatoren

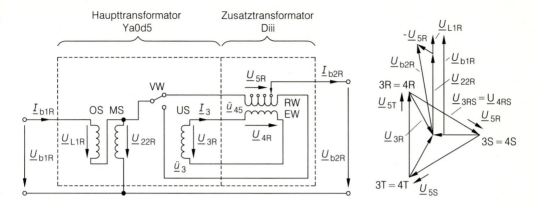

Bild 4.48
Einphasige Darstellung eines Transformatorensatzes mit indirekter Spannungseinstellung (Schrägeinstellung) und zugehöriges Zeigerdiagramm für den Leiter R im Leerlauffall

Gemäß Bild 4.48 ist die Tertiärwicklung über den Zwischenkreis direkt mit der in Dreieck geschalteten Erregerwicklung (EW) des Zusatzumspanners galvanisch verbunden, sodass $\underline{U}_{4RS} = \underline{U}_{3RS}$, $\underline{U}_{4ST} = \underline{U}_{3ST}$ und $\underline{U}_{4TR} = \underline{U}_{3TR}$ gilt. Dementsprechend überträgt die Reihenwicklung (RW) des Zusatztransformators diese Spannungen auch phasengleich in den Hauptstrompfad. Der Betrag der dort induzierten Spannungen $\underline{U}_{5R}$, $\underline{U}_{5S}$, $\underline{U}_{5T}$ lässt sich mithilfe der variablen Übersetzung $(w_5 + \Delta w_5)/w_4$ verändern. Die Ausgangsklemmen des Haupttransformators werden nun so mit der Reihenwicklung des Zusatzumspanners verbunden, dass sich die Ausgangsspannungen $\underline{U}_{22R}$, $\underline{U}_{22S}$, $\underline{U}_{22T}$ jeweils mit den Längsspannungen $-\underline{U}_{5R}$, $-\underline{U}_{5S}$ und $-\underline{U}_{5T}$ überlagern. Wie aus dem Zeigerdiagramm in Bild 4.48 zu erkennen ist, ändert sich dadurch die resultierende Ausgangsspannung $\underline{U}_{b2R}$ in *Betrag und Phase*, wenn die Übersetzung des Zusatzumspanners variiert wird. Mit dem in Bild 4.48 eingezeichneten Vorwähler VW kann die an einem Ende offene Reihenwicklung umgepolt und somit die Zusatzspannung $-\underline{U}_{5R}$ nochmals um 180° gedreht werden. Dadurch lassen sich auch negative Phasenwinkel einstellen.

Bei der beschriebenen Ausführung in Bild 4.48 ist die Zusatzspannung $-\underline{U}_{5R}$ gegenüber der Eingangsspannung $\underline{U}_{b1R}$ um 60° phasenverschoben. Solche Systeme werden als *Transformatoren mit Schrägeinstellung* bezeichnet. Durch die Wahl anderer Schaltgruppen lässt sich $-\underline{U}_{5R}$ auch um 90° gegen $\underline{U}_{b1R}$ drehen. Dann ist der Begriff *Transformator mit Quereinstellung* üblich. Gemäß Bild 4.48 könnte man auch gleichphasig verlaufende Spannungen $\underline{U}_{b1R}$ und $-\underline{U}_{5R}$ überlagern. Dann wirkt das Umspannersystem nur noch wie ein Transformator mit direkter Spannungseinstellung.

In der gewohnten Weise können die einzelnen Komponenten solcher Transformatorsysteme durch die jeweils zugehörigen Ersatzschaltbilder von Zwei- und Dreiwicklungstransformatoren beschrieben werden, die untereinander zu verbinden sind. Von den Klemmen des Gesamtsystems aus können dann über eine Tordarstellung mithilfe der Eingangs- und Übertragungsimpedanzen noch kompaktere Ersatzschaltbilder angegeben werden [43].
Einen wichtigen Anwendungsfall für eine Quer- bzw. Schrägeinstellung zeigt Bild 4.49. In dem Beispiel seien zwei lange Freileitungen in unterschiedlichen Spannungsebenen parallel geschaltet. Bei langen Leitungen wird meist ein verlustminimaler Betrieb angestrebt. Dieser liegt nur dann vor, wenn die Leitungen im umgekehrten Verhältnis ihrer ohmschen Widerstände ausgelastet werden. Die Leistungsaufteilung wird bei langen Leitungen jedoch nicht von den ohmschen Widerständen, sondern von den größeren Induktivitäten

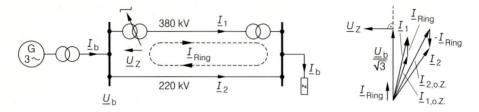

Bild 4.49
Steuerung der Leistungsaufteilung durch einen Transformator mit Quereinstellung
Index o.Z.: Ohne Zusatzspannung

bestimmt. Deren Werte weichen zum einen durch verschiedene Leitungslängen voneinander ab, zum anderen auch dadurch, dass die Abstände zwischen den Leitern von der Höhe der jeweiligen Netznennspannung abhängen (s. Abschnitt 4.5).
Man kann auch bei diesen Gegebenheiten eine verlustminimale Auslastung erreichen, wenn ein Transformator mit Schräg- oder Quereinstellung verwendet wird. Der Zusatztransformator erzeugt eine phasenverschobene Zusatzspannung $\underline{U}_Z$, die einen Ringstrom bewirkt. Der Ringstrom überlagert sich den Leitungsströmen $\underline{I}_{1o.Z.}$ und $\underline{I}_{2o.Z.}$, die *ohne Zusatzspannung* fließen würden. In dem Beispiel wird dadurch die Auslastung der 380-kV-Leitung erhöht, während sie bei der 220-kV-Leitung sinkt. Eine ähnliche Aufgabe stellt sich bei Energieversorgungsunternehmen, die über mehr als eine Kuppelleitung verbunden sind (s. Abschnitt 3.2.3). Dort werden mit derartigen Transformatoren die Austauschleistungen über die Kuppelleitungen gesteuert. Diese Ausführungen zeigen, dass eine Änderung der Übersetzung stets auch zu einer anderen Leistungsaufteilung in dem Ring führt.

4.2.5.3 Leistungsverhältnisse bei Umspannern mit einstellbaren Übersetzungen

Die über einen Transformator transportierte Wirk- und Blindleistung ist sowohl von dem Betrag der anliegenden Spannungen als auch von der eingestellten Übersetzung $ü$ abhängig. Um die prinzipiellen Zusammenhänge zu erkennen, wird auf zwei unterschiedliche Modelle eingegangen.

Kupplung von zwei Netzen mit starrer Spannung

Als erstes Modell wird ein verlustloser Umspanner T_1 mit Stufenschalter betrachtet, der als Kupplungstransformator zwischen *zwei starren Netzen* eingesetzt sei (Bild 4.50). Ein starres Netz ist dadurch gekennzeichnet, dass es unbegrenzt Wirk- und Blindleistung abgeben oder aufnehmen kann, ohne den Betrag der Spannung oder die Frequenz zu ändern. Diese Annahme trifft bei räumlich begrenzten Netzen mit zahlreichen Einspeisungen recht gut zu. Durch die Voraussetzung starrer Netze ist die Betriebsspannung auf beiden Seiten des Umspanners T_1 als konstant anzusehen. Es ergibt sich dann das Ersatzschaltbild 4.51.
Bekanntlich lassen sich die Wirk- und die Blindleistung, die im Drehstromnetz über den Transformator transportiert werden, aus der komplexen Sternspannung $\underline{U}_{b2}/\sqrt{3}$ und dem

4.2 Leistungstransformatoren

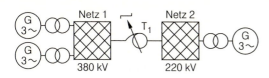

Bild 4.50
Netzkupplung über einen
380/220-kV-Transformator mit
einstellbarer Übersetzung

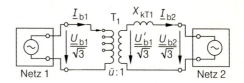

Bild 4.51
Ersatzschaltbild der Anlage in Bild 4.50
(ESB des Transformators setzt konstanten
Leitwert der Streureaktanz voraus)

ebenfalls komplexen Leiterstrom $\underline{I}_{b2}$ gemäß der Beziehung

$$\underline{S} = P + jQ = 3 \cdot \frac{\underline{U}_{b2}}{\sqrt{3}} \cdot \underline{I}_{b2}^* \qquad (4.63)$$

ermitteln [44]. Mithilfe der transformierten Spannung

$$\frac{\underline{U}'_{b1}}{\sqrt{3}} = \frac{1}{\underline{\ddot{u}}} \cdot \frac{\underline{U}_{b1}}{\sqrt{3}}$$

kann ferner aus der Schaltung in Bild 4.51 der Zusammenhang

$$\underline{I}_{b2} = \frac{(\underline{U}'_{b1}/\sqrt{3}) - (\underline{U}_{b2}/\sqrt{3})}{jX_{kT1}} \qquad (4.64)$$

abgelesen werden. Setzt man diesen Ausdruck in die Beziehung (4.63) ein und legt die Spannung $\underline{U}_{b2}/\sqrt{3}$ in die reelle Achse (Bild 4.52), so lässt sich die Gl. (4.63) in die Gestalt

$$\underline{S} = 3 \cdot \frac{U_{b2}}{\sqrt{3}} \cdot \left(\frac{U'_{b1}(\cos\varphi_U + j\sin\varphi_U) - U_{b2}}{\sqrt{3} \cdot jX_{kT1}} \right)^*$$

überführen. Eine weitere Umformung liefert den Zusammenhang

$$\underline{S} = \underbrace{\frac{U'_{b1}U_{b2}}{X_{kT1}} \sin\varphi_U}_{P} + j\underbrace{\frac{U'_{b1}U_{b2}\cos\varphi_U - U_{b2}^2}{X_{kT1}}}_{Q} . \qquad (4.65)$$

Um zu erkennen, wie die übertragene Wirk- und Blindleistung voneinander abhängen, wird zunächst der Phasenwinkel φ_U eliminiert. Dazu werden die Beziehungen

$$P^2 = \left(\frac{U'_{b1}U_{b2}}{X_{kT1}}\right)^2 \cdot \sin^2\varphi_U$$

und

$$\left(Q + \frac{U_{b2}^2}{X_{kT1}}\right)^2 = \left(\frac{U'_{b1}U_{b2}}{X_{kT1}}\right)^2 \cdot \cos^2\varphi_U$$

mit der Aussage

$$\sin^2\varphi_U + \cos^2\varphi_U = 1$$

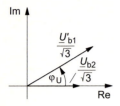

Bild 4.52
Spannungsverhältnisse am Umspanner

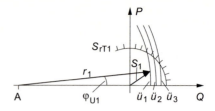

Bild 4.53
Ortskurve $P(Q)$ für verschiedene Übersetzungen

zu dem Ausdruck

$$P^2 + \left(Q + \frac{U_{b2}^2}{X_{kT1}}\right)^2 = \left(\frac{U'_{b1} U_{b2}}{X_{kT1}}\right)^2 \tag{4.66}$$

verknüpft. Die Gl. (4.66) beschreibt für die Variablen P und Q einen Kreis mit dem Radius

$$r = \frac{U'_{b1} U_{b2}}{X_{kT1}} = \frac{1}{\underline{ü}} \cdot \frac{U_{b1} U_{b2}}{X_{kT1}}$$

um den auf der Q-Achse liegenden Mittelpunkt mit

$$A = -\frac{U_{b2}^2}{X_{kT1}} \; .$$

Bild 4.53 zeigt diese Ortskurve für verschiedene Einstellungen

$$|\underline{ü}_1| > |\underline{ü}_2| > |\underline{ü}_3|$$

der Übersetzung. Wie man aus diesem Bild ersehen kann, ist bei starren Netzen der Blindleistungsfluss nahezu konstant, wenn die Übersetzung sich nicht ändert. Der Wirkleistungsfluss passt sich dabei den jeweiligen Last- bzw. Einspeiseverhältnissen an, die in den Netzen vorliegen. Ein Maß für den jeweiligen Wirkleistungsfluss ist der Phasenwinkel φ_U. Eine Variation von $|\underline{ü}|$ beeinflusst dagegen die Blindleistung Q. Bei starren Netzen wird also über die Einstellung der *Übersetzung* im Wesentlichen die *Blindleistung* gesteuert. Der zulässige Bereich wird durch die Bemessungsleistung des Transformators begrenzt:

$$S = \sqrt{P^2 + Q^2} \leq S_{rT1} \; .$$

Ganz andere Verhältnisse ergeben sich bei der Speisung eines passiven Netzes.

Speisung eines passiven Netzes

Als zweites Modell wird die Anlage in Bild 4.54 untersucht. Eine solche Netzanlage liegt in der Praxis üblicherweise bei der Speisung von Mittelspannungsnetzen aus einem Umspannwerk vor; die Last kann dabei in erster Näherung durch eine Impedanz nachgebildet werden. Das Ersatzschaltbild dieser Anordnung ist in Bild 4.55 dargestellt. Wie daraus zu ersehen ist, kann nicht mehr von einer konstanten Spannung U_{b2} ausgegangen werden, da diese von $\underline{U}'_{b1}$ und $\underline{Z}_2$ abhängt. Für die Leistungsverhältnisse an der Stelle A erhält

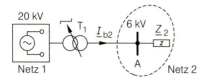

Bild 4.54
Speisung eines Mittelspannungsnetzes über einen Umspanner mit veränderlicher Übersetzung

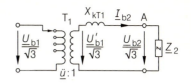

Bild 4.55
Ersatzschaltung der Anlage in Bild 4.54

man mithilfe der Beziehung

$$I_{b2} = \frac{U_{b2}/\sqrt{3}}{Z_2} = \frac{U'_{b1}/\sqrt{3}}{jX_{kT1} + Z_2}$$

und des Ausdrucks (4.63) den Zusammenhang

$$\underline{S} = 3 \cdot \frac{\underline{Z}_2 \cdot \underline{U}'_{b1}/\sqrt{3}}{jX_{kT1} + \underline{Z}_2} \cdot \left(\frac{\underline{U}'_{b1}/\sqrt{3}}{jX_{kT1} + \underline{Z}_2}\right)^*.$$

Mit der Abkürzung

$$Z_g = |jX_{kT1} + \underline{Z}_2|$$

resultiert daraus

$$\underline{S} = \frac{|\underline{U}'_{b1}|^2}{|jX_{kT1} + \underline{Z}_2|^2} \cdot \underline{Z}_2 = \frac{U'^2_{b1}}{Z_g^2} \underline{Z}_2 \,.$$

Für die Wirk- und Blindleistung ergeben sich damit die Zusammenhänge

$$P = \frac{U'^2_{b1}}{Z_g^2} \cdot \text{Re}\{\underline{Z}_2\} \sim \frac{1}{\ddot{u}^2} \,, \quad Q = \frac{U'^2_{b1}}{Z_g^2} \cdot \text{Im}\{\underline{Z}_2\} \sim \frac{1}{\ddot{u}^2} \,. \tag{4.67}$$

Bei einer Veränderung von $|\ddot{u}|$ besteht somit für konstante Lasten $\underline{Z}_2$ ein linearer Zusammenhang $P(Q)$; es ändern sich also Wirk- und Blindleistung zugleich. In der Praxis ist diese Beziehung in der Regel nichtlinear, da die Last üblicherweise von der Spannung abhängt (s. Abschnitt 4.7).

Für eine Vielzahl der bestehenden Netze treffen beide Modelle nur bedingt zu. Sie ermöglichen jedoch ohne aufwändige Rechnungen eine grobe Orientierung darüber, wie sich die Netzleistungen bei Änderungen der Übersetzung verhalten.

Neben den bisher behandelten Leistungstransformatoren gibt es noch eine Reihe von Spezialausführungen wie z. B. Gleichrichter-, HGÜ-, Ofen-, Lokomotiv- und Prüftransformatoren. Ferner werden spezielle Transformatoren – so genannte induktive Wandler – auch für Messzwecke eingesetzt.

4.3 Messwandler

Bei Messwandlern handelt es sich um Betriebsmittel, mit denen Spannungen und Ströme auf bequem zu handhabende, meist genormte Werte möglichst linear transformiert werden. An die Wandler werden u. a. Messgeräte sowie Schutzeinrichtungen (s. Abschnitt

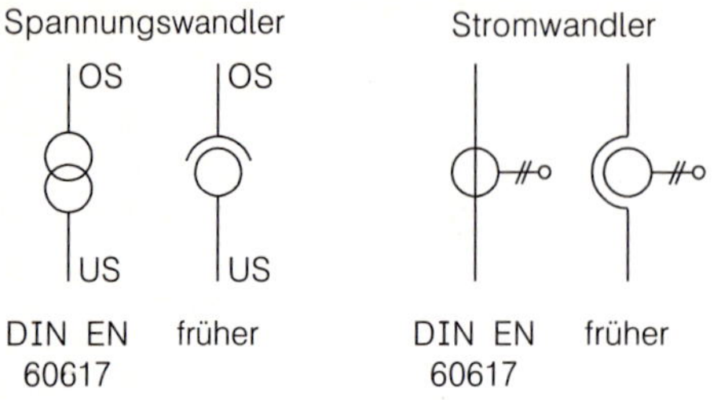

Bild 4.56
Schaltzeichen von Spannungs- und Stromwandlern gemäß DIN EN 60617 sowie früher übliche Darstellung

4.13) angeschlossen. Sie werten die transformierten Netzgrößen messtechnisch aus. Der Eigenverbrauch der Messinstrumente sowie der Anschlussleitungen stellt die Last dar, die beim Wandler auch als *Bürde* bezeichnet wird. Die zugehörige Impedanz wird mit Z_B gekennzeichnet; die Leistungsaufnahme liegt meist zwischen 5 VA und 300 VA.

Abhängig davon, welche elektrische Größe übertragen wird, unterscheidet man zwischen *Spannungs-* und *Stromwandlern*, deren Schaltzeichen Bild 4.56 zu entnehmen sind. Zunächst wird auf Spannungswandler eingegangen. Eine detaillierte Darstellung über Gestaltung und Ersatzschaltbilder ist [30] zu entnehmen, sodass an dieser Stelle eine orientierende Betrachtung ausreicht.

4.3.1 Spannungswandler

Im Inland werden überwiegend *induktive Wandler* eingesetzt. Grundsätzlich handelt es sich dabei um *einphasig* ausgeführte Transformatoren mit zwei oder drei Wicklungen. Induktive Wandler gewährleisten eine Potenzialtrennung, die im Hinblick auf den Schutz von Menschen sehr vorteilhaft ist.

An der äußeren, der *Primärwicklung*, fällt die zu messende Stern- oder Außenleiterspannung ab. Je nach Art der anliegenden Spannung ist der Wandler mit einem oder zwei Anschlüssen bzw. Polen auszuführen, die gegen Erde isoliert sind. Dementsprechend spricht man von *ein-* bzw. *zweipoligen* Wandlerausführungen. Ab 30 kV werden überwiegend einpolige Wandler eingesetzt. Die Sekundärwicklung, die meist nur aus 1...3 Lagen besteht, wird so dimensioniert, dass einheitlich im Bemessungsbetrieb an den Ausgangsklemmen 100 V bzw. $100/\sqrt{3}$ V auftreten. Zusätzlich wird häufig eine dritte Wicklung, die *e-n-Wicklung*, angebracht, die wie die Sekundärwicklung nur aus wenigen Lagen besteht.

Bei Mittelspannungswandlern sind diese Wicklungen sowie der Eisenkern üblicherweise in Gießharz vergossen (Bild 4.57a). Im Unterschied dazu befindet sich dieser aktive Teil bei Hoch- und Höchstspannungswandlern in einem Gehäuse, das mit Öl gefüllt ist (Bild 4.57b); zwischen den Lagen der Primärwicklung besteht die Isolierung aus Ölpapier. Es wird jeweils außen um die darüber liegenden Wicklungen geschlagen. Auf diese Weise wird vor allem die oberste Lage mit ihrem hohen Netzspannungspotenzial durch eine dicke Schicht aus Ölpapier gegen das geerdete Gehäuse und den geerdeten Eisenkern geschützt. Dadurch sind auch die tiefer liegenden Lagen mit den niedrigeren Spannungspotenzialen gegen den Eisenkern isoliert.

Über eine Kondensatordurchführung wird die oberste Lage mit dem Hochspannungsanschluss am Kopf verbunden. Wie die Lagenisolierung der Spulen besteht auch der Wickel der Durchführung aus Ölpapier, in dem Schirme zur Steuerung des elektrischen Felds eingewickelt sind. Ein Porzellanüberwurf, der ebenfalls mit Öl gefüllt ist, schützt die Isolierung vor Feuchtigkeit von außen.

4.3 Messwandler

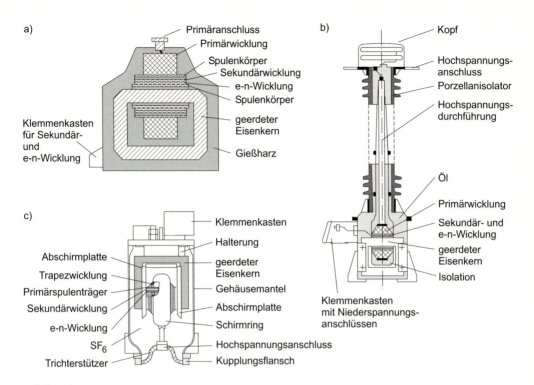

Bild 4.57
Aufbau von einpolig isolierten Spannungswandlern
a) Gießharzwandler 24 kV (Höhe ca. 0,3 m, Länge ca. 0,35 m, Breite ca. 0,2 m)
b) Ölwandler 245 kV (Höhe ca. 3,5 m, Ø ca. 0,6 m)
c) SF_6-Modul für einpolig gekapselte 123-kV-Anlagen (Höhe ca. 0,75 m, Ø ca. 0,4 m)

Bei Spannungswandlerausführungen für gasisolierte metallgekapselte Schaltanlagen (s. Abschnitt 4.11.2.2) ist der prinzipielle Aufbau des aktiven Teils ähnlich (Bild 4.57c). Wiederum sitzen die Wicklungen auf einem geblechten, geerdeten Eisenkern. Dieser befindet sich in einem Gehäuse, das nun allerdings SF_6-Gas als Isolierung aufweist. Aufgrund des fehlenden Öls wird eine Kunststofffolie als Isolierstoff zwischen den Lagen gewählt. Diese wird nicht umgeschlagen. Um Feldkonzentrationen auf der obersten Lage zu vermeiden, wird – wie beim Transformator – ein Schirmring aufgesetzt. Die darunter liegenden Wicklungen sind sehr ähnlich aufgebaut wie bei dem Ölwandler in Bild 4.57b. Auf den Kanten des Eisenkerns könnten sich ebenfalls Feldspitzen ausbilden. Zum Schutz dagegen werden seitlich von der Wicklung Abschirmplatten angebracht. Über einen Anschlussbolzen kann das gesamte Spannungswandlermodul mit einem weiteren Segment der SF_6-Schaltanlage verbunden werden. Ein Trichterstützer aus Epoxidharz trennt den SF_6-Gasraum des Wandlers von dem Gasraum des anschließenden Moduls ab.

Meist interessieren die Sternspannungen aller drei Leiter. Für die Messung werden dann drei Wandler benötigt, deren Schaltung in Bild 4.58 skizziert ist. Sofern die drei Wandler jeweils über eine e-n-Wicklung verfügen, werden diese Wicklungen im Dreieck geschaltet. Dadurch können zum einen spezielle Fehler erfasst werden; zum anderen lässt sich durch das Einfügen eines Widerstands R_d auch Ferroresonanz abdämpfen (s. Kapitel 11). Wie aus Bild 4.58 weiterhin hervorgeht, ist bei einer einpoligen Ausführung die primärseitige Wicklung stets zu erden. Für die Sekundärwicklung ist diese Maßnahme erst ab

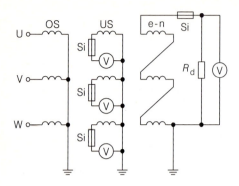

Bild 4.58
Schaltbild von drei Spannungswandlern mit
e-n-Wicklung in einem Drehstromnetz
Si: Sicherung;
R_d: Dämpfungswiderstand

Bemessungsspannungen von 3 kV vorgeschrieben.
Spannungswandler werden im Hinblick auf ihre Genauigkeit in Klassen eingeteilt. Die Genauigkeitsklassen 0,1 und 0,2 sowie 0,5 sind für genaue Messungen, die Klassen 1 und 3 für Betriebsmessungen vorgesehen. Mit der Klassenzugehörigkeit ist festgelegt, welche Übertragungsfehler beim Bemessungsbetrieb maximal auftreten dürfen (s. DIN VDE 0414 Teil 1). Die dort angegebenen Übertragungseigenschaften sind jedoch nur dann vorhanden, wenn es sich um eine 50-Hz-Netzspannung handelt, die sich in bestimmten Grenzen bewegt. Überwiegend liegt der Bereich bei Spannungswandlern für *Messzwecke* bei $(0{,}8\ldots1{,}2)\cdot U_\mathrm{r}$. Für die seltener eingesetzten Spannungswandler für *Schutzzwecke* ist jedoch ein wesentlich größerer Spannungsbereich vorgeschrieben. Darüber hinaus muss bei Spannungswandlern die Bürde Z_B so bemessen sein, dass vom Wandler eine Scheinleistung im Bereich $(0{,}25\ldots1)\cdot S_\mathrm{r}$ aufgenommen wird.

Neben der Spannungs- ist auch eine Frequenzabhängigkeit zu beachten. Signale, deren Frequenzspektrum im Bereich bis $1\ldots2$ kHz liegt, werden bei Mittelspannungswandlern meistens auch noch gut übertragen. Für Hochspannungswandler kann sich diese Grenze auf einige 100 Hz erniedrigen. Bei Spannungswandlern verschiebt sich nämlich das Eigenfrequenzspektrum mit wachsender Bemessungsspannung zu geringeren Frequenzen hin [45]. Erwähnt sei, dass bei Transformatoren durchaus entgegengesetzte Tendenzen auftreten können.

Bei Spannungswandlern dürfen im Sekundärkreis Sicherungen (s. Abschnitt 4.13) eingebaut werden. Sie vermeiden, dass Kurzschlüsse Schäden verursachen. Da sie jedoch zu einem weiteren ohmschen Widerstand führen, ist zu prüfen, ob dies im Einzelfall zulässig ist.

Neben den induktiven sind auch kapazitive Wandler in Betrieb. Durch einen kapazitiven Teiler wird die Spannung auf das gewünschte Maß verringert. Diese Spannung wird dann entweder einem induktiven Mittelspannungswandler oder einer weiterverarbeitenden Elektronik zugeführt. Diese Wandlertypen sind für Betriebsmessungen im Bereich der Hoch- und Höchstspannung meist kostengünstiger herzustellen.

4.3.2 Stromwandler

Stromwandler stellen prinzipiell ebenfalls *Einphasen*transformatoren dar. Im Gegensatz zu Spannungswandlern wird der Stromwandler primärseitig in den Hauptstrompfad gelegt, also direkt von Netzströmen durchflossen. Anstelle der Netzspannung wird der Strom eingeprägt. Bild 4.59a zeigt den prinzipiellen Aufbau eines Stromwandlers: Die Primärwicklung wird durch einen Leiter gebildet, der von einem bewickelten Ringkern umgeben

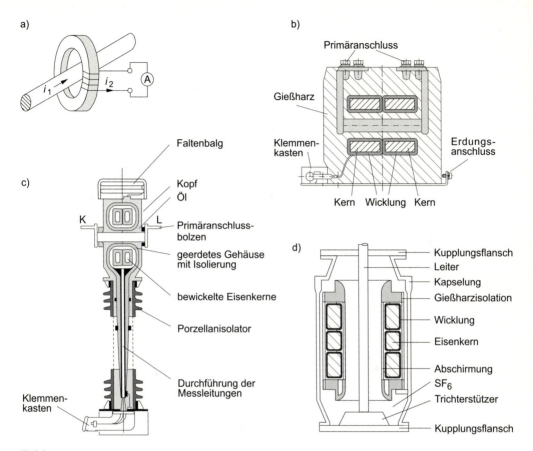

Bild 4.59
Aufbau von Stromwandlern
a) Prinzipieller Aufbau
b) Innenraum-Stromwandler für 24 kV (Höhe ca. 0,29 m, Ø ca. 0,28 m)
c) Freiluft-Kopfstromwandler für 123 kV (Höhe ca. 2,2 m, Ø ca. 0,6 m)
d) SF_6-Modul für einpolig gekapselte 123-kV-Anlagen (Höhe ca. 0,9 m, Ø ca. 0,45 m)

ist. In der Sekundärwicklung entsteht dann ein zum Leiterstrom proportionaler Strom. Die technische Realisierung dieses Messprinzips ist in Bild 4.59 an drei verschiedenen Stromwandlerbauarten veranschaulicht. Besonders deutlich ist es an dem einfach aufgebauten 24-kV-Stromwandler in Bild 4.59b zu erkennen. Bei dieser Innenraumausführung für große Ströme sind die Eisenkerne mit der Sekundärwicklung in Gießharz eingegossen. Etwas komplizierter ist der 123-kV-Kopfstromwandler in Bild 4.59c aufgebaut. Es handelt sich um eine Freiluftausführung, bei der sich der eigentliche Wandler in einem mit Öl gefüllten Gehäuse im Kopf befindet, der durch einen Faltenbalg abgeschlossen ist. Dabei sind die bewickelten Eisenkerne in einem weiteren, geerdeten Blechgehäuse untergebracht. Dieses ist mit Ölpapier gegen das Netzspannungspotenzial des Leiters isoliert. Das Blechgehäuse ist mit einer Kondensatordurchführung verbunden. Sie ermöglicht die Weiterleitung der Sekundärströme in den Klemmenkasten.
Bei Freiluftausführungen werden häufig – z. B. aus Platzgründen – Strom- und Spannungswandler gemeinsam in einem Gehäuse untergebracht: Der Stromwandler im Kopf und der Spannungswandler im unteren Teil. Diese Bauart wird dann als Kombiwandler

bezeichnet.

Im Unterschied zu den bisher beschriebenen Ausführungen werden Stromwandler für gasisolierte metallgekapselte Schaltanlagen in die Kapselung integriert (s. Abschnitt 4.11.2.2). Dabei werden die bewickelten Eisenkerne in einer Halterung aus Epoxidharz angeordnet, die zusammen mit dem SF_6-Gas die Isolierung gegen den Stromleiter bilden (Bild 4.59d). Dieser ist in zwei Stützern gelagert, die zugleich den Gasraum des Wandlermoduls abschotten. Einer dieser Stützer gehört bereits zum anschließenden Modul.

Nach DIN VDE 0414 Teil 2 sind Stromwandler so zu dimensionieren, dass im Bemessungsbetrieb sekundärseitig ein Bemessungsstrom von 1 A bzw. 5 A auftritt. Die Transformation der Netzströme in diesen Bereich erfordert auf der Sekundärseite eine relativ geringe Anzahl von Windungen. Deshalb ist auch der Einfluss der Streuinduktivitäten und Eigenkapazitäten kleiner als beim Spannungswandler. Die Übertragungseigenschaften sind daher erheblich besser. Naturgemäß wird die Linearität wiederum durch Wirbelstromeffekte sowie die Nichtlinearität des Magnetisierungsverhaltens begrenzt.

Bei Stromwandlern ist die Bürde, z. B. ein Amperemeter, sehr niederohmig. Aufgrund dessen darf, wie die folgenden Überlegungen zeigen, im Unterschied zum Spannungswandler keine sekundärseitige Absicherung erfolgen: Ein Durchschmelzen der Sicherung würde zu einer offenen Sekundärklemme führen. In dem dann vorliegenden Leerlauffall würden die eingeprägten Netzströme nicht mehr durch die Streuinduktivitäten und die niederohmige Bürde, sondern durch die vergleichsweise große Hauptinduktivität fließen (Bild 4.20). Es würde dann ein großer Spannungsabfall an den Ausgangsklemmen auftreten, für den die Wandler normalerweise nicht ausgelegt sind. Weiterhin entstünde im Eisen ein starkes Feld, da sekundärseitig keine Gegenströme vorhanden sind. Überhitzung und ein eventueller Eisenbrand wären die Folge.

Im Bemessungsbetrieb liegen die zu messenden Netzströme üblicherweise bei einigen hundert Ampere, die Kurzschlussströme können dagegen Werte bis zu ca. 80 kA annehmen. Mit einem einzigen Eisenkern lässt sich dieser große Bereich nicht erfassen, da sich die Nichtlinearitäten der Magnetisierungskennlinie bemerkbar machen. Diesen Gegebenheiten angepasst, bestimmt man die Betriebsströme mit *Stromwandlern für Messzwecke*, die Kurzschlussströme dagegen mit *Stromwandlern für Schutzzwecke*. Die unterschiedlichen Eisenkerne können auch in demselben Wandlergehäuse untergebracht sein; dabei *weisen die Kerne der Wandler für Schutzzwecke einen größeren Eisenquerschnitt auf* (Bild 4.59d).

Ähnlich wie bei den Spannungswandlern werden die Stromwandler für Messzwecke in Genauigkeitsklassen eingeteilt. Die Klassen 0,1 und 0,2 sowie 0,5 sind für genaue Messungen wie z. B. für Abrechnungszwecke vorgesehen, die Klassen 1 und 3 sowie 5 werden dagegen für Betriebsmessungen eingesetzt. Dabei muss sich die Bürde bzw. die entsprechende Scheinleistung wieder in einem ähnlichen zulässigen Bereich bewegen.

Neben der Bemessungsleistung S_r und der Klasse ist bei Stromwandlern für Messzwecke eine weitere Größe, der *Überstrom-Begrenzungsfaktor FS*, von Bedeutung. Er wird auf dem Leistungsschild nach der Klassenkennzeichnung angegeben; als Beispiel sei die Wandlerbezeichnung 15 VA Klasse 0,5 FS 10 genannt. Dieser Faktor gibt das Vielfache des primären Bemessungsstroms an, von dem ab der Linearitätsbereich der Magnetisierungskennlinie merklich verlassen und anschließend der Sättigungsbereich ausgesteuert wird. Sofern der primärseitige Strom diese so genannte *Bemessungs-Begrenzungsstromstärke* übersteigt, wird der Effektivwert des Messstroms kleiner, als es bei linearen Verhältnissen der Fall wäre. Die an den Wandler angeschlossenen Messgeräte werden auf diese Weise geschützt. Bei Stromwandlern für Messzwecke sollte daher der Überstrom-

Begrenzungsfaktor nicht zu hoch bemessen werden. Um diesen Sachverhalt sicherzustellen, darf der Fehler bei der Bemessungs-Begrenzungsstromstärke einen *Minimalwert* von 10 % nicht unterschreiten (s. DIN VDE 0414). Der Überstrom-Begrenzungsfaktor ist bürdenabhängig. Bei Abweichungen von der Bemessungsbürde kann der maßgebende Wert entsprechend [14] oder [46] berechnet werden.

Andere Verhältnisse ergeben sich bei Stromwandlern für Schutzzwecke, die durch den Buchstaben P (protection) hinter der Klassenangabe gekennzeichnet werden. Bei diesen Wandlern beschreibt ein auf den Buchstaben P folgender *Genauigkeitsgrenzfaktor* das Vielfache des primären Bemessungsstroms, bis zu dem der durch die Genauigkeitsklasse angegebene Fehler noch in jedem Fall eingehalten werden muss. Ein Wandler mit der Bezeichnung 30 VA 5 P 20 darf z. B. beim zwanzigfachen Bemessungsstrom einen Fehler von *maximal 5 %* aufweisen. Im Bereich des Bemessungsstroms ist der zulässige Fehler kleiner. Die in diesem Bereich zulässigen Toleranzen und die Definition des Fehlers sind DIN VDE 0414 zu entnehmen.

Aus diesen Darstellungen folgt, dass bei Stromwandlern für Schutzzwecke der Genauigkeitsgrenzfaktor so gewählt werden muss, dass der maximal auftretende Kurzschlussstrom im Netz sicher erfasst wird. Bei der Auswahl der Stromwandler ist auch die Höhe der Gleichströme zu überprüfen, die sich im Kurzschlussfall einstellen. Wie im Kapitel 6 noch gezeigt wird, kann dieser Stromanteil in Hoch- und Höchstspannungsnetzen durchaus den Wert von mehreren 10 kA erreichen. Solche hohen Gleichströme verschieben den Arbeitspunkt auf der Magnetisierungskennlinie. Bei nicht sachgerecht ausgelegten Stromwandlern werden dann die Sekundärströme verzerrt. Zusätzlich ist zu beachten, dass insbesondere in Höchstspannungsnetzen die Gleichglieder schwach gedämpft sind. Daher weisen sie zum Ausschaltaugenblick des fehlerhaften Netzelements noch hohe Werte auf; im Eisenkern des Stromwandlers entsteht dadurch eine ausgeprägte Remanenz, die zukünftige Messungen beträchtlich verfälschen kann (s. Abschnitt 4.1.4).

Abhilfe bietet der Einbau von Luftspalten in den Eisenkern; sie scheren und linearisieren die Magnetisierungskennlinie. Allerdings sinkt durch diese Maßnahme bei Stromwandlern mit üblichen Abmessungen die Bemessungsbürde auf ca. 5...10 VA. Ein größerer Wert wird von modernen elektronischen Messgeräten, die am Klemmenkasten angeschlossen sind, aber auch nicht benötigt. Für Wandler mit solchen Linearkernen besteht eine eigene Normung; sie gehören zur TPZ-Klasse [47].

Zurzeit gibt es nur vereinzelt Alternativen zum induktiven Stromwandler. So werden bereits elektronische Wandler angeboten, bei denen die Potenzialdifferenz zwischen Leiter und Benutzerebene (Erde) durch den Einsatz von Lichtleitern überwunden wird. Darüber hinaus haben auch neue Spannungswandler-Bauarten die Serienreife erreicht, die als ohmsche oder ohmsch-kapazitive Teiler arbeiten. Bei der Umwandlung von mechanischer in elektrische Energie kann jedoch noch nicht auf das Prinzip der induktiven Kopplung verzichtet werden.

4.4 Synchronmaschinen

In Energieversorgungsnetzen wird die mechanische Energie der Turbinen durch Synchrongeneratoren in elektrische Energie umgewandelt. Diese Generatoren erreichen einen Wirkungsgrad bis zu ca. 99 % und werden durch die Schaltzeichen in Bild 4.60 dargestellt. Für die Modellierung von Synchronmaschinen werden, ähnlich wie bei Transformatoren, einige Kenntnisse über ihren Aufbau benötigt.

Bild 4.60
Schaltzeichen von Synchrongeneratoren

4.4.1 Grundsätzlicher Aufbau von Synchronmaschinen

Der prinzipielle Aufbau von Synchronmaschinen ist Bild 4.61a zu entnehmen. Falls sie von Dampfturbinen angetrieben werden, weisen sie überwiegend eine Drehzahl von 3000 min^{-1} (50 Hz) auf. Ein wesentliches Kennzeichen dieser Generatoren besteht nun darin, dass ihr Läufer wegen seiner hohen Umdrehungszahl und der dadurch bedingten großen Fliehkräfte massiv ausgeführt wird. Aufgrund dieser konstruktiven Eigenschaft wird der beschriebene Generatortyp auch als *Vollpolmaschine* bezeichnet. Zugleich wird für eine solche Maschinenart der Ausdruck *Turbogenerator* benutzt. Dieser Ausdruck betont, dass der Antrieb mit einer Dampfturbine erfolgt.

In den Läufer der Vollpolmaschine sind Nuten eingefräst, in die eine Wicklung, die so genannte *Erregerwicklung*, gelegt wird. Diese Wicklung wird mit Gleichstrom gespeist, der z. B. bei 300-MW-Blöcken bis zu 10 kA beträgt. Während die Erregerwicklung nur teilweise den Läufer bedeckt, weist der Ständer an der Innenseite ringsherum, gleichmäßig verteilt Nuten auf. Dort werden jeweils um 120° versetzt drei Wicklungsstränge eingelegt, die in Stern geschaltet werden und dann eine Drehstromwicklung mit den Klemmen U, V und W bilden. Sie wird im Folgenden auch als *Ständerwicklung* bezeichnet. Jede dieser Wicklungen setzt sich aus Windungen zusammen, die aus jeweils einem Hin- und Rückleiter bestehen. Sie schließen sich über einen Wickelkopf.

Im Bild 4.61c ist u. a. der Wickelkopf der Erregerwicklung zu erkennen. Bei der Endmontage wird der Wickelkopf noch durch eine unmagnetische Stahlkappe (Läuferkappe) abgedeckt, deren schwalbenschwanzförmige Halterungen auf der Welle zu erkennen sind. Demgegenüber zeigt das Bild 4.61d u. a. den Wickelkopf der Ständerwicklungsstränge. Angemerkt sei, dass der Ständer im Unterschied zum weitgehend massiven Läufer entlang der Wellenachse geblecht ist. Man verwendet dafür texturfreies Elektroblech. Infolge der fehlenden Texturen ist die relative Permeabilität μ_r deutlich niedriger als bei Eisenblech für Umspanner; ihr Wert beträgt etwa 500.

Bei Synchronmaschinen, die von den sich langsamer drehenden Wasserturbinen angetrieben werden, ist der Läufer sehr viel größer als bei Vollpolmaschinen. Er weist schenkelartig ausgebildete Pole auf, die jeweils einen mit Gleichstrom gespeisten Wicklungsteil tragen (Bild 4.61b). Meist werden diese einzelnen Wicklungsteile in Reihe geschaltet und bilden dann die Erregerwicklung. Die Pole wiederum sitzen auf einer radähnlichen Unterkonstruktion. Daher wird bei dieser Ausführung der Läufer als *Polrad* und der gesamte Generator als *Schenkelpolmaschine* bezeichnet.

Die Anzahl der Polpaare wird durch die *Polpaarzahl* p gekennzeichnet. In Bild 4.61b beträgt sie $p = 2$; bei tatsächlich ausgeführten Schenkelpolmaschinen liegt die Polpaarzahl allerdings sehr viel höher, z. B. bei $p = 30$. Durch die höhere Polpaarzahl wird bewirkt, dass die Maschine trotz der geringeren Antriebsdrehzahl n mit der gewünschten 50-Hz-Frequenz f ins Netz einspeist:

$$f = p \cdot n \, .$$

Die Drehstromwicklung des Ständers setzt sich bei Maschinen mit mehreren Polpaaren aus p Wicklungsteilen zusammen, die jeweils um den Winkel $120°/p$ versetzt am Umfang des Ständers angebracht sind. Jeder dieser Wicklungsteile besteht wiederum aus drei

4.4 Synchronmaschinen 147

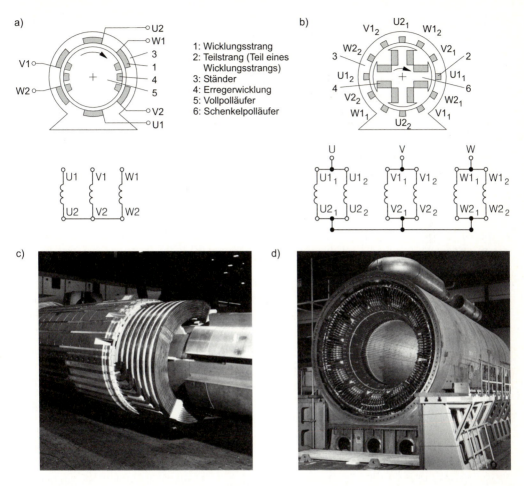

Bild 4.61 Grundsätzlicher Aufbau von Synchronmaschinen und technische Realisierung einer leistungsstarken vierpoligen Vollpolmaschine
a) Prinzipielles Schnittbild einer zweipoligen Vollpolmaschine mit Schaltungsbeispiel des Ständers
b) Prinzipielles Schnittbild einer vierpoligen Schenkelpolmaschine mit Schaltungsbeispiel des Ständers
c) Läufer einer vierpoligen Vollpolmaschine
d) Ständer einer vierpoligen Vollpolmaschine
   (Länge: 7,80 m; Bohrungsdurchmesser: 1,80 m)

Teilsträngen, die den drei Strängen U, V und W der Drehstromwicklung zugeordnet werden. So kann z. B. bei der Maschine mit $p=2$ in Bild 4.61b der Strang U durch die Reihen- oder Parallelschaltung der beiden Teilstränge $U1_1$–$U2_1$ und $U1_2$–$U2_2$ gebildet werden.

Der Begriff der Polpaarzahl behält auch bei Vollpolmaschinen seinen Sinn. So weist die Maschine in Bild 4.61a die Polpaarzahl $p=1$ auf, da sowohl die Drehstrom- als auch die Erregerwicklung nur aus einem einzigen Wicklungsteil besteht. Erwähnenswert ist, dass auch Vollpolmaschinen manchmal vierpolig, also mit $p=2$ ausgeführt werden. Diese Bauweise wird gewählt, wenn der Antrieb mit Sattdampfturbinen erfolgt, die häufig nur für eine Umdrehungszahl von 1500 min^{-1} ausgelegt werden können (s. Kapitel 2). Eine solche Ausführung zeigen die Bilder 4.61c und 4.61d.

Eine ausführliche Darstellung der konstruktiven Gestaltung von Synchronmaschinen ist [48] zu entnehmen. Von großer Bedeutung für die *Ausnutzung* einer Maschine ist dabei die Wahl des Kühlsystems; denn mit steigender Qualität der Kühleinrichtung kann man die Maschinenleistung, die pro Volumeneinheit übertragen werden darf, höher wählen.

Üblicherweise werden Maschinen bis 200 MVA luftgekühlt. Bei größeren Ausführungen rotiert der Läufer in einer Wasserstoffatmosphäre von einigen Bar, denn dieses Gas führt die Wärme am besten ab. Bei Maschinen ab etwa 800 MVA wird zusätzlich noch Wasser durch die Leiter der Ständerwicklung und, falls erforderlich, auch durch die Leiter der Erregerwicklung gepresst. Das Bild 4.61d zeigt einen wassergekühlten Ständer. Man erkennt diese Kühlungsart u. a. an den Teflonschläuchen, die von außen das Wasser zuführen. Weitere Einzelheiten über den Aufbau von Synchronmaschinen sind bis auf den später noch erläuterten Dämpferkäfig für die folgenden Modellbetrachtungen nicht nötig.

4.4.2 Modellgleichungen einer Synchronmaschine

Bei der Synchronmaschine handelt es sich wie beim Transformator um ein induktiv gekoppeltes System von Wicklungen, bei dem jedoch eine Wicklung – die des Läufers – ihre Lage verändert. Zunächst gilt es, qualitativ die Feldverhältnisse innerhalb einer Maschine zu klären.

4.4.2.1 Qualitative Feldverhältnisse in einer Vollpolmaschine

Besonders anschauliche Zusammenhänge ergeben sich bei einer Vollpolmaschine mit $p = 1$. Deren gleichstromgespeiste Erregerwicklung erzeugt ein Feld, das sich über den Luftspalt und den Ständer schließt und im Folgenden als *Erregerfeld* bezeichnet wird. In Analogie zu den bisher kennen gelernten Spulenfeldern bei Umspannern wird dieses Feld vereinfachend in ein *Haupt-* und ein *Streufeld* unterteilt. Aus den Bildern 4.62a und 4.62b ist das Hauptfeld der Erregerwicklung zu erkennen. Es handelt sich dabei um denjenigen Feldanteil, der die Ständer- und die Erregerwicklung miteinander koppelt. Demgegenüber wird das restliche Feld als Streufeld bezeichnet. Im Wesentlichen handelt es sich dabei um die Feldanteile, die sich bereits um die Nuten und die Leiter des Wickelkopfes schließen (Bilder 4.62c und 4.64).

Vorwiegend verläuft das Hauptfeld im Eisen. Im Luftspalt ist es wegen der hohen Eisenpermeabilität von $\mu_\mathrm{r} \approx 500$ radial ausgerichtet. Durch die Nutung treten dort noch gewisse Verzerrungen auf, die aber für diese grundsätzlichen Überlegungen ohne Belang sind. Gemäß Bild 4.62a weist das Erregerhauptfeld *entlang der Läuferoberfläche* eine räumliche Verteilung auf, wobei die Feldliniendichte und damit auch die Feldstärke in der Längsachse der Erregerwicklung am größten ist. Bei der eingezeichneten Läuferstellung tritt dieses Feldmaximum im Luftspalt bei $\alpha = 0°$ und – mit umgekehrtem Vorzeichen – auf der gegenüberliegenden Seite bei $\alpha = 180°$ auf. In der Querachse bei $\alpha = 90°$ und $\alpha = 270°$ sind im Luftspalt keine Feldlinien vorhanden. Die Feldstärke ist dort null. Das Hauptfeld $B(\alpha)$ weist demnach ein Maximum, ein Minimum sowie zwei Nulldurchgänge auf (Bild 4.63).

Kennzeichnend ist nun, dass bei einer Drehung des Läufers um den Winkel Θ_0 das Feld diese räumliche Verteilung beibehält und sich insgesamt ebenfalls um den Winkel Θ_0

4.4 Synchronmaschinen

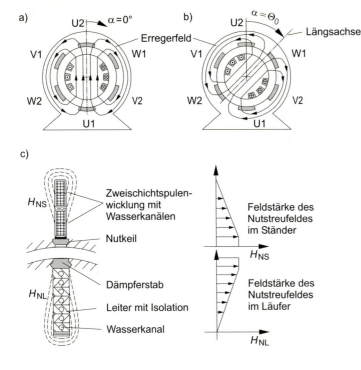

Bild 4.62
Veranschaulichung des Erregerhauptfelds und der Nutstreufelder
a) Erregerhauptfeld bei $\alpha = 0°$
b) Erregerhauptfeld nach einer Drehung um den Winkel $\alpha = \Theta_0$
c) Darstellung der Nutstreufelder im Ständer und Läufer einer wassergekühlten Vollpolmaschine

verlagert (Bild 4.62b). Feldverteilungen, die diese Eigenschaft aufweisen und zugleich auf einem Kreis wandern, werden als *Drehfelder* bezeichnet.

Infolge der bereits beschriebenen Drehzahlregelung treibt die Turbine den Läufer mit einer konstanten Drehzahl n bzw. Winkelgeschwindigkeit ω an. Dadurch ändert sich der Fluss in den Windungen der Ständerwicklung und induziert dort eine Spannung. Die einzelnen Windungen werden in Reihe geschaltet, und ihre Spannungen addieren sich geometrisch zu einem resultierenden Wert $\underline{U}_{\text{Wickl}}$ (Bild 4.64). In jedem der drei Ständerwicklungsstränge wird demnach eine Spannung $\underline{U}_{\text{Wickl}}$ erzeugt. Die drei Spannungen sind jedoch untereinander um jeweils 120° phasenverschoben, da das Erregerfeld den jeweils folgenden Ständerwicklungsstrang erst entsprechend später erreicht.

Durch mehrere Maßnahmen – z.B. Sehnung der Wicklungen [49] – kann man erreichen, dass von der trapezförmigen Feldverteilung der Erregerwicklung im Wesentlichen nur der sinusförmige Grundanteil zum Tragen kommt. Die in der Drehstromwicklung induzierten Spannungen können infolgedessen in guter Näherung als sinusförmig angesehen werden und sind aufgrund der baulichen Symmetrie untereinander gleich groß. Sie wirken wie *eingeprägte Spannungsquellen* und bilden, da die Wicklungsstränge in Stern geschaltet sind, ein *symmetrisches dreiphasiges System*; die zugehörige Außenleiterspannung wird

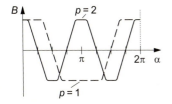

Bild 4.63
Verteilung des Erregerhauptfelds $B(\alpha)$ im Luftspalt für eine Maschine mit $p = 1$ und $p = 2$

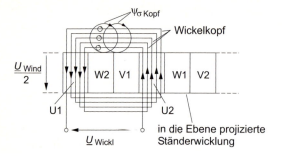

Bild 4.64
Addition der Windungsspannungen $\underline{U}_{\text{Wind}}$ zu einer resultierenden Wicklungsstrangspannung $\underline{U}_{\text{Wickl}}$ im Ständer

als *Polradspannung* U_P, die entsprechende Sterngröße als *synchrone Spannung* E bezeichnet.

Wird nun die Vollpolmaschine an den Ausgangsklemmen symmetrisch belastet, so führen die eingeprägten symmetrischen Spannungsquellen in den Ständerwicklungssträngen zu Strömen, die ebenfalls ein symmetrisches System bilden. Jeder stromdurchflossene Strang der Ständerwicklung erzeugt wiederum ein Magnetfeld (Bild 4.65a).

Jedes dieser drei Magnetfelder setzt sich erneut aus einem räumlich verteilten Hauptfeld und einem Nut- bzw. Wickelkopfstreufeld zusammen. Bemerkenswert ist jedoch, dass jedes dieser drei Hauptfelder nicht wie das Erregerfeld wandert, sondern wie die Drehstromwicklung selbst räumlich feststeht. Die drei Hauptfelder sind der räumlichen Anordnung entsprechend um 120° gegeneinander versetzt und weisen auch zeitlich eine Phasenverschiebung von jeweils 120° auf. Diese drei Ständerhauptfelder überlagern sich im Luftspalt wegen des radialen Feldverlaufs arithmetisch und ergänzen sich dort ebenfalls zu einem *Drehfeld*, das mit 50 Hz rotiert.

Die Haupt- und Streufelder der *Ständerwicklungsstränge* bewirken einen maschineninter-

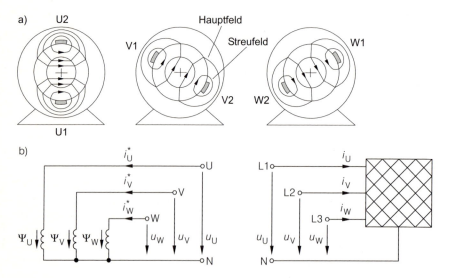

Bild 4.65
Darstellung des Ständerfelds und der zugehörigen Zählpfeile
a) Auflösung des Ständerfelds in die ortsfesten Haupt- und Streufelder der drei Wicklungsstränge für die Augenblickswerte $i_U = \hat{I}$, $i_V = -\hat{I}/2$, $i_W = -\hat{I}/2$
b) Zählpfeile für die Modellgleichungen des Ständers

4.4 Synchronmaschinen

nen Spannungsabfall, der von den Klemmen aus als Innenreaktanz angesehen wird. Aus diesem Grund tritt die Polradspannung nur im Leerlauf an den Klemmen auf. Genauere Aussagen dazu liefern die im Folgenden entwickelten Modellgleichungen.

4.4.2.2 Formulierung der Modellgleichungen

Bei der quantitativen Berechnung der Magnetfelder handelt es sich um ein schwieriges Feldproblem, das in den Bereich des Elektromaschinenbaus gehört. Bei einer symmetrisch aufgebauten Ständerwicklung (Index S) liefert eine Auswertung dieser Feldberechnungen dann für die drei Ständerwicklungsstränge U,V,W drei gleiche Selbstinduktivitäten L_S sowie ebenfalls untereinander gleiche Gegeninduktivitäten M_S zwischen diesen Wicklungssträngen. Bevor nun mithilfe dieser Induktivitäten die Modellgleichungen für den Ständer formuliert werden können, sind zunächst gemäß den in Abschnitt 4.1.1 aufgestellten Regeln die Zählpfeile für die Ströme, Spannungen und Induktionsflüsse festzulegen. Nach dieser Vorschrift sind die in die Synchronmaschine hineinfließenden Ströme positiv zu zählen und werden zunächst mit den Größen i_U^*, i_V^* und i_W^* gekennzeichnet (Bild 4.65b). Die zugehörigen Magnetfelder sind für einen speziellen Augenblick dem Bild 4.65a zu entnehmen. Ihre Überlagerung führt auf die Modellgleichungen

$$\begin{aligned}\Psi_U &= L_S \cdot i_U^* - M_S \cdot i_V^* - M_S \cdot i_W^* \\ \Psi_V &= -M_S \cdot i_U^* + L_S \cdot i_V^* - M_S \cdot i_W^* \\ \Psi_W &= -M_S \cdot i_U^* - M_S \cdot i_V^* + L_S \cdot i_W^* \ .\end{aligned} \qquad (4.68\text{a})$$

Zu beachten ist, dass bei dieser Darstellung die eingekoppelten Flüsse ein negatives Vorzeichen aufweisen, da bei gleichgerichteten Strömen i_U^*, i_V^*, i_W^* in der betrachteten Anordnung die eingekoppelten Felder entgegengesetzt zum Eigenfeld verlaufen. Für eine spätere Einbindung des Netzes ergeben sich einfachere Verhältnisse, wenn die Stromzählpfeile des Generators die gleiche Richtung wie die des Netzes aufweisen (Bild 4.65b). Dementsprechend werden in dem System (4.68a) die Substitutionen

$$i_U^* = -i_U \ , \quad i_V^* = -i_V \ , \quad i_W^* = -i_W$$

durchgeführt. Man erhält dann

$$\begin{aligned}\Psi_U &= -L_S \cdot i_U + M_S \cdot i_V + M_S \cdot i_W \\ \Psi_V &= M_S \cdot i_U - L_S \cdot i_V + M_S \cdot i_W \\ \Psi_W &= M_S \cdot i_U + M_S \cdot i_V - L_S \cdot i_W \ .\end{aligned} \qquad (4.68\text{b})$$

In der bisherigen Ableitung ist eine Modellvereinfachung enthalten, die – wie sich noch zeigen wird – einen annehmbaren systematischen Fehler verursacht. Bei der tatsächlichen Bauweise erstrecken sich die Nuten für die Erregerwicklung nämlich nur auf ca. 2/3 des Läuferumfangs. Abweichend davon wird der Läufer im Modell als rundum gleichmäßig genutet angesehen, wobei allerdings die Erregerwicklung nach wie vor nur in dem üblichen Läuferbereich vorhanden ist. Falls eine ungleichmäßige Nutung bestände, wiesen die Induktivitäten L_S und M_S der ruhenden Ständerstränge einen zeitabhängigen Anteil auf, denn die glatten Teile des Läuferumfangs haben einen größeren magnetischen Leitwert als die genuteten Bereiche. Infolge der Rotation ergeben sich dadurch für die Ständerstränge zeitlich periodische Schwankungen bei den magnetischen Leitwerten und damit auch bei den Ständerinduktivitäten L_S und M_S. Bei der vorausgesetzten baulichen Symmetrie des Läufers entfällt dieser Effekt. Unabhängig von der Modellierung der Läufernutverhältnisse bewirkt die Rotation des Läufers jedoch stets winkel- und damit zeitabhängige Gegeninduktivitäten M_{SE} zwischen den Spulen der Ständerwicklung und der Erregerwicklung, die durch den Index E gekennzeichnet wird.

Im Luftspalt möge das Hauptfeld der Erregerwicklung kosinusförmig entlang der Läuferoberfläche verteilt sein. Es handelt sich also um die Grundwelle des Verlaufs $B_E(\alpha)$ gemäß Bild 4.63:

$$B_E(\alpha) = B_0 \cdot \cos \alpha \ .$$

Nach einer Drehung der Erregerwicklungsachse um den Winkel Θ_0 lautet die Feldverteilung:

$$B_E(\alpha) = B_0 \cdot \cos(\alpha - \Theta_0) \ .$$

Bei der angestrebten Rotation mit einer konstanten Winkelgeschwindigkeit ω – also mit $\Theta_0 = \omega t$ – ergibt sich daraus:

$$B_E(\alpha, t) = B_0 \cdot \cos(\alpha - \omega t) = B_0 \cdot \cos(\omega t - \alpha) \ .$$

Im Weiteren interessiert der Koppelfluss Ψ_{UE}. Es handelt sich dabei um denjenigen Flussanteil der Erregerwicklung E, der die Ständerwicklung U durchsetzt. Eine Integration entlang der Läuferoberfläche für $0 \leq \alpha \leq \pi$ führt auf den Ausdruck

$$\Psi_{UE} = M_{SE} \cdot \sin \omega t \cdot i_E(t) \ .$$

Dabei wird angenommen, dass der Läufer zum Zeitpunkt $t = 0$ die Ruhestellung $\alpha = 0$ einnimmt. Dementsprechend lauten die Induktionsflüsse, die von der Erregerwicklung in den Ständerwicklungssträngen V und W hervorgerufen werden:

$$\Psi_{VE} = M_{SE} \cdot \sin(\omega t - 120°) \cdot i_E(t)$$
$$\Psi_{WE} = M_{SE} \cdot \sin(\omega t - 240°) \cdot i_E(t) \ .$$

Ihrer räumlichen Lage entsprechend sind sie gegeneinander jeweils um 120° phasenverschoben. Eine Erweiterung des Ständergleichungssystems (4.68b) um die Erregerwicklung führt demnach auf die Beziehungen

$$\begin{aligned}
\Psi_U &= -L_S \cdot i_U + M_S \cdot i_V + M_S \cdot i_W + M_{SE} \cdot \sin(\omega t) \cdot i_E \\
\Psi_V &= M_S \cdot i_U - L_S \cdot i_V + M_S \cdot i_W + M_{SE} \cdot \sin(\omega t - 120°) \cdot i_E \\
\Psi_W &= M_S \cdot i_U + M_S \cdot i_V - L_S \cdot i_W + M_{SE} \cdot \sin(\omega t - 240°) \cdot i_E \\
\Psi_E &= -M_{SE} \cdot \sin(\omega t) \cdot i_U - M_{SE} \cdot \sin(\omega t - 120°) \cdot i_V \\
&\quad - M_{SE} \cdot \sin(\omega t - 240°) \cdot i_W + L_E \cdot i_E \ .
\end{aligned} \quad (4.68c)$$

Darin kennzeichnet die Größe Ψ_E den Induktionsfluss der Erregerwicklung und L_E deren Selbstinduktivität. Diese Formulierung berücksichtigt den Zusammenhang $M_{ij} = M_{ji}$ gemäß Abschnitt 4.1. Sie erfasst allerdings noch nicht, dass der Ständer in Stern geschaltet und offen betrieben wird. Daher gilt für die drei Ständerströme die Bedingung

$$i_U + i_V + i_W = 0 \ . \tag{4.69}$$

4.4 Synchronmaschinen

Mit dieser Beziehung kann aus den Gleichungen (4.68c) z. B. der Strom i_W sowie der zugehörige Induktionsfluss Ψ_W eliminiert werden. Es ergibt sich dann

$$\Psi_U = -(L_S + M_S) \cdot i_U + M_{SE} \cdot \sin(\omega t) \cdot i_E$$
$$\Psi_V = -(L_S + M_S) \cdot i_V + M_{SE} \cdot \sin(\omega t - 120°) \cdot i_E \quad (4.70)$$
$$\Psi_E = \sqrt{3} \cdot M_{SE} \cdot \sin(\omega t + 150°) \cdot i_U + \sqrt{3} \cdot M_{SE} \cdot \cos(\omega t) \cdot i_V + L_E \cdot i_E \;.$$

Für die darin auftretende Induktivitätssumme $L_S + M_S$ wird im Weiteren der Ausdruck

$$L_d = L_S + M_S$$

verwendet, der auch als *synchrone Induktivität* bezeichnet wird.

In das System (4.70) gilt es nun, die Eigenschaft einzubauen, dass die Erregerwicklung aus einer Gleichspannungsquelle U_E gespeist wird. Diese Spannungsquelle wird durch die später noch erläuterte Erregereinrichtung bewirkt. Da die Synchronmaschine als verlustarm angesehen wird, kann diese Spannungsquelle sehr kleine Werte annehmen. Nach dem Induktionsgesetz gilt damit der Zusammenhang

$$U_E \approx 0 = \frac{d\Psi_E}{dt} \quad \Rightarrow \quad \Psi_E = \text{const} \;.$$

Die Konstanz des Flusses Ψ_E, der die Erregerwicklung durchsetzt, lässt sich nur einhalten, wenn die vom Ständer eingekoppelten zeitabhängigen Anteile durch einen entsprechenden Gegenfluss kompensiert werden (s. Beziehung für Ψ_E im System (4.70)). Infolgedessen führt die Wechselwirkung zu zeitabhängigen Strömen in der Erregerwicklung.

Eine Differenziation des Systems (4.70) unter Beachtung der Bedingung $\Psi_E = \text{const}$ führt dann gemäß dem Induktionsgesetz auf das Ziel der bisherigen Überlegungen, die Modellgleichungen, die das Strom-Spannungs-Verhalten beschreiben:

$$u_U(t) = \frac{d}{dt}\left(-L_d \cdot i_U + M_{SE} \cdot \sin(\omega t) \cdot i_E\right)$$
$$u_V(t) = \frac{d}{dt}\left(-L_d \cdot i_V + M_{SE} \cdot \sin(\omega t - 120°) \cdot i_E\right)$$
$$0 = \frac{d}{dt}\left(\sqrt{3} \cdot M_{SE} \cdot \sin(\omega t + 150°) \cdot i_U + \sqrt{3} \cdot M_{SE} \cdot \cos(\omega t) \cdot i_V + L_E \cdot i_E\right) \;.$$

Allerdings gelten sie in dieser Form nur dann, wenn sich die Längsachse des Läufers zum Zeitpunkt $t = 0$ bei $\alpha = 0$ befindet (s. Bild 4.62a). Sofern der Läufer bereits um einen Winkel ϑ_G verdreht ist, lauten die Modellgleichungen für eine Vollpolmaschine, deren Läufer nur eine Erregerwicklung aufweist:

$$u_U(t) = \frac{d}{dt}\left(-L_d \cdot i_U + M_{SE} \cdot \sin(\omega t + \vartheta_G) \cdot i_E\right)$$
$$u_V(t) = \frac{d}{dt}\left(-L_d \cdot i_V + M_{SE} \cdot \sin(\omega t + \vartheta_G - 120°) \cdot i_E\right) \quad (4.71)$$
$$0 = \frac{d}{dt}\left(\sqrt{3} \cdot M_{SE} \cdot \sin(\omega t + \vartheta_G + 150°) \cdot i_U \right.$$
$$\left. + \sqrt{3} \cdot M_{SE} \cdot \cos(\omega t + \vartheta_G) \cdot i_V + L_E \cdot i_E\right) \;.$$

Bei den Modellgleichungen (4.71) handelt es sich um ein lineares Differenzialgleichungssystem mit zeitlich periodisch veränderlichen Koeffizienten. Für die technisch interessierenden Probleme lässt es sich auch analytisch lösen. Zunächst wird das Betriebsverhalten einer Synchronmaschine daraus abgeleitet.

4.4.3 Betriebsverhalten von Synchronmaschinen

Entsprechend den Erläuterungen im Abschnitt 4.1 kennzeichnet das Betriebsverhalten einen stationären Zustand. Für einen solchen stationären Betrieb wird im Folgenden ein Ersatzschaltbild der Synchronmaschine entwickelt.

4.4.3.1 Ersatzschaltbild für den stationären Betrieb

Ausgegangen wird von einer Maschine, die symmetrisch aufgebaut ist und bei der die internen Hauptfelder jeweils sinusförmig im Luftspalt verteilt sind. Dann dürfen die Oberwellen – praxisgerecht – vernachlässigt werden. Außerdem soll an jeden Wicklungsstrang die gleiche Last angeschlossen sein. Bei einer so vollständigen Symmetrie ist es physikalisch plausibel, dass auch die Ständerströme ein symmetrisches Stromsystem bilden. Die Richtigkeit dieser Annahme lässt sich mithilfe der Modellgleichungen überprüfen. Zu diesem Zweck wird in der dritten Gleichung des Systems (4.71) berücksichtigt, dass die Ströme i_U, i_V und i_W die gleiche Amplitude aufweisen sowie jeweils um 120° gegeneinander phasenverschoben sind. Die von den Ständerströmen in der Erregerwicklung verursachten drei Flussanteile addieren sich dort zu einem konstanten Fluss Ψ_{ES}, der sich mit dem Fluss des Erregerstroms überlagert. Es resultiert dann der Zusammenhang

$$0 = \frac{d}{dt}\left(\Psi_{ES} + L_E \cdot i_E(t)\right).$$

Diese Aussage ist nur zu erfüllen, sofern der Erregerstrom $i_E(t)$ zeitlich konstant ist. In der Erregerwicklung fließt dementsprechend lediglich der von der Erregereinrichtung erzeugte Gleichstrom I_E, da der konstante Fluss Ψ_{ES} dort keinen zusätzlichen Stromanteil induziert:

$$i_E(t) = \text{const} = I_E.$$

Mit diesem Ergebnis ist zugleich gezeigt, dass sich im stationären Betrieb unter den genannten Voraussetzungen tatsächlich ein symmetrisches Ständerstromsystem ausbildet. In ähnlicher Weise lässt sich mit den ersten zwei Gleichungen des Systems (4.71) nachweisen, dass dann auch die Klemmenspannungen ein symmetrisches Spannungssystem darstellen.

Wegen der sinusförmig angenommenen Ströme und Spannungen im Ständer ist der Übergang auf eine komplexe Schreibweise nützlich. Die beiden ersten Gleichungen der Beziehung (4.71) gehen dann mit dem Zusammenhang

$$\omega \cdot M_{SE} \cdot \cos(\omega t + \vartheta_G) \cdot I_E \quad \rightarrow \quad \sqrt{2} \cdot E \cdot e^{j\vartheta_G}$$

über in

$$\underline{U}_U = U_{bG}/\sqrt{3} \cdot e^{j0°} \quad = -j\omega L_d \cdot \underline{I}_U + E \cdot e^{j\vartheta_G}$$
$$\underline{U}_V = U_{bG}/\sqrt{3} \cdot e^{-j120°} = -j\omega L_d \cdot \underline{I}_V + E \cdot e^{j\vartheta_G} \cdot e^{-j120°}$$

mit

$$\underline{I}_U = I_{bG}, \quad \underline{I}_V = I_{bG} \cdot e^{-j120°}.$$

4.4 Synchronmaschinen

In diesen Beziehungen kennzeichnet die Größe

$$E = \omega \cdot M_{\text{SE}} \cdot I_{\text{E}}/\sqrt{2} \qquad (4.72)$$

den Effektivwert der synchronen Spannung. Mithilfe der Sternpunktbedingung (4.69) ergibt sich für den Strang W schließlich die Gleichung

$$\underline{U}_{\text{W}} = U_{\text{bG}}/\sqrt{3} \cdot e^{-j240°} = -j\omega L_{\text{d}} \cdot \underline{I}_{\text{W}} + E \cdot e^{j\vartheta_{\text{G}}} \cdot e^{-j240°}$$

mit

$$\underline{I}_{\text{W}} = I_{\text{bG}} \cdot e^{-j240°} \; .$$

Wie aus diesen drei Zusammenhängen erkennbar ist, sind die Modellgleichungen des Ständers durch die Formulierung mit der Innenreaktanz $X_{\text{d}} = \omega \cdot L_{\text{d}}$ nicht mehr miteinander gekoppelt und zugleich symmetrisch aufgebaut. Darin spiegelt sich die vorausgesetzte bauliche und betriebliche Symmetrie wieder. Die drei Gleichungen lassen sich auch durch die dreiphasige Ersatzschaltung in Bild 4.66 beschreiben. Infolge der Symmetrie kann darüber hinaus eine einphasige Darstellung angegeben werden. In Bild 4.66 ist dafür der Leiter U gewählt worden.

Auf ähnlichem Wege ließe sich die dargestellte Rechnung durchführen, sofern das System (4.71) um die ohmschen Wicklungswiderstände R_{G} des Ständers erweitert würde. Es ergibt sich dann ein Ersatzschaltbild, in dem die Innenreaktanzen jX_{d} lediglich um die Widerstände R_{G} ergänzt sind. Dieses Ergebnis ist in Bild 4.66 bereits dargestellt.

Für Vollpolmaschinen mit $p \geq 2$ bleibt das Ersatzschaltbild unverändert, denn die verwendeten Größen $L_{\text{d}} = L_{\text{S}} + M_{\text{S}}$ beschreiben dann nicht das Flussverhalten einzelner Teilstränge, sondern des gesamten Wicklungsstrangs. Zu beachten ist allerdings, dass bei solchen Generatoren entsprechend Bild 4.63 das Drehfeld pro Sekunde p mal häufiger an den Ständersträngen vorbeiläuft. Dadurch weist – wie in Abschnitt 4.4.1 – die elektrische Kreisfrequenz $\omega = 2\pi f$ den p-fachen Wert der mechanischen Kreisfrequenz $\omega_{\text{mech}} = 2\pi n$ auf.

Für *Schenkelpolgeneratoren* liefert das abgeleitete Ersatzschaltbild jedoch nur orientierende Aussagen. Deren Läufer erfüllt nämlich nicht die vorausgesetzte Bedingung der baulichen Symmetrie, denn zwischen den Polen besteht eine Pollücke. Durch die Rotation des Läufers ist für jeden Teilstrang ein zeitlich periodisch schwankender magnetischer Leitwert wirksam (Bild 4.61). Es gibt verfeinerte Modelle, die diese Leitwertschwankungen erfassen. Bei diesen Nachbildungen wird neben der bereits kennen gelernten Synchronreaktanz X_{d} zusätzlich ein neuer Reaktanzbegriff, die so genannte Synchronquerreaktanz X_{q}, benötigt. Sie beschreibt den magnetischen Leitwert für die Ständerstränge zu den

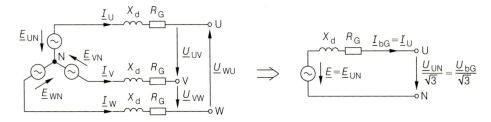

Bild 4.66
Drei- und einphasiges Ersatzschaltbild der Vollpolmaschine

Zeitpunkten, an denen die Pollücke des Läufers den magnetischen Leitwert prägt. Die Größe dieser Reaktanz liegt bei $X_q \approx 0{,}6 \cdot X_d$. Sofern im Ersatzschaltbild der Mittelwert $(X_d + X_q) \cdot 0{,}5$ anstelle der Synchronreaktanz verwendet wird, sind die damit ermittelten Ergebnisse meist ausreichend genau.

Infolge der ungleichmäßigen Nutung des Läufers treten solche Leitwertschwankungen grundsätzlich auch bei Vollpolmaschinen auf. Allerdings sind dort die Unterschiede zwischen X_d und X_q mit $X_q \approx 0{,}9 \cdot X_d$ kleiner. Durch die Mittelwertbildung weicht die wirksame synchrone Reaktanz bei Vollpolmaschinen nur um 5 % von der synchronen Reaktanz X_d ab. Dieser Fehler ist tolerierbar, da die folgende Diskussion u. a. zeigen wird, dass X_d während des Betriebs um bis zu ca. 20 % schwanken kann.

Diskussion der Synchronreaktanz

Üblicherweise bezieht man den Reaktanzwert X_d auf die Bemessungsgrößen des Generators, sodass eine dimensionslose relative Größe entsteht:

$$x_d = \frac{X_d \cdot I_{rG}}{U_{rG}/\sqrt{3}} \approx 2{,}0 \qquad \text{(Bereich: } 1{,}2\ldots 3{,}0\text{)} \, . \tag{4.73a}$$

Ihr bezogener Wert schwankt in engen Grenzen. Für leistungsstarke Maschinen gilt der obere Wert, für Ausführungen mit kleinerer Bemessungsleistung der untere. In Analogie zum Transformator lässt sich aus dieser Beziehung der absolute Wert der Reaktanz

$$X_d = \frac{x_d \cdot U_{rG}^2}{S_{rG}} \tag{4.73b}$$

ermitteln. Die Bemessungsleistung S_{rG} des Generators wird dabei durch den Ausdruck

$$S_{rG} = 3 \cdot \frac{U_{rG}}{\sqrt{3}} \cdot I_{rG} = \sqrt{3} \cdot U_{rG} \cdot I_{rG}$$

festgelegt. Um Spannungsabfälle im Netz auszugleichen, wird in der Praxis die Bemessungsspannung U_{rG} des Generators bzw. die Übersetzung des zugehörigen Blocktransformators so gewählt, dass bei der Mittelstellung des Stufenschalters mit einer Spannung von ca. $1{,}05 \cdot U_{nN}$ in das Netz eingespeist wird.

Auffällig ist, dass die relative Synchronreaktanz mit $x_d \approx 2{,}0$ sehr viel größer ist als die Kurzschlussspannung eines Hochspannungstransformators mit $u_k \approx 0{,}12$. Dieser Unterschied erklärt sich daraus, dass die Reaktanzen im Ersatzschaltbild durch unterschiedliche Feldanteile geprägt werden. So wird die Kurzschlussreaktanz X_{kT} eines Umspanners hauptsächlich von den Streufeldern gebildet. Demgegenüber ist die Synchronreaktanz X_d eine Größe, mit der überwiegend die Hauptfelder der Ständerstränge erfasst werden. Die Hauptreaktanz X_h und damit im Wesentlichen die Synchronreaktanz eines Generators würden noch beträchtlich höhere Werte annehmen, sofern die Maschinen nicht einen recht breiten Luftspalt δ aufwiesen:

$$X_h \sim 1/\delta \, .$$

Bei großen Ausführungen liegt δ durchaus im Bereich von $5\ldots 10$ cm. Solche Luftspalte sind zusätzlich auch für die Endmontage sehr nützlich. Anderenfalls würde das Einführen des Läufers in den Ständer sehr erschwert.

Aus der Ersatzschaltung in Bild 4.66 lässt sich ersehen, dass sich bei praktisch üblichen Werten von X_d an den Maschinenklemmen sehr unterschiedliche Spannungswerte einstellen, wenn sich der Betriebszustand im zulässigen Bereich von Schwachlast bis zum Bemessungswert bewegt. Gewünscht wird jedoch eine möglichst konstante Klemmenspan-

nung. Gemäß Beziehung (4.72) ist diese Forderung nur zu erfüllen, falls die synchrone Spannung E über den Erregerstrom I_E an den jeweiligen Betriebszustand angepasst wird. Auf den dafür notwendigen Regelkreis wird noch in Abschnitt 4.4.3.3 eingegangen.
Messtechnisch wird die Synchronreaktanz X_d über eine Leerlauf- und eine Kurzschlussmessung ermittelt. Im Leerlaufversuch wird die Leerlaufkennlinie $U_P(I_E)$ bestimmt. Sie verläuft prinzipiell wie eine Magnetisierungskurve, ist jedoch infolge des breiten Luftspalts stärker linearisiert. Zusätzlich wird aus einem Kurzschlussversuch die Kennlinie $I_k(I_E)$ gemessen, die linear verläuft. Dazu wird in Abhängigkeit vom Erregerstrom der stationäre Kurzschlussstrom an den kurzgeschlossenen Generatorklemmen ermittelt. Die gesuchte Größe X_d errechnet sich dann als Quotient aus $(U_P(I_E)/\sqrt{3})/I_k(I_E)$ mit I_E als Parameter.

Durch die Eisensättigung weisen die Synchronreaktanzen bei höheren Erregerströmen um 5...20 % kleinere Werte auf als im linearen Bereich. Der genaue Wert für X_d hängt demnach vom Betriebszustand der Maschine ab. Laut DIN VDE 0530 Teil 4 ist in den Datenblättern derjenige Wert für die Synchronreaktanz anzugeben, der sich aus dem linearen Bereich der Kennlinie $U_P(I_E)$ errechnet. Dadurch ist sichergestellt, dass für X_d stets der ungesättigte, also der größere Wert gewählt wird. Für eine Reihe von Auslegungen – wie z. B. für die Spannungsregelung – wird damit der ungünstigste Betriebszustand zugrunde gelegt.

Aus den bisherigen Ausführungen ist auch zu ersehen, dass eine genaue Berechnung des stationären Strom-Spannungs-Verhaltens von Generatoren detailliertere Angaben über deren konstruktive Gestaltung und zusätzlich über den jeweiligen Betriebszustand erfordern. Insbesondere in Netzen mit vielen Generatoren sind diese Daten nur unvollständig verfügbar. Daher führen auch verfeinerte Modellierungen des Generators zu keinen genaueren Aussagen. Andererseits sind für die Betriebsführung und Planung von Netzen die Toleranzen, die aus der unvollständigen Datenbasis resultieren, meistens tragbar. Daher ist es auch sinnvoll, das bereits erläuterte datenreduzierte Generatormodell einzusetzen. Genauere Generatornachbildungen sind nämlich sehr viel aufwändiger und nicht so direkt mit dem Netz zu koppeln wie das abgeleitete Ersatzschaltbild.

4.4.3.2 Betriebseigenschaften von Synchronmaschinen in Energieversorgungsnetzen

Mit dem in Bild 4.66 dargestellten einphasigen Ersatzschaltbild ist es nun möglich, auch das Betriebsverhalten der Synchronmaschine im Netz zu ermitteln. Die wesentlichen Betriebseigenschaften lassen sich bereits an zwei einfachen Modellen erläutern, bei denen die Maschine entweder auf ein starres oder ein passives Netz speist.

Speisung auf Netze mit starrer Spannung

Im Wesentlichen beschreibt dieses Modell die Verhältnisse in den Verbundnetzen. Das zugehörige Ersatzschaltbild zeigt Bild 4.67. Es entspricht dem Ersatzschaltbild, das sich im Abschnitt 4.2.5.3 für einen Transformator ergibt, der zwischen zwei Netzen mit konstanten Netzspannungen liegt. Das Strom-Spannungs-Verhalten lässt sich wiederum durch ein entsprechendes Zeigerbild veranschaulichen. Nach dem Induktionsgesetz können den Spannungszeigern auch um 90° nacheilende Flusszeiger zugeordnet werden (Bild 4.67). Sie eröffnen einen Einblick in die Feldverhältnisse, die sich bei diesem Betriebszustand innerhalb des Generators ausbilden.

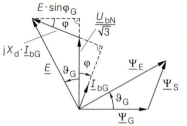

Bild 4.67
Ersatzschaltbild einer Synchronmaschine an einem starren Netz mit zugehörigem Zeigerdiagramm

In dem Flusszeigerdiagramm kennzeichnet der Zeiger $\underline{\Psi}_E$ das Hauptfeld der Erregerwicklung, das im Ständer die synchrone Spannung $\underline{E}$ induziert. Dem Zeiger $jX_d \cdot \underline{I}_{bG}$ ist der Fluss $\underline{\Psi}_S$ zuzuordnen. Er verläuft bei dem gewählten Zählpfeil für den als herausfließend angenommenen Klemmenstrom $\underline{I}_{bG}$ (s. Abschnitt 4.4.2) im Vergleich zu den anderen Flüssen in entgegengesetzter Richtung. Dieser Fluss $\underline{\Psi}_S$ setzt sich aus dem Streu- und Hauptfeld eines Ständerwicklungsstrangs sowie den eingekoppelten Hauptfeldern der beiden anderen Stränge zusammen. Das aus den Ständerhauptfeldern resultierende Drehfeld überlagert sich im Luftspalt mit dem Erregerdrehfeld $\underline{\Psi}_E$ und bestimmt zusammen mit dem Streufeldanteil des betrachteten Ständerwicklungsstrangs das induktive Klemmenverhalten der Maschine. Das Ergebnis dieser Überlagerung, das Gesamtfeld $\underline{\Psi}_G$, ist jedoch unabhängig vom Erregerstrom I_E und dem Ständerbetriebsstrom $\underline{I}_{bG}$. Es wird allein von der Netzspannung $\underline{U}_{bN}/\sqrt{3}$ festgelegt, die an den Klemmen des Generators eingeprägt ist.

Im Spannungszeigerdiagramm beschreibt der Winkel ϑ_G – auch als *Polradwinkel* bezeichnet – die elektrische Phasenverschiebung zwischen Polrad- und Netzspannung. Demgegenüber erfasst dieser Winkel im Flusszeigerdiagramm die räumliche Verdrehung des Erregerfelds bzw. des Läufers in Bezug auf den von der Netzspannung her eingeprägten Fluss. Speziell im Leerlauf liegt der Zeiger der synchronen Spannung $\underline{E}$ auf dem Zeiger der Netzspannung $\underline{U}_{bN}/\sqrt{3}$. Daher entspricht der Polradwinkel auch der mechanischen Verschiebung, die sich zwischen dem jeweiligen Last- und Leerlauffall einstellt. Aufgrund dieses Zusammenhangs wird der Polradwinkel auch *Lastwinkel* genannt.

Die bisherigen Ausführungen zeigen, dass jede andauernde Zustandsänderung im Generatorbetrieb – wie z. B. eine Netzspannungsabsenkung – eine Änderung in der Polradstellung zur Folge hat. Die neue stationäre Lage, die der Läufer danach annimmt, lässt sich stets aus dem Zeigerdiagramm in Bild 4.67 ermitteln. Über die elektrischen und mechanischen Vorgänge, die während des Zeitraums auftreten, der für diese Verschiebung benötigt wird, kann mit diesen stationären Betrachtungen jedoch keine Aussage erfolgen. Nachdem die neue stationäre Lage erreicht ist, dreht sich der Generator – unabhängig von der Last – wieder synchron zur Netzfrequenz. Die Leistung P_G, die der Generator dann ins Netz einspeist, lässt sich ebenfalls aus dem Zeigerdiagramm bestimmen. Mit dem Leistungsfaktor $\cos\varphi$ an den Generatorklemmen folgt aus der Geometrie des Zeigerdiagramms die Aussage

$$E \cdot \sin\vartheta_G = I_{bG} \cdot X_d \cdot \cos\varphi \;.$$

Unter Berücksichtigung der Beziehung

$$P_G = \sqrt{3} \cdot U_{bN} \cdot I_{bG} \cdot \cos\varphi \tag{4.74}$$

und dem Ausdruck $E = U_P/\sqrt{3}$ sowie der mechanischen Winkelgeschwindigkeit ω_{mech}

4.4 Synchronmaschinen

resultiert daraus der Zusammenhang

$$P_G = \frac{U_P \cdot U_{bN}}{X_d} \cdot \sin \vartheta_G = \omega_{mech} \cdot M_G , \qquad (4.75)$$

der in Bild 4.68 für das Generatormoment M_G veranschaulicht ist. Dieser Zusammenhang lässt Folgendes erkennen: Die Turbine kann nur eine begrenzte mechanische Leistung auf den Generator übertragen, da das Gegenmoment des Generators wiederum durch die elektrische Last begrenzt wird. Der Höchstwert dieses Moments M_G, das so genannte Kippmoment M_k, tritt bei $\vartheta_G = 90°$ auf. Überschreitet das Turbinenmoment M_A das Kippmoment ($M_A > M_k$), beschleunigt sich der Läufer und fällt außer Tritt. Ein stabiler Betrieb ist somit nicht mehr möglich. Demnach wird durch das Kippmoment eine Stabilitätsgrenze festgelegt.

Mit diesen Vorkenntnissen ist es nun möglich, die Auswirkungen von solchen Zustandsänderungen im Netz zu diskutieren, die durch Störungen hervorgerufen werden. So möge durch einen Ausfall von Leitungen die Netzspannung U_{bN} absinken; dann beschreibt eine andere Kennlinie die stationären Verhältnisse. Nach dieser Zustandsänderung beginnen die Läufer der Turbine und des Generators, die beide miteinander starr gekuppelt sind, zu pendeln. In Bild 4.68 ist eine abklingende Schwingung angedeutet, die sich meist als Folge kleiner Zustandsänderungen einstellt. Schwingungen dieser Art überschreiten selten 2 Hz und überlagern sich der 50-Hz-Drehbewegung. Nach größeren Zustandsänderungen kann jedoch auch ein instabiler, sich aufschaukelnder Pendelvorgang entstehen [42], [50]. In Abschnitt 7.5 werden diese Betrachtungen wieder aufgegriffen und genauer untersucht.

Im Weiteren sollen die Spannungsverhältnisse beim vorliegenden Modell betrachtet werden. Normalerweise benötigen die Netze u. a. wegen der induktiven Lasten induktive Blindleistung. Wie aus dem Diagramm 4.69a ersichtlich ist, kann diese Blindleistung nur dann von der Synchronmaschine geliefert werden, wenn der Erregerstrom I_E so gewählt wird, dass $U_P > U_{bN}$ gilt. Bei solchen Betriebszuständen eilt der Strom $\underline{I}_{bG}$ der Spannung $\underline{U}_{bN}$ nach. Wegen des als herausfließend angenommenen Klemmenstroms $\underline{I}_{bG}$ liegt *innerhalb* der Maschine ein *Erzeuger*zählpfeilsystem vor. In diesem Zählpfeilsystem bedeutet ein nacheilender Betriebsstrom, dass induktive Blindleistung *erzeugt* wird, sich die Maschine also wie eine Kapazität verhält.

Der beschriebene Betriebszustand wird aufgrund der erhöhten Polradspannung als *übererregt* bezeichnet. Aus dem Zeigerdiagramm geht hervor, dass z. B. bei einem $\cos \varphi = 0{,}9$ und Bemessungslast die Polradspannung größer ist als der doppelte Wert der Klemmenspannung U_{bG}. Um Polradspannungen dieser Größe erzeugen zu können, benötigt man

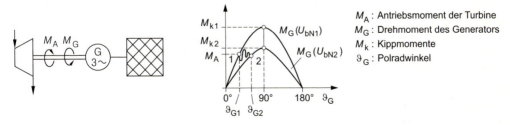

Bild 4.68
Stationäre Verläufe des Generatordrehmoments M_G in Abhängigkeit vom Polradwinkel ϑ_G für zwei unterschiedliche Netzspannungen sowie transientes Verhalten $M_G(\vartheta_G)$ bei einer plötzlichen Absenkung der Netzspannung von U_{bN1} auf U_{bN2}

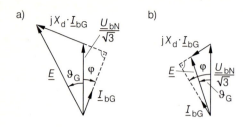

Bild 4.69
Zeigerdiagramm eines belasteten Turbogenerators ($E = U_\mathrm{P}/\sqrt{3}$)
a) Induktive Belastung
b) Kapazitive Belastung (Schwachlast)

hohe Erregerströme, die bei 300-MW-Blöcken im Bereich von 10 kA liegen. Üblicherweise liegt die Klemmenspannung im Bemessungsbetrieb zwischen 6 kV und 30 kV. Höhere Spannungen werden kaum gewählt, da sich anderenfalls innerhalb der Maschine zu große Probleme bei der Isolation der Windungen gegen das geerdete Eisen des Ständers ergeben.

Neben der übererregten Fahrweise (Bild 4.69a) besteht auch die Möglichkeit, den Generator *untererregt* zu betreiben. Der Erregerstrom wird dazu so gewählt, dass die Polradspannung einen kleineren Wert annimmt als die Klemmenspannung U_bN der Synchronmaschine (Bild 4.69b). In diesem Fall wird *kapazitive* Blindleistung ins Netz eingespeist, da der Strom $\underline{I}_\mathrm{bG}$ der Spannung $\underline{U}_\mathrm{bN}$ vorauseilt. Die Maschine selbst wirkt dann im Gegensatz zum übererregten Betrieb wie eine Induktivität.

Netze stellen relativ selten eine kapazitive Last dar. Dieser Betriebszustand liegt z. B. bei ausgedehnteren Kabelnetzen in Städten während der Schwachlastzeit vor. Der dann erforderliche untererregte Betrieb führt bei gleicher Wirkleistungseinspeisung im Vergleich zur Übererregung zu relativ großen Polradwinkeln. Dadurch wird schnell die Stabilitätsgrenze erreicht (s. Abschnitt 7.5).

Die geschilderten Zusammenhänge lassen sich sehr übersichtlich in der Ortskurve $P(Q)$ darstellen. Aufgrund der Übereinstimmung mit dem bereits in Abschnitt 4.2.5.3 untersuchten Ersatzschaltbild ergeben sich naturgemäß auch Ortskurven gleicher Struktur, die durch die Kreisgleichung

$$P^2 + \left(Q + \frac{U_\mathrm{bN}^2}{X_\mathrm{d}}\right)^2 = \left(\frac{U_\mathrm{P} \cdot U_\mathrm{bN}}{X_\mathrm{d}}\right)^2 \qquad (4.76)$$

beschrieben werden. Der zulässige Betriebsbereich unterscheidet sich jedoch von dem des Transformators, da andere physikalische Verhältnisse vorliegen. Dieser Bereich wird durch die Nennleistung P_nT der Turbine, den zulässigen Polradwinkel $\vartheta_\mathrm{zul,G}$, die Bemessungsscheinleistung S_rG sowie den zulässigen Erregerstrom $I_\mathrm{zul,E}$ begrenzt (Bild 4.70). Der jeweilige *konkrete Arbeitspunkt* wird durch die Dampfzufuhr in die Turbine und den

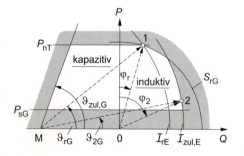

Bild 4.70
Leistungsdiagramm einer Vollpolmaschine an einem starren Netz bei Betrieb mit der Netznennspannung U_nN
1: Arbeitspunkt bei Bemessungsbetrieb
2: Arbeitspunkt im Bereich der Schwachlast

$\overline{\mathrm{M1}}$ bzw. $\overline{\mathrm{M2}} \sim U_\mathrm{P} \sim I_\mathrm{E}$
$\overline{\mathrm{01}}$ bzw. $\overline{\mathrm{02}} \sim S_\mathrm{bG}$
$\overline{\mathrm{0M}} \sim U_\mathrm{nN}^2$ für $U_\mathrm{bN} = U_\mathrm{nN}$

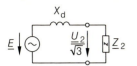

Bild 4.71
Einphasiges Ersatzschaltbild eines Synchrongenerators im Inselbetrieb

vorgegebenen Erregerstrom I_E bestimmt. Zusätzlich ist dabei zu beachten, dass stationär Betriebspunkte unterhalb der Schwachlast P_{sG} nicht gefahren werden können.
Das Diagramm 4.70 zeigt weiterhin, dass die Größe des Erregerstroms I_E sehr maßgeblich durch den Leistungsfaktor im Bemessungsbetrieb festgelegt ist. Ein niedriger Leistungsfaktor bedeutet einen großen Winkel φ_r und damit einen großen Erregerstrom bzw. eine aufwändige Erregereinrichtung, die diesen Gleichstrom liefert. Üblicherweise bewegt sich der Bemessungsleistungsfaktor $\cos\varphi_r$ im Bereich zwischen 0,7 und 0,9. Andere Verhältnisse ergeben sich, wenn das Netz nicht als starr, sondern als rein passiv angesehen wird.

Speisung auf ein passives Netz

Eine derartige Betriebssituation liegt z. B. dann vor, wenn nach einer Großstörung das Netz auseinander gefallen ist und die Kraftwerke im Inselbetrieb nur noch ihren Eigenbedarf versorgen (s. Abschnitt 3.2.3). Im Ersatzschaltbild können solche passiven Netze durch eine Eingangsimpedanz $\underline{Z}_2$ dargestellt werden. Sie wird im Weiteren als linear angesehen, da es sich nur um prinzipielle Betrachtungen handelt. Unter dieser Annahme ergibt sich die in Bild 4.71 dargestellte Ersatzschaltung. Daraus erhält man für die Wirk- und Blindleistung die Beziehungen

$$P = 3 \cdot \frac{E^2(\omega_{\text{mech}})}{|jX_d(\omega) + \underline{Z}_2(\omega)|^2} \cdot \text{Re}\{\underline{Z}_2(\omega)\} \qquad (4.77)$$

$$Q = 3 \cdot \frac{E^2(\omega_{\text{mech}})}{|jX_d(\omega) + \underline{Z}_2(\omega)|^2} \cdot \text{Im}\{\underline{Z}_2(\omega)\}. \qquad (4.78)$$

In diesen Gleichungen besteht bei der Wahl der Blindleistung Q nur ein sehr geringer Freiheitsgrad. Sie ist nämlich so zu wählen, dass die Klemmenspannung des Generators im Bereich der Netznennspannung liegt. Durch diese Bedingung ist die Synchronspannung E und damit auch zugleich die einzuspeisende Wirk- bzw. Turbinenleistung weitgehend festgelegt. Im Unterschied zum Generatorbetrieb in Verbundnetzen bietet daher ein Inselnetz nur einen sehr kleinen Spielraum bei der Wahl der beiden Stellgrößen Erregerstrom und Turbinenleistung.
In beiden beschriebenen Modellen ist die Polradspannung eine prägende Größe für das Betriebsverhalten des Synchrongenerators. Die Höhe dieser Spannung wird durch einen gesonderten Regelkreis eingestellt.

4.4.3.3 Spannungsregelung von Synchronmaschinen

Die Spannungsregelung eines Synchrongenerators hat die Aufgabe, die Klemmenspannung auf ihrem vorgegebenen Wert stationär zu halten. Neben den bereits beschriebenen Regelkreisen (Kessel-, Primär-, Sekundär- und Leistungsregelung) ist der Spannungsregelkreis ebenfalls für eine störungsfreie Energieversorgung von großer Bedeutung (Bilder 4.72 und 4.73). Deshalb werden die Regelkreise jeweils den modernsten technologischen Gegebenheiten angepasst. Der Grundgedanke dieser Regelung wird im Folgenden erläutert; Näheres ist u. a. [7], [48] oder [51] zu entnehmen.

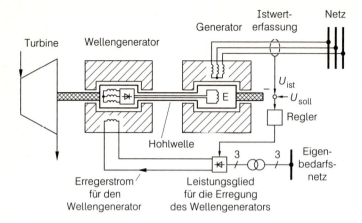

Bild 4.72
Prinzipieller Aufbau
eines bürstenlosen
Erregersystems
E: Erregerwicklung des
Generators

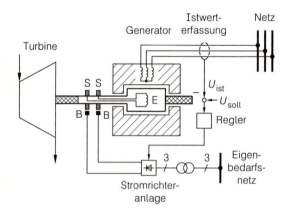

Bild 4.73
Prinzipieller Aufbau einer
Stromrichtererregung
E: Erregerwicklung des Generators
S: Schleifring
B: Bürsten

Zunächst wird der Istwert der Klemmenspannung über Spannungswandler auf das Niveau des Reglers transformiert. Dann ist die Regelabweichung vom Sollwert ($U_{\text{ist}} - U_{\text{soll}}$) zu bestimmen und dem Regler zuzuführen. Dabei wird dem Spannungssollwert häufig noch eine weitere, vom Blindstrom abhängige Komponente aufgeschaltet, die über Stromwandler aus dem Betriebsstrom abzuleiten ist (Störwertaufschaltung) [7]. Anschließend wird der Reglerausgang über ein Leistungsteil, die Erregereinrichtung, in eine entsprechende Änderung des Erregerstroms umgesetzt. Durch die vom Blindstrom abhängige Sollwertkomponente kann auch bei parallel geschalteten Maschinen mit gleicher Klemmenspannung eine definierte Blindleistungsaufteilung erzielt werden, denn durch die Polradspannung U_{P} und die Netzspannung U_{bN} ist die jeweils eingespeiste Blindleistung eindeutig festgelegt (Bild 4.70).

Im Hinblick auf eine genaue Ausregelung wird dem Spannungsregler ein Integralanteil zugeordnet. Daneben soll der Regelkreis sehr schnell sein. Das bedeutet, dass der Proportionalanteil stark ausgeprägt sein muss. Dadurch ist gewährleistet, dass auch kurzzeitige Laständerungen mit den einhergehenden Blindleistungs- bzw. Spannungsschwankungen etwa bis zu einer Grenzfrequenz von ca. 0,4 Hertz ausgeregelt werden. Die Spannungsregelung ist damit schneller als die Primärregelung, die im Sekundenbereich arbeitet.

Als Maß für die dynamische Leistungsfähigkeit einer Spannungsregelung wird die *Erregungsgeschwindigkeit* verwendet. Sie gibt an, in welchem Verhältnis zu ihrem Nennwert die Erregerspannung in 0,5 Sekunden ansteigt; hohe Werte liegen bei 2 s^{-1}. Der maximal erreichbare Wert der Erregerspannung wird als *Deckenspannung* bezeichnet. Sie liegt überwiegend um den Faktor 1,4...1,6 über der Nennerregerspannung und darf während des Anstiegs des Erregerstroms nur so lange anstehen, bis der maximal zulässige Erregerstrom erreicht ist (s. DIN VDE 0530 Teil 3). Im Wesentlichen wird die Erregungsgeschwindigkeit durch die Gestaltung der Erregereinrichtung bestimmt. Zwei Ausführungen werden besonders häufig eingesetzt: das bürstenlose Erregersystem und die Stromrichtererregung.

Bürstenlose Erregereinrichtung

Kernstück eines bürstenlosen Erregerapparats ist ein Wellengenerator. Es handelt sich um eine Synchronmaschine, die gemeinsam mit dem Generator und der Turbine auf einer Hohlwelle sitzt und von dieser angetrieben wird (Bild 4.72). Der Wellengenerator wird als hochpolige *Außenpolmaschine* ausgeführt. Im Unterschied zu der üblichen Innenpolbauweise ist die Erregerwicklung im Ständer und die Drehstromwicklung auf dem Läufer angebracht. Infolge dieser Anordnung kann nun die ruhende Erregerwicklung vom Regler gespeist werden und die dreiphasig ausgeführte Läuferwicklung ein Drehstromsystem liefern. Es wird anschließend durch Dioden gleichgerichtet, die sich wegen der Fliehkräfte im Zentrum der Hohlwelle befinden. Innerhalb dieser Hohlwelle wird der sich ergebende Gleichstrom dann direkt der Erregerwicklung des Generators zugeführt. Grundsätzlich schneller, allerdings auch mit höheren Kosten verbunden, wird die Klemmenspannung geregelt, wenn anstelle der bürstenlosen Erregerausführung eine Stromrichtererregung verwendet wird.

Stromrichtererregung

Der Aufbau eines solchen Erregerapparats ist Bild 4.73 zu entnehmen. Daraus ist zu ersehen, dass der Erregerstrom aus einer Fremdquelle, meist einem separaten Eigenbedarfsnetz, entnommen wird. Wiederum wird der Drehstrom in Gleichstrom umgewandelt. Für diese Umwandlung wird eine praktisch verzögerungsfreie Stromrichteranordnung eingesetzt, deren Leistungsabgabe direkt von dem Spannungsregler gesteuert wird. Der so erzeugte Gleichstrom wird dann mithilfe von Schleifringen der Erregerwicklung zugeleitet.
Die Erregereinrichtungen beeinflussen nicht nur das Generatorverhalten im Normalbetrieb, sondern auch im Störfall. Von besonderer Bedeutung ist dabei der dreipolige Kurzschluss.

4.4.4 Verhalten von Synchronmaschinen bei einem dreipoligen Kurzschluss

Wenn bei einer Vollpolmaschine die drei Klemmen plötzlich kurzgeschlossen werden (Bild 4.74), treten für ein bis zwei Sekunden hohe Stromstärken auf, die während der ersten 50 ms sogar Augenblickswerte von dem zwanzigfachen Wert des Generatorbemessungsstroms annehmen können. Diese hohen Ströme belasten den Generator insbesondere an den Wickelköpfen mechanisch sehr stark. Um die Ursachen für diese großen Stromstärken verstehen zu können, wird zunächst von sehr einfachen Modellen ausgegangen, die dann schrittweise ausgebaut werden.

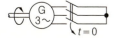

Bild 4.74
Dreipoliger Klemmenkurzschluss bei einem leerlaufenden Synchrongenerator

4.4.4.1 Dreipoliger Klemmenkurzschluss bei einer verlustfreien, leerlaufenden Synchronmaschine mit Dauermagnetläufer

Besonders einfache Verhältnisse ergeben sich, wenn zunächst ein *leerlaufender, verlustfreier Generator* vorausgesetzt wird. Er möge darüber hinaus anstelle des Vollpolläufers einen runden *Dauermagneten* (Permanenterregung) aufweisen, der das Erregerhauptfeld Φ_M erzeugt. Dieses bewirkt in den Wicklungssträngen jeweils den Induktionsfluss $\Psi_\text{M} = w \cdot \Phi_\text{M}$, wobei w die Windungszahl eines Wicklungsstrangs angibt. Angemerkt sei, dass permanentmagneterregte Ausführungen (Index M) zunehmend in Bordnetzen verwendet werden.

Bei dieser Bauart besitzt der Läufer keine Erregerwicklung. Infolgedessen entfällt bei den im Abschnitt 4.4.2 abgeleiteten Modellgleichungen die Beziehung, die das Strom-Spannungs-Verhalten dieser Wicklung beschreibt. In den verbleibenden Gleichungen ist der gleichstromerregte Induktionsfluss $\Psi_\text{E} = M_\text{SE} \cdot i_\text{E}$ durch die Konstante Ψ_M zu ersetzen. Mit diesen Änderungen geht das System (4.71) über in

$$u_\text{U}(t) = \frac{\text{d}}{\text{d}t}\Big(-L_\text{d} \cdot i_\text{U} + \Psi_\text{M} \cdot \sin(\omega t + \vartheta_\text{G})\Big)$$
$$u_\text{V}(t) = \frac{\text{d}}{\text{d}t}\Big(-L_\text{d} \cdot i_\text{V} + \Psi_\text{M} \cdot \sin(\omega t + \vartheta_\text{G} - 120°)\Big) \ . \tag{4.79}$$

In einem weiteren Schritt ist noch die Bedingung des dreipoligen Klemmenkurzschlusses mit Erdberührung einzuarbeiten, der aus dem Leerlauf erfolgen soll. Gemäß Abschnitt 4.4.2 gilt im Leerlauf stets für den Polrad- bzw. Lastwinkel $\vartheta_\text{G} = 0$. Weiterhin ist wegen des dreipoligen Kurzschlusses $u_\text{U} = u_\text{V} = 0$ zu setzen. Allerdings beschreibt das System dann nur solche Kurzschlüsse, für die das Polrad zum Zeitpunkt der Zustandsänderung die Stellung gemäß Bild 4.75a aufweist. Um auch andere Positionen des Läufers erfassen zu können, muss zusätzlich noch ein Schaltwinkel α in das Argument der Sinusfunktionen eingeführt werden. Das sich dann ergebende System wird anschließend unbestimmt integriert, wobei

$$\int u_\text{U}(t)\text{d}t = 0 + \Psi_\text{U0} \quad \text{und} \quad \int u_\text{V}(t)\text{d}t = 0 + \Psi_\text{V0}$$

gilt. Mit den darin auftretenden freien Integrationskonstanten Ψ_U0 und Ψ_V0 erhält man aus der Integration der Gln. (4.79) die Zusammenhänge

$$\Psi_\text{U0} = -L_\text{d} \cdot i_\text{U} + \Psi_\text{M} \cdot \sin(\omega t + \alpha)$$
$$\Psi_\text{V0} = -L_\text{d} \cdot i_\text{V} + \Psi_\text{M} \cdot \sin(\omega t + \alpha - 120°) \ . \tag{4.80a}$$

Die freien Integrationskonstanten dienen dazu, die Lösung an die Flussbedingungen anzupassen, die unmittelbar vor dem Kurzschlusseintritt $t = 0$ in den Ständerwicklungssträngen vorliegen. Dadurch wird analytisch sichergestellt, dass keine Sprünge in den Flüssen auftreten, da solche Unstetigkeiten aus energetischen Gründen nicht möglich sind. Aus den Beziehungen (4.80a) lassen sich nun die Ständerströme errechnen:

$$i_\text{U} = \overbrace{\frac{\omega \cdot \Psi_\text{M}}{\omega \cdot L_\text{d}} \cdot \sin(\omega t + \alpha)}^{\text{Wechselstrom}} - \overbrace{\frac{\Psi_\text{U0}}{L_\text{d}}}^{\text{Gleichstrom}}$$
$$i_\text{V} = \frac{\omega \cdot \Psi_\text{M}}{\omega \cdot L_\text{d}} \cdot \sin(\omega t + \alpha - 120°) - \frac{\Psi_\text{V0}}{L_\text{d}} \ . \tag{4.80b}$$

4.4 Synchronmaschinen

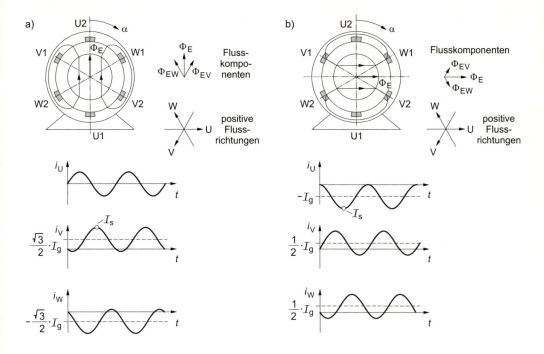

Bild 4.75
Verlauf der Kurzschlussströme sowie wirksame Komponenten des Hauptflusses Φ_E bzw. des zugehörigen Induktionsflusses Ψ_M in den Spulen V1–V2 und W1–W2
a) Flussachse von Φ_E (Polradstellung): $\alpha = 0°$
b) Flussachse von Φ_E (Polradstellung): $\alpha = 90°$

Über die Sternpunktbedingung (4.69) ergibt sich für den fehlenden Strom i_W ein entsprechender Ausdruck. Die erhaltenen Lösungen setzen sich bei allen drei Ständerströmen aus einem Wechselstrom und einem Gleichstrom zusammen. Dieses Ergebnis wird im Folgenden noch physikalisch erläutert.

Verursacht wird der Wechselstrom durch die synchrone Spannung $E = \omega \cdot \Psi_M$. Auch nach dem Kurzschlusseintritt induziert das Erregerfeld Ψ_M noch diese Spannung, da sich die Drehzahl des angetriebenen Läufers und damit seine Winkelgeschwindigkeit ω über ein längeres Zeitintervall nur wenig ändert. Der dadurch im Ständer entstehende Kurzschlusswechselstrom erzeugt wiederum ein Ständerdrehfeld. Es kompensiert das Läuferdrehfeld des Permanentmagneten Ψ_M (Gl. (4.80)). Zusätzlich bewirkt ein plötzlicher Klemmenkurzschluss jedoch, dass die momentan vorhandene Feldverteilung aus dem stationären Betrieb *im Ständer* zunächst erhalten bleibt und somit auch nach dem Kurzschlusseintritt noch wirksam ist. Erzeugt wird dieser zeitlich konstante Fluss dadurch, dass sich in jedem Ständerwicklungsstrang Gleichströme unterschiedlicher Größe ausbilden; seine Werte sind der Lösung (4.80b) zu entnehmen. Ein konkretes Beispiel soll die Bestimmung der darin auftretenden Integrationskonstanten verdeutlichen.

Bei einem Klemmenkurzschluss werden *im ungestörten Leerlauf* vor dem Kurzschlusseintritt die Spannungen $u_U(t)$, $u_V(t)$ und $u_W(t)$ im Ständer induziert, die jeweils durch die Induktionsflüsse Ψ_U, Ψ_V und Ψ_W hervorgerufen werden:

$$\Psi_U = \Psi_M \cdot \sin(\omega t + \alpha) \quad \rightarrow \quad u_U = \omega \cdot \Psi_M \cdot \cos(\omega t + \alpha)$$
$$\Psi_V = \Psi_M \cdot \sin(\omega t + \alpha - 120°) \quad \rightarrow \quad u_V = \omega \cdot \Psi_M \cdot \cos(\omega t + \alpha - 120°) \quad (4.81)$$
$$\Psi_W = \Psi_M \cdot \sin(\omega t + \alpha - 240°) \quad \rightarrow \quad u_W = \omega \cdot \Psi_M \cdot \cos(\omega t + \alpha - 240°) \,.$$

Dabei kennzeichnet der Schaltwinkel α neben dem Schaltzeitpunkt auch die momentane Position des Läufers in Bezug auf den Ständerwicklungsstrang U. Für einen Kurzschluss bei $t = 0$ und $\alpha = 0$ ist die Läuferstellung Bild 4.75a zu entnehmen. Dort werden die Ständerwicklungsstränge zu diesem Zeitpunkt bei einem Erregerfluss Φ_E bzw. Ψ_M entsprechend den Beziehungen (4.81) von den Flüssen

$$\Psi_{U0} = 0, \quad \Psi_{V0} = -\frac{1}{2} \cdot \sqrt{3} \cdot \Psi_M, \quad \Psi_{W0} = \frac{1}{2} \cdot \sqrt{3} \cdot \Psi_M$$

durchsetzt. Damit liegen entsprechend der Lösung (4.80) auch die Gleichströme fest; sie sind ebenfalls Bild 4.75a zu entnehmen. Dagegen betragen bei der Läuferstellung $\alpha = 90°$ die Anfangsflüsse zum Zeitpunkt $t = 0$

$$\Psi_{U0} = \Psi_M, \quad \Psi_{V0} = -\frac{1}{2} \cdot \Psi_M, \quad \Psi_{W0} = -\frac{1}{2} \cdot \Psi_M \,.$$

In Bild 4.75b sind dafür die zugehörigen Ständerströme dargestellt. Diese Betrachtungen zeigen bereits, dass der Gleichstrom nur in einem der drei Stränge maximal so groß wie die Wechselstromamplitude werden kann. Der Spitzenwert des Gesamtstroms wächst dann in diesem Strang auf die doppelte Wechselstromamplitude. Zugleich verdeutlichen die beiden untersuchten Schaltzeitpunkte, dass der Kurzschlussstrom i_U stets dann am höchsten ist, wenn der Kurzschluss im Spannungsnulldurchgang des Strangs U auftritt. Dieses Ergebnis gilt natürlich völlig analog für die beiden anderen Stränge.

Die Beziehungen (4.80a) können durch das einphasige Ersatznetzwerk in Bild 4.76a beschrieben werden, dessen Auswertung die vollständige Lösung (4.80b) liefert. Dieses Ersatzschaltbild gilt allerdings nur für einen Klemmenkurzschluss aus dem Leerlauf ($\vartheta_G = 0$). Mit geringen Änderungen ist es auch auf einen Betriebszustand mit Vorbelastung auszudehnen (Bild 4.76b). Wiederum ist zunächst dem System der stationäre Betriebszustand mitzuteilen, aus dem der dreipolige Kurzschluss erfolgt. Diese Information liefert z. B. das Spannungszeigerdiagramm in Bild 4.69. Daraus sind der benötigte Lastwinkel ϑ_G und die Klemmenspannung $U_{bN}/\sqrt{3}$ abzuleiten, denn bei permanenterregten Maschinen ist die synchrone Spannung E konstant eingeprägt. Zusätzlich ist erneut die Läuferstellung durch den Schaltwinkel α zu kennzeichnen.

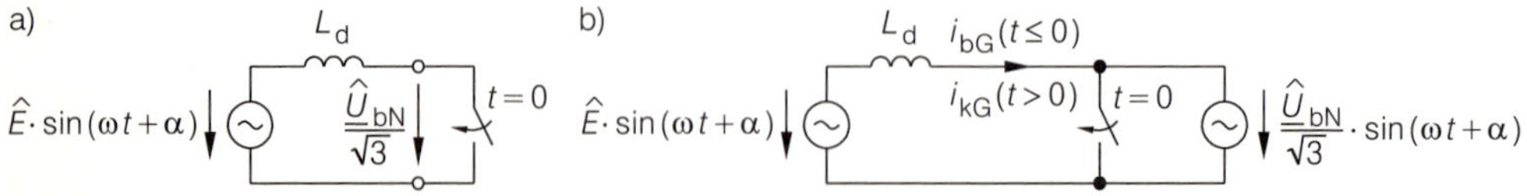

Bild 4.76
Ersatzschaltungen zur Berechnung des Kurzschlussstroms eines verlustlosen permanenterregten Generators im Leiter U nach einem Klemmenkurzschluss bei $t = 0$
a) Ersatzschaltung für einen Kurzschluss aus dem Leerlaufbetrieb ($\vartheta_G = 0$)
b) Ersatzschaltung für einen Kurzschluss mit Vorbelastung ($\vartheta_G > 0$)
  (Ungünstigster Fall: $\alpha = -\vartheta_G$ bei $t = 0$)

4.4 Synchronmaschinen

Die bisherigen Betrachtungen haben dazu gedient, die grundsätzliche Methodik zur Berechnung der Kurzschlussströme zu erläutern. Diese Vorgehensweise wird nun auf eine kompliziertere Vollpolmaschine angewendet, die einen gleichstromerregten Läufer aufweist.

4.4.4.2 Dreipoliger Klemmenkurzschluss bei einer verlustfreien Vollpolmaschine mit Gleichstromerregung

Es wird ein Generator betrachtet, der im Unterschied zum vorhergehenden Abschnitt außer der Ständerwicklung noch über eine Erregerwicklung verfügt. Aus Gründen der Übersichtlichkeit wird zunächst der Kurzschluss aus dem Leerlauf behandelt.

Klemmenkurzschluss bei einer leerlaufenden Vollpolmaschine mit Erregerwicklung

Erneut ist von den Modellgleichungen (4.71) auszugehen. Diesem Gleichungssystem wird der Leerlauf dadurch mitgeteilt, dass $\vartheta_G = 0$ gesetzt wird; die Bedingungen für einen dreipoligen Erdkurzschluss lauten dort erneut $u_U = 0$ und $u_V = 0$. Das so modifizierte Gleichungssystem (4.71) ist anschließend unbestimmt zu integrieren, wobei zusätzlich zu den bereits im Abschnitt 4.4.4.1 verwendeten Integrationskonstanten Ψ_{U0} und Ψ_{V0} noch eine dritte Integrationskonstante Ψ_{E0} in der Gleichung für die Erregerwicklung auftritt:

$$\Psi_{U0} = -L_d \cdot i_U + M_{SE} \cdot \sin(\omega t + \alpha) \cdot i_E$$
$$\Psi_{V0} = -L_d \cdot i_V + M_{SE} \cdot \sin(\omega t + \alpha - 120°) \cdot i_E \qquad (4.82a)$$
$$\Psi_{E0} = \sqrt{3} \cdot M_{SE} \cdot \sin(\omega t + \alpha + 150°) \cdot i_U + \sqrt{3} \cdot M_{SE} \cdot \cos(\omega t + \alpha) \cdot i_V + L_E \cdot i_E \;.$$

Mit diesen Beziehungen ist das Kurzschlussverhalten einer verlustlosen Vollpolmaschine mit Erregerwicklung beschrieben, wobei erneut mit dem Schaltwinkel α unterschiedliche Kurzschlusszeitpunkte bzw. Läuferpositionen erfasst werden.

Eine nähere Betrachtung des Systems (4.82a) zeigt, dass es sich bei den Integrationskonstanten um die Anfangswerte handelt, welche die Flüsse Ψ_U, Ψ_V und Ψ_E beim Kurzschlusseintritt aufweisen. Um diese Werte bestimmen zu können, müssen die stationären Verhältnisse im Leerlauf bekannt sein. Sie entsprechen denen einer leerlaufenden permanenterregten Maschine. Daher ergeben sich die Anfangswerte für die Ständerflüsse direkt aus den Beziehungen (4.81). Für die Erregerwicklung ist das System (4.70) heranzuziehen; man erhält daraus den Anfangsfluss Ψ_{E0}, indem dort in die dritte Gleichung die Leerlaufbedingungen $i_U(t) = 0$, $i_V(t) = 0$ und $i_E(t) = I_E$ eingesetzt werden. Mit den dann bekannten Integrationskonstanten lassen sich nun die gesuchten Ströme ermitteln. So resultiert für den Strom im Ständerstrang U

$$i_U(t) = \frac{1}{L'_d} \cdot \left\{ -\frac{1}{2} \cdot \left(1 + \frac{L'_d}{L_d}\right) \cdot \Psi_{U0} \right.$$
$$+ \frac{1}{\sqrt{3}} \cdot \left(1 - \frac{L'_d}{L_d}\right) \cdot \left[\Psi_{U0} \cdot \cos\left(2 \cdot (\omega t + \alpha) - 30°\right)\right.$$
$$\left. + \Psi_{V0} \cdot \sin\left(2 \cdot (\omega t + \alpha)\right)\right] \qquad (4.82b)$$
$$\left. + \frac{M_{SE}}{L_E} \cdot \Psi_{E0} \cdot \sin(\omega t + \alpha) \right\}$$

mit

$$L'_\text{d} = \frac{L_\text{d} L_\text{E} - 3/2 \cdot M_\text{SE}^2}{L_\text{E}} \; ; \qquad (4.83)$$

dabei wird die Größe L'_d als *transiente Induktivität* bezeichnet. Aus diesem Ergebnis lässt sich auch der Ständerstrom $i_\text{V}(t)$ ermitteln. Man braucht nur in der ersten Zeile der Lösung (4.82b) den Anfangsfluss Ψ_U0 durch Ψ_V0 zu ersetzen und darüber hinaus zu den Argumenten aller Sinus- und Kosinusfunktionen jeweils eine Phasenverschiebung von $(-120°)$ zu addieren. Der noch fehlende Ständerstrom $i_\text{W}(t)$ ergibt sich dann aus der Sternpunktbedingung (4.69). Aus den drei Lösungen ist Folgendes zu erkennen:

In den Ständerwicklungssträngen treten neben einem 50-Hz-Wechselstrom, der vom Anfangsfluss Ψ_E0 der Erregerwicklung abhängt, noch weitere Anteile auf. Es handelt sich um ein Gleichglied und eine doppelfrequente Komponente, die durch die Anfangsflüsse Ψ_U0 und Ψ_V0 hervorgerufen werden. Etwas andere Verhältnisse liegen in der Erregerwicklung vor. Dort stellt sich der Strom

$$i_\text{E}(t) = \frac{1}{L'_\text{d}} \cdot \left\{ \sqrt{3} \cdot \frac{M_\text{SE}}{L_\text{E}} \cdot \Psi_\text{U0} \cdot \cos(\omega t + \alpha + 60°) \right.$$
$$\left. + \sqrt{3} \cdot \frac{M_\text{SE}}{L_\text{E}} \cdot \Psi_\text{V0} \cdot \cos(\omega t + \alpha) + \frac{L_\text{d}}{L_\text{E}} \cdot \Psi_\text{E0} \right\}$$

ein, der nur einen 50-Hz-Anteil und einen Gleichstrom aufweist. Eine nähere Betrachtung dieses Zusammenhangs ergibt, dass sich der Gleichstrom aus dem eingeprägten Erregerstrom I_E sowie einem zusätzlichen Gleichglied zusammensetzt, das durch den Kurzschluss verursacht wird.

Aus der ermittelten Lösung (4.82b) ist darüber hinaus zu erkennen, dass bei einer Synchronmaschine mit Erregerwicklung die 50-Hz-Wechselstromkomponente nach einem Kurzschluss aus dem Leerlauf

$$i_\text{wU}(t) = \frac{1}{\omega \cdot L'_\text{d}} \cdot \underbrace{\left(\omega \cdot \frac{M_\text{SE}}{L_\text{E}} \cdot \Psi_\text{E0} \right)}_{\hat{E} = \sqrt{2} \cdot E} \cdot \sin(\omega t + \alpha)$$

beträgt. Sie wird von der transienten Reaktanz $X'_\text{d} = \omega \cdot L'_\text{d}$ und bei dem vorausgegangenen Leerlaufbetrieb von der synchronen Spannung E geprägt. Diese Wechselstrombeziehung ist auch als Ersatzschaltung darstellbar (Bild 4.77a). Dabei lässt sich L'_d in drei Teilinduktivitäten auffächern:

$$L_{\sigma\text{S}} = L_\text{d} - \sqrt{3/2} \cdot M_\text{SE}$$
$$L_{\sigma\text{E}} = L_\text{E} - \sqrt{3/2} \cdot M_\text{SE}$$
$$L_\text{h} = \sqrt{3/2} \cdot M_\text{SE} \, .$$

Sie sind in Bild 4.77b veranschaulicht. Die Teilinduktivität $L_{\sigma\text{S}}$ kann als Ständerinduktivität, die Größe $L_{\sigma\text{E}}$ als Erregerstreuinduktivität und L_h als Hauptinduktivität interpretiert werden. Von der Struktur her ist diese Ersatzschaltung sehr ähnlich zu der eines kurzgeschlossenen Umspanners. In Anlehnung daran stellt die transiente Induktivität L'_d primär eine Streuinduktivität dar, die im Wesentlichen von den Nut- und Wickelkopfstreufeldern des Ständers sowie des Läufers geprägt wird.

4.4 Synchronmaschinen

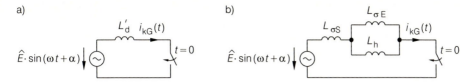

Bild 4.77
Berechnung des Kurzschlusswechselstroms im Leiter U einer verlustlosen Vollpolmaschine mit Erregerwicklung für einen Kurzschluss aus dem Leerlaufbetrieb
a) Ersatzschaltung mit der transienten Induktivität L'_d
b) Aufspaltung von L'_d in mehrere wirksame Teilinduktivitäten

Überwiegend aus mechanischen Gründen bietet der Wickelkopf nur wenig Spielraum in der Gestaltung. Daher ist die transiente Induktivität nur über die Formgebung der Nuten maßgebend zu beeinflussen. Ihr Reaktanzwert wird – analog zur Synchronreaktanz X_d – auf die Bemessungsdaten der Maschine bezogen:

$$x'_\mathrm{d} = \frac{X'_\mathrm{d} \cdot I_\mathrm{rG}}{U_\mathrm{rG}/\sqrt{3}} \approx 0{,}28 \qquad \text{(Bereich: } 0{,}14 \ldots 0{,}45 \text{)}. \tag{4.84a}$$

Verknüpft mit der Generatorbemessungsleistung, ergibt sich daraus in bekannter Weise der Zusammenhang

$$X'_\mathrm{d} = \frac{x'_\mathrm{d} \cdot U^2_\mathrm{rG}}{S_\mathrm{rG}}. \tag{4.84b}$$

Der Herleitung entsprechend nimmt die transiente Reaktanz X'_d große Werte an, wenn eine Maschine ausgeprägte Streureaktanzen aufweist. Bei der relativen transienten Reaktanz x'_d ist gemäß Gl. (4.84a) auch der Bemessungsstrom I_rG von Bedeutung. Dessen Wert hängt maßgeblich von der Ausnutzung der Maschine und damit von der Art der Kühleinrichtung ab. Daher ist die relative Größe x'_d nicht allein ein Maß für die Streuung.

Im Vergleich zu der relativen Synchronreaktanz ist die transiente Reaktanz etwa um den Faktor 10 kleiner. Dieser Größenunterschied ist nicht weiter verwunderlich: Bei der Größe X_d handelt es sich primär um eine Hauptreaktanz, bei X'_d im Wesentlichen um eine Streureaktanz. Dementsprechend unterscheiden sich auch die Kurzschlusswechselströme eines permanenterregten und eines gleichstromerregten Generators gleicher Leistung etwa um einen Faktor 10. Die *Erregerwicklung* wirkt mit dem angeschlossenen Erregerapparat auf den 50-Hz-Strom gewissermaßen wie eine *kurzgeschlossene Sekundärwicklung bei einem Transformator*.
Wie die Beziehung (4.82b) zeigt, verursachen die Anfangsflüsse bei Maschinen, deren Läufer nur eine Erregerwicklung aufweist, zusätzlich zu dem 50-Hz-Kurzschlusswechselstrom einen Gleichstrom und eine *annähernd gleich große* doppeltfrequente Oberschwingung. Bei einem Kurzschluss im Spannungsnulldurchgang erreichen sie zusammen den Wert der 50-Hz-Wechselstromamplitude. Das Auftreten einer 100-Hz-Schwingung ist auch physikalisch verständlich. Unter den festgehaltenen Anfangsfeldverteilungen Ψ_U0, Ψ_V0, Ψ_W0 dreht sich der Läufer; er induziert in der Erregerwicklung, wie auch die Rechnung belegt, eine 50-Hz-Komponente. Diese erzeugt wiederum in Bezug auf den Läufer ein Wechselfeld, das sich bekanntlich in ein rechts- und ein linksdrehendes Drehfeld aufspalten lässt. Diejenige Komponente, die sich in der Drehrichtung des angetriebenen Läufers bewegt,

besitzt gegenüber der Ständerwicklung eine Relativgeschwindigkeit von 100 Hz. Folgerichtig werden dort auch Ströme mit dieser Frequenz bewirkt; das zweite Drehfeld steht in Bezug auf den Ständer fest und erzeugt dort Gleichströme. Nochmals sei herausgestellt, dass die Ersatzschaltung in Bild 4.77 über diese Stromkomponenten keine Aussagen liefert. Bisher ist nur der Klemmenkurzschluss aus dem Leerlauf untersucht worden. Es gilt nun, eine entsprechende Ersatzschaltung für einen Kurzschluss mit Vorbelastung zu finden.

Klemmenkurzschluss bei einer Vollpolmaschine mit Erregerwicklung und Vorbelastung

Bei einem Klemmenkurzschluss an einem Generator mit Vorbelastung, dessen Läufer nur eine Erregerwicklung aufweist, ist wiederum von den Modellgleichungen (4.71) auszugehen. Andere Zusammenhänge erwachsen daraus, dass zum einen der Lastwinkel ϑ_G ungleich null ist und darüber hinaus die Anfangsflüsse andere Werte annehmen. Die hier nicht weiter angegebenen Auswertungen der Modellgleichungen liefern dann das Ersatzschaltbild 4.78a. Es wird im Folgenden physikalisch erläutert.

Erneut prägt die stationäre Netzspannung die Anfangsflüsse der Ständerwicklung für $t \geq 0$. Im Unterschied zu der permanentmagneterregten Maschine wirkt in einem Generator mit Erregerwicklung nach dem Kurzschluss für $t \geq 0$ – wie bereits erläutert – die Induktivität L'_d. Daher ist das Drehfeld, das der Ständer unmittelbar nach dem Kurzschluss erzeugt, wesentlich kleiner; denn im Spannungsdreieck ist anstelle des Zeigers $j\omega L_d \cdot \underline{I}_{bG}$ (Bild 4.67) die Größe $j\omega L'_d \cdot \underline{I}_{bG}$ zu verwenden. Die Addition dieses Zeigers mit dem Zeiger der Klemmenspannung $U_{bN}/\sqrt{3}$ führt auf die Spannung $\underline{E}'$, die nur eine fiktive Größe darstellt. Üblicherweise liegt der zugehörige Flusszeiger $\underline{\Psi}'_E$ nämlich nicht in der Achse der Erregerwicklung, die durch den Zeiger $\underline{\Psi}_E$ gekennzeichnet wird (Bild 4.78b). Physikalisch kann sich ein Erregerfluss jedoch allein in dieser Achse ausbilden, weil Läuferströme bei dem betrachteten Generatormodell nur in der Erregerwicklung fließen können. Der dort tatsächlich wirksame Flussanteil lässt sich ermitteln, indem der Zeiger $\underline{\Psi}'_E$ auf den Zeiger $\underline{\Psi}_E$ projiziert wird. Man kann die daraus erhaltene Komponente $\underline{\Psi}'_{dE}$ dann als das Erregerfeld interpretieren, das bei einer Vorbelastung dafür maßgebend ist, welche Spannung während des Kurzschlusses in der Ständerwicklung induziert wird.

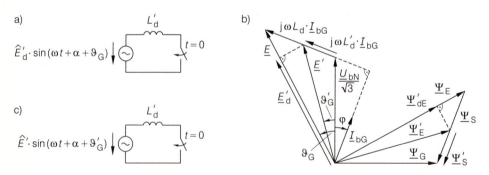

Bild 4.78
Ersatzschaltung zur Berechnung des Kurzschlusswechselstroms im Leiter U eines verlustlosen, vorbelasteten Generators mit Erregerwicklung
a) Ersatzschaltung mit der exakten transienten Spannung E'_d
b) Zeigerdiagramm zur Bestimmung von $\underline{E}'_d$
c) Ersatzschaltung mit der fiktiven transienten Spannung $\underline{E}'$ (Näherung)

4.4 Synchronmaschinen

Diese Spannung steht senkrecht zum Flusszeiger $\underline{\Psi}'_{dE}$ und wird als transiente Spannung $\underline{E}'_d$ bezeichnet, die im Ersatzschaltbild 4.78a die treibende Spannung darstellt. Analog zu den Flüssen ergibt sich der Spannungszeiger $\underline{E}'_d$ auch als Projektion von $\underline{E}'$ auf den Zeiger $\underline{E}$ (Bild 4.78b). Angemerkt sei, dass im Leerlauf $\underline{E}$ und $\underline{E}'_d$ identisch sind.

In einigen Fällen, wie z. B. für die Stabilitätsrechnungen im Abschnitt 7.5, werden Ersatzschaltungen benötigt, bei denen die daraus errechneten Ströme für $t = 0$ die Anfangsbedingungen aus dem vorausgesetzten stationären Betrieb liefern müssen. Dies ist bei der abgeleiteten Schaltung in Bild 4.78a nicht der Fall, da sie nur die Wechselstromkomponente des Kurzschlussstroms erfasst. Setzt man jedoch anstelle von E'_d die Spannung E' ein, so ist diese Forderung erfüllt. Allerdings führt diese Änderung dazu, dass der Kurzschlusswechselstrom für $t > 0$ zu große Werte annimmt; meistens ist damit eine Abschätzung zur sicheren Seite verbunden. Zu beachten ist, dass sowohl die genaue Nachbildung mit E'_d als auch die modifizierte Schaltung mit E' keine Aussagen über die zugleich entstehenden Gleichglieder sowie die 100-Hz-Schwingungen ermöglichen.

Falls bei einer Synchronmaschine die Erregerwicklung gleichmäßig über den Läuferumfang verteilt wäre, könnte sich der Fluss $\underline{\Psi}'_E$ tatsächlich ausbilden und zu einer physikalisch existenten Spannung $\underline{E}'$ führen. Für solche Maschine gibt das Ersatzschaltbild 4.78c die wirklichen Wechselstromverhältnisse wieder. Bisher ist eine Synchronmaschine betrachtet worden, deren Läufer nur eine Erregerwicklung aufweist. In der Praxis ist es jedoch üblich, neben der Erreger- auch eine Dämpferwicklung auf dem Läufer anzubringen.

Klemmenkurzschluss einer Vollpolmaschine mit Erreger- und Dämpferwicklung bei Leerlauf und Vorbelastung

Zunächst wird auf die konstruktive Gestaltung der Dämpferwicklung eingegangen, die auch als Dämpferkäfig bezeichnet wird. Im Unterschied zu den häufig aus Hartholz gefertigten Ständernutkeilen werden im Läufer Nutverschlüsse aus Bronze bzw. Kupfer eingesetzt (Bild 4.61c). Zum einen erfolgt diese Maßnahme wegen der dort wirksamen Fliehkräfte, zum anderen kann darüber das mechanische Schwingungsverhalten nach einer Zustandsänderung beeinflusst werden. Dazu ist es nur notwendig, solche Dämpferstäbe zusätzlich in der Polgegend der Erregerwicklung anzubringen. Darüber hinaus werden alle Nutkeile untereinander über einen leitfähigen Ring verbunden. So entsteht eine geschlossene Wicklung, die in Bild 4.79 stilisiert dargestellt ist.

Eine in der Praxis übliche Konstruktion besteht darin, für den Ring die Stahlkappe zu verwenden, die über den Läuferwickelkopf geschoben wird. Im Bild 4.61c sind nur deren schwalbenschwanzförmige Halterungen auf der Welle zu erkennen. Bei dieser Gestaltung kann die Dämpferwicklung – im Unterschied zur Erregerwicklung – bei Vollpolmaschinen in guter Näherung als symmetrisch aufgebaut angesehen werden.

Die wesentliche Aufgabe der Dämpferwicklung besteht darin, die bereits im Abschnitt

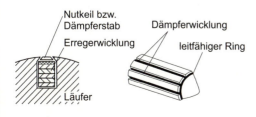

Bild 4.79

Grundsätzlicher Aufbau einer Dämpferwicklung bzw. eines Dämpferkäfigs

4.4.3.2 angesprochenen Pendelungen des Turbinen- und des damit gekuppelten Generatorläufers abzudämpfen. Die durch die Torsionsbewegung bedingte Relativgeschwindigkeit führt dabei zu hohen Strömen in der Dämpferwicklung und damit zu entsprechenden ohmschen Verlusten. Auf diese Weise wird die Schwingungsenergie in Wärme umgesetzt, um die mechanischen Läuferschwingungen schnell zu dämpfen. Bei den hier untersuchten Kurzschlüssen werden allerdings nur solche Zeitintervalle betrachtet, in denen sich die Drehzahlschwankungen noch nicht bemerkbar machen und in guter Näherung $\omega_{\mathrm{mech}} = \mathrm{const}$ gilt. Es interessieren dann nur die induktiv übertragenen Ströme bzw. Spannungen.

Die bisherigen Betrachtungen haben u. a. gezeigt, dass die Dämpferwicklung eine in sich geschlossene Wicklung darstellt, die als symmetrisch aufgebaut angesehen werden darf. Die gleiche Annahme wird nun auch auf die an sich asymmetrische Erregerwicklung übertragen, deren Hauptfeld nur in der Längsachse d liegt. Wenn darüber hinaus die Maschine erneut als verlustlos vorausgesetzt wird, lässt sich das resultierende Differenzialgleichungssystem in ähnlicher Weise wie beim zuvor behandelten transienten Modell lösen.

Das Ergebnis kann wiederum als ein Netzwerk dargestellt werden. Man bezeichnet es als subtransientes Ersatzschaltbild (Bild 4.80a). Es weist eine so genannte subtransiente Spannungsquelle $\underline{E}''$ sowie eine subtransiente Reaktanz X_{d}'' auf und entspricht damit der Struktur der bereits abgeleiteten transienten Ersatzschaltung. Allerdings besteht ein entscheidender Unterschied darin, dass bei der gewählten Modellierung die subtransiente Ersatzschaltung die Gesamtlösung richtig wiedergibt und nicht nur den Kurzschlusswechselstromanteil. Die Gesamtlösung besteht aus einem Gleichstrom und einem Kurzschlusswechselstrom, wobei der Gleichstrom wieder jeweils in einem Leiter maximal so groß werden kann wie die Amplitude des Kurzschlusswechselstroms (s. Abschnitt 4.4.4.1).

Ähnlich wie die transiente Reaktanz X_{d}' wird auch die subtransiente Reaktanz X_{d}'' von den Streufeldern geprägt (Bild 4.80a). Die zusätzlich vorhandene Dämpferwicklung setzt wie die ebenfalls kurzgeschlossene Erregerwicklung das Hauptfeld des Ständers herab.

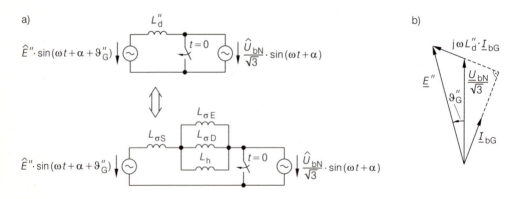

Bild 4.80
Ersatzschaltung zur Berechnung des Kurzschlusswechselstroms und der zugehörigen Gleichstromkomponenten einer verlustlosen, vorbelasteten Vollpolmaschine mit Erreger- und Dämpferwicklung
a) Ersatzschaltung
b) Zeigerdiagramm zur Bestimmung von $\underline{E}''$ und ϑ_{G}''

4.4 Synchronmaschinen

Im Ersatzschaltbild wird dieser Effekt dadurch erfasst, dass die Streuinduktivität $L_{\sigma D}$ der Dämpferwicklung ebenfalls parallel zur Hauptfeldinduktivität L_h geschaltet ist. Im Vergleich zur transienten Induktivität L'_d ist daher L''_d kleiner.

Man kann diesen Einfluss besser erkennen, wenn man die absolute Reaktanz X''_d auf die Bemessungswerte bezieht und den so erhaltenen relativen Wert

$$x''_d = \frac{X''_d \cdot I_{rG}}{U_{rG}/\sqrt{3}} \approx 0{,}20 \qquad \text{(Bereich: } 0{,}09 \ldots 0{,}32) \tag{4.85a}$$

mit x'_d in Gl. (4.84a) vergleicht. Der obere Bereich der relativen subtransienten Reaktanz x''_d gilt wiederum für leistungsstarke, hoch ausgenutzte Maschinen. Bei dieser Größe handelt es sich genauso wie bei der relativen synchronen und transienten Reaktanz x_d bzw. x'_d um eine wichtige Generatorkenngröße. Verknüpft man die Beziehung (4.85a) mit der Bemessungsleistung S_{rG}, so ergibt sich daraus die absolute Reaktanz

$$X''_d = \frac{x''_d \cdot U_{rG}^2}{S_{rG}} \ . \tag{4.85b}$$

Wie bereits erwähnt, tritt in dem Ersatzschaltbild neben der subtransienten Reaktanz zusätzlich noch eine subtransiente Spannung $\underline{E}''$ auf. Sie ermittelt sich aus dem Zeigerdiagramm in Bild 4.80b. Ein wesentlicher Unterschied zur transienten Spannung $\underline{E}'_d$ besteht darin, dass $\underline{E}''$ nicht auf die E-Achse projiziert zu werden braucht, da die Dämpfer- und Erregerwicklung im Modell als gleichmäßig verteilt angenommen sind. Wegen dieser vorausgesetzten baulichen Symmetrie bilden sich darüber hinaus keine doppeltfrequenten Kurzschlussströme aus.

Es stellt sich nun die Frage nach dem systematischen Fehler, der durch die angenommene Symmetrie der Erregerwicklung entsteht. Bei realen Vollpolmaschinen bewirkt die Asymmetrie, dass sich in der Längsachse d eine andere subtransiente Reaktanz ausbildet als in der Querachse q. Diese wird in Anlehnung an die Synchronquerreaktanz X_q als X''_q bezeichnet. Während bei üblichen Vollpolmaschinen für die Synchronquerreaktanz die Beziehung $X_q \approx 0{,}9 \cdot X_d$ gilt, liegt das Verhältnis der subtransienten Querreaktanz bei

$$X''_q \approx 1{,}1 \cdot X''_d \ ,$$

denn die Erregerwicklung wirkt als Kurzschlusswicklung nur in der Längsachse. Verwendet man den Mittelwert aus X''_d und X''_q, so ist mit einem Fehler um 5 % im Kurzschlussstrom zu rechnen. Bei sehr großen Generatoren kann mitunter X''_q bis auf $1{,}3 \cdot X''_d$ anwachsen. In solchen extremen Fällen ist eine zweiachsige Generatornachbildung vorzuziehen. Diese liefert auch Aussagen über den doppeltfrequenten Kurzschlussstrom, der dann bei ca. 10 % liegt. Zu beachten ist, dass der systematische Fehler der behandelten Modellierung stets zu große Kurzschlussströme bewirkt und damit bei der Mehrzahl der Dimensionierungsaufgaben einem Sicherheitszuschlag entspricht.

Bei großen Erregerströmen stellen sich in den Reaktanzen Sättigungseffekte ein, weil dann gemäß Abschnitt 4.4.3.1 die Magnetisierungskennlinie des Eisens zum Tragen kommt. Dadurch verkleinert sich die Gegeninduktivität M_{SE} und somit auch die Hauptinduktivität L_h. Da andererseits die Hauptinduktivität die transiente und subtransiente Reaktanz beeinflusst, sind die Größen X'_d und X''_d ebenfalls bis zu ca. 5 % sättigungsabhängig. Für die Auslegung der Maschinen ist – im Unterschied zu X_d – stets der kleinste Wert, *die gesättigte Reaktanz*, maßgebend.

Bei Schenkelpolmaschinen ist der Unterschied zwischen X_d'' und X_q'' sehr viel deutlicher als bei Vollpolmaschinen. Der behandelte systematische Fehler ist daher bei dieser Bauart noch ausgeprägter. Im Weiteren wird der Einfluss der ohmschen Verluste auf das Kurzschlussverhalten einer Vollpolmaschine beschrieben.

4.4.4.3 Netzkurzschluss bei einer verlustbehafteten Vollpolmaschine mit Erreger- und Dämpferwicklung

Im Hinblick auf spätere Betrachtungen ist es zweckmäßig, sich nicht auf den Klemmenkurzschluss zu beschränken, sondern das folgende, allgemeinere Modell zu untersuchen. Ein symmetrischer, *verlustbehafteter* und ungeregelter Generator mit der subtransienten Induktivität L_d'' und dem Ständerwiderstand R_G speise eine ohmsch-induktive Impedanz $\underline{Z}_N = R_N + j\omega L_N$, die z. B. die Eingangsimpedanz eines kurzschlussbehafteten, passiven Netzes darstellen kann (s. Abschnitt 6.2.4). Für diese Netzimpedanz soll die Bedingung

$$(R_G + R_N)^2 \ll (\omega L_d'' + \omega L_N)^2 \tag{4.86}$$

gelten. Hinter der Impedanz entsteht schlagartig ein Kurzschluss (Bild 4.81). Vor dem Kurzschlusseintritt weist der Generator eine Klemmenspannung von $\underline{U}_{bG}/\sqrt{3}$ auf und ist mit dem Strom $\underline{I}_{bG}$ belastet.

Dieses Modell hat den Vorzug, dass es analytisch gelöst werden kann. Allerdings sind bereits bei dieser einfachen Konfiguration einige Näherungen vorzunehmen [52], [53]. In der Summe bewirken sie, dass sich ein Kurzschlussstrom ergibt, der um einige Prozent größer ist als das exakte Ergebnis.

In jedem der drei Leiter setzt sich der Strom $i_{kG}(t)$ aus einem abklingenden Wechselstromanteil $i_{kw}(t)$ und einem aperiodisch abklingenden Gleichglied $i_{kg}(t)$ zusammen. Im Folgenden werden die Zeitverläufe für den Leiter U angegeben. Die korrespondierenden Ausdrücke für die Leiter V bzw. W erhält man, indem jeweils der Schaltwinkel α durch den Term $(\alpha - 120°)$ oder $(\alpha - 240°)$ ersetzt wird:

$$i_{kGU}(t) = i_{kw}(t) + i_{kg}(t) \ . \tag{4.87}$$

Die Lösung für das Gleichglied lautet dabei

$$i_{kg}(t) = \sin\alpha \cdot \frac{\sqrt{2} \cdot E''}{\omega \cdot (L_d'' + L_N)} \cdot e^{-t/T_g} \ . \tag{4.88}$$

Ein umfangreicheres Ergebnis resultiert für den Wechselstromanteil

$$i_{kw}(t) = \left(i_k''(t) - i_k'(t)\right) \cdot e^{-t/T_d''} + \left(i_k'(t) - i_k(t)\right) \cdot e^{-t/T_d'} + i_k(t) \tag{4.89a}$$

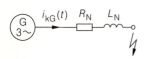

Bild 4.81
Kurzschlussmodell für einen Generator in einem Netz

4.4 Synchronmaschinen

mit

$$i_k''(t) = \frac{\sqrt{2} \cdot E''}{\omega \cdot (L_d'' + L_N)} \cdot \sin(\omega t + \vartheta_G'' + \alpha) \qquad (4.89b)$$

$$i_k'(t) = \frac{\sqrt{2} \cdot E_d'}{\omega \cdot (L_d' + L_N)} \cdot \sin(\omega t + \vartheta_G + \alpha) \qquad (4.89c)$$

$$i_k(t) = \frac{\sqrt{2} \cdot E}{\omega \cdot (L_d + L_N)} \cdot \sin(\omega t + \vartheta_G + \alpha) \;. \qquad (4.89d)$$

In der angegebenen Lösung wird die Dämpferwicklung als symmetrisch aufgebaut angenommen. Gemäß Abschnitt 4.4.4.2 wird daher die zweite Oberschwingung unterdrückt. Mit steigender Asymmetrie in der Dämpferwicklung wird sie jedoch stärker. Dafür verringert sich das Gleichglied. Diese Verhältnisse sind besonders ausgeprägt bei Maschinen ohne Dämpferwicklung.

In der Lösung treten alle diejenigen Ausdrücke wieder auf, die zuvor an den verlustlosen Modellen entwickelt worden sind. Die dort abgeleiteten Begriffe ermöglichen es nun, den Kurzschlussstromverlauf verlustbehafteter Maschinen zu interpretieren.

Im Unterschied zu den vorhergehenden verlustfreien Modellen sind bei dieser Lösung die ohmschen Widerstände der Erreger- und Dämpferwicklung uneingeschränkt berücksichtigt; der Widerstand der Ständerwicklung muss dagegen klein sein und darf die Relation (4.86) nicht verletzen. Die Einbeziehung der Widerstände in das Modell führt dazu, dass die Flüsse, die unmittelbar nach dem Kurzschluss auftreten, nicht mehr konstant bleiben, sondern abklingen. Genauso verhalten sich auch die zugehörigen Ströme.

Der Abklingvorgang des *Gleichglieds* wird durch die Zeitkonstante T_g beschrieben. Für einen Klemmenkurzschluss liegt ihr Wert bei

$$T_{gG} = \frac{L_d''}{R_G} = 0{,}3\,\text{s} \qquad (\text{Bereich: }0{,}07\ldots1\,\text{s}) \;. \qquad (4.90a)$$

Durch den Einfluss des Netzes verändert sich das Abklingen. Es gilt dann

$$T_{gN} = \frac{L_d'' + L_N}{R_G + R_N} \;. \qquad (4.90b)$$

Meistens bewirkt das Netz im Vergleich zum Klemmenkurzschluss eine schnellere Absenkung des Gleichglieds. Der Ausdruck (4.88) als Lösung ist so lange noch hinreichend aussagekräftig, wie die Relation

$$\frac{R_G + R_N}{\omega \cdot (L_d'' + L_N)} \leq 0{,}3$$

eingehalten wird. Falls der ohmsche Widerstand $(R_G + R_N)$ größere Werte annimmt, beginnt der Startwert des aperiodisch abklingenden Gleichglieds ungenau zu werden, da die Modellvoraussetzungen nicht mehr hinreichend erfüllt sind. Genauere Lösungen zeigen dann, dass die e-Funktion, die den Abklingvorgang dieser Gleichstromkomponente beschreibt, zunehmend durch eine gedämpfte, sehr niederfrequente Schwingung zu ersetzen ist; ihre Frequenz erhöht sich mit wachsendem ohmschen Einfluss im Ständerkreis. Demgegenüber beeinflussen die Ständer- und Netzwiderstände R_G und R_N nur sehr geringfügig das Abklingen des Kurzschluss*wechsel*stroms.

Bei einer symmetrisch aufgebauten Maschine lässt sich der Abklingvorgang der *Wechselstromkomponente* $i_{\text{kw}}(t)$ durch die beiden Zeitkonstanten T_{d}'' und T_{d}' beschreiben. Die erste wird als subtransient, die zweite als transient bezeichnet. Bei asymmetrisch aufgebauten Generatoren – wie z. B. Schenkelpolmaschinen – tritt noch eine weitere Zeitkonstante T_{q}'' auf. Ihr Wert unterscheidet sich meist nur wenig von T_{d}''. Bei einem Klemmenkurzschluss gilt für die subtransiente Zeitkonstante

$$T_{\text{dG}}'' \approx 0{,}03\,\text{s} \qquad (\text{Bereich: } 0{,}02\ldots 0{,}05\,\text{s})\,. \tag{4.91a}$$

Der zugehörige relativ kleine Stromanteil $(i_{\text{k}}''(t) - i_{\text{k}}'(t))$ gemäß Gl. (4.89a) ist demnach bereits nach einigen Perioden des Kurzschlusswechselstroms deutlich abgeklungen. Dieses Verhalten ändert sich auch nicht grundlegend, wenn der Kurzschluss hinter der vorgeschalteten Induktivität L_N auftritt. Eine Vorinduktivität verkleinert zwar die Amplitude des Kurzschlusswechselstroms insgesamt, sie beeinflusst jedoch nur in engen Grenzen das Abklingverhalten während des subtransienten Zeitintervalls, das dann durch die Zeitkonstanten T_{dN}'' gekennzeichnet wird. Dieser Zusammenhang ist auch aus der Beziehung

$$T_{\text{dN}}'' = T_{\text{dG}}'' \cdot \frac{1 + L_\text{N}/L_{\text{d}}''}{1 + L_\text{N}/L_{\text{d}}'} \approx T_{\text{dG}}'' \tag{4.91b}$$

zu erkennen, die sich aus den zitierten analytischen Rechnungen ergibt. Mit ca. 30 % sind die Unterschiede zwischen L_{d}'' und L_{d}' zu gering, als dass die Netzinduktivität L_N einen tragenden Einfluss ausüben kann. Sehr viel ausgeprägter ist deren Auswirkung bei der transienten Zeitkonstanten T_{d}'. Bei einem Klemmenkurzschluss hat sie den Wert

$$T_{\text{dG}}' \approx 1{,}3\,\text{s} \qquad (\text{Bereich: } 0{,}4\ldots 1{,}65\,\text{s})\,. \tag{4.92a}$$

Unter Berücksichtigung des Netzeinflusses führen die Rechnungen auf einen zu Gl. (4.91b) sehr ähnlichen Ausdruck:

$$T_{\text{dN}}' = T_{\text{dG}}' \cdot \frac{1 + L_\text{N}/L_{\text{d}}'}{1 + L_\text{N}/L_{\text{d}}}\,. \tag{4.92b}$$

Da diesmal jedoch zwischen L_{d}' und L_{d} ein beachtlicher Größenunterschied besteht, vergrößert eine Vorinduktivität L_N die transiente Zeitkonstante sehr deutlich. In der Praxis sind durchaus Erhöhungen auf $3\ldots 6\,\text{s}$ zu finden. Eine Vorinduktivität bewirkt demnach zum einen, dass die relativ große Stromkomponente $(i_{\text{k}}'(t) - i_{\text{k}}(t))$ kleinere Werte annimmt. Zum anderen sorgt sie jedoch auch dafür, dass die Anlage damit über eine längere Zeitspanne beansprucht wird.

Die bisherige Diskussion der beiden Zeitkonstanten T_{dN}'' und T_{dN}' hat gezeigt, dass sie sich um ein bis zwei Größenordnungen voneinander unterscheiden. Demnach gibt es im subtransienten Anfangsbereich einen deutlichen Abklingvorgang. Anschließend erfolgt ein kontinuierliches Abklingen über einen sehr langgestreckten Zeitbereich von einigen Sekunden (Bild 4.82a). Für praktische Projektierungsrechnungen wird der genaue Zeitverlauf des Abklingvorgangs jedoch nicht benötigt. Stattdessen wird die Hüllkurve des Wechselstromanteils durch eine dreistufige Treppenfunktion angenähert, die in Bild 4.82b dargestellt ist. Die Werte dieser Treppenstufen lassen sich mit den Beziehungen (4.89) ermitteln. So beginnt der subtransiente Zeitbereich bei $t=0$ mit der Amplitude

$$\sqrt{2} \cdot I_{\text{k}}'' = \frac{\sqrt{2} \cdot E''}{\omega \cdot (L_{\text{d}}'' + L_\text{N})}\,. \tag{4.93}$$

4.4 Synchronmaschinen

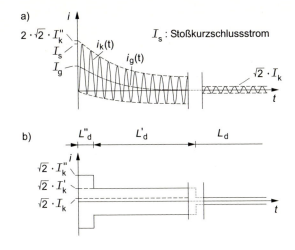

Bild 4.82
Verlauf des Kurzschlussstroms einer verlustbehafteten Vollpolmaschine nach einem Klemmenkurzschluss
a) Realer Zeitverlauf des Abklingvorgangs
b) Näherung der Hüllkurve des Abklingvorgangs durch eine dreistufige Treppenfunktion (ohne Gleichstromkomponente)

Man bezeichnet den Effektivwert I_k'' daher auch als *Anfangskurzschlusswechselstrom*. Nachdem der Stromanteil $(i_k''(t) - i_k'(t))$ abgeklungen ist, setzt der transiente Zeitbereich ein. Die zugehörige Amplitude beträgt

$$\sqrt{2} \cdot I_k' = \frac{\sqrt{2} \cdot E_d'}{\omega \cdot (L_d' + L_N)} \; . \tag{4.94}$$

Für $t \to \infty$ stellt sich schließlich der Dauerkurzschlussstrom mit der Amplitude

$$\sqrt{2} \cdot I_k = \frac{\sqrt{2} \cdot E}{\omega \cdot (L_d + L_N)} \tag{4.95}$$

ein. Jeder Treppenstufe in Bild 4.82b kann eine Ersatzschaltung zugeordnet werden, die den Wechselstromanteil im jeweiligen Zeitbereich mit konstanter Amplitude nachbildet und den wirklichen Verlauf des Kurzschlusswechselstroms damit zur sicheren Seite abschätzt. Die zugehörigen drei Ersatzschaltungen sind in Bild 4.83 dargestellt. Wie daraus zu ersehen ist, treten bei einer verlustbehafteten Synchronmaschine nach einem Kurzschluss die bisher betrachteten verlustlosen Bauarten – Maschine mit Erreger- und Dämpferwicklung, Maschine ohne Dämpferwicklung, Maschine mit Permanentmagnet –

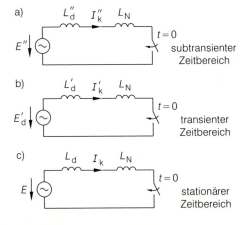

Bild 4.83
Ersatzschaltungen zur Berechnung der Kurzschlusswechselströme im Leiter U einer Synchronmaschine mit verlustbehafteten Läuferwicklungen an einem passiven Netz unter Berücksichtigung der Vorlast
a) Anfangskurzschlusswechselstrom I_k''
b) Transienter Kurzschlusswechselstrom I_k'
c) Dauerkurzschlussstrom I_k

und somit auch ihre Ersatzschaltungen (Bilder 4.80, 4.78 und 4.76) zeitlich nacheinander auf. Sie sind lediglich um die im Modell gemäß Bild 4.81 zusätzlich vorhandene Netzinduktivität L_N erweitert. Falls es – z. B. bei Stabilitätsrechnungen – gewünscht ist, kann im Ersatzschaltbild 4.83b analog zu Bild 4.78c wieder vereinfachend die transiente Spannung E'_d durch die Näherung E' ersetzt werden.

Das zeitliche Nacheinander der einzelnen Maschinentypen ist auch physikalisch plausibel. Nach einer Zustandsänderung an den Generatorklemmen werden sowohl in der Dämpfer- als auch in der Erregerwicklung Ströme induziert. Die Dämpferwicklung weist dabei einen hohen Widerstand auf. Zum einen sind – von ihren Stabenden abgesehen – im Bereich der Wicklung die Dämpferstäbe aus Bronze hergestellt, und zum anderen schließt sich der Dämpferstrom über die bereits beschriebene Läuferkappe aus antimagnetischem Stahl. Beide Materialien weisen einen relativ hohen spezifischen Widerstand auf. Dadurch bedingt klingen die in der Dämpferwicklung induzierten Ströme innerhalb von 20...50 ms relativ schnell ab. Anschließend ist nur noch die Erregerwicklung maßgebend, die den hohen Erregerstrom führt. Um die ohmschen Verluste dort klein zu halten, weist sie viel Kupfer auf. Wegen dieser andersartigen Bauweise ist ihr Widerstand sehr viel kleiner, folglich besitzt sie eine große Zeitkonstante. Wenn auch in der Erregerwicklung nach einigen Sekunden die Vorgänge abgeklungen sind, fließt dort nur noch der eingeprägte Gleichstrom I_E, der den Läufer wie einen Permanentmagneten wirken lässt.

Die treibenden Spannungen in den Ersatzschaltungen des Bilds 4.83 lassen sich unter Berücksichtigung der Vorlast, die unmittelbar vor dem Kurzschluss wirksam ist, aus einem Zeigerdiagramm ermitteln. Für die subtransiente Spannung E'' ist es in Bild 4.80b wiedergegeben, aus dem sich mit $X''_\mathrm{d} = \omega \cdot L''_\mathrm{d}$ und $U_\mathrm{bG} = U_\mathrm{bN}$ der analytische Zusammenhang

$$E'' = \sqrt{\left(\frac{U_\mathrm{bG}}{\sqrt{3}} + X''_\mathrm{d} I_\mathrm{bG} \sin\varphi\right)^2 + \left(X''_\mathrm{d} I_\mathrm{bG} \cos\varphi\right)^2} \approx \frac{U_\mathrm{bG}}{\sqrt{3}} + X''_\mathrm{d} I_\mathrm{bG} \sin\varphi \quad (4.96)$$

formulieren lässt. Analoge Ausdrücke ergeben sich für die Spannungen E' und E, indem die Reaktanz X''_d durch X'_d bzw. X_d ersetzt wird. Bei einer typischen mittelgroßen Maschine mit den relativen Reaktanzen

$$x''_\mathrm{d} = 0{,}18\,, \quad x'_\mathrm{d} = 0{,}28\,, \quad x_\mathrm{d} = 1{,}9 \quad (4.97)$$

und einem Leistungsfaktor $\cos\varphi = 0{,}87$ resultieren für diese Spannungen bei einem Betrieb mit Bemessungsstrom und Bemessungsspannung die Richtwerte

$$E'' = 1{,}10 \cdot \frac{U_\mathrm{rG}}{\sqrt{3}}\,, \quad E' = 1{,}16 \cdot \frac{U_\mathrm{rG}}{\sqrt{3}}\,, \quad E = 2{,}55 \cdot \frac{U_\mathrm{rG}}{\sqrt{3}}\,. \quad (4.98)$$

Demnach wächst die treibende Spannung in der Ständerwicklung an:

$$E'' \;\rightarrow\; E' \;\rightarrow\; E\,.$$

Parallel dazu vergrößert sich auch die Innenreaktanz des Generators:

$$X''_\mathrm{d} \;\rightarrow\; X'_\mathrm{d} \;\rightarrow\; X_\mathrm{d}\,.$$

Wie aus den Richtwerten in den Beziehungen (4.97) und (4.98) zu erkennen ist, erhöht sich die Innenreaktanz in einem stärkeren Maße als die Spannung. Daher erniedrigt sich insgesamt der Kurzschlusswechselstrom über

$$I_k'' \rightarrow I_k' \rightarrow I_k$$

etwa um einen Faktor 5. Hinzu kommt noch der Gleichstrom, der bei ungünstigen Einschaltaugenblicken in einem Leiter die gleiche Größe wie $\sqrt{2} \cdot I_k''$ aufweisen kann. Dann beläuft sich das Verhältnis vom Spitzenwert des Kurzschlussstroms zur Amplitude des Dauerkurzschlussstroms durchaus auf einen Faktor 10. Bezogen auf den Bemessungsstrom ergeben sich sogar Quotienten mit Werten von etwa 20.
Die Ersatzschaltungen in Bild 4.83 beschreiben allerdings nur das Wechselstromverhalten. Lediglich das Ersatznetzwerk für den subtransienten Zeitbereich hat die Eigenschaft, dass es auch den *Startwert* für das aperiodisch abklingende Gleichglied mit

$$\sin \alpha \cdot \frac{\sqrt{2} \cdot E''}{\omega \cdot (L_d'' + L_N)}$$

korrekt erfasst. Durch eine Erweiterung dieses Ersatzschaltbilds ist es möglich, neben dem Startwert zusätzlich das *Abklingverhalten* des Gleichglieds richtig nachzubilden. Zu diesem Zweck werden in einem folgenden Schritt noch die Ständer- und Netzwiderstände R_G und R_N in das Ersatznetzwerk eingefügt (Bild 4.84). Der Gleichstrom klingt dann mit der Zeitkonstanten T_{gN} gemäß Gl. (4.90b) ab. Solange dabei die Bedingung (4.86) nicht verletzt wird, bleibt der Kurzschlusswechselstrom I_k'' praktisch unverfälscht.
Vom Ansatz her ist mit dem Widerstand R_G im Ersatznetzwerk in Bild 4.84 jedoch keine Aussage über das *Abklingen des Kurzschlusswechselstroms* möglich. Daher liefert dieses Ersatzschaltbild einen zu hohen Stoßkurzschlussstrom I_s. Andererseits ist es wünschenswert, eine einfache Ersatzschaltung zu besitzen, die zu dieser Aussage in der Lage ist, denn der Stoßkurzschlussstrom wird für die mechanische sowie für die thermische Anlagendimensionierung benötigt. Um diese Einschränkung zu beheben, wird ein größerer – fiktiver – Widerstand R_{sG} anstelle des Ständerwiderstands R_G eingefügt (Bild 4.84). Dadurch klingt der Gleichanteil schneller ab als in Wirklichkeit. So wird auf indirekte Weise auch das Abklingen des Wechselstroms näherungsweise nachgebildet. Der Wert des Stoßwiderstands bewegt sich dabei im Bereich

$$R_{sG} = (0{,}05 \ldots 0{,}07) \cdot X_d'' ; \tag{4.99}$$

der untere Bereich gilt für große Maschinen mit einem hohen Wirkungsgrad. Hervorzuheben ist noch, dass bei der Verwendung von R_{sG} nur der Stoßkurzschlussstrom I_s richtig berechnet wird, nicht jedoch etwa der gesamte Stromverlauf. Erlaubt ist die beschriebene Maßnahme letztlich nur deshalb, weil – wie bereits erläutert – der Ständerwiderstand die Zeitkonstanten T_d'' und T_d' des Wechselstroms nur extrem schwach beeinflusst.

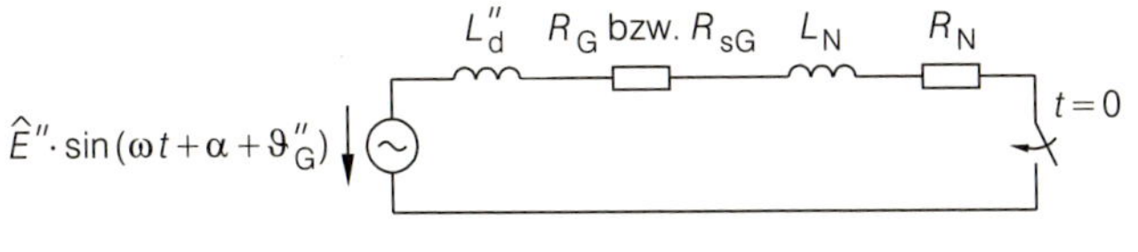

Bild 4.84
Ersatzschaltung zur Berechnung des Kurzschlussstroms im Leiter U während des subtransienten Zeitbereichs
R_G: Widerstand zur Berechnung des Anfangskurzschlusswechselstroms I_k'' sowie des aperiodisch abklingenden Gleichglieds
R_{sG}: Widerstand zur Ermittlung des Stoßkurzschlussstroms I_s

Die bisher entwickelten Ersatzschaltbilder beschreiben die Kurzschlussströme, die sich nach einer plötzlichen Zustandsänderung einstellen. Es stellt sich nun noch die Frage, wie die Maschine reagiert, wenn der Kurzschluss nicht schlagartig auftritt, sondern die Isolation im Verlauf eines längeren Zeitraums Δt ihre Isolierfähigkeit verliert. Im Modell gemäß Bild 4.81 lässt sich ein derartig zeitlich gedehnter Durchschlag dadurch berücksichtigen, dass die Netzinduktivität L_N und der zugehörige Widerstand R_N in mehr als eine Komponente aufgespalten werden, die dann nacheinander kurzzuschließen sind. Für jeden dieser Kurzschlüsse gelten die Gln. (4.89). Die jeweiligen Lösungen sind zeitlich versetzt zu überlagern. Je stärker die einzelnen, kleineren Kurzschlüsse zeitlich auseinander gezogen sind, desto mehr wird der Kurzschlussstrom durch die Induktivitäten L'_d und L_d anstelle von L''_d geprägt. Diese Überlegungen zeigen bereits, dass durch die Annahme einer plötzlichen Zustandsänderung der Kurzschlussstrom nach oben abgeschätzt wird. Die Auswirkungen von Kurzschlüssen innerhalb der Netze, auch *Netzkurzschlüsse* genannt, lassen sich in umfassenderen Netzen nur dann berechnen, wenn die Ersatzschaltbilder der weiteren Betriebsmittel bekannt sind. Zunächst werden die Freileitungen betrachtet. Eine Vertiefung der Kurzschlussstromberechnung erfolgt in Kapitel 6.

4.5 Freileitungen

Bei Freileitungen handelt es sich um Betriebsmittel, die zum Transport und zur Verteilung elektrischer Energie dienen. Zunächst wird der Aufbau von Freileitungen skizziert und davon ausgehend dann deren Betriebsverhalten beschrieben.

4.5.1 Aufbau von Freileitungen

Der prinzipielle Aufbau von Freileitungen ist Bild 4.85 zu entnehmen. Ihre wesentlichen Elemente stellen die Masten und Leiterseile dar. Insgesamt werden die drei Leiter L1, L2 und L3 als ein *Leitersystem* bezeichnet.
Bei den üblichen Feldlängen einer Freileitung führt das Eigengewicht der Leiterseile zu einem merklichen Durchhang, der sich analytisch durch eine Kettenlinie beschreiben lässt

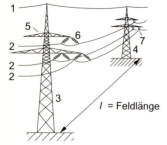

1) Erdseil
2) Leiterseil
3) Abspannmast
4) Tragmast
5) Traverse
6) Abspannisolator
7) Hängeisolator

Bild 4.85

Aufbau einer Freileitung (Donaumasten mit einseitiger Belegung)

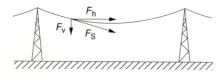

Bild 4.86

Seilkräfte

F_h: Horizontale Kraft
F_v: Vertikale Kraft
F_S: Resultierende Seilkraft

4.5 Freileitungen

und in erster Näherung parabelförmig verläuft. Infolge dieses Durchhangs treten vertikale und horizontale Kraftkomponenten auf (Bild 4.86), die von unterschiedlichen Mastarten, den Trag- und Abspannmasten, aufgenommen werden.

4.5.1.1 Masten

Bei *Tragmasten* sind die Leiterseile über Tragklemmen und senkrecht angebrachte Isolatoren an der Masttraverse aufgehängt. In Bild 4.87 ist der Aufbau einer Tragklemme dargestellt. Tragmasten können bei der üblichen senkrechten Stellung der Isolatoren keine, bei einer leichten Schräglage nur teilweise horizontal wirkende Kräfte auffangen. Dagegen können *Abspannmasten*, die eine andere Aufhängung aufweisen, neben einer vertikalen auch die erforderliche horizontale Kraftkomponente aufnehmen. Aus Bild 4.85 ist der prinzipielle Aufbau dieser Aufhängung zu ersehen, die aus Keilabspannklemmen und waagerecht angeordneten Isolatoren besteht.

Zugleich gestatten die in Bild 4.88 herausgezeichneten Keilabspannklemmen, die Leiterseile in Form einer *Schlaufe* unter den Traversen weiterzuleiten. Üblicherweise ist jeder vierte bis fünfte Mast einer Freileitung in dieser Weise ausgeführt. Solche Masten werden als Start- und Endpunkte der Leiterseile verwendet, da diese sich nur in begrenzter Länge herstellen lassen.

Es gibt noch einige weitere Mastarten, z. B. den Winkelabspann- und den Verteilungsmast. Mit dem Winkelabspannmast lassen sich Winkel im Freileitungsverlauf verwirklichen, während der Verteilungsmast die Aufteilung mehrerer gemeinsam geführter Leitersysteme auf zwei verschiedene Trassen ermöglicht. Genauere Ausführungen dazu sind [54] zu entnehmen.

Die bisher vorgenommene Einteilung der Masten richtet sich nach der Funktion innerhalb der Trasse, für die im Wesentlichen die Art der Aufhängung maßgebend ist. Die konstruktive Ausführung der Masten wird primär von dem gewählten Mastbild bestimmt, das sich innerhalb einer Trasse ändern kann. Wichtige Mastkonstruktionen sind in Bild 4.89 skizziert. Sie verursachen unterschiedliche Kosten. Zugleich prägt die Wahl der Masten über die Abstände der Leiterseile wesentlich das Übertragungsverhalten der Leitungen.

Besonders günstig ist im Hinblick auf diese beiden Kriterien der *Einebenenmast*, der daher früher überwiegend verwendet worden ist. Diese Konstruktion hat jedoch eine breite Traverse und benötigt daher eine breite Trasse. Aus diesem Grund hat sich heute in Deutschland das *Donaumastbild* durchgesetzt, das eine hohe, schmale Bauform aufweist und im Hinblick auf den zunehmenden Trassenmangel vorteilhafterweise auch mit mehr als zwei Drehstromsystemen gebaut werden kann (Bild 4.89e). Lediglich wenn eine niedrige Bauform erforderlich ist, wie z. B. in Flughafennähe, wird noch der Einebenenmast verwendet. Eine besonders stabile Ausführung stellt der 735-kV-Mast in Bild 4.89f dar. Er wird häufig dann eingesetzt, wenn große mechanische Fremdlasten auftreten können.

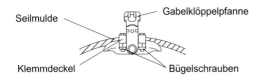

Bild 4.87
Mulden-Tragklemme

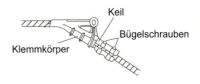

Bild 4.88
Keilabspannklemme

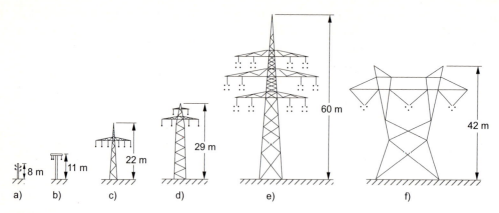

Bild 4.89
Mastbilder (Auswahl)
a) Niederspannungsholzmast
b) Betonmast, 20 kV (teilweise bis 110 kV)
c) Einebenenmast mit zwei Systemen, 110...380 kV
d) Donaumast mit zwei Systemen, 110...380 kV
e) Donaumast mit vier Systemen, 110...380 kV
f) Sondermastbild für höchste mechanische Beanspruchung, 110...1500 kV

Als eine Ursache ist starke Eisbildung zu nennen. Daher ist dieses Mastbild bevorzugt in Ländern mit kalter Witterung wie Kanada oder Russland anzutreffen.
Bei der Konstruktion von Masten finden eine Reihe von Vorschriften Beachtung. So sind aus isolationstechnischen Gründen Mindestabstände für die Leiterseile untereinander und zum Mast sowie zur Erde vorgeschrieben. Die Abstände sind den entsprechenden VDE-Bestimmungen, u. a. DIN VDE 0101 und DIN VDE 0210, zu entnehmen. Mit steigender Netznennspannung vergrößern sich naturgemäß die Abstände, sodass größere Nennspannungen auch größere Mastabmessungen zur Folge haben. Veranschaulichen lässt sich dieser Zusammenhang z. B. am Abstand, den die Leiterseile voneinander aufweisen. Für Nennspannungen im Bereich von 60...380 kV wächst dieser Abstand von ca. 2,60 m auf 6,80 m an. Für die mechanische Auslegung der Masten sind ebenfalls eine Reihe von Gesichtspunkten zu beachten. Beispielsweise sind neben dem Eigengewicht der Seile Fremdlasten wie Eis und Wind zu berücksichtigen. Im Weiteren soll auf zwei wichtige Ausführungen von Leiterseilen eingegangen werden.

4.5.1.2 Leiterseile

Bei kleineren Längen wie z. B. bei Sammelschienen und Verbindungsleitungen in Schaltanlagen werden häufig einfache Leiterseile verwendet, die sich aus mehreren Einzeldrähten zusammensetzen (Bilder 4.90a und 4.91). Um Wirbelstromeffekte zu begrenzen, werden die Einzeldrähte durch eine Oxidschicht gegeneinander isoliert und verdrillt (Seilschlag). Als *Leitermaterial* verwendet man *Aluminium* bzw. *Aluminiumlegierungen*. Die mechanische Belastung der Seile führt nicht nur zu einer Beanspruchung der Masten, sondern auch der Seile selbst, insbesondere in der Nähe der Mastaufhängung. Da die mechanische Beanspruchung gewisse Grenzwerte nicht überschreiten darf, bei Aluminium z. B. 70 N/mm^2, müssen bestimmte Grenzspannweiten eingehalten werden. Um hinreichend große Spannweiten realisieren zu können, werden deshalb bei Freileitungen üblicherweise

4.5 Freileitungen

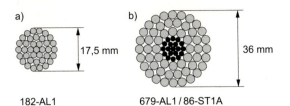

182-AL1   679-AL1 / 86-ST1A

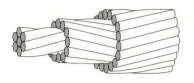

Bild 4.90
Aufbau von Leiterseilen
a) Einfaches Seil, b) Verbundseil

Bild 4.91
Seilschlag bei einem Leiterseil
(Richtwert für die Schlaglänge: 30 cm)

Verbundseile eingesetzt (Bild 4.90b).
Den eigentlichen Leiter stellen bei dieser Seilart nach wie vor Aluminiumdrähte dar. Die mechanische Festigkeit wird jedoch durch Stahldrähte erzielt, die den Kern, die Seele des Seils, bilden. Verbundseile werden durch die Querschnittsanteile der Aluminium- und Stahldrähte in mm² gekennzeichnet, z. B. 243-AL1/39-ST1A (früher: 240/40-Al/St). Dabei beschreiben die Angaben hinter AL und ST die Ausführung des Aluminiums sowie die Festigkeits- und Verzinkungsklasse des Stahls. Nähere Erläuterungen sowie Kennwerte üblicher Leiterseile sind dem Anhang zu entnehmen.

In der Regel werden mehrlagige Verbundseile verwendet, wobei aufeinander folgende Lagen jeweils einen entgegengesetzten Schlag aufweisen. Dadurch umfließen die Ströme zweier solcher Lagen die Stahlseele abwechselnd rechts- und linkswendig, sodass sich ihre Magnetfelder entlang der Seilachse kompensieren. Anderenfalls würden sich in der Stahlseele, die eine Permeabilität von $\mu_r \approx 400$ aufweist, große Wirbelstromverluste ausbilden. Die beschriebene Feldschwächung ist auch bei Seilen mit drei Lagen vorhanden, da die Stahlseele dann durch Wirbelströme in den beiden unteren Aluminiumlagen abgeschirmt wird. Dort sind die Verluste jedoch viel niedriger, weil mit $\mu_r = 1$ das Produkt aus den Größen μ und κ wesentlich kleiner ist (s. Gl. (4.9)).

Bei Netznennspannungen ab 220 kV sowie teilweise bei stromstarken 110-kV-Leitungen werden *Bündelleiter* eingesetzt. Entsprechend Bild 4.92 setzen sie sich aus mehreren Verbundseilen zusammen, die in diesem Zusammenhang als *Teilleiter* bezeichnet werden. Um den gegenseitigen Abstand auch bei Wind und anderen anregenden Kräften zu gewährleisten, werden im Abstand von 50...80 m *Distanzhalter* eingebaut. Je nach Anzahl der Teilleiter spricht man von einem Zweier-, Dreier- oder Viererbündel.

Entlang der Leiterseile können sich mechanische Schwingungen ausbilden, die durch elektrische Stromkräfte oder auch Wind angeregt werden. Diese Seilschwingungen müssen möglichst gut abgedämpft werden, da sie ansonsten zu Ermüdungsbrüchen in den Seilen und an den Aufhängungen führen. Ein wichtiges Hilfsmittel, diese Seilschwingungen auf zulässige Werte zu begrenzen, besteht darin, die Zugspannung im Seil – und damit dessen Durchhang – passend zu wählen. Eine weitere Maßnahme stellt das Anbringen von Zusatzmassen an den Seilen dar. Eine genauere Darstellung ist u. a. [54] zu entnehmen.

Für die Projektierung der Spannweiten wird üblicherweise eine *Betriebstemperatur* ϑ_b

Bild 4.92
Bündelleiter (Viererbündel)

der Leiterseile von *80 °C vorausgesetzt*. Dieser Wert darf unabhängig von der Außentemperatur nicht überschritten werden, da sonst die Seilfestigkeit gemindert wird. Bei gleicher Stromdichte wird diese Temperatur umso schneller erreicht, je größer der Querschnitt des Seils ist. Die im Leiterwiderstand R erzeugte Verlustwärme ist nämlich zur Querschnittsfläche A, die abgeführte Wärme dagegen zur Oberfläche O proportional. Mit wachsendem Querschnitt bzw. Seilradius verkleinert sich das Verhältnis O/A, da es umgekehrt proportional zum Leiterradius r ist:

$$\frac{\text{abgeführte Wärme}}{\text{erzeugte Wärme}} = \frac{O}{A} \sim \frac{1}{r}.$$

Daher können größere Querschnitte A nur mit geringeren Stromdichten S belastet werden. Aus der dauernd zulässigen Stromdichte S_z lässt sich der zulässige Betriebsstrom I_z ermitteln, der sich zu

$$I_z = S_z \cdot A$$

ergibt und dem Anhang zu entnehmen ist. Es muss also stets

$$I_b \leq I_z$$

gelten. In der Praxis belastet man im Bemessungsbetrieb üblicherweise Leitungen mit Querschnitten über 95 mm² nur mit einer Stromdichte von etwa 1 A/mm². Dadurch hält sich die Verlustwärme $I_b^2 \cdot R$, die letztlich nur durch zusätzlichen Brennstoffverbrauch im Kraftwerk gedeckt wird, in Grenzen. Zugleich sind auch noch für Notfälle Reserven in der Auslastung der Leitung vorhanden. Es sei noch erwähnt, dass bei einer Erwärmung im Sekundenbereich – z. B. durch einen Kurzschluss – Temperaturen bis ca. 200 °C zugelassen werden können, bevor eine Entfestigung eintritt. Genauere Betrachtungen dazu erfolgen in Abschnitt 7.3.

In Bild 4.85 ist ein weiteres Leiterseil eingezeichnet, das auf den Mastspitzen verlegt und mit ihnen normalerweise leitend verbunden ist. Da die Masten das gleiche Potenzial wie die Erde aufweisen, bezeichnet man dieses Seil auch als *Erdseil*.

4.5.1.3 Erdseile

Erdseile werden vorwiegend ab der 110-kV-Ebene eingesetzt. Statt der früher verwendeten Stahlseile von 35...95 mm² werden heute vornehmlich Verbundseile 94-AL1/15-ST1A oder bei Leitungen mit zwei Erdseilen 70-AL1/11-ST1A montiert. Neuere Erdseile enthalten in der Stahlseele ein Stahlröhrchen, das in etwa die Größe von einem der Stahldrähte aufweist. In dieses werden Glasfasern eingezogen, die zur Nachrichtenübermittlung dienen. Es können damit Signale bis zu 800 MHz übertragen werden. Eine Zwischenverstärkung muss erst ab Längen über 50 km erfolgen.

Entsprechend Bild 4.93 werden die Erdseile bis zu den Umspannwerken geführt und dort mit einem *Erder* verbunden, der in Kapitel 12 noch genauer betrachtet wird. Bei Erdern handelt es sich häufig um ein Gitter aus Bandeisen oder Kupferseilen mit einer Maschengröße bis zu maximal 10 m × 50 m. Sie sind etwa in 1 m Tiefe unter der Erdoberfläche verlegt. Das beschriebene Erdseil hat zwei Aufgaben zu erfüllen:

- Verringerung des über die Erde abfließenden Stroms bei Netzfehlern,
- Schutz der Leiterseile vor Blitzeinschlägen.

4.5 Freileitungen

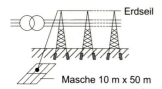

Bild 4.93
Freileitung mit Erdseil

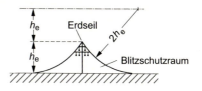

Bild 4.94
Schutzraum eines Erdseils

Bei Netzfehlern, z. B. bei einem Kurzschluss zwischen einem Leiter und einem Mast, kann der auftretende Kurzschlussstrom als eingeprägt angesehen werden. Sofern nun ein Erdseil vorhanden ist, fließt der Strom zum Teil über das Erdseil ab, das einen zum Erdreich parallel geschalteten Leiter darstellt. Auf diese Weise wird das Erdreich entlastet und somit die dort auftretende Gefährdungsspannung herabgesetzt. Weitere Ausführungen dazu erfolgen noch in Kapitel 12.

Erfahrungsgemäß schlagen Blitze bevorzugt in die Erdseile ein, die oberhalb der Leiter verlegt sind. Über benachbarte Masten wird dann die Ladung des Blitzes in die Erde abgeleitet. Der Schutzbereich der Erdseile lässt sich besonders einfach nach der Theorie von Langrehr [55] ermitteln, deren Ergebnis in Bild 4.94 verdeutlicht ist. Erfahrungsgemäß schlagen trotz des Erdseils noch $1\ldots 2\,\%$ der Blitze direkt in die Leiterseile ein. Ob dann ein Überschlag von dem Außenleiter auf den Mast erfolgt, hängt von den Isolatoren ab.

4.5.1.4 Isolatoren

Zwischen Masttraverse und Leiterseil befinden sich die Isolatoren, die sowohl mechanisch als auch elektrisch beansprucht werden (Bild 4.95). Für Nieder- und Mittelspannungsfreileitungen bis ca. 20 kV werden überwiegend Stützenisolatoren eingesetzt. Bei höheren Netznennspannungen verwendet man Hängeisolatoren, für die zwei Bauarten üblich sind. Zum einen handelt es sich um *Ketten aus Kappenisolatoren*, zum anderen um *Langstäbe*. Während Langstäbe aus Porzellan hergestellt werden, setzt man bei Kappenisolatoren überwiegend Glas ein. In der Bundesrepublik werden im Unterschied zum Ausland Langstäbe bevorzugt.

Die bereits erwähnten Stützenisolatoren schwingen bei Wind nicht aus und lassen daher

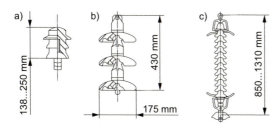

Bild 4.95
Aufbau von Isolatoren
a) Stützenisolator
b) Glaskappenisolator
c) Langstabisolator mit Spiralhörnern

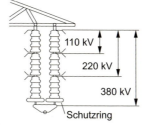

Bild 4.96
Isolatoraufhängung bei einer
380-kV-Freileitung (Doppelhängekette
mit Pegelfunkenstrecken und Schutzarmaturen an einem Tragmast)

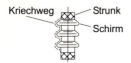

Bild 4.97
Kriechweg auf einer Isolatoroberfläche (gestrichelt)

kleinere Mastkopfabmessungen als Hängeisolatoren zu. Bei höheren Spannungsebenen wird jedoch wegen des steigenden Isolatorgewichts der Einsatz von Hängeisolatoren wirtschaftlicher. Aus Gründen höherer mechanischer Sicherheit werden sie zunehmend zweifach ausgeführt (Bild 4.96). Lediglich bei Glaskappenisolatoren ist die Bruchsicherheit auch mit einer einzelnen Kette gewährleistet.

Um die Gefahr von Überschlägen zu begrenzen, müssen die Isolatoren eine ausreichende Länge aufweisen, die in den VDE-Bestimmungen 0210 und 0211 festgelegt ist. Erfahrungswerte liegen bei 1,7...1,3 cm/kV für Nennspannungen von 60...380 kV [54]. Zusätzlich muss die Oberfläche der Isolatoren durch eine entsprechende Formgebung und Anzahl von Schirmen ausreichend gewellt sein, damit keine Überschläge durch Kriechströme eingeleitet werden (Bild 4.97). Die Bemessung der notwendigen *Kriechlänge* hängt von den Umgebungsbedingungen wie z. B. Staub, Salz oder Regen ab. Sie liegt etwa im Bereich 2...4 cm/kV, wobei die höheren Werte in Gegenden mit starker Verschmutzung wie z. B. Industriegebieten oder in Küstennähe erforderlich sind [30], [54]. Bei Höchstspannungsleitungen werden mehrere Langstabisolatoren zu einer *Hängekette* aneinander gereiht, die bei 220 kV aus zwei und bei 380 kV aus drei Langstäben besteht (Bild 4.96). Ab der 110-kV-Ebene – teilweise jedoch auch schon darunter – werden an den Enden eines jeden Isolators Schutzarmaturen angebracht. In der 110-kV-Ebene findet man häufig Spiralhörner oder Varianten davon (Bild 4.95c). Anstelle dieser Armaturen werden im Höchstspannungsbereich am spannungsführenden Kettenende Schutzringe angebracht (Bild 4.96).

Die wesentliche Aufgabe solcher Armaturen besteht darin, möglichst schnell den Fußpunkt eines eventuell einsetzenden Lichtbogens zu übernehmen und ihn so zu führen, dass dessen Strahlungswärme den Isolierkörper nicht beschädigt. In der Höchstspannungsebene soll der Schutzring zugleich das elektrische Feld im Bereich der Leiterseile absteuern, um dort Teilentladungen herabzusetzen.

Nachdem nun die wesentlichen Elemente einer Freileitung dargestellt sind, kann im Weiteren eine analytische Beschreibung des Strom-Spannungs-Verhaltens erfolgen.

4.5.2 Ersatzschaltbilder von Drehstromfreileitungen für den symmetrischen Betrieb

Vielfach werden in der Leitungstheorie nur die Verhältnisse bei einer einphasigen Wechselstromfreileitung betrachtet, wie sie z. B. in Bahnnetzen auftreten. Diese Theorie zeigt, dass sich solche Freileitungen bis etwa 150 km Länge durch ein Zweitor mit diskreten Bauelementen beschreiben lassen [56]. Für das Zweitor kann entweder ein Π- oder ein T-Ersatzschaltbild gewählt werden (Bild 4.98). Wie in der Leitungstheorie üblich, sind die Stromzählpfeile darin, abweichend von den Erläuterungen in Abschnitt 4.1.2, entsprechend dem Leistungsfluss gewählt worden.

In den Ersatzschaltbildern werden Kapazitäten verwendet. Sie stellen ein Maß für das elektrische Feld dar, das sich bei einer unbelasteten Wechselstromleitung einstellt, wenn die Anordnung mit einer niederfrequenten Spannung gespeist wird. Dagegen erfassen die

4.5 Freileitungen

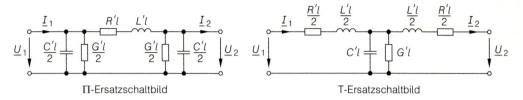

Bild 4.98
Ersatzschaltbilder einer Freileitung mit der Länge l

vorhandenen Induktivitäten das magnetische Feld, das sich bei der Leitung ausbildet, wenn ein niederfrequenter Strom $i(t)$ eingeprägt wird. Die auftretenden Leiterverluste werden durch Wirkwiderstände nachgebildet. Alle elektrischen Parameter werden auf die Länge l der Leitung bezogen und als *Leitungskonstanten* bzw. *Leitungsbeläge* $L'=L/l$, $C'=C/l$, $R'=R/l$ und $G'=G/l$ bezeichnet.

Die in Bild 4.98 dargestellten Zweitore beschreiben Vorgänge im Bereich der Netzfrequenz ω_N jedoch nur so lange genau, wie die Beziehung

$$\omega_N \ll \Omega_L = \frac{1}{\sqrt{L \cdot C/2}} = \frac{1}{\sqrt{L' \cdot C'/2} \cdot l}$$

erfüllt ist. Unter dieser Voraussetzung ist sichergestellt, dass der durch die Leitungsinduktivität und die Leitungskapazität bewirkte interne Pol im Frequenzgang des Ersatzschaltbilds ausreichend weit von der Netzfrequenz entfernt liegt. Dann wird das Übertragungsverhalten der Leitung nicht verfälscht. Bei üblichen Leitungsparametern wird diese Bedingung ab einer Leitungslänge von ca. 150 km zunehmend schlechter eingehalten. Für Freileitungen mit höheren Leitungslängen sind dann mehrere solcher Leitungsglieder hintereinander zu schalten. Bei n Gliedern vermindert sich die Leitungslänge pro Glied auf l/n, sodass

$$\omega_N \ll \frac{n}{\sqrt{L' \cdot C'/2} \cdot l}$$

gilt. Für übliche Netzberechnungen ist die Genauigkeit ausreichend, sofern dieser Zusammenhang einen Wert von $(8\ldots10) \cdot \omega_N$ liefert; die erforderliche Anzahl der Glieder n errechnet sich dann zu

$$n = (8\ldots10) \cdot \omega_N \cdot \sqrt{L' \cdot C'/2} \cdot l \; .$$

Vom Ansatz her sind die Ersatzschaltbilder auf die elektrischen und magnetischen Felder beschränkt, die sich *außerhalb* der Leiterseile ausbilden. Ab 1 kHz gewinnen auch die Wirbelstromeffekte der magnetischen Felder *in* den Leiterseilen an Gewicht. Sie äußern sich wiederum in frequenzabhängigen Leitungsbelägen $R'(\omega)$ und $L'(\omega)$. Eine Vernachlässigung dieser Frequenzabhängigkeit bewirkt eine zu geringe Dämpfung der höherfrequenten Komponenten. So ergeben sich etwa 10...15 % höhere Ausschaltspannungen, wenn ein netzfrequenter Strom unterbrochen wird. Mit den Methoden der Netzwerksynthese lassen sich diese Effekte auch in Ersatzschaltbilder einbeziehen [23].

Es gilt festzuhalten, dass für die Berechnung größerer Netzanlagen bis in den Bereich von 1 kHz die herkömmlichen Π- und T-Ersatzschaltbilder wegen ihrer Übersichtlichkeit gut geeignet sind und überwiegend verwendet werden. Deshalb ist man bestrebt, auf diese

Weise auch dreiphasige Freileitungen zu beschreiben. Infolge der größeren Leiteranzahl ergeben sich dort jedoch verwickeltere Feldverhältnisse, für deren Beschreibung im Folgenden spezielle Induktivitäts- und Kapazitätsbegriffe abgeleitet werden. Es sei betont, dass diese Begriffe es nur gestatten, *eine größere Leiteranzahl zu erfassen*, dass damit jedoch *nicht die Genauigkeit des Ersatzschaltbilds* im Vergleich zur *Wechselstromleitung* erhöht wird. Zunächst wird auf die magnetischen Felder eingegangen.

4.5.2.1 Induktivitätsbegriff bei Dreileitersystemen

Um einfache Verhältnisse zu erhalten, wird zunächst eine Freileitung ohne Erdseil betrachtet. Die Leiter sollen entsprechend Bild 4.99 angeordnet sein. Sie markieren die Eckpunkte einer geschlossenen Hüllfläche. Die zugehörigen Normalen sind bei geschlossenen Hüllflächen definitionsgemäß stets *nach außen gerichtet*.
Analog zum einphasigen Fall wird der Strom bei jedem Leiter als eingeprägt angesehen. Bevor die sich dann einstellenden magnetischen Felder betrachtet werden, sollen noch einige Voraussetzungen getroffen werden. Um die weiteren Rechnungen zu erleichtern, werden die Leiter als verlustlos angesehen und es wird angenommen, dass die Summe der drei Leiterströme stets den Wert null ergibt. Diese Bedingung ist u. a. dann erfüllt, wenn der Sternpunkt nicht geerdet ist *oder* wenn die Leitungen symmetrisch betrieben werden. Weiterhin werden lokale Störungen im magnetischen Feldverlauf, die durch Masten hervorgerufen werden, in Anbetracht der großen Spannfeldlängen zu vernachlässigt. Eine hinreichend lange Leitung erzeugt bekanntlich ein zylindrisches Magnetfeld, wobei sich der Betrag der Feldstärke zwischen den Leitern aus der Beziehung

$$H(r,t) = \frac{i(t)}{2\pi \cdot r}$$

ergibt. In diesem Zusammenhang wird das Feld innerhalb der Leiter vernachlässigt, denn dieser Anteil vergrößert die im Folgenden abgeleiteten Induktivitätswerte nur sehr geringfügig. Unter den getroffenen Voraussetzungen lässt sich die Differenz zwischen den Eingangs- und Ausgangsspannungen besonders einfach berechnen. Da die betrachtete Leitung keine einzelne Leiterschleife – also kein Eintor – mehr darstellt, ist es im Vergleich zu der in Abschnitt 4.1.1 angegebenen Vorgehensweise günstiger, direkt von der 2. Maxwellschen Gleichung auszugehen:

$$\oint_a E_t \mathrm{d}s = -\frac{\mathrm{d}\Psi_{12}}{\mathrm{d}t} \ .$$

In dem darin auftretenden Umlaufintegral erfolgt der Umlauf a rechtswendig zur Normalen $\vec{N}$ (Bild 4.99). Ferner verläuft der Induktionsfluss Ψ_{12}, der die dabei umschlossene Fläche A_{12} durchsetzt, parallel zur Normalenrichtung. Das Umlaufintegral geht dann in

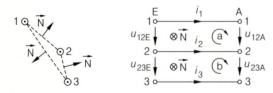

Bild 4.99
Freileitung als Dreileitersystem
E: Eingang
A: Ausgang

4.5 Freileitungen

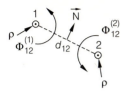

Bild 4.100
Darstellung der Flussanteile
$\Phi_{12}^{(1)}$ und $\Phi_{12}^{(2)}$

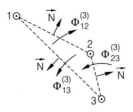

Bild 4.101
Darstellung des Flussanteils $\Phi_{12}^{(3)}$

den Ausdruck

$$-u_{12\mathrm{E}}(t) + u_{12\mathrm{A}}(t) = -\Delta u_{12}(t) = -\frac{\mathrm{d}\Psi_{12}}{\mathrm{d}t} \tag{4.100}$$

über, aus dem der gesuchte Spannungsabfall Δu_{12} resultiert. Die Berechnung des noch unbekannten Induktionsflusses Ψ_{12} ist bereits mit den Mitteln einer Grundlagenvorlesung zu bewältigen und wird daher nur kurz skizziert. Der Fluss Ψ_{12} setzt sich gemäß den Bildern 4.100 und 4.101 aus drei Teilflüssen zusammen, die jeweils von den Leitern 1, 2 und 3 in der Fläche A_{12} erzeugt werden:

$$\Psi_{12} = +\Phi_{12}^{(1)} - \Phi_{12}^{(2)} + \Phi_{12}^{(3)}\ . \tag{4.101}$$

Bei einem Leiterabstand d_{12} ergibt sich für den Flussanteil des Leiters 1 die Beziehung

$$\Phi_{12}^{(1)} = \frac{\mu_0 \cdot l}{2\pi} \cdot \ln\frac{d_{12}}{\rho} \cdot i_1(t)$$

und für den Anteil des Leiters 2 bei gleichem Leiterradius ρ der Ausdruck

$$\Phi_{12}^{(2)} = \frac{\mu_0 \cdot l}{2\pi} \cdot \ln\frac{d_{12}}{\rho} \cdot i_2(t)\ .$$

Entsprechend Bild 4.100 sind die Vorzeichen dieser beiden Flussanteile unterschiedlich. Schwieriger ist es, den noch ausstehenden Flussanteil $\Phi_{12}^{(3)}$ zu ermitteln. Mithilfe eines Kunstgriffs lässt sich diese Berechnung auch ohne eine schwerfällige vektorielle Zerlegung bestimmen. Zu diesem Zweck wird die Maxwellsche Gleichung

$$\oint_A B_\mathrm{n}\mathrm{d}A = 0$$

auf die Anordnung in Bild 4.101 angewendet. Für den Fluss, der von Leiter 3 in der Fläche A_{12} erzeugt wird, gilt demnach

$$+\Phi_{12}^{(3)} + \Phi_{13}^{(3)} - \Phi_{23}^{(3)} = 0 \quad \text{bzw.} \quad \Phi_{12}^{(3)} = +\Phi_{23}^{(3)} - \Phi_{13}^{(3)}\ .$$

Die Flussanteile $\Phi_{13}^{(3)}$ und $\Phi_{23}^{(3)}$ lassen sich entsprechend den bisherigen Beziehungen ermitteln, sodass sich der Ausdruck

$$\Phi_{12}^{(3)} = \frac{\mu_0 \cdot l}{2\pi} \cdot \ln\frac{d_{23}}{\rho} \cdot i_3(t) - \frac{\mu_0 \cdot l}{2\pi} \cdot \ln\frac{d_{13}}{\rho} \cdot i_3(t)$$

ergibt, der in

$$\Phi_{12}^{(3)} = \frac{\mu_0 \cdot l}{2\pi} \cdot \ln \frac{d_{23}}{d_{13}} \cdot i_3(t)$$

umgeformt wird. Die Addition der drei Flussanteile in Gl. (4.101) liefert damit den Ausdruck

$$\Psi_{12} = \frac{\mu_0 \cdot l}{2\pi} \cdot \left(\ln \frac{d_{12}}{\rho} \cdot i_1(t) - \ln \frac{d_{12}}{\rho} \cdot i_2(t) + \ln \frac{d_{23}}{d_{13}} \cdot i_3(t) \right) .$$

Zusammen mit Gl. (4.100) ermittelt sich daraus der gesuchte Spannungsabfall Δu_{12}. Der gesuchte Induktivitätsbegriff ist einfacher abzuleiten, wenn im Weiteren eine sinusförmige Anregung vorausgesetzt wird. Dann kann die komplexe Schreibweise angewendet werden, mit der die Beziehung (4.100) in den Zusammenhang

$$\Delta \underline{U}_{12} = j\omega \cdot \frac{\mu_0 \cdot l}{2\pi} \cdot \left(\ln \frac{d_{12}}{\rho} \cdot \underline{I}_1 - \ln \frac{d_{12}}{\rho} \cdot \underline{I}_2 + \ln \frac{d_{23}}{d_{13}} \cdot \underline{I}_3 \right) \quad (4.102)$$

übergeht. Bisher ist nur der Umlauf a in Bild 4.99 ausgewertet worden, der das System lediglich teilweise beschreibt. Der Umlauf b führt auf die weitere Systemgleichung

$$\Delta u_{23}(t) = u_{23\mathrm{E}}(t) - u_{23\mathrm{A}}(t) = \frac{\mathrm{d}\Psi_{23}}{\mathrm{d}t} . \quad (4.103)$$

Auf analogem Weg lässt sich Ψ_{23} zu

$$\Psi_{23} = \frac{\mu_0 \cdot l}{2\pi} \cdot \left(\ln \frac{d_{13}}{d_{12}} \cdot i_1(t) + \ln \frac{d_{23}}{\rho} \cdot i_2(t) - \ln \frac{d_{23}}{\rho} \cdot i_3(t) \right)$$

ermitteln. In komplexer Schreibweise nimmt die Beziehung (4.103) die Gestalt

$$\Delta \underline{U}_{23} = j\omega \cdot \frac{\mu_0 \cdot l}{2\pi} \cdot \left(\ln \frac{d_{13}}{d_{12}} \cdot \underline{I}_1 + \ln \frac{d_{23}}{\rho} \cdot \underline{I}_2 - \ln \frac{d_{23}}{\rho} \cdot \underline{I}_3 \right) \quad (4.104)$$

an. Im Weiteren wird die vorausgesetzte Bedingung

$$i_1(t) + i_2(t) + i_3(t) = 0 \qquad \text{bzw.} \qquad \underline{I}_1 + \underline{I}_2 + \underline{I}_3 = 0$$

in die Rechnung einbezogen. Dieser Zusammenhang ist in die Gleichungen (4.102) und (4.104) einzuarbeiten, sodass die Beziehungen in die Form

$$\Delta \underline{U}_{12} = j\omega \cdot \frac{\mu_0 \cdot l}{2\pi} \cdot \left(\ln \frac{d_{12} \cdot d_{13}}{\rho \cdot d_{23}} \cdot \underline{I}_1 - \ln \frac{d_{12} \cdot d_{23}}{\rho \cdot d_{13}} \cdot \underline{I}_2 \right) \quad (4.105)$$

$$\Delta \underline{U}_{23} = j\omega \cdot \frac{\mu_0 \cdot l}{2\pi} \cdot \left(\ln \frac{d_{12} \cdot d_{23}}{\rho \cdot d_{13}} \cdot \underline{I}_2 - \ln \frac{d_{23} \cdot d_{13}}{\rho \cdot d_{12}} \cdot \underline{I}_3 \right) \quad (4.106)$$

überführt werden. Eine übersichtlichere Schreibweise dieser Ausdrücke ergibt sich mit den Induktivitäten

$$L_1 = \frac{\mu_0 \cdot l}{2\pi} \cdot \ln \frac{d_{12} \cdot d_{13}}{\rho \cdot d_{23}}$$

$$L_2 = \frac{\mu_0 \cdot l}{2\pi} \cdot \ln \frac{d_{12} \cdot d_{23}}{\rho \cdot d_{13}}$$

$$L_3 = \frac{\mu_0 \cdot l}{2\pi} \cdot \ln \frac{d_{23} \cdot d_{13}}{\rho \cdot d_{12}} ,$$

4.5 Freileitungen

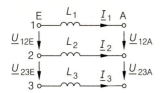

Bild 4.102
Ersatzschaltbild eines unsymmetrisch angeordneten Dreileitersystems bei Vernachlässigung der kapazitiven Kopplung

die das Magnetfeld der Leiter ohne Berücksichtigung der inneren Induktivität beschreiben. Die Systemgleichungen lauten dann

$$\Delta \underline{U}_{12} = j\omega L_1 \cdot \underline{I}_1 - j\omega L_2 \cdot \underline{I}_2$$
$$\Delta \underline{U}_{23} = j\omega L_2 \cdot \underline{I}_2 - j\omega L_3 \cdot \underline{I}_3 \ .$$

Diesen Beziehungen lässt sich das Ersatzschaltbild 4.102 zuordnen. Bei unsymmetrischer Aufhängung der Leiterseile sind die Induktivitäten L_1, L_2 und L_3 unterschiedlich groß, da unter dieser Bedingung auch die Abstände zwischen den Leiterseilen verschieden groß sind. Aus dem Ersatzschaltbild ist zu erkennen, dass die vorausgesetzten eingeprägten Ströme zwangsläufig bei den Verbrauchern am Leitungsende Spannungsverzerrungen verursachen. Sie prägen sich umso stärker aus, je länger die Leitungen sind, denn dann verstärken sich die Asymmetrien in den Induktivitäten wegen $L = L' \cdot l$. Konstruktiv lassen sich diese unerwünschten Verzerrungen durch eine *Verdrillung* der Leiter vermeiden.

Verdrillung und Betriebsinduktivität

Jedes der drei Leiterseile wird bei einer Verdrillung so geführt, dass es vom Eingang bis zum Ausgang der Leitung jede der drei räumlichen Lagen zu gleichen Teilen durchläuft. Bild 4.103 zeigt einen der Verdrillungspläne, die in der Praxis angewendet werden. An diesem speziellen Verdrillungsplan ist zu beachten, dass die Reihenfolge der drei Leiter am Leitungsanfang anders verläuft als am Leitungsende.
Bei der gewählten Seilführung tritt in jedem Außenleiter die gleiche Induktivität

$$L_\mathrm{b} = \frac{L_1}{3} + \frac{L_2}{3} + \frac{L_3}{3}$$

auf. Man bezeichnet diese Größe als *Betriebsinduktivität*. In der Literatur wird üblicherweise die Beziehung

$$L'_\mathrm{b} = \frac{L_\mathrm{b}}{l} = \frac{\mu_0}{2\pi} \cdot \ln \frac{D}{\rho}$$

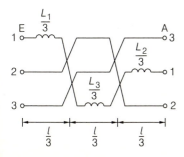

Bild 4.103
Seilführung bei einer verdrillten Drehstromeinfachleitung

verwendet, wobei der Ausdruck

$$D = \sqrt[3]{d_{12} \cdot d_{13} \cdot d_{23}}$$

als *mittlerer Leiterabstand* bezeichnet wird. Das Ersatzschaltbild einer Freileitung nimmt bei verdrillten Leitungen die in Bild 4.104 gezeigte Form an. Bei einem symmetrischen Betrieb lässt sich für die Drehstromleitung ein einphasiges Ersatzschaltbild angeben, das ebenfalls in Bild 4.104 dargestellt ist.

Obwohl sich die Leiterabstände mit wachsender Netznennspannung erheblich vergrößern, erhöht sich die Betriebsinduktivität in dem technisch interessanten Bereich nicht in diesem Maße, da die Logarithmusfunktion nivellierend wirkt. Übliche Werte sind dem Anhang zu entnehmen. Im Mittel weist die Betriebsinduktivität einen Wert von

$$L'_b = 1 \frac{\text{mH}}{\text{km}} \qquad \text{bzw.} \qquad X'_b = \omega L'_b \approx 0{,}3 \frac{\Omega}{\text{km}}$$

auf. Der Skineffekt in den Leiterseilen braucht bei netzfrequenten Vorgängen nicht berücksichtigt zu werden, da die Aufteilung in Einzelleiter die Bildung von stärkeren Wirbelströmen verhindert.

Betriebsinduktivität von Bündelleitern

Im Folgenden soll noch die Betriebsinduktivität für Bündelleiter ermittelt werden. Grundlage dieser Rechnung ist wiederum die Flussbestimmung zwischen zwei Bündelleitern, die jedoch insofern komplizierter ist, als sich bereits die Teilflüsse der einzelnen Außenleiter aus mehreren Anteilen zusammensetzen, wie dies Bild 4.105 verdeutlicht. Allerdings ist der Abstand zwischen den Teilleitern eines Bündels klein im Vergleich zum Abstand zweier Bündel bzw. zweier Außenleiter. Deshalb können die Flüsse, die sich zwischen den Teilleitern jeweils zweier Bündel ausbilden, in erster Näherung als gleich groß angesehen werden. Dies bedeutet wiederum, dass die Teilleiter jeweils eines Bündels spannungsmäßig gleich belastet werden und dass sie damit auch untereinander den gleichen Strom I_T führen. Dieser Strom beträgt in Bild 4.105 ein Viertel des Gesamtstroms I_{ges} des Bündelleiters. Demnach beträgt der Fluss, der sich zwischen den Teilleitern verschiedener

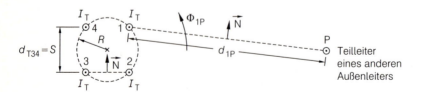

Bild 4.105
Veranschaulichung der Flussverhältnisse bei Bündelleitern

4.5 Freileitungen

Bündel ausbildet:

$$\Phi_{1P} = \Phi_{1P}^{(1)}(I_T) + \Phi_{1P}^{(2)}(I_T) + \Phi_{1P}^{(3)}(I_T) + \Phi_{1P}^{(4)}(I_T) \ .$$

In Abhängigkeit vom Gesamtstrom und den geometrischen Daten ergibt sich dann

$$\Phi_{1P} = I_{ges} \cdot \frac{\mu_0 \cdot l}{2\pi} \cdot \ln \frac{\sqrt[4]{d_{1P} \cdot d_{2P} \cdot d_{3P} \cdot d_{4P}}}{\sqrt[4]{\rho \cdot S^3 \cdot \sqrt{2}}} \qquad \text{mit} \qquad I_{ges} = 4 \cdot I_T \ . \tag{4.107}$$

Da voraussetzungsgemäß der Abstand der Teilleiter untereinander klein in Bezug auf den Abstand der Außenleiter ist, nimmt mit

$$d_{1P} \approx d_{2P} \approx d_{3P} \approx d_{4P} \approx d$$

der mittlere Abstand

$$D = \sqrt[4]{d_{1P} \cdot d_{2P} \cdot d_{3P} \cdot d_{4P}} \tag{4.108}$$

die einfache Form $D \approx d$ an. Wie aus Gl. (4.107) abzulesen ist, können in diesem Fall die 4 *Teilleiter* insgesamt durch *einen fiktiven Ersatzleiter* beschrieben werden, der mit dem *Summenstrom* I_{ges} belastet wird und den erheblich größeren Radius

$$\rho_{ers} = \sqrt[4]{\rho \cdot 4 \cdot R^3} \tag{4.109}$$

aufweist. Damit ist diese Aufgabenstellung auf die Bestimmung der Betriebsinduktivität bei einem Drehstromsystem mit einfachen Leiterseilen zurückgeführt. Die Induktivität von Bündelleitern mit z. B. 4 Teilleitern ist aufgrund des größeren Ersatzradius um ca. 40 % niedriger als bei einem Einfachseil mit gleichem Leiterquerschnitt. Wenn die Rechnung verallgemeinernd für n Teilleiter durchgeführt wird, erhält man für den Ersatzradius den Ausdruck

$$\rho_{ers} = \sqrt[n]{\rho \cdot n \cdot R^{n-1}} \ . \tag{4.110a}$$

Diese Beziehung setzt voraus, dass alle Teilleiter symmetrisch auf einem Kreis mit dem Radius R angeordnet sind. Im allgemeinen Fall, z. B. bei nebeneinander angeordneten Teilleitern, kann der Radius des Ersatzleiters aus dem Zusammenhang

$$\rho_{ers} = \sqrt[n]{\rho \cdot D_T^{n-1}} \tag{4.110b}$$

ermittelt werden. Darin kennzeichnet die Größe D_T den mittleren geometrischen Abstand der Teilleiter untereinander. Er ergibt sich aus dem Produkt aller Einzelabstände d_{Tij} zu

$$D_T = \sqrt[m]{\prod_{1 \le i < j \le n} d_{Tij}}$$

mit

$$m = \frac{n^2 - n}{2} \ .$$

Im Weiteren soll noch auf den Einfluss der mäßig leitfähigen Erde eingegangen werden. Prinzipiell ist dort die Ausbildung von Wirbelstromeffekten möglich, die zu bisher nicht berücksichtigten Feldverzerrungen führen können. Dieser Effekt ist jedoch bei den vorliegenden Bedingungen zu vernachlässigen, da sich voraussetzungsgemäß die Ströme stets zu null ergänzen sollen. Dadurch ist das resultierende Magnetfeld der drei Leiter im Erdbereich bereits so schwach, dass bei der geringen Leitfähigkeit des Erdreichs dort keine nennenswerten Wirbelströme induziert werden.

Da sich bereits in geringer Entfernung eines *symmetrisch betriebenen Leitersystems* kaum noch ein Magnetfeld ausbreitet, beeinflussen sich auch bei mehrsystemigen Freileitungen die einzelnen Systeme kaum. Aus diesem Grunde ist es zulässig, die *induktive Kopplung zu anderen Systemen* bei einem symmetrischen Betrieb *nicht zu berücksichtigen*. Mit dem untersuchten Magnetfeld ist auch stets ein elektrisches Feld verknüpft, das ebenfalls das Betriebsverhalten einer Leitung beeinflusst.

4.5.2.2 Kapazitätsbegriff bei Dreileitersystemen

Entsprechend Abschnitt 4.1 stellen die Leiterseile Elektroden dar, zwischen denen sich Teilkapazitäten ausbilden. Da die Spannungsabfälle entlang der Leitung mit einigen Prozent klein im Vergleich zu den Leiterspannungen sind, ist die Bedingung eines räumlich konstanten Elektrodenpotenzials hinreichend gut erfüllt. Im Unterschied zum Transformator sind die Geometrie der Elektroden und die Beschaffenheit des Feldraums übersichtlich, sodass sich die Teilkapazitäten analytisch bestimmen lassen [30], [57], [58].

Berechnung der Teilkapazitäten

Die prinzipielle Methode zur Berechnung der Teilkapazitäten wird an einer Freileitung ohne Erdseil dargestellt. Zunächst soll die Erde unberücksichtigt bleiben, da sie z. B. aus nicht leitfähigem Felsboden bestehen möge und somit keinen Einfluss auf die Spannungsverhältnisse ausübt. Dabei wird von so niederfrequenten Wechselströmen ausgegangen, dass noch quasistatische Verhältnisse vorliegen. Dies bedeutet, dass die elektrischen Felder einer zeitlich veränderlichen Ladung $Q(t)$ sich jeweils so verhalten wie bei einer konstanten Ladung Q. Als weitere Voraussetzung werden von den elektrischen und magnetischen Feldern stets nur die Komponenten berücksichtigt, die in einer senkrecht zur Leitung liegenden Ebene verlaufen. Dieses vereinfachte, zweidimensionale Feldmodell ist bis zu Frequenzen von einigen Megahertz ausreichend genau.

Durch eine Einspeisung am Leitungsanfang mögen auf die Leiterseile die Ladungen Q_1, Q_2 und Q_3 aufgebracht werden. Da die Abstände der Leiter groß im Vergleich zu den Durchmessern der Leiterseile sind, kann dieses System als eine Anordnung von Linienleitern angesehen werden (Bild 4.106). Jeder unendlich lange Linienleiter erzeugt nun bekanntlich *ein* elektrisches Feld. Dabei wird weiter vorausgesetzt, dass die Leitungen so lang sind, dass Randeffekte bzw. lokale Störungen durch Masten zu vernachlässigen sind. Randeffekte können immer dann vernachlässigt werden, wenn der größte Leiterabstand kleiner ist als ca. 1/10 der Leitungslänge. In diesem Fall liegt zumindest in dem interessierenden Feldbereich zwischen den Leitungen in etwa ein Radialfeld vor. Dieser Gesichtspunkt gilt in analoger Weise natürlich für das bereits behandelte magnetische Feld [13].

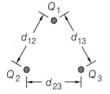

Bild 4.106
Anordnung von drei ladungsbehafteten Linienleitern (Leiterseile)

4.5 Freileitungen

Im Weiteren interessieren nun die Spannungen, die sich bei diesen Ladungsverhältnissen zwischen den Leitern ausbilden. Dazu muss zunächst das elektrische Feld berechnet werden. Die Beträge der Feldstärke im Abstand r_i ergeben sich bei einem Radialfeld zu

$$|\vec{E}_i| = \frac{Q_i}{2\pi \cdot \varepsilon_0 \cdot r_i \cdot l} \quad \text{mit} \quad i = 1,2,3 \,.$$

Bemerkt sei, dass bei Leitungen nur dann im gesamten Feldraum ein Radialfeld auftritt, wenn die Leitung als unendlich lang und damit auch die Ladung Q_i als unendlich groß angesehen wird. Dieser Sachverhalt wird später noch benötigt.
Die tatsächlich auftretende Feldstärke erhält man durch eine Überlagerung der Einzelfelder. Für die resultierende Feldstärke $\vec{E}_r$ gilt demnach

$$\vec{E}_r = \vec{E}_1(Q_1) + \vec{E}_2(Q_2) + \vec{E}_3(Q_3). \tag{4.111}$$

Die Spannung, die sich zwischen zwei Punkten – z. B. 1 und 2 – ausbildet, erhält man bekanntlich durch eine Integration der tangentialen Feldstärke entlang eines Wegs zwischen den Punkten 1 und 2:

$$U_{12} = \int_1^2 E_t \mathrm{d}s \,. \tag{4.112}$$

Jeder der drei Leiter liefert, wie aus den Beziehungen (4.111) und (4.112) zu sehen ist, einen Anteil, der durch einen hochgestellten Index gekennzeichnet wird. Speziell zwischen den Leitern 1 und 2 gilt

$$U_{12}^{(1)} = \int_1^2 E_1(Q_1)\mathrm{d}s \,, \quad U_{12}^{(2)} = \int_1^2 E_2(Q_2)\mathrm{d}s \,, \quad U_{12}^{(3)} = \int_1^2 E_3(Q_3)\mathrm{d}s \,.$$

Die Wahl der Integrationswege – an sich beliebig – wird so gelegt, dass sich die Integrale ohne vektorielle Zerlegung der Feldstärke $\vec{E}$ lösen lassen. Für den Spannungsanteil $U_{12}^{(1)}$ erfüllt der Integrationsweg längs der direkten Verbindung von Leiter 1 und 2 diese Bedingung:

$$U_{12}^{(1)} = \int_\rho^{d_{12}} \frac{Q_1}{2\pi \cdot \varepsilon_0 \cdot r \cdot l} \,\mathrm{d}r = \frac{1}{2\pi \cdot \varepsilon_0 \cdot l} \cdot Q_1 \cdot \ln \frac{d_{12}}{\rho} \,.$$

Derselbe Integrationsweg gilt für den Anteil von Leiter 2. Es ist jedoch ein negatives Vorzeichen zu berücksichtigen, da dieser Weg entgegengesetzt zur Feldstärke $\vec{E}_2$ verläuft:

$$U_{12}^{(2)} = -\int_\rho^{d_{12}} \frac{Q_2}{2\pi \cdot \varepsilon_0 \cdot r \cdot l} \,\mathrm{d}r = -\frac{1}{2\pi \cdot \varepsilon_0 \cdot l} \cdot Q_2 \cdot \ln \frac{d_{12}}{\rho} \,.$$

Die Spannungskomponente $U_{12}^{(3)}$ wird in Anlehnung an das magnetische Feld unter Zuhilfenahme der weiteren Beziehung

$$\oint E_t \mathrm{d}s = 0$$

Bild 4.107
Bestimmung von $U_{12}^{(3)}$

ermittelt. Sie entspricht der Kirchhoffschen Maschenregel und beschreibt den Zusammenhang, dass sich in einem statischen elektrischen Feld bei einem geschlossenen Umlauf die Spannungen zu null ergänzen. Auf die Anordnung in Bild 4.107 angewendet, ergibt sich dann für den Leiter 3 der Ausdruck

$$U_{12}^{(3)} = U_{32}^{(3)} - U_{31}^{(3)} \ .$$

Die Bestimmung der Terme $U_{32}^{(3)}$ und $U_{31}^{(3)}$ entspricht der bereits behandelten Aufgabenstellung für $U_{12}^{(1)}$ und $U_{12}^{(2)}$. Damit erhält man

$$U_{12}^{(3)} = \frac{1}{2\pi \cdot \varepsilon_0 \cdot l} \cdot Q_3 \cdot \ln \frac{d_{23}}{d_{13}} \ .$$

Die resultierende Spannung zwischen den Leitern 1 und 2 beträgt entsprechend den Gln. (4.111) und (4.112)

$$U_{12} = \frac{1}{2\pi \cdot \varepsilon_0 \cdot l} \cdot \left(Q_1 \cdot \ln \frac{d_{12}}{\rho} - Q_2 \cdot \ln \frac{d_{12}}{\rho} + Q_3 \cdot \ln \frac{d_{23}}{d_{13}} \right) \ . \tag{4.113}$$

Völlig analog ergeben sich für die Spannungen U_{13} und U_{23} die Zusammenhänge

$$U_{13} = \frac{1}{2\pi \cdot \varepsilon_0 \cdot l} \cdot \left(Q_1 \cdot \ln \frac{d_{13}}{\rho} + Q_2 \cdot \ln \frac{d_{23}}{d_{12}} - Q_3 \cdot \ln \frac{d_{13}}{\rho} \right) \ , \tag{4.114}$$

$$U_{23} = \frac{1}{2\pi \cdot \varepsilon_0 \cdot l} \cdot \left(Q_1 \cdot \ln \frac{d_{13}}{d_{12}} + Q_2 \cdot \ln \frac{d_{23}}{\rho} - Q_3 \cdot \ln \frac{d_{23}}{\rho} \right) \ . \tag{4.115}$$

Die Gln. (4.113) bis (4.115) beschreiben die elektrischen Verhältnisse unter den getroffenen Voraussetzungen, d. h. für eingeprägte Ladungen. Bei einem Drehstromsystem sind normalerweise jedoch die Spannungen eingeprägt und die resultierenden Ladungen unbekannt. Daher ist es notwendig, das System (4.113) bis (4.115) so umzuformen, dass die unbekannten Ladungen zu den unabhängigen und die bekannten Spannungen zu abhängigen Variablen werden. Ein solcher Variablenaustausch stellt eine Inversion dar. Sie ist jedoch nicht durchführbar, da das Gleichungssystem einen Defekt aufweist. Diese Modellschwäche resultiert daraus, dass eine Nebenbedingung für unendlich lange Leitungen noch nicht berücksichtigt ist. Wegen der dort auftretenden unendlich großen Ladungen müssen nämlich alle Feldlinien jedes Leiters auf einem anderen Leiter enden. Keine Feldlinien dürfen zu einer Gegenladung im Unendlichen verlaufen; sonst würden die unendlich großen Ladungen Q_i zu unendlich hohen Spannungen führen, was energetisch nicht sinnvoll wäre. Diese Forderung ist dadurch zu erfüllen, dass sich die Ladungen aller Leiter bzw. Elektroden zu null ergänzen. Die fehlende Nebenbedingung lautet also:

$$Q_1 + Q_2 + Q_3 = 0 \ . \tag{4.116}$$

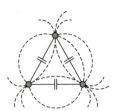 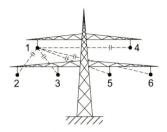

Bild 4.108
Feldbild und Teilkapazitäten zwischen
drei Leitern eines Systems

Bild 4.109
Teilkapazitäten des Leiters 1 zu den
weiteren Leitern

Gegenladungen im Unendlichen können sich dann nicht aufbauen. Am Rande sei erwähnt, dass bei einer entsprechenden Anordnung aus Kugeln durchaus eine Gegenladung im Unendlichen existieren darf, da die Ladung einer Kugel immer beschränkt ist. Ihr elektrisches Feld klingt deshalb mit zunehmendem Abstand schneller ab, sodass die Spannung zu ihrer Gegenladung im Unendlichen stets endlich bleibt.

Mit der Beziehung (4.116) lassen sich die Gln. (4.113) bis (4.115) um eine unbekannte Ladung reduzieren. Durch diese Modellanpassung ergibt sich nun ein lösbares Gleichungssystem, das allerdings recht verwickelte Ergebnisse liefert. Aus Gründen der Übersichtlichkeit werden sie nur für den speziellen Fall

$$d_{12} = d_{13} = d_{23} = d$$

angegeben:

$$Q_1 = \frac{2\pi \cdot \varepsilon_0 \cdot l}{3 \cdot \ln \frac{d}{\rho}} \cdot (U_{12} + U_{13}) ,$$

$$Q_2 = \frac{2\pi \cdot \varepsilon_0 \cdot l}{3 \cdot \ln \frac{d}{\rho}} \cdot (U_{23} + U_{21}) , \qquad (4.117)$$

$$Q_3 = \frac{2\pi \cdot \varepsilon_0 \cdot l}{3 \cdot \ln \frac{d}{\rho}} \cdot (U_{31} + U_{32}) .$$

Die Koeffizienten dieses Gleichungssystems lassen sich in Analogie zu dem Ausdruck $Q = C \cdot U$ als Teilkapazitäten interpretieren, die jeweils zwischen den einzelnen Leiterseilen auftreten (Bild 4.108). In diesem speziellen symmetrischen Fall sind sie untereinander gleich groß. Auf dem beschriebenen Wege lassen sich auch Anordnungen berechnen, die mehr als drei Leiter aufweisen. Dies ist z. B. bei Masten mit mehreren Leitersystemen der Fall (Bild 4.109) [56]. Im Folgenden soll die bisherige Aufgabenstellung so erweitert werden, dass auch die in der Praxis gegebene Leitfähigkeit des Erdreichs berücksichtigt wird.

Einfluss des Erdreichs

Normalerweise ist das Erdreich so beschaffen, dass sich auch noch bei Vorgängen im Bereich der Netzfrequenz Gegenladungen auf der Erdoberfläche ausbilden, die bei der Berechnung des elektrischen Felds berücksichtigt werden müssen. Die tatsächlichen Verhältnisse werden noch hinreichend gut angenähert, wenn die Leitfähigkeit der Erde als

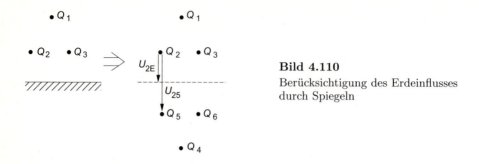

Bild 4.110
Berücksichtigung des Erdeinflusses durch Spiegeln

unendlich gut angesehen wird [13]. Bekanntlich lässt sich der Erdeinfluss dann rechnerisch einfach durch ein Spiegeln der realen Leiter an der Erdoberfläche erfassen, die dabei als waagerecht verlaufende Grenzfläche angenommen wird. Dieses Verfahren ist in Bild 4.110 veranschaulicht.

Es liegt damit eine Anordnung von sechs Leitern ohne Grenzfläche vor. Diese Anordnung beschreibt das Feld oberhalb der Grenzfläche so, als ob die Erde vorhanden wäre. Das Feld unterhalb der Erdgrenzfläche ist in diesem Fall physikalisch nicht sinnvoll und nur rechnerisch existent. Für diese erweiterte Leiteranordnung lässt sich nun auf dem beschriebenen Weg ein Gleichungssystem der Gestalt

$$Q_\mathrm{i} = \sum_{k=1}^{6} b_\mathrm{ik} \cdot U_\mathrm{ik} \quad \text{mit} \quad i = 1, 2, \ldots, 6 \quad \text{für} \quad i \neq k$$

aufstellen. Die Koeffizienten b_ik werden durch die Abstände und die Radien der Leiterseile bestimmt. Nach den Regeln der Spiegelung ist der geforderte Ladungsausgleich infolge

$$Q_1 = -Q_4, \quad Q_2 = -Q_5, \quad Q_3 = -Q_6$$

bereits erfüllt (s. Gl. (4.116)). Für die Spannungen gilt aufgrund der Symmetrie

$$U_\mathrm{1E} = \frac{U_{14}}{2}, \quad U_\mathrm{2E} = \frac{U_{25}}{2}, \quad U_\mathrm{3E} = \frac{U_{36}}{2}.$$

Mit diesen Beziehungen lässt sich das Gleichungssystem auf die Form

$$\begin{aligned} Q_1 &= C_\mathrm{1E} \cdot U_\mathrm{1E} + C_{12} \cdot U_{12} + C_{13} \cdot U_{13} \\ Q_2 &= C_\mathrm{2E} \cdot U_\mathrm{2E} + C_{23} \cdot U_{23} + C_{21} \cdot U_{21} \\ Q_3 &= C_\mathrm{3E} \cdot U_\mathrm{3E} + C_{31} \cdot U_{31} + C_{32} \cdot U_{32} \end{aligned} \quad (4.118)$$

reduzieren. Für die Koeffizienten C_iE und C_ik ergeben sich recht umfangreiche Ausdrücke, die nicht mehr anschaulich sind, sodass auf ihre Angabe verzichtet wird [56]. Das Gleichungssystem (4.118) lässt sich auch durch das Ersatzschaltbild 4.111 interpretieren. Die Koeffizienten C_ik werden speziell als *Koppelkapazitäten* bezeichnet, da sie die Feldverhältnisse zwischen den Leitern beschreiben; die Größen C_iE werden *Erdkapazitäten* genannt, weil sie die Wirkung der Feldanteile zur Erde erfassen. Sie sind umso kleiner, je größer ihr Abstand von der Erde ist. Bei realen Systemen liegen die Teilkapazitäten in der Größe von einigen Nanofarad pro Kilometer.

4.5 Freileitungen

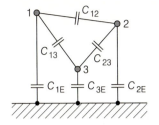

Bild 4.111
Koppel- und Erdkapazitäten eines Dreileitersystems

Die Rechnungen zeigen, dass alle Koppelkapazitäten eines Leitersystems den gleichen Wert aufweisen, wenn die Leiter ein gleichseitiges Dreieck bilden. Jedoch sind die Erdkapazitäten trotz dieser symmetrischen Leiteraufhängung unterschiedlich groß. Ein symmetrischer Aufbau liegt somit nicht vor, d. h. eine notwendige Voraussetzung für die Angabe eines einphasigen Ersatzschaltbilds ist nicht erfüllt. Im Folgenden wird gezeigt, dass die gewünschte Symmetrie in den Kapazitäten durch eine Verdrillung erreicht wird.

Festlegung einer Betriebskapazität

Ausgegangen wird von einer symmetrisch gespeisten Drehstromfreileitung mit symmetrischer Leiteraufhängung. Bei diesem System bilden die untereinander gleichen Koppelkapazitäten $C_{K\triangle}$ eine Dreieckschaltung (Bild 4.112), die in eine äquivalente Sternschaltung umgewandelt wird. Die zugehörigen Koppelkapazitäten weisen dann jeweils den Wert $C_{KY} = 3 \cdot C_{K\triangle}$ auf. Bei den vorausgesetzten Betriebsverhältnissen sind sowohl die eingeprägten Leiterspannungen als auch die Spannungen U_{iE} der Leiter gegen die Erde symmetrisch. Unter dieser Bedingung ergänzen sich die Ströme der Koppelkapazitäten im fiktiven Sternpunkt N zu null. Damit liegt dieser Punkt auf gleichem Potenzial wie die Erde, wodurch sich eine Parallelschaltung aus Koppel- und Erdkapazität entsprechend Bild 4.113 ergibt.

Da die drei Leiter nach dieser Umwandlung nicht mehr kapazitiv miteinander gekoppelt sind, kann jedem Leiter eine eigene Kapazität zugeordnet werden. Trotz der symmetrischen Leiteraufhängungen unterscheiden sich die zugehörigen Kapazitäten C_1, C_2 und

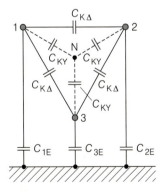

Bild 4.112
Koppel- und Erdkapazitäten eines symmetrischen Dreileitersystems

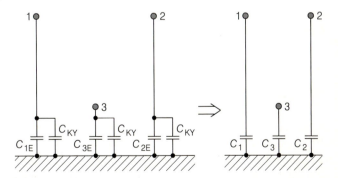

Bild 4.113
Umwandlung der Anordnung in Bild 4.112 in ein Leitersystem mit drei entkoppelten Kapazitäten

C_3 voneinander und führen zu asymmetrischen Strom- und Spannungsverhältnissen. Abhilfe bietet wiederum eine *Verdrillung*. Die jeweiligen Koppel- bzw. Erdkapazitäten der einzelnen Abschnitte addieren sich dann in jedem Leiter zu dem Mittelwert

$$C_\mathrm{b} = \frac{C_1}{3} + \frac{C_2}{3} + \frac{C_3}{3}\;.$$

Diese Größe wird als *Betriebskapazität* bezeichnet. Auch bei asymmetrisch aufgehängten Leitern egalisiert eine Verdrillung die Koppelkapazitäten, sodass der bisher betrachtete Sonderfall ausreichend allgemein gültig ist. Wie sich mit den Teilkapazitäten des Gleichungssystems (4.118) nachweisen lässt, gilt für eine verdrillte, einsystemige Freileitung die Beziehung

$$C_\mathrm{b} \approx \frac{2\pi \cdot \varepsilon_0 \cdot l}{\ln \dfrac{D}{\rho}}\;, \tag{4.119}$$

wobei mit $D = \sqrt[3]{d_{12} \cdot d_{13} \cdot d_{23}}$ der mittlere Leiterabstand und mit ρ der Leiterradius bezeichnet wird. Praktische Freileitungssysteme weisen einen Wert von $C'_\mathrm{b} \approx 10\ \mathrm{nF/km}$ auf (s. Anhang). Diese Beziehung gilt in erster Näherung auch dann noch, wenn Erdseile in die Rechnung einbezogen werden [56]. Dabei sei darauf hingewiesen, dass die Teilkapazitäten zwischen Erdseil und Leiter ebenfalls Erdkapazitäten darstellen.

Der skizzierte Rechnungsgang lässt sich auch auf Bündelleiter erweitern, für die wiederum Ersatzleiter angegeben werden können. Infolge des größeren wirksamen Radius weisen Bündelleiter eine größere Betriebskapazität auf als Einfachseile. Bei vier Teilleitern beträgt der Unterschied etwa 80 %. Vollständigkeitshalber sei noch erwähnt, dass im symmetrischen Betrieb die kapazitiven Kopplungen zwischen unterschiedlichen Systemen von mehrsystemigen Masten unberücksichtigt bleiben können.

4.5.2.3 Ohmscher Widerstand bei Dreileitersystemen

Bei den bisherigen Betrachtungen sind die Leiterseile als widerstandslos angesehen worden. Die endliche Leitfähigkeit wird durch einen konzentrierten ohmschen Widerstand im Ersatzschaltbild berücksichtigt, der mit der Induktivität in Serie geschaltet ist. Die Angabe des zugehörigen Gleichstromwiderstands über die bekannte Beziehung

$$R = \rho \cdot \frac{l}{A}$$

ist in dieser Form zu ungenau. So erhöht sich der wirksame Widerstand bereits allein um 6...8 % dadurch, dass der Seilschlag eine entsprechende Verlängerung der Seillänge l bewirkt.

Ein weiterer Zuschlag ist für die Abweichung zwischen Soll- und Nennquerschnitt A einzurechnen. Bei Verbundseilen (Bild 4.90) sind darüber hinaus Wirbelstromeffekte in der Stahlseele zu berücksichtigen. Aus diesen Gründen lässt sich insgesamt der Widerstand theoretisch nur schwer ermitteln. Man greift daher auf empirische Beziehungen zurück. Als Beispiel sei für einen Aluminiumleiter bei 20 °C der Zusammenhang

$$R'_\mathrm{w20} = \frac{32}{A}\ \frac{\Omega}{\mathrm{km}}$$

genannt. Dabei wird mit A der Querschnitt in Quadratmillimetern bezeichnet. Weiterhin muss die betriebsmäßige Erwärmung des Leiters berücksichtigt werden. Im folgenden Abschnitt wird ein weiterer ohmscher Anteil untersucht, der sich ebenfalls als eine Leitungskonstante formulieren lässt.

4.5.2.4 Ableitungswiderstand bei Dreileitersystemen

Zwischen den Leitern und der Erde tritt der Strom nicht, wie bislang immer vorausgesetzt, als reiner Verschiebungsstrom auf, sondern er besitzt auch eine Wirkkomponente, die im Ersatzschaltbild durch einen Widerstand parallel zu den Teilkapazitäten ausgedrückt wird. Dieser Widerstand wird als *Ableitung* bezeichnet. Einerseits werden damit die *Leckströme* erfasst, die über die Isolatoroberfläche abfließen, andererseits werden auf diese Weise auch die Koronaverluste beschrieben, die insbesondere bei Leitungen der Hoch- und Höchstspannungsebene auftreten.

Für das Auftreten von *Teilentladungen* ist allein die *Feldstärke E die maßgebende Feldgröße*. Sofern die Feldstärke E einen Grenzwert überschreitet – z. B. in Luft einen Effektivwert von ca. 21 kV/cm – reicht die elektrische Festigkeit der Isolierung nicht mehr aus. Bei Freileitungen kommt es dann im Bereich der Leiteroberfläche zu Teilentladungen, die im Dunkeln als glänzender Kranz zu beobachten sind und zu dem Namen Korona (lat.: Kranz) geführt haben. Dieses Leuchten bleibt auf die unmittelbare Umgebung der Oberfläche beschränkt, da dort die Feldstärke mit

$$E_\mathrm{d} = \frac{U_\mathrm{b}}{\sqrt{3} \cdot \rho \cdot \ln \frac{D}{\rho}} \qquad (4.120)$$

am stärksten ist. Dabei wird mit der Größe D der mittlere Leiterabstand bezeichnet. Bei einem größeren Abstand nimmt die Feldstärke Werte an, die für solche Teilentladungen nicht ausreichen.

Diese Teilentladungen führen im Vergleich zur nicht ionisierten Luft zu vielen elektrisch geladenen Teilchen, sodass nun ein Stromtransport, ein Wirkstrom, zu anderen Leitern auftritt. Bei realen Leitungen setzt die Korona schon meist bei Werten unterhalb $E_\mathrm{eff} = 21$ kV/cm ein. Infolge von Umwelteinflüssen wie Raureif, Schmutz und Regen ist die Leiteroberfläche nicht völlig glatt, wie es im Ausdruck (4.120) vorausgesetzt ist; es bilden sich kleine Spitzen aus, die zu lokalen Feldverdichtungen führen. Die in diesen Bereichen auftretende hohe Feldstärke führt zu Teilentladungen. Um auch bei schlechten Wetterbedingungen die Koronaeffekte zu begrenzen, sollte aufgrund langjähriger Erfahrungen der Leiterradius stets so gewählt werden, dass für den Effektivwert der Randfeldstärke der Zusammenhang

$$E_\mathrm{d} \leq 17 \, \frac{\mathrm{kV}}{\mathrm{cm}}$$

gilt. Sofern sich mit dieser Dimensionierungsbedingung bei hohen Spannungen *unwirtschaftlich große Durchmesser* ergeben, ist es ratsam, *auf Bündelleiter überzugehen*. Bündelleiter führen, wie genauere Feldberechnungen zeigen, zu kleineren Feldstärken auf der Leiteroberfläche als flächengleiche Einfachleiterseile. Bild 4.114 vermittelt einen Eindruck von dem Feldbild eines Bündelleiters.

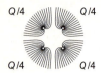

Bild 4.114
Feldbild eines Viererbündels
Q: Ladung des Bündelleiters

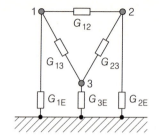

Bild 4.115
Ableitung bei einem
Dreileitersystem

Infolge der beschriebenen Erscheinungen sind die Leiter nicht nur kapazitiv, sondern auch ohmsch gekoppelt (Bild 4.115). Unter den gleichen Voraussetzungen wie bei den Teilkapazitäten lässt sich ebenfalls ein Betriebswert angeben, der eine weitere Leitungskonstante – die vierte und letzte – darstellt. Üblicherweise wird diese Größe als Leitwert angegeben und mit G'_b bezeichnet. Sie liegt im Bereich von 3 nS/km, also etwa bei 330 MΩ für $1/G_b$ bei 1 km Leitungslänge.

Aufgrund der in diesem Abschnitt angestellten Betrachtungen ist es nun wiederum möglich, unter bestimmten Bedingungen ein einphasiges Ersatzschaltbild anzugeben und damit das Betriebsverhalten von Drehstromfreileitungen bis etwa 150 km Länge zu beschreiben.

4.5.3 Betriebsverhalten von symmetrisch aufgebauten Drehstromfreileitungen bei symmetrischem Betrieb

In Bild 4.116 ist das in den vorhergehenden Abschnitten entwickelte, vollständige Ersatzschaltbild einer symmetrisch aufgebauten (verdrillten) und symmetrisch betriebenen Drehstromfreileitung dargestellt. Bei Untersuchungen über das Strom-Spannungs-Verhalten im Bereich der Netzfrequenz ist es bei technischen Ausführungen nicht nötig, den Ableitwiderstand zu berücksichtigen, da für die Querimpedanzen das Verhältnis $1/(\omega C'_b) \ll 1/G'_b$ gilt. Bei Wirkungsgradbetrachtungen wäre diese Vereinfachung jedoch nicht zulässig. Im Weiteren wird zunächst das Verhalten von Freileitungen der Hoch- und Höchstspannungsebene betrachtet. Bei diesen Leitungen gilt normalerweise für das Verhältnis zwischen der bezogenen Längsreaktanz $\omega L'_b$ und dem ohmschen Widerstand R'_b die Beziehung

$$\frac{R'_b}{\omega L'_b} \leq 0{,}3 \, .$$

Entsprechend den Überlegungen in Abschnitt 4.2 kann bei einer solchen Relation die ohmsche Komponente vernachlässigt werden, ohne dass sich im stationären Strom-Spannungs-Verhalten zu große systematische Fehler ergeben. Durch diese zusätzliche Vereinfachung

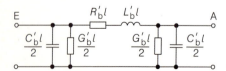

Bild 4.116
Ersatzschaltbild einer verdrillten und symmetrisch betriebenen Drehstromfreileitung mit der Länge l

erhält man ein Reaktanznetzwerk. Dieses Modell ermöglicht es, die wesentlichen Merkmale des Betriebsverhaltens mit einem geringen analytischen Aufwand darzustellen. Genauere Zusammenhänge sind [56] zu entnehmen. Im Folgenden interessiert das Eingangsverhalten einer solchen Leitung, die am Ausgang A mit einem *reellen Widerstand Z* abgeschlossen sein möge. Je nach Größe dieses Widerstands unterscheidet man zwischen einem natürlichen, über- oder unternatürlichen Betrieb.

4.5.3.1 Natürlicher Betrieb

Bei einer verlustlosen Freileitung weisen die Elemente R' und G' in Bild 4.116 den Wert null auf. Mit einem Abschlusswiderstand Z am Ausgang wird das Eingangsverhalten des Ersatzschaltbilds dann bei der Kreisfrequenz ω durch die Impedanz

$$\underline{Z}_E = \frac{\underline{U}_E}{\underline{I}_E} = \frac{2}{j\omega C_b} \, \| \, \left[j\omega L_b + \left(\frac{2}{j\omega C_b} \, \| \, Z \right) \right] \tag{4.121}$$

beschrieben. Wählt man den Abschlusswiderstand Z genauso groß wie die Eingangsimpedanz $\underline{Z}_E$, erhält man den Zusammenhang

$$\underline{Z}_E = \frac{\underline{U}_E}{\underline{I}_E} = \sqrt{\frac{L_b'}{C_b'} \cdot \frac{1}{1 - 0{,}25 \cdot (\omega^2 L_b C_b)}} = \sqrt{\frac{L_b'}{C_b'}} \cdot \sqrt{\frac{1}{1 - 0{,}5 \cdot (\omega/\Omega_L)^2}}$$

$$= Z = \frac{\underline{U}_A}{\underline{I}_A} \tag{4.122a}$$

mit

$$\Omega_L = \frac{1}{\sqrt{L_b C_b / 2}}$$

Gemäß Abschnitt 4.5.2 gilt bei Leitungen mit üblichen Parametern und Längen bis zu 150 km die Relation $\Omega_L \gg \omega$. Dann wird $\underline{Z}_E$ in guter Näherung gleich dem reellen *Wellenwiderstand* Z_W einer verlustlosen Leitung:

$$\underline{Z}_E = Z \approx Z_W = \sqrt{\frac{L_b'}{C_b'}} \, . \tag{4.122b}$$

Dieses Ergebnis besagt, dass die Leitung bei einem Abschluss mit dem Wellenwiderstand keine Zufuhr an Blindleistung zum Aufbau der elektrischen und magnetischen Felder benötigt. Dann kompensieren sich die kapazitiven und induktiven Ströme. Man bezeichnet diesen speziellen Betriebszustand als *Anpassung* bzw. als *natürlichen Betrieb*. Bei einer Speisung mit der Netznennspannung U_{nN} nimmt eine so betriebene Leitung die Wirkleistung

$$P_{nat} = 3 \cdot \left(\frac{U_{nN}}{\sqrt{3}} \right)^2 \cdot \frac{1}{Z_W} = \frac{U_{nN}^2}{Z_W} \tag{4.123}$$

auf, die sinngemäß als *natürliche Leistung* bezeichnet wird.

Aus der Gleichheit zwischen Eingangs- und Ausgangswiderstand darf nicht geschlossen werden, dass etwa die Ströme I_E und I_A gleich groß wären. Die Beziehung (4.122a) besagt lediglich, dass die Quotienten $U_\mathrm{E}/I_\mathrm{E}$ und $U_\mathrm{A}/I_\mathrm{A}$ untereinander gleich sind. Mit der Leitungstheorie lässt sich zeigen, dass der Eingangs- und Ausgangsstrom bzw. die zugehörigen Spannungen bei diesem Betrieb zwar betragsgleich sind, jedoch untereinander eine Phasenverschiebung aufweisen, die sich mit wachsender Leitungslänge stärker ausprägt.

Für eine 380-kV-Leitung mit Viererbündeln 4×243-AL1/39-ST1A beträgt der in diesen Betrachtungen verwendete Wellenwiderstand

$$Z_\mathrm{W} = \sqrt{\frac{L'_\mathrm{b}}{C'_\mathrm{b}}} = \sqrt{\frac{0{,}28\,\Omega/\mathrm{km}}{314\,\mathrm{s}^{-1}} \cdot \frac{1}{13\,\mathrm{nF/km}}} \approx 260\,\Omega \;. \tag{4.124}$$

Bei Leitungen ohne Bündelleiter ist entsprechend den vorhergehenden Ausführungen die Betriebsinduktivität größer und die Betriebskapazität kleiner. Der Wellenwiderstand Z_W vergrößert sich daher und nimmt Werte bis ca. 350 Ω an.

Bisher ist der Fall betrachtet worden, dass der Abschlusswiderstand genauso groß wie der Wellenwiderstand ist. Nun soll das Betriebsverhalten untersucht werden, wenn der Abschlusswiderstand vom Wellenwiderstand abweicht.

4.5.3.2 Übernatürlicher Betrieb

Sofern für den Abschlusswiderstand die Bedingung $Z < Z_\mathrm{W}$ gilt, weist die Eingangsimpedanz $\underline{Z}_\mathrm{E}$ gemäß Gl. (4.121) ein induktives Verhalten auf. Auch physikalisch ist dieser Sachverhalt anschaulich. Bei einem relativ niederohmigen Abschluss entwickelt sich ein starker Laststrom, der zu einem entsprechend starken Magnetfeld führt. Der Einfluss dieses Felds übersteigt die Wirkungen des elektrischen Felds, das primär von der angelegten Betriebsspannung bestimmt wird.

Das Strom-Spannungs-Verhalten zeigt andere Merkmale als im Falle der Anpassung. Im Vergleich zum Eingangswert verringert sich die Ausgangsspannung mit wachsender Leitungslänge; Eingangs- und Ausgangsstrom unterscheiden sich kaum.

Eine Auswertung des Ersatzschaltbilds 4.116 zeigt, dass bei dem betrachteten Abschlusswiderstand $Z < Z_\mathrm{W}$ von der Leitung eine größere Wirkleistung als im natürlichen Betrieb übertragen wird. Deshalb wird dieser Betriebszustand als *übernatürlich* bezeichnet. Demgegenüber ist die übertragene Leistung im *unternatürlichen* Betrieb niedriger als die natürliche Leistung.

4.5.3.3 Unternatürlicher Betrieb

Ein unternatürlicher Betrieb liegt vor, wenn der Abschlusswiderstand die Bedingung $Z > Z_\mathrm{W}$ erfüllt. Eine Auswertung der Gl. (4.121) zeigt, dass in diesem Fall das kapazitive Verhalten dominiert. Der Laststrom und damit das Magnetfeld sind verhältnismäßig klein; die elektrischen Felder bzw. die Verschiebungsströme üben einen stärkeren Einfluss aus.

Ein ausgeprägt unternatürlicher Betrieb ist bei langen Leitungen möglichst zu vermeiden. Um dies zu erläutern, werde zunächst eine leerlaufende Leitung, also der Grenzfall $Z \to \infty$, betrachtet. In diesem Betriebszustand bilden die Längsinduktivität L_b und die Kapazität $C_\mathrm{b}/2$ am Leitungsende im Ersatzschaltbild einen Reihenschwingkreis. Mit

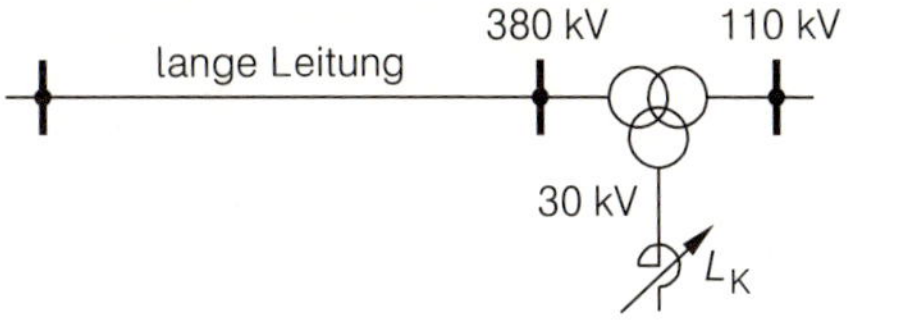

4.5 Freileitungen

Bild 4.117
Anschluss einer Kompensationsdrosselspule L_K mithilfe eines Dreiwicklungstransformators

wachsender Leitungslänge l kommen diese beiden Blindwiderstände in die gleiche Größenordnung

$$\omega L_b' \cdot l \approx \frac{1}{\omega C_b'/2 \cdot l} \quad \text{bzw.} \quad X_L \approx 2 \cdot X_C \,,$$

sodass sich bereits für die Netzfrequenz zunehmend ein Resonanzverhalten einstellt. Die Folge davon ist, dass schon im Leerlauf ein relativ starker Strom die Leitung belastet. Dieser führt an den Elementen des Reihenschwingkreises und damit auch am Leitungsende zu einer erhöhten stationären Spannung. Bei einer 1000 km langen Leitung beträgt diese Erhöhung schon ca. 100 %, bei den deutschen Größenverhältnissen maximal 10...15 %. Auch mit diesen geringen Spannungserhöhungen kann der laut DIN VDE 0111 zulässige Grenzwert von $U_m \approx 1{,}15 \cdot U_{nN}$ bereits verletzt werden, wenn die Betriebsspannung leicht über der Netznennspannung liegt. Aus diesem Grunde ist der Betrieb von langen leerlaufenden Leitungen nicht erwünscht.

Die beschriebenen Spannungserhöhungen, auch *Ferranti-Effekt* genannt, sind nicht nur im Leerlauf, sondern in abgemindertem Umfang auch bei belasteten Leitungen vorhanden, wenn sie unternatürlich betrieben werden. Abhilfe lässt sich durch den Einbau von Kompensationsdrosselspulen erreichen, die parallel angeschlossen werden. Der Anschluss dieser Drosselspulen erfolgt meist über einen Dreiwicklungstransformator am Leitungsende (Bild 4.117); ihr Aufbau ist in Abschnitt 4.9 dargestellt.

Bei $Z > Z_W$ verkleinern die Kompensationsdrosselspulen die Betriebskapazität der Freileitung und vergrößern gemäß Gl. (4.124) deren Wellenwiderstand. Über die Windungszahl dieser Drosselspulen wird die Erhöhung von Z_W so gesteuert, dass der ursprünglich durch Mastbild und Leiterseil festgelegte Wellenwiderstand an die vorhandene Last angepasst wird ($Z_W \to Z$). Dann liegt auch bei Teillast stets ein natürlicher Betrieb vor; die beschriebenen Spannungserhöhungen treten somit nicht auf. Wenn man die Leitung nur durch ein einziges Π- oder T-Ersatzschaltbild nachbildet, wird durch den damit verbundenen Approximationsfehler der Ferranti-Effekt geringfügig zur sicheren Seite abgeschätzt. Eine Reihenschaltung mehrerer Glieder verkleinert diesen Approximationsfehler. Die erläuterten Zusammenhänge gelten auch für verlustbehaftete Freileitungen.

4.5.3.4 Betriebsverhalten verlustbehafteter Freileitungen

Bei der Auswertung verlustbehafteter Freileitungsmodelle zeigt sich, dass sich bei den üblichen Ausführungen der Wirkungsgrad der Übertragung in der Nähe des Optimums bewegt, sofern die Last den Wert der natürlichen Leistung nicht wesentlich übersteigt. Im unternatürlichen Betrieb prägt sich bei verlustbehafteten Leitungen vorteilhafterweise der Ferranti-Effekt schwächer aus als bei verlustlosen Leitungen, sofern in beiden Fällen die gleiche Belastung vorliegt. Bei vielen 110-kV-Freileitungen ist das Verhältnis R_b/X_b bereits so groß, dass diese Erscheinung im Spannungsverhalten keine nennenswerte Rolle mehr spielt und eine Kompensation entfallen kann.

Im Weiteren wird nun auf Freileitungen des Mittelspannungs- und Niederspannungsbe-

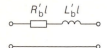

Bild 4.118
Einphasiges Ersatzschaltbild für Freileitungen des Mittel- und Niederspannungsbereichs

reichs eingegangen. In diesem Spannungsbereich weisen die Leitungskonstanten andere Werte auf. So kann der ohmsche Längswiderstand häufig nicht mehr im Vergleich zur Betriebsreaktanz vernachlässigt werden. Andererseits ist es jedoch nicht mehr nötig, die Betriebskapazität zu berücksichtigen, da die Leitungen in diesem Spannungsbereich vergleichsweise kurz sind und somit die Querreaktanz sehr hochohmig wird. Es resultiert daher das Ersatzschaltbild 4.118. Freileitungen in diesem Spannungsbereich werden infolgedessen stets ohmsch-induktiv betrieben. Dementsprechend ist die Spannung am Leitungsanfang stets größer als am Leitungsende. Die maximal zu übertragende Leistung wird durch die in Kapitel 5 näher erläuterten Restriktionen – den zulässigen Spannungsabfall und die zulässige Leitererwärmung – begrenzt.

Bisher ist das Betriebsverhalten von Freileitungen untersucht worden, die auf eine ohmsche Last oder im Leerlauf arbeiten. Bei Lasten, die für ihren ordnungsgemäßen Betrieb einen Blindleistungsanteil benötigen, ergeben sich prinzipiell keine anderen Zusammenhänge. Es sei bemerkt, dass kleine Blindleistungsanteile den Wirkungsgrad der Leistungsübertragung verbessern können, während große in jedem Fall zu einer merklichen Verschlechterung führen.

Die ermittelten Aussagen gelten auch für Netze mit *mehreren* Freileitungen. Wie in Bild 4.119 veranschaulicht, sind dann die Ersatzschaltbilder der einzelnen Freileitungen entsprechend dem Schaltplan des Netzes zu verknüpfen. Bereits bei dieser einfachen Schaltung ist ein natürlicher Betrieb mit $Z_{W1} = Z$ und $Z_{W2} = Z$ nur sicherzustellen, wenn die beiden Leitungen denselben Wellenwiderstand Z_W aufweisen. Anderenfalls könnte als natürlicher Betrieb der Netzzustand bezeichnet werden, bei dem die Last verlustminimal versorgt wird und zugleich eine zulässige Spannungsverteilung vorliegt.

Mit wachsenden Leitungslängen verursachen die Leitungsinduktivitäten zwischen der Eingangs- und Ausgangsspannung eine immer größere Phasenverschiebung, die bei 1000 km bereits 60° übersteigen kann. Bei noch größeren Übertragungsstrecken lässt sich ein stabiler Betrieb der Generatoren nicht mehr gewährleisten (s. Abschnitte 4.4.3.2 und 7.5). Abhilfe ist dann durch aufwändige Kompensationsanlagen oder durch den Einsatz der HGÜ möglich (s. Abschnitte 4.9 und 3.1).

Bisher ist nur das stationäre Strom-Spannungs-Verhalten von Freileitungen anhand von Π- oder T-Ersatzschaltungen untersucht worden. Noch nicht geklärt ist die Frage, ob damit auch Ausgleichsvorgänge ausreichend genau nachzubilden sind.

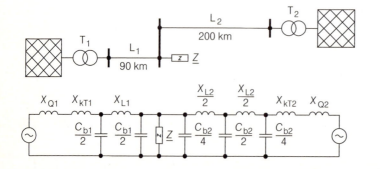

Bild 4.119
Netzschaltplan mit dazugehörigem Ersatzschaltbild

4.5.4 Transientes Verhalten von Freileitungen im symmetrischen Betrieb

Um den gewünschten Einblick zu erhalten, wird ein Einschwingvorgang an einer einphasigen, freigeschalteten Höchstspannungsfreileitung untersucht, die zusätzlich als verlust- und spannungsfrei angenommen wird. An den Eingang dieser HGÜ-Leitung wird eine Gleichspannungsquelle geschaltet. Der einsetzende Ausgleichsvorgang wird auf zwei Wegen ermittelt: Zum einen exakt mit der Wanderwellentheorie [59] und zum anderen unter Verwendung des Π-Ersatzschaltbilds. Für die exakte Lösung ergibt sich eine Rechteckschwingung gemäß Bild 4.120a. Sie lässt sich folgendermaßen veranschaulichen:
Nach dem Schließen des Schalters S bewegt sich ein Spannungssprung 1 mit der Lichtgeschwindigkeit c auf der Freileitung entlang; der Sprung selbst weist den Wert der zugeschalteten Gleichspannungsquelle U_0 auf (Bild 4.120b). Ähnlich wie bei einer Schallwelle in einem Rohr der Länge l stößt dieser Spannungssprung nach der Laufzeit $T_\mathrm{l} = l/c$ auf das offene Ende. Dort wird der Sprung reflektiert und wandert – als Welle 2 – wieder auf den Leitungsanfang zu. Bei der Reflexion bleibt die Richtung des Spannungszählpfeils erhalten (Bild 4.120c). Daher überlagern sich die Wellen 1 und 2 zu dem Spannungswert $2 \cdot U_0$. Nach einer nochmaligen Laufzeit T_l erreicht die Welle 2 den Leitungsanfang und wird dort erneut reflektiert, um sich dann als Welle 3 wieder auf das Leitungsende hin zu bewegen (Bild 4.120d). Im Unterschied zur vorhergehenden Reflexion am offenen Leitungsende dreht sich diesmal der Zählpfeil der Spannung um, da am Leitungsanfang stets die eingeprägte Spannung U_0 erhalten bleiben muss. Dementsprechend führt die Überlagerung der Wellen 2 und 3 auf den Spannungswert null.
Wiederum nach einer Laufzeit T_l erreicht die Welle 3 das Leitungsende. Dort wird sie wie die Welle 1 gleichsinnig reflektiert; die neu einsetzende Spannungswelle 4 weist ebenfalls einen negativen Spannungswert auf (Bild 4.120e). Andererseits sind dort auch die Wellen 1 und 2 noch vorhanden, die nach wie vor ständig von der Gleichspannungsquelle gespeist werden. Die Addition aller vier Wellen ergibt den Spannungswert null. Wenn die Welle 4 erneut den Leitungsanfang erreicht, beginnt der beschriebene Zyklus von vorne. Bei verlustbehafteten Leitungen wird diese Schwingung nach einiger Zeit auf ihren Mittelwert U_0 abgedämpft.
Um nun die Brauchbarkeit des Π-Ersatzschaltbilds zu überprüfen, wird mithilfe der Laplace-Transformation die Spannung $u_\mathrm{A}(t)$ berechnet, die sich nach einem Einschaltvorgang in dem Netzwerk gemäß Bild 4.120f einstellt. Aus der vorausgesetzten Spannungsfreiheit der Freileitung folgt, dass alle Anfangsbedingungen zu null angenommen werden dürfen. Wie bereits im Abschnitt 4.1 erläutert ist, lässt sich dann die Laplace-Transformierte auch direkt aus der stationären Lösung ermitteln. Diese folgt aus dem Ersatzschaltbild 4.120g zu

$$\underline{U}_\mathrm{A} = \frac{1}{(\mathrm{j}\omega)^2 LC/2 + 1} \cdot \underline{U}_\mathrm{E} \; .$$

Mit der Substitution $p = \mathrm{j}\omega$ erhält man dann

$$U_\mathrm{A}(p) = \frac{1}{p^2 LC/2 + 1} \cdot U_\mathrm{E}(p) \; ,$$

wobei für die Eingangsspannung die konstante Gleichspannung $U_\mathrm{E}(p) = U_0/p$ einzusetzen ist. Mithilfe der im Anhang aufgeführten Laplace-Transformierten ergibt die Rücktransformation in den Zeitbereich

$$u_\mathrm{A}(t) = U_0 - U_0 \cos(\Omega_\mathrm{e} \cdot t)$$

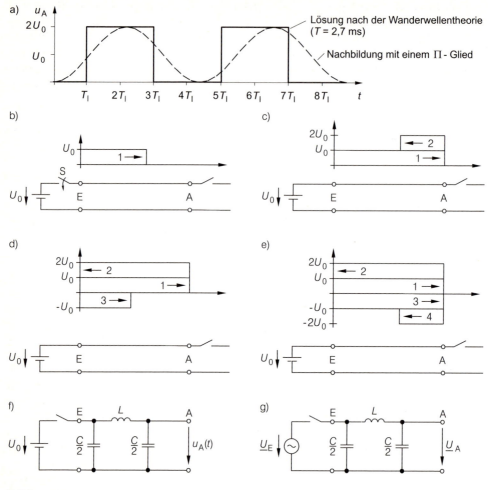

Bild 4.120

Einschalten einer verlustfreien, am Ende offen betriebenen HGÜ-Freileitung

a) Verlauf der Spannung am Ende einer 800 km langen Leitung
b) Verlauf der Spannungswelle 1 während der Zeitspanne $0 \leq t < T_l$
c) Verlauf der Spannungswellen 1 und 2 während der Zeitspanne $T_l \leq t < 2T_l$
d) Verlauf der Spannungswellen 1, 2 und 3 während der Zeitspanne $2T_l \leq t < 3T_l$
e) Verlauf der Spannungswellen 1, 2, 3 und 4 während der Zeitspanne $3T_l \leq t < 4T_l$
f) Netzwerk zur Ermittlung der transienten Lösung für die Ausgangsspannung $u_A(t)$
g) Netzwerk zur Ermittlung der stationären Lösung für die Ausgangsspannung $\underline{U}_A$

mit der Kreisfrequenz der Eigenschwingung

$$\Omega_e = \frac{1}{\sqrt{0{,}5 \cdot LC}} \ .$$

Für eine Freileitung mit der Länge $l = 800$ km sowie den Leitungsparametern $L' = 2{,}77$ mH/km und $C' = 4$ nF/km ist in Bild 4.120a auch der Zeitverlauf für eine Nachbildung mit einem Π-Glied gestrichelt dargestellt. Die Rechteckschwingung wird demnach

4.5 Freileitungen

durch eine harmonische Schwingung angenähert, deren Frequenz etwa um 9,8 % von der Grundschwingung des rechteckförmigen Verlaufs abweicht.

Falls die Freileitung mit mehreren Gliedern nachgebildet wird, ergeben sich in der stationären Lösung Nennerpolynome höheren Grads. Dies bedeutet, dass dann mehrere Eigenschwingungen auftreten, die natürlich die einzelnen Sprünge genauer erfassen. Ohne es im Einzelnen zu zeigen, sei gesagt, dass die Eigenfrequenz f_n eines der n Glieder mit

$$f_n = \frac{1}{2\pi} \cdot \frac{1}{\sqrt{0{,}5 \cdot L/n \cdot C/n}} = n \cdot \frac{\Omega_e}{2\pi}$$

eine obere Schranke für das dann maßgebende Eigenfrequenzspektrum bildet.

Es stellt sich nun die Frage, mit welcher Gliederanzahl n das System „Freileitung" zu beschreiben ist. Zunächst ist sicherzustellen, dass die Frequenz der Anregung – z. B. die Frequenz der eingeprägten Spannung – mindestens eine Größenordnung (Faktor 10) unter der Obergrenze f_n liegt (s. Abschnitt 4.5.2). Anderenfalls ist das System zu ungenau erfasst. In dem betrachteten Beispiel ist die geforderte Bedingung erfüllt: Die Gleichspannung mit der Frequenz null liegt stets unter der Frequenz

$$f_1 = \frac{\Omega_e}{2\pi} \; .$$

Falls darüber hinaus auch bestimmte Frequenzanteile im Einschwingvorgang hinreichend genau erfasst werden sollen, muss die Gliederanzahl so weit erhöht werden, bis die Eigenfrequenz eines Gliedes f_n wiederum hinreichend weit über der höchsten zu erfassenden Frequenz liegt. Aus dieser Forderung folgt, dass bereits für eine genaue Nachbildung von Eigenfrequenzen im kHz-Bereich relativ viele Glieder erforderlich sind. Angeführt sei, dass die bei realen Leitungen vorhandene Dämpfung durch das Einfügen von Wirkwiderständen in das Ersatzschaltbild wiedergegeben werden kann. Sie bewirken ein Abklingen der Schwingungen.

Bisher ist der Einschwingvorgang für einphasige Leitungen erläutert worden. In gleicher Weise bilden sich diese Effekte auch bei Drehstromfreileitungen aus. Wie bereits im Abschnitt 4.1.2 beschrieben ist und noch genauer im Abschnitt 10.4 dargestellt wird, kann in vielen Fällen das transiente Verhalten von Drehstromleitungen auch durch deren einphasige Ersatzschaltbilder erfasst werden. Sie sind immer dann aussagekräftig, wenn die Schaltmaßnahmen zeitgleich in jedem Leiter stattfinden, die Leitungen symmetrisch aufgebaut sind und die Freileitung mit einem symmetrischen Strom- und Spannungssystem erregt wird. Bei einem speziellen Problem, dem Einschalten von Drehstromfreileitungen, sind diese drei Bedingungen erfüllt. Mithin können die zuvor abgeleiteten Ergebnisse auch direkt darauf übertragen werden; die gegenseitige Kopplung der Leiter wird durch die Betriebswerte L_b und C_b erfasst.

Die beschriebenen Rechteckschwingungen verändern sich nur geringfügig, wenn die Leitung mit einem *leerlaufenden* Transformator abgeschlossen wird, da er einen hohen Wellenwiderstand aufweist. Sofern die Grundschwingung dieses Verlaufs in der Nähe einer Eigenfrequenz des Umspanners liegt, wird diese angeregt. In dessen Inneren bilden sich dann Resonanzüberhöhungen aus, die zu Beschädigungen führen können. Dieser Effekt wird auch als *Wanderwellenresonanz* bezeichnet.

Im Netzbetrieb umgeht man diesen Effekt dadurch, dass man Transformatoren grundsätzlich nur unter Last schaltet. Dies gilt auch für das Ausschalten, wie in den Abschnitten 4.10 und 7.6 noch erörtert wird. Ergänzend werden von der Netzplanung her die Schalter möglichst in der Nähe der Transformatoren installiert. Das dann verbleibende

Leitungsstück ist so kurz, dass sich nur sehr hochfrequente Rechteckschwingungen ausbilden können. Ihre Frequenz liegt entweder oberhalb des Eigenfrequenzspektrums des Umspanners oder regt nur solche Eigenschwingungen an, die sehr schnell abgedämpft werden, denn gemäß Abschnitt 4.1.1 steigen die Wirkverluste mit der Frequenz monoton an.

In den bisherigen Abschnitten sind der Aufbau sowie das stationäre und transiente Verhalten von Freileitungen erläutert worden. Als weitere Betriebsmittel zur Übertragung elektrischer Energie werden Kabel verwendet, die trotz eines völlig anderen Aufbaus ähnliche Übertragungseigenschaften aufweisen.

4.6 Kabel

Kabel werden überwiegend im Bereich 0,4...110 kV eingesetzt. Ihr Schaltzeichen ist in Bild 4.121 dargestellt. Üblicherweise werden Kabel unterhalb der Frostgrenze im Erdreich verlegt, wobei die Verlegungstiefe im Niederspannungs- und im Mittelspannungsbereich meist 0,8 m beträgt. In besonders wichtigen Abschnitten werden sie auch in Schutzrohren geführt. Vor atmosphärischen Störungen sind Kabel daher weitgehend abgeschirmt. Im Vergleich zu Freileitungen liegt dadurch eine geringere Ausfall*rate* vor. Es ist jedoch zu beachten, dass erdverlegte Kabel schlechter zugänglich sind und dass daher Kabelfehler im Mittel eine höhere Ausfall*dauer* aufweisen.

Als Oberbegriff der Kenngrößen Ausfallrate und Ausfalldauer dient der Ausdruck *Zuverlässigkeit*. Zur Veranschaulichung der Zuverlässigkeit seien die Richtwerte für die 110-kV-Ebene in der Bundesrepublik genannt. Für Kabel ergeben sich auf 100 km 1,2 Fehler pro Jahr mit ca. 60 Stunden Ausfalldauer. Bei Freileitungen beträgt die Quote 2,4 Fehler pro Jahr, während die Ausfalldauer nur bei 2 Stunden liegt.

Tabelle 4.6
Entwicklung der Stromkreislängen von Freileitungen und Kabeln in Deutschland (Quelle: VDN)

Jahr	Gesamtlänge in km (Freileitungen und Kabel)				Kabelanteil			
	Niederspg.	Mittelspg.	Hochspg.	Höchstspg.	Niederspg.	Mittelspg.	Hochspg.	Höchstspg.
1992	903 400	470 300	73 516	40 127	72 %	59 %	58 %	2,3 %
2002	993 300	480 200	76 500	36 800	81 %	65 %	58 %	2,7 %

Ein weiteres Kriterium für die Auswahl des Übertragungsmittels sind die Kosten, wobei auch laufende Kosten z. B. für die Wartung einzubeziehen sind. Wie aus Tabelle 4.6 zu ersehen ist, fällt dieser Entscheidungsprozess im Nieder- und Mittelspannungsbereich zunehmend günstiger für Kabel aus [60]. In der 110-kV-Ebene hängt der Kostenvergleich von der Leitungslänge und den örtlichen Umständen ab. Im Höchstspannungsbereich werden dagegen sowohl wegen der Kosten als auch aufgrund der später noch erläuterten

Bild 4.121
Schaltzeichen für ein Kabel

4.6 Kabel

technischen Gründe wie z. B. der Selbstauslastung (s. Abschnitt 4.6.2) eindeutig Freileitungen bevorzugt. Insgesamt hat sich von 1992 bis 2002 der Kabelanteil von 63 % auf 71 % erhöht.
Nach diesen Vorbetrachtungen kann nun der Aufbau der üblicherweise eingesetzten Kabeltypen beschrieben werden.

4.6.1 Aufbau von Kabeln

Bei Kabeln befinden sich die Leiter auf engem Raum. Um Durchschläge zu vermeiden, ist eine Isolierung notwendig. Von besonderer Bedeutung sind diejenigen Kabel, bei denen die Isolierung aus Kunststoff besteht. Sie werden daher als *Kunststoffkabel* bezeichnet; ihr Anwendungsbereich erstreckt sich von der *Nieder-* bis zur *Höchstspannungsebene* [61], [62], [63].

4.6.1.1 Kunststoffkabel

Im *Niederspannungsbereich* sind die einzelnen Leiter bei Kunststoffkabeln vornehmlich *sektorförmig* gestaltet und *eindrähtig* bzw. *massiv* ausgeführt. Wie aus Bild 4.122 zu ersehen ist, wird dadurch eine kompakte Anordnung erreicht. Als Leiterwerkstoff wird überwiegend Aluminium, jedoch auch Kupfer verwendet. In Bild 4.122 ist der Aufbau eines besonders häufig eingesetzten Kabels dargestellt. Die in diesem Bild sowie in den folgenden Abbildungen angeführten Normbezeichnungen werden später erläutert (s. Tabelle 4.7).
Allen Kabeltypen ist gemeinsam, dass die Leiter von einer Isolierung, der *Aderisolierung*, umgeben sind. Die Anordnung „Leiter, Aderisolierung" wird als *Ader* bezeichnet. Bei den zunächst betrachteten Niederspannungskunststoffkabeln besteht die Aderisolierung überwiegend aus PVC (Polyvinylchlorid). Mit zunehmender Tendenz wird jedoch auch VPE (Vernetztes Polyethylen) eingesetzt, das eine höhere Wärmebelastbarkeit aufweist. Der im Niederspannungsbereich benötigte Neutralleiter (s. Abschnitt 3.1) wird üblicherweise als vierte Ader mitgeführt. Untereinander sind die vier Adern verseilt und nochmals durch eine weitere PVC-Isolierung, die *gemeinsame Aderumhüllung*, gegen Erde geschützt. Auf dieser Schicht befindet sich dann der *Mantel*. Er besteht meistens aus einer PVC-Mischung, die besonders widerstandsfähig gegen chemische und mechanische Belastungen ist. Daneben wird jedoch für den Mantel auch PE (Polyethylen) verwendet. Dieser Kunststoff ist im Vergleich zu PVC noch stärker mechanisch beanspruchbar und weist zudem eine erheblich höhere Kältebeständigkeit auf.

1: Aluminiumleiter, eindrähtig
2: Aderisolierung aus VPE oder PVC
3: gemeinsame Aderumhüllung
4: Mantel aus PE oder PVC

Bild 4.122
Aufbau eines vieradrigen Niederspannungskabels NA2XY-J oder NAYY-J mit sektorförmigen Leitern (0,6/1 kV)

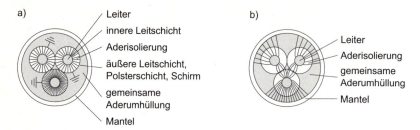

Bild 4.123
Schematisierte Darstellung dreiadriger Kabel und Veranschaulichung der Feldsteuerung
a) Dreiadriges Kabel mit Feldsteuerung (Radialfeldkabel)
b) Dreiadriges Kabel ohne Feldsteuerung

Für Kabel mit *Nennspannungen ab 10 kV* sind die bisher kennen gelernten Kabelelemente Leiter, Aderisolierung, gemeinsame Aderumhüllung und Mantel nicht ausreichend. So ist es notwendig, zwischen Leiter und Aderisolierung eine leitende Schicht – z. B. eine halbleitende Kunststoffschicht – zu legen, für die der Ausdruck *innere Leitschicht* verwendet wird. Dieses Kabelelement homogenisiert das elektrische Feld auf der Leiteroberfläche, dem Ort, wo die Feldstärke am größten ist (s. Abschnitt 4.5). Dadurch werden eventuelle Feldverdichtungen, die z. B. durch Materialunebenheiten entstehen, ausgeglichen.
Als weiteres Element wird auf die Aderisolierung eine *äußere Leitschicht* aufgebracht (extrudiert), die wiederum leitfähig ist. Darüber befindet sich eine leitfähige Polsterschicht, die mit einem Kupferband, dem *Schirm*, umwickelt ist. Üblicherweise werden Schirm und Polsterschicht jeder Ader an den beiden Kabelenden geerdet; bei Kabeln unter 500 m Länge genügt eine einseitige Erdung [63]. Da die drei übereinander liegenden Schichten – äußere Leitschicht, Polsterschicht, Schirm – leitfähig sind, erzwingt die Erdung auch auf der innersten dieser Schichten, der äußeren Leitschicht, Erdpotenzial. Die Sternspannung fällt daher zwischen der inneren und äußeren Leitschicht ab und erzeugt nur in der Aderisolierung ein elektrisches Feld; durch den zylindrischen Aufbau ergibt sich ein Radialfeld. Generell werden alle Kabeltypen, bei denen diese Feldverhältnisse vorliegen, als *Radialfeldkabel* bezeichnet. Wie aus den Bildern 4.123 und 4.124 zu ersehen ist, werden solche Kabel sowohl drei- als auch einadrig ausgeführt. Ab 10 kV werden üblicherweise nur noch einadrige Ausführungen *(Einleiterkabel)* verwendet.
Die beschriebenen Maßnahmen bewirken eine *Feldsteuerung*. Damit wird bezweckt, Hohlräume außerhalb der Aderisolierung feldfrei zu halten, die besonders leicht an der Grenzfläche zwischen zwei Elementen wie z. B. der gemeinsamen Aderumhüllung und dem Mantel auftreten. Anderenfalls würden sich in diesen Hohlräumen infolge des ε_r-Sprungs bevorzugt Teilentladungen ausbilden, die das Kabel allmählich zerstören [30].

1: Aluminiumleiter, mehrdrähtig
2: innere Leitschicht
3: VPE-Isolierung
4: äußere Leitschicht
5: Quellvlies
6: Kupferschirm
7: Trennschicht (Füllmischung)
8: PE-Mantel

Bild 4.124
Aufbau eines einadrigen 10-kV-Kabels NA2XS2Y

4.6 Kabel

Neben der Feldsteuerung erfüllen Schirm und Polsterschicht noch eine weitere Aufgabe. Sie besteht darin, im Betrieb die kapazitiven Ladeströme und im Kurzschlussfall die Kurzschlussströme abzuleiten. Auf den Kupferschirm folgt bei mehradrigen Ausführungen wiederum eine gemeinsame *Aderumhüllung* und dann als Abschluss ein *Mantel*. Bei einadrigen Bauweisen wird der Schirm nicht mit einer Aderumhüllung, sondern mit einer *Trennschicht* versehen, die den Mantel vor der mechanischen Einwirkung des Schirms schützt (Druckschutz).

Im Unterschied zu den Niederspannungskabeln besteht die Aderisolierung im Mittelspannungsbereich so gut wie immer aus VPE, das neben den beschriebenen Vorteilen außerdem niedrige dielektrische Verluste aufweist. Sein Verlustfaktor $\tan\delta$ ist nämlich im Vergleich zu PVC sehr viel kleiner. Gemäß der Beziehung $P_v \sim U_n^2 \cdot \tan\delta$ ist diese Verlustart mit steigender Nennspannung von zunehmender Bedeutung. Weiterhin wird im Mittelspannungsbereich für den Mantel anstelle von PVC überwiegend der Kunststoff PE gewählt. Über die bereits genannten Vorteile hinaus hat dieses Material die angenehme Eigenschaft, dass vergleichsweise wenig Wasser hindurchdiffundiert. In Kunststoffkabeln wird das Eindringen von Wasser umso kritischer, je höher die Aderisolierung durch das elektrische Feld beansprucht ist. Das Wasser diffundiert nämlich ebenfalls in die Aderisolierung ein, verästelt sich dort zu *Water-Trees*, die infolge der hohen Dielektrizitätskonstanten des Wassers das Radialfeld lokal verformen und Feldspitzen bewirken. Dadurch werden Teilentladungen (Electrical Trees) begünstigt, die langfristig einen Durchschlag verursachen können [30].

Besonders gefährlich wirken in diesem Sinne Beschädigungen im Mantel, die in der Praxis z. B. durch unsachgemäßes Verlegen des Kabels hervorgerufen werden. Bei der bisher kennen gelernten Konstruktion würde sich das eindringende Wasser entlang des Schirms ausbreiten und weiträumig die beschriebenen Schäden auslösen. Abhilfe bietet z. B. ein Quellvlies oder -pulver, in das der Schirm eingebettet wird. Bei Eintritt von Wasser quillt es auf und beschränkt damit die Wasseraufnahme auf einen engen Bereich um die Fehlerstelle. Derartig ausgeführte Kabel werden als *längswasserdicht* bezeichnet.

Grundsätzlich findet sich die bisher beschriebene Struktur der Mittelspannungs-Kunststoffkabel auch bei den Ausführungen des *Hoch- und Höchstspannungsbereichs* wieder. Neben der naturgemäß stärkeren Isolierung sind noch zwei Besonderheiten zu beachten (Bild 4.125).

Um jegliche Gefährdung der feldmäßig vergleichsweise hoch belasteten Aderisolierung durch Water-Trees zu unterbinden, wird auch die Diffusion des Wassers durch den Mantel verhindert. Zu diesem Zweck wird eine Aluminiumfolie in den PE-Mantel eingebracht,

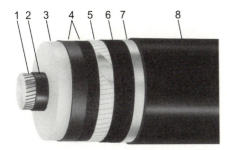

1: Kupferleiter, mehrdrähtig
2: innere Leitschicht
3: VPE-Isolierung
4: äußere Leitschicht
5: Kupferschirm
6: leitfähige Bänder
7: Aluminium-Schichtenmantel (querwasserdicht)
8: PE-Mantel

Bild 4.125
Aufbau eines VPE-Höchstspannungskabels   2XS(FL)2Y 1×800 RM/50 220/380 kV

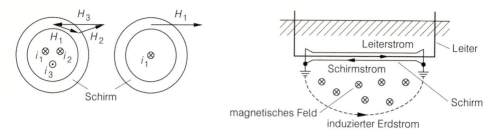

Bild 4.126
Feldverhältnisse bei einem drei- und einem einadrigen Kabel für die Stromwerte $i_1 = \hat{I}/2$, $i_2 = \hat{I}/2$ und $i_3 = -\hat{I}$ sowie Veranschaulichung der Erdschleife mit Schirmstrom

die als Diffusionssperre wirkt (Schichtenmantel). Hoch- und Höchstspannungskabel sind daher, wie man sagt, auch *querwasserdicht* gestaltet.
Weiterhin ist zu beachten, dass einadrige Kabel im Unterschied zu den dreiadrigen Ausführungen in ihrer Umgebung ein relativ starkes Magnetfeld ausbilden. Es ruft in der Schleife Schirm - Erde eine Wechselspannung hervor (Bild 4.126), die einen Strom treibt, sofern der Schirm – wie üblich – an beiden Enden geerdet ist. Dieser Strom bewirkt zusätzliche Verluste, die zu einer etwas geringeren Belastbarkeit des Kabels führen. Bei Kabeln mit Leiterquerschnitten bis zu ca. 1000 mm² nimmt man diesen Nachteil in der Bundesrepublik in Kauf. Im Nieder- und Mittelspannungsbereich verdrängen die Kunststoffkabel seit Anfang der siebziger Jahre zunehmend die bis dahin eingesetzten *Massekabel*, die Nennspannungen bis 60 kV abgedeckt haben.

4.6.1.2 Massekabel

In Niederspannungsnetzen werden seit Mitte der siebziger Jahre kaum noch Massekabel verwendet; in der Mittelspannungsebene verläuft dieser Prozess gleitender. Wegen ihrer durchschnittlichen Lebensdauer von ca. 50 Jahren stellen die Massekabel trotz dieser rückläufigen Entwicklung bis heute einen erheblichen Anteil an den bereits verlegten Netzen dar. Dominierend ist dieser Kabeltyp allerdings nach wie vor im Bereich der HGÜ-Seekabel. Als einadrige Ausführung werden Massekabel dort bis zu Nennspannungen von 400 kV eingesetzt (s. Abschnitt 3.1). Genauere Ausführungen dazu sind [63] zu entnehmen. Diese Betrachtungen zeigen, dass auf grundsätzliche Kenntnisse über diese Kabelart noch nicht verzichtet werden kann.
Bei Massekabeln besteht die Isolierung nicht aus Kunststoff, sondern aus *ölgetränktem Papier*. Die Verwendung einer Tränk*masse* hat zu dem Namen *Masse*kabel geführt. Die Papier-Öl-Isolierung verliert im Vergleich zu Kunststoff sehr schnell ihre elektrische Festigkeit, wenn Feuchtigkeit in das Kabel eindringt. Zum Schutz dagegen werden Aluminium- und vor allem Bleimäntel verwendet. Infolge ihrer Leitfähigkeit wirken sie zugleich als Schirm. Beide Metalle sind jedoch nicht korrosionsfest und müssen daher eine Schutzhülle erhalten.
Blei ist im Vergleich zu Aluminium mechanisch gering belastbar und weist ein hohes Gewicht auf. Um die dadurch gegebene mechanische Beanspruchung aufzufangen, werden Bleimäntel in der Regel mit einer *Bewehrung* aus Stahl versehen. Sie ist ebenfalls korrosionsanfällig und erfordert eine weitere Schutzhülle. Erwähnt sei, dass eine Bewehrung bei *Kunststoffkabeln* nur erforderlich ist, wenn besonders hohe Anforderungen an

4.6 Kabel

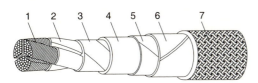

1: sektorförmiger Leiter, mehrdrähtig (Cu, Al)
2: getränkte Papierisolierung
3: Gürtelisolierung (Papier)
4: Bleimantel
5: innere Schutzhülle
   (Faserstofflagen in Tränkmasse)
6: Stahlbandbewehrung
7: äußere Schutzhülle (Jute)

Bild 4.127
Aufbau eines Gürtelkabels NKBA bzw. NAKBA

die mechanische Belastbarkeit gestellt werden.
Die wichtigste Bauart der Massekabel stellt das Gürtelkabel dar, das im Bereich bis einschließlich 10 kV eingesetzt wird (Bild 4.127). Anstelle einer gemeinsamen Aderisolierung werden die drei Adern bei diesem Kabeltyp von einem ölgetränkten Papiergürtel gebündelt, sodass eine Feldsteuerung entfällt. Feldmäßig liegen damit die gleichen Verhältnisse wie in Bild 4.123b vor. Bei höheren Nennspannungen sind auch Massekabel als Radialfeldkabel ausgeführt worden. Als Beispiele seien das Höchstädter- und das Dreimantelkabel genannt, die im Bereich von 10 bis 30 kV eingesetzt worden sind. Dort erfolgte die Feldsteuerung durch jeweils eine leitfähige Papierschicht oder – im Falle des Dreimantelkabels – durch einen zusätzlichen Metallmantel um jede Ader. Eine Weiterentwicklung der Massekabel stellen die Ölkabel dar, die im Hoch- und Höchstspannungsbereich bisher recht häufig verwendet worden sind [63].

4.6.1.3 Ölkabel

Bei Ölkabeln besteht die Isolierung aus ölgetränktem Papier. Zusätzlich wird durch Ölkanäle dünnflüssiges Öl in das Kabel gedrückt. Es dringt in eventuelle Hohlräume ein, sodass die Gefahr von Teilentladungen entfällt. Vielfach hat man einadrige *Niederdrucköl-kabel* benutzt. Der Ölkanal befindet sich dort innerhalb des Leiters, der zu diesem Zweck als Hohlleiter ausgebildet ist. Durch Beschädigungen kann aus Ölkabeln grundsätzlich Öl ausfließen und in das umgebende Erdreich sickern. Wenngleich die austretenden Mengen gering sind, werden derartige Umweltbelastungen nicht mehr zugelassen. Deshalb wird dieser Kabeltyp seit einigen Jahren bei Neuverlegungen nicht mehr eingesetzt. Stattdessen verwendet man in Hoch- und Höchstspannungsnetzen neben den VPE-Ausführungen vermehrt Gaskabel, die in der Vergangenheit nur in Sonderfällen gewählt wurden.

4.6.1.4 Gaskabel

Prinzipiell handelt es sich bei den Gasausführungen um drei Massekabel, die in ein Stahlrohr gezogen werden. In dieses Stahlrohr wird Stickstoff mit ca. 15 bar eingeleitet. Bei den *Gasaußendruckkabeln* drückt er im Wesentlichen die Mäntel der drei Adern zusammen (Bild 4.128). Sie verformen sich unter dem Druck ovalförmig und sind so in der Lage, den Außendruck des Stickstoffs auf die massegetränkte Papierisolierung zu übertragen. Dadurch schließen sich eventuelle Hohlräume, die dort bei der Abkühlung von der Betriebstemperatur auf die Umgebungstemperatur entstehen können. Auf diese Weise wird die Gefahr von *Teilentladungen* vermieden. Während bei dieser Bauart die größere Spannungsfestigkeit durch einen äußeren mechanischen Druck erreicht wird, nutzt man

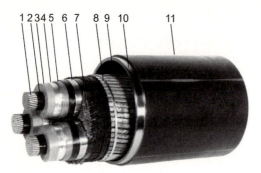

1: Leiter, mehrdrähtig (Cu)
2: innere Leitschicht
3: getränkte Papierisolierung
4: äußere Leitschicht
5: Bleimantel
6: unmagnetische Druckschutzbandage
7: Zwickelausfüllung (Jutegarn)
8: Bewehrung aus Stahlflachdraht
9: Stickstoff
10: Stahlrohr
11: PE-Schutzhülle

Bild 4.128
Aufbau eines Gasaußendruckkabels NPKDVFST2Y

bei *Gasinnendruckkabeln*, in denen die drei Adern keinen eigenen Mantel aufweisen, die erhöhten Isolationseigenschaften des komprimierten Stickstoffs aus ($U_d \sim p$). Er weist unter diesen Verhältnissen in etwa die Durchschlagsfestigkeit von Öl auf. Der Stickstoff dringt in die massegetränkte Papierisolierung ein und füllt deren Hohlräume.

Im Unterschied zu den einadrig ausgeführten Hochspannungs-Kunststoffkabeln benötigen dreiadrige Gaskabel weniger Platz zum Verlegen. In den meistens platzarmen Innenstädten werden daher im Hochspannungsnetz verstärkt Gaskabel eingesetzt. Ihr Stahlrohr schützt zugleich gegen Beschädigungen, die z. B. häufig durch Bauarbeiten hervorgerufen werden. Zu beachten ist, dass an fehlerhaften Stellen der äußeren Schutzhülle des Stahlrohrs allmählich Korrosion bzw. Lochfraß auftritt. Dadurch besteht die Gefahr, dass der Druck im Stahlrohr abfällt. Dieser Effekt wird mithilfe eines kathodischen Korrosionsschutzes verhindert. Zu diesem Zweck wird zwischen Stahlrohr und Erde eine negative Gleichspannung eingeprägt. Bei einer solchen Maßnahme darf das Stahlrohr jedoch nicht an den Enden geerdet werden. Es wird stattdessen über Hochleistungsdioden an die angrenzenden Schaltanlagen angeschlossen. Durch diese Abgrenzeinheiten wird das Stahlrohr nur im Fehlerfall niederohmig geerdet, sodass sich dort keine unzulässig hohen Spannungen ausbilden können. Im Weiteren wird auf die Strombelastbarkeit von Kabeln eingegangen.

4.6.2 Zulässige Betriebsströme von Kabeln

Generell gilt für jeden Kabeltyp, dass eine Erwärmung über das zulässige Maß den Verlustfaktor $\tan \delta$ merklich erhöht. Dadurch vergrößern sich wiederum die dielektrischen Verluste. Sie bewirken einen weiteren Temperaturanstieg, der die Lebensdauer des Kabels verkürzt und schließlich in einem *Wärmedurchschlag* endet. Um einen solchen Wärmedurchschlag zu vermeiden, darf an der Leiteroberfläche eine zulässige Betriebstemperatur ϑ_b nicht überschritten werden [30], [63]. Dieser Wert ist von der Kabelbauart abhängig und beträgt z. B. 70 °C bei einer Isolierung aus PVC bzw. 90 °C bei VPE. Aus der jeweiligen Grenztemperatur kann für jeden Kabeltyp ein maximal zulässiger Betriebsstrom I_z ermittelt werden.

Die sich auf der Leiteroberfläche einstellende Temperatur wird von verschiedenen Parametern bestimmt. Bedeutsame Einflussgrößen stellen die Verlegungsart der Kabel (Bild 4.129), die Anzahl der parallel verlegten Systeme, die Umgebungstemperatur, die Art der

gebündelte Anordung

Einebenenanordnung

Bild 4.129
Verlegungsarten von Kabeln

Wärmeableitung sowie der zeitliche Verlauf der Last dar. Zur Kennzeichnung des Lastverlaufs hat man einen Belastungsgrad definiert. Man versteht darunter das Verhältnis aus dem Mittelwert der Last über ein 24-Stunden-Intervall und dem maximalen Lastwert innerhalb dieser Periode. Beträgt der Belastungsgrad 1, so spricht man von einer *Dauerlast*; bei einem Wert von 0,7 wird der Ausdruck *EVU-Last* verwendet.

Aus dem Spektrum dieser Einflussgrößen hat man nun diejenigen Bedingungen ausgewählt, die in der Praxis besonders häufig anzutreffen sind. Sie werden als Normbedingungen vereinbart. So setzt man bei in Luft verlegten Kabeln, den Luftkabeln, z. B. eine Dauerlast als Normbedingung voraus. Bei einem Erdkabel wird dagegen von einer EVU-Last ausgegangen.

In DIN VDE 0276 werden für die wesentlichen Kabelbauarten Bemessungsströme I_r angegeben, die im üblichen Netzbetrieb nicht überschritten werden dürfen, sofern Normbedingungen vorliegen. Weichen die tatsächlichen Verhältnisse davon ab, so sind die zulässigen Betriebsströme I_z maßgebend. Sie werden gemäß DIN VDE 0276 Teil 1000 über Umrechnungsfaktoren f_i aus den Bemessungsströmen I_r errechnet. Der zugehörige Zusammenhang lautet z. B. für zwei Faktoren:

$$I_z = f_1 \cdot f_2 \cdot I_r \,.$$

Abhängig von den jeweils spezifischen Betriebs- und Umgebungsbedingungen können sich die zulässigen Ströme I_z in Bezug auf I_r sowohl erhöhen als auch vermindern. Der Unterschied zwischen dem oberen und unteren Grenzwert liegt durchaus bei ca. 100 % von I_r. Wird z. B. ein Erdkabel mit einer Dauer- anstelle der EVU-Last beansprucht, senkt sich I_z bereits auf ca. $0{,}85 \cdot I_r$ ab. Eine Nichtbeachtung der Verlegungsbedingungen und der Belastungsart kann demnach zu einer Überbeanspruchung der Kabel führen und deren Lebensdauer deutlich senken.

Die in den VDE-Bestimmungen wie z. B. DIN VDE 0276 aufgeführten Kabelbauarten werden *Normkabel* genannt; für diese Kabel hat sich eine einheitliche Bezeichnungsweise herausgebildet.

4.6.3 Bezeichnungen von Normkabeln

Bei Normkabeln wird der Kabelaufbau durch Buchstaben gekennzeichnet. Beginnend mit dem Buchstaben N, der aussagt, dass die Kabel den VDE-Bestimmungen entsprechen, sind die Abkürzungen in der Reihenfolge anzugeben, wie die Kabelelemente von innen nach außen auftreten. Dabei werden u. a. Kupferleiter, eine Isolierung aus getränktem Papier sowie bei Kunststoffkabeln innere und äußere Leitschichten nicht genannt. Die Bedeutung einiger wichtiger Kurzzeichen, die u. a. DIN VDE 0276 entnommen sind, ist in dem oberen Teil der Tabelle 4.7 aufgeführt.

Die bei einigen Buchstaben auftretenden Klammern kennzeichnen gebräuchliche, aber noch nicht genormte Kurzzeichen. So beschreibt die Angabe N2XS(FL)2Y ein längs- und querwasserdichtes Hoch- oder Höchstspannungskabel.

Tabelle 4.7
Kurzzeichen für Normkabel

Bauart-kurz-zeichen	Bedeutung	übliche Verwendung:	
		Kunst-stoff-kabel	Kabel mit Papier-isolierung
Ö	Ölkabel		×
P	Gasaußendruckkabel		×
I	Gasinnendruckkabel		×
A	Aluminiumleiter	×	×
Y	PVC-Isolierung	×	
2X	VPE-Isolierung	×	
S	Schirm aus Kupfer	×	
(F)	längswasserdichte Ausführung	×	
H	Höchstädter-Folie		×
K	Bleimantel		×
EK	mehrfacher Bleimantel (Dreimantelkabel)		×
KL	Aluminiummantel		×
D oder UD	Druckschutzbandage (U: unmagnetisch)		×
V	verseilte Adern		×
E	Schutzhülle z. B. mit Elastomerband		×
Y	PVC-Mantel	×	×
2Y	PE-Mantel	×	×
(L)2Y	querwasserdichte Ausführung (Schichtenmantel)	×	
B	Bewehrung aus Stahlband		×
F	Bewehrung aus Stahlflachdraht		×
R	Bewehrung aus Stahlrunddraht		×
ST	Stahlrohr		×
A	äußere Schutzhülle aus Jute		×
2Y	äußere Schutzhülle aus PE		×

Kurz-zeichen für Leiter	Bedeutung
S	sektorförmiger Leiter
R	runder Leiter
E	eindrähtiger Leiter
M	mehrdrähtiger Leiter

Bei Niederspannungskabeln mit einem grün-gelb isolierten vierten Leiter (s. Abschnitt 12.5) wird noch die Bezeichnung -J ergänzt, z. B. NAYY-J. Zusätzlich zum Aufbau wird üblicherweise auch die Anzahl der Adern sowie der Leiterquerschnitt in mm^2 angegeben, z. B. 4×150. Zwei weitere Buchstaben aus dem unteren Teil der Tabelle 4.7 kennzeichnen, welche Form die Leiter aufweisen und ob sie ein- oder mehrdrähtig ausgeführt sind. Bei geschirmten Kabeln folgt hinter einem Schrägstrich der Querschnitt des Schirms in mm^2. Den Abschluss der Normbezeichnung bildet die Nennspannung in der Gestalt

4.6 Kabel

Sternspannung/Außenleiterspannung. So lautet z. B. für das 10-kV-Kabel in Bild 4.124 die vollständige Angabe NA2XS2Y 1×240 RM/25 6/10 kV.

Bisher ist im Wesentlichen der Aufbau und die Funktion der wichtigsten Kabeltypen erläutert worden. Für einen ordnungsgemäßen Betrieb von Kabelnetzen sind *Garnituren* ebenfalls von großer Bedeutung.

4.6.4 Garnituren von Kabeln

Der Ausdruck *Garnituren* wird als Oberbegriff für Muffen und Endverschlüsse verwendet. *Muffen* werden dazu eingesetzt, zwei Kabelenden miteinander zu verbinden oder ein Kabel zu verzweigen – z. B. im Hinblick auf einen Hausanschluss. Zur näheren Kennzeichnung verwendet man die Begriffe Verbindungs- oder Abzweigmuffe. Demgegenüber besteht die Aufgabe der *Endverschlüsse* darin, die Kabelenden, wie der Name schon besagt, ordnungsgemäß abzuschließen.

Störungen in Kabelnetzen entstehen häufig aus einer fehlerhaften Montage der Garnituren. Für Kunststoffkabel können sie im Vergleich zu Masse- und Ölkabeln zuverlässiger und schneller hergestellt werden. Diese Eigenschaft hat die schnelle Verbreitung der Kunststoffkabel sehr begünstigt.

In Bild 4.130 ist der Aufbau einer 110-kV-Verbindungsmuffe dargestellt. Ein Pressverbinder mit einer darüber geführten Hülse verbindet die beiden abisolierten Aderenden galvanisch miteinander. Daran schließt sich die ebenfalls freigelegte Aderisolierung an. Über diese wird ein elastischer Isolierkörper aus Silikongummi geschoben. Zwischen den beiden Kunststoffen findet eine Kaltverschweißung statt, ohne dass dabei Hohlräume entstehen, in denen sich sonst Teilentladungen bevorzugt ausbilden. Im Inneren weist der vorgefertigte Isolierkörper an beiden Enden einen Steuertrichter auf. Zusätzlich befindet sich auf der äußeren Oberfläche noch eine leitfähige Beschichtung. Über diese Schicht und über die äußere Leitschicht der angrenzenden Kabel wird ein Kupfergewebeband geschoben. Darauf werden die herauspräparierten Kupferschirme der beiden Kabelenden gelegt, jeweils fixiert durch eine Klemme. Über Schirmdrahtverbindungen werden die Kabelschirme dann mit dem Kupfergewebeband verbunden. Als Abschluss nach außen werden über die Muffe drei nebeneinander liegende, sich überlappende Schrumpfschläuche gezogen. Diese schrumpfen bei einer Erwärmung während der Montage und verschweißen

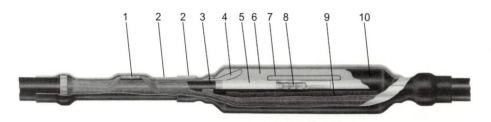

1: Schirmdrahtverbindung
2: Schrumpfschläuche
3: äußere Leitschicht
4: Steuertrichter
5: Kabelisolierung
6: Muffenkörper
7: Glättungsteil
8: Pressverbinder
9: Kupfergewebeband
10: leitfähige Beschichtung

Bild 4.130
Aufbau einer 110-kV-Verbindungsmuffe für Kunststoffkabel

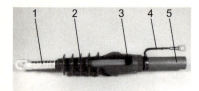

1: Leiteranschluss
2: Kunststoffüberwurf
3: Steuertrichter
4: Schirmdrähte mit Erdungsanschluss
5: Kunststoffkabel

Bild 4.131
Aufbau eines 10-kV-Endverschlusses

dabei mit den darunter liegenden Schichten. Ein seitliches Eindringen von Feuchtigkeit ist daher nicht möglich.

Ein wesentliches Merkmal der Hochspannungsmuffen ist ihre Feldsteuerung. Durch den intensiven Kontakt vom Kupferschirm des Kabels mit der Leitschicht des Isolierkörpers wird erreicht, dass kein elektrisches Feld aus der Muffe dringt. Im Bereich des Pressverbinders verhindert ein Glättungsteil eventuelle Feldspitzen, indem das Feld weiter nach außen verlagert wird. Die auf beiden Seiten zusätzlich eingebauten Steuertrichter formen das Feld in der Muffe so, dass es allmählich in das Radialfeld des jeweiligen Kabelendes übergeht.

Die beschriebene Technologie beruht auf der Vorfertigung von Isolierkörpern und der Verwendung von Schrumpfschläuchen. In modifizierter Form findet man diese Art von Muffen auch im Mittelspannungsbereich. In der Niederspannungsebene herrscht noch die früher übliche Gießharztechnik vor: Die Kabelenden werden dabei in eine Hülse geführt und dort mechanisch durch Klemmen verbunden. Anschließend wird die Anordnung mit Gießharz ausgegossen.

Bei *Endverschlüssen* des Mittel- und Hochspannungsbereichs wird die Technik, mit vorgefertigten Isolierkörpern zu arbeiten, ebenfalls angewendet. Im Mittelspannungsbereich wird ein Überwurf aus Silikongummi mit Anschlussfahne – als Keule bezeichnet – über die freigelegte Ader und die zusätzlich freigelegte Aderisolierung geschoben (Bild 4.131). Durch eine Klemme fixiert, wird der Kupferschirm des eingeschobenen Kabelteils herausgeführt und mündet in einer Anschlussfahne, an der die Erdungsleitungen angeschlossen werden können (s. Kapitel 12). In der Keule – ähnlich wie beim Isolierkörper der 110-kV-Muffe – ist ein Steuertrichter eingegossen. In weiterer Analogie steuert er wiederum den Übergang des elektrischen Felds in der Keule zum Radialfeld des Kabels.

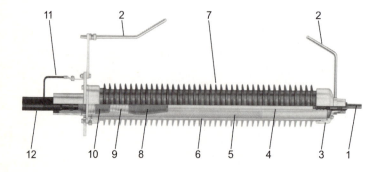

1: Leiteranschluss
2: Funkenhörner
3: Kopfarmatur
4: Kabelisolierung
5: ölartige Füllmasse
6: Kunststoffrohr
7: Schirme aus Silikonkautschuk
8: Stresskonus
9: Bandage
10: Abdichtung
11: Schirmdrähte mit Erdungsanschluss
12: VPE-Kabel

Bild 4.132
Aufbau eines 110-kV-Endverschlusses

4.6 Kabel

Bei 110-kV-Endverschlüssen wird das abisolierte Kabel durch einen Isolatorüberwurf geschützt, der mit einer ölartigen Füllmasse ausgefüllt ist. Der Überwurf bestand früher aus Porzellan. Heute wird zunehmend der in Bild 4.132 dargestellte Verbundisolator verwendet, der aus einem glasfaserverstärkten Kunststoffrohr mit Schirmen aus Silikonkautschuk aufgebaut ist. Etwa auf das hintere Drittel der freigelegten Aderisolierung wird ein konusförmiger Isolierkörper mit eingegossenem Steuertrichter geschoben (Stresskonus). Um den allmählichen Übergang in das elektrische Radialfeld des Kabels sicherzustellen, ist es zusätzlich notwendig, mit einer Bandage aus leitfähigem Kunststoffband das Erdpotenzial der äußeren Leitschicht des Kabels auf den Konus hochzuziehen. Eine Abdichtung aus Silikongummi verschließt den Überwurf. Um die Erdung des Kabelschirms zu ermöglichen, wird wiederum der Kupferschirm des abisolierten Kabelstücks herausgeführt.

Nach diesen Erläuterungen ist es nun auch möglich, auf das Ersatzschaltbild und das Betriebsverhalten von Kabeln einzugehen.

4.6.5 Ersatzschaltbild und Betriebsverhalten von Drehstromkabeln

Physikalisch handelt es sich bei Kabeln ebenfalls um Leitungen. Das Ersatzschaltbild für Kabel weist daher die gleiche Struktur wie das für Freileitungen auf. Auf den Ableitwiderstand G' kann wiederum verzichtet werden. Die Ableitverluste, die im Wesentlichen von den dielektrischen Verlusten gebildet werden, sind üblicherweise nur so groß, dass sie zwar bei Erwärmungs- und Wirkungsgradfragen zu beachten sind, nicht jedoch bei Betrachtungen des Strom-Spannungs-Verhaltens. Es resultiert damit das Ersatzschaltbild 4.133.

Mit dem in Abschnitt 4.5 entwickelten Freileitungsmodell sind die Leitungsparameter von Kabeln nicht in genügender Genauigkeit zu ermitteln, denn der magnetische Fluss zwischen den Leitern ist relativ klein, sodass die Feldanteile in den Adern und somit auch die Wirbelstromeffekte an Gewicht gewinnen. Die Leitungsbeläge sind dadurch im Vergleich zu Freileitungen stärker frequenzabhängig. Aus diesem Grunde decken die Ersatzschaltbilder in dieser Form nur den Bereich bis zu einigen 10 Hertz oberhalb der Netzfrequenz ab. Wie in Abschnitt 4.1 bereits dargestellt, erhöhen sich durch die Wirbelströme für die höherfrequenten Anteile zunehmend die Verluste und damit auch die Widerstände. Dagegen verringern sich die Induktivitäten geringfügiger. Analytisch ist die Frequenzabhängigkeit der Leitungsbeläge aus einem komplizierten Differenzialgleichungssystem zu bestimmen [64]. Messtechnische Untersuchungen stellen eine andere Möglichkeit dar. Bereits für den im Folgenden diskutierten 50-Hz-Bereich kann eine solche Widerstandserhöhung zum Tragen kommen.

Um diesen Einfluss zu erfassen, wird für den Längswiderstand R_b im Ersatzschaltbild ein Wechselstromwiderstand R_w verwendet, der größer als der Gleichstromwiderstand R_g

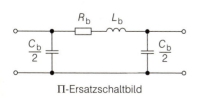
Π-Ersatzschaltbild

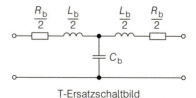
T-Ersatzschaltbild

Bild 4.133
Ersatzschaltbild eines Kabels

ist. Übliche Werte, die auch den Einfluss der Betriebstemperatur berücksichtigen, sind dem Anhang zu entnehmen.

Die mit dem Längswiderstand in Reihe geschaltete Betriebsinduktivität ist bei Kabeln aufgrund der geringen Leiterabstände kleiner als bei Freileitungen der gleichen Spannungsebene. Sie verringert sich bei Dreileiterkabeln knapp um einen Faktor 3. Dieser Wert reduziert sich bei Einleiterkabeln etwa auf einen Faktor 2, da der Leiterabstand dort größer ist. Infolge der geringeren Betriebsinduktivität wirkt sich bei Kabeln die ohmsche Komponente stärker aus. Darüber hinaus hat die kleinere Längsimpedanz zur Folge, dass Kabel Kurzschlussströme schwächer begrenzen als gleich lange Freileitungen. Durch eine zusätzliche Maßnahme – das Vorschalten einer Drosselspule – kann die Längsimpedanz wieder vergrößert werden. Man bezeichnet diese Drosselspulen auch als *Kurzschlussdrosselspulen* (s. Abschnitt 4.9).

Die geringen Leiterabstände bedingen einerseits relativ niedrige Induktivitäts-, andererseits jedoch relativ große Kapazitätsbeläge. Sie werden noch dadurch erhöht, dass die Isolierung eine Dielektrizitätskonstante ε_r zwischen 2 und 4 aufweist. Eine Berechnung der Kapazitäten führt infolge vorhandener Fertigungstoleranzen nur zu orientierenden Ergebnissen. Die folgenden qualitativen Betrachtungen sollen den Zusammenhang zwischen den Teilkapazitäten und den Betriebskapazitäten veranschaulichen.

Bei Niederspannungskabeln wie NAYY oder NAKBA liegen im Hinblick auf die Teilkapazitäten ähnliche Gegebenheiten vor wie bei einer Drehstromfreileitung (Bild 4.134). Für die Betriebskapazität gilt daher ebenfalls der Zusammenhang

$$C'_b = 3 \cdot C'_{K\triangle} + C'_E .$$

Ihr Wert liegt bei ca. 0,4 μF/km. Bei den Kabeln für höhere Nennspannungen – den Radialfeldausführungen und den einadrigen Kabeln – treten infolge der Erdungsmaßnahmen keine Koppelkapazitäten $C_{K\triangle}$ auf (Bild 4.135). Dort gilt daher die Beziehung

$$C'_b = C'_E .$$

Bei diesen Bauarten werden die Betriebswerte allein durch die Erdkapazität festgelegt, die wiederum durch Stärke und Art der Aderisolierung bestimmt ist. Ein Richtwert liegt bei ca. 0,2 μF/km. Genauere Angaben sind für übliche Kabelausführungen dem Anhang zu entnehmen.

Im Vergleich zu Freileitungen sind die Kapazitätsbeläge bei Kabeln hoch. Sie bewirken im Leerlauf einen merklichen kapazitiven Strom, den *Ladestrom*. Mit steigender Last verkleinert sich diese Blindkomponente, um im übernatürlichen Betrieb induktiv zu werden. Man bezeichnet das Verhalten im Leerlauf als *Selbstauslastung eines Kabels*. Wie sich

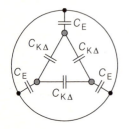

Bild 4.134
Kapazitäten eines Gürtelkabels

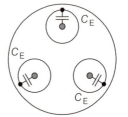

Bild 4.135
Kapazitäten eines Radialfeldkabels

mit einer Überschlagsrechnung schnell zeigen lässt, sind im Hochspannungsbereich Längen von 30 km kaum zu überschreiten, ohne dass der Ladestrom bei Teillast, insbesondere bei Leerlauf, zu große Verluste hervorruft. Sofern im Hochspannungsbereich längere Kabelverbindungen gewünscht werden, ist eine HGÜ zu empfehlen (vgl. Abschnitt 3.1.3). Im Mittelspannungsbereich ist infolge der niedrigeren Spannung der Ladestrom kleiner. Dort wird die Länge einer Ringleitung auf 10...20 km durch andere Restriktionen beschränkt (s. Kapitel 5); die Gesamtausdehnung eines 10-kV-Netzes übersteigt selten Werte von 200 km.

Zur detaillierteren Beurteilung des Betriebsverhaltens stellt der Wellenwiderstand eine wichtige Größe dar. Im Unterschied zu Freileitungen ist bei Kabeln der ohmsche Längswiderstand nicht immer zu vernachlässigen. Analog zu den Betrachtungen im Abschnitt 4.5.3.1 lässt sich auch für das Ersatzschaltbild 4.132 ein Wellenwiderstand berechnen. Er nimmt in guter Näherung die Form

$$\underline{Z}_\mathrm{W} = \sqrt{\frac{R' + \mathrm{j}\,\omega L'_\mathrm{b}}{\mathrm{j}\,\omega C'_\mathrm{b}}}$$

an. Mit den Werten $\omega L'_\mathrm{b} = 0{,}2\,\Omega/\mathrm{km}$, $C'_\mathrm{b} = 0{,}14\,\mu\mathrm{F}/\mathrm{km}$ und dem Wechselstromwiderstand bei Betriebstemperatur $R'_{\mathrm{w}90} = 0{,}13\,\Omega/\mathrm{km}$ (N2XS(FL)2Y 1×240 64/110 kV) erhält man dann den komplexen Wert

$$\underline{Z}_\mathrm{W} = 73{,}6 \cdot \mathrm{e}^{-\mathrm{j}16{,}5°}\,\Omega\ .$$

Die imaginäre Komponente beeinflusst den Betrag etwa um 4 %. Für eine erste orientierende Betrachtung des Betriebsverhaltens ist es daher gestattet, einen reellen Wellenwiderstand vorauszusetzen; eine genauere Darstellung ist [56] zu entnehmen. Wie aus diesem Zahlenbeispiel zu ersehen ist, nimmt der Wellenwiderstand bei Kabeln deutlich niedrigere Werte an als bei Freileitungen. Dementsprechend vergrößert sich die natürliche Leistung $P_\mathrm{nat} = U_\mathrm{n}^2/Z_\mathrm{w}$. Sie rückt im Vergleich zu Freileitungen näher an die querschnittsabhängige, thermisch zulässige Leistung heran oder übersteigt sie sogar. Ähnlich wie bei den Freileitungen unterhalb der 110-kV-Ebene prägt sich auch bei Kabeln der Ferranti-Effekt nur schwach aus. Der Einsatz von Kompensationsdrosselspulen ist daher ebenfalls nicht notwendig.

Die bisherigen Betrachtungen erlauben es, auf einige betriebstechnische Vorteile einzugehen, die mit dem Einsatz von Kabeln verbunden sind. Kabel hinreichender Länge weisen eine große Querkapazität auf. Für Oberschwingungen stellt die Querkapazität eine niederohmige Reaktanz dar, über die sich die Oberschwingungen schließen. Einspeisung und Verbraucher belasten sich daher gegenseitig in einem geringeren Maße mit ihrem Oberschwingungsgehalt. Aus ähnlichen Gründen begrenzen Kabel auch solche Überspannungen, die infolge ihrer Kurzzeitigkeit sehr hochfrequent sind, wie z. B. Wanderwellen [59]. Aufgrund dieser Eigenschaften werden unabhängig von Kostengesichtspunkten die Leitungen zur Versorgung wichtiger Netzteile häufig – zumindest auf Teilstrecken – verkabelt.

Bisher sind die Erzeuger und die wesentlichen Übertragungseinrichtungen beschrieben worden. Im Folgenden wird nun auf das letzte Glied dieser Kette, die Verbraucher bzw. Lasten, eingegangen.

4.7 Lasten

Die in den Energieversorgungsnetzen installierten Verbraucher verhalten sich meistens ohmsch-induktiv. Als motorisch bezeichnet man sie, wenn eine Umwandlung von elektrischer in mechanische Energie erfolgt. Für alle anderen Verbraucher wird demgegenüber der Ausdruck „ruhend" verwendet. Typisch dafür sind Beleuchtungsanlagen, Herde, Elektroöfen oder Durchlauferhitzer.

4.7.1 Motorische Lasten

Bei Motoren bilden Kleinmotoren mit Bemessungsleistungen bis ca. 7,5 kW eine besondere Klasse. Wichtige Vertreter stellen Einphasen-Wechselstrommaschinen, Universalmotoren und Elektrokleinstmotoren ($P_\mathrm{r} < 37,5$ W) dar. Kleinmotoren werden mit Niederspannung versorgt und einphasig zwischen Außen- und Neutralleiter angeschlossen. Es sei daran erinnert, dass der Begriff Bemessungsleistung bei Motoren im Unterschied zu Generatoren die im Bemessungsbetrieb (z. B. Dauer-, Kurzzeit- oder Aussetzbetrieb) maximal abgegebene *mechanische* Leistung kennzeichnet (s. DIN VDE 0530). Die aufgenommene *elektrische* Leistung P_el ermittelt sich dann mithilfe des Wirkungsgrads η zu $P_\mathrm{el} = P_\mathrm{r}/\eta$.

Motoren mit größerer Bemessungsleistung werden dagegen meist dreiphasig angeschlossen. Bei weitem am wichtigsten ist die kostengünstige *Asynchronmaschine mit Käfigläufer*. Zwischen Leerlauf- und Bemessungsbetrieb senkt sich geringfügig ihre Drehzahl ab (Schlupf). Dieses Verhalten ist für die große Mehrzahl der Verbraucher wie Gebläse, Pumpen und Kompressoren nicht störend. Sollten die Anlaufströme für das Netz zu groß sein, werden die Asynchronmotoren mit Anlasstransformatoren ausgerüstet. Falls die Anlaufmomente der Arbeitsmaschinen recht hoch sind, werden entweder Asynchronmotoren mit Hochstabläufer oder in schwierigeren Fällen Asynchronmotoren mit Schleifringläufer gewählt. Im Vergleich dazu werden Synchronmotoren selten eingesetzt, da sie infolge der Gleichstromerregung teurer sind. Gewählt werden sie nur dann, wenn die Arbeitsmaschinen eine konstante Drehzahl unabhängig vom Antriebsmoment erfordern. Als Beispiel seien Antriebe in Spinnereien genannt.

Im Vergleich zu diesen Bauarten sind drehzahlgeregelte Gleichstromantriebe und drehzahlgeregelte Asynchronmotoren noch erheblich teurer. Sie sind immer dann einzusetzen, wenn die Arbeitsmaschinen für ihren Arbeitsablauf Drehzahlen benötigen, die kontinuierlich über einen größeren Bereich zu ändern sind. Die erhöhten Kosten werden im Wesentlichen von den Stromrichteranlagen verursacht, die für die Regelung erforderlich sind.

Wenn bei Asynchron- oder Synchronmotoren bzw. drehzahlgeregelten Antrieben die Bemessungsleistung den Bereich von 300 kW überschreitet, werden sie als Hochspannungsmotoren ausgeführt und direkt an das Mittelspannungsnetz angeschlossen. Abgesehen von Elektroöfen handelt es sich bei Verbrauchern in Mittelspannungsnetzen praktisch nur um Motoren. Große Ausführungen – wie z. B. Asynchronmotoren für den Antrieb von Speisewasserpumpen – liegen bei einer Bemessungsleistung von 10...20 MW. Während in den Industrienetzen motorische Verbraucher konzentriert auftreten, ist dies in den öffentlichen Mittelspannungsnetzen nur vereinzelt der Fall. Sie belasten das Netz dann ähnlich wie Netzstationen. Zur Unterscheidung verwendet man auch den Begriff *Punktlast*. Da sie das Netz im Normalbetrieb symmetrisch belasten, lassen sie sich einphasig durch ihre Eingangsimpedanz

$$\underline{Z}_{rV} = \frac{U_{rV}}{\sqrt{3} \cdot \underline{I}_{rV}} \qquad (4.125)$$

beschreiben. Der Index V kennzeichnet dabei die Werte an den Verbrauchern. Für die Netzplanung braucht man meist nur die Werte für drei Betriebspunkte: Bemessungs-, Leerlauf- und Anlaufbetrieb.

In Niederspannungsnetzen treten anstelle der Punktlasten und Netzstationen sehr viele einphasige und dreiphasige Verbraucher auf. In Industrienetzen überwiegt dabei meist der motorische Anteil, in den öffentlichen Niederspannungsanlagen ist dagegen vornehmlich eine Mischlast vorhanden.

4.7.2 Mischlasten

Mischlasten bestehen sowohl aus ruhenden als auch motorischen Verbrauchern (Bild 4.136). Im Einzelnen weiß man dabei nicht, ob sie eingeschaltet sind bzw. mit Teil- oder Bemessungslast betrieben werden. Zur Kennzeichnung solcher Lasten ist es günstiger, die Wirk- und Blindleistungen der Verbraucher anstelle ihrer Eingangsimpedanzen zu verwenden. Leistungen sind arithmetisch und nicht geometrisch zu addieren, sodass sie für die Anschauung zugänglicher sind.

Eine Einspeisung kann maximal mit der Summe der Bemessungsleistungen der angeschlossenen Verbraucher belastet werden. Diese Gesamtleistung wird als *Anschlusswert* P_A bezeichnet und beträgt bei m Verbrauchern

$$P_A = \sum_{i=1}^{m} P_{ri} \,. \qquad (4.126)$$

Die tatsächlich auftretende Höchstlast ist jedoch niedriger als der Anschlusswert. So belastet ein Wohngebiet mit n Wohneinheiten das Netz nur mit der geringeren Leistung

$$P = n \cdot g \cdot P_A \,. \qquad (4.127a)$$

In diesem Ausdruck kennzeichnet die Größe g den *Gleichzeitigkeitsgrad* bzw. *Gleichzeitigkeitsfaktor*. Er berücksichtigt, dass nicht alle Wohnungen zur gleichen Zeit die volle Anschlussleistung P_A nutzen, die z. B. bei Haushalten mit Elektroherd und Durchlauferhitzer etwa 21 kW beträgt. Häufig kann dieser Faktor für Wohngebiete durch den

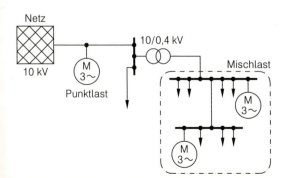

Bild 4.136
Veranschaulichung der Begriffe Mischlast und Punktlast

Zusammenhang

$$g = 0{,}07 + \frac{0{,}93}{n} \qquad (4.127\text{b})$$

angenähert werden. Für andere Verbraucher wie z. B. Gewerbebetriebe sind andere Gleichzeitigkeitsfaktoren maßgebend. Grundsätzlich handelt es sich um eine Erfahrungsgröße, die von der Netzform sowie der Art und Anzahl der Verbraucher abhängt und aus zahlreichen Messungen gewonnen wird. Weitere Erläuterungen zum Gleichzeitigkeitsgrad sind z. B. [65], [66] oder [67] zu entnehmen.

Neben der Wirkleistung P interessiert auch die Blindleistung Q zur Charakterisierung der Last. Ihr Leistungsfaktor $\cos\varphi$ lässt sich ebenfalls als Erfahrungswert hinreichend genau abschätzen; bei Haushalten beträgt er z. B. 0,9. Generell gilt dann

$$Q = P \cdot \tan\varphi \, . \qquad (4.128)$$

Die bisherigen Aussagen gelten für Bemessungsverhältnisse. Im Netzbetrieb treten jedoch stationäre Abweichungen von der Bemessungsfrequenz f_r und der Lastbemessungsspannung U_rV auf. Sie beeinflussen die stationäre Leistungsaufnahme der ohmsch-induktiven Last.

4.7.3 Leistungsverhalten von Lasten im Netzbetrieb

Zur Beschreibung des Leistungsverhaltens von Lasten hat sich bei maximal möglichen Frequenzänderungen von wenigen Hertz und Schwankungen der Spannungswerte im Bereich von ca. $0{,}8 \cdot U_\text{rV} \leq U_\text{bV} \leq 1{,}2 \cdot U_\text{rV}$ der folgende Produktansatz bewährt [8], [68]:

$$P = P(U_\text{bV}, f) = P_\text{rV} \cdot \left(\frac{U_\text{bV}}{U_\text{rV}}\right)^p \cdot \left(\frac{f}{f_\text{r}}\right)^{c_\text{P}} \qquad (4.129\text{a})$$

$$Q = Q(U_\text{bV}, f) = Q_\text{rV} \cdot \left(\frac{U_\text{bV}}{U_\text{rV}}\right)^q \cdot \left(\frac{f}{f_\text{r}}\right)^{c_\text{Q}} . \qquad (4.129\text{b})$$

Eine im Bemessungspunkt $(U_\text{rV}, f_\text{r})$ linearisierte Form des Zusammenhangs (4.129a) ist bereits in Abschnitt 2.5.1.1 zur Kennzeichnung der Frequenzabhängigkeit von Wirklasten verwendet worden. Für die Exponenten p, q, c_P und c_Q gelten gemäß [9] üblicherweise folgende Bereiche:

$$0 \leq p \leq 2 \, , \quad 0 \leq q \leq 2 \, , \quad 0 \leq c_\text{P} \leq 1 \, , \quad -1 \leq c_\text{Q} \leq 1 \, . \qquad (4.130)$$

Überwiegend bewegt sich in diesem Band auch die Lastcharakteristik solcher Verbraucher, deren Verhalten von eigenen Reglern geprägt wird. Für manche Verbraucher wie z. B. spezielle Industrie- oder blindstromkompensierte Anlagen (s. Abschnitt 4.8) weist der Exponent q durchaus merklich größere Werte als $q = 2$ auf.

Durch die Werte $p = q = 0$ werden Lasten mit einer konstanten Blind- und Wirk*leistungs*aufnahme gekennzeichnet. Demgegenüber erfassen die Exponenten $p = q = 1$ Lasten mit konstantem Wirk- und Blind*strom*bezug. Schließlich führt die Wahl von $p = q = 2$ auf Lasten mit konstanter ohmsch-induktiver *Impedanz*.

Eine konkrete Vorhersage, wie ein Versorgungsgebiet *summarisch* auf Frequenz- und Spannungsänderungen reagiert, ist jedoch aufgrund des stochastischen Lastverhaltens sehr schwierig. Messungen deuten darauf hin, dass die Mischwerte $p = 1$, $q = 2$, $c_\text{P} = 0{,}5$

und $c_\mathrm{Q} = -1$ in normal strukturierten Versorgungsgebieten (*Mischlasten*) den Spannungs- und Frequenzeinfluss brauchbar erfassen [9], [68]. Angemerkt sei, dass außerhalb des oben angegebenen Spannungsbands messtechnische Untersuchungen in der Praxis nicht durchzuführen sind.

Die bisher diskutierte Spannungsabhängigkeit prägt die Lastmodelle sehr wesentlich: Bei stark belasteten Netzen senkt sich die Netzspannung ab. Bei Werten unterhalb der Bemessungsspannung gilt für den Quotienten $(U_\mathrm{bV}/U_\mathrm{rV}) < 1$. Gemäß Gln. (4.129) und (4.130) verringert sich dadurch wiederum die Leistungsaufnahme der Last, sodass die Spannungsabsenkung kleiner ausfällt. Die Spannungsabhängigkeit bewirkt gewissermaßen eine automatische Lastanpassung; demnach wird der in Abschnitt 2.5.1.1 beschriebene Selbstregeleffekt nicht nur durch die Frequenz, sondern auch von der Spannung beeinflusst. Da jedoch ein quantitativ verlässliches Lastmodell nicht zur Verfügung steht, berücksichtigt man diesen gutartigen Einfluss bei der Netzplanung nicht und betrachtet die Last als frequenz- und spannungsunabhängig. Für die Wahl der Exponenten folgt daraus $p = q = c_\mathrm{P} = c_\mathrm{Q} = 0$, sodass die Lasten durch die Bedingungen

$$P(U_\mathrm{bV}, f) = P_\mathrm{rV}, \quad Q(U_\mathrm{bV}, f) = Q_\mathrm{rV} \tag{4.131}$$

gekennzeichnet werden. Bei kurzschlussbehafteten Netzen sind für die Exponenten p und q andere Werte zweckmäßiger. Infolge des Kurzschlusses gilt dort stets $U_\mathrm{bV} \leq U_\mathrm{rV}$, sodass die Leistungsaufnahme der Verbraucher wegen der Spannungsabhängigkeit absinkt. Da die Lasten Querimpedanzen darstellen, wirken sie ähnlich wie ein Parallelwiderstand und verringern somit den Kurzschlussstrom an der Fehlerstelle. Dieser Einfluss ist umso geringer, je kleiner die Wirk- und Blindleistungsaufnahme der Lasten im Kurzschlussfall – also je größer die Exponenten p und q – gewählt werden. Für Kurzschlussstromberechnungen verwendet man daher die Obergrenzen des in der Beziehung (4.130) angegebenen Bands und setzt $p = q = 2$. Mit dieser Wahl der Exponenten werden die Lasten zugleich als konstante Impedanzen nachgebildet, die sich besonders einfach in die Kurzschlussstromberechnung einbeziehen lassen. Angemerkt sei, dass über das stationäre Lastverhalten unterhalb des Wertes von $0{,}8 \cdot U_\mathrm{rV}$ keine Messungen vorliegen und daher dieser Ansatz in diesem Bereich auch nur tendenzielle Aussagen liefern kann.

Besonders vorteilhaft ist eine Netzwerkrealisierung der Last in Form einer Parallelschaltung R_L und X_L (Bild 4.137), da bei dieser Ersatzschaltung die Zusammenhänge zwischen P, Q und den Netzelementen einfacher als bei einer Reihenschaltung verknüpft sind:

$$R_\mathrm{L} = \frac{U_\mathrm{rV}^2}{P_\mathrm{rV}}, \quad X_\mathrm{L} = \frac{U_\mathrm{rV}^2}{Q_\mathrm{rV}}. \tag{4.132}$$

Falls erforderlich, ist eine Umwandlung in eine Reihenschaltung R_LS, X_LS mithilfe der Ausdrücke $R_\mathrm{LS} = R_\mathrm{L} \cdot \cos^2 \varphi$ und $X_\mathrm{LS} = X_\mathrm{L} \cdot \sin^2 \varphi$ möglich, in denen die Größe φ den Phasenwinkel der Last kennzeichnet. Es sei noch darauf hingewiesen, dass beide Realisierungen nur ein stationäres Modell darstellen und nicht das transiente Lastverhalten erfassen. Die Auswirkungen der Lasten auf die stationären Strom-Spannungs-Verhältnisse im Netz lassen sich innerhalb gewisser Grenzen durch den Einbau von Kondensatoren steuern.

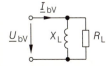

Bild 4.137
Nachbildung einer Mischlast durch eine Parallelschaltung

4.8 Leistungskondensatoren

Kondensatoren, die in Netzanlagen zum Verbessern des Leistungsfaktors eingesetzt werden, bezeichnet man als *Leistungskondensatoren*. Im Vergleich zu Synchronmaschinen, die im übererregten Betrieb auf das Netz wie eine Kapazität wirken (s. Abschnitt 4.4), sind Leistungskondensatoren meist wirtschaftlicher. Auch von diesem Netzelement wird zunächst wiederum der Aufbau beschrieben, um dann anschließend Einsatz und Auswirkungen auf den Netzbetrieb zu untersuchen.

4.8.1 Aufbau von Leistungskondensatoren

Elektrisch leitende Aluminiumfolien und Bahnen eines isolierenden Dielektrikums werden zu Rollen gewickelt (Bild 4.138). Die Dicke des Dielektrikums hängt dabei von der gewünschten Spannungsfestigkeit ab und ist – je nach Hersteller – unterschiedlich beschaffen. Bei neueren Ausführungen von Mittelspannungskondensatoren, den Folienkondensatoren, wird z. B. bereits ganz auf Papier als Dielektrikum verzichtet. Anstelle eines Mischdielektrikums aus Papier und Kunststofflagen werden nur noch Kunststofffolien verwendet. Diese Kondensatoren zeichnen sich durch besonders geringe Verluste von weniger als 0,5 W/kvar aus.

Die gewickelten Rollen werden im weiteren Fertigungsprozess zu Flachwickeln gepresst, mit Anschlüssen versehen und in einen Behälter eingesetzt. Sie werden je nach den Bemessungsdaten über die Anschlüsse parallel oder in Serie geschaltet (Bild 4.139). Häufig werden die einzelnen Wickel durch so genannte Wickelsicherungen geschützt. Die Behälter der meist einphasig ausgeführten *Kondensatoreinheiten* weisen eine hohe, schlanke Form auf. Durch die sich dabei ergebende große Oberfläche wird eine gute Abgabe der Wärme bewirkt, die durch die dielektrischen Verluste entsteht. Die Behälter werden so hergestellt, dass keine Feuchtigkeit oder Luft eindringen kann. Anderenfalls würden sich im Dielektrikum Inhomogenitäten ausbilden, die bei Überlastung zu Teilentladungen und

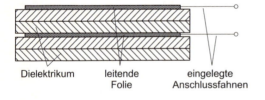

Bild 4.138
Querschnitt der Folien eines abgerollten Kondensatorwickels

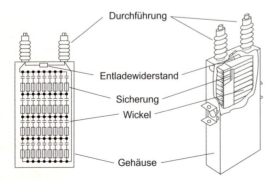

Bild 4.139
Aufbau eines Leistungskondensators

in einem weiteren Stadium zu Durchschlägen neigen. Diese Störungen können zu einem Ausfall einzelner Wickel oder sogar des ganzen Kondensators führen.

Reichen die Anschlusswerte U_r und I_r einer Kondensatoreinheit für den Anwendungszweck nicht aus, werden eine Reihe von Kondensatoreinheiten analog zu den Wickeln in Serie oder parallel geschaltet. Diese Anordnung wird dann als *Kondensatorbatterie* bezeichnet. Eine Möglichkeit, Fehler in den Kondensatoreinheiten zu erkennen, besteht darin, eine Brückenschaltung zu wählen und die Kondensatorbatterie in zwei Teilbatterien aufzuteilen. Jede Teilbatterie wird in Stern geschaltet. Die beiden Sternpunkte werden über einen Leiter miteinander verbunden. Im Normalbetrieb ist dieser Leiter weitgehend stromlos. Sofern ein größerer Strom fließt, liegt ein Defekt vor.

Bei Kondensatoren ist darauf zu achten, dass sie unter Umständen nach dem Abschalten vom Netz noch eine Ladung aufweisen. Diese so genannte Restladung gefährdet Menschen auch nach dem Ausschalten, falls sie die Kondensatoren berühren. Deshalb werden Leistungskondensatoren mit Einrichtungen ausgerüstet, die in einer angemessenen Zeit eine Entladung bewirken (s. DIN VDE 0560). Eine Möglichkeit besteht z. B. darin, hochohmige Entladewiderstände vorzusehen (s. Bild 4.139).

Im Folgenden wird auf den Anwendungsbereich dieser Leistungskondensatoren, die Blindleistungskompensation, eingegangen.

4.8.2 Grundsätzliche Erläuterungen zur Blindleistungskompensation

Wie bereits in Abschnitt 4.7 erläutert, benötigen die Verbraucher in Energieversorgungsnetzen nicht nur Wirkleistung P_V, sondern zum Aufbau ihrer magnetischen Felder auch induktive Blindleistung $Q_{V,ind}$. Die Blindleistung muss bekanntlich von den Generatoren gedeckt werden. Wenn der Leistungsfaktor kleiner als 0,9 ist, führt die Blindleistung zu merklich größeren Strömen und damit zu erhöhten Verlusten in den Leitungen (Bild 4.140). Dieser Sachverhalt wird von den EVU dadurch berücksichtigt, dass meist unterhalb eines Grenzwerts $\cos\varphi_z$ die Blindleistung gesondert berechnet wird (s. Abschnitt 13.2.3).

Die von den Verbrauchern benötigte Blindleistung lässt sich nicht senken, ohne deren magnetische Felder zu schwächen und damit das Betriebsverhalten zu stören. Wenn man jedoch möglichst nahe an den Verbrauchern Kondensatoren einbaut, können die Generatoren von der Blindleistungslieferung entlastet werden, ohne dass sich die Blindleistungsverhältnisse bei den Verbrauchern ändern [69].

Grundsätzlich gibt es die beiden Möglichkeiten, die Kondensatoren parallel oder in Reihe mit der Last zu schalten. Normalerweise wird in Energieversorgungsnetzen aus technischen und wirtschaftlichen Gründen die *Parallelschaltung* zur Kompensation verwendet. Ein wesentlicher Grund besteht z. B. darin, dass bei einer Reihenschaltung im Kurzschlussfall sehr hohe Ströme durch die Kondensatoren fließen können, die dort einen entsprechend hohen Spannungsabfall zur Folge haben. Die eingesetzten Kondensatoren

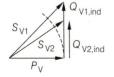
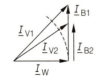

Bild 4.140
Leistungs- und Stromverhältnisse bei Verbrauchern mit induktiver Blindleistung

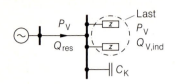 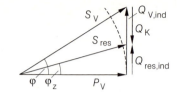

Bild 4.141
Prinzip der Blindleistungskompensation

müssten im Hinblick auf ihre Spannungsfestigkeit im Vergleich zum Normalbetrieb entweder stark überdimensioniert werden, oder es wäre ein zusätzlicher Schutz vorzusehen. Eine Kondensatoranlage in Sternschaltung liefert eine Blindleistung in Höhe von

$$Q_{\mathrm{KY}} = 3 \cdot \left(\frac{U_{\mathrm{nN}}}{\sqrt{3}}\right)^2 \cdot \omega C_{\mathrm{K}} = U_{\mathrm{nN}}^2 \cdot \omega C_{\mathrm{K}} \,, \tag{4.133}$$

bei einer Dreieckschaltung mit gleicher Kapazität erhält man dagegen einen dreimal so großen Wert. Sofern ein Kondensator spannungsmäßig sowohl für eine Stern- als auch eine Dreieckschaltung ausgelegt ist, erweist sich die Wahl der Dreieckschaltung als kostengünstiger.

Gemäß dem Zeigerdiagramm in Bild 4.141 senkt die kapazitive Blindleistung Q_{K} die induktive Blindleistung $Q_{\mathrm{V,ind}}$ beim Verbraucher auf den Wert $Q_{\mathrm{res,ind}}$ herab:

$$Q_{\mathrm{res,ind}} = Q_{\mathrm{V,ind}} - Q_{\mathrm{K}} \,.$$

Meistens vermindert man diese Blindleistung nur so weit, dass der Schwellwert erreicht wird, unterhalb dessen der Blindleistungsbezug kostenfrei ist:

$$Q_{\mathrm{res,ind}} \leq P_{\mathrm{V}} \cdot \tan \varphi_{\mathrm{z}} \quad \text{mit} \quad \varphi_{\mathrm{z}} = \arccos(\cos \varphi_{\mathrm{z}}) \,.$$

Kompensationsanlagen werden vornehmlich in Industrienetzen bis 30 kV eingesetzt. In diesen Netzen befinden sich meist zahlreiche Motoren, die einen relativ hohen Blindleistungsbedarf aufweisen. Wenn jeweils nur der einzelne Verbraucher kompensiert wird, spricht man von einer *Einzelkompensation*. Sofern eine Kondensatoranlage für eine Gruppe bzw. für alle Verbraucher des Werks zuständig ist, verwendet man dafür den Ausdruck *Gruppen-* bzw. *Zentralkompensation*. Genauere Ausführungen dazu sind u. a. [70] zu entnehmen. In Bild 4.142 sind diese Begriffe noch einmal veranschaulicht.

In allen Fällen ist bei der Dimensionierung der Kondensatoranlagen darauf zu achten,

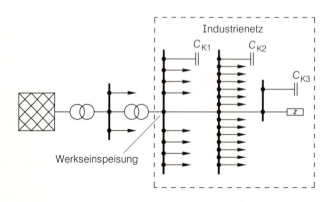

Bild 4.142
Schema einer Zentral-, Gruppen- und Einzelkompensation
C_{K1}: Zentralkompensation
C_{K2}: Gruppenkompensation
C_{K3}: Einzelkompensation

dass – z. B. bei Teillast – nicht der Fall $Q_\mathrm{K} > Q_\mathrm{V,ind}$ auftritt. Man bezeichnet diesen Zustand als *Überkompensation*. Als Folge davon können sich betriebsfrequente Spannungserhöhungen einstellen, die u. a. auf Reihenresonanzen beruhen, ähnlich dem Ferranti-Effekt. Bei einer Zentralkompensation umgeht man diese Gefahr überwiegend dadurch, dass man einen Regler vorsieht. Dieser schaltet jeweils nur so viele Kondensatoreinheiten an das Netz, dass der Grenzwert $\cos\varphi_\mathrm{z}$ gerade überschritten wird.

Weitere Gesichtspunkte bei der Auslegung von Kompensationsanlagen sind zu beachten, wenn in der Netzanlage parasitäre Oberschwingungen vorhanden sind.

4.8.3 Blindleistungskompensation bei Netzen mit parasitären Oberschwingungen

In einem geringen Maße werden stationäre Oberschwingungen von leerlaufenden Transformatoren parasitär erzeugt [41]; der wesentliche Anteil rührt jedoch von Stromrichteranlagen her [69], [71]. Sie werden im Folgenden durch das Schaltzeichen in Bild 4.143 gekennzeichnet.

Die in den einzelnen Leitern phasenverschobenen Grundschwingungen sind mit den Oberschwingungen in der Weise verbunden, wie es Bild 4.144 zu entnehmen ist. Im Allgemeinen sind die Oberschwingungen auch wieder untereinander phasenverschoben. Ihre Frequenz beträgt stets ein ganzzahliges Vielfaches ν der Netzfrequenz f_N. Die einzelnen Anlagen erzeugen abhängig von ihrem Aufbau meist nur einen Teil dieser Frequenzen. Bei einem ungestörten Dreileitersystem – das im Folgenden nur betrachtet wird – können sich die durch 3 teilbaren Frequenzen dieses Spektrums *nicht* ausbilden, da sie untereinander gleichphasig verlaufen und sich nicht, wie erforderlich, im Sternpunkt zu null ergänzen. Alle übrigen Oberschwingungen des Frequenzspektrums können in einem Dreileitersystem jedoch auftreten, da sie *untereinander* wiederum um ±120° phasenverschoben sind [56]. Von den Oberschwingungen bis etwa 1 kHz bewegt sich deren Amplitude bei Bemessungsbetrieb im Prozentbereich des 50-Hz-Bemessungsstroms, wobei üblicherweise die fünfte Harmonische am stärksten ausgeprägt ist.

Bild 4.143
Schaltzeichen einer Stromrichteranlage

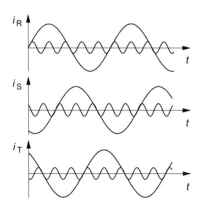

Bild 4.144
Grundschwingung mit 5. Oberschwingung bei einem ungestörten Dreileitersystem

Es wird angestrebt, den Effektivwert der einzelnen Oberschwingungsspannungen zu begrenzen, da sonst erfahrungsgemäß das Betriebsverhalten anderer Netzelemente beeinträchtigt wird. Für die wichtigsten Oberschwingungen mit $\nu = 5, 7, 11, 13$ gelten in Mittelspannungsnetzen gemäß DIN VDE 0839 Teil 2-12 die folgenden Verträglichkeitspegel:

$$\frac{U_5}{U_{nN}} \leq 6\,\%\,, \quad \frac{U_7}{U_{nN}} \leq 5\,\%\,, \quad \frac{U_{11}}{U_{nN}} \leq 3{,}5\,\%\,, \quad \frac{U_{13}}{U_{nN}} \leq 3\,\%\,. \tag{4.134}$$

Bereits Oberschwingungen in dieser Größenordnung können jedoch einen Ausfall von Kompensationsanlagen herbeiführen, wenn die Kondensatoren in der bisher kennen gelernten Weise zur Kompensation eingesetzt würden. Die Ursachen für dieses Verhalten werden im Folgenden anhand eines speziellen Netzes mit einer Stromrichteranlage erläutert.

4.8.3.1 Modell eines Netzes mit Stromrichteranlagen

Stromrichteranlagen weisen – insbesondere bei Teillast – einen schlechten Leistungsfaktor für die 50-Hz-Grundschwingung auf. Daher ist eine Blindleistungskompensation meist unumgänglich. In Bild 4.145a ist ein einfaches Beispielnetz dargestellt, an dem die prinzipiellen Zusammenhänge erläutert werden. Die darin auftretende Kompensationsanlage wird durch die Kapazität C_K beschrieben. Zunächst ist für diese Aufgabenstellung ein Ersatzschaltbild der Anlage zu ermitteln. Da die betrachteten Oberschwingungen in allen drei Leitern entsprechend der Grundschwingung symmetrisch zueinander verlaufen, ist es wiederum zulässig, die Netzanlage *einphasig* zu modellieren.

In der Leistungselektronik wird gezeigt, dass das *stationäre Oberschwingungsverhalten* von Stromrichteranlagen hinreichend genau beschrieben wird, wenn den interessierenden

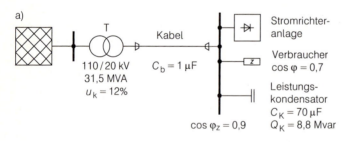

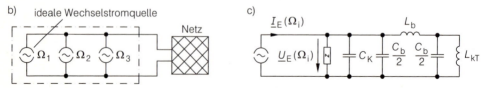

Bild 4.145
Ermittlung eines Ersatzschaltbilds für eine Netzanlage mit Oberschwingungen
a) Netzschaltung mit Stromrichteranlage und Blindleistungskompensation
b) Stationäres Ersatzschaltbild einer Stromrichteranlage
c) Von den Anschlussklemmen der Stromrichteranlage aus gesehenes einphasiges Ersatzschaltbild für die in a) dargestellte Netzanlage

Oberschwingungen im Ersatzschaltbild jeweils eine ideale Wechsel*strom*quelle zugeordnet wird [72]. Es werden dann so viele Quellen parallel geschaltet, wie Oberschwingungen berücksichtigt werden sollen (Bild 4.145b). Dabei entspricht die Stromstärke dieser Quellen den Oberschwingungsströmen, die bei den nachzubildenden Betriebsverhältnissen – also üblicherweise dem Bemessungsbetrieb – auftreten.

Im Weiteren wird bei allen Netzelementen der Anlage Linearität und damit die Gültigkeit des Überlagerungsprinzips vorausgesetzt. Darüber hinaus wird angenommen, dass bei ruhenden Betriebsmitteln für die Oberschwingungen die gleichen Induktivitäts- und Kapazitätswerte wirksam sind wie für die Grundschwingung. Diese Bedingung ist für die Kapazitäten recht gut erfüllt; im relevanten Oberschwingungsbereich bis ca. 1 kHz verkleinern sich dagegen die Induktivitäten monoton. Die Induktivitätsverringerung liegt bei ca. 5...10 % [73] und wird von Stromverdrängungseffekten im Inneren der Leiter hervorgerufen. Zur besseren Verständlichkeit werden die Wirkverluste in dem untersuchten Beispiel nicht einbezogen. Auf das dann resultierende Ersatzschaltbild wird im Weiteren näher eingegangen.

4.8.3.2 Auswertung des Ersatzschaltbilds

Da das Überlagerungsprinzip gültig ist, kann das Netzwerk in Bild 4.145b zunächst so durchgerechnet werden, als ob jeweils nur eine Stromquelle vorhanden sei. Für jede Oberschwingung ergibt sich dann eine Ersatzschaltung gemäß Bild 4.145c. Mit der komplexen Rechnung erhält man bei n Stromquellen den Zusammenhang

$$\underline{U}_\mathrm{E}(\Omega_i) = \underline{Z}_\mathrm{E}(\Omega_i) \cdot \underline{I}_\mathrm{E}(\Omega_i) \quad \text{für} \quad i = 1, 2, \ldots, n \,.$$

Daraus lassen sich die stationären Zeitverläufe der zugehörigen Spannungen ermitteln. Ihre Überlagerung ergibt die resultierende Oberschwingungsspannung, die sich an den Verbrauchern zusätzlich zur Grundschwingung ausbildet.

Die Rechnungen sind noch weiter zu vereinfachen, wenn die Last in dem betrachteten Beispiel als hochohmig angesehen und die Kabelinduktivität L_b vernachlässigt wird. Bei diesen Annahmen können die Kabelkapazitäten $C_\mathrm{b}/2$ und der Kompensationskondensator C_K zu einer einzigen Kapazität C_r zusammengefasst werden. Es ergibt sich dann das Ersatzschaltbild 4.146.

Es handelt sich um einen Parallelresonanzkreis, dessen Resonanzfrequenz bei Industrienetzen normalerweise zwischen 0,2 kHz und 2 kHz liegt. In diesem Frequenzbereich bewegen sich ebenfalls die eingeprägten Oberschwingungsströme. Die Eingangsimpedanz der Anlage ermittelt sich zu

$$\underline{Z}_{\mathrm{E},i} = \mathrm{j}\,\Omega_i L_\mathrm{kT} \parallel \frac{1}{\mathrm{j}\,\Omega_i C_\mathrm{r}} = \frac{L_\mathrm{kT}/C_\mathrm{r}}{\mathrm{j}\left(\Omega_i L_\mathrm{kT} - \dfrac{1}{\Omega_i C_\mathrm{r}}\right)} \,.$$

Fällt nun die Frequenz $\Omega_i/(2\pi)$ eines eingeprägten Oberschwingungsstroms zufällig mit

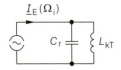

Bild 4.146
Vereinfachtes Ersatzschaltbild der Netzanlage in Bild 4.145a

der Resonanzfrequenz der Anlage zusammen, so gilt der Zusammenhang

$$\Omega_i L_{kT} \approx \frac{1}{\Omega_i C_r} \;.$$

Die Eingangsimpedanz weist dann einen Pol auf, d. h. sie nimmt sehr hohe Werte an. Aufgrund des ohmschen Gesetzes

$$\underline{U}_i = \underline{Z}_{E,i} \cdot \underline{I}_i$$

treten dann auch hohe Spannungen auf. Physikalisch ist die Ursache darin zu sehen, dass der eingeprägte Oberschwingungsstrom mit der Resonanzfrequenz Ω_i im Netz starke Schwingkreisströme anregt. Für die anderen Oberschwingungsströme tritt dieser Effekt nur schwach auf, da ihre Frequenzen hinreichend weit von der Resonanzstelle entfernt liegen. Es ist daher eine wesentlich niedrigere Eingangsimpedanz wirksam.

In der Praxis treten infolge der vorhandenen Dämpfung geringere Ströme auf, als mit diesem Modell berechnet werden. Wie Messungen zeigen, sind Werte von $0{,}4 \cdot I_r$ jedoch keine Seltenheit. Eine Auswertung von Ersatzschaltbildern, bei denen die Dämpfung berücksichtigt wird, zeigt weiterhin, dass sich die *Vernachlässigung der Dämpfung bei technischen Verhältnissen nur relativ schwach auf die Genauigkeit der Resonanzfrequenzen auswirkt*, deren Kenntnis vor allem für die weitere Gestaltung der Kompensationsanlage interessiert [72], [74]. Die beschriebene Systemantwort des Netzes auf die Oberschwingungsanregung in Form von Schwingkreisströmen wird sinnvollerweise als *Netzrückwirkung* bezeichnet.

4.8.3.3 Netzrückwirkungen

Netzrückwirkungen führen zu einer zusätzlichen Belastung der gesamten Anlage [75]. Erfahrungsgemäß sind dabei im besonderen Maße Kondensatoren gefährdet. Um solchen Ausfällen vorzubeugen, müssen die Kondensatoren vonseiten des Herstellers gemäß DIN VDE 0560 bereits im Dauerbetrieb die folgenden Bedingungen erfüllen:

$$I_{zul} \geq 1{,}3 \cdot I_{rK} \;, \quad U_{zul} \geq 1{,}1 \cdot U_{rK} \;. \tag{4.135}$$

Dabei kennzeichnen die Größen I_{rK} und U_{rK} die Bemessungswerte des Kondensators. Wenn diese Sicherheit nicht ausreicht, ist Abhilfe u. a. dadurch möglich, dass man den für die Kompensation gedachten Kondensatoren C_K eine Filterdrosselspule vorschaltet, die in Bild 4.147a mit L_F bezeichnet wird. Der dann vorliegende Reihenschwingkreis aus C_K und L_F wird auf die gefährliche Anregung Ω_i abgestimmt. Er weist das in Bild 4.147b skizzierte Frequenzverhalten auf, wie sich auch analytisch schnell zeigen lässt.

Die Eingangsimpedanz des gesamten Kreises nimmt für die Frequenz $f_{res} = \Omega_i/(2\pi)$ den Wert null an; der Filterkreis schließt die Oberschwingung, auf die er abgestimmt ist, wegen $\Omega_i \cdot L_F = 1/(\Omega_i \cdot C_K)$ kurz. Die Verhältnisse bei der Netzfrequenz f_N werden dagegen von der zusätzlich eingebauten Drosselspule L_F nur schwach beeinflusst, da

$$2\pi \cdot f_N \cdot L_F \ll \frac{1}{2\pi \cdot f_N \cdot C_K}$$

gilt (Bild 4.147b). Daher bleibt auch die Wirkung des Kondensators C_K im Hinblick auf die Blindleistungskompensation ausreichend erhalten.

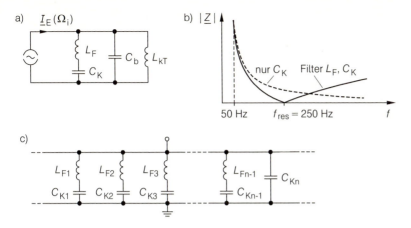

Bild 4.147
Begrenzung von Netzrückwirkungen durch Filter
a) Bildung eines Oberschwingungsfilters durch Reihenschaltung einer Filterdrosselspule L_F mit dem Leistungskondensator C_K
b) Eingangsimpedanz des Filters L_F, C_K
c) Aufbau einer Kompensationsanlage mit mehreren Oberschwingungsfiltern (Leistungskondensator aufgeteilt auf $C_{K1} \ldots C_{Kn}$)

Bei zentral kompensierten Anlagen wird normalerweise eine Regelung der Kapazität C_K vorgesehen. Die Resonanzfrequenz verändert damit je nach Blindleistungsbedarf bzw. eingestellter Kapazität ihren Wert, sodass dementsprechend noch weitere Oberschwingungen für die Anlage gefährlich werden können. Erst ab 1000 Hz sind ihre Amplituden bei den üblichen Stromrichteranlagen so klein, dass sich keine gefährlichen Verhältnisse mehr ergeben können.

Aus diesen Gründen ist es bei solchen Anlagen häufig notwendig, für mehrere Oberschwingungen Reihenschwingkreise vorzusehen. Zu diesem Zweck wird die Kompensationsanlage in mehrere parallele Kondensatorgruppen aufgeteilt, denen dann jeweils eine Induktivität vorgeschaltet wird. Die Drosselspulen werden so dimensioniert, dass die Resonanzfrequenz von jedem dann vorliegenden Reihenschwingkreis mit einer der gefährlichen Oberschwingungen übereinstimmt (Bild 4.147c).

In diese Betrachtungen sind auch die verschiedenen Schaltzustände einer Anlage einzubeziehen. Ebenfalls sind *größere Motoren*, meist Asynchronmotoren, zu berücksichtigen, da sie für Oberschwingungen eine *relativ niedrige Eingangsimpedanz* aufweisen. Die Oberschwingungen erzeugen dort nämlich Ständerdrehfelder, die aufgrund ihrer Frequenz eine andere Umlaufgeschwindigkeit als das Grundfeld aufweisen (s. Abschnitt 4.4). Sie werden daher durch den Kurzschlussläufer abgedämpft. Demnach sind bei Asynchronmotoren nur die Streuinduktivitäten wirksam (Bild 4.148). Bei *Synchronmaschinen* stellt sich dagegen als Eingangsinduktivität für Oberschwingungen der Wert $(0{,}8 \ldots 0{,}95) \cdot L_d''$ ein, sofern – wie in Netzen über 1 kV üblich – ein Sternpunktleiter nicht angeschlossen ist. Die 5...20 % Verringerung in Bezug auf den 50-Hz-Wert wird wiederum durch

Bild 4.148
Ersatzschaltbild eines Asynchronmotors für stationäre Oberschwingungen

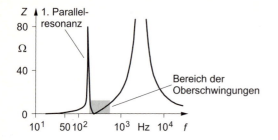

Bild 4.149
Typischer Frequenzgang für eine Anlage mit verdrosselten Kondensatoren

Stromverdrängung in den Leitern hervorgerufen.

Wenn diese Gesichtspunkte berücksichtigt werden, ergeben sich häufig kompliziertere Ersatzschaltbilder als im untersuchten Beispiel. Dies gilt insbesondere dann, wenn die Anlage darüber hinaus umfangreicher ist und mehrere Eigenfrequenzen bzw. Resonanzstellen aufweist. Dann wird eine Schaltungsanalyse am zweckmäßigsten mithilfe von Rechnern durchgeführt. Dafür sind die Frequenzgänge zu ermitteln, die sich bei einer *Stromeinprägung* an den Anschlussklemmen der *Stromrichteranlage* einstellen. Zu beachten ist, dass sich im Falle einer *Spannungseinprägung* andere Frequenzgänge ergeben (s. Abschnitte 5.7.1.1 und 5.7.1.4). Die daraus abzulesenden Eigenfrequenzen bzw. Frequenzwerte der Pole sind für die Netzrückwirkungen nicht maßgebend.

Bei der bisher kennen gelernten Methode wird die Kondensatorbatterie zu einzelnen Filterkreisen ausgebildet. Daneben ist auch eine andere Maßnahme zur Vermeidung von Netzrückwirkungen üblich, die als *Verdrosselung der Kondensatoren* bezeichnet wird. In diesem Fall wird der gesamten Batterie eine Drosselspule vorgeschaltet. Die Drosselspule muss so ausgelegt werden, dass die erste Parallelresonanz der Anlage hinreichend unter der ersten auftretenden Oberschwingungsfrequenz, aber möglichst weit oberhalb der Netzfrequenz liegt (Bild 4.149).

Es sei erwähnt, dass eventuelle *Reihen*resonanzen für Oberschwingungen meist ungefährlicher sind. Sie können maximal einen solchen Belastungsanstieg bewirken, der dem Oberschwingungsgehalt der Ströme in dem übergeordneten Netz entspricht.

Die zeitlichen Schwankungen der Last können üblicherweise durch eine Treppenfunktion mit einem Rasterabstand von 15 Minuten hinreichend genau angenähert werden. Daher genügt es für die Regler von Blindleistungskompensationseinrichtungen, wenn sich ihre Regelgeschwindigkeit auch in diesem Bereich bewegt. In der Niederspannungsebene werden dafür als Schalteinrichtungen Schütze verwendet; in der Mittelspannungsebene werden stattdessen Kondensatorschalter eingesetzt, bei denen es sich um spezielle Lastschalter handelt (s. Abschnitt 4.10.2.3). Von solchen Anlagen können daher kurze Blindleistungsstöße nicht ausgeregelt werden, die z. B. anlaufende Motoren, Schweißanlagen oder Lichtbogenöfen verursachen. Gefährden solche Blindleistungsstöße die Spannungsqualität des Netzes, so können die Netzbetreiber vom Kunden verlangen, Abhilfe durch den Einbau von schnellen Blindleistungskompensationsanlagen herbeizuführen. Neben der Bezeichnung „schnell" ist auch der Ausdruck „dynamisch" üblich.

4.8.4 Schnelle Blindleistungskompensation

Grundlage einer schnellen Blindleistungskompensation ist natürlich eine schnelle Erfassung der Istwerte von Strom und Spannung. Aus dem Verlauf weniger Perioden errechnet der Regler mithilfe von Prozessoren den Bedarf an Kondensatoren und leitet die

4.8 Leistungskondensatoren

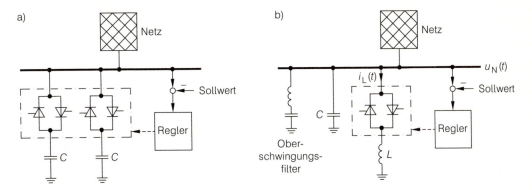

Bild 4.150
Schnelle Kompensation induktiver Blindleistung in einem Netz mithilfe von SVC-Anlagen
(Static Var Compensation)
a) TSC-Anlage (Thyristor-Switched Capacitor)
b) TCR-Anlage (Thyristor-Controlled Reactor)

Ein- bzw. Ausschaltkommandos an die zugehörigen Schalteinheiten weiter. Als Schalteinheiten werden bei der schnellen Blindleistungskompensation jeweils zwei antiparallel geschaltete Thyristoren pro Außenleiter verwendet (Bild 4.150a).
Beim Einschalten von Kondensatoren veranlasst der Regler zunächst im folgenden Spannungsnulldurchgang einen Zündimpuls. Er führt zu einem Durchschalten des Thyristors. Durch die Wahl des Spannungsnulldurchgangs als Schaltzeitpunkt wird eine Zustandsänderung und damit auch ein Einschwingvorgang vermieden, denn bei Kondensatoren stellt die Spannung bekanntlich die Zustandsgröße dar. Im folgenden Nulldurchgang des Stroms sperrt der Thyristor wieder. Ein weiterer Zündimpuls zu diesem Zeitpunkt auf den antiparallelen Thyristor führt zur Übernahme der zweiten Stromhalbwelle. Anschließend wird in jedem *Strom*nulldurchgang ein Zündimpuls auf den jeweils anderen Thyristor gegeben. Unterbleiben diese Impulse, so wird der Strom in seinem folgenden Nulldurchgang unterbrochen.
Wegen ihrer schnellen Reaktion sind die Thyristoren in der Lage, Kondensatorstufen sehr schnell ein- bzw. auszuschalten und auf diese Weise induktive Blindleistungsstöße zu kompensieren. Man bezeichnet solche Anlagen auch als „Thyristor-Switched Capacitors" bzw. TSC-Kompensatoren. Sie werden fabrikfertig für den Nieder- und Mittelspannungsbereich als Schrank- oder Zellenausführung geliefert; Werte von 600...700 kvar werden selten überschritten.
Ist für eine Parallelkompensation ein größerer Blindleistungsbedarf erforderlich, wird eine Schaltung gemäß Bild 4.150b bevorzugt. Dort werden die Kondensatoren nicht oder nur in sehr groben Stufen geschaltet; stattdessen wird für die Drosselspule L eine Phasenanschnittsteuerung vorgesehen. Das heißt, die Zündimpulse werden nach dem Nulldurchgang des ungesteuerten Stroms $i_{Lu}(t)$ jeweils um einen Phasenwinkel $\Delta\varphi$ verzögert den Thyristoren zugeleitet. Zusammen mit dem Gleichstromanteil, der durch die Zustandsänderung beim Schalten bewirkt wird, entsteht ein Stromverlauf $i_L(t)$ entsprechend Bild 4.151. Es handelt sich jeweils um vertikal verschobene Sinusabschnitte. Deren netzfrequente Grundschwingung weist eine kleinere Amplitude auf als beim ungesteuerten Strom. Für $\Delta\varphi = 90°$ wird sie schließlich etwa null. Dann wird die Induktivität unwirksam und die Anlage liefert ihre volle kapazitive Blindleistung. Die dabei entstehenden Oberschwingungen sind durch Filterkreise abzusaugen. Solche gesteuerten Drosselspulen

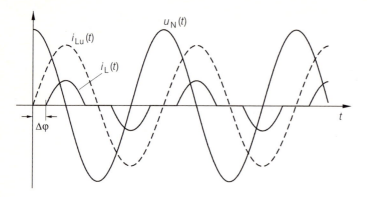

Bild 4.151
Verlauf der Netzspannung $u_N(t)$ und des Drosselspulenstroms $i_L(t)$ bei einem Phasenanschnittswinkel $\Delta\varphi$
$i_{Lu}(t)$: ungesteuerter Drosselspulenstrom

werden als Thyristor Controlled Reactors bezeichnet und mit TCR abgekürzt. Es sei erwähnt, dass man ähnliche Effekte auch durch Drosselspulen mit nichtlinearen Kennlinien erzielen kann [76].

Insgesamt wird für solche Anlagen der Ausdruck „Static Var Compensation" oder in Kurzform SVC-Anlagen verwendet. Mit der Bezeichnung „statisch" hebt man sich gegen die rotierenden Synchronphasenschieber ab, die man früher dafür verwendete, um induktive Blindleistung zu kompensieren. Dabei handelt es sich um leerlaufende Synchronmotoren, deren Blindleistungsabgabe mithilfe des Errergerstroms eingestellt werden kann.

Vielfach werden SVC-Anlagen auch zur Leistungsflusssteuerung in Übertragungsnetzen eingesetzt. Darüber hinaus werden noch eine Reihe weiterer Betriebsmittel für diese Aufgabenstellung verwendet. Zusammenfassend wird diese Klasse von Netzelementen als FACTS bezeichnet.

4.8.5 Leistungsflusssteuerung mit FACTS

Die Bezeichnung FACTS ist die Abkürzung für den englischen Begriff „Flexible Alternating Current Transmission Systems". Von den zahlreichen Entwicklungen bei diesen Betriebsmitteln wird im Folgenden auf einige wichtige Anlagen eingegangen.

In Übertragungsnetzen lässt sich mit SVC-Anlagen der Wellenwiderstand $Z_W = \sqrt{L'/C'}$ einer Leitung sowohl vergrößern als auch verkleinern (Bild 4.152). Kommen bei der Anlage in Bild 4.152a die *parallel* zur Leitung geschalteten Kapazitäten $C_1 \ldots C_n$ zum Tragen, so verkleinert sich der Wellenwiderstand. Er vergrößert sich dagegen, wenn nur die ebenfalls parallel geschalteten Drosselspulen $L_1 \ldots L_m$ wirksam werden. Je nach den Lastverhältnissen lässt sich auf diese Weise sehr schnell der Spannungsabfall der Leitung und damit auch ihre Übertragungsfähigkeit verbessern. Zugleich können so Energiependelungen abgedämpft werden, die durch die elektromechanischen Pendelschwingungen der Generatorläufer verursacht werden (s. Abschnitte 4.4.3.2 und 7.5). Dazu muss der Regler so ausgelegt werden, dass die SVC-Anlage den Wellenwiderstand der Leitung im Gegentakt zu den Energiependelungen erhöht oder erniedrigt.

4.8 Leistungskondensatoren

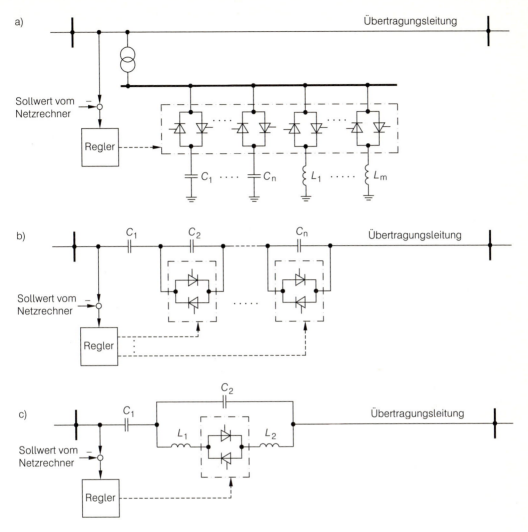

Bild 4.152
Auswahl von FACTS-Schaltungen
a) SVC-Anlage in TSC- und TCR-Ausführung zur kapazitiven und induktiven Blindleistungskompensation in Übertragungsnetzen
b) CSC-Anlage (Controllable Series Compensation) in TSC-Ausführung zur Kompensation der Reaktanz von Übertragungsleitungen
c) CSC-Anlage in TCR-Ausführung

Ähnlich verhält sich eine *Serienkompensation*. Diese Anlagen werden auch als „Controllable Series Compensation" oder abkürzend als CSC-Ausführungen bezeichnet. Deren prinzipielle Schaltungen sind den Bildern 4.152b und 4.152c zu entnehmen. In Bild 4.152b ist eine reine TSC-Anlage dargestellt. Sie enthält nur Kondensatoren, die mit Ausnahme von C_1 über Thyristoren geschaltet werden. Dagegen kann bei der Anlage in Bild 4.152c die Kompensationswirkung des Kondensators C_2 mithilfe einer dazu parallelen TCR-Schaltung geregelt werden. Damit sich diese Parallelschaltung aus den geregelten

Drosselspulen L_1 und L_2 mit der Kapazität C_2 insgesamt stets kapazitiv verhält, muss die Nebenbedingung

$$\mathrm{j}\,\omega\,(L_1+L_2) > \frac{1}{\mathrm{j}\,\omega C_2}$$

eingehalten werden. Der erste Kondensator C_1 ist wie bei der Schaltung in Bild 4.152b ungeregelt. Im Vergleich zu den SVC-Einrichtungen sind diese CSC-Anlagen bisher allerdings sehr selten eingesetzt worden.

Eine Serienkompensation verkleinert oder vergrößert die Leitungsimpedanz direkt. Dadurch wird der Wellenwiderstand und damit auch der Spannungsabfall der Leitung entsprechend verändert. Durch eine Gegentaktsteuerung der Leitungsimpedanz lassen sich in gleicher Weise wie mit einer SVC-Anlage Energiependelungen abdämpfen.

Ein gravierender Nachteil der in Bild 4.152 dargestellten FACTS-Einrichtungen besteht darin, dass sie physikalisch existierende Drosselspulen und Kondensatoren ins Netz einbinden. Sie erhöhen dadurch die Anzahl der Eigenfrequenzen, insbesondere dann, wenn mehrere solcher FACTS-Anlagen verwendet werden. Meistens führen die CSC-Anlagen zu Eigenfrequenzen unterhalb der Netzfrequenz, während die der SVC-Anlagen darüber liegen [77]. Eigenfrequenzen unter 50 Hz können dabei *subsynchrone Generatorschwingungen* auslösen, sofern sie mit den mechanischen Eigenfrequenzen des Generator-Turbinen-Massesystems übereinstimmen, dessen Eigenfrequenzspektrum in diesem Bereich liegt. Abhilfe bietet die Installation von Oberschwingungsfiltern im Netz.

Eine andere Möglichkeit besteht darin, stattdessen neuartigere FACTS-Entwicklungen zu verwenden, die keine zusätzlichen Eigenfrequenzen im Netz erzeugen. Diese Betriebsmittel sind in dem Maß zur Marktreife herangewachsen, wie es möglich wurde, leistungsfähige, selbstgeführte Gleich- und Wechselrichter mit niedrigem Oberschwingungsgehalt für Drehstrom herzustellen. Grundlegend für den Bau solcher Stromrichteranlagen ist die Entwicklung von abschaltbaren Leistungshalbleitern gewesen. Als Beispiele sind GTOs (Gate Turn-Off Thyristors), IGBTs (Insulated Gate Bipolar Transistors) sowie IGCTs (Integrated Gate Commutated Thyristors) zu nennen, die u. a. in [78] näher beschrieben sind. Im Unterschied zu konventionellen Thyristoren können diese Stromrichterventile unabhängig von Stromnulldurchgängen durch Steuersignale sowohl ein- als auch ausgeschaltet werden. Besonders weitgehende Möglichkeiten zur Steuerung des Netzbetriebs bietet eine UPFC-Anlage (Unified Power-Flow Controller), deren Grundfunktion anhand der Prinzipschaltung in Bild 4.153 erläutert wird.

Über einen zur Leitung parallel geschalteten Haupttransformator T_1 erfolgt mit einer Stromrichteranlage S_1 eine Gleichrichtung. Im Gleichspannungszwischenkreis wird dann durch Kondensatoren C die Gleichspannung stabilisiert und zugleich deren Oberschwingungsgehalt herabgesetzt. Mit dieser Gleichspannung wird eine weitere Stromrichteranlage S_2 gespeist, die an ihrem Ausgang ein dreiphasiges Spannungssystem mit regelbarer Amplitude und Phase erzeugt. Dieses wird über einen Zusatztransformator T_2 als serielle Spannungsquelle in die Leitung eingeschleift.

Die Regelung entscheidet darüber, welche Werte der Amplitude und der Phase der Ausgangsspannung von T_2 zugewiesen werden. Man kann z. B. die eingeschleifte Spannung negativ zu dem Spannungsabfall der Leitung wählen. Dies entspräche einer Serienkompensation. Dabei ist es möglich, nur mithilfe der Amplitude – also ohne Veränderung der Phasenlage – eine Spannungs- bzw. Blindleistungskompensation vorzunehmen. Zusätzlich kann jedoch die Phasenverschiebung so gewählt werden, dass über den Zusatztransformator auch Wirkleistung eingespeist wird, um Ringflüsse zu kompensieren. Wegen dieser

4.9 Drosselspulen 241

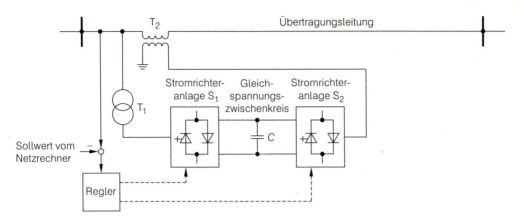

Bild 4.153
UPFC-Anlage (Unified Power-Flow Controller) mit Gleichspannungszwischenkreis unter
Verwendung von abschaltbaren Stromrichterventilen

Eigenschaft wird für solche UPFC-Anlagen auch der deutsche Name „stromrichtergesteuerter Schrägtransformator" verwendet [79]. Die generelle Funktionsweise von Schrägtransformatoren, die man auch als Transformatoren mit Schrägeinstellung bezeichnet, wird in Abschnitt 4.2.5.2 beschrieben und dort im Bild 4.48 anhand eines Zeigerdiagramms veranschaulicht.
Im Unterschied zur deutschen Bezeichnung charakterisiert der angelsächsische Ausdruck „unified" die vielfältigen Anwendungsmöglichkeiten dieses Betriebsmittels. So kann die Stromrichteranlage S_1 Energie, die in der Kapazität C des Gleichspannungszwischenkreises kurzzeitig zwischengespeichert worden ist, auch unabhängig vom Stromrichter S_2 wieder direkt in das Netz zurückspeisen. Dadurch ist S_1 bei entsprechender Steuerung in der Lage, je nach Bedarf induktive oder kapazitive Blindleistung zu liefern. Mit UPFC-Anlagen ist also sowohl eine serielle als auch eine parallele Blindleistungskompensation bzw. Spannungsregelung und zugleich eine Wirkleistungssteuerung möglich, ohne dabei Kondensatoren oder Drosselspulen schalten zu müssen. Das vielleicht wesentlichste Einsatzfeld dieser Anlagen besteht jedoch darin, dass sich damit sehr elegant Energiependelungen abdämpfen lassen, indem die Serienspannung am Zusatztransformator T_2 im Gegentakt dazu gesteuert wird [79].
Neben den beschriebenen FACTS-Schaltungen gibt es noch eine Reihe weiterer Varianten. Ausführlichere Darstellungen sind z. B. [77] oder [80] zu entnehmen.
In den bisherigen Abschnitten ist wiederholt der Einsatz von Drosselspulen erörtert worden. Auf deren Aufbau wird im folgenden Abschnitt eingegangen.

4.9 Drosselspulen

In den bisherigen Ausführungen ist gezeigt worden, dass in Netzanlagen der Einbau von Reihen- und Kompensationsdrosselspulen notwendig werden kann. Das zugehörige Schaltzeichen ist Bild 4.154 zu entnehmen. Auf die wichtigsten Gesichtspunkte, die bestimmend für die konstruktive Ausführung sind, wird im Folgenden eingegangen.

Bild 4.154
Schaltzeichen einer Drosselspule

Entsprechend Abschnitt 4.6 werden Reihendrosselspulen häufig mit Kabeln in Reihe geschaltet, um eventuell auftretende Kurzschlussströme zu begrenzen. Wenn Reihendrosselspulen für die Begrenzung von Kurzschlussströmen verwendet werden, bezeichnet man sie auch als *Kurzschlussdrosselspulen*. Sie werden stets *ohne Eisenkern* gebaut. Anderenfalls könnten sich bei hohen Netzströmen – gemäß der Beziehung $H \sim i$ – hohe Feldstärken im Eisen ausbilden, die zu einer Eisensättigung führten. Die Folge davon wäre, dass gerade zu solchen Zeitpunkten, in denen die strombegrenzende Wirkung der Drosselspule benötigt würde, sich die Induktivität verringerte. In modernen Anlagen verwendet man üblicherweise drei einphasig ausgeführte Kurzschlussdrosselspulen. Bild 4.155a zeigt eine solche Konstruktion. Ähnlich aufgebaute Luftspulen werden auch als Filterdrosselspulen verwendet.

Die Reaktanzen von Kurzschlussdrosselspulen werden durch ihre Durchgangsleistung

$$S_\mathrm{D} = \sqrt{3} \cdot U_\mathrm{nN} \cdot I_\mathrm{r}$$

a)

b)

c)
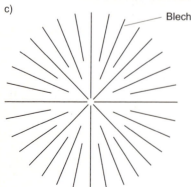

Blech

Bild 4.155
Konstruktive Ausführung von Drosselspulen
a) Aufbau von Reihendrosselspulen mit
   $I_\mathrm{r} = 3000$ A (Durchmesser: 2,0 m; Höhe: 1,8 m)
b) Eisenkern einer Kompensationsdrosselspule mit radialer Blechung und Keramikscheiben im Hauptschenkel sowie parallel geblechten Rückschlussschenkeln und Jochen
c) Prinzip der radialen Blechung

4.9 Drosselspulen

und durch ihren relativen Spannungsabfall u_D gekennzeichnet, der sich aus dem Spannungsabfall ΔU_r im Bemessungsbetrieb mit I_r ergibt:

$$u_\mathrm{D} = \frac{\Delta U_\mathrm{r}}{U_\mathrm{nN}/\sqrt{3}} = \frac{X_\mathrm{D} \cdot I_\mathrm{r}}{U_\mathrm{nN}/\sqrt{3}} \ . \tag{4.136}$$

Eliminiert man den Strom aus dieser Beziehung und fügt stattdessen die Durchgangsleistung S_D ein, so erhält man den Ausdruck

$$u_\mathrm{D} = \frac{X_\mathrm{D} \cdot S_\mathrm{D}}{U_\mathrm{nN}^2} \quad \text{bzw.} \quad X_\mathrm{D} = \frac{u_\mathrm{D} \cdot U_\mathrm{nN}^2}{S_\mathrm{D}} \ . \tag{4.137}$$

Üblicherweise bewegt sich die Kenngröße u_D zwischen 3 % und 10 %. Beim Aufstellen der Kurzschlussdrosselspulen ist darauf zu achten, dass Metallteile anderer Netzelemente genügend weit entfernt sind. Anderenfalls könnten sich dort zu starke Wirbelströme ausbilden.

Andere Verhältnisse liegen bei den ebenfalls meistens einphasig ausgeführten *Kompensationsdrosselspulen* vor. Sie werden entsprechend Abschnitt 4.5 parallel zu langen Leitungen geschaltet, um den kapazitiven Querstrom der Leitungen zu begrenzen. In diesem Fall ist nicht der Leiterstrom, sondern die Netzspannung für die Höhe des Flusses bestimmend. Dies ist auch unmittelbar aus dem Induktionsgesetz

$$u_\mathrm{Y}(t) = \frac{\mathrm{d}\Psi}{\mathrm{d}t}$$

zu ersehen. Da sich die stationäre Sternspannung, wie später noch gezeigt wird, auch bei Fehlern nur in gewissen Grenzen erhöhen kann, ist somit auch der Fluss begrenzt. Sättigungseffekte *für stationäre Vorgänge* sind daher bei entsprechender Auslegung nicht zu befürchten. Aus diesem Grunde können Kompensationsdrosselspulen einen Eisenkern aufweisen. In Bild 4.155b ist der aktive Teil einer Kompensationsdrosselspule dargestellt, der wiederum analog zum Transformator in einem mit Öl gefüllten Kessel untergebracht wird.

Rückschlussschenkel und Joche sind im Wesentlichen wie bei einphasigen Transformatoren ausgeführt. Anders verhält es sich mit dem Hauptschenkel. Bei ihm sind jeweils abwechselnd Keramikscheiben und zylindrische Eisenkerne miteinander verklebt. Durch die Keramikscheiben werden Luftspalte erzeugt. Sie linearisieren die Magnetisierungskennlinie und bewirken den für die Kompensation notwendigen konstanten Induktivitätswert.

Bei den zylindrischen Eisenkernen sind die Bleche unterschiedlich tief, radial angeordnet und mit Gießharz verklebt (Bild 4.155c). Ihr einige zehntel Millimeter breiter Rücken zeigt dadurch stets nach außen. Bei dieser radialen Blechung münden die ringförmig vor und nach dem Luftspalt ein- bzw. austretenden Magnetfelder stets auf dünnen Blechrücken. Sie erzeugen dort – wie gewünscht – nur geringe Wirbelströme. Falls die Bleche parallel aufeinander geschichtet wären, würden sich in den breiten Seitenflächen starke Wirbelströme ausbilden, die zu sehr schwer beherrschbaren Erwärmungen führten.

Die dargestellte Konstruktion wirkt nur in dem vorgesehenen Betriebsbereich linearisierend. Bei hohen *niederfrequenten* Überspannungen wird nämlich trotz des Luftspalts der nichtlineare Bereich der Magnetisierungskennlinie ausgesteuert. Dadurch werden die Überspannungen begrenzt. Im Unterschied dazu dringt das Magnetfeld bei *hochfrequenten* bzw. *kurzzeitigen* Spannungsimpulsen kaum in den Eisenkern ein, sondern es bilden sich Eigenformen im Bereich der Wicklung aus (s. Abschnitt 4.2.1.1). Solche Überspannungen werden daher lediglich schwach gedämpft, denn die zugehörigen Resonanzschwingungen entziehen ihnen nur wenig Energie. Erwähnt sei, dass Kompensationsdrosselspulen im Höchstspannungsbereich auch ohne Eisenkern eingesetzt werden. Sie sind zu bevorzugen, wenn man besonders hohe Anforderungen an die Linearität stellt.

Eine besondere Art von Drosselspulen stellen *Sternpunktbildner* dar. Sie erzeugen einen zusätzlichen, niederohmigen Sternpunkt. Eingesetzt werden diese Betriebsmittel allerdings nur dann, wenn die jeweils vorhandenen Umspanner nicht über genügend freie oder belastbare Sternpunkte verfügen.

Sternpunktbildner weisen grundsätzlich einen Dreischenkelkern auf, der mit einer Zickzackwicklung belegt ist. Bei einem Fehler gegen Erde bewirkt diese Wicklung nur geringe magnetische Felder im Eisen und damit eine kleine Hauptinduktivität. Der Sternpunkt wird dadurch so niederohmig, dass an ihn auch eine weitere Drosselspule, die *Erdschlusslöschspule*, angeschlossen werden darf (s. Kapitel 11). Man bezeichnet diese Spulentypen auch als Petersen- oder E-Spule.

Bei einem Fehler gegen Erde kann an einer solchen Erdschlusslöschspule stationär maximal die Netzspannung $U_{bN}/\sqrt{3}$ abfallen. Infolge dieser Oberschranke für die Spannung kann auch dieser Drosselspulentyp mit einem Eisenkern ausgeführt werden. Allerdings soll bei dieser Bauart die Induktivität einstellbar sein (s. Abschnitt 11.1.2).

In Erdschlusslöschspulen, die nur *stufenweise* verstellbar zu sein brauchen, ist der Eisenkern wie bei Kompensationsdrosselspulen aufgebaut. Die Einstellung der verschiedenen Induktivitätswerte erfolgt über Wicklungsanzapfungen und Umsteller. Falls vom Netzbetrieb her eine *stufenlose* Induktivitätsänderung gewünscht wird, verwendet man eine Tauchkernausführung, bei der ein Teil des radial geblechten Hauptschenkels beweglich ist. Man steuert damit die Höhe eines veränderlichen Luftspalts. Im Folgenden wird auf Schalter eingegangen, mit denen Strompfade verbunden oder unterbrochen werden.

4.10 Schalter

Zunächst werden die wesentlichen Anforderungen an Schalter dargestellt. Anschließend wird dann deren gerätetechnische Realisierung erläutert, die ausführlich u. a. in [81] beschrieben ist. Dabei wird in Drehstromnetzen mit dem Ausdruck *Schalter* die dreiphasige Ausführung bezeichnet, während für das einzelne Schaltorgan in jedem Außenleiter der Begriff *Pol* gebräuchlich ist.

4.10.1 Eigenschaften idealer und realer Schalter

Eine Nachbildung von realen Schaltern ist recht aufwändig. Um trotzdem Netzanlagen hinreichend einfach modellieren zu können, werden in Ersatzschaltbildern so genannte *ideale Schalter* verwendet; ihr Schaltzeichen gemäß DIN EN 60617 Teil 7 ist Bild 4.156 zu entnehmen.

Bild 4.156
Schaltzeichen eines idealen Schalters im offenen und geschlossenen Zustand

Ideale Schalter öffnen und schließen ohne Zeitverzug. Im geschlossenen Zustand sind sie widerstandslos. Beim Ausschalten unterbrechen sie momentan jeden Stromwert. Dabei bilden sich zwischen den Schaltkontakten Einschwingspannungen aus. Dem geöffneten Schalter wird ein unendlich gutes Isoliervermögen zugeordnet, sodass diese Einschwingspannungen keine Durchschläge bewirken. Das gleiche gilt natürlich auch für Überspannungen, die aus dem Netz auf den Schalter bzw. auf einzelne Pole zulaufen.

Wenngleich das Isoliervermögen *realer Schalter* endlich ist, so dürfen Einschwingspannungen dort nur in einem sehr begrenzten Rahmen zu Durchschlägen zwischen den sich öffnenden Schaltkontakten führen. In jedem Fall muss der Schalter die zu erwartenden Spannungsbeanspruchungen aus dem Netz beherrschen. Anderenfalls könnten Personen, die an den ausgeschalteten Netzanlagen arbeiten, gefährdet werden.

Neben der Forderung nach einer ausreichenden Spannungsfestigkeit muss der Schalter den thermischen und mechanischen Beanspruchungen standhalten, die im Dauerbetrieb und im Fehlerfall von den Strömen verursacht werden. Die Höhe dieser Ströme ist vom Einbauort abhängig. Diese Aussage gilt ebenfalls für Einschwingspannungen sowie für den Ausschaltstrom, also denjenigen Strom, der unmittelbar zum Zeitpunkt der Kontakttrennung auftritt. Ist sichergestellt, dass diese Beanspruchungsgrößen stets die vom Hersteller festgelegten Grenzwerte einhalten, ist der Schalter für den Einbauort geeignet.

Der im Schalter fließende Strom verlöscht im ersten Nulldurchgang nach der Trennung der Schaltkontakte. Tritt ein solcher Nulldurchgang nicht auf, so wird der Strom nicht unterbrochen. Schalter, die zur Löschung einen Nulldurchgang benötigen, werden als Wechselstromschalter bezeichnet. Diese Bauart wird im Folgenden ausschließlich betrachtet.

Zur Bestimmung der Beanspruchungsgrößen verwendet man häufig Ersatzschaltungen mit idealen Schaltern. Sie berücksichtigen nicht, dass reale Schalter ein gewisses Zeitintervall für den Ein- und Ausschaltvorgang benötigen. Während dieser Zeitspanne findet jedoch noch ein Energieaustausch zwischen den Schaltkontakten statt. Dadurch wird die Zustandsänderung beeinflusst; sie verläuft weniger hart und führt zu so genannten *beeinflussten Beanspruchungsgrößen*. Sie sind ungefährlicher als solche, die mit idealen Schaltern ermittelt werden. Zur Unterscheidung verwendet man dafür den Ausdruck *unbeeinflusst*. Üblicherweise werden die unbeeinflussten Größen für eine Schalterauswahl verwendet.

Reale Schalter unterliegen einem Verschleiß. Sie sind daher jeweils nach einigen tausend Betriebsschaltungen zu warten. Treten Grenzbeanspruchungen auf – wie z. B. das Ausschalten von Kurzschlussströmen –, so ist eine Revision vorzeitig vorzunehmen. Gemäß DIN VDE 0670 sind die genauen Angaben vom Hersteller festzulegen.

Das bisher beschriebene Anforderungsprofil an Schalter ist so umfassend, dass es von einem einzelnen Schaltertyp nur schwer zu beherrschen ist. Daher hat man eine Aufgabenteilung vorgenommen und mehrere Bauarten entwickelt: Leistungs-, Trenn- und Lastschalter.

4.10.2 Aufbau und Wirkungsweise von Schaltern

Von den unterschiedlichen Schalterbauarten weisen Leistungsschalter das breiteste Aufgabenspektrum auf; eingeschränkt sind bei diesem Schaltertyp nur die Anforderungen an die so genannte Längsisolierung, also an die Spannungsfestigkeit in Bezug auf Überspannungen aus dem Netz.

4.10.2.1 Leistungsschalter

Für *Leistungsschalter* gilt das Schaltzeichen in Bild 4.157a (s. DIN EN 60617 Teil 7). In der Praxis wird jedoch auch noch das früher übliche Schaltzeichen in Bild 4.157b verwendet.

Mit wachsender Netzgröße haben die Auslegungsdaten von Leistungsschaltern immer größere Werte angenommen, sodass im Laufe der Zeit immer leistungsfähigere Schalter entwickelt werden mussten. Bis in die Mitte der siebziger Jahre sind in der Bundesrepublik vornehmlich für den Mittelspannungsbereich ölarme Schalter eingesetzt worden. Im Hoch- und Höchstspannungsbereich hat man dagegen bevorzugt Druckluftschalter verwendet. Wie der Name bereits sagt, werden bei ölarmen Schaltern die Schaltkontakte in einer geringen Menge Öl und bei Druckluftschaltern in Luft getrennt. Bei Schaltern mit dem Löschmedium Luft wird der Lichtbogen, der sich zwischen den Schaltkontakten ausbildet, mit Druckluft beblasen und auf diese Weise gelöscht. Im Hoch- und Höchstspannungsbereich sind die Druckluftschalter heutzutage durch SF_6-Schalter abgelöst worden.

SF_6-Leistungsschalter

Bei SF_6-Schaltern wird anstelle von Luft das Gas Schwefelhexafluorid (SF_6) als Löschmedium benutzt. Es weist erheblich bessere Löscheigenschaften auf. So ist z. B. die Durchschlagsfeldstärke E_d bei Normaldruck etwa um den Faktor 2,5 höher als bei Luft. Weiterhin wird statt der freien Atmosphäre eine geschlossene Schaltkammer verwendet, die eine für die gesamte Lebensdauer des Schalters ausreichende SF_6-Füllung aufweist.

In Bild 4.158 ist die prinzipielle Arbeitsweise eines SF_6-Leistungsschalters beim Ausschaltvorgang dargestellt. Wesentliche Elemente sind der bewegliche Blaszylinder sowie der feststehende Blaskolben. Dieser wird beim Ausschalten durch einen Federkraft- oder Druckluftspeicherantrieb innerhalb von ca. 30 ms rückwärts gezogen. Dadurch verdichtet sich dort das SF_6-Gas. Zugleich verschiebt sich mit dem Blaszylinder auch der damit starr gekuppelte Schaltkontakt, der die beiden Schaltrohre miteinander verbindet und im eingeschalteten Zustand den Strompfad schließt.

Durch die Rückwärtsbewegung des Schaltkontakts entsteht zwischen dem oberen Schaltrohr und dem Kontaktstück ein Zwischenraum, die Schaltstrecke. An dieser sich erst allmählich vergrößernden Strecke fällt die anliegende Spannung ab. Es entsteht ein Lichtbogen, über den der Leiterstrom zunächst weiterfließt. Zugleich strömt das komprimierte SF_6-Gas radial in die Schaltstrecke und kühlt intensiv den Lichtbogen, der im Wesentlichen einen nichtlinearen ohmschen Widerstand R_l darstellt. Infolge der Kühlung wird dem Lichtbogen Energie entzogen. Sofern die abgeführte Leistung größer ist als der aus dem Netz zugeführte Anteil, senkt sich die Temperatur und damit auch die Leitfähigkeit des Lichtbogens ab. Im Bereich des Stromnulldurchgangs ist gemäß der Beziehung $P_l(t) = i^2 \cdot R_l$ die zugeführte Leistung sehr gering. Während dieses Zeitbereichs wird die Temperatur des SF_6-Lichtbogens auf unter 3000 °C vermindert. Unterhalb dieser Temperaturgrenze verliert der Lichtbogen praktisch seine Leitfähigkeit; der Strom wird unterbrochen.

Bild 4.157

Schaltzeichen eines Leistungsschalters
a) Schaltzeichen gemäß DIN EN 60617 Teil 7
b) Früher übliches Schaltzeichen

4.10 Schalter

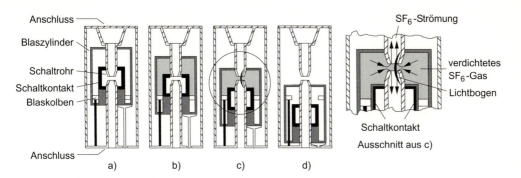

Bild 4.158
Veranschaulichung des Ausschaltvorgangs bei einem SF$_6$-Leistungsschalter
a) Eingeschalteter Zustand
b) Öffnungsphase
c) Kontakttrennung und Einsetzen des Löschvorgangs
d) Ausgeschalteter Zustand

Nach der Unterbrechung beginnt sich zwischen den Schaltkontakten eine Einschwingspannung aufzubauen. Die dadurch in der Schaltstrecke hervorgerufene Feldstärke E_l muss stets unterhalb der zugehörigen Durchschlagsfeldstärke E_d liegen, da bei modernen Schaltern der Strom nach seinem ersten Nulldurchgang endgültig unterbrochen sein soll. Um dies zu erreichen, muss die Kühlung weiterhin so kräftig sein, dass sich die Schaltstrecke hinreichend schnell verfestigt. Der Verlauf der Einschwingspannung wird dabei im Wesentlichen von der *Beschaffenheit des Netzes* geprägt. Wie bereits dargestellt, ist bei einer Dimensionierung von Leistungsschaltern grundsätzlich die unbeeinflusste Einschwingspannung auf ihre Zulässigkeit zu überprüfen (s. Abschnitt 7.6).
Infolge der Beblasung wird der Lichtbogen, der sich zunächst zwischen Schaltrohr und Kontaktstück ausbildet, in die Schaltrohre getrieben. Auf diese Weise vergrößert sich die Brennlänge des Lichtbogens, dessen Widerstand sich dadurch merklich erhöht. Als Folge davon verkleinert sich der Strom und damit auch die zugeführte Leistung. Dieser Effekt unterstützt demnach den Löschvorgang zusätzlich.
Beim Ausschaltvorgang ist es weiterhin wichtig, dass der Strom möglichst nicht vor dem Nulldurchgang abreißt. Da ein solcher *Stromabriss* innerhalb eines sehr kleinen Zeitraums Δt erfolgt, können bereits relativ kleine Abrissströme Δi an den induktiven Betriebsmitteln, die im Strompfad liegen, gemäß dem Induktionsgesetz $\Delta u = L \cdot \Delta i / \Delta t$ große Überspannungen erzeugen. Wie im Abschnitt 7.1 noch genauer erläutert wird, dürfen die Abrissspannungen dabei einen schalterspezifischen Maximalwert nicht übersteigen; ein Stromabriss über 4 A gilt als sehr hoch.
Beim Einschaltvorgang werden in umgekehrter Reihenfolge der Blaszylinder und der Schaltkontakt innerhalb von ca. 30 ms nach oben verschoben. Die anliegende Spannung fällt wiederum an der Schaltstrecke ab. Kurz bevor sich die Kontakte schließen, wird die Durchschlagsfeldstärke E_d überschritten. Infolgedessen bildet sich ein Lichtbogen aus. Er kann die Kontakte verschweißen, wenn er zu lange ansteht. Da das SF$_6$-Gas jedoch eine höhere Durchschlagsfeldstärke E_d als Luft aufweist, tritt die kritische Feldstärke erst bei kleineren Abständen auf, die dann von dem Kontaktstück in einer kürzeren Zeit durchfahren werden. Bei SF$_6$-Schaltern ist daher eine *Einschaltsicherheit*, die für das Einschalten bei einem bereits bestehenden Kurzschluss wichtig ist, leichter zu erreichen als bei Druckluftschaltern.

Bei der bisher beschriebenen Schalterausführung wird das Löschgas durch den Blaszylinder und den Blaskolben verdichtet; die dafür erforderliche Energie wird im Wesentlichen durch den Antrieb aufgebracht. Neuere Konstruktionen setzen zusätzlich die Energie des Lichtbogens selbst ein, dessen hohe Temperatur eine Kompression des SF_6-Gases in einer Druckkammer zur Folge hat. Im Bereich des Stromnulldurchgangs kann das komprimierte Gas herausströmen und den Lichtbogen, wie bereits erläutert, kühlen; die Schaltstrecke wird entionisiert und verliert damit ihre Leitfähigkeit. Beim Ausschalten von kleineren Strömen, wie sie z. B. beim Freischalten von leerlaufenden Anlagen auftreten, reicht die Energie des Lichtbogens nicht aus, um die Schaltstrecke ausreichend *selbst zu beblasen*. Die fehlende Kompressionsenergie wird dann, wie bei den Schaltern mit Blaszylinder, wiederum von dem Antrieb geliefert. Dieser Anteil ist jedoch bei den Schaltern mit *Selbstbeblasung* erheblich geringer. Daher kann ihr Antrieb um ca. 70 % schwächer ausgelegt werden als bei den Schaltern mit Blaszylinder.

Mit SF_6-Schaltern dieser Bauarten können heute Wechselströme bis zu 80 kA geschaltet werden. Im Höchstspannungsbereich ist es notwendig, mehrere Kammern je Pol in Reihe zu schalten [14]. Auf jede Schaltstrecke entfällt dann nur ein Teil der Gesamtspannung. Die gleichmäßige Aufteilung der Spannung wird durch Kondensatoren, die *Steuerkondensatoren*, bewirkt, die parallel zu den einzelnen Kammern geschaltet werden. Häufig weisen sie Werte um 200 pF auf. Die einzelnen Schaltkammern werden auch als Unterbrechereinheiten bezeichnet.

SF_6-Schalter werden zu ca. 10 % auch im Mittelspannungsbereich eingesetzt. Bei neueren Schaltanlagen werden in dieser Spannungsebene sowohl für die SF_6-Bauweise als auch für die Zellenausführung (s. Abschnitt 4.11.2) zu über 80 % *Vakuumschalter* verwendet.

Vakuumschalter

In Bild 4.159 ist der Aufbau eines Vakuumschalters für eine SF_6-Schaltanlage dargestellt. Wesentlich ist, dass die Schaltröhre ein Vakuum von 10^{-8} bis 10^{-11} bar aufweist, das sich bekanntlich durch besonders gute Isolationseigenschaften auszeichnet und sich zugleich sehr schnell wieder verfestigt. Schalter dieser Bauart können daher recht klein gebaut werden. Außerdem sind sie sehr wartungsarm und weisen eine große Anzahl von Schaltspielen auf [82].

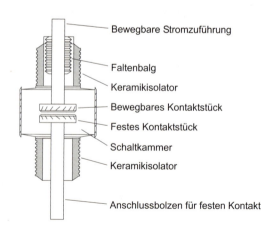

Bild 4.159
Vakuumschalterpol für SF_6-Schaltanlagen mit Schnittbild der eingesetzten Vakuumschaltröhre

Im Augenblick der Kontakttrennung entsteht ebenfalls ein Lichtbogen. Im Vakuum besteht er aufgrund eines fehlenden Löschmediums nur aus den Partikeln des Kontaktmaterials und ausgetretenen Elektronen. Bei Strömen über 10 kA schnürt sich der Lichtbogen ein; es bilden sich stehende Fußpunkte aus, die einen starken Abbrand und Verschleiß der Kontakte bewirken. Um diesen Nachteil zu vermeiden, werden die Kontakte schräg geschlitzt. Durch die damit verbundene Stromführung wird ein Magnetfeld aufgebaut, das den Lichtbogen und damit auch die Fußpunkte zum Rotieren bringt. Seit einiger Zeit werden auch Kontaktformen verwendet, die ein axiales Magnetfeld bewirken. Dadurch bildet sich über den gesamten Strombereich ein diffuser Lichtbogen mit einem großflächigen Fußpunkt aus. Dessen Abbrand ist hinreichend gering.

Als Kontaktwerkstoffe werden Kupfer-Chrom-Legierungen verwendet. Sie erzeugen auch bei kleinen Strömen noch so viel Metalldampf, dass der Abrissstrom hinreichend niedrige Werte annimmt. Wiederum vergrößert sich diese Metalldampfmenge bei großen Ausschaltströmen nur in dem Maße, dass sich die Schaltstrecke in der Nähe des Stromnulldurchgangs schnell genug wieder verfestigt. Eine Wiederzündung wird dadurch wie bei SF_6-Schaltern unwahrscheinlich.

Eine Besonderheit der Vakuumschalter besteht darin, dass auch sehr kurzzeitige Stromnulldurchgänge bereits zur Lichtbogenlöschung ausreichen. Daher können die bei der Löschung ausgelösten Ausgleichsvorgänge manchmal über induktive und kapazitive Kopplungen gleichzeitig in den beiden anderen Schalterpolen vorzeitige Löschvorgänge bewirken. Dieser seltene Effekt wird als Virtual Chopping bezeichnet und kann durch spezielle Dämpfungsschaltungen vermieden werden [83].

Prinzipiell gilt bei Vakuumschaltern, dass längere Röhren für höhere Spannungen und Röhren mit größerem Durchmesser für höhere Ströme geeignet sind. Trotz aller Bemühungen ist es jedoch bisher nicht gelungen, dieses Löschprinzip auf die Hochspannungsebene auszudehnen. Unabhängig von der Bauart dürfen Leistungsschalter aus Sicherheitsgründen nicht allein installiert werden. Jeweils auf der Seite, an der nach dem Öffnen noch eine Spannung anstehen kann, ist zusätzlich ein Trennschalter vorzusehen.

4.10.2.2 Trennschalter

Trennschalter werden häufig auch kurz als Trenner bezeichnet; in Bild 4.160 ist das zugehörige Schaltzeichen dargestellt. Die wesentliche Aufgabe dieser Schalter besteht darin, nach dem Öffnen eine Trennstrecke im Leitungsverlauf zu erzeugen. Ihr Isoliervermögen – die Längsisolation – soll deutlich über dem der Leiter-Erde-Isolation liegen. Dadurch wird erreicht, dass die nachfolgenden Betriebsmittel sicher freigeschaltet werden.

Die Sicherstellung der Längsisolation stellt die Hauptaufgabe eines Trennschalters dar. Dementsprechend sind die Anforderungen an die Lichtbogenlöschung sehr gering. Sofern ein Strom gegen die volle Betriebsspannung unterbrochen werden soll, muss zunächst der Leistungsschalter betätigt werden, bevor der Trennschalter öffnen darf. Dieser muss dann

Bild 4.160
Schaltzeichen eines Trennschalters

nur noch den kleinen kapazitiven Strom beherrschen, der sich über die Steuerkondensatoren und Teilkapazitäten der Anlage schließt. Üblicherweise wird bei Bemessungsspannungen bis zu 420 kV ein Wert von 0,5 A als zulässig angesehen (DIN VDE 0670 Teil 2). Lediglich für Trennschalter, die in den im Abschnitt 4.11.2.2 beschriebenen SF_6-Schaltanlagen eingebaut sind, gelten andere Grenzwerte. Sie sind in der VDE-Bestimmung 0670 Teil 213 festgelegt. Bei diesen Trennschaltern darf der kapazitive Strom z. B. bei einer Bemessungsspannung von 123 kV nur 0,1 A betragen. Etwas größere Ströme können jedoch unterbrochen werden, wenn beim Ausschalten entlang der sich öffnenden Schaltkontakte nur eine geringe Spannung abfällt. Als Beispiel dafür sei die später noch erläuterte Sammelschienenlängstrennung genannt (Stromkommutierung).

In Bild 4.161a ist der Aufbau eines *Einsäulen- oder Scherentrennschalters* dargestellt, der ab der 110-kV-Ebene eingesetzt wird. Durch Motoren wird der Trennschalter „hoch und herunter" gefahren und so der Kontakt mit dem Leiterseil der Sammelschiene hergestellt oder getrennt. Eine andere Ausführung, den *Zweistützer-Drehtrennschalter*, zeigt Bild 4.161b. Bei diesem Trennschaltertyp entsteht eine horizontale Trennstrecke, indem sich

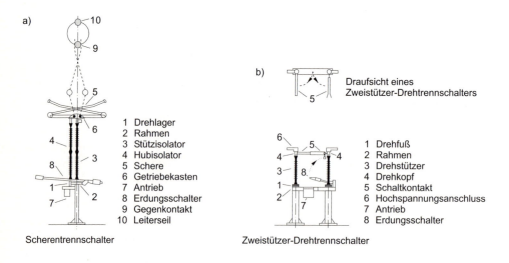

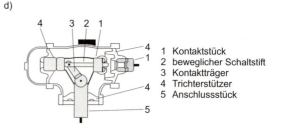

Bild 4.161
Aufbau von Trennschaltern
a) Einsäulen- oder Scherentrennschalter ab 110 kV bis 380 kV
b) Drehtrennschalter als Leitungstrennschalter ab 110 kV bis 380 kV
c) Aufbau eines SF_6-Trennschalters für 110 kV
d) Schnittbild eines SF_6-Trennschalters für 110 kV

die beiden Strombahnhälften um 90° nach außen drehen. Ein gemeinsames Merkmal dieser beiden Trennschalterausführungen besteht darin, dass die Trennstrecke von außen sichtbar ist. *SF_6-Trennschalter* weisen diese Eigenschaft nicht auf (Bilder 4.161c und 4.161d). Stattdessen ist der Schaltzustand aus der Stellung des Antriebs abzulesen, z. B. mithilfe eines Schaltstellungsanzeigers oder über einen Hilfskontakt.

Ergänzend sei darauf hingewiesen, dass man im Hinblick auf Revisionsarbeiten Trennschalter auch dazu installiert, ausgeschaltete Anlagenteile bzw. Betriebsmittel kurzzuschließen und zu erden. Man bezeichnet solche Trennschalter aufgrund ihrer speziellen Funktion als *Erdungsschalter*. Im Unterschied zu Trennschaltern brauchen diese jedoch nicht *einschaltsicher* ausgelegt zu sein und dürfen daher über einen schwächeren Antrieb verfügen. Die Wahl eines solchen Schalters ist berechtigt, wenn auszuschließen ist, dass versehentlich auf ein spannungsführendes Netz geschaltet wird. Anderenfalls wird aufgrund des schwächeren Antriebs eine zu große Zeitspanne für den Einschaltvorgang benötigt. Es besteht dann die Gefahr, dass die Schaltkontakte durch den entstehenden Lichtbogen verschweißen.

Für Trennschalter ist eine solche Gefahr im Normalbetrieb nicht gegeben, wenn sie beim Einschalten vor dem Leistungsschalter geschlossen werden. Beim Ausschalten ist die umgekehrte Reihenfolge einzuhalten. Um Bedienungsfehlern vorzubeugen, wird ein Schaltfehlerschutz installiert. Diese Einrichtung garantiert eine richtige Schaltfolge (s. Abschnitt 4.11.4.1).

Im Nieder- und Mittelspannungsbereich stellt sich häufig die Aufgabe, Lasten bzw. Betriebsmittel *im Normalbetrieb* ein- bzw. auszuschalten. Dafür ist es meist ausreichend, einen weniger leistungsfähigen Schaltertyp einzusetzen und anstelle des Leistungsschalters den kostengünstigeren Lastschalter zu verwenden.

4.10.2.3 Lastschalter

Im Unterschied zu Leistungsschaltern liegt bei *Lastschaltern* nur dann Einschaltsicherheit vor, wenn sie vom Betreiber gefordert wird. Die beiden Schaltertypen unterscheiden sich jedoch stets in ihrem Ausschaltvermögen. Lastschalter können *nur Betriebsströme*, also Ströme im ungestörten Zustand, mit einem induktiven Leistungsfaktor von ca. $\cos\varphi \geq 0{,}7$ ausschalten; geringe Überströme sind zulässig. Kurzschlussströme können sie dagegen nicht unterbrechen. Diese Aufgabe wird entweder von *vorgeschalteten Sicherungen* übernommen, die in Abschnitt 4.13 noch beschrieben werden, oder von Leistungsschaltern, denen mehrere Lastschalter unterlagert sind. In begrenztem Umfang können die Lastschalter auch unbelastete Transformatoren sowie Ladeströme von Freileitungen und Kabeln schalten. Man spricht dann von *Mehrzweck-Lastschaltern*. Für speziellere Anwendungen gibt es *Transformator-* und *Kondensator-Lastschalter*, deren Eigenschaften in DIN VDE 0670 (Teile 301 und 302) festgelegt sind. Aus den gleichen Gründen wie bei den Leistungsschaltern sind Lastschalter zusätzlich noch mit Trennschaltern zu kombinieren. Um die Kosten für diese Trennschalter einzusparen, sind so genannte *Lasttrennschalter* entwickelt worden. Schalter dieser Bauart werden durch das Schaltzeichen in Bild 4.162 gekennzeichnet. Sie weisen die Eigenschaften eines Lastschalters auf, stellen jedoch zusätzlich eine sichtbare Trennstrecke her, deren Isoliervermögen den erforderlichen Bedingungen genügt. Dadurch können der Schaltfehlerschutz und die bei Lastschaltern zusätzlich erforderlichen Trennschalter entfallen. In Mittelspannungsnetzen werden Lasttrennschalter vornehmlich zum Anschluss von Netzstationen verwendet.

Eine übliche Ausführung eines Lasttrennschalters, ein Schublasttrennschalter, ist in Bild

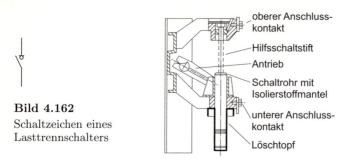

Bild 4.162
Schaltzeichen eines
Lasttrennschalters

Bild 4.163
Aufbau eines
Schublasttrennschalters

4.163 dargestellt. Im Verlauf eines Ausschaltvorgangs fließt der Strom zunächst noch über einen Hilfsschaltstift weiter, während sich das mit einem speziellen Isolierstoffmantel umgebene Schaltrohr nach unten bewegt. Dabei bildet sich zwischen dem nicht isolierten unteren Ende des Schaltrohrs und dem unteren Anschlusskontakt ein Lichtbogen aus, dessen Wärmewirkung aus dem Isolierstoff Gas freisetzt. Dieses Gas kühlt den Lichtbogen und verringert dadurch die Leitfähigkeit der Schaltstrecke. Gleichzeitig verlängert die Schaltbewegung den Lichtbogen und erhöht auf diese Weise den Spannungsabfall. Es werden also wiederum die zwei Löschprinzipien Kühlung und Verlängerung des Lichtbogens miteinander kombiniert. Nach dem Löschen des Lichtbogens wird schließlich auch der Hilfsschaltstift zurückgezogen und somit die gewünschte Trennstrecke hergestellt. Vorteilhafterweise behält der Schublasttrennschalter im ein- und ausgeschalteten Zustand das gleiche Profil, wodurch im Hinblick auf Platzgründe der Einbau in Schaltanlagen erleichtert wird.

Rein räumlich werden die beschriebenen Schalter in Schaltanlagen eingesetzt, deren Funktion und Aufbau im Folgenden erläutert wird.

4.11 Schaltanlagen

Als Schaltanlagen bezeichnet man die Gesamtheit der an einem Ort zusammengezogenen Betriebsmittel. Vorwiegend dienen sie zum Verbinden und Trennen von Freileitungen und Kabeln. Sofern Umspanner in einer Schaltanlage vorhanden sind, wird auch die speziellere Bezeichnung *Umspannanlage* verwendet. Zunächst wird auf die wichtigsten Grundschaltungen der Schaltanlagen und dann auf ihre konstruktive Gestaltung eingegangen. Genauere Darstellungen sind [70], [73], [84] sowie den VDE-Bestimmungen 0100, 0101 und 0670 zu entnehmen.

4.11.1 Schaltungen von Schaltanlagen

In der Höchstspannungsebene sind wichtige Schaltanlagen häufig nach dem in Bild 4.164 dargestellten Übersichtsschaltplan aufgebaut. Sie repräsentieren im Netz einen Knotenpunkt. Von einer solchen Schaltanlage stellen die Sammelschienensysteme das Kernstück dar und werden je nach ihrer Anzahl als Einfach-, Doppel- oder Dreifachsammelschienensystem bezeichnet. Auf diese Sammelschienen speisen gemäß Kapitel 3 die von den

4.11 Schaltanlagen 253

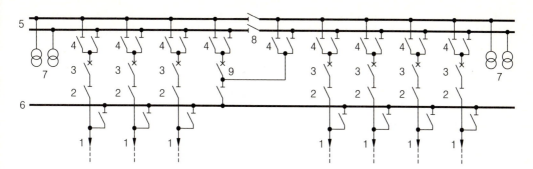

1) Abzweig
2) Leitungstrennschalter
3) Abzweigleistungsschalter
4) Sammelschienentrennschalter
5) Doppelsammelschienensystem
6) Umgehungssammelschiene
7) Spannungswandler
8) Längstrennung
9) Querkupplung

Bild 4.164
Übersichtsschaltplan einer Höchstspannungsschaltanlage mit Umgehungssammelschiene, Querkupplung und Längstrennung

Kraftwerken ankommenden Leitungen die dort erzeugte Leistung. Sie wird von den Sammelschienen auf abgehende Leitungen verteilt, die diese Leistung zum einen zu den *Umspannwerken* weitertransportieren, die in das unterlagerte Netz einspeisen. Zum anderen stellen die Leitungen die Verbindungen zu benachbarten Höchstspannungs-Schaltanlagen her und bilden dann einen Teil des weiträumigen Übertragungsnetzes, das zum Leistungsaustausch dient (s. Kapitel 3). Unabhängig davon, ob eine Leitung betriebsmäßig Leistung einspeist oder abnimmt, spricht man von einem *Abzweig*.

Üblicherweise weist ein Abzweig die dem Bild 4.165 zu entnehmende Schaltung auf: Trennschalter (Sammelschienentrennschalter), Leistungsschalter, Strom- und Spannungswandler, Trennschalter (Leitungs- oder Kabeltrennschalter bzw. Abzweigtrennschalter). Durch diese Disposition der Schaltanlage ist es möglich, auch während des Betriebs die Leistungsschalter und Wandler jedes Abzweigs freizuschalten. Der betreffende Abzweig wird dann über die *Umgehungssammelschiene* sowie den Leistungsschalter 9 versorgt (Bild 4.164). Mit diesem Leistungsschalter kann auch eine Kupplung der Sammelschienen, eine so genannte *Querkupplung*, durchgeführt werden.

Durch den Einsatz mehrerer Sammelschienen erhöht sich die Anzahl der Schaltungsvarianten und führt damit zu Vorteilen bei der Revision der Anlage und beim Betrieb des Netzes. Zum Beispiel kann auf diese Weise das Netz in galvanisch getrennte Bereiche auf-

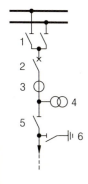

1) Sammelschienentrennschalter
2) Leistungsschalter
3) Stromwandler
4) Spannungswandler
5) Leistungstrennschalter
6) Erdungsschalter
   (Arbeitserder)

Bild 4.165
Typische Schaltung eines Abzweigs

geteilt werden, eine Maßnahme, die u. a. die Kurzschlussströme beschränkt (s. Abschnitt 7.4). Noch weiter erhöht sich diese betriebliche Flexibilität, wenn eine *Längstrennung* der Sammelschienen über die Trennschalter 8 vorgesehen wird. Allerdings setzt eine derartige Gestaltung voraus, dass sich die eingespeiste und die abgehende Leistung auf jedem der Sammelschienenabschnitte ausgleichen.

Wie dem Bild 4.165 zu entnehmen ist, werden in einer Anlage zusätzlich zu den bereits beschriebenen Betriebsmitteln noch *Erdungsschalter* vorgesehen. Sie dienen bei Wartungsarbeiten als Schutz gegen kapazitive Restladungen, induktive Einstreuungen, einlaufende Überspannungen sowie versehentliches Einschalten und werden dementsprechend auch als Arbeitserder bezeichnet. Aufgrund dieser engeren Aufgabenstellung ist bei Erdungsschaltern z. B. keine Einschaltsicherheit erforderlich (s. Abschnitt 4.10.2.2).

Der räumliche Bereich, in dem sich Abzweige bzw. Kuppelschalter sowie Längstrennschalter befinden, wird als *Abzweig-* bzw. *Kuppelfeld* bezeichnet. Daneben gibt es noch ein *Messfeld*, in dem Spannungswandler untergebracht sind. Über diese kann direkt die Sammelschienenspannung gemessen werden. Ein Vergleich mit den Abzweigspannungswerten kann zur Aufdeckung von fehlerhaften Schaltmaßnahmen dienen und die Synchronisation beim Zusammenschalten von Teilnetzen ermöglichen. Eine Schaltanlage wie in Bild 4.164 bietet beim Ausfall eines Elements der Schaltanlage Ausweichmöglichkeiten, um die Versorgung aufrechterhalten zu können. Sie ist, wie man sagt, *eigensicher* gestaltet und erfüllt in sich die Bedingungen des (n−1)-Ausfallkriteriums.

Im Vergleich zu der in Bild 4.164 dargestellten Schaltanlage ist eine *Kraftwerkseinspeisung* einfacher konfiguriert. Eine häufige Anschlussvariante ist in Bild 4.166 dargestellt. Infolge der vergleichsweise niedrigen Generatorbemessungsspannung von $U_\mathrm{rG} \leq 27$ kV müssen die generatorseitigen Leistungsschalter, auch als *Generatorschalter* bezeichnet, sehr hohe Ströme von z. B. 200 kA beherrschen. Der zugehörige Maschinentransformator ist bei älteren Kraftwerken für die maximal ins Netz eingespeiste Leistung ausgelegt. Bei großen Kraftwerken neuerer Bauart, vornehmlich 1300-MVA-Kernkraftwerken, werden dagegen zwei spezielle, parallel betriebene 850-MVA-Transformatoren eingesetzt, deren Bemessungsleistung durch den Anschluss eines zusätzlichen Kühlaggregats jeweils um ca. ein Drittel erhöht werden kann. Durch diese Maßnahme wird erreicht, dass das Kraftwerk nach dem Ausfall eines Maschinentransformators mit einer relativ geringen Leistungsminderung weiterbetrieben werden kann. Neben dem beschriebenen Maschinentransformator ist meist ein gesonderter Transformator für die Versorgung des Eigenbedarfs vorhanden, der häufig zur Speisung unterschiedlicher Spannungsebenen als Dreiwicklungstransformator ausgebildet ist.

Eine komplexere Schaltungsstruktur weisen *380/110-kV-Umspannwerke* auf (Bild 4.167).

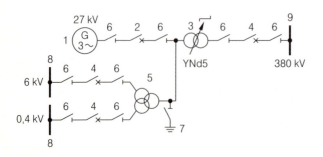

1) Generator
2) Generatorschalter
3) Maschinentransformator
4) Leistungsschalter
5) Eigenbedarfstransformator
6) Trennschalter
7) Arbeitserder
8) Eigenbedarfsanlagen
9) Höchstspannungsschaltanlage

Bild 4.166
Typische Schaltung einer Kraftwerkseinspeisung

4.11 Schaltanlagen

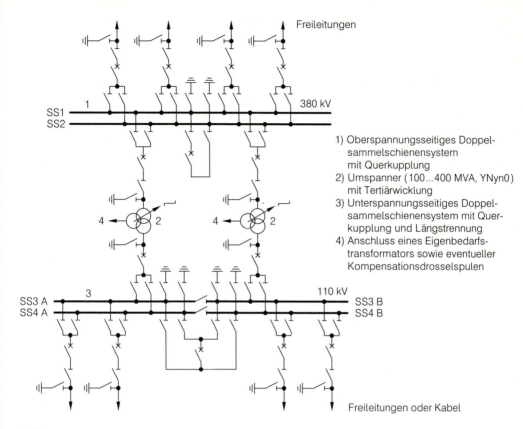

Bild 4.167
Typische Schaltung eines 380/110-kV-Umspannwerks

Häufig werden diese über *zwei* zweisystemige 380-kV-Freileitungen mit Viererbündeln, seltener über eine viersystemige Ausführung gespeist. Oberspannungsseitig ist die Umspannanlage als Doppelsammelschienensystem mit Querkupplung gestaltet. Auf der 110-kV-Unterspannungsseite liegt ebenfalls ein Doppelsammelschienensystem vor. Allerdings ist dort neben der Querkupplung meistens noch eine Längstrennung vorgesehen, um eine größere Flexibilität bei der Aufteilung des Netzes in galvanisch getrennte Netzbezirke zu erhalten. Bei den 110-kV-Netzen ist diese Maßnahme im Hinblick auf Erdungsfragen netztechnisch häufig notwendig (s. Kapitel 11 und 12).
Aus Redundanzgründen sind in Umspannwerken stets zwei Transformatoren vorhanden. Üblicherweise besitzen sie die Schaltgruppe YNyn0 sowie zusätzlich eine in Dreieck geschaltete Tertiärwicklung. Sie wird auch als Ausgleichswicklung bezeichnet, sofern ihre Anschlüsse nicht herausgeführt sind; die Schaltgruppe wird dann um den Zusatz „+d" ergänzt, z. B. YNyn0+d (s. Abschnitt 9.4.5.1). Anderenfalls handelt es sich um eine Leistungswicklung, die in der bereits beschriebenen Weise gekennzeichnet wird, z. B. YNyn0d5.
Notwendig ist diese dritte Wicklung für die Beherrschung asymmetrischer Kurzschlussströme; die zugehörige Bemessungsspannung wird häufig zu 20 kV gewählt. An diese Wicklung werden – sofern notwendig – die meist einphasig ausgeführten Kompensationsdrosselspulen sowie der 20/0,4-kV-Eigenbedarfstransformator angeschlossen. Auf die

Sternpunktbehandlung wird noch in Kapitel 11 eingegangen.

Das den Umspannwerken unterlagerte 110-kV-Netz weist üblicherweise bereits eine Ringstruktur auf, sodass eine Leitung meist mehrere 110/10-kV-*Umspannstationen* versorgt (s. Kapitel 3). Um aus dem Ring im Fehlerfall einzelne Umspannstationen ausblenden zu können, ohne die dahinter folgenden Anlagen in der Versorgung zu gefährden, werden diese *eingeschleift*. Oberspannungsseitig hat sich dafür die H-Schaltung bewährt (Bild 4.168). Auf der 10-kV- bzw. 20-kV-Seite wird meist ein Einfachsammelschienensystem mit Längs*kupplung* verwendet. Die Trennung der Sammelschienen erfolgt also über einen Leistungsschalter, sodass eine Schaltmaßnahme auch im Fehlerfall möglich ist. Infolge der ausgeprägten Ringstruktur auf der Mittelspannungsseite kann bei dieser Schaltung auch der seltene Ausfall eines Sammelschienenabschnitts aufgefangen werden.

Bei den zugehörigen Umspannern sind Bemessungsleistungen über 50 MVA selten anzutreffen. Gemäß Abschnitt 4.2 wird als Schaltgruppe bevorzugt YNd5 oder YNd11 eingesetzt. Der oberspannungsseitige Sternpunkt bleibt häufig frei, wird aber herausgeführt, um dort einen Überspannungsableiter anzuschließen. Daneben ist an der Mittelspannungssammelschiene noch ein 10/0,4-kV-Eigenbedarfstransformator mit der Schaltgruppe ZNyn5+d vorhanden. Er weist oberspannungsseitig eine Zickzackschaltung auf, an

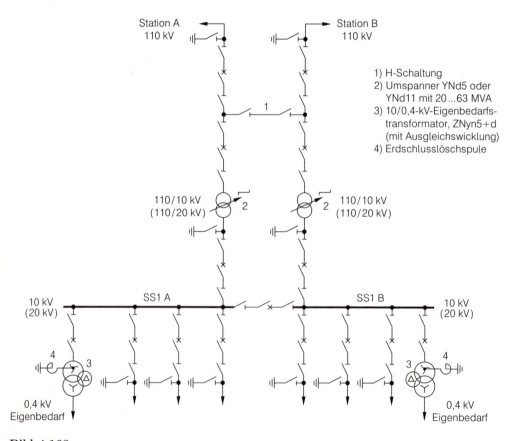

Bild 4.168
Typische Schaltung einer Umspannstation
110 kV: Einschleifung (H-Schaltung)
10 kV oder 20 kV: Einfachsammelschienensystem mit Längskupplung

4.11 Schaltanlagen

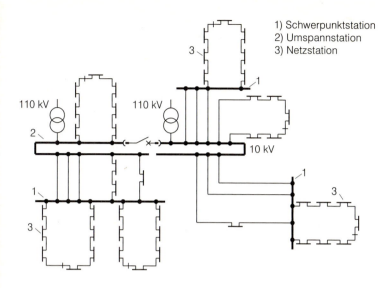

Bild 4.169
Aufbau eines Mittelspannungsnetzes mit Schwerpunktstationen

deren Sternpunkt so gut wie immer eine Erdschlusslöschspule angeschlossen wird (s. Abschnitte 4.9 und 11.1.2). Demgegenüber ist die Niederspannungswicklung als Sternschaltung ausgeführt. Dadurch wird der Anschluss des Neutralleiters im Niederspannungsnetz ermöglicht. Wie in Abschnitt 9.4.5.1 noch erläutert wird, benötigt ein solcher Umspanner zusätzlich eine Ausgleichswicklung.

Bei leistungsstarken Umspannstationen mit z. B. 50 MVA übersteigt meist die eingespeiste Bemessungsleistung die Bemessungslast des Nahbereichs. Die überschüssige Leistung ist in die Versorgungsgebiete der Umgebung wie z. B. nahe gelegene Ortschaften weiterzutransportieren. Zu diesem Zweck werden meist über mehrere Parallelkabel – häufig vier – jeweils eine Reihe von so genannten *Schwerpunktstationen* gespeist. Diese Stationen werden, wie generell jede Schaltanlage, möglichst nah an den *Lastschwerpunkt* gelegt. Unter einem Lastschwerpunkt versteht man dabei denjenigen Ort des betrachteten Versorgungsgebiets, von dem aus die Lasten *verlustminimal* versorgt werden (s. Abschnitt 8.2).

Bei Schwerpunktstationen handelt es sich wie bei Schaltanlagen im Hochspannungsbereich um reine Verteilungsanlagen. Sie werden heutzutage überwiegend als Einfachsammelschienensysteme mit Längstrennung ausgeführt. Von den Schwerpunktstationen sowie meist in geringerem Maße von den Umspannstationen gehen dann die bereits in Kapitel 3 angesprochenen Ringleitungen ab (Bild 4.169). In diese ist meistens eine Kette von *Netzstationen* – selten mehr als zehn – eingeschleift. Die zugehörige Schaltung ist für eine einzelne und eine doppelte Netzstation in Bild 4.170 angegeben. Zu beachten ist, dass die Schaltmaßnahmen in den Netzstationen mit *Lasttrennschaltern* ausgeführt werden. Im Hinblick auf die Kurzschlussströme ist der Abzweigschalter zusätzlich mit *HH-Sicherungen* ausgerüstet (s. Abschnitte 4.10 und 4.13). Bei Netzstationen, die in Maschennetze einspeisen, wird niederspannungsseitig anstelle des Lasttrennschalters häufig ein Leistungsschalter, ein so genannter *Maschennetzschalter*, vorgesehen. Er spricht auch dann bereits an, wenn sich infolge einer Fehlersituation der Leistungsfluss umkehrt.

Falls von einer Netzstation noch einzelne Strahlen ausgehen, um kleinere, in der Nähe gelegene Lasten zu versorgen, werden diese Abzweige als *Stiche* bezeichnet. Eine ähnliche Funktion erfüllen in Freileitungsnetzen des Mittelspannungsbereichs die *Maststationen*.

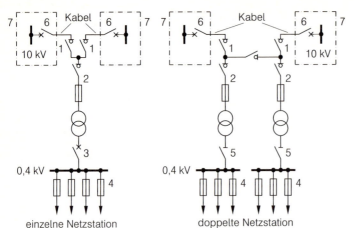

Bild 4.170
Typische Schaltung einer einzelnen und einer doppelten Netzstation

Es handelt sich im Wesentlichen um einen eingeschleiften Transformator bis zu einer Bemessungsleistung von 100 kVA, der im oberen Bereich eines Mastes auf einem dort angebrachten Podest steht. Im 0,4-kV-Bereich können dagegen Stiche auch mithilfe von Abzweigmuffen oder direkt aus Kabelverteilerschränken erfolgen (s. Abschnitte 4.6 und 4.13).

4.11.2 Bauweise von Schaltanlagen

In den fünfziger und sechziger Jahren sind Schaltanlagen überwiegend in der so genannten konventionellen Innenraum- oder in der Freiluftausführung errichtet worden. Sie verwenden den herkömmlichen Isolierstoff – die Luft. Insbesondere im Hoch- und Höchstspannungsbereich benötigen solche Anlagen große Isolationsabstände. Um den Platzbedarf von Schaltanlagen zu senken, wurden gasisolierte Innenraumausführungen entwickelt, bei denen SF_6-Gas anstelle von Luft als Isolierstoff eingesetzt wird. Diese neuen – auch als nichtkonventionell bezeichneten – Anlagen lösten im Spannungsbereich oberhalb von 110 kV die konventionelle Innenraumtechnik ab und haben zugleich den Bau konventioneller Freiluftschaltanlagen stark eingeschränkt. Während die SF_6-Technologie im Hoch- und Höchstspannungsbereich heutzutage eindeutig dominiert, hat sich im Mittelspannungsbereich eine solche Vorrangstellung noch nicht ausgebildet. Dort ist nach wie vor die konventionelle Innenraumtechnik in Gestalt einer modernen typgeprüften Zellenbauweise marktbeherrschend.

Bei einer etwa vierzigjährigen Lebensdauer ist ein großer Teil der zurzeit bestehenden Hoch- und Höchstspannungsanlagen noch in Freiluftausführung errichtet. Neben der SF_6-Technik und der Zellenbauweise ist daher auch die konstruktive Gestaltung dieser Technologie zu erläutern.

4.11.2.1 Konventionelle Freiluftschaltanlagen

Aus dem Bild 4.171 ist der Aufbau einer Freiluftschaltanlage zu ersehen. Es zeigt ein 380-kV-Eingangs- und Ausgangsfeld eines umfassenderen Umspannwerks, dessen Über-

4.11 Schaltanlagen

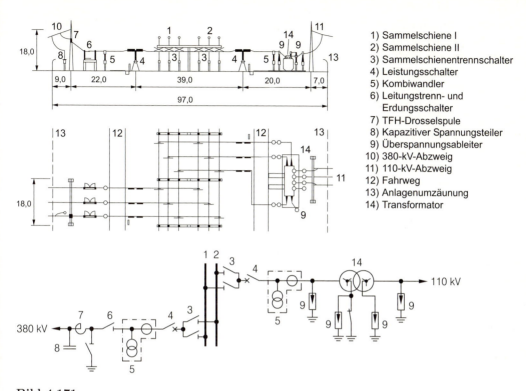

Bild 4.171
Anordnung und Übersichtsschaltplan einer 380-kV-Freiluftschaltanlage in Diagonalbauweise mit Doppelsammelschienen in Rohrausführung (alle Längenangaben in m)

sichtsschaltplan Bild 4.167 zu entnehmen ist. Die in Bild 4.171 dargestellte Anlagendisposition wird als *Diagonalbauweise* bezeichnet. Wenngleich diese Ausführung bevorzugt eingesetzt wird, so stellt sie doch nur eine von mehreren Standardlösungen dar [14], [70].

Im Eingangsfeld wird die ankommende Freileitung zunächst an einem Portalmast abgespannt; das Erdseil wird am Portal befestigt, das wiederum niederohmig mit dem Erder verbunden ist, der sich in ca. 1 m Tiefe unterhalb des Anlagengeländes befindet (s. Kapitel 12). Vor dem Portalmast ist an einen der Leiter ein kapazitiver Teiler angeschlossen. Im Ausland wird stattdessen auch ein kapazitiver Spannungswandler verwendet. Über diesen wird eine Trägerfrequenz im Bereich 35...375 kHz ein- bzw. ausgekoppelt, mit deren Hilfe Nachrichten zu dem benachbarten Umspannwerk am anderen Ende der Freileitung übertragen werden. Um zu verhindern, dass die hochfrequenten Ströme in das unterlagerte 110-kV-Netz bzw. in Nachbarleitungen abfließen, wird in den verwendeten Leiter eine Induktivität eingefügt. Die Spule wird üblicherweise in den Portalmast eingehängt. Zusammen mit den Eigenkapazitäten wirkt diese Filterdrosselspule als Sperrkreis für die Trägerfrequenz.

Eine auf diese Weise vorgenommene Übermittlung von Nachrichten wird als *Trägerfrequenzübertragung* auf Hochspannungsleitungen bezeichnet; die übliche Kurzform lautet *TFH*. Bei Leitungen mit Längen von mehr als 100 km erfolgt die TFH über zwei Leiter, um eine bessere Übertragungsqualität zu erreichen. Zunehmend werden die Nachrichten heute jedoch über Lichtwellenleiter ausgetauscht (s. Abschnitte 4.5.1 und 4.11.4).

Nach dem Portalmast beginnt dann das eigentliche Abzweigfeld. Entsprechend der Schaltung in Bild 4.165 sind in jedem Außenleiter die folgenden Betriebsmittel hintereinander angeordnet: ein Drehtrennschalter als Leitungstrennschalter, ein Kombiwandler (Strom- und Spannungswandler in einem Gehäuse), zwei Sammelschienentrennschalter in Scherenausführung. In der dargestellten Anlage stellen Leiterseile die galvanische Verbindung zwischen den Betriebsmitteln her, die wiederum alle auf ca. 2 m hohen Unterkonstruktionen stehen. Dadurch wird die Begehbarkeit der Anlage durch das Personal sichergestellt. Außerdem wird der Einfluss von Störungen durch Witterungseinflüsse wie z. B. Schneeverwehungen gemindert.

An den Betriebsmitteln sind Bolzen angebracht, die es erlauben, bei Revisionsarbeiten Arbeitserder zu montieren. Erst wenn diese eingebaut sind und damit eventuelle Restladungen von den aktiven Bauteilen in die Erde abgeleitet sind, darf mit den Revisionsarbeiten begonnen werden. Manchmal sind die Arbeitserder auch ortsfest an den Scherentrennschaltern installiert.

Oberhalb der Scherentrennschalter verlaufen die Sammelschienen rechtwinklig zu dem Eingangsfeld. Es handelt sich um ein Doppelsammelschienensystem; in großen Umspannwerken sind meist drei Sammelschienensysteme vorhanden. Unter jedem dieser Systeme sind – dem Namen Diagonalbauweise entsprechend – die Scherentrennschalter diagonal angeordnet. Durch das Hochfahren ihrer Scheren kann die vertikale Trennstrecke geschlossen werden, wobei das Eingangsfeld mit einem der Sammelschienensysteme verbunden wird.

Die Sammelschienen überstreichen jedes Feld der Anlage. Dadurch ist es möglich, die eingespeiste Leistung auf die Abzweige weiterzuleiten, die man auch als Ausgangsfelder bezeichnet. Bei leistungsstarken Anlagen wird für die Sammelschienen eine *Rohrausführung* gewählt, ansonsten werden Leiterseile verwendet. Befestigt sind die Sammelschienen an eigenen Masten oder Portalen. An den Enden der Sammelschienen werden die Sammelschienenspannungswandler angeschlossen (Bild 4.172).

Die von den Sammelschienen gespeisten Ausgangsfelder entsprechen – wie bereits im Abschnitt 4.11.1 erwähnt – den Eingangsfeldern. Falls anstelle einer Freileitung ein Transformator gespeist wird, bildet nicht der Portalmast, sondern der quergestellte Umspanner

Bild 4.172
Rohrbauweise von Sammelschienen in einer 110-kV-Freiluftschaltanlage

4.11 Schaltanlagen

den Abschluss des Felds. Als Schaltgruppe wird YNyn0+d (mit Ausgleichswicklung) gewählt.

Unmittelbar vor den unter- und oberspannungsseitigen Umspanneranschlüssen werden Überspannungsableiter angeklemmt, die, wie im Abschnitt 4.12.3 erläutert wird, den Transformator vor Überspannungen schützen. Während an den unter- und oberspannungsseitigen Sternpunkt üblicherweise ebenfalls ein Überspannungsableiter angeschlossen ist, wird der oberspannungsseitige Sternpunkt in vielen Fällen parallel dazu noch direkt mit dem Erder verbunden. Durch diese Maßnahme kann der Transformator wahlweise mit isoliertem oder geerdetem Sternpunkt betrieben werden. Eine tiefer gehende Theorie der Sternpunktbehandlung wird in Kapitel 11 beschrieben.

Von der 110-kV-Unterspannungsseite des Transformators aus erfolgt dann über Leiterseile der Anschluss an das Eingangsfeld der 110-kV-Anlage, die konstruktiv sehr ähnlich gestaltet ist wie die Schaltanlage auf der Oberspannungsseite. Ein kleiner Unterschied besteht mitunter darin, dass von den 110-kV-Anlagen häufig Kabel anstelle von Freileitungen abgehen, insbesondere dann, wenn nahe gelegene städtische Netze zu versorgen sind. In solchen Ausgangsfeldern folgt auf den Drehtrennschalter anstelle eines Portalmastes eine Unterkonstruktion, auf der die Kabelendverschlüsse der abgehenden Kabel befestigt sind.

Bei einer Anlage mit mehreren Sammelschienensystemen ist eine Querkupplung notwendig, die jeweils zwei Systeme miteinander verbindet. Dazu wird ein Feld benötigt, das doppelt so breit wie ein Abzweigfeld ist. Unter jedem Sammelschienensystem steht ein Satz von Scherentrennschaltern. Hinter einem der beiden Sätze folgen dann ein Spannungs- und ein Stromwandler bzw. ein Kombiwandler, von dem aus über Stützer eine Rückführung auf den zweiten, parallelen Scherentrennschaltersatz vorgenommen wird. Erwähnt sei, dass sich auch eine Längstrennung der Sammelschienen recht einfach gestalten lässt. Zwischen zwei zusätzlichen Portalmasten, an denen jeweils ein Sammelschienensystem abgespannt wird, ist dafür ein Drehtrennschaltersatz zu installieren.

Unmittelbar neben den Feldern sind Steuerschränke aufgestellt, von denen vor Ort die Schalter manuell betätigt werden können und eine Anzeige der Messgrößen erfolgt. Daneben kann die Anlage noch von einer Schaltwarte aus bedient und kontrolliert werden (s. Abschnitt 4.11.4).

Bei der im Bild 4.171 dargestellten Anlage sind die Abzweige auf beiden Seiten der Sammelschienen angeordnet. Eine solche Bauweise wird als zweireihig bezeichnet. Wenn es von der Trassenführung her günstiger ist, kann die Anlage auch einreihig gestaltet werden, wobei die Abzweige nur auf einer Seite liegen.

Alle wichtigen Gesichtspunkte, die bei der Gestaltung von konventionellen Schaltanlagen über 1 kV beachtet werden müssen, sind in der VDE-Bestimmung 0101 festgelegt. So sind auch Mindestwerte für die Abstände Leiter-Leiter und Leiter-Erde vorgeschrieben. Wenn diese Werte eingehalten werden, sind keine Durchschläge zu befürchten. Darüber hinaus wird auch die Gestaltung der begehbaren Freiflächen behandelt. Solange sich das Betriebspersonal dort aufhält, ist es selbst dann nicht gefährdet, wenn in der Anlage Störungen auftreten und Lichtbogen verursacht werden. Diese sind, wie in Abschnitt 7.1 noch ausgeführt wird, sehr gefährlich, weil sie entlang der Leiter wandern.

Mit der Einhaltung der Mindestabstände gilt eine luftisolierte Freiluftschaltanlage als sicher; gesonderte Spannungsprüfungen sind in DIN VDE 0101 nicht enthalten. Solche Prüfbestimmungen bestehen jedoch für die einzelnen Betriebsmittel und sind den betreffenden VDE-Bestimmungen zu entnehmen. Als Beispiel seien für Schalter DIN VDE

0670 und für Transformatoren DIN VDE 0532 angeführt. Alle diese Betriebsmittel werden fabrikfertig, typ- sowie stückgeprüft geliefert und dann in der Anlage installiert.

Für ein ordnungsgemäß gestaltetes Abzweigfeld einer 380-kV-Freiluftschaltanlage wird bereits eine Fläche von 18 m × 22 m benötigt. Größere Schaltanlagen der Hoch- und Höchstspannungsebene erfordern daher Grundflächen von beachtlicher Größe, die heutzutage in der Nähe von Verbraucherzentren nur selten zu vertretbaren Kosten zu erwerben sind. Bei der Kalkulation einer Freiluftschaltanlage sind weiterhin die Kosten für die Wartungsarbeiten zu beachten, die infolge der direkten Witterungseinflüsse wesentlich intensiver durchzuführen sind als bei den sehr kompakt zu bauenden und sehr wartungsarmen gasisolierten Schaltanlagen.

4.11.2.2 Gasisolierte metallgekapselte Schaltanlagen

Bei der Beschreibung der einzelnen Betriebsmittel ist bereits die SF_6-gasisolierte Bauweise erläutert worden. Für die Außenhülle, die Kapselung, wird üblicherweise Aluminiumguss oder unmagnetischer Stahl verwendet. Ein Einsatz ferromagnetischer Werkstoffe würde nämlich, wie auch die Beziehung (4.9) zeigt, einen Anstieg der Wirbelstromverluste um den Faktor μ_r – die relative Permeabilität – bewirken. Die Kapselung selbst ist geerdet und schützt die spannungsführenden bzw. aktiven Bauteile vor direktem Berühren. Ihr Innenraum ist mit dem reaktionsträgen SF_6-Gas gefüllt, das die eigentliche Isolation übernimmt. Aus Kostengründen und zum besseren Umweltschutz verwendet man neuerdings auch ein Gemisch von 20 % SF_6 und 80 % Stickstoff.

Üblicherweise weisen diese Isoliergase einen Druck von 3...6 bar auf. Bei bis zu 6 bar erhöht sich deren Isoliervermögen auf etwa das Drei- bis Vierfache der Werte, die bei Normalbedingungen gelten. Da diese Spannungswerte wiederum etwa um das 2,5-fache über den zulässigen Beanspruchungsgrößen von Luft liegen, können in solchen gasisolierten Anlagen die Isolationsabstände deutlich kleiner gewählt werden als bei luftisolierten konventionellen Ausführungen. Angefügt sei, dass ein Druck über 6 bar infolge der Oberflächenrauigkeit der Kapselung kaum noch das Isoliervermögen verbessert [57], [85].

Alle Betriebsmittel werden bausteinartig hergestellt, sodass sie zu umfassenderen Schaltanlagen zusammengesetzt werden können. An den Übergängen zu den Nachbarbauteilen befinden sich jeweils Schottstützer aus Gießharz, durch deren Mitte die Anschlussbolzen der Leiter geführt werden. Da die Schottstützer die Kapselung unterbrechen, sind dort metallene Brücken vorzusehen, die das Erdpotenzial übertragen. Schottstützer erfüllen mehrere Aufgaben. Zum einen dienen sie konstruktiv als Auflager bzw. Halterung für die aktiven Bauteile. Dabei wirken sie zugleich als Sperren für eventuelle Lichtbogen im Inneren der Kapselung und verhindern deren Wandern entlang der Leiter. Zum anderen beschränken sie bei einer Störung den möglichen Verlust an Isoliergas auf die Füllung eines Segments.

In Anlagen für Netznennspannungen unter 110 kV werden die Schottstützer als Scheibenstützer, ab 110 kV üblicherweise als Trichterstützer ausgeführt (Bild 4.161d). Diese weisen einen längeren Kriechweg auf. Dadurch wird das Auftreten von Gleitentladungen unterdrückt [30], [57]. An den Rändern der Schottstützer befinden sich Dichtungen in Form von O-Ringen. Sie verhindern, dass Isoliergas nach außen dringt. Üblicherweise reicht eine Gasfüllung für die Lebensdauer einer Anlage.

Die Gestaltung der Bauteile wird so vorgenommen, dass sich damit alle Schaltungskonfigurationen erstellen lassen, die sich bereits beim Betrieb mit den konventionellen Anlagen

4.11 Schaltanlagen

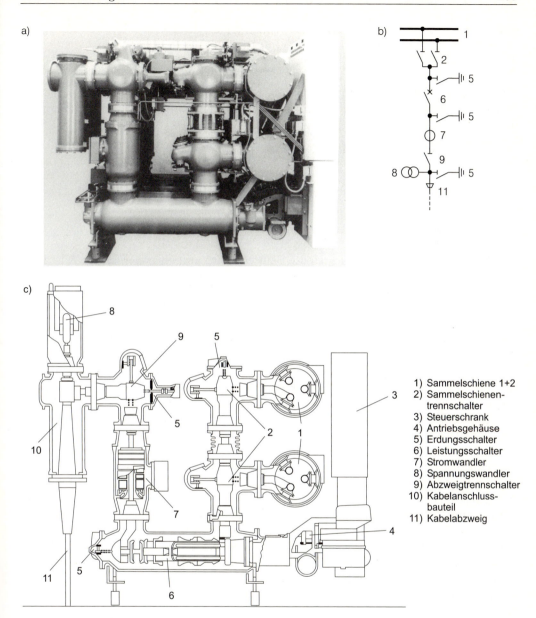

Bild 4.173
Abzweigfeld einer 110-kV-Schaltanlage in SF$_6$-Ausführung mit Doppelsammelschienensystem
a) Aufbau (Grundfläche: 1,2 m × 3,0 m; Höhe: 2,8 m)
b) Übersichtsschaltplan
c) Schnittbild

als zweckmäßig erwiesen haben. Für ein Abzweigfeld mit einem Doppelsammelschienensystem ergibt sich bei einer 110-kV-Anlage die Konstruktion in Bild 4.173.
Bei der dargestellten Anlage sind die Betriebsmittel für jeweils einen Außenleiter in einer gemeinsamen, aus mehreren Segmenten bestehenden Kapselung untergebracht. Dabei umfasst der Begriff „Feld" alle drei Außenleiter. Da jeder Leiter eine eigene Kapselung

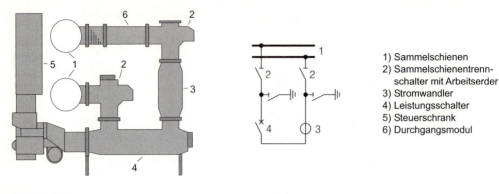

1) Sammelschienen
2) Sammelschienentrennschalter mit Arbeitserder
3) Stromwandler
4) Leistungsschalter
5) Steuerschrank
6) Durchgangsmodul

Bild 4.174
Darstellung eines SF$_6$-Kuppelfelds (Querkupplung) mit Übersichtsschaltplan

aufweist, bezeichnet man die dargestellte Bauweise auch als *einpolig gekapselt*. Allerdings bildet das Sammelschienensystem eine Ausnahme, denn in jedem Sammelschienenbaustein befinden sich drei Leiter, die mit speziellen Stützern an der Kapselung befestigt sind. Dort liegt eine *dreipolig gekapselte* Ausführung vor. Durch die Wahl einer solchen Bauweise ist eine sehr kompakte Gestaltung des Abzweigfelds möglich.

Für eine Anlage mit zwei Sammelschienensystemen ist aus dem Bild 4.174 zusätzlich der Aufbau eines Felds mit Querkupplung zu ersehen. Im Unterschied zu Freiluftschaltanlagen kann die Rückführung zum zweiten Sammelschienensystem im gleichen Feld erfolgen. Auch eine Längstrennung der Sammelschienen ist einfach vorzunehmen: In den horizontal verlaufenden Sammelschienen wird ein Trennschalter installiert. Anstelle des Winkelbauteils ist lediglich ein Durchgangsmodul zu wählen (Bild 4.175c).

Eine Besonderheit der SF$_6$-Abzweigfelder besteht darin, dass mehrere Arbeitserder mit in die Konstruktion einzubeziehen sind. Infolge der kleineren Isolationsabstände sind die Teilkapazitäten recht groß und damit auch die eventuellen Restladungen auf den aktiven Bauteilen ausgeprägter. Um diese sicher ableiten zu können, ist die Anzahl der Arbeitserder zu erhöhen.

An jedem Feld befindet sich wie bei konventionellen Anlagen ein Steuerschrank. Neben den entsprechenden Anzeigegeräten und Einrichtungen befindet sich dort zusätzlich ein Schauzeichen, das die Trennschalterstellungen sehr sicher anzeigt. Eine solche Anzeige ist notwendig, da im Unterschied zu den Freiluftschaltanlagen die Trennstrecke nicht mehr sichtbar ist. Darüber hinaus wird mit Druckwächtern der Gasdruck kontrolliert; externe Rohrleitungen stellen die Verbindung zwischen Messgerät und Modul her. Um einen vollständigen Überblick über den Anlagenzustand zu haben, werden ähnlich wie bei Freiluftschaltanlagen an den Sammelschienenenden Spannungswandler angebracht, deren Ausgangsgröße an den Steuerschränken angezeigt wird. Daneben werden die Messwerte und Schalterstellungen auch in die Schaltzentrale gemeldet, von der die Anlage normalerweise bedient wird.

Im Höchstspannungsbereich wird die beschriebene 110-kV-Konstruktion geringfügig modifiziert. Dort werden *alle* Bauteile *einpolig gekapselt* ausgeführt. Anderenfalls würden die Sammelschienenbauteile infolge der größer zu wählenden Isolationsabstände unhandliche Abmessungen aufweisen. Außerdem könnten sich bei einer dreipoligen Kapselung Kurzschlüsse zwischen den Leitern ausbilden, während bei einer einpolig gekapselten Ausführung nur Kurzschlüsse zur Kapselung, also zur Erde, möglich sind. Solche einpoligen Fehler verursachen geringere mechanische und thermische Kurzschlusswirkungen als drei-

4.11 Schaltanlagen

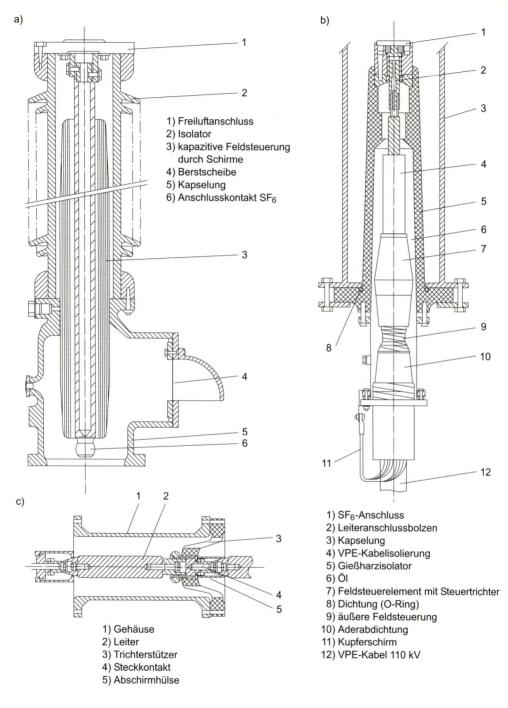

a)
1) Freiluftanschluss
2) Isolator
3) kapazitive Feldsteuerung durch Schirme
4) Berstscheibe
5) Kapselung
6) Anschlusskontakt SF$_6$

c)
1) Gehäuse
2) Leiter
3) Trichterstützer
4) Steckkontakt
5) Abschirmhülse

b)
1) SF$_6$-Anschluss
2) Leiteranschlussbolzen
3) Kapselung
4) VPE-Kabelisolierung
5) Gießharzisolator
6) Öl
7) Feldsteuerelement mit Steuertrichter
8) Dichtung (O-Ring)
9) äußere Feldsteuerung
10) Aderabdichtung
11) Kupferschirm
12) VPE-Kabel 110 kV

Bild 4.175
Anschlussbauteile für SF$_6$-Schaltanlagen
a) Freiluftanschlussbauteil
b) Kabelanschlussbauteil
c) Rohrleiterbauteil (Durchgangsmodul)

polige Kurzschlüsse (s. Kapitel 7 und Abschnitt 11.1.2). In der 110-kV-Ebene ist dieser Gesichtspunkt im Vergleich zur kompakteren Bauweise von etwas geringerem Gewicht, da die niedrigere Nennspannung zu kleineren Kurzschlussströmen führt als bei 380-kV-Anlagen. Daher ist man in der Lage, auch dreipolig gekapselte Sammelschienensysteme noch, wie man sagt, *kurzschlussfest* zu gestalten.

Im Mittelspannungsbereich sind die Kurzschlussströme nochmals kleiner. Der Anreiz, kompakt zu bauen, ist so groß, dass man in dieser Spannungsebene auch Anlagen findet, die insgesamt dreipolig gekapselt ausgeführt sind. Ein weiterer Vorteil dieser dreipolig gekapselten Bauweise liegt in den kleineren Wirbelstromverlusten, die in der Kapselung auftreten. Bei dieser Ausführung kompensieren sich nämlich weitgehend die Magnetfelder, die von den Leiterströmen in der Schleife zwischen Kapselung und Erde hervorgerufen werden. Im Unterschied dazu bildet sich bei einpolig gekapselten Anlagen in dieser Schleife ein Magnetfeld aus, das eine Spannung induziert. Physikalisch liegt somit der gleiche Sachverhalt vor, der bereits bei ein- und dreiadrigen Kabeln erläutert worden ist (Bild 4.126). Diese Spannung bewirkt einen Strom in der Kapselung, der im Größenbereich des Leiterstroms liegt. Man gestaltet den zugehörigen Stromweg möglichst niederohmig und erniedrigt auf diese Weise die Verluste in der Kapselung auf Werte unterhalb der Leiterverluste [86]. Zugleich werden dabei die Magnetfelder außerhalb der Anlage auf eine vernachlässigbare Größe reduziert.

Um einen hinreichend niederohmigen Stromweg für die induzierten Ströme zu erreichen, muss die Kapselung jedes Segments einwandfrei mit dem nachfolgenden verbunden werden. Zusätzlich werden nach jedem Feld auch die Kapselungen verschiedener Außenleiter miteinander kurzgeschlossen und geerdet [86]. Dadurch werden zugleich die Flächen der einzelnen Induktionsschleifen Kapselung-Erde verkleinert. Mit dieser Maßnahme lassen sich die induzierten Spannungen auf niedrige Werte begrenzen.

Noch nicht beschrieben ist der Anschluss der Kabel, Freileitungen und Transformatoren an eine SF_6-Schaltanlage. Dafür stehen spezielle Bausteine zur Verfügung.

Wie aus Bild 4.173c zu ersehen ist, werden Kabel über besondere Kabelanschlussbauteile angeschlossen; eine häufig eingesetzte Konstruktion ist Bild 4.175b zu entnehmen. In einer mit SF_6-Gas gefüllten Metallkapselung befindet sich ein Gießharzisolator, der die eigentliche Hülle des Endverschlusses darstellt. Die weitere Bauweise entspricht weitgehend der im Abschnitt 4.6 dargestellten Endverschlussgestaltung. Das Innere ist mit Öl gefüllt, und auf die Aderisolierung des eingeführten Kabels ist wiederum ein Isolierkörper geschoben, in den ein Steuertrichter eingearbeitet ist. Nach dem Anschlussbauteil verläuft das Kabel zunächst in einen Kabelkeller, um dann in das Erdreich einzutreten.

Beim Anschluss von Freileitungen an die SF_6-Umspannstation wird die Freileitung zunächst wie bei Freiluftschaltanlagen an einem Portalmast abgespannt. Von da aus mündet pro Außenleiter je eine Seilverbindung an einem freiluftfähigen Überspannungsableiter und einem Freiluftanschlussbauteil, die beide am Schaltanlagengebäude angebracht sind. In Bild 4.176 ist dieser Freileitungsanschluss zu erkennen, nicht jedoch der Überspannungsableiter. Detaillierter wird der Aufbau des Anschlussbauteils in Bild 4.175a dargestellt. Es handelt sich um eine gekapselt ausgeführte Kondensatordurchführung in Gießharztechnik, wie sie für Transformatoren im Abschnitt 4.2.1.1 beschrieben ist. Anstelle von Öl wird nun allerdings SF_6-Gas als Füllung verwendet. Innerhalb des Schaltanlagengebäudes verbinden einpolig gekapselte Rohrleiterbauteile, deren Aufbau Bild 4.175c zu entnehmen ist, das Freiluftanschlussbauteil mit der ebenfalls einpolig gekapselten 110-kV-SF_6-Schaltanlage und ihren 110-kV-Kabelabzweigen. Von dort führen Rohrleiter über einen weiteren Freiluftanschluss sowie massive Kupferleiter zur Oberspannungsseite des

4.11 Schaltanlagen

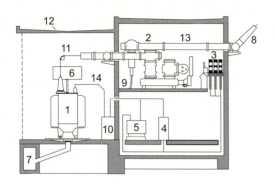

1) 50-MVA-Transformator
2) SF$_6$-Schaltanlage 110 kV
3) SF$_6$-Schaltanlage 10 kV
4) I$_s$-Begrenzer
5) Drosselspule
6) Ölausdehnungsgefäß
7) Ölauffangkanal
8) Freileitungsanschluss
9) Kabelabzweig
10) Ankopplungswandler für Rundsteueranlage
11) massive Kupferleiter
12) Transformatorbox
13) Rohrleiterbauteil
14) Aluminium-Stromschienen

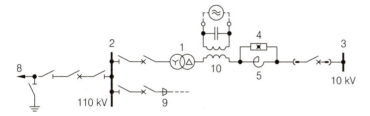

Bild 4.176
Aufbau und Schaltung einer 110/10-kV-Umspannstation mit SF$_6$-Schaltanlage

110/10-kV-Transformators, der in einer überdachten Box an einer Außenwand des Gebäudes steht (Bild 4.176). Der Umspanner weist die Schaltgruppe YNd5 oder YNd11 auf (s. Abschnitt 4.2.3.2). Von seiner Unterspannungsseite geht es über Stromschienen (s. Bild 7.8) und eine Wanddurchführung in das Gebäude zurück. Dort übernehmen weitere Stromschienen die Anbindung an die wiederum einpolig gekapselte 10-kV-SF$_6$-Schaltanlage, die über Abzweige mit einadrigen Kabeln ein Mittelspannungsnetz versorgt.
Infolge der Überdachung des Umspanners sind Blitzeinschläge so unwahrscheinlich, dass – wie bei einer Innenraumausführung – kein Schutz durch Überspannungsableiter erforderlich ist. Lediglich der Sternpunkt des Transformators wird, sofern er nicht direkt geerdet ist, mit einem Überspannungsableiter an die Erde angeschlossen. Dadurch wird verhindert, dass sich daran in einem Störungsfall ein zu hohes Potenzial ausbildet.
Erwähnt sei, dass in 380/110-kV-Umspannwerken mitunter der Anschluss der Transformatoren an die SF$_6$-Schaltanlagen gasisoliert ausgeführt wird. Bei dieser Anschlussart sind zusätzliche Gesichtspunkte zu beachten. So ist u. a. ein ausreichender Schutz gegen sehr schnelle Überspannungen sicherzustellen, die in der SF$_6$-Anlage entstehen können (s. Abschnitt 4.12.1.2). Bei dem vorher beschriebenen Anschlussbauteil mit massiven Kupferleitern ist diese Beanspruchung für den Umspanner ungefährlicher, da infolge von Wirbelströmen in den Kupferleitern sowie wegen des Nebenschlusses, den die Durchführungskapazitäten bilden, schnelle Spannungsanstiege abgeschwächt werden [87].
Während Freiluftschaltanlagen vor Ort zu errichten sind, werden SF$_6$-Felder wie die einzelnen freiluftfähigen Betriebsmittel fabrikfertig hergestellt und unterliegen im Werk den vorgeschriebenen Typ- und Stückprüfungen (s. DIN VDE 0670 Teil 1000). Mit der *Typprüfung* werden durch umfangreiche Untersuchungen an *einem* Exemplar eines jeden *Schaltfeldtyps* dessen Eigenschaften nachgewiesen. Demgegenüber dienen die nicht so auf-

wändigen *Stückprüfungen* dazu, Material- und Fertigungsfehler aufzudecken, und müssen an *jedem Teil* der Schaltanlage durchgeführt werden, das fabrikfertig transportiert wird. Die kompletten Felder werden vor Ort zusammengesetzt, sodass auf dem Anlagengelände nur noch Funktionsprüfungen vorzunehmen sind. Einen ähnlich hohen Sicherheitsstandard weist auch die konventionelle Zellenbauweise im Mittelspannungsbereich auf.

4.11.2.3 Konventionelle Zellenbauweise

Erläutert wird die heute übliche stahlblechgekapselte, staubdichte Zellenbauweise, bei der jede Zelle ein Feld enthält. Die einzelne Zelle ist ebenfalls fabrikfertig hergestellt und wird typ- und stückgeprüft geliefert. Einen Eindruck von dieser zugleich auch sehr wartungsarmen Bauweise vermittelt Bild 4.177.
Der Innenraum der Zelle ist mit störlichtbogensicheren Zwischenwänden in vier Teilräume geschottet. Dadurch werden die Auswirkungen eines Lichtbogens auf den jeweiligen Teilraum beschränkt, in dem die Störung auftritt. Nach den dort installierten Betriebsmitteln werden die einzelnen Teilräume als Kabelanschluss-, Leistungsschalter- und Sammelschienenraum sowie als Relaisnische bezeichnet.
Im Kabelanschlussraum enden die Kabel in ihren Endverschlüssen. Bei der Innenraumausführung sind die dort vorhandenen Isolatorschirme schwächer ausgeprägt als bei der Freiluftausführung in Bild 4.131. Speziell in dem Bild 4.177 ist der Anschluss von zwei Parallelkabeln dargestellt; ihre Kupferschirme sind mit dem Gehäuse verbunden und dadurch geerdet, denn das Stahlblechgehäuse weist wiederum einen niederohmigen Kontakt mit dem Erder auf. Die Anschlussfahnen der Kabelendverschlüsse werden jeweils mit einem Strom- und Spannungswandler verbunden, die im Mittelspannungsbereich in Gießharztechnik ausgeführt sind. Rein räumlich befindet sich zwischen beiden Wandlern der Arbeitserder.

a) 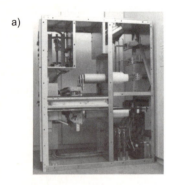 b) 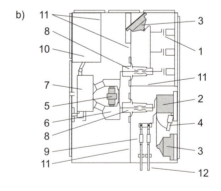 c)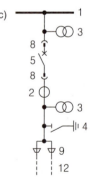

1) Sammelschiene	4) Arbeitserder	7) Einschub mit Schalterantrieb	10) Relaisnische
2) Stromwandler	5) Vakuumschaltröhre	8) Einfahrkontakte mit Durchführung	11) Trennwände
3) Spannungswandler	6) Leistungsschalter	9) Kabelendverschlüsse	12) Kabel

Bild 4.177
Darstellung eines Mittelspannungsschaltfelds in konventioneller Zellenbauweise
a) Aufbau (Grundfläche: 0,82 m × 1,65 m, Höhe: 2,06 m)
b) Schnittbild
c) Übersichtsschaltplan

Über die Einfahrkontakte in den unteren Durchführungen werden die Kabelanschlüsse zu dem Leistungsschalter weitergeführt, der bei dieser Bauweise aus drei Vakuumschaltröhren besteht. Sie sind gemeinsam auf einem beweglichen Einschub gelagert. Von den drei Schalterpolen aus wird über die Einfahrkontakte in den oberen Durchführungen die Verbindung zu den Sammelschienen im Sammelschienenraum hergestellt.

Die Vakuumschaltröhren unterbrechen den Stromkreis. Anschließend wird – meist über einen Motorantrieb – der Einschub mit dem Leistungsschalter ausgefahren. In der unteren und oberen Durchführung ist jeweils ein Einfahrkontakt eingebaut, der sich öffnet. Dadurch entstehen zwei Trennstrecken mit dem dafür vorgeschriebenen Isoliervermögen (s. Abschnitt 4.12). Durch die Wahl einer solchen Konstruktion kann daher auf den gesonderten Einbau eigenständiger Leitungs- und Sammelschienentrennschalter verzichtet werden. In den Schaltplänen werden die Einfahrkontakte durch ein besonderes Symbol gekennzeichnet (s. Nummer 8 in Bild 4.177c).

Bei der in Bild 4.177 dargestellten Anlage sind die Sammelschienen luftisoliert ausgeführt, die notwendige Halterung erfolgt durch Innenraumstützer. Aus Gründen der Wirbelstrombegrenzung ist jede Sammelschiene in zwei Teilleiter aufgeteilt. Über Mittelspannungsdurchführungen wird die Sammelschiene durch die Trennwand in die Nachbarzellen weitergeleitet und verbindet – ihrer Funktion entsprechend – alle nebeneinander aufgestellten Felder.

In Bild 4.178 ist eine weitere Sammelschienenkonstruktion einschließlich ihrer Durchführung dargestellt. Neben der Wahl von Rundleitern besteht der wesentliche Unterschied in der PVC-Beschichtung, denn durch diese Maßnahme wird die Gefahr von Lichtbogen zwischen den Leitern sehr unwahrscheinlich. Man kann nämlich davon ausgehen, dass jeweils nur eine der Kunststoffschichten defekt wird. Infolgedessen kann sich ein Lichtbogen und damit auch ein Kurzschluss nur gegen die Stahlblechkapselung ausbilden, wobei – wie bereits bei den SF_6-Schaltanlagen erläutert ist – geringere Kurzschlusswirkungen verursacht werden. In Mittelspannungsnetzen ist dieser Effekt infolge der dort üblichen hochohmigen Erdung der Sternpunkte besonders ausgeprägt (s. Abschnitt 11.1.2).

Zusätzlich ist im Sammelschienenraum noch ein Spannungswandlersatz installiert, damit die Sammelschienenspannung gemessen werden kann. Meist befinden sich solche Wandler nur in den Eingangsfeldern. Die Messgröße selbst wird auf der Frontseite der Relaisnische angezeigt; die Funktion einer Relaisnische entspricht der eines Steuerschranks.

Wenn es vom Netzbetrieb her wünschenswert ist, können auch Zellen mit Doppelsammelschienensystemen eingesetzt werden. Bei dieser Konfiguration wird eine gesonderte Zelle benötigt, die das Kuppelfeld aufnimmt. Meist werden allerdings Zellen mit Einfachsammelschienen gewählt, wobei zusätzlich noch eine Längstrennung vorgesehen wird. Die

Bild 4.178
Aufbau einer beschichteten Mittelspannungssammelschiene mit Durchführung

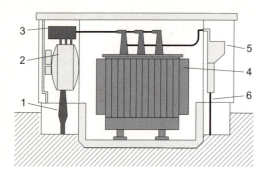

1) Kabelabzweige 10 kV
2) SF$_6$-Lastschaltanlage 10 kV
3) Einschübe mit HH-Sicherungen
4) Transformator
5) Schaltanlage 0,4 kV
6) Kabelabzweige 0,4 kV

Bild 4.179
Aufbau einer 10/0,4-kV-Netzstation mit Übersichtsschaltplan

dafür erforderlichen Trennschalter werden in einer gesonderten Zelle untergebracht.
Im Vergleich zur SF$_6$-Technik weist die beschriebene Zellenbauweise größere Abmessungen auf. Auch im Hinblick auf die Sicherheit wird der SF$_6$-Technik vielfach der Vorzug gegeben. Demgegenüber ist die konventionelle Technik jedoch eindeutig kostengünstiger. Dieser Sachverhalt hat dazu geführt, dass die SF$_6$-Technik in Mittelspannungsnetzen im Wesentlichen nur auf der 10-kV-Seite von besonders leistungsstarken Umspannstationen eingesetzt wird. In den zahlreicheren kleineren Anlagen wie den Schwerpunktstationen wird dagegen eindeutig der Zellenbauweise der Vorrang gegeben.
In den 10/0,4-kV-Netzstationen wird der Mittelspannungsteil in einer so genannten *Lastschaltanlage* untergebracht (Bild 4.179). Im Unterschied zu der bisher dargestellten Zellenbauweise handelt es sich bei dieser Ausführung um einen Behälter aus Stahlblech, der mit SF$_6$-Gas gefüllt ist. Aufgrund der gewählten Gasisolierung können alle im zugehörigen Übersichtsschaltplan angegebenen Lasttrennschalter und Arbeitserder sehr kompakt in dem Stahlbehälter angeordnet werden. Dadurch lassen sich die Abmessungen des Mittelspannungsteils recht klein halten. Die weiteren Elemente der Netzstation wie der Umspanner und die Niederspannungs-Schaltanlage sind wieder konventionell gestaltet.
Innerhalb der Niederspannungsnetze werden die Verteilungsaufgaben von den *Kabelverteilerschränken* erfüllt. Die dort ankommenden bzw. abgehenden Kabel sind nur untereinander verbunden, wenn die in Abschnitt 4.13.1.2 beschriebenen NH-Sicherungen oder Metallbrücken in Form von Durchschaltmessern eingesetzt sind.
Bisher ist die technologische Gestaltung der Schaltanlagen beschrieben worden. Darauf aufbauend wird nun die Nachbildung im Ersatzschaltbild erläutert.

4.11.3 Berücksichtigung von Schaltanlagen in Ersatzschaltbildern

Aus den bisherigen Ausführungen geht hervor, dass bei Schaltanlagen in allen Spannungsebenen für die Stromführung im Wesentlichen die Sammelschienen maßgebend sind. Da sie in allen Fällen im Vergleich zu den angeschlossenen Freileitungen und Kabeln kurz sind, ist ihr Einfluss auf das Betriebsverhalten gering und deshalb im Ersatzschaltbild vernachlässigbar. Aus diesem Grunde sind die Schaltanlagen in einem *Ersatzschaltbild für*

4.11 Schaltanlagen 271

stationäre Verhältnisse nur durch *einen Knotenpunkt* zu berücksichtigen. Sie entsprechen in dieser Beziehung Abzweigmuffen in Kabelnetzen.

Bei der Berechnung von *Ausgleichsvorgängen* wie z. B. von Einschwingspannungen können jedoch auch die geringen, im Weiteren nicht berücksichtigten Induktivitäten und Kapazitäten der Sammelschienen eine Rolle spielen (s. Abschnitt 7.6 und [88]). Im Unterschied dazu hat die Leittechnik, die im nächsten Abschnitt beschrieben wird, keinen Einfluss auf die Ersatzschaltbilder von Schaltanlagen.

4.11.4 Leittechnik in Schaltanlagen

Seit dem Ende der sechziger Jahre sind Schaltanlagen zunehmend automatisiert worden. Heutzutage werden in der Bundesrepublik alle Schaltanlagen der Hoch- und Höchstspannungsebene unbemannt und sowohl ober- als auch unterspannungsseitig ferngesteuert betrieben. Manuell werden dagegen die Schwerpunkt- und Netzstationen der Mittelspannungsebene betätigt. Üblicherweise werden Schaltanlagen nur im Rahmen von Wartungsarbeiten oder im Zusammenhang mit Störungen aufgesucht.

Summarisch werden die zur Automatisierung notwendigen technischen Einrichtungen als *Leittechnik* und speziell bei Schaltanlagen auch als *Stationsleittechnik* bezeichnet. Zusammen mit den Schutzeinrichtungen (s. Abschnitt 4.13) verwendet man dafür häufig den Begriff *Sekundärtechnik*. Abgrenzend dazu versteht man unter dem Begriff *Primärtechnik* nur solche Betriebsmittel, die direkt in den Transport und die Verteilung der elektrischen Energie eingebunden sind. Durch die schnelle Entwicklung der Rechnertechnik sind für die Stationsleittechnik immer intelligentere Lösungen möglich geworden. Eine wesentliche Eigenschaft, die durch diese Fortschritte realisiert werden konnte, ist z. B. die Fähigkeit zur Selbstdiagnose.

Ähnlich wie sich das Energieversorgungsnetz in verschiedene Spannungsebenen auffächert, gliedert sich die Sekundärtechnik in mehrere Leitebenen. Die unterste Ebene stellt die *Feldleitebene* dar. Sie ist jeweils bestimmend für ein Schalt-, Mess- oder Kuppelfeld. Ihr übergeordnet ist die *Stationsleitebene*, die den Betriebsablauf aller Felder in einer

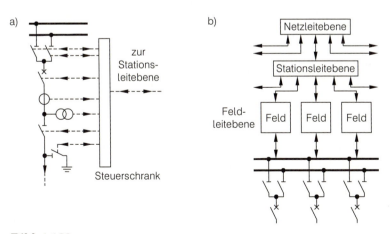

Bild 4.180
Organisation der Leittechnik
a) Leittechnische Einrichtungen in der Feldleitebene (1 Feld)
b) Hierarchischer Aufbau der Leittechnik in Feld-, Stations- und Netzleitebene

Schaltanlage organisiert. Darüber befindet sich eine weitere Ebene, die *Netzleitebene* (Bild 4.180), die den gesamten Betrieb eines größeren Netzes steuert. Daher entspricht diese Ebene der *Netzbetriebsführung*. Dort werden die zu fällenden Entscheidungen bei modernen Anlagen durch ein Rechnersystem – den Netzrechner – unterstützt. In Kapitel 8 wird auf die Netzbetriebsführung noch genauer eingegangen. Im Folgenden werden die Aufgaben beschrieben, die von den einzelnen unterlagerten Leitebenen erfüllt werden.

4.11.4.1 Aufgaben der Feld-, Stations- und Netzleitebene

Räumlich ist die Feldleitebene in den Steuerschränken der Felder untergebracht (s. Abschnitt 4.11.2). Wie auch Bild 4.180a zu entnehmen ist, überträgt man dorthin die Strom- und Spannungswerte, die auf der Sekundärseite der zugehörigen Wandler auftreten, und führt sie Messgeräten zu. Meist werden die Beträge des Stroms, der Spannung und der Wirkleistung ermittelt. Diese Werte sind zu digitalisieren und der übergeordneten Stationsleitebene zuzuleiten. Zusätzlich werden von den Schalt- und Kuppelfeldern auch die Schalterstellungen gemeldet. In umgekehrter Weise können von der Stationsleitebene aus Schaltbefehle eintreffen, die dann von der Feldleitebene direkt umgesetzt werden.
Bei modernen Schaltanlagen werden alle diese Signale mithilfe serieller Übertragungsprotokolle über Lichtwellenleiter (LWL) gesendet. Dadurch entfallen aufwändige Verdrahtungen, die früher notwendig waren. Darüber hinaus weisen LWL eine sehr hohe Sicherheit gegen elektromagnetische Störungen auf (EMV-Unempfindlichkeit). Angemerkt sei, dass Schaltmaßnahmen auch unmittelbar vor Ort von den Steuerschränken aus durchgeführt werden können. Solche Schalterbetätigungen dürfen jedoch nur nach Absprache mit der Netzbetriebsführung erfolgen.
Während in der Feldleitebene die *Datenerfassung* und die *Umsetzung von Schaltbefehlen* erfolgen, steht in der Stationsleitebene die *Datenverarbeitung* im Vordergrund. Die aus der Feldleitebene einlaufenden Daten werden Schutzeinrichtungen zugeführt. Dabei handelt es sich um Messwertverarbeitungssysteme, deren Funktion in Abschnitt 4.13.2 noch erläutert wird. Die Aufgabe dieser Schutzsysteme besteht darin, Fehler zu erkennen und dann *selbsttätig* Ausschaltbefehle in die Feldleitebene zu senden.
Parallel zu der Auswertung in den Schutzeinrichtungen werden die Daten, die von den Feldern der Feldleitebene geliefert werden, in Stationsrechnern verarbeitet. Sie protokollieren und archivieren die Betriebsabläufe, sodass die Netzbetriebsführung bei Bedarf darauf zurückgreifen kann. Da in den Rechnern der Stationsleitebene die Betriebsdaten der gesamten Anlage zusammenfließen, sind sie darüber hinaus auch in der Lage, einzelne Schaltmaßnahmen, die von der Netzleitebene eintreffen, auf ihre Zulässigkeit zu überprüfen.
Als erstes Beispiel, an dem die Kontrollfunktion des Stationsrechners aufgezeigt wird, sei das Öffnen eines einzelnen Trennschalters angeführt. Von dem Rechner werden zunächst Verriegelungsbedingungen überprüft. Sofern diese Bedingungen erfüllt sind, wird der Befehl an die Feldleitebene weitergeleitet. Anderenfalls wird er gesperrt und die Netzbetriebsführung unter Angabe der Gründe darüber benachrichtigt. Als zweites Beispiel sei das Ein- oder Ausschalten eines leerlaufenden Umspanners genannt. Da beim Einschalten der Rush-Effekt und beim Ausschalten hohe Überspannungen den Transformator beanspruchen können, ist die Notwendigkeit solcher Schaltmaßnahmen zu prüfen (s. Abschnitte 4.5.4 und 7.6.5).

Über diese Zulässigkeitsprüfungen hinaus können die Stationsrechner so ausgerüstet werden, dass sie auch komplexe Schaltfolgen steuern, sofern diese von der Netzbetriebsführung angeregt werden. Dadurch wird das Personal in der Netzbetriebsführung von routinemäßigen Detailarbeiten wirksam entlastet. Eine solche umfassendere Schaltmaßnahme stellt das *Zusammenschalten von Teilnetzen* dar. Bei dieser Schaltfolge gilt es zunächst festzustellen, ob eine Synchronisation zulässig ist. Dazu werden die zugehörigen Sammelschienenspannungen untersucht, deren Daten aus dem Messfeld einlaufen. Ihre Frequenzen und Amplituden werden verglichen. Außerdem wird die Phasenverschiebung zwischen den beiden Spannungen ermittelt. Nur wenn die Spannungen hinreichend gut übereinstimmen, wird die Schaltung für zulässig erklärt und der Leistungsschalter im Kuppelfeld eingeschaltet. Als weitere recht komplexe Schaltfolge ist ein *Sammelschienenwechsel* in Schaltanlagen mit Mehrfachsammelschienensystemen oder ein *Umspannerwechsel* zu nennen.

Herausgestellt sei, dass solche Schaltmaßnahmen stets von der Netzleitebene entschieden werden, denn die so genannte Schalthoheit liegt bei der übergeordneten Netzbetriebsführung. Unabhängig davon werden Ausschaltbefehle, die der Schutz aufgrund erkannter Fehler sendet, jedoch direkt an die betroffenen Leistungsschalter weitergeleitet. Umfassender wird auf das Aufgabenspektrum der Netzleitebene im Abschnitt 8.1 eingegangen. Im Folgenden wird nun beschrieben, wie die Kommunikation der Leitebenen organisiert ist.

4.11.4.2 Kommunikation der Leitebenen

Um den Datenverkehr innerhalb der Schaltanlage möglichst effektiv und flexibel gestalten zu können, werden heute moderne Kommunikationsnetzwerke eingesetzt. So rüstet man neuere Schaltanlagen mit einem *Stationsbus* aus. Er übernimmt die zentrale Kommunikation in der Anlage und leitet Informationen aus der Feldleitebene wie z. B. Messwerte an die Stationsleitebene weiter. In umgekehrter Weise werden auch Steuerbefehle an die Feldleitebene gesendet, die z. B. einen Sammelschienenwechsel auslösen sollen. Zunehmend wird für den Stationsbus ein LAN (local area network) mit Ethernet-Technologie verwendet. Durch den heute üblichen Einsatz von Switches (switched Ethernet) kann bei ausreichend schnellen Verbindungen zwischen den Switches auch mit dieser Technologie ein nahezu deterministisches Übertragungsverhalten erzielt werden, das für eine sichere Funktion der Leittechnik erforderlich ist [89]. Redundanzen in der Übertragung erreicht man, indem die Switches auf mehreren Wegen miteinander verschaltet werden. Falls der Stationsbus ringförmig durch die gesamte Schaltanlage geführt wird, bietet er eine solche Redundanz bereits von seiner Struktur her.

Für den Datenverkehr mit der überlagerten Netzleitebene sowie mit anderen externen Stellen wird immer häufiger ein WAN (wide area network) verwendet. Dabei werden die Informationen heute im Wesentlichen über Lichtwellenleiterkabel (LWL-Kabel) oder über Glasfaserverbindungen in den Erdseilen gesendet. Sowohl im LAN als auch im WAN basiert die Übertragung auf dem TCP/IP-Protokoll, das bekanntlich sehr flexible Adressierungsmöglichkeiten bietet. Informationen können dadurch im Unterschied zu früheren Bauweisen von Schaltanlagen an beliebige Ziele gesendet werden. Darüber hinaus wird auch eine Routing-Funktion unterstützt, mit deren Hilfe im Fall fehlerhafter Übertragungswege automatisch alternative Wege ausgewählt werden.

Auch bei früheren Technologien, für die der Ausdruck *Fernwirktechnik* gebräuchlich ist und die man noch in älteren Schaltanlagen findet, sind bereits alternative Übertragungswege verwendet worden. Diese bestanden jedoch aus festen Punkt-zu-Punkt-Verbindungen wie z. B. Telefonleitungen, Richtfunkverbindungen sowie Trägerfrequenzübertragungen auf Hochspannungsleitungen (TFH). Im Unterschied dazu sind die Wege beim Routing frei programmierbar.

Die Feldleitebene ist jeweils mit einem eigenen Bus ausgerüstet, der dem Stationsbus unterlagert ist. In dieser Ebene sind zurzeit noch verschiedene, herstellerabhängige Übertragungsprotokolle üblich. Deshalb wird im neuen Standard DIN EN 61850 bzw. IEC 61850 vorgesehen, innerhalb von Schaltanlagen in Zukunft durchgängig von der Stations- bis zur Feldleitebene hin mit Ethernet-Technologie, TCP/IP-Protokoll sowie einem genormten Datenmodell zu kommunizieren. Diese Vereinheitlichung hat neben Kosteneinsparungen zusätzlich den Vorteil, dass Steuerbefehle von der Netzbetriebsführung ohne zwischenzeitliche Protokollumwandlung direkt in die Feldleitebene gesendet werden können. Durch die Verwendung dieser Internettechnologie wird es u. a. möglich, eine ortsungebundene Ferndiagnose und Fernwartung durchzuführen. So können Schutz- oder Wartungsingenieure innerhalb eines unternehmenseigenen Intranets direkt auf Informationen aus der Schaltanlage zugreifen und Schaltmaßnahmen oder Konfigurationsänderungen vornehmen. Dieser Zugang kann passwortgeschützt erfolgen, z. B. über ein Notebook mithilfe eines normalen Internet-Browsers. Nur wenige Tätigkeiten – z. B. ein Hardwareaustausch – erfordern dann tatsächlich noch die Anwesenheit vor Ort.

Darüber hinaus wird in DIN EN 61850 ein *Prozessbus* beschrieben, der in neuen Schaltanlagen zu erwarten ist. Es handelt sich um einen zusätzlichen Bus, der in der Feldleitebene installiert wird und für besonders *schnelle* Datenübertragungen ausgelegt ist. Er soll alle Felder verbinden und ebenfalls dem Stationsbus untergeordnet sein. An diesen weiteren Bus werden dann alle Messwerte, Schalterstellungen und datenintensive Störungsaufzeichnungen übergeben; auch die Schutzeinrichtungen sind daran anzuschließen. Dadurch erhält der Stationsbus von diesem Prozessbus nur noch verdichtete Informationen und wird z. B. im Störungsfall von der zeitkritischen Verarbeitung großer Datenmengen entlastet. Die starke Zunahme dieser zu übertragenden Daten ist eine Folge der stetig wachsenden Intelligenz in der Leit- und Schutztechnik. Eine ältere Kommunikationstechnik, die auch heute noch aktuell ist, stellt die Rundsteuerung dar.

4.11.4.3 Kommunikation über Rundsteuerung

In Bild 4.176 ist u. a. auch der Anschluss einer Rundsteueranlage an ein 10-kV-Netz dargestellt. Sie sendet direkt dreiphasige Signale in Form von Impulsfolgen „rund um" in das 10-kV-Netz und in die unterlagerte 0,4-kV-Ebene. Diese Signale bewirken dort ein Ein- bzw. Ausschalten von bestimmten Lasten wie z. B. der Elektroheizung. Gesteuert wird die Rundsteueranlage von einem eigenen Rechner, der wiederum über die Leittechnik mit der Netzbetriebsführung in Verbindung steht. Über diese Einrichtung bieten sich der Netzbetriebsführung Möglichkeiten zur Laststeuerung.

Wie die vorhergehenden Betrachtungen gezeigt haben, werden viele Schutzsysteme für Betriebsmittel bereits zunehmend in die Leittechnik integriert. Diese Einrichtungen sprechen an, wenn z. B. durch Kurzschlüsse, Schalthandlungen, Resonanzerscheinungen oder Blitze die zulässigen Grenzwerte für den Strom oder die Spannung überschritten werden. Im Weiteren wird zunächst darauf eingegangen, für welche Grenzwerte die Isolierungen im Netz auszulegen sind und auf welche Weise die Betriebsmittel vor zu hohen Überspannungen geschützt werden.

4.12 Isolationskoordination und Schutz von Betriebsmitteln vor unzulässigen Überspannungen

Auch unter sehr extremen Spannungsbeanspruchungen dürfen bei der Isolierung von Betriebsmitteln keine Durchschläge auftreten. Im Weiteren gilt es nun, das Isoliervermögen der Netzanlagen in den einzelnen Spannungsebenen quantitativ zu formulieren und mit den dort installierten Schutzeinrichtungen, den Überspannungsableitern, abzustimmen bzw. zu koordinieren. Um eine solche *Isolationskoordination* vornehmen zu können, sind zunächst die als extrem angesehenen Spannungsbeanspruchungen in den einzelnen Netzebenen zu analysieren. Dabei werden im Folgenden nur Netze mit Nennspannungen über 1 kV betrachtet. Sie sind DIN VDE 0111 behandelt. Die Isolationskoordination von Niederspannungsnetzen ist dagegen DIN VDE 0110 zu entnehmen.

4.12.1 Beanspruchungen von Betriebsmitteln durch verschiedene Überspannungsarten

Generell wird jede Spannung zwischen Leiter–Leiter bzw. Leiter–Erde als Überspannung bezeichnet, wenn sie den Wert $\hat{U}_\mathrm{m} = \sqrt{2} \cdot U_\mathrm{m}$ bzw. $\hat{U}_\mathrm{m}/\sqrt{3}$ überschreitet. Sehr wesentlich unterscheiden sich die auftretenden Spannungsverläufe in ihren Stehzeiten, also in der Dauer, während der sie wirksam sind: Entweder erstrecken sie sich auf höchstens eine oder über sehr viele 50-Hz-Perioden. Nach DIN VDE 0111 Teil 1 und DIN VDE 0210 Teil 1 werden die kurzfristigen Vorgänge als *transiente Überspannungen*, die längerfristigen als *zeitweilige Überspannungen* bezeichnet. Mit zusätzlichen Merkmalen lässt sich jede der beiden Kategorien in weitere Klassen untergliedern.

4.12.1.1 Zeitweilige Überspannungen

Bei zeitweiligen Überspannungen kann als weiteres Kriterium die Frequenz herangezogen werden. Dementsprechend unterscheidet man zwischen zeitweiligen betriebsfrequenten und nichtbetriebsfrequenten Vorgängen.

Die höchsten *betriebsfrequenten zeitweiligen Überspannungen* werden hervorgerufen, wenn durch einen Fehler im Netz ein Leiter mit der Erde niederohmig verbunden ist. Ein solcher Fehler wird in DIN VDE 0111 als *Erdschluss* bezeichnet und in den Kapiteln 10 und 11 noch genauer untersucht. Dort wird gezeigt, dass sich während einer derartigen Störung in Netzen mit niederohmig geerdeten Sternpunkten (z. B. 380-kV-Netze) die Spannungsamplitude der Leiter-Erde-Spannung $\hat{U}_\mathrm{F}$ in den nicht fehlerbehafteten Leitern zumeist in dem Bereich $\hat{U}_\mathrm{F} \leq 1{,}4 \cdot \hat{U}_\mathrm{m}/\sqrt{3}$ bewegt. In Netzen, bei denen die Sternpunkte isoliert sind oder an hochohmige Erdschlusslöschspulen angeschlossen werden (z. B. 10-kV-Netze), kann sich die Leiter-Erde-Spannung sogar auf ca. $1{,}7 \cdot \hat{U}_\mathrm{m}/\sqrt{3}$ erhöhen. Gekennzeichnet wird die jeweilige Erhöhung durch einen *Erdfehlerfaktor* δ, dessen Berechnung in Kapitel 11 noch beschrieben wird:

$$\hat{U}_\mathrm{F} = \delta \cdot \hat{U}_\mathrm{m}/\sqrt{3}\,.$$

Die Fehlerdauer erstreckt sich in niederohmig geerdeten Netzen meistens auf 0,1 s, kann bisweilen jedoch auch ca. 1 s erreichen. Demgegenüber sind bei den beiden anderen Sternpunktbehandlungen sehr viel längere Zeitspannen möglich, die sich in Ausnahmefällen sogar auf mehrere Stunden ausdehnen können.

Zu deutlichen betriebsfrequenten Spannungserhöhungen führt auch ein plötzlicher *Lastabwurf*. Gemäß Abschnitt 4.4.3 unterscheiden sich die Amplituden der Polradspannungen der Generatoren zwischen Bemessungsbetrieb und Leerlauf nahezu um einen Faktor 2,8. Bei einem plötzlichen Lastabwurf benötigt die Erregereinrichtung eine Zeitspanne bis zu ca. 60 s, um die Polradspannung auf den neuen Wert einzustellen. Während dieses Zeitbereichs speist der Generator mit erhöhter Spannung ins Netz. In Generatornähe kann bei dem Extremfall eines vollständigen Lastabwurfs ein Anstieg bis zu $1{,}5 \cdot \hat{U}_\mathrm{m}/\sqrt{3}$ auftreten. Üblicherweise wird die Last nur partiell abgeschaltet. In diesem Fall erhöht sich die Netzspannung lediglich auf ca. $\delta_\mathrm{L} \cdot \hat{U}_\mathrm{m}/\sqrt{3}$, wobei der Lastabwurffaktor δ_L überwiegend im Bereich 1,05...1,1 liegt. Dieser Wert entspricht in etwa auch der Obergrenze von Spannungserhöhungen, die in Freileitungsnetzen durch den bereits beschriebenen *Ferranti-Effekt* hervorgerufen werden (s. Abschnitt 4.5.3).

Von Bedeutung sind auch die *nichtbetriebsfrequenten zeitweiligen Überspannungen*. Als ein typisches Beispiel dafür sind die bereits in Abschnitt 4.8.3 behandelten Netzrückwirkungen zu nennen. Sie entstehen immer dann, wenn eine Resonanzstelle bzw. Eigenfrequenz des Netzes mit einer netzharmonischen Oberschwingung übereinstimmt, die im Wesentlichen durch Stromrichteranlagen, aber auch durch leerlaufende Umspanner erzeugt werden können. Spannungserhöhungen über $1{,}06 \cdot \hat{U}_\mathrm{m}/\sqrt{3}$ werden dabei als unzulässig angesehen. Eine weitere Quelle für nichtbetriebsfrequente Spannungserhöhungen stellen *Ferroresonanzeffekte* dar, die in Kapitel 11 noch erläutert werden.

4.12.1.2 Transiente Überspannungen

Im Vergleich zu den bisher betrachteten Verläufen, den zeitweiligen Überspannungen, können sich bei *transienten* Überspannungen höhere Spannungswerte einstellen. Dabei ist es zweckmäßig, auch die Kategorie der transienten Überspannungen in weitere Klassen zu gliedern. So unterscheidet man entsprechend DIN VDE 0111 zwischen langsam ansteigenden, schnell ansteigenden und sehr schnell ansteigenden Überspannungen.

Schnell ansteigende Überspannungen

Zunächst wird auf die Klasse der *schnell ansteigenden* Überspannungen eingegangen. Normalerweise handelt es sich um einen Spannungsimpuls im Mikrosekundenbereich. Dessen Anstieg auf den Scheitelwert wird im Weiteren als *Anstiegszeit* T_1 bezeichnet, die in den Grenzen $0{,}1\ \mu\mathrm{s} \leq T_1 \leq 20\ \mu\mathrm{s}$ liegt. Für die Zeitdauer vom Beginn des Impulses bis zum Abfall auf den halben Scheitelwert wird der Begriff *Rückenhalbwertszeit* T_2 verwendet. Für diese Zeitspanne gilt $T_2 \leq 300\ \mu\mathrm{s}$. Hervorgerufen werden solche Überspannungen vornehmlich durch Blitze, insbesondere durch die Wolke-Erde-Blitze [90].

Zunächst prägt der Blitz an der Einschlagstelle einen Stromimpuls $i_\mathrm{B}(t)$ ein (Bild 4.181).

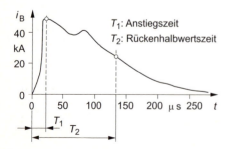

Bild 4.181
Blitzstrom $i_\mathrm{B}(t)$ eines Wolke-Erde-Blitzes mit negativer Polarität

4.12 Isolationskoordination und Schutz vor unzulässigen Überspannungen

Der zugehörige Spannungsverlauf $u_\mathrm{B}(t)$ wird von der Impedanz bestimmt, die von der Einschlagstelle aus gesehen wird. Für die in diesem Rahmen verlangte Genauigkeit ist es ausreichend, die Blitzüberspannung $u_\mathrm{B}(t)$ mit der Beziehung $u_\mathrm{B}(t) = R \cdot i_\mathrm{B}(t)$ zu ermitteln. Aufgrund der Proportionalität zwischen u_B und i_B ist der in Bild 4.181 dargestellte Stromverlauf auch typisch für Blitzüberspannungen.

In den Freileitungsnetzen der Mittelspannungsebene schlagen die Blitze zu ca. 50 % in die Masten und mit gleicher Wahrscheinlichkeit in die Leiter ein. Gemäß Abschnitt 4.5.1 verringert sich die Anzahl der Einschläge in die Leiterseile auf ca. 1 %, wenn die Freileitungen durch Erdseile geschützt sind, wie es im Hoch- und Höchstspannungsbereich der Fall ist [91].

Für Blitze, die in die *Masten oder Erdseile* einschlagen, ist im Wesentlichen eine Stoßimpedanz wirksam. Sie weist aufgrund von Wirbelströmen und Abstrahlungseffekten einen höheren Wert auf als bei 50 Hz und ist sehr schwer zu berechnen. Für praktische Aufgabenstellungen ist es ausreichend genau, stattdessen den kleineren Erdungswiderstand R_E zu wählen, der im stationären 50-Hz-Betrieb wirksam ist. Er wird von dem Erdreich geprägt, das den zugehörigen Mastfuß umgibt. Bei den großen Masten bzw. Mastfüßen des Höchstspannungsbereichs liegt er in der Regel unter 10 Ω. In der Hochspannungsebene steigt er auf ca. 20 Ω, um bei den noch kleineren Masten des Mittelspannungsbereichs Werte von ca. 40 Ω anzunehmen. Allerdings ist hinzuzufügen, dass die Erdungswiderstände in Einzelfällen durchaus beträchtlich höhere Werte aufweisen können.

Um nun die Scheitelwerte der Blitzüberspannung berechnen zu können, fehlen noch Aussagen über die Spitzenwerte $\hat{i}_\mathrm{B}$ der Stromimpulse. Sie unterschreiten kaum 2 kA und übersteigen sehr selten 100 kA (s. DIN VDE 0845 Teil 1 und Vornorm DIN VDE V 0185); 50 % aller Blitze weisen Werte unterhalb von 30 kA auf.

Entsprechend den vorhergehenden Erläuterungen ermittelt sich der Spannungsabfall am Erdungswiderstand des Erdreichs zu $u_\mathrm{B}(t) = R_\mathrm{E} \cdot i_\mathrm{B}(t)$. In den einzelnen Netzebenen ergeben sich aufgrund der unterschiedlichen R_E-Werte unterschiedliche Überspannungen (s. Tabelle 4.8).

Tabelle 4.8
Blitzstoßspannungen und -ströme bei Blitzeinschlägen in Masten oder Erdseile

Nenn-spannung	Erdungs-widerstand R_E	unterer Grenzwert		oberer Grenzwert	
		$\hat{i}_\mathrm{B}$	$\hat{u}_\mathrm{B}$	$\hat{i}_\mathrm{B}$	$\hat{u}_\mathrm{B}$
10 kV	40 Ω	2 kA	80 kV	100 kA	4 MV
110 kV	20 Ω	2 kA	40 kV	100 kA	2 MV
380 kV	10 Ω	2 kA	20 kV	100 kA	1 MV

Die Blitzüberspannungen heben das Spannungspotenzial des Mastes an; dadurch entsteht zwischen Masttraverse und den Leiterseilen, die auf ihren Betriebspotenzialen liegen, ein sehr großer Spannungsunterschied. Wird das Isoliervermögen der Isolatoren überschritten, kommt es zu einem *rückwärtigen Überschlag*. Diese Bezeichnung drückt den Sachverhalt aus, dass – umgekehrt wie üblich – der Überschlag von der Traverse auf die Leiterseile erfolgt.

Andere Verhältnisse ergeben sich bei *direkten Blitzeinschlägen* in die Leiterseile. Anstelle des Stoßerdungswiderstands der Leitung ist nun ein Wellenwiderstand Z_W maßgebend. Im Weiteren wird für Z_W bei Bündelleitern etwa 240...350 Ω und bei Leitungen mit

Einfachseilen ca. 450 Ω angenommen. Der vom Blitz geprägte Strom $i_B(t)$ fließt nun zu beiden Seiten der Leitung ab, sodass für die Leiter-Erde-Spannung an der Einschlagstelle

$$u_B(t) = Z_W \cdot 0{,}5 \cdot i_B(t) \tag{4.138}$$

gilt. Die zugehörigen Leiter-Leiter-Spannungen sind stets niedriger: Durch die induktiven und kapazitiven Kopplungen werden nur ca. 15 % der Leiter-Erde-Spannung auf die anderen Leiter übertragen. Die eingekoppelten Spannungen überlagern sich dann mit den Betriebswerten. Aufgrund dessen sind für die Dimensionierung allein die höheren Leiter-Erde-Blitzstoßspannungen maßgebend [92].

Im Hoch- und Höchstspannungsbereich führt die Schirmwirkung der Erdseile dazu, dass statistisch gesehen nur 1 % der Blitze zu den Leiterseilen vordringen. Zugleich sind solche Blitze stromschwächer. Anstelle von 100 kA stellen dann in der 110-kV-Ebene 10 kA und in den 380-kV-Netzen 30 kA die oberen Grenzwerte dar, wobei 2 kA wiederum die untere Schranke bildet. Mit der Beziehung (4.138) ermitteln sich die Blitzüberspannungen, die durch direkte Einschläge an der Einschlagstelle hervorgerufen werden, zu den in Tabelle 4.9 angegebenen Werten. Messungen zeigen, dass innerhalb dieses Bereichs jeder Scheitelwert etwa mit gleicher Wahrscheinlichkeit auftritt.

Tabelle 4.9
Grenzwerte der auftretenden Blitzüberspannungen und -ströme bei direkten Blitzeinschlägen in die Leiterseile

Nenn-spannung	Wellenwider-stand Z_W	unterer Grenzwert		oberer Grenzwert	
		$\hat{i}_B$	$\hat{u}_B$	$\hat{i}_B$	$\hat{u}_B$
10 kV	450 Ω	2 kA	450 kV	100 kA	22,5 MV
110 kV	350 Ω	2 kA	350 kV	10 kA	1,75 MV
380 kV	240 Ω	2 kA	240 kV	30 kA	3,6 MV

Unmittelbar nach einem direkten Einschlag in die Leitung beginnen sich die erzeugten Überspannungen in Form von Wanderwellen entlang der Leiterseile zu beiden Seiten hin auszubreiten. Falls die Spannungswerte das Isoliervermögen der Freileitung überschreiten, kommt es – insbesondere an den Isolatoren – zu Überschlägen. Sie hören erst dann auf, wenn die Spannung der Wanderwelle durch Dämpfungseffekte auf das Isoliervermögen der Freileitung abgesunken ist. Die Wanderwelle bewegt sich nun mit annähernd Lichtgeschwindigkeit auf die Leitungsenden zu. Bei in Betrieb befindlichen Leitungen läuft die Wanderwelle in die Schaltanlage ein und beansprucht dort die Betriebsmittel mit Scheitelwerten, die dem Isoliervermögen der Freileitungen entsprechen. Die zugehörigen Werte sind in DIN VDE 0111 in Abhängigkeit von den Netznennspannungen angegeben. Danach dürfen in 380-kV-Netzen Wanderwellen aus der Gruppe der schnell ansteigenden Überspannungen bis $\hat{u}_B \leq 1425$ kV nur wenige Überschläge auf den Leitungen hervorrufen. In der 110-kV-Ebene liegt dieser Wert bei 550 kV und in 10-kV-Netzen bei 75 kV.

Ein Vergleich dieser zulässigen Spannungswerte mit den Angaben in Tabelle 4.8 zeigt, dass bei entsprechend dimensionierten 380-kV-Freileitungen mit rückwärtigen Überschlägen nicht zu rechnen ist. Zusätzlich werden die seltenen direkten Einschläge für Blitzstromstärken bis $\hat{i}_B \approx 11$ kA beherrscht. Demgegenüber führen Blitze im 110-kV-Bereich bereits sehr viel häufiger zu Überschlägen. In der 10-kV-Ebene löst praktisch jeder Wolke-Erde-Blitz Überspannungen bzw. Durchschläge aus und begrenzt dadurch die Wanderwelle bereits während ihres Anstiegs; der Rücken wird abgeschnitten. Durch weitere netztechnische Maßnahmen – wie Kurzunterbrechung bzw. kompensierter Netzbetrieb – lässt es sich in allen Netzebenen erreichen, dass wiederum nur ein sehr kleiner Teil der Fehler den Netzbetrieb beeinträchtigt (s. Abschnitte 7.3 und 11.2).

Wenn in sehr geringer Entfernung von einer Schaltanlage Blitze direkt in die Freileitung einschlagen, kann sich die dadurch entstehende Wanderwelle nicht mehr auf das Isolationsniveau der Freileitung abbauen. Durch einen derartigen *Naheinschlag* können die Betriebsmittel daher höher beansprucht werden. Durch Schutzmaßnahmen, die noch erläutert werden, dürfen solche Naheinschläge jedoch als wenig wahrscheinlich angesehen werden.

Langsam ansteigende Überspannungen

Neben den bisher untersuchten schnell ansteigenden Überspannungen ist die bereits erwähnte Klasse der langsam ansteigenden Überspannungen für die Isolationsbemessung bedeutsam. Wiederum handelt es sich um kurzzeitige Impulse, die jedoch – wie auch schon aus der Bezeichnung zu erkennen ist – eine längere Anstiegs- und Rückenhalbwertszeit aufweisen. Für die Anstiegszeit gilt $20\ \mu s \leq T_1 \leq 5000\ \mu s$ und für die Rückenhalbwertszeit $T_2 \leq 20$ ms. Diese Impulse breiten sich ebenfalls als Wanderwellen im Netz aus. Im Unterschied zu den Blitzüberspannungen ist der Wanderwellenkopf flacher ausgebildet.

Hervorgerufen werden derartige Überspannungen im Wesentlichen durch Schalthandlungen, Fehler in Netzen oder auch bereits merklich abgedämpfte Blitzüberspannungen. Besonders hohe Spitzenwerte treten beim *Einschalten von Freileitungen* auf. Im Abschnitt 4.5.4 ist bereits an einer einphasigen Leitung erläutert worden, dass durch die plötzliche Zustandsänderung „Einschalten" eine Wanderwelle zwischen Hin- und Rückleiter ausgelöst wird.

Bei Drehstromfreileitungen breitet sich dazu analog zwischen Erde und jedem der drei Leiter eine Wanderwelle aus. Während bei den Blitzüberspannungen der eingeprägte Blitzstrom $\hat{\imath}_B$ den Scheitelwert der Wanderwelle bestimmt, ist bei Wanderwellen, die durch Schalthandlungen entstehen, dafür eine andere Größe maßgebend: Der Scheitelwert solcher Wanderwellen wird von dem Augenblickswert der *Spannungsdifferenz* bestimmt, die unmittelbar vor dem Schließen der Schalterpole zwischen jeweils einem Außenleiter des Netzes und dem zugehörigen Außenleiter der Freileitung auftritt.

Wenn netzseitig im Augenblick des Einschaltens die Spannung $\hat{U}_m/\sqrt{3}$ an einem Leiter anliegt, breitet sich auf dem zugehörigen Leiter der Freileitung eine Leiter-Erde-Wanderwelle mit diesem Scheitelwert aus. Wenn weiterhin ein symmetrischer stationärer Netzzustand vorausgesetzt und zusätzlich ein gleichzeitiges Schließen der drei Schalterpole angenommen wird, entstehen auf den beiden anderen Außenleitern Leiter-Erde-Wanderwellen mit den Scheitelwerten $\hat{u}_{LE} = -\hat{U}_m/(2 \cdot \sqrt{3})$. Durch interne Vorüberschläge zwischen den Schaltkontakten wird bewirkt, dass die Wanderwelle nicht sprungartig, sondern mit einer Anstiegszeit oberhalb von $20\ \mu s$ ansteigt.

Im Unterschied zu den Blitzüberspannungen können in dem vorhergehenden Beispiel die Leiter-Leiter-Spannungen um den Faktor $\sqrt{3}$ größer sein als die zugehörigen Leiter-Erde-Spannungen und den Wert $\hat{U}_m$ erreichen. In manchen Betriebssituationen können sich Wanderwellen mit noch höheren Scheitelwerten entwickeln:

So möge zunächst auf einer Leitung ein einpoliger Kurzschluss vorhanden sein. Je nach Erdfehlerfaktor δ des Netzes erhöht sich dadurch die Leiter-Erde-Spannung auf $(1{,}4\ldots 1{,}7)\cdot \hat{U}_\mathrm{m}/\sqrt{3}$. Anschließend erfolge im Spannungsmaximum eine Ausschaltung. Auf der ausgeschalteten Leitung bleibt dann der betreffende Scheitelwert erhalten, da sich die Leitungskapazitäten nicht mehr entladen können. Wie bereits früher erwähnt, spricht man dann von der Restladung bzw. Restspannung der Leitung.

Im weiteren Ablauf wird das Netz wieder auf die Leitung geschaltet; es liegt eine *Wiedereinschaltung* vor. Wenn diese zu einem ungünstigen Zeitpunkt erfolgt, bilden sich Wanderwellen mit erheblich höheren Spitzenwerten aus. Je nach Erdfehlerfaktor liegen die Amplituden üblicherweise im Bereich $(2{,}4\ldots 2{,}7)\cdot \hat{U}_\mathrm{m}/\sqrt{3}$. Im Abschnitt 11.2.1 werden diese Betrachtungen noch vertieft.

Falls darüber hinaus ein zweiter Fehler auftritt (z. B. ein Lastabwurf auf der Netzseite), so könnte sich die Speisespannung zwischen Leiter und Erde im Netz bis auf $1{,}5\cdot \hat{U}_\mathrm{m}/\sqrt{3}$ erhöhen. Dementsprechend würde sich bei der beschriebenen Fehlersituation der Scheitelwert der Wanderwelle nochmals bis zu einem Faktor 1,5 vergrößern. An diesem Beispiel zeigt sich bereits der generelle Zusammenhang, dass *Mehrfachfehler* Überspannungen bewirken können, die höher als die bereits angegebenen Grenzwerte sind. Allerdings zeigt die Betriebspraxis, dass derartige Fehlerfolgen extrem selten entstehen. Daher ist es gerechtfertigt, die bereits zuvor genannten Werte als Worst-Case (ungünstigster Fall) für die langsam ansteigenden Überspannungen anzusehen und danach die Isolation zu bemessen.

Aus den bisherigen Erläuterungen ist zu ersehen, dass es sich sowohl bei den schnell ansteigenden als auch bei den langsam ansteigenden Überspannungen um Spannungsimpulse handelt, die sich innerhalb des Netzes als Wanderwellen ausbreiten. Diese werden an Stoßstellen wie z. B. an Übergängen Freileitung–Kabel oder an den Anschlüssen von Betriebsmitteln aufgrund der unterschiedlichen Wellenwiderstände mit anderen Scheitelwerten weitergeleitet. Zugleich entstehen dort durch Reflexionen neue Wanderwellen. Jede dieser neuen Wellen löst wiederum an anderen Stoßstellen weitere Reflexionen aus.

Ähnlich wie bei der offenen Leitung überlagern sich alle Wellen (s. Abschnitt 4.5.4). Es entstehen dadurch Schwingungen. Sie lassen sich auch durch die *Eigenschwingungen* des Netzes beschreiben. Dabei gilt gemäß Abschnitt 4.1, dass schmale Impulse insbesondere die höherfrequenten Eigenschwingungen des Netzes anregen. Mit wachsender Impulsbreite prägen dagegen zunehmend die niederfrequenten Eigenschwingungen die Überspannungsvorgänge.

Im Abschnitt 4.1 ist weiterhin dargestellt worden, dass die hochfrequenten Vorgänge durch die Wirbelströme sehr viel deutlicher abgedämpft werden als die niederfrequenten. Aus diesem Grunde verschwinden die schmalimpulsigen, hochfrequenten Blitzüberspannungen relativ schnell, während die langsam veränderlichen Überspannungen noch über eine längere Zeitspanne in Gestalt niederfrequenter Eigenschwingungen anstehen. So liegen bei größeren Netzen die relevanten Eigenfrequenzen im Bereich von ca. 200 Hz bis 2 kHz.

Erwähnt sei, dass sich diese Eigenschwingungen auch aus diskreten Ersatzschaltbildern ermitteln lassen. Sofern es sich um ein Einschaltproblem handelt und der Netzzustand symmetrisch ist, dürfen dafür die bereits beschriebenen einphasigen Ersatzschaltbilder einer Freileitung mit Π- oder T-Gliedern verwendet werden (s. Abschnitte 4.5 und 7.6).

Es interessieren nun Aussagen über den Verlauf der Überspannungen, die sich aus den niederfrequenten Eigenschwingungen einer Anlage zusammensetzen. In Anlehnung an frühere Fassungen der VDE-Bestimmung 0111 wird für diese Klasse von Überspannungen der Begriff *Schaltüberspannungen* verwendet. Infolge ihrer längeren Stehzeit ist das Auftreten eines weiteren Fehlers wahrscheinlicher als in der Anfangsphase, in der nur langsam ansteigende Überspannungen wirksam sind.

In [88] werden dazu detaillierte Untersuchungen angestellt. Dort wird gezeigt, dass für die Betriebspraxis nur die selten auftretenden aussetzenden Erdschlüsse von Interesse sind. Wie in Kapitel 11 noch ausgeführt wird, können durch mehrere aufeinander folgende Fehler Überspannungen bis zu ca. $3{,}5 \cdot \hat{U}_\mathrm{m}/\sqrt{3}$ zwischen Leiter und Erde entstehen. Allerdings ist mit diesem Effekt nur in kleinen Mittelspannungsnetzen zu rechnen, bei denen die Sternpunkte aller Transformatoren isoliert bzw. nur an Überspannungsableiter angeschlossen sind. In anders geerdeten Netzen sind solche Fehlerfolgen als so unwahrscheinlich zu betrachten, dass sie nicht für die Isolationsauslegung beachtet zu werden brauchen. Neben dem diskutierten Parameter *Mehrfachfehler* ist auch der Einfluss der *Netzgröße* auf den Scheitelwert der transienten Eigenschwingungen zu beachten.

Prinzipiell gilt gemäß Abschnitt 4.1, dass Netzanlagen mit vielen unterschiedlichen Betriebsmitteln ein vergleichsweise breites Spektrum mit einer Reihe von Eigenfrequenzen im unteren Bereich aufweisen. Bei n Energiespeichern können sich bis zu $(n-1)$ Eigenfrequenzen ausbilden.

In großen Netzen mit einem breiten Eigenfrequenzspektrum regen daher die langsam ansteigenden Überspannungen vergleichsweise viele Eigenschwingungen mit tiefen Frequenzen an. Infolge ihrer unterschiedlichen Frequenzen überlagern sie sich nicht mehr zeitgleich. Dadurch treten in solchen Netzen vergleichsweise niedrige Schaltüberspannungen auf. Die bisherigen Überlegungen münden in dem folgenden Ergebnis: Ausgeprägte Schaltüberspannungen werden nur angeregt, sofern das Eigenfrequenzspektrum einer Anlage wenige niedrige Eigenfrequenzen aufweist. Besonders weitgehend wird diese Bedingung von *langen, verlustarmen Freileitungen in Übertragungsnetzen* erfüllt.

So können sich beim Einschalten solcher Freileitungen in Übertragungsnetzen zwischen Leiter und Erde Schwingungen bis zu einer Amplitude von ca. $3 \cdot \hat{U}_\mathrm{m}/\sqrt{3}$ ausbilden [91]. Wie u. a. im Abschnitt 4.5 bereits ausgeführt, werden diese hohen Amplituden durch die Reflexionen am Leitungsende verursacht. Durch den Einbau von Kompensationsdrosselspulen bzw. Einschaltwiderständen kann man jedoch erreichen, dass in der Praxis Werte von ca. $2{,}5 \cdot \hat{U}_\mathrm{m}/\sqrt{3}$ nicht überschritten werden. Damit erreichen die Schwingungen, die von den Wanderwellen der langsam ansteigenden Überspannungen ausgelöst werden, in etwa nur deren Scheitelwert. Bei den kürzeren Leitungen in den Hoch- und Mittelspannungsnetzen tritt selten mehr als ein Faktor 2 auf.

Derartige Spannungsbeanspruchungen entstehen nicht beim Einschalten von Transformatoren. Ihre nichtlineare Magnetisierungskennlinie begrenzt den Spannungsanstieg. Stattdessen können große Einschaltströme in Form des Rush-Effekts auftreten (s. Abschnitt 4.1.4). Andere Verhältnisse ergeben sich dagegen beim Ausschalten von Umspannern (s. Abschnitt 7.6). Generell gilt, dass sich auch aus *Abschaltvorgängen* gefährliche Überspannungen entwickeln können. Sie sind jedoch im Vergleich zu den Einschaltüberspannungen etwas niedriger, weil die Festigkeit der Schaltstrecke zwischen den sich öffnenden Schaltkontakten begrenzend wirkt. Dafür können jedoch Ausschaltmaßnahmen zu steileren Anstiegen führen. Besonders steile Verläufe können sich in SF_6-Anlagen z. B. beim Öffnen von Trennschaltern oder als Folgewirkung von Fehlern einstellen. Sie werden der eingangs bereits erwähnten dritten Klasse, den *sehr schnell ansteigenden* Überspannungen, zugeordnet.

Sehr schnell ansteigende Überspannungen

Solche Überspannungen lassen sich durch die Bedingungen $T_1 < 0{,}1$ μs und $T_2 < 3$ ms kennzeichnen. Sie breiten sich zunächst wiederum als Wanderwellen entlang der Rohrleiter und Sammelschienen innerhalb der SF_6-Schaltanlage aus. Durch Reflexionen an den Schottstützern oder direkt an den Betriebsmitteln in den Abzweigen entstehen aufgrund der kurzen Abstände sehr hochfrequente Schwingungen. Sie liegen im Bereich von 30...100 MHz. An den Anschlussbauteilen wird diese sehr schnell ansteigende Überspannung in das Netz weitergeleitet und beansprucht die dort eventuell angeschlossenen Umspanner. Bei den üblichen SF_6-Ausführungen (s. Abschnitt 4.11.2.2) sind nach dem derzeitigen Kenntnisstand allerdings die Scheitelwerte dieser Überspannungen nicht so hoch, dass sie in die Isolationskoordination einzubeziehen wären [85], [87], [92].

Bisher ist die breite Palette der Überspannungen beschrieben worden. Es hat sich gezeigt, dass die Grenzbeanspruchungen durchaus netzabhängig sind. Für eine quantitative Formulierung der Isolationskoordination ist es nun notwendig, die einzelnen Überspannungsklassen jeweils durch wenige repräsentative Überspannungen zu kennzeichnen.

4.12.2 Festlegung des Isoliervermögens von Betriebsmitteln mithilfe von genormten Bemessungsspannungen

In diesem Abschnitt gilt es, die einzelnen Überspannungskategorien durch wenige Kennwerte zu kennzeichnen. Dazu sind Kenntnisse über das Durchschlagsverhalten von Isolierstoffen notwendig. Sie werden zunächst an einer Spitze-Platte-Anordnung entwickelt. Von ihrer Bauform her weist dieses Elektrodenpaar besonders ungünstige Durchschlagskennlinien auf.

4.12.2.1 Durchschlagskennlinien von Spitze-Platte-Anordnungen

In Bild 4.182 sind Durchschlagskennlinien für ein spezielles Elektrodenpaar, eine *luftisolierte* Spitze-Platte-Anordnung, dargestellt. Deren Abstand wird mit s bezeichnet. Es wird sich später zeigen, dass diese Anordnung bereits recht allgemeine Aussagen liefert.

Auf der Ordinate der Durchschlagskennlinien sind die Scheitelwerte der Überspannungen

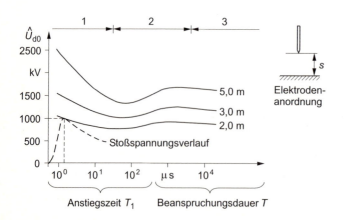

Bild 4.182
Stehspannungen $\hat{U}_{d0}$ einer luftisolierten Spitze-Platte-Anordnung in Abhängigkeit von dem Elektrodenabstand s und der Anstiegszeit T_1 bzw. der Beanspruchungsdauer T
1: schnell ansteigende Überspannungen;
2: langsam ansteigende Überspannungen;
3: zeitweilige Überspannungen

aufgetragen, bei denen gerade noch kein Durchschlag erfolgt. Für solche Spannungswerte wird der Ausdruck *Stehspannung* $\hat{U}_{d0}$ verwendet. Unter normalen Witterungs- und Standortbedingungen stellen der Abstand s sowie die Form des Spannungsverlaufs die primären Einflussgrößen für die Stehspannung dar. Dementsprechend gilt für die schnell und langsam ansteigenden Überspannungen mit den Anstiegs- und Rückenhalbwertszeiten T_1 sowie T_2 (Bild 4.181) der dreidimensionale Zusammenhang $\hat{U}_{d0} = \hat{U}_{d0}(T_1, T_2, s)$. Im Vergleich zu den Größen T_1 und T_2 ist die Beanspruchungsdauer T der zeitweiligen Überspannungen groß. Sie werden durch eine 50-Hz-Wechselspannung nachgebildet. Für deren Stehspannung gilt $\hat{U}_{d0} = \hat{U}_{d0}(T, s)$. Dieser Verlauf bildet den hinteren Teil der Durchschlagskennlinie. Der Bereich zwischen den langsam ansteigenden und den zeitweiligen Überspannungen kann als Spannungsfestigkeit gegenüber Schaltüberspannungen angesehen werden.

Bei kleinen Abständen s ergeben sich für wachsende Zeiten T_1 und T_2 sowohl in Luft als auch in SF_6 monoton fallende Kennlinien. Dabei gehen sie im Bereich der zeitweiligen Überspannungen in konstante Werte über. Im Bereich der schnell und der langsam ansteigenden Überspannungen gilt demnach der physikalisch plausible Zusammenhang: Je kurzzeitiger die Spannungsimpulse an den Elektroden anliegen, desto höher ist die zugehörige Stehspannung. Allerdings besteht bei großen Abständen *in Luft* – nicht jedoch in SF_6 – eine Ausnahme von dieser Regel. Bei Luft bildet sich im Bereich der langsam ansteigenden Überspannungen ein Minimum aus. Verursacht wird es durch niederohmige Plasmakanäle, so genannte Leader. Sie verringern den wirksamen Elektrodenabstand. Dadurch senkt sich die Spannungsfestigkeit ab [30], [57]. Diese Zusammenhänge sind für einige, größere Abstände s in Bild 4.182 dargestellt. Zu beachten ist, dass man daraus nicht die beschriebene Abhängigkeit von dem Parameter T_2 erkennt. Sie ist jedoch nur schwach.

Wesentlich für die weiteren Betrachtungen ist, dass insgesamt die Kennlinien sehr glatt und mit geringer Krümmung verlaufen. Daher ist es zulässig, die einzelnen Überspannungsklassen bzw. die Bereiche der Durchschlagskennlinien jeweils durch einen repräsentativen Wert, gewissermaßen einen dielektrisch gleichwertigen Mittelwert, zu beschreiben. Gemäß DIN VDE 0111 wird dieser Wert als *repräsentative Überspannung* bezeichnet.

4.12.2.2 Kennzeichnung der Durchschlagskennlinien durch repräsentative Überspannungen

Für den Bereich schnell ansteigender Überspannungen wird die repräsentative Überspannung zu

$$\hat{U}_{dB} = \hat{U}_{d0}(T_1 = 1{,}2\ \mu s;\ T_2 = 50\ \mu s;\ s)$$

definiert; die zugehörige Spannungsform wird als *Blitzstoßspannung* bzw. 1,2/50-Stoßspannung bezeichnet. In der Hochspannungsprüftechnik hat sich eine noch genauere Normung als notwendig erwiesen, die in DIN VDE 0432 Teil 1 festgelegt ist (Bild 4.183a). Für die Klasse der langsam ansteigenden Überspannungen gilt

$$\hat{U}_{dS} = \hat{U}_{d0}(T_1 = 250\ \mu s;\ T_2 = 2500\ \mu s;\ s)\ ,$$

die zugehörige Spannungsform wird mit dem Begriff *Schaltstoßspannung* bzw. 250/2500-Stoßspannung belegt (Bild 4.183b). Im Bereich der zeitweiligen Überspannungen wählt man eine 50-Hz-Wechselspannung mit einer Beanspruchungsdauer von $T = 60$ s, für den

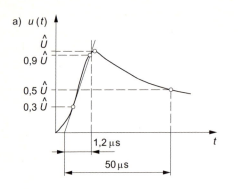 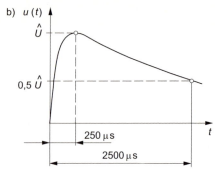

Bild 4.183
Verläufe von Stoßspannungen
a) Verlauf einer Blitzstoßspannung. Stirnzeit: 1,2 μs; Rückenhalbwertszeit: 50 μs
b) Verlauf einer Schaltstoßspannung. Scheitelzeit: 250 μs; Rückenhalbwertszeit: 2500 μs

zugehörigen Verlauf ist der Ausdruck *Kurzzeitwechselspannung* geprägt worden. Die zugehörige repräsentative Überspannung ergibt sich dann aus der Beziehung

$$\hat{U}_{dW} = \hat{U}_{d0}(T = 60\,\text{s};\ s)\ .$$

Für die drei Kennwerte $\hat{U}_{dB}$, $\hat{U}_{dS}$, $\hat{U}_{dW}$ soll nun gelten, dass sie stets größer sind als die im vorhergehenden Abschnitt erläuterten, wirklich auftretenden Überspannungsbeanspruchungen. Die Kurzzeitwechselspannung wird dabei so festgelegt, dass ihre Amplitude noch über den Scheitelwerten der Schaltüberspannungen liegt.

Im Hinblick auf eine kleine Bauweise interessiert nun insbesondere diejenige Durchschlagskennlinie, bei der die Spitze-Platte-Anordnung für eine vorgegebene Spannungsbeanspruchung einen minimalen Abstand s_m aufweist. Für jede Spannungsebene ergibt sich dann jeweils ein solcher minimaler Abstand s_m.

Dabei zeigt sich, dass für Spannungsebenen bis $U_m \leq 245$ kV die zugehörigen Durchschlagskennlinien monoton fallen, also den Verläufen entsprechen, die sich für kleine Abstände s einstellen. Für Netze mit $U_m > 245$ kV beginnt sich zunehmend das bereits beschriebene Minimum auszuprägen.

Diese eindeutige Zuordnung gestattet eine Vereinfachung. Wie im Abschnitt 4.12.1.2 gezeigt ist, weisen die langsam ansteigenden Überspannungen und die von ihnen angeregten Schaltüberspannungen etwa die gleichen Scheitelwerte auf. Bei den Durchschlagskennlinien bis 245 kV gilt andererseits stets $\hat{U}_{dS} > \hat{U}_{dW}$. Sofern die vorgegebene Überspannungsbeanspruchung bereits mit $\hat{U}_{dW}$ beherrscht wird, erfüllt $\hat{U}_{dS}$ diese Bedingung erst recht. Für den Bereich der langsam ansteigenden und der zeitweiligen Überspannungen ist deshalb in diesen Spannungsebenen die Größe $\hat{U}_{dW}$ bzw. U_{dW} als Auslegungskriterium ausreichend. Für den sich anschließenden Bereich der schnell ansteigenden Überspannungen ist wiederum der Wert $\hat{U}_{dB}$ zu verwenden.

Andere Verhältnisse liegen bei $U_m > 245$ kV vor. Dort gilt infolge des Minimums, dass die Kennlinien in Luft aufweisen, die umgekehrte Beziehung $\hat{U}_{dS} < \hat{U}_{dW}$. Für solche Spannungsebenen ist deshalb im Bereich der langsam ansteigenden und der zeitweiligen Überspannungen anstelle von $\hat{U}_{dW}$ die Größe $\hat{U}_{dS}$ für die Auslegung bestimmend.

Für Anordnungen bis $U_m \leq 245$ kV reichen demnach die Blitzstoßspannung und die Kurzzeitwechselspannung zur Auswahl der Durchschlagskennlinie aus, für den Bereich $U_m > 245$ kV sind die Blitzstoßspannung und die Schaltstoßspannung maßgebend. Sofern

4.12 Isolationskoordination und Schutz vor unzulässigen Überspannungen 285

die Spitze-Platte-Anordnung jeweils dieses Kenngrößenpaar beherrscht, ist sichergestellt, dass die technisch relevanten Überspannungen an ihr zu keinen Durchschlägen führen. Als Oberbegriff für die jeweilige Kenngrößenkombination ist der Ausdruck *Isolationspegel* gewählt worden.

4.12.2.3 Festlegung von Isolationspegeln

Den jeweils repräsentativen Kenngrößenpaaren ($\hat{U}_{dB}$, $\hat{U}_{dW}$) und ($\hat{U}_{dB}$, $\hat{U}_{dS}$) werden mithilfe einer *Bemessungs-Blitzstoßspannung* $\hat{U}_{rB}$, einer *Bemessungs-Schaltstoßspannung* $\hat{U}_{rS}$ sowie einer *Bemessungs-Kurzzeitwechselspannung* $\hat{U}_{rW}$ genormte Bemessungspaare ($\hat{U}_{rB}$, $\hat{U}_{rW}$) und ($\hat{U}_{rB}$, $\hat{U}_{rS}$) zugeordnet. Sie sind *allein* für die Auslegung im Hinblick auf eine ausreichende Spannungsfestigkeit maßgebend. Betriebsmittel bzw. Anlagen müssen diesen Spannungsbeanspruchungen standhalten. Der Nachweis ist grundsätzlich experimentell durch Prüfversuche in Form der Typ- und Stückprüfungen zu erbringen.

Tabelle 4.10
Auswahl von Bemessungs-Blitzstoßspannungen (Scheitelwerte) und Bemessungs-Kurzzeitwechselspannungen (Effektivwerte) gemäß DIN VDE 0111 für den Bereich $U_m < 245$ kV (Werte gelten sowohl für Leiter–Erde als auch für Leiter–Leiter)

U_m	Bemessungs-Blitzstoßspannung		Bemessungs-Kurzzeitwechselspannung	
	$\hat{U}_{rB}$	$\dfrac{\hat{U}_{rB}}{U_m/\sqrt{3}}$	U_{rW}	$\dfrac{U_{rW}}{U_m/\sqrt{3}}$
12 kV	75 kV	7,65	28 kV	4,04
123 kV	550 kV	5,48	230 kV	3,24

Tabelle 4.11
Isolationspegel für 380-kV-Netze gemäß DIN VDE 0111

U_m	Bemessungs-Blitzstoßspannung 1,2/50	Bemessungs-Schaltstoßspannung 250/2500	
	Leiter–Erde	Leiter–Erde	Leiter–Leiter
	$\hat{U}_{rB}$	$\hat{U}_{rS}$	$\hat{U}_{rS}$
420 kV	1425 kV	1050 kV	1550 kV

Bei der Festlegung der Bemessungswerte sind zusätzlich Sicherheiten berücksichtigt. In DIN VDE 0111 sind eine Reihe von Gesichtspunkten wie z. B. Exemplarstreuung oder Alterung aufgeführt, die dabei zu beachten sind. In den Tabellen 4.10 und 4.11 sind für den Bereich $U_m \leq 245$ kV und $U_m > 245$ kV einige der genormten Bemessungswerte angegeben.

In der Klasse der schnell ansteigenden Überspannungen gelten in jeder Spannungsebene für die Leiter-Erde- und die Leiter-Leiter-Isolation die gleichen Bemessungswerte $\hat{U}_{rB}$. Ihre Höhe orientiert sich dabei an der gewünschten Spannungsfestigkeit der Freileitungen gegen Blitzüberspannungen. Für die Kurzzeitwechselspannungen $\hat{U}_{rW}$ sind dage-

gen die Prüfspannungen für die Leiter-Leiter- und Leiter-Erde-Isolation nur gleich bis $U_\mathrm{m} \leq 245$ kV.
In diesem Bereich liegen die Scheitelwerte der in Tabelle 4.10 angegebenen Bemessungsspannungen $\hat{U}_\mathrm{rW}$ erheblich über der Leiter-Erde-Beanspruchung von $3{,}5 \cdot \hat{U}_\mathrm{m}/\sqrt{3}$ in Mittelspannungsnetzen und $2{,}7 \cdot \hat{U}_\mathrm{m}/\sqrt{3}$ in der Hochspannungsebene. Für die Leiter-Leiter-Isolierung, die nach Abschnitt 4.12.1 mit Werten von $2{,}5 \cdot \hat{U}_\mathrm{m}$ beansprucht werden kann, ergibt sich formal eine unzureichende Auslegung. In der Praxis hat sich diese Dimensionierung jedoch bewährt. Diese Erfahrungen sind ein Beleg dafür, dass solche hohen Überspannungen nur selten auftreten bzw. rechtzeitig von den Ableitern unwirksam gemacht werden [92].
In Netzen mit $U_\mathrm{m} > 245$ kV wird dagegen bei den Schaltstoßspannungen abweichend davon zwischen einer Leiter-Erde- und einer Leiter-Leiter-Bemessungsspannung unterschieden (s. Tabelle 4.11). Es hat sich gezeigt, dass für das Verhältnis dieser beiden Spannungen anstelle des Faktors $\sqrt{3}$ der Wert 1,5 bereits ausreichend ist.
Die bisherigen Zusammenhänge sind an einer luftisolierten Spitze-Platte-Anordnung entwickelt worden. Es stellt sich nun die Frage, inwieweit diese Zusammenhänge auch für andere Anordnungen gelten.

4.12.2.4 Isoliervermögen weiterer Anordnungen

Ein Spitze-Platte-Elektrodenpaar weist die inhomogenste elektrische Feldverteilung auf. Deshalb sind bei dieser Anordnung im Vergleich zu allen anderen luftisolierten Elektrodenanordnungen die Stehspannungen am niedrigsten. Bei luftisolierten Betriebsmitteln braucht daher das Isoliervermögen nicht durch Prüfversuche nachgewiesen zu werden, sofern sie die Abstände aufweisen, die für die Bemessungswerte an Spitze-Platte-Anordnungen gelten (Einhalten von Mindestabständen gemäß DIN VDE 0101). Diese an sich speziellen Elektrodenanordnungen sind mithin repräsentativ für die Auslegung von Freiluftanlagen.
Zugleich gilt, dass die Durchschlagskennlinien dieser Anordnung vergleichsweise stark gekrümmt verlaufen. Bei anderen luftisolierten Elektrodenkonfigurationen ist daher die Kennzeichnung der Durchschlagskennlinien durch einige Punkte bzw. repräsentative Überspannungen noch günstiger. Diese Aussage erstreckt sich in ähnlicher Weise auch auf andere Isolierstoffe. So ergeben sich für *SF_6-Gas* grundsätzlich monoton fallende Kennlinien – ähnlich wie in Luft unter 245 kV. Sie sind jedoch schwächer gekrümmt.
Auch bei *flüssigkeits- und festkörperisolierten Betriebsmitteln* wie Wandlern, Kabeln und Umspannern sind die Durchschlagskennlinien schwach gekrümmt und monoton fallend. Als ein Beispiel dafür sei die Durchschlagskennlinie einer Öl-Papier-Isolierung in Bild 4.184 angegeben. Der monotone Abfall setzt sich dort auch im Bereich der zeitweiligen Überspannungen, also für größere Beanspruchungsdauern T, noch weiter fort. Dieser Effekt beruht im Wesentlichen darauf, dass sich im Inneren der Isolation Teilentladungen ausbilden, die den Isolierstoff allmählich zerstören [30], [57]. Aus diesem Grund sind für Betriebsmittel mit $U_\mathrm{m} > 245$ kV bei festen sowie flüssigen Isolierstoffen die Stehspannungen nicht mehr im Bereich der Schaltstoßspannungen am niedrigsten. Dann ist es notwendig, den hinteren, tiefer liegenden Teil der Kennlinie durch einen weiteren *Langzeitversuch* zu überprüfen. Er wird mit 50-Hz-Wechselspannungen durchgeführt, deren Amplituden sich nach gewissen Zeitabschnitten ändern [91]. Mit diesem Prüfversuch wird zum einen die Durchschlagsfestigkeit kontrolliert, zum anderen dient er zum Nachweis, dass die Teilentladungen einen zulässigen Wert nicht überschreiten.

4.12 Isolationskoordination und Schutz vor unzulässigen Überspannungen

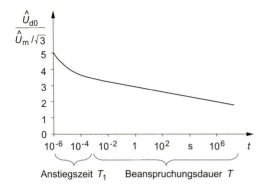

Bild 4.184
Stehspannung $\hat{U}_{d0}$ eines
Öl-Papier-Dielektrikums

Es sei angefügt, dass es bei Betriebsmitteln mit einer reinen Festkörper- bzw. Flüssigkeitsisolierung aufgrund des fehlenden Minimums in deren Durchschlagskennlinie auch im Bereich $U_m > 245$ kV erlaubt ist, das Isoliervermögen mit einem Isolationspegel nachzuweisen, der allein aus einer Blitzstoß- und einer Kurzzeitwechselspannung besteht. Darüber hinaus darf bei dieser Prüffolge der Langzeitversuch entfallen, denn die Erfahrung hat gezeigt, dass sich die im Bereich der Kurzzeitwechselspannung festgestellte Spannungsfestigkeit nur noch sehr langsam verringert.

Zu ergänzen ist noch, dass – wie bereits erwähnt – aus Sicherheitsgründen bei Trennschaltern die Trennstrecke ein höheres Isoliervermögen aufweisen muss als die zugehörige Leiter-Erde-Isolation. Beispielsweise gelten im 110-kV-Bereich für die Trennstrecke die Bemessungsspannungen ($\hat{U}_{rB} = 630$ kV, $U_{rW} = 270$ kV), für die Leiter-Erde-Isolation dagegen wie üblich ($\hat{U}_{rB} = 550$ kV, $U_{rW} = 230$ kV).

Bei den bisher angegebenen Bemessungswerten sind die oberen Pegel der auftretenden Überspannungen zugrunde gelegt worden. In Anlagen, in denen mit großer Wahrscheinlichkeit nur niedrigere Überspannungen auftreten, dürfen auch niedrigere Bemessungs-Isolationspegel verwendet werden.

Als Beispiel dafür seien Innenraumanlagen genannt. Sie verfügen an ihren Freileitungseingängen stets über Ableiter. Die im Gebäude installierten Betriebsmittel wie Wandler oder Schalter werden daher mit geringeren Blitzüberspannungen beansprucht, als wenn sie in Freiluftschaltanlagen eingesetzt würden, wo nur die Umspanner wirksam durch Ableiter geschützt sind (s. Abschnitte 4.11 und 4.12.3). Zusätzlich senken die Ableiter auch die langsam ansteigenden Überspannungen ab. Daher kann es bei solchen Anlagen zulässig sein, einen der ebenfalls in DIN VDE 0111 angegebenen niedrigeren Isolationspegel zu verwenden. Bei der Auswahl dieser Bemessungs-Isolationspegel ist die Dimensionierung der Überspannungsableiter von großer Bedeutung. Diese Zusammenhänge sowie deren Aufbau werden im Folgenden erläutert.

4.12.3 Überspannungsableiter und Blitzschutzeinrichtungen

Für Überspannungsableiter wird das Schaltzeichen in Bild 4.185 verwendet. Fast immer werden die Ableiter zwischen Leiter und Erde oder Sternpunkt und Erde eingebaut. Nur in seltenen Fällen werden auch Ableiter zwischen den Leitern benötigt.

Zu beachten ist, dass die Schutzwirkung der Ableiter gegen schnelle Überspannungen räumlich begrenzt ist. Die Betriebsmittel werden im Bereich der schnell ansteigenden

Bild 4.185
Schaltzeichen eines Überspannungsableiters

Überspannungen nur dann in vollem Umfang geschützt, wenn sie in der Höchstspannungsebene nicht weiter als 30 m, in der Mittelspannungsebene maximal 15 m und bei Holzmastleitungen höchstens 3 m von dem Ableiter entfernt liegen. Dieser relativ kleine Schutzbereich der Ableiter kommt dadurch zustande, dass eine eintreffende Wanderwelle noch eine kurze Zeit ungehindert in die Anlage weiterlaufen kann. Erst wenn die Spannung auf einen bestimmten Wert angestiegen ist, setzt die Schutzwirkung des Ableiters ein und begrenzt die Spannung. Die bis zu diesem Zeitpunkt durchgelassene Welle kann innerhalb der Anlage reflektiert werden. Bei der anschließenden Überlagerung können sich dann noch höhere Spannungswerte einstellen. Mit zunehmender Steilheit der Wanderwelle und mit wachsendem Abstand des Ableiters vom Schutzobjekt steigt die Höhe der erreichten Spannung an. Daher ist eine volle Schutzwirkung nur in dessen Nähe zu erzielen. Dementsprechend müssen Ableiter in Freiluftanlagen möglichst nahe am Umspanner, dem teuersten Betriebsmittel in einer Schaltanlage, installiert werden.
Bei der gerätetechnischen Realisierung haben sich zwei Bauarten herausgebildet: Die seit Jahrzehnten bewährten *Ventilableiter* und die seit Anfang der achtziger Jahre marktreifen *Metalloxidableiter*.

4.12.3.1 Ventilableiter

Wie in Bild 4.186a dargestellt, besteht der Ventilableiter im Prinzip aus einer luftdicht gekapselten *Funkenstrecke* und einem nachfolgenden Widerstand aus *Siliziumkarbid* (SiC). Im Höchstspannungsbereich sind diese im Kopfbereich mit einer Abschirmung ausgerüstet, um die Feldverteilung zu steuern (Bild 4.186b).
Die Funkenstrecke (Bild 4.186c) ist in mehrere, in Reihe geschaltete Funkenstreckenelemente aufgeteilt. Jedes Element besteht aus einem Keramikgehäuse, in dem sich zwei winklig angeordnete Flachelektroden befinden. Bei der dargestellten Konstruktion sorgen parallel geschaltete Steuerwiderstände dafür, dass sich die Spannung über größere Bereiche der übereinander gestapelten Elemente gleichmäßig aufteilt. Bei einigen Ausführungen werden weiterhin noch R,C-Steuerelemente parallel zu den Funkenstreckenelementen geschaltet, um auch innerhalb dieser Stapel eine gleichmäßige Spannungsverteilung zu erreichen.
Innerhalb der Funkenstreckenelemente bildet sich zwischen den winklig angeordneten Flachelektroden ein elektrisches Feld aus. Dessen Verteilung bestimmt im Wesentlichen den Verlauf der Durchschlagskennlinie, die für die Funkenstrecke maßgebend ist. Bei Beanspruchung mit einer Überspannung wird die Funkenstrecke nach Erreichen ihrer Durchschlagsspannung in wenigen zehntel Mikrosekunden leitend. Der dabei erreichte Scheitelwert wird als *Ansprechspannung* u_a bezeichnet (Bild 4.186d). Danach fällt die Leiter-Erde-Spannung an einer nachgeschalteten Widerstandssäule ab. Sie besteht aus einer Reihe übereinander gestapelter Siliziumkarbidscheiben, dem Ableitwiderstand.
Beim Auftreten einer Überspannung vergrößert sich der Strom durch die Ableitwiderstände. Diese weisen wiederum die Eigenschaft auf, dass sich ihr Widerstandswert mit wachsendem Strom stark nichtlinear verringert. Dadurch senkt sich die Überspannung deutlich ab. Der maximale Augenblickswert der Spannung, der *nach* dem Ansprechen der Funkenstrecke auftritt, wird als *Restspannung* u_{rest} bezeichnet (Bild 4.186d). Anschließend

4.12 Isolationskoordination und Schutz vor unzulässigen Überspannungen

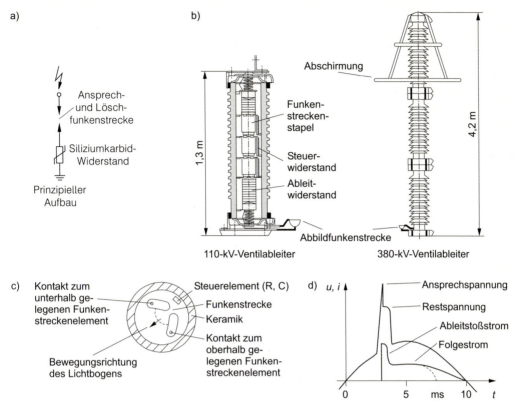

Bild 4.186
Aufbau und Funktion eines Ventilableiters
a) Prinzipieller Aufbau eines Ventilableiters
b) Technische Realisierung eines 110-kV-Ventilableiters sowie einer Höchstspannungsausführung mit Abschirmung
c) Aufbau eines Funkenstreckenelements
d) Verlauf der Ableiterspannung und des Ableiterstroms bei Beanspruchung mit einer Blitzstoßspannung oberhalb der Ansprechspannung (gestrichelter Verlauf mit Blasspule)

klingt die Spannung auf das Niveau der Betriebsspannung ab. Dabei vergrößert sich der Widerstand so stark, dass die Mindeststromstärke des Lichtbogens in der Funkenstrecke unterschritten wird (s. Abschnitt 7.1); er verlöscht im folgenden Stromnulldurchgang.
Bei Ableitern des Hoch- und Höchstspannungsbereichs verlöscht der Strom bereits vor dem Spannungsnulldurchgang. Ein derartiges Verhalten erreicht man durch den Einbau einer *Blasspule* in den Funkenstreckenstapel. Ihr magnetisches Feld treibt den Lichtbogen zwischen den Flachelektroden seitwärts und verlängert ihn. Dadurch vergrößert sich der Lichtbogenwiderstand, sodass ein vorzeitiger Nulldurchgang des Folgestroms erzwungen wird (Bild 4.186d).
Den Effektivwert derjenigen betriebsfrequenten Spannung, bei der noch sicher der Löschvorgang eingeleitet wird, bezeichnet man als *Löschspannung* U_l. Gemäß DIN VDE 0675 Teil 1 ist diese Größe bei Ventilableitern zugleich die Bemessungsspannung U_r. Sofern nach dem Abklingen der schnell bzw. langsam ansteigenden Überspannung noch eine zeitweilige Überspannung vorhanden sein sollte, die höhere Werte als die projektierte Löschspannung aufweist, liegt der Widerstand des Ableiters unterhalb des Grenzwerts.

Infolgedessen fließt ein Strom durch den Ableiter, der die Mindeststromstärke des Lichtbogens übersteigt und der daher nicht unterbrochen wird; der Ableiter würde zu warm und letztlich zerstört. Als Löschspannung muss demnach ein Wert gewählt werden, der über der höchsten zeitweiligen Überspannung liegt, die im jeweiligen Netz auftreten kann. Sicherheitshalber geht man ab der 110-kV-Ebene davon aus, dass zwei Fehler zur gleichen Zeit eine Spannungserhöhung verursachen, z. B. ein Lastabwurf und ein Erdschluss. Die Löschspannung ergibt sich dann zu

$$U_\mathrm{l} = \delta_\mathrm{L} \cdot \delta \cdot U_\mathrm{m}/\sqrt{3}\,.$$

Bei der Löschspannung handelt es sich um eine *zentrale Größe* für die Projektierung eines Ableiters. In einem 110-kV-Netz, das z. B. einen Erdfehlerfaktor $\delta = \sqrt{3}$ aufweist, erhält man mit einem Lastabwurffaktor von $\delta_\mathrm{L} = 1{,}07$ die Löschspannung $U_\mathrm{l} = 132$ kV. Gewählt wird der nächsthöhere Normwert gemäß DIN VDE 0675 Teil 1 mit $U_\mathrm{r} = 138$ kV. Mit der Festlegung dieser Größe liegt auch weitgehend das Schutzniveau des Ableiters fest, das im Wesentlichen durch zwei Kennlinien charakterisiert wird: Die Ansprech- und die Restspannungskennlinie.

Im Wesentlichen stellt die *Ansprechkennlinie* die Durchschlagskennlinie der Funkenstrecke dar. Gekennzeichnet wird sie durch eine Ansprechblitzstoßspannung, eine Stirnansprechstoßspannung und eine Ansprechwechselspannung (s. DIN VDE 0675 Teil 1). Im Hoch- und Höchstspannungsbereich wird zusätzlich noch eine Ansprechschaltstoßspannung angegeben. Aus der Darstellung dieser 3 bzw. 4 Spannungswerte in Abhängigkeit von der Ansprechzeit resultiert schließlich die Ansprechkennlinie (Bild 4.187).

Bei der Restspannungskennlinie handelt es sich um die Darstellung der *Restspannung* $u_\mathrm{rest}(i_\mathrm{s})$ für einen 8-μs/20-μs-Blitzstoßspannungsverlauf (Bild 4.187). Diese Kurve kennzeichnet die höchste Spannung am Ableitwiderstand, die sich nach dem Ansprechen für den jeweiligen Scheitelwert i_s des Ableitstoßstroms ausbildet. Als Kennwert für die Ableiterauswahl wird der Restspannungswert verwendet, der sich für den *Nennableitstoßstrom* i_sn einstellt. Für Ventilableiter liegt der Nennableitstoßstrom in Mittelspannungsnetzen meist bei 5 kA, in der Hochspannungsebene bei 10 kA und in Höchstspannungsnetzen bei 10 kA oder auch 20 kA. Für Vorgänge mit kleineren Stoßströmen als dem Nennableitstoßstrom würden sich demnach niedrigere, für stromstärkere Verläufe höhere Restspannungen als der Bemessungswert einstellen. Ableiter können darüber hinaus Stoßströme bis etwa zum zehnfachen Wert führen, ohne zerstört zu werden (Hochstromstoßversuch). Sie sind damit auch in der Lage, Ströme eventueller Naheinschläge zu beherrschen.

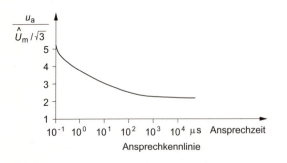
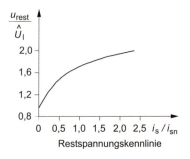

Bild 4.187
Verlauf einer Ansprech- und einer Restspannungskennlinie für Ventilableiter
i_s: Ableitstoßstrom; i_sn: Nennableitstoßstrom; u_a: Ansprechspannung; u_rest: Restspannung; U_l: Löschspannung; U_m: Höchste Spannung für Betriebsmittel

4.12 Isolationskoordination und Schutz vor unzulässigen Überspannungen

Wie bereits erwähnt, wird mit der Wahl der Bemessungsspannung U_r des Ableiters dessen Schutzniveau festgelegt. Dadurch sind zugleich Höchstwerte für die Ansprechspannungen und die Restspannung vorgegeben, die DIN VDE 0675 Teil 1 zu entnehmen sind. So liegt z. B. bei $U_r = 138$ kV die maximal zulässige Ansprechblitzstoßspannung $\hat{U}_{aB}$ für $i_{sn} = 5$ kA bei $\hat{U}_{aB} = 3 \cdot U_r = 414$ kV. Dieser Wert liegt tiefer als der Isolationspegel des 110-kV-Netzes mit $\hat{U}_{rB} = 550$ kV. Der dadurch erzielte zusätzliche Schutz wird als *Pegelsicherheit* bezeichnet. Falls diese Pegelsicherheit sehr ausgeprägt ist, dürfen Betriebsmittel nach einem niedrigeren Bemessungs-Isolationspegel ausgelegt werden als in den Tabellen 4.10 und 4.11 angegeben ist. Als ein Beispiel dafür seien Innenraumschaltanlagen genannt. Die niedrigeren Isolationspegel sind ebenfalls genormt und DIN VDE 0111 zu entnehmen.
Ventilableiter werden zumeist noch mit *Abbildfunkenstrecken* gekoppelt. Sie werden seitlich am Fuß des Ableiters montiert und sind elektrisch mit der Widerstandssäule in Reihe geschaltet. Auf den Elektroden der Abbildfunkenstrecke hinterlässt jeder Ableitvorgang Ansprechspuren. Diese Spuren sind ein grobes Maß für die Größe des jeweiligen Ableitstroms und ermöglichen Rückschlüsse auf die im Netz aufgetretenen Überspannungen.
Die bisherigen Ausführungen zeigen, dass für die Auswahl des Isoliervermögens eines genormten Ventilableiters die Löschspannung die entscheidende Größe darstellt. Sie wird primär vom Erdfehlerfaktor δ und damit von der Gestaltung der Sternpunkterdung geprägt. In den Herstellerlisten bestehen dann nur noch geringe Wahlmöglichkeiten bezüglich des Nennableitstoßstroms i_{sn} und der nicht weiter behandelten thermischen Belastbarkeit. Sehr ähnliche Zusammenhänge gelten auch bei Metalloxidableitern.

4.12.3.2 Metalloxidableiter

Im Vergleich zu Ventilableitern sind *Metalloxidableiter* einfacher aufgebaut. Im Wesentlichen handelt es sich nur um eine Widerstandssäule in einem Porzellanüberwurf, die sich aus vielen Scheiben zusammensetzt (Bilder 4.188a und 4.188b). Sie bestehen aus Zinkoxid (ZnO), dem jedoch noch andere Metalloxide zugemischt sind. An dem Ableitwiderstand fällt infolge der fehlenden Funkenstrecke ständig die Leiter-Erde-Spannung des Netzes ab. Der dadurch hervorgerufene Strom liegt bei normalen Betriebsverhältnissen unterhalb von 1 mA, da bei diesen Spannungen die Widerstände sehr hochohmig sind. Um solche niedrigen Ströme auch im Höchstspannungsbereich zu erzielen, sind bei den dortigen Ableitern vergleichsweise viele Widerstandsscheiben hintereinander zu schalten. Bei langen Widerstandssäulen ergibt sich dann die im Folgenden erläuterte Komplikation.
Gemäß der Beziehung $E = S/\kappa$ bewirkt die Stromdichte S des Ableitstroms im Inneren der Widerstandssäule ein von der Leitfähigkeit κ abhängiges elektrisches Feld E. Ein Teil des Felds tritt aus der Widerstandssäule aus und schließt sich über den Außenraum. Dort lässt es sich durch ein Kapazitätsgitter von Quer- und Längskapazitäten beschreiben. Die in den Ableiter eintretenden Ströme fließen mit wachsender Länge der Ableitersäule zunehmend über dieses Kapazitätsgitter zur Erde. Dadurch fällt die Spannung an der Widerstandssäule ungleichmäßig ab. Sofern diese *Schiefverteilung* der Spannung zu ausgeprägt ist, erwärmt sich der Anfangsbereich der Säule stärker als die tiefer gelegenen Scheiben. Gemäß [93] kann diese unterschiedliche Erwärmung zu einem Versagen des Metalloxidableiters führen, nachdem er angesprochen hat.
Ungefährlich wird dieser Effekt, wenn der Einfluss der Querkapazitäten zurückgedrängt wird. Eine geeignete konstruktive Lösung besteht im Einbau von Steuerringen. Sie verstärken das Längsfeld im Außenraum und dadurch die Längskapazitäten. Bild 4.188c verdeutlicht diese Maßnahme an einer gekapselten SF_6-Ausführung. Solche Steuerringe

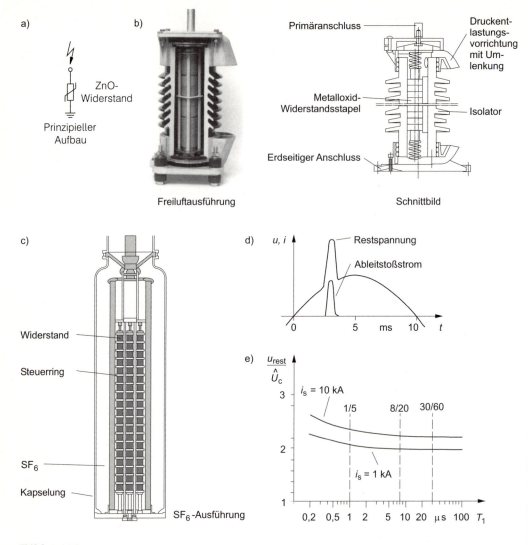

Bild 4.188
Aufbau und Funktion eines Metalloxidableiters
a) Prinzipieller Aufbau eines Metalloxidableiters
b) Darstellung eines 20-kV-Metalloxidableiters in Freiluftausführung mit Schnittbild
c) Schnittbild eines 110-kV-Metalloxidableiters in SF$_6$-Ausführung
d) Verlauf des Ableitstoßstroms bei Beanspruchung mit einer Stoßspannung
e) Verlauf der Restspannung u_{rest} eines Metalloxidableiters in Abhängigkeit von der Anstiegszeit T_1 und dem Scheitelwert i_s des Ableitstoßstroms. U_c: Dauerspannung

werden jedoch im Hoch- und Höchstspannungsbereich auch bei Freiluftableitern eingebaut.
Gekapselte Ableiter werden in ausgedehnten SF$_6$-Schaltanlagen eingesetzt, bei denen der Schutzbereich der eingangsseitigen Ableiter als nicht ausreichend angesehen wird. Bei den SF$_6$-Überspannungsableitern ist durch die geringe Entfernung zur Kapselung, also zur Erde, der Einfluss der Querkomponente des elektrischen Felds E bzw. der Querkapazitäten besonders ausgeprägt. Daher ist es notwendig, das elektrische Längsfeld deutlich

zu erhöhen. Im Vergleich zu Freiluftausführungen sind deshalb viele Steuerringe erforderlich.

Beim Anliegen einer Überspannung ist der Einfluss der Quer- und Längskapazitäten klein, da die Ableitwiderstände sehr niederohmig werden und praktisch allein die Spannungsaufteilung bestimmen. Im Unterschied zu Siliziumkarbidwiderständen sind die ZnO-Ausführungen besonders nichtlinear. Selbst dann, wenn sich die Leiter-Erde-Spannung durch eine betriebsfrequente zeitweilige Überspannung auf $1,8 \cdot \hat{U}_\mathrm{m}/\sqrt{3}$ erhöht, verändert sich deren Leitfähigkeit praktisch kaum. Dadurch erhöht sich auch der Ableitstrom nur geringfügig. Erst wenn die maximal zu erwartende betriebsfrequente zeitweilige Überspannung – ein für die Projektierung sehr wichtiger Wert – überschritten wird, beginnt sich der Widerstand ausgeprägt zu verkleinern und damit auch die Überspannung zu verringern. Die maximale Spannung, die am Widerstand abfällt, wird in Anlehnung an den Ventilableiter wieder als *Restspannung* u_rest bezeichnet (Bild 4.188d). Im Unterschied zu Ventilableitern tritt vorher jedoch keine Spannungsspitze auf; die Definition einer Ansprechspannung ist deshalb für Metalloxidableiter nicht erforderlich. Mit sinkender Überspannung am Ableiter verringert sich die Leitfähigkeit erneut sehr ausgeprägt, sodass sich der Widerstand der Scheiben erhöht und sich schließlich wieder ein Ableitstrom von ca. 1 mA einstellt.

Auch bei Metalloxidableitern ist die Restspannung eine wichtige Kenngröße für die Schutzwirkung. Im Unterschied zum Ventilableiter wird sie nicht nur vom Scheitelwert des Stoßstroms i_s, sondern auch durch die Anstiegszeit T_1 des Stoßvorgangs festgelegt (Bild 4.188d). Dabei gilt, dass die Restspannung umso größer wird, je steiler der Stoßvorgang verläuft und je größer sein Scheitelwert i_s ist. Um den Einfluss der Anstiegszeit beurteilen zu können, wird die Restspannung für drei verschiedene Stoßverläufe angegeben, deren Kurvenformen gemäß DIN VDE 0675 Teil 4 in bestimmten Bereichen liegen müssen (Bild 4.188e).

Ähnlich wie bei Ventilableitern wird auch bei Metalloxidableitern das Schutzniveau durch die höchsten *maximal* zu erwartenden *betriebsfrequenten zeitweiligen Überspannungen* festgelegt. Im Unterschied dazu ist es bei den Metalloxidableitern jedoch zusätzlich notwendig, die *Dauer* der anstehenden zeitweiligen Überspannung zu berücksichtigen. So bezeichnet man den Effektivwert der höchstzulässigen Spannung, die an den Klemmen des Ableiters ständig anstehen darf, als *Dauerspannung* U_c. Der maximal zulässige Effektivwert für Spannungen, die kürzer als 10 s den Ableiter beanspruchen, wird dagegen *Bemessungsspannung* U_r genannt. Jeweils der höchste Wert dieser beiden Spannungen bestimmt dann – ähnlich wie die Löschspannung – das weitere Schutzniveau bzw. die Restspannungskennlinie des Ableiters. Tabellen mit genormten Werten für U_c und U_r sind DIN VDE 0675 Teil 4 zu entnehmen. Bei der Verwendung solcher genormten Ableiter ist eine ausreichende Pegelsicherheit gewährleistet.

Ein detaillierter Vergleich zwischen Ventil- und Metalloxidableitern erfolgt in [94] und [95]. Im Wesentlichen verhalten sie sich in Bezug auf Schutzbereich und Pegelsicherheit *gleichwertig*, wobei Metalloxidableiter meist bei den langsam ansteigenden Überspannungen günstigere Pegel aufweisen.

Erwähnt sei, dass Funkenstrecken, wie sie an Freileitungsisolatoren angebracht sind, kaum gegen Blitzüberspannungen schützen; denn Funkenstrecken sprechen wegen ihrer stark inhomogenen Felder meist erst nach einer Verzugszeit von ca. 10 µs an. Ihre primäre Aufgabe ist es, den eventuell nach einem Überschlag auftretenden Lichtbogen zu führen und dadurch Beschädigungen am Isolator zu verhindern. Nach einem Ansprechen entwickelt sich daraus ein Kurzschluss, der durch den in Abschnitt 4.13 beschriebenen Netzschutz abzuschalten ist und einen Ausfall von Betriebsmitteln zur Folge hat. Im Gegensatz dazu wird bei den Ableitern selbsttätig der Strom gelöscht.

Aus den bisherigen Darstellungen ist zu ersehen, dass Überspannungsableiter Schaltanlagen im Bereich der schnell ansteigenden Überspannungen vornehmlich gegen Wanderwellen schützen, die von weiter entfernten Blitzeinschlägen verursacht werden. Bei steilen, stromstarken Naheinschlägen entstehen dagegen hohe Restspannungen die durchaus das Isoliervermögen der Betriebsmittel, übersteigen können. Um solche Beanspruchungen zu vermeiden, sind derartige Blitzeinschläge, wie bereits erwähnt, durch zusätzliche Maßnahmen möglichst zu verhindern.

4.12.3.3 Blitzschutzeinrichtungen

Eine Maßnahme gegen Naheinschläge besteht darin, die von der Anlage abgehenden Freileitungen über eine Länge von ca. 3 km mit Doppelerdseilen auszurüsten. Sie schirmen die Leiter besser ab und verringern dadurch die Anzahl der direkten Einschläge in die Leiterseile. Zusätzlich ist ein besonders weitgehender Schutz vor rückwärtigen Überschlägen vorzunehmen, indem die Erdungswiderstände der Endmasten möglichst niedrig dimensioniert werden (s. Kapitel 12). Sie sollten die bereits angegebenen Richtwerte gemäß Tabelle 4.8 nicht überschreiten. Die eigentliche Gefahr der rückwärtigen Überschläge besteht darin, dass sie plötzlich abreißen können. Dadurch entstehen so genannte abgeschnittene Wanderwellen auf den Leitungen. Es handelt sich um schnell ansteigende Überspannungen mit kurzen Rückenhalbwertszeiten T_2. Wenn solche besonders kurzzeitigen Impulse im Nahbereich entstehen, regen sie – insbesondere in den Umspannern – die hochfrequenten Komponenten im Eigenfrequenzspektrum an. Dadurch können Durchschläge in deren Wicklungsisolierung verursacht werden.

Noch gefährlicher als Naheinschläge sind natürlich direkte Einschläge in Freiluftschaltanlagen. Sie würden so gut wie immer zu Fehlern in der Isolierung der Betriebsmittel führen. Zum Schutz spannt man Erdseile über die Anlage. Häufig werden im Höchstspannungsbereich anstelle von Erdseilen auch Blitzschutzstangen verwendet [90]; ihr Schutzbereich ist in Bild 4.189 verdeutlicht (DIN VDE 0101, [70]). Die Wahrscheinlichkeit von Direkteinschlägen sinkt weiter, wenn eine Anlage über viele Freileitungsabzweige verfügt. Ein Teil der Blitze wird dadurch in den Nahbereich verlagert.

Mit den beschriebenen Schutzmaßnahmen können Überspannungen auf beherrschbare Werte begrenzt werden. Daneben sind die Netze auch mit Einrichtungen zum Schutz vor Überströmen ausgerüstet.

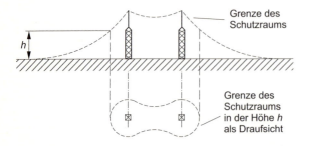

Bild 4.189
Schutzraum von Blitzschutzstangen

4.13 Schutz der Betriebsmittel vor unzulässigen Strombeanspruchungen

Die Einrichtungen zum Schutz vor Überströmen sind darauf ausgerichtet, die fehlerbehafteten Netzelemente schnell zu erkennen und sie dann auszuschalten. Diese Einrichtungen verhalten sich, wie man sagt, *selektiv*. Sehr preisgünstige Schutzelemente stellen Sicherungen und I_s-Begrenzer dar.

4.13.1 Sicherungen und I_s-Begrenzer

Sicherungen werden in den Schaltplänen durch das Symbol in Bild 4.190 gekennzeichnet. Zunächst wird auf die Sicherungen in Mittelspannungsnetzen eingegangen.

4.13.1.1 HH-Sicherungen

In Bild 4.191 ist der Aufbau einer *Hochspannungs-Hochleistungs-Sicherung*, einer HH-Sicherung, veranschaulicht. Sie wird in Deutschland für Nennspannungen von 1...36 kV verwendet und übernimmt, wie bereits erörtert, beim Einsatz von Lasttrenn- bzw. Lastschaltern den Kurzschlussschutz. HH-Sicherungen weisen meist einen oder mehrere Schmelzleiter auf, die häufig aus einer Silberlegierung bestehen und in Quarzsand eingebettet sind. Im Normalbetrieb dürfen sie nur bis zum Bemessungsstrom I_{rS} beansprucht werden. Ihr Schmelzvorgang wird erst bei Strömen im Bereich von $2{,}5 \cdot I_{rS}$ ausgelöst. Dabei wird der Widerstand R_s des Schmelzleiters zeitabhängig. Nach einem Zeitraum t_s ist der Leiter abgeschmolzen; die erzeugte Wärme Q übersteigt dann den dazu erforderlichen Wert Q_s:

$$Q = \int_0^{t_s} i^2(t) \cdot R_s(t) \cdot dt \geq Q_s \ . \tag{4.139}$$

Bei *strombegrenzenden Sicherungen* wird die notwendige Schmelzwärme Q_s in weniger als einer Viertelperiode erzeugt, sodass der Kurzschlussstrom nicht mehr seine erste Amplitude erreicht (Bild 4.192). In diesem Fall wird der Strom auf den *Durchlassstrom* I_{dS} begrenzt. Der anschließend entstehende Lichtbogen verlöscht innerhalb eines Zeitintervalls t_l, der *Löschzeit*. Sie liegt in der Regel unter 10 ms.
Durch eine Perforation wird der Schmelzleiter so gestaltet, dass die Löschzeit t_l bestimmte Grenzwerte nicht unterschreitet. Anderenfalls könnten sich bei induktiven Verbrauchern, die der Sicherung nachgeschaltet sind, Schaltüberspannungen einstellen, die die zulässigen Werte überschreiten:

$$\Delta u = L \cdot \frac{I_{dS}}{t_l} \ .$$

Bild 4.190
Schaltzeichen einer Sicherung

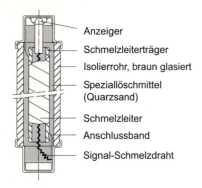

Bild 4.191
Aufbau einer HH-Sicherung

Bild 4.192
Stromverlauf nach Ansprechen einer Sicherung
I_{dS}: Durchlassstrom
t_s: Schmelzzeit
t_l: Löschzeit

Gemäß DIN VDE 0111 und 0670 wächst die Höhe der zulässigen Schaltüberspannungen mit der Bemessungsspannung der Sicherung an. Falls in einem Netz Sicherungen eingesetzt werden, deren Bemessungsspannung U_{rS} die maximal zulässige Betriebsspannung U_{mN} des Netzes übersteigt, können die durch den Löschvorgang tatsächlich ausgelösten Schaltüberspannungen zu hohe Werte annehmen und zu Schäden führen. Angaben über den Verlauf der Schaltüberspannungen sind nur in diesen Sonderfällen erforderlich. Die im Weiteren erörterten Daten sind dagegen stets für die Projektierung einer Sicherung notwendig. Diese Daten sind u. a. Diagrammen zu entnehmen, die vom Hersteller geliefert werden. Es handelt sich dabei zum einen um die *Zeit/Strom-Kennlinie* (Bild 4.193). Ströme, die kleiner als die dort angegebenen Minimalwerte von $I_{min} \approx 2{,}5 \cdot I_{rS}$ sind, führen zu keiner sicheren Auslösung. Die zusätzlich aus den Kennlinien zu ersehenden Schmelzzeiten gelten für stationäre Wechselströme, die in den Anlagen den Dauerkurzschlussströmen I_k entsprechen. Bei nicht sinusförmig verlaufenden Strömen können die dann maßgebenden Werte mit der Beziehung (4.139) ermittelt werden.

Zum anderen wird eine *Durchlasskennlinie* geliefert, die ebenfalls in Bild 4.193 dar-

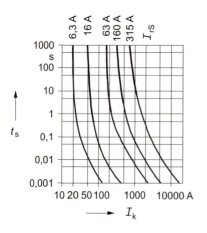

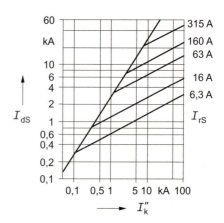

Bild 4.193
Zeit/Strom- und Durchlasskennlinien von HH-Sicherungen (Streubereich etwa ± 10 % des Stroms)

gestellt ist. Daraus ist der *Durchlassstrom* I_{dS} zu ermitteln. Der Durchlassstrom wird durch den Bemessungsstrom I_{rS} und den unbeeinflussten Kurzschlussstrom I_k'' gekennzeichnet. Bei der Größe I_k'' handelt es sich um den Anfangskurzschlusswechselstrom, der am Einbauort auftreten würde, wenn die Sicherung nicht vorhanden wäre. Dieser Strom darf bei einer ordnungsgemäßen Projektierung einen maximalen Wert, den *Bemessungs-Ausschaltstrom*, nicht überschreiten, der als zusätzliche Angabe einer Liste des Sicherungsherstellers zu entnehmen ist. Auf die Berechnung der Kurzschlussströme I_k'' in umfassenderen Netzanlagen wird noch im Kapitel 6 eingegangen. Für die abklingenden Gleichstromkomponenten, die sich gemäß Abschnitt 4.4.4 den Wechselströmen überlagern, sind in den Durchlasskennlinien schon ungünstige Werte zugrunde gelegt, sodass sie nicht gesondert berücksichtigt werden müssen. Angemerkt sei, dass die Zeit/Strom- sowie die Durchlasskennlinien der Sicherungen nur dann eingehalten werden, wenn der Strom im unmittelbar vorangegangenen Normalbetrieb nicht deren Bemessungsstrom I_{rS} überschritten und dadurch bereits eine unzulässige Erwärmung der Schmelzleiter verursacht hat.

Die bisherigen Ausführungen gestatten nun eine Projektierung von HH-Sicherungen vorzunehmen. So legt die maximal zulässige Betriebsspannung U_{mN} der betrachteten Netzebene die Bemessungsspannung U_{rS} der Sicherungen fest. Darüber hinaus kommen nur solche Sicherungen infrage, bei denen der unbeeinflusste Kurzschlussstrom I_k'' am Einbauort zwischen zwei Grenzströmen liegt: Die untere Grenze bildet der minimale Ausschaltstrom I_{min}, die obere ein Bemessungs-Ausschaltstrom I_{aS}, der häufig Werte über 40 kA aufweist. Bei der Auswahl der Sicherung ist weiterhin darauf zu achten, dass der Bemessungsstrom I_{rS} der Sicherung den größtmöglichen Laststrom $I_{b,zul}$ übersteigt, jedoch wiederum kleiner ist als der thermisch zulässige Betriebsstrom I_{zL} der zugehörigen Leitung. Eine analytische Formulierung dieser drei Bedingungen führt auf

$$U_{rS} = U_{mN} \tag{4.140}$$

$$I_{min} \leq I_k'' \leq I_{aS} \tag{4.141}$$

$$I_{b,zul} \leq I_{rS} \leq I_{zL} . \tag{4.142}$$

Diese Kriterien erfassen noch nicht das Zusammenwirken mit eventuell nachgeschalteten Schutzorganen. So besteht bei der Auswahl von HH-Sicherungen für Netzstationen zusätzlich die Forderung, dass bei einem niederspannungsseitigen Kurzschluss innerhalb bzw. in der Nähe der Station zunächst die niederspannungsseitigen Schutzelemente ansprechen und erst dann die Hochspannungssicherung auslöst. Dabei wird natürlich vorausgesetzt, dass der niederspannungsseitige Kurzschluss vonseiten der Planung auf der Hochspannungsseite einen hinreichend großen Kurzschlussstrom erzeugen kann. Wenn diese Bedingung erfüllt wird, ist die Zeit/Strom-Kennlinie der HH-Sicherung zu beachten. Sie muss über den entsprechenden Kennlinien der Niederspannungsschutzorgane liegen und darf deren Verläufe nicht schneiden. Zusätzlich ist zu überprüfen, ob die Anlaufströme von eventuellen motorischen Verbrauchern kein Ansprechen bewirken. Die Anlaufströme bewegen sich für einen Zeitraum bis etwa 10 s bei dem mehrfachen Motorbemessungsstrom, übersteigen jedoch selten den fünffachen Wert. Ein dadurch bedingtes Ansprechen der Sicherung ist nicht möglich, falls der Summenstrom aus Last- und Anlaufstrom unterhalb des minimalen Ausschaltstroms I_{min} bleibt. Ist diese Forderung nicht erfüllt, ist es ratsam, auf spezielle Motorschutzsicherungen auszuweichen (s. Anhang).

In den Niederspannungsnetzen werden ebenfalls Schmelzsicherungen eingesetzt. Diese weisen jedoch eine andere Bauart auf und werden als Niederspannungs-Hochleistungs-Sicherungen, auch kurz als NH-Sicherungen, bezeichnet.

4.13.1.2 NH-Sicherungen

Aus Bild 4.194 ist der Aufbau einer *NH-Sicherung* zu ersehen. Eingesetzt werden sie vornehmlich bei den Niederspannungsabzweigen der Netzstationen und in den Kabelverteilerschränken des 0,4-kV-Netzes. Üblicherweise verwendet man Ganzbereichssicherungen, die in der Typenbezeichnung durch ein „g" gekennzeichnet werden. Das bedeutet zunächst, dass jeder Strom bis hin zum Bemessungsstrom dauernd geführt werden kann. Darüber hinaus müssen alle Ströme vom kleinsten Schmelzstrom bis zum Bemessungs-Ausschaltstrom ausgeschaltet werden. Der *kleinste Schmelzstrom* ist der geringste Strom, der die benötigte Schmelzwärme Q_s erzeugt, und wird bei NH-Sicherungen durch zwei Schranken eingeschachtelt. So stellt der so genannte kleine Prüfstrom den größten Wert dar, der von der Sicherung für einen längeren Zeitbereich garantiert gehalten wird. Er ist in DIN VDE 0636 festgelegt und beträgt etwa $1{,}3 \cdot I_{rS}$; eine genauere Angabe ist vom Sicherungstyp und dem Bemessungsstrom I_{rS} abhängig. Demgegenüber kennzeichnet der große Prüfstrom den kleinsten Wert, bei dem die Sicherung in einer vorgeschriebenen Zeitspanne, der Prüfdauer, auslösen muss. Dieser Strom hat für Bemessungsströme ab ca. 25 A die Größe $1{,}6 \cdot I_{rS}$ und erhöht sich bei kleineren Bemessungsströmen auf Werte bis zu $2{,}1 \cdot I_{rS}$. Er spielt bei der Bemessung von Niederspannungsnetzen eine große Rolle (s. Kapitel 8).

Um eine sichere Auslösung bereits bei geringen Überschreitungen des kleinen Prüfstroms zu erreichen, werden in den Schmelzleiter einige Löcher gestanzt, die man mit Lot füllt. Dieses Lot schmilzt schon bei niedrigen Übertemperaturen und bewirkt dadurch Engstellen im Schmelzleiter. Als Folge davon reichen dann bereits relativ kleine Ströme aus, um die benötigte Schmelzwärme für das Auslösen der NH-Sicherung zu erzeugen. Der genaue Zusammenhang zwischen Schmelzzeit und Kurzschlussstrom ist wiederum aus einer Zeit/Strom-Kennlinie zu ersehen (Bild 4.195). Analog zu den HH-Sicherungen bestehen ebenfalls Durchlasskennlinien, aus denen der Durchlassstrom I_{dS} zu ermitteln ist.

Bei NH-Sicherungen werden mehrere Baugrößen angeboten; sie entscheiden über das Band der Bemessungsströme, die von dem jeweiligen Sicherungstyp abgedeckt werden. In DIN VDE 0636 sind Werte bis zu 1250 A genormt. Bei der Projektierung ist ferner das Schutzobjekt zu berücksichtigen. So schützen Sicherungen mit dem Zusatz „L" Kabel und Leitungen, mit dem Zusatz „M" Motoren. Sicherungen der Klasse gM sind besonders darauf abgestimmt, dass Anlaufströme bis $5 \cdot I_{rM}$ für maximal 5 s keine Auslösung hervorrufen. Weitere Funktionsklassen sind DIN VDE 0636 zu entnehmen.

In Bild 4.196 sind für eine HH- und eine NH-Sicherung mit gleichem Bemessungsstrom die Zeit/Strom-Kennlinien eingetragen. Die Kennlinie der NH-Sicherung ist wesentlich schwächer gekrümmt als die der HH-Ausführung. Dadurch stellen sich im Niederspannungsbereich auch bei kleineren Strömen noch unterschiedliche Auslösezeiten ein. Die NH-Sicherungen repräsentieren somit einen *Überlast- und Kurzschlussschutz* zugleich, die HH-Sicherungen dagegen nur einen reinen Kurzschlussschutz.

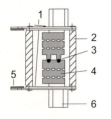

1) Anzeiger
2) Steatitkörper
3) Lotauftrag
4) Schmelzleiter
5) Grifflasche
6) Kontaktmesser

Bild 4.194
Aufbau einer NH-Sicherung

4.13 Schutz der Betriebsmittel vor unzulässigen Strombeanspruchungen   299

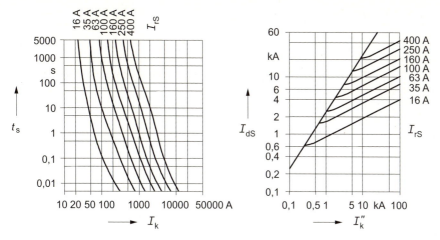

Bild 4.195
Zeit/Strom- und Durchlasskennlinien von NH-Sicherungen

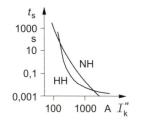

Bild 4.196
Vergleich der Zeit/Strom-Kennlinien einer NH- und einer HH-Sicherung mit einem Bemessungsstrom von 63 A

Im Gegensatz zu HH-Ausführungen unterscheiden sich die Ansprechzeiten von NH-Sicherungen hinreichend deutlich, wenn deren Bemessungsströme sich mindestens um den Faktor 1,6 unterscheiden. Infolge dieser Eigenschaft verhalten sich entsprechend hintereinander geschaltete Sicherungen *selektiv*. Das heißt, bei einem Kurzschluss schaltet die jeweils nächstgelegene Sicherung eindeutig vor den weiter entfernten aus. Dieses Verhalten ermöglicht eine Staffelung der Sicherungen (Bild 4.197).

Mit NH-Sicherungen ist nicht nur der Schutz von Strahlennetzen, sondern auch von Maschennetzen möglich. Dazu ist in jedem Zweig eine Sicherung gleichen Bemessungsstroms zu verwenden. Bei der Planung des Netzes ist allerdings sicherzustellen, dass der Kurzschlussstrom im fehlerbehafteten Zweig stets deutlich größer ist – etwa um das 1,4-fache – als in den zuführenden Leitungen (Bild 4.198). Anderenfalls ist keine Selektivität gewährleistet.

Anstelle von NH-Sicherungen werden in der Hausinstallationstechnik häufig Schraubsi-

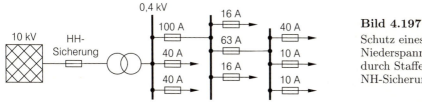

Bild 4.197
Schutz eines Niederspannungsnetzes durch Staffelung von NH-Sicherungen

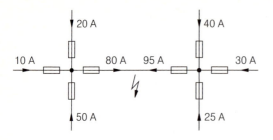

Bild 4.198
Einsatz der NH-Sicherungen im Maschennetz
(Bemessungsstrom aller Sicherungen in diesem Beispiel: 63 A)

cherungen (D- oder D0-System) sowie Leitungsschutzschalter eingesetzt. Weitere Einzelheiten dazu sind [70] zu entnehmen. Ähnlich strombegrenzend wie Sicherungen wirken I_s-Begrenzer, die häufig auf der Mittelspannungsseite von Umspannstationen zu finden sind (s. Abschnitt 7.3).

4.13.1.3 I_s-Begrenzer

Aufbau und Schaltzeichen eines I_s-*Begrenzers* sind Bild 4.199 zu entnehmen. In der Hauptstrombahn befindet sich eine Sprengkapsel, die – von einer Elektronik gesteuert – über einen Kondensator gezündet wird, falls der Stromgradient $\Delta i/\Delta t$ einen Schwellwert überschreitet. Dadurch spreizen sich die Kontaktstücke innerhalb von etwa 0,1 ms auseinander und kommutieren den Strom auf eine parallel geschaltete spezielle Schmelzsicherung, die den Strom dann in einigen Millisekunden endgültig unterbricht. Da diese Sicherung im Normalbetrieb durch die Hauptstrombahn kurzgeschlossen wird, braucht sie nicht die Bedingung (4.142) zu erfüllen und kann für einen kleineren Bemessungsstrom ausgelegt werden als normale HH-Sicherungen. Entsprechend der Durchlasskennlinie in Bild 4.193 ergeben sich dadurch bei I_s-Begrenzern wesentlich niedrigere Durchlassströme. Nach einem Ansprechen muss allerdings wie bei einer Sicherung der Einsatz ausgewechselt werden, der aus Hauptstrombahn und Löscheinrichtung besteht.

Sicherungen und I_s-Begrenzer sind auf Durchgangsleistungen von einigen MVA beschränkt. Darüber müssen Schalter verwendet werden, die von Schutzsystemen gesteuert werden.

4.13.2 Schutzsysteme für Betriebsmittel

Der grundsätzliche Aufbau eines Schutzsystems ist Bild 4.200 zu entnehmen. Überwiegend verarbeitet eine solche Einrichtung Strom- und Spannungsmesswerte, die von Wandlern auf das erforderliche Niveau transformiert werden. Es werden parallel dazu noch die

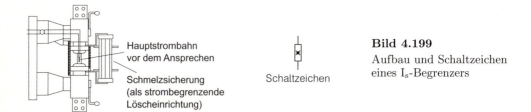

Bild 4.199
Aufbau und Schaltzeichen eines I_s-Begrenzers

4.13 Schutz der Betriebsmittel vor unzulässigen Strombeanspruchungen

Bild 4.200
Prinzipieller Aufbau eines Schutzsystems

indirekten Wirkungen von Strömen messtechnisch erfasst und ausgewertet, z. B. die Erwärmung. Sofern ein Fehler vorliegt und die Messwerte bestimmte Kriterien erfüllen, wird von der Schutzeinrichtung ein Signal – ein Aus-Kommando – auf den Schalter gegeben, das eine Schaltmaßnahme bewirkt.

Üblicherweise sind Netzelemente wie Transformatoren, Generatoren, Sammelschienen und Abzweige mit mehreren solcher Schutzsysteme versehen, die unterschiedliche Kriterien abprüfen. Die Gesamtheit aller Schutzsysteme wird dann je nach Netzelement als *Transformator-, Generator-, Sammelschienen-* oder *Abzweigschutz* bezeichnet. Für alle Schutzsysteme zusammen verwendet man den Oberbegriff *Netzschutz*.

Die Kriterien, nach denen die einzelnen Netzelemente überwacht werden, können sich durchaus ähneln. In *analytischer* Hinsicht handelt es sich meist um *eine oder mehrere Ungleichungen*. Die Anforderungen an die Toleranzgrenzen und Schnelligkeit bedingen jedoch Unterschiede in den Schutzkonzeptionen für die einzelnen Netzelemente. Die Schutzsysteme müssen so abgestimmt sein, dass sie möglichst schnell und sicher sowie selektiv reagieren, also jeweils nur das fehlerbehaftete Betriebsmittel ausschalten.

Obwohl sich in den letzten Jahrzehnten die technische Gestaltung der Schutzsysteme grundlegend verändert hat, sind die Schutzkriterien und Messprinzipien im Wesentlichen gleich geblieben. Als erstes wird das Vergleichsprinzip dargestellt.

4.13.2.1 Vergleichsprinzip

Bei dem *Vergleichsprinzip* werden die Ein- und Ausgangsgrößen eines Netzelements miteinander verglichen (Bild 4.201). Falls ihre Differenz einen Schwellwert überschreitet, wird eine Schaltmaßnahme ausgelöst. Man bezeichnet ein derartiges Schutzsystem auch als *Differenzialschutz*. Sofern die Toleranzgrenze mit der Höhe der Messgröße ebenfalls anwächst, spricht man von einem *stabilisierten Differenzialschutz*. Häufig handelt es sich bei der überwachten Messgröße um den Strom. Man spricht dann genauer von einem *Stromdifferenzialschutz*. Dieses Schutzprinzip wird bei *Generatoren, Transformatoren, Sammelschienen* sowie bei *kurzen Leitungen* angewendet.

Für die Realisierung des Vergleichsprinzips sind Signalleitungen notwendig, die den Vergleich zwischen Eingangs- und Ausgangsgröße ermöglichen. Bei Kabeln werden die benötigten Fernmeldeleitungen üblicherweise entlang des Kabelgrabens verlegt. Durch Einstreuungen, Wandlerfehler oder kapazitive Ableitströme können sich die übertragenen Stromwerte verfälschen. Mithilfe einer speziellen Messwertverarbeitung lassen sich solche Fehler reduzieren, jedoch erhöht sich der Schaltungsaufwand. Dieser lässt sich erheblich verringern, wenn unempfindlichere Größen für den Vergleich herangezogen werden.

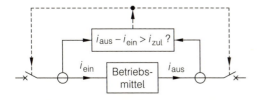

Bild 4.201
Darstellung des Vergleichsprinzips an einem Betriebsmittel

In manchen Fällen – wie z. B. bei Leitungen – bietet sich dafür der Phasenwinkel des Stroms an; man spricht dann von einem *Phasenvergleich*. Häufiger wird ein so genannter *Richtungsvergleich* durchgeführt, bei dem die Stromrichtung als ein grobes Kriterium verwendet wird. So kann z. B. auf einen Kurzschluss im überwachten Betriebsmittel geschlossen werden, wenn sowohl der Eingangs- als auch der Ausgangsstrom hineinfließen.

Vergleichsschutzsysteme schalten jeweils nur den fehlerbehafteten Zweig in Schnellzeit aus, also in der gerätetechnisch minimal möglichen Zeitspanne. Ein Vergleichsschutz ist daher bereits vom Aufbau her selektiv. Nachteilig ist allerdings, dass bei einem Ausfall dieses Systems der betreffende Abschnitt ungeschützt wäre. Um das (n−1)-Ausfallkriterium nicht zu verletzen, muss ein zusätzliches Schutzsystem installiert werden. Dabei empfiehlt es sich, ein System zu wählen, das nach einem anderen Messprinzip arbeitet, wie z. B. den später noch erläuterten Überstrom- oder Distanzschutz.

Eingesetzt werden Differenzialschutzsysteme in Form des Strom- oder Richtungsvergleichsschutzes schwerpunktmäßig in städtischen 110-kV-Kabelnetzen und in der Mittelspannungsebene bei wichtigen relativ kurzen Verbindungen. Als Beispiel dafür seien die Kabel zwischen Umspann- und Schwerpunktstation genannt. Ein weiteres fundamentales Schutzprinzip beruht auf der Erkennung von Überströmen.

4.13.2.2 Überstromprinzip

Überströme gefährden jedes betroffene Netzelement. Daher wird diese Größe als wesentliches Kriterium beim Generator-, Transformator-, Sammelschienen- und Abzweig- bzw. Leitungsschutz angewendet. Im Bereich des Abzweigschutzes hat sich dafür das preiswerte Unabhängige-Maximalstrom-Zeitrelais durchgesetzt, das auch kurz als *UMZ-Relais* bezeichnet wird [96].

Man findet diese Schutzeinrichtung z. B. auf der Mittelspannungsseite von Umspannstationen. Dort überwacht das UMZ-Relais abgehende Ringleitungen, die strahlenförmig betrieben werden. Beim Überschreiten eines gewählten Stromschwellwerts – meist im Bereich von $(1{,}3\ldots 2)\cdot I_\mathrm{r}$ – löst der Schutz unabhängig von der Stromstärke in der Schnellzeit von $0{,}1\ldots 0{,}3$ s aus (Bild 4.202). Durch ein Zeitglied kann das endgültige Aus-Kommando für den Leistungsschalter noch bis zu mehreren Sekunden verzögert werden. Die jeweilige Zeitspanne t_v wird von Selektivitätsgesichtspunkten bestimmt und durch das Betriebspersonal eingestellt.

Dabei ist zum einen zu beachten, dass die Ansprechzeit des UMZ-Relais mit den Ansprechzeiten der HH- und NH-Sicherungen der Netzstationen abzustimmen ist, die von den Abzweigen versorgt werden. Üblicherweise können die Sicherungen hinreichend selektiv reagieren, sofern die Verzugszeit des UMZ-Relais bei $t_\mathrm{v} = 0{,}3$ s liegt. Es ist ferner die Selektivität dieses UMZ-Relais zum hochspannungsseitigen Schutz der Umspannstation

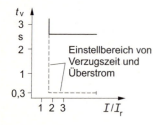

Bild 4.202
Verlauf der Kennlinie $t_\mathrm{v}(I/I_\mathrm{r})$ und ihr Einstellbereich bei einem einstufigen UMZ-Relais

4.13 Schutz der Betriebsmittel vor unzulässigen Strombeanspruchungen

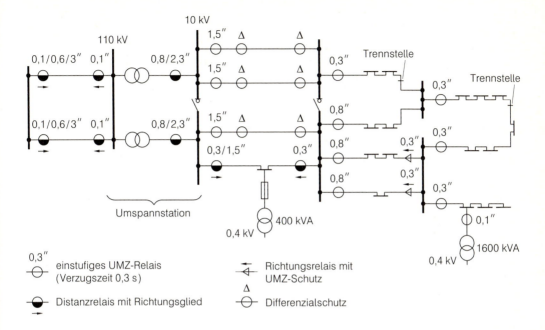

Bild 4.203
Zusammenspiel verschiedener Netzschutzsysteme und übliche Auslösezeiten in einem Mittelspannungsnetz einschließlich der Hochspannungseinbindung

zu gewährleisten. In Bild 4.203 ist an einem konkreten Mittelspannungsnetz einschließlich der zugehörigen Hochspannungseinbindung die Abstimmung der Netzschutzsysteme veranschaulicht. Das Schaltbild enthält auch solche Systeme, die erst später erläutert werden.

Für die Lokalisierung des fehlerbehafteten Abschnitts innerhalb der Mittelspannungsringleitungen werden in den Netzstationen *Kurzschlussanzeiger* installiert. Beim Auftreten eines Kurzschlussstroms fällt ein Schauzeichen. Im Fehlerfall muss dann das Betriebspersonal die Stationen in dem ausgeschalteten Strahl bzw. Zweig aufsuchen und dort die Anzeigen überprüfen. Hinter der letzten Station, bei der ein Kurzschlussstrom aufgetreten ist, liegt der fehlerhafte Leitungsabschnitt.

Wie aus Bild 4.203 zu ersehen ist, lässt sich auch bei verzweigten Strahlen Selektivität erreichen. Dazu wird jeder Zweig mit einem UMZ-Relais und einem Leistungsschalter ausgerüstet. Die Auslösezeit wird zur Einspeisung hin stufenweise erhöht. Diese Vorgehensweise wird als Staffelung bezeichnet, wobei sich für die Zunahme in jeder Stufe – die so genannte *Staffelzeit* – bei heutiger Gerätetechnik Werte von ca. 0,5 s als zweckmäßig erwiesen haben. Ein derartig gestalteter Überstromschutz führt jedoch dazu, dass die besonders hohen Kurzschlussströme im Einspeisebereich am längsten bestehen bleiben. Durch den Einsatz zweistufiger Relais kann diese prinzipielle Schwäche des Überstromschutzes gemindert werden (Bild 4.204). Unter Verwendung von *Richtungsgliedern*, die eine Auslösung des Schutzes nur bei einer bestimmten Stromrichtung freigeben, lassen sich in dieses Konzept auch mehrere parallel geschaltete Kabel einbeziehen, sodass von diesem Schutzsystem die üblichen Mittelspannungsstrukturen abgedeckt werden können. Wichtig ist noch, dass die Schutzrelais mit der höheren Auslösezeit zugleich eine *Reservefunktion* für die nachgeschalteten Schutzelemente darstellen.

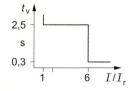

Bild 4.204
Verlauf der Kennlinie eines zweistufigen UMZ-Relais

Neben dem dargestellten UMZ-Schutz wird auch ein Abhängiges-Maximalstrom-Zeitrelais (AMZ-Relais) eingesetzt. Anstelle der rechteckförmigen Kennlinie weist es einen stetigen, hyperbelförmig abfallenden Kurvenzug auf. Es ist nicht selektiv und wird vorwiegend zum Schutz großer Motoren verwendet.

Im Hinblick auf den Leitungsschutz ist der Überstromschutz im Wesentlichen auf Mittelspannungsnetze beschränkt. Im Hoch- und Höchstspannungsbereich ist ein anderes Messprinzip maßgebend.

4.13.2.3 Distanzprinzip

Ein Schutz, der die Entfernung (Distanz) zum Fehler als Messkriterium verwendet, wird als *Distanzschutz* bezeichnet. Er weist die Stärken des Überstromschutzes hinsichtlich der Reservefunktion, nicht jedoch dessen Schwächen bezüglich der langen Ausschaltzeiten in der Nähe der Einspeisung auf. Dieses Schutzprinzip ist sogar dafür geeignet, mehrfach gespeiste und vermaschte Netze zu schützen. Die Entfernung vom Schutzrelais bis zum Kurzschlussort wird allerdings nur indirekt gemessen. Vorwiegend wird dafür als Messgröße die Leitungsimpedanz $\underline{Z}_L = (R'_L + jX'_L) \cdot l$ gewählt. Je nach der Größe dieser Impedanz wird das Aus-Kommando in Schnellzeit oder wiederum durch ein Zeitglied verzögert auf den Leistungsschalter gegeben. Üblicherweise verfügt das Zeitglied über vier bis fünf frei wählbare Zeitstufen.

Eventuell auftretende Lichtbogen bewirken einen zusätzlichen ohmschen Widerstand, der die Impedanz merklich erhöhen kann. Dieser Effekt ist insbesondere in Höchstspannungsnetzen ausgeprägt, da dort durch die größeren Isolationsabstände auch größere Lichtbogenlängen hervorgerufen werden (s. Abschnitt 7.1). Eine größere Impedanz verzögert jedoch die Ausschaltung. Durch einen zusätzlichen Schaltungsaufwand, die Bildung von so genannten Mischimpedanzen, lässt sich diese Wirkung des Lichtbogens kompensieren [96].

Um bei komplizierteren Netzen Selektivität zu erreichen, ist ein weiteres Kriterium – die Leistungsrichtung zur Fehlerstelle – zu verwenden. Nur wenn auch diese Bedingung zusätzlich erfüllt ist, wird ein Aus-Kommando an den Schalter gegeben. In Bild 4.205 ist die Schutzwirkung verdeutlicht. Daraus ist zu ersehen, dass bei dieser Konzeption im Unterschied zum Überstromschutz *alle Leitungsabschnitte* mit der *Schnellzeit* geschützt sind. Sie bewegt sich in Mittelspannungsnetzen bei ca. 100 ms und in Höchstspannungsnetzen – u. a. im Hinblick auf die Netzstabilität – bei ca. 30 ms.

Wie beim Überstromschutz stellen die jeweils vorgeschalteten Relais wiederum einen Reserveschutz dar. Um in der Auslösung Überschneidungen mit nachfolgenden Relais zu vermeiden, endet der Schutz in Schnellzeit etwa 10 % vor dem Leitungsende. Bereits von der zugehörigen Leitungsimpedanz ab verzögert das Zeitglied die Auslösezeit mit der zweiten Zeitstufe. Die Staffelzeit liegt wie beim Überstromschutz häufig bei ca. 0,5 s. Längere Leitungen weisen in diesem schlechter geschützten Bereich einen kleineren Kurzschlussstrom auf, sodass die längere Wirkungsdauer tragbar ist (s. Kapitel 6

4.13 Schutz der Betriebsmittel vor unzulässigen Strombeanspruchungen

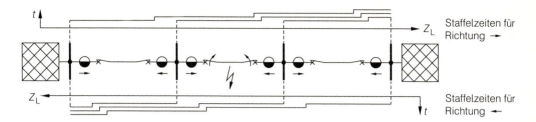

Bild 4.205
Staffelzeiten bei einem Distanzschutz für eine zweiseitig gespeiste Leitung

und 7). Demgegenüber ist bei kurzen Leitungen diese Stromabsenkung nicht ausreichend vorhanden. Dort verwendet man den Vergleichsschutz; allerdings übernimmt dann der Distanz- bzw. Überstromschutz die Reservefunktion (Bild 4.203). Erwähnt sei, dass sich diese Schwäche des Distanzschutzes durch das Verlegen einer zusätzlichen Signalleitung beheben lässt. Derartige Systeme, die vornehmlich in der Höchstspannungsebene eingesetzt werden, bezeichnet man als *Distanzschutz mit erweitertem Staffelbereich*.

Den Messwerken für die Impedanz- und Richtungsmessung wird ein Anregeglied vorgeschaltet, das in Mittelspannungsnetzen häufig nur in zwei, in der Hoch- und Höchstspannungsebene meist in allen drei Außenleitern eingebaut wird. Es führt den Messwerken nur dann Messwerte zu, wenn bestimmte Bedingungen erfüllt sind, die auf Netzfehler schließen lassen. In Mittelspannungsnetzen ist dafür die Bedingung $I > I_{zul}$ maßgebend. Je nach Überlastbarkeit der Anlage bewegt sich I_{zul} im Bereich $(1{,}2 \dots 2) \cdot I_r$ [96].

Für Hoch- und Höchstspannungsnetze ist diese *Überstromanregung* allein nicht ausreichend. Dort können die Kurzschlussströme bei Schwachlastzeiten infolge der dann geringeren Anzahl von einspeisenden Kraftwerken auf die Größe der Bemessungsströme absinken (s. Abschnitt 7.4). Ein zuverlässiges Kriterium für einen Kurzschluss stellt in diesen Fällen die Impedanz der Leitung dar. Eine Anregung des Messglieds erfolgt immer dann, wenn ein Schwellwert in der Impedanz unterschritten wird. Man spricht von einer *Unterimpedanzanregung* bzw. einem *Unterimpedanzanregeglied*. Wenn eine der beiden Anregungen bestehen bleibt, ohne dass es zu einer Auslösung kommt, spricht der Distanzschutz spätestens nach einem Zeitintervall von ca. 3 s an. Dieser Zeitpunkt wird als *ungerichtete Endzeit* bezeichnet. Neben den beschriebenen Schutzeinrichtungen werden auch noch andere Netzschutz-Prinzipien eingesetzt, von denen einige im Folgenden kurz erläutert werden.

4.13.2.4 Weitere Netzschutz-Prinzipien

Ein weiteres Schutzprinzip in Energieversorgungsnetzen stellt der *Erdschlussschutz* dar. Darunter versteht man diejenigen Einrichtungen, von denen Fehler zwischen einzelnen Leitern und Erde erfasst werden (s. Kapitel 11). Im Abschnitt 7.5 wird außerdem auf den Pendelsperrenschutz eingegangen. Er soll Fehlauslösungen im Strom vermeiden, die durch die Pendelschwingungen der Generatoren verursacht werden können. Darüber hinaus gibt es für die jeweiligen Betriebsmittel zusätzliche Schutzeinrichtungen, die besonders auf deren Eigenschaften abgestimmt sind. So ist z. B. für Generatoren der Schieflast- und der Windungsschlussschutz zu nennen. Bei Transformatoren sind u. a. Temperaturwächter und der Buchholzschutz maßgebend [73].

Der *Buchholzschutz* ist für Umspanner ein einfacher und wirksamer Schutz. Sofern sich durch eine zu große Überbeanspruchung in der Isolation Schwachstellen und damit einhergehend vermehrt innere Teilentladungen ausbilden, entstehen als Folgewirkung Gase. Diese werden aufgefangen. Beim Überschreiten eines Grenzvolumens wird eine Meldung ausgelöst. Innere Lichtbogen mit ihrer ausgeprägten Wärmeentwicklung verursachen zusätzlich eine starke Ölströmung, die ebenso wie einÖlleck zu einer sofortigen Ausschaltung führt.

Bisher sind die wichtigsten Schutzprinzipien dargestellt worden. Ihre gerätetechnische Umsetzung hat sich in den vergangenen Jahrzehnten stark verändert.

4.13.2.5 Technische Umsetzung der Schutzprinzipien

Bis in die siebziger Jahre hinein sind die Signale, die im Wesentlichen von den Strom- und Spannungswandlern geliefert wurden, elektromechanisch ausgewertet worden. So ist für einen Richtungsvergleich ein Drehankerrelais und für eine Impedanzmessung ein Waagebalkenrelais verwendet worden. Ab Beginn der siebziger Jahre wurden die elektromechanischen Schutzgeräte zunehmend durch elektronische Ausführungen abgelöst. Für den Richtungsvergleich sind Ringmodulatoren und für die Impedanzmessung Brückenschaltungen eingesetzt worden. Da diese Technologie ohne mechanische Bewegungen auskommt, wird dafür auch der Ausdruck *statischer Schutz* benutzt.

Mit Beginn der neunziger Jahre drängte wiederum eine neue Schutzgeneration auf den Markt, der *digitale Schutz*. Bei dieser Bauart werden die Analogsignale durch AD-Wandler digitalisiert, von Mikroprozessoren verarbeitet und dann ausgegeben [96].

Solche Netzschutzgeräte weisen eine Reihe von Vorteilen auf. Ihre minimale Kommandozeit ist sehr klein und liegt im Bereich $t \leq 20$ ms bei einer Netzfrequenz von 50 Hz. Dabei sind diese Ausführungen sehr zuverlässig, da sie sich selbst überwachen und eine eventuelle Fehlersuche durch eine Selbstdiagnose erleichtern. Darüber hinaus kann der digitale Schutz die einlaufenden Signale parallel verarbeiten und mit unterschiedlichen Schutzprinzipien auswerten. Solche multifunktionalen Ausführungen vereinen in einem Gerät z. B. den Distanz-, Vergleichs- sowie Erdschlussschutz (s. Kapitel 11) und bieten zugleich die Möglichkeit, die Signale zu speichern. Bei Netzstörungen oder auf Wunsch können sie von der Schaltleitung abgerufen und mit den dort vorhandenen Rechnern analysiert werden (s. Abschnitt 4.11.4 und Kapitel 8). Infolge dieser Eigenschaft ist der Netzschutz direkt in die Leittechnik integriert. Zusätzlich ist es über die Rechner möglich, die Auslösekennlinien des Schutzes zu verstellen und damit an geänderte Netzbedingungen anzupassen.

In diesem Kapitel ist im Wesentlichen das Betriebsverhalten der Netzelemente sowie die Funktion der Schutzeinrichtungen beschrieben worden. Darauf aufbauend werden im Kapitel 5 Rechenmethoden entwickelt, mit denen das Systemverhalten von umfassenderen Netzanlagen zu ermitteln ist. Diese Verfahren werden dann als Grundlage für die Auslegung von Netzen im Normalbetrieb eingesetzt.

4.14 Aufgaben

Im Vergleich zu den anderen Kapiteln ist das Kapitel 4 recht umfangreich. Um eine genauere Zuordnung der Aufgaben zu dem jeweiligen Teilkapitel zu ermöglichen, wird in den folgenden Aufgabennummern mit den ersten zwei Ziffern das zugehörige Unterkapitel angegeben. Die dritte Ziffer stellt dann wie bisher eine fortlaufende Zählung innerhalb des Unterkapitels dar.

Aufgabe 4.1.1: In dem Bild ist ein Zweitor mit zunächst $M = 0$ dargestellt.

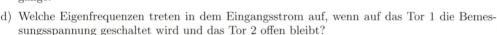

a) Berechnen Sie die beiden Eingangsimpedanzen.

b) Berechnen Sie die Übertragungsimpedanzen und -admittanzen.

c) Skizzieren Sie die zugehörigen Frequenzgänge.

d) Welche Eigenfrequenzen treten in dem Eingangsstrom auf, wenn auf das Tor 1 die Bemessungsspannung geschaltet wird und das Tor 2 offen bleibt?

e) Untersuchen Sie die gleiche Aufgabenstellung für das Tor 2 bei offenem Tor 1.

f) Welche Eigenfrequenzen treten im Ausgangsstrom i_2 auf, wenn das Netzwerk von Tor 1 aus versorgt wird und der Ausgang, Tor 2, kurzgeschlossen wird?

Aufgabe 4.1.2: Berechnen Sie für das Netzwerk in Aufgabe 4.1.1 die gleiche Aufgabenstellung, wenn die beiden Induktivitäten über eine Gegeninduktivität M gekoppelt sind.

Aufgabe 4.1.3: Im Bild ist ein Dreitor dargestellt.

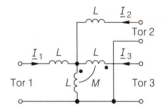

a) Stellen Sie die Impedanzform auf; eventuelle Kopplungen seien nicht wirksam.

b) Wie lauten die Eingangsimpedanzen $\underline{Z}_{11}$, $\underline{Z}_{22}$, $\underline{Z}_{33}$ sowie die Eingangsadmittanz $\underline{Y}_{33}$, wenn die im Bild eingetragene Kopplung M vorhanden ist?

Aufgabe 4.2.1: Im Bild ist ein Netzverband aus vier *einphasigen* Transformatoren dargestellt. Deren Daten lauten:

T_1: $u_{k1} = 12\%$; $\ddot{u}_1$; $S_{r1} = 40$ MVA
T_2: $u_{k2} = 10\%$; $\ddot{u}_2$; $S_{r2} = 50$ MVA
T_3: $u_{k3} = 10\%$; $\ddot{u}_3$; $S_{r3} = 50$ MVA
T_4: $u_{k4} = 8\%$; $\ddot{u}_4$; $S_{r4} = 31{,}5$ MVA

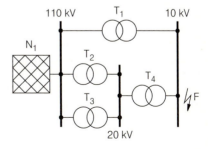

a) Stellen Sie das Ersatzschaltbild auf, wobei die Übersetzungen dem Verhältnis der Netznennspannungen entsprechen sollen. Der ohmsche Anteil sei zu vernachlässigen. Als Bezugsspannung werde 10 kV gewählt, die Betriebsspannung beträgt $U_b = 1{,}1 \cdot U_{nN}$.

b) Berechnen Sie für einen Kurzschluss in der 10-kV-Schaltanlage den bei der angegebenen Betriebsspannung dort auftretenden stationären Kurzschlussstrom.

c) Erläutern Sie, ob der Strom sich auch auf diesem Wege berechnen lässt, wenn die Übersetzungen der einzelnen Transformatoren nicht dem Verhältnis der Netznennspannungen entsprechen.

Aufgabe 4.2.2: Die Anlage in Aufgabe 4.2.1 sei dreiphasig ausgeführt. Die Schaltgruppe des Transformators T_2 lautet Yd5, der Transformator T_4 weist die Schaltgruppe Yy6 auf.

a) Welche Schaltgruppe müssen die Transformatoren T_1 und T_3 aufweisen?

b) Stellen Sie das zu Aufgabe 4.2.1a analoge Ersatzschaltbild für den stationären dreipoligen Kurzschluss in F auf.

c) Bestimmen Sie den Eingangsstrom des Transformators T_2 und den Kurzschlussstrom, den der Transformator T_4 in die Fehlerstelle einspeist. Welche Phasenverschiebung besteht zwischen den beiden Strömen?

Aufgabe 4.2.3: In dem Bild ist eine Anlage mit einem 40-MVA-Dreiwicklungstransformator dargestellt. Die 6-kV-Wicklung speise in der betrachteten Betriebssituation leerlaufende Asynchronmaschinen mit einer induktiven Blindleistung von insgesamt $Q = 2$ Mvar. Auf der 10-kV-Seite sei nur die niedrige induktive Reaktanz $X = 2\ \Omega$ wirksam. Die Daten des Dreiwicklungstransformators lauten:

$u_{k110/10} = 8\%$; $S_{r110/10} = 30$ MVA; Yd5
$u_{k110/6} = 10\%$; $S_{r110/6} = 10$ MVA; Yd5
$u_{k10/6} = 4\%$; $S_{r10/6} = 10$ MVA

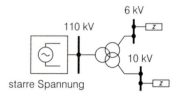

a) Welche Schaltgruppe weisen die 10/6-kV-Wicklungen auf?

b) Berechnen Sie die Eingangs- und Ausgangsströme des Transformators für den Fall, dass die eingestellten Übersetzungen dem Verhältnis der Netznennspannungen entsprechen und $U_{bN} = U_{nN}$ gilt.

c) Welche Leistungen stellen sich eingangs- und ausgangsseitig ein?

Aufgabe 4.2.4: Im Bild ist ein Dreischenkeltransformator 10/0,4 kV mit einer Bemessungsleistung von 630 kVA dargestellt. Die Wicklungen weisen die Windungszahlen $w_1 = 1083$ und $w_2 = 25$ auf.

a) Schalten Sie die Spulen so, dass sich die Schaltgruppen Dy5 bzw. Dy11 ergeben. Berechnen Sie die Übersetzungen für einen streuungsfreien Transformator in Abhängigkeit von den Windungszahlen.

b) Die 10-kV-Spule 1U-1V werde bei einem in Dy5 geschalteten Transformator durch einen sich rasch ausbreitenden Windungsschluss kurzgeschlossen. Weiterhin wird durch das Ansprechen der oberspannungsseitig vorgeschalteten HH-Sicherung der Leiteranschluss 1U vom Netz getrennt. Die Kopplungen M der Oberspannungsspulen können vereinfachend untereinander als gleich groß angenommen werden, die Selbstinduktivität jeder Spule betrage L. Berechnen Sie die Ströme in den Anschlüssen 1V und 1W, wenn der Transformator unbelastet ist (Leerlauf).

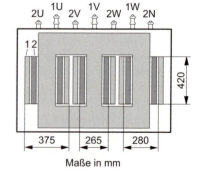

Maße in mm

c) Welche Ströme fließen in den Anschlussleitungen 1U, 1V und 1W im ungestörten Leerlauffall?

d) Berechnen Sie die Selbstinduktivität L, wobei der Magnetisierungsstrom auf 0,35 % des Bemessungsstroms geschätzt wird. Dabei ist näherungsweise ein symmetrischer Transformator ohne Streuung anzunehmen ($M \approx L/2$).

e) Welche Selbstinduktivität erhält man mit den Annahmen in d), wenn ihr Wert L aus dem einphasigen Ersatzschaltbild ermittelt wird? Begründen Sie die Abweichung.

4.14 Aufgaben

Aufgabe 4.2.5: Durch einen sekundärseitigen dreipoligen Kurzschluss mit Erdberührung sprechen bei dem Verteilungstransformator gemäß Aufgabe 4.2.4 niederspannungsseitig die NH-Sicherungen in den Zuleitungen 2U und 2V an. Praktisch zur gleichen Zeit löst infolge einer fehlerhaften Dimensionierung auch die HH-Sicherung des Anschlusses 1U aus. Dadurch wird der niederspannungsseitige Strom $\underline{I}_{2W}$ so klein, dass die zugehörige Sicherung nicht mehr auslöst und der Kurzschluss dort bestehen bleibt.

a) Skizzieren Sie für diesen Fehlerfall das Ersatzschaltbild ohne Berücksichtigung der Streuinduktivitäten, wenn Symmetrie im Aufbau vorausgesetzt werden kann. Die magnetischen Kopplungen brauchen nicht dargestellt zu werden.

b) Berechnen Sie den Eingangsstrom für den Fall, dass für die Selbstinduktivitäten der magnetische Leitwert $\Lambda = 2{,}7 \cdot 10^{-4}$ Vs/A wirksam ist, während der Koppelleitwert für Spulen auf demselben Schenkel $0{,}96 \cdot \Lambda$ und bei Spulen auf unterschiedlichen Schenkeln $0{,}45 \cdot \Lambda$ beträgt.

c) Tragen Sie in das Ersatzschaltbild die wirksamen Teilkapazitäten für die Wicklung 1W in Form der Erd- und Koppelkapazitäten ein. Die Potenzialdifferenz in den Wicklungen ist dadurch aufzufangen, dass die Koppelkapazitäten diskretisiert werden und je zur Hälfte am Wicklungsanfang und -ende wirken.

d) Die größte interne Kapazität, die Koppelkapazität C_{K12} zwischen der Ober- und Unterspannungswicklung, ist mithilfe eines Zylinderkondensators abzuschätzen, indem die Wicklungen jeweils als homogener Kupferblock betrachtet werden.
Begründen Sie, warum diese vereinfachende Annahme zulässig ist.

e) Der Transformator werde oberspannungsseitig über ein Kabel gespeist, das am Eingang eine Erdkapazität C_{EK} von $0{,}2$ μF bewirkt.
Welche Eigenfrequenz weist demnach die relevante Eigenschwingung auf, die sich nach dem Ansprechen der Sicherung ausbildet?

Aufgabe 4.2.6: Im Bild 1 ist die Schaltung eines Transformators mit Quereinstellung angegeben, dessen Spulen wie bei dem Transformator in Aufgabe 4.2.4 angeordnet seien.

a) Stellen Sie aus der physikalischen Anschauung ein einphasiges Ersatzschaltbild auf, in dem die Streuinduktivitäten vernachlässigt werden dürfen. Zweckmäßigerweise wird dabei von dem Leerlaufverhalten ausgegangen, wobei ein symmetrischer Betrieb und Aufbau vorausgesetzt werden.

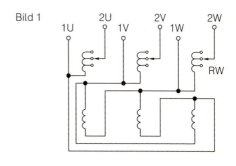

Bild 1

b) Berechnen Sie allgemein gültig für den Ring in Bild 2 den durch den Transformator verursachten Ringstrom.

c) Berechnen Sie den Ringstrom, der notwendig ist, um im Bemessungsbetrieb eine gleiche Auslastung der Leitungen zu erzwingen. Im Bemessungsbetrieb sollen beide Leitungen zusammen 1400 A führen. Strom und Sternspannung seien sowohl am Anfang als auch am Ende der Leitung phasengleich (ohmsche Last, natürlicher Betrieb), wobei der Strom in der Leitung als eingeprägt angesehen werden kann.

d) Welche Zusatzspannung muss in der Reihenwicklung RW erzeugt werden?

e) Wie ist die Schaltung des Transformators zu verändern, um eine Schrägeinstellung zu erhalten?

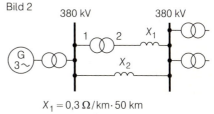

Bild 2

$X_1 = 0{,}3\ \Omega/\mathrm{km} \cdot 50\ \mathrm{km}$
$X_2 = 0{,}3\ \Omega/\mathrm{km} \cdot 100\ \mathrm{km}$

Aufgabe 4.2.7: Ein 500-MVA-Maschinentransformator der Schaltgruppe Yd5 weise die Bemessungsübersetzung 420 kV/27 kV auf. Eine Scheibe der oberspannungsseitig verwendeten Spulenwicklung verfüge über 6 Windungen, die jeweils als Drillleiter ausgeführt sind.

a) Wie viele Windungen und Scheiben werden für die Oberspannungswicklung benötigt, wenn die induzierte Spannung in jeder Windung im Bemessungsbetrieb 366 V betrage?

b) Wie hoch ist die Mindestlänge des Schenkels, wenn ein Drillleiter die Höhe von 22 mm hat und der Isolationsabstand zwischen den Scheiben ca. 0,6 mm beträgt?

c) Wie hoch ist die Kernhöhe, wenn die Joche 0,75 m hoch sind und die Isolation zwischen Oberspannungsspule und Eisenjoch 25 cm beträgt?

d) Über wie viele Windungen muss die Unterspannungswicklung verfügen (Lagenwicklung)?

e) Wie viele Teilleiter weist der Drillleiter auf, wenn die Bemessungsstromdichte 3 A/mm² betragen soll und ein Teilleiter die Abmessungen 10 mm × 3 mm aufweist?

Aufgabe 4.2.8: Bei dem in Bild 4.11 dargestellten einphasigen Zweiwicklungstransformator werden die beiden senkrechten Rückschlussschenkel entfernt. Erläutern Sie, ob sich dadurch nachhaltig das Eigenschwingungsspektrum des Umspanners ändert.

Aufgabe 4.4.1: Im Bild ist eine Anlage dargestellt, bei der oberspannungsseitig hinter dem Maschinentransformator ein dreipoliger Kurzschluss auftrete. Vor dem Kurzschluss wird die Anlage mit einem Betriebsstrom von $I_{bG} = 6000$ A bei der Generatorbemessungsspannung $U_{rG} = 21$ kV und einem Leistungsfaktor $\cos\varphi = 0,9$ betrieben. Die einzelnen Betriebsmittel weisen die folgenden Daten auf:

G: $S_{rG} = 300$ MVA; $\cos\varphi_r = 0,75$; $x_d'' = 0,2$;
     $x_d' = 0,25$; $x_d = 2$
T: $S_{rT} = 350$ MVA; $\ddot{u}_T = 395$ kV/21 kV;
     $u_k = 15\%$; Yd5
N: $U_{bN} = 380$ kV

a) Ermitteln Sie die Spannungen E'', E' und E.

b) Für die Anlage sind die Ströme $\underline{I}''_{kG}$ und $\underline{I}''_{kTN}$ zu bestimmen.

c) Welchen Wert weist der maximal mögliche Gleichstrom I_{gG} im Leiter L1 des Generators auf und wie groß sind zu diesem Zeitpunkt die Werte in den beiden anderen Leitern? Berechnen Sie außerdem den maximal möglichen Gleichstrom auf der Netzseite.

d) Welche Werte weisen der transiente und der Dauerkurzschlussstrom I'_{kG} sowie I_{kG} des Generators auf?

e) Bestimmen Sie den Generatorbemessungsstrom sowie die vor dem Kurzschlusseintritt abgegebene Wirk- und Blindleistung.

Aufgabe 4.4.2: In der Anlage gemäß Aufgabe 4.4.1 (ohne Kurzschluss) wird die Blindleistungseinspeisung im Netz geändert. Zu diesem Zweck wird beim Maschinentransformator die Übersetzung von dem eingestellten Wert $\ddot{u}_T$ um 3% erhöht.

a) Berechnen Sie den neuen Arbeitspunkt im P,Q-Diagramm des Generators, wenn die Wirkleistungseinspeisung unverändert bleibt und der Spannungsregler den Betrag der Generator-Klemmenspannung konstant hält. Erläutern Sie das Ergebnis. Die Netzspannung $\underline{U}_{bN}$ weise ein starres Verhalten auf.

b) Berechnen Sie für denselben Fehlerort die Anfangskurzschlusswechselströme I''_{kG} und I''_{kTN}, die sich bei diesem Arbeitspunkt der Maschine einstellen.

4.14 Aufgaben

Aufgabe 4.5.1: In der Abbildung ist ein 20-kV-Mastbild dargestellt. Der Mast sei mit einem Leiterseil 184-AL1/30-ST1A belegt, dessen Radius $r_\mathrm{S} = 9{,}5$ mm beträgt.

a) Berechnen Sie die Betriebsinduktivität L'_b.

b) Berechnen Sie die Betriebskapazität C'_b.

c) Ermitteln Sie die Werte für L'_b und C'_b zusätzlich aus den Diagrammen im Anhang.

d) Wie groß ist die natürliche Leistung der Leitung?

e) Wie wird die Leitung betrieben, wenn sie mit der üblichen Stromdichte von $S = 1$ A/mm^2 und mit dem zulässigen Betriebsstrom I_z (s. Anhang) belastet wird?

Aufgabe 4.5.2: Im Bild ist eine Anlage mit einer 380-kV-Freileitung mit zwei parallel geschalteten Systemen und einer Betriebskapazität von 14 nF/km pro System dargestellt.

a) Entnehmen Sie die Betriebsreaktanz dem Anhang.

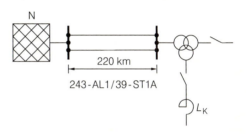

b) Stellen Sie das Ersatzschaltbild in der Weise auf, dass bei jedem einzelnen Π-Glied der Pol im Eingangsstrom mindestens um eine Größenordnung, also zehnmal, höher liegt als die Netzfrequenz.

c) Berechnen Sie das Verhältnis der Ausgangs- zur Eingangsspannung für eine leerlaufende Leitung mit dieser Nachbildung.

d) Berechnen Sie das entsprechende Verhältnis, wenn das Ersatzschaltbild auf ein Π-Glied reduziert wird. Diskutieren Sie den Unterschied zur Lösung in Frage c).

e) Um wie viel Prozent reduziert sich das Verhältnis der Ausgangs- zur Eingangsspannung, wenn an die leerlaufende Leitung eine Kompensationsdrosselspule angeschlossen wird, die 80 % der kapazitiven Ladeleistung kompensiert?

f) Berechnen Sie für eine Leitungsnachbildung mit einem Π-Glied das Verhältnis von Ausgangs- zur Eingangsspannung, wenn natürlicher Betrieb vorliegt.

Aufgabe 4.5.3: Dargestellt ist ein Außenleiter einer Freileitung, der als Dreierbündel ausgeführt sei. Der Abstand zwischen den Teilleitern beträgt jeweils a, der mittlere Abstand zu den anderen Außenleitern weist die Größe D auf.

a) Ermitteln Sie die Betriebsinduktivität der Leitung mithilfe der Beziehung (4.110a).

b) Ermitteln Sie die Betriebsinduktivität der Leitung mithilfe der Beziehung (4.110b).

c) Berechnen Sie, um welchen Betrag sich die Betriebsinduktivität ändert, wenn der Abstand zwischen den Teilleitern 1 und 2 sich um 10 % vergrößert.

d) Wie groß ist im Aufgabenteil c) die relative Änderung der Betriebsinduktivität, wenn die Abstände $a = 0{,}4$ m und $D = 9$ m betragen sowie die Leiterseile einen Radius von $\rho = 1{,}2$ cm aufweisen?

Aufgabe 4.6.1: Es wird die im Bild dargestellte Anlage betrachtet.

a) Bestimmen Sie die Leitungsparameter der zwei Kabeltypen NA2XS2Y 1×240 RM/25 6/10 kV und N2XS(FL)2Y 1×300 RM/25 64/110 kV aus den Tabellen im Anhang. Die Einleiterkabel seien nebeneinander verlegt.

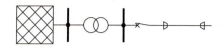

b) Bestimmen Sie daraus für beide Kabelausführungen die zugehörigen komplexen Wellenwiderstände und ermitteln Sie, welche Betriebsform des Kabels vorliegt, wenn es mit 1 A/mm² ausgelastet ist. (Hinweis: Bei komplexen Wellenwiderständen kann die natürliche Leistung mit der Beziehung $\underline{S}_{\text{nat}} = U_{\text{nN}}^2/\underline{Z}_{\text{W}}^*$ ermittelt werden.)

c) Bestimmen Sie die Länge des als leerlaufend angesehenen Kabels für beide Kabeltypen so, dass es sich mit 1 A/mm² selbst auslastet.

d) Wo tritt in diesem Fall diese Stromdichte in dem Kabel auf?

e) Wie würden sich die Verhältnisse ändern, wenn statt eines langen Kabels eine Reihe von kürzeren, parallel geschalteten Kabeln vorhanden wären?

Aufgabe 4.6.2: Welche Frequenz weist die Eigenschwingung auf, wenn ein leerlaufendes 10-kV-Kabelnetz mit einer Gesamtlänge von 120 km nach einer Störung wieder eingeschaltet wird? Das Netz möge aus vielen kurzen Kunststoffkabeln NA2XS2Y 1×240 bestehen. Bei dieser Anordnung können die Kabel in guter Näherung durch ihre Betriebskapazität nachgebildet werden, während die Längsimpedanzen zu vernachlässigen sind. Der einspeisende Transformator weist die Daten $u_k = 0{,}1$ und $S_{\text{rT}} = 63$ MVA auf.

Aufgabe 4.8.1: Ein strahlenförmig betriebenes 0,4-kV-Niederspannungsnetz besteht aus sechs 500 m langen Kabelsträngen vom Typ NAYY 4×150 mit den Betriebswerten $C'_{\text{bK}} = 0{,}4$ µF/km und $X'_{\text{bK}} = 0{,}08$ Ω/km. Der zugehörige ohmsche Widerstand darf vernachlässigt werden. Das Netz wird aus einem 10-kV-Netz mit einer Kurzschlussleistung S''_k von 400 MVA über einen 630-kVA-Verteilungstransformator mit der Bemessungsübersetzung $\ddot{u}_r = 10$ kV/0,4 kV gespeist, dessen Kurzschlussspannung $u_k = 6\%$ beträgt. Am Ende der Kabelstränge befindet sich jeweils ein stromrichtergespeister 55-kW-Motor mit einem Bemessungsstrom von $I_{\text{rM}} = 104$ A. Die Motoren weisen im Bemessungsbetrieb u. a. eine fünfte Oberschwingung von 2 % ihres Bemessungsstroms auf.

a) Skizzieren Sie das Oberschwingungsersatzschaltbild der Anlage. Verwenden Sie dabei für die Kabel das T-Ersatzschaltbild und für die 10-kV-Netzeinspeisung die in Abschnitt 5.6 beschriebene Ersatzschaltung.

b) Vereinfachen Sie das Ersatzschaltbild unter Ausnutzung der Symmetrieverhältnisse.

c) Berechnen Sie den Oberschwingungsstrom, mit dem das Mittelspannungsnetz belastet wird. Beurteilen Sie den Einfluss der Kabelkapazitäten bei dieser Anlage.

Aufgabe 4.9.1: Im Bild ist ein 6-kV-Industrienetz vereinfacht dargestellt, das eine Gruppe stromrichtergespeister Antriebe aufweist. Sie verursachen ein relevantes Oberschwingungsspektrum, das sich auf die 250-, 350- und 550-Hz-Harmonischen erstreckt.

T_1, T_2: $S_{\text{rT}} = 50$ MVA; $u_k = 10\%$;
$\ddot{u}_r = 110$ kV/6 kV
D: $S_D = 20$ MVA; $u_D = 2\%$
C_K: $Q_{C\text{max}} = 3$ Mvar
$C_{K\text{max}} \geq C_K \geq C_{K\text{max}}/2$

a) Überprüfen Sie, ob bei dem eingezeichneten Schaltzustand die Gefahr von Netzrückwirkungen besteht, wenn die Kapazität den Regelbereich $C_{K\text{max}}/2$ bis $C_{K\text{max}}$ aufweist.

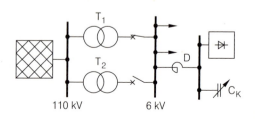

4.14 Aufgaben

b) Welche Frequenz weist die Eigenschwingung im Eingangsstrom auf, die beim Zuschalten des zweiten Einspeisetransformators ausgelöst wird?
Die stromrichtergespeisten Motoren sollen dabei im Leerlauf betrieben werden und eine induktive Blindleistung von 4 Mvar ziehen. Sie können vereinfacht durch eine äquivalente Induktivität beschrieben werden.

Aufgabe 4.11.1: Die im Übersichtsschaltbild dargestellte 380-kV-Schaltanlage weist als Einspeisungen zwei 800-MVA-Blöcke auf, die jeweils mit einer Doppelleitung angebunden sind. Zusätzlich ist die Anlage über eine Doppelleitung an das Verbundnetz angeschlossen. Von der Schaltanlage wird ein 200-MVA-Umspannwerk (380 kV/110 kV) direkt versorgt. Über einen strahlenförmig betriebenen, zweisystemigen Freileitungsring sind weitere 300-MVA-Umspannwerke angebunden. Alle Freileitungssysteme sollen denselben Wellenwiderstand von $Z_\mathrm{W} = 260$ Ω aufweisen.

a) Wie viele 300-MVA-Umspannwerke kann jedes Freileitungssystem des strahlenförmig betriebenen Rings im angestrebten natürlichen Betrieb für $U_\mathrm{nN} = 380$ kV oder für $U_\mathrm{m} = 420$ kV versorgen?

b) Wie viele 300-MVA-Umspannwerke kann die Anlage im Höchstlastfall versorgen, wenn die Kuppelleitung zum Verbundnetz nur als Reserve anzusehen ist? Die Spannungshaltung sei unberücksichtigt.

c) Wie viele Umspannwerke sind bei dem eingetragenen Schaltzustand von den Sammelschienensystemen A und B zu versorgen?

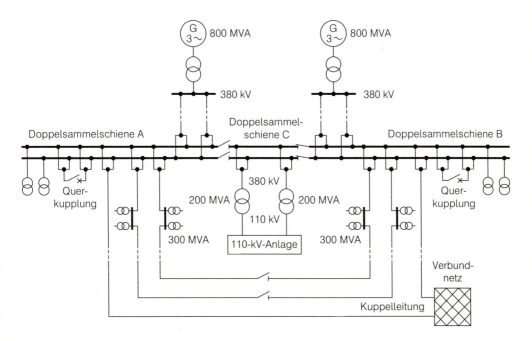

d) Welche Länge weist eine einzelne Sammelschiene des Systems A bzw. B auf, wenn deren Anordnung und die Feldteilung der 380-kV-Freiluftschaltanlage in Bild 4.171 entsprechen sollen?

e) Überprüfen Sie, ob die Gesamtanlage im Hinblick auf die Leistungsübertragung das (n–1)-Ausfallkriterium erfüllt. Weitere Restriktionen z. B. zur thermischen Dimensionierung oder der Spannungshaltung sollen für diese Betrachtung unbeachtet bleiben.

f) Die Sammelschienen mögen aus 250/8-Rohren mit einem Durchmesser von 250 mm und einer Wandstärke von 8 mm bestehen. Der Isolationsabstand der Sammelschienen betrage 4 m. Berechnen Sie für die Sammelschienensysteme A und B die Betriebskapazität einer einzelnen Sammelschiene gemäß Abschnitt 4.5 unter der vereinfachenden Annahme, die Sammelschiene sei verdrillt (Mittelwertbildung). Die benötigten Teilkapazitäten sind dem nebenstehenden Bild zu entnehmen.

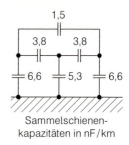

Sammelschienenkapazitäten in nF/km

g) Berechnen Sie für die Sammelschienensysteme A und B die Betriebskapazität einer einfachen Sammelschiene mit der Näherung (4.119) und vergleichen Sie die Ergebnisse mit den in f) ermittelten Werten.

h) Im Rahmen einer Umschaltung wird eine Sammelschiene des Doppelsammelschienensystems A freigeschaltet. Als letzte Schaltmaßnahme wird der Leistungsschalter im Abzweig zum Verbundnetz ausgeschaltet. Wie groß ist bei $U_{nN} = 380$ kV der kapazitive Strom, der dann zu unterbrechen ist? Die Betriebskapazität des Abzweigfelds zwischen Leistungsschalter und Sammelschiene werde vernachlässigt.

i) Welche Länge weist das Sammelschienensystem C auf, wenn die Verbindungsseile zu den Längstrennschaltern vernachlässigt werden?

j) Welchen kapazitiven Strom muss der Trennschalter in der Längstrennung unterbrechen, wenn eine der beiden Sammelschienen des Systems C freigeschaltet werden soll?

Aufgabe 4.11.2: In dem Übersichtsschaltbild ist eine *einpolig* gekapselte 110-kV-Umspannstation in SF_6-Ausführung dargestellt. Die Länge einer Sammelschiene mit drei Abzweigen einschließlich des Messfelds betrage 20 m. Die Querschnittsabmessungen der Sammelschiene sind dem Schnittbild zu entnehmen; alle Radien sind in mm angegeben. Der Längstrennschalter soll geöffnet werden.

a) Welchen kapazitiven Strom muss der Längstrennschalter unterbrechen, wenn bei der rechten Sammelschiene in allen drei Abzweigen die Sammelschienentrennschalter geöffnet sind (SF_6: $\varepsilon_r = 1$)?

b) Welchen kapazitiven Strom müsste der Längstrennschalter unterbrechen, wenn stattdessen in diesen drei Abzweigen nur die Abzweigtrennschalter geöffnet wären, jedoch die Leistungsschalter und Sammelschienentrennschalter eingeschaltet blieben? Summarisch betrage die Erdkapazität eines Abzweigfelds einschließlich der Wandler und Schalter $C_E = 3$ nF.

c) Wäre dieser ungünstige Schaltzustand für den Längstrennschalter noch zulässig, wenn maximal ein kapazitiver Strom von 0,5 A unterbrochen werden darf?

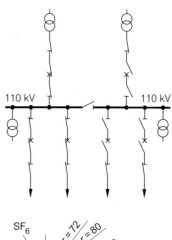

4.14 Aufgaben

Aufgabe 4.13.1: Für die im Bild dargestellte Anlage sind die NH- und HH-Sicherungen zu dimensionieren. Primärseitig tritt ein Kurzschlussstrom von 70 kA, niederspannungsseitig von 22 kA auf. Die vorhandenen Niederspannungskabel seien so kurz, dass sich der Kurzschlussstrom dadurch praktisch nicht verringert. Der Asynchronmotor hat einen Leistungsfaktor von $\cos\varphi = 0{,}88$ und weist beim Einschalten für max. 5 s einen Anlaufstrom von $5 \cdot I_r$ auf. Für diesen Zweig ist ein Sicherungstyp NH-gM zu verwenden, dessen Kennlinie häufig einer Ausführung NH-gL mit einem 1,6-fach höheren Bemessungsstrom entspricht.

a) Berechnen Sie die Bemessungsströme der NH-Sicherungen $S_1 \ldots S_5$.

b) Überprüfen Sie die Kurzschlussbedingungen für den Fall, dass der Bemessungs-Ausschaltstrom der Sicherungen $I_{aS} = 100$ kA beträgt.

c) Überprüfen Sie die Selektivität der Sicherung S_4 zu den Sicherungen S_3 und S_5.

d) Dimensionieren Sie die HH-Sicherung.

e) Überprüfen Sie die Selektivität zu den unterlagerten NH-Sicherungen.

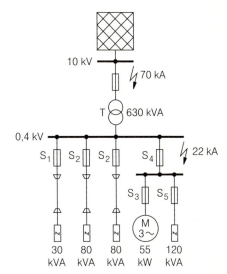

Aufgabe 4.13.2: Wählen Sie für das im Bild dargestellte 10-kV-Netz den geeigneten Netzschutz aus und geben Sie die ungefähren Auslösezeiten an. Es kann davon ausgegangen werden, dass alle Kabel in der Schwerpunktstation bis zu 0,5 s den jeweils ungünstigsten Kurzschlussstrom führen können.

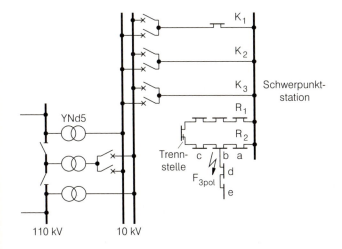

Aufgabe 4.13.3: In dem in Aufgabe 4.13.2 angegebenen Netz möge auf der Kabelstrecke b–d des Stichs b–e ein dreipoliger Kurzschluss auftreten.
Auf welche Weise kann das Betriebspersonal den fehlerhaften Streckenabschnitt feststellen?

5 Auslegung von Netzen im Normalbetrieb

Im vorigen Kapitel ist im Wesentlichen das Betriebsverhalten einzelner Netzelemente beschrieben worden. In den folgenden Abschnitten wird darauf aufbauend nun das Betriebsverhalten von Netzanlagen untersucht, die sich aus diesen Betriebsmitteln zusammensetzen. Für den Fall, dass in den Netzen nur Leitungen und abgehende Lasten vorhanden sind, bestehen dafür manuelle Berechnungsverfahren. Ihr Wert liegt vor allem darin, dass sie das Verständnis für das Verhalten von Netzen schärfen. Außerdem bieten sie die Möglichkeit, anhand von Sonderfällen die Ergebnisse der später noch behandelten allgemeineren, rechnerorientierten Lastflussberechnungsmethoden zu überprüfen.

Mithilfe dieser Verfahren ist es möglich, die Netze so auszulegen, dass sie im Normalbetrieb eine zulässige thermische Dauerbelastung und eine ausreichende Spannungshaltung aufweisen.

5.1 Kriterien für zulässige thermische Dauerbelastung und Spannungshaltung

Ein Netz ist nur dann richtig ausgelegt, wenn der Laststrom auch bei erschwerten Netzbedingungen stets unter dem *thermisch zulässigen Betriebsstrom* I_z liegt (s. Abschnitte 4.5, 4.6 sowie 8.2):

$$I_b \leq I_z \,. \tag{5.1}$$

Dabei muss sich die Spannung zugleich in einem mit dem Kunden abgesprochenen Spannungsband bewegen. Diese Bedingung wird häufig auch als die Forderung nach einer *ausreichenden Spannungshaltung* bezeichnet. Analytisch kann sie als Ungleichung

$$U_{nN} - \Delta U_{zul1} \leq U_{bN} \leq U_{nN} + \Delta U_{zul2} \leq U_m \tag{5.2}$$

formuliert werden. Die obere Grenze von U_{bN} ist in DIN VDE 0111 durch die Größe U_m festgelegt (s. Abschnitt 3.2). Die untere Spannungsgrenze liegt für Verteilungsnetze üblicherweise bei $0{,}95 \cdot U_{nN}$ und in Hochspannungsnetzen bei etwa $0{,}9 \cdot U_{nN}$. Höhere Spannungsabsenkungen können kurzzeitig für den Anlauf großer Motoren zugelassen werden.

Um die Bedingungen (5.1) und (5.2) erfüllen zu können, muss das Strom-Spannungs-Verhalten des Netzes bekannt sein. Im Weiteren wird davon ausgegangen, dass die Leitungen bereits bei kleinen Leistungen übernatürlich betrieben werden und sich ohmsch-induktiv verhalten. Ein solches Verhalten wird auch bei den Lasten vorausgesetzt. Gemäß Abschnitt 4.7 werden sie dabei so modelliert, dass sie unabhängig von der anliegenden Spannung stets eine konstante Wirk- und Blindleistung aufnehmen:

$$P(U_{bV}) = P_{rV} = \text{const} \tag{5.3a}$$

$$Q(U_{bV}) = Q_{rV} = \text{const} \,. \tag{5.3b}$$

5.2 Einseitig gespeiste Leitung ohne Verzweigungen

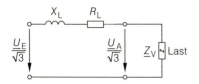

Bild 5.1
Ersatzschaltbild einer elektrisch kurzen Leitung
(E: Eingang; A: Ausgang; $\underline{U}_A = \underline{U}_{bV}$)

Bild 5.2
Zeigerdiagramm einer elektrisch
kurzen Leitung

Durch die Vernachlässigung der Spannungsabhängigkeit bei den Lasten wird auch ihr Selbstregeleffekt (s. Abschnitt 2.5.1.1) nicht berücksichtigt. Deshalb bewirken die Bedingungen (5.3) eine härtere Netzbeanspruchung, als es im tatsächlichen Netzbetrieb der Fall ist. In diesem Sicherheitszuschlag liegt neben der Einfachheit der Lastbeschreibung ein weiterer Vorteil.

Das vorausgesetzte ohmsch-induktive Verhalten weisen nur so genannte elektrisch kurze Leitungen auf. Bei ihnen sind die Eingangsspannungen (Index E) und die Ausgangsspannungen (Index A) nur um wenige Grad phasenverschoben (Bilder 5.1 und 5.2). Außerdem müssen die Querimpedanzen sehr hochohmig sein.

Freileitungen des Nieder- und Mittelspannungsbereichs sind stets als elektrisch kurz anzusehen; für Hochspannungsleitungen ist die Zulässigkeit dieser Voraussetzung im Einzelnen zu überprüfen. Etwas andere Verhältnisse ergeben sich für Kabel. Mitunter sind bei längeren Kabeln die Querreaktanzen der Kapazitäten nicht mehr hinreichend groß im Vergleich zu den Lasten. Die Kapazitäten sind dann zu berücksichtigen. Für solche Netzberechnungen empfiehlt sich der Einsatz von Lastflussprogrammen, da die manuellen Verfahren rein ohmsch-induktive Netze voraussetzen. Die analytische Berechnung von ohmsch-induktiven Leitungsnetzen wird zunächst an einer einseitig gespeisten Leitung entwickelt und dann schrittweise verallgemeinert.

5.2 Einseitig gespeiste Leitung ohne Verzweigungen

Eine unverzweigte, einseitig gespeiste Leitung, wie sie Bild 5.3 zeigt, stellt gemäß Abschnitt 3.2 den einfachsten Fall eines Verteilungsnetzes dar. Anhand dieses Beispiels wird im Folgenden der prinzipielle Ablauf der Dimensionierung nach den Kriterien (5.1) und (5.2) beschrieben. Zunächst wird angenommen, dass die Lasten entgegen der Beziehung (5.3) keine konstanten Leistungen, sondern unabhängig von der anliegenden Spannung konstante Ströme aufnehmen. Im weiteren Rechnungsablauf wird aus der Summe der Verbraucherscheinleistungen S_{rV} für $U = U_{nN}$ ein Laststrom ermittelt. Anschließend ist aus der Liste mit den verfügbaren Normquerschnitten ein Leiterquerschnitt so zu wählen, dass die Stromdichte für diese Last bei etwa 1 A/mm² liegt. Mit einem solchen

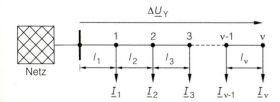

Bild 5.3
Unverzweigte, einseitig gespeiste
Leitung mit Lasten

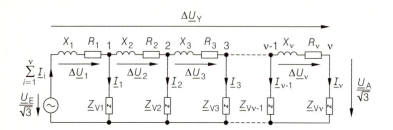

Bild 5.4

Ersatzschaltbild einer einseitig gespeisten Leitung

Wert werden üblicherweise die Leitungen im normalen Netzbetrieb beansprucht. So ist sichergestellt, das bereits der Startwert in der Nähe der Lösung liegt.

Gemäß Abschnitt 5.1 darf der zulässige Spannungsabfall an keiner Stelle der gewählten Leitung überschritten werden. Es ist daher nur die größte Spannungsabsenkung zu berücksichtigen, die bei einer einseitig gespeisten Leitung stets am Leitungsende auftritt. Für die Berechnung dieser Größe wird das in Bild 5.4 dargestellte Ersatzschaltbild zugrunde gelegt. In bekannter Weise werden dann die Impedanzen der Leitungen aus den Belägen R'_b und X'_b bestimmt, die durch den gewählten Leiterquerschnitt festgelegt sind (s. Abschnitt 4.5). Wenn der im Folgenden noch zu berechnende Spannungsabfall zu hoch ist, muss ein größerer Querschnitt gewählt werden.

Ein größerer Querschnitt führt stets zu einem kleineren Widerstand R'_b und zu einer kleineren Reaktanz X'_b, sodass sich dadurch ein kleinerer Spannungsabfall einstellt. Falls der Spannungsabfall im Vergleich zum zulässigen Grenzwert relativ gering ist, sollte die Rechnung für einen kleineren Querschnitt wiederholt werden, da ansonsten eine Überdimensionierung des Netzes vorliegt. Zu beachten ist, dass bei diesem Verfahren der betriebswarme Wechselstromwiderstand R'_b und nicht der kleinere Gleichstromwiderstand R'_{g20} für 20 °C verwendet wird (s. Kabeltabellen im Anhang). Anderenfalls würden sich etwas zu niedrige Spannungsabfälle ergeben.

Bisher ist der äußere Ablauf der Iteration beschrieben worden. Die zu berechnende Spannungsabsenkung $\Delta\underline{U}_Y$ am Leitungsausgang ergibt sich nach dem Kirchhoffschen Gesetz mithilfe der Differenz aus der eingeprägten Spannung $\underline{U}_E$ am Leitungseingang und $\underline{U}_A$ am Ausgang:

$$\Delta\underline{U}_Y = \frac{\underline{U}_E - \underline{U}_A}{\sqrt{3}}. \tag{5.4}$$

Der Index Y soll kennzeichnen, dass es sich bei dieser Größe um eine Sternspannung handelt. Bei Lasten mit einem konstanten Strom kann die Spannungsdifferenz $\Delta\underline{U}_Y$ unter Berücksichtigung der Beziehungen

$$R_i = R'_b \cdot l_i \quad \text{und} \quad X_i = \omega L'_b \cdot l_i = X'_b \cdot l_i$$

in der Form

$$\Delta\underline{U}_Y = \sum_{i=1}^{\nu} \underline{I}_i \cdot (R'_b + jX'_b) \cdot l_1 + \sum_{i=2}^{\nu} \underline{I}_i \cdot (R'_b + jX'_b) \cdot l_2 + \cdots$$
$$+ \sum_{i=\nu-1}^{\nu} \underline{I}_i \cdot (R'_b + jX'_b) \cdot l_{\nu-1} + \underline{I}_\nu \cdot (R'_b + jX'_b) \cdot l_\nu \tag{5.5}$$

5.2 Einseitig gespeiste Leitung ohne Verzweigungen

dargestellt werden. Darin wird der Index i als Knotennummer verwendet, die bis zum Endknoten ν läuft. Eine weitere Umformung führt auf den Ausdruck

$$\Delta \underline{U}_{\mathrm{Y}} = (R'_{\mathrm{b}} + \mathrm{j}X'_{\mathrm{b}}) \cdot [\underline{I}_1 \cdot l_1 + \underline{I}_2 \cdot (l_1 + l_2) + \cdots + \underline{I}_\nu \cdot (l_1 + l_2 + \cdots + l_\nu)] \, , \quad (5.6)$$

wobei für den Strom unter der Annahme einer ohmsch-induktiven Last der Zusammenhang

$$\underline{I}_{\mathrm{i}} = I_{\mathrm{i}} \cdot \mathrm{e}^{-\mathrm{j}|\varphi_{\mathrm{i}}|} = I_{\mathrm{i}} \cdot (\cos|\varphi_{\mathrm{i}}| - \mathrm{j} \cdot \sin|\varphi_{\mathrm{i}}|) \quad (5.7)$$

gilt. Die Verknüpfung der Beziehungen (5.6) und (5.7) liefert die Bestimmungsgleichung

$$\begin{aligned}\Delta \underline{U}_{\mathrm{Y}} = (R'_{\mathrm{b}} + \mathrm{j}X'_{\mathrm{b}}) \cdot \Big\{ &\big[I_1 \cos|\varphi_1| \cdot l_1 + I_2 \cos|\varphi_2| \cdot (l_1 + l_2) + \cdots \\ &+ I_\nu \cos|\varphi_\nu| \cdot (l_1 + l_2 + \cdots + l_\nu)\big] \\ -\mathrm{j} \cdot &\big[I_1 \sin|\varphi_1| \cdot l_1 + I_2 \sin|\varphi_2| \cdot (l_1 + l_2) + \cdots \\ &+ I_\nu \sin|\varphi_\nu| \cdot (l_1 + l_2 + \cdots + l_\nu)\big] \Big\} .\end{aligned} \quad (5.8\mathrm{a})$$

Die Terme in den eckigen Klammern werden mit den Bezeichnungen M_{W} und M_{B} abgekürzt:

$$\Delta \underline{U}_{\mathrm{Y}} = (R'_{\mathrm{b}} + \mathrm{j}X'_{\mathrm{b}}) \cdot (M_{\mathrm{W}} - \mathrm{j}M_{\mathrm{B}}) \, . \quad (5.8\mathrm{b})$$

Da die Ausdrücke in den eckigen Klammern jeweils aus Produkten von Strömen und Längen bestehen, werden sie in Anlehnung an die Mechanik als *Stromwirkmoment* M_{W} bzw. *Stromblindmoment* M_{B} bezeichnet. Eine Umformung der Gl. (5.8b) führt auf den Zusammenhang

$$\Delta \underline{U}_{\mathrm{Y}} = (R'_{\mathrm{b}} \cdot M_{\mathrm{W}} + X'_{\mathrm{b}} \cdot M_{\mathrm{B}}) + \mathrm{j} \cdot (X'_{\mathrm{b}} \cdot M_{\mathrm{W}} - R'_{\mathrm{b}} \cdot M_{\mathrm{B}}) = \Delta U_{\mathrm{lY}} + \mathrm{j}\Delta U_{\mathrm{qY}} . \quad (5.9)$$

Demnach lässt sich der Spannungsabfall über der Leitung aufteilen in einen Längsspannungsabfall $\Delta \underline{U}_{\mathrm{lY}}$, der dieselbe Phasenlage wie die treibende Spannung $\underline{U}_{\mathrm{E}}/\sqrt{3}$ hat, und einen dazu senkrechten Querspannungsabfall $\Delta \underline{U}_{\mathrm{qY}}$. Diesen Zusammenhang veranschaulicht das in Bild 5.5 skizzierte Zeigerbild. Für den Betrag des Spannungsabfalls ergibt sich somit die Beziehung

$$|\Delta \underline{U}_{\mathrm{Y}}| = \Delta U_{\mathrm{Y}} = \sqrt{\Delta U_{\mathrm{lY}}^2 + \Delta U_{\mathrm{qY}}^2} = \Delta U_{\mathrm{lY}} \cdot \sqrt{1 + \left(\frac{\Delta U_{\mathrm{qY}}}{\Delta U_{\mathrm{lY}}}\right)^2} \, . \quad (5.10)$$

Bei elektrisch kurzen Leitungen, wie sie hier vorausgesetzt werden, tritt nur eine geringe Phasenverschiebung zwischen $\underline{U}_{\mathrm{E}}$ und $\underline{U}_{\mathrm{A}}$ auf. Deshalb ist es zulässig, den Querspannungsabfall $\Delta \underline{U}_{\mathrm{qY}}$ zu vernachlässigen. Die dadurch verursachte Abweichung im Betrag der Ausgangsspannung $\underline{U}_{\mathrm{A}}/\sqrt{3}$ ist etwa um eine Größenordnung kleiner als der Spannungsabfall $\Delta \underline{U}_{\mathrm{Y}}$. Im Hinblick auf die Spannungshaltung liegt der Fehler stets auf der sicheren Seite, denn durch die Vernachlässigung von $\Delta \underline{U}_{\mathrm{qY}}$ wird die Ausgangsspannung $\underline{U}_{\mathrm{A}}/\sqrt{3}$ auf die reelle Achse projiziert und somit auf den Wert $\tilde{\underline{U}}_{\mathrm{A}}/\sqrt{3}$ verkleinert (Bild

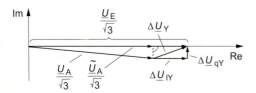

Bild 5.5
Aufteilung des Spannungsabfalls in einen Längs- und Querspannungsabfall

5.5). Infolgedessen wird der Betrag der Spannungsabsenkung am Leitungsende durch die Beziehung

$$\Delta U_{\text{Y}} \approx \Delta U_{\text{lY}} = R'_{\text{b}} \cdot M_{\text{W}} + X'_{\text{b}} \cdot M_{\text{B}}$$

hinreichend genau angenähert. Häufig wird der Spannungsabfall im Drehstromnetz auch als Dreieckspannung angegeben. Dann gilt

$$\Delta U = \sqrt{3} \cdot \Delta U_{\text{Y}} = \sqrt{3} \cdot (R'_{\text{b}} \cdot M_{\text{W}} + X'_{\text{b}} \cdot M_{\text{B}}) \,. \tag{5.11}$$

Bei der bisherigen Ableitung ist von der Annahme *konstanter Lastströme* ausgegangen worden. Gemäß den *Lastbedingungen* (5.3) sind die Verbraucher jedoch durch *konstante Leistungen* P_{rV} und Q_{rV} zu beschreiben. Diese Bedingungen können durch eine *übergeordnete Iteration* einbezogen werden. Zu diesem Zweck wird im ersten Schritt zunächst jeder Laststrom $\underline{I}_i$ mit den Beziehungen

$$\cos\varphi_{\text{rV}_i} = \frac{P_{\text{rV}_i}}{\sqrt{P^2_{\text{rV}_i} + Q^2_{\text{rV}_i}}} \tag{5.12a}$$

und

$$I_i = \frac{P_{\text{rV}_i}}{\sqrt{3} \cdot U_i \cdot \cos\varphi_{\text{rV}_i}} \tag{5.12b}$$

berechnet. Allerdings ist die Spannung U_i unbekannt. Aufgrund der getroffenen Voraussetzungen, die Leitung sei elektrisch kurz, darf der Phasenwinkel zwischen der Eingangsspannung $\underline{U}_\text{E}$ und den Lastspannungen $\underline{U}_i$ vernachlässigt werden. Weiterhin werden im ersten Iterationsschritt auch die Beträge der beiden Spannungen gleichgesetzt und zu U_{nN} angenommen. Die weitere Rechnung vereinfacht sich, wenn man die Ströme I_i nicht einzeln ermittelt, sondern die Beziehungen (5.12) und (5.8) direkt miteinander verknüpft. Es ergeben sich dann Ausdrücke, die leichter zu handhaben sind. Nach einigen Umformungen erhält man den Zusammenhang

$$\Delta \underline{U}_{\text{Y}} = \frac{R'_{\text{b}} + jX'_{\text{b}}}{\sqrt{3} \cdot U_{\text{nN}}} \cdot \Big\{ \big[P_{\text{rV}_1} l_1 + P_{\text{rV}_2}(l_1 + l_2) + \cdots + P_{\text{rV}_\nu}(l_1 + l_2 + \cdots + l_\nu)\big]$$
$$-j \cdot \big[P_{\text{rV}_1} l_1 \tan|\varphi_{\text{rV}_1}| + P_{\text{rV}_2}(l_1 + l_2) \tan|\varphi_{\text{rV}_2}| + \cdots \tag{5.13a}$$
$$+ P_{\text{rV}_\nu}(l_1 + l_2 + \cdots + l_\nu) \tan|\varphi_{\text{rV}_\nu}|\big] \Big\} \,.$$

Dieser Ausdruck lässt sich wiederum analog zur Beziehung (5.8a) in

$$\Delta \underline{U}_{\text{Y}} = \frac{R'_{\text{b}} + jX'_{\text{b}}}{\sqrt{3} \cdot U_{\text{nN}}} \cdot (M^*_{\text{W}} - jM^*_{\text{B}}) \,. \tag{5.13b}$$

umformen. In Anlehnung an die Gl. (5.8) wird M^*_{W} als *Leistungswirkmoment* und M^*_{B} als *Leistungsblindmoment* bezeichnet. Entsprechend Gl. (5.9) ist auch bei diesen Beziehungen eine Aufteilung in Längs- und Querspannungsabfall möglich:

$$\Delta \underline{U}_{\text{Y}} = \frac{R'_{\text{b}} \cdot M^*_{\text{W}} + X'_{\text{b}} \cdot M^*_{\text{B}}}{\sqrt{3} \cdot U_{\text{nN}}} + j\frac{X'_{\text{b}} \cdot M^*_{\text{W}} - R'_{\text{b}} \cdot M^*_{\text{B}}}{\sqrt{3} \cdot U_{\text{nN}}} = \Delta U_{\text{lY}} + j\Delta U_{\text{qY}} \,. \tag{5.14}$$

Unter Vernachlässigung des Querspannungsabfalls folgt im ersten Iterationsschritt daraus

5.2 Einseitig gespeiste Leitung ohne Verzweigungen

für elektrisch kurze Leitungen der Term

$$\Delta U_{\text{Y}} \approx \Delta U_{\text{lY}} = \frac{R'_{\text{b}} \cdot M^*_{\text{W}} + X'_{\text{b}} \cdot M^*_{\text{B}}}{\sqrt{3} \cdot U_{\text{nN}}} \tag{5.15a}$$

oder

$$\Delta U = \sqrt{3} \cdot \Delta U_{\text{Y}} \approx \frac{R'_{\text{b}} \cdot M^*_{\text{W}} + X'_{\text{b}} \cdot M^*_{\text{B}}}{U_{\text{nN}}} \ . \tag{5.15b}$$

Bisher ist nur die Spannungsabsenkung am Ende einer Leitung bestimmt worden. Diese Rechnung setzt allerdings voraus, dass an allen Lasten die Spannung U_{nN} liegt. Man kann diesen systematischen Fehler durch weitere Iterationen verkleinern. Dafür benötigt man jedoch die Spannungsabfälle, die sich über einen Teil der Leitung – z. B. bis zum Knotenpunkt 3 – erstrecken und sinnvollerweise als *Teilspannungsabfälle* bezeichnet werden. Wie sich analytisch schnell zeigen lässt, können auch die Teilspannungsabfälle mit den Beziehungen (5.15) ermittelt werden. Dazu ist es nur notwendig, dass am jeweils betrachteten Knotenpunkt der zugehörige Laststrom mit allen folgenden Lastströmen zu einem fiktiven Summenstrom zusammengefasst wird. Der betrachtete Knotenpunkt wird im Weiteren dann wie ein Leitungsende behandelt. Bild 5.6 veranschaulicht diesen Sachverhalt.

Mit den so berechneten Teilspannungsabfällen kann nun der zweite Iterationsschritt durchgeführt werden. Dazu werden wiederum zunächst die Lastströme bestimmt. Jedoch werden für U_{i} anstelle der Netznennspannung nun die Spannungen $(U_{\text{nN}} - \Delta U_{\text{i}})$ in die Gln. (5.12) eingesetzt und dann erneut der Spannungsabfall ΔU_{Y} berechnet. Man erhält so eine bessere Näherung, deren Genauigkeit durch weitere Iterationsschritte noch erhöht werden kann. Es lässt sich zeigen, dass dieses Iterationsverfahren bei der einseitig gespeisten Leitung auf die exakten Werte $\underline{U}_{\text{i}}$, $\underline{I}_{\text{i}}$, $P_{\text{rV}_{\text{i}}}$ und $Q_{\text{rV}_{\text{i}}}$ konvergiert [97].

Die einzelnen Iterationen liefern üblicherweise etwas zu niedrige Spannungsabfälle. Für die Dimensionierung von elektrisch kurzen Leitungsnetzen ist dieser systematische Fehler hinreichend klein, sodass nur die erste Iteration notwendig ist. In Grenzfällen, wo ΔU sich bis ca. 5 % an ΔU_{zul} annähert, ist es dann jedoch erforderlich, den nächstgrößeren Normquerschnitt zu wählen oder weitere Iterationen anzuschließen. Bei dieser Vorgehensweise ist zugleich gewährleistet, dass die Sicherheit, die eventuell in der verwendeten Lastbeschreibung liegt, nicht angetastet wird.

Nachdem die Leitung auf diese Weise auf ausreichende Spannungshaltung dimensioniert worden ist, muss überprüft werden, ob der ermittelte Querschnitt auch eine ausreichende *thermische Festigkeit* aufweist. Da der größte Strom bei einer einseitig gespeisten Leitung am Leitungseingang auftritt, kann für diese Aufgabenstellung die Bedingung (5.1) in der speziellen Form

$$I_{\text{E}} = \Big| \sum_{i=1}^{\nu} \underline{I}_{\text{i}} \Big| \leq I_{\text{z}} \tag{5.16}$$

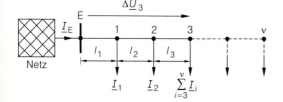

Bild 5.6

Bestimmung von Teilspannungsabfällen auf einer Leitung

dargestellt werden. Falls diese Beziehung nicht erfüllt ist, muss ein größerer Leiterquerschnitt eingesetzt werden, für den die Ungleichung (5.16) erneut zu überprüfen ist. Wird die Rechnung – wie üblich – nach der ersten Iteration abgebrochen, so ist bereits durch die beschriebene Wahl des Startpunkts die Einhaltung dieser Bedingung sichergestellt. Mit den in diesem Abschnitt beschriebenen Berechnungsverfahren ist man auch in der Lage, bereits umfassendere Strahlennetze zu dimensionieren.

5.3 Einseitig gespeiste Leitung mit Verzweigungen

Wie im Folgenden gezeigt wird, kann die Auslegung einer verzweigten, einseitig gespeisten Leitung auf die bereits in Abschnitt 5.2 beschriebene Aufgabenstellung zurückgeführt werden. Der Ablauf des Verfahrens soll anhand des in Bild 5.7 dargestellten Netzes erläutert werden.
Zunächst wird ein Leitungszug als Hauptleitung festgelegt, der so gewählt wird, dass die Summe der von dieser Leitung direkt gespeisten Lasten möglichst groß ist. In Bild 5.7 ist die gewählte Hauptleitung durch die Knotenpunkte 1 bis 7 bestimmt. Die Leitungen 2–23 und 4–42 werden als Zweigleitungen betrachtet. Die Lastströme dieser Zweigleitungen werden nun jeweils zu einem resultierenden Laststrom zusammengefasst, der anschließend an die Stelle der Zweigleitung tritt. Es entsteht somit die in Bild 5.8 dargestellte, unverzweigte Ersatzleitung, die in bekannter Weise dimensioniert werden kann.
Im Weiteren werden die Teilspannungsabfälle ΔU für diejenigen Knotenpunkte bestimmt, in denen Zweigleitungen beginnen. Die Differenz aus diesen Werten und der maximal zulässigen Spannungsabsenkung ΔU_{zul} bestimmt den zulässigen Spannungsabfall $\Delta U_{zul,Zw}$ entlang der jeweiligen Zweigleitung, auch *Restspannung* genannt. Da aufgrund der Voraussetzung elektrisch kurzer Leitungen der Querspannungsabfall vernachlässigt werden darf, kann die Restspannung auf einfache Weise als arithmetische Differenz berechnet werden:

$$\Delta U_{zul,Zw_i} = \Delta U_{zul} - \Delta U_i \, . \tag{5.17}$$

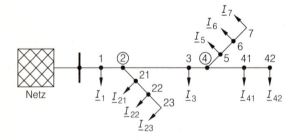

Bild 5.7
Verzweigte, einseitig gespeiste Leitung

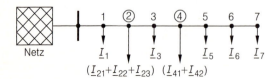

Bild 5.8
Unverzweigte Ersatzleitung für die Anordnung gemäß Bild 5.7

5.4 Zweiseitig gespeiste Leitung

Mit dem so berechneten zulässigen Spannungsabfall wird die jeweilige Zweigleitung in bekannter Weise als unverzweigte, einseitig gespeiste Leitung dimensioniert. Falls von der Zweigleitung eine weitere Stichleitung abgeht, wird wiederum in der beschriebenen Weise verfahren, indem auch die Zweigleitung als verzweigte, einseitig gespeiste Leitung behandelt wird. Als maximal zulässiger Spannungsabfall gilt in diesem Falle die für die Zweigleitung ermittelte Restspannung. Das in diesem Kapitel erläuterte Verfahren wird aufgrund dieser Eigenschaft auch als *Restspannungsverfahren* bezeichnet. Die Dimensionierung auf thermische Festigkeit erfolgt sowohl bei der Hauptleitung als auch bei den Zweigleitungen auf dem bereits beschriebenen Wege.

Bisher wurde nur eine einzige Einspeisung vorausgesetzt. Den einfachsten Fall eines Verteilungsnetzes mit zwei Einspeisungen stellt die zweiseitig gespeiste Leitung dar, die als weiteres Beispiel untersucht wird.

5.4 Zweiseitig gespeiste Leitung

Eine zweiseitig gespeiste Leitung liegt dann vor, wenn bei einer einfachen Leitung an beiden Enden eingespeist wird (Bild 5.9). Sie umfasst den wichtigen Spezialfall der Ringleitung (s. Abschnitt 3.2) und ist darüber hinaus für die weitere Theorie von Bedeutung. Ihr Betriebsverhalten wird aus diesem Grunde relativ ausführlich behandelt. Für die weiteren Betrachtungen seien die Spannungen $\underline{U}_\mathrm{NA}$ und $\underline{U}_\mathrm{NB}$ sowohl in der Amplitude als auch in der Phase unterschiedlich.

In Bild 5.10 sind die Zählpfeile für die Ströme eingetragen. Ferner ist es zweckmäßig, die Spannung $\underline{U}_\mathrm{NA}$ in die reelle Achse zu legen (Bild 5.11). Zugleich wird der Netzstrom an der Einspeisung B als ohmsch-induktiv angenommen:

$$\underline{I}_\mathrm{NB} = I_\mathrm{W,NB} - \mathrm{j} \cdot I_\mathrm{B,NB} \,. \tag{5.18}$$

Nach dieser an sich willkürlichen Festlegung ist man nun in der Lage, mit den Lastströmen $\underline{I}_1$ bis $\underline{I}_\nu$ nach Gl. (5.8) das Stromwirkmoment M_W und das Stromblindmoment M_B zu

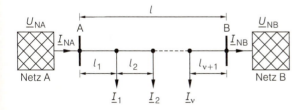

Bild 5.9
Zweiseitig gespeiste Leitung

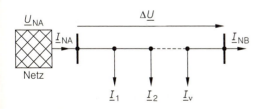

Bild 5.10
Ersatzanordnung für die zweiseitig gespeiste Leitung in Bild 5.9

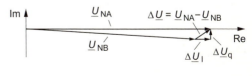

Bild 5.11
Zeigerdiagramm der Spannungen bei einer zweiseitig gespeisten Leitung

ermitteln. Anschließend kann der Spannungsabfall $\Delta \underline{U} = \Delta U_l + j\Delta U_q$ am Ende der Leitung auf dem bereits beschriebenen Wege gemäß Abschnitt 5.2 zu

$$\Delta U_l = \sqrt{3} \cdot \Delta U_{lY} = \sqrt{3} \cdot \left[R_b' \cdot (M_W + I_{W,NB} \cdot l) + X_b' \cdot (M_B + I_{B,NB} \cdot l) \right] \quad (5.19)$$

$$\Delta U_q = \sqrt{3} \cdot \Delta U_{qY} = \sqrt{3} \cdot \left[X_b' \cdot (M_W + I_{W,NB} \cdot l) - R_b' \cdot (M_B + I_{B,NB} \cdot l) \right] \quad (5.20)$$

bestimmt werden. Bei einer zweiseitig gespeisten Leitung sind diese Werte durch die anliegenden Netzspannungen $\underline{U}_{NA}$ und $\underline{U}_{NB}$ eingeprägt (Bild 5.11). Es gilt daher:

$$\Delta U_l = \mathrm{Re}\{\underline{U}_{NA} - \underline{U}_{NB}\}$$
$$\Delta U_q = \mathrm{Im}\{\underline{U}_{NA} - \underline{U}_{NB}\} \; .$$

Somit stehen zwei Bestimmungsgleichungen für den Wirk- und Blindanteil des unbekannten Netzstroms $\underline{I}_{NB}$ zur Verfügung. Die Auflösung dieser beiden Gleichungen führt auf die Ausdrücke

$$I_{W,NB} = \frac{R_b' \cdot \mathrm{Re}\{\underline{U}_{NA} - \underline{U}_{NB}\} + X_b' \cdot \mathrm{Im}\{\underline{U}_{NA} - \underline{U}_{NB}\}}{\sqrt{3} \cdot (R_b'^2 + X_b'^2) \cdot l} - \frac{M_W}{l}$$

$$I_{B,NB} = \frac{X_b' \cdot \mathrm{Re}\{\underline{U}_{NA} - \underline{U}_{NB}\} - R_b' \cdot \mathrm{Im}\{\underline{U}_{NA} - \underline{U}_{NB}\}}{\sqrt{3} \cdot (R_b'^2 + X_b'^2) \cdot l} - \frac{M_B}{l} \; .$$

Eingesetzt in Gl. (5.18) ergibt sich daraus

$$\underline{I}_{NB} = \frac{\underline{U}_{NA} - \underline{U}_{NB}}{\sqrt{3} \cdot (R_b' + jX_b') \cdot l} - \left(\frac{M_W}{l} - j \cdot \frac{M_B}{l} \right) \; . \quad (5.21)$$

Diese Gleichung lässt sich anschaulich interpretieren. Mit den Definitionen

$$\underline{I}_D = \frac{\underline{U}_{NA} - \underline{U}_{NB}}{\sqrt{3} \cdot (R_b' + jX_b') \cdot l} \quad (5.22)$$

und

$$\underline{I}'' = \frac{M_W}{l} - j \cdot \frac{M_B}{l} \quad (5.23)$$

nimmt die Beziehung (5.21) die Gestalt

$$\underline{I}_{NB} = \underline{I}_D - \underline{I}'' \quad (5.24)$$

an, die als Knotenpunktgleichung aufgefasst werden kann (Bild 5.12).

$\underline{I}_D$ stellt einen stationären Ausgleichsstrom zwischen den beiden Netzen dar, der nur fließt, wenn die Netzspannungen $\underline{U}_{NA}$ und $\underline{U}_{NB}$ unterschiedlich sind. Der andere Stromanteil $\underline{I}''$ ist als ein fiktiver Laststrom anzusehen, der am Leitungsende angreift. Bezüglich des Leitungsanfangs führt er zu denselben Lastmomenten M_W und M_B wie die wirklichen Lastströme $\underline{I}_1$ bis $\underline{I}_\nu$. Andererseits ist das Lastmoment von $\underline{I}''$ gegenüber dem Leitungsende null, da analog zur Mechanik kein „Hebelarm" vorhanden ist. Die Verhältnisse am Leitungsende werden also durch $\underline{I}''$ nicht erfasst. Dazu sind weitere Betrachtungen notwendig.

Bild 5.12
Leitungsende mit Ersatzströmen

Bild 5.13
Leitungsanfang mit Ersatzströmen

5.4 Zweiseitig gespeiste Leitung

Für den noch unbekannten Netzstrom $\underline{I}_{NA}$ ergibt sich nach den Kirchhoffschen Gesetzen der Zusammenhang

$$\underline{I}_{NA} = (\underline{I}_1 + \underline{I}_2 + \cdots + \underline{I}_\nu) + \underline{I}_{NB} \,,$$

der durch Verknüpfen mit Gl. (5.24) in die Beziehung

$$\underline{I}_{NA} = (\underline{I}_1 + \underline{I}_2 + \cdots + \underline{I}_\nu) + \underline{I}_D - \underline{I}'' \tag{5.25}$$

übergeht. Mit der Definition

$$\underline{I}' = (\underline{I}_1 + \underline{I}_2 + \cdots + \underline{I}_\nu) - \underline{I}'' \tag{5.26}$$

erhält man daraus den Ausdruck

$$\underline{I}_{NA} = \underline{I}_D + \underline{I}' \,, \tag{5.27}$$

der sich analog zu Gl. (5.24) als Knotenpunktgleichung auffassen lässt (Bild 5.13).
Der Strom $\underline{I}'$ kann wiederum als fiktiver Laststrom interpretiert werden, der in diesem Falle am Leitungsanfang angreift. Wie anhand von Gl. (5.8) leicht nachgewiesen werden kann, bildet er bezüglich des Leitungsendes das gleiche Lastmoment wie die Lastströme $\underline{I}_1$ bis $\underline{I}_\nu$. Darüber hinaus entspricht die Summe der beiden fiktiven Lastströme zugleich der Summe aller Lastströme:

$$\underline{I}' + \underline{I}'' = \sum_{i=1}^{\nu} \underline{I}_i \,.$$

Aufgrund dieser Eigenschaften kann für die Anordnung nach Bild 5.9 die in Bild 5.14 dargestellte Ersatzschaltung angegeben werden. Sie weist das gleiche Ein- und Ausgangsverhalten auf wie die wirkliche Leitung. Die Spannungsverhältnisse entlang der Leitung werden jedoch nicht richtig wiedergegeben. Durch das beschriebene Verfahren werden die Lasten formal an den Anfang und das Ende der Leitung verschoben. Daher spricht man auch von einem „Verwerfen der Lasten".
Für die Dimensionierung des Querschnitts auf ausreichende Spannungshaltung muss der größte Spannungsabfall längs der Leitung bekannt sein. Um diesen zu erhalten, muss man relativ umständlich schrittweise von Last zu Last den Spannungsabfall zwischen den Knotenpunkten berechnen. Mit den in Bild 5.9 definierten Bezeichnungen erhält man dafür die Ausdrücke

$$\begin{aligned}
\Delta \underline{U}_{A1} &= \sqrt{3} \cdot (R'_b + jX'_b) \cdot l_1 \cdot \underline{I}_{NA} \\
\Delta \underline{U}_{12} &= \sqrt{3} \cdot (R'_b + jX'_b) \cdot l_2 \cdot [\underline{I}_{NA} - \underline{I}_1] \\
\Delta \underline{U}_{23} &= \sqrt{3} \cdot (R'_b + jX'_b) \cdot l_3 \cdot [\underline{I}_{NA} - (\underline{I}_1 + \underline{I}_2)] \\
&\vdots \\
\Delta \underline{U}_{(\nu-1),\nu} &= \sqrt{3} \cdot (R'_b + jX'_b) \cdot l_\nu \cdot \left[\underline{I}_{NA} - \sum_{i=1}^{\nu-1} \underline{I}_i\right] \\
\Delta \underline{U}_{\nu B} &= \sqrt{3} \cdot (R'_b + jX'_b) \cdot l_{\nu+1} \cdot \left[\underline{I}_{NA} - \sum_{i=1}^{\nu} \underline{I}_i\right] \\
&= \sqrt{3} \cdot (R'_b + jX'_b) \cdot l_{\nu+1} \cdot \underline{I}_{NB} \,.
\end{aligned} \tag{5.28}$$

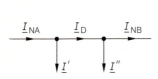

Bild 5.14
Ersatzschaltung einer zweiseitig
gespeisten Leitung

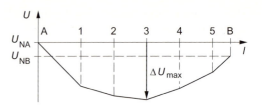

Bild 5.15
Verlauf der Spannung entlang einer zweiseitig
gespeisten Leitung

Um den Ausgleichsstrom I_D möglichst gering zu halten, wird im praktischen Netzbetrieb darauf geachtet, dass die Netzspannungen $\underline{U}_{NA}$ und $\underline{U}_{NB}$ annähernd phasengleich sind. Wenn darüber hinaus – wie in Verteilungsnetzen stets der Fall – elektrisch kurze Leitungen vorliegen, ist der Querspannungsabfall ΔU_q wiederum vernachlässigbar. Unter diesen Verhältnissen kann für die Spannung entlang der Leitung prinzipiell der in Bild 5.15 skizzierte Verlauf angegeben werden.

Wie aus diesem Bild zu ersehen ist, gibt es auf der Leitung eine Stelle mit einer maximalen Spannungsabsenkung ΔU_{max}. Dieser Wert ist für die Dimensionierung des Querschnitts im Hinblick auf *Spannungshaltung* heranzuziehen und darf, wie beschrieben, eine zulässige Grenze ΔU_{zul} nicht überschreiten. In *thermischer Hinsicht* tritt die größte Belastung jedoch am Anfang oder am Ende der Leitung auf. Die thermische Auslegung ist demnach dann ausreichend, wenn sowohl I_{NA} als auch I_{NB} den thermisch zulässigen Betriebsstrom I_z für den gewählten Querschnitt nicht überschreiten.

Einen Spezialfall einer zweiseitig gespeisten Leitung stellt, wie bereits erwähnt, die *Ringleitung* dar. Sie ist entsprechend Abschnitt 3.2 dadurch gekennzeichnet, dass ihr Anfangs- und Endpunkt aus derselben Netzstation bzw. demselben Umspannwerk versorgt werden, wie aus Bild 5.16 ersichtlich ist. Da Anfang und Ende der Leitung zusammenfallen, sind die Netzspannungen $\underline{U}_{NA}$ und $\underline{U}_{NB}$ identisch. Aufgrund der Bedingung

$$\underline{U}_{NA} - \underline{U}_{NB} = 0$$

tritt gemäß Gl. (5.22) kein Ausgleichsstrom I_D auf. Das Verwerfen der Lasten erfolgt wiederum nach den Beziehungen (5.23) und (5.26). Die so berechneten Ströme $\underline{I}'$ und $\underline{I}''$ stellen direkt die Speiseströme $\underline{I}_{NA}$ und $\underline{I}_{NB}$ dar, sofern die Zählpfeilrichtung von $\underline{I}_{NB}$ wie in Bild 5.16 vereinbart wird:

$$\underline{I}_{NA} = \underline{I}', \quad \underline{I}_{NB} = \underline{I}''.$$

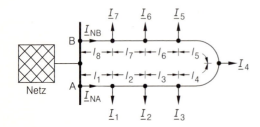

Bild 5.16
Ringleitung mit Lasten

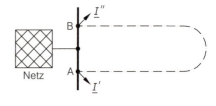

Bild 5.17
Ringleitung nach Verwerfen der Lasten

5.5 Vermaschtes Netz

Eine Ringleitung kann somit durch die in Bild 5.17 skizzierte Ersatzschaltung beschrieben werden. Demnach ist die von den Lasten bereinigte Leitung stromlos. Das Ein- und Ausgangsverhalten wird durch die Ersatzströme $\underline{I}'$ und $\underline{I}''$ vollständig beschrieben.

Mit dem erläuterten Berechnungsverfahren einer zweiseitig gespeisten Leitung ist es auch möglich, vermaschte Netze vereinfacht zu berechnen und damit auszulegen.

5.5 Vermaschtes Netz

Die Berechnung komplizierterer Netzstrukturen wird im Allgemeinen durch die hohe Anzahl von Knotenpunkten relativ aufwändig. Die Knotenzahl lässt sich jedoch vermindern, indem durch das bereits beschriebene Verwerfen der Lasten die Leitungen bereinigt und somit Lastknoten eliminiert werden. Die analytische Behandlung solcher Systeme wird anhand des in Bild 5.18 dargestellten Netzes erläutert.

Zunächst werden für alle Spannungen und Ströme Zählpfeile festgelegt. Nach dem Verwerfen der Ströme ergibt sich dann die in Bild 5.19 skizzierte Ersatzschaltung. Es sei betont, dass durch die Einführung der Zählpfeile für die Leitungsströme auch Anfang und Ende der Leitungen feststehen und somit eindeutig bestimmt ist, welche Ersatzströme mit $\underline{I}'$ und welche mit $\underline{I}''$ bezeichnet werden. Die Ausgleichsströme sind nach dem Verwerfen der Lasten zunächst unbekannt, weil über die Spannungen in den Knotenpunkten noch keine Aussage möglich ist.

Die Bestimmung der unbekannten Größen kann unter Beachtung der gewählten Zählpfeilrichtungen nach den üblichen Methoden der Netzwerkberechnung erfolgen. Es werden zunächst die Spannungsgleichungen nach der Auftrennmethode aufgestellt (s. Abschnitt 4.1.2). Anschließend werden nur noch die jeweils verbleibenden Zweige berücksichtigt. Auf diese Weise ist gewährleistet, dass keine Masche doppelt verwendet wird. Die Spannungsumläufe führen nach Bild 5.19 auf die Gleichungen

$$\Delta \underline{U}_{AB} + \Delta \underline{U}_{BC} + \Delta \underline{U}_{CD} + \Delta \underline{U}_{DA} = 0$$

$$\Delta \underline{U}_{AB} - \Delta \underline{U}_{DB} + \Delta \underline{U}_{DA} = 0 \,.$$

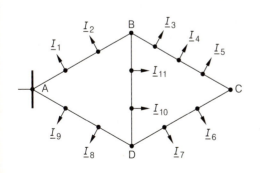

Bild 5.18
Vermaschtes Netz mit Lastströmen

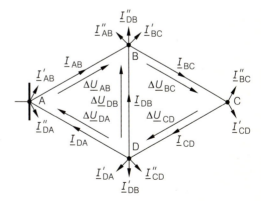

Bild 5.19
Verwerfen der Lasten im vermaschten Netz

Im nächsten Schritt sind die Knotenpunktgleichungen zu ermitteln, wobei jeweils ein frei zu wählender Knoten unberücksichtigt bleibt. Weiterhin kann über das ohmsche Gesetz für jede Leitung der Spannungsabfall mit dem Strom und der zugehörigen Leitungsimpedanz verknüpft werden. Für die Leitung A–B lautet diese Beziehung z. B.

$$\Delta \underline{U}_{AB} = \sqrt{3} \cdot \underline{I}_{AB} \cdot (R'_{b,AB} + jX'_{b,AB}) \cdot l_{AB} \, .$$

Man erhält somit für die unbekannten fünf Spannungen und fünf Ströme ein System aus zehn komplexen Gleichungen, das nach den üblichen Verfahren der linearen Algebra gelöst werden kann. Bei größeren Netzen ist dazu der Einsatz von Rechnern erforderlich. Falls die ermittelten Spannungsabfälle die zulässigen Grenzen überschreiten, ist die Rechnung mit einem größeren Querschnitt zu wiederholen. In einem weiteren Schritt ist die thermische Festigkeit zu überprüfen, für die der größte Strom maßgebend ist.

Bei den bisher betrachteten Netzen sind stets nur Leitungen miteinander verknüpft worden. Selbstverständlich kann man in diese Rechnungen auch die einspeisenden Umspanner bzw. vorgeschaltete Drosselspulen einbeziehen. Dafür sind nur weitere Umläufe und Stromsummen notwendig, die das Gleichungssystem vergrößern.

Bei großen Netzen führt das beschriebene Berechnungsverfahren schnell auf umfangreiche, unübersichtliche Gleichungssysteme. Man ist daher bestrebt, Teile des Netzes durch einfachere Ersatzschaltungen zu beschreiben.

5.6 Nachbildung von Teilnetzen

Bei der Nachbildung von Teilnetzen muss zumindest das Strom-Spannungs-Verhalten an den Kuppelstellen mit dem Netz richtig erfasst werden. Um zu kennzeichnen, dass die Einspeisung nicht aus einem Generator, sondern einem Netz erfolgt, verwendet man dafür den Ausdruck *Netzeinspeisung*.

Besonders einfache Verhältnisse liegen vor, wenn nur eine einzige Kuppelstelle zwischen den beiden Netzen vorhanden ist. Das nachzubildende Teilnetz kann bei dem vorausgesetzten symmetrischen Betrieb nämlich mithilfe der Zweipoltheorie auf einen Ersatzzweipol reduziert werden. Das Verfahren wird im Folgenden anhand der in Bild 5.20 dargestellten Anordnung erläutert.

Das skizzierte Netz 1 soll in einen Ersatzzweipol umgewandelt werden. Die Schnittstelle möge der Knotenpunkt Q sein. Entsprechend der Zweipoltheorie wird die Eingangsimpedanz $\underline{Z}_Q$ des Netzes 1 an der Kuppelstelle bestimmt. Sie ergibt sich für den subtransienten Zeitraum als Quotient aus der Leerlaufspannung $\underline{U}_{0Q}/\sqrt{3}$ (Sternspannung) und dem

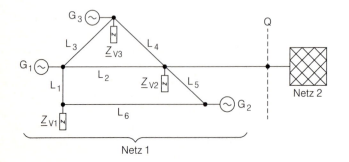

Bild 5.20
Zwei Netze mit einer gemeinsamen Kuppelstelle Q

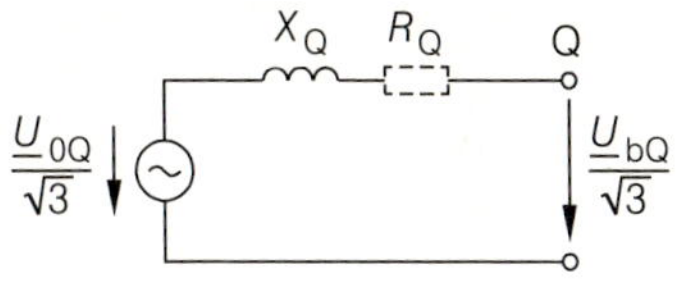

5.6 Nachbildung von Teilnetzen

Bild 5.21
Ersatzschaltbild eines Netzes mit einer Kuppelstelle

Kurzschlussstrom an der Kuppelstelle Q. Der für die Bemessung maßgebende größtmögliche Wert I_k'' dieses Stroms ist üblicherweise bekannt. Laut DIN VDE 0102 stellt er sich in Hoch- und Mittelspannungsnetzen ein, wenn die Leerlaufspannung U_{0Q} 10 % über der Netznennspannung U_{nN} liegt. In 0,4-kV-Netzen tritt er üblicherweise bei $1{,}05 \cdot U_{nN}$ auf. Von dieser Festlegung ausgehend, ermitteln sich in Hoch- und Mittelspannungsnetzen die Innenimpedanzen zu

$$\underline{Z}_Q = R_Q + jX_Q = \frac{1{,}1 \cdot U_{nN}}{\sqrt{3} \cdot \underline{I}_k''} \ . \tag{5.29}$$

Das betrachtete Netz kann somit an der Kuppelstelle Q durch den Ersatzzweipol in Bild 5.21 beschrieben werden. Aus der Beziehung (5.29) lässt sich durch Erweitern mit der an der Kuppelstelle geltenden Netznennspannung U_{nQ} bzw. U_{nN} der Zusammenhang

$$Z_Q = \frac{1{,}1 \cdot U_{nN}^2}{\sqrt{3} \cdot U_{nN} \cdot I_k''} = \frac{1{,}1 \cdot U_{nN}^2}{S_k''} \tag{5.30}$$

gewinnen. Der darin auftretende Ausdruck S_k'' wird als *Kurzschlussleistung* bezeichnet. Richtwerte sind der Tabelle 5.1 zu entnehmen. Danach steigt die Kurzschlussleistung mit wachsender Netznennspannung an. Diese Tendenz ist darauf zurückzuführen, dass die höheren Spannungsebenen über größere und zahlreichere Einspeisungen verfügen (s. Kapitel 7).

U_{nN}	I_k''	S_k''
10 kV	29 kA	0,5 GVA
110 kV	42 kA	8 GVA
220 kV	63 kA	24 GVA
380 kV	80 kA	53 GVA

Tabelle 5.1
Übliche Kurzschlussströme und -leistungen für verschiedene Spannungsebenen

Der ohmsche Anteil R_Q der Innenimpedanz $\underline{Z}_Q$ kann bei Hoch- und Mittelspannungsfreileitungsnetzen im Allgemeinen vernachlässigt werden, weil sie aufgrund der Bedingung

$$\frac{R_Q}{X_Q} \approx 0{,}1 \ldots 0{,}2$$

ein hinreichend induktives Verhalten aufweisen. Die Beziehung (5.30) geht dann in den Ausdruck

$$X_Q = \frac{1{,}1 \cdot U_{nN}^2}{S_k''} \tag{5.31}$$

über. Im Unterschied dazu sind die ohmschen Widerstände in Niederspannungsnetzen in der Regel zu berücksichtigen.

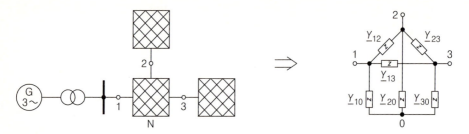

Bild 5.22

Stationäres einphasiges Ersatzschaltbild eines symmetrischen Netzes N mit drei Toren (z. B. zwei Kuppelstellen und eine Einspeisung)

Das abgeleitete Ersatzschaltbild gilt für den Fall großer Zustandsänderungen wie z. B. *Kurzschlüssen*. Bei stationären Zuständen wie im *Normalbetrieb* fließen kleinere Ströme. Dann wird das Strom-Spannungs-Verhalten an der Kuppelstelle besser erfasst, wenn in der Beziehung (5.31) der Ausdruck $1{,}1 \cdot U_{nN}^2$ durch U_{nN}^2 ersetzt wird.

Bisher ist stets vorausgesetzt worden, dass zu dem betrachteten Teilnetz oder Fremdnetz nur eine *einzige Kuppelstelle* besteht. Falls abweichend davon ein Teilnetz über mehrere Kuppelstellen angeschlossen ist, lassen sich für diese Netzanlagen ebenfalls stark reduzierte Ersatzschaltungen angeben (Netzreduktion). Anstelle eines Zweipols (Eintor) tritt dann jedoch ein entsprechendes Mehrtor auf. Eine mögliche Struktur besteht z. B. aus einem Vieleck, das über so viele Ecken (Knoten) verfügt, wie das zu reduzierende Teilnetz Kuppelstellen aufweist (Bild 5.22). Dabei ist jeder Knoten mit jedem anderen über eine Übertragungsadmittanz $\underline{Y}_{ij}$ verbunden, die beim tatsächlichen Netz jeweils zwischen der i-ten und j-ten Kuppelstelle auftritt. Außerdem wird von jedem Knoten i eine Admittanz $\underline{Y}_{i0}$ zu einer gemeinsamen Masse, der Erde, geführt. Sie werden so gewählt, dass auch die Eingangsadmittanzen $\underline{Y}_{ii}$ der Ersatzschaltung mit den jeweiligen Werten des Teilnetzes übereinstimmen. Falls die Admittanzen der beschriebenen Ersatzschaltung nur den jeweiligen 50-Hz-Wert des tatsächlichen Teilnetzes beschreiben, wird durch das Netzwerk lediglich das stationäre Verhalten nachgebildet. Erfassen die Admittanzen im Ersatznetzwerk darüber hinaus die Frequenzabhängigkeit der Größen $\underline{Y}_{ii}(\omega)$ und $\underline{Y}_{ij}(\omega)$, so wird auch das transiente Verhalten des Teilnetzes wiedergegeben. Bei einer solchen Zielsetzung führen jedoch andere Verfahren, die z. B. in [98] angegeben sind, zu Ersatzschaltungen mit einer geringeren Anzahl von Netzelementen. Für rein stationäre Netzberechnungen wie die im Folgenden behandelten *Lastflussberechnungen* besitzt das beschriebene Ersatznetzwerk dagegen keine Nachteile im Vergleich zu anderen Realisierungen, da es dann ebenfalls eine minimale Anzahl von Netzelementen aufweist.

5.7 Lastflussberechnung in Energieversorgungsnetzen

In den bisherigen Ausführungen ist das Strom-Spannungs-Verhalten spezieller, kleinerer Netzanlagen bestimmt worden. Das beschriebene Verfahren ist für manuelle Rechnungen auf Netze dieser Größenordnung beschränkt, da anderenfalls der Rechenaufwand zu groß wird. Bei umfangreicheren Netzen sind numerische Verfahren erforderlich. Mit solchen Rechenprogrammen lassen sich auch die Leistungsflüsse zwischen den Einspeisungen und den Lasten ermitteln. Für diese Methoden wird dementsprechend der Begriff

5.7 Lastflussberechnung in Energieversorgungsnetzen

Leistungsfluss- oder *Lastflussberechnung* verwendet. Üblicherweise werden zwei Verfahren eingesetzt, die beide Vor- und Nachteile aufweisen.

5.7.1 Lastflussberechnung mithilfe der Stromsummen

Auch bei diesen Methoden sollen die Netzeinspeisungen und Lasten zunächst so beschaffen sein, dass sie unabhängig von der Knotenspannung stets einen konstanten Strom in das Netz einspeisen oder abnehmen; ihre Ströme sind daher als eingeprägt anzusehen. Später wird die beschriebene Vorgehensweise dann schrittweise auf Netzeinspeisungen mit eingeprägter Spannung sowie Lasten mit konstantem Wirk- und Blindleistungsbezug erweitert.

5.7.1.1 Netze mit Stromeinprägungen

Der Kern des Verfahrens besteht darin, an jedem Knotenpunkt die Summe aller dort auftretenden Ströme zu bilden; zufließende Ströme werden positiv gezählt, abfließende erhalten ein negatives Vorzeichen. Jedem Knotenpunkt i wird darüber hinaus eine Knotenspannung $\underline{U}_i$ als Sternspannung zugeordnet, die auf einen beliebigen gemeinsamen Punkt P zu beziehen ist (Bild 5.23).
Mithilfe der Kirchhoffschen Gesetze lassen sich nun die Stromsummen der Knotenpunkte über die Admittanzen des Netzes mit den Knotenspannungen $\underline{U}_i$ verknüpfen. Diese Vorgehensweise wird als *Knotenpunktverfahren* bezeichnet. Für das Netzwerk in Bild 5.23 lassen sich vier solche Knotenpunktgleichungen formulieren:

$$\begin{aligned}
\underline{Y}_{12} \cdot (\underline{U}_1 - \underline{U}_2) + \underline{Y}_{13} \cdot (\underline{U}_1 - \underline{U}_3) + \underline{Y}_{14} \cdot (\underline{U}_1 - \underline{U}_4) &= \underline{I}_1 \\
\underline{Y}_{12} \cdot (\underline{U}_2 - \underline{U}_1) + \underline{Y}_{23} \cdot (\underline{U}_2 - \underline{U}_3) + \underline{Y}_{24} \cdot (\underline{U}_2 - \underline{U}_4) &= 0 \\
\underline{Y}_{13} \cdot (\underline{U}_3 - \underline{U}_1) + \underline{Y}_{23} \cdot (\underline{U}_3 - \underline{U}_2) + \underline{Y}_{34} \cdot (\underline{U}_3 - \underline{U}_4) &= -\underline{I}_3 \\
\underline{Y}_{14} \cdot (\underline{U}_4 - \underline{U}_1) + \underline{Y}_{24} \cdot (\underline{U}_4 - \underline{U}_2) + \underline{Y}_{34} \cdot (\underline{U}_4 - \underline{U}_3) &= -\underline{I}_1 + \underline{I}_3 \,.
\end{aligned} \quad (5.32)$$

In den Admittanzen können auch die Leitungskapazitäten berücksichtigt werden, sodass die Voraussetzung elektrisch kurzer Leitungen bei diesem Verfahren entfallen kann. Durch Umformungen ergeben sich aus diesem Gleichungssystem die Ausdrücke

$$\begin{aligned}
(\underline{Y}_{12} + \underline{Y}_{13} + \underline{Y}_{14}) \cdot \underline{U}_1 - \underline{Y}_{12} \cdot \underline{U}_2 - \underline{Y}_{13} \cdot \underline{U}_3 - \underline{Y}_{14} \cdot \underline{U}_4 &= \underline{I}_1 \\
-\underline{Y}_{12} \cdot \underline{U}_1 + (\underline{Y}_{12} + \underline{Y}_{23} + \underline{Y}_{24}) \cdot \underline{U}_2 - \underline{Y}_{23} \cdot \underline{U}_3 - \underline{Y}_{24} \cdot \underline{U}_4 &= 0 \\
-\underline{Y}_{13} \cdot \underline{U}_1 - Y_{23} \cdot \underline{U}_2 + (\underline{Y}_{13} + \underline{Y}_{23} + \underline{Y}_{34}) \cdot \underline{U}_3 - \underline{Y}_{34} \cdot \underline{U}_4 &= -\underline{I}_3 \\
-\underline{Y}_{14} \cdot \underline{U}_1 - \underline{Y}_{24} \cdot \underline{U}_2 - \underline{Y}_{34} \cdot \underline{U}_3 + (\underline{Y}_{14} + \underline{Y}_{24} + \underline{Y}_{34}) \cdot \underline{U}_4 &= -\underline{I}_1 + \underline{I}_3 = \underline{I}_4 \,.
\end{aligned} \quad (5.33)$$

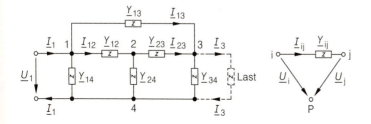

Bild 5.23
Beispielnetz zur Veranschaulichung der Knotenpunktmethode

Unter Ausnutzung der Symmetrieeigenschaft $\underline{Y}_{ij} = \underline{Y}_{ji}$ der Zweigadmittanzen nimmt dieses System in der *Matrizenschreibweise* die folgende Gestalt an:

$$\begin{bmatrix} \underline{Y}_{12}+\underline{Y}_{13}+\underline{Y}_{14} & -\underline{Y}_{12} & -\underline{Y}_{13} & -\underline{Y}_{14} \\ -\underline{Y}_{21} & \underline{Y}_{21}+\underline{Y}_{23}+\underline{Y}_{24} & -\underline{Y}_{23} & -\underline{Y}_{24} \\ -\underline{Y}_{31} & -\underline{Y}_{32} & \underline{Y}_{31}+\underline{Y}_{32}+\underline{Y}_{34} & -\underline{Y}_{34} \\ -\underline{Y}_{41} & -\underline{Y}_{42} & -\underline{Y}_{43} & \underline{Y}_{41}+\underline{Y}_{42}+\underline{Y}_{43} \end{bmatrix} \cdot \begin{bmatrix} \underline{U}_1 \\ \underline{U}_2 \\ \underline{U}_3 \\ \underline{U}_4 \end{bmatrix}$$

$$= \begin{bmatrix} \underline{I}_1 \\ 0 \\ -\underline{I}_3 \\ \underline{I}_4 \end{bmatrix} . \tag{5.34a}$$

In Kurzform lautet es

$$[\underline{Y}_{ij}] \cdot [\underline{U}_i] = [\underline{I}_i] . \tag{5.34b}$$

Aus der Matrix $[\underline{Y}_{ij}]$, der *Knotenadmittanzmatrix*, sind die generellen Gesetzmäßigkeiten bereits abzulesen: Die Matrix hat bei n Knoten die quadratische Form $n \times n$ und ist ebenfalls symmetrisch. Sind in dem Netzwerk Zweigadmittanzen zwischen zwei Knoten i und j vorhanden, so ist der zugehörige Summenleitwert $\underline{Y}_{ij}$ mit einem negativen Vorzeichen in die Felder i,j und j,i einzutragen; anderenfalls sind diese beiden Felder mit Nullen zu belegen. Auf der Hauptdiagonalen steht die negative Summe aller Nebenelemente der zugehörigen Zeile. In dem Vektor $[\underline{U}_i]$ sind die Knotenspannungen angegeben. Im Vektor $[\underline{I}_i]$ treten die Ströme auf, die in die Lasten abfließen oder durch Einspeisungen zugeführt werden; die zugehörigen Knotenpunkte werden je nach Leistungsrichtung als *Last*- oder *Einspeiseknoten* bezeichnet. Bei Generatoreinspeisungen wird auch der speziellere Begriff *Generatorknoten* verwendet. Falls $\underline{I}_i = 0$ gilt, spricht man von einem *Netzknoten*. Es sei bemerkt, dass in diesem Vektor $[\underline{I}_i]$ die Lastströme negativ und die Speiseströme positiv auftreten. Eine Ausnahme stellt lediglich der Erdknoten dar, also in diesem Beispiel der Knoten 4.

Das sich ergebende lineare Gleichungssystem ist in der dargestellten Form nicht lösbar. Matrizen der Form $n \times n$ mit der angegebenen Struktur weisen höchstens den Rang $(n–1)$ auf. Diese Aussage kennzeichnet den bereits verwendeten Sachverhalt, dass eine Gleichung bzw. ein Knotenpunkt überflüssig ist und entfallen kann. Zweckmäßigerweise wählt man in Energieversorgungsnetzen dafür den Erdknoten, da er eine Vielzahl von Last- und Speiseströmen enthält – im Beispiel den Knoten 4. Eine Knotenpunktgleichung unberücksichtigt zu lassen, bedeutet in der Matrizenschreibweise, die entsprechende Zeile zu streichen. Weiterhin ist es vorteilhaft, diesen Knotenpunkt als Bezugspotenzial P zu wählen. Damit nimmt die entsprechende Knotenspannung den Wert null an ($\underline{U}_4 = 0$). Infolgedessen entfällt auch die zugehörige Spalte in der Matrix $[\underline{Y}_{ij}]$, das System (5.34) vereinfacht sich auf den Ausdruck

$$\begin{bmatrix} \underline{Y}_{12}+\underline{Y}_{13}+\underline{Y}_{14} & -\underline{Y}_{12} & -\underline{Y}_{13} \\ -\underline{Y}_{21} & \underline{Y}_{21}+\underline{Y}_{23}+\underline{Y}_{24} & -\underline{Y}_{23} \\ -\underline{Y}_{31} & -\underline{Y}_{32} & \underline{Y}_{31}+\underline{Y}_{32}+\underline{Y}_{34} \end{bmatrix} \cdot \begin{bmatrix} \underline{U}_1 \\ \underline{U}_2 \\ \underline{U}_3 \end{bmatrix} = \begin{bmatrix} \underline{I}_1 \\ 0 \\ -\underline{I}_3 \end{bmatrix} . \tag{5.35}$$

Aus solchen stationären Knotenadmittanzmatrizen lassen sich auch Aussagen über das *transiente* Verhalten gewinnen. Besonders einfache Verhältnisse ergeben sich, wenn die Einspeisung jeweils über ein R,L-Reihenglied erfolgt, das z. B. eine Leitung oder einen Transformator repräsentiert. Ersetzt man in den zugehörigen Knotenadmittanzmatrizen $[\underline{Y}_{ij}]$ dann den Ausdruck $j\omega$ durch die komplexe Variable p, so erhält man die Eigenwerte des Netzes aus der um die Erdspalte und -zeile reduzierten Knotenadmittanzmatrix, indem man deren Determinante null setzt:

$$\det[Y_{ij}(p)] = 0 \ .$$

Die Nullstellen des daraus erhaltenen Determinantenpolynoms stellen die Eigenwerte für den Fall einer Stromeinprägung an den Einspeiseknoten dar. Reduziert man die Matrix $[Y_{ij}(p)]$ weiterhin um die Spalten und Zeilen dieser Einspeiseknoten, so liefert das zugehörige Determinantenpolynom stattdessen die Eigenwerte, die im Falle einer Spannungseinprägung auftreten (s. Aufgabe 5.5).
Mit weitergehenden Methoden kann man aus der stationären Matrix $[Y_{ij}(p)]$ auch noch die Amplituden der einzelnen Strom- und Spannungskomponenten berechnen [99], [100]. Auf diese transienten Aspekte wird jedoch nicht näher eingegangen.
Im Folgenden wird zunächst das stationäre Verhalten von Netzen mit einer *Spannungsquelle* als Einspeisung betrachtet, die in Gestalt vieler Mittel- oder Niederspannungsnetze auftreten. Dabei wird weiterhin angenommen, dass die Lasten einen konstanten Strom aufnehmen.

5.7.1.2 Netze mit einer eingeprägten Spannungsquelle und Lasten mit konstantem Strom

Die eingeprägte und damit bekannte Speisespannung des Netzes wird üblicherweise als Bezugsspannung gewählt und in die reelle Achse gelegt – im Beispiel U_1 statt $\underline{U}_1$. In der Beziehung (5.35) bilden die beiden unteren Gleichungen bereits ein in sich lösbares System, da die dritte Unbekannte – der Strom $\underline{I}_1$ – darin nicht auftritt und der Laststrom $\underline{I}_3$ als bekannt angenommen wird. Deshalb ist es erlaubt, die erste Zeile zu streichen und die bekannten Terme $-\underline{Y}_{21} \cdot U_1$ und $-\underline{Y}_{31} \cdot U_1$ auf die rechte Seite zu bringen. Damit verschwindet die zugehörige Spalte in der Admittanzmatrix und zugleich wird auch der Stromvektor $[\underline{I}_i]$ modifiziert. Die Gleichung (5.35) nimmt dann die Form

$$\begin{bmatrix} \underline{Y}_{21} + \underline{Y}_{23} + \underline{Y}_{24} & -\underline{Y}_{23} \\ -\underline{Y}_{32} & \underline{Y}_{31} + \underline{Y}_{32} + \underline{Y}_{34} \end{bmatrix} \cdot \begin{bmatrix} \underline{U}_2 \\ \underline{U}_3 \end{bmatrix} = \begin{bmatrix} 0 + \underline{Y}_{21} \cdot U_1 \\ -\underline{I}_3 + \underline{Y}_{31} \cdot U_1 \end{bmatrix} \quad (5.36)$$

an. Bisher berücksichtigt dieses Gleichungssystem nur Lasten mit eingeprägten *Strömen*. Es erfasst noch nicht die Netzdimensionierungsbedingung, dass zur Modellierung von Mischlasten deren Wirk- und Blind*leistungsbezug* konstant zu halten sind.

5.7.1.3 Netze mit einer eingeprägten Spannungsquelle und Lasten mit konstanter Wirk- und Blindleistung

Um auch die Forderung nach konstanter Verbraucherleistung in das Verfahren einzubeziehen, werden analog zur manuellen Rechnung aus den Bedingungen (5.12) die Lastströme $\underline{I}_i$ ermittelt. Dazu ist den an sich unbekannten Knotenspannungen $\underline{U}_i$ zunächst ein Startwert zuzuordnen. Dafür wird wie bei den elektrisch kurzen Leitungen erneut die Netznennspannung $U_{nN}/\sqrt{3}$ verwendet. Mit diesen Werten und der bekannten Spannung für den Einspeiseknoten – im Beispiel U_1 – liegt der inhomogene, rechte Teil des Gleichungssystems (5.36) fest. Anschließend wird das System (5.36) mit den von der numerischen Mathematik her angebotenen Methoden gelöst [101]. Die sich daraus ergebenden Knotenspannungen $\underline{U}_i$ sind anstelle des Startwerts $U_{nN}/\sqrt{3}$ in die Bedingungen (5.12) einzusetzen, mit denen dann erneut die Lastströme berechnet werden. Ein neuer Iterationszyklus beginnt. Die Rechnung wird abgebrochen, wenn die Differenz zwischen zwei Zyklen einen Grenzwert unterschreitet.

Aus den so berechneten Knotenspannungen $\underline{U}_i$ können mithilfe der Zweigadmittanzen $\underline{Y}_{ik}$ die zugehörigen Zweigströme $\underline{I}_{ik}$, die zwischen den Knotenpunkten i und k fließen, ermittelt werden:

$$\underline{I}_{ik} = \underline{Y}_{ik} \cdot (\underline{U}_i - \underline{U}_k) \,. \tag{5.37}$$

Mit dieser Beziehung ergibt sich für die Leistung, die am Knoten i in die Leitung hineinfließt, der Zusammenhang

$$\underline{S}_{ik} = P_{ik} + j \cdot Q_{ik} = 3 \cdot \underline{U}_i \cdot \underline{I}_{ik}^* \,. \tag{5.38}$$

In dem Ausdruck (5.38) stellt die Größe $\underline{I}_{ik}^*$ einen konjugiert komplexen Zweigstrom dar. Auf analoge Weise erhält man die am Leitungsende (Knotenpunkt k) herausfließende Leistung, indem in dieser Gleichung anstelle von $\underline{U}_i$ die Knotenspannung $\underline{U}_k$ verwendet wird. Die Differenz aus den Leistungswerten am Eingang und am Ausgang der Leitung liefert deren Wirkleistungsverluste sowie ihren Blindleistungsbedarf. Bei der erläuterten Methode wird bisher nur eine einzige Netzeinspeisung vorausgesetzt. Mit mehreren Netzeinspeisungen wird die Lastflussberechnung aufwändiger.

5.7.1.4 Netze mit mehreren eingeprägten Spannungsquellen

Bei den im Folgenden behandelten Netzen werden die Speisespannungen $\underline{U}_{Ni}$ aller Netzeinspeisungen als bekannt angenommen. Eine dieser Spannungen ist als Bezugsgröße für die Phasenwinkel φ auszuwählen. Zweckmäßigerweise legt man die Bezugsspannung in die reelle Achse, z. B. $\underline{U}_{N1} = U_{N1}$. Alle bekannten Spannungen $\underline{U}_{Ni}$ werden dann in dem Vektor $[\underline{U}_N]$ zusammengefasst; ebenso wird für die noch unbekannten Spannungen an den Last- und Netzknoten der Vektor $[\underline{U}_L]$ eingeführt. In umgekehrter Weise ist bei den Strömen der Vektor $[\underline{I}_N]$ an den Einspeisungen unbekannt, während der Stromvektor $[\underline{I}_L]$ wie in den vorhergehenden Abschnitten nur bekannte Ströme an den Lastknoten enthält und an den Netzknoten Nullen aufweist. Mit diesen Bezeichnungen ergibt sich die Knotenadmittanzform zu

$$\underbrace{\begin{bmatrix} [\underline{Y}_{NN}] & [\underline{Y}_{NL}] \\ [\underline{Y}_{LN}] & [\underline{Y}_{LL}] \end{bmatrix}}_{[\underline{Y}]} \cdot \begin{bmatrix} [\underline{U}_N] \\ [\underline{U}_L] \end{bmatrix} = \begin{bmatrix} [\underline{I}_N] \\ [\underline{I}_L] \end{bmatrix} \,. \tag{5.39}$$

Darin setzt sich die Admittanzmatrix $[\underline{Y}]$ aus vier Blockmatrizen zusammen, von denen $[\underline{Y}_{NL}]$ und $[\underline{Y}_{LN}]$ zueinander transponiert sind. Im Spannungs- und im Stromvektor stehen sowohl bekannte als auch unbekannte Teilvektoren. Multipliziert man nun die

Blockmatrizen mit den zugehörigen Teilvektoren $[\underline{U}_\mathrm{N}]$ und $[\underline{U}_\mathrm{L}]$ nach den Regeln einer Matrizenmultiplikation, so entstehen zwei lineare Matrizengleichungen. Unter Beachtung der Matrizenalgebra lässt sich dann der unbekannte Teilvektor $[\underline{I}_\mathrm{N}]$ auf die linke Seite und der bekannte Teilvektor $[\underline{U}_\mathrm{N}]$ auf die rechte Seite bringen [97]. Dafür wird die obere Matrizengleichung aus dem System (5.39) mit der Inversen von $[\underline{Y}_\mathrm{NN}]$ multipliziert und anschließend nach $[\underline{U}_\mathrm{N}]$ aufgelöst. Auf diese Weise ergibt sich die erste gesuchte Beziehung

$$[\underline{Y}_\mathrm{NN}]^{-1} \cdot [\underline{I}_\mathrm{N}] - [\underline{Y}_\mathrm{NN}]^{-1} \cdot [\underline{Y}_\mathrm{NL}] \cdot [\underline{U}_\mathrm{L}] = [\underline{U}_\mathrm{N}] \; .$$

Setzt man diesen Ausdruck in die untere Matrizengleichung von (5.39) ein, so erhält man auch den noch benötigten zweiten Zusammenhang. In Matrixform geschrieben lauten die beiden so ermittelten Gleichungen

$$\underbrace{\begin{bmatrix} [\underline{Y}_\mathrm{NN}]^{-1} & -[\underline{Y}_\mathrm{NN}]^{-1}[\underline{Y}_\mathrm{NL}] \\ [\underline{Y}_\mathrm{LN}][\underline{Y}_\mathrm{NN}]^{-1} & [\underline{Y}_\mathrm{LL}] - [\underline{Y}_\mathrm{LN}][\underline{Y}_\mathrm{NN}]^{-1}[\underline{Y}_\mathrm{NL}] \end{bmatrix}}_{[\underline{H}]} \cdot \begin{bmatrix} [\underline{I}_\mathrm{N}] \\ [\underline{U}_\mathrm{L}] \end{bmatrix} = \begin{bmatrix} [\underline{U}_\mathrm{N}] \\ [\underline{I}_\mathrm{L}] \end{bmatrix} \; . \qquad (5.40)$$

In der darin auftretenden Matrix $[\underline{H}]$ stellen die Diagonalblöcke Impedanzen bzw. Admittanzen dar, während die Nebenblöcke nur dimensionslose komplexe Zahlen enthalten. Wegen dieser unterschiedlichen Elemente wird $[\underline{H}]$ als *Hybridmatrix* bezeichnet.

Auch dieses Verfahren lässt sich so erweitern, dass die Lasten als konstante Wirk- und Blindleistungen anstelle eingeprägter Ströme berücksichtigt werden. Zu diesem Zweck sind wiederum die Verbraucherleistungen mithilfe der Bedingungen (5.12) in Lastströme zu überführen. Sie werden dann – wie bei Netzen mit *einer* eingeprägten Spannungsquelle – iterativ nachgeschleift.

Die bisher beschriebene Vorgehensweise ist für Netze geeignet, die nur von Netzeinspeisungen versorgt werden, wie es im Nieder- und Mittelspannungsbereich überwiegend der Fall ist. Im Unterschied dazu sind in den höheren Spannungsebenen normalerweise Kraftwerkseinspeisungen zu berücksichtigen.

5.7.1.5 Netze mit Kraftwerkseinspeisungen

Kraftwerkseinspeisungen haben die Eigenschaft, dass über die Spannungsregelung nur der *Betrag* der Speisespannung konstant gehalten wird, die zugehörige *Phasenlage* jedoch unbekannt ist. Darüber hinaus wird durch die Dampfzufuhr in der Turbine die *Wirkleistung* vorgegeben. An den Generatorklemmen gelten dementsprechend die Bedingungen

$$U_\mathrm{Gi} = \mathrm{const} \;, \qquad P_\mathrm{Gi} = \mathrm{const} \;. \qquad (5.41)$$

Die Blindleistung Q_Gi des Generators ergibt sich aus der Lastflussberechnung und wird überwiegend durch dessen Klemmenspannung U_Gi, aber kaum durch P_Gi bestimmt.

In das erläuterte Verfahren lassen sich ebenfalls die Knotenpunktbedingungen (5.41) einbeziehen, indem sie in einer übergeordneten, zusätzlichen Iteration nachgeschleift werden. Bei einer größeren Anzahl von Kraftwerkseinspeisungen, die insbesondere in Transportnetzen vorkommen, treten dann jedoch zunehmend Konvergenzschwierigkeiten auf. Diese Probleme lassen sich vermeiden, wenn in den Knotenpunkten anstelle der Stromsummen die zugehörigen Leistungssummen gebildet werden.

5.7.2 Lastflussberechnung mithilfe der Leistungssummen

In diesem Verfahren wird die Kirchhoffsche Knotenpunktregel über Leistungen anstelle von Strömen formuliert. Dementsprechend muss an jedem Knotenpunkt i die Summe aller zu- und abfließenden Leistungen den Wert null ergeben. Für das weitere Vorgehen wird nun zwischen den Zweigleistungen $\underline{S}_{ik}$ und den Knotenleistungen $\underline{S}_i$ unterschieden. Die Größe $\underline{S}_{ik}$ kennzeichnet eine Leistung, die vom betrachteten Knotenpunkt i über eine Leitung zum Knotenpunkt k abfließt, während $\underline{S}_i$ die insgesamt in den Knotenpunkt i eingespeiste bzw. – mit negativem Vorzeichen – die dort an Lasten abgegebene Leistung erfasst. Um nun zu erreichen, dass in einer Leistungsbilanz für jeden der n Knoten eines Netzes nur die Leistungen $\underline{S}_{ik}$ und $\underline{S}_i$ auftreten, sind Admittanzen zur Erde – wie z. B. Leitungskapazitäten oder ohmsch-induktive Elemente – auszuschließen. Wenngleich diese Einschränkung auch nicht zwingend ist, so ergeben sich für den weiteren Verfahrensablauf wesentlich einfachere Verhältnisse. Bis auf den Erdknoten mit $i = 0$ gilt dann für jeden der n Knoten im Netz

$$\underline{S}_i = P_i + j \cdot Q_i = \sum_{k=1}^{n} \underline{S}_{ik} \;. \tag{5.42}$$

Speziell bei *Lastknoten* kann für die Größe $\underline{S}_i$ allein die dort angenommene Verbraucherleistung eingesetzt werden. In einem weiteren Schritt sind die zugehörigen Zweigleistungen $\underline{S}_{ik}$ mithilfe der Zusammenhänge (5.37) und (5.38) in Abhängigkeit von den Netzadmittanzen $\underline{Y}_{ik}$ sowie den unbekannten Knotenspannungen $\underline{U}_i$ darzustellen. Bei den sich ergebenden komplexen Ausdrücken werden anschließend die Real- und Imaginärteile getrennt. Nach dem Zusammenfassen einiger Summenterme reduziert sich die Beziehung (5.42) dann auf die *Leistungsgleichungen*

$$P_i = 3 \cdot \sum_{k=1}^{n} \Big[\mathrm{Re}\{\underline{U}_i\} \cdot (\mathrm{Re}\{\underline{U}_k\} \cdot \mathrm{Re}\{\underline{Y}_{ik}\} - \mathrm{Im}\{\underline{U}_k\} \cdot \mathrm{Im}\{\underline{Y}_{ik}\}) \\ + \mathrm{Im}\{\underline{U}_i\} \cdot (\mathrm{Im}\{\underline{U}_k\} \cdot \mathrm{Re}\{\underline{Y}_{ik}\} + \mathrm{Re}\{\underline{U}_k\} \cdot \mathrm{Im}\{\underline{Y}_{ik}\}) \Big] , \tag{5.43a}$$

$$Q_i = 3 \cdot \sum_{k=1}^{n} \Big[\mathrm{Im}\{\underline{U}_i\} \cdot (\mathrm{Re}\{\underline{U}_k\} \cdot \mathrm{Re}\{\underline{Y}_{ik}\} - \mathrm{Im}\{\underline{U}_k\} \cdot \mathrm{Im}\{\underline{Y}_{ik}\}) \\ - \mathrm{Re}\{\underline{U}_i\} \cdot (\mathrm{Im}\{\underline{U}_k\} \cdot \mathrm{Re}\{\underline{Y}_{ik}\} + \mathrm{Re}\{\underline{U}_k\} \cdot \mathrm{Im}\{\underline{Y}_{ik}\}) \Big] . \tag{5.43b}$$

Außer den Lastknoten sind auch *Einspeiseknoten* zu berücksichtigen, die bei diesem Verfahren als Kraftwerkseinspeisungen behandelt werden. Wie aus den Bedingungen (5.41) hervorgeht, sind an solchen Generatorknoten die Wirkleistung P und der Betrag der Spannung U bekannt. Für die Wirkleistung gilt daher auch an diesen Knotenpunkten die Gleichung (5.43a). Anstelle der Blindleistungsbeziehung (5.43b) ist dort jedoch die *Spannungsbedingung*

$$U_i^2 = \mathrm{Re}\{\underline{U}_i\}^2 + \mathrm{Im}\{\underline{U}_i\}^2 \tag{5.44}$$

zu verwenden.

5.7 Lastflussberechnung in Energieversorgungsnetzen

Zusätzlich zu den Generatorknoten wird noch ein *spezieller Einspeiseknoten* benötigt. In der bisherigen Formulierung wird nämlich vorausgesetzt, dass die Verbraucherleistungen sowie die Leitungsverluste exakt durch die angegebenen eingespeisten Leistungen gedeckt werden. Die Größe der Verluste ist jedoch am Anfang der Rechnung noch nicht bekannt, sodass ein Leistungsdefizit entsteht. Aus diesem Grund ist an einem der Knotenpunkte eine Netzeinspeisung erforderlich, die beliebig große Leistungen abgeben oder aufnehmen kann. Sie ist daher in der Lage, die durch die Netzverluste verursachten Leistungsdefizite auszugleichen. Der zugehörige Knotenpunkt wird als *Slack-Knoten* (Slack: Schlupf) oder *Bilanz-Knoten* bezeichnet. Die Netzeinspeisung wird als ideale Spannungsquelle nachgebildet, deren Betrag und Winkel eingeprägt sind. Üblicherweise wird der Zeiger dieser Spannung in die reelle Achse gelegt und dient für alle Winkel als Bezugsphasenlage:

$$\underline{U}_{\text{Slack}} = U_{\text{Slack}} \cdot e^{j0°} = \text{const} . \tag{5.45}$$

Die Leistungs- und Spannungsbeziehungen (5.43) bis (5.45) bilden für die n Knoten ein nichtlineares Gleichungssystem, in dem die Real- und Imaginärteile aller Knotenspannungen außer der Slack-Spannung die Unbekannten darstellen. Ein solches System lässt sich mit einer numerischen Methode lösen, die als Newton- oder Newton-Raphson-Verfahren bezeichnet wird [102], [103]. Bei dieser Vorgehensweise ist zunächst ein Arbeitspunkt AP zu wählen, dessen Spannungswert $\text{Re}\{\underline{U}_{\text{AP}}\}$ bzw. $\text{Im}\{\underline{U}_{\text{AP}}\}$ an *allen* Knotenpunkten den dortigen Unbekannten $\text{Re}\{\underline{U}_i\}$ und $\text{Im}\{\underline{U}_i\}$ zugeordnet wird. Um diesen Arbeitspunkt ist das Gleichungssystem zu linearisieren, indem die Zusammenhänge (5.43) und (5.44) nach den Real- und Imaginärteilen der Spannungen partiell abgeleitet und anschließend die im Arbeitspunkt angenommenen Spannungswerte eingesetzt werden. Die so ermittelten Ableitungen sind dann zu einer *Jacobi-Matrix* $[J]$ zusammenzufassen:

$$[J] = \begin{bmatrix} [A(\text{Re}\{\underline{U}\},\text{Im}\{\underline{U}\})] & [B(\text{Re}\{\underline{U}\},\text{Im}\{\underline{U}\})] \\ [C(\text{Re}\{\underline{U}\},\text{Im}\{\underline{U}\})] & [D(\text{Re}\{\underline{U}\},\text{Im}\{\underline{U}\})] \\ [E(\text{Re}\{\underline{U}\},\text{Im}\{\underline{U}\})] & [F(\text{Re}\{\underline{U}\},\text{Im}\{\underline{U}\})] \end{bmatrix} . \tag{5.46}$$

Darin stellen die Ausdrücke wie $[A(\text{Re}\{\underline{U}\},\text{Im}\{\underline{U}\})]$ oder $[B(\text{Re}\{\underline{U}\},\text{Im}\{\underline{U}\})]$ Blockmatrizen dar. Bei den Elementen dieser Blockmatrizen handelt es sich um partielle Ableitungen der Form

$$A_{ik} = \left.\frac{\partial P_i}{\partial \text{Im}\{\underline{U}_k\}}\right|_{\text{AP}}, \qquad B_{ik} = \left.\frac{\partial P_i}{\partial \text{Re}\{\underline{U}_k\}}\right|_{\text{AP}}, \qquad C_{ik} = \left.\frac{\partial Q_i}{\partial \text{Im}\{\underline{U}_k\}}\right|_{\text{AP}},$$

$$D_{ik} = \left.\frac{\partial Q_i}{\partial \text{Re}\{\underline{U}_k\}}\right|_{\text{AP}}, \qquad E_{ik} = \left.\frac{\partial U_i^2}{\partial \text{Im}\{\underline{U}_k\}}\right|_{\text{AP}}, \qquad F_{ik} = \left.\frac{\partial U_i^2}{\partial \text{Re}\{\underline{U}_k\}}\right|_{\text{AP}} .$$

Eine genauere Angabe aller partiellen Ableitungen wäre sehr umfangreich. Aus diesem Grund wird exemplarisch nur für A_{ik} und E_{ik} ein ausführlicher Ausdruck angegeben:

$$A_{ik} = 3 \cdot \Big(-\text{Re}\{\underline{U}_i\} \cdot \text{Im}\{\underline{Y}_{ik}\} + \text{Im}\{\underline{U}_i\} \cdot \text{Re}\{\underline{Y}_{ik}\} \Big) \quad \text{für} \quad k \neq i ,$$

$$A_{ii} = 3 \cdot \Big(2 \cdot \text{Im}\{\underline{U}_i\} \cdot \text{Re}\{\underline{Y}_{ii}\} + \sum_{m=1, m \neq i}^{n} \big(\text{Im}\{\underline{U}_m\} \cdot \text{Re}\{\underline{Y}_{im}\} + \text{Re}\{\underline{U}_m\} \cdot \text{Im}\{\underline{Y}_{im}\} \big) \Big) ,$$

$$E_{ik} = 0 \quad \text{für} \quad k \neq i ,$$
$$E_{ii} = 2 \cdot \text{Im}\{\underline{U}_i\} .$$

Mithilfe der Jacobi-Matrix kann das Gleichungssystem (5.43) und (5.44) in die gewünschte linearisierte Form überführt werden:

$$\begin{bmatrix} [\Delta P_{\mathrm{i}}] \\ [\Delta Q_{\mathrm{i}}] \\ [\Delta (U_{\mathrm{i}}^2)] \end{bmatrix} = [J] \cdot \begin{bmatrix} [\Delta \mathrm{Im}\{\underline{U}_{\mathrm{k}}\}] \\ [\Delta \mathrm{Re}\{\underline{U}_{\mathrm{k}}\}] \end{bmatrix} \, . \tag{5.47}$$

In diesem Zusammenhang sind die Vektoren $[\Delta P_{\mathrm{i}}]$, $[\Delta Q_{\mathrm{i}}]$ und $[\Delta (U_{\mathrm{i}}^2)]$ – wie noch erläutert wird – bekannt; dagegen stellen die Vektoren $[\Delta \mathrm{Re}\{\underline{U}_{\mathrm{k}}\}]$ sowie $[\Delta \mathrm{Im}\{\underline{U}_{\mathrm{k}}\}]$ die Variablen dar. Bei der Beziehung (5.47) handelt es sich um ein inhomogenes Gleichungssystem, das anschließend zu lösen ist. Mit den so ermittelten Größen $[\Delta \mathrm{Re}\{\underline{U}_{\mathrm{k}}\}]$ sowie $[\Delta \mathrm{Im}\{\underline{U}_{\mathrm{k}}\}]$ werden die Real- und Imaginärteile der Knotenspannungen nachgeführt. Aus den korrigierten Spannungswerten ergibt sich dann ein neuer Arbeitspunkt AP$_{\mathrm{neu}}$, mit dem der beschriebene Rechengang zu wiederholen ist. Auf den Ablauf dieser Iteration, einer so genannten Fixpunktiteration, wird im Folgenden näher eingegangen.

Im ersten Schritt bietet es sich an, als Arbeitspunkt an allen Knotenpunkten die Slack-Spannung (5.45) vorzugeben, bei der man häufig als Realteil die Netznennspannung U_{nN} und als Imaginärteil den Wert null einsetzt. Für diesen Startwert werden aus den Gleichungen (5.43) und (5.44) die zugehörigen Werte für P_{i}, Q_{i} und U_{i}^2 ermittelt und mit deren Sollwerten verglichen. Dabei müssen die Sollwerte nicht – wie bisher angenommen – konstant sein; so können z. B. spannungsabhängige Verbraucherleistungen mithilfe der Lastbedingungen (4.129) vor jedem Iterationsschritt neu berechnet werden. Die sich dabei ergebenden Sollwertabweichungen sind auf der linken Seite in das linearisierte Gleichungssystem (5.47) einzusetzen, in dem anschließend noch die Jacobi-Matrix für den gewählten Arbeitspunkt zu bestimmen ist. Dieses Gleichungssystem liefert dann für den nächsten Arbeitspunkt AP$_{\mathrm{neu}}$ die Real- und Imaginärteile der gesuchten Knotenspannungswerte:

$$\begin{aligned} \mathrm{Re}\{\underline{U}_{\mathrm{k,neu}}\} &= \mathrm{Re}\{\underline{U}_{\mathrm{k,alt}}\} + \Delta \mathrm{Re}\{\underline{U}_{\mathrm{k}}\} \\ \mathrm{Im}\{\underline{U}_{\mathrm{k,neu}}\} &= \mathrm{Im}\{\underline{U}_{\mathrm{k,alt}}\} + \Delta \mathrm{Im}\{\underline{U}_{\mathrm{k}}\} \, . \end{aligned} \tag{5.48}$$

Mit diesem modifizierten Arbeitspunkt können wiederum neue Sollwertabweichungen sowie eine neue Jacobi-Matrix ermittelt werden, mit denen dann ein weiterer Iterationsschritt durchzuführen ist. Die Rechnung kann abgebrochen werden, wenn die Abweichungen zwischen zwei aufeinander folgenden Iterationsergebnissen eine vorgegebene Fehlergrenze unterschreiten. Aus den so erhaltenen Knotenspannungen ergeben sich die noch unbekannten Zweigströme und Zweigleistungen mithilfe der Beziehungen (5.37) und (5.38).

Im Vergleich zu dem in Abschnitt 5.7.1 beschriebenen Verfahren weist diese Methode ein besseres Konvergenzverhalten auf. Selbst bei großen Netzen bzw. vielen Kraftwerkseinspeisungen sind nur wenige Iterationsschritte erforderlich. Zu beachten ist jedoch, dass bei der Lastflussformulierung mit den Leistungssummen mehrere Lösungen auftreten können, von denen nur eine technisch interessiert. Um diese Lösung zu finden, muss der als Startwert verwendete Arbeitspunkt hinreichend nahe an der gesuchten Lösung liegen, denn das Newton-Raphson-Verfahren reagiert sehr empfindlich auf schlechte Startwerte [103]. Diese Eigenschaft kann zu Problemen führen, wenn z. B. bei schwierigen Lastsituationen einzelne Knotenspannungen des Netzes wesentlich niedriger als die Netznennspannung sind. In solchen Fällen sind besondere Lastflussverfahren wie z. B. [104] anzuwenden. Es sei noch darauf hingewiesen, dass die beschriebenen Verfahren

5.7 Lastflussberechnung in Energieversorgungsnetzen

beide nicht mehr konvergieren, wenn in den Knotenpunkten technisch nicht sinnvolle Leistungs- und Spannungsbedingungen vorgegeben werden.

Bei der beschriebenen Vorgehensweise sind wegen einer einfacheren Darstellung zunächst zwischen den Knoten und der Erde Leitungskapazitäten und ohmsch-induktive Elemente ausgeschlossen worden. Sind auch diese Netzelemente zu erfassen, müssen deren Admittanzen zum einen auf der Diagonale von $[\underline{Y}_{ik}]$ berücksichtigt werden [103]; zum anderen ist auch die Ermittlung der Sollwerte für P_i und Q_i anzupassen. Die Knotenleistungen $\underline{S}_i$ enthalten dann nicht nur die jeweiligen Last- und Einspeiseleistungen, sondern auch diejenigen Leistungsanteile, die an diesen Knoten über die dort vorhandenen Impedanzen zur Erde abfließen.

Bisher sind Netze betrachtet worden, die entweder nur eine Spannungsebene aufweisen oder sich durch die in Kapitel 4.2.1.3 dargestellten Transformationen auf eine einzige Spannungsebene zurückführen lassen. Bei vermaschten Netzen, die von mehreren Umspannern mit unterschiedlichen Übersetzungen gespeist werden, ist die Transformation auf ein gemeinsames Spannungsniveau jedoch nicht möglich. Im Folgenden wird die Lastflussberechnung auch auf solche Netzkonfigurationen erweitert.

5.7.3 Lastflussberechnung in Netzen mit mehreren Spannungsebenen

In Bild 5.24 ist eine einfache Netzschaltung mit zwei Spannungsebenen dargestellt. An diesem Beispiel wird beschrieben, wie Umspanner im Lastflussberechnungsverfahren mit den Leistungssummen berücksichtigt werden können. Dabei ist zunächst von dem in Bild 4.36 oder 4.28 abgeleiteten halbidealen Transformatorersatzschaltbild auszugehen. Es wird gemäß Bild 5.24 freigeschnitten. Dann wird jeweils für den Knoten 1 am Eingangstor und den Knoten 2 am Ausgangstor die Stromsumme gebildet. Die beiden Gleichungen bilden die folgende Admittanzform:

$$\begin{bmatrix} \underline{I}_1 \\ \underline{I}_2 \end{bmatrix} = \frac{1}{R_T + jX_{kT}} \cdot \begin{bmatrix} 1 & -\underline{\ddot{u}}_T \\ \underline{\ddot{u}}_T^* & -\ddot{u}_T^2 \end{bmatrix} \cdot \begin{bmatrix} \underline{U}_1 \\ \underline{U}_2 \end{bmatrix} . \quad (5.49)$$

Mithilfe der Beziehung (5.38) lässt sich diese Aussage in die Leistungsbedingungen

$$\begin{aligned} \underline{S}_{12,1} &= -\frac{3}{R_T + jX_{kT}} \cdot (U_1^2 - \underline{\ddot{u}}_T^* \cdot \underline{U}_1 \cdot \underline{U}_2^*) \quad \text{und} \\ \underline{S}_{12,2} &= -\frac{3}{R_T + jX_{kT}} \cdot (\underline{\ddot{u}}_T \cdot \underline{U}_1^* \cdot \underline{U}_2 - \ddot{u}_T^2 \cdot U_2^2) \end{aligned} \quad (5.50)$$

umformen. Darin kennzeichnen die Größen $\underline{S}_{12,1}$ und $\underline{S}_{12,2}$ die Scheinleistungen, die am

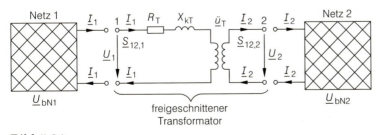

Bild 5.24
Freischneiden eines halbidealen Übertragers bei einer Lastflussberechnung für vermaschte Netze mit unterschiedlichen Spannungsebenen

Tor 1 in den Transformator hinein- bzw. am Tor 2 wieder herausfließen. Diese komplexen Leistungen sind wiederum in ihre Real- und Imaginärteile, also ihre Wirk- und Blindleistungskomponenten, aufzuspalten. Sie können dann an den Knotenpunkten 1 und 2 in die zugehörigen Leistungsgleichungen (5.42) von Netz 1 und Netz 2 eingesetzt werden und verändern die Jacobi-Matrix. Auf diese Weise ergeben sich die unbekannten Knotenspannungswerte direkt in der jeweiligen Spannungsebene und müssen anschließend nicht mehr transformiert werden. Die beschriebene Methode kann auch bei Netzen mit mehreren Transformatoren angewendet werden.

Bisher sind nur symmetrische dreiphasige Netze betrachtet worden, die einphasig nachzubilden sind. Erwähnt sei, dass auch Verfahren existieren, mit denen asymmetrische Netze berechnet werden können (asymmetrischer Lastfluss) [105].

Lastflussberechnungen sind nicht nur für die Planung von Bedeutung (s. Kapitel 8). Sie werden auch benötigt, um mithilfe der Leistungsflüsse ein Bild über den aktuellen Netzzustand zu erhalten. Dabei tritt das Problem auf, dass nicht alle von den Knotenpunkten übertragenen Messwerte fehlerfrei sind. Solche Messfehler können ausgeglichen werden, wenn die Lastflussberechnung mit einer Ausgleichsrechnung gekoppelt wird [75], [102], [106], [107]. Das sich dann ergebende Verfahren wird als *Zustandsschätzung* oder *State-Estimation* bezeichnet. Neben einer Messwertbereinigung kann mit dieser Methode zusätzlich noch eine Messwertergänzung erfolgen, die z. B. für nicht erfasste Knotenpunkte von Nachbarnetzen genutzt werden kann.

Neben der Stromverteilung im Normalbetrieb interessieren auch solche Ströme, die sich im Fehlerfall einstellen. Im folgenden Kapitel wird zunächst der dreipolige Kurzschluss behandelt.

5.8 Aufgaben

Aufgabe 5.1: Der im Bild dargestellte 10-kV-Mittelspannungsring soll nach dem dort angegebenen, ungünstigsten Schaltzustand ausgelegt werden. Vereinfachend können alle Strecken zwischen den Stationen bzw. zwischen Station und Sammelschiene zu 1 km angenommen werden.

Die Bemessungsleistungen der Netzstationen S1...S5 betragen 630 kVA, der Stationen S6 und S7 dagegen 400 kVA; die relative Kurzschlussspannung der Verteilungstransformatoren weist bei allen Stationen den Wert $u_k = 4\,\%$ auf. Der Leistungsfaktor der Last wird einheitlich zu 0,8 gewählt. Verwenden Sie die Daten im Anhang.

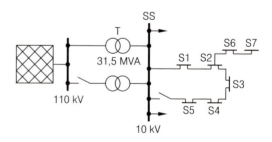

a) Der Ring möge als Freileitung ausgeführt werden. Der zulässige Spannungsabfall soll bei $\Delta U_{zul} \leq 0{,}03 \cdot U_{nN}$ liegen. Dabei ist anzunehmen, dass die 630-kVA-Stationen das Netz mit einer Wirklast $P = 2/3 \cdot S_r$ und die 400-kVA-Stationen mit 250 kW belasten.

Berechnen Sie den notwendigen Mindestquerschnitt, wenn der Stich und der Ring die gleichen Leiterseile aufweisen.

b) Der Ring sei mit Kabeln ausgeführt. Berechnen Sie mithilfe der Kabeltabellen im Anhang den Spannungsabfall an der Station S7, wenn für den Ring das Kabel NA2XS2Y 1×240 RM/25 6/10 kV verwendet wird und für den Stich der gleiche Typ mit einem Querschnitt von 95 mm² eingesetzt wird. Die Einleiterkabel seien in einer Ebene verlegt.

c) Für die gemäß a) dimensionierte Anlage wird der Fall betrachtet, dass die Sammelschiene SS nur den eingezeichneten Ring mit dem zugehörigen Stich versorgt.

Berechnen Sie den Betrag der Spannung hinter dem Transformator und an der Station S5, wenn auf der 110-kV-Seite die Netznennspannung anliegt und der Transformator eine Übersetzung von 110 kV/10 kV sowie eine relative Kurzschlussspannung von 11 % aufweist. Nutzen Sie dazu die Eigenschaft aus, dass die Leitungen elektrisch kurz sind.

Aufgabe 5.2: Der in Aufgabe 5.1 dargestellte Ring sei *geschlossen*.

a) Verwerfen Sie alle Lasten auf die Mittelspannungssammelschiene.

b) Berechnen Sie den Spannungsabfall an den Netzstationen S1, S2, S6 für den geschlossenen Ring in Kabelausführung.

Aufgabe 5.3: Im Bild ist ein 110-kV-Netz mit zwei rein induktiven Lasten von jeweils 30 Mvar dargestellt. Die Wirkwiderstände der zweisystemigen Freileitung seien zu vernachlässigen, die Gesamtreaktanz betrage 0,25 Ω/km. Die Länge der beiden Leitungsstücke sei jeweils 40 km, sodass die Reaktanz der Erdkapazitäten unberücksichtigt bleiben kann.

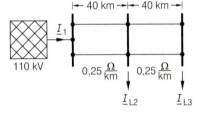

a) Stellen Sie die Admittanzmatrix des Netzes unter Einschluss der zu null angenommenen Admittanzen gegen Erde auf und zeigen Sie, dass in diesem Fall der erste Schritt – das Streichen der Spalte und Zeile des Erdknotens – automatisch erfüllt ist.

b) Formulieren Sie die Matrizengleichung des Netzes für den Fall, dass am Einspeiseknoten Betrag und Phasenlage der Spannung $\underline{U}_1$ bekannt sind. Invertieren Sie die Admittanzmatrix. Für kleine Matrizen verwendet man dazu zweckmäßigerweise die Beziehung

$$Z_{ik} = (-1)^{i+k} \cdot \frac{\Delta'_{ki}}{\det Y} ,$$

wobei i die Zeile, k die Spalte des Elements Z_{ik} kennzeichnet. Δ'_{ki} steht für die Unterdeterminante der transponierten Admittanzmatrix, also der Matrix, bei der die Zeilen und Spalten vertauscht sind. Die benötigte Unterdeterminante Δ'_{ki} ergibt sich, wenn von der transponierten Matrix jeweils die i-te Zeile und k-te Spalte gestrichen wird.

c) Führen Sie den Lastflussalgorithmus mithilfe der Stromsummen in den Knotenpunkten durch. Brechen Sie die Rechnung ab, wenn sich die Ströme in zwei aufeinander folgenden Iterationen um weniger als 2 A unterscheiden.

Aufgabe 5.4: In dem Bild ist ein zweifach gespeistes 110-kV-Netz dargestellt. Am Lastknoten werde lediglich eine induktive Blindleistung von 30 Mvar abgenommen. Der Generator weise eine Klemmenspannung von 10 kV mit derselben Phasenlage wie die Netzeinspeisung auf und befinde sich mit $P = 0$ im Leerlaufbetrieb. Der Maschinentransformator T1 sei auf die Übersetzung 110 kV / 10 kV eingestellt. Die 380-kV-Netzeinspeisung werde als starr angesehen ($X_\mathrm{N} = 0$), der zugehörige Transformator T2 weise die Übersetzung 380 kV/110 kV auf. Die Anlagendaten betragen (auf die 110-kV-Seite bezogen): $X_\mathrm{T1} = X_\mathrm{T2} = X_\mathrm{L1} = X_\mathrm{L2} = 10\,\Omega$.

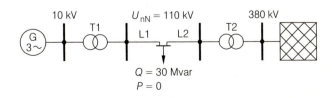

a) Stellen Sie das Ersatzschaltbild in der 110-kV-Ebene auf und geben Sie die zugehörige Admittanzform an.

b) Erläutern Sie, welche Größen als bekannt bzw. unbekannt anzusehen sind.

c) Entwickeln Sie aus der Admittanzform die Hybridmatrix. Zweckmäßigerweise werden direkt die sich ergebenden drei Netzwerkgleichungen durch algebraische Operationen umgeformt.

d) Berechnen Sie mithilfe der Hybridmatrix den Lastfluss. Brechen Sie die Iteration ab, wenn die Ströme sich in zwei aufeinander folgenden Zyklen um weniger als 3 A voneinander unterscheiden.

e) Wie kann der Leistungsfluss in dem untersuchten Netz berechnet werden, wenn am Generator – wie bei Kraftwerkseinspeisungen üblich – nur der Betrag der Spannung und die eingespeiste Wirkleistung bekannt sind?

Aufgabe 5.5: Bei der Modellierung des abgebildeten Netzes werden die Kapazitäten der Betriebsmittel vernachlässigt, sodass sich ein R,L-Netz als Ersatzschaltbild ergibt; die Lasten sollen dabei zunächst als Serienimpedanzen nachgebildet werden. In diesem Netz erfolge eine Zustandsänderung durch eine Zuschaltung des Netzes N_2 mit dem Schalter S_2. Der Leistungskondensator C ist noch nicht vorhanden, der Kurzschluss sei noch nicht eingetreten.

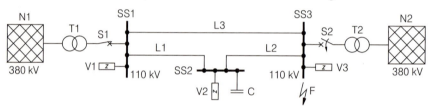

Die Lösung dieser Aufgabe erfordert den Einsatz einer Algebra-Software zur Berechnung der Determinanten und deren Nullstellen.

Daten der Betriebsmittel:

N1, N2: $S_k'' = 40$ GVA; $U_{nN} = 380$ kV; $R/X = 0{,}1$
T1, T2: $S_r = 250$ MVA; $u_k = 15\,\%$; $\ddot{u}_r = 380$ kV/110 kV; $R/X = 0{,}05$
L1: $l = 60$ km; $X_L' = 0{,}39$ Ω/km; $R/X = 0{,}3$
L2: $l = 50$ km; $X_L' = 0{,}39$ Ω/km; $R/X = 0{,}3$
L3: $l = 80$ km; $X_L' = 0{,}39$ Ω/km; $R/X = 0{,}25$
V1: $S_r = 10$ MVA; $\cos\varphi_r = 0{,}85$
V2: $S_r = 15$ MVA; $\cos\varphi_r = 0{,}85$
V3: $S_r = 12$ MVA; $\cos\varphi_r = 0{,}85$
C: $Q_C = 2$ Mvar; $U_{rC} = 110$ kV

a) Berechnen Sie die Kehrwerte der Zeitkonstanten der transienten Spannungskomponenten, die von den als eingeprägt angenommenen Strömen an den Toren 1 und 2 verursacht werden. Diese Kehrwerte der Zeitkonstanten werden bekanntlich auch als *Eigenwerte* bezeichnet. Maßgebend für die Eigenwerte sind z. B. Netzharmonische von Stromrichteranlagen, die in den Netzen N1 und N2 in der Nähe der Kuppelstellen installiert sind (Stromeinprägung).

b) Berechnen Sie das Eigenwertspektrum, das für die Gleichströme maßgebend ist, die durch das Zuschalten des Netzes N2 verursacht werden. Die *Spannungen* der Netze N1 und N2 werden als eingeprägte Größen angesehen (Spannungseinprägung).

c) An der Sammelschiene SS3 erfolgt nach Abklingen der Gleichströme ein Kurzschluss. Berechnen Sie das Eigenwertspektrum der Gleichströme, die durch diese Zustandsänderung verursacht werden (Spannungseinprägung).

d) Wie verändert sich das Spektrum aus Aufgabenteil c), falls die *Ströme* als eingeprägt angesehen werden?

5.8 Aufgaben

e) Im Unterschied zu Aufgabenteil d) seien nun alle Lasten ausgeschaltet. Allerdings ist an der Sammelschiene SS2 noch ein Leistungskondensator mit $Q_C = 2$ Mvar in Sternschaltung zu berücksichtigen. Berechnen Sie das zugehörige Eigenwertspektrum im Fall einer Stromeinprägung. Wie groß ist der kleinste Abstand zu einer netzharmonischen Stromkomponente (Gefahr der Netzrückwirkung)?

f) Die Aufgabenstellung entspricht c). Allerdings sollen nun die Lasten als R,L-*Parallel*impedanzen nachgebildet werden. Berechnen Sie das Eigenwertspektrum, das sich nun einstellt, und erläutern Sie die Konsequenzen auf das transiente Verhalten.

6 Dreipoliger Kurzschluss

Bei Kurzschlüssen handelt es sich um spezielle Fehler. Sie liegen dann vor, wenn ein spannungsführender Leiter mit mindestens einem weiteren Leiter niederohmig verbunden wird. Die niederohmige Verbindung kann in der Praxis sehr unterschiedlich beschaffen sein; für zwei spezielle Fälle haben sich eigenständige Bezeichnungen ausgebildet. So spricht man von einem *satten Kurzschluss*, wenn zwischen den kurzgeschlossenen Leitern ein direkter metallischer Kontakt vorliegt, also ein Übergangswiderstand praktisch nicht vorhanden ist. Zum anderen wird der Ausdruck *Lichtbogenkurzschluss* verwendet. Darunter versteht man solche Kurzschlüsse, bei denen die Leiter über einen Lichtbogen leitend verbunden sind. Lichtbogen stellen, wie in Abschnitt 7.1 noch erläutert wird, nichtlineare Widerstände dar, die im Bereich von wenigen Ohm liegen. Besonders auffällige Lichtbogenkurzschlüsse bilden sich aufgrund der relativ großen Leiterabstände in Freileitungsnetzen aus.

Zusätzlich werden die Kurzschlussarten nach der Anzahl der beteiligten Leiter gekennzeichnet. Wie im Abschnitt 10.1 noch genauer ausgeführt wird, spricht man von einem einpoligen Kurzschluss, wenn nur einer der drei Leiter L1, L2 oder L3 mit dem Neutralleiter N bzw. der Erde kurzgeschlossen wird. Ein dreipoliger Kurzschluss liegt vor, wenn alle drei Leiter miteinander kurzgeschlossen sind.

Von wenigen Ausnahmen abgesehen, führen Kurzschlüsse in Netzen, insbesondere in unmittelbarer Nähe der Kurzschlussstelle, zu großen Strömen. Sie bewirken an den vorgelagerten Betriebsmitteln ausgeprägte Spannungsabfälle. Dadurch wird die Spannung im Bereich um den Fehlerort verringert; sie bricht ein. Sofern sich die Spannung auf etwa 70 % erniedrigt, spricht in der unterlagerten Netzebene bei vielen Lasten, insbesondere bei motorischen Verbrauchern, ein Unterspannungsrelais an. Es bewirkt deren Ausschaltung.

Je höher die Spannungsebene ist, die von einem Kurzschluss betroffen ist, desto größer ist die Zahl der Lasten, die ausgeschaltet werden oder infolge des Spannungseinbruchs eine geringere Leistung aufnehmen. Bei Fehlern im Hoch- und Höchstspannungsbereich ist die Lastabsenkung bereits so ausgeprägt, dass sich – wie im Kapitel 2 bereits erläutert ist – nach einigen Zehntelsekunden im Netz die Frequenz zu erhöhen beginnt. *Während* dieser Zeitspanne darf die Drehzahl der Generatoren allerdings noch als konstant angesehen werden. Bei den folgenden Kurzschlussberechnungen wird stets von dieser Voraussetzung ausgegangen.

In diesem Kapitel wird nur der dreipolige Kurzschluss betrachtet. Die Ermittlung der dreipoligen Kurzschlussströme stellt bei der Projektierung von Netzanlagen eine zentrale Aufgabe dar, weil diese Ströme – bis auf wenige Ausnahmen – zu den stärksten mechanischen und thermischen Beanspruchungen führen. Es sind daher Berechnungsverfahren entwickelt worden, die einen möglichst geringen analytischen und numerischen Aufwand erfordern. Sie sind u. a. DIN VDE 0102 und [108] zu entnehmen.

Besonders überschaubare Verhältnisse ergeben sich bei den so genannten generatorfernen Kurzschlüssen, auf die darum zunächst eingegangen wird.

6.1 Generatorferner dreipoliger Kurzschluss

Generell bezeichnet man Kurzschlüsse als *generatorfern*, wenn bei den speisenden Generatoren die Amplituden bzw. Effektivwerte des Kurzschlusswechselstroms bereits unmittelbar nach Eintritt des Kurzschlusses praktisch zeitunabhängig sind ($I_k = I_k''$). Mit diesem Verhalten ist nur dann zu rechnen, wenn die Reaktanz zwischen der Fehlerstelle und dem Generator hinreichend groß ist (s. Abschnitt 4.4.4.3). Eine Reaktanz in dieser Größenordnung liegt in der Praxis häufig dann vor, wenn der Kurzschluss hinter dem Umspanner einer Netzeinspeisung, also in einem unterlagerten Netz auftritt. Um zunächst ein möglichst einfaches Modell zu erhalten, wird im Weiteren das Verfahren an einer unverzweigten Anlage mit einer Netzeinspeisung entwickelt.

6.1.1 Berechnung des Kurzschlussstromverlaufs in unverzweigten Netzen mit einer Netzeinspeisung

Als Beispiel für einen generatorfernen Fehler sei die unverzweigte, einseitig gespeiste Anlage in Bild 6.1 gewählt, bei der an der Stelle F ein *satter dreipoliger Kurzschluss* auftreten möge. Verbraucher sind bei diesem Schaltzustand ohne Wirkung; die Anlage ist also *unbelastet*. Es wird sich im Weiteren zeigen, dass die Kurzschlussstromberechnung der praxisüblichen Energieversorgungsnetze auf eine solche Grundaufgabe zurückgeführt werden kann. Zunächst wird der stationäre Kurzschlusswechselstrom – der Dauerkurzschlussstrom $\underline{I}_k$ – in dieser Anlage ermittelt.

6.1.1.1 Berechnung des stationären Kurzschlusswechselstroms

Im ersten Schritt gilt es, für die Anlage in Bild 6.1 eine Ersatzschaltung aufzustellen. Daraus werden dann in einem zweiten Schritt die betriebsfrequenten, stationären Wechselströme berechnet. Auch im Rahmen dieser Aufgabenstellung können Transformatoren, Freileitungen und Kabel nach wie vor als lineare Betriebsmittel angesehen werden. Ihre Impedanzen sind daher unabhängig von den Strom-Spannungs-Verhältnissen, die beim dreipoligen Kurzschluss stark vom Bemessungsbetrieb abweichen können. Da ferner auch bei einem dreipoligen Kurzschluss symmetrische Verhältnisse vorliegen, falls das Netz symmetrisch aufgebaut ist, dürfen für diese Fehlerart die bisher abgeleiteten einphasigen Ersatzschaltbilder verwendet werden (s. Abschnitt 3.1 und Kapitel 4). In den üblichen Energieversorgungsnetzen mit Nennspannungen bis 380 kV sind im Kurzschlussfall die kapazitiven Ströme klein im Vergleich zu den induktiven. Unter dieser Voraussetzung ist es daher zulässig, die Kapazitäten zu vernachlässigen.

Für die Netzeinspeisung gilt die bereits in Bild 5.21 dargestellte Ersatzschaltung. Wie in Abschnitt 5.6 erläutert, ist oberhalb der Niederspannungsebene für die Spannungsquelle der Effektivwert $1{,}1 \cdot U_{nQ}/\sqrt{3}$ einzusetzen. Die Größe U_{nQ} bezeichnet dabei die Nennspannung U_{nN} des Netzes gemäß Abschnitt 3.2; der Index Q (Quelle) soll lediglich darauf hinweisen, dass der Kurzschlussstrom von einer Netzeinspeisung mit einer konstanten Speisespannung geliefert wird. Für die betrachtete Netzanlage resultiert somit das Ersatzschaltbild 6.2. Dessen Auswertung führt auf die Ausdrücke

$$R_k = R_Q + R_{kT} + R_L = \sum_i R_i \quad \text{und} \quad X_k = X_Q + X_{kT} + X_L = \sum_i X_i \,. \qquad (6.1)$$

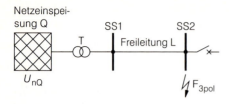

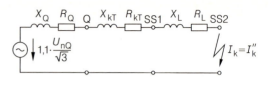

Bild 6.1
Einseitig gespeiste Netzanlage mit dreipoligem Kurzschluss

Bild 6.2
Einphasiges Ersatzschaltbild für die Netzanlage in Bild 6.1 im Fall eines generatorfernen dreipoligen Kurzschlusses

Nach den Gesetzen der Wechselstromrechnung erhält man dann den komplexen Kurzschlussstrom

$$\underline{I}_k = \frac{1{,}1 \cdot U_{nQ}}{\sqrt{3} \cdot (R_k + jX_k)} = \frac{1{,}1 \cdot U_{nQ}}{\sqrt{3} \cdot \sqrt{R_k^2 + X_k^2}} \cdot e^{-j\varphi_k} \tag{6.2}$$

mit

$$\varphi_k = \arctan \frac{X_k}{R_k} \,. \tag{6.3}$$

Wird weiterhin vorausgesetzt, dass die treibende Spannung der Netzeinspeisung während des Kurzschlusses durch den Zusammenhang

$$u_Q(t) = \frac{\hat{u}_Q}{\sqrt{3}} \cdot \sin(\omega t + \varphi) \quad \text{mit} \quad \hat{u}_Q = \sqrt{2} \cdot 1{,}1 \cdot U_{nQ}$$

beschrieben wird, so ergibt sich der zeitliche Verlauf des Dauerkurzschlussstroms aus dem komplexen Ausdruck (6.2) zu

$$i_{kp}(t) = \frac{\hat{u}_Q}{\sqrt{3} \cdot \sqrt{R_k^2 + X_k^2}} \cdot \sin(\omega t + \varphi - \varphi_k) \,. \tag{6.4}$$

Der stationäre Kurzschlussstrom eilt also der treibenden Spannung des Netzes um einen Phasenwinkel φ_k nach. Diese Phasenverschiebung, auch Kurzschlusswinkel genannt, wird nur durch die Impedanzen der Betriebsmittel bestimmt. Sie liegt in Hochspannungsnetzen bei ca. 86°...89° und kann in Mittel- und Niederspannungsnetzen auf ca. 60° und weniger absinken.

Mit der Wahl einer Netzspannung von $1{,}1 \cdot U_{nQ}/\sqrt{3}$ sowie der Annahme, es bestehe ein satter Kurzschluss, wird bei Nennspannungen über 1 kV erfahrungsgemäß der *größtmögliche Kurzschlusswechselstrom* hinreichend genau ermittelt. Für die Dimensionierung von Anlagen wird üblicherweise dieser maximale Strom verwendet. Im Netzbetrieb treten jedoch durchaus Betriebszustände auf, die kleinere Kurzschlusswechselströme verursachen. Um auch unter diesen Bedingungen eine sichere Fehlerauslösung beim Schutz zu erreichen, wird zusätzlich eine Angabe über den *minimalen Kurzschlusswechselstrom* benötigt. Die Erfahrung zeigt, dass dieser Wert mit hinreichender Genauigkeit ermittelt wird, wenn die treibende Spannung zu $1{,}0 \cdot U_{nQ}/\sqrt{3}$ gewählt wird.

In Netzen mit Nennspannungen bis 1 kV ist zusätzlich noch der Einfluss der Übergangswiderstände zu beachten. Sie vergrößern die Netzimpedanzen im Niederspannungsbereich bereits merklich, da infolge der geringeren Netzausdehnung die dort auftretenden

Impedanzwerte vergleichsweise klein sind. Deshalb wird in Niederspannungsnetzen der minimale Kurzschlusswechselstrom mit $0{,}95 \cdot U_{\mathrm{nQ}}/\sqrt{3}$ berechnet. Für den maximalen Kurzschlussstrom gilt dort bei einer zulässigen Betriebsspannungs-Toleranz bis 6 % der Wert $1{,}05 \cdot U_{\mathrm{nQ}}/\sqrt{3}$ und bei höheren Toleranzen $1{,}1 \cdot U_{\mathrm{nQ}}/\sqrt{3}$.

Bisher sind nur stationäre dreipolige Kurzschlusswechselströme ermittelt worden. Zusätzlich stellen sich zeitflüchtige Stromkomponenten ein, wenn der Kurzschluss stoßartig einsetzt. Auf diese transienten Anteile wird im Folgenden eingegangen. Dabei werden vereinfachend zunächst wieder nur unverzweigte Netze betrachtet.

6.1.1.2 Berechnung des Einschwingvorgangs

Bei den in Kapitel 4 aufgestellten Ersatzschaltbildern sind stationäre Verhältnisse vorausgesetzt worden. Aus diesem Grunde können die Ersatzschaltbilder generell nur für solche Einschwingvorgänge aussagekräftig sein, die nicht wesentlich schneller als die Netzfrequenz ablaufen [13]. Zusätzlich sind bei der Bestimmung der Stromverläufe unmittelbar nach Zustandsänderungen stets die ohmschen Widerstände der Anlage zu berücksichtigen; üblicherweise legt man die betriebswarmen Werte zugrunde. In diesem Zusammenhang gilt es, die Transformatoren gesondert zu betrachten.

Bei Umspannern mit einstellbarer Übersetzung ist gemäß DIN VDE 0102 für die Projektierung von Anlagen die Bemessungsübersetzung zu wählen. Eine Komplikation tritt bei Drehstromtransformatoren mit phasendrehender Schaltgruppe auf (s. Abschnitt 4.2.3.3). Infolge der Phasendrehung von $k \cdot 30°$ – z. B. $5 \cdot 30°$ bei einer Schaltgruppe Yd5 – sind die Ströme und Spannungen auf der Oberspannungsseite gegen die zugehörigen Größen auf der Unterspannungsseite phasenverschoben. Wenn ein Kurzschluss eintritt, bilden sich daher üblicherweise auf beiden Seiten unterschiedliche Gleichstromkomponenten aus. Demnach kann eine einphasige Ersatzschaltung prinzipiell den zeitlichen Verlauf des Einschwingvorgangs jeweils nur vor oder hinter dem Transformator richtig beschreiben. Mit genaueren Betrachtungen lässt sich zeigen, dass die größten Beträge der Ströme, die für die Auslegung von Betriebsmitteln überwiegend interessieren, jedoch richtig wiedergegeben werden. Zu ergänzen ist noch, dass mit den bisher verwendeten einphasigen Darstellungen nur dann Ausgleichsvorgänge in Drehstromsystemen beschrieben werden dürfen, wenn die Anlage vor dem Kurzschlusseintritt *symmetrisch betrieben* worden ist. Die Anfangswerte weisen nur in diesem Fall die notwendigen Symmetriebedingungen auf (s. Abschnitt 11.2 und [109]).

Diese Betrachtungen zeigen, dass auch von der Modellbildung her mit den bisher verwendeten einphasigen Ersatzschaltungen nur unter gewissen Einschränkungen Einschwingvorgänge ermittelt werden können. In diesem Sinne wird das Ersatzschaltbild 6.2 ausgewertet. Aus einem Maschenumlauf folgt mithilfe der Definitionen (6.1) und des Zusammenhangs $X_{\mathrm{k}} = \omega \cdot L_{\mathrm{k}}$ die Differenzialgleichung

$$R_{\mathrm{k}} \cdot i_{\mathrm{k}} + L_{\mathrm{k}} \cdot \frac{\mathrm{d}i_{\mathrm{k}}}{\mathrm{d}t} = \frac{\hat{u}_{\mathrm{Q}}}{\sqrt{3}} \cdot \sin(\omega t + \varphi) \,. \tag{6.5}$$

Darin tritt der Schaltwinkel φ auf. Er besagt, dass der Nulldurchgang der Speisespannung um $(-\varphi)$ verschoben ist. Die Lösung dieser Differenzialgleichung setzt sich bekanntlich aus einem homogenen und einem partikulären Teil zusammen. Der partikuläre Teil $i_{\mathrm{kp}}(t)$ ist identisch mit der stationären Lösung (6.4). Für die homogene Lösung erhält man den

Ausdruck

$$i_{kh}(t) = A \cdot e^{-t/\tau} \quad \text{mit} \quad \tau = \frac{L_k}{R_k}.$$

Darin stellt die Größe A eine freie Konstante dar, die bei einer unbelasteten Anlage aus der Anfangsbedingung $i(t=0) = 0$ zu ermitteln ist. Es ergibt sich dann als Gesamtlösung für den Bezugsleiter, z. B. für L1

$$i_k(t) = \frac{\hat{u}_Q}{\sqrt{3} \cdot \sqrt{R_k^2 + X_k^2}} \cdot (e^{-t/\tau} \cdot \sin(\varphi_k - \varphi) + \sin(\omega t + \varphi - \varphi_k)). \tag{6.6}$$

Die Ströme in den beiden anderen Leitern L2 und L3 ergeben sich dadurch, dass der Schaltwinkel φ durch die Ausdrücke $(\varphi - 120°)$ bzw. $(\varphi - 240°)$ ersetzt wird.
Die weitere Diskussion der Lösung erleichtert sich, wenn mit der Größe I_k (s. Gl. (6.2)) und dem Term

$$I_{kg} = \sqrt{2} \cdot I_k \cdot \sin(\varphi_k - \varphi)$$

eine andere Schreibweise gewählt wird:

$$i_k(t) = I_{kg} \cdot e^{-t/\tau} + \sqrt{2} \cdot I_k \cdot \sin(\omega t + \varphi - \varphi_k). \tag{6.7}$$

Diese Darstellung zeigt anschaulich, dass sich der resultierende Zeitverlauf aus einer *Wechselstromkomponente* und einer *abklingenden Gleichstromkomponente* zusammensetzt, die auch als *aperiodische Komponente* bezeichnet wird. Weiterhin ist zu erkennen, dass die Wechselstromkomponente bereits unmittelbar nach der Zustandsänderung genauso groß ist wie nach dem Abklingen des Gleichglieds. Bei einem generatorfernen dreipoligen Kurzschluss entspricht daher der Anfangskurzschlusswechselstrom I_k'' stets dem Dauerkurzschlusswechselstrom I_k:

$$I_k'' = I_k. \tag{6.8}$$

In Bild 6.3 ist der zeitliche Verlauf des gesamten Kurzschlussstroms für einen positiven Schaltwinkel φ veranschaulicht. Aus diesem Bild ist zu ersehen, dass der Kurzschlussstrom nach einigen Millisekunden, zum Zeitpunkt t_s, seinen größten Augenblickswert erreicht. Wie aus der Beziehung (6.7) hervorgeht, hängt dessen Höhe vom Schaltwinkel φ ab.
Für die mechanische Auslegung von Anlagen interessiert von den größten Augenblickswerten aller möglichen Kurzschlussstromverläufe der maximale Wert, der *Stoßkurzschlussstrom*. Gemäß DIN VDE 0102 wird für diese Größe der Ausdruck i_p verwendet. Da diese Bezeichnung bei der weiteren Darstellung zu Verwechslungen mit Zeitfunktionen führen kann, wird der Stoßkurzschlussstrom in Anlehnung an die ältere Fassung DIN VDE 0102/1971 nach wie vor mit dem Symbol I_s bzw. $I_s(t = t_s)$ gekennzeichnet. Der Stoßkurzschlussstrom lässt sich durch eine Extremwertbetrachtung ermitteln. Dazu wird der Strom als zweidimensionale Funktion $i_k(t, \varphi)$ angesehen. Das Maximum wird durch die Bedingungen

$$\frac{\partial i_k}{\partial t} = 0, \quad \frac{\partial i_k}{\partial \varphi} = 0$$

6.1 Generatorferner dreipoliger Kurzschluss

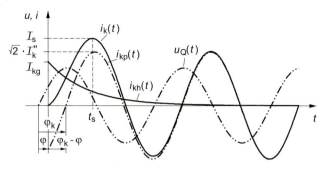

i_{kp}: partikuläre (stationäre) Lösung
i_{kh}: homogene Lösung (abklingende Gleichstromkomponente)
u_Q: treibende Spannung der Netzeinspeisung

Bild 6.3
Verlauf des Kurzschlussstroms i_k und seiner Komponenten bei einem ohmsch-induktiven Netz

charakterisiert. Eine Auswertung dieser Beziehungen zeigt, dass dieser größte Stoßkurzschlussstrom sich stets dann ausbildet, wenn der Kurzschluss bei dem Schaltwinkel $\varphi = 0$ bzw. einem Nulldurchgang der Speisespannung wirksam wird. Üblicherweise liegt dann der Zeitpunkt t_s, bei dem der Stoßkurzschlussstrom I_s auftritt, kurz unterhalb von 10 ms. Errechnen lässt sich dieser Zeitpunkt t_s aus der Bedingung

$$\sin(\omega t_s - \varphi_k) = 1 \,,$$

da dann der inhomogene Anteil maximal wird. Mit dieser Beziehung und der Identität (6.8) geht die Gleichung (6.7) über in

$$I_s(t = t_s) = \sqrt{2} \cdot I_k'' \cdot (1 + \sin \varphi_k \cdot e^{-t_s/\tau}) \,.$$

Der Ausdruck

$$\kappa = (1 + \sin \varphi_k \cdot e^{-t_s/\tau}) \tag{6.9a}$$

wird als *Stoßfaktor* bezeichnet. Zusammen mit der Bedingung für den Zeitpunkt t_s entsteht mit der Beziehung (6.9a) ein nichtlineares Gleichungssystem, aus dem sich die Zeit t_s auf numerischem Wege eliminieren lässt. In Bild 6.4 ist der sich daraus ergebende Stoßfaktor κ nicht in Abhängigkeit von dem Kurzschlusswinkel φ_k, sondern von der dazu gleichwertigen Größe R_k/X_k dargestellt, da sie sich direkt aus der Schaltung in Bild 6.2 ablesen lässt. In Anlehnung an DIN VDE 0102 ist in der Grafik allerdings der Index k weggelassen worden. Um Ablesefehlern vorzubeugen, sind die Ergebnisse zusätzlich noch einmal durch einen analytischen Ausdruck angenähert worden. Er lautet

$$\kappa = 1{,}02 + 0{,}98 \cdot e^{-3 \cdot R/X} \,. \tag{6.9b}$$

Durch die Definition des Stoßfaktors ist man in der Lage, den maximalen Stoßkurzschlussstrom aus dem einfachen Zusammenhang

$$I_s = \kappa \cdot \sqrt{2} \cdot I_k'' \tag{6.10}$$

zu ermitteln. Wie aus Bild 6.4 zu ersehen ist, beträgt der theoretisch maximale Wert des Stoßfaktors 2,0; der Stoßkurzschlussstrom wird dann doppelt so groß wie die Amplitude des Anfangskurzschlusswechselstroms. In Anlagen liegt dieser besonders ungünstige Fall näherungsweise dann vor, wenn Kurzschlüsse direkt hinter Transformatoren oder Kurzschlussdrosselspulen auftreten.

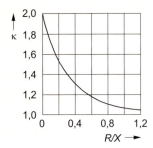

Bild 6.4
Abhängigkeit des Stoßfaktors κ von dem Verhältnis R/X bzw. R_k/X_k

Bei den bisherigen Betrachtungen ist davon ausgegangen worden, dass die Netzanlage unbelastet sei. Es stellt sich nun die Frage, wie sich eine Vorbelastung auf den Kurzschlussstrom auswirkt. Analytisch bedeutet dies, dass beim Eintritt des Kurzschlusses bereits ein Strom $i(t=0)$ fließt, also eine Anfangsbedingung ungleich null auftritt. Wenn weiterhin – der Praxis entsprechend – eine ohmsch-induktive Last angenommen wird, lässt sich durch eine leichte Modifikation der bereits dargestellten Rechnung zeigen, dass sich der Startwert der aperiodischen Komponente und damit auch der Stoßkurzschlussstrom um den Wert $i(t=0)$ verkleinert. Eine Vernachlässigung der Vorbelastung ist demnach gerechtfertigt, denn die so ermittelten Ströme führen zu einer größeren Beanspruchung der Anlage. Diese Aussage gilt allerdings nur für ohmsch-induktive Lasten. Bei kapazitiven Verhältnissen bewirkt die Vorbelastung höhere Stoßkurzschlussströme. Bisher ist nur ein einmaschiges Netz analysiert worden. Im Folgenden wird diese Betrachtungsweise auf mehrfach gespeiste und verzweigte Netze ausgedehnt.

6.1.2 Berechnung der Kurzschlussströme in verzweigten Netzanlagen mit mehreren Netzeinspeisungen

Bevor diese Aufgabenstellung analytisch gelöst wird, gilt es zunächst, die Modellierung und die Lösungsmethodik zu erläutern.

6.1.2.1 Modellierung und Lösungsmethodik von verzweigten Netzanlagen

Wiederum erhält man das Ersatzschaltbild der Gesamtanlage dadurch, dass man die einphasigen Ersatzschaltungen der einzelnen Betriebsmittel entsprechend dem Schaltplan des Netzes aneinander fügt. Dabei werden die Lasten als R,L-Serien- oder R,L-Parallelschaltungen nachgebildet (s. Abschnitt 4.7.3), die das Einschwingverhalten von Mischlasten allerdings nur orientierend erfassen. Der Kurzschluss an der Fehlerstelle wird im Ersatzschaltbild durch einen idealen Schalter dargestellt, der sich zum gewünschten Zeitpunkt schließt.

Eine Auswertung solcher Ersatzschaltungen zeigt, dass die Leitungskapazitäten und Lasten die Kurzschlussströme nur geringfügig beeinflussen. Daher dürfen diese Querimpedanzen unberücksichtigt bleiben. Diese Vernachlässigung führt zu zwei Vorteilen: Zum einen vermeidet man so die Modellierungsschwäche bei Mischlasten; zum anderen ist man in der Lage, ein einfaches Näherungsverfahren zu erstellen.

Auch bei verzweigten Anlagen gilt, dass der größte Kurzschlussstrom auftritt, wenn im ungestörten Zustand keine Vorbelastung vorhanden ist. Mitunter interessieren jedoch nicht nur die ungünstigsten Ströme, sondern auch die genauen Werte. In solchen Fällen

6.1 Generatorferner dreipoliger Kurzschluss

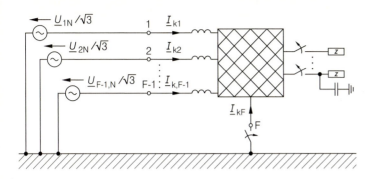

t = 0 : Kurzschluss am Fehlertor F und Abtrennung von Lasten sowie eventuellen Kapazitäten

Bild 6.5
Übersichtsschaltbild der betrachteten Netzanlage für $t \geq 0$

ist eine Lastflussberechnung vorzuschalten (s. Abschnitt 5.7). Sie liefert dann die genauen Anfangsströme bzw. Anfangsbedingungen. Allerdings erhält man das angestrebte Modell nur, wenn mit dem Eintritt des Kurzschlusses zeitgleich die Lasten und Kapazitäten im Ersatzschaltbild vom Netz abgetrennt werden (Bild 6.5).
Der in Abschnitt 6.1.1 untersuchte einmaschige Kreis führte auf eine lineare Differenzialgleichung (DGL). Bei verzweigten Anlagen ergibt sich ein System von linearen Differenzialgleichungen. Dieses System wird analytisch grundsätzlich in gleicher Weise wie eine einzelne DGL gelöst. Zunächst gilt es wiederum, die *inhomogene* und dann die *homogene* Lösung zu ermitteln; deren Summe stellt die Gesamtlösung dar, die anschließend noch an die Anfangsbedingungen anzupassen ist.
Die inhomogene Lösung entspricht den Dauerkurzschlussströmen. Bei generatorfernen Kurzschlüssen handelt es sich dabei um diejenigen Wechselströme, die in der Netzanlage bereits unmittelbar nach dem Kurzschluss stationär fließen und daher auch als Anfangskurzschlusswechselströme I_k'' bezeichnet werden. Sie sind durch eine stationäre Wechselstromrechnung zu ermitteln. Für eine manuelle Behandlung bietet sich das Überlagerungsverfahren an. Bei größeren Netzen wird dagegen meist eine Rechnerversion des in Abschnitt 5.7.1 dargestellten Knotenpunktverfahrens eingesetzt. Grundsätzlich lässt sich also die inhomogene Lösung mit bereits bekannten Mitteln bestimmen. Demgegenüber gestaltet sich die Ermittlung der homogenen Lösung schwieriger.
Bei größeren Energieversorgungsnetzen setzt sich der homogene Stromanteil aus einer Vielzahl von abklingenden Stromanteilen zusammen. Bei ohmsch-induktiv modellierten Netzanlagen handelt es sich um eine Summe abklingender Gleichglieder, die jeweils unterschiedliche Zeitkonstanten T aufweisen; ihre negativen reziproken Werte $\sigma = -1/T$ werden bekanntlich auch als Eigenwerte bezeichnet. Allerdings sind diese Eigenwerte in Netzen mit mehr als 600 Knoten häufig nicht mehr mit ausreichender Genauigkeit zu bestimmen. Man sagt, die sich dann stellende Eigenwertaufgabe ist schlecht konditioniert.
In solchen Fällen bietet der Einsatz von rein numerisch arbeitenden Methoden – wie z. B. dem Trapezverfahren – einen Ausweg [110]. Zu beachten ist dabei, dass sowohl die analytische Vorgehensweise als auch die rein numerisch arbeitenden Algorithmen gleichermaßen den Einsatz von Rechnern erfordern; bereits bei Netzen mit mehr als zwei unterschiedlichen Leitungen ist die Aufgabenstellung nicht mehr manuell zu lösen. Darüber hinaus benötigen beide Verfahren trotz der Vernachlässigung der Querimpedanzen eine verhältnismäßig hohe Rechenzeit. Für die praktische Projektierungstätigkeit wird

jedoch ein schnellerer und möglichst auch noch transparenterer Algorithmus benötigt. Erreichen lässt sich dieses Ziel dadurch, dass in die analytische Lösungsmethode eine Reihe systemgerechter Vereinfachungen eingearbeitet werden. Diese Maßnahmen erstrecken sich dabei sowohl auf die Berechnung der Anfangskurzschlusswechselströme $\underline{I}''_k$ als auch auf die Ermittlung der Einschwingströme.

6.1.2.2 Berechnung der stationären Kurzschlussströme mit dem Verfahren der Ersatzspannungsquelle

Ausgegangen wird von der stationären Toradmittanzform eines Netzes mit mehreren Netzeinspeisungen, bei dem zeitgleich mit dem Auftreten des Kurzschlusses auch alle Lasten nicht mehr versorgt werden. Gemäß Abschnitt 4.1 verknüpft dieses Gleichungssystem direkt die Kurzschlussströme $\underline{I}''_{ki}$ in den Einspeisungen und am Fehlertor F mit den Netzspannungen $\underline{U}_{iN}/\sqrt{3}$, die als ideale Spannungsquellen an den Speisetoren betrachtet werden. Die Innenimpedanzen der Netzeinspeisungen werden dabei als Teil des Netzes angesehen und sind in der Toradmittanzmatrix berücksichtigt. In der im Weiteren verwendeten Formulierung kennzeichnet der Buchstabe F zusätzlich zum letzten Tor, dem Fehlertor, auch die Anzahl der insgesamt vorhandenen Tore. Am Fehlertor selbst beträgt die Speisespannung $U_F = 0$ (Bild 6.5). Mit dieser Bedingung ergibt sich die Toradmittanzform zu

$$\begin{bmatrix} \underline{I}''_{k1} \\ \vdots \\ \underline{I}''_{ki} \\ \vdots \\ \underline{I}''_{kF} \end{bmatrix} = \begin{bmatrix} \underline{Y}_{11}(\omega) & \cdots & \underline{Y}_{1F}(\omega) \\ \vdots & & \vdots \\ \underline{Y}_{i1}(\omega) & \cdots & \underline{Y}_{iF}(\omega) \\ \vdots & & \vdots \\ \underline{Y}_{F1}(\omega) & \cdots & \underline{Y}_{FF}(\omega) \end{bmatrix} \cdot \begin{bmatrix} \underline{U}_{1N}/\sqrt{3} \\ \vdots \\ \underline{U}_{iN}/\sqrt{3} \\ \vdots \\ 0 \end{bmatrix} . \tag{6.11}$$

Für die Elemente der Toradmittanzmatrix in Gl. (6.11) gilt wie bei der Knotenadmittanzmatrix der Zusammenhang

$$\underline{Y}_{ii}(\omega) = -\sum_{j=1}^{F} \underline{Y}_{ij}(\omega) \qquad \text{mit} \qquad i \neq j \, ; \tag{6.12}$$

das heißt, die Spalten- und Zeilensummen der Toradmittanzmatrix sind jeweils null. Der Strom $\underline{I}''_{kF}$ in der Beziehung (6.11) stellt den *stationären Fehlerstrom* am Fehlerort dar; abgrenzend dazu werden die Ströme im Netz, also auch die Ströme $\underline{I}''_{k1},\ldots,\underline{I}''_{k,F-1}$ in den Netzeinspeisungen, als *Teilkurzschlussströme* bezeichnet.
In das System (6.11) werden nun einige Betriebseigenschaften von Energieversorgungsnetzen eingearbeitet. Da der Normalbetrieb der übliche Zustand ist, aus dem ein Kurzschluss erfolgt, ist es sinnvoll, die Kurzschlussstromberechnungen daraufhin auszulegen. Eine wichtige Netzeigenschaft besteht z. B. darin, dass die Speisespannungen $\underline{U}_{iN}$ in der Netzumgebung, die für den Kurzschlussstrom maßgebend ist, überwiegend nur um einige Grad untereinander phasenverschoben sind. Dann ist es zulässig, die Speisespannungen gemeinsam als reelle Größen anzusehen. Diese Maßnahme bewirkt eine stärkere Gleichphasigkeit bei den Kurzschlussströmen; der resultierende Wert vergrößert sich dadurch.
Das Gleichungssystem (6.11) vereinfacht sich noch weiter, wenn man allen Spannungen $\underline{U}_{iN}$ darüber hinaus einen gleich großen Betrag zuweist. Bei Netzen ab 1 kV wählt man

6.1 Generatorferner dreipoliger Kurzschluss

dafür

$$U_{iN} = c \cdot U_{nN} \quad \text{mit} \quad c = 1{,}1 \quad \text{und} \quad i = 1, \ldots, F-1 \,. \tag{6.13}$$

Falls in solchen Netzen der niedrigste Kurzschlussstrom z. B. für Schutzauslegungen interessiert, ist der Spannungsfaktor $c = 1{,}0$ zu setzen (s. Abschnitt 6.1.1.1). Wird die Beziehung (6.13) in die Form (6.11) eingearbeitet, so ergibt sich das System

$$\begin{bmatrix} \underline{I}''_{k1} \\ \vdots \\ \underline{I}''_{ki} \\ \vdots \\ \underline{I}''_{kF} \end{bmatrix} = \begin{bmatrix} \underline{Y}_{11}(\omega) & \cdots & \underline{Y}_{1F}(\omega) \\ \vdots & & \vdots \\ \underline{Y}_{i1}(\omega) & \cdots & \underline{Y}_{iF}(\omega) \\ \vdots & & \vdots \\ \underline{Y}_{F1}(\omega) & \cdots & \underline{Y}_{FF}(\omega) \end{bmatrix} \cdot \begin{bmatrix} c \cdot U_{nN}/\sqrt{3} \\ \vdots \\ c \cdot U_{nN}/\sqrt{3} \\ \vdots \\ 0 \end{bmatrix} \,. \tag{6.14}$$

Dieser Ausdruck lässt sich noch weiter vereinfachen, wie in Bild 6.6 veranschaulicht ist: Die Schaltung in Bild 6.6a reduziert sich auf diejenige in Bild 6.6b, die wiederum mit der in Bild 6.6c identisch ist. Die Einspeisequellen sind dort auf eine einzelne *Ersatzspannungsquelle* im Fehlerzweig zurückgeführt. Zum Nachweis dieser Eigenschaft wird die rechte Seite der Gleichung (6.14) um den positiven und negativen Term

$$\pm \begin{bmatrix} \underline{Y}_{11}(\omega) & \cdots & \underline{Y}_{1F}(\omega) \\ \vdots & & \vdots \\ \underline{Y}_{i1}(\omega) & \cdots & \underline{Y}_{iF}(\omega) \\ \vdots & & \vdots \\ \underline{Y}_{F1}(\omega) & \cdots & \underline{Y}_{FF}(\omega) \end{bmatrix} \cdot \begin{bmatrix} 0 \\ \vdots \\ 0 \\ \vdots \\ c \cdot U_{nN}/\sqrt{3} \end{bmatrix}$$

ergänzt. Durch diese Operation ändert sich die Gleichung (6.14) nicht. Anschließend wird die positive Komponente zu dem ursprünglichen Anteil der Gleichung (6.14) addiert. Dadurch nehmen alle Elemente in dem Spannungsvektor den Wert $c \cdot U_{nN}/\sqrt{3}$ an. Da jedes Element der Toradmittanzmatrix nunmehr mit dem gleichen Faktor multipliziert wird, kommt ihre Eigenschaft zum Tragen, dass sich die Zeilen- und Spaltensummen zu null ergänzen. Daher entfällt dieser Anteil und es bleibt nur der zugefügte negative Term übrig. Damit ergeben sich die Kurzschlusswechselströme $\underline{I}''_{ki}$ zu

$$\begin{bmatrix} \underline{I}''_{k1} \\ \vdots \\ \underline{I}''_{ki} \\ \vdots \\ \underline{I}''_{kF} \end{bmatrix} = \begin{bmatrix} \underline{Y}_{11}(\omega) & \cdots & \underline{Y}_{1F}(\omega) \\ \vdots & & \vdots \\ \underline{Y}_{i1}(\omega) & \cdots & \underline{Y}_{iF}(\omega) \\ \vdots & & \vdots \\ \underline{Y}_{F1}(\omega) & \cdots & \underline{Y}_{FF}(\omega) \end{bmatrix} \cdot \begin{bmatrix} 0 \\ \vdots \\ 0 \\ \vdots \\ -c \cdot U_{nN}/\sqrt{3} \end{bmatrix} \,. \tag{6.15a}$$

Multipliziert man nun in Gleichung (6.15a) die Admittanzmatrix mit dem Spannungsvektor, so erhält man den Zusammenhang

$$\begin{aligned} \underline{I}''_{k1} &= -\underline{Y}_{1F}(\omega) \cdot c \cdot U_{nN}/\sqrt{3} \\ &\vdots \\ \underline{I}''_{ki} &= -\underline{Y}_{iF}(\omega) \cdot c \cdot U_{nN}/\sqrt{3} \\ &\vdots \\ \underline{I}''_{kF} &= -\underline{Y}_{FF}(\omega) \cdot c \cdot U_{nN}/\sqrt{3} \,. \end{aligned} \tag{6.15b}$$

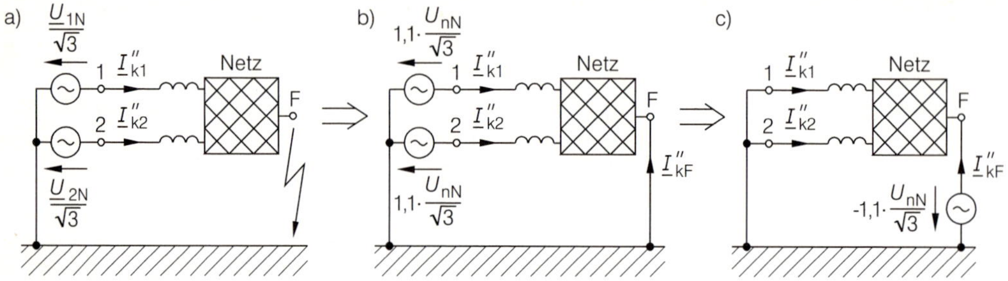

Bild 6.6
Einphasige Darstellung des Ersatzspannungsquellenverfahrens an einem kurzschlussbehafteten Netz mit zwei Einspeisungen
a) Allgemeiner Betriebszustand
b) Zulässiger Betriebszustand für Kurzschlussstromberechnungen ($c = 1{,}1$)
c) Reduktion der Einspeisequellen im Netz b) auf eine Ersatzspannungsquelle

Dieses Ergebnis besagt, dass die stationären Teilkurzschlussströme $\underline{I}''_{ki}$ in den Eingängen $1, \ldots, (F-1)$ unter den getroffenen Voraussetzungen nur von der Übertragungsadmittanz zwischen dem Fehlerort F und dem jeweiligen Eingang abhängen. Dagegen ist für den Fehlerstrom selbst die Eingangsadmittanz $\underline{Y}_{FF}(\omega)$ maßgebend, die vom Fehlertor F aus gesehen wird (Bild 6.6c).
Eine formale Betrachtung des Systems (6.15b) ließe vermuten, dass sowohl die Kurzschlusswechselströme $\underline{I}''_{ki}$ in den Einspeisungen als auch der Strom $\underline{I}''_{kF}$ an der Fehlerstelle umgekehrt zu den eingeführten Stromzählpfeilen fließen. Diese Eigenschaft trifft jedoch nur für den Kurzschlusswechselstrom $\underline{I}''_{kF}$ zu, denn bei der Durchrechnung konkreter Schaltungen stellt man fest, dass der Zeiger der Übertragungsadmittanzen $\underline{Y}_{iF}(\omega)$ stets im zweiten und der Zeiger der Eingangsadmittanz $\underline{Y}_{FF}(\omega)$ stets im vierten Quadranten liegt. Sie unterscheiden sich daher um 180° bzw. um ein Minuszeichen. Berücksichtigt man diesen Sachverhalt, ergeben sich für die Ströme die erwarteten Vorzeichen.
Man bezeichnet die entwickelte Methode als *Verfahren mit der Ersatzspannungsquelle*, da eine mehrfach gespeiste Netzanlage auf ein einfach gespeistes Netz zurückgeführt wird. Durch diese Vereinfachung erweitert sich der Anwendungsbereich, die Kurzschlusswechselströme manuell zu bestimmen, erheblich. Der eigentliche Vorteil des Verfahrens liegt jedoch darin, dass es damit möglich wird, die durch die Zustandsänderung „Kurzschluss" hervorgerufenen Einschwingströme auf eine sehr einfache Weise zu bestimmen.

6.1.2.3 Berechnung des Einschwingvorgangs bei dem Verfahren mit der Ersatzspannungsquelle

Wie bereits dargestellt, setzt sich der homogene Stromanteil $i_{kh}(t)$ bei einem großen ohmsch-induktiv modellierten Ersatznetzwerk aus einer Vielzahl von abklingenden Gleichgliedern mit unterschiedlichen Zeitkonstanten zusammen:

$$i_{khi}(t) = \sum_{j=1}^{\varepsilon} A_j \cdot e^{-t/T_j} \qquad (\varepsilon: \text{Anzahl der Gleichglieder}).$$

In Anlehnung an den Abschnitt 6.1.1.2 ergibt sich der Gesamtstrom $i_{ki}(t)$ aus der Summe

6.1 Generatorferner dreipoliger Kurzschluss

des Kurzschlusswechselstroms, also der partikulären Lösung

$$i_{\mathrm{kpi}}(t) = |\underline{Y}_{\mathrm{i,F}}| \cdot c \cdot U_{\mathrm{nN}}/\sqrt{3} \cdot \sin(\omega t - \varphi_{\mathrm{ki}})$$

und des homogenen Anteils $i_{\mathrm{khi}}(t)$ zu

$$i_{\mathrm{ki}}(t) = \sum_{j=1}^{\varepsilon} A_{\mathrm{j}} \cdot \mathrm{e}^{-t/T_{\mathrm{j}}} + i_{\mathrm{kpi}}(t). \tag{6.16}$$

Die Beziehung (6.16) zeigt deutlich, dass die Startwerte A_{j} von zwei Parametern bestimmt werden. Die erste Einflussgröße ist der Schaltwinkel φ_{ki}, bei dem der Kurzschluss auftritt. Er bestimmt den Augenblickswert des Kurzschlusswechselstroms i_{kpi} zum Zeitpunkt $t = 0$. Die zweite Einflussgröße stellt die Vorbelastung dar, also der momentane Wert des Netzstroms $i_{\mathrm{ki}}(t=0)$, der zum Zeitpunkt des Fehlereintritts vorliegt (s. Bild 6.5).

In analoger Weise wie im Abschnitt 6.1.1.2 lässt sich zeigen, dass sich bei ohmsch-induktiven Netzen der größte Augenblickswert des Kurzschlussstroms $i_{\mathrm{ki}}(t)$ – der Stoßkurzschlussstrom I_{si} – ergibt, wenn der Kurzschluss im Nulldurchgang der Speisespannungen und damit auch im Nulldurchgang der Ersatzspannungsquelle auftritt und zusätzlich keine Vorbelastung vorhanden ist: Im Falle einer ohmsch-induktiven Vorbelastung verringert sich nämlich der größte Augenblickswert des Kurzschlussstroms. Sollte dagegen ein unüblicher Netzbetrieb mit einer kapazitiven Vorbelastung vorliegen, kann sich der Startwert der homogenen Lösung noch um den Netzstrom vergrößern.

Wenn der normale ohmsch-induktive Netzbetrieb vorausgesetzt wird, gilt gemäß der Beziehung (6.16) für $i_{\mathrm{kpi}}(t=0) = 0$ stets der Zusammenhang

$$\sum_{j=1}^{\varepsilon} A_{\mathrm{j}} \leq \sqrt{2} \cdot I_{\mathrm{ki}}''.$$

Das heißt, die Summe aller Startwerte A_{j} ist stets kleiner als die Amplitude des Kurzschlusswechselstroms. Aufgrund dieser Ungleichung kann die Beziehung (6.16) umgeformt werden in

$$|i_{\mathrm{ki}}(t)| \leq I_{\mathrm{si}} \leq 2 \cdot \sqrt{2} \cdot I_{\mathrm{ki}}''.$$

Auch bei mehrfach gespeisten Netzen gilt demnach, dass die Amplitude des doppelten Kurzschlusswechselstroms I_{ki}'' stets größer ist als der Spitzenwert des Kurzschlussstroms $i_{\mathrm{ki}}(t)$ selbst. Für viele Projektierungsaufgaben ist diese Aussage aber noch zu grob, wenn man Überdimensionierungen vermeiden möchte. Der folgende Weg gestattet auf sehr einfache Weise genauere Aussagen, ohne dass dabei eine Eigenwertaufgabe zu lösen ist.

Im Weiteren wird der ungünstigste Zeitpunkt für den Fehlereintritt vorausgesetzt, nämlich der Spannungsnulldurchgang, und zugleich werden die Vorbelastung bzw. Anfangsbedingungen zu null angenommen. Unter dieser Bedingung kann das Fouriertheorem zur Berechnung von Einschwingvorgängen herangezogen werden [110]. Es gestaltet sich besonders einfach bei Netzen mit einer Spannungsquelle, wie es sich aus dem Ersatzspannungsquellenverfahren ergibt. Bei solchen Netzwerken wird der zeitliche Verlauf des Kurzschlussstroms $i_{\mathrm{ki}}(t)$ in den Einspeisezweigen oder im Fehlerzweig von den Admittanzfrequenzgängen bestimmt, die jeweils von dort aus gesehen werden; es handelt sich also um die Frequenzgänge $\underline{Y}_{\mathrm{ij}}(\omega)$ des Systems (6.15b). In diesen Größen ist folglich die Information über den Einschwingvorgang des Kurzschlussstroms bzw. dessen homogene Lösung enthalten.

Der Kerngedanke, Aussagen über die homogene Lösung zu ermitteln, beruht nun darauf, den jeweiligen Admittanzfrequenzgang möglichst genau mit dem Frequenzgang einer einfachen Ersatzschaltung zu approximieren. Anstelle des tatsächlichen Netzes wird dann die äquivalente Ersatzschaltung analytisch im Zeitbereich ausgewertet und aus ihr die homogene Lösung ermittelt. Die approximierenden Frequenzgänge sind dabei umso geeigneter, je besser sie der Charakteristik des tatsächlichen Frequenzgangs der Admittanz entsprechen. Um eine Ersatzschaltung für die Frequenzgänge des Systems (6.15b) zu ermitteln, ist es zweckmäßig, die inversen Admittanzen zu betrachten und diese Impedanzterme in ihren ohmschen und induktiven Anteil aufzuspalten. Dabei gilt für die Übertragungsfrequenzgänge

$$\frac{1}{-\underline{Y}_{\mathrm{iF}}(\omega)} = \underline{Z}_{\mathrm{iF}}(\omega) = R_{\mathrm{iF}}(\omega) + j\omega \cdot L_{\mathrm{iF}}(\omega) \qquad \text{mit} \qquad i \neq \mathrm{F} \tag{6.17a}$$

und für den Eingangsfrequenzgang an der Fehlerstelle

$$\frac{1}{\underline{Y}_{\mathrm{FF}}(\omega)} = \underline{Z}_{\mathrm{FF}}(\omega) = R_{\mathrm{FF}}(\omega) + j\omega \cdot L_{\mathrm{FF}}(\omega) \ . \tag{6.17b}$$

In der Formel (6.17a) ist ein Minuszeichen zugefügt worden, um positive R- und L-Werte zu erhalten, weil bei den gewählten Stromzählpfeilen die Übertragungsadmittanzen im zweiten Quadranten liegen. Die prinzipiellen Verläufe der Größen $R_{\mathrm{FF}}(\omega)$ und $L_{\mathrm{FF}}(\omega)$ bzw. $R_{\mathrm{iF}}(\omega)$ und $L_{\mathrm{iF}}(\omega)$ sind für ein Verbundnetz in den Bildern 6.7a und 6.7b als dicke Linien dargestellt. Für diese Frequenzgänge gilt es nun, eine Ersatzschaltung zu finden.

Ein besonders einfaches Ersatzschaltbild ergibt sich, wenn den Verläufen $R_{\mathrm{iF}}(\omega)$, $L_{\mathrm{iF}}(\omega)$ bzw. $R_{\mathrm{FF}}(\omega)$, $L_{\mathrm{FF}}(\omega)$ ein fester Wert R_{Ai} bzw. L_{Ai} zugeordnet wird. Man erhält dann eine Reihenschaltung aus einem ohmschen Widerstand und einer Induktivität (Bild 6.8), deren Verhalten bereits in Abschnitt 6.1.1.2 ausführlich behandelt worden ist:

$$R_{\mathrm{Ai}} = R_{\mathrm{iF}}(\omega_{50}), \qquad L_{\mathrm{Ai}} = L_{\mathrm{iF}}(\omega_{50}) \tag{6.18}$$

mit

$$\omega_{50} = 2\pi \cdot 50 \text{ Hz}, \qquad i = 1, 2, \ldots, \mathrm{F}.$$

In den Bildern 6.7a und 6.7b sind diese approximierenden Verläufe als dünne Linie dargestellt.
Die Wahl der 50-Hz-Werte zur Approximation der Admittanzfrequenzgänge hat den Vorteil, dass von den sich ergebenden Ersatzschaltbildern stets der Kurzschlusswechselstrom I''_{ki} richtig wiedergegeben wird; der zugehörige Einschwingvorgang wird bei den üblichen Freileitungsnetzen des Hoch- und Höchstspannungsnetzes recht genau erfasst. Sofern jedoch diejenigen Netzzweige, in denen große Kurzschlussströme fließen, sehr unterschiedliche R/X-Verhältnisse aufweisen oder der R/X-Quotient vergleichsweise große Werte annimmt, so verringert sich die Genauigkeit der abgeleiteten Ersatzschaltungen. Für die Stoßkurzschlussströme können sich dann zu niedrige Werte ergeben; üblicherweise wird eine Fehlergrenze von 15 % jedoch eingehalten. Falls für das Verhältnis $R/X > 1$ gilt, ergeben sich allerdings noch größere Abweichungen. Solche Werte sind z. B. in einigen Kabelnetzen zu finden.

6.1 Generatorferner dreipoliger Kurzschluss

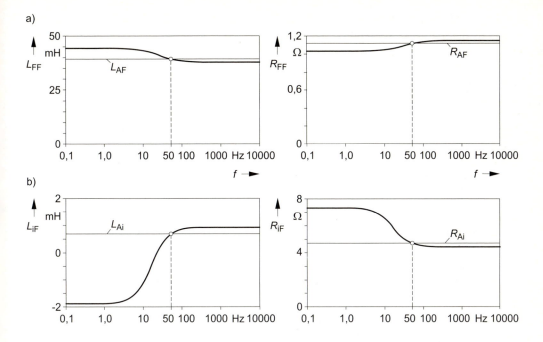

Bild 6.7
Frequenzgänge der inversen Eingangs- und Übertragungsadmittanzen eines 380-kV-Verbundnetzes sowie der zugehörigen approximierenden Werte L_A und R_A für 50 Hz

a) Grundsätzlicher Frequenzgang der inversen Eingangsadmittanz: $\underline{Y}_{FF}^{-1} = R_{FF}(f) + j\omega L_{FF}(f)$
b) Häufiger Frequenzgang einer inversen Übertragungsadmittanz: $-\underline{Y}_{iF}^{-1} = R_{iF}(f) + j\omega L_{iF}(f)$

Alle abgeleiteten Ersatzschaltungen entsprechen derjenigen, die bereits im Abschnitt 6.1 untersucht worden ist. Damit ist gezeigt, dass die dort entwickelte Methode, den Stoßkurzschlussstrom I_{si} zu berechnen, sich auch auf mehrfach gespeiste Netze übertragen lässt. Als Schaltzeitpunkt ist wiederum der Spannungsnulldurchgang $\alpha = 0°$ zu wählen.

Zunächst wird die Vorgehensweise für den in der Praxis am meisten interessierenden Stoßkurzschlussstrom I_{sF} an der Fehlerstelle erläutert. Der benötigte Stoßfaktor κ wird mithilfe des Quotienten $R_{FF}/(\omega L_{FF})$ bzw. R_{FF}/X_{FF} ermittelt, der sich aus dem Kehrwert der Eingangsadmittanz am Fehlertor ergibt. Aus dem erhaltenen Stoßfaktor und dem Anfangskurzschlusswechselstrom an der Fehlerstelle F resultiert dann mit dem Zusammenhang (6.10) der gesuchte Stoßkurzschlussstrom, der aufgrund des Approximationsfehlers um 15 % zu niedrige Werte aufweisen kann [111].

Um mögliche Unterdimensionierungen zu vermeiden, wird deshalb am Fehlertor ein Fak-

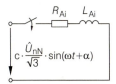

Bild 6.8
Approximierendes R,L-Ersatzschaltbild zur Nachbildung der Teilkurzschlussströme an den Eingangstoren $i = 1, \ldots, F-1$ und des Kurzschlussstroms im Fehlerzweig $i = F$ eines Energieversorgungsnetzes für den Bereich bis $t_s \approx 10$ ms

tor 1,15 in die Beziehung (6.10) eingefügt. Laut DIN VDE 0102 ist der Stoßkurzschlussstrom dementsprechend nach der Beziehung

$$I_{sF} = 1{,}15 \cdot \kappa \cdot \sqrt{2} \cdot I''_{kF} \tag{6.19}$$

zu bestimmen. Als Nebenbedingung ist in Netzen mit $U_{nN} > 1$ kV die Ungleichung

$$1{,}15 \cdot \kappa \leq 2{,}0$$

und in Niederspannungsnetzen die Relation

$$1{,}15 \cdot \kappa \leq 1{,}8$$

zu beachten; falls für alle Zweige $R/X < 0{,}3$ gilt, kann auf den Faktor 1,15 sogar ganz verzichtet werden (s. DIN VDE 0102). Die mit der Beziehung (6.19) ermittelten Ergebnisse sind in der Praxis hinreichend sicher; die Korrektur kann jedoch bewirken, dass der Stoßkurzschlussstrom an der Fehlerstelle um ca. 15 % zu groß oder sogar noch höher berechnet wird.

Auf entsprechende Weise lässt sich auch der Stoßkurzschlussstrom I_{si} in den Einspeisungen ermitteln. Die gesuchten 50-Hz-Werte R_A und L_A sind stattdessen gemäß Gl. (6.17a) aus den zugehörigen inversen Admittanzfrequenzgängen ($-\underline{Y}^{-1}_{iF}$) zu ermitteln. Über das Verhältnis $R_A/(\omega L_A)$ bestimmt sich dann erneut der Stoßfaktor, der zusammen mit dem Teilkurzschlusswechselstrom I''_{ki} analog zu der Beziehung (6.19) den Stoßkurzschlussstrom I_{si} festlegt.

Allerdings weisen die Frequenzgänge der inversen Übertragungsadmittanzen mitunter eine andere Struktur auf als diejenigen im Fehlerzweig (s. Bilder 6.7a und 6.7b). Meist ist deren Approximation durch die 50-Hz-Werte schlechter. Dann stellen sich für die Stoßkurzschlussströme in den Einspeisungen größere Abweichungen als bei dem Stoßkurzschlussstrom im Fehlerzweig ein.

Teilweise interessieren bei der Projektierung von Anlagen noch etwas genauere Werte. Eine solche Situation liegt z. B. dann vor, wenn der Stoßkurzschlussstrom um wenige Prozent die zulässigen Grenzwerte eines Betriebsmittels übersteigt und der nächst größere und damit teurere Typ der zugehörigen Reihe zu wählen wäre. Falls auf die bereits erwähnten analytischen oder numerischen Programmversionen nicht zurückgegriffen wird, stehen auch genauere manuelle Methoden zur Verfügung, die allerdings einen höheren Rechenaufwand erfordern.

Deren größere Genauigkeit beruht primär auf einer besseren Approximation der Frequenzgänge. So reduziert sich die Fehlermarge für Stoßkurzschlussströme am Fehlerort bereits deutlich, wenn die Approximierenden R_{Ai}, L_{Ai} aus den Admittanzen des 20-Hz-Punkts errechnet werden und daraus der Stoßfaktor bestimmt wird, mit dem dann der 50-Hz-Kurzschlusswechselstrom I''_{kF} zu multiplizieren ist. Der Preis, der für die größere Genauigkeit zu zahlen ist, besteht darin, dass die Kurzschlusswechselströme sowohl für 50 Hz als auch für 20 Hz zu bestimmen sind. Nähere Ausführungen dazu sind [111] sowie DIN VDE 0102 zu entnehmen. Die Genauigkeit erhöht sich nochmals, wenn die Approximierenden so gewählt werden, dass sie die Admittanzfrequenzgänge besser annähern. Allerdings werden dafür umfangreichere Ersatzschaltungen benötigt, die anstelle eines Eigenwerts zwei Eigenwerte besitzen [112]. Durch die Verwendung systemtheoretischer Methoden ist es sogar möglich, die maximale Fehlermarge anzugeben, die jedes dieser Verfahren bei dem jeweilig untersuchten Netzwerk aufweist [112]. Dafür ist es lediglich notwendig, zusätzlich den ohmschen Eingangswiderstand für $\omega = 0$ und die Eingangsinduktivität für $\omega \to \infty$ zu bestimmen.

Das gemeinsame Merkmal aller dieser Approximationsverfahren besteht darin, dass für die Ermittlung der homogenen Lösung nur stationäre Wechselstromberechnungen benötigt werden. Aus diesen Ergebnissen werden Ersatznetzwerke konstruiert, die einen oder zwei Ersatzeigenwerte aufweisen. Sie sind dann in der Lage, die Vielzahl der Eigenwerte, die in einer großen Netzanlage auftreten, hinreichend genau zu approximieren.

Eine solche Vorgehensweise ist nur darum erfolgreich, weil die Eigenwerte der Gleichglieder mit relevanten Startwerten A_j in einem engen Bereich liegen. Diese Aussage gilt auch für große Netze. Dort wird der Abstand zwischen den Eigenwerten besonders klein. Falls er zu gering ist, lassen sich die einzelnen Eigenwerte nicht mehr genügend genau auflösen. Dies äußert sich dann, wie bereits am Anfang dieses Abschnitts erwähnt, in einer schlecht konditionierten Eigenwertaufgabe; die beschriebene Stoßfaktormethode wird durch die Vielzahl und die geringen Abstände der Eigenwerte dagegen nicht gestört.

Die beschriebene Konzentration von Eigenwerten tritt immer dann auf, wenn sich die relevanten Energiespeicher eines Systems nur wenig voneinander unterscheiden. In Netzanlagen stellen die einzelnen Zweige bzw. Leitungen die Energiespeicher dar. Gemäß Abschnitt 6.1.2.1 ermittelt sich der Eigenwert eines einzelnen Zweiges in einem einmaschigen Kreis aus dem Längswiderstand R_b und der Längsinduktivität L_b zu $\sigma = -R_b/L_b$. In den üblichen Kabel- und Freileitungsnetzen schwanken diese Werte nur in engen Grenzen und erfüllen somit das genannte Kriterium.

Breitere Eigenwertbereiche stellen sich allerdings in Netzen ein, bei denen im Fehlerfall sowohl Kabel als auch Freileitungen gleichzeitig große Kurzschlussströme führen. Die unterschiedlichen Wertebereiche des Verhältnisses R_b/L_b von Kabeln und Freileitungen sorgen dafür, dass sich die Eigenwerte der einzelnen Zweige deutlich voneinander unterscheiden; die geführten Kurzschlussströme stellen wiederum ein Maß dafür dar, wie prägend ein solcher Eigenwert innerhalb des Systems wirkt.

Eine Spreizung des Eigenwertbereichs träte auch auf, wenn Lasten berücksichtigt würden. Bei einer R,L-Modellierung führt jede Last zu einem weiteren Eigenwert, der sich deutlich von denen der Leitungen unterscheidet. Im gleichen Sinne wirken auch Kapazitäten, die jeweils noch ein zusätzliches Paar konjugiert komplexer Eigenwerte erzeugen.

Aus diesen Erläuterungen ist zu erkennen, dass die Ermittlung des Stoßkurzschlussstroms mithilfe eines Stoßfaktors κ nur bei der gewählten Nachbildung ohne Lasten hinreichend genau ist. Im Folgenden wird dieses Verfahren an einem Beispiel veranschaulicht.

6.1.2.4 Veranschaulichung der Kurzschlussstromberechnung bei verzweigten Netzen an einem Beispiel

Die bisher abgeleitete Berechnungsmethodik gliedert sich in fünf Schritte:

1. Aufstellen des Ersatzschaltbilds

2. Einfügen der Spannung $c \cdot U_{nN}/\sqrt{3}$ in den Fehlerzweig und Kurzschließen der Einspeisespannungen

3. Berechnung der Eingangs- und Übertragungsadmittanzen sowie der Kurzschlusswechselströme

4. Berechnung der R/X-Verhältnisse und der zugehörigen Stoßfaktoren κ

5. Ermittlung des Stoßkurzschlussstroms I_{sF} am Fehlerort sowie der Teilstoßkurzschlussströme I_{si} an den Speisetoren mit Beziehung (6.19).

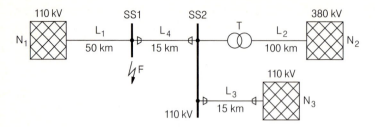

Bild 6.9
Übersichtsschaltplan einer 110-kV-Netzanlage

N_1, N_3: $U_{nN} = 110$ kV; $S_k'' = 8$ GVA; $R/X = 0{,}1$
N_2: $U_{nN} = 380$ kV; $S_k'' = 20$ GVA; $R/X = 0{,}1$
T: $S_{rT} = 200$ MVA; $u_k = 12$ %; $R/X = 0{,}05$; $\ddot{u} = 380$ kV/110 kV
L_1: Freileitung (1 System) 243-AL1/39-ST1A; $X_b' = 0{,}383$ Ω/km; $R/X = 0{,}348$;
$l = 50$ km
L_2: Freileitung (1 System) 4×243-AL1/39-ST1A; $X_b' = 0{,}252$ Ω/km; $R/X = 0{,}132$ (pro Viererbündel); $l = 100$ km
L_3, L_4: Kabel N2XS(FL)2Y 1×185, gebündelte Anordnung; $X_b' = 0{,}156$ Ω/km; $R/X = 0{,}872$; $l = 15$ km

An der Netzanlage in Bild 6.9 seien nun die einzelnen Teilschritte veranschaulicht.

1. In Bild 6.10 ist das Ersatzschaltbild der Anlage aus Bild 6.9 für den Kurzschlussstrom $i_k(t)$ dargestellt.

2. Bild 6.11 zeigt das Ersatzschaltbild mit der Ersatzspannungsquelle. Wegen des dort behandelten stationären Zustands werden sinnvollerweise statt der Induktivitäten L die zugehörigen Reaktanzen $X = \omega \cdot L$ verwendet.

3. Für die Anlagendaten gemäß Bild 6.9 ergeben sich aus dem Ersatzschaltbild 6.11 die Eingangsadmittanzen an den Speisetoren und am Fehlertor zu

$$\underline{Y}_{11} = 45{,}65 \text{ mS} \cdot e^{-j71{,}83°}, \quad \underline{Y}_{22} = 85{,}63 \text{ mS} \cdot e^{-j81{,}11°}$$
$$\underline{Y}_{33} = 142{,}20 \text{ mS} \cdot e^{-j59{,}83°}, \quad \underline{Y}_{FF} = 205{,}60 \text{ mS} \cdot e^{-j61{,}85°}$$

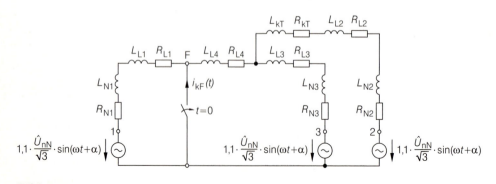

Bild 6.10
Ersatzschaltbild der Anlage in Bild 6.9

6.1 Generatorferner dreipoliger Kurzschluss

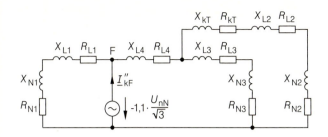

Bild 6.11
Ersatzschaltbild der Anlage in Bild 6.9 mit Ersatzspannungsquelle im Fehlerzweig

Die Übertragungsadmittanzen zwischen den Speisetoren und dem Fehlertor haben die Werte

$$\underline{Y}_{1F} = 45{,}65 \text{ mS} \cdot e^{-j\,251{,}83°}, \quad \underline{Y}_{2F} = 51{,}28 \text{ mS} \cdot e^{-j\,256{,}17°},$$
$$\underline{Y}_{3F} = 112{,}86 \text{ mS} \cdot e^{-j\,231{,}34°}.$$

Mit diesen Admittanzen und Gl. (6.15b) erhält man die Kurzschlusswechselströme im Fehlerzweig und an den Speisetoren zu

$$\underline{I}''_{k1} = -\underline{Y}_{1F} \cdot 1{,}1 \cdot U_{nN}/\sqrt{3} = 3{,}189 \text{ kA} \cdot e^{-j\,71{,}83°}$$
$$\underline{I}''_{k2} = -\underline{Y}_{2F} \cdot 1{,}1 \cdot U_{nN}/\sqrt{3} = 3{,}582 \text{ kA} \cdot e^{-j\,76{,}17°}$$
$$\underline{I}''_{k3} = -\underline{Y}_{3F} \cdot 1{,}1 \cdot U_{nN}/\sqrt{3} = 7{,}884 \text{ kA} \cdot e^{-j\,51{,}34°}$$
$$\underline{I}''_{kF} = -\underline{Y}_{FF} \cdot 1{,}1 \cdot U_{nN}/\sqrt{3} = 14{,}363 \text{ kA} \cdot e^{-j\,241{,}85°}$$
$$= -14{,}363 \text{ kA} \cdot e^{-j\,61{,}85°}.$$

Theoriegerecht ergibt sich der Strom im Fehlerzweig negativ.

4. Aus den Admittanzen lässt sich mithilfe der Beziehung (6.17b) die zu Bild 6.10 gehörende approximierende Ersatzschaltung für den Kurzschlussstrom an der Fehlerstelle angeben (Bild 6.12a):

$$R_{AF} = \text{Re}\{\underline{Y}_{FF}^{-1}\} = 2{,}294 \text{ }\Omega \quad \text{und} \quad X_{AF} = \text{Im}\{\underline{Y}_{FF}^{-1}\} = 4{,}288 \text{ }\Omega.$$

Für die Übertragungsadmittanzen resultieren mit Gl. (6.17a) die approximierenden Größen

$$R_{A1} = \text{Re}\{-\underline{Y}_{1F}^{-1}\} = 6{,}831 \text{ }\Omega, \quad X_{A1} = \text{Im}\{-\underline{Y}_{1F}^{-1}\} = 20{,}813 \text{ }\Omega,$$
$$R_{A2} = \text{Re}\{-\underline{Y}_{2F}^{-1}\} = 4{,}662 \text{ }\Omega, \quad X_{A2} = \text{Im}\{-\underline{Y}_{2F}^{-1}\} = 18{,}937 \text{ }\Omega,$$
$$R_{A3} = \text{Re}\{-\underline{Y}_{3F}^{-1}\} = 5{,}535 \text{ }\Omega, \quad X_{A3} = \text{Im}\{-\underline{Y}_{3F}^{-1}\} = 6{,}919 \text{ }\Omega.$$

Das zugehörige approximierende Ersatzschaltbild ist in Bild 6.12b dargestellt. Aus den ermittelten approximierenden Größen und der Kennlinie gemäß Bild 6.4 bzw.

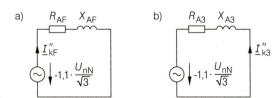

Bild 6.12
Approximierendes Ersatzschaltbild
a) für den Kurzschlussstrom an der Fehlerstelle F
b) für den Teilkurzschlussstrom in der Netzeinspeisung N_3

Gl. (6.9b) ergeben sich mit den Verhältnissen R_AF/X_AF und R_Ai/X_Ai die Stoßfaktoren

$$\kappa_\text{F} = 1{,}22, \quad \kappa_\text{1F} = 1{,}39, \quad \kappa_\text{2F} = 1{,}49 \quad \text{und} \quad \kappa_\text{3F} = 1{,}11.$$

5. Unter Verwendung der Beziehung (6.19) erhält man dann für die Stoßkurzschlussströme die Näherungswerte

$$\begin{aligned}
I_\text{s1} &= 1{,}15 \cdot \kappa_\text{1F} \cdot \sqrt{2} \cdot I''_\text{k1} = 7{,}189 \text{ kA}, \\
I_\text{s2} &= 1{,}15 \cdot \kappa_\text{2F} \cdot \sqrt{2} \cdot I''_\text{k2} = 8{,}670 \text{ kA}, \\
I_\text{s3} &= 1{,}15 \cdot \kappa_\text{3F} \cdot \sqrt{2} \cdot I''_\text{k3} = 14{,}219 \text{ kA}, \\
I_\text{sF} &= 1{,}15 \cdot \kappa_\text{F} \cdot \sqrt{2} \cdot I''_\text{kF} = 28{,}426 \text{ kA}.
\end{aligned}$$

Um die Genauigkeit dieser Ergebnisse zu überprüfen, ist in Bild 6.13 der exakte, numerisch ermittelte Verlauf des Kurzschlussstroms dargestellt, der im Fehlerzweig der Ersatzschaltung gemäß Bild 6.10 auftritt. Eine äquivalente numerische Rechnung lässt sich für die Teilkurzschlussströme durchführen. Bild 6.14 zeigt das Ergebnis für die Netzeinspeisung N_3.

Wie aus den dargestellten Zeitverläufen zu erkennen ist, beträgt der wirkliche Stoßkurzschlussstrom an der Fehlerstelle $I_\text{sF} = 25{,}44$ kA und weist in der Netzeinspeisung N_3 den Wert $I_\text{s3} = 11{,}83$ kA auf. Die abgeleitete Methode mit der Ersatzspannungsquelle liefert demnach an der Fehlerstelle einen um 11,7 % zu hohen Strom, der in den angegebenen Fehlergrenzen liegt. Bei der Netzeinspeisung N_3 beträgt diese Abweichung dagegen +20,2 % und bestätigt die Aussage, dass die Stoßfaktoren bei den Übertragungsadmittanzen größere Fehler aufweisen können. Zusätzlich sind in den Bildern 6.13 und 6.14 auch die Zeitverläufe angegeben, die mit den approximierenden Ersatzschaltungen in Bild 6.12 ermittelt worden sind. Diese gestrichelten Kurven zeigen, dass der Approximationsfehler in den betrachteten Beispielen gering ist. Die Abweichungen des Verfahrens mit der Ersatzspannungsquelle entstehen in diesem Beispiel also im Wesentlichen durch den Korrekturfaktor 1,15. Im Folgenden wird gezeigt, dass die bisher unberücksichtigt gebliebenen Netzkapazitäten und Mischlasten auch tatsächlich vernachlässigt werden dürfen.

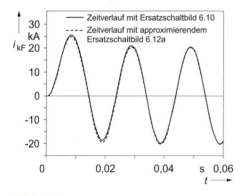

Bild 6.13
Zeitverlauf des Kurzschlussstroms im Fehlerzweig mit unterschiedlichen Ersatzschaltbildern

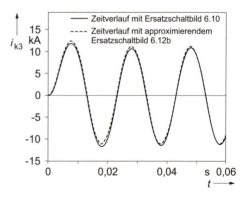

Bild 6.14
Zeitverlauf des Teilkurzschlussstroms in der Netzeinspeisung N_3 mit unterschiedlichen Ersatzschaltbildern

6.1.2.5 Einfluss der Netzkapazitäten und Mischlasten auf die Kurzschlussströme

Zunächst werden nacheinander die Auswirkungen der Netzkapazitäten und Mischlasten auf den Kurzschlusswechselstrom bzw. auf die inhomogene Lösung diskutiert. So rufen die Netzkapazitäten leichte Resonanzeffekte hervor, die bereits am Beispiel einer kurzgeschlossenen Leitung zu zeigen sind (Bild 6.15).
Bekanntlich treten die Netzkapazitäten in Form von Querkapazitäten auf. Aufgrund dessen bilden sich – wie bei der Leitung im Bereich des Kurzschlussorts – Parallelschwingkreise aus. In ausgedehnten Netzen beginnen sie, eine Sperrwirkung zu erzeugen. Die Ströme aus den Einspeisungen, die Teilkurzschlussströme, werden dadurch etwas kleiner, während die Ströme innerhalb des Schwingkreises, und damit auch der Kurzschlussstrom an der Fehlerstelle, anwachsen.
Mischlasten treten ebenfalls als Querglieder auf (Bild 6.16). Ihr *stationäres* 50-Hz-Verhalten lässt sich ausreichend genau durch ohmsch-induktive Parallel- oder Serienglieder modellieren, die entsprechend im Ersatzschaltbild einzufügen sind. Als zusätzliche Querimpedanzen senken sie die Eingangsimpedanz ab. Sie vergrößern daher die Eingangsströme. Andererseits wirken sie in Bezug auf die Kurzschlussstelle als Nebenschluss. Dort senkt sich dann der Fehlerstrom ab. Über die Auswirkungen der Lasten auf die Teilkurzschlussströme im Netz lässt sich keine so klare Aussage treffen. Sie können sowohl etwas größer als auch etwas kleiner werden, als wenn die Lasten nicht berücksichtigt wären.
Die bisherigen Ausführungen zeigen, dass sich die Netzkapazitäten und Mischlasten an den Eingängen und am Fehlerort entgegengesetzt verhalten und dabei teilweise kompensieren. Da diese Effekte ohnehin nur im Bereich einiger Prozent liegen, ist ihre Vernachlässigung in Bezug auf die Kurzschlusswechselströme berechtigt.
Im Wesentlichen legen der Kurzschlusswechselstrom und die Anfangsbedingungen die Summe der Startwerte in der Einschwingkomponente fest, die ohnehin gemäß den vorhergehenden Überlegungen maximal den Amplitudenwert des Kurzschlusswechselstroms annehmen kann. Insofern stellt sich nur die Frage, inwieweit sich durch die Netzkapazitäten und Mischlasten das Eigenwertspektrum verformt und sich damit das Abklingen verändert.

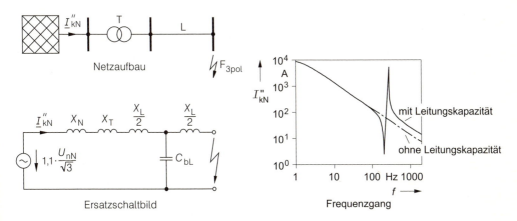

Bild 6.15
Resonanzeffekte in einem kurzschlussbehafteten Netz unter Berücksichtigung der Querkapazitäten

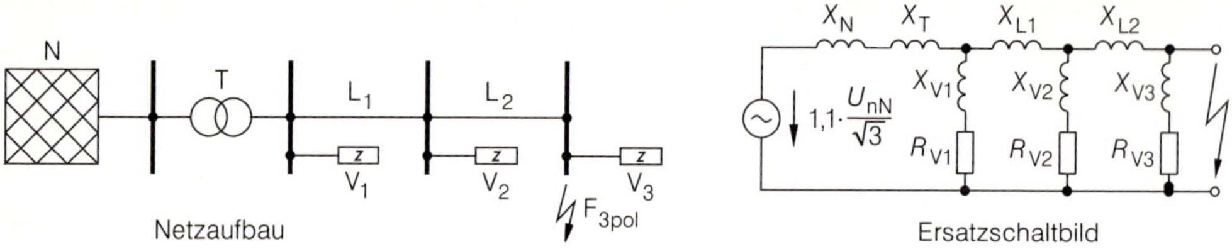

Bild 6.16
Netzaufbau und zugehöriges Ersatzschaltbild eines kurzschlussbehafteten Netzes unter Berücksichtigung der nichtmotorischen Lasten V_1, V_2 und V_3

Die Netzkapazitäten führen als zusätzliche Energiespeicher zu abklingenden Eigenschwingungen. Ihre relevanten Eigenfrequenzen liegen in Verbundnetzen im Bereich bis zu ca. 1 kHz, in Niederspannungsnetzen erhöhen sie sich infolge der kurzen Leitungslängen sogar bis in den Bereich von mehreren 10 kHz. Die Eigenschwingungen bilden sich *neben* den bereits behandelten Gleichgliedern aus, die bei einer reinen R,L-Nachbildung der Leitungen auftreten. Sie werden durch die üblicherweise kleinen Parallelkapazitäten praktisch nicht verändert. Zu beachten ist, dass die Amplituden der Eigenschwingungen im Vergleich zu den Startwerten der Gleichglieder sehr niedrig sind. Dieses Verhalten wird physikalisch einsichtig, wenn man bedenkt, dass die stationären Ströme in den Netz- bzw. Querkapazitäten bereits vor dem Auftreten des Fehlers niedrig gewesen sind. Infolge der dadurch bedingten Spannungsabsenkung nehmen sie noch niedrigere Werte an; die Zustandsänderung ist also gering. Darüber hinaus klingen diese Eigenschwingungen sehr schnell ab, sodass sie im Bereich des Stoßkurzschlussstroms kaum noch vorhanden sind.

Grundsätzlich ähnlich verhalten sich die Mischlasten. Als vorwiegend ohmsch-induktive Energiespeicher führen sie zu weiteren abklingenden Gleichgliedern, deren Eigenwerte jedoch deutlich oberhalb der Eigenwerte der Leitungen liegen. Sie sind daher im Bereich der Stoßkurzschlussströme nicht mehr relevant.

Die bisherigen Überlegungen münden also in dem Ergebnis, dass sowohl Netzkapazitäten als auch Lasten in geringem Maße schnell abklingende Anteile im Einschwingvorgang bewirken. Durch ihr schnelles Abklingen senken sie den Stoßkurzschlussstrom etwas ab. Daher ist es auch im Hinblick auf diese Lösungskomponente berechtigt, deren Einflüsse zu vernachlässigen.

Angefügt sei noch, dass die eingesetzten Lastmodelle für Mischlasten vom Ansatz her nur für stationäre Betrachtungen zu verwenden sind. Bei der Berechnung von Einschwingvorgängen liefern diese Modelle nur orientierende Ergebnisse. Dies zeigt sich bereits daran, dass eine R,L-Parallelschaltung transient andere Aussagen liefert, als wenn das stationär äquivalente serielle R,L-Lastmodell verwendet wird. Für den Fall, dass die R,L-Parallelschaltung als Ersatzschaltbild eingesetzt wird, stellt sich z. B. ein höherer Anteil an schnell abklingenden Gleichgliedern ein.

Zu beachten ist auch, dass im Unterschied zu Querkapazitäten die sehr selten eingebauten Längskondensatoren zu sehr kräftigen Eigenschwingungen führen, denn dort ist der Unterschied zwischen dem stationären Zustand vor und nach dem Kurzschluss groß. In der Praxis wird der Kondensator bei zu großen Änderungen durch einen parallel geschalteten Ableiter kurzgeschlossen. Dadurch werden diese Eigenschwingungen unterdrückt.

Die bisherigen Überlegungen galten immer unter der Voraussetzung, der Kurzschluss sei generatorfern. Diese Bedingung soll nun entfallen; stattdessen werden auch Fehler in Generatornähe zugelassen.

6.2 Generatornaher dreipoliger Kurzschluss

In Abschnitt 4.4.3 ist bereits ein generatornaher Kurzschluss, der Klemmenkurzschluss, untersucht worden. Es ist dort u. a. das subtransiente Ersatzschaltbild abgeleitet worden, aus dem sich der Kurzschlussstrom für Turbogeneratoren im Anfangsbereich recht genau berechnen lässt. Für Schenkelpolmaschinen ist der systematische Fehler größer, aber für die Projektierung von Anlagen noch ausreichend klein. Im Wesentlichen entstehen diese Abweichungen dadurch, dass bei Schenkelpolmaschinen die Symmetrie der Dämpferwicklung gestört ist. Es stellt sich nun die Frage, ob das abgeleitete Ersatzschaltbild auch bei umfassenderen Anlagen verwendet werden darf.

6.2.1 Modell eines verlustlosen, mehrfach gespeisten Netzes mit einem generatornahen Kurzschluss

Um diese Frage zu klären, muss ein Gesamtmodell von Netz und Generator aufgestellt werden. Deren ohmsche Widerstände bleiben zunächst unberücksichtigt, da die Voraussetzung der Verlustlosigkeit die Rechnungen erheblich vereinfacht. Zum Zeitpunkt $t = 0$ trete im zuvor stationär betriebenen Netz ein dreipoliger Fehler auf. Zeitgleich seien eventuell vorhandene Lasten nicht mehr wirksam (Bild 6.17). Für diese Anordnung gilt es nun, die Modellgleichungen aufzustellen und zu lösen.

Infolge der genannten Voraussetzungen besteht das kurzschlussbehaftete Netz zwischen den Generatoren nur aus konstanten Induktivitäten. Für jede von diesen gilt

$$u(t) = L \cdot \frac{\mathrm{d}}{\mathrm{d}t} i(t).$$

Dementsprechend führen auch die Knotenpunktgleichungen des Netzes auf Beziehungen, in denen *jedes* Glied einen Differenziationsbefehl enthält. Rein formal kann die Differenziationsanweisung dann wie die Kreisfrequenz ω bei der stationären Modellgleichung behandelt werden. So kann das Klemmenverhalten eines rein induktiven Netzwerks durch die Torimpedanzform

$$[u_\mathrm{N}(t)] = [L_\mathrm{N}] \cdot \frac{\mathrm{d}}{\mathrm{d}t}\big([i_\mathrm{N}(t)]\big) \tag{6.20}$$

beschrieben werden. Die Elemente der Matrix $[L_\mathrm{N}]$ sind mit

$$[L_\mathrm{N}] = \frac{1}{\mathrm{j}\omega} \cdot [\underline{Y}_\mathrm{N}]^{-1}$$

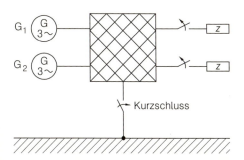

Bild 6.17
Übersichtsschaltplan der modellierten Anlage

aus der stationären Toradmittanzmatrix $[\underline{Y}_N]$ zu ermitteln (s. Abschnitt 4.1). Auch die Generatoren sollen als verlustlos angesehen werden. Sie lassen sich dann durch eine verlustlose Formulierung der so genannten Parkschen Gleichungen folgendermaßen modellieren:

$$[u_S(t)] = \frac{d}{dt}\Big([L_S(t)] \cdot [i_S(t)]\Big) + \frac{d}{dt}\Big([M_{SL}(t)] \cdot [i_L(t)]\Big) ,$$
$$[u_L(t)] = \frac{d}{dt}\Big([M_{SL}(t)] \cdot [i_S(t)]\Big) + [L_L] \cdot \frac{d}{dt}\Big([i_L(t)]\Big) . \qquad (6.21)$$

In diesen Gleichungen kennzeichnet der Index S Ständergrößen, während der Index L auf Größen des Läufers hinweist. Dementsprechend beschreibt die Matrix M_{SL} die Koppelinduktivitäten zwischen Ständer und Läufer. Das System (6.21) vereinfacht sich noch etwas, sofern der Rotor als Vollpolläufer mit gleichmäßiger Nutung ausgeführt ist. Da dann durch die Rotordrehung praktisch keine magnetischen Leitwertschwankungen mehr verursacht werden, sehen die Ständerspulen genauso wie die Rotorwicklungen einen zeitlich konstanten magnetischen Feldraum. Dementsprechend sind die Induktivitäten der Ständerspulen und die untereinander wirksamen Gegeninduktivitäten zeitlich konstant:

$$[L_S(t)] \rightarrow [L_S] . \qquad (6.22)$$

An den Einspeisetoren sind die Klemmenspannungen der Generatoren $[u_S(t)]$ und die entsprechenden Torspannungen des induktiven Netzes $[u_N(t)]$ untereinander gleich groß (Bild 6.18):

$$[u_S(t)] = [u_N(t)] \quad \text{mit} \quad [u_S(t)] = \begin{bmatrix} u_{RG}(t) \\ u_{SG}(t) \\ u_{TG}(t) \end{bmatrix} \quad \text{und} \quad [u_N(t)] = \begin{bmatrix} u_{RN}(t) \\ u_{SN}(t) \\ u_{TN}(t) \end{bmatrix} .$$

Entsprechendes gilt für die Ständer- bzw. Torströme der Generatoren $[i_S(t)]$ und die Torströme des Netzes $[i_N(t)]$. Allerdings ist bei der Verwendung des gewählten Verbraucherzählpfeilsystems für Netz und Generator noch ein negatives Vorzeichen im Ständerstrom zu berücksichtigen (s. Abschnitt 4.4.2.1).

Mit den daraus resultierenden Koppelbedingungen lassen sich die Größen $[u_S(t)], [u_N(t)]$ und $[i_S(t)]$ eliminieren. Es ergibt sich dann ein lineares DGL-System, das in jedem Summanden einen Differenziationsbefehl enthält – abgesehen von der eingeprägten Gleichspannung im Erregerkreis. Solche DGL-Systeme sind sehr einfach zu lösen, indem jedes Glied unbestimmt integriert wird. Die unbestimmte Integration überführt die differen-

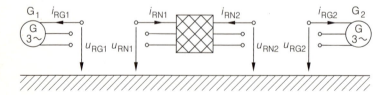

Bild 6.18
Veranschaulichung der Koppelbedingungen von Generator und Netz

zierten Terme in Variablen, die linear miteinander verknüpft sind:

$$\frac{\mathrm{d}}{\mathrm{d}t}\Big([L_\mathrm{S}(t)]\cdot[i_\mathrm{S}(t)]\Big) \quad\to\quad [L_\mathrm{S}(t)]\cdot[i_\mathrm{S}(t)] + [c_1]$$

$$\frac{\mathrm{d}}{\mathrm{d}t}\Big([M_\mathrm{SL}(t)]\cdot[i_\mathrm{L}(t)]\Big) \quad\to\quad [M_\mathrm{SL}(t)]\cdot[i_\mathrm{L}(t)] + [c_2]$$

$$[L_\mathrm{L}]\cdot\frac{\mathrm{d}}{\mathrm{d}t}\Big([i_\mathrm{L}(t)]\Big) \quad\to\quad [L_\mathrm{L}]\cdot\Big([i_\mathrm{L}(t)] + [c_3]\Big).$$

Durch diese Maßnahme geht das lineare DGL-System in ein lineares Gleichungssystem über, dessen Koeffizienten entweder konstant oder zeitabhängig sind. Zusätzlich erzeugt die unbestimmte Integration für jeden Summanden noch eine freie Integrationskonstante. Wenn den Konstanten $[c_1]$ sowie $[c_2]$ der Fluss und der Konstanten $[c_3]$ der Strom zugewiesen wird, die zum Zeitpunkt $t = 0$ existieren, sind die Anfangsbedingungen eingearbeitet.

Wird entsprechend den Modellvoraussetzungen vor dem Auftreten des Kurzschlusses ein stationärer symmetrischer Netzbetrieb angenommen, so treten vor dieser Zustandsänderung im Dämpferkäfig keine Ströme und in der Erregerwicklung nur der eingeprägte Erregergleichstrom I_E auf. Die *Ströme im Ständer* wiederum ergeben sich aus einer *Lastflussberechnung* (s. Abschnitt 5.7). Insgesamt führen die Anfangsströme zu einem konstanten inhomogenen Anteil in dem linearen Gleichungssystem. Ein weiterer inhomogener Anteil entsteht durch die Integration der Läuferspannungen (s. Gl. (6.21)):

$$\int [u_\mathrm{L}(t)]\,\mathrm{d}t = \begin{bmatrix} \Psi_\mathrm{f} \\ 0 \\ 0 \end{bmatrix}.$$

Die bisherigen Überlegungen haben gezeigt, dass die Lösung der Modellgleichungen auf ein lineares, inhomogenes Gleichungssystem führt, das teilweise zeitabhängige Koeffizienten aufweist. Es geht in ein lineares Gleichungssystem mit konstanten Koeffizienten über, wenn man jeweils einen Zeitpunkt t festlegt. Indem man nacheinander verschiedene Zeitpunkte vorgibt und das sich dann ergebende jeweilige System löst, erhält man für jeden gewählten Zeitpunkt den zugehörigen Augenblickswert der Ströme. Aus allen ermittelten Augenblickswerten resultiert dann der zeitliche Verlauf der Ströme an den Torklemmen und im Läufer eines jeden Generators. Zu erwähnen ist, dass dieses Lösungsverfahren auch für Schenkelpolgeneratoren mit ihrer Asymmetrie im Läufer gilt. Eine Analyse der auf diesem Wege erhaltenen Kurzschlussströme zeigt Folgendes:

Für Anlagen mit Schenkelpolmaschinen setzen sich die Ständerströme stets aus einem Gleichanteil, einem 50-Hz-Wechselanteil sowie einer deutlich kleineren 100-Hz-Komponente zusammen. Falls die Anlagen nur von symmetrisch ausgeführten Generatoren gespeist werden, entfällt der 100-Hz-Anteil.

Infolge der vernachlässigten Wirkwiderstände erfasst das verwendete Modell vom Ansatz her keine Abklingvorgänge. Es liefert nur Aussagen über den Anfangszustand des Kurzschlussstroms, also über den Startwert der Gleichglieder, über die größte Amplitude der eventuell vorhandenen 100-Hz-Schwingung sowie über den 50-Hz-Anfangskurzschlusswechselstrom I_k''. Der mit diesem Modell ermittelte Stoßkurzschlussstrom stellt eine Oberschranke dar; die danach projektierten Anlagen liegen bezüglich der thermischen und mechanischen Beanspruchung stets auf der sicheren Seite.

Für die praktische Projektierungstätigkeit erfordert das beschriebene Verfahren zu viele Detailkenntnisse über die Dimensionierung der Maschinen. Sehr viel günstigere Verhältnisse erhält man, sofern nur symmetrisch ausgeführte Generatoren vorausgesetzt werden. Wie im Abschnitt 4.4 eliminiert man aus dem sich ergebenden linearen Gleichungssystem die Rotorströme. Dabei zeigt sich, dass sich für jeden der Generatoren die gleichen Terme einstellen wie für einen einzelnen Generator – lediglich erweitert um Summanden, die das Netz modellieren.

Aus dieser Überlegung folgt das wichtige Resultat, dass symmetrisch aufgebaute und symmetrisch betriebene Maschinen auch dann durch ein einphasiges subtransientes Ersatzschaltbild beschrieben werden dürfen, wenn sie auf ein kurzschlussbehaftetes Netz speisen. Die zugehörigen Spannungen $\underline{E}''$ werden ähnlich wie beim Klemmenkurzschluss ermittelt. Über eine vorangegangene Lastflussberechnung sind die Phasenlage und der Effektivwert der zugehörigen Klemmenspannungen zu bestimmen, die im ungestörten Netzbetrieb aufgetreten sind. Zu diesen Spannungen werden wiederum die Zeiger $\mathrm{j}X_\mathrm{d}'' \cdot \underline{I}_\mathrm{bG}$ addiert. Die Summe liefert die subtransienten Spannungen $\underline{E}''$. Es resultiert insgesamt ein induktives Netzwerk, das aus mehreren phasenverschobenen Spannungsquellen gespeist wird. Zu beachten ist, dass für den Zeitpunkt $t = 0$ von diesem Netzwerk stets der Lastfluss aus dem vorhergehenden stationären Betrieb nachgebildet wird.

Das Beispiel in Bild 6.19 möge dieses Ergebnis noch verdeutlichen; die dargestellte Anlage werde von drei Turbogeneratoren gespeist, das zugehörige Ersatzschaltbild ist Bild 6.20 zu entnehmen. Die benötigten subtransienten Spannungen $\underline{E}''$ werden für die Generatoren mit den in Bild 6.19 angegebenen Betriebsdaten und der Beziehung (4.90) ermittelt.

Entsprechend den Überlegungen in Abschnitt 6.1 entsteht das größte Gleichglied genau dann, wenn sich beim Fehlereintritt alle subtransienten Spannungen $\underline{E}''$ im Spannungsnulldurchgang befinden und alle Polradwinkel den gleichen Wert aufweisen. Nur unter dieser Bedingung sind das Gleichglied und die Amplitude des Anfangskurzschluss-

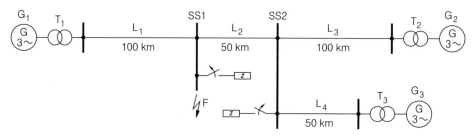

Bild 6.19
Übersichtsschaltplan der betrachteten 380-kV-Netzanlage

Bemessungsdaten:
G_1, G_2, G_3: $x_\mathrm{d}'' = 0{,}2$; $S_\mathrm{rG} = 600$ MVA; $U_\mathrm{rG} = 21$ kV; $R_\mathrm{sG}/x_\mathrm{d}'' = 0{,}05$
T_1, T_2, T_3: $u_\mathrm{k} = 15$ %; $S_\mathrm{rT} = 700$ MVA; $ü_\mathrm{rT} = 423$ kV/21 kV; $R/X = 0{,}1$
L_1, L_3: Freileitung (1 System) 4×243-AL1/39-ST1A; $X_\mathrm{b}' = 0{,}252$ Ω/km; $R/X = 0{,}132$;
$l = 100$ km
L_2, L_4: Freileitung (1 System) 4×243-AL1/39-ST1A; $X_\mathrm{b}' = 0{,}252$ Ω/km; $R/X = 0{,}132$;
$l = 50$ km

Betriebszustand beim Kurzschlusseintritt:
G_1: $U_\mathrm{bG} = 20$ kV; $P_\mathrm{bG} = 484{,}5$ MW; $Q_\mathrm{bG} = 300{,}4$ Mvar
G_2: $U_\mathrm{bG} = 20$ kV; $P_\mathrm{bG} = 161{,}5$ MW; $Q_\mathrm{bG} = 100{,}1$ Mvar
G_3: $U_\mathrm{bG} = 20$ kV; $P_\mathrm{bG} = 161{,}5$ MW; $Q_\mathrm{bG} = 546{,}6$ Mvar
T_1, T_2, T_3: $ü_\mathrm{bT1} = 432$ kV/21 kV; $ü_\mathrm{bT2} = 410$ kV/21 kV; $ü_\mathrm{bT3} = 460$ kV/21 kV

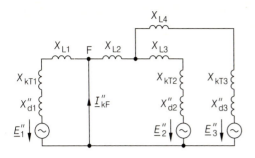

Bild 6.20
Verlustlose Ersatzschaltung der Anlage in Bild 6.19

wechselstroms untereinander gleich groß. Bei der vorliegenden Netzkonfiguration in Bild 6.19 ergeben sich jedoch unterschiedliche Polradwinkel. Diese führen im Ersatzschaltbild zu unterschiedlichen Phasenlagen bei den treibenden Spannungsquellen $\underline{E}''$. Daher ist der Gleichstrom an der Fehlerstelle stets kleiner als die Amplitude $\sqrt{2} \cdot I_k''$ des Anfangskurzschlusswechselstroms. Für die Projektierung von Anlagen wird das entwickelte Ersatzschaltbild primär nur dazu verwendet, den Anfangskurzschlusswechselstrom I_k'' zu ermitteln. Diesen Stromanteil kann man allerdings bereits über eine rein stationäre Wechselstromrechnung bestimmen.

6.2.2 Berechnung des Anfangskurzschlusswechselstroms bei generatornahen Kurzschlüssen

Bei dem Modell in Bild 6.20 handelt es sich um ein rein induktives Netzwerk, das aus mehreren phasenverschobenen Spannungsquellen gespeist wird. Grundsätzlich ist es natürlich nicht schwierig, die Wechselströme zu ermitteln, die in den einzelnen Zweigen fließen. Bei einer manuellen Auswertung wird man auf das Überlagerungsverfahren zurückgreifen; bei der Verwendung von Rechnern wird das gut formalisierbare Knotenpunktverfahren zum Tragen kommen. Die eigentliche Schwierigkeit liegt darin, dass die Amplituden der subtransienten Spannungen E'' und damit auch die Anfangskurzschlusswechselströme I_k'' nennenswert von der Vorbelastung abhängen. So ergeben sich für die Spannungen E'' in der Netzanlage gemäß Bild 6.20 die bereits recht unterschiedlichen Effektivwerte $E_1'' = 267{,}2$ kV, $E_2'' = 234{,}1$ kV und $E_3'' = 304{,}1$ kV. Eine Auswertung der Beziehung (4.96) für E'' zeigt, dass die Spannungen immer dann merklich voneinander abweichen, wenn die beiden folgenden Bedingungen erfüllt sind:

- Einzelne Generatoren müssen innerhalb der Grenzen, die vom Erregerapparat gesetzt sind, eine möglichst hohe, andere eine möglichst niedrige Blindleistung abgeben.

- Die Kraftwerke müssen eine möglichst niedrige Wirkleistung einspeisen.

Die kleinste Wirkleistung, mit der ein Blockkraftwerk stationär betrieben werden kann, stellt die Schwachlast dar, die bei ca. $P_{rG}/3$ liegt. Noch extremere Verhältnisse ergeben sich allerdings, wenn einzelne Maschinen für den Phasenschieberbetrieb mit $P = 0$ und $Q_{\min} \leq Q \leq Q_{\max}$ ausgelegt sind, wie es z. B. bei Pumpspeicheranlagen der Fall ist. Die dargestellten Betriebszustände sind dadurch gekennzeichnet, dass der Leistungsfaktor jeweils niedrige Werte annimmt. Im üblichen Netzbetrieb weist die Last jedoch keinen derartig niedrigen Leistungsfaktor auf. Unter diesen Gegebenheiten stellen sich im Bemessungsbetrieb die höchsten subtransienten Spannungen $\underline{E}''$ und damit die höchsten

Anfangskurzschlusswechselströme $\underline{I}_k''$ ein. Im Weiteren wird deshalb der *Bemessungsbetrieb* als ungünstigste Betriebssituation bei *allen* Generatoren vorausgesetzt. Andererseits hätte eine so hohe Auslastung der Netzanlage zur Folge, dass im Hinblick auf die Spannungshaltung bei den Blockumspannern nicht die bisher verwendete Bemessungsübersetzung wirksam wäre. Stattdessen müsste bei dem Stufenschalter eine höhere Übersetzung eingestellt werden. Dadurch würde sich die Kurzschlussleistung weiter vergrößern.

Allerdings zeigt nun die Erfahrung, dass die Annahme einer solchen pessimalen Netzsituation ebenfalls noch nicht der Betriebspraxis entspricht und zu einer unwirtschaftlichen Auslegung der Netzanlage führen kann. Für die Projektierung von Netzen ist es jedoch unbefriedigend, dass es dem Betreiber oder Hersteller überlassen ist, die ungünstigste Netzsituation zu formulieren. Ungerechtfertigte Unter- oder Überdimensionierungen werden vermieden, wenn das in DIN VDE 0102 sowie im Beiblatt 3 zu dieser VDE-Bestimmung erläuterte Verfahren mit der Ersatzspannungsquelle verwendet wird.

Gemäß Abschnitt 6.1.2.3 setzt diese Methode voraus, dass die Phasenverschiebungen zwischen den Spannungsquellen zu vernachlässigen sind und dass ihnen zusätzlich ein einheitlicher Effektivwert zugewiesen werden kann. Während die erste Bedingung recht gut erfüllt ist, gilt dies nicht für die zweite, wie die vorherigen Überlegungen gezeigt haben. Ausgeglichen werden diese Unterschiede dadurch, dass man die Impedanzen des Generators und des zugehörigen Blockumspanners korrigiert. Dann ist es wieder möglich, allen Spannungsquellen den gleichen Wert

$$U_{\text{ers}} = c \cdot U_{\text{nN}}/\sqrt{3}, \qquad (6.23)$$

zuzuweisen, wobei der Spannungsfaktor c den Angaben im Abschnitt 6.1 entspricht und in Netzen mit $U_{\text{nN}} > 1$ kV zu $c_{\max} = 1{,}1$ oder $c_{\min} = 1{,}0$ gewählt wird, abhängig davon, ob die größten oder kleinsten Kurzschlussströme interessieren.

Die benötigten Korrekturfaktoren werden aus stationären Rechnungen gewonnen (s. Beiblatt 3 zu DIN VDE 0102). Dabei ist zu beachten, dass ein Fehler zwischen Generator und Blockumspanner auf einen anderen Korrekturfaktor führt, als wenn der Kurzschluss oberspannungsseitig im Netz auftritt. Im Weiteren werden nur die Korrekturfaktoren für den letztgenannten Fehler angegeben. Bei der Ableitung des Korrekturfaktors wird davon ausgegangen, dass der Stufenschalter diejenige Stellung aufweist, die sich einstellt, wenn der Generator im Bemessungsbetrieb gefahren wird und zugleich am Blockumspanner oberspannungsseitig die Netznennspannung U_{nQ} bzw. U_{nN} auftritt. Im Einzelnen ergibt sich dann für den Korrekturfaktor K_{KW} der Ausdruck

$$K_{\text{KW}} = \frac{U_{\text{nQ}}^2}{U_{\text{rG}}^2} \cdot \left(\frac{U_{\text{rTUS}}}{U_{\text{rTOS}}}\right)^2 \cdot \frac{c_{\max}}{1 + (x_{\text{dG}}'' - u_{\text{kT}}) \cdot \sin\varphi_{\text{rG}}}. \qquad (6.24)$$

Dabei bezeichnen die Größen U_{rTUS} und U_{rTOS} die unter- bzw. oberspannungsseitige Bemessungsspannung des Umspanners. Falls der Generator ständig mit einer höheren Spannung als U_{rG} betrieben wird, ist statt U_{rG} dessen maximale Spannung $U_{\text{b,max}}$ zu verwenden. Zu beachten ist, dass die Größen x_{d}'' und u_{kT} relative Werte darstellen. Der Winkel φ_{rG} ist aus dem Leistungsfaktor für den Generatorbemessungsbetrieb zu ermitteln. Mit dem Faktor K_{KW} werden nun die Impedanzen des Generators und Umspanners entsprechend der Beziehung

$$\underline{Z}_{\text{KW}} = K_{\text{KW}} \cdot (\ddot{u}_{\text{rT}}^2 \cdot \underline{Z}_{\text{G}} + \underline{Z}_{\text{kT}}) = R_{\text{KW}} + jX_{\text{KW}} \qquad (6.25)$$

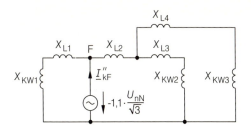

Bild 6.21
Verlustlose Ersatzschaltung zu Bild 6.19 für das Verfahren mit der Ersatzspannungsquelle und korrigierten Kraftwerksreaktanzen X_{KW}

mit

$$\underline{Z}_{\mathrm{G}} = R_{\mathrm{sG}} + \mathrm{j}X_{\mathrm{d}}'' \,, \qquad \underline{Z}_{\mathrm{kT}} = R_{\mathrm{kT}} + \mathrm{j}X_{\mathrm{kT}}$$

und der Bemessungsübersetzung des Transformators

$$\ddot{u}_{\mathrm{rT}} = \frac{U_{\mathrm{rTOS}}}{U_{\mathrm{rTUS}}}$$

korrigiert und zu einer Impedanz $\underline{Z}_{\mathrm{KW}}$ des Blockkraftwerks zusammengefasst. In diesem Zusammenhang sind für X_{d}'' und X_{kT} die absoluten Werte einzusetzen. Anstelle der Terme $\underline{Z}_{\mathrm{G}}$ und $\underline{Z}_{\mathrm{kT}}$ ist nun zusammenfassend die korrigierte Impedanz $\underline{Z}_{\mathrm{KW}}$ in das ansonsten unveränderte Ersatzschaltbild einzufügen; auf die Widerstände wird später eingegangen. An einem Beispiel seien die Zusammenhänge noch einmal verdeutlicht.
Für die Anlage in Bild 6.19 erhält man zunächst wieder die Ersatzschaltung in Bild 6.20. Für das Verfahren mit der Ersatzspannungsquelle ergibt sich daraus unter Beachtung der Korrekturfaktoren das Netzwerk gemäß Bild 6.21. Es liefert für den Anfangskurzschlusswechselstrom am Kurzschlussort

$$I_{\mathrm{kF}}'' = 5{,}93 \text{ kA.}$$

Anders als bei Netzeinspeisungen kann der genaue Wert nicht mit der Beziehung (6.15b) berechnet werden, da die Generatoren üblicherweise unterschiedliche Spannungen $\underline{E}''$ aufweisen. Stattdessen ist die vollständige Formulierung (6.11) zu verwenden. Aus diesem Zusammenhang resultiert für die Anlage in Bild 6.19 unter Berücksichtigung der dort angegebenen Betriebssituation der tatsächliche Kurzschlussstrom an der Fehlerstelle zu

$$I_{\mathrm{kF}}'' = 5{,}69 \text{ kA.}$$

Mit dem Ersatzspannungsquellenverfahren ergibt sich erwartungsgemäß ein größerer Kurzschlussstrom, da es eine pessimale Betriebsweise voraussetzt. Neben dem Anfangskurzschlusswechselstrom benötigt man für die Anlagendimensionierung auch noch den Stoßkurzschlussstrom.

6.2.3 Berechnung des Stoßkurzschlussstroms für generatornahe Fehler

Das bisher entwickelte Modell ist als verlustfrei vorausgesetzt worden. Daher können damit keine Aussagen über die Abklingvorgänge der Wechsel- und Gleichanteile im Kurzschlussstrom erfolgen. Es gibt jedoch Methoden, mit denen der Kurzschlussstromverlauf auch bei verlustbehafteten Anlagen analytisch berechnet werden kann [113], [114]. Aus den damit erzielten Ergebnissen zeigt sich, dass der Ständer jedes Generators eigentlich anstelle eines Gleichanteils eine niederfrequente gedämpfte Schwingung erzeugt, die mit der Zeitkonstanten T_{gi} abklingt. Ihre Frequenz $\Omega_i/(2\pi)$ liegt im mHz-Bereich, solange die ohmschen Widerstände des Netzes deutlich kleiner als die zugehörigen 50-Hz-Reaktanzen sind (s. Beziehung (4.86)). Da die Frequenz dieser Schwingungen sehr niedrig ist, entsprechen sie allerdings in guter Näherung abklingenden Gleichströmen:

$$i_g(t) \approx \sum_i A_i \cdot \cos(\Omega_i t - \varphi_i) \cdot e^{-t/T_{gi}} \approx \sum_i A_i \cdot e^{-t/T_{gi}}. \tag{6.26}$$

Daneben erzeugt das Netz jedoch auch noch eine Vielzahl echter Gleichglieder.
Während das Abklingen der Kurzschlusswechselströme im Netz im Wesentlichen von den *Widerständen der Dämpfer- und Erregerwicklung* geprägt ist, wird die Dämpfung der niederfrequenten Schwingungen bzw. Gleichglieder dagegen primär durch die *Netz- und Ständerwiderstände* festgelegt. Eine weitere Analyse der Ergebnisse der genaueren Theorie zeigt, dass die Zeitkonstanten T_{gi} weitgehend mit den Gleichstromzeitkonstanten des Netzes übereinstimmen. Dazu ist es nur notwendig, die Generatoren durch ihre *subtransiente Reaktanz* X_d'' sowie den tatsächlichen *Ständerwiderstand* R_G zu modellieren und die Netzreaktanzen um ihre ohmschen Widerstände zu erweitern. Für die Widerstände sind die höheren betriebswarmen Werte zu wählen, da üblicherweise ein Kurzschluss aus dem Normalbetrieb erfolgt.
Eine nennenswerte Schwäche dieser Ersatzschaltung für generatornahe Kurzschlüsse besteht allerdings noch darin, dass sie den Abklingvorgang des Kurzschlusswechselstroms nicht erfasst. Man hilft sich auf die gleiche Weise wie bereits beim Klemmenkurzschluss. Anstelle des Generatorständerwiderstands R_G wird der fiktive Widerstand R_{sG} eingesetzt. Für ihn gelten auch in vermaschten Netzen bei Generatoren mit $U_{rG} > 1$ kV die Relationen

$$\begin{aligned} R_{sG} &= 0{,}05 \cdot X_d'' \quad \text{für} \quad S_{rG} \geq 100 \,\text{MVA}\,, \\ R_{sG} &= 0{,}07 \cdot X_d'' \quad \text{für} \quad S_{rG} < 100 \,\text{MVA}\,. \end{aligned} \tag{6.27}$$

Dieser Widerstand R_{sG} ist erheblich größer als der Ständerwiderstand R_G. Er ist so bemessen, dass die Gleichglieder stärker abklingen als im tatsächlichen Netz. Durch diese zusätzliche Dämpfung wird das Abklingen des Wechselstroms bis in den Bereich der ersten Amplitude erfasst, sodass damit auch der interessierende Stoßkurzschlussstrom hinreichend genau zu ermitteln ist.
Durch die bisherigen Überlegungen ist es gelungen, das an sich komplizierte Kurzschlussmodell auf ein gewöhnliches ohmsch-induktives Netzwerk zurückzuführen. Von der formalen Gestaltung her entspricht es der Ersatzschaltung, die sich für generatorferne Fehler ergeben hat. Daher gelten wiederum die dort entwickelten Lösungsmethoden. Neben dem Einsatz von Programmen, die auf einer analytischen oder numerischen Basis arbeiten, kann auch das Näherungsverfahren mit dem Stoßfaktor κ verwendet werden.
Aus dem ohmsch-induktiven Netzwerk wird zunächst der Anfangskurzschlusswechselstrom I_k'' berechnet. Er ist geringfügig niedriger, da zusätzlich die Widerstände berücksichtigt werden. Anschließend wird wieder der Stoßfaktor in der bekannten Weise ermittelt.
Bei dem Verfahren mit der Ersatzspannungsquelle ist die Rechnung ebenfalls völlig analog zu der Darstellung im Abschnitt 6.1.1.2 anzusetzen. Zu beachten ist lediglich, dass auch die *Widerstände des Generators und des Blockumspanners mit dem Korrekturfaktor* K_{KW} *umzurechnen sind*. Wiederum ist aus diesem Ersatzschaltbild der Kehrwert der 50-Hz-Eingangsadmittanz zu bestimmen, die vom Fehlerort aus gesehen wird. Aus

6.2 Generatornaher dreipoliger Kurzschluss

dem Diagramm 6.4 bzw. mit Gl. (6.9b) kann dann der Stoßfaktor κ ermittelt werden. Der Stoßkurzschlussstrom an der Fehlerstelle ergibt sich daraus mithilfe der Beziehung (6.19), wobei erneut die Relationen $1{,}15 \cdot \kappa \le 1{,}8$ für $U_{nN} \le 1\,\mathrm{kV}$ und $1{,}15 \cdot \kappa \le 2$ für $U_{nN} > 1\,\mathrm{kV}$ einzuhalten sind. Zu beachten ist weiterhin, dass dem Ersatzspannungsquellenverfahren im Hinblick auf die Projektierung von Anlagen eine sehr ungünstige Betriebssituation zugrunde gelegt ist.

Falls eine spezielle Betriebssituation interessiert, sind bei einer manuellen Berechnung die einzelnen Spannungsquellen $\underline{E}_i''$ zu überlagern. Der genaue Anfangskurzschlusswechselstrom errechnet sich bei einem Netz mit (F − 1) Einspeisungstoren und dem Fehlertor F gemäß Gl. (6.11) zu

$$\underline{I}_{kF}'' = \underbrace{\underline{Y}_{1F} \cdot \underline{E}_1''}_{\underline{I}_{k1F}''} + \underbrace{\underline{Y}_{2F} \cdot \underline{E}_2''}_{\underline{I}_{k2F}''} + \cdots + \underbrace{\underline{Y}_{F-1,F} \cdot \underline{E}_{F-1}''}_{\underline{I}_{k,F-1,F}''} \,. \tag{6.28}$$

In diesem Zusammenhang kennzeichnen die Größen $\underline{I}_{kiF}''$ die Beiträge der Einspeisungen an den Toren i zum Anfangskurzschlusswechselstrom an der Fehlerstelle. Infolge der unterschiedlichen Spannungen ist nun der Kehrwert jeder einzelnen Übertragungsadmittanz $\underline{Y}_{iF}$ zu ermitteln und durch deren 50-Hz-Wert zu approximieren, aus dem dann jeweils der zugehörige Stoßfaktor κ_{iF} zu bestimmen ist. Mithilfe dieser Stoßfaktoren und der Beziehung (6.19) lassen sich die Beiträge I_{siF} der Einspeisungen zum Stoßkurzschlussstrom I_{sF} an der Fehlerstelle berechnen:

$$\begin{aligned}I_{sF} =\ & 1{,}15 \cdot \kappa_{1F} \cdot \sqrt{2} \cdot I_{k1F}'' + 1{,}15 \cdot \kappa_{2F} \cdot \sqrt{2} \cdot I_{k2F}'' + \ldots \\ & + 1{,}15 \cdot \kappa_{F-1,F} \cdot \sqrt{2} \cdot I_{k,F-1,F}'' \,.\end{aligned} \tag{6.29}$$

Dabei sind für die Ausdrücke $1{,}15 \cdot \kappa_{iF}$ wieder die für Gl. (6.19) genannten Grenzwerte einzuhalten. Der so ermittelte Stoßkurzschlussstrom ist bei technisch üblichen Verhältnissen genauer als der Wert, der sich mit der Ersatzspannungsquelle ergibt. Die bisherigen Erläuterungen seien wiederum an einem Beispiel verdeutlicht.

Für die Anlage in Bild 6.19 resultiert bei Berücksichtigung der Widerstände die Ersatzschaltung in Bild 6.22. Bei dem Verfahren mit der Ersatzspannungsquelle sind gemäß DIN VDE 0102 die Generator- und Blockumspannerimpedanzen im Falle eines dreipoligen Kurzschlusses noch mit dem Kraftwerkskorrekturfaktor

$$K_{KW1} = K_{KW2} = K_{KW3} =$$
$$\left(\frac{380\,\mathrm{kV}}{21\,\mathrm{kV}}\right)^2 \cdot \left(\frac{21\,\mathrm{kV}}{423\,\mathrm{kV}}\right)^2 \cdot \frac{1{,}1}{1 + (0{,}2 - 0{,}15) \cdot 0{,}527} = 0{,}865$$

zu korrigieren. Man erhält dann die Impedanz $\underline{Z}_{KW}$. Mit ihr ergibt sich der Anfangs-

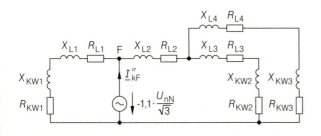

Bild 6.22
Verlustbehaftete Ersatzschaltung zu Bild 6.19 mit korrigierten Kraftwerksimpedanzen $\underline{Z}_{KW} = R_{KW} + jX_{KW}$ für das Verfahren mit der Ersatzspannungsquelle

kurzschlusswechselstrom an der Fehlerstelle zu

$$I''_{kF} = 5{,}929 \text{ kA}.$$

Daraus errechnet sich der Stoßkurzschlussstrom mit dem Verhältnis $R_{FF}/X_{FF} = 0{,}088$ und dem zugehörigen Stoßfaktor $\kappa_F = 1{,}77$ wegen $1{,}15 \cdot \kappa_F > 2{,}0$ zu

$$I_{sF} = 2{,}0 \cdot \sqrt{2} \cdot I''_{kF} = 16{,}770 \text{ kA}.$$

Der genaue Wert des Stoßkurzschlussstroms kann mithilfe eines Programms zur Berechnung von Einschwingvorgängen bestimmt werden und beträgt

$$I_{sF} = 14{,}206 \text{ kA}.$$

Der mit dem Ersatzspannungsquellenverfahren und Beziehung (6.19) ermittelte Wert liegt somit um 18 % auf der sicheren Seite. Diese Sicherheit ist jedoch nicht vollständig auf die Stoßfaktorberechnung zurückzuführen. Bereits der Anfangskurzschlusswechselstrom an der Fehlerstelle wird in diesem Beispiel um 4,2 % zu groß berechnet. Diese Abweichung ist dadurch zu erklären, dass der Fehler, der durch die Verwendung einer einzigen Ersatzspannungsquelle anstelle der wirklichen subtransienten Spannungen $\underline{E}''$ entsteht, durch die Kraftwerkskorrekturfaktoren K_{KW} nur näherungsweise wieder kompensiert wird.

Zum Vergleich wird der Stoßkurzschlussstrom I_{sF} auch noch mit dem genaueren Überlagerungsverfahren berechnet. Aus den Übertragungsadmittanzen des wirklichen Netzes

$$\underline{Y}_{1F} = 7{,}82 \text{ mS} \cdot e^{j\,94{,}7°},$$
$$\underline{Y}_{2F} = 7{,}04 \text{ mS} \cdot e^{j\,95{,}3°},$$
$$\underline{Y}_{3F} = 6{,}43 \text{ mS} \cdot e^{j\,94{,}8°}$$

und den auf die 380-kV-Ebene umgerechneten subtransienten Generatorspannungen

$$\underline{E}''_1 = 267{,}2 \text{ kV} \cdot e^{j\,9{,}1°}, \quad \underline{E}''_2 = 234{,}1 \text{ kV} \cdot e^{j\,3{,}3°}, \quad \underline{E}''_3 = 304{,}1 \text{ kV} \cdot e^{j\,2{,}8°}$$

resultiert der genauere Wert des Anfangskurzschlusswechselstroms an der Fehlerstelle zu

$$\begin{aligned}\underline{I}''_{kF} &= \underline{I}''_{k1F} + \underline{I}''_{k2F} + \underline{I}''_{k3F} = \underline{Y}_{k1F} \cdot \underline{E}''_1 + \underline{Y}_{k2F} \cdot \underline{E}''_2 + \underline{Y}_{k3F} \cdot \underline{E}''_3 \\ &= 2{,}090 \text{ kA} \cdot e^{j\,103{,}8°} + 1{,}649 \text{ kA} \cdot e^{j\,98{,}6°} + 1{,}956 \text{ kA} \cdot e^{j\,97{,}6°} \\ &= 5{,}69 \text{ kA} \cdot e^{j\,100{,}3°} = -5{,}69 \text{ kA} \cdot e^{-j\,79{,}7°}.\end{aligned}$$

Wiederum ergibt sich theoriegerecht für den Kurzschlusswechselstrom $\underline{I}''_{kF}$ im Fehlerzweig ein negativer Wert. Aus den Kehrwerten der Übertragungsadmittanzen sind nun gemäß Gl. (6.17a) die zugehörigen Stoßfaktoren zu ermitteln:

$$\kappa_{1F} = 1{,}79, \quad \kappa_{2F} = 1{,}73, \quad \kappa_{3F} = 1{,}78.$$

Bei allen drei Stoßfaktoren überschreitet das Produkt $1{,}15 \cdot \kappa_{iF}$ die zulässige Grenze von 2,0 und ist daher auf diesen Wert zu beschränken. Der Stoßkurzschlussstrom an der Fehlerstelle ergibt sich somit zu

$$\begin{aligned}I_{sF} &= 2{,}0 \cdot \sqrt{2} \cdot 2{,}090 \text{ kA} + 2{,}0 \cdot \sqrt{2} \cdot 1{,}649 \text{ kA} + 2{,}0 \cdot \sqrt{2} \cdot 1{,}956 \text{ kA} \\ &= 16{,}108 \text{ kA}.\end{aligned}$$

Dieser Wert liegt um 13,4 % über dem exakten Ergebnis eines Netzberechnungsprogramms, während bei dem Verfahren mit der Ersatzspannungsquelle die höhere Abweichung von 18 % aufgetreten ist. Die mit der Ersatzspannungsquelle berechneten Stoßkurzschlussströme setzen demnach eine noch ungünstigere Vorbelastung voraus, als es in diesem Beispiel bereits der Fall ist.

Neben dem Stoßkurzschlussstrom interessiert auch noch der Wert des Kurzschlussstroms zu späteren Zeitpunkten, insbesondere der so genannte Kurzschlussausschaltstrom.

6.2.4 Berechnung des Kurzschlussausschaltstroms

Im Rahmen der Anlagenprojektierung sind auch Leistungsschalter auszuwählen. Gemäß den Abschnitten 4.4 und 4.10 verstreicht zwischen Fehlereintritt und Öffnen der Schalterpole eine Verzugszeit t_v. Während dieses Zeitintervalls klingt der Kurzschlussstrom bereits merklich ab, sodass der Schalter zum Ausschaltzeitpunkt schwächer beansprucht wird. Um die Gefahr zu vermeiden, zu kleine Ströme für die Dimensionierung anzusetzen, darf nur der Mindestschaltverzug t_{min} verwendet werden. Er umfasst die Zeitspanne vom Fehlereintritt bis zur ersten Trennung eines Schalterpols. Je nach der Einstellung des Schutzes beträgt dieser Zeitbereich 0,01 ... 0,25 s. Der Effektivwert des zum Ausschaltzeitpunkt auftretenden Kurzschlussstroms wird als *Ausschaltstrom* bezeichnet. Er setzt sich aus einer Gleichgliedkomponente $I_g(t_v)$ und einem Wechselanteil, dem *Ausschaltwechselstrom* $I_a(t_v)$, zusammen. In DIN VDE 0102 wird für den Ausschaltwechselstrom die Bezeichnung I_b angegeben. Da diese Angabe mit dem Betriebsstrom zu verwechseln ist, wird in der weiteren Darstellung die früher verwendete Größe I_a beibehalten.

Der Verlauf der Gleichstromkomponente kann hinreichend genau aus dem ohmsch-induktiven Modell des Abschnitts 6.2.3 ermittelt werden, sofern für den Generatorwiderstand jeweils der tatsächliche Ständerwiderstand R_G verwendet wird. Üblicherweise liegt das Gleichglied $I_g(t_v)$ bereits unter 20 % von $I_a(t_v)$. Dann braucht dieser Anteil bei der Schalterauswahl gemäß Abschnitt 7.6 nicht berücksichtigt zu werden; es interessiert nur noch der *Ausschaltwechselstrom* $I_a(t_v)$. Dessen Berechnung erweist sich jedoch als schwieriger. Aussagen darüber sind nur möglich, wenn das beschreibende DGL-System gelöst wird. Für einige spezielle Anlagen kann sogar eine geschlossene analytische Lösung angegeben werden. Allerdings erhält man diese auch nur dann, wenn man die Ständerwicklungen der Generatoren und die Betriebsmittel des Netzes als verlustlos betrachtet. Eine solche Modellvereinfachung ist zulässig, da das Abklingen des Ausschaltwechselstroms von den Widerständen der Erreger- und Dämpferwicklung geprägt wird. Darüber hinaus muss die Anlage noch eine bestimmte Struktur aufweisen. Die Anlage in Bild 6.19 stellt einen solchen Spezialfall dar, sofern der Kurzschluss nicht an der Sammelschiene SS1, sondern an der Sammelschiene SS2 angenommen wird. Durch diesen Kurzschluss werden die Generatoren völlig voneinander entkoppelt. Daher ist es möglich, für jeden einzelnen Generator direkt die Lösung (4.89) anzusetzen. Daraus lässt sich jeweils ein Abklingfaktor

$$\mu(t_{min}) = \frac{I_a(t = t_{min})}{I_k''}$$

ermitteln. Sollten die Widerstände in der Netzanlage den Anfangskurzschlusswechselstrom I_k'' merklich beeinflussen, ist dieser anschließend nochmals unter Berücksichtigung der Widerstände zu berechnen. Der Ausschaltwechselstrom ergibt sich dann zu

$$I_a(t_{min}) = \mu(t_{min}) \cdot I_k'' . \tag{6.30}$$

Außer der beschriebenen speziellen Anlage gibt es noch einen weiteren Fall, der mit der analytischen Lösung (4.89) erfasst werden kann. Es handelt sich um ein passives Netz, das nur von einem einzigen Generator gespeist wird. Anstelle der Reaktanz X_N ist dann in Gl. (4.89) die Eingangsreaktanz X_E des passiven Netzes einzusetzen, die an den Generatorklemmen wirksam ist.

In der Praxis sind häufig die Zeitkonstanten der Maschinen nicht hinreichend bekannt. Dann kann bei den beschriebenen Spezialfällen gemäß DIN VDE 0102 der Abklingfaktor μ für jeden Generator aus dem in Bild 6.23 dargestellten Diagramm abgelesen werden. Darin wird der Abklingfaktor in Abhängigkeit vom Mindestschaltverzug t_{min} und dem Anfangskurzschlusswechselstrom I''_{kG} des Generators im Verhältnis zu seinem Bemessungsstrom I_{rG} beschrieben. Die Kennlinien sind so festgelegt, dass die daraus resultierenden μ-Faktoren oberhalb der höchsten Werte liegen, die bei Messungen und Berechnungen gefunden worden sind (s. Beiblatt 3 zu DIN VDE 0102). In DIN VDE 0102 sind für diese Kurven auch analytische Ausdrücke angegeben.

Falls für umfangreichere, vermaschte Netze Aussagen über das Abklingverhalten erwünscht sind, müssen Rechnerprogramme eingesetzt werden, die entweder auf analytischen oder numerischen Methoden beruhen. Soll der damit verbundene Aufwand vermieden werden, kann gemäß DIN VDE 0102 für die Dimensionierung die stets richtige Oberschranke

$$I_a(t_{min}) = I''_k$$

verwendet werden. Eine etwaige Unterdimensionierung des Schalters ist bei dieser Wahl ausgeschlossen.

Sowohl die Simulationen als auch die analytischen Rechnungen zeigen gemeinsam, dass der Abklingvorgang einerseits von der *Maschine* selbst, andererseits auch vom *Netz*, in das die Maschine einspeist, geprägt wird. Im Falle eines Klemmenkurzschlusses ist allein die *Maschinenauslegung* bestimmend, die sich in den Zeitkonstanten T''_{dG} und T'_{dG} widerspiegelt (s. Abschnitt 4.4.4.3). Der grundsätzliche Einfluss des zweiten Parameters, des *Netzes*, ist aus der Gl. (4.89) zu erkennen. Mit wachsender Eingangsreaktanz des kurzschlussbehafteten Netzes – also mit wachsender Entfernung des Fehlerorts vom betrachteten Generator – verringert sich das Abklingen des zugehörigen Teilkurzschlusswechselstroms. Es ist praktisch nicht mehr von Bedeutung, wenn die Relation

$$I''_{kG} \leq 2 \cdot I_{rG}$$

erfüllt ist. Diese Bedingung stellt eine Definition für den generatorfernen Kurzschluss dar. Wie eingangs bereits erläutert, tritt ein solches Verhalten meistens auf, wenn sich

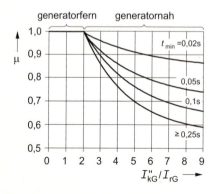

Bild 6.23

Diagramm zur Ermittlung des Abklingfaktors μ für technisch übliche Generatorausführungen

6.2 Generatornaher dreipoliger Kurzschluss

der Kurzschluss in einer unterlagerten Spannungsebene befindet. In diesem Fall betragen allein die Reaktanzen des Maschinentransformators, des Netzes sowie des Netztransformators insgesamt etwa $(3\ldots 4) \cdot X_d''$.

Neben der Maschinenauslegung, dem Fehlerort und der Verzugszeit beeinflusst auch die Spannungsregelung das Abklingverhalten des Kurzschlussstroms (s. Abschnitt 4.4.2.3). Bei Maschinen mit relativ langsamen Spannungsregelungen – wie z. B. der bürstenlosen Erregung – erhöht sich erst ab 0,25 s merklich die Spannung. Da im Hochspannungsbereich während dieses Zeitraums üblicherweise der Fehler ausgeschaltet wird, können die Auswirkungen der Spannungsregelung unberücksichtigt bleiben. Anders verhält es sich bei Maschinen mit einer besonders schnellen Regelung wie z. B. der Stromrichtererregung, falls die Deckenspannung über der 1,6-fachen Nennerregerspannung liegt. Dort erhöht sich die Spannung bereits während der Verzugszeit merklich und wirkt dem Abklingen des Kurzschlussstroms entgegen. Um dann die Gefahr zu vermeiden, einen zu kleinen Strom I_a zu ermitteln, wird in DIN VDE 0102 gefordert, bei solchen Regelungen stets $\mu = 1$ bzw. $I_a = I_k''$ zu setzen. Abweichungen sind nur bei einer genaueren Kenntnis des Maschinenverhaltens zulässig.

Aufgrund der vorgenommenen Modellidealisierungen können die bisherigen Überlegungen den Eindruck vermitteln, dass jede Maschine einen Kurzschlusswechselstrom hervorruft, dessen Abklingvorgang bei symmetrischer Bauweise von den beiden Maschinenzeitkonstanten mit Netzeinfluss T_{dN}'' und T_{dN}' geprägt und im Falle einer Asymmetrie noch zusätzlich von der Größe T_{qN}'' geformt wird. In Wirklichkeit beeinflussen sich die Generatoren – als die wesentlichen Energiespeicher im Netz – untereinander. Die Wechselwirkung ist dabei umso stärker, je kürzer die Leitungen sind, durch die sie verbunden werden. Es stellen sich dann Mischwerte ein, die im Bereich der Zeitkonstanten der einzelnen Maschinen liegen. Der Kurzschlusswechselstrom selbst wird von allen resultierenden Zeitkonstanten gemeinsam bestimmt. Bei symmetrischer Bauweise aller $(F-1)$ einspeisenden Generatoren setzt sich der homogene Anteil des Kurzschlusswechselstroms $i_{kh}(t)$ an jeder Stelle des Netzes wie folgt zusammen, wobei die Größen T_{dN}'' und T_{dN}' die Mischwerte der Zeitkonstanten und die Winkel φ_i'' und φ_i' die Phasenwinkel der zugehörigen Komponenten kennzeichnen:

$$i_{kh}(t) = \sum_{i=1}^{F-1} C_i \cdot \cos(\omega t - \varphi_i'') \cdot e^{-t/T_{dN_i}''} + \sum_{i=1}^{F-1} D_i \cdot \cos(\omega t - \varphi_i') \cdot e^{-t/T_{dN_i}'} \; .$$

Allerdings ändern sich von Netzzweig zu Netzzweig die Amplituden C_i und D_i. Daneben bilden sich die abgedämpften niederfrequenten Schwingungen der Generatoren sowie die echten Gleichströme der Leitungen aus. Ihre Anzahl hängt von der Art der Netzvermaschung und der Anzahl der Leitungen mit unterschiedlichen Leitungsparametern R', L' ab [115]. Die prinzipielle Verteilung der Zeitkonstanten, die bei diesen Stromkomponenten auftreten, ist für ein 380-kV-Verbundnetz aus Bild 6.24 ersichtlich. Der kleine komplexe Anteil der niederfrequenten Generatorschwingungen ist darin nicht darstellbar.

Abschließend sei noch darauf hingewiesen, dass der Kurzschlusswechselstrom durch zwei Leistungsbegriffe gekennzeichnet wird. Es handelt sich um die *Anfangskurzschlusswechselstromleistung* oder abkürzend *Kurzschlussleistung*

$$S_k'' = \sqrt{3} \cdot U_{nN} \cdot I_k'' \tag{6.31}$$

und um die *Ausschaltleistung*

$$S_a = \sqrt{3} \cdot U_{nN} \cdot I_a \; . \tag{6.32}$$

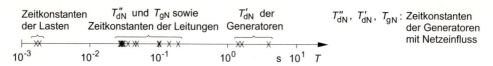

Bild 6.24
Verteilung der Zeitkonstanten in einem 380-kV-Verbundnetz mit 3 Generatoreinspeisungen und 49 Knoten

Übliche Kurzschlussleistungen sind der Tabelle 5.1 in Abschnitt 5.6 zu entnehmen. Bisher ist davon ausgegangen worden, dass nach dem Fehlereintritt keine Netzkapazitäten, Mischlasten sowie motorischen Verbraucher vorhanden sind.

6.2.5 Berücksichtigung von Netzkapazitäten, Mischlasten und motorischen Verbrauchern bei generatornahen Kurzschlüssen

Über die Auswirkungen der Netzkapazitäten und Mischlasten sind im Abschnitt 6.1.2.4 bereits eingehendere Betrachtungen durchgeführt worden. Auch bei generatornahen Kurzschlüssen dürfen Querimpedanzen im Ersatzschaltbild vernachlässigt werden. Allerdings wirkt sich die von ihnen verursachte Vorbelastung anders aus. Während bei einem generatorfernen Fehler eine induktive Last über die Anfangsbedingung den Kurzschlussstrom absenkt, wirkt sie bei einem generatornahen Kurzschluss erhöhend. Durch die Vorbelastung wird nämlich der Erregerstrom und dadurch die wirksame subtransiente Spannung E'' der Synchronmaschine vergrößert. Dieser Effekt wird beim Verfahren mit der Ersatzspannungsquelle durch den Faktor 1,1 berücksichtigt. Zu beachten ist, dass sich bei einer kapazitiven Last die Verhältnisse umkehren und die subtransiente Spannung kleiner als der Sternwert der Netznennspannung $U_{nN}/\sqrt{3}$ werden kann.

Eine weitere Besonderheit besteht bei generatornahen Kurzschlüssen darin, dass die motorischen Verbraucher zu berücksichtigen sind, wenn sie – wie z. B. in Industrienetzen – vermehrt auftreten. Sofern ihr Anteil am Kurzschlussstrom 5 % überschreitet, sind sie gesondert als Punktlasten zu erfassen. Hauptsächlich unterscheidet man in DIN VDE 0102 zwischen Synchron- und Asynchronmotoren. Zunächst wird auf das Kurzschlussverhalten der *Synchronmotoren* eingegangen.

Im Motorbetrieb wird der Ständer der Maschine aus dem Netz gespeist. Dort entsteht ein Ständerdrehfeld. Es erzeugt an dem gleichstromerregten Läufer ein Drehmoment und treibt diesen an. Wird durch einen Kurzschluss an den Klemmen ein Spannungseinbruch bewirkt, senkt sich das Antriebsmoment ab. Aufgrund der mechanischen Trägheit vermindert sich allerdings die Läuferdrehzahl für einige zehntel Sekunden nur geringfügig. Während dieses Zeitintervalls induziert der gleichstromerregte Läufer im Ständer weiterhin eine Polradspannung, die einen Kurzschlussstrom ins Netz einspeist. Mit dem bereits abgeleiteten Ersatzschaltbild von Synchrongeneratoren werden die dann vorliegenden Verhältnisse hinreichend genau beschrieben. Ausnahmen bestehen lediglich in Bezug auf den Dauerkurzschlussstrom (s. DIN VDE 0102).

Im Gegensatz zum Synchronmotor rotiert bei einem *Asynchronmotor* ein Läufer mit einer kurzgeschlossenen Wicklung *ohne eingeprägte Erregung*. Trotz dieses Unterschieds liegen unmittelbar nach einem Klemmenkurzschluss bzw. nach einem Spannungseinbruch ähnliche Feldverhältnisse vor wie bei einem Synchronmotor, sodass auch ein Asynchronmotor wie ein Generator wirkt. Das Ersatzschaltbild besteht demnach ebenfalls aus einer

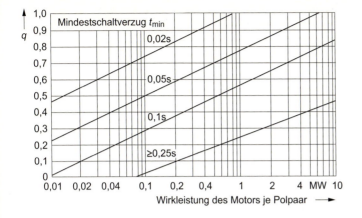

Bild 6.25
Diagramm zur Bestimmung des Faktors q für Asynchronmaschinen

Spannungsquelle und einer Reaktanz. Unter Vernachlässigung der ohmschen Widerstände erhält man die Größe dieser Reaktanz X_M mithilfe des Anlaufstroms I_an des Motors zu

$$X_\mathrm{M} = \frac{1}{I_\mathrm{an}/I_\mathrm{rM}} \cdot \frac{U_\mathrm{rM}^2}{S_\mathrm{rM}}\,, \qquad (6.33)$$

als treibende Spannung ist gemäß DIN VDE 0102 der Wert $1{,}1 \cdot U_\mathrm{nN}/\sqrt{3}$ einzusetzen. Durch den Faktor 1,1 werden auch Sättigungseffekte im Ständer des Motors erfasst. *Aufgrund der anderen Bauart und der fehlenden eigenständigen Erregung klingt der Kurzschlusswechselstrom in Asynchronmotoren wesentlich schneller ab als bei Synchronmotoren.* Dieses Verhalten wird in der VDE-Bestimmung 0102 durch einen zusätzlichen Faktor q berücksichtigt (Bild 6.25), mit dem der Abklingfaktor μ zu multiplizieren ist, falls der Ausschaltwechselstrom nicht mit $I_\mathrm{a} = I_\mathrm{k}''$ abgeschätzt wird. Aufgrund der fehlenden Erregung liefern Asynchronmotoren keinen Beitrag zum dreipoligen Dauerkurzschlussstrom.

Bisher ist die Ermittlung der Kurzschlussströme in ortsfesten Energieversorgungsnetzen beschrieben worden. Nun werden diese Berechnungsverfahren auf Bordnetze erweitert.

6.3 Kurzschluss in Bordnetzen

In Abschnitt 3.3 sind der prinzipielle Aufbau von Bordnetzen und deren Funktion behandelt worden. Bei der Berechnung von Kurzschlussströmen in solchen Netzen ergeben sich besonders einfache Verhältnisse in Kraftfahrzeugen.

6.3.1 Kraftfahrzeuge

Wie in Abschnitt 3.3.1 erläutert, stellt die Lichtmaschine in Kraftfahrzeugen eine selbsterregte, höherpolige Synchronmaschine dar. Ein Kurzschluss führt zu einem Spannungseinbruch an den Generatorklemmen; infolgedessen verringert sich der in die Erregerwicklung zurückgekoppelte Strom und damit die Erregung. Der Kurzschlussstrom-Anteil des *Generators* ist deshalb bereits nach kurzer Zeit abgeklungen. Von der parallel geschalteten *Batterie* wird dagegen ein großer Beitrag zum Kurzschlussstrom im Netz geliefert. Dieser

Strom beansprucht die Leitungen und muss von den eingesetzten Schutzeinrichtungen (s. Abschnitt 3.3.1.4) abgeschaltet werden. Für den Generator selbst tritt der größte Strom nicht bei einem Kurzschluss auf, sondern wenn die Maschine mit der maximal zulässigen Drehzahl angetrieben und das Gleichstromnetz zugleich mit der Bemessungsleistung belastet wird.

Anders als in Kraftfahrzeugen werden in Flugzeugen fremderregte Synchrongeneratoren eingesetzt. Bei dieser Bauart bleibt der Erregerstrom bekanntlich nach dem Kurzschlusseintritt zunächst annähernd konstant. Deshalb sind in Flugzeugen die Generatorkurzschlussströme von Bedeutung.

6.3.2 Flugzeuge

Die wesentliche Maßnahme, um die Kurzschlussströme klein zu halten, besteht in modernen Flugzeugen darin, für Generatoren ausschließlich den Einzelbetrieb vorzusehen – auch im Fall von Störungen. Zugleich können sich durch diese Konfiguration in den Bordnetzen von Flugzeugen keine Pendelschwingungen ausbilden (s. Abschnitt 7.5). Außerdem wirkt der üblicherweise eingesetzte Drehzahlwandler (CSD) zusätzlich noch dämpfend; aus diesem Grunde ist es nicht notwendig, die 400-Hz-Generatoren in Flugzeugen mit einer Dämpferwicklung auszurüsten. Ohne diese Wicklung bildet sich bekanntlich kein subtransienter Einschwingvorgang aus. Infolgedessen reduziert sich die Beziehung (4.89) auf den transienten Term und den Dauerkurzschlussstrom. Allerdings ist diese Beziehung für 400-Hz-Generatoren nicht so aussagefähig wie für 50-Hz-Maschinen. Vom Ansatz her erfasst sie nämlich nicht die Wirbelströme, die sich in 400-Hz-Generatoren verstärkt ausbilden und sich dämpfend auf die Kurzschlussströme auswirken. Eine Modellierung dieser Vorgänge ist sehr kompliziert. Man kann solche Nachbildungsprobleme vermeiden, indem man bei den Generatoren – und auch bei den vom Bordnetz versorgten elektrischen Antriebsmotoren – direkt auf Herstellerangaben bezüglich der Klemmenkurzschlussströme zurückgreift.

Mit der Kenntnis dieser Zeitverläufe ist dann die noch nicht angesprochene Kurzschlussstromberechnung relativ einfach durchzuführen, denn in Flugzeugen ist das 400-Hz-Bordnetz strahlenförmig aufgebaut, und zusätzlich sind dessen Leitungsimpedanzen im Vergleich zu denjenigen der Lasten und Einspeisequellen niedrig. Im Kurzschlussfall dürfen die Generatoren daher selbst bei einem Parallelbetrieb, der in älteren Flugzeugen noch vorzufinden ist, als weitgehend entkoppelt angesehen werden. Ihre Kurzschlussströme sind praktisch eingeprägt, sodass deren Summe eine Oberschranke für den Kurzschlussstrom am Fehlerort darstellt; die Impedanzen des Netzes wirken nur noch absenkend. Die eben dargestellte Vorgehensweise prägt auch die Berechnung der Kurzschlussströme in Bordnetzen von Schiffen.

6.3.3 Schiffe

Im Unterschied zu Flugzeugen arbeiten in den Bordnetzen von Schiffen meist mehrere Generatoren parallel; außerdem ist dort der Beitrag der vielen elektrischen Antriebsmotoren zum Kurzschlussstrom bedeutsam. Ihr Anteil am Fehlerstrom kann durchaus die Hälfte des gesamten Fehlerstroms betragen. In dem Entwurf zu DIN 89023 ist die Berechnung des dreipoligen Kurzschlussstroms für Schiffe eigenständig genormt. Die folgenden Erläuterungen skizzieren nur die Kernideen des dort dargestellten Berechnungsverfahrens;

Einzelheiten sind dieser Norm selbst zu entnehmen.

Zunächst werden nur solche Schiffe betrachtet, bei denen die Schiffsschraube verstellbare Propellerflügel aufweist. Dort erzeugt der Wellengenerator wie die Dieselgeneratoren eine Wechselspannung mit konstanter Frequenz, sodass kein Umrichter benötigt wird. Wellengeneratoren und Antriebe mit Umrichtern werden später noch einbezogen.

Um einen Überblick zu erhalten, welche Beiträge von Antrieben oder Motorgruppen im Vergleich zu den Kurzschlussströmen der Generatoren von Bedeutung sind, empfiehlt die DIN 89023 im ersten Schritt eine *zeitunabhängige* Näherungsrechnung: Zunächst wird von jedem Generator und Motor der Anfangskurzschlusswechselstrom $I''_{k,i}$ ausgerechnet, der auftritt, wenn an der zugehörigen Verteilung bzw. Hauptsammelschiene i ein dreipoliger Kurzschluss auftritt (Bild 6.26). Da das Bordnetz strahlenförmig aufgebaut und niederohmig gestaltet ist, ergibt sich der gesamte Fehlerstrom I''_k – wie beim Flugzeug – aus der Summe aller dieser Terme $I''_{k,i}$. Daraus kann über Gl. (6.10) vereinfacht mit dem Stoßfaktor $\kappa = 1{,}8$ der Stoßkurzschlussstrom I_s ermittelt werden. Genauer erhält man I_s mithilfe von Gl. (4.89a), wobei als Zeitpunkt t etwa eine halbe Periode nach dem Kurzschlusseintritt einzusetzen ist.

Für die Auslegung von Schaltern wird der Ausschaltwechselstrom I_a zum Abschaltzeitpunkt t_a benötigt. Für dessen Berechnung bietet die DIN 89023 ein *zeitabhängiges* Verfahren. Es beruht zunächst wieder auf der Annahme, dass jedes Betriebsmittel seinen Kurzschlussstrom, der bei einem Kurzschluss an dessen Anschlusspunkt auftritt, in das Netz einprägt; die Bedingung (4.89) beschreibt dessen Verlauf hinreichend genau. Allerdings beschränken sich bei den Motoren die Kurzschlussstromanteile auf den subtransienten Bereich. Falls für die Antriebsmotoren keine vollständigen Daten zur Verfügung stehen, sind der DIN 89023 entsprechende Richtwerte zu entnehmen.

Es wird darauf hingewiesen, dass die verwendete Beziehung (4.89) nur die d-Achse berücksichtigt. Daher können für die Betriebsmittel auf Schiffen bis zu 10 % höhere Ströme ermittelt werden, als wenn die genauere Formel benutzt würde, denn diese modelliert auch die Asymmetrie des Läufers in der q-Achse [52]. Andererseits können sich bei speziellen Vorbelastungen im Vergleich zu den vorausgesetzten Bemessungsverhältnissen die Kurzschlussströme nochmals um 10 % erhöhen. Diese Betriebszustände bleiben jedoch unberücksichtigt, sodass sich tendenziell zwei systematische Fehler kompensieren.

Als nächster Schritt werden an jeder Verteilung die einspeisenden Generatoren (Index G) und Motoren (Index M) zu einem *Ersatzgenerator* zusammengefasst. Er wird so be-

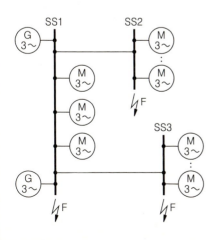

Bild 6.26
Zugrunde gelegte Fehlersituation bei der Berechnung des zeitunabhängigen Kurzschlussstroms (Kurzschlüsse an der Hauptsammelschiene und an allen Verteilungen)

SS1: Hauptsammelschiene
SS2, SS3: Verteilungen

rechnet, dass für $t = 0$ dessen Anfangskurzschlusswechselstrom und zum interessierenden Abschaltzeitpunkt t_a der Ausschaltwechselstrom mit den zugehörigen Summenströmen aller Maschinen an der Verteilung übereinstimmt. Zu diesem Zweck wird der Vergleich dieser Ströme für die subtransienten und die transienten e-Terme in Gl. (4.89a) getrennt durchgeführt; die dabei benötigten Ströme liegen bereits aus der vorhergehenden zeitunabhängigen Rechnung vor:

subtransiente Anteile

$$\left(\left(\sum_i I''_{kG,i} + \sum_j I''_{kM,j}\right) - \sum_i I'_{kG,i}\right) \cdot e^{-t_a/T''_{d,ers}} = \sum_i \left(I''_{kG,i} - I'_{kG,i}\right) \cdot e^{-t_a/T''_{d,i}} + \sum_j I''_{kM,j} \cdot e^{-t_a/T''_{M,j}} \quad (6.34)$$

transiente Anteile

$$\sum_i \left(I'_{kG,i} - I_{kG,i}\right) \cdot e^{-t_a/T'_{d,ers}} = \sum_i \left(I'_{kG,i} - I_{kG,i}\right) \cdot e^{-t_a/T'_{d,i}} \quad (6.35)$$

Aus diesen Beziehungen oder aus den expliziten Ausdrücken in DIN 89023 lassen sich nun die unbekannten Zeitkonstanten $T''_{d,ers}$ und $T'_{d,ers}$ der Ersatzmaschine ermitteln. Der Zeitverlauf des mit diesem Ersatzgenerator berechneten Kurzschlussstroms stimmt für $t = 0$ und $t = t_a$ mit dem wirklichen Strom überein; zu anderen Zeitpunkten stellt er eine Näherung dar.

Es sei im Weiteren das spezielle Beispiel in Bild 6.27 betrachtet. Dort soll der Kurzschlussstrom an der Hauptsammelschiene SS1 berechnet werden. Dazu werden im ersten Schritt an jeder Sammelschiene die Ersatzgeneratoren gemäß den Beziehungen (6.34) und (6.35) bestimmt. Dann wird in einem zweiten Schritt für die Ersatzgeneratoren $G_{2,ers}$ und $G_{3,ers}$ an den Verteilungen jeweils die Impedanz des Verbindungskabels zur Hauptsammelschiene auf die Maschinenreaktanzen X''_{dG} und X'_{dG} addiert. Zusätzlich werden auch die Zeitkonstanten der Generatoren an diese Vorimpedanzen angepasst. Die dafür angegebenen Beziehungen orientieren sich an den Gln. (4.91b) und (4.92b). Mit dieser Modifikation werden die daraus resultierenden Ersatzgeneratoren $G^*_{2,ers}$ und $G^*_{3,ers}$ der unterlagerten Verteilungen an die Hauptsammelschiene verschoben. Als dritter Schritt werden die so erhaltenen Ersatzgeneratoren und der Ersatzgenerator $G_{1,ers}$ nochmals in analoger Weise zu einem resultierenden Ersatzgenerator G_{ers} an der Hauptsammelschiene zusammengefasst. Mit diesem Verfahren lässt sich der zeitabhängige Kurzschlusswechselstrom an jeder Verteilung berechnen. Die dargestellte Methode entspricht der Ingenieurplausibilität und stellt einen empirischen Ansatz dar.

Bei Schiffen mit starren Propellerflügeln sind die Wellengeneratoren mit Umrichtern ausgerüstet. Sind diese *selbstgeführt*, so speisen sie nur wenige zehntel Millisekunden nach dem Kurzschlusseintritt noch in das Bordnetz; der maximale Strom liegt dann gemäß DIN 89023 für ca. 0,1 ms bei dem doppelten Generatorbemessungsstrom; der Stoßkurzschlussstrom des Netzes wird bereits nicht mehr davon beeinflusst.

Im Unterschied dazu tritt bei Wellengeneratoren mit *netzgeführten* Umrichteranlagen ein Stoßkurzschlussstrom auf. In DIN 89023 ist ein Ersatzschaltbild angegeben, aus dem der Strom während der ersten 100 ms nach dem Kurzschlusseintritt zu berechnen ist. Die bei diesen Umrichtern erforderliche Blindleistungsmaschine wird wie ein normaler Generator berücksichtigt. Verglichen mit dem Beitrag der Blindleistungsmaschine zum Anfangskurzschlusswechselstrom I''_k ist der Beitrag des Umrichters mit einem Gleichstromzwischenkreis oft vernachlässigbar klein. Anderenfalls ist der Wellengenerator gemeinsam

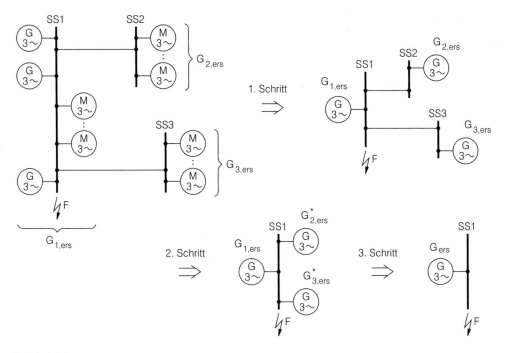

Bild 6.27
Schrittweises Zusammenfassen aller Generatoren und elektrischen Antriebe zu einem Ersatzgenerator G_{ers} für einen Kurzschluss an der Hauptsammelschiene SS1

mit dem Umrichter zu einem Ersatzgenerator mit einer Ersatzreaktanz zusammenzufassen. Die genauen Berechnungsvorschriften sind DIN 89023 zu entnehmen.
Zu beachten ist also, dass netzgeführte Umrichter im Unterschied zu selbstgeführten Umrichtern einen Stoßkurzschlussstrom aufweisen. Beide Bauarten liefern jedoch keinen Beitrag zum Ausschaltwechselstrom und zum Dauerkurzschlussstrom, wobei allerdings der Kurzschlussstrom der Blindleistungsmaschine nicht vergessen werden darf. Umrichter gespeiste *Motoren* brauchen gemäß DIN 89023 nur dann bei der Kurzschlussstromberechnung berücksichtigt zu werden, wenn der zugehörige Stromrichter für eine Rückspeisung ausgelegt ist – wie z. B. bei elektrischen Propellerantrieben.
Die Kurzschlussströme bestimmen die thermische und mechanische Beanspruchung der Netzanlagen. Diese Aufgabenstellungen werden u. a. im folgenden Kapitel untersucht.

6.4 Aufgaben

Aufgabe 6.1: Im Bild ist ein 10-kV-Mittelspannungsnetz dargestellt, das – wie üblich – als Strahlennetz betrieben wird. An der mit K (Klusenweg) gekennzeichneten Station trete ein dreipoliger Kurzschluss auf. Alle Kabel seien jeweils in einer Ebene verlegt. Die Entfernung Schwerte–Haselackstraße sei 2 km, die Länge der zugehörigen Kabel ebenfalls. Vereinfachend können alle weiteren benötigten Abstände zu 500 m angenommen werden (T: offene Trennstelle; 240-Al: Aluminiumleiter mit 240 mm^2 Querschnitt).

a) Liegt ein generatorferner oder generatornaher Kurzschluss vor?

b) Welcher der in den Kabeltabellen (s. Anhang) angegebenen Widerstandswerte ist bei der Berechnung des Kurzschlussstroms zu verwenden (Gleichstromwiderstand bei 20 °C oder betriebswarmer Wechselstromwiderstand)?

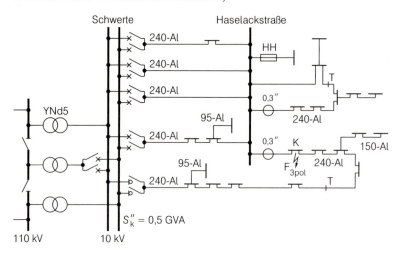

c) Berechnen Sie den Anfangskurzschlusswechselstrom I_k''.

d) Ermitteln Sie den Stoßkurzschlussstrom I_s sowie den Ausschaltwechselstrom I_a und den Dauerkurzschlussstrom I_k.

Aufgabe 6.2: Aus einem 10-kV-Netz werden über einen Dreiwicklungstransformator ein 0,4-kV- und ein 0,66-kV-Niederspannungsnetz versorgt. Der Transformator ist mit einem Dreischenkelkern aufgebaut und weist die folgenden Daten auf:

	$\ddot{u}_r$	u_k	S_r
1 – 2	10 kV / 0,4 kV	8 %	500 kVA
1 – 3	10 kV / 0,66 kV	6 %	630 kVA
2 – 3	0,66 kV / 0,4 kV	3 %	500 kVA

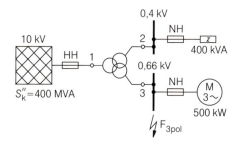

Von der 660-V-Sammelschiene wird ein 500-kW-Asynchronmotor mit einem Anlaufstrom $I_{an} = 5 \cdot I_r$, einem Wirkungsgrad $\eta = 0{,}96$ und einem Leistungsfaktor von $\cos\varphi_r = 0{,}89$ versorgt. An dem 0,4-kV-Netz liegt dagegen nur eine Mischlast. In beiden Niederspannungsnetzen beträgt die zulässige Spannungstoleranz 6 %.

a) Mit welchem Kurzschlussstrom I_k'' wird die 660-V-Sammelschiene bei einem dreipoligen Kurzschluss belastet?

b) Wählen Sie mithilfe der Diagramme in Bild 4.193 die HH-Sicherung aus.

c) Wählen Sie aus den Sicherungskennlinien im Anhang die Motorschutzsicherung für den 500-kW-Motor aus und überprüfen Sie die Selektivität zur HH-Sicherung.

Aufgabe 6.3: In dem Bild ist ein Hochspannungsnetz dargestellt; die Abzweige zu den 110/10-kV-Umspannstationen sind nicht eingezeichnet. Bei den Freileitungen handelt es sich um Doppelsysteme. Die Blöcke G_1 und G_2 seien in Revision, der Block G_9 befindet sich im Bemessungsbetrieb. Bei diesem Betriebszustand trete an der Sammelschiene SS4 ein dreipoliger Kurzschluss auf. Die an den Transformatoren $T_3 \ldots T_8$ vorhandene Ausgleichswicklung, eine spezielle Tertiärwicklung, ist für diese Rechnung ohne Belang. Die Reaktanzen der Freileitungen sind aus dem Anhang zu entnehmen, die Wirkwiderstände sind mithilfe der angegebenen R/X-Werte zu ermitteln. Die Wirkwiderstände der Transformatoren T_1 bis T_8 und der Netzeinspeisung können im Vergleich zu den Wirkwiderständen der Leitungen vernachlässigt werden.

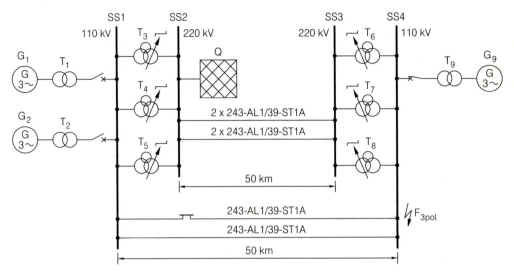

Daten der Betriebsmittel:

G_1, G_2: 10,5 kV; 100 MVA; $x_d'' = 0{,}16$; $R_{sG}/X_d'' = 0{,}05$; $\cos\varphi_r = 0{,}9$
G_9: 21,0 kV; 225 MVA; $x_d'' = 0{,}19$; $x_d' = 0{,}27$; $x_d = 1{,}5$; $T_d'' = 0{,}03$ s; $T_d' = 1{,}3$ s; $R_{sG}/X_d'' = 0{,}05$; $\cos\varphi_r = 0{,}8$
T_1, T_2: 120 MVA; $u_k = 10\,\%$; $\ddot{u}_r = 115$ kV/10,5 kV
$T_3 \ldots T_8$: 200 MVA; $u_k = 12\,\%$; $\ddot{u}_r = 240$ kV/110 kV
T_9: 250 MVA; $u_k = 10\,\%$; $\ddot{u}_r = 112$ kV/21 kV; $R/X = 0{,}03$
Q: $S_{kQ}'' = 20$ GVA

Freileitungen 220 kV: Zweierbündel; $R/X = 0{,}26$
Freileitungen 110 kV: $R/X = 0{,}30$.

a) Berechnen Sie mit dem Überlagerungsverfahren die Anfangskurzschlusswechselströme $\underline{I}_k''$ in den Einspeisungen und an der Fehlerstelle.

b) Berechnen Sie den Stoßkurzschlussstrom I_{sF} an der Fehlerstelle mithilfe des Stoßfaktors κ.

c) Bestimmen Sie den Ausschaltwechselstrom I_a, der nach der Verzugszeit $t_v = 0{,}2$ s an der Fehlerstelle auftritt.

d) Wie verändern sich prinzipiell die erhaltenen Ergebnisse, wenn alle Wirkwiderstände vernachlässigt werden?

Aufgabe 6.4: Führen Sie die Kurzschlussstromberechnung in Aufgabe 6.3 mithilfe des Verfahrens mit der Ersatzspannungsquelle nach DIN VDE 0102 erneut durch, und vergleichen Sie die Ergebnisse.

Aufgabe 6.5: Dargestellt ist ein 380-kV-Höchstspannungsnetz, das durch mehrere Kernkraftwerke versorgt wird. Der Block G_1 befinde sich in Revision, die anderen Generatoren werden mit Bemessungslast betrieben. Bei den Freileitungen handelt es sich um Doppelsysteme.
(Aus Übersichtlichkeitsgründen sind an den Sammelschienensystemen keine Verbindungspunkte eingezeichnet.)

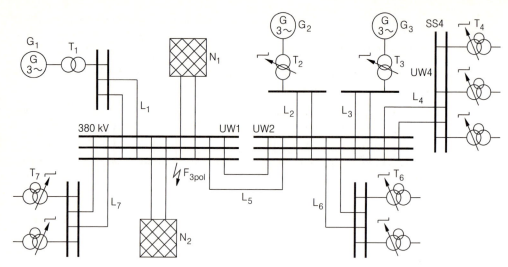

Daten der Betriebsmittel:

G_1, G_2:	1300 MVA; 27 kV; $x_d'' = 0{,}32$; $\cos\varphi_r = 0{,}85$
G_3:	900 MVA; 27 kV; $x_d'' = 0{,}23$; $\cos\varphi_r = 0{,}85$
T_1, T_2:	1400 MVA; $u_k = 16\,\%$; $ü_r = 425\,\text{kV}/27\,\text{kV}$
T_3:	1100 MVA; $u_k = 13\,\%$; $ü_r = 425\,\text{kV}/27\,\text{kV}$
T_4, T_6, T_7:	350 MVA; $u_k = 12\,\%$; $ü_r = 420\,\text{kV}/110\,\text{kV}$
N_1, N_2:	$S_k'' = 20\,\text{GVA}$; $U_{nN} = 380\,\text{kV}$
L_1, L_2, L_4:	Viererbündel 243-AL1/39-ST1A; 50 km
L_3:	Viererbündel 243-AL1/39-ST1A; 10 km
L_5:	Viererbündel 243-AL1/39-ST1A; 100 km
L_6, L_7:	Viererbündel 243-AL1/39-ST1A; 80 km.

Im Umspannwerk UW1 trete an der Sammelschiene ein dreipoliger Kurzschluss auf.

a) Berechnen Sie die sich einstellenden dreipoligen Anfangskurzschlusswechselströme I_k'' an der Fehlerstelle und in den Einspeisungen. Verwenden Sie dabei das Verfahren mit der Ersatzspannungsquelle nach DIN VDE 0102; die ohmschen Widerstände dürfen für diese Rechnung vernachlässigt werden.

b) Berechnen Sie den Stoßkurzschlussstrom an der Fehlerstelle über ein vereinfachtes Verfahren, das den Strom zur sicheren Seite abschätzt.

c) Berechnen Sie mithilfe der Abklingfaktoren gemäß Bild 6.23 den Ausschaltwechselstrom an der Fehlerstelle für einen Mindestschaltverzug von $t_v = 0{,}15$ s.

Aufgabe 6.6: In Aufgabe 6.5 ist ein Höchstspannungsnetz dargestellt, bei dem nun an der Sammelschiene SS4 ein dreipoliger Kurzschluss auftreten möge. Die Netzeinspeisung N_1 sowie die Generatoren G_1 und G_3 mögen die Last decken. Die Einspeisung N_2 und der Generator G_2 seien ausgeschaltet.

a) Stellen Sie die Admittanzform unter der Voraussetzung auf, dass nicht auf das Verfahren mit der Ersatzspannungsquelle gemäß DIN VDE 0102 zurückgegriffen werden soll. In dem Ersatzschaltbild sind die Knotennummern von links nach rechts aufsteigend zu zählen. Dem Generator G_1 wird die Nummer 1, der Netzeinspeisung N_1 die Nummer 3 und dem Generator G_3 die Nummer 5 zugeordnet.

b) Stellen Sie die äquivalente Admittanzform auf, wenn das Verfahren mit der Ersatzspannungsquelle direkt in der beschriebenen Weise angewendet werden kann.

c) Zeigen Sie, dass im Falle des Verfahrens mit der Ersatzspannungsquelle eine einzige Matrixinversion genügt, um für alle Netzknoten den Kurzschlussstrom zu bestimmen.

7 Auslegung von Netzen gegen Kurzschlusswirkungen und Auslegung von Schaltern

Ein dreipoliger Kurzschluss bewirkt eine sehr extreme Zustandsänderung. Die dadurch ausgelösten Wirkungen auf das Strom-Spannungs-Verhalten stellen daher sowohl für das einzelne Betriebsmittel als auch für die gesamte Netzanlage eine harte Beanspruchung dar. Hält ein Netz unabhängig vom Fehlerort diesen Belastungen stand, so wird es als *kurzschlussfest* bezeichnet. Ein Netz muss allerdings nicht nur kurzschlussfest sein, sondern auch die Auslegungskriterien für die Spannungsfestigkeit (s. Abschnitt 4.12) erfüllen sowie die Bedingungen des Normalbetriebs einhalten, die in Kapitel 5 beschrieben sind. Dort sind noch keine Dimensionierungskriterien für Schalter angegeben; sie werden im Weiteren zusammen mit den Auslegungskriterien für die Kurzschlussfestigkeit erläutert. Zunächst wird jedoch auf eine *unmittelbare* Kurzschlusswirkung an der Fehlerstelle – den Lichtbogen – eingegangen

7.1 Lichtbogenkurzschlüsse in Anlagen

Im Abschnitt 4.12 sind die wesentlichen Ursachen für Überspannungen beschrieben worden. Sie können zu Überschlägen oder zu Durchschlägen führen. Aus ihnen entwickeln sich häufig anschließend im Zeitbereich von wenigen Zehntelsekunden *Kurzschlusslichtbogen*. Bevorzugt treten sie in Freiluftschaltanlagen auf. Sie sind jedoch mitunter auch in SF_6-Schaltanlagen oder innerhalb von Betriebsmitteln selbst zu finden.
Gemeinsam ist solchen *Störlichtbogen* in Freiluft- oder SF_6-Schaltanlagen, dass sie sich in einer Gasatmosphäre ausbilden. Aber auch Lichtbogen innerhalb von Betriebsmitteln wie z. B. Umspannern brennen meist in Gas; denn die Isolierung, insbesondere die Flüssigkeitsisolierung mit ihren Feststoffanteilen, wird bereits während der Entstehungszeit des Lichtbogens in Gas – vorwiegend in Wasserstoff – zersetzt.
Lichtbogen von einer Länge über mehrere Zentimeter werden in ihrem Verhalten bereits von der Bogensäule geprägt. Sie enthält 6000...12000 K heißes *Plasma*. Bei diesen hohen Temperaturen bewirken Stoßionisation und thermische Dissoziation in der Säule ein nach außen elektrisch neutrales Gemisch aus Elektronen und Ionen; daneben findet man dort aber auch rekombinierte Gasmoleküle. Einzelheiten zu den physikalischen Prozessen in diesem Plasma sind [30], [57], [85] und [116] zu entnehmen. Für die Belange des Netzbetriebs interessiert vor allem die Eigenschaft, dass vom Plasma aufgrund der vielen Ladungsträger der Strom gut geleitet wird und dass sich in der Säule ein Strömungsfeld mit der Stromdichte $\vec{S}_l$ ausbildet. Bei frei brennenden Lichtbogen ist die elektrische Feldstärke $\vec{E}_l$, die mit dem Strömungsfeld über die Leitfähigkeit κ gemäß der Beziehung $\vec{E}_l = \vec{S}_l/\kappa$ verknüpft ist, im Plasma annähernd konstant. Die Lichtbogenspannung lässt sich daher für eine Länge l_l näherungsweise zu

$$U_l = E_l \cdot l_l = \frac{S_l}{\kappa} \cdot l_l \tag{7.1}$$

berechnen. Wie noch erläutert wird, darf in Netzen oberhalb der Niederspannungsebene der Kurzschlussstrom für den Lichtbogen als eingeprägt angesehen werden. Dementspre-

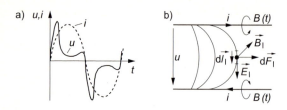

Bild 7.1
Spannungs- und Feldverhältnisse bei einem Lichtbogen
a) Strom-Spannungs-Verhalten bei Netzfrequenz
b) Schematische Darstellung der Feldverhältnisse

chend verläuft er nach wenigen Perioden, wenn die transienten Stromanteile abgeklungen sind, praktisch sinusförmig. Unter diesen Bedingungen stellt sich bei Lichtbogen in allen technisch wichtigen Gasen ein weitgehend *ähnlicher* Spannungsverlauf $u_l(t)$ ein. Speziell für einen Lichtbogen in Luft ist der Zusammenhang $u_l(t)$ in Bild 7.1a dargestellt. Erwähnt sei, dass sich bei Lichtbogen im Vakuum – z. B. bei Vakuumschaltern – andere Zusammenhänge ergeben [57].
Eine quantitative Theorie, die das Strom-Spannungs-Verhalten von Lichtbogen in Gas beschreibt, besteht aufgrund der komplexen Vorgänge im Lichtbogen jeweils nur in Teilbereichen. Grobe Anhaltswerte liefern die folgenden orientierenden Betrachtungen.
Nach dem Auftreten der Zündspitze kann die Lichtbogenspannung jeweils für den anschließenden Verlauf der Halbperiode näherungsweise durch einen konstanten Spannungswert beschrieben werden. Die zugehörige Feldstärke E_l ändert sich dabei, wie Messungen zeigen, in einem relativ engen Bereich. So gilt z. B. für einen frei brennenden Lichtbogen in Luft ohne Zusätze an vergasenden Isolierstoffen oder Metalldämpfen die Beziehung

$$1\,\frac{\text{kV}}{\text{m}} < E_l < 2\,\frac{\text{kV}}{\text{m}}\ ,$$

wobei die oberen Richtwerte für stromstarke Lichtbogen ab 15 kA maßgebend sind. Mit der Beziehung (7.1) ermittelt sich dann je nach Isolationsabstand eine Lichtbogenspannung U_l von einigen hundert Volt im Mittelspannungsbereich bis hin zu ca. 10 kV in der 400-kV-Ebene. An dieser Aussage ist wichtig, dass in diesen Netzebenen die Spannung U_l stets klein im Vergleich zu der Netznennspannung ist. Der wesentliche Spannungsabfall erfolgt damit jeweils an den Reaktanzen des Netzes und nicht am Lichtbogen.
Weitergehend kann man dem Lichtbogen auch einen Lichtbogenwiderstand zuordnen, indem man die Lichtbogenspannung U_l durch denjenigen Kurzschlussstrom I_k'' dividiert, der an der Fehlerstelle ohne Berücksichtigung des Lichtbogens fließen würde:

$$R_l = \frac{U_l}{I_k''} = \frac{E_l \cdot l_l}{I_k''}\ . \tag{7.2}$$

Eine Auswertung dieser Beziehung zeigt, dass der Widerstand selten den Bereich von einigen Ohm überschreitet. Er ist damit im Vergleich zu den Netzimpedanzen meistens so niederohmig, dass der Kurzschlussstrom für den Lichtbogen entsprechend der obigen Annahme tatsächlich als eingeprägt angesehen werden kann. Angemerkt sei, dass in Niederspannungsnetzen durchaus 50 % der Netzspannung am Lichtbogen abfallen kann. In der 0,4-kV-Ebene kann der Lichtbogen daher durchaus den Kurzschlussstrom merklich beeinflussen.
Das bisher beschriebene Strom-Spannungs-Verhalten stellt sich nur bei hinreichend stromstarken Lichtbogen ein und wird als *stationär* bezeichnet. Stromschwache Wechselstromlichtbogen verlöschen dagegen selbstständig innerhalb weniger Perioden in einem ihrer *Stromnulldurchgänge*. Bei solchen Lichtbogen ist die zugeführte Leistung mit $P_l(t) = u_l(t) \cdot i_l(t)$ so gering, dass sich eine vergleichsweise niedrige Lichtbogentemperatur

einstellt. Im Bereich des Stromnulldurchgangs ist die zugeführte Leistung besonders niedrig, sodass sich die Temperatur des Lichtbogens weiter absenkt. Bei einem dieser Nulldurchgänge unterschreitet sie dann den Grenzwert, bei dem das Plasma praktisch seine Leitfähigkeit verliert. Für Lichtbogen in SF_6 liegt dieser Wert bei ca. 3000 K, in Luft um ca. 1000 K tiefer. Als Folge des Leitfähigkeitsverlusts verlöscht der Lichtbogen im Bereich des Nulldurchgangs. Sollte die dadurch bewirkte Zustandsänderung zu steile Eigenschwingungen anregen, kann es zu einem erneuten Durchzünden des Lichtbogens kommen. Dieser Vorgang kann sich durchaus mehrere Male wiederholen, bevor ein endgültiges Erlöschen eintritt (s. Abschnitte 4.10 und 7.6).

In Freiluftschaltanlagen sind Lichtbogen als stromschwach anzusehen, sofern die Stromstärke einen Effektivwert von etwa 1 A pro 1 kV Netznennspannung unterschreitet. Bei dieser Angabe handelt es sich um eine grobe Faustregel. Genauere Angaben dazu sind Kapitel 11, DIN VDE 0228 Teil 2 oder [117] zu entnehmen. In diesem Zusammenhang wird die Netznennspannung als ein Maß für den Isolationsabstand der jeweiligen Freiluftschaltanlage verwendet, der wiederum für die Lichtbogenlänge maßgebend ist.

In Leistungsschaltern wirkt das Löschmittel auch auf stromschwache Lichtbogen und kühlt diese genauso intensiv wie stromstarke. Da bei stromschwachen Lichtbogen die Plasmasäule dünn ist, kann bereits bei Stromwerten weit vor dem Nulldurchgang die Grenztemperatur unterschritten werden und der Lichtbogen verlöschen. Die für diesen Vorgang benötigte Zeitspanne kann sehr kurz sein, sodass eine hohe Stromänderung di_l/dt auftritt. Dieser Vorgang wird als *Stromabriss* bezeichnet. Sofern der Strom abreißt und die Induktivitäten der Anlage große Werte aufweisen, führt dieser Effekt entsprechend der Beziehung $u_l = L \cdot di_l/dt$ zu hohen Überspannungen. Sie übersteigen dabei jedoch nicht einen *schalterspezifischen Maximalwert*, solange der induktive Strom hinreichend klein ist. Eine Normung dieser Werte ist geplant (s. Abschnitt 7.6).

Im Unterschied zu den stromschwachen Lichtbogen verlöschen stromstarke Lichtbogen im Netz nicht selbsttätig; ihre Fehlerstelle muss vom Netzschutz lokalisiert und dann ausgeschaltet werden. Während dieser Zeitspanne wird im Lichtbogen die Wirkleistung

$$P_l(t) = u_l(t) \cdot i_l(t) = E_l \cdot l_l \cdot i_k(t) \tag{7.3}$$

umgesetzt. Aus dieser Beziehung ist der Einfluss zweier Parameter abzulesen. Zum einen steigt die *Lichtbogenleistung* P_l mit der Höhe des Kurzschlussstroms an. Zum anderen wächst die Leistung P_l mit dem Leiterabstand, der ein Maß für die Lichtbogenlänge l_l ist. Demnach tritt in leistungsstarken 380-kV-Freiluftschaltanlagen die größte Lichtbogenleistung auf. Sie kann dort durchaus einige hundert Megawatt betragen, ist jedoch klein im Vergleich zur *Kurzschlussleistung* S_k'' von z. B. 53 GVA, mit der die Leistungsfähigkeit eines Netzes gekennzeichnet wird (s. Abschnitt 5.6). Im Unterschied zu der Rechengröße Kurzschlussleistung wird die Leistung P_l im Lichtbogen zu ca. 95 % in Wärme umgewandelt und spiegelt sich in den hohen Plasmatemperaturen wider. Der restliche Anteil führt zum Abbrand bei den Elektroden bzw. zur Abstrahlung. Die elektromagnetische Strahlung enthält eine ausgeprägte Komponente an energiereichem ultravioletten Licht. Es ist sehr schädlich für die Augen und die Haut des Menschen. Zugleich wird dadurch die unmittelbare Gasumgebung ionisiert, sodass sich dort die elektrische Festigkeit der Isolierung vermindert.

Zusätzlich ist das Wandern von stromstarken Lichtbogen zu beachten. Ab etwa 5 kA beginnen die Lichtbogen, sich zu bewegen und sich von der Einspeisung weiter zu entfernen. Bei sehr stromstarken Lichtbogen kann die Geschwindigkeit dabei durchaus 100 m/s betragen. Verursacht wird dieses Verhalten durch die elektromagnetische Kraft $\vec{F}_l$, die sich aus der Beziehung

$$\mathrm{d}\vec{F}_1 = (\mathrm{d}\vec{l}_1 \times \vec{B}_1) \cdot i_1 \qquad (7.4)$$

bestimmen lässt [12]. Dabei bezeichnet $\mathrm{d}\vec{l}_1$ ein Wegelement der Bogensäule in Richtung des Lichtbogenstroms i_1. Die Größe $\vec{B}_1$ beschreibt die magnetische Induktion, die durch die Außenleiterströme erzeugt wird und auf den Strom i_1 wirkt (Bild 7.1b).

Hindernisse wie z. B. Schottstützer in SF_6-Schaltanlagen beenden das Wandern des Lichtbogens; er bleibt stehen. Dabei weitet sich die Säule unter dem Einfluss der Stromkräfte aus; die Lichtbogenfußpunkte verändern allerdings ihre Lage nur noch lokal. Sie bewirken dann dort einen deutlichen Abbrand an den Elektroden. Unabhängig vom Elektrodenmaterial beträgt z. B. bei Lichtbogen in Luft der Abbrand etwa 5...10 g/kAs.

Üblicherweise entsteht in den Anlagen zunächst ein Lichtbogen zwischen zwei Leitern oder einem Leiter und der Erde. Bereits nach einer kurzen Zeitspanne kann sich in Freiluftschaltanlagen des Mittelspannungsbereichs oder bei dreipolig gekapselten Schaltanlagen daraus ein dreipoliger Lichtbogenkurzschluss entwickeln. In Höchstspannungsnetzen ist diese Erscheinung aufgrund der größeren Leiterabstände seltener.

Im Netzbetrieb sind Lichtbogen nie ganz zu vermeiden. Durch die Verwendung so genannter lichtbogensicherer Anlagen erreicht man jedoch, dass der Lichtbogen nicht wandert, sondern auf die unmittelbare Fehlerstelle beschränkt bleibt. Begrenzend wirkt bei den SF_6-Schaltanlagen die Schottung und bei der konventionellen Bauweise die Aufteilung in Zellen sowie deren weitere Unterteilung in Teilräume. Die zugehörigen Kapselungen halten einem eventuellen Abbrand bis zu einer Sekunde stand. Zugleich wird der Druckanstieg beherrscht, der durch die Wärmeentwicklung des Lichtbogens ausgelöst wird. Wenn der Netzschutz in der geplanten Zeit anspricht, ist kein Aufbrechen der Kapselung zu befürchten. Anderenfalls könnten die austretenden heißen Gase das Betriebspersonal gefährden, das sich zufällig auf den begehbaren Gängen befindet. Um diese Gefahr zu vermeiden, sind bei SF_6-Schaltanlagen *Berstscheiben* eingebaut, die rechtzeitig zuvor aufplatzen und die heißen Gase in solche Bereiche lenken, die während des Betriebs nicht betreten werden dürfen. Bei der Zellenbauweise sind dafür *Druckentlastungsklappen* vorgesehen.

In Freiluftschaltanlagen ist das Wandern der Lichtbogen aufgrund der offeneren Bauweise ausgeprägter. Das Betriebspersonal ist jedoch so lange ungefährdet, wie die begehbaren Freiflächen nicht verlassen werden.

Neben der dargestellten Lichtbogensicherheit von Anlagen ist auch deren Kurzschlussfestigkeit in Bezug auf die mechanischen und thermischen Wirkungen der Kurzschlussströme zu beachten.

7.2 Mechanische Kurzschlussfestigkeit

Stromdurchflossene Leiter werden mit elektrodynamischen Kräften belastet. Bei normalen Betriebsströmen sind diese Stromkräfte üblicherweise gering. Im Kurzschlussfall können sie jedoch infolge der hohen Kurzschlussströme sehr große Werte annehmen und sind für die Auslegung der Anlage maßgebend. Im Weiteren werden nur Stromkräfte und keine Gewichtskräfte berücksichtigt. Der prinzipielle Ablauf dieser Rechnungen wird zunächst an einer besonders einfachen Anlage dargestellt.

7.2.1 Auslegung von linienförmigen, biegesteifen Leitern

Ausgegangen wird von dem Spezialfall paralleler, linienförmiger Leiterschienen, die darüber hinaus noch biegesteif sein sollen. Solche Leiter werden im Folgenden als *Hauptleiter* bezeichnet. Linienförmige Leiterschienen liegen immer dann vor, wenn der Querschnitt der Schienen klein im Vergleich zu der Schienenlänge und ihren gegenseitigen Abständen ist. Für die in Bild 7.2 dargestellte Anordnung von zwei Schienen werden die Kräfte ermittelt.

7.2.1.1 Berechnung der Stromkräfte

Die Stromkräfte von linienförmigen Leitern lassen sich mit der bereits angeführten Beziehung (7.4) ermitteln. Dabei kennzeichnet $\vec{dl}$ ein Wegelement des jeweils betrachteten Leiters. Die Größe $\vec{B}$ stellt die Induktion dar, die auf dieses Wegelement wirkt. Die Kräfte sind entsprechend Gl. (7.4) gleichmäßig über die ganze Leiterlänge verteilt und wirken als *Streckenlast*. Wie aus dieser Beziehung weiter hervorgeht, ziehen sich die beiden Leiter bei gleichgerichteten Strömen an und stoßen sich bei entgegengesetzt verlaufenden Strömen ab.

Die zeitabhängigen Ströme führen auch zu zeitabhängigen Kräften. Sie berechnen sich bei einem Leitermittenabstand a für den Leiter 1 der Anordnung in Bild 7.2 zu

$$\frac{dF_1}{dl_1} = B_2(t) \cdot i_1(t) \tag{7.5}$$

mit

$$B_2(t) = i_2(t) \cdot \frac{\mu_0}{2 \cdot \pi \cdot a} \; . \tag{7.6}$$

Über die ganze Leiterlänge l addieren sich die Teilkräfte dF zu

$$F_1(t) = l \cdot \frac{\mu_0}{2 \cdot \pi \cdot a} \cdot i_1(t) \cdot i_2(t) \; . \tag{7.7}$$

Bei einem einphasigen System, für das definitionsgemäß $i_1(t) = -i_2(t)$ gilt, berechnet sich im speziellen Fall eines sinusförmigen Leiterstroms die Amplitude dieser Kraft $F_1(t)$ zu

$$\hat{F}_1 = l \cdot \frac{\mu_0}{2 \cdot \pi \cdot a} \cdot \hat{I}^2 \; . \tag{7.8}$$

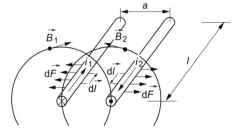

Bild 7.2
Kraftwirkung $d\vec{F}$ auf zwei stromdurchflossene linienförmige, parallele Leiter

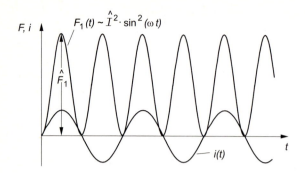

Bild 7.3
Kräfteverlauf bei zwei parallelen Leitern für einen sinusförmigen, gleich großen Hin- und Rückstrom

In Bild 7.3 ist der gesamte Verlauf der Leiterkräfte für diesen Spezialfall dargestellt.
In Drehstromsystemen treten bei einem dreipoligen Fehler kompliziertere Verhältnisse auf, da die Ströme in den einzelnen Leitern zueinander phasenverschoben sind und zusätzlich abklingende Gleichstromkomponenten enthalten. Die folgenden analytischen Ableitungen gelten nur für die in Bild 7.4 dargestellte spezielle Leiteranordnung, die – wie üblich – gleich große Abstände und Querschnitte aufweisen soll. Für anders angeordnete Leiter ist eine gesonderte Betrachtung notwendig, die von der Methodik her völlig analog durchzuführen ist.
Gemäß Gl. (7.4) können die Leiterkräfte nur berechnet werden, wenn das von anderen Leitern herrührende Feld bekannt ist. Diese Rechnung gestaltet sich bei der Anordnung in Bild 7.4 sehr einfach, da die Leiterschienen in einer Ebene liegen. Die Felder können arithmetisch addiert werden. Die Gleichung (7.4) nimmt damit die Form

$$F_2(t) = l \cdot \frac{\mu_0}{2 \cdot \pi \cdot a} \cdot [i_1(t) - i_3(t)] \cdot i_2(t) \qquad (7.9)$$

an. Die entsprechenden Beziehungen für die anderen Leiter ergeben sich analog. Um nun eine kurzschlussfeste Anordnung zu erhalten, ist von der ungünstigsten Beanspruchung auszugehen, die in einem Fehlerfall auftreten kann. Wenn man voraussetzt, dass stets nur ein Fehler zur Zeit vorhanden ist, stellt der dreipolige Kurzschluss den ungünstigsten Fehler dar. Im Weiteren werden die Zählpfeile entsprechend Bild 7.4 zugrunde gelegt. Abhängig vom Schaltwinkel α bilden sich dann im Falle eines generatornahen dreipoligen Kurzschlusses die Ströme

$$\begin{aligned}
i_1(t) &= \sqrt{2} \cdot I_k'' \cdot [\sin(\omega t - \alpha - \varphi)] + i_{g1}(t,\alpha) \\
i_2(t) &= \sqrt{2} \cdot I_k'' \cdot [\sin(\omega t - 120° - \alpha - \varphi)] + i_{g2}(t,\alpha) \\
i_3(t) &= \sqrt{2} \cdot I_k'' \cdot [\sin(\omega t - 240° - \alpha - \varphi)] + i_{g3}(t,\alpha)
\end{aligned} \qquad (7.10)$$

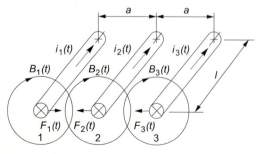

Bild 7.4
Kräfte bei einem Drehstromsystem

7.2 Mechanische Kurzschlussfestigkeit

aus. Mit i_{g1}, i_{g2}, i_{g3} sind dabei die abklingenden Gleichstromkomponenten bezeichnet, und der Winkel φ stellt die Phasenverschiebung des Stroms zur jeweiligen Sternspannung dar (s. Kapitel 6). Mit den Beziehungen (7.4) und (7.10) sind nun die Kräfte zu berechnen, die auf die Leiterschienen wirken.

Eine genaue Diskussion dieser wiederum zeitabhängigen Stromkräfte zeigt, dass die mittlere Leiterschiene mechanisch am stärksten beansprucht wird. Die größte Kraft F_m tritt dann auf, wenn der Kurzschluss 45° nach dem Nulldurchgang der zugehörigen Sternspannung einsetzt. Die Kraft F_m ergibt sich dann zu

$$F_{\mathrm{m}} = l \cdot \frac{\mu_0}{2 \cdot \pi} \cdot \frac{\sqrt{3}}{2} \cdot I_{\mathrm{s3p}}^2 \cdot \frac{1}{a} \, . \tag{7.11}$$

Mit der Größe I_{s3p} wird in dieser Beziehung – wie bisher – der Stoßkurzschlussstrom bezeichnet. Hervorzuheben ist, dass bei dem gewählten Schaltwinkel von 45° die größte mechanische Beanspruchung auftritt, obwohl dann in keinem der drei Leiter dieser Stoßkurzschlussstrom erreicht wird. Um dennoch eine einfache Kraftberechnung mit bekannten Beziehungen zu ermöglichen, werden die wirklichen Augenblickswerte der Ströme, die zum Zeitpunkt der größten Kraftwirkung fließen, in Abhängigkeit von I_{s3p} ausgedrückt. Die weitere Auswertung führt schließlich auf den Zusammenhang (7.11). Gemäß DIN VDE 0103 kann diese Gleichung auch angewendet werden, wenn die drei Leiter ein gleichseitiges Dreieck bilden. Bei dieser Anordnung sind aufgrund der Symmetrie alle Leiter gleichberechtigt. Infolgedessen tritt die so berechnete maximale Kraft zeitlich versetzt bei jeder Leiterschiene auf. Mit diesen Betrachtungen sind die *Beanspruchungsgrößen* der Schienen ermittelt. Nun kann ihre *Dimensionierung* vorgenommen werden.

7.2.1.2 Dimensionierung der Leiterschienen

Bei der Dimensionierung der Leiterschienen wird die erläuterte Zeitabhängigkeit zunächst formal nicht berücksichtigt. Die maximale Kraft F_m wird als *Dauerlast* angenommen, sodass die in der Mechanik üblichen statischen Berechnungsmethoden angewendet werden können. Sie sind jeder Grundlagenliteratur wie z. B. [118] zu entnehmen und sollen daher nur kurz skizziert werden.

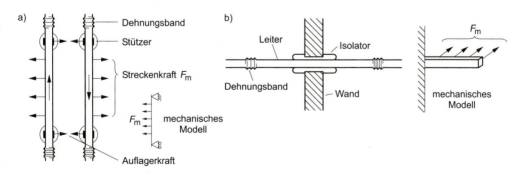

Bild 7.5
Kraftwirkungen auf technisch übliche Leiteranordnungen und ihr mechanisches Modell
a) Stützer gelagertes Sammelschienensystem
b) Leiterdurchführung

Das in Bild 7.5a dargestellte Leitersystem ist zweifach gelagert. Man fasst es entsprechend den Regeln der Mechanik als zweiseitig eingespannten Balken auf. Bei einer solchen Anordnung nimmt das größte Biegemoment, wie sich nach einer Berechnung der Auflagerkräfte zeigt, für die Leiterlänge l den Wert

$$M_\mathrm{m} = \frac{F_\mathrm{m} \cdot l}{8} \tag{7.12}$$

an. Mit dem Widerstandsmoment W_m, das für den jeweils vorliegenden Schienenquerschnitt z. B. [70] zu entnehmen ist, erhält man die mechanische Biegespannung σ_m des Leiters:

$$\sigma_\mathrm{m} = \frac{M_\mathrm{m}}{W_\mathrm{m}} \, . \tag{7.13}$$

Diese mechanische Spannung σ_m darf nicht größer sein als eine zulässige Biegespannung σ_zul:

$$\sigma_\mathrm{m} \leq \sigma_\mathrm{zul} \, . \tag{7.14}$$

Sofern für die zulässige mechanische Spannung der Wert

$$\sigma_\mathrm{zul} = q \cdot \sigma_{0,2} \tag{7.15}$$

gewählt wird, gelten Leiter als kurzschlussfest. Dabei ist der Faktor q eine Erfahrungsgröße, die vom Leiterprofil abhängig ist. Sie weist bei rechteckigen Leitern den Wert 1,5 auf (s. DIN VDE 0103). Mit $\sigma_{0,2}$ wird die Streckgrenze des jeweiligen Materials bezeichnet, bei der nach einer Zugspannung eine Materialdehnung von 0,2 % bestehen bleibt. Bei einer Dimensionierung mit dem höheren Wert σ_zul können bleibende Durchbiegungen bis zu 1 % des Stützerabstands auftreten. Derartige kleine Verformungen beeinträchtigen die Funktionsfähigkeit der Anlage nicht und können daher als zulässig angesehen werden. Im Unterschied zu einer rein statischen Aufgabenstellung kann die zulässige mechanische Spannung relativ hoch angesetzt werden, da die Kraftspitzen nur sehr kurzzeitig wirken.
Durch den Faktor q wird somit die Zeitabhängigkeit der Beanspruchung indirekt berücksichtigt. Lediglich im Falle einer so genannten Kurzunterbrechung (s. Abschnitt 7.3) treten stärkere dynamische Beanspruchungen auf, die durch eine Erhöhung der ermittelten Spannung σ_m um einen Faktor 1,8 berücksichtigt werden (s. DIN VDE 0103). Eine solche Kurzunterbrechung erzeugt nämlich einen mechanischen Impuls, der mechanische Eigenfrequenzen der Anlage anregen und dadurch Resonanzüberhöhungen bewirken kann.
Genauere und aufwändigere Berechnungsmethoden können die Zeitabhängigkeit besser berücksichtigen. Eine weitere Vertiefung soll in dieser Einführung jedoch nicht erfolgen. Ein solches Verfahren ist u. a. in DIN VDE 0103 dargestellt.
In diesem Zusammenhang sei darauf hingewiesen, dass sich für andere Lagerungen der Leiter abweichende mechanische Modelle und damit auch unterschiedliche Beziehungen ergeben, die für übliche Ausführungen u. a. den Handbüchern und DIN VDE 0103 zu entnehmen sind. Das prinzipielle Berechnungsverfahren läuft analog ab. Ein Beispiel für ein anderes mechanisches Modell zeigt Bild 7.5b.
Im Folgenden werden noch für einige weitere technisch wichtige Leiterausführungen die Stromkräfte ermittelt. Da die mechanische Auslegung weitgehend analog erfolgt, wird auf diese Methode nicht nochmals eingegangen.

7.2.1.3 Stromkräfte bei gekrümmten und gekapselten Leiterschienen

Zunächst werden die in Bild 7.6 dargestellten gekrümmten Leiter untersucht, die wiederum biegesteif sein sollen. Bei der Bestimmung der Beanspruchungsgrößen von gekrümmten Leitern ist zu beachten, dass prinzipiell neben den Fremdfeldern von den anderen Leitern noch das Eigenfeld des jeweils betrachteten Leiters zu berücksichtigen ist. Dieses Eigenfeld bewirkt eine zusätzliche Kraft, die bei geradlinigen Leitern jedoch nicht zum Tragen kommt. Bei gekrümmten Leitern lassen sich die maßgebenden Feldanteile über das Biot-Savartsche Gesetz bestimmen. Insgesamt stellt sich ein ungleichmäßiges magnetisches Feld und damit auch eine ungleichmäßige Verteilung der Streckenkraft dF/dl ein (Bild 7.6). Der Kraftanstieg ist dabei umso ausgeprägter, je kleiner der Krümmungsradius ist, und geht theoretisch im Falle einer Ecke in einen Pol über [119], [120]. Bei den fertigungstechnisch üblichen Biegeradien braucht diese zusätzliche Kraftwirkung nur in Sonderfällen wie z. B. in Hochstromprüffeldern beachtet zu werden, in denen Extrembeanspruchungen zu erwarten sind.

Die bisher untersuchten Leiteranordnungen sind in konventionell ausgeführten Freiluftschaltanlagen zu finden. Bei SF_6-Bauweisen findet man dagegen die in Bild 7.7 dargestellten Anordnungen; die Kapselung wird, wie es bei modernen Anlagen der Fall ist, als *unmagnetisch* vorausgesetzt. Weiterhin bleiben Wirbelstromeffekte unberücksichtigt.

Unter diesen Voraussetzungen verändert die Metallhülle bei dreipolig gekapselten Anlagen nicht das Magnetfeld der drei Leiter in ihrem Innenraum. Grundsätzlich gelten daher auch die gleichen Gesetzmäßigkeiten wie bei der bereits behandelten Einebenenanordnung in Bild 7.4. Während sich dort die Kräfte arithmetisch addieren, überlagern sie sich bei der dreipolig gekapselten Ausführung geometrisch. Ihre Resultierende bewegt sich dabei auf einer ellipsenförmigen Kurve (Bild 7.7a). Die maximale Kraft F_m ist stets nach außen gerichtet und in guter Näherung mit der Beziehung (7.11) zu ermitteln. Im Unterschied zu der bisher ausgewerteten Einebenenanordnung tritt die maximale Kraft F_m phasenverschoben in gleicher Höhe an jedem der drei Leiter auf. Auf die ringförmige Kapselung werden nur relativ geringe Verformungskräfte F_K ausgeübt, da diese nur von einem kleinen Rückstrom in Höhe von ca. $0,1 \cdot I_r$ durchflossen wird und sich zugleich dort das Feld ähnlich wie die Ströme annähernd kompensiert.

Bei einpolig gekapselten Ausführungen beträgt der Rückstrom in der Kapselung stattdessen $(0,5 \ldots 0,9) \cdot I_r$. Zugleich wird das magnetische Feld durch die anderen Leiter kaum kompensiert. Dementsprechend ruft der Innenleiter ringsum in der Kapselung ausgeprägtere Verformungskräfte hervor. Außerhalb wird das Magnetfeld durch den Rückstrom deutlich herabgesetzt (Bild 7.7b). Gemäß Gl. (7.5) bewirken diese Felder bei den parallel geführten Kapselungen und Stromleitern nur noch vergleichsweise geringe Kräfte.

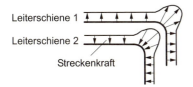

Bild 7.6
Ungleichmäßige Verteilung der Streckenkraft an zwei parallelen, rechtwinklig gebogenen Leitern bei entgegengesetzt fließenden Strömen

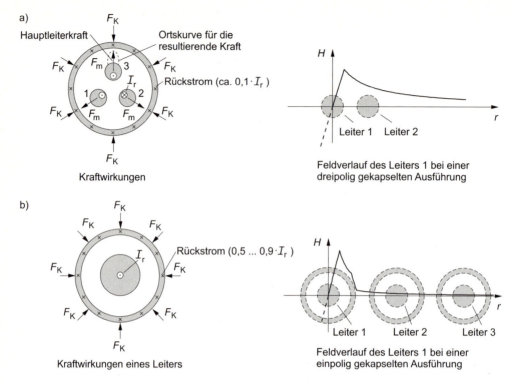

Bild 7.7
Übliche SF$_6$-Bauweisen
a) Dreipolig gekapselte Ausführung
b) Einpolig gekapselte Ausführung
F_K: Von den Leitern verursachte Verformungskräfte auf die eigene Kapselung

7.2.2 Auslegung von Leiterschienen mit großen Querschnittsabmessungen

Streng genommen gelten die bisher abgeleiteten Beziehungen nur für linienförmige Leiter. Diese Bedingung ist erfüllt, sofern ihre Querschnittsabmessungen klein sind im Vergleich zu dem Abstand zwischen den Stromleitern. Eine solche Forderung wird z. B. von konventionellen Freiluftschaltanlagen in Rohrbauweise eingehalten, nicht jedoch von den SF$_6$-Ausführungen in Bild 7.7.

Für die *dreipolig* gekapselte Bauart ergeben sich bei Berücksichtigung der Querschnittsabmessungen etwas größere Kräfte, als wenn im Leitermittelpunkt ein linienförmiger Leiter angenommen wird. Ohne es im Einzelnen genauer zu begründen, sei nur gesagt, dass dafür der nichtlineare Abfall des Magnetfelds mit $1/r$ maßgebend ist. Dieser bewirkt an den beiden Seiten eines jeden Leiters – z. B. beim Leiter 2 in Bild 7.7a – unterschiedlich große Kräfte. Die dadurch bedingte Erhöhung der resultierenden Kraft wird jedoch durch die Auswirkungen der Wirbelströme teilweise wieder kompensiert. Infolgedessen gilt die Beziehung (7.11) trotz ihrer systematischen Fehler in guter Näherung (s. DIN VDE 0103).

Auch bei *einpolig* gekapselten Anlagen dürfen die Kräfte auf die Stromleiter unter der Annahme linienförmiger Leiter ermittelt werden. Durch den größeren Abstand der Leiter sowie durch den ausgeprägten Rückstrom ist das Feld im Bereich der weiteren parallelen

7.2 Mechanische Kurzschlussfestigkeit

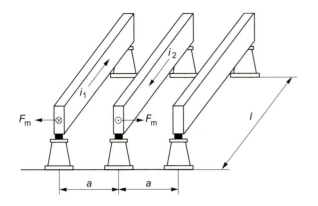

Bild 7.8
Kraftwirkung auf stromdurch-
flossene rechteckförmige
Sammelschienen

Stromleiter bereits so abgeschwächt, dass dort nur noch ein sehr kleiner Feldabfall besteht (Bild 7.7b). Dementsprechend ist es bei symmetrischen Leiteranordnungen erlaubt, den Strom konzentriert im Mittelpunkt anzunehmen und mit linienförmigen Leitern zu rechnen. Aufgrund der geringen äußeren Felder sind die Wirbelstromeffekte in den beeinflussten Leitern gering. Lediglich in der Kapselung wird der Rückstrom stärker an die Ränder verlagert. Für die Kraftberechnung ist dieser Effekt jedoch unerheblich.

Verwickeltere Verhältnisse ergeben sich bei Leitern aus *Flachschienen* (Bild 7.8). Diese Leiterform findet man bei der Zellenbauweise (Bild 4.177) und bei den Verbindungen zwischen Generator und Blocktransformator, den so genannten *Generatorableitungen*. Eine genaue Bestimmung der magnetischen Felder einschließlich der Wirbelstromeffekte ist dort nur noch numerisch möglich [121], [122].

Um die praktische Projektierungstätigkeit von solchen aufwändigen Rechnungen zu entlasten, sind die Ergebnisse für einzelne Profile in normierter Form dargestellt. Über Korrekturfaktoren gehen sie in die bisher bekannten Berechnungsverfahren ein (s. DIN VDE 0103). Für die besonders häufig eingesetzten Rechteckprofile ist eine solche normierte Darstellung aus Bild 7.9 zu ersehen. Es wird in der Beziehung (7.11) anstelle der Leiterabstände a ein korrigierter Wert a_m eingeführt (Index m: main), sodass sich die modifizierte Form

$$F_\mathrm{m} = l \cdot \frac{\mu_0}{2 \cdot \pi} \cdot \frac{\sqrt{3}}{2} \cdot I_\mathrm{s3p}^2 \cdot \frac{1}{a_\mathrm{m}} \qquad (7.16)$$

ergibt. Die Größe a_m kann als *wirksamer Abstand* des am stärksten beanspruchten mittleren Leiters zu den beiden äußeren Leitern interpretiert werden. Dieser Wert wird mithilfe eines Korrekturfaktors k_{12} aus dem Mittenabstand a in Bild 7.8 ermittelt:

$$a_\mathrm{m} = \frac{a}{k_{12}} . \qquad (7.17)$$

Der Korrekturfaktor hängt nur von den Leiterabmessungen ab und ergibt sich aus Bild 7.9, indem für den Quotienten a_1s/d auf der Abszisse der Ausdruck a/d eingesetzt wird. Mit d wird die Breite der untereinander gleichen Leiterschienen angegeben, während die Größe b deren Höhe kennzeichnet. Der Parameter b/d bestimmt schließlich die zugehörige Kurve, die auf der Ordinate den gesuchten Wert k_{12} liefert.

Wie aus dem Diagramm abzulesen ist, verkleinert sich die Kraft bei *stehend* angeordneten Flachschienen umso ausgeprägter im Vergleich zu Linienleitern, je schmaler und höher das Profil gewählt wird. Dagegen kann sich bei nebeneinander *liegenden* Schienen sogar eine

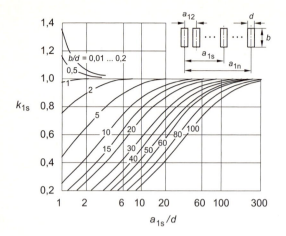

Bild 7.9

Korrekturfaktor k_{1s} für den wirksamen Abstand a_s bzw. a_m von zwei Leitern 1 und s

geringfügige Vergrößerung einstellen. Die wesentliche Ursache für dieses Verhalten ergibt sich aus dem unterschiedlichen geometrischen Aufbau, der das Feld der Nachbarleiter in seiner resultierenden Wirkung verkleinert bzw. vergrößert.

Bei *Höchststromanlagen* dürfen die Profile gewisse Abmessungen nicht überschreiten, da sich anderenfalls Stromverdrängungseffekte zu stark bemerkbar machen. Daher unterteilt man die Hauptleiter in mehrere, parallel geführte *Teilleiter* gemäß Bild 7.10. Der für die Dimensionierung maßgebende dreipolige Stoßkurzschlussstrom I_{s3p} teilt sich auf die einzelnen Teilleiter entsprechend ihrer Anzahl n auf.

Die *Kraftwirkung zwischen den Teilleitern* lässt sich dementsprechend ebenfalls mit einer leicht modifizierten Form der Beziehung (7.11) zu

$$F_s = l_s \cdot \frac{\mu_0}{2 \cdot \pi} \cdot \left(\frac{I_{s3p}}{n}\right)^2 \cdot \frac{1}{a_s} \tag{7.18}$$

berechnen (Index s: sub). Der Faktor $\sqrt{3}/2$ tritt in dieser Beziehung nicht auf, da die Ströme in den Teilleitern gleichphasig sind. Aus diesem Grunde werden – im Unterschied zu Hauptleitern – die äußeren Leiterschienen am stärksten beansprucht, denn dort addieren sich die Kraftwirkungen aller Leiter arithmetisch. Es müssen daher sämtliche geometrischen Abstände a_{1s} eines äußeren Leiters 1 zu den anderen Teilleitern s mit den zugehörigen Korrekturfaktoren k_{1s} umgerechnet werden. Die so erhaltenen Einzelter-

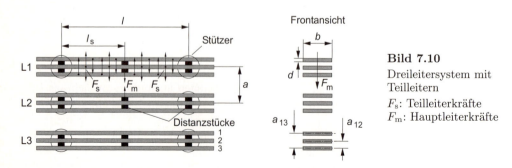

Bild 7.10

Dreileitersystem mit Teilleitern

F_s: Teilleiterkräfte
F_m: Hauptleiterkräfte

7.2 Mechanische Kurzschlussfestigkeit

me können dann zu einem wirksamen Mittenabstand a_s der Teilleiter zusammengefasst werden:

$$\frac{1}{a_s} = \frac{k_{12}}{a_{12}} + \frac{k_{13}}{a_{13}} + \cdots + \frac{k_{1n}}{a_{1n}}. \tag{7.19}$$

Zu beachten ist, dass im Unterschied zu der Kraftwirkung zwischen den Hauptleitern die damit ermittelten *Teilleiterkräfte nicht die Auflager* – die Stützer – beanspruchen, sondern *von den Distanzstücken aufgefangen* werden (Bild 7.10). Die durch die Teilleiterkräfte verursachten mechanischen Spannungen können gemäß der Beziehung

$$\sigma_s = \frac{M_s}{W_s} \quad \text{mit} \quad M_s = \frac{F_s \cdot l_s}{16}$$

ermittelt werden, in der W_s das Widerstandsmoment der Teilleiter kennzeichnet. Da die resultierende Biegespannung in den Leitern sowohl von den Haupt- als auch von den Teilleiterkräften hervorgerufen wird, sind die Spannungen σ_m und σ_s für die Dimensionierung der Leiterschienen zu überlagern. Im Interesse eines einfachen Berechnungsverfahrens und im Hinblick auf einen zusätzlichen Sicherheitszuschlag wird die Phasenverschiebung der Kräfte nicht berücksichtigt, die Biegebeanspruchungen werden arithmetisch addiert. Als Dimensionierungsvorschrift gilt daher

$$\sigma_m + \sigma_s \leq q \cdot \sigma_{0,2}, \tag{7.20}$$

wobei für Rechteckprofile wiederum $q = 1,5$ gesetzt werden kann. Um sicherzustellen, dass der Kurzschluss den Abstand zwischen den Teilleitern nur geringfügig verändert, wird in DIN VDE 0103 zusätzlich empfohlen, die Bedingung

$$\sigma_s \leq \sigma_{0,2} \tag{7.21}$$

einzuhalten. Diese Restriktion soll gewährleisten, dass die Streckgrenze der Leiterschiene nicht schon allein durch die Teilleiterkräfte überschritten werden kann.

7.2.3 Auslegung von Stützern

Stützer stellen in Energieversorgungsanlagen die *technische Realisierung der Auflager für die Leiterschienen* dar. Für ihre Wahl ist in erster Linie die Netznennspannung maßgebend. Die eigentliche Dimensionierung ist recht einfach. Das Moment $F_d \cdot h_d$, das von der Stromschiene am Stützer hervorgerufen wird, muss stets kleiner als eine zulässige

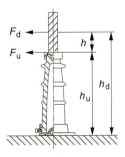

Bild 7.11
Innenraumstützer mit Rechteckschiene

h_u: Höhe der Stützeroberkante
h_d: Höhe des angenommenen Kraftangriffspunkts
h: Höhe des Kraftangriffspunkts über der Stützeroberkante
F_u: Umbruchkraft
F_d: im Angriffspunkt wirksame Kraft

Beanspruchung sein:

$$F_\mathrm{d} \cdot h_\mathrm{d} \leq F_\mathrm{u} \cdot h_\mathrm{u} \ . \tag{7.22}$$

Die Bedeutung der einzelnen Größen ist aus Bild 7.11 zu ersehen. Die Stützer stehen zumeist auf Unterkonstruktionen oder sind mit Portalen verbunden, die diese Beanspruchungsgrößen wiederum aufnehmen.

7.2.4 Auslegung von Leiterseilen und Kabeln

Leiterseile werden prinzipiell wie Schienen berechnet und dimensioniert. Zusätzlich ist dabei jedoch noch ihr Eigengewicht zu berücksichtigen, das zu nicht mehr vernachlässigbaren Querkräften führt. Darüber hinaus ist zu beachten, dass durch die Kurzschlusskräfte eine horizontale Seilauslenkung auftritt. Daher werden entsprechend modifizierte Beziehungen verwendet (s. DIN VDE 0103). Ferner sind *einadrige Kabel* gegen die mechanischen Auswirkungen von Stoßkurzschlussströmen sicher zu befestigen.

Bisher ist nur die mechanische Kurzschlussfestigkeit behandelt worden. Im Folgenden wird auf die thermische Dimensionierung eingegangen.

7.3 Thermische Kurzschlussfestigkeit

Die hohen Kurzschlussströme, deren Berechnung in Kapitel 6 erläutert ist, belasten die Betriebsmittel auch thermisch sehr stark. Während der *Kurzschlussdauer* T_k darf die erzeugte Wärmemenge ΔQ innerhalb dieses Zeitraums einen für die Betriebsmittel jeweils zulässigen Wert nicht übersteigen. Dieser Sachverhalt lässt sich durch die Ungleichung

$$\Delta Q \leq \Delta Q_\mathrm{zul} \tag{7.23}$$

beschreiben. Bei einer Verletzung dieser Beziehung liegt keine Kurzschlussfestigkeit mehr vor, und es ist mit einer Schädigung der Anlage bzw. des Betriebsmittels zu rechnen. Im Folgenden wird ein praxisgerechtes Verfahren zur Berechnung der entstehenden Wärmemenge ΔQ dargestellt.

7.3.1 Berechnung der Wärmebeanspruchung

Während der Fehlerdauer T_k werde ein Betriebsmittel mit dem Widerstand R_B vom Kurzschlussstrom $i_\mathrm{k}(t)$ durchflossen. Für die in diesem Zeitraum erzeugte Wärmemenge ΔQ gilt vereinfachend

$$\Delta Q = R_\mathrm{B} \cdot \int_0^{T_\mathrm{k}} i_\mathrm{k}^2(t) \mathrm{d}t \ . \tag{7.24}$$

In dieser Beziehung ist der Einfluss der Temperatur ϑ auf den Widerstand $R_\mathrm{B}(\vartheta)$ und die dadurch bedingte höhere Erwärmung nicht berücksichtigt. Bei manchen Betriebsmitteln kann z. B. durch Wirbelstromeffekte eine noch höhere Erwärmung entstehen, die in Gl. (7.24) ebenfalls nicht erfasst ist. Diese systematischen Fehler werden im Ansatz

7.3 Thermische Kurzschlussfestigkeit

wieder aufgefangen, indem man davon ausgeht, dass die erzeugte Wärme vollständig im Betriebsmittel bleibt (adiabate Erwärmung). Erst bei Leiterquerschnitten über 600 mm² dürfen die Wirbelströme nicht mehr vernachlässigt werden.

Als repräsentative Kenngröße für die Wärmemenge ΔQ hat man einen so genannten *thermisch gleichwertigen Kurzzeitstrom* I_{th} eingeführt (s. DIN VDE 0102 und 0103):

$$\Delta Q = R_{\text{B}} \cdot I_{\text{th}}^2 \cdot T_{\text{k}} = R_{\text{B}} \cdot \int_0^{T_{\text{k}}} i_{\text{k}}^2(t) \mathrm{d}t \,. \tag{7.25}$$

Aus Gl. (7.25) geht hervor, dass dieser Strom I_{th} während des Zeitraums T_{k} die gleiche Wärmemenge wie der tatsächlich fließende Kurzschlussstrom mit seinen Gleich- und Wechselstromkomponenten erzeugt. Es handelt sich also um einen Effektivwert über den Zeitraum T_{k}. Die Bedingung (7.23) kann daher auf die äquivalente Form

$$I_{\text{th}} \leq I_{\text{th,zul}} \tag{7.26}$$

gebracht werden. Diese Ausführungen zeigen, dass eine Berechnung der erzeugten Wärme bzw. des thermisch gleichwertigen Kurzzeitstroms zunächst die Kenntnis des genauen Kurzschlussstromverlaufs $i_{\text{k}}(t)$ voraussetzt und darüber hinaus eine aufwändige Integration erfordert. Einfacher wird es, wenn allen Maschinen der betrachteten Anlage gemeinsam die Auslegungsdaten einer speziellen Synchronmaschine zugewiesen werden [123]. Ein solches Netz lässt sich auf die Reihenschaltung dieses Ersatzgenerators und einer Impedanz zurückführen (s. Abschnitt 6.1.2.2). Die so erhaltene Konfiguration kann gemäß Kapitel 6 analytisch behandelt werden und liefert den folgenden Ausdruck:

$$I_{\text{th}} = I_{\text{k}}'' \cdot \sqrt{m + n} \,. \tag{7.27}$$

Darin kennzeichnen die Parameter m und n die Wärmeanteile, die durch die Gleich- bzw. Wechselstromkomponente hervorgerufen werden. Sie hängen von den jeweiligen Netzverhältnissen ab. Für diese Kenngrößen sind in den Bildern 7.12 und 7.13 Diagramme angegeben, wobei für den Wert n auch der Dauerkurzschlussstrom I_{k} benötigt wird (s. Abschnitt 4.4.4 und Kapitel 6). Allerdings werden die Auswirkungen der Spannungsregelung auf die thermische Wirkung des Kurzschlusswechselstroms nicht erfasst. Diese Maßnahme ist zu rechtfertigen, weil sich mit den Daten von anderen Maschinen als der

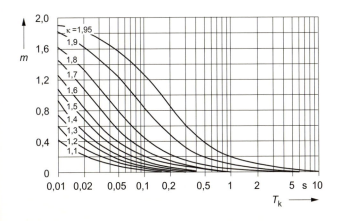

Bild 7.12

Faktor m für die Wärmewirkung der abklingenden Gleichstromkomponente bei Dreh- und Wechselstrom

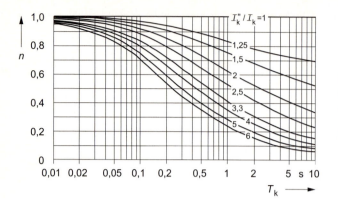

Bild 7.13

Faktor n für die Wärmewirkung der Wechselstromkomponente bei einem dreipoligen Kurzschluss

gewählten Synchronmaschine ohnehin Abweichungen bis zu ca. 30 % einstellen [123]. Neben diesen Unsicherheiten entstehen weitere dadurch, dass während der Lebensdauer des Betriebsmittels Kurzschlüsse auftreten können, die bereits zu Vorschädigungen führen. Solche Einflüsse sind letztlich nur dadurch aufzufangen, dass der Hersteller den zulässigen Kurzzeitstrom $I_{\text{th,zul}}$ absenkt.

Wie die Beziehung (7.27) zeigt, wird bei der Ermittlung des Kurzzeitstroms vom dreipoligen Anfangskurzschlusswechselstrom I_k'' ausgegangen. Dieses Vorgehen ist sinnvoll, weil der dreipolige Kurzschluss meist zu den größten thermischen Beanspruchungen führt. Falls in seltenen Fällen andere Kurzschlussarten ungünstigere Belastungen zur Folge haben sollten (s. DIN VDE 0102), sind diese ebenfalls vom Hersteller durch die Angabe eines kleineren Wertes $I_{\text{th,zul}}$ zu berücksichtigen. So wird sichergestellt, dass der *dreipolige Kurzschluss*, wie es DIN VDE 0103 vorschreibt, *stets das alleinige Auswahlkriterium für die thermische Kurzschlussfestigkeit der Betriebsmittel darstellt*. Im Folgenden wird dieses Berechnungsverfahren noch um einen wichtigen Spezialfall erweitert.

Bei *Fehlern auf Freileitungen* handelt es sich zu ca. *80 % um Lichtbogenkurzschlüsse*. Für solche Fehler ist die so genannte *Kurzunterbrechung* (KU) sehr vorteilhaft. Die Spannung wird z. B. bei dreipoligen Fehlern für eine Pause bis zu ca. 0,2 s ausgeschaltet; der Lichtbogen verlöscht dann. Anschließend wird erneut eingeschaltet, und die Anlage kann wieder ordnungsgemäß betrieben werden. Falls es sich um keinen Lichtbogenfehler, sondern z. B. um einen satten Kurzschluss handelt, liegt der Fehler auch nach der Wiedereinschaltung noch vor. Dann erfolgt eine endgültige Ausschaltung.

Bei Schaltzyklen mit Pausenzeiten im Bereich von wenigen zehntel Sekunden wird die Wärme kaum abgegeben, die während der einzelnen Kurzschlussphasen entsteht. Sie addiert sich zu

$$\Delta Q = R_B \cdot \int_{t_1}^{t_2} i_k^2(t) dt + R_B \cdot \int_{t_3}^{t_4} i_k^2(t) dt = R_B \cdot I_{\text{th}}^2 \cdot (T_{k1} + T_{k2}) \qquad (7.28)$$

mit

$$T_{k1} = t_2 - t_1, \quad T_{k2} = t_4 - t_3.$$

Für den resultierenden Kurzzeitstrom ergibt sich somit bei ν Zyklen der Wert

$$I_{\text{th}} = \sqrt{\frac{1}{T_k} \cdot \sum_{i=1}^{\nu} I_{\text{thi}}^2 \cdot T_{ki}} \qquad \text{mit} \qquad T_k = \sum_{i=1}^{\nu} T_{ki}. \qquad (7.29)$$

7.3 Thermische Kurzschlussfestigkeit

Im Weiteren wird die Festlegung des zulässigen Kurzzeitstroms $I_{\text{th,zul}}$ bzw. der zulässigen Wärmemenge ΔQ_{zul} erläutert.

7.3.2 Festlegung des zulässigen Kurzzeitstroms

Abgesehen von Leiterseilen, Kabeln und Leiterschienen wird für alle anderen Betriebsmittel vom Hersteller ein Bemessungs-Kurzzeitstrom $I_{\text{th,r}}$ angegeben (s. DIN VDE 0103). Dieser Wert gilt für eine ebenfalls angegebene Kurzschlussdauer, die Bemessungs-Kurzzeit T_{kr}. Sie beträgt *häufig eine Sekunde*. Auch bei kürzeren Kurzschlusszeiten darf dieser Kurzzeitstrom $I_{\text{th,r}}$ nicht überschritten werden, weil sonst, beispielsweise durch einen Wärmestau, Schäden hervorgerufen werden könnten [14]. Im Zeitraum

$$T_{\text{k}} \leq T_{\text{kr}}$$

gilt somit für Betriebsmittel

$$I_{\text{th,zul}} = I_{\text{th,r}} \ . \tag{7.30}$$

Die zulässige Wärmemenge

$$\Delta Q_{\text{zul}} \sim I_{\text{th,zul}}^2 \cdot T_{\text{k}} = I_{\text{th,r}}^2 \cdot T_{\text{kr}} \tag{7.31}$$

darf auch dann nicht überschritten werden, wenn die Kurzschlussdauer T_{k} größer ist als die Bemessungs-Kurzzeit T_{kr}. Der zulässige Kurzzeitstrom ist daher in einem solchen Falle gemäß Gl. (7.31) zu reduzieren, sodass für den Bereich

$$T_{\text{k}} > T_{\text{kr}}$$

die Bedingung

$$I_{\text{th,zul}} = I_{\text{th,r}} \cdot \sqrt{\frac{T_{\text{kr}}}{T_{\text{k}}}} \tag{7.32}$$

angegeben werden kann. Zur *Dimensionierung von Leiterseilen, Kabeln und Leiterschienen* ist es zweckmäßiger, den *Kurzzeitstrom auf den Leiterquerschnitt A zu beziehen*:

$$S_{\text{th}} = \frac{I_{\text{th}}}{A} \ . \tag{7.33}$$

Die Größe S_{th} wird als *Kurzzeitstromdichte* bezeichnet. In Analogie zu Gl. (7.26) ist eine Leitung dann ausreichend dimensioniert, wenn die Bedingung

$$S_{\text{th}} \leq S_{\text{th,zul}} \tag{7.34}$$

erfüllt ist. Bei der Kurzschlussdauer $T_{\text{k}} = T_{\text{kr}}$ gilt für die zulässige Kurzzeitstromdichte $S_{\text{th,zul}}$ wiederum die Bemessungs-Kurzzeitstromdichte $S_{\text{th,r}}$:

$$S_{\text{th,zul}}(T_{\text{kr}}) = S_{\text{th,r}} \ . \tag{7.35}$$

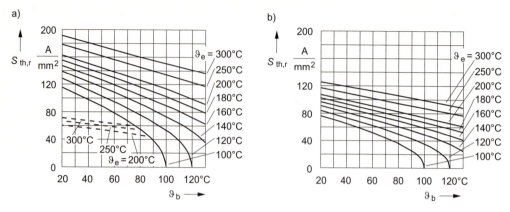

Bild 7.14
Bemessungs-Kurzzeitstromdichte $S_{\text{th},r}$ für Freileitungen und – mit geringen Abweichungen – auch für Kabel ($T_{\text{kr}} = 1$ s)
a) Werte für Kupfer (durchgezogene Kurven) und Stahl (gestrichelt)
b) Werte für Aluminium

Sie ist abhängig von der maximalen Betriebstemperatur ϑ_b und der zulässigen Endtemperatur ϑ_e des Leiters im Kurzschlussfall. Der Wert ϑ_b wird bei der Auslegung für den Normalbetrieb festgelegt (s. Abschnitte 4.5.1.2 und 4.6.2). Angaben über die Größe von ϑ_e sind für blanke Leiter u. a. den VDE-Bestimmungen 0103 und 0210 zu entnehmen. So gilt z. B. für Al/St-Verbundseile $\vartheta_e = 160\,°\text{C}$ und für Leiterschienen aus Kupfer oder Aluminium $200\,°\text{C}$. Die zugehörigen Werte für die Bemessungs-Kurzzeitstromdichte sind aus Bild 7.14 zu ersehen. Für Kabel sind diese Kennwerte in DIN VDE 0276 spezifiziert. Die zulässigen Endtemperaturen liegen im Bereich von $140\ldots 250\,°\text{C}$, wobei die Obergrenze für VPE-Kabel gilt. Die in den Teilen dieser VDE-Bestimmung für unterschiedliche Kabelbauarten zugelassenen Bemessungs-Kurzzeitstromdichten weichen nur geringfügig von den Kurven in Bild 7.14 ab, sodass dieses Diagramm auch für Kabel gute Anhaltswerte liefert.
Falls die Kurzschlussdauer von der Bemessungs-Kurzzeit abweicht, kann die zulässige Kurzzeitstromdichte wiederum analog zu Gl. (7.31) umgerechnet werden. *Im Gegensatz zu sonstigen Betriebsmitteln ist diese Umrechnung bei Leitungen auch im Fall $T_k < T_{kr}$ zulässig*, weil für die Leiter kein Wärmestau zu befürchten ist. Für Leitungen gilt somit *bei allen Kurzschlussdauern*

$$S_{\text{th,zul}} = S_{\text{th},r} \cdot \sqrt{\frac{T_{\text{kr}}}{T_k}}\,. \tag{7.36}$$

Zur Abrundung sei angefügt, dass bei Wandlern, Transformatoren und Generatoren eine Oberschranke für den zulässigen Kurzzeitstrom auch rechnerisch ermittelt werden kann. Vereinfachend wird davon ausgegangen, dass die in den Leitern erzeugte Wärmemenge während der Kurzschlussdauer T_k adiabat von der Leiterisolierung aufgenommen werde. Zugleich wird die spezifische Wärme als konstant und das Widerstands-Temperatur-Verhältnis als linear angesehen. Über diesen Ansatz wird eine Temperatur ermittelt, die oberhalb des tatsächlich auftretenden Wertes liegt. Wenn die so bestimmte Temperatur den zulässigen Grenzwert nicht verletzt, der z. B. durch Papierbräunung bei Transformatoren oder Erweichen des Drahtlacks bei Wandlern vorgegeben ist, wird das Betriebsmittel thermisch nicht überlastet.

Als Fazit dieser Betrachtungen zeigt sich, dass die *thermische Beanspruchung eines Betriebsmittels* im Kurzschlussfall sowohl von der *Kurzschlussdauer* als auch von der *Höhe des Kurzschlussstroms* abhängt. Eine wesentliche Voraussetzung für eine *wirtschaftliche Auslegung* der Netzelemente ist demnach ein *schneller Netzschutz*, der auf Schalter mit einer geringen Verzugszeit einwirkt. Wie man ferner sieht, können unter Umständen schwächer bemessene und damit preisgünstigere Betriebsmittel ausgewählt werden, wenn es gelingt, die Höhe des Kurzschlussstroms zu verringern. Die gängigen Methoden, mit denen die Kurzschlussleistung eines Netzes beeinflusst werden kann, sind im folgenden Abschnitt dargestellt.

7.4 Maßnahmen zur Beeinflussung der Kurzschlussleistung

Zur Beeinflussung der Kurzschlussleistung stehen eine Reihe von Maßnahmen zur Verfügung, von denen die wichtigsten im Folgenden behandelt werden. Zum besseren Verständnis dieser Methoden ist jedoch die Kenntnis der wesentlichen Einflussgrößen auf den Kurzschlussstrom notwendig. Diese werden zunächst am Beispiel der in Bild 7.15 skizzierten speziellen Netzanlage untersucht.

Diese Netzanlage kann bei einem dreipoligen Kurzschluss an der Stelle F gemäß Kapitel 6 durch das Ersatzschaltbild 7.16 beschrieben werden. Wie aus dem Ersatzschaltbild ersichtlich ist, wird die Innenimpedanz des Netzes im Kurzschlussfall und damit der Kurzschlussstrom in starkem Maße von der Anzahl der parallelen Zweige beeinflusst. Die *Kurzschlussleistung* wird demnach wesentlich durch die *Anzahl der Synchronmaschinen im Netz bestimmt*. Dagegen kann der Einfluss der von den Maschinen gerade eingespeisten Wirkleistung auf die Höhe der Kurzschlussleistung vernachlässigt werden.

Der Netzplaner hat ferner die Möglichkeit, die Innenimpedanz durch die *Auswahl der Generatoren* zu vergrößern. So führt, wie das Ersatzschaltbild 7.16 zeigt, eine *große subtransiente Reaktanz* X_d'' zu kleineren Kurzschlussströmen. Wie im Abschnitt 7.5 noch

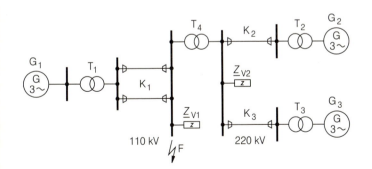

Bild 7.15

Netzanlage mit mehreren einspeisenden Generatoren

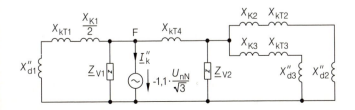

Bild 7.16

Ersatzschaltbild der Netzanlage in Bild 7.15 für einen dreipoligen Kurzschluss an der Fehlerstelle F

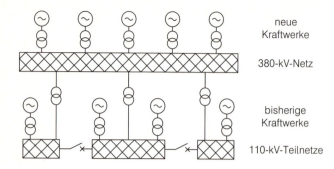

Bild 7.17
Aufteilung eines großen
110-kV-Netzes in Teilnetze
mit einem überlagerten
380-kV-Netz

dargestellt wird, gefährdet man mit dieser Maßnahme jedoch die Netzstabilität, sodass die Kurzschlussleistung über diese Größe meist nur in engen Grenzen zu verringern ist [50]. Ähnlich verhält es sich bei der Wahl von *Transformatoren mit einer großen relativen Kurzschlussspannung* u_k. Der dadurch bedingte erhöhte Spannungsabfall im Normalbetrieb darf sich dabei nur in den zulässigen Grenzen bewegen, die von der Spannungshaltung gesetzt werden.

Wirksamer lässt sich die Kurzschlussleistung durch die Errichtung einer höheren Spannungsebene verkleinern (Bild 7.17). Bestehende Anlagen sind dann so in mehrere Teilnetze aufzuteilen, dass jedes von ihnen nur noch eine hinreichend kleine Anzahl von Generatoren und damit eine geringere Kurzschlussleistung aufweist. Bei einer weiteren Ausbau- bzw. Neuplanung wird man die Kraftwerke in das überlagerte Netz einbinden. In Netzen mit einer höheren Nennspannung sind die Kurzschlussströme leichter zu beherrschen. Die Ursache ist darin zu sehen, dass sich bei Generatoren gleicher Bemessungsleistung und bei Transformatoren gleicher Durchgangsleistung gemäß den Beziehungen

$$X_d'' = x_d'' \cdot \frac{U_{rG}^2}{S_{rG}} \quad \text{und} \quad X_{kT} = u_k \cdot \frac{U_{rT}^2}{S_{rT}}$$

die absoluten Reaktanzen mit steigender Bemessungsspannung quadratisch erhöhen, während die treibende Spannung dagegen nur linear steigt.

Neben den Möglichkeiten, die Kurzschlussleistung im Rahmen der Netzplanung zu beeinflussen, gibt es betriebliche Maßnahmen, die den Bau einer überlagerten Netzebene zumindest noch hinauszögern. Dazu ist es notwendig, *während des Betriebs* immer dann eine Netzauftrennung bzw. eine *Entmaschung* durchzuführen, wenn die *Kurzschlussleistung einen kritischen Wert übersteigt*. Diese Maßnahme erfolgt naturgemäß vor allem in der Nähe der Spitzenlast, wenn die Anzahl der einspeisenden Maschinen vergleichsweise groß ist.

Eine Möglichkeit, eine Entmaschung zu erreichen, besteht darin, die Sammelschiene in der Schaltanlage mit offener Längstrennung zu betreiben. Auf jedem der beiden Sammelschienenteile ist dann nur noch eine einzige Einspeisung wirksam. Bei Mehrfachsammelschienensystemen erhöht sich die Freizügigkeit entsprechend Abschnitt 4.11.1.

Eine *weitgehende Entkopplung der Einspeisungen* kann ohne Schaltmaßnahme im Fehlerfall dadurch erfolgen, dass Kurzschlussdrosselspulen eingesetzt werden (Bild 7.18). Ihr Anwendungsbereich beschränkt sich jedoch auf die Mittelspannungsseite von leistungsstarken Umspannstationen.

In Bild 7.18a ist eine Kurzschlussdrosselspule in das Sammelschienensystem eingebunden. Man spricht daher von einer *Sammelschienenlängsdrosselspule*. Sie erhöht die Innenimpedanz vornehmlich im Kurzschlussfall, da im Normalbetrieb ein Leistungsgleichgewicht an

7.4 Maßnahmen zur Beeinflussung der Kurzschlussleistung

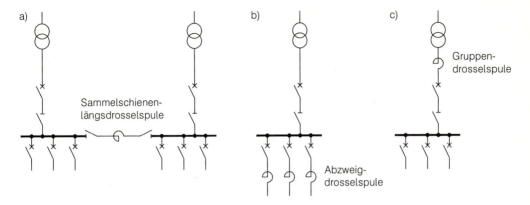

Bild 7.18
Schaltungen von Kurzschlussdrosselspulen

jeder Sammelschiene angestrebt wird und nur die Differenzleistung über die Längstrennung fließt.

Bei einer Schaltung als *Abzweigdrosselspule* addiert sich im Kurzschlussfall der Spannungsabfall an der Drosselspule zu der Kurzschlussspannung des Umspanners (Bild 7.18b). Dadurch wird in dem jeweiligen Abzweig die Kurzschlussleistung auf einen niedrigeren Wert begrenzt, sodass die nachfolgenden Teile des Mittelspannungsnetzes schwächer und somit kostengünstiger dimensioniert werden können. Eine weitere Variante stellt die *Gruppendrosselspule* dar, die mehrere Abzweige zusammenfasst und weniger Raum benötigt (Bild 7.18c). Beide Drosselspulenschaltungen verursachen allerdings im Normalbetrieb neben erhöhten Verlusten auch größere Spannungsabfälle.

Die beschriebenen Nachteile lassen sich vermeiden, wenn zu der Drosselspule ein I_s-Begrenzer parallel geschaltet wird (s. Abschnitt 4.13.1.3). Im Kurzschlussfall wird der niederohmige Parallelzweig dieses Schaltgeräts sehr schnell aufgetrennt und der Strom auf die Drosselspule kommutiert. Dadurch wird der Kurzschlussstrom auf Werte begrenzt, die von den nachfolgenden Schaltorganen unterbrochen werden können. Für den Netzbetrieb ist wichtig, dass auch nach der Ausschaltung des fehlerbehafteten Zweiges alle weiteren Abzweige über die Drosselspule weiterversorgt werden. Durch die zusätzliche Reaktanz der Drosselspule verschlechtert sich dann jedoch die Spannungshaltung.

Die beschriebene Parallelschaltung ist besonders häufig in leistungsstarken 50-MVA-Umspannstationen zu finden. Bild 7.19a zeigt eine solche Anordnung. Der I_s-Begrenzer ist dabei sinnvollerweise so auszulegen, dass er nur bei Kurzschlüssen im Nahbereich der Drosselspule anspricht, also bei hinreichend großen Stromanstiegen. Darüber hinaus können I_s-Begrenzer auch für die Längsentkupplung von Sammelschienenabschnitten eingesetzt werden, die dann im Kurzschlussfall innerhalb weniger Millisekunden getrennt werden (Bild 7.19b). Dieser Vorgang wird auch als *Sammelschienen-Schnellentkupplung* bezeichnet und sorgt nur im Kurzschlussfall für die gewünschte Entmaschung.

Eine weitere prinzipielle Möglichkeit, die Kurzschlussleistung von sehr großen Drehstromnetzen zu begrenzen, besteht darin, Teilnetze zu bilden und diese nur über HGÜ-Leitungen miteinander zu verbinden (s. Abschnitt 3.1). Da mit Gleichstrom nur Wirkleistung übertragen wird, kann ein Kurzschlussstrom, der in den betroffenen Höchstspannungsnetzen im Wesentlichen einen Blindstrom darstellt, sich praktisch nicht im anderen Teilnetz auswirken. Die Netze sind somit bezüglich der Kurzschlussströme entkoppelt.

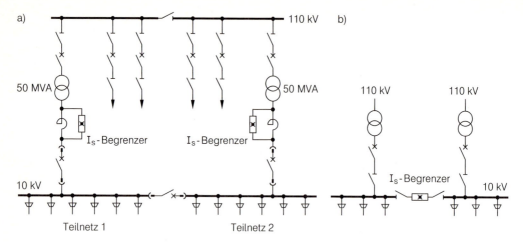

Bild 7.19
Einsatz von I_s-Begrenzern in Umspannstationen
a) Bei Kurzschlussdrosselspulen
b) Zur Sammelschienen-Schnellentkupplung

Neben thermischen und mechanischen Beanspruchungen bewirken Kurzschlüsse Drehzahlschwankungen an den Generatorwellen.

7.5 Auswirkungen von Kurzschlüssen auf das transiente Generatordrehzahlverhalten

Bei den Betrachtungen in den Abschnitten 2.5 und 4.4 ist bereits davon ausgegangen worden, dass kurzzeitig die Drehzahl schwankt, wenn im Strom-Spannungs-Verhalten des Netzes größere plötzliche Zustandsänderungen auftreten. Weiterhin ist angenommen worden, dass sich danach erneut eine stationäre Drehzahl an den Generatoren einstellt. Falls sich als Folge solcher Ereignisse die Netzstruktur ändert und zugleich die Primär- und Sekundärregelung nicht eingreifen würden, unterschieden sich der Ausgangs- und Endzustand in den Drehzahlen und damit auch in den Netzfrequenzen voneinander. In Abschnitt 4.4.3.2 ist darüber hinaus erläutert worden, dass bei dem Übergang zwischen den beiden stationären Drehzahlzuständen der Läufer niederfrequent hin und her pendelt. Solche abklingenden Pendelschwingungen treten am Generator – und dem damit starr gekuppelten Turbinenläufer – auf und überlagern sich der 50-Hz-Drehbewegung.
Sofern sich nach allen großen, betriebsrelevanten Störungen wieder eine stationäre Drehzahl einstellt, gilt ein Netz als *transient stabil*. Eine transiente Instabilität äußert sich z. B. in einer aufklingenden Pendelschwingung des Läufers und in einer damit einhergehenden Aufschaukelung des Stroms, die schließlich zu einer Ausschaltung des Generators und damit zu einer Gefährdung der Energieversorgung führt [124]. Solche Stabilitätsprobleme werden umso kritischer, je größer die Übertragungsnetze sind. Daher gewinnt dieser Gesichtspunkt mit dem Ausbau des europäischen Verbundnetzes eine immer größere Bedeutung.

7.5 Auswirkungen von Kurzschlüssen auf das Generatordrehzahlverhalten

Auch bei kleinen Änderungen im Strom-Spannungs-Verhalten, die z. B. durch Schaltvorgänge im Netz ausgelöst werden, muss gewährleistet sein, dass die eingestellten Betriebspunkte stationär gefahren werden können. Diese Forderung bezeichnet man als *statische Stabilität*. Sie stellt für den Netzbetrieb eine notwendige Bedingung dar. Üblicherweise können statische Instabilitäten durch Änderungen im Konzept der Spannungsregelung aufgefangen werden. Zur Gewährleistung der transienten Stabilität sind dagegen andere Einflussgrößen prägend.

7.5.1 Wichtige Netzparameter zur Gewährleistung der transienten Stabilität

Um die maßgebenden Parameter für die transiente Stabilität zu erkennen, wird die Anlage in Bild 7.20 untersucht. Es handelt sich um die Anbindung eines Generators an ein Höchstspannungsnetz.

7.5.1.1 Modellierung einer Generatornetzanbindung

Im Folgenden wird eine Modellierung gewählt, die analytisch transparent, aber trotzdem noch so aussagefähig ist, dass bei den meisten praktisch auftretenden Netzanlagen die transiente Stabilität damit zu beurteilen ist. So lassen sich quantitative Stabilitätsaussagen sehr viel einfacher gewinnen, wenn die Dämpfung des Systems vernachlässigt wird. Dementsprechend werden die Wirkwiderstände des Netzes und der Generatorwicklungen vernachlässigt. Zusätzlich wird beim Generator auch die Mechanik als verlustfrei angesehen und die Reibung in den Lagern nicht berücksichtigt. In gleicher Weise wird mit den Kapazitäten verfahren, sodass ein rein induktives System übrig bleibt. Genauere Modelle zeigen, dass bei der beschriebenen Nachbildung die Instabilität durchweg eher einsetzt, als es bei den tatsächlichen, in Deutschland üblichen Netzkonfigurationen der Fall ist. Diese Aussage gilt auch für die Spannungsregelung, die ebenfalls nicht erfasst wird. Allerdings muss sie hinreichend schnell dimensioniert sein (s. Abschnitt 4.4.3.3). Voraussetzungsgemäß wird der Generator als reibungsfrei betrachtet. Sein mechanisches

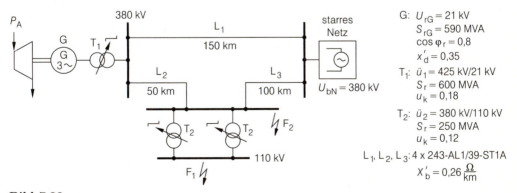

Bild 7.20
Beispielnetz zur Untersuchung der transienten Stabilität

Drehzahlverhalten berechnet sich dann aus der Bewegungsgleichung

$$J \cdot \ddot{\Theta} = M_A - M_G = \frac{P_A}{\dot{\Theta}} - \frac{P_{bN}}{\dot{\Theta}} \: . \tag{7.37}$$

Dabei bezeichnet J das gemeinsame Trägheitsmoment des Turbinen- und Generatorläufers sowie $\Theta(t)$ und $\dot{\Theta}(t) = \mathrm{d}\Theta/\mathrm{d}t$ deren Drehwinkel bzw. Winkelgeschwindigkeit (s. Bild 4.62). Für das Antriebsmoment der Turbine und das Bremsmoment des Generators werden die Größen M_A bzw. M_G verwendet (Bild 2.24). Die zugehörigen Leistungswerte lauten P_A und P_N. Bei den Leistungen ist anstelle des Index G der Buchstabe N gewählt worden, um zu betonen, dass die Generatorleistung vom Netz aufgenommen wird.

Nach einer Änderung des Netzzustands wird das Gleichgewicht zwischen dem Antriebsmoment M_A und dem Bremsmoment M_G des Generators gestört, sodass sich die Winkelgeschwindigkeit $\mathrm{d}\Theta/\mathrm{d}t$ um einen zeitabhängigen Term $\mathrm{d}\Theta_0/\mathrm{d}t$ auf

$$\frac{\mathrm{d}\Theta(t)}{\mathrm{d}t} = \omega_{\mathrm{mech}} + \frac{\mathrm{d}\Theta_0(t)}{\mathrm{d}t} \tag{7.38a}$$

erweitert. Allerdings wird vorausgesetzt, dass der Läufer während des betrachteten Zeitraums von ca. 1 s nur sehr langsam im Vergleich zur mechanischen Winkelgeschwindigkeit ω_{mech} schwingt. Es soll also die Bedingung

$$\frac{\mathrm{d}\Theta_0}{\mathrm{d}t} \ll \omega_{\mathrm{mech}} \tag{7.38b}$$

gelten. Für Kurzschlüsse in deutschen Übertragungsnetzen ist diese Bedingung gut erfüllt; die späteren Beispiele werden die Berechtigung dieser Annahme bestätigen. Ein Wert $\dot{\Theta}_0$ von 2 Hz gilt bereits als sehr hoch. Für die Gleichung (7.38a) kann daher auch

$$\frac{\mathrm{d}\Theta}{\mathrm{d}t} \approx \omega_{\mathrm{mech}} \tag{7.38c}$$

geschrieben werden. Bei zweipoligen Maschinen – wie z. B. den üblichen Turboläufern – sind ω_{mech} und die Kreisfrequenz ω_N des Netzes gleich groß. Für die Polpaarzahl $p = 1$ geht die Beziehung (7.38c) deshalb über in

$$\frac{\mathrm{d}\Theta}{\mathrm{d}t} \approx \omega_N \: . \tag{7.38d}$$

Infolge der annähernd konstanten Winkelgeschwindigkeit verhalten sich gemäß der bekannten Beziehung $P = M \cdot \dot{\Theta}$ Momente und Leistungen zueinander proportional. Daher ist die Bestimmung der Antriebs- und Bremsmomente M_A sowie M_G gleichbedeutend mit der Ermittlung der Leistung P_A, die vom Kessel zugeführt wird, und der Leistung P_N, die vom Generator ins Netz abgegeben wird. Im Weiteren werden die Größen P_A und P_N auch als Antriebs- und Bremsleistung bezeichnet.

Besonders einfache Verhältnisse ergeben sich für die Antriebsleistung P_A. Gemäß Abschnitt 2.5 sind die Kessel- und die vergleichsweise schnelle Festdruckregelung bereits zu träge, um während eines Zeitbereichs bis zu 1 s die Größe P_A nennenswert zu ändern. Daher ist es zulässig, P_A konstant zu setzen, sodass

$$M_A = \frac{P_A}{\omega_{\mathrm{mech}}} = \mathrm{const} \tag{7.38e}$$

7.5 Auswirkungen von Kurzschlüssen auf das Generatordrehzahlverhalten

gilt. Aus dieser Bedingung folgt auch, dass insbesondere solche Fehler gefährlich sind, bei denen die Bremsleistung $P_\mathrm{N} = P_\mathrm{bN}$, die im ungestörten Betrieb aufgenommen wird, auf einen merklich kleineren Wert P_kN abgesenkt wird. Die dann anstehende Leistungsdifferenz $P_\mathrm{A} - P_\mathrm{kN} > 0$ beschleunigt den Läufer und erhöht damit dessen kinetische Energie. Von den vielen möglichen Fehlerfällen erniedrigen dreipolige Kurzschlüsse die Bremsleistung P_N besonders ausgeprägt. Zur Beurteilung der transienten Stabilität eines Netzes stellt diese Kurzschlussart deshalb einen sehr ungünstigen Fehler dar.

Ergänzend sei darauf hingewiesen, dass im Falle eines Klemmenkurzschlusses die Bedingung (7.38b) für den betroffenen Generator nicht gilt. Da durch die Unterbrechung keine Bremsleistung ins Netz abgeführt werden kann, wird die gesamte Antriebsleistung zur Beschleunigung des Läufers verwendet. Dessen Winkelgeschwindigkeit erreicht daher schnell große Werte. Anders sieht es mit den im Netz verbliebenen Generatoren aus. Deren Verhalten entspricht der Bedingung (7.38b). Im Weiteren gilt es nun, ihre Bremsleistung P_N bzw. das Bremsmoment M_G zu berechnen.

Auf einen Kurzschluss im Netz reagiert der Generator zunächst mit einem Kurzschlussstrom. Dabei entstehen neben einem netzfrequenten Kurzschlusswechselstromanteil auch abklingende Gleichstromkomponenten, die sinusförmig verlaufende Wechselmomente bzw. Leistungspendelungen bewirken (Bild 7.21a). Sie überlagern sich dem Momenten- bzw. Leistungsverlauf, der von den Wechselstromanteilen verursacht wird und mit maximal 1...2 Hz niederfrequent ist (Bild 7.21b). Im Vergleich dazu verlaufen die Momente der Gleichströme relativ hochfrequent, sodass sich ihre Wirkung weitgehend herausmittelt. Solange es nur darum geht, die für den Netzbetrieb wesentlichen Effekte darzustellen, darf man daher die Gleichströme bei der Berechnung der Bremsleistung P_N unberücksichtigt lassen. Aus solchen Betrachtungen folgt, dass für diese Aufgabenstellung die Bremsleistung hinreichend genau aus den Kurzschlusswechselgrößen an den Generatorklemmen zu berechnen ist. Deshalb kann wieder auf die in Abschnitt 4.4 abgeleiteten Ersatzschaltbilder (s. Bilder 4.78 und 4.83) zurückgegriffen werden.

Für Zeiträume von einer Sekunde sind die transienten Ersatzschaltbilder der Generatoren zu verwenden. Dabei sei nochmals in Erinnerung gerufen, dass sie nur Kurzschlüsse

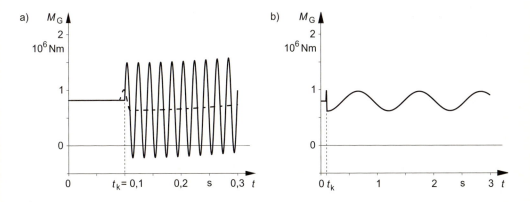

Bild 7.21
Veranschaulichung der relevanten Komponenten des Bremsmoments M_G

a) Zeitverlauf des Bremsmoments $M_\mathrm{G}(t)$ bei einem Kurzschluss zum Zeitpunkt t_k an der Fehlerstelle F_1 im Beispielnetz gemäß Bild 7.20 über einen Zeitraum von 0,3 s (Gemittelter Momentenverlauf gestrichelt gezeichnet)
b) Gemittelter Momentenverlauf $M_\mathrm{G}(t)$ über einen Zeitraum von 3 s

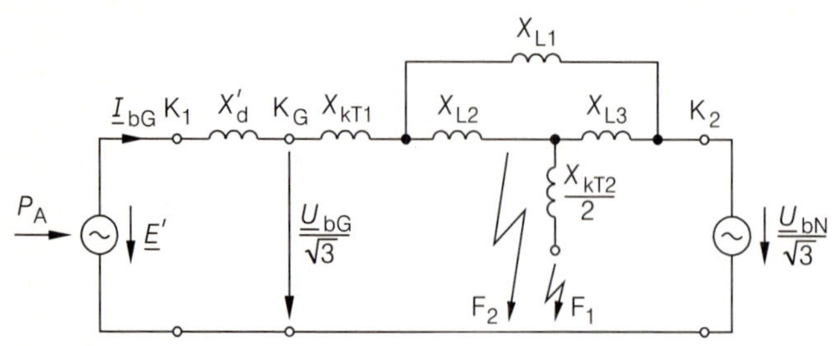

$X'_d = 0{,}262\,\Omega \cdot \ddot{u}_1^2 = 107{,}2\,\Omega$

$X_{kT1} = 0{,}132\,\Omega \cdot \ddot{u}_1^2 = 54{,}19\,\Omega$

$\dfrac{X_{kT2}}{2} = 34{,}65\,\Omega$

$X_{L1} = 39\,\Omega \qquad Y_{b12} = 5{,}53\,\text{mS}$

$X_{L2} = 13\,\Omega \qquad Y_{k12,F1} = 4{,}22\,\text{mS}$

$X_{L3} = 26\,\Omega \qquad Y_{k12,F2} = 1{,}46\,\text{mS}$

$P = 250\,\text{MW},\ Q = 273{,}8\,\text{Mvar} : E' = 287{,}6\,\text{kV},\ \delta_0 = 13{,}8°$

$P = 472\,\text{MW},\ Q = 311{,}0\,\text{Mvar} : E' = 298{,}7\,\text{kV},\ \delta_0 = 25{,}7°$

(Daten auf 380 kV bezogen)

Bild 7.22
Ersatzschaltbild des Netzes in Bild 7.20

erfassen und eventuell angeschlossene Netze rein induktiv modelliert werden müssen. Aufgrund dieser Bedingung ist es nicht möglich, mit der im Weiteren dargestellten Theorie Kapazitäten im Netz einzubeziehen.

Um im weiteren Rechnungsgang die Anfangsbedingungen aus dem vorangegangenen stationären Betrieb berücksichtigen zu können, ist für den Generator die Ersatzschaltung mit $\underline{E}'$ in Bild 4.78c zu verwenden (s. Abschnitt 4.4.4.2). Kombiniert man dieses Ersatzschaltbild mit dem rein induktiv modellierten Netz, so ergibt sich für die Netzanbindung das Netzwerk in Bild 7.22. Die darin auftretenden Spannungsquellen $\underline{E}'$ und $\underline{U}_{bN}/\sqrt{3}$ sind um den Winkel δ gegeneinander phasenverschoben. Wird nun die Spannung $\underline{U}_{bN}/\sqrt{3}$ in die reelle Achse gelegt, so gilt

$$\underline{E}' = E' \cdot e^{j\delta} = E' \cdot (\cos\delta + j\sin\delta) \ . \tag{7.39}$$

Zwischen diesen beiden Spannungsquellen wird die Wirkleistung P_{kN} ausgetauscht. Infolge der verlustlosen Modellierung der Netzanlage entspricht diese Leistung der Bremsleistung, die der Generator im Kurzschlussfall ins Netz transportiert. In dem vorausgesetzten stationären Modell kann die Bremsleistung allein mit der stationären Wechselstrombeziehung

$$P_{kN} = 3 \cdot \text{Re}\{\underline{E}' \cdot \underline{I}_{bG}^*\} \tag{7.40a}$$

ermittelt werden. Dabei kennzeichnet der Stern einen konjugiert komplexen Strom. Stellt man nun für das rein induktive Netzwerk in Bild 7.22 die zugehörige Admittanzform auf, erhält man den Ausdruck

$$\underline{I}_{bG} = \underline{Y}_{k11} \cdot \underline{E}' + \underline{Y}_{k12} \cdot U_{bN}/\sqrt{3} = (-jY_{k11}) \cdot \underline{E}' - (-jY_{k12}) \cdot U_{bN}/\sqrt{3} \ .$$

Darin weisen die Admittanzen $\underline{Y}_{k11}$ und $\underline{Y}_{k12}$ entsprechend der Grundform $1/(j\omega L)$ die Struktur $(-j \cdot \text{Zahl}/\omega)$ auf. Führt man diesen Zusammenhang sowie den Term (7.39) in die Wirkleistungsbeziehung (7.40a) ein und bildet $\underline{I}_{bG}^*$, dann ergibt sich die Bremsleistung

$$P_{kN} = 3 \cdot \text{Re}\left\{Y_{k12} \cdot E' \sin\delta \cdot \frac{U_{bN}}{\sqrt{3}} + j \cdot \left[Y_{k11} \cdot E'^2 - Y_{k12} \cdot E' \cos\delta \cdot \frac{U_{bN}}{\sqrt{3}}\right]\right\}$$

$$= \sqrt{3} \cdot Y_{k12} \cdot E' \cdot U_{bN} \cdot \sin\delta \tag{7.40b}$$

7.5 Auswirkungen von Kurzschlüssen auf das Generatordrehzahlverhalten

bzw. das Bremsmoment

$$M_\mathrm{G} = P_\mathrm{kN}/\omega_\mathrm{mech} \, . \tag{7.40c}$$

Ersetzt man nun in der Bewegungsgleichung (7.37) die Momente M_A und M_G durch die Ausdrücke (7.38e) sowie (7.40b) und (7.40c), so erkennt man, dass zwei verschiedene Variablen auftreten: die Winkel Θ und δ. Der Winkel Θ kennzeichnet dabei die Läuferachse bzw. die Mittelebene der Erregerwicklung und damit die Drehbewegung des Läufers relativ zum festgelegten Koordinatensystem (s. Bild 4.75). Der Winkel δ beschreibt dagegen die Phasenverschiebung zwischen den Spannungen $\underline{E}'$ in der Maschine und $U_\mathrm{bN}/\sqrt{3}$ in der Netzeinspeisung. Zwischen diesen beiden Größen ist nun eine Verknüpfung herzustellen. Die gewünschte Aussage bietet das Zeigerdiagramm in Bild 4.78. Es veranschaulicht die Spannungs- bzw. Flussverhältnisse in einer verlustlosen Maschine während des transienten Zeitbereichs. Aus dem Diagramm ist abzulesen, dass der Winkel $(\vartheta_\mathrm{G} - \vartheta'_\mathrm{G})$ die Drehachse des Polrads relativ zum Zeiger $\underline{E}'$ kennzeichnet. Addiert man nun die Phasenverschiebung δ zwischen $\underline{E}'$ und $U_\mathrm{bN}/\sqrt{3}$ hinzu, so ergibt sich der Winkel zwischen dieser Drehachse und der Netzspannung zu

$$\Theta = (\vartheta_\mathrm{G} - \vartheta'_\mathrm{G}) + \delta \, .$$

Bei einer verlustlosen Maschine sind die Flüsse ortsfest mit dem Läufer verbunden, sodass die Winkeldifferenz $(\vartheta_\mathrm{G} - \vartheta'_\mathrm{G})$ auch dann konstant ist, wenn sich die Läuferachse bewegt. Daher überträgt sich die Drehbewegung der Läuferachse auf die Phasenverschiebung δ. Es gilt also

$$\Theta(t) = (\vartheta_\mathrm{G} - \vartheta'_\mathrm{G}) + \delta(t) \, .$$

Bei realen Maschinen haben sich die Flüsse erst nach einer Zeitspanne von etwa T''_d in dieser Weise eingestellt; nach einem Intervall von T'_d beginnen sie sich dann merklich zu verkleinern. Die abgeleitete Winkelbeziehung ist also in einem Zeitbereich von ca. 0,1 ... 1 s aussagefähig.

Differenziert man diese Aussage zweimal und die Gleichung (7.38a) einmal, erhält man den Zusammenhang

$$\frac{\mathrm{d}^2\Theta(t)}{\mathrm{d}t^2} = \frac{\mathrm{d}^2\delta(t)}{\mathrm{d}t^2} \, .$$

Wird dieser Term sowie zusätzlich die Beziehung (7.40b) bzw. (7.40c) in die Bewegungsgleichung (7.37) eingesetzt, resultiert eine Differentialgleichung (DGL) zweiter Ordnung, die so genannte Pendel-DGL:

$$\omega_\mathrm{mech} \cdot J \cdot \ddot{\delta} = P_\mathrm{A} - \sqrt{3} \cdot Y_\mathrm{k12} \cdot E' \cdot U_\mathrm{bN} \cdot \sin\delta(t) \, . \tag{7.41}$$

Diese Gleichung zeigt, dass nicht die Winkelgeschwindigkeit $\dot{\delta}$, sondern die *Beschleunigung $\ddot{\delta}$ die prägende Größe* für die transienten Leistungsverhältnisse darstellt. Daher können auch langsame Drehbewegungen im Vergleich zu ω_mech das Generatorverhalten nachhaltig beeinflussen. Dieser Zusammenhang ist letztlich der Grund dafür, dass die transiente Stabilität bereits im Anfangsbereich der einsetzenden Pendelschwingung zu erkennen ist.

7.5.1.2 Diskussion der Modellgleichung

Die Lösung der Differenzialgleichung (7.41) liefert den zeitlichen Verlauf des Drehwinkels $\delta(t)$, der auch als *Schwingkurve* bezeichnet wird. Allerdings kann diese Beziehung nur numerisch ausgewertet werden, da für Differenzialgleichungen des Typs (7.41) keine analytischen Lösungen bestehen. Um trotzdem auf eine anschauliche Weise den Ablauf des Pendelverhaltens diskutieren zu können und die besonders prägenden Parameter zu erkennen, ist es vorteilhaft, die folgende Rechnung vorzunehmen. In die DGL (7.41) wird die Identität

$$\frac{d^2\delta}{dt^2} = \frac{d\dot\delta}{dt} = \frac{d\dot\delta}{d\delta} \cdot \frac{d\delta}{dt} = \frac{d\dot\delta}{d\delta} \cdot \dot\delta$$

eingeführt; zugleich wird die Pendel-DGL mit $d\delta$ erweitert. Es ergibt sich dann

$$\omega_{\text{mech}} \cdot J \cdot \dot\delta\, d\dot\delta = \left(P_A - \sqrt{3} \cdot Y_{k12} \cdot E' \cdot U_{bN} \cdot \sin\delta(t)\right) d\delta\,.$$

Anschließend wird durch ω_{mech} dividiert und beide Seiten von einem Anfangszustand aus – gekennzeichnet durch δ_0, $\dot\delta_0$ – bestimmt integriert. Man erhält dann

$$J \cdot \frac{\dot\delta^2 - \dot\delta_0^2}{2} = \frac{1}{\omega_{\text{mech}}} \cdot \int_{\delta_0}^{\delta} \left[P_A - \sqrt{3} \cdot Y_{k12} \cdot E' \cdot U_{bN} \cdot \sin\xi\right] d\xi\,.$$

Der linke Ausdruck stellt die kinetische Energie des Läufers dar; der rechte Ausdruck ist die Differenz aus der zugeführten Antriebsleistung und der potenziellen Energie, die sich aus der Lageveränderung des Läufers ergibt.

Diese Beziehung zeigt, dass der Zuwachs an kinetischer Energie beim Läufer der Fläche proportional ist, die sich zwischen der Geraden $P_A=$ const und der Leistungslinie

$$P_{kN} = \sqrt{3} \cdot Y_{k12} \cdot E' \cdot U_{bN} \cdot \sin\delta$$

ausbildet. Liegt diese Leistungslinie über der Geraden, so verringert sich die kinetische Energie. Dieser Zusammenhang wird als *Flächenkriterium* bezeichnet und ermöglicht eine Interpretation der Lösung.

7.5.1.3 Interpretation verschiedener Fehlersituationen mit dem Flächenkriterium

Zur näheren Charakterisierung des Pendelvorgangs ist nun der Anfangswert, also die Startlage des Läufers, auf der Kennlinie $P_{kN}(\delta)$ zu bestimmen. Diese Größe lässt sich ebenfalls aus dem transienten Ersatzschaltbild ermitteln, wenn es mit dem ungestörten Netz gekoppelt wird. Gemäß der Definition von $\underline{E}'$ (s. Bild 4.78b) wird dann mit dem transienten Generatorersatzschaltbild auch das vorhergehende stationäre Klemmenverhalten nachgebildet. Sofern nun die Übertragungsadmittanz $Y_{bN,12}$ des ungestörten Netzes verwendet wird, ergibt sich für die ins Netz transportierte Leistung P_{bN} im stationären Betrieb der Ausdruck

$$P_{bN} = \sqrt{3} \cdot Y_{bN,12} \cdot \underline{E}' \cdot \frac{U_{bN}}{\sqrt{3}} \cdot \sin\delta\,.$$

Da diese Bremsleistung im stationären Betrieb gleich der eingespeisten Kesselleistung P_A

ist, gilt die Beziehung

$$P_A = \sqrt{3} \cdot Y_{bN,12} \cdot \underline{E}' \cdot \frac{U_{bN}}{\sqrt{3}} \cdot \sin\delta_0 \, . \tag{7.42}$$

Im stationären Bereich kennzeichnet der Winkel δ_0 die Startlage des Zeigers $\underline{E}'$ in Bezug auf die Spannung $U_{bN}/\sqrt{3}$. Infolge der Massenträgheit des Läufers bleibt diese Startlage auch noch unmittelbar nach dem Eintritt eines Fehlers erhalten.

7.5.1.4 Fehler im unterlagerten Netz

Bei einem Kurzschluss – z. B. am Ort F1 in der betrachteten Anlage – kennzeichnet der Winkel δ_0 den Startpunkt auf der Leistungskennlinie $P_{kN}(\delta)$. Von dieser Startlage aus wird der Läufer beschleunigt, da $P_A > P_{kN}$ gilt. Während dieser Beschleunigungsphase nimmt der Läufer entsprechend dem Flächenkriterium kinetische Energie auf. Ihr maximaler Wert wird in Bild 7.23b durch die schraffierte Fläche A_1 dargestellt [125]. In der anschließenden Bremsphase, die durch die Relation $P_{kN} > P_A$ gekennzeichnet ist, wird diese Energie wieder abgegeben. Sie entspricht der Fläche A_2. Aus der Wechselwirkung dieser beiden Energiearten entsteht – wie bei einer ausgelenkten Drehfeder – *eine pendelnde Läuferschwingung*. Ihr maximaler Ausschlagswinkel ist $\delta_{\max}$. Diese Schwingung lässt sich aus der Bedingung ermitteln, dass bei der als verlustlos vorausgesetzten Netzanlage die Flächen A_1 und A_2 gleich groß sein müssen. Durch die Verluste, die im wirklichen System vorwiegend in der Dämpferwicklung auftreten, wird die Schwingung abgedämpft und pendelt sich auf die Ruhelage δ_k ein, die in den Bildern 7.23a und 7.23b dargestellt ist.

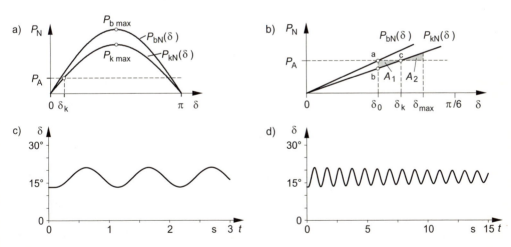

Bild 7.23
Verhalten des Generators in Bild 7.20 nach einem dreipoligen Kurzschluss in F_1
a) Leistungskennlinien bei einer Leistungseinspeisung $P_{bN}(\delta_0) = P_A = 250$ MW und $Q_{bN}(\delta_0) = 273{,}8$ Mvar
b) Vergrößerte Darstellung des Anfangsbereichs im Teilbild a) und Veranschaulichung des Flächenkriteriums ($\delta_{\max} = 22{,}69°$)
c) Schwingkurve bei verlustlosem Modell
d) Schwingkurve unter Berücksichtigung der Verluste in der Dämpferwicklung

Aus diesen Bildern ist nicht auf den *zeitlichen Verlauf* der Schwingung zu schließen. Dazu wird die Schwingkurve $\delta(t)$ benötigt, die nur durch ein Lösen der zugehörigen DGL zu bestimmen ist. In Bild 7.23c ist deren Verlauf, der über eine numerische Integration des verlustlosen Modells ermittelt worden ist, für die ersten drei Sekunden dargestellt. Er entspricht dem bereits erläuterten Momentenverlauf in Bild 7.21b. Generell gilt, dass die Frequenz dieser Schwingung umso kleiner wird, je größer das Trägheitsmoment des Generator- und Turbinenläufers ist. Bei einer genaueren Nachbildung, die zusätzlich die Verluste in der Dämpferwicklung erfasst, ergibt sich eine langsam abklingende Schwingkurve (Bild 7.23d). Die Frequenz dieser Pendelschwingung liegt bei ca. 1 Hz und ist damit klein in Bezug auf die Netzfrequenz von 50 Hz; damit sind die Voraussetzungen (7.38) erfüllt. Mit zunehmender Entfernung des Kurzschlusses von den Generatorklemmen würde sich die Pendelschwingung noch weiter verkleinern.

Bei Fehlern in unterlagerten Netzen sind sowohl die Pendelamplituden als auch die Pendelfrequenzen stets klein. In diesen Fällen ist auch eine analytische Lösung möglich. Sie veranschaulicht noch einmal die bisher dargestellten Zusammenhänge, indem die Pendel-DGL (7.41) linearisiert wird. Zu diesem Zweck wird der lineare Anteil der Taylor-Entwicklung von

$$\sin \delta = \sin \delta_k + \cos \delta_k \cdot (\delta - \delta_k)$$

um den Arbeitspunkt δ_k gebildet. Bei δ_k handelt es sich um die neue Gleichgewichtslage der Pendelschwingung, in der

$$P_A - \sqrt{3} \cdot \underline{Y}_{k12} \cdot \underline{E}' \cdot \frac{U_{bN}}{\sqrt{3}} \cdot \sin \delta_k = 0$$

gilt (s. Bild 7.23). Wird diese Aussage zusammen mit dem ermittelten linearisierten Ausdruck in Gl. (7.41) eingeführt, so erhält man die lineare, inhomogene DGL zweiter Ordnung

$$\omega_{\text{mech}} \cdot J \cdot \ddot{\delta} + \sqrt{3} \cdot Y_{k12} \cdot E' \cdot U_{bN} \cdot \cos \delta_k \cdot (\delta - \delta_k) = 0 \; .$$

Sie beschreibt bekanntlich eine harmonische Oszillation der Form

$$\delta(t) = \delta_k + (\delta_0 - \delta_k) \cdot \cos \Omega t$$

mit der Pendelfrequenz

$$f_p = \frac{\Omega}{2\pi} = \frac{1}{2\pi} \cdot \sqrt{\frac{\sqrt{3} \cdot Y_{k12} \cdot E' \cdot U_{bN} \cdot \cos \delta_k}{\omega_{\text{mech}} \cdot J}} \; .$$

Während Kurzschlüsse in unterlagerten Netzen – wie auch aus dem untersuchten Beispiel zu ersehen ist – üblicherweise nur kleine, ungefährliche Wirkleistungsschwankungen auslösen, würden Fehler in der Transportebene *ohne Gegenmaßnahmen überwiegend einen Zusammenbruch des Netzes* hervorrufen.

7.5.1.5 Fehler im Höchstspannungsnetz

Zur Veranschaulichung wird in der Anlage gemäß Bild 7.20 ein dreipoliger Kurzschluss F_2 im Höchstspannungsnetz betrachtet. Die zugehörigen Leistungskennlinien $P_{bN}(\delta)$ und $P_{kN}(\delta)$ sind Bild 7.24a zu entnehmen.

7.5 Auswirkungen von Kurzschlüssen auf das Generatordrehzahlverhalten 417

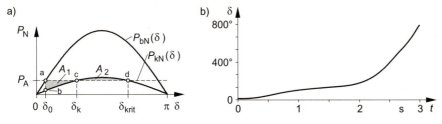

Bild 7.24
Verhalten des Generators in Bild 7.20 nach einem dreipoligen Kurzschluss in F_2 bei Schwachlastbetrieb
a) Leistungskennlinien für $P_{bN}(\delta_0) = P_A = 250$ MW und $Q_{bN}(\delta_0) = 273{,}8$ Mvar
b) Schwingkurve (instabiles Verhalten)

Sofern der Fehler hinreichend lange ansteht, nimmt der Läufer zunächst die kinetische Energie auf, die der Fläche A_1 zwischen den Winkeln δ_0 und δ_k entspricht. Der Läufer kann jedoch davon nur den vergleichsweise kleinen Flächenanteil A_2 in Bremsenergie umwandeln; die überschüssige kinetische Energie sorgt dafür, dass der Läufer den kritischen Winkel δ_{krit} durchläuft. Danach gilt erneut $P_A > P_{kN}$, sodass ab dem zugehörigen Zeitpunkt bzw. Winkel der Läufer monoton beschleunigt wird und sich der Ausschlagswinkel δ ständig weiter vergrößert. Man bezeichnet dieses Verhalten als *instabil*; es ist an einer stark ansteigenden Schwingkurve zu erkennen (Bild 7.24b). Eine Auswertung der Systemgleichungen würde zeigen, dass der Winkel δ zugleich mit einer Stromzunahme verbunden ist. Dieser Vorgang läuft noch schneller ab, wenn der Generator eine höhere Antriebsleistung P_A aufweist. Gemäß Bild 7.25a ergibt sich für die untersuchte Anlage bei einem Betrieb mit der Generatorbemessungsleistung $P_A = P_{rG}$ kein Schnittpunkt mehr mit der Leistungskennlinie $P_{kN}(\delta)$ im Fehlerfall. Der Läufer wird dann bereits ab der Startlage monoton beschleunigt und somit instabil.
Erreicht der Strom einen gefährlichen Wert, so greift in jedem Falle der Generatorschutz ein und schaltet die Maschine vom Netz. Dadurch wird jedoch die Versorgungssicherheit verschlechtert. Abhilfe bietet ein Netzschutz, der bereits vor einem Eingriff des Generatorschutzes in der Lage ist, den Netzfehler auszuschalten. Wie aus den vorhergehenden

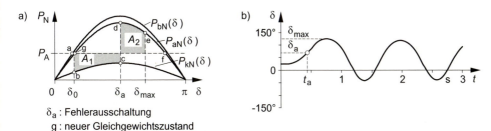

δ_a : Fehlerausschaltung
g : neuer Gleichgewichtszustand

Bild 7.25
Verhalten des Generators in Bild 7.20 nach einem dreipoligen Kurzschluss in F_2 und Fehlerausschaltung zum Zeitpunkt $t = t_a$ bei vorhergehendem Bemessungsbetrieb
a) Leistungskennlinien für $P_{bN}(\delta_0) = P_{rG} = P_A = 472$ MW und $Q_{bN}(\delta_0) = 311$ Mvar mit $\delta_{max} = 124{,}35°$
b) Schwingkurve (wirksame Leistungskennlinien: $P_{kN}(\delta)$ bis t_a, danach $P_{aN}(\delta)$; stabiles Verhalten wegen $A_1 = A_2$)

Ausführungen zu ersehen ist, steigen dabei die Anforderungen an die *Schnelligkeit des Netzschutzes* mit wachsender Belastung des Generators. Üblicherweise reichen die gerätetechnisch realisierbaren Verarbeitungszeiten des Netzschutzes aus, wenn im stationären, ungestörten Betrieb ein Polradwinkel von $\vartheta = 60° \ldots 70°$ nicht überschritten wird. Für die Berechnung des stationären Polradwinkels ist eine Lastflussberechnung vorzunehmen. Der bereits diskutierte Fehler möge nun nach einer Zeitspanne t_a ausgeschaltet werden.

7.5.1.6 Fehler mit Ausschaltung

Aufgrund der selektiven Ausschaltung (Index a) des Fehlers vergrößert sich schlagartig die Übertragungsadmittanz auf den Wert $\underline{Y}_{a12}$. Dadurch erfolgt ein Sprung zu einer neuen Leistungskennlinie $P_{aN}(\delta)$, auf der die Bremsleistung wieder die Antriebsleistung P_A überschreitet (Punkt d in Bild 7.25a). *Trotz der nun einsetzenden Bremsung* des Läufers ist auch in dieser Zeitphase noch *eine Instabilität möglich*. Ein solcher Fall tritt ein, wenn die kinetische Energie des Läufers bereits so groß ist, dass sie vom Netz nicht mehr vollständig aufgenommen werden kann. In der Leistungskennlinie äußert sich dieser Sachverhalt dadurch, dass dann selbst für die maximal mögliche Fläche A_2, die in Bild 7.25a durch den Punkt f begrenzt wird, noch die Bedingung $A_1 > A_2$ gilt. Bei der Schwingkurve in Bild 7.25b wird der Kurzschluss allerdings zum Zeitpunkt t_a noch rechtzeitig ausgeschaltet, denn der Generatorläufer hat erst den Drehwinkel δ_a erreicht. Wie aus Bild 7.25a zu ersehen ist, entsprechen sich dadurch noch die Flächen A_2 und A_1. Infolgedessen verläuft die Schwingung stabil und erreicht maximal den Winkel δ_{max}. Aus der Abbildung ist zu ersehen, dass die Bedingung der Flächengleichheit dabei umso besser einzuhalten ist, je größere Werte die Amplitude der Leistungskennlinie $P_{aN}(\delta)$ aufweist. Gemäß der Beziehung (7.42) muss dazu die Übertragungsadmittanz nach der Fehlerausschaltung möglichst groß sein. Sie ist umso größer, je mehr niederohmige Leitungen den Generator an das Netz anbinden.

Die bisherigen Erläuterungen zeigen, dass der Netzschutz möglichst schnell die Fehler ausschalten muss. Üblicherweise reichen Kommandozeiten von ca. 0,1 s aus. Ausschaltungen nach der Reservezeit von $0{,}4 \ldots 0{,}5$ s werden dagegen kritisch. Entgegen dem (n−1)-Ausfallkriterium liegen dann jedoch zwei Fehler zur gleichen Zeit vor: einer im Netz und einer im Schutz. Weitere Gesichtspunkte zur *Netzdynamik*, wie man dieses Gebiet auch nennt, lassen sich aus der Analyse mehrfach gespeister Netze gewinnen.

7.5.2 Drehzahlverhalten der Generatoren in einem kurzschlussbehafteten Netz mit mehrfacher Generatoreinspeisung

Zunächst sei wiederum von der Anlage in Bild 7.20 ausgegangen. An die Stelle der Netzeinspeisung trete jedoch ein weiterer Generator. Für jeden dieser beiden Generatoren lässt sich analog zu Gl. (7.41) eine Bewegungsgleichung aufstellen:

$$\omega_{\text{mech}} \cdot J_1 \cdot \ddot{\Theta}_1 = P_{A1} - P_{k1} \,, \quad \omega_{\text{mech}} \cdot J_2 \cdot \ddot{\Theta}_2 = P_{A2} - P_{k2} \,. \tag{7.43}$$

Durch die Verwendung des Differenzwinkels $\delta_{21} = \Theta_2 - \Theta_1$ zur Bezugsmaschine 1, eine Subtraktion beider Gleichungen und eine algebraische Umformung lassen sich diese beiden Beziehungen auf den Ausdruck

$$\omega_{\text{mech}} \cdot \frac{J_1 \cdot J_2}{J_1 + J_2} \cdot \ddot{\delta}_{21}(t) = \frac{J_1 P_{A2} - J_2 P_{A1}}{J_1 + J_2} - \frac{J_1 P_{k2} - J_2 P_{k1}}{J_1 + J_2} \tag{7.44}$$

7.5 Auswirkungen von Kurzschlüssen auf das Generatordrehzahlverhalten

reduzieren. Die in der Beziehung (7.44) auftretenden Bremsleistungen P_{k1} und P_{k2} können analog zu dem vorhergehenden Abschnitt aus dem rein induktiv nachgebildeten Ersatzschaltbild der Netzanlage ermittelt werden. Allerdings gilt für die speisenden Spannungsquellen nun

$$\underline{E}'_1 = E'_1 \cdot e^{j\delta_1}, \quad \underline{E}'_2 = E'_2 \cdot e^{j\delta_2}.$$

Wird wiederum die Admittanzform verwendet, ergeben sich für die Wirkleistungen die analogen Ausdrücke

$$P_{k1} = 3 \cdot Y_{k12} \cdot E'_1 \cdot E'_2 \cdot \sin(\delta_1 - \delta_2)$$
$$P_{k2} = 3 \cdot Y_{k12} \cdot E'_1 \cdot E'_2 \cdot \sin(\delta_2 - \delta_1)$$

bzw.

$$P_{k1} = -P_{k2}.$$

Es ist noch nachzutragen, dass die Winkel δ_1 und δ_2 nunmehr die Lage zur Leerlaufstellung angeben. Sind diese bei den einzelnen Maschinen gegeneinander verschoben, so ist der zugehörige Verschiebungswinkel zu berücksichtigen. Nach Anwendung der Additionstheoreme entsteht dann ein zusätzlicher konstanter Leistungsterm.
Setzt man diese Ausdrücke in die Beziehung (7.44) ein, erhält man eine DGL, die von ihrer Struktur her ebenfalls eine Pendel-Differenzialgleichung darstellt. Der zusätzliche konstante Term modifiziert lediglich die Antriebsleistung bzw. das Antriebsmoment. Damit ist prinzipiell die Zweimaschinen-Aufgabenstellung auf das vorhergehende Problem zurückgeführt worden. Aus der DGL (7.43) können die Verläufe $\delta_1(t)$ und $\delta_2(t)$ erst berechnet werden, wenn der Verlauf von $\delta_{12}(t)$ bzw. $\delta_{21}(t) = -\delta_{12}(t)$ bestimmt ist. Aus Gl. (7.44) ist weiterhin zu ersehen, dass die Läuferträgheitsmomente gewissermaßen parallel geschaltet sind. Der resultierende Wert wird dementsprechend durch den kleinsten Läufer geprägt, der damit auch die zulässige Ansprechzeit des Schutzes bestimmt. Die Antriebsleistung P_A der eigenen und die abgegebene Leistung P_k der anderen Maschine weisen jeweils das gleiche Vorzeichen auf. Diese Aussage ist physikalisch plausibel. Sie bedeutet, dass beide Leistungskomponenten auf den jeweiligen Läufer beschleunigend wirken.
Für den Fall, dass ein Trägheitsmoment im Vergleich zum anderen sehr groß ist, geht die Differenzialgleichung (7.44) direkt in die Form (7.41) über. Damit ist auch analytisch gezeigt, dass eine Netzeinspeisung als ein Generator aufgefasst werden kann, der im Läufer eine sehr hohe Rotationsenergie gespeichert hat und dadurch alle Leistungsanforderungen ohne merkbare Drehzahländerungen deckt. Falls die Netzeinspeisung durch einen *passiven* Zweipol ersetzt wird, können im Ausdruck (7.42) sowohl die Spannung U_{bN} als auch der Winkel δ als Funktion der Spannung $\underline{E}'$ angegeben werden. Unter diesen Bedingungen stellt die Größe δ keine unabhängige Variable mehr dar; die Differenzialgleichung (7.44) ändert ihre Form, und der von ihr beschriebene elektromechanische Einschwingvorgang weist nicht mehr den Verlauf einer Schwingung auf. Damit ist gezeigt, dass ein Generator im Inselbetrieb nicht schwingungsfähig ist.
Bei einem System mit n Maschinen erhält man eine Differenzialgleichung gemäß (7.43) für *jeden Generator*. Dabei wird – wie mit der bisher beschriebenen Vorgehensweise – das i-te Antriebsmoment aus der jeweils als konstant angesetzten Antriebsleistung P_{Ai} ermittelt und die Bremsleistung P_{Ni} bzw. P_{ki} ebenfalls analog dazu bestimmt. Anstelle des Zweitors bildet das Netz für diese umfassendere Aufgabenstellung ein n-Tor, sodass eine entsprechend erweiterte Admittanzform zu verwenden ist. Für die Bremsleistungen

ergeben sich dann allerdings Summen der Art

$$P_{\mathrm{ki}} = 3 \cdot \sum_{j=1, i \neq j}^{n} E'_{\mathrm{i}} \cdot E'_{\mathrm{j}} \cdot Y_{\mathrm{k,ij}} \cdot \sin\left(\delta_{\mathrm{i}}(t) - \delta_{\mathrm{j}}(t)\right) . \tag{7.45}$$

Für das daraus resultierende Differenzialgleichungssystem ist wiederum eine Bezugsmaschine zu wählen. Auf diese können die sich ausbildenden Relativgeschwindigkeiten $\dot{\delta}_{\mathrm{ij}}$ bezogen werden. Für den Fall, dass sich Pendelschwingungen ausbilden, sind deren Pendelfrequenzen umso niedriger, je größer das Netz ist. In Verbundnetzen liegen die Pendelfrequenzen meist deutlich unterhalb von 1 Hz. Anzumerken ist, dass eine Erweiterung des Flächenkriteriums auf solche Mehrmaschinen-Probleme nicht möglich ist.

Über die Bremsleistungen findet in einem mehrfach gespeisten Netz wie bei einem Netz mit zwei Generatoreinspeisungen ein Leistungsaustausch zwischen den einzelnen Generatoren statt. Solche *Leistungspendelungen* äußern sich im Netz stets *als symmetrische, niederfrequente Stromschwankungen*. Diese Aussage gilt auch dann, wenn die Pendelungen nicht durch symmetrische, sondern z. B. durch *asymmetrische Fehler* hervorgerufen worden sind. In beiden Fällen wird die Bremsleistung abgesenkt und eine Beschleunigung der Läufer bewirkt. Die dadurch ausgelöste Drehbewegung beeinflusst die drei Stränge der Ständerwicklung in gleicher Weise.

Die beschriebenen Kriterien werden von speziellen Schutzeinrichtungen, den *Pendelsperren*, ausgenutzt, um Fehlauslösungen des Netzschutzes während dieser Pendelerscheinungen zu vermeiden. In entgegengesetzter Weise wird durch eine so genannte *Wiedereinschaltsperre* verhindert, dass nach einer Kurzunterbrechung erneut eingeschaltet wird, wenn sich der Verschiebungswinkel zwischen zwei Teilnetzen in der Pausenzeit unzulässig vergrößert hat.

Aus den bisherigen Überlegungen ist zu ersehen, dass Maschinen in ihrer Stabilität umso gefährdeter sind, je näher sie zum Fehlerort liegen, denn dann nehmen deren Übertragungsadmittanzen Y_{ij} im Fehlerfall und damit die zugehörigen Bremsleistungen besonders niedrige Werte an. Nur mithilfe eines schnellen Selektivschutzes lässt sich die anschließend eintretende Beschleunigungsphase auf einen möglichst kurzen Zeitbereich beschränken. Die während des Fehlerzeitraums aufgenommene Beschleunigungsenergie äußert sich auch nach der Beseitigung der Störung noch in Leistungspendelungen. Daher muss das Netz nach der Ausschaltung des fehlerbehafteten Betriebsmittels so beschaffen sein, dass ausreichend hohe Bremsleistungen P_{Ni} vorliegen. Gemäß Gl. (7.45) ist dies der Fall, wenn *viele Generatoren im Netz* eingesetzt werden und *dessen Vermaschungsgrad möglichst hoch* gewählt ist. Die erste Maßnahme bewirkt in Gl. (7.45) viele Summanden, die zweite höhere Übertragungsadmittanzen. Abgedämpft werden diese Leistungspendelungen durch die Dämpferwicklungen in den Generatoren und durch die Lasten.

Falls die während des Fehlerzeitraums aufgenommene Energie bereits zu groß ist und doch eine Maschine ausgeschaltet werden muss, verringert sich dadurch die Netzspannung und somit die Bremsleistung. In diesem bereits kritischen Zustand werden die noch am Netz befindlichen Maschinen durch die zusätzliche Absenkung ihrer Bremsleistung verstärkt beschleunigt. Damit wächst die Gefahr der Instabilität bei weiteren Generatoren. Sie kann sich fortsetzen und schließlich in einem Zusammenbruch der Versorgung münden. Für eine transiente Stabilität ist daher eine schnelle Spannungsregelung günstig. Diese Aussage soll durch die folgenden Überlegungen veranschaulicht werden.

Ein Kurzschluss führt zunächst zu einem Spannungseinbruch an den Generatorklemmen. Dadurch wird eine Sollwertabweichung in der Spannung hervorgerufen, die den Regler zu einer Erhöhung des Erregerstroms veranlasst. Infolgedessen vergrößert sich der

Kurzschlussstrom, der zugleich einen höheren Anteil der zugeführten Wirkleistung – der Antriebsleistung aus dem Kessel – ins Netz transportiert; der Läufer wird schwächer beschleunigt bzw. abgebremst.

Ist die Pendelschwingung ausreichend niederfrequent bzw. die Spannungsregelung hinreichend schnell, so setzt der beschriebene Vorgang bereits während der ersten positiven Halbschwingung ein und verringert die Pendelschwingung. Reagiert die Regelung allerdings zu langsam, so kann sie auch erst die zweite, negative Halbperiode beeinflussen. Dann vergrößert sich sogar die Pendelschwingung. Durch den Einsatz von Zusatzeinrichtungen zur Spannungsregelung, den *Pendeldämpfungsgeräten*, lässt sich erreichen, dass die Regler phasengerecht arbeiten und auch den weiteren Schwingungsverlauf abdämpfen.

Das bisher verwendete Modell ist nicht in der Lage, Kapazitäten zu berücksichtigen. Sie lassen sich allerdings erfassen, wenn neu entwickelte systemtheoretische Methoden eingesetzt werden [24]. Die damit erzielten Ergebnisse deuten – wie bereits am Anfang des Abschnitts erwähnt – darauf hin, dass bei realen Netzen durch die Kapazitäten die Gefahr einer transienten Instabilität gemindert wird. Allerdings bewirken sie bei bestimmten Betriebszuständen und Netzkonfigurationen kleine ungedämpfte Pendelschwingungen, die sich auch messtechnisch bestätigen lassen. Es entsteht also eine Instabilität im Kleinen.

Solche Pendelschwingungen treten z. B. auf, wenn zwei Randnetze an ein starkes Mittelnetz über längere Leitungen angekoppelt sind. Als Beispiel für die Randnetze seien Spanien und Polen, für das Mittelnetz Deutschland und Frankreich genannt. Da sich die auftretenden Pendelschwingungen weiträumig zwischen zwei Randgebieten ausbilden, werden sie auch als *Inter-Area-Schwingungen* bezeichnet. Angemerkt sei, dass nach dem heutigen Kenntnisstand nicht Kurzschlüsse solche Schwingungen hervorrufen, sondern Abschaltungen von Generatoren. Weiterhin sei ergänzt, dass sich solche Inter-Area-Pendelungen auch durch eine Fehlparametrierung der Spannungsregler erzeugen lassen.

In den bisherigen Ausführungen ist stets davon ausgegangen worden, dass die durchzuführenden Schaltmaßnahmen von den Schaltern beherrscht werden. Im Folgenden werden Methoden erläutert, mit denen Schalter aus den Herstellerlisten so auszuwählen sind, dass sie wie die anderen Betriebsmittel der Anlage ebenfalls kurzschlussfest sind.

7.6 Auslegung von Schaltern

Zunächst werden nochmals die bereits in Abschnitt 4.10 angegebenen Auslegungskriterien für Schalter formuliert, allerdings quantitativ in Form von Ungleichungen:

$$I_{bN} \leq I_{rS}, \quad I_{sN} \leq I_{sS}, \quad I_{thN} \leq I_{thS}. \tag{7.46a}$$

Diese Beziehungen besagen, dass am Schaltereinbauort N der Betriebsstrom I_{bN}, der dort auftretende Stoßkurzschlussstrom I_{sN} sowie der thermisch gleichwertige Kurzzeitstrom I_{thN} jeweils unter den zulässigen Schalterwerten I_{rS}, I_{sS}, I_{thS} liegen müssen. Diese Werte kennzeichnen die Beanspruchungen, die von *Leistungsschaltern* und *Trennschaltern* in geschlossenem Zustand oder beim Einschalten einzuhalten sind. Für die Überprüfung des Ausschaltvermögens von Leistungsschaltern gelten weitere Kriterien. So ist zunächst der Ausschaltwechselstrom I_{aN} für einen Klemmenkurzschluss zu überprüfen:

$$I_{aN} \leq I_{aS} \; . \tag{7.46b}$$

Dieses Kriterium gestaltet sich komplizierter, sofern die abklingende Gleichstromkomponente (aperiodische Komponente) zum Ausschaltzeitpunkt einen Wert von $0{,}2 \cdot \hat{I}_a$ überschreitet. Dann wird die Schaltstrecke stärker beansprucht, sodass der Gleichstrom bei der Auswahl des Leistungsschalters mit zu berücksichtigen ist. Näheres ist DIN VDE 0670 Teil 102 zu entnehmen.

Die Verfahren, mit denen die Größen I_{bN}, I_{sN}, I_{thN} und I_{aN} berechnet werden, sind in den Kapiteln 5 und 6 sowie in Abschnitt 7.2 beschrieben worden. Falls die zulässigen Schalterwerte I_{sS}, I_{thS} und I_{aS} bei einem Klemmenkurzschluss verletzt werden, ist eine leistungsfähigere Schalterausführung erforderlich. Dann ist ein Schalter mit einem höheren Bemessungsstrom auszuwählen. Von den Herstellern werden die verschiedenen Typen abhängig von der Bemessungsspannung U_{rS} und dem Bemessungsstrom I_{rS} des Schalters angeboten. Dabei weist die Bemessungsspannung der Schalter jeweils den Wert der höchsten Netzspannung U_m auf (s. DIN VDE 0670 Teil 1000). Für die in der Praxis üblichen Netze sind die Ungleichungen (7.46) erfüllt, wenn bereits die Bedingung des Bemessungsstroms eingehalten wird. Wie im Abschnitt 4.10 erwähnt, ist darüber hinaus in manchen Fällen als zusätzliches Kriterium die wiederkehrende Spannung zu beachten. Es handelt sich dabei um die Spannung, die sich nach dem Ausschalten eines Klemmenkurzschlusses über den Schalterklemmen ausbildet. Ihr transienter Anteil wird als *Einschwingspannung* bezeichnet. Bevor diese Zusammenhänge quantitativ betrachtet werden, soll zunächst noch einmal der qualitative Ablauf dargestellt werden.

Nach dem Aus-Kommando des Netzschutzes oder einer manuell ausgelösten Schalterbetätigung trennen sich die Schaltkontakte. Es entsteht dabei ein niederohmiger Lichtbogen. Gemäß Gl. (7.3) steigt die dort umgesetzte Wirkleistung mit der Höhe des Stroms und der Länge des Schaltlichtbogens zwischen den sich auseinander bewegenden Schaltkontakten an. Die im Lichtbogen freigesetzte Wärmeenergie ist mithin am größten, wenn der Schalter mit dem *zulässigen Ausschaltwechselstrom* I_{aS} – z. B. durch einen Klemmenkurzschluss hervorgerufen – beansprucht wird.

Im Wesentlichen erstreckt sich die im Lichtbogen freigesetzte Leistung vom Zeitpunkt der Kontakttrennung bis in den Bereich des nächstfolgenden *Nulldurchgangs des Stroms*. Die Löschung kann z. B. bei SF_6-Leistungsschaltern nur erfolgreich sein, wenn das SF_6-Gas, welches zuvor im Blaszylinder komprimiert worden ist, den Lichtbogen beim Ausströmen so weit abkühlt, dass die Temperatur des Lichtbogens nach Erreichen des nächstfolgenden Stromnulldurchgangs unterhalb von 3000 K liegt. Dann verliert das Plasma seine Leitfähigkeit, und der Strom ist unterbrochen. Mit dem Einsetzen der Lichtbogenlöschung beginnt sich die wiederkehrende Spannung auszubilden. Sie bewirkt im noch vorhandenen Plasma des hochohmig gewordenen Schaltlichtbogens ein elektrisches Feld E. Dieses beschleunigt diejenigen Ladungsträger – insbesondere die Elektronen –, die auch nach der Abkühlung in geringem Maß noch dort vorhanden sind. Sie verursachen erneut Stoßionisation und erhöhen damit die Leitfähigkeit der Schaltstrecke. Wenn dieser Effekt zu ausgeprägt ist, verliert die Schaltstrecke ihre Festigkeit; der Lichtbogen zündet erneut. Passiert dieses innerhalb einer Zeitspanne von 5 ms, so spricht man von einer *Wiederzündung*. Anderenfalls ist der Ausdruck *Rückzündung* gebräuchlich.

Im Falle einer erneuten Zündung gilt es, den nächsten Stromnulldurchgang zu beherrschen. Der Vorrat des komprimierten Gases reicht für eine Reihe von Nulldurchgängen.

7.6 Auslegung von Schaltern

Ist die Festigkeit bei jedem Nulldurchgang unzureichend, bleibt der Lichtbogen leitfähig. Die von ihm freigesetzte Wärme wird im Schalter gespeichert und führt zu einer Überhitzung, bis er schließlich zerstört wird.

Falls ausgeprägte Gleichströme auftreten, verschiebt sich der erste Nulldurchgang maximal bis zu einer viertel Periode. Während dieser Zeit nimmt der Lichtbogen noch zusätzliche Energie auf, sodass dieser verstärkt gekühlt werden muss. Wie bereits erwähnt, ist bei der Schalterauswahl dann neben der Ausschaltbedingung (7.46b) ein weiteres Kriterium zu verwenden.

Bei den zugrunde gelegten Schaltern handelt es sich um *Wechselstromkonstruktionen*. Sie löschen nur dann den Strom, wenn er einen Nulldurchgang aufweist. Sollte dieser über einen Zeitraum von einigen Netzperioden nicht auftreten, sind Sonderkonstruktionen zu verwenden. Entstehen kann ein derartiges Verhalten mitunter in der Nähe großer Generatoren, bei denen sich ein großer subtransienter Vorgang ausbildet, der schneller abklingt als der aperiodische Anteil (s. auch Abschnitt 8.2). Sofern ein Nulldurchgang ganz fehlt – wie es z. B. der Fall ist, wenn es Gleichströme zu unterbrechen gilt –, sind andere Konstruktionen erforderlich.

Für eine erfolgreiche Löschung sind die Einschwingspannungen von großer Bedeutung.

7.6.1 Einschwingspannungen nach einem Schalter-Klemmenkurzschluss in einphasigen Netzen

Im Weiteren wird nun die wiederkehrende Spannung für einige Klemmenkurzschlüsse berechnet, die dann mit noch zu erläuternden Kriterien quantitativ zu bewerten sind. Dafür wird jeweils der unbeeinflusste Spannungsverlauf herangezogen (s. Abschnitt 4.10). Bei dieser Spannung bleibt die dämpfende Wirkung des Schaltlichtbogens unberücksichtigt, sodass unter dieser Voraussetzung die wiederkehrende Spannung allein vom Netz geprägt wird. Aus Gründen der Verständlichkeit werden die prinzipiellen Zusammenhänge an *einphasigen* Netzen entwickelt. Die dabei gewonnenen Aussagen werden anschließend auf Drehstromnetze übertragen.

Zunächst wird die einphasige Bahnanlage in Bild 7.26 untersucht. Es handelt sich um eine 60-kV-Schaltanlage in SF_6-Bauweise, die aus einem Eingangsfeld und zwei Abgangsfeldern bestehen möge; ein Abzweig sei ausgeschaltet, an dem anderen trete an der Freileitungsdurchführung ein Kurzschluss auf. Für eine Bezugsspannung von 60 kV weisen die Netzeinspeisung und der Transformator mit den in Bild 7.26 angegebenen Daten die

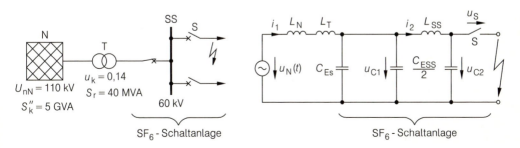

Bild 7.26
Übersichtsschaltbild einer einphasigen Bahnanlage und ihr Ersatzschaltbild für das Ausschalten eines Klemmenkurzschlusses mit dem Leistungsschalter S (Bezugsspannung 60 kV)
SS: Sammelschiene

Induktivitäten $L_N = 2{,}52$ mH und $L_T = 40{,}11$ mH auf. Das einpolig gekapselte Sammelschienensystem einschließlich der Rohrleiter kann recht gut als Leitung mit einem Wellenwiderstand von 75 Ω aufgefasst werden; für die Nachbildung wird ein Π-Ersatzschaltbild gewählt. Bei einer Erdkapazität der Sammelschiene von $C_{ESS} = 2$ nF ergibt sich dann im Ersatzschaltbild die zugehörige Leitungsinduktivität zu $L_{SS} = 11{,}25$ μH. Zusätzlich werden die Durchführungs-, Wandler-, Transformator- und Schaltererdkapazitäten der Speiseseite summarisch durch eine Erdkapazität $C_{Es} = 6$ nF erfasst. Man erhält damit als Ersatzschaltbild das in Bild 7.26 dargestellte Netzwerk.

In der zugrunde gelegten Anlage fließt zunächst bis zum Aus-Kommando des Schutzes ein Kurzschlussstrom; die aperiodische Komponente möge bereits abgeklungen sein. In einem der dann auftretenden Nulldurchgänge wird der Strom unterbrochen. Zu diesem Zeitpunkt – mit $t = 0$ bezeichnet – betragen die Spannungen an den Kapazitäten

$$u_{C1}(t=0) = U_{C0} \approx \frac{L_{SS}}{L_N + L_T + L_{SS}} \cdot \hat{U}_N \,, \quad u_{C2}(t=0) = 0 \,, \tag{7.47}$$

wobei für die Speisespannung der Verlauf $u_N(t) = \hat{U}_N \cdot \cos\omega t$ angenommen wird. Mit den zusätzlichen Anfangsbedingungen

$$i_1(t=0) = i_2(t=0) = 0$$

ergeben sich für die Maschenumläufe nach einer Laplace-Transformation die Beziehungen:

$$-U_N(p) + p(L_N + L_T) \cdot I_1(p) + \frac{1}{p(C_{Es} + C_{ESS}/2)} \cdot (I_1(p) - I_2(p)) + \frac{U_{C0}}{p} = 0$$

$$-\frac{1}{p(C_{Es} + C_{ESS}/2)} \cdot (I_1(p) - I_2(p)) - \frac{U_{C0}}{p} + pL_{SS} \cdot I_2(p) + \frac{1}{pC_{ESS}/2} \cdot I_2(p) = 0$$

$$U_S(p) = \frac{1}{pC_{ESS}/2} \cdot I_2(p) \,.$$

Dieses Gleichungssystem ist zu lösen und in den Zeitbereich zurückzutransformieren. Mit den angegebenen Daten erhält man dann für die Einschwingspannung am Schalter S den Zusammenhang

$$u_S(t) \approx \hat{U}_N \cdot \cos\omega t - (\hat{U}_N - 0{,}875 \cdot U_{C0}) \cdot \cos\Omega_1 t$$
$$+ (0{,}000029 \cdot \hat{U}_N - 0{,}875 \cdot U_{C0}) \cdot \cos\Omega_2 t$$

mit

$$\Omega_1 = 2\pi \cdot 8{,}62 \text{ kHz} \quad \text{und} \quad \Omega_2 = 2\pi \cdot 1{,}60 \text{ MHz} \,.$$

Aus Gl. (7.47) lässt sich der noch benötigte Anfangswert U_{C0} mit den angegebenen Induktivitätswerten zu $U_{C0} \approx 0{,}00026 \cdot \hat{U}_N$ ermitteln. Damit erhält man für den gesuchten Spannungsabfall über dem Schalter S den Ausdruck

$$u_S(t) \approx \hat{U}_N \cdot (\cos\omega t - \cos\Omega_1 t) - 0{,}00020 \cdot \hat{U}_N \cdot \cos\Omega_2 t \,. \tag{7.48}$$

7.6 Auslegung von Schaltern

Es treten demnach zwei Eigenschwingungen auf. Die niedrige Eigenfrequenz wird im Wesentlichen von den netzseitigen Induktivitäten L_N und L_T sowie der summarischen Erdkapazität C_{Es} geprägt. Demgegenüber wird die zweite, sehr viel höhere Eigenfrequenz von den Daten der SF_6-Sammelschiene C_{ESS} und L_{SS} bestimmt. Von diesen beiden Eigenschwingungen weist der hochfrequente, im MHz-Bereich liegende Anteil jedoch nur eine sehr kleine Amplitude auf. Daher kann diese Komponente vernachlässigt werden. Zugleich gilt die Relation $\Omega_1 \gg \omega$. Für kleine Zeiten t kann deshalb der Term $\cos\omega t$ im Vergleich zu dem Ausdruck $\cos\Omega_1 t$ näherungsweise als konstant angesehen werden. Im Anfangsbereich wird die Einschwingspannung dann durch den Ausdruck

$$u_S(t) \approx \hat{U}_N \cdot (1 - \cos\Omega_1 t) \tag{7.49}$$

erfasst. Sie steigt in der Zeit $t = \pi/\Omega_1$ auf das Maximum von $2 \cdot \hat{U}_N$ an.
Es wird nun die Anlage in Bild 7.27 untersucht. Die Daten der Sammelschienen-Systeme sollen im Vergleich zu den Parametern der Freileitung L

$$L_L = 0{,}93 \text{ mH/km} \cdot 30 \text{ km} = 27{,}9 \text{ mH}, \quad C_{EL} = 12 \text{ nF/km} \cdot 30 \text{ km} = 360 \text{ nF}$$

vernachlässigbar sein. Dann ergibt sich von der Struktur her wiederum die Ersatzschaltung in Bild 7.26. Aus den dafür abgeleiteten Beziehungen resultiert nunmehr ein Anfangswert $U_{C0} \approx 0{,}40 \cdot \hat{U}_N$, sodass sich für die Einschwingspannung der Ausdruck

$$u_S(t) \approx \hat{U}_N \cdot (1{,}002 \cdot \cos\omega t - 0{,}942 \cdot \cos\Omega_1 t) - 0{,}0601 \cdot \hat{U}_N \cdot \cos\Omega_2 t$$

mit

$$\Omega_1 = 2\pi \cdot 1{,}17 \text{ kHz} \quad \text{und} \quad \Omega_2 = 2\pi \cdot 3{,}43 \text{ kHz}$$

ergibt. Im Vergleich zu der Anlage in Bild 7.26 weisen beide Eigenschwingungen eine deutlich kleinere Frequenz auf. Besonders ausgeprägt verringert sie sich bei der zweiten Eigenschwingung, deren Frequenz sich aus dem MHz-Bereich in den kHz-Bereich verschiebt und dann in der Nähe der ersten Eigenfrequenz liegt. Ein weiterer Unterschied besteht darin, dass die beiden Eigenfrequenzen vom Gesamtsystem bestimmt werden und nicht mehr einzelnen Elementen zuzuordnen sind. Die Amplitude der zweiten Eigenschwingung ist zwar größer als in Gl. (7.48), jedoch kann sie gegen die erste Komponente wiederum vernachlässigt werden. Deren Amplitude hat sich im Vergleich zu Gl. (7.48) nur geringfügig verkleinert. Da gleichzeitig die erste Eigenfrequenz merklich niedriger geworden ist, weist die wiederkehrende Spannung $u_S(t)$ eine geringere Steilheit auf und beansprucht demzufolge die Schaltstrecke im Leistungsschalter schwächer.

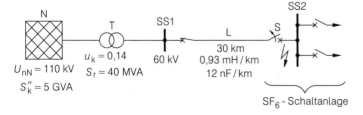

Bild 7.27
Übersichtsschaltbild einer einphasigen Anlage mit Klemmenkurzschluss hinter dem Sammelschienenschalter im Einspeisefeld

S: ausschaltender Leistungsschalter

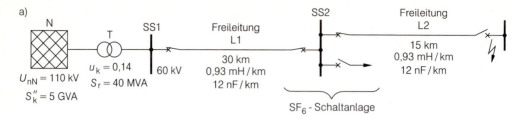

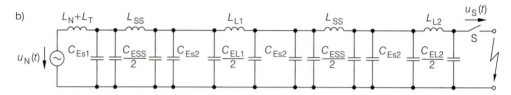

Bild 7.28
Einphasige Anlage mit einem Kurzschluss am Ende eines Freileitungsabzweigs
a) Übersichtsschaltplan
b) Ersatzschaltbild (Bezugsspannung 60 kV)
C_{Es}: summarische Erdkapazität des Einspeise- oder Abzweigfelds
(Kapazitäten der Wandler, Schalter und Zuleitungen)
$L_N = 2{,}52$ mH; $L_T = 40{,}11$ mH; $L_{L1} = 27{,}9$ mH; $L_{SS} = 11{,}25$ µH; $L_{L2} = 13{,}95$ mH;
$C_{Es1} = 6$ nF; $C_{Es2} = 2{,}5$ nF; $C_{ESS} = 2$ nF; $C_{EL1} = 360$ nF; $C_{EL2} = 180$ nF

Einen nochmals anderen Zeitverlauf erhält man mit der in Bild 7.28a dargestellten Anlage. Dort erfolgt die Einspeisung auf die Sammelschiene SS2 wiederum über eine Freileitung. Im Unterschied zu Bild 7.27 liegt der untersuchte Leistungsschalter S jedoch am Ende eines Freileitungsabzweigs in der benachbarten Schaltanlage. Die Nachbildung der Sammelschienen SS1 und SS2 erfolgt wie in Bild 7.26; die Erdkapazitäten des Transformators, der Wandler, Schalter und Durchführungen im Einspeisefeld werden wiederum summarisch mit $C_{Es1} = 6$ nF berücksichtigt. Im Abzweigfeld verringert sich dieser Wert wegen des fehlenden Transformators auf $C_{Es2} = 2{,}5$ nF. Das zugehörige Ersatzschaltbild ist in Bild 7.28b dargestellt. Es ist bereits zu aufwändig für eine analytische Lösung und erfordert eine Simulationsrechnung auf einem Digitalrechner. Der zugehörige Zeitverlauf der wiederkehrenden Spannung $u_S(t)$ ist – gemeinsam mit den Spannungsverläufen der Anlagen aus den Bildern 7.26 und 7.27 – in Bild 7.29 wiedergegeben.

Wie aus diesem Bild zu erkennen ist, treten in der Anlage gemäß Bild 7.28 ebenfalls mehrere Eigenschwingungen auf. Im Unterschied zu den bisherigen Verläufen weisen jedoch mindestens zwei Eigenschwingungen eine ausgeprägte Amplitude auf. Zugleich hat sich die erste Eigenfrequenz weiter verringert. Insgesamt weist die wiederkehrende Spannung im Mittel eine noch kleinere Steilheit auf als bei der Anlage in Bild 7.27. Lokal wie z. B. im Anfangsbereich kann sich die Steilheit jedoch auch vergrößern.

Aus diesen Betrachtungen lässt sich folgern, dass die Steilheit der Einschwingspannung umso größer wird, je höher die Frequenz der amplitudenstarken Eigenschwingungsanteile ist. Problematisch können sich in dieser Beziehung die Anlagen in Bild 7.30 verhalten. Im Einzelnen handelt es sich um das Ausschalten von Klemmenkurzschlüssen hinter Hoch- und Höchstspannungstransformatoren, hinter Drosselspulen oder hinter leistungsstarken Generatoren.

Bei diesen Konfigurationen ist das Eigenfrequenzspektrum sehr breit und zugleich hochfrequent. Ein Klemmenkurzschluss regt alle Eigenfrequenzen darin an und erzeugt somit

7.6 Auslegung von Schaltern

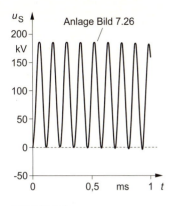
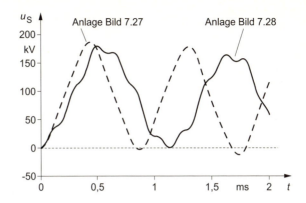

Bild 7.29
Verläufe der wiederkehrenden Spannungen $u_\mathrm{S}(t)$ für die Anlagen in den Bildern 7.26, 7.27 und 7.28 mit $\hat{U}_\mathrm{N} = \sqrt{2} \cdot 1{,}1 \cdot 60$ kV

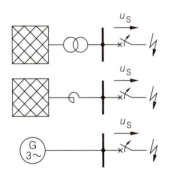

Bild 7.30
Anlagen mit einer hohen Beanspruchung von Leistungsschaltern beim Ausschalten eines Kurzschlusses

sowohl lokal als auch im Mittel hohe Steilheiten im Einschwingvorgang. So liegen z. B. in Höchstspannungstransformatoren die internen amplitudenstarken Eigenschwingungen bereits bei einigen zehn Kilohertz. Sie werden im Wesentlichen von der Streuinduktivität L_σ und der summarischen internen Erdkapazität C_E geprägt [126]:

$$\Omega \sim \frac{1}{\sqrt{L_\sigma C_\mathrm{E}/2}} \,. \tag{7.50}$$

Die obere Grenze dieser Eigenfrequenzen liegt im Bereich von einigen MHz. Zu bemerken ist, dass von den bisher kennen gelernten Ersatzschaltbildern für die einzelnen Betriebsmittel nur die amplitudenstarken Eigenschwingungen im unteren Spektrumsbereich erfasst werden. Es stellt sich nun die Frage nach Kriterien, mit denen die Zulässigkeit solcher Einschwingspannungen zu beurteilen sind.

7.6.2 Bewertung der Einschwingspannungen

Als ein geeignetes Kriterium zur Beurteilung der Einschwingspannungen hat sich deren Einhüllende erwiesen. In DIN VDE 0670 Teil 102 wird diese Einhüllende durch eine so genannte *Referenzlinie* vorgegeben, die von der tatsächlich auftretenden Einschwingspannung nicht geschnitten werden darf. Für Nennspannungen bis 100 kV wird sie durch eine

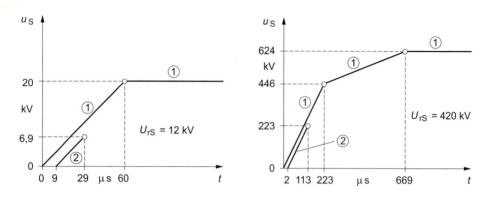

Bild 7.31
Verlauf der Referenz- und Verzögerungslinie eines Leistungsschalters bei einem Klemmenkurzschluss für unterschiedliche Bemessungsspannungen U_{rS} des Schalters
1: Referenzlinie; 2: Verzögerungslinie

Gerade gekennzeichnet, für die zwei Parameter (Zeit und Spannung) benötigt werden. Bei Leistungsschaltern mit höherer Nennspannung setzt sich die Referenzlinie aus zwei Geradenzügen zusammen, die durch zwei Punkte – also vier Parameter – beschrieben werden (Bild 7.31).

Als zusätzliche Bedingung ist noch die *Verzögerungslinie* zu beachten, die ebenfalls in Bild 7.31 dargestellt ist. Dieses begrenzte Geradensegment darf von der Einschwingspannung höchstens einmal geschnitten werden (Bild 7.32). Dadurch wird geprüft, ob sich in dem zugehörigen Zeitbereich lokal zu große Steilheiten ausbilden, die eine Wiederzündung verursachen könnten. Mit den beschriebenen Kriterien lässt sich untersuchen, inwiefern die Auswirkungen von Klemmenkurzschlüssen zulässig sind. Die durch das anschließende Öffnen des Schalters hervorgerufene wiederkehrende Spannung ist z. B. mithilfe eines Programms für die Berechnung transienter Netzvorgänge zu ermitteln.

Bei Anlagen mit einem vergleichsweise großen Wellenwiderstand wie zum Beispiel Freiluftschaltanlagen kann es erforderlich sein, auch den allerersten Beginn der Einschwingspannung zu überprüfen. In diesem Zeitbereich, der als *Anfangseinschwingspannung* bezeichnet wird, können sich Verläufe mit besonders großer Steilheit ausbilden. Sie entstehen durch Reflexionen von Wanderwellen an Diskontinuitäten der Sammelschiene, also im Wesentlichen an den Abzweigen. Diese sehr hochfrequenten Schwingungen weisen zwar nur eine geringe Amplitude auf, jedoch können sie für bestimmte Arten von Leistungsschaltern eine relevante Beanspruchung darstellen (s. DIN VDE 0670 Teil 102). Für die Anfangseinschwingspannung wird deshalb ein weiteres Kriterium angeführt, das die Steilheit im Bereich der ersten Mikrosekunde begrenzt. Zu diesem Zweck wird die Referenzlinie in diesem Anfangsabschnitt durch ein Geradensegment ersetzt, dessen Steigung von der Höhe des Kurzschlussstroms abhängt und größer ist als bei der ursprünglichen Referenzlinie. Aufgrund der Stromabhängigkeit des Kriteriums kann diese Überprüfung bei Leistungsschaltern mit $I_{aS} < 25$ kA entfallen. Ebenso kann die Anfangseinschwingspannung bei SF_6-Schaltanlagen wegen ihres niedrigen Wellenwiderstands vernachlässigt werden.

Selbst wenn die dargestellten Bedingungen beim Klemmenkurzschluss eingehalten werden, kann bei Hochleistungsschaltern der so genannte Abstandskurzschluss noch ein Schalterversagen auslösen.

7.6 Auslegung von Schaltern

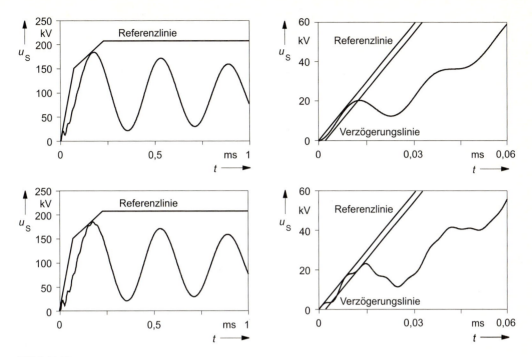

Bild 7.32
Veranschaulichung eines zulässigen und eines unzulässigen Verlaufs der Einschwingspannung mit vergrößerter Darstellung des Anfangsbereichs
Oben: Zulässiger Verlauf
(Referenzlinie nicht überschritten, Verzögerungslinie nur einmal geschnitten)
Unten: Unzulässiger Verlauf
(Referenzlinie nicht überschritten, jedoch Verzögerungslinie mehrfach geschnitten)

7.6.3 Abstandskurzschluss in einphasigen Netzen

Gefährdet sind durch diese Kurzschlussart gemäß DIN VDE 0670 Teil 102 insbesondere Freileitungsabzweigschalter in Schaltanlagen mit Nennspannungen über 52 kV und einem Ausschaltwechselstrom I_a von mehr als 12,5 kA. Um diesen Effekt erklären zu können, wird die Anlage in Bild 7.33 betrachtet. Die abgehende Freileitung weise im Anfangsbereich einen Kurzschluss auf; das zugehörige Ersatzschaltbild ist ebenfalls in Bild 7.33 angegeben.
Ähnlich wie beim Klemmenkurzschluss bildet sich auch bei diesem Fehler zunächst ein

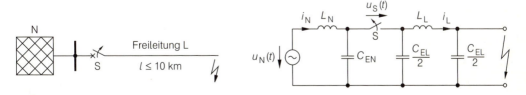

Bild 7.33
Übersichtsschaltplan und Ersatzschaltbild für eine Anlage mit Abstandskurzschluss
S: ausschaltender Leistungsschalter

kräftiger Kurzschlusswechselstrom I_k'' aus, dessen aperiodische Komponente bereits vor dem Auftrennen der Schaltkontakte abgeklungen sein möge. Wiederum verlöscht der Strom im Nulldurchgang $i(t=0) = 0$. An den beiden Kapazitäten C_{EN} und $C_{EL}/2$, die an den Schaltkontakten wirksam sind, erreicht zu diesem Zeitpunkt die Spannung ihr Maximum

$$u_{C1}(t=0) = u_{C2}(t=0) = U_{C0} = \frac{L_L}{L_N + L_L} \cdot \hat{U}_N . \tag{7.51}$$

Im Unterschied zum Klemmenkurzschluss entwickelt sich nach dem Stromnulldurchgang bzw. dem Verlöschen des Lichtbogens sowohl einspeise- als auch leitungsseitig eine Eigenschwingung mit der Kreisfrequenz Ω_1 bzw. Ω_2. Die wiederkehrende Spannung $u_S(t)$ am Schalter setzt sich dementsprechend ebenfalls aus diesen beiden Eigenschwingungen zusammen. Ihr Verlauf resultiert aus den Maschenumläufen

$$-U_N(p) + pL_N \cdot I_N(p) + \frac{1}{pC_{EN}} \cdot I_N(p) + \frac{U_{C0}}{p} = 0$$

$$\frac{1}{pC_{EL}/2} \cdot I_L(p) - \frac{U_{C0}}{p} + pL_L \cdot I_L(p) = 0$$

$$-\frac{1}{pC_{EN}} \cdot I_N(p) + U_S(p) - \frac{1}{pC_{EL}/2} \cdot I_L(p) = 0$$

zu

$$u_S(t) = \frac{\hat{U}_N}{1 - \omega^2/\Omega_1^2} \cdot (\cos \omega t - \cos \Omega_1 t) + U_{C0} \cdot (\cos \Omega_1 t - \cos \Omega_2 t) \tag{7.52}$$

mit

$$\Omega_1 = \frac{1}{\sqrt{L_N C_{EN}}} \quad \text{und} \quad \Omega_2 = \frac{1}{\sqrt{L_L C_{EL}/2}} . \tag{7.53}$$

Üblicherweise liegt die relevante Netzeigenfrequenz $f_1 = \Omega_1/(2\pi)$ kaum über einigen kHz, während sich die leitungsseitig relevante Eigenfrequenz $f_2 = \Omega_2/(2\pi)$ je nach Kurzschlussort über einen Bereich von einigen zehn kHz bis hin zu ca. 200 kHz erstreckt. Es gilt mithin

$$\omega \ll \Omega_1 \ll \Omega_2 .$$

Weiterhin bestehen die Beziehungen

$$L_L = L_L' \cdot l \quad \text{sowie} \quad C_{EL} = C_{EL}' \cdot l , \tag{7.54}$$

denn der betrachtete Kurzschluss soll nach l Kilometern auftreten. Unter diesen Voraussetzungen und unter Berücksichtigung der Anfangsbedingung (7.51) vereinfacht sich Gl. (7.52) für kleine Zeiten t auf

$$u_S(t) \approx \frac{\hat{U}_N}{1 + L_N/(L_L' \cdot l)} \cdot (1 - \cos \Omega_2 t) . \tag{7.55}$$

7.6 Auslegung von Schaltern

Durch die bereits genannten Bedingungen $U_{rS} > 52$ kV und $I_a > 12{,}5$ kA wird sichergestellt, dass die Einspeisung über eine hinreichend große Kurzschlussleistung verfügt. Ihre Innenunduktivität L_N ist damit so klein, dass die Spannungsamplitude in Gl. (7.55) auch bei Kurzschlüssen im Nahbereich durchaus merkliche Werte annehmen kann und das Plasma in der Schaltstrecke beansprucht. Dabei ist der Energieinhalt des Plasmas praktisch der gleiche wie beim Klemmenkurzschluss, da das kurzgeschlossene Leitungsstück aufgrund der geringen Länge l den Fehlerstrom kaum begrenzt.

Für die weiteren Betrachtungen interessiert nun die Abhängigkeit der Eigenfrequenz $f_2 = \Omega_2/(2\pi)$ und der Spannungsamplitude vom Abstand l des Kurzschlusses. Aus den Beziehungen (7.53) und (7.54) ergibt sich der Zusammenhang

$$\Omega_2 = \frac{1}{l \cdot \sqrt{L'_L C'_{EL}/2}} \;.$$

Als grober Richtwert gilt

$$f_2 \approx \frac{75 \text{ kHz}}{l/\text{km}} \;.$$

Diesen Wert erhält man mit der Annahme, dass sich eine Wanderwelle auf einer Leitung mit Lichtgeschwindigkeit ausbreitet und der dadurch verursachte Spannungsverlauf die vierfache Laufzeit als Periodendauer hat. Sofern der Kurzschluss sich in der Nähe des Abzweigfelds befindet, sind die leitungsseitigen Eigenfrequenzen sehr hochfrequent. Aus der Beziehung (7.55) ist zu ersehen, dass die Spannungsamplitude unter diesen Bedingungen nur kleine Werte annimmt; der Schalter ist demnach nicht gefährdet. Ein ähnlicher Zusammenhang tritt bei Kurzschlussentfernungen von z. B. 10 km auf. Bei solchen großen Leitungslängen l nimmt zwar die Spannungsamplitude vergleichsweise hohe Werte an, jedoch sinkt die Steilheit bzw. die Kreisfrequenz Ω_2 der wiederkehrenden Spannung ab. Zwischen diesen beiden Extremen gibt es einen kritischen Kurzschlussabstand, der den Begriff Abstandskurzschluss geprägt hat.

Dieser Abstand ist nicht nur von dem Verlauf der wiederkehrenden Spannung abhängig, sondern auch von der Bauart des Schalters. In Hoch- und Höchstspannungsnetzen lag der kritische Abstand für die früher üblichen Druckluftschalter bei ca. 1...2 km, bei den heute eingesetzten SF_6-Schaltern ist dagegen der Bereich von 0,5 km gefährlich.

Weitere kritische Anregungen dieser Art entstehen auch bei einigen anderen Netzkonfigurationen [127]. Als wesentliches Beispiel sei das primärseitige Ausschalten von leistungsstarken Hochspannungstransformatoren genannt, bei denen auf der Sekundärseite ein Kurzschluss aufgetreten ist. Bei Umspannern mit hoher Bemessungsleistung S_r verschiebt sich gemäß der Gleichung (7.50) und der Beziehung

$$L_\sigma = \frac{u_k}{\omega_{rN}} \cdot \frac{U_r^2}{S_r}$$

das Eigenfrequenzspektrum zu höheren Werten hin. Bei manchen Bauarten kann es dann durchaus mit dem von kurzen Leitungen übereinstimmen [32]. Damit ist es nicht weiter verwunderlich, dass ähnliche Schalterbeanspruchungen wie beim Abstandskurzschluss auf Leitungen entstehen können.

Es stellt sich nun auch für den Abstandskurzschluss die Frage nach einem Kriterium, mit dem die Zulässigkeit der dabei auftretenden Spannungsverläufe zu überprüfen ist. In DIN VDE 0670 Teil 102 wird ein Verfahren angegeben, mit dem unter Verwendung schalterspezifischer Daten ein Referenzeinschwingvorgang dafür zu konstruieren ist. Die tatsächlich auftretende wiederkehrende Spannung ist dann damit zu vergleichen.

7.6.4 Auslegung von Leistungsschaltern in Drehstromnetzen

Bisher sind nur *einphasige* Netze untersucht worden; überwiegend handelt es sich in der Energieversorgung jedoch um *Drehstromnetze*, bei denen drei Ströme zu löschen sind. Nach dem Aus-Kommando des Netzschutzes öffnen alle drei Pole nahezu gleichzeitig. Zeitliche Verschiebungen, die von den Antrieben verursacht werden, überschreiten kaum 1...3 ms. Derjenige Pol, bei dem am frühesten der Nulldurchgang auftritt, unterbricht den Strom als erster. Danach können die beiden anderen Pole, deren Kontakte jeweils noch über einen niederohmigen Schaltlichtbogen miteinander verbunden sind, als kurzgeschlossen angesehen werden. Es ergibt sich damit der Schaltzustand in Bild 7.34. Anschließend löschen – meistens um die Phase $2\pi/3$ verschoben – die beiden anderen Pole. Durch die transienten Vorgänge kann bisweilen auch eine Verschiebung der Stromnulldurchgänge erfolgen.

Für die Berechnung der zugehörigen wiederkehrenden Spannung sind einphasige Ersatzschaltbilder nicht geeignet, da sie einen symmetrischen Aufbau der drei Leiter voraussetzen, der gemäß Bild 7.34 nicht mehr vorliegt. Zu verwenden sind dagegen die in Abschnitt 10.4 abgeleiteten transienten Komponentenersatzschaltbilder. Ein Durchrechnen mit diesen Methoden zeigt, dass bei einem dreipoligen Kurzschluss stets der erstlöschende Pol im Vergleich zu den anderen Polen am stärksten beansprucht wird. Daher genügt es, dessen Festigkeit zu überprüfen. Auf einem anderen Wege wird dieser Sachverhalt auch in [127] abgeleitet.

Dabei zeigt sich, dass Steilheit und Höhe der Einschwingspannungen von der Erdungsart der Anlage stark beeinflusst werden. In Netzen, deren Transformatorsternpunkte isoliert oder kompensiert betrieben werden (s. Kapitel 11), ist der Sternpunkt der Einspeisung in Bild 7.34 als ungeerdet anzusehen. Bei solchen Netzverhältnissen nimmt dann die stationäre Spannung, die sich bei diesem Schaltzustand über dem Schalterpol ausbilden würde, Werte bis zu $1{,}5 \cdot U_\mathrm{b}/\sqrt{3}$ an. In den so genannten Netzen mit niederohmiger Sternpunkterdung dagegen ist der Sternpunkt der Einspeisung als geerdet zu betrachten; zugleich darf man davon ausgehen, dass der dreipolige Kurzschluss Erdberührung aufweist. In realen Netzen überschreitet unter diesen Voraussetzungen die stationäre Spannung über dem erstlöschenden Pol nicht den Wert $1{,}3 \cdot U_\mathrm{b}/\sqrt{3}$. Im Weiteren ist es üblich, die ermittelte stationäre Spannung auf die Sternspannung $U_\mathrm{b}/\sqrt{3}$ zu beziehen. Die sich dann ergebende dimensionslose Größe wird als *Polfaktor* bezeichnet. Sie ist ein Maß für die Höhe der Zustandsänderung über dem erstlöschenden Pol (s. Abschnitt 4.1).

In Netzen mit einem Polfaktor von 1,5 sind die Schalter daher stärker auszulegen als in Anlagen, deren Polfaktor nur 1,3 beträgt. Dieser Einfluss spiegelt sich auch in DIN VDE 0670 Teil 102 wider. Dort werden die zulässigen Referenz- und Verzögerungslinien für den Klemmenkurzschluss abhängig vom Polfaktor angegeben. Als Beispiel sind in Tabelle 7.1 die zugehörigen Kenndaten für 110-kV-Netze angeführt. Es sei noch darauf hingewiesen, dass es für den Abstandskurzschluss im Unterschied zum Klemmenkurzschluss nicht nötig

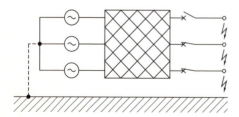

Bild 7.34

Schaltzustand in einem Drehstromnetz nach dem Auftreten des Stromnulldurchgangs im erstlöschenden Pol

Tabelle 7.1
Kenndaten für die Referenz- und die Verzögerungslinie bei einem 110-kV-Netz

U_rS	Polfaktor	Referenzlinie für Klemmenkurzschluss				Verzögerungslinie			
123 kV	1,3	65 µs	131 kV	195 µs	183 kV	2 µs	0 kV	35 µs	66 kV
	1,5	75 µs	151 kV	225 µs	211 kV	2 µs	0 kV	40 µs	75 kV

ist, die Normwerte vom Polfaktor abhängig anzugeben.

Wie die bisherigen Ausführungen zeigen, ist es für Leistungsschalter sowohl in einphasigen als auch in Drehstromnetzen üblicherweise ausreichend, den Klemmenkurzschluss und – wenn notwendig – zusätzlich noch den Abstandskurzschluss als Auswahlkriterium heranzuziehen. Besonders beanspruchende Einschwingspannungen treten natürlich auch in dreiphasigen Netzen bei den in Bild 7.30 dargestellten Konfigurationen auf. Daneben werden in DIN VDE 0670 Situationen aufgeführt, die besondere Vereinbarungen zwischen Hersteller und Betreiber erfordern. Als ein Beispiel ist das Auftrennen von Netzen zu nennen, bei denen der Ausschaltvorgang durch zu hohe Pendelschwingungen ausgelöst wird (Schalten unter Asynchron-Bedingungen). Als weiteres Beispiel sei eine Folge von kurzzeitig nacheinander auftretenden Kurzschlüssen angegeben. Bei der Beurteilung solcher Störungen ist – ähnlich wie bereits bei der Isolationskoordination – die Wahrscheinlichkeit einzubeziehen. Falls dem Betreiber solche Störungen aufgrund seiner speziellen Netzsituation (z. B. Lichtbogenöfen) beachtenswert erscheinen, ist dieses mit dem Schalterhersteller abzuklären.

Bei der Auswahl der Schalter ist darüber hinaus deren Schaltfolge zu beachten. Die genormten Schaltfolgen werden als *Nennschaltfolgen* bezeichnet. Der Ablauf wird mit den Buchstaben C (Closed) und O (Open) gekennzeichnet. So lauten zwei häufig zu findende Schaltfolgen

CO – 15 s – CO

CO – 0,3 s – CO – 3 min – CO.

Die letzte Schaltfolge wird als *Schnellwiedereinschaltung* bzw. auch als *Kurzunterbrechung (KU)* bezeichnet. Bei der Konstruktion des Schalters ist neben der Auslegung des Antriebs auch die aus vorhergehenden Schaltzyklen gespeicherte Wärmeenergie zu berücksichtigen, denn sie mindert die Festigkeit der Schaltstrecke bei den folgenden Ausschaltungen.

7.6.5 Schaltvorgänge ohne Kurzschluss

Abschließend sei noch auf Ausschaltungen ohne einen vorhergehenden Kurzschluss eingegangen. So können sich auch im ungestörten Betrieb beim Ausschalten von großen Induktivitäten und großen Kapazitäten sehr hohe Spannungen entwickeln.

Als typisches Beispiel für das Ausschalten von Induktivitäten sei das Ausschalten leerlaufender Transformatoren genannt, die aus dem Netz nur den Magnetisierungsstrom aufnehmen. Dieser Strom übersteigt selten einige Ampere. Bei solchen kleinen Strömen sind steile Stromabrisse möglich (s. Abschnitte 4.10 und 7.1). Sie können dadurch hohe Schaltüberspannungen verursachen, deren Größe – wie bereits in Abschnitt 4.10 erwähnt – auch vom Schaltertyp abhängig ist [73]. Sie beanspruchen die Festigkeit der Schaltstrecke und können einen Durchschlag bewirken. Da jedoch der Energieinhalt des Lichtbogens infolge der kleinen Ströme gering ist, wird der Lichtbogen sehr schnell gelöscht. Solche Vorgänge stellen für den Schalter keine schwerwiegende Beanspruchung dar, sondern belasten vielmehr die *Isolierung der Betriebsmittel*. Deshalb ist in diesen Fällen das Wiederzünden der Schaltstrecke sogar erwünscht; es bewirkt einen Selbstschutz der Anlage. Durch die erneute Kupplung des Transformators mit dem Netz vermindert sich die Einschwingspannung. Bei dem dann anschließenden Löschvorgang erreichen die Schaltüberspannungen nur noch geringere Werte.

Bei modernen Transformatoren sind die Magnetisierungsströme durch die Verwendung hochpermeabler Bleche recht klein geworden; dadurch senken sich die Schaltüberspannungen bei Stromabrissen deutlich ab (s. DIN VDE 0670 Teil 102). Darüber hinaus wird eine Normung vorbereitet, die Grenzwerte für kleine induktive Ströme festlegt; sie müssen von den Leistungsschaltern beherrscht werden, ohne dass die Anlagen spannungsmäßig unzulässig beansprucht werden.

Wenn möglich vermeidet man im praktischen Netzbetrieb das Ausschalten von leerlaufenden Transformatoren. Das gleiche gilt für Erdschlusslöschspulen. Demgegenüber stellt es kein Problem dar, Kompensationsdrosselspulen auszuschalten. Ihre Induktivität ist mit ca. 20 H im Vergleich zur Hauptinduktivität des Umspanners von ca. 500 H so klein, dass die Ausschaltspannungen das Isoliervermögen der Spulenisolation nicht übersteigen.

Während Durchzündungen der Schaltstrecke beim Ausschalten von *Induktivitäten* ungefährlich sind, müssen sie beim Ausschalten von großen *Kapazitäten* unbedingt vermieden werden. Eine einzelne Wieder- bzw. Rückzündung stellt zwar für den Schalter selbst keine Belastung dar; danach wächst jedoch die Gefahr von mehreren nacheinander auftretenden Rückzündungen. Sie können zu einer Aufschaukelung der Spannung an den Kapazitäten führen [128]. Eine Begrenzung von zu hohen Überspannungen lässt sich durch den Einbau von Einschalt- sowie Entladewiderständen erreichen [14], [88].

In der Praxis stellt sich diese Problematik beim Ausschalten von leerlaufenden langen Leitungen (s. Abschnitt 4.12.1.1), Kabeln und auch von Kondensatorbatterien, deren Ladeströme jeweils I_l betragen mögen. In DIN VDE 0670 Teil 102 sind deshalb die jeweils zulässigen Ströme I_{lS} genormt worden, die als Bemessungs-Freileitungs-, Bemessungs-Kabel- bzw. Bemessungs-Kondensatorausschaltstrom bezeichnet werden. Sie müssen von dem Leistungsschalter beim Ausschalten beherrscht werden, ohne dass die Isolierung dieser Betriebsmittel dann durch Wiederzündungen gefährdet wird:

$$I_l \leq I_{lS} \; .$$

Für die üblichen in der Praxis auftretenden Netze ist diese Ungleichung fast immer erfüllt. Bei dem Einsatz großer Kondensatorbatterien können daraus für die Leistungsschalter jedoch Begrenzungen erwachsen. Dann sind mehrere kleine Kondensatorbatterien zu verwenden.

In den bisherigen Ausführungen sind Methoden entwickelt worden, mit denen das Systemverhalten von Netzen im Normalbetrieb und bei einem dreipoligen Kurzschluss berechnet werden kann. Zugleich ließen sich daraus auch Maßnahmen ableiten, mit denen das Systemverhalten gezielt zu beeinflussen ist. Wie im Kapitel 8 gezeigt wird, können mit diesen Kenntnissen bereits wichtige Aufgabenstellungen des Betriebs und der Planung von Netzen behandelt werden.

7.7 Aufgaben

Aufgabe 7.1: In Bild 1 ist eine Generatoreinspeisung dargestellt. Die Verbindung zwischen Generator und Maschinentransformator soll durch rechteckförmige Al-Stromschienen als Innenanlage ausgeführt werden. Sie weisen bei einer 20-kV-Anlage üblicherweise einen Hauptleitermittenabstand von $a = 350$ mm auf, der Abstand zwischen den Teilleitern beträgt jeweils eine Schienendicke (s. DIN 43670).

G: $U_{rG} = 21$ kV; $S_{rG} = 225$ MVA;
$x''_d = 0{,}18$; $x_d = 2$; $R/X = 0{,}05$
T: $S_{rT} = 250$ MVA; $u_k = 10\,\%$

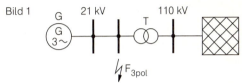

Bild 1

a) Wie viele Teilleiter sind notwendig, um den Bemessungsstrom zu führen (s. Anhang)? Durch welchen Fehler wird die Anlage mechanisch am stärksten beansprucht?

b) Welche Hauptleiterkraft wirkt auf die am stärksten beanspruchte, mittlere Schiene, wobei die räumliche Ausdehnung der Schienen vernachlässigt werden soll?

c) Ermitteln Sie die Kraft, die sich dort bei Berücksichtigung der räumlichen Ausdehnung einstellt. Diskutieren Sie den Unterschied zu dem unter b) ermittelten Ergebnis.

d) Wie groß ist die Kraft, die von den Teilleitern zusätzlich auf einen der äußeren Teilleiter ausgeübt wird?

e) Wie groß sind die Umbruchkräfte auf die beiden Stützer in Bild 2, wenn statisch bestimmte und symmetrische Verhältnisse vorausgesetzt werden? Sind die Beanspruchungsgrößen waagrecht oder senkrecht gerichtet?

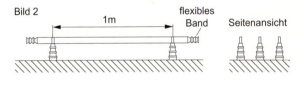

Bild 2

f) Wie würde sich bei der Anordnung gemäß Bild 2 tendenziell eine einpolige oder dreipolige Kapselung aus Aluminiumguss auf die Kräfte zwischen den Leitern auswirken?

g) Überlegen Sie, ob eine Abwinkelung um 90° die Umbruchkräfte wesentlich verändern würde, wenn der Abstand der Stützer ca. 1 m beträgt (Bild 3). Wodurch lässt sich konstruktiv Abhilfe erreichen?

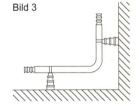

Bild 3

Aufgabe 7.2: Überprüfen Sie, ob die gewählte Al-Flachschiene in Aufgabe 7.1 auch thermisch kurzschlussfest ist, wenn der Generatorschutz spätestens nach 0,2 s den Generator ausschaltet. Als Dauerkurzschlussstrom wird bei dieser Anlage gemäß DIN VDE 0102 der 1,76-fache Generatorbemessungsstrom ermittelt. Die Bemessungs-Kurzzeitstromdichte $S_{th,r}$ beträgt 87 A/mm². Sie führt dann innerhalb einer Sekunde zu einer Erhöhung von der Betriebstemperatur 65 °C auf die maximal zulässige Kurzschlusstemperatur von 200 °C.

Aufgabe 7.3: Überprüfen Sie, ob die in Aufgabe 6.1 verwendeten 240-mm²-Verbindungskabel zur Schwerpunktstation Haselackstraße thermisch kurzschlussfest sind, wenn von einer Betriebstemperatur von 90 °C und der maximalen Kurzschlusstemperatur für VPE-Kabel von 250 °C ausgegangen werden kann. Der Überstromschutz schalte in 0,3 s aus.

Aufgabe 7.4: Dargestellt ist das prinzipielle Schaltbild einer 110-kV-Einspeisung in ein 10-kV-Netz, wobei die Betriebsmittel folgende Daten aufweisen:

T_1, T_2: $S_{rT} = 50$ MVA; $u_k = 12\%$; $R_T/X_T = 0{,}04$; YNd5; $\ddot{u}_{rT} = 110$ kV/10 kV
D_1, D_2: $S_{rD} = 50$ MVA; $u_D = 10\%$; $R_D/X_D = 0{,}1$
N: $U_{nQ} = 110$ kV; $S_k''' = 5$ GVA; $R_Q/X_Q = 0{,}1$
K: NA2XS2Y 1×240; $I_r = 416$ A; $\vartheta_b = 90\,°$C; $\vartheta_e = 250\,°$C.

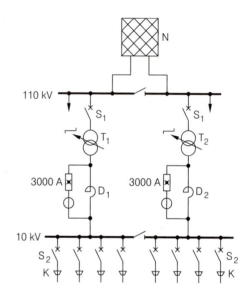

a) Erläutern Sie, welche anlagentechnischen Ausführungen (SF_6, Freiluft usw.) aufgrund des Schaltbilds infrage kommen.

b) Berechnen Sie den dreipoligen Anfangskurzschlusswechselstrom I_k'', der die Abzweigkabel K in der 10-kV-Schaltanlage bei offenen Längstrennungen beansprucht.

c) Überprüfen Sie, ob der zulässige thermisch gleichwertige Kurzzeitstrom der 10-kV-Abzweigkabel eingehalten wird, wenn der Schutz in 0,3 s bzw. in der Reservezeit von 0,8 s die Ausschaltung bewirkt.

d) Ermitteln Sie, auf welchen Wert der Anfangskurzschlusswechselstrom anwächst, wenn die Kurzschlussdrosselspulen fehlen.

e) Überprüfen Sie, ob die Abzweigkabel K ohne Drosselspulen noch kurzschlussfest sind.

f) Stellen Sie fest, ob bei der dargestellten Anlage die Transformatoren parallel betrieben werden dürfen.

g) Berechnen Sie die Spannung an der 10-kV-Sammelschiene im Normalbetrieb mit und ohne I_s-Begrenzer. Die an der 10-kV-Sammelschiene wirksame Last sei durch $S_{rL} = 2/3 \cdot S_{rT}$ und $\cos \varphi_L = 0{,}8$ gekennzeichnet.

h) Der Regelbereich der Transformatoren beträgt ± 12 %. Auf welchen Wert lässt sich damit bei gleichen Lastverhältnissen die Spannung an der 10-kV-Sammelschiene nach oben und unten maximal verändern? Wie groß wird dann der dreipolige Anfangskurzschlusswechselstrom I_k'' an der 10-kV-Sammelschiene?

Aufgabe 7.5: Überprüfen Sie, ob in der Anlage gemäß Aufgabe 7.4 ein 110-kV-Leistungsschalter ($I_r = 1250$ A; $I_a = 31{,}5$ kA; $I_s = 80$ kA; $I_{th,r} = 30$ kA; $T_{kr} = 1$ s) als Abzweigschalter für den 50-MVA-Transformator verwendet werden kann (Schalter S_1). Überprüfen Sie weiterhin, ob für die 10-kV-Abzweigkabel (Schalter S_2) ein Vakuum-Leistungsschalter ($I_r = 630$ A; $I_a = 16$ kA; $I_s = 45$ kA; $I_{th,r} = 16$ kA; $T_{kr} = 3$ s) zu verwenden ist. Das Einschwingverhalten der Schalter sei zulässig. Der Stoßfaktor möge in beiden Fällen $\kappa = 1{,}65$ betragen. Der Mindestschaltverzug betrage in der 110-kV-Ebene 0,1 s, in der 10-kV-Ebene 0,3 s für Ringleitungen und 0,1 s für die Verbindungsleitungen zu den Schwerpunktstationen.

Aufgabe 7.6: In der Netzschaltung gemäß Bild 7.20 speist der Generator im Schwachlastbetrieb die Leistung $P_{bG} = 200$ MW sowie $Q_{bG} = 269$ Mvar ein. Überprüfen Sie, ob der Generator nach einem dreipoligen Kurzschluss am Fehlerort F2 wieder einen stabilen Zustand erreicht (transiente Stabilität) und bestimmen Sie gegebenenfalls den maximalen Ausschlagswinkel $\delta_{\max}$ der transienten Spannung $\underline{E}'$.

8 Grundzüge der Betriebsführung und Planung von Netzen

Zunächst seien einige Begriffe erläutert. Unter der Bezeichnung *Betriebsführung* sollen alle Maßnahmen verstanden werden, die zum Betreiben einer Netzanlage notwendig sind. Dazu gehören der bedarfsgerechte Einsatz von Kraftwerken, die Netzführung, die Instandsetzung und Wartung der Anlagen sowie die Zählung aller erbrachten Leistungen zwischen den Netzbetreibern. Der Ausdruck *Netzführung* beinhaltet nur die Maßnahmen, die zur Steuerung des Netzes notwendig sind wie z. B. Schalthandlungen.

Die Betriebsführung bzw. die Netzführung werden sowohl von den physikalischen Gegebenheiten als auch von der Organisation der Energieversorgungsunternehmen geprägt. Laut Gesetz zählen zu den Energieversorgungsunternehmen alle Gesellschaften, die andere mit Energie versorgen oder ein Netz für die allgemeine Versorgung betreiben.

8.1 Betriebsführung von Netzanlagen

Seit dem Jahr 1998 hat sich die Struktur der Energieversorgungsunternehmen (EVU) grundlegend geändert. Ausgelöst worden ist diese Entwicklung durch die Verabschiedung eines neuen Energiewirtschaftsgesetzes (EnWG). Ziel dieses Gesetzes ist es, den Wettbewerb zwischen den EVU zu fördern und dadurch die Kosten für die elektrische Energie zu senken. Der in diesem Gesetz enthaltene Forderungskatalog ist bei allen Verbundunternehmen bereits umgesetzt worden. Bei den regionalen und kommunalen Gesellschaften dagegen ist diese Entwicklung noch nicht abgeschlossen.

8.1.1 Organisation des Strommarktes

Die Neugestaltung der Elektrizitätswirtschaft wird als *Liberalisierung* oder *Deregulierung* bezeichnet. Eine solche Entwicklung hat nicht nur in Deutschland, sondern parallel dazu in allen wichtigen Industrieländern stattgefunden. Zunächst soll kurz die alte Struktur und dann die neue erläutert werden.

8.1.1.1 Organisation des Strommarktes vor der Deregulierung

Bis zum Jahr 1998 erzeugten in Deutschland neun Verbundunternehmen den wesentlichen Teil der elektrischen Energie und transportierten sie zu den regionalen und kommunalen EVU, die dann die Verteilung in Stadt und Land übernahmen und auch mit ca. 10 % an der Erzeugung beteiligt waren. Vollständigkeitshalber sei erwähnt, dass eine Reihe von Verbundunternehmen parallel dazu in manchen Gebieten auch die Mittel- und Niederspannungsebene bis hin zum Endverbraucher direkt versorgt haben.

Gesetzlich waren die Verbraucher verpflichtet, von demjenigen EVU die elektrische Energie zu beziehen, in dessen Gebiet sie wohnten. Dieses Recht der EVU wurde auch als *Gebietshoheit* bezeichnet. Es schloss allerdings die Verpflichtung ein, jeden Netzkunden im Niederspannungsnetz zu versorgen, sofern dessen Anschlusskosten wirtschaftlich vertretbar waren (Anschlusspflicht). Die Strompreise, die ein EVU von den Tarifkunden im Niederspannungsnetz verlangen durfte, wurden behördlich kontrolliert und waren genehmigungspflichtig. Für die Netzkunden des Mittelspannungsnetzes galt eine solche Regelung nicht. Mit ihnen wurden Sonderverträge abgeschlossen, deren Preisgestaltung allein vom EVU festgesetzt wurde. Bei Stromkunden mit einem sehr hohen Bedarf – z. B. solchen, die ihre Energie direkt aus dem Hochspannungsnetz beziehen – sind dagegen die Entgelte ausgehandelt worden. Ebenfalls individuell sind auch die Entgelte für Durchleitungen von Strom durch das Versorgungsgebiet eines EVU festgelegt worden.

Über viele Jahre hat sich die beschriebene monopolistische Struktur bewährt. Sie war in gleicher oder zumindest sehr ähnlicher Weise in allen wichtigen Industrieländern anzutreffen. In Deutschland hat sie zu einer sehr sicheren Stromversorgung geführt; allerdings bewegten sich die Strompreise im internationalen Vergleich im oberen Bereich [129], [130].

Im Laufe der Jahre sind die Übertragungsnetze ausgebaut worden, sodass ihre Übertragungskapazität nachhaltig gestiegen ist; im gleichen Maß ist auch die Vermaschung mit dem europäischen Ausland gewachsen. Weiterhin hat sich parallel dazu die Rechner- und Informationstechnik bedeutsam verbessert. Diese technischen Entwicklungen haben im Jahr 1998 den Gesetzgeber dazu veranlasst, die Elektrizitätswirtschaft zu reformieren.

8.1.1.2 Organisation des Strommarktes nach der Deregulierung

Eine wichtige Forderung des Energiewirtschaftsgesetzes besteht darin, dass sich EVU in mehrere selbstständig bilanzierende Gesellschaften aufgliedern müssen. Diese Maßnahme wird auch als Entflechtung (unbundling) bezeichnet. Ausnahmen sind gemäß den EU-Beschleunigungsrichtlinien lediglich für kleinere Verteilungsnetzbetreiber möglich; zurzeit liegt die dafür festgelegte Grenze bei 100 000 angeschlossenen Kunden.

Entflechtung

Soweit vorhanden, ist *jeweils* ein Unternehmen für die Erzeugung, die Übertragung und die Verteilung zu bilden. Der Verkauf der elektrischen Energie an die Netzkunden erfolgt durch Stromhändler bzw. Lieferanten. Sie dürfen überall, wo es möglich ist, Energie ein- und verkaufen, sofern sie im Handelsregister eingetragen und zugleich Mitglied eines Bilanzkreises sind. Auf die Bedeutung von Bilanzkreisen – Zusammenschlüssen von Stromhändlern – wird später noch näher eingegangen. Umgekehrt haben die Netzkunden das Recht, sich über jeden Stromhändler versorgen zu lassen, der dort liefern darf. Einen großen Teil der zurzeit agierenden Lieferanten stellen die ehemaligen Vertriebsgesellschaften der bisher etablierten EVU. Daneben sind auch neu gegründete Firmen im Stromhandel sowie bei der Strombelieferung aktiv geworden.

Die Marktentwicklung hat dazu geführt, dass sich eine Reihe der bisherigen EVU zusammengeschlossen haben. Anstelle der ehemals neun Verbundunternehmen gibt es jetzt nur noch vier Gesellschaften, die über 380-kV-Übertragungsnetze verfügen. Der Anreiz zu diesen Zusammenschlüssen bestand in Synergieeffekten. So können z. B. durch die Weiterentwicklung der Leittechnik (s. Abschnitt 4.11.4) sowie der Kommunikationsnetze Leitstellen konzentriert und weitgehender automatisiert werden. Bei den Kraftwerksgesellschaften konnte nach einem Zusammenschluss wiederum die Kraftwerksreserve gesenkt werden.

Wirtschaftlich ist es günstig, wenn sich die Unternehmen für Erzeugung, Übertragung, Verteilung sowie häufig noch der Stromhandel in Gestalt der ehemaligen Vertriebsabteilungen über eine Holding-Gesellschaft verknüpfen, die gemeinsame Koordinierungsaufgaben wahrnimmt. Als Beispiel seien die Kapitalbeschaffung oder die Instandsetzung und Wartung von Liegenschaften genannt.

An die Stelle der klar gegliederten Zuständigkeiten in einem EVU alten Stils sind nun vertragliche Bindungen zwischen mehreren Gesellschaften getreten. Das Zusammenspiel zwischen den verschiedenen Gesellschaften und den Netzkunden hat der Gesetzgeber den Dachverbänden zur Ausgestaltung überlassen. Wichtige Gesichtspunkte sind zurzeit (2004) in einer *Verbändevereinbarung* festgelegt [66]. Zusätzlich sind die mehr technischen Details für die Übertragungsnetze in einem so genannten TransmissionCode und für die Verteilungsnetze in einem DistributionCode zusammengefasst. Darüber hinaus sind Übereinkünfte bezüglich der Datenbasis sowie der Protokolle und Formate von Daten für die Abrechnung der Bilanzkreise in einem MeteringCode enthalten.

Diese Vereinbarungen sind im Internet beim VDN veröffentlicht [131]. Sie sollen sicherstellen, dass diskriminierungsfrei jedem Verbraucher in gleicher Weise der Zugang sowie die Nutzung der Netze gewährt wird. Daher müssen die Betreiber von Übertragungsnetzen – die Übertragungsnetzbetreiber (ÜNB) – und die Betreiber von Verteilungsnetzen – die Verteilungsnetzbetreiber (VNB) – ihre Preise veröffentlichen, die sie für die Nutzung des Netzes fordern. Auch solchen Stromhändlern, die derselben Holdinggesellschaft angehören, dürfen keine Sonderkonditionen eingeräumt werden.

Das Verfahren, den Netzzugang und die Netznutzung für einen Netzkunden zu erwerben, läuft in mehreren Schritten ab.

Netzkundenverträge

Zunächst wird zwischen dem Netzkunden und dem Lieferanten ein *Strombezugsvertrag* abgeschlossen (Bild 8.1). Dessen wichtigste Vertragsgegenstände stellen die Entgelte und Kündigungsfristen dar. Bei einem bereits bestehenden Anschluss werden meist unter

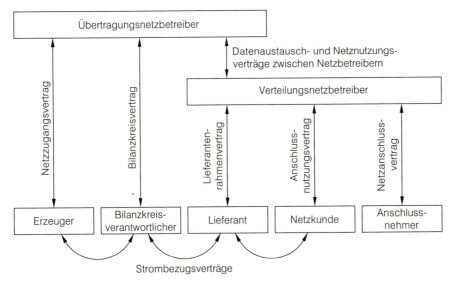

Bild 8.1
Vertragsbeziehungen in der Elektrizitätswirtschaft

Mithilfe des Stromhändlers in einem *Anschlussnutzungsvertrag* die Rechte und Pflichten des VNB und des Netzkunden bezüglich des Netzanschlusses geregelt – wie z. B. Ersatzbelieferung durch einen örtlichen Lieferanten oder das Zutrittsrecht zur Ablesung der Messeinrichtungen. Sollte dieser Anschluss noch nicht bestehen, so ist zusätzlich eine vertragliche Bindung in Form eines *Netzanschlussvertrags* einzugehen, der die Errichtung des Anschlusses regelt. Darin werden z. B. die Auslegung des Anschlusses und Fragen des Zutrittsrechts festgelegt. Schließlich muss der Kunde noch mit dem VNB einen *Netznutzungsvertrag* abschließen. Er stellt die Nutzung der Netze – auch der vorgelagerten höheren Ebenen – an dem vereinbarten Netzanschlusspunkt sicher und legt das Entgelt für die Benutzung der Netze fest (*Netznutzungsentgelt*).

Dieser Netznutzungsvertrag ist im Bild 8.1 nicht gesondert aufgeführt, denn er kann für den Kunden auch zwischen dem Lieferanten und dem VNB abgeschlossen werden und ist dann Bestandteil des Lieferantenrahmenvertrags, der noch erläutert wird. Kundenanschlüsse werden auch als Entnahmestellen bezeichnet. Üblicherweise handelt es sich um Zählstellen, bei denen der Verbrauch gemessen wird. Darüber hinaus stellen aber auch Übergabe- sowie Einspeisepunkte Zählstellen dar.

Die bisher behandelten Verträge berühren den Kunden direkt. Neben diesen bestehen noch weitere Verträge zwischen ÜNB und VNB sowie zwischen den ÜNB und den Verantwortlichen für die bereits erwähnten Bilanzkreise.

EVU- und Bilanzkreisverträge

Zusätzlich zu den Verträgen mit den Kunden muss der Lieferant seinerseits noch dem zugehörigen VNB in einem *Lieferantenrahmenvertrag* mitteilen, welche Kunden er wann beliefert. Zugleich enthält dieser Vertrag u. a. auch solche Daten, die zur Abschätzung des Kundenlastverlaufs dienen (Haushalt, Gewerbe usw.). Weiterhin setzt dieser Vertrag den VNB in Kenntnis darüber, welchem *Bilanzkreis* die Kunden zuzuordnen sind. Die Einrichtung von Bilanzkreisen stellt das zentrale Konstrukt des liberalisierten Strommarktes dar.

In diesem Konzept müssen Einspeisungen und Entnahmestellen eindeutig jeweils einem Bilanzkreis zugeordnet werden. Dabei kann ein Stromkunde durchaus mehrere Entnahmestellen aufweisen. Andererseits kann ein Lieferant auch mehrere Bilanzkreise beliefern. Wichtig ist, dass jeder Bilanzkreis immer vollständig innerhalb einer Regelzone liegen muss. Deren räumliche Ausdehnung ist Bild 1.2 zu entnehmen (s. a. Bild 2.35). Regelzonen weisen jeweils etwa 100...200 Bilanzkreise auf.

Ein Bilanzkreis muss einen *Bilanzkreisverantwortlichen* (BKV) ernennen. Seine Hauptaufgabe ist es sicherzustellen, dass die Last durch äquivalente Lieferungen gedeckt bzw. ausbilanziert ist. Als Nachweis gilt ein *Strombezugsvertrag* zwischen dem BKV und dem Lieferanten. Weiterhin ist zwischen dem BKV und denjenigen Kraftwerksbetreibern, die den Lieferanten beliefern wollen, ein weiterer Strombezugsvertrag abzuschließen (Bild 8.1). In diesem verpflichten sich die Erzeuger zur Lieferung. Nachdem die Kraftwerksbetreiber dies bestätigt haben, informiert der BKV spätestens bis 14.30 Uhr des vorhergehenden Werktags den ÜNB über die Lastprognose seiner Entnahmestellen und darüber, aus welchen Quellen er die Last deckt. Verfügen die Kraftwerksbetreiber über mehrere Kraftwerke, so verteilen sie die zu liefernde Leistung optimal auf ihre einzelnen Einheiten (s. Abschnitt 2.6). Die sich daraus ergebenden Fahrpläne teilen die Erzeuger dem Netzbetreiber ebenfalls bis 14.30 Uhr des vorhergehenden Werktags mit.

In einem *Bilanzkreisvertrag* ist das beschriebene Zusammenspiel zwischen dem Bilanzkreisverantwortlichen und dem ÜNB geregelt. Der BKV ist der Ansprechpartner für den

ÜNB und haftet für die Kosten der Regelleistung, die zum Ausgleich von Abweichungen zwischen den tatsächlichen Lastverläufen und den Lastdeckungsfahrplänen erforderlich ist. Schließt ein Lieferant einen so genannten *offenen Liefervertrag* mit dem BKV ab, so werden seine Abweichungen im Bilanzkreis des betreffenden BKV bilanziert, der die dadurch entstehenden Kosten trägt. Andererseits können Lieferanten als Subbilanzkreis Teil eines umfassenderen Bilanzkreises sein. Zur Deckung von Leistungsdifferenzen zwischen Einspeisung und Abnahme muss der Betreiber eines solchen Subbilanzkreises wiederum einen Vertrag mit dem BKV des übergeordneten Bilanzkreises abschließen, der auch als offener Liefervertrag gestaltet sein kann.

Vom ÜNB ist sicherzustellen, dass von der Kraftwerksseite tatsächlich genügend Regelleistung zur Verfügung steht. Diese wird ausgeschrieben. Bewerben können sich neben Kraftwerksbetreibern und Verbrauchern – wie z. B. abschaltbaren Lasten – in der eigenen Regelzone auch solche, die sich außerhalb befinden. Es liegt in der Logik der Vertragsstruktur, dass ebenfalls die Kraftwerksbetreiber einen Vertrag mit dem ÜNB abschließen müssen, um in dessen Netz einspeisen zu dürfen. Dieser Anschlussvertrag wird als *Netzzugangsvertrag* bezeichnet (Bild 8.1). In ihm werden die Anforderungen des ÜNB an den jeweiligen Kraftwerksblock formuliert. Als ein Beispiel dafür sei das Verhalten der Abgabeleistung in Abhängigkeit von der Frequenz und der Spannung genannt. Für die Blindleistungsbereitstellung wird außerdem der geforderte Arbeitsbereich im P,Q-Diagramm des Generators festgelegt (s. Kapitel 4.4.3.2).

Auch die VNB müssen ihrerseits mit dem ÜNB einen Netznutzungsvertrag abschließen. Im Unterschied zu den Kraftwerksbetreibern müssen die VNB für die Nutzung der Übertragungsnetze jedoch Entgelte entrichten. Neben den bereits genannten Verträgen behandeln weitere den Bereich des Stromhandels.

Stromhandel und Regulierer

Neben den direkten Vereinbarungen zwischen Erzeuger und Stromlieferant können in diese Geschäfte auch noch ein oder mehrere Händler zwischengeschaltet sein. Darüber hinaus findet ein Stromhandel auch direkt zwischen Stromhändlern statt. Institutionalisiert ist dieser Handel an der Strombörse in Leipzig, der EEX. Dort tätigen in- und ausländische Erzeuger sowie Stromhändler ihre Stromgeschäfte nach Angebot und Nachfrage. Jedes dieser Handelsgeschäfte wird über den Bilanzkreis der Börse anonym abgewickelt.

Die beschriebenen Stromgeschäfte sind nicht auf eine Regelzone beschränkt, sondern können auch zu Stromtransporten von einer Regelzone in eine andere führen. Solche Austauschleistungen werden als *Transite* bezeichnet.

Ein echter Wettbewerb ist im Strommarkt nur dann möglich, wenn der Netzzugang und die Netznutzung diskriminierungsfrei erfolgen. Insbesondere gilt diese Forderung auch für die Netznutzungsentgelte. Um diesen Sachverhalt zu gewährleisten und Wettbewerbsverzerrungen zu vermeiden, ist eine staatliche Regulierungsbehörde mit einem Regulierer eingerichtet worden, der steuernd eingreifen kann. Für die konkrete Betriebsführung und Planung der Netze sind jedoch allein die ÜNB bzw. die VNB verantwortlich.

8.1.2 Betriebsführung von Übertragungsnetzen

Eine automatische Führung des Netzbetriebs im Übertragungsnetz setzt in der Schaltleitung zum einen eine detaillierte Kenntnis des Netzzustands in Gegenwart und Vergangenheit sowie der zukünftig geplanten Maßnahmen voraus. Zum anderen müssen dort Entscheidungen möglichst schnell getroffen und dann im Netz umgesetzt werden. Dazu wird ein Netzrechner im Echtzeitbetrieb eingesetzt. Für einen einwandfreien Betriebsablauf sind zusätzlich noch umfangreiche, weniger zeitkritische Berechnungen notwendig. Zum Lösen dieser verschiedenen Aufgaben ist eine umfangreiche Datenbasis erforderlich. Sie wird im Folgenden dargestellt.

8.1.2.1 Datenbasis und Aufgabenspektrum des Netzrechners

Ausreichend genau wird der Netzzustand beschrieben, wenn die Schaltleitung in ihrer Regelzone von jeder Schaltanlage die Wirk- und Blindleistung eines jeden Abzweigs sowie die zugehörige Sammelschienenspannung kennt. Entsprechendes gilt auch für die Übergabe- und Einspeisestellen. Aus diesen Daten lassen sich die Leitungsströme und Spannungsabfälle auf den Leitungen ermitteln. Neben der Netzfrequenz müssen in der Schaltleitung noch die Schalterstellungen, die Übersetzungen der Umspanner mit einstellbarer Übersetzung sowie der Betriebszustand der Kompensationsdrosselspulen vorliegen. Gemäß Abschnitt 4.11.4 werden diese Daten in der Feldleitebene erfasst. Sie werden dann innerhalb des LAN-Rechnernetzwerks der jeweiligen Schaltanlage an deren Stationsleitebene weitergegeben, die über Router an ein Wide-Area-Kommunikationsnetz (WAN) angeschlossen ist (Bild 8.2). An dieses Netz ist wiederum die Schaltleitung mit ihrem Netzrechner über Router angebunden und damit in der Lage, die für sie bestimmten Datenpakete auszulesen; das Kommunikationsnetz ist regelzonenübergreifend, sodass einem Netzrechner auch Datenpakete aus anderen Regelzonen zugesandt werden können.

Daneben werden dem Netzrechner sowohl die Fahrpläne von den Kraftwerksbetreibern als auch die Lastprognosen seitens der Bilanzkreisverantwortlichen übermittelt. Dem Netzrechner stehen damit die Beanspruchungen aus der Vergangenheit, die Istwerte der Gegenwart sowie die Prognosewerte für die Zukunft zur Verfügung.

Meistens besteht der Netzrechner aus mehreren Servern, die über ein LAN miteinander verbunden sind. In diesem Rechnernetzwerk werden die über das Kommunikationsnetz empfangenen Datenpakete zunächst dem *Basisserver* zugeleitet. Er bereitet diese Betriebsdaten für eine Protokollierung und Archivierung auf. Anschließend werden sie auf dem *Datenserver* gespeichert. Dort werden auch die Netzdaten verwaltet, mit denen die

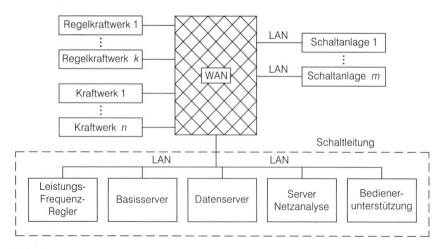

Bild 8.2
Prinzipielle Organisation der Netzbetriebsführung

8.1 Betriebsführung von Netzanlagen

vom Netzbetrieb unabhängigen Kennwerte der Betriebsmittel und die Struktur des Netzes erfasst sind. Darüber hinaus werden solche Daten, die auch langfristig zu archivieren sind, zusätzlich auf Magnetbändern gespeichert.

Von dem Datenserver rufen andere Server die Daten ab, die sie für die Lösung der gerade bearbeiteten Aufgabenstellung benötigen. Zunächst wird auf den Server *Netzanalyse* eingegangen. Er ist u. a. dafür zuständig, die eingelaufenen Messwerte auf Fehler zu untersuchen, die beim Messvorgang oder auf dem Übertragungsweg auftreten können. Dafür werden die im Abschnitt 5.7.3 erwähnten Algorithmen der Zustandsschätzung (State-Estimation) eingesetzt. Mit ihnen wird ein weitgehend fehlerbereinigter Datensatz ermittelt, der den stationären Netzzustand beschreibt. Er dient dem Netzrechner als Grundlage zur Betriebsführung des Übertragungsnetzes. Dafür steht ein sehr umfangreiches Softwarepaket zur Verfügung. Ein großer Teil der zu lösenden Aufgaben kann offline bearbeitet werden: Solche Programme verwenden zwar aktuelle Daten als Eingabegrößen; die Prüfung der Ergebnisse durch den Bediener in der Schaltleitung sowie die Weiterleitung zur betrieblichen Umsetzung dürfen jedoch einige Zeit in Anspruch nehmen.

Als ein Beispiel sei die Überwachung der Betriebsmittel in den Übertragungsnetzen im Hinblick auf durchzuführende Instandsetzungs- und Wartungsarbeiten genannt. Als ein wesentliches Kriterium dafür wird deren Strombelastung herangezogen. Bei Schaltern wird wiederum die Anzahl der Schaltspiele sowie die Laufzeit der Schaltantriebe registriert. Ein weiteres wichtiges Beispiel für eine Offline-Rechnung stellt die Netzsicherheits-Planungsrechnung zur Netzführung dar. Aus den angemeldeten Fahrplänen, Lastverläufen und Transiten wird die Zulässigkeit der Netzbeanspruchung überprüft. Auf die interne Struktur des dafür benötigten Programmsystems wird noch eingegangen.

Neben diesen Offline-Aufgaben sind von dem Netzrechner noch eine Reihe von Online-Rechnungen durchzuführen. In diesem Fall werden die ermittelten Ergebnisse von dem Netzrechner als Datenpakete über das Kommunikationsnetz an spezielle Betriebsmittel gesendet, um diese an die Erfordernisse des Netzbetriebs anzupassen. Üblicherweise arbeitet der Netzrechner online/open-loop. Bei dieser Betriebsart werden Ergebnisse des Netzrechners wiederum vom Bediener kontrolliert, bevor sie zur Umsetzung weitergeleitet werden. Im Unterschied zu Offline-Aufgaben muss die Weiterleitung jedoch zeitnah erfolgen. Es gibt aber auch Prozesse, die vollautomatisch arbeiten. Dort findet keine Überwachung durch Menschen mehr statt. Sinngemäß bezeichnet man diese Arbeitsweise als online/closed-loop. Ein Beispiel dafür ist die bereits in Abschnitt 2.5 behandelte Leistungs-Frequenz-Regelung. Sie beeinflusst den Zustand des Gesamtsystems aus den Kraftwerken und dem Netz. Diese Regelung dient nicht mehr allein der Netzführung, sondern ist bereits Bestandteil der umfassenderen Systemführung. Dazu rechnet man außerdem die Maßnahmen zur Bereitstellung von Regelleistung sowie das im Weiteren noch erläuterte Fahrplanmanagement.

Ein Teil der einlaufenden Daten wird auch direkt an den Leistungs-Frequenz-Regler weitergeleitet (Bild 8.2). Es handelt sich um die Istwerte der Netzfrequenz und der Übergabeleistungen $P_{ij,ist}$. Zusätzlich erhält der Regler von den Servern Informationen über die aktuelle Netzleistungszahl K_N, die eingesetzten Sekundärregelkraftwerke und über die Sollwerte der Übergabeleistungen $P_{ü,soll}$. Daraus ergibt sich für den Leistungs-Frequenz-Regler die Regelabweichung (s. Abschnitt 2.5.12) zu

$$\Delta P_R = K_N \cdot (f_{soll} - f) + \sum (P_{ü,soll} - P_{ij,ist}) \,. \tag{8.1a}$$

Der Wert ΔP_R wird dann entsprechend den Erläuterungen in Abschnitt 2.5.12 aufgeteilt;

dem einzelnen Kraftwerksblock i, der sich an der Sekundärregelung beteiligt, wird dabei der Betrag

$$\Delta P_{Ri} = \alpha_i \cdot \Delta P_R \quad \text{mit} \quad \sum_i \alpha_i = 1 \tag{8.1b}$$

zugewiesen. Dieser wird mit einem Steuerbefehl dem betreffenden Sekundärregelkraftwerk als neuer Sollwert zugesandt und dort über den Leistungsregler umgesetzt. Da das Kommunikationsnetz regelzonenübergreifend ist, können im Prinzip auch Regelmaschinen aus benachbarten Regelzonen einbezogen werden.

Im Folgenden soll nun die Arbeitsweise der Programme erläutert werden, mit denen sowohl die Planungsrechnung im Hinblick auf die Netzsicherheit als auch die aktuelle Führung der Übertragungsnetze erfolgt.

8.1.2.2 Offline-Netzführung mit dem Netzrechner

Zunächst wird auf die wesentliche Offline-Aufgabe, die Netzsicherheits-Planungsrechnung, eingegangen. Dafür ist es notwendig, den normalen bzw. den zulässigen Netzbetrieb zu definieren.

Netzsicherheits-Rechnung für den Normalbetrieb

Vereinbarungsgemäß liegt ein Normalbetrieb vor, sofern keine Grenzwerte verletzt werden, die sich aus

1. thermischer Dauerbelastung und Spannungshaltung (s. Kapitel 5.1)

2. Kurzschlussfestigkeit (s. Kapitel 6)

3. (n–1)-Ausfallkriterium

4. statischer und dynamischer Stabilität (s. Abschnitt 7.5)

5. Frequenzhaltung und Gewährleistung der Wirkleistungsübergabe
   (s. Abschnitt 2.5.1.2)

ergeben. Wie bereits im Abschnitt 8.1.1.2 unter der Zwischenüberschrift „EVU- und Bilanzkreisverträge" dargestellt ist, müssen die BKV und die Erzeuger dem ÜNB die erforderlichen Lastprognosen und Fahrpläne bereits am vorhergehenden Werktag mitteilen. Nach Eintreffen dieser Daten startet ein Server des Netzrechners eine Netzsicherheits-Planungsrechnung und überprüft, ob die obigen Netzbedingungen eingehalten werden. Eine mögliche Organisation des dafür notwendigen Algorithmus sieht folgendermaßen aus:

Zunächst werden die Bedingungen unter Punkt 1 abgeprüft. Im Weiteren wird dafür der Begriff *zulässiger Lastfluss* verwendet.

Zulässiger Lastfluss

Ausgehend von einem wahrscheinlichen Netzzustand wird untersucht, ob die angemeldeten Fahrpläne der Einspeisungen und Übergabeleistungen (Transite) sowie die prognostizierten Lastverläufe zu Netzspannungen im zulässigen Spannungsband und zu Strömen führen, die für die Betriebsmittel des Netzes ebenfalls zulässig sind. Werden Grenzwerte verletzt, so startet ein *optimierendes Lastflussprogramm*. Es bestimmt einen neuen zulässigen Netzzustand, der für diese Randbedingungen z. B. in Bezug auf die Netzverluste optimal ist. Als freie Parameter dienen dabei

- die Spannungsregelung in den Kraftwerken und die Übersetzungen bei Umspannern mit einstellbarer Übersetzung,
- Veränderungen des Betriebszustands der Kompensationsdrosselspulen,
- Änderungen in der Netzkonfiguration durch Schaltmaßnahmen (Ent- oder Vermaschen).

In den Übertragungsnetzen wird der Blindleistungshaushalt und damit das Spannungsprofil des Netzes im Wesentlichen über die Sollwerte der Spannungsregelung in den Kraftwerken optimiert. Im gleichen Sinn wirken bei längeren Leitungen die Kompensationsdrosselspulen. Im unternatürlichen Betrieb senken sie die Spannung ab. Darüber hinaus werden auch noch einstellbare Umspannerübersetzungen zur Spannungskorrektur eingesetzt (s. Abschnitt 4.2.5.3). Üblicherweise unterschreiten die Leistungsfaktoren in Übertragungsnetzen nicht den Wert 0,85. Bei solchen Netzverhältnissen verändern diese Steuermaßnahmen die Netzströme kaum stärker als 10 %. Um den Lastfluss nachhaltig zu verändern, sind dann Schalthandlungen vorzunehmen (korrektives Schalten).

Schaltmaßnahmen zur Verbesserung des Lastflusses müssen eine weitere Vermaschung bewirken. Dadurch werden die einzelnen Zweigströme innerhalb des Netzes abgesenkt und somit die Spannungshaltung verbessert. Bei normalen Last- und Transitverhältnissen sollte bereits von der Netzplanung her sichergestellt sein, dass die beschriebenen Stellmöglichkeiten ausreichen, einen zulässigen Lastfluss zu erzeugen. Bei schwierigen Netzverhältnissen ist das allerdings nicht immer der Fall. In derartigen Notlagen darf der ÜNB in die Fahrpläne der Kraftwerke eingreifen und so genannte *Redispatchmaßnahmen* durchführen. Ein solches Erzeugungsmanagement erstreckt sich auch auf die Einspeisung großer Windenergieparks, durch die bei einigen Netzen zunehmend die Auslegungsgrenzen erreicht werden.

Neben einem zulässigen Lastfluss muss auch eine ausreichende *Kurzschlussfestigkeit* gewährleistet sein.

Kurzschlussfestigkeit

Ein zulässiger Lastfluss bedeutet noch nicht, dass von dem Netz auch Kurzschlüsse beherrscht werden. Deshalb wird zusätzlich mit Hilfe des Ersatzspannungsquellenverfahrens für fiktive Kurzschlüsse an allen wichtigen Netzknotenpunkten überprüft, ob die dort auftretenden Kurzschlussströme zulässig sind.

Falls die Kurzschlussfestigkeit des Netzes gefährdet ist und zugleich schwierige Lastflussverhältnisse vorliegen, reichen die beschriebenen Stellmöglichkeiten häufig nicht aus. Überwiegend erhöhen Maßnahmen, die zur Verbesserung der Spannungshaltung führen, zugleich gegenläufig den Kurzschlussstrom. In solchen extremen Fällen hat der ÜNB das Recht, z. B. die Anzahl der Einspeisungen zu verringern oder zu erhöhen und damit einhergehend nachhaltige Änderungen sowohl in der Wirk- als auch der Blindleistungseinspeisung zu bewirken (s. Kapitel 7.4). Ist nunmehr die Kurzschlussfestigkeit sichergestellt, gilt es die Einhaltung des *(n–1)-Ausfallkriteriums* zu überprüfen.

(n–1)-Ausfallkriterium

In einem anschließenden Rechengang wird dann durch eine Ausfallanalyse das (n–1)-Ausfallkriterium kontrolliert. Eine zweckmäßige Strategie besteht z. B. darin, dass man das am stärksten belastete Betriebsmittel durch einen *angenommenen dreipoligen Kurzschluss* ausfallen lässt. Anschließend wird mit einer *Lastflussberechnung* geklärt, ob die Anlage auch nach diesem Ausfall noch eine zulässige Spannungshaltung und eine zulässige thermische Dauerbelastung aufweist. In einem weiteren Schritt wird ein Ausfall des am zweitstärksten ausgelasteten Betriebsmittels angenommen und im entsprechenden Sinn die Rechnung wiederholt. Die Anzahl der nach diesem Ordnungsprinzip durchgerechneten Ausfallsimulationen wird von dem Bedienungspersonal vorgegeben und findet ihre Begrenzung in der dafür benötigten Rechenzeit.

Falls die gewünschte Ausfallsicherheit bei dem untersuchten Netzzustand nicht vorhanden ist, spricht man von einer *Schwachstelle oder einem Engpass im Netz*. Deren Beseitigung ist nur dann möglich, wenn von der Planung her noch genügend viele Freiheitsgrade bestehen. Als Maßnahmen stehen das bereits erwähnte korrektive Schalten und Redispatchment bzw. Erzeugungsmanagement zur Verfügung. Darüber hinaus hat der ÜNB das Recht, Transitleistungen zu anderen Regelzonen zu begrenzen und damit die Kapazitätsauslastung des Netzes zu verbessern.

Frequenz- sowie Lastschwankungen

Im Rahmen der Netzsicherheits-Planungsrechnung hat der ÜNB dafür zu sorgen, dass ausreichend Regelleistung zur Verfügung steht, um mögliche Schwankungen der Frequenz bzw. Leistungsdefizite oder -überschüsse in der Regelzone ausgleichen zu können. Zur Kompensation müssen die am Netz befindlichen Regelmaschinen genügend freie Regelleistung aufweisen, die auch als *Regelreserve* bezeichnet wird.

Die Höhe der Regelreserve bestimmt sich aus statistischen Methoden. Diese berücksichtigen bereits, dass sich die vier ÜNB in Notfällen gegenseitig helfen. Ein hoher Anteil von Windenergie erhöht den erforderlichen Reservebedarf, denn die stark schwankende und nur begrenzt vorhersagbare Windenergie-Einspeisung ist ebenfalls durch den ÜNB auszugleichen. Die benötigte Regelleistung wird von den Kraftwerksbetreibern in einem Ausschreibungsverfahren eingekauft. Dabei werden die *Regelbänder*, innerhalb derer diese Leistung bei den Regelkraftwerken ausgesteuert werden darf, sowie die zugehörigen Arbeitspunkte jeweils den ÜNB vom Erzeuger mitgeteilt.

Man bezeichnet den Bereich vom Arbeitspunkt bis zur Obergrenze des Regelbands als positive Regelreserve $\Delta P_{\text{Ro,res}}$. Häufig ist diese Obergrenze mit der Nennleistung des Blocks identisch. Ebenso wird für den Bereich unterhalb des Arbeitspunkts bis zum unteren Rand des Regelbands der Begriff negative Regelreserve $\Delta P_{\text{Ru,res}}$ verwendet. Sie wird vielfach durch die Zuschaltung der zweiten Speisepumpe begrenzt. Dabei legt man die Arbeitspunkte so in die Regelbänder, dass Schwankungen sowohl nach oben als auch nach unten ausgeglichen werden können. Addiert man die positiven und negativen Regelreserven der i Regelmaschinen, so muss diese Summe die für das Netz errechnete Regelabweichung ΔP_{Ro} bzw. ΔP_{Ru} übersteigen:

$$\sum_i \Delta P_{\text{Ro,res},i} > \Delta P_{\text{Ro}} \, , \quad \sum_i \Delta P_{\text{Ru,res},i} > \Delta P_{\text{Ru}} \, . \tag{8.2}$$

Sowohl die Einrichtungen für die Regelung als auch die zusätzlich benötigte Regelleistung sind vom ÜNB dem Kraftwerksbetreiber zu entgelten. Zum einen erhöht sich durch die nicht konstante Fahrweise der Regelkraftwerke deren Materialverschleiß, zum anderen verschlechtert sich ihr Wirkungsgrad infolge zusätzlicher dynamischer Verluste.

Stabilität

Bei der Netzsicherheits-Planungsrechnung wird die statische und dynamische Stabilität nur in Ausnahmefällen berücksichtigt. Sie gilt durch die Netzplanung als hinreichend sicher gestaltet (s. Kapitel 7.5). Im Hinblick auf Störungen wie z. B. Kraftwerksausfälle hat die Planungsrechnung auch zu beachten, dass der gestörte Netzbetrieb beherrscht wird.

Netzsicherheits-Rechnung für den gestörten Netzbetrieb

Zur Gewährleistung der Netzsicherheit besteht eine wichtige Maßnahme in einer ausreichenden Reservehaltung von Kraftwerken. Man unterscheidet dabei neben der Sekundärregelleistung noch zwischen der *Primärregelleistung* und der *Minutenreserve*.
Laut TransmissionCode müssen alle Kraftwerksblöcke mit einer Nennleistung von $P_n \geq$ 100 MW primärregelfähig sein. Üblicherweise liegt der Arbeitspunkt so, dass sich der Block nach oben und unten aussteuern lässt. Er kann dementsprechend positive oder negative Primärregelleistung liefern. Welche Kraftwerke sich jedoch konkret an der Primärregelleistung beteiligen, wird vom ÜNB im Rahmen eines regelmäßig stattfindenden Ausschreibungsverfahrens entschieden. Um daran teilnehmen zu dürfen, sind mehrere technische Anforderungen zu erfüllen, von denen zwei kurz erläutert werden. Zum einen muss die Primärregelleistung des betreffenden Blocks mindestens 2 % seiner Nennleistung betragen und in 30 s aktivierbar sein. Die mögliche Leistungsänderungsgeschwindigkeit $\dot{P}$ des Kraftwerks muss also bereits von der Bauweise her einen Mindestwert überschreiten:

$$\dot{P} \geq \frac{0{,}02 \cdot P_n}{30 \text{ s}} \; . \tag{8.3}$$

Zum anderen muss die Regelleistung bei einer quasistationären Frequenzänderung Δf über einen Zeitraum von mindestens 15 Minuten erbracht werden. Für das ganze UCTE-Netz soll die Primärregelleistung insgesamt bei 3000 MW liegen. Deutschland ist daran mit ca. 700 MW beteiligt. Diese Leistung teilt sich dann auf die Regelzonen auf. Die Gestaltung der dafür zu zahlenden Entgelte wird im Kapitel 13 noch behandelt.
Über die Primärregelleistung und die bereits beschriebene Sekundärregelleistung hinaus soll auch eine ausreichende *Minutenreserve* zur Verfügung stehen. Es handelt sich um Kraftwerksleistung, die innerhalb von 15 Minuten aktivierbar sein muss. Sie ermöglicht den Sekundärregelkraftwerken, wieder auf den gewünschten Arbeitspunkt innerhalb des Regelbands zurückzufahren. Gasturbinen-, Pumpspeicher- sowie Wasserkraftwerke erfüllen diese Bedingung besonders gut. Auch für die Bereitstellung dieser Reserveleistung hat der ÜNB den Kraftwerksbetreibern ein Entgelt zu entrichten (s. Kapitel 13). Sie wird ebenso wie die Primär- und die Sekundärregelleistung ausgeschrieben; Einzelheiten über die jeweilige Leistungshöhe sowie über Durchschnittspreise werden jeweils im Internet veröffentlicht.
Eine weitere Aufgabe des ÜNB besteht darin, schwarzstartfähige Kraftwerke zu akquirieren und die Verfügbarkeit dieser Anlagen zu prüfen. *Schwarzstartfähig* bedeutet, dass auch dann, wenn die Einspeisung des Eigenbedarfsnetzes ausfällt, noch elektrische Energie bereitgestellt werden kann. Besonders geeignet dafür sind Gasturbinen- und Wasserkraftwerke. Nach einer Großstörung sollen somit hinreichend viele Kraftwerke zur Verfügung stehen, um selbst nach einem totalen Netzausfall einen *Versorgungswiederaufbau* einleiten zu können. Kraftwerke am Höchstspannungsnetz müssen sich grundsätzlich bei einem Netzausfall im Eigenbedarf fangen können (Inselbetriebsfähigkeit).

Damit sind die wesentlichen Bedingungen erläutert, die von der Software im Rahmen von Planungsrechnungen abzuprüfen sind. Parallel zu diesen Rechnungen erfolgt auf dem Netzrechner eine *Online-Netzführungsrechnung*.

8.1.2.3 Online-Netzführungsrechnung

Diese Rechnung überprüft ähnliche Kriterien wie die bereits beschriebene Netzsicherheits-Planungsrechnung (s. Abschnitt 8.1.2.2). Allerdings besteht der wesentliche Unterschied darin, dass die berechneten Ergebnisse wie z. B. die Einstellung der Übersetzungen bei den Umspannern nunmehr nahezu sofort umgesetzt werden. Dabei arbeitet der Leistungs-Frequenz-Regler online/closed-loop, der Netzrechner meist online/open-loop.
Im Fall einer Störung wird die Interpretation der Ergebnisse schwierig. In solchen Fällen kann der Bediener auf einen weiteren Server zurückgreifen, der häufig mit der Bezeichnung *Bedienerunterstützung* belegt wird (s. Bild 8.2).

Gestörter Netzbetrieb

Im Fehlerfall werden neben den einlaufenden Betriebsdaten zusätzlich noch die Strom- und Spannungsverläufe der betroffenen Anlagen abgerufen, die dort in den Störungserfassungsmodulen gespeichert worden sind. Dabei erkannte Grenzwertverletzungen von Spannungen oder Überlastungen werden dann beseitigt. Als Abhilfemaßnahmen stehen dem Bediener dafür die bereits bei der Netzsicherheits-Planungsrechnung genannten Möglichkeiten zur Verfügung. Bei großen Störungen mit deutlichen Frequenzabsenkungen kommt darüber hinaus ein *Lastabwurf* in Betracht. Gemäß Abschnitt 3.2.3 wird dabei umso mehr Last abgeworfen, je stärker sich die Frequenz absenkt (5-Stufen-Plan des VDN). Reichen diese Maßnahmen nicht aus, die Frequenzabsenkung auf einen Wert von 47,5 Hz zu begrenzen, so trennen sich die Kraftwerke vom Netz.
Beim Wiederaufbau des Netzes werden nacheinander Teilnetze zusammengeschaltet. Da eine Sekundärregelung in diesen Inselnetzen fehlt, sind dabei die Primärregler bestimmend. Die einzelnen Teilnetze weisen daher in Bezug auf die Nennfrequenz von 50 Hz durchaus eine Unter- oder Überfrequenz auf. Bei einem Zusammenschalten werden dadurch erhöhte Momentenstöße in den Synchronmaschinen bewirkt, die zu Pendelschwingungen führen. In Zusammenarbeit mit den Kraftwerksbetreibern hat der ÜNB darauf zu achten, dass die Blöcke dann nicht überbeansprucht werden. Die Festlegungen dazu erfolgen in dem Netzzugangsvertrag. Ein Versorgungswiederaufbau nach Großstörungen wird wie alle Maßnahmen, die zur Sicherstellung des Netzbetriebs beitragen, summarisch als *Systemdienstleistung* bezeichnet.
Bisher ist das Aufgabenspektrum des ÜNB betrachtet worden. Nun wird auf die Fahrplanerstellung der Kraftwerksbetreiber eingegangen.

8.1.2.4 Fahrplanmanagement

Wie bereits erwähnt, werden den Kraftwerksbetreibern von den BKV Informationen über die benötigten Stromlieferungen übermittelt. Sie sind als Treppenfunktionen darzustellen, bei denen die Zeit in Abschnitten von jeweils 15 Minuten angegeben wird. Wiederum teilen die ÜNB den Erzeugern nach einer Ausschreibung mit, in welcher Höhe sie konkret Primärregelleistung, Sekundärregelleistung und Minutenreserve benötigen. Nun ist es die Aufgabe der Kraftwerksbetreiber, bedarfsgerecht zu liefern. Die Blöcke i sind dabei so auszusteuern, dass die Last $P_L(t)$ stets gedeckt wird. Dabei ist die Nebenbedingung zu beachten, dass die zugehörigen nichtlinearen Kostenfunktionen $\dot{K}_{w,i}(P_i)$ (s. Gl. (2.1)) summarisch ein Minimum annehmen:

$$\sum_i P_i(t) = P_L(t) \quad \text{mit} \quad \sum_i \dot{K}_{w,i}(P_i(t)) \to \text{Min}. \tag{8.4}$$

Zusätzlich sind die Mindest- und Nennleistungen einzuhalten:

$$P_{\min,i} \leq P_i \leq P_{n,i}. \tag{8.5}$$

Bei Regelkraftwerken wird die Unterschranke durch den Leistungswert am ersten Ventilpunkt vorgegeben. Die Bedingungen (8.4) und (8.5) formulieren insgesamt bereits eine nichtlineare Optimierungsaufgabe, die offline von den Kraftwerksbetreibern zu lösen ist. Allerdings sind noch eine Reihe weiterer Restriktionen zu beachten. Ein großer Teil davon ist bereits erwähnt worden. Zum Beispiel sind aus dem zur Verfügung stehenden Kraftwerkspark die Blöcke so auszuwählen, dass eine ausreichend große Primärregelleistung sowie eine ausreichend hohe Sekundärregelleistung und Minutenreserve vorhanden sind. Darüber hinaus stellt der TransmissionCode an jeden einspeisenden Kraftwerksblock die Anschlussbedingung, dass dessen Leistungsänderungsgeschwindigkeit $\dot{P}$ im gesamten Bereich zwischen der minimalen Leistung und der Nennleistung P_n mindestens die Unterschranke

$$\dot{P} > \frac{0{,}01 \cdot P_n}{60 \text{ s}} \tag{8.6}$$

einhält. Blöcke, die Primärregelleistung liefern, müssen sogar die schärfere Forderung (8.3) erfüllen.

Ein weiteres technisches Kriterium erwächst aus der Anfahrwärme. Bevor die Blöcke ans Netz gehen, müssen sie zur Vermeidung von Wärmespannungen im Kessel und bei den Turbinen über ein bis zwei Stunden aufgewärmt werden, um ihre Betriebstemperatur zu erreichen. Bei Blöcken, die kurz vorher noch im Einsatz gewesen sind, ist diese zu erbringende Anfahrwärme niedrig. Insbesondere bei Mittellastkraftwerken, die meist nur während des Tages ans Netz genommen werden, führt die Anfahrwärme zu einem relevanten Kostenanteil. Bei der Einsatzplanung von personalintensiven Kohlekraftwerken ist es weiterhin wünschenswert, dass die Blöcke für mindestens sechs bis acht Stunden am Netz bleiben. Weiterhin ist bei der Revisionsplanung zu beachten, dass für den Betrieb stets genügend schwarzstart- und inselbetriebsfähige Blöcke verfügbar sind.

Für die Erzeuger entstehen weitere Nebenbedingungen aus der Preisgestaltung beim Einkauf der Brennstoffmengen; die Rabatte wachsen mit der abgenommenen Brennstoffmenge. Es sind nun die optimalen Mengen aus den miteinander konkurrierenden Angeboten zu ermitteln. Daraus erwächst für viele Blöcke die Forderung, dass innerhalb eines bestimmten Zeitintervalls eine vorgeschriebene Brennstoffmenge verbraucht werden muss, also eine festgelegte Energiemenge ins Netz zu speisen ist.

Man bezeichnet die Lösung dieser Aufgabenstellung auch als Einsatzoptimierung der Kraftwerke. Dadurch wird zum Ausdruck gebracht, dass von denjenigen Einsatzoptionen, welche die Nebenbedingungen erfüllen, die kostengünstigeren ausgesucht werden; die Kostendifferenz innerhalb der Lösungsmenge kann durchaus bis zu 10 % betragen. Gelöst wird diese Aufgabenstellung dadurch, dass man zunächst die langfristigen Brennstoffverträge optimiert, die sich meist über bis zu einem Jahr erstrecken. Aufgrund des unsicheren Lastverlaufs $P_L(t)$ kann man viele der technischen Nebenbedingungen unberücksichtigt lassen. Die daraus ermittelten Brennstoffmengen stellen die Eingangsgrößen für eine mittelfristige Optimierung dar, die bereits die technischen Randbedingungen genauer modelliert. Sie liefert eine wahrscheinlichere Verteilung der vertraglich zu erzeugenden Energiemengen über einige Monate. An diese Rechnung schließt sich wiederum eine kurzfristige Optimierung an. Sie erfasst die Nebenbedingungen recht genau, da auch die Lastprognose bereits relativ sicher ist. Die damit bestimmten Kraftwerkseinsatzpläne werden umgesetzt und dem ÜNB gemeldet. Ergeben sich relevante Änderungen z. B. im Lastverlauf oder in den vorgegebenen Energiemengen durch den Abschluss neuer Verträge, werden die Rechnungen mit den geänderten Eingangsgrößen erneut angestoßen. Die dann erstellten Kraftwerkseinsatzpläne sind bis 14.30 Uhr des Vortags an den ÜNB zu übermitteln.

Die bisherigen Erläuterungen haben die Betriebsführung in den Übertragungsnetzen beschrieben. In entsprechender Weise werden nun die Verteilungsnetze behandelt.

8.1.3 Betriebsführung von Verteilungsnetzen

Netze, die vorwiegend der Verteilung elektrischer Energie dienen, müssen – wie bereits dargestellt – von eigenständig bilanzierenden Gesellschaften betrieben werden, den Verteilungsnetzbetreibern (VNB). Häufig erstrecken sich deren Netze vom 110-kV-Bereich bis in die Niederspannungsebene. In das 110-kV-Netz eines VNB speisen nur vereinzelt Kraftwerke ein; der wesentliche Anteil der benötigten Energie wird an den Übergabestellen aus dem Übertragungsnetz geliefert. Die Betriebsführung der Verteilungsnetze wird ebenfalls von einer Schaltleitung gelenkt.

8.1.3.1 Datenbasis und Aufgabenspektrum der Schaltleitung

Wie bereits im Abschnitt 4.11.4 dargestellt, ist das Verteilungsnetz vom 110-kV-Bereich bis hin zu den 10-kV-Abgängen in den Umspannstationen ebenfalls vollautomatisiert. Zur Führung dieser Netze benötigt der Netzrechner des VNB die entsprechenden Daten wie im Übertragungsnetz. Er gibt für die Schaltanlagen auch wieder die entsprechenden Steuerbefehle online/open-loop aus.

Von den Mittelspannungsnetzen kennt die Schaltleitung üblicherweise nur die Eingangsgrößen; der Zustand entlang der Abzweige ist dagegen meistens unbekannt. Werden über die Netzstationen allerdings Netzkunden mit fernauslesbaren Zähleinrichtungen versorgt, so wird auch von diesen Netzpunkten der Netzzustand übermittelt. Falls im Mittelspannungsnetz Fehler auftreten, sprechen die Leistungsschalter in den betroffenen einspeisenden Umspannstationen an und schalten die zugehörigen Abzweige ab. Daraufhin werden diese Netzstationen vor Ort aufgesucht und die dortigen Messgeräte ausgewertet, um den gestörten Abschnitt zu finden.

Über die Lastflusssituation in den Niederspannungsnetzen liegen der Schaltleitung keine Informationen vor. Auf Störungen dort wird der VNB erst durch Beschwerden der Netzkunden aufmerksam gemacht.

Für die Installation und ordnungsgemäße Funktion sowie das Ablesen der Zähler bei den Netzkunden – den *Zähldienst* – ist ebenfalls der VNB verantwortlich. Zugleich ist es seine Aufgabe, abhängig von der Vertragslage die Netznutzungsentgelte direkt vom Kunden oder vom Stromhändler einzuziehen.

Mit der beschriebenen Datenbasis lassen sich auch die Mittel- und Niederspannungsnetze führen.

8.1.3.2 Führung von Verteilungsnetzen

Sowohl das Hochspannungsnetz als auch die Umspannstationen – einschließlich der 10-kV bzw. 20-kV-Abzweige – werden von einem Netzrechner in sehr ähnlicher Weise geführt, wie es im Übertragungsnetz der Fall ist. Da bei Verteilungsnetzen keine Regelkraftwerke vorhanden sind, entfällt ein Leistungs-Frequenz-Regler.

Im Unterschied zum Übertragungsnetz wird bei den Mittel- und Niederspannungsnetzen die Netzkonfiguration nur wenig modifiziert. Solange die tatsächliche Netzlast sich unterhalb der Planungswerte bewegt, liegt daher ein Normalbetrieb vor. Neben der thermischen Dauerbelastung sowie der Spannungshaltung sind auch die Bedingungen der Kurzschlussfestigkeit und des (n–1)-Ausfallkriteriums stets erfüllt; Stabilität und Frequenzhaltung werden praktisch von diesen Netzebenen nicht beeinflusst, sodass sich daraus keine Restriktionen ergeben.

Da der VNB aus den Zählerdaten sowie den Angaben im Lieferantenvertrag recht genau auf das Lastprofil der Netzkunden, also auf deren Lastverlauf schließen kann, lässt sich die Frage, ob Normalbetrieb vorliegt, auch offline ermitteln.

Zur Einhaltung des Normalbetriebs gehören noch einige weitere Maßnahmen seitens des VNB. So kann der Netzbetreiber zur Begrenzung des Blindleistungshaushalts verlangen, dass sich bei Kundenanlagen der Leistungsfaktor zwischen 0,9 und 1,0 induktiv bewegt. Unterschreitet der Leistungsfaktor eine untere Grenze, die je nach EVU im Bereich $0,9\ldots 0,96$ liegt, so darf ein erhöhtes Netznutzungsentgelt in Rechnung gestellt werden. Außerdem dürfen die Anlagen der Netzkunden nicht die Spannungsqualität beeinträchtigen. Daher muss der Oberschwingungsgehalt Grenzwerte einhalten, sodass keine Gefahr von Netzrückwirkungen auftritt. Diese Forderung lässt sich durch eine Verdrosselung oder den Einbau von Filtern an der Kundenanlage stets realisieren (s. Abschnitt 4.8.3.3). Im ähnlichen Sinne darf der Netzbetreiber Abhilfe verlangen, wenn die Netzspannung asymmetrisch wird oder Spannungsschwankungen (z. B. Flicker) auftreten. Im Fall von Störungen ist der VNB – wie der ÜNB – berechtigt, Lastabwurf vorzunehmen bzw. Netzteile abzutrennen.

Die bisherigen Betrachtungen zeigen, dass die Netzführung von der Netzplanung her Freiheitsgrade benötigt. Auf die dabei maßgebenden Gesichtspunkte wird nun eingegangen.

8.2 Gesichtspunkte zur Planung von Netzen

Laut Verbändevereinbarung ist für die Planung der Übertragungsnetze der ÜNB, für die Planung der Verteilungsnetze der VNB verantwortlich. Generell ist jedes Netz so zu planen, dass die bereits im Abschnitt 8.1 genannten Netzbedingungen erfüllt sind. Sie bilden den Kern, der in allen Netzebenen zu beachten ist. Daneben können weitere Restriktionen auftreten, die dann jedoch spezifisch für die Spannungsebene sind. Im Folgenden wird die Aufgabenstellung zunächst für Niederspannungsnetze entwickelt.

8.2.1 Planung von Niederspannungsnetzen

Eine Basisgröße für die Dimensionierung von Niederspannungsnetzen stellt die Netzbelastung durch die Verbraucher dar. Über die Anzahl und Art der zu erwartenden Verbraucher gibt der *Bebauungsplan* Auskunft. Aus ihm lässt sich die Anzahl der Wohnungen,

Gewerbebetriebe usw. ablesen. Für die einzelnen Verbrauchergruppen bestehen hinsichtlich des Leistungsbedarfs Richtwerte, aus denen sich unter Verwendung des Gleichzeitigkeitsgrads (s. Abschnitt 4.7) die eigentlich interessierende Netzlast ermitteln lässt [67]. Der ungünstigste Wert, die *Höchstlast*, wird zur Dimensionierung verwendet.

Im Weiteren wird von einer Verkabelung des Niederspannungsnetzes entlang der Straßen ausgegangen, wie es heute üblich ist. Infolge der im Energiewirtschaftsgesetz festgelegten Anschlusspflicht aufseiten der Energieversorgungsunternehmen ist nahezu in jeder Straße ein Kabel zu verlegen. Die Trasse ist damit vorgeschrieben. Eine Kostenrechnung klärt, ob bei der Bebauung jeweils Kabel auf beiden Seiten oder nur auf einer Seite zu verlegen sind. In jedem Kabelgraben können ohne nennenswert höhere Tiefbaukosten bis zu 4 Kabel verlegt werden. Für jedes Kabel wird einheitlich der gleiche Querschnitt gewählt, in der Regel der Typ NAYY mit 4×150 mm^2.

Von dem Netzplaner kann demnach die Anzahl der parallelen Kabel innerhalb der Marge von $1\ldots 4$ oder $2\ldots 8$ gewählt werden. Weitere freie Entwurfsparameter stellen die *Anzahl der Netzstationen* und die *Wahl ihrer Bemessungsleistung* dar. Bei einem großen Teil der Netzstationen kann zusätzlich der *Standort* nach planerischen Gesichtspunkten festgelegt werden. Mit diesen freien Parametern sind über die ersten beiden Netzbedingungen in Abschnitt 8.1.2.2 hinaus noch zwei zusätzliche Netzbedingungen zu erfüllen, die sich in der Niederspannungsebene aus

- der Netzstruktur und
- dem Netzschutz

ergeben. Die erste Forderung besagt, dass der Entwurf bestimmte Strukturen aufweisen muss (z. B. Maschennetze). Mit der zweiten Bedingung ist sicherzustellen, dass die als Netzschutz eingesetzten NH-Sicherungen nicht nur ansprechen, sondern auch *selektiv* ausschalten. In öffentlichen Niederspannungsverteilungsnetzen gilt die Ansprechbedingung als erfüllt, wenn bei einem Kurzschluss zwischen Außenleiter und Neutralleiter mindestens der große Prüfstrom der eingesetzten Sicherung fließt (s. Abschnitte 4.13.1.2 und 12.5). Außerdem ist bei der *Auswahl des Bemessungsstroms I_{rS} von NH-Sicherungen* zu beachten, dass der große Prüfstrom die Leitung nicht thermisch überlastet. Diese Forderung ist erfüllt, wenn der große Prüfstrom den zulässigen Betriebsstrom I_z der Leitung nicht um mehr als 45 % überschreitet (s. DIN VDE 0100 Teil 430).

In Strahlennetzen liegt die gewünschte Selektivität vor, wenn das Netz so gestaltet ist, dass sich die Bemessungsströme aufeinander folgender Sicherungen im Verhältnis 1,6:1 stufen (s. Abschnitt 4.13.1.2). Im Unterschied dazu sind in Maschennetzen alle Zweige mit dem gleichen Sicherungstyp auszurüsten. Selektiv reagieren sie nur, sofern der fehlerbehaftete Zweig jeweils einen höheren Kurzschlussstrom führt als die anderen Kabelstrecken des Netzes. Das erforderliche Stromverhältnis ist vom eingesetzten Fabrikat abhängig und liegt häufig bei 1,4.

Um ein Netz nach den genannten Gesichtspunkten planen zu können, ist es nach [15] zweckmäßig, das Versorgungsgebiet in *Teilnetze* aufzugliedern, wobei jedes Teilnetz jeweils von einer Netzstation gespeist und als *Strahlennetz* gestaltet wird. Die dafür benötigte Anzahl der Stationen ist zunächst so zu wählen, dass die Last mit den besonders häufig eingesetzten 630-kVA-Stationen gedeckt wird. Weiterhin werden die Standorte so gelegt, dass jede Station möglichst im Lastschwerpunkt ihres Teilnetzes liegt und das resultierende, darauf bezogene Stromwirkmoment der darin vorhandenen Lasten (s. Abschnitt 5.2) bei allen Stationen etwa gleich groß ist.

8.2 Gesichtspunkte zur Planung von Netzen

Bei der Dimensionierung der Teilnetze sind zunächst Lösungen zu suchen, die sowohl die *thermische Dauerbelastung* als auch die *Spannungshaltung* beachten. Als freier Entwurfsparameter wird die Anzahl der Kabel geändert. Ihr jeweiliger Mindestquerschnitt wird durch die *Kurzschlussfestigkeit* vorgegeben. In einfach gespeisten Netzen mit einem einheitlichen Querschnitt liegt sie dann vor, wenn jedes der parallelen Kabel für sich bei einem Fehler in unmittelbarer Nähe des 630-kVA-Einspeisetransformators kurzschlussfest ist. Dort treten nämlich die größten Kurzschlussströme auf. Bei dem üblicherweise eingesetzten Kabeltyp NAYY sind bereits Querschnitte ab 150 mm^2 kurzschlussfest.

Im Weiteren ist das *Ansprechen und die Selektivität der Sicherungen* zu überprüfen. Falls der bisher erstellte Netzentwurf diese Bedingung verletzt, ist das Netz durch weitere Parallelkabel zu verstärken bzw. dessen Vermaschungsgrad in Kreuzungspunkten mithilfe weiterer Kabelverteilerschränke zu erhöhen.

In dem bisherigen Rechnungsgang ist das *(n–1)-Ausfallkriterium* noch nicht berücksichtigt worden. Falls mobile Reservebetriebsmittel vorhanden sind, ist diese Bedingung nicht relevant. Anderenfalls ist das fehlerbehaftete Netz für eine *rückwärtige Speisung* aus den Nachbarnetzen auszulegen (s. Abschnitt 3.2.1).

Zur Realisierung dieser Bedingung ist eine besonders ungünstige Fehlersituation auszuwählen. Diese liegt vor, wenn die Netzstation des betrachteten Teilnetzes einschließlich der Niederspannungssammelschiene ausfällt. Für diesen Betriebszustand, in dem benachbarte Stationen die ausgefallene Leistung zusätzlich einspeisen müssen, wird nochmals eine Dimensionierung vorgenommen. Daraus resultiert auch die Höchstlast für die einzelnen Stationen. Falls in dieser Fehlersituation die Bemessungsleistung von 630 kVA überschritten wird, ist das Teilnetz weiter aufzuteilen und meist auch der Kabelanteil zu verstärken.

Die beschriebene *eigensichere Gestaltung* des Netzes führt zu höheren Kosten, wobei die Mehrkosten mit steigender Lastdichte bis auf ca. 1 % der Baukosten absinken können [15]. Es sei erwähnt, dass vom (n–1)-Ausfallkriterium her während eines bereits fehlerhaften Netzzustands nicht mehr die Selektivität beim Ansprechen der Sicherungen zu fordern ist, da dieses Kriterium stets nur einen einzelnen Fehler voraussetzt.

Aus der Aufteilung in mehrere Strahlennetze, die jeweils nach den Bedingungen des Normalbetriebs, der Kurzschlussfestigkeit, des (n–1)-Ausfallkriteriums sowie nach Selektivitätskriterien ausgelegt worden sind, resultiert bereits ein funktionsfähiges Gesamtnetz. Das erhaltene Planungsergebnis braucht jedoch noch nicht kostenoptimal zu sein. Dieser Gesichtspunkt ist in einem weiteren Schritt zu berücksichtigen.

Grundsätzlich gilt, dass sich durch eine Erhöhung der Stationszahl der Versorgungsradius der Teilnetze verkleinert. Bei gleichem zulässigen Spannungsabfall kann daher meist der Kabelanteil verringert werden. Zwischen den Mehrkosten für die zusätzlichen Stationen und den Einsparungen bei den Kabeln gibt es ein optimales Verhältnis mit minimalen Gesamtkosten. Es wird dadurch ermittelt, dass man von dem zunächst bestimmten Startwert ausgehend die Zahl der Stationen um eine erhöht und den beschriebenen Algorithmus erneut ansetzt. Dieser Schritt wird so lange wiederholt, bis ein Kostenminimum erreicht wird. Mit wachsender Netzgröße verbreitet sich das Kostenoptimum, sodass zunehmend mehrere Planungsvarianten von der Kostenseite her praktisch gleichwertig sind. Im Normalbetrieb bei Höchstlast werden die optimalen Netzentwürfe erfahrungsgemäß dadurch gekennzeichnet, dass *im Mittel die Transformatoren zu ca. 2/3 ihrer Bemessungsleistung* und *die Abgangskabel zu ca. 50 % in Bezug auf ihren zulässigen Betriebsstrom* ausgelastet sind. Auf die Berechnung der einzelnen Kostenkomponenten, die bei einem solchen Kostenvergleich zu berücksichtigen sind, wird in Kapitel 13 eingegangen.

Die bisher beschriebene Strategie liefert stets ein eigensicheres Niederspannungsnetz, das sich aus mehreren in sich strahlenförmig aufgebauten Teilnetzen zusammensetzt. Diese Teilnetze können im Rahmen der vom Straßensystem angebotenen Möglichkeiten zum einen intern und zum anderen auch noch miteinander vermascht werden, falls es gewünscht ist. Derartige Maßnahmen führen zu verringerten Netzverlusten, einer verbesserten Spannungshaltung und einer nochmals erhöhten Eigensicherheit. Bei niedrigen Lastdichten können die Mehrkosten allerdings beträchtlich sein, da im Hinblick auf die einwandfreie Funktion der Sicherungen erhebliche Verstärkungen notwendig werden. Bei großen Lastdichten – ab ca. 30 MVA/km^2 – ist wiederum die Stationsdichte bereits so hoch, dass die Kurzschlussfestigkeit gefährdet ist und eine Vermaschung zunehmend entfällt.

Neben der Neuplanung ist auch die Anpassung von Altnetzen an geänderte Lastsituationen bedeutsam. Geringere Lasterhöhungen lassen sich häufig allein durch eine Verstärkung der Netzstationen auffangen. Höhere Lastanstiege erfordern jedoch eine Verlegung zusätzlicher Kabel und damit teure Tiefbauarbeiten. Mit geringen Modifikationen lässt sich die beschriebene Entwurfsstrategie auch auf diese Probleme anwenden, die generell mit dem Begriff *Ausbauplanung* belegt werden. In abgewandelter Form stellt sich auch in Mittelspannungsnetzen diese Aufgabenstellung.

8.2.2 Ausbauplanung von Mittelspannungsnetzen

Die Grundproblematik der Ausbauplanung sei an einem Beispiel erläutert. Der Lastzuwachs – aus einem neu erschlossenen Gewerbegebiet herrührend – rechtfertigt noch nicht die Errichtung einer zusätzlichen 110/10-kV-Schaltanlage, überlastet jedoch das bestehende Netz. Abhilfe bietet ein Ausbau der vorhandenen 110/10-kV-Umspannstation, indem sie um neue 10-kV-Schaltfelder erweitert wird und die davon abgehenden 10-kV-Kabel eine ebenfalls neue Schwerpunktstation versorgen (s. Abschnitt 4.11.1). Von dieser Schwerpunktstation gehen dann wie gewohnt Ringleitungen zur Versorgung der Netzstationen des Gewerbegebiets ab. Bekanntlich repräsentieren die Netzstationen im Mittelspannungsnetz die Schnittstellen zu den Lasten.

Im Unterschied zum Niederspannungsnetz sind nicht in jeder Straße Netzstationen vorhanden. Es entstehen daher Freiheitsgrade bei der Trassengestaltung. Durch Variantenrechnungen oder durch einen systematischen optimierenden Suchalgorithmus [132] kann die günstigste Lösung ermittelt werden. Anschließend erfolgt die Dimensionierung der Ringleitungen. Als besonders ungünstiges Auslegungskriterium dient ein Fehler jeweils am Ende einer Ringleitung, während die anderen Ringleitungen weiterhin als Strahlen betrieben werden. Prinzipiell ist eine Stufung der Kabelquerschnitte möglich. Üblicherweise werden nur Querschnitte bis zu 240 mm^2 Al gewählt, da sich ansonsten die Verlegungsarbeiten wesentlich erschweren.

In leistungsstarken Umspannstationen mit z. B. 50-MVA-Transformatoren übersteigt der Kurzschlussstrom den zulässigen Wert der üblicherweise eingesetzten 10-kV-Kabel. Die notwendige Kurzschlussfestigkeit wird dann durch den Einbau von Kurzschlussdrosselspulen mit I_s-Begrenzern sichergestellt (s. Abschnitt 7.4). Für weiter entfernt gelegene Kabel lässt sich diese Forderung stets durch die Wahl eines ausreichend großen Querschnitts einhalten. Zusätzlich ist auch bei einer Ausbauplanung das (n–1)-Ausfallkriterium zu beachten. Bei der erläuterten Gestaltung des Mittelspannungsnetzes liegt die gewünschte Ausfallsicherheit bereits vor, denn zwischen Umspann- und Schwerpunktstationen werden immer mehrere Kabel eingesetzt, und die abgehenden Ringleitungen sind in sich eigensicher ausgelegt.

Der beschriebene Planungsablauf gestattet es, auch Mittelspannungsnetze so auszubauen, dass die aufgestellten Dimensionierungsbedingungen 1 bis 3 in Abschnitt 8.1.2.2 erfüllt werden. Falls sich der Lastanstieg im beschriebenen Sinn fortsetzt, ist schließlich eine weitere 110/10-kV-Umspannstation zu errichten, an die dann die bereits bestehenden Netzbereiche bzw. die neuen Versorgungszentren anzubinden sind. Häufig ergeben sich dadurch weitere Verknüpfungen zwischen den einzelnen Netzbezirken. Die so zusätzlich auftretenden Kuppelstellen erhöhen die Eigensicherheit noch weiter (Bild 3.10).

Grundsätzlich gilt in Nieder- und Mittelspannungsnetzen die Planungsaufgabe als gelöst, wenn die Betriebsmittel so ausgelegt sind, dass für alle interessierenden Netzkonfigurationen die Bedingungen der thermischen Dauerbelastung und der Spannungshaltung, der Kurzschlussfestigkeit sowie des (n–1)-Ausfallkriteriums erfüllt sind. Wie auch aus dem Beispiel in Bild 4.203 zu ersehen ist, kann in solchen Netzen anschließend praktisch rückwirkungsfrei das Schutzkonzept erstellt werden. Darüber hinaus ist im Abschnitt 7.5 gezeigt worden, dass die Netzstabilität durch Fehler in Mittelspannungsnetzen und erst recht durch Störungen in Niederspannungsnetzen ungefährdet ist. Von einigen Ausnahmen abgesehen, dürfen neben den elektromechanischen Einschwingvorgängen auch die elektrischen Ausgleichsvorgänge bei der Dimensionierung unbeachtet bleiben (s. Kapitel 11).

Ein *Anstieg der Last* in einem Mittelspannungsnetz wirkt sich auch auf die *Hoch- und Höchstspannungsebene* aus und erfordert dort zeitlich versetzt ebenfalls einen stufenweisen Ausbau.

8.2.3 Ausbauplanung von Hoch- und Höchstspannungsnetzen

Ein Netz auszubauen bzw. zu verstärken bedeutet, es vermehrt zu vermaschen sowie die Anzahl der Kraftwerks- bzw. Netzeinspeisungen zu erhöhen. Das Angebot der dafür notwendigen Trassen sowie Standorte ist in Deutschland für den Hoch- und Höchstspannungsbereich sehr begrenzt. Daher ist die Anzahl der zu vergleichenden Planungsvarianten gering. Im Unterschied zu den Nieder- und Mittelspannungsnetzen ist jedoch in Transportnetzen bereits die Dimensionierung einer einzelnen Ausbauvariante sehr rechenintensiv. Dort kann die Auslegung der Ausbauvarianten sehr wohl nachhaltig

- die Gestaltung des Schutzkonzepts,
- die elektromechanischen Pendelungen,
- die elektrischen Ausgleichsvorgänge

beeinflussen. Um auch in dieser Beziehung ein funktionsfähiges Transportnetz zu erhalten, ist es zweckmäßig, bei der Entwurfsrechnung in der folgenden Weise vorzugehen. Zunächst werden wiederum plausible Werte für die Kenngrößen der neu zu dimensionierenden Betriebsmittel gewählt. Im ersten Schritt werden – wie bisher – über Lastflussberechnungen die thermische Dauerbelastung und die Spannungshaltung überprüft. Im Unterschied zu den Nieder- und Mittelspannungsnetzen bestehen in größeren Transportnetzen infolge der zahlreicheren Maschen sowie unterschiedlichen Einsatzpläne für die Generator- und Netzeinspeisungen sehr viele Netzkonfigurationen, die es daraufhin zu untersuchen gilt. Die Anzahl dieser Varianten lässt sich meist reduzieren, indem man sich auf besonders ungünstige Grenzfälle beschränkt.

Zu beachten ist, dass in Transportnetzen die Spannungshaltung nicht nur für die Höchstlast, sondern aufgrund des Ferranti-Effekts auch für den Schwachlastfall zu kontrollieren ist. Während unzulässige Spannungserhöhungen durch den Einbau von Kompensationsdrosselspulen abzusenken sind, lassen sich zu große Spannungsabfälle bei der Höchstlast z. B. durch die Wahl von Zweier- oder Viererbündelleitern bzw. von Umspannern mit kleineren u_k-Werten auffangen. Diese Maßnahmen erhöhen allerdings die Kurzschlussleistung des Netzes.

Für die Überprüfung der Kurzschlussfestigkeit gilt es, die thermisch gleichwertigen Kurzzeitströme I_{th} und die Ausschaltwechselströme I_a zu ermitteln. Für diese Rechnungen werden die Auslösezeiten des Schutzes benötigt, für die wie bei den anderen Entwurfsparametern zunächst technisch übliche Werte angenommen werden. Sollten die zulässigen Grenzwerte $I_{th,zul}$ und $I_{a,zul}$ der zunächst ausgewählten Betriebsmittel bzw. Schaltgeräte überschritten werden, sind Netzelemente mit höherer Kurzschlussfestigkeit zu verwenden. In gleicher Weise ist zu verfahren, wenn im bereits bestehenden Altnetz durch den Ausbau zu hohe Kurzschlussleistungen verursacht werden. Man spricht dann davon, dass man das Altnetz *ertüchtigen* muss.

Im Anschluss an diesen Entwurfsschritt gilt es, bei den einzelnen Netzkonfigurationen das (n–1)-Ausfallkriterium zu überprüfen. Von der Auslegung und Gestaltung her bestehen bereits im Altnetz für die meisten Betriebssituationen genügend Freiheitsgrade. Durch die anstehende Netzverstärkung erhöhen sie sich weiter, sodass sich die Anzahl der Schwachstellen dadurch verringert. Mitunter lässt sich jedoch nicht mehr bei allen (n–1) Konfigurationen die Selektivität des Schutzes aufrechterhalten. So kann es z. B. durch bestimmte Schaltmaßnahmen dazu kommen, dass sich Staffelkennlinien von Distanzrelais schneiden [96].

Um solche Selektivitätsprobleme zu minimieren, ist es für die Erstellung des Schutzkonzepts ratsam, Rechenprogramme zu verwenden, die systematisch für die verschiedenen Fehlersituationen die optimalen Schutzeinstellungen ermitteln. Bei einer manuellen Auslegung besteht die Gefahr, dass nicht alle relevanten Schutzkonstellationen überprüft werden. Als Eingabedaten benötigen diese Programme u. a. die Kenngrößen der Netzelemente sowie Angaben über die relevanten Netzkonfigurationen.

Das Schutzkonzept lässt sich daher erst endgültig festlegen, wenn das Netz bereits vollständig dimensioniert ist. Sollten die dafür notwendigen Rechnungen bei einigen Betriebsmitteln zu Ausschaltzeiten führen, die oberhalb der zunächst geschätzten Ausgangswerte liegen, ist gegebenenfalls deren Kurzschlussfestigkeit zu erhöhen.

In einem weiteren Entwurfsschritt gilt es nun zu prüfen, ob die bisher betrachteten Entwurfskriterien zu einem Netz geführt haben, das hinreichend stabil in Bezug auf die elektromechanischen Pendelschwingungen ausgelegt ist (s. Abschnitt 7.5). Grundsätzlich gilt dabei, dass sie umso schwächer ausgeprägt sind, je stärker ein Netz vermascht ist und je zahlreicher die Generatoren sind, die dort einspeisen. Eine Netzverstärkung verringert demnach üblicherweise eine eventuell vorhandene Pendelanfälligkeit. Als harte Anregung ist dabei eine erfolglose dreipolige Kurzunterbrechung anzusehen. In deutschen Übertragungsnetzen wird sie jedoch meistens einpolig ausgeführt, sodass die wirklich auftretenden Pendelschwingungen noch schwächer sind. Sofern die Pendelschwingungen nach der geplanten Netzverstärkung immer noch als hoch angesehen werden, sollten auch für die Schutzeinrichtungen der neu geplanten Betriebsmittel Pendelsperren vorgesehen werden. Anstelle einer Netzverstärkung kann auch der Einsatz von FACTS in Betracht gezogen werden (s. Abschnitt 4.8.5), die manchmal zu preiswerteren Lösungen führen. Ferner sei noch auf besondere Probleme hingewiesen, die bei der Kopplung von Verbundnetzen mit unterschiedlicher Frequenzkonstant auftreten können; Abhilfe bieten dann häufig HGÜ-Anlagen (s. Abschnitt 3.1.3).

Der Ausbau eines Übertragungsnetzes beeinflusst auch die elektrischen Einschwingvorgänge, mit denen die Betriebsmittel bei Zustandsänderungen beansprucht werden. In besonderem Maße sind davon die Leistungsschalter beim Ausschalten betroffen. Zunächst äußert sich eine Verstärkung des Netzes in einem Anstieg des Kurzschlussstroms. Sofern der Kurzschlussstrom dabei auf Werte über 25 kA ansteigt, können sich in Freiluftschaltanlagen mit einem hohen Wellenwiderstand bereits während der ersten Mikrosekunden *Anfangseinschwingspannungen* einstellen, die von ihrer Steilheit oder Amplitude her unzulässig sind. Es sind dann Ertüchtigungsmaßnahmen mit dem Schalterhersteller abzusprechen (s. Abschnitt 7.6). Der weitere Verlauf der *Einschwingspannung* ist mithilfe der Referenz- und der Verzögerungslinie zu überprüfen. Ein Netzausbau führt sehr häufig dazu, dass sich die Amplitude der wiederkehrenden Spannung sowie die lokalen Steilheiten durch höherfrequente Eigenschwingungsanteile erhöhen. Die mittlere Steilheit verkleinert sich dagegen meistens.

Gemäß den Erläuterungen im Abschnitt 7.6 erwächst aus einer Netzverstärkung für viele Leistungsschalter eine höhere Beanspruchung durch *Abstandskurzschlüsse*. Über die bereits beschriebenen Maßnahmen hinaus ist zu überprüfen, ob auch die im Altnetz installierten Leistungsschalter in Bezug auf diese Beanspruchung noch ausreichend dimensioniert sind.

Sofern große Generatoren ins Netz eingebunden werden, ist zu kontrollieren, ob bei eventuellen Klemmenkurzschlüssen besondere Anforderungen an die Generatorschalter infolge *fehlender Nulldurchgänge* zu stellen sind. Im Fall von Klemmenkurzschlüssen ist nämlich der subtransiente Vorgang besonders kräftig ausgebildet (s. Abschnitt 4.4.4.3). Da er im Vergleich zum aperiodischen Anteil schnell abklingt, kann der Effekt auftreten, dass über einige Perioden der Wechselstromanteil kleiner ist als der Gleichstrom. Als Folge davon treten dann, wie bereits anfänglich erwähnt, in diesem Zeitbereich keine Nulldurchgänge im Strom auf.

Neben den Einschwingvorgängen sind noch die bereits im Abschnitt 4.11.1 erwähnten Ferroresonanzerscheinungen zu beachten, die allerdings auch in Mittelspannungsnetzen auftreten. Sie können zu sehr hohen Überspannungen und Überströmen führen. Wie im Abschnitt 11.3 noch ausgeführt wird, werden sie in den einzelnen Netzebenen jeweils durch unterschiedliche Netzkonfigurationen ausgelöst.

Der bisher beschriebene Rechnungsgang stellt den Kern der Planungsrechnung dar, der dann für jede Variante zu wiederholen ist. Zusätzlich sind beim Netzentwurf Beeinflussungs- und Erdungsfragen zu beachten, die in den Kapiteln 11 und 12 noch behandelt werden. Üblicherweise sind die dadurch verursachten Rückwirkungen auf die Kernaufgabe gering, sodass diese Aufgabenstellungen im Anschluss daran gelöst werden können. Für die Behandlung dieser Aufgabenfelder werden weitergehende Rechenmethoden benötigt, die in den folgenden Kapiteln entwickelt werden.

8.3 Aufgaben

Aufgabe 8.1: In dem Bild ist der Bebauungsplan eines Neubaugebiets dargestellt, für das ein Niederspannungsnetz mit $U_{nN} = 400$ V zu planen ist. Die Anzahl der Wohneinheiten (WE) beträgt 152. Die Netzbelastung einer WE liegt bei 21 kW (Durchlauferhitzer und Herd) mit dem Leistungsfaktor $\cos\varphi = 0{,}9$. Der Gleichzeitigkeitsfaktor wird durch die Beziehung $g = 0{,}07 + 0{,}93/n$ beschrieben, wobei die Größe n die Anzahl der WE kennzeichnet. Die Kabelverlegung soll auf beiden Seiten der Straße erfolgen. Es ist der Typ NAYY 4×150 0,6/1 kV zu verwenden. Als Standort für die neuen Netzstationen ist das Kirchengelände zu wählen. Die Netzstationen N_1 und N_2 sind bereits vorhanden und versorgen benachbarte Netzbezirke.

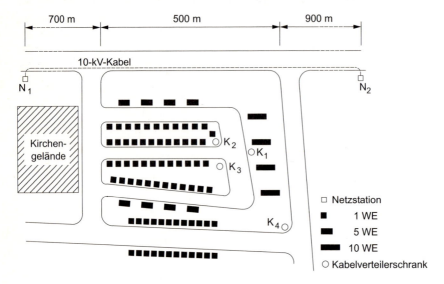

a) Berechnen Sie die Gesamtlast und ermitteln Sie daraus die Anzahl und die Bemessungsleistung der benötigten Netzstationen. 630-, 400- und 250-kVA-Ausführungen sind als zulässig anzusehen.

b) Die benötigten Netzstationen sind im Stich aus den Netzstationen N_1 und/oder N_2 herauszuführen. Das Niederspannungsnetz ist unter Einbeziehung der im Bild angegebenen Kabelverteilerschränke $K_1 \ldots K_4$ als Radialnetz zu planen, wobei das (n–1)-Ausfallkriterium durch mobile Notstromanlagen gewährleistet werden kann.

c) Dimensionieren Sie das Radialnetz nach der Spannungshaltung und der thermischen Dauerbelastung. Der zulässige Spannungsabfall beträgt $\Delta u_{zul} = 3\,\%$. Dabei kann für alle Kabel vereinfachend bis zum jeweiligen Kabelverteilerschrank eine Länge von 400 m angenommen werden. Ferner sollen die Lasten jeweils zur Hälfte konzentriert in der Mitte und am Ende der Leitung angreifen. Begründen Sie, ob der dadurch verursachte systematische Fehler eine Abschätzung zur sicheren Seite darstellt.

d) Dimensionieren Sie die benötigten NH- und HH-Sicherungen, wenn beide Sicherungsarten einen Bemessungs-Ausschaltstrom von $I_{aS} = 80$ kA aufweisen und die relative Kurzschlussspannung des Transformators $u_k = 4\,\%$ beträgt.

e) Dimensionieren Sie das Netz nach der thermischen Kurzschlussfestigkeit mit einer Bemessungs-Kurzzeitstromdichte von $S_{thr}(\vartheta_b = 70\,°C, \vartheta_e = 160\,°C) = 76$ A/mm^2, wenn für den Transformator in der Netzstation $R_T/X_T = 0{,}1$ gilt.

f) Im Hinblick auf die Spannungshaltung nach einem Fehler liegt der ungünstigste Fall dann vor, wenn in dem Ring mit der höchsten Gesamtlast der Leitungsanfang aufgetrennt werden muss. In dieser Situation wird die Trennstelle im Kabelverteilerschrank K_1 geschlossen und die Ringleitung von einer Seite aus als Stich betrieben.
Berechnen Sie für diesen Betriebszustand unter der in c) angegebenen Lastdiskretisierung – angewendet auf den Stich – den Spannungsabfall bis zum Leitungsende.

8.3 Aufgaben

g) Ermitteln Sie, welches Investitionskapital für das geplante Niederspannungsnetz benötigt wird, wenn für die Kabel 5 €/m und für ihre Verlegung 50 €/m zu veranschlagen sind. Zusätzlich sind für eine nicht begehbare Netzstation ohne den Transformator 16 000 € erforderlich. Der Kapitaleinsatz für die Transformatoren ist von der benötigten Bemessungsleistung abhängig und beträgt 12 €/kVA. Darüber hinaus kostet jeder Kabelverteilerschrank 500 €.

Aufgabe 8.2: Bei dem abgebildeten 10-kV-Netz vermindert sich in der Netzstation 5 die Ausgangsspannung im Höchstlastfall bereits um mehr als 3 %. Verursacht wird die Absenkung dadurch, dass sich nach einer Änderung in der Bebauungsplanung vermehrt Gewerbebetriebe angesiedelt haben. Diese überwiegend unter Teillast betriebenen, motorischen Verbraucher bewirken dort im Wesentlichen den niedrigen Leistungsfaktor von $\cos\varphi = 0{,}7$. Zur Verbesserung der Spannungshaltung sind verschiedene Maßnahmen zu vergleichen. Dabei ist für alle Kabel der Typ NA2XS2Y 1×185 RM/25 6/10 zu verwenden und eine Verlegung nebeneinander zu wählen.

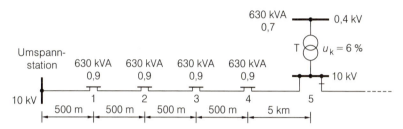

a) Berechnen Sie für den Verteilungstransformator T in der Netzstation 5 die Ausgangsspannung, die sich im Höchstlastfall auf der 0,4-kV-Seite einstellt.

b) Bestimmen Sie die Ausgangsspannung am Transformator T für den Fall, dass das unterlagerte 0,4-kV-Netz aufgeteilt und jeweils die Hälfte der Last mit einer 630-kV-Station gespeist wird. Dabei soll die zu diesem Zweck zusätzlich benötigte Netzstation direkt neben der Station 5 errichtet werden.

c) Ermitteln Sie den Kapitaleinsatz für die im Aufgabenteil b) benötigte zusätzliche Netzstation. Für eine begehbare Fertigstation mit drei Lasttrennschaltern (ohne Transformator) sind 18 000 € zu veranschlagen; für den Transformator gilt ein Richtpreis von 12 €/kVA.

d) Bestimmen Sie die Ausgangsspannung am Transformator T für den Fall, dass die im Aufgabenteil b) zusätzlich installierte Netzstation auf der 10-kV-Seite über ein 5 km langes Kabel NA2XS2Y 1×185 RM/25 6/10 in Einebenenverlegung an die Nachbarstation 4 angeschlossen wird.

e) Ermitteln Sie den Kapitaleinsatz für die im Aufgabenteil d) angegebene Variante. Die Tiefbauarbeiten bei der Kabelverlegung in 0,8 m Tiefe kosten ca. 50 €/m, als Investitionsmittel für drei Einleiterkabel in VPE-Ausführung sind insgesamt 20 €/m zugrunde zu legen.

f) Bei dem Niederspannungsnetz möge es sich nun um ein Industrienetz handeln. Für eine solche Konfiguration bietet sich anstelle einer Netzaufteilung zunächst eine Blindleistungskompensation im Industriebetrieb an. Diese Maßnahme hat einen günstigeren Stromtarif zur Folge und verbessert zugleich die Spannungshaltung. Ermitteln Sie die Ausgangsspannung im 0,4-kV-Netz des Industriewerks für den Fall, dass der Leistungsfaktor auf einen Wert von $\cos\varphi = 0{,}95$ kompensiert wird.

g) Bestimmen Sie den Kapitaleinsatz für die im Aufgabenteil f) beschriebene Blindleistungskompensation. Dabei ist von dem Richtwert 10 €/kvar auszugehen.

h) Welche der drei Maßnahmen bewirken einen Spannungsabfall unterhalb von 2,5 %?

i) Vergleichen Sie die Investitionsmittel dieser drei Ausbaumaßnahmen.

j) Um die Netzsicherheit zu erhöhen, wird für den Fall eines Stromausfalls eine Notstromanlage vorgesehen. Es handelt sich um eine fahrbare 630-kVA-Station auf einem Anhänger mit einem Preis von 140 000 € zuzüglich 35 €/kVA für den Synchrongenerator. Ermitteln Sie das Investitionskapital für diese Sicherheitsmaßnahme.

Aufgabe 8.3: An eine 110/10-kV-Umspannstation mit einer Bemessungsleistung von 50 MVA wird im Rahmen eines Netzausbaus eine weitere Schwerpunktstation angeschlossen. Ihre Last wird zu 8 MVA mit $\cos\varphi = 0{,}85$ berechnet. Von der Schwerpunktstation werden 18 unterlagerte Niederspannungsnetze mit jeweils einer 630-kVA-Netzstation gespeist. Der Lageplan der Netzstationen ist dem Bild zu entnehmen. Nur die waagerechten und senkrechten Verbindungslinien zwischen den Netzstationen stellen Straßen dar und sind daher für die Trasse zu verwenden. Von der Planung der Niederspannungsnetze her sind die 630-kVA-Verteilungstransformatoren mit $(2/3) \cdot S_{rT}$ ausgelastet. Daher ist im Fehlerfall eine rückwärtige Speisung der Niederspannungsnetze möglich.

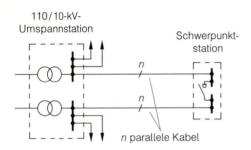
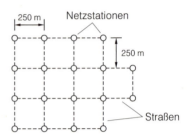

a) Wie viele solcher Schwerpunktstationen können in etwa von der 110/10-kV-Umspannstation versorgt werden?

b) Wie viele Kabelstränge des Typs NA2XS2Y 1×240 RM/25 6/10 in Einebenenverlegung werden als Transportkabel für die Anbindung der 3 km entfernten Schwerpunktstation benötigt, wenn der Spannungsabfall entlang dieser Kabel einen Wert von 2 % nicht überschreiten soll? Beachten Sie dabei das (n–1)-Ausfallkriterium.

c) Über wie viele 10-kV-Felder verfügt die 110/10-kV-Umspannstation, wenn die anderen Schwerpunktstationen in gleicher Weise angebunden sind? Welche reine Stellfläche benötigt die 10-kV-Schaltanlage, wenn die Abmessungen eines modernen 10-kV-Felds in SF_6-Ausführung 0,6 m × 1,5 m (Höhe 2,2 m) betragen?

d) Über wie viele 110-kV-Felder verfügt die Umspannstation, wenn ein für solche Stationen übliches Schaltbild zugrunde gelegt wird?

e) Planen Sie die Verlegungstrasse des 10-kV-Kabels so, dass auf jeder Straßenseite höchstens ein Kabel liegt, das (n–1)-Ausfallkriterium bei einem Kabelfehler eingehalten wird und dass zusätzlich noch eine rückwärtige Speisung durchgeführt werden kann. Zu diesem Zweck ist darauf zu achten, dass bei jeder Station möglichst eine der benachbarten Netzstationen zu einer anderen Ringleitung gehören sollte.

f) Über wie viele Felder verfügt demnach die Schwerpunktstation? Begründen Sie, warum in solchen Anlagen die Zellenbauweise bevorzugt wird.

g) Welchen Kapitaleinsatz erfordern die Zellen, wenn eine lichtbogensichere Ausführung mit 15 000 € anzusetzen ist?

h) Erläutern Sie, ob die Anlage mit Überspannungsableitern auszurüsten ist.

i) Welches Investitionskapital benötigt das Mittelspannungsnetz, wenn für die Verlegung im Schnitt 50 €/m und für die Kabel 20 €/m einzusetzen sind? Die Entfernung zwischen der Schwerpunktstation und den ersten Netzstationen beträgt 400 m.

j) Erläutern Sie, wie viele Kuppelstellen zwischen den Niederspannungsnetzen mindestens eingerichtet werden müssen, wenn eine rückwärtige Speisung vorgesehen wird.

k) Wie sind die Kuppelstellen konstruktiv realisiert?

l) Ermitteln Sie näherungsweise die Lastdichte des Niederspannungsnetzes.

9 Berechnung von unsymmetrisch gespeisten Drehstromnetzen mit symmetrischem Aufbau

Bei den bisher behandelten Drehstromnetzen sind Aufbau und Speisung stets als symmetrisch angenommen worden. Unter dieser Voraussetzung kann man die Anlagen durch einphasige Ersatzschaltbilder mit speziellen Begriffen wie Betriebsinduktivität und Betriebskapazität beschreiben. Im Weiteren soll nun das Strom-Spannungs-Verhalten von *symmetrisch aufgebauten Netzen* ermittelt werden, bei denen z. B. infolge eines Fehlers im überlagerten Netz die Speisung *unsymmetrisch* erfolgt. Wie später noch gezeigt wird, können die im Folgenden entwickelten Methoden sogar noch erweitert werden. Es sind damit auch Netze zu behandeln, deren Symmetrie durch punktuelle Fehler, z. B. Kurzschlüsse, gestört ist.

Bei unsymmetrisch betriebenen Drehstromnetzen unterscheiden sich im allgemeinen Fall die Leiterströme $\underline{I}_R$, $\underline{I}_S$, $\underline{I}_T$ in ihren Beträgen und weisen zugleich andere Phasenverschiebungen als im symmetrischen Betrieb auf. Solche Netze lassen sich besonders leicht berechnen, wenn das Verfahren der symmetrischen Komponenten verwendet wird [50], [97], [133], [134], [135]. Ein wesentlicher Vorteil liegt z. B. darin, dass die vom symmetrischen Betrieb her bekannten, einfachen Impedanzbegriffe erhalten bleiben.

9.1 Methode der symmetrischen Komponenten

Die Methode der symmetrischen Komponenten beruht auf dem Überlagerungsprinzip und stellt damit einen linearen Algorithmus dar. Dieses Verfahren ermöglicht es, ein System aus drei beliebigen Zeigern in drei symmetrische Systeme zu zerlegen. Im Allgemeinen sind diese Systeme untereinander wiederum phasenverschoben.

In Bild 9.1 wird die Zerlegung eines Zeigersystems veranschaulicht. Dabei wird im Weiteren stets ein *stationärer Betrieb* vorausgesetzt, da mit Zeigern keine transienten Vorgänge beschrieben werden können.

Die in Bild 9.1 dargestellte Zerlegung lässt sich im elektrotechnischen Sinn sehr anschaulich interpretieren [133]. Man erhält ein symmetrisches Drehstromsystem mit normaler Phasenfolge, das im Folgenden als *Mitsystem* bezeichnet wird. Weiterhin ergibt sich ein symmetrisches System mit entgegengesetzter Phasenfolge, das üblicherweise *Gegensystem* genannt wird. Darüber hinaus führt die Zerlegung auf drei Ströme mit gleicher Phasenlage und gleichem Betrag. Dieses System wird als *Nullsystem* bezeichnet. Es tritt nur dann auf, wenn die *Summe der Zeiger* $\underline{I}_R$, $\underline{I}_S$, $\underline{I}_T$ *ungleich null* ist. Im Weiteren

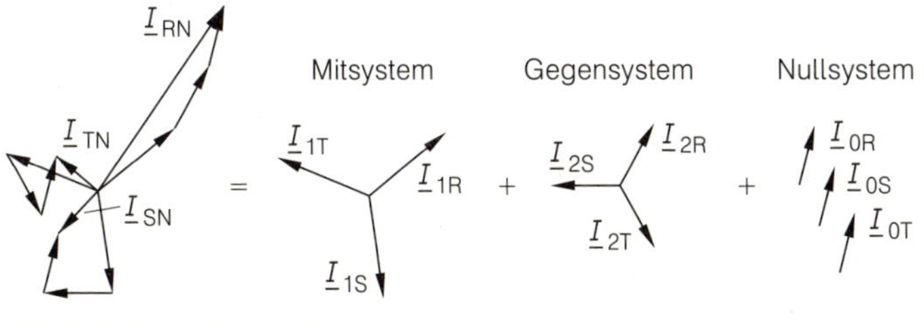

Bild 9.1 Grafische Zerlegung komplexer Zeiger in symmetrische Komponenten

werden die jeweiligen Zeiger des Mit-, Gegen- und Nullsystems entsprechend DIN 1304-3 mit den Indizes 1, 2, 0 gekennzeichnet, gefolgt von dem Index, der den Ort, also den *Leiter*, charakterisiert. Der Zeiger $\underline{I}_R$ im Gegensystem lautet demnach $\underline{I}_{2R}$.

Die dargestellte Zerlegung in ein Mit-, Gegen- und Nullsystem lässt sich durch die folgenden Gleichungen auch analytisch beschreiben:

$$\begin{aligned}\underline{I}_R &= \underline{I}_{1R} + \underline{I}_{2R} + \underline{I}_{0R} \\ \underline{I}_S &= \underline{I}_{1S} + \underline{I}_{2S} + \underline{I}_{0S} \\ \underline{I}_T &= \underline{I}_{1T} + \underline{I}_{2T} + \underline{I}_{0T} \end{aligned} \qquad (9.1)$$

Dieses Gleichungssystem gibt die Zerlegung jedoch nur bedingt wieder. Es ist noch die Eigenschaft einzuarbeiten, dass die drei Zeiger des Mit- und Gegensystems untereinander bei gleichem Betrag jeweils um 120° phasenverschoben sind und dass darüber hinaus die Zeiger des Nullsystems untereinander identisch sind. Analytisch lassen sich diese Zusammenhänge dadurch formulieren, dass man jeweils einen Zeiger in den drei Systemen als Bezugsgröße betrachtet. Üblicherweise werden die Komponentenzeiger $\underline{I}_{1R}$, $\underline{I}_{2R}$ und $\underline{I}_{0R}$ des Leiters R gewählt. Wenn weiterhin die Ausdrücke $\underline{a} = \mathrm{e}^{\mathrm{j}120°}$ und $\underline{a}^2 = \mathrm{e}^{\mathrm{j}240°}$ verwendet werden, lassen sich die anderen Zeiger durch die folgenden Zusammenhänge beschreiben:

$$\begin{aligned}\underline{I}_{1S} &= \underline{a}^2 \underline{I}_{1R}, & \underline{I}_{2S} &= \underline{a}\,\underline{I}_{2R}, & \underline{I}_{0S} &= \underline{I}_{0R}, \\ \underline{I}_{1T} &= \underline{a}\,\underline{I}_{1R}, & \underline{I}_{2T} &= \underline{a}^2 \underline{I}_{2R}, & \underline{I}_{0T} &= \underline{I}_{0R}. \end{aligned}$$

Eingesetzt in die Beziehung (9.1), ergibt sich demnach das Gleichungssystem

$$\begin{aligned}\underline{I}_R &= \underline{I}_{1R} + \underline{I}_{2R} + \underline{I}_{0R} \\ \underline{I}_S &= \underline{a}^2 \underline{I}_{1R} + \underline{a}\,\underline{I}_{2R} + \underline{I}_{0R} \\ \underline{I}_T &= \underline{a}\,\underline{I}_{1R} + \underline{a}^2 \underline{I}_{2R} + \underline{I}_{0R}. \end{aligned} \qquad (9.2)$$

Für die weiteren Betrachtungen wird nun die Matrizenschreibweise eingeführt. Sie erhöht die Übersichtlichkeit in der Darstellung des Gleichungssystems und erleichtert damit die Interpretation. Das System (9.2) nimmt in dieser Schreibweise die Form

$$\begin{bmatrix}\underline{I}_R \\ \underline{I}_S \\ \underline{I}_T\end{bmatrix} = \begin{bmatrix}1 & 1 & 1 \\ \underline{a}^2 & \underline{a} & 1 \\ \underline{a} & \underline{a}^2 & 1\end{bmatrix} \cdot \begin{bmatrix}\underline{I}_{1R} \\ \underline{I}_{2R} \\ \underline{I}_{0R}\end{bmatrix} \qquad (9.3)$$

an. Für die einzelnen Matrizen werden im Folgenden abkürzend die Symbole

$$[\underline{I}_\mathrm{d}] = \begin{bmatrix}\underline{I}_R \\ \underline{I}_S \\ \underline{I}_T\end{bmatrix}, \quad [\underline{T}] = \begin{bmatrix}1 & 1 & 1 \\ \underline{a}^2 & \underline{a} & 1 \\ \underline{a} & \underline{a}^2 & 1\end{bmatrix}, \quad [\underline{I}_\mathrm{k}] = \begin{bmatrix}\underline{I}_{1R} \\ \underline{I}_{2R} \\ \underline{I}_{0R}\end{bmatrix}$$

verwendet, wobei der *Index d* die Ströme des Drehstromsystems und der *Index k* die Bezugsströme der Komponentensysteme kennzeichnet, die im Weiteren als Komponentenströme bezeichnet werden sollen. Mit diesen Definitionen ergibt sich die Matrizenbeziehung

$$[\underline{I}_\mathrm{d}] = [\underline{T}] \cdot [\underline{I}_\mathrm{k}]. \qquad (9.4)$$

Die Matrix $[\underline{T}]$ transformiert die Komponentenströme $[\underline{I}_\mathrm{k}]$ in die tatsächlichen Leiterströme $[\underline{I}_\mathrm{d}]$. Da dieser Schritt in der Beziehung (9.4) linear erfolgt, spricht man auch von einer linearen Transformation. Von gleichem Interesse ist auch die umgekehrte bzw. inverse Transformation. In diesem Fall sind $\underline{I}_\mathrm{R}$, $\underline{I}_\mathrm{S}$ und $\underline{I}_\mathrm{T}$ die Ausgangsgrößen, aus denen dann die Komponentenströme $\underline{I}_{1\mathrm{R}}, \underline{I}_{2\mathrm{R}}, \underline{I}_{0\mathrm{R}}$ zu berechnen sind. Analytisch lässt sich dieses Ziel durch elementares Umformen des Gleichungssystems (9.2) auf die Form

$$\underline{I}_{1\mathrm{R}} = \frac{1}{3} \cdot (\underline{I}_\mathrm{R} + \underline{a}\underline{I}_\mathrm{S} + \underline{a}^2 \underline{I}_\mathrm{T})$$
$$\underline{I}_{2\mathrm{R}} = \frac{1}{3} \cdot (\underline{I}_\mathrm{R} + \underline{a}^2 \underline{I}_\mathrm{S} + \underline{a}\underline{I}_\mathrm{T}) \quad (9.5)$$
$$\underline{I}_{0\mathrm{R}} = \frac{1}{3} \cdot (\underline{I}_\mathrm{R} + \underline{I}_\mathrm{S} + \underline{I}_\mathrm{T})$$

erreichen. In Matrizenschreibweise nimmt dieses System die Gestalt

$$\begin{bmatrix} \underline{I}_{1\mathrm{R}} \\ \underline{I}_{2\mathrm{R}} \\ \underline{I}_{0\mathrm{R}} \end{bmatrix} = \frac{1}{3} \cdot \begin{bmatrix} 1 & \underline{a} & \underline{a}^2 \\ 1 & \underline{a}^2 & \underline{a} \\ 1 & 1 & 1 \end{bmatrix} \cdot \begin{bmatrix} \underline{I}_\mathrm{R} \\ \underline{I}_\mathrm{S} \\ \underline{I}_\mathrm{T} \end{bmatrix} \quad (9.6)$$

an. Mit den schon eingeführten Bezeichnungen $[\underline{I}_\mathrm{k}]$ und $[\underline{I}_\mathrm{d}]$ sowie der Definition

$$[\underline{T}]^{-1} = \frac{1}{3} \cdot \begin{bmatrix} 1 & \underline{a} & \underline{a}^2 \\ 1 & \underline{a}^2 & \underline{a} \\ 1 & 1 & 1 \end{bmatrix}$$

erhält man die zu Gl. (9.4) inverse Form

$$[\underline{I}_\mathrm{k}] = [\underline{T}]^{-1} \cdot [\underline{I}_\mathrm{d}] \, . \quad (9.7)$$

Die beschriebene Transformation kann natürlich auch bei solchen komplexen Zeigern vorgenommen werden, die Spannungen darstellen. In Anlehnung an die bisherige Schreibweise gilt dann

$$[\underline{U}_\mathrm{k}] = [\underline{T}]^{-1} \cdot [\underline{U}_\mathrm{d}] \quad (9.8)$$

und

$$[\underline{U}_\mathrm{d}] = [\underline{T}] \cdot [\underline{U}_\mathrm{k}] \, . \quad (9.9)$$

Erwähnt sei, dass die Matrizen $[\underline{T}]$ und $[\underline{T}]^{-1}$ andere Elemente aufweisen, wenn die Bezugszeiger anders gewählt und dafür nicht die Größen $\underline{I}_{1\mathrm{R}}, \underline{I}_{2\mathrm{R}}, \underline{I}_{0\mathrm{R}}$ verwendet werden. Mit den bisherigen Erläuterungen sind die Grundlagen dafür gelegt, eine konkrete Aufgabenstellung zu behandeln.

9.2 Anwendung der symmetrischen Komponenten auf unsymmetrisch betriebene Drehstromnetze

Im Weiteren werden symmetrisch aufgebaute Netze betrachtet, die aus einer Netzeinspeisung mit vernachlässigbarer Innenimpedanz versorgt werden. Durch eine Störung weise

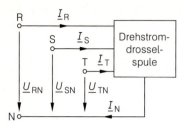

Bild 9.2
Drehstromdrosselspule mit angeschlossenem Neutralleiter

das Spannungssystem der Netzeinspeisung eine Unsymmetrie auf. Um die wesentlichen Zusammenhänge besser erkennen zu können, wird anstelle eines ganzen Netzes zunächst nur ein einzelnes Netzelement – eine Drehstromdrosselspule mit Neutralleiter – untersucht (Bild 9.2).
Die Drosselspule wird unter Berücksichtigung der in Bild 9.3 eingetragenen Zählpfeile (s. Abschnitt 4.1) durch das folgende Gleichungssystem beschrieben:

$$\begin{aligned}\underline{U}_{\mathrm{RN}} &= \mathrm{j}\omega L_{\mathrm{R}}\underline{I}_{\mathrm{R}} - \mathrm{j}\omega M_{\mathrm{SR}}\underline{I}_{\mathrm{S}} - \mathrm{j}\omega M_{\mathrm{TR}}\underline{I}_{\mathrm{T}} \\ \underline{U}_{\mathrm{SN}} &= -\mathrm{j}\omega M_{\mathrm{RS}}\underline{I}_{\mathrm{R}} + \mathrm{j}\omega L_{\mathrm{S}}\underline{I}_{\mathrm{S}} - \mathrm{j}\omega M_{\mathrm{TS}}\underline{I}_{\mathrm{T}} \\ \underline{U}_{\mathrm{TN}} &= -\mathrm{j}\omega M_{\mathrm{RT}}\underline{I}_{\mathrm{R}} - \mathrm{j}\omega M_{\mathrm{ST}}\underline{I}_{\mathrm{S}} + \mathrm{j}\omega L_{\mathrm{T}}\underline{I}_{\mathrm{T}}\,.\end{aligned} \quad (9.10)$$

Dabei bezeichnet z. B. die Größe $\underline{U}_{\mathrm{RN}}$ die Spannung zwischen dem Außenleiter R und dem Neutralleiter N. Die Bauweise der Drosselspule kann als symmetrisch angenommen werden. Die eingefügten Luftspalte (Bild 9.3) werden so gewählt, dass sich die unterschiedlichen Längen der Eisenschenkel bei einem üblichen $\mu_{\mathrm{r}} \approx 6000$ nur geringfügig bemerkbar machen. Daher gilt in guter Näherung

$$M_{\mathrm{RS}} = M_{\mathrm{SR}} = M_{\mathrm{RT}} = M_{\mathrm{TR}} = M_{\mathrm{TS}} = M_{\mathrm{ST}} = M\,, \quad L_{\mathrm{R}} = L_{\mathrm{S}} = L_{\mathrm{T}} = L\,.$$

Im Folgenden werden die Ausdrücke $(-\mathrm{j}\omega M)$ bzw. $\mathrm{j}\omega L$ mit $\underline{Z}_{\mathrm{a}}$ bzw. $\underline{Z}$ bezeichnet. Das Gleichungssystem nimmt dann in der Matrizenschreibweise die Gestalt

$$\begin{bmatrix}\underline{U}_{\mathrm{RN}} \\ \underline{U}_{\mathrm{SN}} \\ \underline{U}_{\mathrm{TN}}\end{bmatrix} = \begin{bmatrix}\underline{Z} & \underline{Z}_{\mathrm{a}} & \underline{Z}_{\mathrm{a}} \\ \underline{Z}_{\mathrm{a}} & \underline{Z} & \underline{Z}_{\mathrm{a}} \\ \underline{Z}_{\mathrm{a}} & \underline{Z}_{\mathrm{a}} & \underline{Z}\end{bmatrix} \cdot \begin{bmatrix}\underline{I}_{\mathrm{R}} \\ \underline{I}_{\mathrm{S}} \\ \underline{I}_{\mathrm{T}}\end{bmatrix} \quad (9.11)$$

an. Es lässt sich in verkürzter Form als

$$[\underline{U}_{\mathrm{d}}] = [\underline{Z}_{\mathrm{d}}] \cdot [\underline{I}_{\mathrm{d}}] \quad (9.12)$$

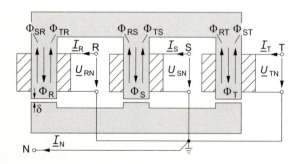

Bild 9.3
Festlegung der Zählpfeile an der Drehstromdrosselspule

schreiben. Man verwendet für die Matrix $[\underline{Z}_\mathrm{d}]$ auch den Ausdruck *Impedanzmatrix*. In diesem speziellen Beispiel sind die Elemente symmetrisch zur Diagonalen angeordnet. Matrizen dieser Struktur werden als *diagonalsymmetrisch* bezeichnet [50], [133].
Da bei der Ableitung dieses Zusammenhangs keine Bedingungen an den Betrag und die Phasenlage der Ströme und Spannungen gestellt sind, gilt die Beziehung (9.11) bzw. (9.12) sowohl für symmetrische als auch unsymmetrische Strom-Spannungs-Verhältnisse. In diesem Gleichungssystem werden nun die Spannungen $[\underline{U}_\mathrm{d}]$ sowie die Ströme $[\underline{I}_\mathrm{d}]$ mithilfe der Definitionen (9.9) und (9.4) ersetzt. Multipliziert man die erhaltene Gleichung auf beiden Seiten von links mit der Matrix $[\underline{T}]^{-1}$, so erhält man

$$[\underline{U}_\mathrm{k}] = [\underline{Z}_\mathrm{k}] \cdot [\underline{I}_\mathrm{k}] \quad \text{mit} \quad [\underline{Z}_\mathrm{k}] = [\underline{T}]^{-1} \cdot [\underline{Z}_\mathrm{d}] \cdot [\underline{T}] \,. \tag{9.13}$$

Berücksichtigt man ferner die Identität

$$\underline{a}^2 + \underline{a} + 1 = 0 \,, \tag{9.14}$$

so nimmt die Matrix $[\underline{Z}_\mathrm{k}]$ die Diagonalform

$$[\underline{Z}_\mathrm{k}] = \begin{bmatrix} \underline{Z} - \underline{Z}_\mathrm{a} & 0 & 0 \\ 0 & \underline{Z} - \underline{Z}_\mathrm{a} & 0 \\ 0 & 0 & \underline{Z} + 2\underline{Z}_\mathrm{a} \end{bmatrix} \tag{9.15}$$

an. Mit den Bezeichnungen

$$\underline{Z}_1 = \underline{Z} - \underline{Z}_\mathrm{a}\,, \quad \underline{Z}_2 = \underline{Z} - \underline{Z}_\mathrm{a}\,, \quad \underline{Z}_0 = \underline{Z} + 2\underline{Z}_\mathrm{a} \tag{9.16}$$

resultiert

$$\begin{bmatrix} \underline{U}_{1\mathrm{R}} \\ \underline{U}_{2\mathrm{R}} \\ \underline{U}_{0\mathrm{R}} \end{bmatrix} = \begin{bmatrix} \underline{Z}_1 & 0 & 0 \\ 0 & \underline{Z}_2 & 0 \\ 0 & 0 & \underline{Z}_0 \end{bmatrix} \cdot \begin{bmatrix} \underline{I}_{1\mathrm{R}} \\ \underline{I}_{2\mathrm{R}} \\ \underline{I}_{0\mathrm{R}} \end{bmatrix} \,. \tag{9.17}$$

In Anlehnung an die Strom- und Spannungszeiger werden die erhaltenen Impedanzen $\underline{Z}_1$, $\underline{Z}_2$, $\underline{Z}_0$ als *Mit-, Gegen- und Nullimpedanz* bezeichnet. Der bisher nicht betrachtete Strom im Neutralleiter $\underline{I}_\mathrm{N}$ ergibt sich im R,S,T-System zu

$$\underline{I}_\mathrm{N} = \underline{I}_\mathrm{R} + \underline{I}_\mathrm{S} + \underline{I}_\mathrm{T}$$

und nimmt nach der Transformation der Leiterströme mit den Beziehungen (9.2) den Wert

$$\underline{I}_\mathrm{N} = 3 \cdot \underline{I}_{0\mathrm{R}} \tag{9.18}$$

an. Das System (9.17) umfasst drei Gleichungen, die im Unterschied zum System (9.11) nicht miteinander gekoppelt sind und daher einfacher ausgewertet werden können. Eine Rücktransformation mit den Beziehungen (9.3) liefert dann wieder die tatsächlichen Leiterströme. Physikalisch lässt sich dieses Ergebnis folgendermaßen interpretieren.
Das Betriebsverhalten der betrachteten Drehstromdrosselspule wird nach der Transformation insgesamt durch drei symmetrische Betriebszustände beschrieben. Im Unterschied zur unsymmetrisch gespeisten Drosselspule führt die Symmetrie in diesen drei Betriebszuständen jeweils zu einfacheren Verhältnissen bei den elektrischen und magnetischen Feldern. Dieser Zusammenhang gilt dann auch für die zugehörigen Impedanzen. Daher ist eine einphasige Beschreibung möglich, wobei im Folgenden stets der Außenleiter

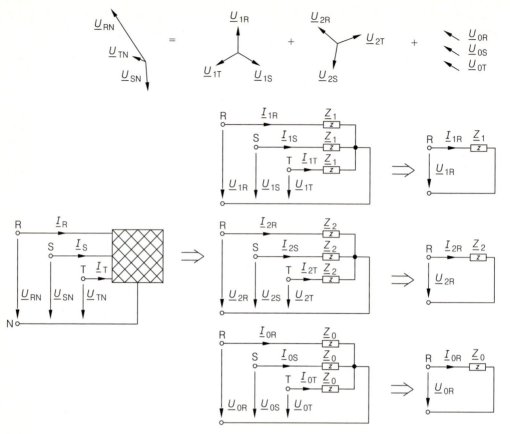

Bild 9.4
Interpretation der Transformation mit den symmetrischen Komponenten

R als Bezugsleiter verwendet wird. In Bild 9.4 sind die Zusammenhänge noch einmal verdeutlicht. Es gilt festzuhalten, dass diese Transformation bei der Beschreibung der Netzelemente zu zwei Vorteilen führt:

- einfachere Impedanzbegriffe,
- einfacher strukturierte Gleichungssysteme.

Die Transformation mit den symmetrischen Komponenten gestaltet sich noch einfacher, wenn der Neutralleiter nicht vorhanden ist und ein Dreileitersystem vorliegt. In diesem Fall kann kein Strom aus der Drosselspule abfließen; die Ströme $\underline{I}_R$, $\underline{I}_S$ und $\underline{I}_T$ ergänzen sich dann stets zu null. Dementsprechend kann sich *kein Nullsystem im Strom ausbilden*. Für das Betriebsverhalten einer Drosselspule ohne Neutralleiter sind nur das Mit- und Gegensystem maßgebend.

Im Weiteren gilt es noch den Sonderfall zu behandeln, dass im R,S,T-System drei einzelne Drosselspulen vorliegen, die nicht miteinander gekoppelt sind. Es gilt dann $\underline{Z}_a = 0$. In diesem Fall weist bereits die Matrix $[\underline{Z}_d]$ eine reine Diagonalform auf (s. Gl. (9.11)). Nach der Transformation geht die Impedanz $\underline{Z}$ jeweils unverändert in die Mit-, Gegen- und Nullimpedanz über. Bei diesen Bedingungen führt die Transformation daher zu keiner Rechenvereinfachung.

9.2 Anwendung der symmetrischen Komponenten

Bisher sind die symmetrischen Komponenten nur auf ein spezielles Netzelement, eine dreiphasige Drosselspule, angewendet worden. Die an diesem Beispiel *abgeleiteten Zusammenhänge* gelten in analoger Weise *bei allen symmetrisch aufgebauten dreiphasigen Betriebsmitteln*, bei denen sich keine Teile bewegen. Eine tiefer gehende Betrachtung dieses Zusammenhangs erfolgt noch in Abschnitt 9.3.

Bei den Generatoren sind die Verhältnisse komplizierter. Zunächst gilt es, die Modellgleichungen so zu vereinfachen, dass ein analytisch lösbares Differenzialgleichungssystem vorliegt. Gemäß den Abschnitten 4.4 und 6.3 ist dies der Fall, sofern die Maschine als verlustlos angesehen wird. Wertet man die Lösung für eine asymmetrische Zustandsänderung aus, so ergibt sich neben der Grundschwingung stets ein harmonisches Oberschwingungsspektrum. Bei technisch üblichen Konstruktionen überschreitet die arithmetische Summe der Oberschwingungsamplituden allerdings kaum 3 % des Grundschwingungswerts. Ihr Anteil reduziert sich nochmals deutlich, sofern eine Vollpolmaschine mit gleichmäßig genutetem Läufer und der bei Vollpolmaschinen üblichen symmetrischen Dämpferwicklung vorliegt. Unterstellt man weiterhin, dass der Generator für alle Oberschwingungen die Induktivität L_d'' aufweist, lässt sich der Ausdruck für die Grundschwingung – wie später noch erläutert wird – hinreichend genau mit den symmetrischen Komponenten auf die gewünschte Diagonalform transformieren [136].

Sofern auch die Betriebsmittel Asymmetrien im Aufbau aufweisen, sind sie in der Ebene der symmetrischen Komponenten nicht mehr in der einfachen Diagonalform darzustellen. Selbst bei Betriebsmitteln ohne drehende Teile besitzt die Impedanzmatrix dann nach der Transformation zusätzlich Elemente außerhalb der Diagonalen. Damit treten auch in den transformierten Gleichungen Koppelglieder auf. *In solchen Fällen bietet die Transformation keine wesentlichen Vorteile mehr*, da die Impedanzen $\underline{Z}_1$, $\underline{Z}_2$ und $\underline{Z}_0$ allein nicht mehr zur Beschreibung des Betriebsverhaltens ausreichen.

Die bisherigen Überlegungen haben gezeigt, dass sich das Betriebsverhalten von vielen *symmetrisch* aufgebauten, dreiphasigen Netzelementen durch eine Transformation mithilfe der symmetrischen Komponenten übersichtlicher formulieren lässt. Es schließt sich nun die Frage an, zu welchen Ergebnissen die *Transformation bei Netzanlagen* führt, die sich aus mehreren Betriebsmitteln zusammensetzen.

Maßgebend dafür ist die Knotenadmittanzmatrix. Für dreiphasige, symmetrisch aufgebaute Anlagen erweitert sich jedes Element dieser Matrix in der bisher kennen gelernten einphasigen Darstellung zu einer 3×3-Blockmatrix. Bei ungekoppelten Systemen ist für jedes Netzelement nur die Diagonale der zugehörigen Blockmatrix besetzt, wobei aufgrund der Symmetrie die Diagonalelemente zusätzlich noch untereinander gleich groß sind. Falls ein Netzelement Kopplungen zwischen den Außenleitern aufweist, erweitert sich dessen Blockdiagonalmatrix auf eine diagonalsymmetrische Form. Auch bei dreiphasigen Netzen nehmen die Systemgleichungen die Form

$$[\underline{I}_d]_N = [\underline{Y}]_N \cdot [\underline{U}_d]_N$$

an. Für die Transformation in die Ebene der symmetrischen Komponenten ist nun jede Blockmatrix in der bekannten Weise umzuwandeln. Man erreicht dieses Ziel dadurch, dass man anstelle einer einzelnen Transformationsmatrix $[\underline{T}]$ mehrere solcher Matrizen verwendet, die auf der Diagonalen einer neuen Transformationsmatrix $[\underline{D}]$ angeordnet werden. Die Anzahl der darin enthaltenen $\underline{T}$-Matrizen stimmt mit der Anzahl der 3×3-Blockmatrizen auf der Diagonalen der Matrix $[\underline{Y}]_N$ überein. In Anlehnung an die bereits dargestellte Transformation erhält man nun mit

$$[\underline{I}_d]_N = [\underline{D}] \cdot [\underline{I}_k]_N \quad \text{und} \quad [\underline{U}_d]_N = [\underline{D}] \cdot [\underline{U}_k]_N$$

die Beziehung

$$[\underline{D}] \cdot [\underline{I}_k]_N = [\underline{Y}]_N \cdot [\underline{D}] \cdot [\underline{U}_k]_N \quad \text{bzw.} \quad [\underline{I}_k]_N = [\underline{Y}_k]_N \cdot [\underline{U}_k]_N$$

mit

$$[\underline{Y}_k]_N = [\underline{D}]^{-1} \cdot [\underline{Y}]_N \cdot [\underline{D}] \ .$$

Die Matrix $[\underline{Y}_k]_N$ weist nach der Transformation nur noch diagonale Blockmatrizen auf, die jeweils ein Mit-, Gegen- und Nullsystem enthalten. Wichtig ist nun, dass sich durch die Transformation nicht die Anordnung der Blockmatrizen zueinander ändert. Durch diese Eigenschaft wird sichergestellt, dass sich drei ungekoppelte Netzwerke ergeben, die genauso geschaltet sind wie das Originalnetzwerk im R,S,T-System. Die entsprechenden Netzwerke werden als *Komponentennetzwerke* bezeichnet. In Bild 9.5 erfolgt eine Veranschaulichung dieser Zusammenhänge an einem kleinen Netz mit zwei parallelen Leitungen, die auf verschiedenen Trassen verlegt sind.

Da die drei Komponentennetzwerke einphasig aufgebaut und nicht miteinander gekoppelt sind, liegen nach der Transformation drei voneinander unabhängige Netzwerke vor. Jedes dieser Gleichungssysteme weist jeweils nur 1/3 des Umfangs im Vergleich zum dreiphasigen R,S,T-System auf. Die Lösung der drei kleineren Gleichungssysteme ist vergleichsweise mit erheblich geringerem Aufwand verbunden.

Abschließend soll noch einmal das *Berechnungsverfahren herausgestellt werden. Im ersten Schritt* werden die eingeprägten unsymmetrischen Größen in ihre symmetrischen Komponenten zerlegt. Üblicherweise handelt es sich um Spannungen. *Im zweiten Schritt* werden dann die drei Komponentennetzwerke aufgestellt. Dabei wird die Mit-, Gegen- und Nullkomponente der eingeprägten Größe im zugehörigen Komponentennetzwerk je nach Art als Spannungs- oder Stromquelle eingeführt. *Anschließend* werden dann mit den üblichen Methoden der linearen Netzwerktheorie die Komponentenströme bzw. -spannungen jeweils an solchen Stellen der drei Komponentennetzwerke berechnet, die auch im realen Netz von Interesse sind. *Im letzten Schritt* sind dann aus den jeweils drei

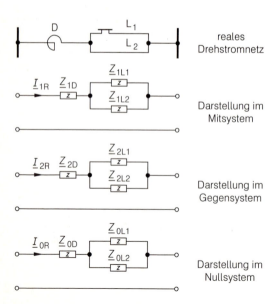

Bild 9.5

Struktur der Komponentennetzwerke für ein Drehstromnetz mit zwei parallelen, ungekoppelten Leitungen

9.3 Impedanzen wichtiger Betriebsmittel im Mit- und Gegensystem

Komponentenströmen bzw. -spannungen die tatsächlichen Leiterströme und Netzspannungen zu ermitteln. Für die Rücktransformation sind wieder die Beziehungen (9.3) bzw. (9.9) maßgebend.

Bevor zur Veranschaulichung dieses Verfahrens ein konkretes Beispiel gegeben wird, ist es zunächst notwendig, die Mit-, Gegen- und Nullimpedanzen bei den einzelnen Betriebsmitteln zu bestimmen. Prinzipiell sind sie durch die Beziehung (9.16) definiert. Eine Berechnung über die Impedanzen $\underline{Z}$ und $\underline{Z}_a$ ist jedoch nicht zweckmäßig, da bei der Bestimmung dieser Größen keine Symmetrie in den Strom-Spannungs-Verhältnissen vorausgesetzt werden kann. Diese besteht, wenn man direkt von den Betriebszuständen des Mit-, Gegen- und Nullsystems ausgeht.

9.3 Impedanzen wichtiger Betriebsmittel im Mit- und Gegensystem der symmetrischen Komponenten

Abweichend vom Nullsystem handelt es sich beim Mit- und Gegensystem jeweils um *symmetrische dreiphasige Systeme*. Besonders einfache Verhältnisse ergeben sich beim Mitsystem. Die Mitimpedanz ist nach Gl. (9.17) als

$$\underline{Z}_1 = \frac{\underline{U}_{1R}}{\underline{I}_{1R}} \tag{9.19}$$

definiert. Dementsprechend ist diese Impedanz immer dann wirksam, wenn ein symmetrischer Betrieb vorliegt. Daher besteht zwischen den bereits abgeleiteten Impedanzbegriffen im Kapitel 4 und den *Mitimpedanzen* der Betriebsmittel eine *Identität*.

Zur messtechnischen Bestimmung der Mitimpedanzen ist lediglich die Definition (9.19) schaltungstechnisch nachzubilden. Zu diesem Zweck ist das Netzelement bzw. Netz mit einem symmetrischen Strom- oder Spannungssystem zu speisen. Der Quotient aus einer Sternspannung und dem zugehörigen Leiterstrom ergibt dann die Impedanz $\underline{Z}_1$. Die entsprechende Schaltung ist Bild 9.6 zu entnehmen. Zugleich zeigt die Messmethode noch einmal, dass der erläuterte Algorithmus stationäre Verhältnisse voraussetzt. Bei generatorgespeisten Netzen stellen sich jedoch nach Zustandsänderungen stets abklingende Wechselströme ein. Gemäß Bild 4.82 können sie allerdings abschnittsweise als konstant und damit stationär angesehen werden; der jeweilige Zeitbereich wird durch die Wahl des Ersatzschaltbilds festgelegt.

Trotz vieler Ähnlichkeiten mit den Mitimpedanzen gibt es bei den Gegenimpedanzen $\underline{Z}_2$ eine Reihe von Unterschieden zu beachten. So ist bei der Messschaltung in Bild 9.6 zunächst anstelle des dort dargestellten Spannungssystems ein Gegenspannungssystem $\underline{U}_2$ an das Betriebsmittel anzulegen. Schaltungstechnisch erzeugt man es am einfachsten

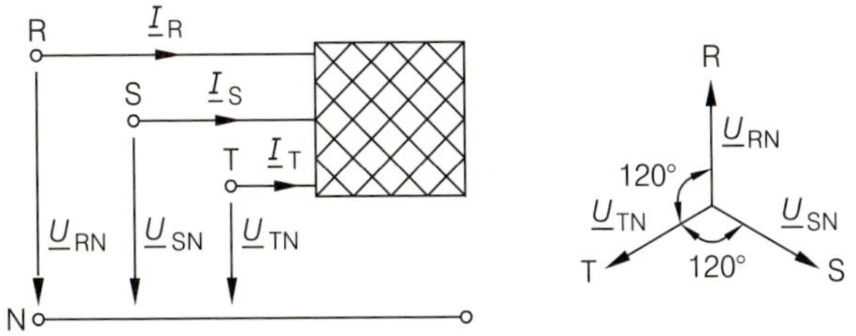

Bild 9.6

Schaltung eines Netzes zur Bestimmung der Mitimpedanz

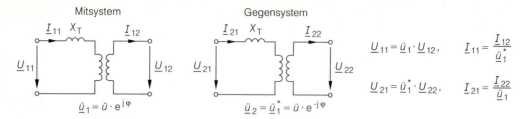

Bild 9.7
Ersatzschaltbild phasendrehender Transformatoren im Mit- und Gegensystem
1. Index: 1 = Mitsystem, 2 = Gegensystem
2. Index: Torkennzeichnung

dadurch, dass man beim Mitsystem zwei Außenleiter miteinander vertauscht. Dann ermittelt sich die Gegenimpedanz $\underline{Z}_2$ als Quotient aus dem Strom eines Außenleiters und dessen Spannung gegen den Sternpunkt. So gilt für den Leiter R

$$\underline{Z}_2 = \frac{\underline{U}_{2R}}{\underline{I}_{2R}}.\tag{9.20}$$

Bei symmetrisch aufgebauten Betriebsmitteln ohne drehende Teile führt diese Maßnahme zu keinen Änderungen in den Feldverhältnissen, da aufgrund der Symmetrie kein Leiter bevorrechtigt ist. Daraus folgt, dass bei solchen Betriebsmitteln *Mit- und Gegenimpedanzen stets identisch sind*. Allerdings gilt diese Aussage nur für die Impedanzen. Für die Übersetzungen phasendrehender Transformatoren besteht ein anderer Zusammenhang: Bei einer Speisung mit einem Gegensystem verändert sich infolge der vertauschten Phasenfolge der Phasenwinkel zwischen Eingangs- und Ausgangsspannung *in entgegengesetzter Weise wie beim Mitsystem*. In Bild 9.7 sind diese Verhältnisse noch einmal veranschaulicht.

Wiederum andere Impedanzverhältnisse ergeben sich bei Drehfeldmaschinen, in die ein Gegenstromsystem hineinfließt [137]. Im Wesentlichen wird nur kurz auf eine Vollpolmaschine eingegangen, die aus einer Stromquelle mit einem eingeprägten Gegensystem gespeist wird (Bild 9.8). Dieses Gegensystem führt parallel zu den eventuell im Ständer fließenden Strömen des Mitsystems zu einem weiteren Drehfeld. Im Unterschied zu den Drehfeldern, die aus einem Mitsystem herrühren, bewegt sich das Drehfeld eines Gegensystems aufgrund der unterschiedlichen Phasenverschiebungen entgegengesetzt zur Umlaufrichtung des Läufers, die vom Antrieb vorgegeben wird. Die dadurch bedingte

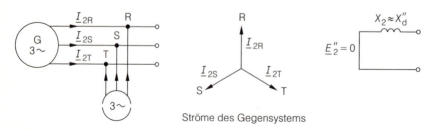

Bild 9.8
Speisung einer belasteten Synchronmaschine mit einem Stromgegensystem und zugehöriges Komponentenersatzschaltbild der Synchronmaschine
$\underline{I}_{2R}$, $\underline{I}_{2S}$, $\underline{I}_{2T}$: Ströme des Gegensystems

hohe Relativgeschwindigkeit zwischen dem Läufer und dem Drehfeld des Gegensystems bewirkt im Dämpferkäfig starke Ströme, die wiederum das Hauptfeld im Luftspalt stark schwächen. Maßgebend für das Betriebsverhalten sind daher nur noch die Streuflüsse der Ständer- und Läuferwicklung, denen die Reaktanz

$$X_\sigma \approx X_{\sigma S} + X_{\sigma D} \approx X_d''$$

zuzuordnen ist. Entsprechend Abschnitt 4.4.4.3 handelt es sich bei dieser Größe um die subtransiente Reaktanz X_d'', die auch nach einem dreipoligen Stoßkurzschluss auftritt. Im Vergleich dazu besteht jedoch ein wesentlicher Unterschied darin, dass *bei einem Gegensystem die subtransiente Reaktanz X_d'' dauernd wirksam ist und nicht wie im Mitsystem in die Reaktanz X_d' bzw. X_d übergeht.* Die Mit- und Gegenreaktanz sind also nur im Zeitbereich unmittelbar nach dem Stoßkurzschluss gleich.

Ein weiteres Merkmal des Gegensystems besteht bei symmetrisch aufgebauten Vollpolmaschinen darin, dass im Ersatzschaltbild keine Spannungsquelle zu berücksichtigen ist. Dies ist darauf zurückzuführen, dass sich die Polradspannung aus einem Drehfeld des Mitsystems ergibt und bei symmetrisch aufgebauten Maschinen stets symmetrisch ist. Eine eingeprägte Spannung im Gegensystem kann daher unter diesen Bedingungen nicht auftreten. Damit ist das Ersatzschaltbild im Gegensystem vollständig festgelegt (Bild 9.8). Die beschriebenen Zusammenhänge sind durch physikalische Überlegungen erschlossen worden. Eine genauere analytische Ableitung ist [136] zu entnehmen.

Zugleich liefern diese Überlegungen auch eine Aussage über das *Eingangsverhalten von Generatoren* in Bezug auf *symmetrisch eingeprägte Oberschwingungssysteme*. Der Sternpunkt des Generators sei – wie in Netzen mit $U_{nN} > 1$ kV in Europa üblich – ungeerdet, sodass sich in den Wicklungen keine gleichphasigen Oberschwingungsströme ausbilden können. Infolge der Läuferbewegung stellen sich für alle anderen Oberschwingungen weitgehend analoge Feldverhältnisse wie beim Gegensystem ein. Für solche Oberschwingungssysteme ist daher als Eingangsinduktivität ebenfalls L_d'' wirksam. Durch Wirbelstromeffekte senkt sich dieser Wert noch um 5...20 % ab (s. auch Abschnitt 4.8.3).

Abschließend gilt festzustellen, dass *bei Betriebsmitteln ohne drehende Teile die Mit- und Gegenimpedanzen stets identisch sind, bei Drehfeldmaschinen und phasendrehenden Umspannern jedoch Unterschiede auftreten.* In beiden Fällen können die Verhältnisse mit den bereits aufgestellten Impedanzbegriffen beschrieben werden. Die Impedanzen des Nullsystems nehmen eine gewisse Sonderstellung ein.

9.4 Impedanzen wichtiger Betriebsmittel im Nullsystem der symmetrischen Komponenten

Die Definition für eine Nullimpedanz ist wiederum der Gl. (9.17) zu entnehmen:

$$\underline{Z}_0 = \frac{\underline{U}_{0R}}{\underline{I}_{0R}} \, . \tag{9.21}$$

Die Größen $\underline{U}_{0R}$ und $\underline{I}_{0R}$ stellen jeweils Zeiger eines Nullsystems dar. Bei einem Betriebsmittel ist demnach lediglich die Impedanz $\underline{Z}_0$ wirksam, wenn sowohl die Außenleiterströme als auch die Sternspannungen jeweils ein Nullsystem bilden. Bei den Sternspannungen ist diese Bedingung dann erfüllt, wenn sie in Betrag und Phase übereinstimmen. Schaltungstechnisch kann dieser Betriebszustand dadurch erreicht werden, dass die drei Außenleiter parallel geschaltet werden. Wenn im Weiteren das Betriebsmittel eingangsseitig

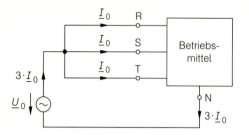

Bild 9.9

Grundsätzlicher Aufbau der Schaltung zur Bestimmung von Nullimpedanzen

aus einer Spannungsquelle, also einer eingeprägten Nullspannung $\underline{U}_0$, gespeist wird, stellen sich in den drei Außenleitern aufgrund des vorausgesetzten symmetrischen Aufbaus zwangsläufig gleich große Ströme ein. Sie bilden dann ebenfalls ein Nullsystem.

Die bisherigen Überlegungen zeigen, dass der Betriebszustand, der bei der Beziehung (9.21) vorausgesetzt wird, sich nicht nur gedanklich, sondern auch schaltungstechnisch relativ einfach verwirklichen lässt. Damit besteht die Möglichkeit, auf einfache Weise die Nullimpedanzen messtechnisch zu bestimmen. Den prinzipiellen Schaltungsaufbau zeigt Bild 9.9 [133]. Diese Schaltung verdeutlicht den bereits abgeleiteten Zusammenhang, dass sich trotz einer vorhandenen Nullspannung nur dann ein Nullstrom ausbilden kann, wenn der Neutralleiter angeschlossen ist. Anderenfalls nimmt die Nullimpedanz den Wert Unendlich an. Abgesehen von diesem Entartungsfall können analytische Aussagen über Nullimpedanzen auf folgendem Wege ermittelt werden: *Man denkt sich das Betriebsmittel entsprechend Bild 9.9 geschaltet. Im Weiteren bestimmt man dann die sich einstellenden Feldverteilungen und leitet daraus die Impedanzen ab.* Wie die folgenden Rechnungen zeigen, unterscheiden sich die Nullimpedanzen der Betriebsmittel teilweise erheblich von denen der Mitimpedanzen, überwiegend sind sie größer. Zunächst wird auf ein Freileitungssystem ohne Erdseil eingegangen.

9.4.1 Nullimpedanz einer Freileitung ohne Erdseil

Besonders einfache Verhältnisse liegen vor, wenn der Neutralleiter, wie es im Niederspannungsbereich der Fall ist, mitgeführt wird. Zur Bestimmung der Nullimpedanz wird von der angesprochenen Grundschaltung ausgegangen, die Bild 9.10 zu entnehmen ist. Es handelt sich um ein Mehrleitersystem, dessen Betriebsverhalten analog zu der Betrachtungsweise im Abschnitt 4.5 durch eine einphasige Zweitorersatzschaltung beschrieben

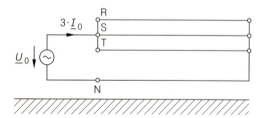

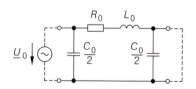

Bild 9.10

Aufbau der Schaltung zur Bestimmung der ohmsch-induktiven Nullimpedanz einer Drehstromfreileitung mit Neutralleiter

Bild 9.11

Aufbau des einphasigen Ersatzschaltbilds einer nullspannungsgespeisten Drehstromfreileitung

9.4 Impedanzen wichtiger Betriebsmittel im Nullsystem

werden kann (Bild 9.11). Es gelten natürlich wieder die dort bereits genannten Einschränkungen im Hinblick auf die Leitungslänge und auf das Übertragungsverhalten. Bei den Impedanzverhältnissen im Ersatzschaltbild einer elektrisch kurzen Leitung können wiederum gesondert die ohmsche, kapazitive und induktive Komponente untersucht werden.

9.4.1.1 Ohmscher Widerstand einer nullspannungsgespeisten Freileitung

Bei der in Bild 9.12 dargestellten Niederspannungsfreileitung mit kurzgeschlossenem Leitungsende wird zunächst die ohmsche Komponente ermittelt. Aus diesem Bild ist auch die Stromverteilung zu erkennen, die sich bei der Speisung mit einer Nullspannung einstellt. Der Leiterwiderstand R_L wird mit dem Nullstrom $\underline{I}_0$ und der Neutralleiterwiderstand R_N mit $3 \cdot \underline{I}_0$ belastet. Ein Spannungsumlauf führt auf die Beziehung

$$\underline{U}_0 = R_\mathrm{L} \cdot \underline{I}_0 + R_\mathrm{N} \cdot 3 \cdot \underline{I}_0 \; .$$

Der resultierende ohmsche Widerstand des Nullsystems beträgt dann

$$R_0 = \frac{\underline{U}_0}{\underline{I}_0} = R_\mathrm{L} + 3 \cdot R_\mathrm{N} \; . \tag{9.22}$$

Der Widerstand R_N des Neutralleiters geht also mit dem dreifachen Wert in den Ersatzwiderstand ein. Man erhält somit für die ohmsche Komponente ein einphasiges Ersatzschaltbild gemäß Bild 9.13.

Grundsätzlich dringen die Magnetfelder der vier Leiter in die Erde ein und induzieren dort Wirbelströme. Wie aus der bisherigen Ableitung für den Widerstand R_0 zu ersehen ist, werden die dadurch verursachten Wirbelstromverluste jedoch vernachlässigt. Dies ist zulässig, da sich die magnetischen Feldstärken der Außenleiterströme und des Stroms im Neutralleiter weitgehend gegenseitig kompensieren. Bei den technisch üblichen Aufhängungen der Niederspannungsfreileitungen treten infolgedessen im Erdreich so niedrige Feldstärken auf, dass die Wirbelstromeffekte sehr gering sind.

Kompliziertere Verhältnisse ergeben sich, wenn – wie bei Netznennspannungen ab 1 kV üblich – kein Neutralleiter mitgeführt wird. In diesem Fall bildet das Erdreich den Rückleiter (Bild 9.14). Es tritt dort ein dreidimensionales Strömungsfeld auf, das durch die Stromdichte $\vec{S}$ gekennzeichnet wird.

Die Maxwellschen Gleichungen beschreiben natürlich auch diese Felder. Ihre Auswertung führt dabei auf partielle Differenzialgleichungen, die bisher in der Literatur analytisch nur für relativ einfache Modellvorstellungen gelöst worden sind [138], [139], [140]. Eine

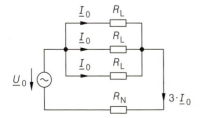

Bild 9.12
Ohmsche Komponente im Nullsystem einer Freileitung mit Neutralleiter

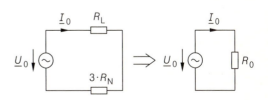

Bild 9.13
Resultierender Ersatzwiderstand einer Freileitung im Nullsystem

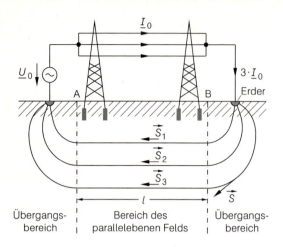

Bild 9.14
Veranschaulichung des
Strömungsfelds im Erdreich

vereinfachende Voraussetzung, die überwiegend getroffen wird, besteht in der Annahme zeitlich stationärer Ströme. Diese Annahme führt bei den hier durchgeführten Betrachtungen zu keiner Einschränkung, weil ohnehin nur das stationäre Verhalten untersucht werden soll. Eine weitere Annahme besteht darin, dass ein Strömungsfeld vorausgesetzt wird, wie es sich bei hinreichend langen Leitungen ausbildet.

Ein solches Feld besteht gemäß Bild 9.14 aus zwei relativ kleinen Übergangsbereichen in der unmittelbaren Umgebung der Erder und einem mittleren Teil im Bereich $\overline{AB}$. Geprägt wird das Nullsystem einer Freileitung von dem Feld im Mittelteil, in dem die Feldlinien parallel zueinander verlaufen. Dort ist entlang einer Feldlinie der Stromdichtevektor $\vec{S}$ stets gleich groß. In den Übergangsbereichen ist die Stromverteilung im Wesentlichen davon abhängig, wie die Nullströme in die Erde eingeleitet werden. Auf diese Zusammenhänge wird in Kapitel 12 noch genauer eingegangen.

Die Stromverteilung im Bereich $\overline{AB}$ wird nicht nur vom Rückstrom $3 \cdot \underline{I}_0$, sondern auch von den Wirbelströmen bestimmt, die durch die drei Außenleiterströme der Leitung verursacht werden. Im Unterschied zu einer Freileitung mit Neutralleiter tritt bei der betrachteten Anordnung im Erdreich ein stärkeres resultierendes Magnetfeld auf, das entsprechende Wirbelströme hervorruft. Im Weiteren unterscheiden sich die Modelle darin, wie genau dieser physikalische Sachverhalt beschrieben wird. Die einzelnen Abweichungen werden im Rahmen dieser Betrachtungen jedoch nicht weiter behandelt.

Aus allen Modellvorstellungen folgt übereinstimmend, dass *bei 50 Hz der Strom in der Erde nicht den kürzesten Weg einschlägt, sondern stets in einem Bereich von einigen Kilometern Tiefe und Breite dem Verlauf der Leitungstrasse folgt*, um so in die Spannungsquelle zurückzufließen (Bild 9.15). Bemerkenswert ist in diesem Zusammenhang, dass die Größe der Querschnittsfläche, die vom Wechselstrom durchflossen wird, vom spezifischen Widerstand ρ_E des Erdreichs abhängt. Wie die Berechnungen zeigen, wird der Querschnitt mit wachsendem ρ_E größer (Bild 9.16). Die Querschnittsfläche A stellt sich dabei jeweils so ein, dass der ohmsche Widerstand *unabhängig* vom spezifischen Widerstand ist und konstant bleibt.

Wichtig ist weiterhin, dass die Ausbreitungsfläche und damit der Widerstand R_E von der Netzfrequenz f abhängig sind: Je höher f ist, desto geringer ist die räumliche Ausdehnung des Stroms. Bei konstantem ρ_E des Erdreichs wächst der Erdwiderstand R_E mit der

9.4 Impedanzen wichtiger Betriebsmittel im Nullsystem

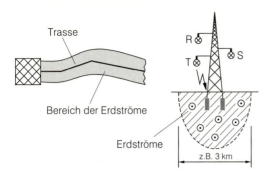

Bild 9.15
Verlauf der Erdströme bei einer Drehstromfreileitung

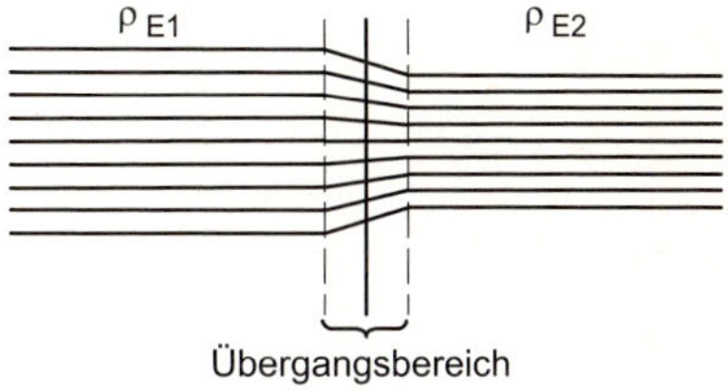

Bild 9.16
Änderung des stromdurchflossenen Querschnitts bei unterschiedlichen spezifischen Widerständen im Erdreich ($\rho_{E1} > \rho_{E2}$)

Frequenz. In allen Theorien ergibt sich der wirksame längenbezogene Widerstand R'_E des Erdreichs aus der Zahlenwertgleichung

$$R'_E = \pi^2 \cdot f \cdot 10^{-4} \tag{9.23}$$

in Ω/km. Für 50 Hz gilt dann

$$R'_E \approx 50 \, \frac{\mathrm{m}\Omega}{\mathrm{km}} \, .$$

Dieses Ergebnis ermöglicht es, das ohmsche Verhalten der gesamten Anordnung, wie gewünscht, durch einen resultierenden Widerstand

$$R_0 = R_L + 3 \cdot R_E = R_L + 3 \cdot 50 \, \frac{\mathrm{m}\Omega}{\mathrm{km}} \cdot l \tag{9.24}$$

zu beschreiben. Es sei noch erwähnt, dass sich Gleichstrom im Unterschied zu Wechselstrom theoretisch über ein unendlich großes Gebiet ausdehnt und dafür $R'_E = 0$ gilt. Die sich dabei einstellenden Feldverhältnisse lassen sich nach den Gesetzen der Elektrostatik durch eine Überlagerung der Einzelpotenziale bzw. Feldstärken berechnen [13]. Nach der Betrachtung der ohmschen Verhältnisse wird nun auf die Induktivitäten eingegangen.

9.4.1.2 Induktivität einer nullspannungsgespeisten Freileitung

Zunächst wird wieder eine Anordnung *mit Neutralleiter* entsprechend Bild 9.10 betrachtet, in der Wirbelstromeffekte im Erdreich vernachlässigbar sind. Bei dieser Modellvorstellung erhält man eine Mehrleiteranordnung, die mit den im Abschnitt 4.5 dargestellten Methoden behandelt werden kann.
Die drei Leiter R, S, T führen einen gleichphasigen Strom und stellen daher ein *Bündel* dar, für das sich ein *Ersatzleiter mit dem Radius* r_B ermitteln lässt. Es ist zweckmäßig, analog zu der Beziehung (4.110b) den Zusammenhang

$$r_B = \sqrt[3]{r_L \cdot (D_T)^2} \quad \text{mit} \quad D_T = \sqrt[3]{d_{RS} \cdot d_{ST} \cdot d_{RT}}$$

zu verwenden. In dieser Formulierung ist im Unterschied zu dem Ausdruck (4.110a) nicht mehr die Voraussetzung enthalten, dass die Leiter symmetrisch auf einem Kreisbogen angeordnet sind. Mit diesem Schritt ist die Aufgabenstellung auf die *Berechnung der*

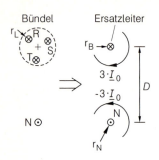

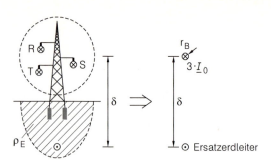

Bild 9.17
Ermittlung der Nullinduktivität
bei einer Mehrleiteranordnung

Bild 9.18
Reduktion eines Mehrleitersystems mit der Erde
als Rückleiter

Induktivität einer Leiterschleife zurückgeführt, die sich gemäß Bild 9.17 aus dem Ersatz- und dem Neutralleiter zusammensetzt:

$$L'_0 = \frac{\mu_0}{2\pi} \cdot \left(3 \cdot \ln \frac{D}{r_B} + 3 \cdot \ln \frac{D}{r_N}\right) = \frac{\mu_0}{2\pi} \cdot 3 \cdot \ln \frac{D^2}{r_B \cdot r_N} \quad \text{mit} \quad (9.25)$$

$$D = \sqrt[3]{d_{RN} \cdot d_{SN} \cdot d_{TN}} \;.$$

Die durchgeführte Reduktion der drei Außenleiter auf einen Ersatzleiter setzt voraus, dass sie untereinander einen deutlich kleineren Abstand als zum Neutralleiter aufweisen. Wird diese Bedingung nicht erfüllt, so müssen die Außenleiter verdrillt sein. Anderenfalls ist die Leiteranordnung nicht ausreichend symmetrisch aufgebaut. Dann kann ein einphasiges Ersatzschaltbild für die Nullströme nicht angegeben werden.

Andere Verhältnisse treten auf, wenn der *Erdboden den Rückleiter* darstellt. Die Auswertung der bereits im vorhergehenden Abschnitt skizzierten Modellvorstellungen zeigt, dass sich im Bereich der 50-Hz-Frequenz die magnetischen Feldverläufe gut annähern lassen, wenn man sich in der Tiefe δ einen dünnen, fiktiven Ersatzerdleiter angeordnet denkt. *Eine Besonderheit* dieses fiktiven Leiters besteht darin, dass *dieser Ersatzerdleiter zwar den Strom führt, jedoch kein eigenes Magnetfeld erzeugt.* Damit ist die Induktivitätsberechnung der betrachteten Anordnung mit einer geringen Modifikation auch wieder auf die bekannte Induktivitätsberechnung einer Leiterschleife zurückgeführt (Bild 9.18). Es ergibt sich der Zusammenhang

$$L'_0 = \frac{\mu_0}{2\pi} \cdot 3 \cdot \ln \frac{\delta}{r_B} \;. \quad (9.26)$$

In der Angabe der Größe δ unterscheiden sich die einzelnen Modellvorstellungen. Aus der Pollaczekschen Theorie [139] ergibt sich die Beziehung

$$\delta = 658 \cdot \sqrt{\frac{\rho_E}{f}}\;, \quad (9.27)$$

die als Zahlenwertgleichung geschrieben ist. Dabei bezeichnet ρ_E den spezifischen Widerstand des Erdreichs in Ωm und f die Frequenz in Hz. Für $\rho_E = 100\ \Omega$m (Ackerboden) und $f = 50$ Hz folgt daraus $\delta = 931$ m. Mit diesem Richtwert erhält man für die Nullinduktivität einer normalerweise nicht verwendeten 110-kV-Freileitung ohne Erdseil – bezogen

9.4 Impedanzen wichtiger Betriebsmittel im Nullsystem

auf die Betriebsgröße L'_b bzw. X'_b – bei üblichen Mastabmessungen den Wert

$$\frac{X'_0}{X'_b} = \frac{L'_0}{L'_b} \approx 3{,}6 \; . \tag{9.28}$$

Bei einer entsprechenden 380-kV-Leitung mit Viererbündeln wächst dieses Verhältnis auf die Größenordnung 4,8 an, während es bei 20-kV-Freileitungen auf 3,3 absinkt. Es sei darauf hingewiesen, dass die *Nullinduktivität im Unterschied zum ohmschen Widerstand von der Leitfähigkeit des Bodens abhängig ist*. Im Weiteren wird auf die kapazitiven Verhältnisse eingegangen.

9.4.1.3 Kapazitäten einer nullspannungsgespeisten Freileitung

Auch die Kapazitäten einer nullspannungsgespeisten Freileitung erhält man aus einer Leerlaufbetrachtung der Ersatzschaltung in Bild 9.11. Wie im Abschnitt 4.5 gezeigt ist, lassen sich in einem Dreileitersystem den elektrischen Feldern die Teilkapazitäten entsprechend Bild 9.19 zuordnen. Da im Nullsystem die drei Außenleiter gleiches Potenzial aufweisen, fließen keine Ladeströme über die Koppelkapazitäten C_K. Aus diesem Grunde sind nur die Erdkapazitäten C_E für das Nullsystem maßgebend. Somit gilt

$$C'_0 = C'_E \; .$$

Dabei weisen Freileitungen ohne Erdseil den Richtwert

$$C'_E \approx 0{,}5 \cdot C'_b$$

auf. Erdseile vergrößern diesen Richtwert um ca. 10...20 %. Zusätzlich beeinflussen Erdseile auch die Nullimpedanz der Freileitung.

9.4.2 Nullimpedanz einer Freileitung mit Erdseil

Im Folgenden wird ein verdrilltes Freileitungssystem mit einem Erdseil betrachtet, das üblicherweise ab der 110-kV-Ebene anzutreffen ist. Dabei wird zunächst vorausgesetzt, dass dieses Erdseil im Unterschied zu den praktischen Ausführungen isoliert auf den Masten angebracht ist. Diese vereinfachende Annahme verfälscht die Stromverteilung bei längeren Freileitungen nur im Anfangsbereich. Der dadurch verursachte systematische Fehler kann mit den in Kapitel 12 entwickelten Methoden nachträglich noch korrigiert werden. Daher ist es zulässig, die Nullimpedanz aus dem Modell in Bild 9.20 zu errechnen. Mithilfe des fiktiven Ersatzerdleiters für die Erdströme lässt sich diese Anordnung wieder auf ein Mehrleitersystem zurückführen. Wie auch aus Bild 9.21 zu ersehen ist, können die

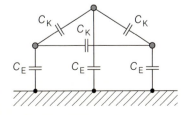

Bild 9.19
Kapazitäten bei einer verdrillten Freileitung
C_E: Erdkapazitäten
C_K: Koppelkapazitäten

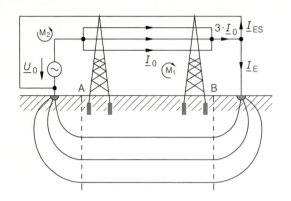

Bild 9.20
Verteilung der Nullströme bei einem Drehstromsystem mit Erdseil
M_1, M_2: Maschenumläufe

Leiter R, S, T zu einem weiteren Ersatzleiter zusammengefasst werden. Da das Erdseil meist in der Nähe der „Bündelleiter" liegt, ist für den Abstand dieses Ersatzleiters zum Erdseil wieder der *mittlere Abstand D* maßgebend. Die Entfernung zwischen den Leitern R, S, T und dem Ersatzerdleiter ist dagegen üblicherweise so groß, dass der mittlere dem tatsächlichen geometrischen Abstand entspricht. Aufgrund dieser Größenverhältnisse gilt die Relation $\delta \gg d$.

Es handelt sich bei der reduzierten Anordnung um ein induktiv gekoppeltes System, das durch die Stromsumme

$$3 \cdot \underline{I}_0 = \underline{I}_E + \underline{I}_{ES} \tag{9.29}$$

und die beiden Maschengleichungen

$$\begin{aligned} -u_0 + \frac{d\Phi_{1E}(t)}{dt} = 0 &\rightarrow \underline{U}_0 = j\omega\underline{\Phi}_{1E} \\ -u_0 + \frac{d\Phi_{2E}(t)}{dt} = 0 &\rightarrow \underline{U}_0 = j\omega\underline{\Phi}_{2E} \end{aligned} \tag{9.30}$$

beschrieben wird, die gemäß Bild 9.20 aus den beiden Umläufen M_1 sowie M_2 resultieren. Die Größen $\underline{\Phi}_{1E}$ und $\underline{\Phi}_{2E}$ bezeichnen die Flüsse, die in den einzelnen Leiterschleifen auftreten (Bild 9.21). Dabei ist erneut zu berücksichtigen, dass der fiktive Ersatzerdleiter kein eigenes Magnetfeld erzeugt. Mit $\delta + D \approx \delta$ ergeben sich in der bekannten Weise die Beziehungen

$$\begin{aligned} \underline{\Phi}_{1E} &= \frac{\mu_0 \cdot l}{2\pi} \cdot (3 \cdot \underline{I}_0 \cdot \ln\frac{\delta}{r_B} - \underline{I}_{ES} \cdot \ln\frac{\delta}{D}) \\ \underline{\Phi}_{2E} &= \frac{\mu_0 \cdot l}{2\pi} \cdot (3 \cdot \underline{I}_0 \cdot \ln\frac{D}{r_B} + \underline{I}_{ES} \cdot \ln\frac{D}{r_{ES}}) \,. \end{aligned} \tag{9.31}$$

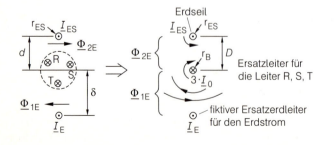

Bild 9.21
Reduktion eines Mehrleitersystems

9.4 Impedanzen wichtiger Betriebsmittel im Nullsystem

Aus Gl. (9.30) erhält man die Aussage $\underline{\Phi}_{2E} = \underline{\Phi}_{1E}$. Damit liefert eine Subtraktion der beiden Zeilen von Gl. (9.31) den Strom im Erdseil in Abhängigkeit vom Nullstrom:

$$\underline{I}_{ES} = \frac{\ln \frac{\delta}{D}}{\ln \frac{\delta}{r_{ES}}} \cdot 3 \cdot \underline{I}_0 \; .$$

Kombiniert man diesen Zusammenhang mit der ersten Zeile der Gln. (9.30) und (9.31), so erhält man die Nullinduktivität einer Freileitung mit einem Erdseil

$$L'_0 = \frac{\mu_0}{2\pi} \cdot \left(\ln \frac{\delta^3}{r_B^3} - 3 \cdot \frac{\ln^2 \frac{\delta}{D}}{\ln \frac{\delta}{r_{ES}}} \right) , \qquad (9.32)$$

wobei die inneren Induktivitäten der Leiterseile sowie des Erdseils vernachlässigt worden sind. Mit $\delta = 931$ m gilt dann bei üblichen 110-kV-Ausführungen – auf die Betriebsinduktivität bezogen – der Richtwert

$$\frac{L'_0}{L'_b} \approx 2{,}8 \qquad (9.33)$$

und für 380-kV-Leitungen der Wert 3,8. Dieses Ergebnis ist auch physikalisch anschaulich: Der Erdseilstrom $\underline{I}_{ES}$ fließt entgegengesetzt zum Nullstrom $\underline{I}_0$ in den drei Außenleitern. Dadurch vermindert sich der Fluss, der die Fläche zwischen den Außenleitern und dem fiktiven Ersatzerdleiter durchsetzt. Dementsprechend ist die Nullinduktivität im Vergleich zur Freileitung ohne Erdseil kleiner. Dieser Effekt prägt sich umso stärker aus, je größer der Durchmesser des Erdseils ist. Bei *zwei Erdseilen* sinkt das Verhältnis L'_0/L'_b auf Werte von ca. 2,5 bei 110-kV- bzw. 3,7 bei 380-kV-Leitungen ab.

Für spätere Aufgabenstellungen ist es nun noch von Interesse, welcher Anteil $\underline{I}_E$ der summarischen Außenleiterströme $3 \cdot \underline{I}_0$ bei der betrachteten Anordnung über das Erdreich in die Spannungsquelle zurückfließt. Nach dem Einsetzen des Erdseilstroms $\underline{I}_{ES}$ in den Zusammenhang (9.29) resultiert dieser Erdstrom zu

$$\underline{I}_E = \frac{\ln \frac{D}{r_{ES}}}{\ln \frac{\delta}{r_{ES}}} \cdot 3 \cdot \underline{I}_0 = \underline{r} \cdot 3 \cdot \underline{I}_0 \; . \qquad (9.34)$$

Mit dem Radius $r_{ES} \approx 7$ mm eines Erdseils 94-AL1/15-ST1A, dem mittleren Abstand $D = 10$ m für einen großen Mast sowie mit $\delta = 931$ m ergibt sich für den darin verwendeten Faktor $\underline{r}$ der reelle Wert 0,62. Also senkt das Erdseil den Erdstrom $\underline{I}_E$, der ohne Erdseil auftreten würde, auf 62 % ab. Die *Größe* $\underline{r}$ stellt ein Maß für diese Absenkung dar und wird daher als *Reduktionsfaktor* bezeichnet [42], [135]. Wenn zusätzlich die ohmschen Widerstände berücksichtigt werden, nimmt dieser Faktor einen schwach komplexen Wert an (s. Abschnitt 12.3).

Aus den Bildern 9.22 und 9.23 sind noch die Beziehungen abzulesen, die sich für die ohmschen Widerstände und Kapazitäten bei einer Freileitung mit Erdseil im Nullsystem einstellen. Noch komplizierter gestalten sich die Verhältnisse bei einer Doppelleitung.

9.4.3 Nullimpedanz einer Doppelleitung

Betrachtet sei die Doppelleitung nach Bild 9.24, deren Systeme auch galvanisch parallel geschaltet seien. Das Verhalten der Nullimpedanzen bei dieser Anordnung wird anhand

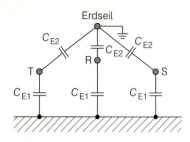
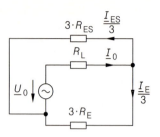

Bild 9.22
Ersatzschaltbild der wirksamen
Teilkapazitäten im Nullsystem

Bild 9.23
Ersatzschaltbild der ohmschen
Widerstände im Nullsystem

der Grundschaltung diskutiert, die ebenfalls Bild 9.24 zu entnehmen ist. Beide Freileitungssysteme werden durch die Nullspannung $\underline{U}_0$ gleichphasig erregt und erzeugen dementsprechende Magnetfelder. Im Unterschied zum Strom im Erdseil verstärken in diesem Fall die Ströme des benachbarten Leitungssystems den Fluss zwischen den Außenleitern und dem Ersatzerdleiter. Die induktive Kopplung vergrößert daher die Nullinduktivität. Eine analytische Betrachtung führt auf ähnliche Beziehungen wie im vorhergehenden Abschnitt, die jedoch erheblich umfangreicher sind. Eine Auswertung dieser nicht weiter dargestellten Gleichungen zeigt, dass sich als Richtwert für *jeweils ein System* etwa

$$\frac{L'_0}{L'_b} \approx 5{,}6 \tag{9.35}$$

bei 110-kV- und das Verhältnis 8,0 bei 380-kV-Leitungen ergibt. Erdseile führen auch bei Doppelleitungen zu niedrigeren Nullinduktivitäten. Es gelten dann für übliche 110-kV-Ausführungen bei jedem System die Richtwerte

$$\begin{aligned}&\text{1 Erdseil:} \quad \frac{L'_0}{L'_b} \approx 4{,}2 \quad (380 \text{ kV: } 6{,}0)\\ &\text{2 Erdseile:} \quad \frac{L'_0}{L'_b} \approx 3{,}5 \quad (380 \text{ kV: } 5{,}3)\,.\end{aligned} \tag{9.36}$$

Für die ohmschen und kapazitiven Nullgrößen sind die Verhältnisse ebenfalls weitgehend ähnlich, sodass darauf nicht näher eingegangen wird.
Es soll jedoch abschließend eine Besonderheit angesprochen werden. Sie liegt vor, wenn in einem System einer Doppelleitung ein Kurzschluss gegen Erde auftritt. Dann fließt in

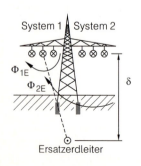
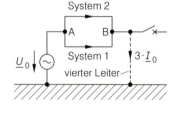

Bild 9.24
Feld- und
Stromverteilung bei einer
nullspannungsgespeisten
Doppelleitung

9.4 Impedanzen wichtiger Betriebsmittel im Nullsystem

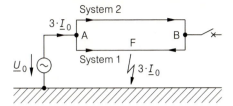

Bild 9.25
Nullstromverteilung bei einem Kurzschluss innerhalb eines Systems der Doppelleitung

einem Teil der Leitung der Nullstrom umgekehrt wie in den anderen Leitungsteilen. Bei der Anordnung in Bild 9.25 tritt dieser Effekt im System 1 rechts von der Fehlerstelle F auf. Dadurch ergeben sich andere Feldverhältnisse, die im rechten Leitungsbereich eine kleinere Nullinduktivität als im linken verursachen.

9.4.4 Nullimpedanz von Kabeln

Im Folgenden wird die Größenordnung der Nullimpedanzen nur für besonders häufig vorkommende Kabelausführungen angegeben. Im Unterschied zu den vorher behandelten Freileitungen lässt sich bei Kabeln ein hinreichend genaues Modell nur sehr schwierig erstellen. Die Inhomogenitäten im Kabelaufbau und im umgebenden Erdreich üben meist einen so großen Einfluss auf die Nullimpedanzen aus, dass sich zwischen den Rechnungen und den Messungen große Abweichungen ergeben. Prinzipiell haben die Ersatzschaltbilder die gleiche Struktur wie bei Freileitungen. Zunächst werden einige orientierende Überlegungen zum induktiven Verhalten dargelegt.

In Bild 9.26 ist ein Dreileiterkabel mit Metallmantel (Massekabel, Gaskabel) in einem Kabelkanal dargestellt; der Mantel möge nur einseitig geerdet sein. Für diese Anordnung ergeben sich bei einer Speisung mit einer Nullspannung besonders einfache Verhältnisse. Der Nullstrom fließt allein über den Kabelmantel zurück, Wirbelstromeffekte treten bei den gewählten Erdungsverhältnissen nur in geringfügiger Weise auf. Die Induktivität dieser Anordnung wird daher weitgehend von der Größe des Feldraums im Inneren des Kabels bestimmt. Eine analytische Berechnung kann über den Ansatz

$$\frac{1}{2} \cdot L_0 \cdot I_0^2 = \frac{1}{2} \cdot \int_V \vec{B} \cdot \vec{H} \cdot dV \qquad (9.37)$$

erfolgen. Rechnung und Messung zeigen, dass die Nullinduktivität in der Größenordnung der Betriebsinduktivität liegt. Als grober Richtwert gilt etwa

$$\frac{L'_0}{L'_b} \approx 1{,}5 \; . \qquad (9.38)$$

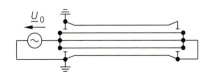

Bild 9.26
Dreileiterkabel im Kabelkanal

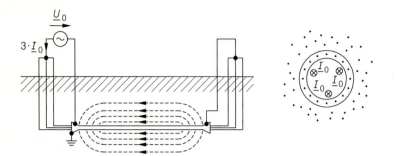

Bild 9.27
Nullstromverteilung bei einem im Erdreich verlegten Dreileiterkabel

Sofern das Kabel nicht in einem Kabelkanal, sondern im Erdreich verlegt ist, teilt sich der zurückfließende Nullstrom auf Kabelmantel und Erdreich auf (Bild 9.27). Bei einer genaueren Betrachtung wären die Wirbelstromeffekte zu berücksichtigen. Auch ohne Rechnung lässt sich qualitativ feststellen, dass sich der Strom über einen größeren Bereich verteilt, sodass sich dadurch der *Ausbreitungsraum des Magnetfelds* und damit der Fluss vergrößern. Entsprechend den vorhergehenden Überlegungen führen diese Feldverteilungen zu höheren Induktivitätswerten. Messungen zeigen, dass in der Praxis etwa das Verhältnis

$$\frac{L'_0}{L'_b} \approx 15 \tag{9.39a}$$

gilt [14]. Bei Vierleiterkabeln reduziert sich dieser Wert, da der Rückstrom im Neutralleiter das Magnetfeld stark schwächt. Als Richtwert gilt etwa

$$\frac{L'_0}{L'_b} \approx 3 \,. \tag{9.39b}$$

Im Unterschied zu den bisher erläuterten Kabeln fließt bei *Kunststoffkabeln* der Strom nicht über einen metallischen Mantel in die Spannungsquelle zurück. Stattdessen wird dafür der Kupferschirm verwendet, der durch den Kunststoffmantel des Kabels gegen das Erdreich isoliert ist. Der Strom kann aus diesem Grunde nur direkt an der Fehlerstelle in das Erdreich eindringen. Daher weist die Nullinduktivität andere Werte auf. Bei einer Einebenenverlegung beträgt ihr Richtwert z. B. für 10-kV-Kabel mit einem Querschnitt von 240 mm²

$$\frac{L'_0}{L'_b} \approx 1{,}6 \,. \tag{9.39c}$$

Die vorangegangenen Betrachtungen zeigen, dass die *Nullinduktivität von Kabeln stets größer als ihre Betriebsinduktivität ist*. Der Unterschied kann je nach Ausführung sogar eine Größenordnung (Faktor 10) betragen. Andere Verhältnisse ergeben sich bei den Kapazitäten. Die *Nullkapazitäten* entsprechen wie bei den Freileitungen den *Erdkapazitäten*. Gemäß Abschnitt 4.6 sind sie entweder kleiner oder höchstens gleich den Betriebskapazitäten.

Die ohmschen Widerstände im Nullsystem sind dagegen stets größer als im Normalbetrieb. Dies liegt u. a. daran, dass der Widerstand des Rückleiters mit dem dreifachen Wert in den Nullwiderstand eingeht, wie auch aus der Beziehung (9.22) zu ersehen ist. Je nach

Ausführung können Schwankungen im Bereich

$$3 < \frac{R'_0}{R'_b} < 15 \tag{9.40}$$

auftreten, wobei R'_b den Betriebswert kennzeichnet. Die kleineren Widerstände treten bei Kunststoffkabeln auf; die oberen Werte gelten für solche Anordnungen, bei denen sich im Kabelmantel starke Wirbelströme ausbilden. Dieser Effekt ist bei Einleitermassekabeln mit Metallmantel besonders ausgeprägt.

Ähnlich wie bei Kabeln kann bei den anschließend behandelten Transformatoren der Einfluss der wichtigsten Parameter auf die Nullimpedanzen überwiegend nur qualitativ formuliert werden.

9.4.5 Nullimpedanz von Transformatoren

Von den Nullimpedanzen der Drehstromtransformatoren interessieren insbesondere die Null*induktivitäten*, da der Einfluss der Kapazitäten auf die betrachteten niederfrequenten Vorgänge gering ist. Zur analytischen Bestimmung der induktiven Größen muss man – ähnlich wie für die Streureaktanzen beim symmetrischen Betrieb – von den Flussbilanzen der einzelnen Spulen bzw. von den entsprechenden Strom-Spannungs-Beziehungen ausgehen:

$$[\Psi(t)] = [L] \cdot [i(t)] \quad \text{bzw.} \quad [\underline{U}] = \mathrm{j}\,\omega \cdot [L] \cdot [\underline{I}] \ .$$

Geeignete Methoden zur Bestimmung der Induktivitätsmatrix $[L]$ sind [141] zu entnehmen. Im Weiteren wird die leichte Asymmetrie zwischen den Spulen auf den äußeren und dem mittleren Schenkel vernachlässigt bzw. durch eine Mittelung der Werte egalisiert; die Induktivitätsmatrix $[L]$ weist dann die gewünschte Symmetrie auf.

In die Strom-Spannungs-Beziehungen sind anschließend noch die speziellen Gegebenheiten des Umspanners einzuarbeiten: Zum einen handelt es sich um die galvanischen Verknüpfungen zwischen den einzelnen Spulen gemäß der Schaltgruppe sowie um den eventuellen Anschluss der Sternpunkte an die Erdungsanlage (s. Kapitel 12). Zum anderen ist zu berücksichtigen, dass bei einer Wicklung alle drei Stränge aus derselben Spannungsquelle gespeist werden. Die beschriebenen Rechnungen münden darin, dass sich für jeden Strang der gleiche analytische Ausdruck ergibt, der sich durch eine Ersatzschaltung interpretieren lässt.

Im Folgenden sollen diese Rechnungen nicht durchgeführt werden. Stattdessen wird diese Ersatzschaltung physikalisch anschaulich abgeleitet. Dabei wird sich zeigen, dass neben der Schaltgruppe, der Sternpunktbehandlung und der Gestaltung der Kesselwand auch die Kernbauart eine besonders wichtige Einflussgröße darstellt. Zunächst werden die Verhältnisse für die verschiedenen Schaltungen bei Dreischenkel- und dann bei Fünfschenkeltransformatoren untersucht.

9.4.5.1 Dreischenkeltransformatoren

Im Folgenden wird ein Transformator in Dreischenkelausführung betrachtet, bei dem beide Wicklungen eine Sternschaltung aufweisen mögen.

Umspanner mit der Schaltung Yyn oder YNy

An den herausgeführten Sternpunkt des Transformators mit der Schaltung Yyn sei auf der Unterspannungsseite ein Neutralleiter angeschlossen. Die Nullimpedanz dieser Anordnung wird mit der Schaltung in Bild 9.28 ermittelt. Aus dieser Darstellung ist zu ersehen, dass sich oberspannungsseitig kein Nullsystem im Strom ausbilden kann, da der Neutralleiter fehlt. Es gilt demnach

$$\underline{Z}_{01} = \frac{\underline{U}_0}{\underline{I}_{01}} = \infty \; . \tag{9.41}$$

Andere Verhältnisse liegen unterspannungsseitig vor (Bild 9.29). Die Impedanzen des Neutralleiters sollen dabei im Vergleich zu den anderen Größen vernachlässigbar sein. Sofern diese Annahme nicht zutrifft, sind sie, wie aus den Ableitungen des Abschnitts 9.4.1.1 hervorgeht, mit dem dreifachen Wert zu den Nullimpedanzen des Netzelements bzw. des Transformators zu addieren.

Infolge der anderen Sternpunktbehandlung können sich auf der Unterspannungsseite Nullströme ausbilden, die in jedem der drei Wicklungsstränge ein gleichphasiges Magnetfeld erzeugen (Bild 9.30). Die drei Felder ergänzen sich aufgrund der Gleichphasigkeit nicht mehr wie beim symmetrischen Betrieb zu null, sondern müssen sich bei dieser Kernbauart über die Luft von Joch zu Joch schließen.

Vereinfachend lässt sich auch bei dieser Anordnung der Gesamtfluss in einen Haupt- und einen Streufluss aufteilen: Der Hauptfluss ist wie im Mitsystem wieder mit je einem Wicklungsstrang der Ober- und Unterspannungsseite verknüpft, der Streufluss nur mit *einem Strang* der Wicklung, die den Nullstrom führt. Die Reaktanz der gesamten Anordnung setzt sich dann – entsprechend diesen Flussanteilen – additiv aus einer Nullstreu- und einer Nullhauptreaktanz zusammen. Aufgrund der baulichen Symmetrie ist es auch

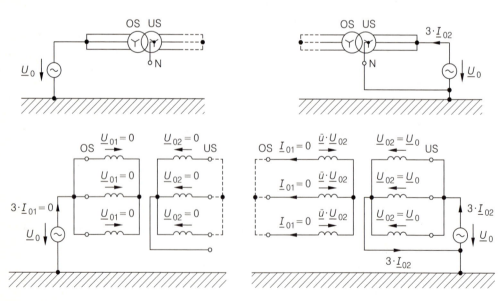

Bild 9.28
Oberspannungsseitige Speisung eines Transformators der Schaltgruppe Yyn0 mit einer Nullspannung

Bild 9.29
Unterspannungsseitige Speisung eines Transformators der Schaltgruppe Yyn0 mit einer Nullspannung

9.4 Impedanzen wichtiger Betriebsmittel im Nullsystem

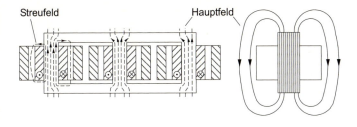

Bild 9.30
Qualitatives Feldbild eines Dreischenkeltransformators der Schaltgruppe Yyn0 bei einer Speisung mit einem Nullsystem (Längsschnitt und Seitenansicht)

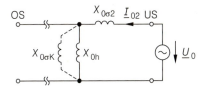

Bild 9.31
Ersatzschaltbild eines Dreischenkeltransformators der Schaltgruppe Yyn im Nullsystem (Berücksichtigung des Kesseleinflusses durch die gestrichelt dargestellte Streureaktanz $X_{0\sigma K}$)

wieder möglich, ein einphasiges Ersatzschaltbild anzugeben, das die Form eines einfachen Zweipols aufweist (Bild 9.31).

In den bisherigen Betrachtungen ist allerdings noch nicht die Kesselwand berücksichtigt, die üblicherweise eine relevante Einflussgröße darstellt. In diesem Zusammenhang ist wichtig, dass die Felder in den Schenkeln und im Bereich außerhalb des Kerns einander entgegengerichtet sind. Die Kesselwand umfasst nur einen Teil des Außenbereichs und damit einen Teil des Rückflusses. Innerhalb des Kessels entsteht ein Differenzfluss, der in der leitfähigen, in sich geschlossenen Kesselwand einen horizontal verlaufenden Kreisstrom I_{KS} induziert (Bild 9.32). Dieser Kreisstrom erzeugt wiederum ein Eigenfeld, das sich dem ursprünglichen Feld des Nullstroms überlagert. Dadurch verringert sich das resultierende Feld außerhalb der Kesselwand und innerhalb der Schenkel. Im Bereich zwischen Kesselwand und Nullstrom führender Wicklung wird es dagegen verstärkt. Der Hauptfluss im Schenkel wird demnach geschwächt, das Streufeld vergrößert. In ihrer feldmäßigen Wirkung entspricht die Kesselwand einer eigenständigen, *kurzgeschlossenen Wicklung*, die induktiv mit der Nullstrom führenden Wicklung gekoppelt ist. In diesem Sinne liegt ein Zweiwicklungstransformator vor, der sich aufgrund der baulichen Symmetrie auch wieder durch das bekannte einphasige Ersatzschaltbild beschreiben lässt. Die noch fehlende Streureaktanz $X_{0\sigma K}$ ist in Bild 9.31 bereits gestrichelt dargestellt.

Aus dem Ersatzschaltbild ist abzulesen, dass der Kessel die Eingangsnullreaktanz X_0 umso stärker herabsetzt, je kleinere Werte diese zusätzliche Streureaktanz annimmt. Konstruktiv lässt sich eine kleine Streureaktanz durch einen geringen Streufluss bzw.

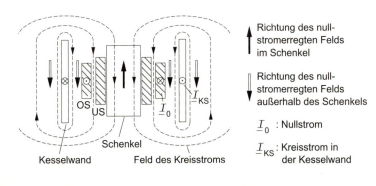

Bild 9.32
Magnetisches Eigenfeld des Kreisstroms in der Kesselwand bei Nullstrom führender Wicklung eines Transformators mit Dreischenkelkern (geschnittene Seitenansicht ohne Kesseldeckel und -boden)

$\underline{I}_0$: Nullstrom
$\underline{I}_{KS}$: Kreisstrom in der Kesselwand

einen kleinen Abstand zwischen Wicklung und Kesselwand erreichen. Für übliche Kesselkonstruktionen liegt das Verhältnis aus der summarischen Nullreaktanz X_0 und der Kurzschlussreaktanz X_k des Mitsystems eines Dreischenkeltransformators im Bereich

$$\frac{X_0}{X_\mathrm{k}} = 9 \ldots 14 \:. \tag{9.42}$$

Fließt bei solch hohen Nullreaktanzen ein ausgeprägter Strom über den Sternpunkt, so entsteht eine deutliche Verlagerung der Sternspannungen. Um diese unerwünschte Auswirkung zu vermeiden, ist in DIN VDE 0532 festgelegt, dass bei Dreischenkeltransformatoren dieser Schaltung nur einer der Sternpunkte einen Strom I_N bis zu $I_\mathrm{rT}/4$ führen darf:

$$I_\mathrm{N} \leq \frac{I_\mathrm{rT}}{4} \qquad (t \leq 1{,}5\,\mathrm{h}) \:. \tag{9.43}$$

Die zeitliche Begrenzung dieser Sternpunktbelastbarkeit wird durch einen bisher nicht erwähnten Effekt erforderlich. Der in der Kesselwand erzeugte Kreisstrom I_KS ruft dort infolge der recht hohen Permeabilität von Stahl mit $\mu_\mathrm{r} \approx 400$ ausgeprägte Wirbelströme hervor; der Strom I_KS verlagert sich somit an die Kesselwände (Skineffekt). Dadurch erhöhen sich wiederum die ohmschen Verluste. Dieser Anstieg äußert sich im Ersatzschaltbild in einem bis zu *dreißigfach höheren ohmschen Anteil der Eingangsimpedanz*. Um die dadurch hervorgerufene Erwärmung zu begrenzen, ist nicht nur die Höhe des Nullstroms, sondern auch die Beanspruchungsdauer eingeschränkt worden.

Bei Vierleitersystemen, in denen z. B. wegen der Lichtstromversorgung besondere Rücksicht auf die Spannungssymmetrie zu nehmen ist, reduziert sich die Sternpunktbelastbarkeit sogar auf $0{,}1 \cdot I_\mathrm{rT}$. Dieser Strom darf dann allerdings dauernd fließen. Aufgrund dieser Einschränkungen ist die Schaltung Yyn recht selten zu finden, meist bei Verteilungstransformatoren kleiner Leistung. Für Nullströme, die nur sehr kurzzeitig – z. B. weniger als

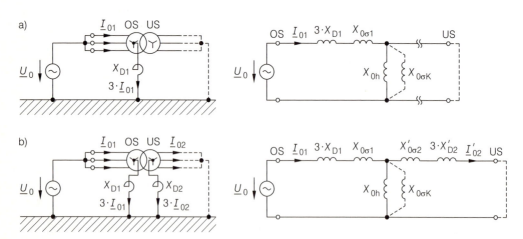

Bild 9.33
Ersatzschaltbild im Nullsystem für einen Dreischenkeltransformator YNyn0 mit Sternpunkterdung über Drosselspulen (Berücksichtigung des Kesseleinflusses durch die gestrichelt dargestellte Streureaktanz $X_{0\sigma\mathrm{K}}$)
a) Erdung eines Sternpunkts über eine Drosselspule
b) Unübliche Erdung beider Sternpunkte über Drosselspulen

9.4 Impedanzen wichtiger Betriebsmittel im Nullsystem

0,2 s – wirken, gelten diese Beschränkungen nicht. Dafür sind die Transformatoren bereits hinreichend ausgelegt, wenn sie die Bedingungen der Kurzschlussfestigkeit erfüllen (s. Kapitel 7).

Wichtig ist, dass ein *Transformator dieser Kernbauart und Schaltgruppe bei dem untersuchten Betriebszustand kein Zweitor mit endlichen Eingangsimpedanzen mehr darstellt* (Bild 9.33a). Ein Zweitorverhalten mit endlichen Eingangsimpedanzen tritt erst dann wieder auf, wenn an beide Sternpunkte ein Rückleiter angeschlossen wird (Bild 9.33b). In der Praxis wird diese Schaltung jedoch möglichst vermieden, da dann Nullströme in das angekoppelte Netz übertragen werden, die dort zu *unerwünschten Potenzialverschiebungen* führen.

Bei *Spartransformatoren* ist dieser Nachteil infolge der galvanischen Verbindung *stets vorhanden*. Entsprechende Ersatzschaltungen, die deren Verhalten genauer beschreiben, sind [142] zu entnehmen. Die weiteren Ausführungen beschränken sich auf *Volltransformatoren*, die, solange nur *ein* Sternpunkt angeschlossen ist, generell einen Zweipol darstellen.

Im Folgenden wird auf die Schaltung Dyn bzw. YNd eingegangen, die in Deutschland bei Verteilungstransformatoren bevorzugt verwendet wird. Dabei werden wiederum die beiden Fälle betrachtet, dass die Speisung mit einer Nullspannung einmal oberspannungsseitig, zum anderen unterspannungsseitig erfolgt.

Umspanner mit der Schaltung Dyn oder YNd

In Bild 9.34 ist ein Transformator mit der Schaltung Dyn dargestellt. Bei einer oberspannungsseitigen Speisung können sich keine Nullströme ausbilden, da dort kein Rückleiter vorhanden ist. Daher nimmt die Nullimpedanz wieder den Wert Unendlich an. Dagegen können bei einer unterspannungsseitigen Speisung Nullströme auftreten. Die

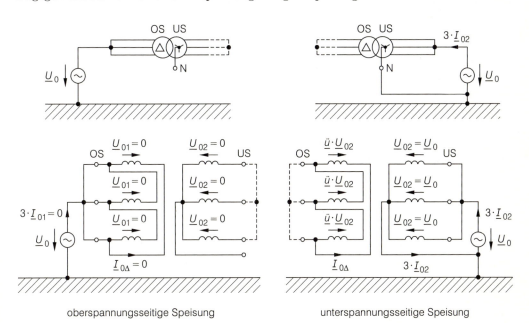

Bild 9.34
Ober- und unterspannungsseitige Speisung eines Transformators der Schaltung Dyn mit einer Nullspannung

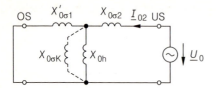

Bild 9.35
Ersatzschaltbild eines Transformators in Dyn-Schaltung bei Speisung mit einem Nullsystem unter Berücksichtigung des Kesseleinflusses in Form der gestrichelt dargestellten Streureaktanz $X_{0\sigma K}$

magnetischen Flüsse, die mit diesen Strömen verknüpft sind, induzieren wiederum Spannungen in der Oberspannungswicklung. Im Gegensatz zur Yyn-Schaltung können diese Spannungen einen Strom treiben, da die Dreieckschaltung einen geschlossenen Kreis bildet. Dadurch entsteht in der Dreieckwicklung ein Ringstrom $\underline{I}_{0\Delta}$, der seinerseits einen Fluss aufbaut. Dieser wirkt wiederum dem Fluss entgegen, der vom Nullstrom auf der Unterspannungsseite erzeugt wird. Die beiden Flüsse kompensieren sich weitgehend; es verbleiben im Wesentlichen nur die Streufelder. Das Verhalten eines Transformators in Dyn-Schaltung, der mit einem Nullsystem belastet wird, entspricht daher in einer einphasigen Darstellung einem oberspannungsseitigen Kurzschluss. Demzufolge erweitert sich das Ersatzschaltbild auf die in Bild 9.35 dargestellte Form.

Grundsätzlich umschließt die Kesselwand auch bei Transformatoren der Schaltung Dyn einen Differenzfluss. Allerdings ist er schwächer ausgeprägt, da bereits durch den Ringstrom in der Dreieckwicklung, die näher am Kern sitzt, ein starkes Gegenfeld erzeugt wird. Wiederum induziert dieser schwächere Differenzfluss im Kessel einen Kreisstrom, der ein weiteres Eigenfeld bildet. In seiner grundsätzlichen Wirkung – Verminderung des Hauptfelds, Stärkung des Streufelds – entspricht es dem Feld der Dreieckwicklung. Daher kann erneut die *Kesselwand durch eine Dreieckwicklung nachgebildet* werden.

Aus diesen Betrachtungen folgt, dass bei Berücksichtigung der Kesselwand anstelle des bisherigen Zweiwicklungsersatzschaltbilds ein Dreiwicklungsersatzschaltbild tritt, bei dem die beiden nicht gespeisten Ausgänge kurzzuschließen sind. Dadurch werden zwei Streureaktanzen zur Hauptreaktanz parallel geschaltet. So zeigt sich auch im Ersatzschaltbild, dass die Eingangsnullreaktanz X_0 durch den Kesseleinfluss zusätzlich abgesenkt wird. Im Vergleich zu der Kurzschlussreaktanz X_k im Mitsystem gilt die Relation

$$\frac{X_0}{X_k} = 0{,}75 \ldots 1 \,. \tag{9.44a}$$

Infolge des kleineren Differenzfelds sind die Kreisströme I_{KS} und damit auch die Erwärmung des Kessels schwächer ausgebildet. Deshalb darf der Sternpunkt N eines Transformators der Schaltung Dyn ohne Zeiteinschränkung bis zur Höhe des Bemessungsstroms I_{rT} belastet werden (s. DIN VDE 0532):

$$I_N \leq I_{rT} \,. \tag{9.44b}$$

Die prinzipiellen Eigenschaften dieser Schaltung bleiben auch dann erhalten, wenn die Dreieckschaltung nicht ober-, sondern unterspannungsseitig angeordnet ist. Eine Diskussion der Schaltgruppe YNd kann daher entfallen. Im Folgenden wird noch auf eine spezielle Dreieckwicklung, die Ausgleichswicklung, eingegangen.

Umspanner mit Ausgleichswicklung

Bei Transformatoren mit der Schaltgruppe YNy+d oder Yyn+d wird die Sternpunktbelastbarkeit der beiden Sternwicklungen durch eine dritte, in Dreieck geschaltete Wicklung erhöht, die üblicherweise am Kern liegt. Sie wird als *Ausgleichswicklung* bezeichnet und ist in der Schaltgruppe am Zusatz „+d" zu erkennen. Ihre Anschlüsse sind nicht herausgeführt. Diese Wicklung kann im Normalfall maximal mit 1/3 der Bemessungsleistung des Transformators beansprucht werden. Es ist daher eine schwächere Auslegung als bei den beiden Leistungswicklungen möglich, die zumindest für die Bemessungsleistung zu dimensionieren sind. Bei dieser Bauweise kann einer der Sternpunkte bis zum Bemessungsstrom der zugehörigen Leistungswicklung belastet werden:

$$I_N \leq I_{rT} \ .$$

Die Ausgleichswicklung kompensiert den Nullfluss prinzipiell in gleicher Weise wie die Dreieckwicklung in den Schaltgruppen Dyn bzw. YNd. Die Nullreaktanz liegt dann üblicherweise im Bereich

$$\frac{X_0}{X_k} \approx 1 \ldots 1{,}4 \ . \tag{9.45}$$

Im Falle einer unterspannungsseitigen Speisung gelten die niedrigeren Werte; die größeren Reaktanzen sind bei einer oberspannungsseitigen Speisung zu verwenden.
Trotz der Ausgleichswicklung bleibt stets ein gewisses Differenzfeld übrig. Transformatoren großer Leistung weisen vergleichsweise große Kessellängen auf, sodass ein unzulässig hoher Differenzfluss mit den entsprechenden Wirkungen entstehen kann. Als Gegenmaßnahme müsste die zugehörige Streuinduktivität groß gewählt werden. Im Hinblick auf eine kleine Bauweise ist die Wahl des dafür erforderlichen großen Abstands zwischen Kessel und Wicklung ungeeignet. Stattdessen bietet es sich an, *hochpermeable Abschirmbleche* an der Kesselinnenwand anzubringen. Sie verstärken den Rückfluss im Kessel und halten zugleich die Kesselwand weitgehend feldfrei. Bei solchen Ausführungen bewirken Sättigungseffekte eine vergleichsweise *deutlichere Stromabhängigkeit der Nullreaktanz*. Umspanner der Schaltgruppe YNyn mit einer Ausgleichswicklung sowie einer Abschirmung an der Kesselinnenwand werden üblicherweise in 380-kV/110-kV-Umspannwerken eingesetzt.
Darüber hinaus werden auch die Eigenbedarfsumspanner 10 kV/0,4 kV in den 110-kV/10-kV-Umspannstationen häufig mit einer Ausgleichswicklung ausgerüstet (s. Bild 4.168). Diese Transformatoren weisen dann die Schaltgruppe ZNyn auf. Eine Besonderheit besteht darin, dass beide Sternpunkte gleichzeitig mit einem Nullstrom beansprucht werden können, z. B. bei einem einpoligen Erdkurzschluss im 10-kV-Netz und gleichzeitig auftretenden Lastasymmetrien auf der 0,4-kV-Seite. Es gilt nun zu verhindern, dass sich die Nullströme des einen Netzes induktiv in das andere Netz übertragen.
Diese Forderung wird von der Zickzackwicklung auf der 10-kV-Seite erfüllt; ihre einzelnen Spulen kompensieren bereits sehr weitgehend ihre Nullflüsse untereinander. Dementsprechend ist die Nullreaktanz einer Zickzackwicklung mit

$$\frac{X_0}{X_k} \approx 0{,}15 \tag{9.46}$$

sehr niedrig. Allerdings ist diese Wicklung nicht in der Lage, in gleicher Weise auf die Nullflüsse der 0,4-kV-Sternwicklung zu reagieren. Daher ist eine weitere Flusskompensation vorzusehen. Sie wird in der bekannten Weise durch eine zusätzliche Ausgleichswicklung erzielt. Bei dem dargestellten Wicklungsaufbau sind dann – wie gewünscht – die Ober- und Unterspannungsseite in Bezug auf ihre Nullsysteme ausreichend entkoppelt.

Die bisherigen Überlegungen sind so gehalten, dass sie es auch ermöglichen, die Größenordnung von Nullreaktanzen anderer Schaltgruppen bei Dreischenkeltransformatoren zu ermitteln. Neue Gesichtspunkte sind jedoch zu beachten, wenn sich die Kernbauart ändert.

9.4.5.2 Fünfschenkeltransformatoren

Es werden im Folgenden bei Fünfschenkeltransformatoren die gleichen Schaltgruppen wie bei Dreischenkeltransformatoren untersucht. *Prinzipiell weisen die Ersatzschaltbilder für das Nullsystem die gleiche Struktur auf. Ein wesentlicher Unterschied besteht jedoch in der Größenordnung der Hauptreaktanz X_{0h}*, denn Fünfschenkeltransformatoren besitzen einen magnetischen Rückschluss in den äußeren Schenkeln des Eisenkerns. Der Hauptfluss im Nullsystem schließt sich daher über diese Schenkel und nicht mehr – wie beim Dreischenkeltransformator – über den Luftspalt bzw. den Kessel (Bild 9.36). Die Folge davon ist, dass sich im Vergleich zum Dreischenkeltransformator ein starker Nullhauptfluss ausbildet. Dementsprechend weist bei dieser Kernbauart die Hauptreaktanz im Nullsystem große Werte auf.

Die resultierenden Nullreaktanzen einer Yyn-Schaltung liegen aufgrund der hohen Hauptreaktanz üblicherweise im Bereich

$$\frac{X_0}{X_k} \approx 10 \ldots 100 \,.$$

Eine Belastung des Sternpunkts ist zu vermeiden, da sie zu hohen Potenzialverschiebungen führt. Günstigere Reaktanzverhältnisse ergeben sich wieder, falls analog zum Dreischenkeltransformator eine Ausgleichswicklung vorhanden ist. Noch niedrigere Werte treten auf, wenn eine Dyn-Schaltung vorliegt:

$$\frac{X_0}{X_k} \approx 1 \,.$$

In den letzten beiden Fällen darf wiederum einer der Sternpunkte mit dem gesamten Bemessungsstrom I_{rT} belastet werden. Dabei wird für die Ausgleichswicklung wie beim Dreischenkeltransformator vorausgesetzt, dass sie mindestens für 1/3 der Bemessungsleistung des Transformators ausgelegt ist.

Das wesentliche Merkmal der Fünfschenkeltransformatoren – die Führung des Hauptflusses im Kern – mindert den Einfluss der Kesselwand. Daher ist die Erwärmung dieser Ausführungen geringer, und dementsprechend nehmen auch die *Wirkwiderstände* im Ersatzschaltbild *niedrigere Werte* als bei den Dreischenkeltransformatoren an. Im Unterschied zu Transformatoren ergeben sich bei Synchronmaschinen für die Nullimpedanzen einfachere Verhältnisse.

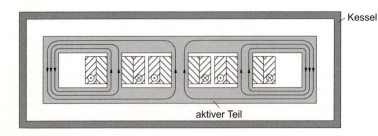

Bild 9.36
Prinzipieller Verlauf des Hauptfelds bei Fünfschenkeltransformatoren

9.4.6 Nullimpedanz von Synchronmaschinen

Bei Synchronmaschinen, die in Hoch- oder Höchstspannungsnetze einspeisen, wird der Sternpunkt nicht geerdet. Ihre Nullimpedanz beträgt daher $Z_0 \to \infty$. Andere Verhältnisse liegen bei Generatoren vor, die z. B. als Notstromaggregate in Niederspannungsnetze einspeisen. Deren Sternpunkt muss niederohmig geerdet und an den Neutralleiter angeschlossen werden. Die phasengleichen Nullströme rufen dann in den drei Ständerwicklungssträngen phasengleiche Wechselfelder hervor, die räumlich jedoch um 120° gegeneinander verschoben sind. Dabei ergänzen sich die Grundanteile dieser drei Luftspaltfelder zu null, sodass nur die Streufelder des Ständers und die höheren harmonischen Anteile übrig bleiben. Die Nullreaktanz weist somit einen sehr kleinen Wert auf, der in der Größenordnung der subtransienten Reaktanz liegt [42], [133]. Messungen führen auf

$$X_0 \approx \left(\frac{1}{6} \dots \frac{1}{3}\right) \cdot X_d'' . \tag{9.47}$$

Zu beachten ist, dass sich auch die durch drei teilbaren harmonischen Spannungsanteile phasengleich ausbilden. Sie verursachen dementsprechend selbst bei einem symmetrischen Betrieb Nullströme, wenn der Generator niederohmig geerdet ist. Aufgrund der niedrigen Nullreaktanz können dabei relativ kräftige harmonische Oberschwingungsströme entstehen. Eine Parallelschaltung eines niederohmig geerdeten Generators mit einer niederohmig geerdeten Netzstation oder Synchronmaschine ist daher nicht zweckmäßig. In Netzen mit $U_{nN} > 1$ kV werden diese Schwierigkeiten vermieden, indem man – wie bereits erwähnt – den Sternpunkt der Generatoren isoliert betreibt.

Neben den Mit- und Gegenimpedanzen sind nun auch die Nullimpedanzen der einzelnen Betriebsmittel bekannt. Sie werden bereits für die folgende Rechnung benötigt.

9.5 Veranschaulichung des Berechnungsverfahrens an einem Beispiel

Die im Abschnitt 9.2 dargestellte Methode wird an einem Beispiel erläutert. Gegeben sei eine symmetrisch aufgebaute Netzanlage gemäß Bild 9.37. Sie möge durch ein unsymmetrisches Spannungssystem nach Bild 9.38 gespeist werden. Gesucht werden – z. B. im

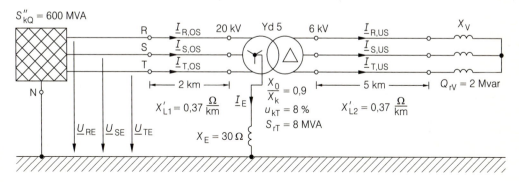

Bild 9.37
Beispielnetz zur Berechnung unsymmetrischer Ströme

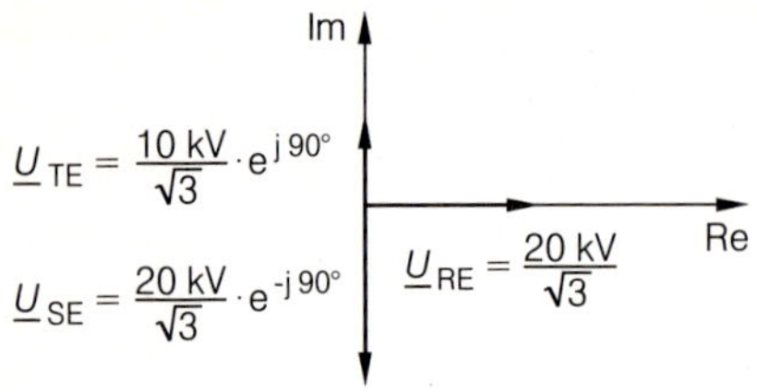

$\underline{U}_{TE} = \frac{10\,\text{kV}}{\sqrt{3}} \cdot e^{j\,90°}$

$\underline{U}_{SE} = \frac{20\,\text{kV}}{\sqrt{3}} \cdot e^{-j\,90°}$

$\underline{U}_{RE} = \frac{20\,\text{kV}}{\sqrt{3}}$

Bild 9.38
Zeigerdiagramm des speisenden unsymmetrischen Spannungssystems

Rahmen einer Störungsaufklärung – die Leiterströme der 20-kV-Leitung, die Belastung der Sternpunkt-Erdungsdrosselspule und die 6-kV-seitigen Lastströme. Die Leitungen seien elektrisch kurz. Im Hinblick auf eine übersichtliche Rechnung können dann die Kapazitäten und die ohmschen Widerstände vernachlässigt werden. Der weitere Ablauf erfolgt entsprechend den bereits im Abschnitt 9.2 dargestellten Schritten.

1. Schritt: Zerlegung des unsymmetrischen Spannungssystems in symmetrische Komponenten

Über die Beziehung

$$[\underline{U}_k] = [\underline{T}]^{-1} \cdot [\underline{U}_d]$$

werden die Komponentenspannungen $\underline{U}_{1R}$, $\underline{U}_{2R}$ und $\underline{U}_{0R}$ ermittelt. Setzt man

$$\underline{U}_{RE} = \frac{20\,\text{kV}}{\sqrt{3}} \cdot e^{j\,0°}, \quad \underline{U}_{SE} = \frac{20\,\text{kV}}{\sqrt{3}} \cdot e^{-j\,90°}, \quad \underline{U}_{TE} = \frac{10\,\text{kV}}{\sqrt{3}} \cdot e^{j\,90°}$$

in die Beziehung

$$\begin{bmatrix} \underline{U}_{1R} \\ \underline{U}_{2R} \\ \underline{U}_{0R} \end{bmatrix} = \frac{1}{3} \cdot \begin{bmatrix} 1 & \underline{a} & \underline{a}^2 \\ 1 & \underline{a}^2 & \underline{a} \\ 1 & 1 & 1 \end{bmatrix} \cdot \begin{bmatrix} \underline{U}_{RE} \\ \underline{U}_{SE} \\ \underline{U}_{TE} \end{bmatrix}$$

ein, so erhält man mit $\underline{a} = e^{j\,120°}$

$$\underline{U}_{1R} = 8{,}9 \cdot e^{j\,6{,}2°}\,\text{kV}, \quad \underline{U}_{2R} = 1{,}5 \cdot e^{j\,140{,}1°}\,\text{kV}, \quad \underline{U}_{0R} = 4{,}3 \cdot e^{-j\,26{,}6°}\,\text{kV}.$$

2. Schritt: Bestimmung der einphasigen Ersatzschaltbilder

Als Bezugsspannung U_{bez} wird – an sich willkürlich – der Wert 20 kV gewählt.

a) Mitsystem

Im Mitsystem kann das Ersatzschaltbild in der bisher kennen gelernten Weise aufgestellt werden. Die Struktur des Netzwerks ist aus Bild 9.39 zu ersehen. Es sei darauf hingewiesen, dass die Komponentenströme, die dort auf der Unterspannungsseite des Transformators auftreten, noch mit der Übersetzung $\underline{ü}^*$ umzurechnen sind. Als treibende Spannung wird aus dem *Spannungsmitsystem* die Sternspannung $\underline{U}_{1R}$ des Bezugsleiters gewählt, die u. a. bereits im ersten Schritt bestimmt ist.

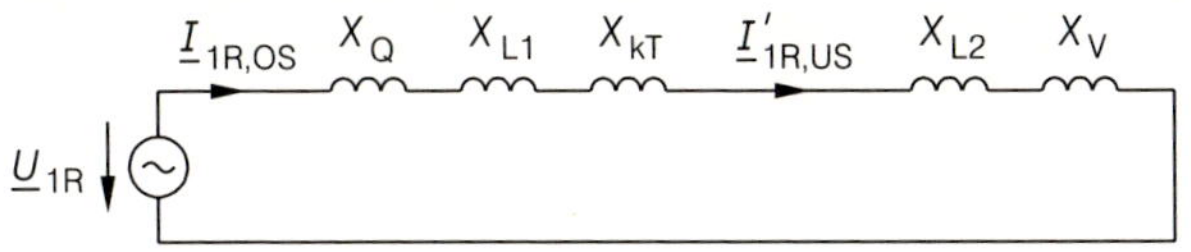

9.5 Veranschaulichung des Berechnungsverfahrens an einem Beispiel

Bild 9.39
Einphasiges Komponentenersatzschaltbild im Mitsystem

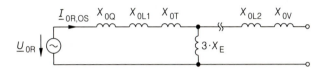

Bild 9.40
Einphasiges Komponentenersatzschaltbild im Gegensystem

Bild 9.41
Einphasiges Komponentenersatzschaltbild im Nullsystem

Für die Reaktanzen des Mitsystems ergeben sich die folgenden Werte:

$$X_Q = \frac{1{,}1 \cdot U_{\text{bez}}^2}{S_{kQ}''} = 0{,}73\,\Omega\,, \quad X_{L1} = X_{L1}' \cdot l_1 = 0{,}74\,\Omega\,,$$

$$X_{kT} = \frac{u_{kT} \cdot U_{\text{bez}}^2}{S_{rT}} = 4\,\Omega\,, \quad X_{L2} = X_{L2}' \cdot l_2 \cdot \ddot{u}^2 = 20{,}56\,\Omega\,,$$

$$X_V = \frac{U_{\text{bez}}^2}{Q_{rV}} = 200\,\Omega\,.$$

b) Gegensystem

In dem vorliegenden Beispiel handelt es sich nur um Betriebsmittel ohne drehende Teile. Daher können sowohl die Struktur des Ersatzschaltbilds als auch die Impedanzen des Mitsystems übernommen werden. Hieraus folgt das in Bild 9.40 dargestellte Ersatzschaltbild. Als treibende Spannung ist aus dem bereits ermittelten Spannungsgegensystem die Sternspannung $\underline{U}_{2R}$ des Bezugsleiters R einzusetzen.

c) Nullsystem

Im Nullsystem sind die Komponentenersatzschaltbilder für die einzelnen Betriebsmittel dem Schaltplan entsprechend zu verknüpfen. Damit ergibt sich das Netzwerk gemäß Bild 9.41. Bei dem speisenden 20-kV-Netz soll es sich um ein Freileitungsnetz ohne Erdseile handeln. Die Eingangsreaktanz X_{0Q} ist zu bestimmen. Bei 20-kV-Freileitungen ohne Erdseil besteht zwischen Null- und Mitreaktanz etwa das Verhältnis 3,3 (s. Abschnitt 9.4.1.2). Dementsprechend erhält man die Eingangsreaktanz X_{0Q} des Netzes im Nullsystem dadurch, dass man die Eingangsreaktanz X_Q mit dem Wert 3,3 multipliziert. Auf ähnlich einfache Weise ermittelt man zweckmäßigerweise auch die Nullimpedanzen der übrigen Betriebsmittel. Die dafür maßgebenden Richtwerte sind den vorhergehenden

Erläuterungen zu entnehmen:

$$X_{0L1} = 3{,}3 \cdot X_{L1} = 2{,}44\,\Omega$$
$$X_{0Q} = 3{,}3 \cdot X_{Q} = 2{,}41\,\Omega$$
$$X_{0T} = 0{,}9 \cdot X_{kT} = 3{,}60\,\Omega\ .$$

Die Impedanz des Rückleiters – im Wesentlichen die Reaktanz X_E – geht mit dem dreifachen Wert ein:

$$X_{0E} = 3 \cdot X_E = 90\,\Omega\ .$$

Wie aus dem Ersatzschaltbild weiter zu ersehen ist, kann sich ein Nullsystem nur auf der 20-kV-Seite ausbilden. Die angegebene Transformatorschaltung (Zweipol) überträgt kein Nullsystem auf die 6-kV-Seite.

3. Schritt: Berechnung der Komponentenströme

Aus den drei ermittelten Ersatzschaltbildern werden nun jeweils die drei Komponentenströme $\underline{I}_{1R,OS}$, $\underline{I}_{2R,OS}$ und $\underline{I}_{0R,OS}$ berechnet:

$$\underline{I}_{1R,OS} = \frac{\underline{U}_{1R}}{j \cdot (X_Q + X_{L1} + X_{kT} + X_{L2} + X_V)} = 39{,}38 \cdot e^{-j83{,}8°}\,A$$

$$\underline{I}_{2R,OS} = \frac{\underline{U}_{2R}}{j \cdot (X_Q + X_{L1} + X_{kT} + X_{L2} + X_V)} = 6{,}64 \cdot e^{j50{,}1°}\,A$$

$$\underline{I}_{0R,OS} = \frac{\underline{U}_{0R}}{j \cdot (X_{0Q} + X_{0L1} + X_{0T} + 3X_E)} = 43{,}69 \cdot e^{-j116{,}6°}\,A\ .$$

4. Schritt: Berechnung der Netzströme auf der 20-kV-Seite

Die Ströme der realen Netzanlage erhält man durch Addition der drei Komponentenströme an der jeweils interessierenden Stelle gemäß den Regeln der symmetrischen Komponenten. Dabei ist zu beachten, dass im Komponentennetzwerk des Nullsystems nur in bestimmten Teilen Nullströme auftreten. Bei der betrachteten Netzanlage ist dies nur auf der 20-kV-Seite der Fall. Andererseits treten dort auch Ströme auf – z. B. in der Sternpunkt-Erdungsdrosselspule –, die im Mit- und Gegensystem nicht vorhanden sind. Für die Rücktransformation der Leiterströme $\underline{I}_{R,OS}$, $\underline{I}_{S,OS}$ und $\underline{I}_{T,OS}$ (Bild 9.37) gilt die Beziehung

$$\begin{bmatrix} \underline{I}_{R,OS} \\ \underline{I}_{S,OS} \\ \underline{I}_{T,OS} \end{bmatrix} = \begin{bmatrix} 1 & 1 & 1 \\ \underline{a}^2 & \underline{a} & 1 \\ \underline{a} & \underline{a}^2 & 1 \end{bmatrix} \cdot \begin{bmatrix} 39{,}38 \cdot e^{-j83{,}8°}\,A \\ 6{,}64 \cdot e^{j50{,}1°}\,A \\ 43{,}69 \cdot e^{-j116{,}6°}\,A \end{bmatrix}\ .$$

Die numerische Auswertung führt auf

$$\underline{I}_{R,OS} = 73{,}96 \cdot e^{-j98{,}6°}\,A$$
$$\underline{I}_{S,OS} = 65{,}90 \cdot e^{j199{,}5°}\,A$$
$$\underline{I}_{T,OS} = 26{,}41 \cdot e^{-j56{,}6°}\,A\ .$$

Den Strom in der Sternpunkt-Erdungsdrosselspule erhält man aus der bereits abgeleiteten

Beziehung
$$\underline{I}_\mathrm{E} = 3 \cdot \underline{I}_\mathrm{0R,OS} = 131{,}07 \cdot \mathrm{e}^{-\mathrm{j}116{,}6°}\,\mathrm{A}\,.$$

5. Schritt: Berechnung der Ströme auf der 6-kV-Seite

Kompliziertere Verhältnisse ergeben sich bei der Berechnung der Ströme $\underline{I}_\mathrm{R,US}$, $\underline{I}_\mathrm{S,US}$, $\underline{I}_\mathrm{T,US}$ auf der 6-kV-Seite. Zu diesem Zweck ist es notwendig, wiederum die drei Komponentenströme an dieser Stelle zu bestimmen. Im einphasigen Komponentenersatzschaltbild für das Mit- und Gegensystem treten an dieser Stelle die transformierten Ströme $\underline{I}'_\mathrm{1R,US}$ und $\underline{I}'_\mathrm{2R,US}$ auf. Sie sind mit den komplexen Übersetzungen zunächst umzurechnen. Im Mitsystem gelten dabei die bereits kennen gelernten Zusammenhänge (s. Abschnitt 4.2):

$$\underline{\ddot{u}}_1 = \frac{\underline{U}_\mathrm{1R,OS}}{\underline{U}_\mathrm{1R,US}} = \frac{U_\mathrm{r,OS}}{U_\mathrm{r,US}} \cdot \mathrm{e}^{+\mathrm{j}k\cdot 30°}\,,\quad \frac{\underline{I}_\mathrm{1R,OS}}{\underline{I}_\mathrm{1R,US}} = \frac{1}{\underline{\ddot{u}}_1^*}\,.$$

Beim Gegensystem liegt eine entgegengesetzte Phasenfolge vor. Dadurch ändert sich in der Übersetzung das Vorzeichen des Phasenwinkels:

$$\underline{\ddot{u}}_2 = \frac{\underline{U}_\mathrm{2R,OS}}{\underline{U}_\mathrm{2R,US}} = \frac{U_\mathrm{r,OS}}{U_\mathrm{r,US}} \cdot \mathrm{e}^{-\mathrm{j}k\cdot 30°} = \underline{\ddot{u}}_1^*\,.$$

Für die Ströme im Gegensystem gilt analog zum Mitsystem:

$$\frac{\underline{I}_\mathrm{2R,OS}}{\underline{I}_\mathrm{2R,US}} = \frac{1}{\underline{\ddot{u}}_2^*} = \frac{1}{\underline{\ddot{u}}_1}\,.$$

Berücksichtigt man ferner die Identitäten

$$\underline{I}_\mathrm{1R,OS} = \underline{I}'_\mathrm{1R,US}\,,\quad \underline{I}_\mathrm{2R,OS} = \underline{I}'_\mathrm{2R,US}\,,$$

so ergeben sich im Mit- und Gegensystem, bezogen auf die 6-kV-Ebene, die Ströme

$$\underline{I}_\mathrm{1R,US} = \underline{\ddot{u}}_1^* \cdot \underline{I}_\mathrm{1R,OS} = 39{,}38 \cdot \mathrm{e}^{-\mathrm{j}83{,}8°} \cdot \frac{20}{6} \cdot \mathrm{e}^{-\mathrm{j}150°}\,\mathrm{A} = 131{,}27 \cdot \mathrm{e}^{\mathrm{j}126{,}2°}\,\mathrm{A}\,,$$

$$\underline{I}_\mathrm{2R,US} = \underline{\ddot{u}}_2^* \cdot \underline{I}_\mathrm{2R,OS} = 6{,}64 \cdot \mathrm{e}^{\mathrm{j}50{,}1°} \cdot \frac{20}{6} \cdot \mathrm{e}^{\mathrm{j}150°}\,\mathrm{A} = 22{,}13 \cdot \mathrm{e}^{\mathrm{j}200{,}1°}\,\mathrm{A}\,.$$

Entsprechend den vorhergehenden Erläuterungen gilt auf der 6-kV-Seite für den Strom im Nullsystem die einfache Bedingung

$$\underline{I}_\mathrm{0R,US} = 0\,.$$

Damit sind die drei Komponentenströme ermittelt. Die tatsächlichen Netzströme resultieren aus der Rücktransformation

$$\begin{bmatrix} \underline{I}_\mathrm{R,US} \\ \underline{I}_\mathrm{S,US} \\ \underline{I}_\mathrm{T,US} \end{bmatrix} = \begin{bmatrix} 1 & 1 & 1 \\ \underline{a}^2 & \underline{a} & 1 \\ \underline{a} & \underline{a}^2 & 1 \end{bmatrix} \cdot \begin{bmatrix} 131{,}27 \cdot \mathrm{e}^{\mathrm{j}126{,}2°}\,\mathrm{A} \\ 22{,}13 \cdot \mathrm{e}^{\mathrm{j}200{,}1°}\,\mathrm{A} \\ 0 \end{bmatrix}$$

zu

$$\underline{I}_\mathrm{R,US} = 139{,}0 \cdot \mathrm{e}^{\mathrm{j}135°}\,\mathrm{A}$$
$$\underline{I}_\mathrm{S,US} = 147{,}5 \cdot \mathrm{e}^{-\mathrm{j}0{,}01°}\,\mathrm{A}$$
$$\underline{I}_\mathrm{T,US} = 109{,}9 \cdot \mathrm{e}^{-\mathrm{j}116{,}56°}\,\mathrm{A}\,.$$

Im Kapitel 10 wird gezeigt, dass dieses Berechnungsverfahren so erweitert werden kann, dass damit auch punktuelle Asymmetrien im Netzaufbau erfasst werden können.

9.6 Aufgaben

Aufgabe 9.1: Bei kurzen Kunststoffkabeln braucht der Schirm – wie aus Bild 1 ersichtlich – nur einseitig geerdet zu werden, wenn dadurch im Fehlerfall keine Menschen gefährdet werden.

a) Berechnen Sie für die in Bild 2 dargestellte Verlegungsart die Betriebsreaktanz X_b' unter Vernachlässigung der inneren Induktivität.

b) Berechnen Sie die Nullreaktanz X_0' unter Vernachlässigung der inneren Komponente. Dabei ist zu beachten, dass infolge der einseitigen Erdung gemäß Bild 1 der Rückstrom nur über den Schirm fließt.

Aufgabe 9.2: Stellen Sie für die dargestellte Anlage die Ersatzschaltbilder der Nullsysteme auf, die sich beim Anlegen einer Messspannung von den Punkten P_1 bzw. P_2 aus ergeben. Dabei sind nur die Nullreaktanzen der Betriebsmittel zu berücksichtigen. Ermitteln Sie anschließend die Reaktanz, die jeweils von der Messspannungsquelle gesehen wird.

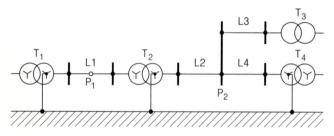

Aufgabe 9.3: Eine einsystemige, verdrillte 110-kV-Freileitung werde auf Portalmasten mit zwei Erdseilen E1 und E2 geführt. Der dargestellte Mast hat die Abmessungen

$d_{12} = d_{23} = 6{,}5$ m; $\quad d_{13} = 13$ m;
$d_{L1E1} = d_{L3E2} = 7{,}3$ m;
$d_{L2E1} = d_{L2E2} = 6{,}5$ m;
$d_{L1E2} = d_{L3E1} = 11$ m;
$d_{E1E2} = 5{,}3$ m;
$r_{L1} = r_{L2} = r_{L3} = r_L = 10{,}95$ mm;
$r_{E1} = r_{E2} = r_{ES} = 9{,}5$ mm.

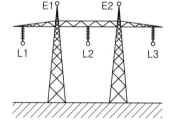

a) Berechnen Sie die Betriebsreaktanz dieser Anordnung.

b) Ermitteln Sie die Nullreaktanz, wenn vorausgesetzt wird, dass der Untergrund aus Felsboden besteht und nicht leitfähig ist.

10 Berechnung von Drehstromnetzen mit symmetrischen Betriebsmitteln und punktuellen unsymmetrischen Fehlern

In Netzen ist der symmetrische Aufbau durch Fehler sehr häufig nur an einzelnen Punkten gestört. Es werden vor allem diejenigen Störungen erläutert, die in der Praxis von besonderer Bedeutung sind. Vorteile und Grenzen des beschriebenen Verfahrens werden anschließend bei der konkreten Berechnung mehrerer Fehler sichtbar.

10.1 Beschreibung häufiger unsymmetrischer Fehler

Eine sehr häufige Netzstörung stellt der *Erdschluss* dar. Es handelt sich um einen einpoligen Erdfehler, der gemäß DIN VDE 0101 und DIN VDE 0210 Teil 1 dann vorliegt, wenn ein Außenleiter leitend mit der Erde verbunden ist (Bild 10.1). Bei Netzen mit niederohmig geerdeten Transformatorsternpunkten wird diese Kurzschlussart als *Erdkurzschluss* bezeichnet (s. Abschnitt 11.1.3). Etwa 80 % aller Fehler, die in Freileitungsnetzen vorkommen, treten in Gestalt solcher einpoligen Fehler auf – häufig auch als Lichtbogenkurzschlüsse.
Der Erdschluss ist – wie später noch gezeigt wird – für die Auslegung von Erdungsanlagen sowie für die induktive Beeinflussung (s. Abschnitt 11.1.3) maßgebend. Er ist damit von ähnlich großer Bedeutung wie der dreipolige Kurzschluss, der für die thermische und mechanische Beanspruchung von Anlagen herangezogen wird. Wenn zwei Erdschlüsse zum gleichen Zeitpunkt in verschiedenen Leitern und an unterschiedlichen Orten auftreten, so spricht man von einem *Doppelerdschluss*. Der Grenzfall, dass die beiden Erdschlüsse am gleichen Ort auftreten, wird gesondert als *zweipoliger Kurzschluss mit Erdberührung* bezeichnet. Bildet sich der Lichtbogen nur zwischen zwei Außenleitern und nicht zum Mast aus, so liegt ein *zweipoliger Kurzschluss ohne Erdberührung* vor, für den auch der kürzere Begriff *zweipoliger Kurzschluss* verwendet wird. Beispiele für diese Fehlerarten

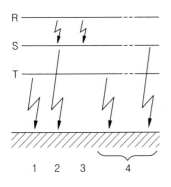 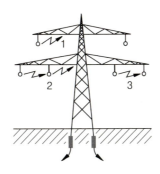

1: Erdschluss
2: Zweipoliger Kurzschluss mit Erdberührung
3: Zweipoliger Kurzschluss ohne Erdberührung
4: Doppelerdschluss

Bild 10.1
Schematisierte Darstellung verschiedener Kurzschlussarten und deren praktische Veranschaulichung an einer Freileitung

Bild 10.2
Darstellung einer einpoligen Leiterunterbrechung

sind ebenfalls in Bild 10.1 dargestellt.

Punktuelle Asymmetrien können z. B. durch defekte Netzelemente verursacht werden. Oft handelt es sich hierbei um schadhafte Schalter, bei denen einzelne Schalterpole entweder nicht schließen oder nicht öffnen. Eine solche Fehlerart ist in Bild 10.2 veranschaulicht. Sie wird als *einpolige Leiterunterbrechung* bezeichnet. In der Praxis sind häufig auch Kombinationen der bisher beschriebenen Fehler anzutreffen. Daneben können auch unsymmetrische Lasten die Symmetrie in einem Energieversorgungsnetz stören.

Das Betriebsverhalten von Netzen, die in dieser Art punktuell gestört sind, lässt sich auf recht einfache Weise mit den symmetrischen Komponenten berechnen.

10.2 Erläuterung des Berechnungsverfahrens

Zunächst wird das Berechnungsverfahren anhand eines Erdkurzschlusses im Netz gemäß Bild 10.3 entwickelt. Diese Anlage ist zwar in der Praxis nicht üblich; jedoch lassen sich an ihr die prinzipiellen Zusammenhänge sehr anschaulich darstellen. Die Leitungen dieses Netzes seien elektrisch kurz, sodass wieder die ohmschen Widerstände und die Kapazitäten vernachlässigbar sind. Es wird weiterhin der besonders einfache Fall des satten Kurzschlusses angenommen. Der Übergangswiderstand ist somit sehr klein. Diese Idealisierung wird später fallen gelassen.

Punktuelle Fehler wie der Erdkurzschluss lassen sich eindeutig durch die Strom-Spannungs-Verhältnisse an der Fehlerstelle F kennzeichnen (Bild 10.4). Für die Fehlerströme

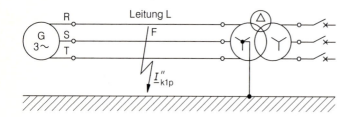

Bild 10.3
Erdkurzschluss des Leiters R an der Fehlerstelle F in der Mitte der Leitung L

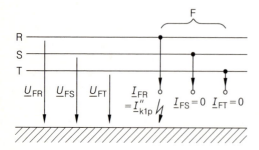

Bild 10.4
Strom-Spannungs-Verhältnisse an der Fehlerstelle beim Erdkurzschluss

10.2 Erläuterung des Berechnungsverfahrens

zur Erde gilt

$$\underline{I}_{\mathrm{FR}} = \underline{I}''_{\mathrm{k1p}} \text{ (unbekannt)}, \quad \underline{I}_{\mathrm{FS}} = 0, \quad \underline{I}_{\mathrm{FT}} = 0. \tag{10.1}$$

Für die Spannungen an der Fehlerstelle erhält man analog

$$\underline{U}_{\mathrm{FR}} = 0, \quad \underline{U}_{\mathrm{FS}} : \text{ unbekannt}, \quad \underline{U}_{\mathrm{FT}} : \text{ unbekannt}. \tag{10.2}$$

Diese Gleichungen werden *Fehlerbedingungen* genannt. Im Weiteren bezeichnet der Index F stets die Fehlerstelle, der folgende Index R bzw. S oder T den betreffenden Leiter. Für punktuelle Fehler oder solche, die als hinreichend punktuell angesehen werden können, stellen die Fehlerbedingungen jeweils ein System aus drei Spannungs- und drei Stromzeigern dar. Ein wesentlicher Gedanke des Algorithmus besteht nun darin, die *Methode der symmetrischen Komponenten auf diese unsymmetrischen Zeigersysteme an der Fehlerstelle anzuwenden*. Damit ergeben sich jeweils drei symmetrische Systeme für die Ströme bzw. Spannungen an der Fehlerstelle, die anschließend einfacher zu behandeln sind. So erhält man für einen Erdkurzschluss mithilfe der Bedingung

$$\begin{bmatrix} \underline{I}_{\mathrm{1FR}} \\ \underline{I}_{\mathrm{2FR}} \\ \underline{I}_{\mathrm{0FR}} \end{bmatrix} = \frac{1}{3} \cdot \begin{bmatrix} 1 & \underline{a} & \underline{a}^2 \\ 1 & \underline{a}^2 & \underline{a} \\ 1 & 1 & 1 \end{bmatrix} \cdot \begin{bmatrix} \underline{I}_{\mathrm{FR}} = \underline{I}''_{\mathrm{k1p}} \\ \underline{I}_{\mathrm{FS}} = 0 \\ \underline{I}_{\mathrm{FT}} = 0 \end{bmatrix}$$

das Ergebnis

$$\underline{I}_{\mathrm{1FR}} = \underline{I}_{\mathrm{2FR}} = \underline{I}_{\mathrm{0FR}} = \frac{\underline{I}''_{\mathrm{k1p}}}{3}. \tag{10.3}$$

Diese Aussage entspricht den Fehlerbedingungen (10.1). Ähnlich lassen sich auch die Spannungsbedingungen transformieren. Aus der Beziehung

$$\begin{bmatrix} \underline{U}_{\mathrm{FR}} = 0 \\ \underline{U}_{\mathrm{FS}} \\ \underline{U}_{\mathrm{FT}} \end{bmatrix} = \begin{bmatrix} 1 & 1 & 1 \\ \underline{a}^2 & \underline{a} & 1 \\ \underline{a} & \underline{a}^2 & 1 \end{bmatrix} \cdot \begin{bmatrix} \underline{U}_{\mathrm{1FR}} \\ \underline{U}_{\mathrm{2FR}} \\ \underline{U}_{\mathrm{0FR}} \end{bmatrix}$$

erhält man für die erste Zeile den Zusammenhang

$$\underline{U}_{\mathrm{FR}} = 0 = \underline{U}_{\mathrm{1FR}} + \underline{U}_{\mathrm{2FR}} + \underline{U}_{\mathrm{0FR}}. \tag{10.4}$$

Allein ermöglicht die vorgenommene Transformation der Fehlerbedingungen noch keine Berechnung des gestörten Netzes. Analytisch ist dies auch daran zu sehen, dass sechs Gleichungen neun Unbekannten gegenüberstehen. Die *fehlenden Aussagen* erhält man nur dann, wenn die Fehlerströme bzw. -spannungen mit dem Netz verknüpft werden. Zu diesem Zweck bietet es sich an, das bis auf die Fehlerstelle symmetrisch aufgebaute reale Netzwerk ebenfalls zu transformieren und wie bisher durch ein Komponentennetzwerk im Mit-, Gegen- und Nullsystem zu beschreiben. Die Fehlerbedingungen werden dadurch berücksichtigt, dass *an der Störstelle die noch unbekannten Fehlerströme an einem zusätzlich eingefügten Knotenpunkt angreifen*. Dieser Schritt – der Kerngedanke des Algorithmus – ist zulässig, da lineare Netzwerke vorliegen und damit das Überlagerungsverfahren anwendbar ist, das ohnehin der Transformation zugrunde liegt. Die transformierten *Fehlerströme* verändern die Strom-Spannungs-Verhältnisse in den drei linearen

Komponentennetzwerken. So sind auch die an der Fehlerstelle auftretenden Spannungen, die *Fehlerspannungen*, jeweils von der Größe der Fehlerströme abhängig. Die Zusammenhänge zwischen den Fehlerströmen und Fehlerspannungen lassen sich nach den üblichen Methoden der Netzwerkberechnung ermitteln. Man erhält weitere drei unabhängige lineare Beziehungen. Damit liegt ein System von neun Gleichungen mit neun Unbekannten vor, das eine Bestimmung der Fehlerströme und -spannungen ermöglicht. Diese Überlegungen werden nun auf das Beispiel in Bild 10.3 angewendet.

Für das Komponentennetzwerk im Mitsystem erhält man das einphasige Netzwerk in Bild 10.5. Die Generatorreaktanz wächst nach dem Kurzschluss von dem Wert X_d'' auf X_d. Dementsprechend bewegt sich die treibende Spannung zwischen $\underline{E}''$ und $\underline{E}$. Beim Aufstellen des Komponentennetzwerks im Gegensystem sind einige Unterschiede zu beachten. Für den Generator ist zum einen das in Bild 9.8 angegebene Ersatzschaltbild zu verwenden; zum anderen weist die Gegenreaktanz dauernd den Wert X_d'' auf (Bild 10.6). Beim Nullsystem ergeben sich wiederum andere Verhältnisse. Da der Generator ungeerdet betrieben wird (s. Abschnitt 9.4.6), ist – abweichend von den Netzwerken im Mit- und Gegensystem – die Nullreaktanz dieses Netzelements unendlich groß (Bild 10.7).

Aus den Komponentenersatzschaltbildern 10.5, 10.6 und 10.7 sind durch Maschenumläufe die bereits erwähnten zusätzlichen drei linearen Bedingungen zu ermitteln. Sie lauten für den subtransienten Zeitbereich:

$$\underline{U}_{1\mathrm{FR}} = f(\underline{I}_{1\mathrm{FR}}) = \underline{E}'' - \mathrm{j} \cdot \left(X_d'' + \frac{X_\mathrm{L}}{2}\right) \cdot \underline{I}_{1\mathrm{FR}}$$

$$\underline{U}_{2\mathrm{FR}} = f(\underline{I}_{2\mathrm{FR}}) = 0 - \mathrm{j} \cdot \left(X_d'' + \frac{X_\mathrm{L}}{2}\right) \cdot \underline{I}_{2\mathrm{FR}} \qquad (10.5)$$

$$\underline{U}_{0\mathrm{FR}} = f(\underline{I}_{0\mathrm{FR}}) = 0 - \mathrm{j} \cdot \left(\frac{X_{0\mathrm{L}}}{2} + X_{0\mathrm{T}}\right) \cdot \underline{I}_{0\mathrm{FR}} \, .$$

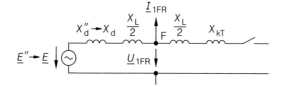

Bild 10.5
Einphasiges Komponentenersatzschaltbild im Mitsystem

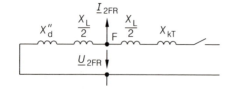

Bild 10.6
Einphasiges Komponentenersatzschaltbild im Gegensystem

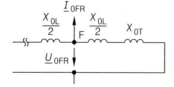

Bild 10.7
Einphasiges Komponentenersatzschaltbild im Nullsystem

10.2 Erläuterung des Berechnungsverfahrens

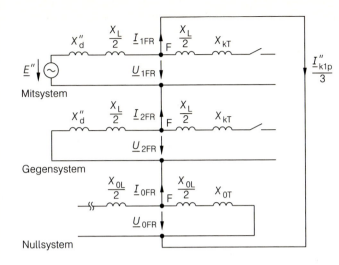

Bild 10.8
Komponentenersatzschaltbild für einen Erdkurzschluss im subtransienten Zeitbereich

Mit den Beziehungen (10.3), (10.4) und (10.5) erhält man ein vollständiges lineares System von neun Gleichungen mit den neun Unbekannten $\underline{I}_{1FR}$, $\underline{I}_{2FR}$, $\underline{I}_{0FR}$, $\underline{U}_{1FR}$, $\underline{U}_{2FR}$, $\underline{U}_{0FR}$, $\underline{I}''_{k1p}$, $\underline{U}_{FS}$ und $\underline{U}_{FT}$. Im Unterschied zur Berechnung unsymmetrisch betriebener Netze sind bei dieser erweiterten Aufgabenstellung *die Komponentennetzwerke über die Fehlerbedingungen miteinander gekoppelt.*

Bei dem betrachteten Fehler, dem Erdkurzschluss, können die Komponentennetzwerke sogar zu einem umfassenderen Ersatzschaltbild verschaltet werden. Die Fehlerbedingungen (10.3) und (10.4) sind dann stets erfüllt. Die gewünschte schaltungstechnische Interpretation liegt vor, wenn die Komponentennetzwerke in Serie geschaltet werden (Bild 10.8).

Diese Verschaltung gewährleistet, dass die zu- und abfließenden Fehlerströme in den Komponentennetzwerken stets gleich groß sind und sich dabei zugleich die Fehlerspannungen zu null ergänzen. Aus diesem Ersatzschaltbild können sechs Gleichungen gewonnen werden, mit denen die Komponentenströme und -spannungen sowohl an der Fehlerstelle als auch im gesamten Netz zu ermitteln sind. Die Auswertung des Ersatzschaltbilds wird im Folgenden an einem Beispiel verdeutlicht. Es wird die bereits in Bild 10.3 dargestellte Anlage gewählt. Die spezifischen Daten sind Bild 10.9 zu entnehmen.

U_{rG} = 10,5 kV X'_L = 0,29 $\frac{\Omega}{km}$ $ü_{rT}$ = 110 kV/10 kV
S_{rG} = 52 MVA X_{0L}/X_L = 3,3 S_{rT} = 50 MVA
x''_d = 0,15 u_{kT} = 0,13; X_{0T}/X_{kT} = 1

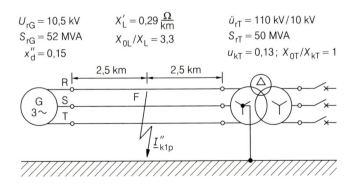

Bild 10.9
Netzanlage zur Berechnung eines Erdkurzschlusses

Berechnung der Reaktanzen

Als Bezugsebene wird die 10-kV-Seite des Transformators gewählt. Die Reaktanzen ergeben sich dann zu

$$X''_\mathrm{d} = 0{,}15 \cdot \frac{(10{,}5\,\mathrm{kV})^2}{52\,\mathrm{MVA}} = 0{,}318\,\Omega\;;$$

$$X_\mathrm{L} = 0{,}29\,\frac{\Omega}{\mathrm{km}} \cdot 5\,\mathrm{km} = 1{,}45\,\Omega\;;\quad X_\mathrm{0L} = 3{,}3 \cdot X_\mathrm{L} = 4{,}785\,\Omega\;;$$

$$X_\mathrm{kT} = 0{,}13 \cdot \frac{(10\,\mathrm{kV})^2}{50\,\mathrm{MVA}} = 0{,}26\,\Omega\;;\quad X_\mathrm{0T} = 1{,}0 \cdot X_\mathrm{kT} = 0{,}260\,\Omega\;.$$

Die resultierenden Impedanzen des Mit- und Gegensystems lassen sich zu

$$X_1 = X_2 = X''_\mathrm{d} + \frac{X_\mathrm{L}}{2} = 1{,}043\,\Omega$$

zusammenfassen. Im Nullsystem erhält man

$$X_0 = \frac{X_\mathrm{0L}}{2} + X_\mathrm{0T} = 2{,}653\,\Omega\;.$$

Berechnung des Kurzschlussstroms an der Fehlerstelle

Aus dem Ersatzschaltbild 10.8 ergibt sich

$$\underline{I}''_\mathrm{k1p} = 3 \cdot \frac{\underline{E}''}{\mathrm{j} \cdot (2X_1 + X_0)}\;.$$

Mit den Anlagenparametern und der für Mittel- und Hochspannungsnetze gültigen Abschätzung $\underline{E}'' = 1{,}1 \cdot U_\mathrm{nN}/\sqrt{3}$ (s. DIN VDE 0102) erhält man daraus

$$\underline{I}''_\mathrm{k1p} = \frac{\sqrt{3} \cdot 1{,}1 \cdot 10\,\mathrm{kV}}{\mathrm{j} \cdot (2 \cdot 1{,}043\,\Omega + 2{,}653\,\Omega)} = -\mathrm{j}\,4{,}021\,\mathrm{kA}\;.$$

Berechnung der Leiterströme

Die zur Berechnung der Leiterströme benötigten Komponentenströme sind aus dem Ersatzschaltbild 10.8 zu ermitteln. Im Folgenden bezeichnet der Index r bzw. l die Ströme rechts bzw. links von der Fehlerstelle. Links von der Fehlerstelle erhält man somit

$$\begin{bmatrix}\underline{I}_\mathrm{Rl}\\ \underline{I}_\mathrm{Sl}\\ \underline{I}_\mathrm{Tl}\end{bmatrix} = \begin{bmatrix}1 & 1 & 1\\ \underline{a}^2 & \underline{a} & 1\\ \underline{a} & \underline{a}^2 & 1\end{bmatrix} \cdot \begin{bmatrix}\underline{I}_\mathrm{1Rl} = \underline{I}''_\mathrm{k1p}/3\\ \underline{I}_\mathrm{2Rl} = \underline{I}''_\mathrm{k1p}/3\\ \underline{I}_\mathrm{0Rl} = 0\end{bmatrix}\;.$$

Damit gilt für die Leiterströme

$$\underline{I}_\mathrm{Rl} = \frac{2}{3} \cdot \underline{I}''_\mathrm{k1p}\;,\quad \underline{I}_\mathrm{Sl} = -\frac{1}{3} \cdot \underline{I}''_\mathrm{k1p}\;,\quad \underline{I}_\mathrm{Tl} = -\frac{1}{3} \cdot \underline{I}''_\mathrm{k1p}\;.$$

Das Minuszeichen zeigt an, dass die realen Ströme entgegengesetzt zur Richtung der Komponentenströme fließen, die im Ersatzschaltbild – an sich willkürlich – gewählt sind.

10.2 Erläuterung des Berechnungsverfahrens

Analog erhält man rechts von der Fehlerstelle

$$\begin{bmatrix} \underline{I}_{Rr} \\ \underline{I}_{Sr} \\ \underline{I}_{Tr} \end{bmatrix} = \begin{bmatrix} 1 & 1 & 1 \\ \underline{a}^2 & \underline{a} & 1 \\ \underline{a} & \underline{a}^2 & 1 \end{bmatrix} \cdot \begin{bmatrix} \underline{I}_{1Rr} = 0 \\ \underline{I}_{2Rr} = 0 \\ \underline{I}_{0Rr} = \underline{I}''_{k1p}/3 \end{bmatrix} .$$

Hieraus folgt für die Leiterströme auf der rechten Seite

$$\underline{I}_{Rr} = \underline{I}_{Sr} = \underline{I}_{Tr} = \frac{\underline{I}''_{k1p}}{3} .$$

In Bild 10.10 sind die Ergebnisse noch einmal veranschaulicht.
Bei einer Berechnung eventueller oberspannungsseitiger Ströme sind wiederum – wie in Abschnitt 9.5 – unterschiedliche Übersetzungen für das Mit- und Gegensystem zu beachten. Es sei noch einmal betont, dass mit diesem Verfahren nur die betriebsfrequenten Vorgänge des subtransienten, transienten und stationären Zeitbereichs berechnet werden können. Die abklingende Gleichstromkomponente, die bei schnell eintretenden Kurzschlüssen zusätzlich entsteht, ist mit dem beschriebenen Verfahren nicht zu ermitteln. Darauf wird noch gesondert eingegangen.
Grundlage der bisherigen Rechnung stellen das Ersatzschaltbild 10.8 für den Erdkurzschluss bzw. die beschreibenden Systemgleichungen dar. Das Verfahren zur Bestimmung dieser Systemgleichungen wird noch einmal herausgestellt:

1. Formulierung der Fehlerbedingungen im R,S,T-System,

2. Transformation mithilfe der symmetrischen Komponenten,

3. Aufstellung der einphasigen Komponentennetzwerke unter Berücksichtigung der symmetrischen Fehlerströme an der Fehlerstelle,

4. Ermittlung der Strom-Spannungs-Beziehungen

$$\underline{U}_{1FR} = f(\underline{I}_{1FR}), \quad \underline{U}_{2FR} = f(\underline{I}_{2FR}) \quad \text{und} \quad \underline{U}_{0FR} = f(\underline{I}_{0FR})$$

aus den einphasigen Komponentennetzwerken an der Fehlerstelle,

5. Lösung des Gleichungssystems unter Einschluss der Fehlerbedingungen. Dabei können mithilfe des Überlagerungsverfahrens auch mehrere Einspeisungen berücksichtigt werden.

Die beschriebene Vorgehensweise wird nun auf weitere Fehlerarten angewendet.

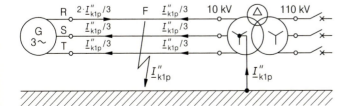

Bild 10.10
Stromaufteilung bei einem Erdkurzschluss für das Beispielnetz in den Bildern 10.3 und 10.9

10.3 Anwendung des Berechnungsverfahrens auf verschiedene Fehlerarten

Im Wesentlichen wird auf diejenigen Fehlerarten eingegangen, die bereits im Abschnitt 10.1 erläutert worden sind. Zunächst wird das Vorgehen bei einem Erdschluss mit einem Übergangswiderstand an der Fehlerstelle beschrieben.

10.3.1 Erdschluss mit Übergangswiderstand

Bei der bisherigen Aufgabenstellung ist angenommen worden, dass der einpolige Fehler stets über eine sehr niederohmige Verbindung zwischen Leiter und Erde erfolgt (satter Kurzschluss). Insbesondere bei Lichtbogenkurzschlüssen tritt jedoch ein Übergangswiderstand an der Fehlerstelle auf (Bild 10.11). Er kann z. B. durch den Lichtbogenwiderstand entstehen, der näherungsweise mit einem konstanten Wert R_F erfasst wird. Auf einen solchen Erdschluss mit Übergangswiderstand wird nun das in Abschnitt 10.2 beschriebene Berechnungsverfahren angewendet.

1. Schritt

Die Fehlerbedingungen werden festgelegt:

$$\underline{I}_{FR} = \underline{I}''_{k1p}, \quad \underline{I}_{FS} = 0, \quad \underline{I}_{FT} = 0$$

$$\underline{U}_{FR} = \underline{I}''_{k1p} \cdot R_F, \quad \underline{U}_{FS}: \text{unbekannt}, \quad \underline{U}_{FT}: \text{unbekannt}.$$

2. Schritt

Die Transformation führt auf

$$\underline{I}_{1FR} = \underline{I}_{2FR} = \underline{I}_{0FR} = \frac{1}{3} \cdot \underline{I}''_{k1p}$$

bzw.

$$\underline{U}_{FR} = \underline{I}''_{k1p} \cdot R_F = \underline{U}_{1FR} + \underline{U}_{2FR} + \underline{U}_{0FR}.$$

3., 4. und 5. Schritt

Die im Weiteren benötigten einphasigen Komponentennetzwerke des fehlerfreien Netzes werden durch den Übergangswiderstand nicht beeinflusst. Dementsprechend ändern sich auch die daraus zu ermittelnden Beziehungen nicht (Schritt 4). Für den Strom lassen sich die transformierten Fehlerbedingungen wiederum durch eine Reihenschaltung am Komponentennetzwerk erfüllen. Über eine geringe Modifikation im Ersatzschaltbild kann

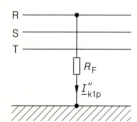

Bild 10.11
Erdschluss mit einem Übergangswiderstand R_F

10.3 Anwendung des Berechnungsverfahrens auf verschiedene Fehlerarten

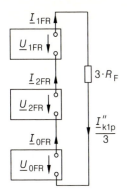

Bild 10.12
Komponentenersatzschaltbild für einen Erdschluss mit einem Übergangswiderstand R_F

die Spannungsbedingung berücksichtigt werden. Man erweitert die bisherige Beziehung

$$\underline{U}_{FR} = \underline{I}''_{k1p} \cdot R_F$$

auf die Form

$$\underline{U}_{FR} = \frac{1}{3} \cdot \underline{I}''_{k1p} \cdot 3 \cdot R_F = \underline{U}_{1FR} + \underline{U}_{2FR} + \underline{U}_{0FR}\,.$$

Die Summe der Mit-, Gegen- und Nullspannung nimmt im Ersatzschaltbild den gewünschten Wert $\underline{U}_{FR}$ an, wenn man den Widerstand $3 \cdot R_F$ einfügt [50], [135]. In schematisierter Form ist das resultierende Ersatzschaltbild dem Bild 10.12 zu entnehmen. Im Folgenden wird die entwickelte Methode noch auf eine weitere Fehlerart, den zweipoligen Kurzschluss mit Erdberührung, angewendet.

10.3.2 Zweipoliger Kurzschluss mit und ohne Erdberührung

Bei dem in Bild 10.13 dargestellten Fehler handelt es sich zunächst um satte Kurzschlüsse; die Übergangswiderstände sowie der ohmsche Widerstand des Übergangsbereichs im Erdboden seien vernachlässigbar (s. Abschnitt 9.4.1.1).

10.3.2.1 Zweipoliger Kurzschluss ohne Übergangswiderstände

Die Betrachtung möge sich auf den subtransienten Zeitbereich beschränken, sodass im Mitsystem die Größen $\underline{E}''$ und X''_d wirksam sind. Die Berechnung dieser Fehlerart erfolgt wiederum nach der entwickelten Methodik.

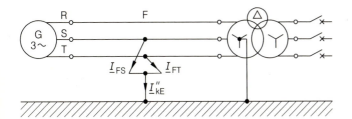

Bild 10.13
Zweipoliger Kurzschluss mit Erdberührung (Kurzschluss in der Leitungsmitte)

1. Schritt

Aus der Darstellung in Bild 10.13 folgen die Fehlerbedingungen

$$\underline{I}_{FR} = 0 \,, \quad \underline{I}_{FS} : \text{unbekannt} \,, \quad \underline{I}_{FT} : \text{unbekannt}$$

und

$$\underline{U}_{FR} : \text{unbekannt} \,, \quad \underline{U}_{FS} = 0 \,, \quad \underline{U}_{FT} = 0 \,.$$

Im Vergleich zum Erdschluss sind die Strom-Spannungs-Verhältnisse vertauscht.

2. Schritt

Mit den symmetrischen Komponenten lassen sich die Bedingungen in Anlehnung an die Verhältnisse beim einpoligen Fehler auch in der Gestalt

$$\underline{I}_{1FR} + \underline{I}_{2FR} + \underline{I}_{0FR} = 0$$

und

$$\underline{U}_{1FR} = \underline{U}_{2FR} = \underline{U}_{0FR} = \frac{1}{3} \cdot \underline{U}_{FR}$$

formulieren.

3. Schritt

Zur Aufstellung der zusätzlich benötigten Beziehungen werden die einphasigen Komponentennetzwerke in Bild 10.14 verwendet.

4. Schritt

Aus den Ersatzschaltbildern erhält man durch Spannungsumläufe ein Gleichungssystem, das zusammen mit den transformierten Fehlerbedingungen ein System von sechs Glei-

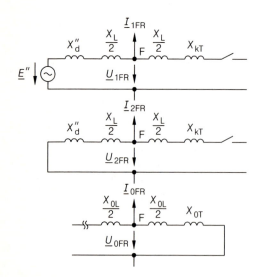

Bild 10.14

Einphasiges Komponentenersatzschaltbild der Netzanlage in Bild 10.13 im Mit-, Gegen- und Nullsystem

10.3 Anwendung des Berechnungsverfahrens auf verschiedene Fehlerarten

chungen mit sechs Unbekannten ergibt:

$$\underline{I}_{1FR} + \underline{I}_{2FR} + \underline{I}_{0FR} = 0 \tag{10.6}$$

$$\underline{U}_{1FR} = \underline{U}_{2FR} \tag{10.7}$$

$$\underline{U}_{2FR} = \underline{U}_{0FR} \tag{10.8}$$

$$\underline{U}_{1FR} = E'' - \mathrm{j} \cdot \left(X''_d + \frac{X_L}{2}\right) \cdot \underline{I}_{1FR} \tag{10.9}$$

$$\underline{U}_{2FR} = 0 - \mathrm{j} \cdot \left(X''_d + \frac{X_L}{2}\right) \cdot \underline{I}_{2FR} \tag{10.10}$$

$$\underline{U}_{0FR} = 0 - \mathrm{j} \cdot \left(\frac{X_{0L}}{2} + X_{0T}\right) \cdot \underline{I}_{0FR} \tag{10.11}$$

5. Schritt

Das aufgestellte Gleichungssystem ist lösbar. In dem behandelten Beispiel können die Komponentenersatzschaltbilder wieder so geschaltet werden, dass die Strom-Spannungs-Bedingungen (10.6), (10.7) und (10.8) gemeinsam erfüllt werden. Zu diesem Zweck sind die drei Netzwerke entsprechend Bild 10.15 parallel zu schalten. Mithilfe der so ermittelten Komponentenspannungen und -ströme ergeben sich schließlich die unbekannten Größen im R,S,T-System zu

$$\underline{U}_{FR} = \underline{U}_{1FR} + \underline{U}_{2FR} + \underline{U}_{0FR} = 3 \cdot \underline{U}_{0FR}$$

$$\underline{I}_{FS} = \underline{a}^2 \cdot \underline{I}_{1FR} + \underline{a} \cdot \underline{I}_{2FR} + \underline{I}_{0FR}$$

$$\underline{I}_{FT} = \underline{a} \cdot \underline{I}_{1FR} + \underline{a}^2 \cdot \underline{I}_{2FR} + \underline{I}_{0FR} \ .$$

Der ebenfalls interessierende Strom $\underline{I}''_{kE}$, der an der Fehlerstelle in die Erde fließt, lässt sich nach der Knotenpunktregel zu

$$\underline{I}''_{kE} = \underline{I}_{FS} + \underline{I}_{FT}$$

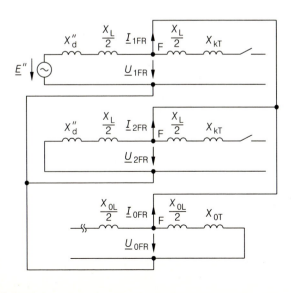

Bild 10.15
Einphasiges Komponentenersatz-schaltbild für einen zweipoligen Kurzschluss mit Erdberührung

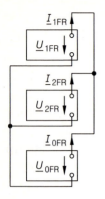

Bild 10.16
Einphasiges Komponentenersatzschaltbild für einen zweipoligen Kurzschluss mit Erdberührung in schematisierter Form

berechnen. Es sei noch bemerkt, dass sich diese Beziehung auch auf den Ausdruck

$$I''_{kE} = 3 \cdot I_{0FR}$$

zurückführen lässt. Eine verallgemeinerte schematische Darstellung gibt Bild 10.16 wieder.

10.3.2.2 Zweipoliger Kurzschluss mit Übergangswiderständen

Die vorhergehende Aufgabenstellung wird nun erweitert. An den Leitern S und T werden die Übergangswiderstände als nicht mehr vernachlässigbar angesehen (Bild 10.17).

1. Schritt

Aus Bild 10.17 sind die Fehlerbedingungen zu ersehen. Wiederum gilt für die Fehlerströme

$$I_{FR} = 0 , \quad I_{FS} : \text{unbekannt} , \quad I_{FT} : \text{unbekannt} . \tag{10.12}$$

Jedoch ändern sich die Spannungsbedingungen im Vergleich zu dem Fehler ohne Übergangswiderstände und lauten

$$\underline{U}_{FR} : \text{unbekannt}$$
$$\underline{U}_{FS} = \underline{I}_{FS} \cdot \underline{Z}_S \quad \rightarrow \quad \underline{U}_{FS} - \underline{I}_{FS} \cdot \underline{Z}_S = 0 \tag{10.13}$$
$$\underline{U}_{FT} = \underline{I}_{FT} \cdot \underline{Z}_T \quad \rightarrow \quad \underline{U}_{FT} - \underline{I}_{FT} \cdot \underline{Z}_T = 0 . \tag{10.14}$$

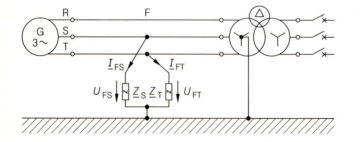

Bild 10.17
Zweipoliger Kurzschluss mit Erdberührung bei nicht vernachlässigbaren Übergangswiderständen

2. Schritt

In die Beziehungen (10.12), (10.13) und (10.14) werden die symmetrischen Komponenten eingeführt:

$$\underline{I}_{1\text{FR}} + \underline{I}_{2\text{FR}} + \underline{I}_{0\text{FR}} = 0 \tag{10.15}$$

$$\underline{a}^2 \cdot (\underline{U}_{1\text{FR}} - \underline{Z}_\text{S} \cdot \underline{I}_{1\text{FR}}) + \underline{a} \cdot (\underline{U}_{2\text{FR}} - \underline{Z}_\text{S} \cdot \underline{I}_{2\text{FR}}) + \underline{U}_{0\text{FR}} - \underline{Z}_\text{S} \cdot \underline{I}_{0\text{FR}} = 0 \tag{10.16}$$

$$\underline{a} \cdot (\underline{U}_{1\text{FR}} - \underline{Z}_\text{T} \cdot \underline{I}_{1\text{FR}}) + \underline{a}^2 \cdot (\underline{U}_{2\text{FR}} - \underline{Z}_\text{T} \cdot \underline{I}_{2\text{FR}}) + \underline{U}_{0\text{FR}} - \underline{Z}_\text{T} \cdot \underline{I}_{0\text{FR}} = 0 \tag{10.17}$$

3., 4. und 5. Schritt

Die drei Komponentennetzwerke und die daraus resultierenden Beziehungen (10.9), (10.10) und (10.11) ändern sich nicht. Zusammen mit den transformierten Fehlerbedingungen (10.15), (10.16) und (10.17) führen diese Beziehungen wiederum auf sechs Gleichungen mit sechs Unbekannten. Dieses System ist analytisch lösbar. Mit den Beziehungen (10.15) und (9.14) lassen sich die Bedingungen (10.16) und (10.17) in die folgenden Ausdrücke überführen:

$$\begin{aligned}\underline{U}_{1\text{FR}} + (\underline{a} \cdot \underline{Z}_\text{S} + \underline{a}^2 \cdot \underline{Z}_\text{T}) \cdot \underline{I}_{1\text{FR}} &= \underline{U}_{2\text{FR}} + (\underline{a}^2 \cdot \underline{Z}_\text{S} + \underline{a} \cdot \underline{Z}_\text{T}) \cdot \underline{I}_{2\text{FR}} \\ \underline{U}_{1\text{FR}} + (\underline{a}^2 \cdot \underline{Z}_\text{S} + \underline{a} \cdot \underline{Z}_\text{T}) \cdot \underline{I}_{1\text{FR}} &= \underline{U}_{0\text{FR}} + (\underline{a} \cdot \underline{Z}_\text{S} + \underline{a}^2 \cdot \underline{Z}_\text{T}) \cdot \underline{I}_{0\text{FR}} \:. \end{aligned} \tag{10.18}$$

Es ist natürlich wünschenswert, auch dieses System wieder durch ein Ersatzschaltbild zu beschreiben. Wie einige Versuche schnell zeigen, ist dieses Ziel bei der Vielzahl der Bedingungen mithilfe passiver Netzelemente nicht zu verwirklichen. Möglich wird es jedoch, sofern beide Übergangsimpedanzen als gleich groß angenommen werden, also $\underline{Z}_\text{S} = \underline{Z}_\text{T} = \underline{Z}$ gilt:

$$\underline{U}_{1\text{FR}} - \underline{Z} \cdot \underline{I}_{1\text{FR}} = \underline{U}_{2\text{FR}} - \underline{Z} \cdot \underline{I}_{2\text{FR}} = \underline{U}_{0\text{FR}} - \underline{Z} \cdot \underline{I}_{0\text{FR}} \:. \tag{10.19}$$

Diese reduzierten Bedingungen und die Gl. (10.15) werden durch das Ersatzschaltbild 10.18 erfasst. In diesem Bild ist zusätzlich der ohmsche Widerstand R_E des Erdreichs berücksichtigt. Eine verallgemeinerte Darstellung gibt Bild 10.19 wieder.

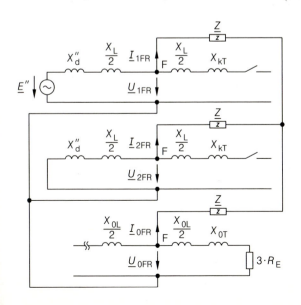

Bild 10.18

Einphasiges Komponentenersatzschaltbild für einen zweipoligen Kurzschluss mit Übergangsimpedanzen $\underline{Z}$ und Erdberührung

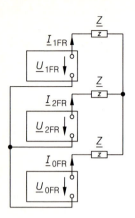
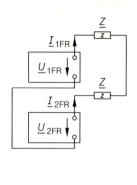

Bild 10.19
Schematisierte Darstellung des Komponentenersatzschaltbilds in Bild 10.18

Bild 10.20
Komponentenersatzschaltbild eines zweipoligen Kurzschlusses ohne Erdberührung

Aus den bisher betrachteten Beispielen ist abzulesen, dass punktuelle Fehler mit dem entwickelten Verfahren stets erfasst werden können. Die Darstellung des Gleichungssystems in einem *Ersatzschaltbild* ist jedoch *nur in Spezialfällen* möglich. Ohne es im Einzelnen zu beweisen, lässt sich zeigen, dass die Komponentenersatzschaltbilder zu einem gemeinsamen Ersatzschaltbild geschaltet werden können, *wenn die Fehlerbedingungen für zwei der drei Leiter gleichartig sind* [50]. Damit ist nun auch verständlich, warum beim zweipoligen Kurzschluss nur dann ein Ersatzschaltbild angegeben werden kann, wenn für die Übergangswiderstände $\underline{Z}_S = \underline{Z}_T = \underline{Z}$ gilt.

Im Weiteren soll noch ein Grenzfall behandelt werden. Zu diesem Zweck wird angenommen, dass der ohmsche Widerstand R_E der Nullimpedanz $\underline{Z}_0$ (Bild 10.18) sehr groß sei im Vergleich zu den anderen Impedanzen. Dies ist z. B. dann der Fall, wenn die Leitfähigkeit des Erdbodens sehr gering ist, wie es bei Felsboden gegeben ist. Ein Nullstrom tritt dann nicht mehr auf. Der zweipolige Kurzschluss mit Erdberührung geht in den Spezialfall des *zweipoligen Kurzschlusses ohne Erdberührung* über, der entsprechend Bild 10.20 nur noch vom Mit- und Gegensystem bestimmt wird. Im Folgenden wird eine andere Fehlerart, die einpolige Leiterunterbrechung, untersucht.

10.3.3 Einpolige Leiterunterbrechung

Es wird die Anlage in Bild 10.21 betrachtet, bei der ein Außenleiter unterbrochen ist. Da wiederum in zwei Leitern gleiche Verhältnisse bestehen, lässt sich nach den vorhergehenden Erörterungen ein Ersatzschaltbild für diesen Fehler angeben, das im Folgenden ermittelt werden soll.

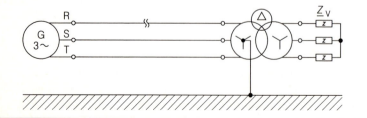

Bild 10.21
Einpolige Leiterunterbrechung in der Mitte einer Freileitung

1. Schritt

Ausgegangen wird von den in Bild 10.22 angegebenen Bezeichnungen. Damit lassen sich unmittelbar die Fehlerbedingungen

$\underline{I}_{RA} = \underline{I}_{RB} = 0, \quad \underline{I}_{SA} + \underline{I}_{SB} = 0, \quad \underline{I}_{TA} + \underline{I}_{TB} = 0 \quad$ und

$\underline{U}_{RA} - \underline{U}_{RB} : \text{unbekannt}, \quad \underline{U}_{SA} - \underline{U}_{SB} = 0, \quad \underline{U}_{TA} - \underline{U}_{TB} = 0$

ablesen.

2. Schritt

Die Transformation dieser Bedingungen führt auf:

$$\underline{I}_{1RA} + \underline{I}_{2RA} + \underline{I}_{0RA} = 0 \qquad (10.20)$$
$$\underline{I}_{1RB} + \underline{I}_{2RB} + \underline{I}_{0RB} = 0 \qquad (10.21)$$

$$\underline{a}^2 \cdot (\underline{I}_{1RA} + \underline{I}_{1RB}) + \underline{a} \cdot (\underline{I}_{2RA} + \underline{I}_{2RB}) + \underline{I}_{0RA} + \underline{I}_{0RB} = 0 \qquad (10.22a)$$
$$\underline{a} \cdot (\underline{I}_{1RA} + \underline{I}_{1RB}) + \underline{a}^2 \cdot (\underline{I}_{2RA} + \underline{I}_{2RB}) + \underline{I}_{0RA} + \underline{I}_{0RB} = 0 \qquad (10.22b)$$

$$\underline{a}^2 \cdot (\underline{U}_{1RA} - \underline{U}_{1RB}) + \underline{a} \cdot (\underline{U}_{2RA} - \underline{U}_{2RB}) + \underline{U}_{0RA} - \underline{U}_{0RB} = 0 \qquad (10.23a)$$
$$\underline{a} \cdot (\underline{U}_{1RA} - \underline{U}_{1RB}) + \underline{a}^2 \cdot (\underline{U}_{2RA} - \underline{U}_{2RB}) + \underline{U}_{0RA} - \underline{U}_{0RB} = 0. \qquad (10.23b)$$

Aus den Spannungsbeziehungen (10.23a) und (10.23b) folgt der Zusammenhang

$$\underline{U}_{1RA} - \underline{U}_{1RB} = \underline{U}_{2RA} - \underline{U}_{2RB} = \underline{U}_{0RA} - \underline{U}_{0RB}. \qquad (10.24)$$

3. Schritt

Aus Bild 10.22 ergeben sich die in Bild 10.23 dargestellten einphasigen Komponentennetzwerke.

4. Schritt

Aus den Ersatzschaltbildern folgt das Gleichungssystem

$$\underline{U}_{1RA} = \underline{E}'' - \left(jX_d'' + \frac{jX_L}{2}\right) \cdot \underline{I}_{1RA} \qquad (10.25a)$$

$$\underline{U}_{1RB} = -\left(jX_{kT} + \frac{jX_L}{2} + \underline{Z}_{1V}\right) \cdot \underline{I}_{1RB} \qquad (10.25b)$$

$$\underline{U}_{2RA} = -\left(jX_d'' + \frac{jX_L}{2}\right) \cdot \underline{I}_{2RA} \qquad (10.25c)$$

$$\underline{U}_{2RB} = -\left(jX_{kT} + \frac{jX_L}{2} + \underline{Z}_{2V}\right) \cdot \underline{I}_{2RB} \qquad (10.25d)$$

$$\underline{I}_{1RB} = -\underline{I}_{1RA}, \quad \underline{I}_{2RB} = -\underline{I}_{2RA}, \quad \underline{I}_{0RB} = -\underline{I}_{0RA} = 0, \qquad (10.25e)$$

das zusammen mit den Beziehungen (10.20) und (10.24) auf ein vollständiges System führt. Die dabei nicht verwendeten Bedingungen (10.22a) und (10.22b) können weggelassen werden, weil sie mit den Stromidentitäten (10.25e) automatisch erfüllt sind.

512   10 Berechnung von Drehstromnetzen mit punktuellen unsymmetrischen Fehlern

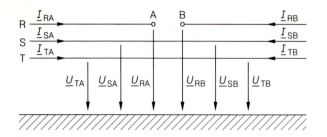

Bild 10.22
Bezeichnung der Ströme und Spannungen am Fehlerort bei einer einpoligen Leiterunterbrechung

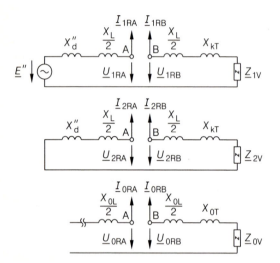

Bild 10.23
Aufbau der einphasigen Komponentenersatzschaltbilder bei einer einpoligen Leiterunterbrechung

5. Schritt

Wie schon angedeutet, lässt sich das Gleichungssystem auch schaltungstechnisch interpretieren, indem man den Fehlerstellen A und B jeweils einen Knotenpunkt zuordnet (Bild 10.24). In dem speziellen Beispiel kann sich kein Nullstrom ausbilden. In verallge-

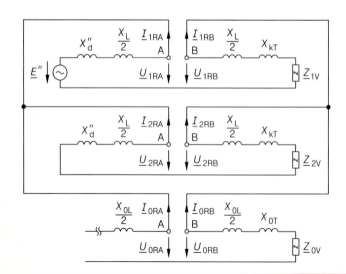

Bild 10.24
Verschaltetes Komponentenersatzschaltbild bei einer einpoligen Leiterunterbrechung

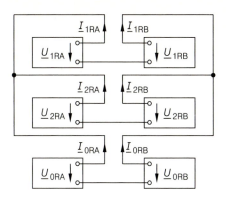

Bild 10.25
Schematisiertes Komponentenersatzschaltbild für eine einpolige Leiterunterbrechung

meinerter, schematisierter Form erhält man die Darstellung gemäß Bild 10.25.
Die bisher beschriebenen Fehlerarten führen nur zu *einer* punktuellen Asymmetrie. Mit dem kennen gelernten Verfahren lassen sich jedoch auch Fehler berechnen, bei denen *mehrere* punktuelle Störungen im Netz vorliegen.

10.3.4 Unsymmetrische Mehrfachfehler

Zunächst wird eine Netzanlage untersucht, in der ein unsymmetrischer Fehler auftritt, während zeitgleich auch im einspeisenden überlagerten Netz ein solcher Fehler vorliegt. Dabei sei die Innenimpedanz der höheren Netzebene im Vergleich zu den Impedanzen des betrachteten Netzes zu vernachlässigen.
Die Kuppelstelle zwischen den beiden Netzen wird als Tor angesehen; es sei offen. An diesem offenen Tor berechnet man zuerst die Mit-, Gegen- und Nullspannung, die sich während des Fehlers im überlagerten Netz einstellen. Da dessen Innenimpedanz vernachlässigt wird, wirken diese Spannungen im betrachteten Netz als eingeprägte Spannungsquellen. Sie können daher jeweils in die Komponentenersatzschaltbilder eingefügt werden, die sich für den unsymmetrischen Fehler im zu untersuchenden Netz ergeben. Die Aufgabenstellung ist somit auf eine unsymmetrische Speisung eines Netzes mit einem unsymmetrischen Fehler zurückgeführt worden (s. Aufgabe 10.3). Im Weiteren wird nun der Fall beschrieben, dass zwei unsymmetrische Fehler innerhalb derselben Netzebene auftreten. Die Methodik zur Berechnung solcher Störungen wird anhand eines Doppelerdschlusses erläutert, der sich als Folgefehler eines Erdschlusses einstellt.
Jeder der beiden einzelnen Erdschlüsse wird – wie bisher – durch Fehlerbedingungen beschrieben. Wiederum erfolgt eine Transformation mit den symmetrischen Komponenten. Anschließend wird jeder Fehlerstrom durch einen zusätzlichen Knotenpunkt im Komponentennetzwerk berücksichtigt. Die Auswertung der drei Ersatzschaltbilder führt neben den Fehlerbedingungen zu den zusätzlich benötigten Bedingungen, die das Gleichungssystem vervollständigen.
Als Beispiel wird die Anlage gemäß Bild 10.26 mit Erdschlüssen in den Punkten A (Mitte der Freileitung L_1) und B (Ende der Freileitung L_2) gewählt. Im Folgenden werden zunächst wiederum die Fehlerbedingungen formuliert.

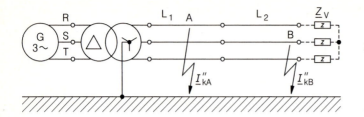

Bild 10.26
Netzanlage mit einem Doppelerdschluss

1. Schritt

Fehlerbedingungen an der Fehlerstelle A:

$\underline{I}_{RA} = \underline{I}''_{kA}$, $\underline{I}_{SA} = 0$, $\underline{I}_{TA} = 0$
$\underline{U}_{RA} = 0$, $\underline{U}_{SA}$: unbekannt, $\underline{U}_{TA}$: unbekannt.

Fehlerbedingungen an der Fehlerstelle B:

$\underline{I}_{RB} = 0$, $\underline{I}_{SB} = \underline{I}''_{kB}$, $\underline{I}_{TB} = 0$
$\underline{U}_{RB}$: unbekannt, $\underline{U}_{SB} = 0$, $\underline{U}_{TB}$: unbekannt.

2. Schritt

An den beiden Fehlerstellen werden nun die Fehlerströme transformiert; dabei ist zu beachten, dass die Fehler in unterschiedlichen Leitern auftreten:

$$\underline{I}_{1RA} = \underline{I}_{2RA} = \underline{I}_{0RA} = \frac{1}{3} \cdot \underline{I}''_{kA}$$

$$\underline{U}_{1RA} + \underline{U}_{2RA} + \underline{U}_{0RA} = 0$$

$$\underline{a}^2 \cdot \underline{I}_{1RB} = \underline{a} \cdot \underline{I}_{2RB} = \underline{I}_{0RB} = \frac{1}{3} \cdot \underline{I}''_{kB}$$

$$\underline{a}^2 \cdot \underline{U}_{1RB} + \underline{a} \cdot \underline{U}_{2RB} + \underline{U}_{0RB} = 0.$$

3. Schritt

Die drei einphasigen Komponentennetzwerke der betrachteten Anlage sind Bild 10.27 zu entnehmen. Dort sind auch die transformierten Fehlerströme der beiden Erdschlüsse eingezeichnet.

4. Schritt

Aus den Komponentennetzwerken lassen sich die zusätzlich benötigten Beziehungen zwischen den Fehlerströmen und Fehlerspannungen ermitteln. Sie sind dem Netzwerk entsprechend wiederum linear:

$\underline{U}_{1RA} = f(\underline{I}_{1RA}, \underline{a}^2 \cdot \underline{I}_{1RB})$, $\qquad \underline{a}^2 \cdot \underline{U}_{1RB} = \underline{a}^2 \cdot f(\underline{I}_{1RA}, \underline{a}^2 \cdot \underline{I}_{1RB})$,
$\underline{U}_{2RA} = f(\underline{I}_{2RA}, \underline{a} \cdot \underline{I}_{2RB})$, $\qquad \underline{a} \cdot \underline{U}_{2RB} = \underline{a} \cdot f(\underline{I}_{2RA}, \underline{a} \cdot \underline{I}_{2RB})$,
$\underline{U}_{0RA} = f(\underline{I}_{0RA}, \underline{I}_{0RB})$, $\qquad \underline{U}_{0RB} = f(\underline{I}_{0RA}, \underline{I}_{0RB})$.

Eine Lösung des gesamten Gleichungssystems ist aufwändig. Um diesen Aufwand für die praktische Projektierungsarbeit zu vermeiden, sind für einen besonders wichtigen Mehrfachfehler, den Doppelerdschluss, in DIN VDE 0102 Teil 3 direkte mathematische Zusammenhänge angegeben. Erwähnt sei, dass es für diesen Fehler auch wieder eine Komponentenersatzschaltung gibt, die jedoch phasendrehende Übertrager aufweist [42].

10.4 Ausgleichsvorgänge bei unsymmetrischen Fehlern 515

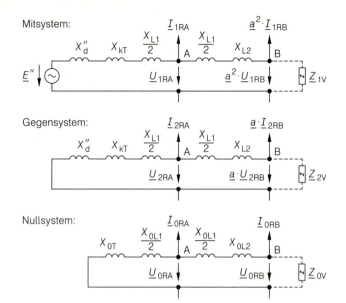

Bild 10.27
Aufbau der einphasigen Komponentenersatzschaltbilder bei einem Doppelerdschluss

Erhöht sich die Anzahl der Asymmetrien weiter, so wird es zunehmend schwieriger, die aus den Komponentennetzwerken benötigten Gleichungssysteme aufzustellen. Für mehrere Fehler kann es daher günstiger sein, direkt in der R,S,T-Ebene zu rechnen. Die *Koeffizienten der Systemgleichungen im R,S,T-System* ermittelt man dann am zweckmäßigsten aus den *Mit-, Gegen- und Nullimpedanzen*. Deshalb ist darauf verzichtet worden, die Systemgleichungen im R,S,T-System bereits im Kapitel 4 so allgemein gültig herzuleiten, dass damit beliebige Konfigurationen erfasst werden können [103].

Ein Netz muss bereits dreiphasig in der R,S,T-Ebene nachgebildet werden, falls mindestens an einer einzigen Stelle im Netz asymmetrische Querimpedanzen bzw. Lasten auftreten, die in jedem der drei Außenleiter einen anderen Wert aufweisen. Die zugehörige Blockmatrix in der Knotenadmittanzmatrix besitzt dann auf der Diagonalen unterschiedliche Elemente. In diesem Fall führt die Transformation mit den symmetrischen Komponenten nicht zu den gewünschten Vorteilen (s. Abschnitt 9.2). Sind allerdings bei zwei Außenleitern die Querimpedanzen bzw. Lasten untereinander gleich, so kann man diese Asymmetrie mithilfe von speziellen Komponentenersatzschaltungen erfassen, die einen fiktiven ein- oder zweipoligen Einfachfehler in den Querzweigen aufweisen. Die Asymmetrie wird dann durch Übergangsimpedanzen an der fiktiven Fehlerstelle nachgebildet. Dieser Kunstgriff wird in Abschnitt 11.1.2 angewendet und ist dort erläutert.

Im Folgenden wird das Verfahren der symmetrischen Komponenten auf die Berechnung von Einschwingvorgängen erweitert.

10.4 Ausgleichsvorgänge bei unsymmetrischen Fehlern

Bisher sind nur Einschwingvorgänge betrachtet worden, die von dreipoligen Kurzschlüssen ausgelöst worden sind. Sehr viel aufwändiger gestaltet sich die Berechnung des Ausgleichsverhaltens nach unsymmetrischen Fehlern. Es ergeben sich erhebliche Vereinfachungen, wenn die bisher kennen gelernten stationären Komponentenersatzschaltbilder so erweitert werden, dass sie auch transiente Vorgänge erfassen können. Man bezeichnet sie dann als *transiente Komponentenersatzschaltbilder*. Zunächst werden sie für unsymmetrische generatorferne Fehler entwickelt.

10.4.1 Transiente Komponentenersatzschaltbilder für unsymmetrische generatorferne Fehler

Gemäß Abschnitt 4.1.3 sind die Modellgleichungen in der stationären Formulierung sowie nach der Laplace-Transformation untereinander sehr ähnlich; es ist lediglich die Größe $j\omega$ durch p zu ersetzen. Aufgrund dieser Ähnlichkeit ist zu erwarten, dass sich weitere Parallelen zeigen, wenn die transienten Modellgleichungen in derselben Weise mit den symmetrischen Komponenten transformiert werden.

Im Einzelnen sollen diese Rechnungen nun am Einschaltvorgang einer unbelasteten Drehstromdrosselspule entsprechend Bild 9.3 veranschaulicht werden. Die zugehörigen stationären Modellgleichungen sind der Beziehung (9.10) zu entnehmen, wobei wiederum die für Gl. (9.11) vorausgesetzten Symmetriebedingungen zu berücksichtigen sind. Dann ergibt sich die zugehörige transiente Form nach einer Laplace-Transformation zu

$$\begin{bmatrix} U_R(p) \\ U_S(p) \\ U_T(p) \end{bmatrix} = \begin{bmatrix} pL & -pM & -pM \\ -pM & pL & -pM \\ -pM & -pM & pL \end{bmatrix} \cdot \begin{bmatrix} I_R(p) \\ I_S(p) \\ I_T(p) \end{bmatrix}. \tag{10.26a}$$

Mit einer kompakteren Schreibweise lautet sie

$$[U_d(p)] = [Z_d(p)] \cdot [I_d(p)]. \tag{10.26b}$$

In dieser Beziehung werden analog zum Abschnitt 9.1 die Größen $U_d(p)$ und $I_d(p)$ durch die mit den symmetrischen Komponenten transformierten Ausdrücke

$$[U_d(p)] = [\underline{T}] \cdot [U_k(p)], \quad [I_d(p)] = [\underline{T}] \cdot [I_k(p)] \tag{10.27}$$

ersetzt. Eine weitere Umformung führt auf den bereits bekannten Zusammenhang

$$[U_k(p)] = [\underline{T}]^{-1} \cdot [Z_d(p)] \cdot [\underline{T}] \cdot [I_k(p)]. \tag{10.28}$$

Speziell für die betrachtete Drehstromdrosselspule nimmt diese Beziehung die folgende Form an:

$$\begin{bmatrix} U_1(p) \\ U_2(p) \\ U_0(p) \end{bmatrix} = \frac{1}{3} \cdot \begin{bmatrix} U_R(p) + \underline{a}\, U_S(p) + \underline{a}^2 U_T(p) \\ U_R(p) + \underline{a}^2 U_S(p) + \underline{a}\, U_T(p) \\ U_R(p) + U_S(p) + U_T(p) \end{bmatrix}$$

$$= \begin{bmatrix} p \cdot (L+M) & 0 & 0 \\ 0 & p \cdot (L+M) & 0 \\ 0 & 0 & p \cdot (L-2M) \end{bmatrix} \cdot \begin{bmatrix} I_1(p) \\ I_2(p) \\ I_0(p) \end{bmatrix}. \tag{10.29}$$

Bei dieser Rechnung stellen die Ströme die unbekannten und die Spannungen die eingeprägten Größen dar. Der Vektor $[U_k(p)]$ wird nämlich aus den vorgegebenen Spannungs-

10.4 Ausgleichsvorgänge bei unsymmetrischen Fehlern

verläufen $U_R(p)$, $U_S(p)$ und $U_T(p)$ über den Zusammenhang

$$[U_k(p)] = [\underline{T}]^{-1} \cdot [U_d(p)] \tag{10.30}$$

ermittelt. Aus den Gleichungen (10.29) ist bereits eine wichtige Aussage abzulesen: Die transienten und stationären Systemmatrizen verändern sich durch die Transformation mit den symmetrischen Komponenten in gleicher Weise. Das bedeutet zugleich, dass die *Struktur der zugehörigen Komponentenersatzschaltbilder* untereinander identisch ist.

Anders verhält es sich dagegen mit den Anregungen, den Spannungen. Aus der Tabelle 4.2 ist zu ersehen, dass sich die Laplace-Transformierten einer sinusförmig verlaufenden Spannung und die komplexe Formulierung voneinander unterscheiden. Dabei ist weiter zu beachten, dass die komplexen Faktoren $\underline{a}$ und $\underline{a}^2$ keine Laplace-Transformierten darstellen und ihnen daher keine Zeitfunktionen zugeordnet sind. Aus diesem Grund können die Terme $\underline{a}$ und $\underline{a}^2$ nicht wie bei der komplexen Formulierung mit den Anregungsfunktionen $U_R(p)$, $U_S(p)$ und $U_T(p)$ zusammengefasst werden. Diese Aussage gilt auch für ein symmetrisches Spannungssystem, das eingeprägt ist und bei dem z. B. im Nulldurchgang der Spannung $u_R(t)$ die Zustandsänderung auftritt. *Im Unterschied zur komplexen Formulierung ist dadurch stets eine Gegenspannung $U_2(p)$ vorhanden*. Im Nullsystem der Anregung treten gemäß Gl. (10.29) keine Terme $\underline{a}$ und $\underline{a}^2$ auf. Dort ergänzen sich die Laplace-Transformierten wie das eingeprägte symmetrische Spannungssystem zu null. Daher tritt im Nullsystem keine Anregung auf.

Die bisherigen Überlegungen zeigen also, dass die abgeleiteten Komponentenersatzschaltbilder auch für transiente Rechnungen gültig sind. Abweichend von den stationären Verhältnissen ist jedoch die Anregung, üblicherweise die Spannung, modifiziert und mit der Beziehung (10.30) gesondert zu berechnen.

Im Bild 10.28 sind für die Drosselspule die transienten und stationären Komponentenersatzschaltbilder noch einmal gemeinsam dargestellt. Dabei ist die Innenreaktanz des Netzes im Vergleich zu den Reaktanzen der Drosselspule als vernachlässigbar klein angenommen worden; das noch folgende Beispiel gestaltet sich dadurch einfacher.

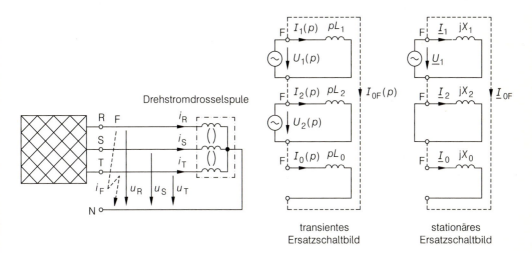

Bild 10.28
Transiente und stationäre Komponentenersatzschaltbilder einer Drehstromdrosselspule mit magnetischen Kopplungen bei symmetrischer Anregung (gestrichelte Verschaltung im Falle eines einpoligen Kurzschlusses)

Es liegt nun nahe, analog zu den Betrachtungen in Abschnitt 10.2 einen Knotenpunkt F einzuführen und mit dessen Hilfe die Fehlerbedingungen in der bekannten Weise zu realisieren. Für einen einpoligen Kurzschluss am Eingang der Drehstromdrosselspule im Leiter R ist die zugehörige Verschaltung der Komponentenersatzschaltbilder in Bild 10.28 gestrichelt dargestellt. Auch die Auswertung solcher Netzwerke läuft weitgehend nach der im Abschnitt 10.2 beschriebenen Vorgehensweise ab. Im Einzelnen gilt

1. Aufstellung der Komponentenersatzschaltbilder unter *Beachtung der Modifikationen bei den Anregungen*,

2. Formulierung der Fehlerbedingungen bzw. Verknüpfung der Komponentenersatzschaltbilder,

3. Berechnung der interessierenden Größen nach den üblichen Netzwerkmethoden unter Verwendung der Laplace-Transformation,

4. Rücktransformation aus dem Bereich der symmetrischen Komponenten in den Bereich der Drehstromkomponenten,

5. Rücktransformation aus dem Laplace-Bereich in den Zeitbereich.

Die fünf Schritte werden noch einmal an der mit einem einpoligen Kurzschluss behafteten Drehstromdrosselspule veranschaulicht, wobei die *Schritte 1 und 2* bereits in Bild 10.28 dargestellt sind.

3. Schritt für den Fehlerstrom

Nach dem Überlagerungsprinzip errechnet sich der *Nullstrom* an der Fehlerstelle $I_{0F}(p)$ aus dem Ersatzschaltbild zu

$$I_{0F}(p) = \frac{U_1(p) + U_2(p)}{pL_0} \,. \tag{10.31}$$

Infolge der symmetrischen Anregung gilt $U_0(p) = 0$ und $U_R(p) = -U_S(p) - U_T(p)$. Damit ergibt sich aus der Beziehung (10.29) die Identität

$$U_1(p) + U_2(p) = U_R(p) \,. \tag{10.32}$$

Für eine sinusförmige Anregung mit der Netzfrequenz f_N bzw. ω_N

$$u_R(t) = \frac{\hat{U}_b}{\sqrt{3}} \cdot \sin(\omega_N \cdot t)$$

resultiert daraus mithilfe der Gl. (10.31) und der Tabelle 4.2 der Zusammenhang

$$I_{0F}(p) = \frac{U_R(p)}{pL_0} = \frac{\hat{U}_b}{\sqrt{3}} \cdot \frac{\omega_N}{pL_0 \cdot (p^2 + \omega_N^2)} \,. \tag{10.33}$$

4. Schritt für den Fehlerstrom

Aus dem Nullstrom $I_{0F}(p)$ errechnet sich der *Fehlerstrom* zu

$$I_F(p) = 3 \cdot I_{0F}(p) = \frac{\sqrt{3} \cdot \hat{U}_b \cdot \omega_N}{pL_0 \cdot (p^2 + \omega_N^2)} \,. \tag{10.34}$$

5. Schritt für den Fehlerstrom

Die Rücktransformation in den Zeitbereich führt gemäß [26] und [143] auf den Ausdruck

$$i_\mathrm{F}(t) = \frac{\sqrt{3} \cdot \hat{U}_\mathrm{b}}{\omega_\mathrm{N} L_0} \cdot \left(\sin(\omega_\mathrm{N} t - 90°) + 1\right), \tag{10.35}$$

in dem das konstante Glied einen Gleichstrom darstellt. Auf entsprechende Weise lassen sich auch die *Außenleiterströme* ermitteln, die in der Drosselspule fließen. Wie beim Fehlerstrom werden wiederum nur die Schritte 3 bis 5 dargestellt.

3. Schritt für die Außenleiterströme

Aus dem Ersatzschaltbild 10.28 ergeben sich die Komponentenströme

$$I_1(p) = \frac{U_1(p)}{pL_1}, \quad I_2(p) = \frac{U_2(p)}{pL_1}, \quad I_0(p) = -I_{0\mathrm{F}}(p).$$

4. Schritt für die Außenleiterströme

Eine Rücktransformation mit den symmetrischen Komponenten führt auf die Laplace-Transformierten der gesuchten Ströme, wobei im Folgenden nur $I_\mathrm{R}(p)$ angegeben wird:

$$I_\mathrm{R}(p) = \frac{U_1(p)}{pL_1} + \frac{U_2(p)}{pL_1} - \frac{U_\mathrm{R}(p)}{pL_0} = \frac{U_\mathrm{R}(p) \cdot (L_0 - L_1)}{pL_1 L_0}. \tag{10.36}$$

5. Schritt für die Außenleiterströme

Im Zeitbereich erhält man aus Gl. (10.36)

$$i_\mathrm{R}(t) = \frac{\hat{U}_\mathrm{b} \cdot (L_0 - L_1)}{\sqrt{3} \cdot \omega_\mathrm{N} L_1 L_0} \cdot \left(\sin(\omega_\mathrm{N} t - 90°) + 1\right). \tag{10.37}$$

Für die Ströme $i_\mathrm{S}(t)$ und $i_\mathrm{T}(t)$ ergeben sich analoge Beziehungen, wenn man den Zusammenhang (9.14) ausnutzt und die Voraussetzung

$$U_\mathrm{R}(p) + U_\mathrm{S}(p) + U_\mathrm{T}(p) = 3 \cdot U_0(p) = 0$$

berücksichtigt, die aus der symmetrischen Speisung resultiert. Eine genauere Analyse der beschriebenen Rechnungen zeigt, dass sich nach der Rücktransformation nur dann reelle Zeitfunktionen ergeben, wenn die Impedanzen des Mit- und Gegensystems untereinander identisch sind und somit

$$Z_1(p) = Z_2(p) \tag{10.38}$$

gilt. Anderenfalls ergänzen sich die Imaginärteile der komplexen Terme $\underline{a}$ und $\underline{a}^2$ nicht zu null und die Transformation verliert ihren Sinn. Vertiefte mathematische Betrachtungen dazu sind [110] zu entnehmen.

Die Beziehung (10.38) wird von allen symmetrisch aufgebauten Betriebsmitteln ohne drehende Teile erfüllt. Eine Ausnahme stellen scheinbar nur phasendrehende Transformatoren dar. Bei ihnen unterscheidet sich im Mit- und Gegensystem das Vorzeichen des Drehwinkels φ, das in der komplexen Übersetzung des idealen Übertragers auftritt. Da ansonsten alle anderen Netzwerkgrößen gleich sind, treten oberspannungsseitig bei der

Rücktransformation komplexe Terme nur in der Gestalt

$$\left(e^{j\varphi} + e^{-j\varphi}\right) = 2 \cdot \mathrm{Re}\left\{e^{j\varphi}\right\} \qquad (10.39)$$

auf [133]. Demnach verschwinden auch bei komplexen Übersetzungen – wie gewünscht – die Imaginärteile. Daher können phasendrehende Transformatoren in diese Rechnung einbezogen werden (s. Abschnitt 4.2.3.4). Der verbleibende Realteil passt die unterspannungsseitigen Amplitudenverhältnisse an die oberspannungsseitigen an.

Bei dem diskutierten Beispiel interessieren nur Aussagen über Ströme. Selbstverständlich lassen sich auf diese Weise auch Überspannungen berechnen, z.B. zur Dimensionierung von Leistungsschaltern im Hinblick auf die unbeeinflusste Einschwingspannung. Als nichtlineares Element kann der Schaltlichtbogen im Schalter natürlich nicht direkt in den linearen Algorithmus der symmetrischen Komponenten einbezogen werden. Weitere Einschränkungen erwachsen bei generatornahen Kurzschlüssen aus der zeitlichen Abhängigkeit der Mitreaktanz von Generatoren.

10.4.2 Transiente Komponentenersatzschaltbilder für unsymmetrische generatornahe Fehler

Gemäß der Beziehung (10.38) müssen bei den transienten Komponentenersatzschaltbildern die Mit- und Gegenimpedanz stets identisch sein. Bei den Generatoren ist diese Bedingung nur für einen kurzen Augenblick nach dem Fehlereintritt, dem subtransienten Zeitbereich, erfüllt. Es ist daher notwendig, die Generatoren in den transienten Komponentenersatzschaltbildern durch ihre subtransiente Induktivität L_d'' und durch ihren Ständerwiderstand R_G nachzubilden. Diese Modellierung ist bereits zur Berechnung der subtransienten Kurzschlusswechselströme in den stationären Komponentenersatzschaltbildern vorgenommen worden. Es ist dabei stillschweigend vorausgesetzt worden, dass sich dann der Anfangskurzschlusswechselstrom für den asymmetrischen Fehler richtig ergibt.

Ein Vergleich mit der exakten Lösung bestätigt diese intuitive Vorgehensweise. Wie bereits erwähnt, stellt sich zusätzlich ein harmonisches Oberschwingungsspektrum ein. Bei Vollpolmaschinen liegen die arithmetisch addierten Amplituden der Oberschwingungen bei ca. 1...2% des Anfangskurzschlusswechselstroms. Über diesen Anteil kann das transiente Ersatzschaltbild keine Aussage liefern. Es ist auch nicht in der Lage, den Abklingvorgang von Oberschwingungen und dem *symmetrischen* 50-Hz-Strom insgesamt wiederzugeben.

Die zugehörigen Zeitkonstanten liegen entweder im subtransienten oder transienten Bereich. Sie sind jedoch keineswegs identisch mit den Werten, die das Abklingen eines dreipoligen Kurzschlussstroms an der gleichen Netzstelle beschreiben. Nach dem Abklingen stellt sich ein stationärer Verlauf ein, bei dem die Oberschwingungen schwächer ausgebildet sind als im transienten Verlauf.

Neben den abklingenden 50-Hz-Wechselströmen und Oberschwingungen treten noch gleichstromartige Anteile auf. Sie können unmittelbar nach dem Fehlereintritt nahezu die Amplitude des Anfangskurzschlusswechselstroms erreichen. Es handelt sich entweder um gedämpfte, sehr niederfrequente Schwingungen oder um echte, abklingende Gleichglieder; solche niederfrequenten Schwingungen sind bereits vom dreipoligen Kurzschluss her bekannt.

10.4 Ausgleichsvorgänge bei unsymmetrischen Fehlern

Ein Vergleich mit der exakten Lösung zeigt, dass sich der Zeitverlauf dieser gleichstromartigen Anteile bei einer *ohmsch-induktiven Netzmodellierung* auch hinreichend genau aus den transienten Komponentenersatzschaltbildern ermitteln lässt. Dort werden sie durch die abklingenden Gleichströme repräsentiert, die sich in dem Netzwerk ausbilden. Wie bereits in Abschnitt 4.4.4.3 beschrieben, wird auf diese Weise jedoch der Stoßkurzschlussstrom wegen des nicht berücksichtigten Abklingens der Wechselströme nur ungenau erfasst. Deshalb ist für die Ermittlung des Stoßkurzschlussstroms wiederum R_G durch den größeren fiktiven Widerstand R_{sG} gemäß Gl. (6.27) zu ersetzen.

Bei umfangreicheren Anlagen ist die bisher kennen gelernte analytische Auswertung der Komponentenersatzschaltbilder sehr aufwändig. Dann bietet sich eine numerische Bestimmung der Einschwingvorgänge an; phasendrehende Umspanner lassen sich dann allerdings nur in speziellen Fällen erfassen.

10.4.3 Numerische Auswertung der transienten Komponentenersatzschaltbilder

Wie jedes lineare R,L,C-Netzwerk beschreiben auch die transienten Komponentenersatzschaltbilder ein lineares DGL-System. Es wäre mit den bisherigen numerischen Programmen direkt lösbar, wenn die treibenden Spannungen reell wären. Dies ist jedoch nicht der Fall, denn durch die Transformation mit den symmetrischen Komponenten enthalten sie noch die komplexen Drehterme $\underline{a}$ und $\underline{a}^2$.

Als Beispiel wird das in Bild 10.29 dargestellte Netz betrachtet. Darin speist ein Generator über einen Transformator mit komplexer Übersetzung eine Freileitung, an deren Ende ein einpoliger Erdkurzschluss auftritt. Der dadurch verursachte transiente Vorgang wird durch das Komponentenersatzschaltbild 10.30 wiedergegeben, in dem die eingeprägten komplexen Komponentenspannungen $\underline{u}_1(t)$ und $\underline{u}_2(t)$ auf die 380-kV-Seite bezogen werden. Sie ermitteln sich aus den Sternspannungen $u_R(t)$, $u_S(t)$ und $u_T(t)$ der Generatorseite mithilfe der Beziehungen

$$\underline{u}_1(t) = \frac{1}{3} \cdot \left(u_R(t) + \underline{a} \cdot u_S(t) + \underline{a}^2 \cdot u_T(t) \right) \cdot \ddot{u} \cdot e^{j\varphi} \tag{10.40}$$

$$\underline{u}_2(t) = \frac{1}{3} \cdot \left(u_R(t) + \underline{a}^2 \cdot u_S(t) + \underline{a} \cdot u_T(t) \right) \cdot \ddot{u} \cdot e^{-j\varphi} . \tag{10.41}$$

Dabei kennzeichnet der Ausdruck $\ddot{u} \cdot e^{j\varphi}$ die komplexe Übersetzung $\underline{\ddot{u}}$ des Transformators. Diese Ausdrücke werden nun in ihre Real- und Imaginärteile zerlegt. Es resultieren die zwei zueinander konjugiert komplexen Beziehungen

$$\begin{aligned}\underline{u}_1(t) =& \left(u_R \cdot \cos\varphi + u_S \cdot \cos(120° + \varphi) + u_T \cdot \cos(240° + \varphi) \right) \cdot \frac{\ddot{u}}{3} \\ &+ j \cdot \left(u_R \cdot \sin\varphi + u_S \cdot \sin(120° + \varphi) + u_T \cdot \sin(240° + \varphi) \right) \cdot \frac{\ddot{u}}{3}\end{aligned} \tag{10.42}$$

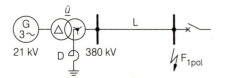

Bild 10.29

Erdschluss in einem Netz mit phasendrehendem Transformator bei niederohmiger Sternpunkterdung

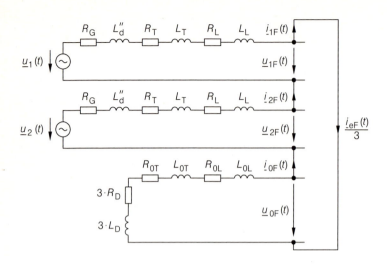

Bild 10.30
Komponentenersatzschaltbild mit komplexen, zeitabhängigen Spannungsquellen zur Nachbildung transienter Vorgänge

und

$$\begin{aligned}\underline{u}_2(t) =& \left(u_R \cdot \cos\varphi + u_S \cdot \cos(120° + \varphi) + u_T \cdot \cos(240° + \varphi)\right) \cdot \frac{\ddot{u}}{3} \\ &- \mathrm{j} \cdot \left(u_R \cdot \sin\varphi + u_S \cdot \sin(120° + \varphi) + u_T \cdot \sin(240° + \varphi)\right) \cdot \frac{\ddot{u}}{3}\,.\end{aligned} \quad (10.43)$$

In zwei weiteren Schritten wird nun das Überlagerungsverfahren angewendet. Dabei wird die Schaltung zuerst nur mit den Realteilen der Anregungen numerisch durchgerechnet (Bild 10.31). Bei der folgenden Auswertung sind dann nur die Imaginärteile wirksam (Bild 10.32), sodass wiederum rein reelle Simulationen vorliegen. Aus diesen beiden Rechnungen erhält man jeweils den Real- und Imaginärteil für alle benötigten komplexen Komponentenströme und -spannungen, die anschließend punktweise mit der Bedingung (9.3) in das R,S,T-System zurückzutransformieren sind. Als Ergebnis resultieren schließlich

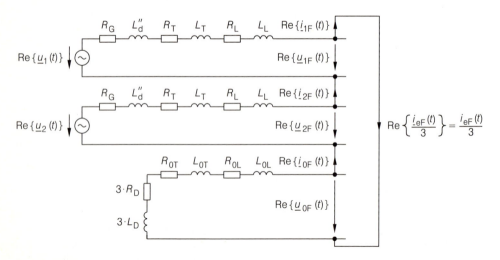

Bild 10.31
Realteile der komplexen Ströme und Spannungen des Komponentenersatzschaltbilds 10.30

10.4 Ausgleichsvorgänge bei unsymmetrischen Fehlern

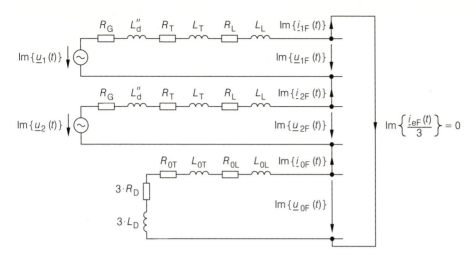

Bild 10.32
Imaginärteile der komplexen Ströme und Spannungen des Komponentenersatzschaltbilds 10.30

wieder – wie auch notwendig – reelle Zeitverläufe. Dieses numerische Verfahren kann allerdings nur eingesetzt werden, solange die komplexen Übersetzungen der phasendrehenden Transformatoren auf die beschriebene Weise in die Speisespannungen einbezogen werden können und darüber hinaus keine weiteren komplexen Terme vorhanden sind.

Hinzugefügt sei noch, dass sich in den numerischen und analytischen Rechnungen auch *Anfangsbedingungen ungleich null* berücksichtigen lassen. Daher kann in numerischen Rechnungen z. B. ein Übergang vom symmetrischen Normalbetrieb in einen Fehlerzustand durch ideale Schalter simuliert werden. Zum Zeitpunkt des Fehlereintritts schließen sie die weiteren Komponentensysteme an das Mitsystem an. Dabei ist jedoch zu beachten, dass ein Schaltvorgang im Komponentenersatzschaltbild an der zugehörigen Stelle im R,S,T-System stets ein gleichzeitiges Schalten *aller* Außenleiter wiedergibt. Zeitlich versetzte Schaltvorgänge in den drei Leitern können in diesem Modell nicht nachgebildet werden. Demzufolge bewirkt diese Methode bei *Ausschaltvorgängen* in Anlagen mit einer Vorbelastung Stromabrisse. Dadurch werden höhere Überspannungen ermittelt, als sie in Wirklichkeit auftreten.

Angemerkt sei, dass es neben der Transformation mit den symmetrischen Komponenten noch andere, gleichwertige Methoden gibt. Besonders wichtig ist die rein reelle $\alpha,\beta,0$-Transformation [42]. Darüber hinaus ist für zwei wichtige Kurzschlussarten jeweils ein weiteres Näherungsverfahren entwickelt worden. Damit lassen sich auf einfache und anschauliche Weise deren Stoßkurzschlussströme ermitteln.

10.4.4 Näherungsverfahren zur Bestimmung des Stoßkurzschlussstroms bei ein- und zweipoligen Kurzschlüssen

Um die Bestimmung des Stoßkurzschlussstroms möglichst einfach zu gestalten, sind die dafür beim dreipoligen Kurzschluss kennen gelernten Näherungsmethoden auch auf den ein- und zweipoligen Kurzschluss übertragen worden. So wird der Stoßkurzschlussstrom eines einpoligen Erdkurzschlusses wieder über eine Ordnungsreduktion ermittelt, die das

Netz auf ein System mit nur *einer* Gleichstromkomponente zurückführt. Prinzipiell könnte man dabei die jeweils maßgebende Eingangsimpedanz des Netzes aus den stationären Komponentenersatzschaltbildern bestimmen und mit der Methode auswerten, die im Kapitel 6 zur κ-Bestimmung verwendet wird. DIN VDE 0102 beschreitet einen noch einfacheren Weg. In Analogie zum dreipoligen Kurzschluss wird der Stoßfaktor κ nur aus dem Mitsystem berechnet. Für die praktische Projektierungsarbeit liefert diese Methode ausreichend sichere Ergebnisse und wird dort vorwiegend angewendet.

Mit der bisher geschilderten Theorie können sowohl das stationäre Verhalten als auch die Ausgleichsvorgänge in Netzanlagen berechnet werden, die sich nach unsymmetrischen Fehlern einstellen. Einen großen Einfluss auf das Strom-Spannungs-Verhalten übt dabei die Sternpunktbehandlung aus, also die Art, wie die Transformatorsternpunkte mit den Erdern verbunden sind.

10.5 Aufgaben

Aufgabe 10.1: Bei der im Bild dargestellten Anlage sei von der Doppelleitung L aus Wartungsgründen nur ein System in Betrieb. Die ohmschen Einflüsse können vernachlässigt werden. Bei den Transformatoren handelt es sich um Ausführungen mit Dreischenkelkernen. Weitere benötigte Angaben sind dem Anhang zu entnehmen bzw. über die üblichen Projektierungsrichtwerte zu schätzen.

G: $U_{rG} = 21$ kV; $S_{rG} = 500$ MVA; $x_d'' = 0{,}19$
T_1: $\ddot{u}_{rT1} = 380$ kV/21 kV, YNd5; $S_{rT1} = 550$ MVA; $u_k = 16\,\%$
T_2: $\ddot{u}_{rT2} = 380$ kV/110 kV, Yyn0; $S_{rT2} = 250$ MVA; $u_k = 16\,\%$
L: 150 km; 4×243-AL1/39-ST1A; Donaumastbild; 1 Erdseil.
D_1: $X_{D1} = 10\ \Omega$
D_2: $X_{D2} = 5\ \Omega$

a) An der Sammelschiene SS2 möge im Leiter R ein einpoliger Erdkurzschluss auftreten. Berechnen Sie den Fehlerstrom am Kurzschlussort F1 und die Teilkurzschlussströme in der Freileitung sowie im Generator.

b) Anstatt in F1 möge der einpolige Fehler in F2 an der Sammelschiene SS3 auftreten. Berechnen Sie die entsprechenden Teilkurzschlussströme.

c) Erläutern Sie, ob sich die Ströme merklich verändern, wenn anstelle von Dreischenkeltransformatoren Transformatorenbänke oder Fünfschenkeltransformatoren verwendet würden.

d) In welcher Weise wäre der Ansatz zu verändern, wenn Lasten vorhanden wären?

e) Ermitteln Sie, ob der Transformator T_2 für den in F2 auftretenden Erdkurzschlussstrom eine ausreichende Sternpunktbelastbarkeit aufweist oder ob eine Ausgleichswicklung vorgesehen werden muss.

Aufgabe 10.2: In der Anlage gemäß Aufgabe 10.1 möge an der Sammelschiene SS2 (Fehlerort F1) ein dreipoliger Kurzschluss *ohne Erdberührung* auftreten. Bei der anschließenden Ausschaltung reagiert an der Sammelschiene SS1 der Pol im Leiter R nicht ordnungsgemäß, sodass eine einpolige Leiterunterbrechung entsteht.

a) Stellen Sie das Komponentenersatzschaltbild auf, und berechnen Sie die Ströme in der Freileitung sowie in den Drosselspulen, wobei die kapazitiven Einflüsse zu vernachlässigen sind.

b) Geben Sie das Komponentenersatzschaltbild für den Fall an, dass der Transformator T_2 die Schaltgruppe YNy0 aufweist und abweichend von der dargestellten Anlage die Drosselspule D_2 an den oberspannungsseitigen Sternpunkt angeschlossen wird.

c) Bei der in b) beschriebenen Schaltung ist für die Reaktanzen des Transformators T_2 und der Drosselspule D_2 gedanklich der Grenzübergang $X \to 0$ durchzuführen. Erläutern Sie, welche Fehlerbedingungen durch das daraus resultierende Komponentenersatzschaltbild nachgebildet werden.

d) Erläutern Sie, welche Veränderungen sich in Bezug auf die Kurzschlussströme durch den Übergang des dreipoligen Kurzschlusses an der Sammelschiene SS2 zu dem in c) beschriebenen Fehler ergeben. Berechnen Sie den Strom, der sich in der Drosselspule D_1 einstellt, und ermitteln Sie, auf welchen Wert sich die Freileitungsströme vergrößern. Wie groß ist der Fehlerstrom, der an der Sammelschiene SS2 in die Erde fließt?

Aufgabe 10.3: In der dargestellten, als verlustlos angenommenen Anlage möge in F ein zweipoliger Kurzschluss mit Erdberührung auftreten, während im einspeisenden Netz N infolge eines weiteren Fehlers nur der Leiter R unter Spannung steht. Bei den Freileitungen sei jeweils nur ein System in Betrieb. Berechnen Sie den Erdstrom, der sich bei diesem Doppelfehler in der zugehörigen Umspannstation einstellt.

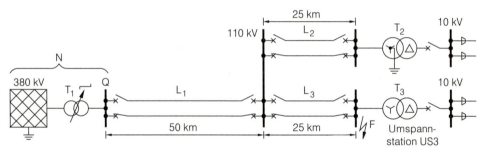

T_2, T_3: $\ddot{u}_r = 110\,\text{kV}/10\,\text{kV}$, $S_r = 63\,\text{MVA}$; $u_k = 10\,\%$; $X_0/X_{kT} = 0{,}9$
L_1, L_2, L_3: $X'_L = 0{,}26\,\Omega/\text{km}$; $X_0/X_1 = 2{,}8$
N: $S''_{kQ} = 3\,\text{GVA}$ auf der 110-kV-Seite von T_1.

Aufgabe 10.4: Im Bild ist ein leerlaufendes Niederspannungsnetz mit einer Netzeinspeisung dargestellt. An der Sammelschiene SS2 möge ein einpoliger Erdkurzschluss auftreten.

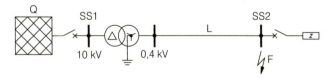

a) Berechnen Sie in allgemeiner Form den stationären einpoligen Kurzschlussstrom unter der Annahme, das Netz sei verlustlos.

b) Stellen Sie unter den gleichen Bedingungen das transiente Ersatzschaltbild auf und ermitteln Sie daraus die Laplace-Transformierte für den Erdkurzschlussstrom in Abhängigkeit von $U_R(p)$.

c) Vergleichen und diskutieren Sie die Ergebnisse in a) und b).

d) Berechnen Sie den Strom im Zeitbereich.

Aufgabe 10.5: In der Anlage gemäß Aufgabe 10.4 trete an der Sammelschiene SS2 ein zweipoliger Kurzschluss mit Erdberührung auf, wobei das Netz wiederum vereinfachend als verlustlos angesehen werde.

a) Berechnen Sie den stationären Erdstrom.

b) Stellen Sie das äquivalente transiente Ersatzschaltbild auf, und berechnen Sie daraus die Laplace-Transformierte für den Erdstrom.

c) Vergleichen Sie die Ergebnisse unter a) und b).

d) Berechnen Sie den Erdstrom im Zeitbereich.

11 Sternpunktbehandlung in Energieversorgungsnetzen

Sehr wesentlich wird die Nullimpedanz eines Netzes davon beeinflusst, auf welche Art die Sternpunkte der zugehörigen Transformatoren geerdet sind. Dadurch liegt auch weitgehend fest, wie das Netz auf Fehler mit Erdberührung reagiert. Dieses Netzverhalten wird im Folgenden anhand eines Erdschlusses dargestellt, da dieser einpolige Fehler am häufigsten auftritt und somit am stärksten interessiert. Zunächst wird das stationäre Netzverhalten beschrieben, das sich bei dieser Fehlerart einstellt. Anschließend wird auf wichtige transiente Überspannungseffekte eingegangen, die durch Erdschlüsse ausgelöst werden. Ihr Verlauf hängt ebenfalls sehr stark von der gewählten Sternpunktbehandlung ab. In Abschnitt 11.3 werden dann auch Ferroresonanzerscheinungen ausführlicher behandelt, die im Abschnitt 4.12.1.1 bereits erwähnt worden sind.

11.1 Einfluss der Sternpunktbehandlung auf das stationäre Netzverhalten bei einpoligen Erdschlüssen

Grundsätzlich unterscheidet man bei der Sternpunktbehandlung zwischen drei Ausführungen, die nacheinander erläutert werden. Zunächst wird auf solche Netze eingegangen, bei denen alle Sternpunkte der Transformatoren isoliert betrieben werden, also nicht mit den Erdern verbunden sind. Allerdings dürfen die im Normalbetrieb hochohmigen Überspannungsableiter, wie im Abschnitt 4.12.3 schon ausgeführt worden ist, an die Sternpunkte angeschlossen sein.

11.1.1 Netze mit isolierten Sternpunkten

Historisch gesehen handelt es sich bei dieser Sternpunktbehandlung um die älteste Art, die auch heute noch bei kleinen 6-kV- und 10-kV-Netzen angewendet wird [144]. Ihre Vor- und Nachteile sollen an der Anlage in Bild 11.1 dargestellt werden. Diese möge am Punkt F einen Erdschluss aufweisen; die ohmschen Widerstände seien zu vernachlässigen. Die sich bei diesem Fehler einstellenden Strom-Spannungs-Verhältnisse sind aus dem Ersatzschaltbild 11.2 zu ermitteln. Im Unterschied zu den bisherigen Betrachtungen müssen die kapazitiven Einflüsse der Leitungen berücksichtigt werden. Die Kapazitäten der anderen Netzelemente sollen – wie bei normalen Anlagen üblich – im Vergleich zu

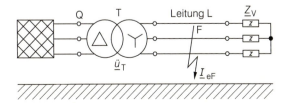

Bild 11.1
Netz mit isoliertem Sternpunkt und Erdschluss in der Mitte der Leitung L

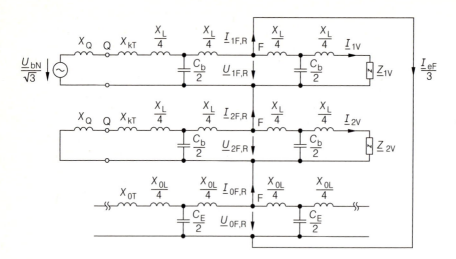

Bild 11.2
Ersatzschaltbild der Anlage in Bild 11.1

den Leitungskapazitäten so klein sein, dass sie vernachlässigt werden können. Die Reaktanzen $1/(\omega C)$ der Leitungskapazitäten selbst sind wieder sehr hochohmig im Vergleich zu den Längsreaktanzen der Netzelemente.

Aus dem Ersatzschaltbild 11.2 ist zu ersehen, dass unter diesen Bedingungen der Erdschlussstrom I_{eF} (e: Zustand Erdschluss) im Wesentlichen nur durch die Erdkapazität C_E bestimmt wird. Daher wird dieser Strom auch als I_{CE} bezeichnet. Aus dem Ersatzschaltbild 11.2 errechnet er sich zu

$$I_{eF} = I_{CE} \approx 3 \cdot \frac{U_{bN}}{\sqrt{3}} \cdot \omega C_E = \sqrt{3} \cdot U_{bN} \cdot \omega C_E \ . \tag{11.1}$$

Dabei bezeichnet die Größe U_{bN} die Betriebsspannung des Netzes. Wie bei den dreipoligen Kurzschlüssen kann in Netzen mit $U_{nN} > 1$ kV auch bei einpoligen Erdschlüssen der Wert $U_{bN} = 1{,}1 \cdot U_{nN}$ als wirksame Spannung eingesetzt werden (s. DIN VDE 0102). Aufgrund der kleinen Erdkapazitäten ist dieser Strom üblicherweise nur relativ gering; er *überlagert sich als kapazitiver Blindstrom dem Betriebsstrom*, der im Nennbetrieb mindestens um eine Größenordnung höher ist. Eine weitere Auswertung des Ersatzschaltbilds zeigt, dass sich der Erdschlussstrom I_{eF} entsprechend Bild 11.3 in der Anlage verteilt.

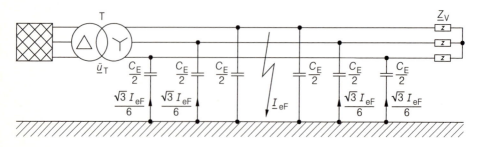

Bild 11.3
Verteilung der Fehlerströme (Beträge) bei einem Erdschluss

11.1 Einfluss der Sternpunktbehandlung auf das stationäre Netzverhalten

Er fließt über die Fehlerstelle in die Erde und schließt sich über die verteilten Erdkapazitäten. Aus Darstellungsgründen sind in dem Bild nur die Beträge, jedoch nicht ihre Phasenverschiebungen angegeben worden.

Im Weiteren soll nun untersucht werden, wie sich die Zusammenhänge bei verzweigten Netzen gestalten. Zur Veranschaulichung wird das Komponentenersatzschaltbild für das Nullsystem einer speziellen, verzweigten Netzanlage in Bild 11.4 dargestellt. Für die Größenverhältnisse der Impedanzen untereinander gelten die gleichen Bedingungen wie bei der Anlage in Bild 11.1. In diesem Fall sind wiederum die Erdkapazitäten der einzelnen Leitungen für die Größe des Fehlerstroms bestimmend. Sie können als parallel geschaltet angesehen werden, da die Längsreaktanzen vergleichsweise klein sind. Die insgesamt wirksame Erdkapazität beträgt daher

$$C_{E,\text{ges}} \approx C_{E1} + C_{E2} + C_{E3}\ .$$

Der Fehlerstrom lässt sich mit der Beziehung (11.1) berechnen, wenn anstelle von C_E die Größe $C_{E,\text{ges}}$ verwendet wird. Dieses Ergebnis zeigt, dass der *Erdschlussstrom I_{eF} mit wachsender Netzausdehnung ansteigt*. Es stellt sich nun die Frage, bis zu welcher Höhe dieser Strom in der Praxis als zulässig anzusehen ist. Die folgenden Überlegungen geben darauf eine Antwort.

In Freileitungsnetzen werden viele Erdschlüsse durch Feuchtigkeits- oder Schmutzbrücken auf den Isolatoren eingeleitet. Es gilt zu verhindern, dass sich aus solchen Überschlägen stationäre Lichtbogen entwickeln. Sind sie hinreichend stromschwach, verlöschen sie gemäß Abschnitt 7.1 selbstständig. In 10-kV- und 20-kV-Freileitungsnetzen mit isolierten Sternpunkten tritt die angestrebte Selbstlöschung auf, solange $I_{eF} < 35$ A ist (s. DIN VDE 0228 Teil 2). Zumeist beseitigt der kurzfristig auftretende Erdschlussstrom auch die leitfähigen Brücken auf den Isolatoren, sodass anschließend die Fehlerursache nicht mehr vorhanden ist; der Erdschluss hat sich selbst geheilt. Falls jedoch der Erdschluss durch andere leitfähige Verbindungen verursacht wird, steht er dauerhaft an. Man spricht dann von einem *Dauererdschluss* oder einem *stehenden Erdschluss*.

Ein solcher Fehler kann nur durch die Ausschaltung der betroffenen Strecke unwirksam gemacht werden. Allerdings kann diese Maßnahme zu einem späteren Zeitpunkt erfolgen, da die Versorgung der Verbraucher durch den zusätzlichen, vergleichsweise kleinen kapazitiven Erdschlussstrom nicht beeinträchtigt wird.

Aufgrund der kleineren Isolationsabstände treten solche Dauererdschlüsse bevorzugt in Kabelnetzen auf. Die Erdschlussströme dürfen dabei nur so groß sein, dass sich der Erdschluss nicht auf einen mehrpoligen Fehler ausweitet. Anderenfalls löst der anschließend einsetzende, große Kurzschlussstrom eine Zwangsausschaltung durch den Netzschutz aus. Netze mit Einleiterkabeln sind in dieser Hinsicht schwächer gefährdet als Ausführungen

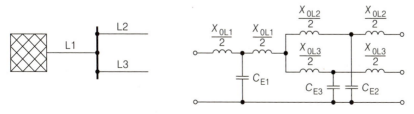

Bild 11.4
Nullsystem einer verzweigten Leitung

mit Dreileiterkabeln. Nach [145] sollte der Erdschlussstrom I_{eF} bei Kabelnetzen der Mittelspannungsebene 100 A nicht überschreiten. Bei größeren Fehlerströmen wachsen neben den Schäden an den Kabeln außerdem die Erdungs- und Berührungsspannungen auf zu hohe Werte an (s. Kapitel 12).

Es gilt festzuhalten, *dass Netze mit isolierten Sternpunkten vorteilhafterweise auch im Falle eines Erdschlusses zumindest* über einen gewissen Zeitraum weiterbetrieben werden können. Voraussetzung dafür ist, dass die Erdschlussströme hinreichend klein sind, d. h. dass die Netzausdehnung räumlich begrenzt ist.

Sofern der Isolationszustand eines Netzes z. B. durch Verschmutzung der Isolatoren nicht befriedigend ist, kann ein Dauererdschluss zu unangenehmen Folgen führen. Zum Nachweis wird noch einmal das Ersatzschaltbild 11.2 betrachtet. Bei den angegebenen Impedanzverhältnissen gilt in guter Näherung an der Fehlerstelle mit $U_{F,RE} = U_{bF}/\sqrt{3}$ der Zusammenhang

$$\underline{U}_{1F,R} = \underline{U}_{F,RE}, \quad \underline{U}_{2F,R} = 0, \quad \underline{U}_{0F,R} = -\underline{U}_{F,RE},$$

wobei die Größe $\underline{U}_{F,RE}$ die Spannung des Leiters R gegen Erde im Normalbetrieb kennzeichnet. Die Rücktransformation führt *im Fehlerfall* auf die Sternspannungen

$$\underline{U}_{F,R} = 0, \quad \underline{U}_{F,S} = \sqrt{3} \cdot \underline{U}_{F,RE} \cdot e^{j210°}, \quad \underline{U}_{F,T} = \sqrt{3} \cdot \underline{U}_{F,RE} \cdot e^{j150°}.$$

Während eines Erdschlusses *erhöht sich demnach an den fehlerfreien Leitern die 50-Hz-Spannung gegen Erde um den Faktor* $\sqrt{3}$. Diese zeitweilige Überspannung beansprucht die Betriebsmittel, wie in Bild 11.5 an einem Freileitungsmast veranschaulicht ist. Dadurch steigt die Gefahr, dass an einer anderen Stelle im Netz ein weiterer Erdschluss auftritt. Der bisher einpolige Fehler weitet sich dann zu einem Doppelerdschluss aus. Dabei können die Fehlerströme die gleiche Größenordnung erreichen wie bei dreipoligen Kurzschlüssen. In diesem Fall spricht der Netzschutz an und löst die zugehörigen Leistungsschalter aus.

Auf nach der Ausschaltung eines Doppelerdschlusses ist durchaus mit Folgefehlern zu rechnen: Der üblicherweise verwendete Netzschutz ist nämlich nur in der Lage, den vom Schutzrelais weiter entfernten Fehler zu erfassen und auszuschalten. Der andere Fehler bleibt bestehen, da der *Ort* eines einzelnen Dauererdschlusses – wie noch erläutert wird – messtechnisch schwer zu ermitteln ist. Dadurch ist die Gefahr eines erneuten Durchschlags an einer weiteren Stelle gegeben. Dieser Vorgang kann mehrere, aufeinander folgende Doppelerdschlüsse bewirken, die jeweils Leitungsausschaltungen zur Folge haben und damit die Netzsicherheit gefährden.

Die *Existenz* eines Erdschlusses lässt sich sehr einfach nachweisen. Als messtechnisches Kriterium dient die beschriebene zeitweilige Überspannung, die an den fehlerfreien Lei-

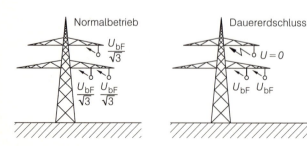

Bild 11.5
Veranschaulichung der Spannungsverhältnisse im Normalbetrieb und während eines Dauererdschlusses

tern gegen Erde entsteht. Für die Anzeige eines Erdschlusses ist es daher nur erforderlich, die Sternspannungen zu messen und bei erhöhten Werten anzuzeigen. Das entsprechende Gerät wird als *Erdschlussmelderelais* bezeichnet und an die offen betriebene e-n-Wicklung eines Spannungswandlersatzes angeschlossen. Dieses Prinzip ermöglicht jedoch *nicht, die Fehlerstelle zu lokalisieren.* Dazu müssten die Fehlerströme in den einzelnen Leitungen erfasst werden, die sehr klein im Vergleich zu den ebenfalls fließenden Betriebsströmen sind. Die dafür erforderlichen Messeinrichtungen wären äußerst aufwändig. Um nun auch ohne solche Schutzsysteme den Erdschluss mit wenigen Schaltmaßnahmen lokalisieren zu können, dürfen Netze mit isolierten Sternpunkten über die räumliche Begrenzung hinaus nur eine sehr einfache Struktur aufweisen. Sofern diese Bedingungen die Netzgestaltung zu stark einschränken, ist entweder eine Netzaufteilung oder eine Sternpunktbehandlung mit Erdschlusskompensation zu erwägen.

11.1.2 Netze mit Erdschlusskompensation

Bei ausgedehnten Netzen wächst der Erdschlussstrom I_{eF} wegen der größeren Erdkapazitäten auf unerwünscht hohe Werte an (s. Gl. (11.1)). Er lässt sich jedoch dadurch verringern, dass mindestens an einem Sternpunkt des Netzes eine *Erdschlusslöschspule* angeschlossen wird, die nach ihrem Erfinder auch als Petersenspule bezeichnet wird. Ihr Aufbau ist bereits im Abschnitt 4.9 beschrieben worden. Wie noch erläutert wird, kompensieren solche Spulen weitgehend die Erdschlussströme an der Fehlerstelle. Netze mit dieser Sternpunktbehandlung werden darum auch als *kompensierte Netze* bezeichnet.

In Deutschland werden die Netze des Mittelspannungsbereichs häufig in dieser Weise ausgeführt. In der 110-kV-Ebene findet man die Erdschlusskompensation nahezu in allen Netzen mit ausgeprägtem Freileitungsanteil; größere 110-kV-Kabelnetze werden dagegen nur selten kompensiert betrieben. Die wesentlichen Eigenschaften dieser kompensierten Sternpunktbehandlung sollen nun an einem konkreten Netz erläutert werden (Bild 11.6). Es wird dazu von dem zugehörigen stationären Komponentenersatzschaltbild in Bild 11.7 ausgegangen. Die ohmschen Widerstände sind zwar wiederum vernachlässigt, werden jedoch später noch erfasst. Aus dem Ersatzschaltbild ist zu erkennen, dass sich auch in diesem Fall dem Betriebsstrom ein Erdschlussstrom überlagert. Er lässt sich recht einfach ermitteln, wenn man die Beziehung

$$3X_E \gg X_{0T} + \frac{X_{0L}}{2} \, .$$

berücksichtigt. Maßgebend für die Höhe des Erdschlussstroms ist daher nur der aus Erdschlusslöschspule und Erdkapazität bestehende Parallelschwingkreis im Nullsystem. Die

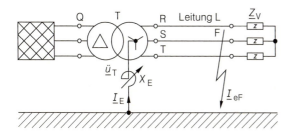

Bild 11.6
Netz mit Erdschlusslöschspule und Erdschluss am Ende der Leitung L

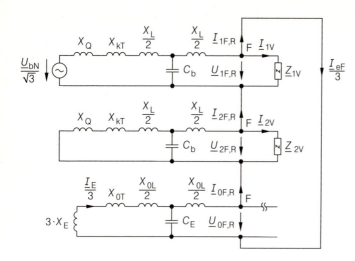

Bild 11.7
Ersatzschaltbild der Anlage in Bild 11.6

Reaktanz des Schwingkreises ergibt sich zu

$$X_0 = \frac{\frac{1}{\omega C_E} \cdot 3X_E}{\frac{1}{\omega C_E} - 3X_E}.$$

Der Erdschlussstrom an der Fehlerstelle beträgt demnach

$$\underline{I}_{eF} = \frac{\sqrt{3}\underline{U}_{bN}}{jX_0}, \qquad (11.2)$$

wobei wie in Abschnitt 11.1.1 die Betriebsspannung bei Netzen über 1 kV mit dem Wert $U_{bN} = 1{,}1 \cdot U_{nN}$ zur sicheren Seite abgeschätzt wird (s. DIN VDE 0102). Wenn die Erdschlusslöschspule so eingestellt wird, dass die Bedingung

$$3X_E = \frac{1}{\omega C_E} \qquad (11.3)$$

gilt, nimmt die Reaktanz X_0 des Schwingkreises bei verlustlosen Netzen den Wert „Unendlich" an. Dann wird der Erdschlussstrom an der Fehlerstelle stationär gleich null. *In kompensierten Freileitungsnetzen mit vernachlässigbaren ohmschen Widerständen verlöschen daher Lichtbogenerdschlüsse selbstständig.* Durch den kurzfristig auftretenden Lichtbogen wird wiederum häufig die Fehlerursache beseitigt. Dementsprechend weisen diese Netze für viele Fehler zugleich ein selbstheilendes Verhalten auf.

Sollte sich jedoch – z. B. infolge einer leitfähigen Verbindung an der Fehlerstelle – ein Dauererdschluss ausbilden, so ist aus dem Ersatzschaltbild zu ersehen, dass an dem Schwingkreis die Sternspannung $U_{bN}/\sqrt{3}$ abfällt. Transformiert man die Strom-Spannungs-Verhältnisse, die dann in den Komponentennetzwerken auftreten, in das reale Netz zurück, so ergibt sich die Stromverteilung gemäß Bild 11.8. Die Erdschlusslöschspule wird von dem Strom

$$\underline{I}_E = \underline{I}_{CE} = \sqrt{3} \cdot \underline{U}_{bN} \cdot j\omega C_E \qquad (11.4)$$

11.1 Einfluss der Sternpunktbehandlung auf das stationäre Netzverhalten 533

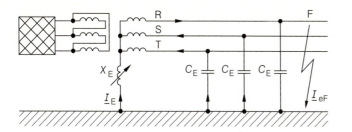

Bild 11.8
Verteilung der
Erdschlussströme
im realen Netz

durchflossen. Es handelt sich dabei um den Erdschlussstrom, der im Falle einer fehlenden Kompensation an der Fehlerstelle auftreten würde. In 110-kV-Netzen liegen die Spulenströme im Bereich 100...300 A. *Bei einer Erdschlusskompensation ist die Fehlerstelle selbst allerdings nur stromfrei, wenn sowohl die ohmschen Widerstände als auch Oberschwingungen vernachlässigbar sind.*
Wie aus dem Bild 11.8 zu ersehen ist, wird der Transformatorsternpunkt während eines Dauererdschlusses ständig mit dem Spulenstrom I_E beansprucht. Um eine zu hohe Kesselerwärmung zu vermeiden, dürfen die Erdschlusslöschspulen daher nur an solche Transformatoren angeschlossen werden, die auch für eine derartige Sternpunktbelastung ausgelegt sind (s. Abschnitt 9.4.5). Sofern dafür nicht ausreichend viele belastbare Transformatorsternpunkte zur Verfügung stehen, ist der Einbau von Sternpunktbildnern erforderlich (s. Abschnitt 9.4.5).
Aus der Beziehung (11.4) ist abzulesen, dass der Spulenstrom I_E von der jeweiligen Erdkapazität C_E und damit vom Schaltzustand des Netzes abhängt. Um die gewünschte Kompensation des Dauererdschlussstroms zu erreichen, muss die Erdschlusslöschspule *verstellbar* ausgeführt werden (s. Abschnitt 4.9). Sie kann dann dem jeweiligen Schaltzustand bzw. der wirksamen Kapazität C_E angepasst werden. Ihre Einstellung erfolgt selbsttätig über einen besonderen Regelkreis.
Die bisherigen Erläuterungen zeigen, dass bei kompensierten Netzen wie bei Netzen mit isolierten Sternpunkten die Versorgung während eines Dauererdschlusses aufrechterhalten werden kann. Jedoch weisen auch kompensierte Netze den Nachteil auf, dass bei einem Erdschluss die Sternspannungen in den gesunden Leitern etwa um den Faktor $\sqrt{3}$ anwachsen.
Zum Nachweis dieser Behauptung wird an der Fehlerstelle F der Netzanlage in Bild 11.6 der Leiter S betrachtet. Aus dem Ersatzschaltbild 11.7 folgt der Zusammenhang

$$\underline{U}_{F,S} = \underline{a}^2 \cdot \underline{U}_{1F,R} + \underline{a} \cdot \underline{U}_{2F,R} + \underline{U}_{0F,R} \ ,$$

der sich auch in Abhängigkeit vom Erdschlussstrom $\underline{I}_{eF}$ in der Gestalt

$$\underline{U}_{F,S} = \underline{a}^2 \cdot \left(\frac{U_{bN}}{\sqrt{3}} - \frac{\underline{I}_{eF}}{3} \cdot \underline{Z}_1 \right) - \underline{a} \cdot \frac{\underline{I}_{eF}}{3} \cdot \underline{Z}_2 - \frac{\underline{I}_{eF}}{3} \cdot \underline{Z}_0$$

mit

$$\underline{Z}_0 = \frac{3X_E \cdot \dfrac{1}{\omega C_E}}{\mathrm{j}\left(3X_E - \dfrac{1}{\omega C_E}\right)}$$

schreiben lässt. Dabei bezeichnen die Größen $\underline{Z}_1$, $\underline{Z}_2$ und $\underline{Z}_0$ die resultierenden Impedanzen des Mit-, Gegen- und Nullsystems. Wenn weiterhin die Impedanzverhältnisse $Z_1 \ll Z_0$ und $Z_2 \ll Z_0$ vorausgesetzt werden, kann für den Erdschlussstrom $\underline{I}_{eF}$ die Beziehung (11.2) eingesetzt werden. Es ergibt sich dann der Ausdruck

$$|\underline{U}_{F,S}| \approx U_{bN}\,.$$

Damit ist gezeigt, dass tatsächlich die Sternspannung eines gesunden Leiters etwa auf den Wert der Dreieckspannung ansteigt. Daher ist bei diesen Netzen erneut mit dem Auftreten der unerwünschten Doppelerdschlüsse zu rechnen.

Im Folgenden wird das Modell um die bisher vernachlässigten ohmschen Widerstände im Nullsystem erweitert. Der Schwingkreis im Nullsystem nimmt dann die Form gemäß Bild 11.9 an. Wegen der ohmschen Komponenten ist die bisher vorausgesetzte Abstimmung auf $Z_0 \to \infty$ nicht möglich, sondern es ergibt sich ein endlicher Wert. Dadurch tritt an der Fehlerstelle ein ohmscher Reststrom I_{rest} auf. Zusätzlich können sich Oberschwingungsströme überlagern. Darüber hinaus ist eine Stromkomponente zu berücksichtigen, die durch die anschließend noch erläuterte Verstimmung der Erdschlusslöschspulen verursacht wird. *Erfahrungsgemäß beträgt der gesamte Reststrom aus diesen drei Anteilen näherungsweise ein Zehntel des Stroms* I_{CE}, der an der Fehlerstelle ohne den Anschluss von Erdschlusslöschspulen auftreten würde (s. DIN VDE 0101):

$$I_{rest} \approx 0{,}1 \cdot I_{CE}\,.$$

Der Reststrom vergrößert sich in dem gleichen Maße wie der Strom I_{CE}, also mit wachsender Nennspannung und Netzgröße. In DIN VDE 0228 Teil 2 wird für Freileitungsnetze mit Nennspannungen von 10...20 kV als Löschgrenze für Lichtbogen ein Wert von 60 A angegeben. In der 110-kV-Ebene gilt für den Reststrom als Beanspruchungsgrenze 130 A. Bei Freileitungsnetzen mit Nennspannungen über 150 kV führt der Koronaeffekt noch zu einer zusätzlichen ohmschen Komponente. Aus diesem Grunde wird die Löschgrenze der Lichtbogen bei den weiträumigen Transportnetzen besonders schnell erreicht, sodass dort vermehrt mit Dauererdschlüssen zu rechnen ist. Dadurch steigt die Gefahr von Doppelerdschlüssen. Der Vorteil der Kompensation, auch im Falle eines Erdschlusses weiterversorgen zu können, wird daher zunehmend infrage gestellt.

Bei Kabelnetzen mit kleinen Restströmen verzögert die Kompensation – ähnlich wie bei Netzen mit isolierten Sternpunkten – die Ausweitung des Erdschlusses auf andere Fehler, z.B. den dreipoligen Kurzschluss. Kabelnetze in der Hochspannungsebene erfüllen die Bedingung hinreichend kleiner Restströme jedoch nicht. Bevor auf die dann geeignete niederohmige Sternpunktbehandlung eingegangen wird, sei noch auf eine weitere Eigenschaft kompensierter Netze hingewiesen.

Aus den bisherigen Erläuterungen ließe sich der Schluss ziehen, dass eine ideale Abstimmung der Erdschlusslöschspule nach Gl. (11.3) anzustreben sei. Für ein Netz mit verdrillten Leitern ist diese Aussage auch richtig. Falls jedoch z.B. infolge unsymmetrischer Mastbilder die Erdkapazitäten bei den einzelnen Außenleitern verschieden sind,

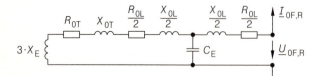

Bild 11.9
Verlustbehafteter Schwingkreis im Nullsystem

11.1 Einfluss der Sternpunktbehandlung auf das stationäre Netzverhalten

können sich Spannungserhöhungen einstellen, ohne dass ein Fehler im Netz vorliegt. Wie im Folgenden gezeigt wird, lässt sich Abhilfe dadurch erreichen, dass für den Sollwert der Spuleneinstellung der Bereich $L_\mathrm{E} < L_\mathrm{E,ideal}$ gewählt wird. Man bezeichnet diese Betriebsweise als *überkompensiert*, da der Spulenstrom im Erdschlussfall bei dieser Spuleneinstellung größer ist als bei einer idealen Abstimmung. Folgerichtig wird für den Einstellungsbereich $L_\mathrm{E} > L_\mathrm{E,ideal}$ der Ausdruck *unterkompensiert* verwendet.

Die Vorteile eines überkompensierten Netzbetriebs werden an der Netzanlage in Bild 11.10a veranschaulicht. Sie weise am Außenleiter R eine um ΔC_E größere Erdkapazität auf als an den beiden anderen Leitern. Der zusätzliche Anteil ΔC_E wird als gesondertes Netzelement aufgefasst, das eine Vorreaktanz für einen fiktiven Erdschluss darstellt. Gemäß Abschnitt 10.2 können die Frequenzgänge von I_Δ und U_0 aus der Komponentenersatzschaltung in Bild 11.10b ermittelt werden [146]. Von den Induktivitäten ist dabei nur die Erdschlusslöschspule L_E relevant.

Für einen kompensierten Netzbetrieb ergibt sich bei einem verlustarmen Netz für den Strom $I_\Delta(\omega)$ der Frequenzgang in Bild 11.10c. Er weist zunächst einen Pol und dann eine Nullstelle auf. Ihre Frequenzen f_P und f_Null lassen sich aus der Ersatzschaltung 11.10b in guter Näherung zu

$$f_\mathrm{P} = \frac{1}{2\pi} \cdot \frac{1}{\sqrt{3 \cdot L_\mathrm{E} \cdot (C_\mathrm{E} + \Delta C_\mathrm{E}/3)}}, \quad f_\mathrm{Null} = \frac{1}{2\pi} \cdot \frac{1}{\sqrt{3 \cdot L_\mathrm{E} \cdot C_\mathrm{E}}} \quad (11.5)$$

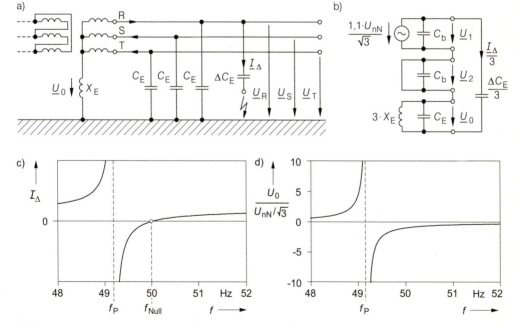

Bild 11.10
Auswirkung einer um 10 % asymmetrischen Erdkapazität im Leiter R bei einer Einstellung der Erdschlusslöschspule auf einen Wert von $X_\mathrm{E} = 1/(3 \cdot \omega C_\mathrm{E})$
- a) Erfassung der asymmetrischen Erdkapazität durch einen fiktiven Erdschluss (nur relevante Modellgrößen berücksichtigt)
- b) Zugehöriges Komponentenersatzschaltbild
- c) Frequenzgang von I_Δ
- d) Frequenzgang von U_0

bestimmen. Die Frequenz der Nullstelle liegt bei einer idealen Abstimmung genau auf der Netznennfrequenz $f_{nN} = 50$ Hz, der Pol etwas tiefer. Üblicherweise beträgt die Asymmetrie mehrere Prozent; aus Darstellungsgründen ist im Bild 11.10 ein relativ hoher Wert von 10 % gewählt worden. Im Bereich des Pols weist der Strom I_Δ hohe Werte auf. Er verursacht, wie aus dem Verlauf in Bild 11.10d zu ersehen ist, eine ausgeprägte Nullspannung U_0. Eine messtechnische Überprüfung dieses Effekts zeigt jedoch, dass durch den Einfluss der Wirkwiderstände die tatsächlichen Spannungserhöhungen ca. 70 Prozent der Sternspannung $U_{nN}/\sqrt{3}$ nicht überschreiten [147]. Diese betriebsfrequente Überspannung verkleinert sich mit sinkendem Grad der Asymmetrie in den Erdkapazitäten.

Im täglichen Netzbetrieb treten zeitweilig Frequenzschwankungen auf, die nur sehr selten größere Werte als $|\Delta f| = 50$ mHz annehmen. Daher ist es ratsam, den Pol im Frequenzgang $U_0(\omega)$ in den Bereich oberhalb von $f = 50{,}05$ Hz zu legen. Um dieses zu erreichen, verstimmt man die Erdschlusslöschspule. Die Verstimmung ist als

$$v = \frac{L_E - L_{E,ideal}}{L_{E,ideal}}$$

definiert. Allerdings sollte in 110-kV-Netzen eine Verstimmung von $|v| = 5\,\%$ und in 10-kV-Netzen von $|v| = 20\,\%$ nicht überschritten werden. Größere Werte führen zu einem Anwachsen des Erdschlussstroms an der Fehlerstelle und gefährden u. a. die Selbstlöschung von Erdschlusslichtbogen.

Aus diesen Betrachtungen ist noch nicht zu erkennen, dass eine Überkompensation mit $v < 0$ im Vergleich zu einer Unterkompensation ($v > 0$) zu bevorzugen ist. Die folgenden Überlegungen beantworten diese Frage.

Ähnlich unangenehm wie Frequenzschwankungen in der Speisespannung können sich auch plötzliche, größere Änderungen in der Erdkapazität C_E auswirken, wie sie z. B. durch das Ein- oder Ausschalten von Kabeln entstehen. Gemäß der Beziehung (11.5) führt bei überkompensiert betriebenen Netzen das Einschalten und bei unterkompensiert betriebenen Anlagen das Ausschalten von Leitungen dazu, dass sich der Pol im Strom $I_\Delta(\omega)$ jeweils in Richtung der Netznennfrequenz $f_{nN} = 50$ Hz verlagert. Sollte der Pol dabei in ihre unmittelbare Nähe verschoben werden, treten in dem Netz erhöhte Nullspannungen U_0 auf, ohne dass ein Erdschluss vorliegt. Sie bleiben so lange bestehen, bis der bereits erwähnte Regelkreis für die Spuleneinstellung tätig geworden ist und die Erdschlusslöschspule wieder an die neue wirksame Erdkapazität angepasst hat.

Während das Einschalten von Leitungen eine betriebliche Maßnahme darstellt und damit kontrolliert durchführbar ist, werden größere Ausschaltungen auch durch Kurzschlüsse verursacht. Die dadurch entstehende Polverschiebung in den Bereich höherer Frequenzen ist bei einem überkompensierten Betrieb ungefährlich. Deshalb sollte in Netzen mit Erdschlusskompensation diese Betriebsweise gewählt werden; die entgegengesetzt reagierende Unterkompensation ist dagegen zu vermeiden. Beim Ausbau eines Netzes ist daher der Bemessungsstrom der Erdschlusslöschspule stets so zu dimensionieren, dass auch tatsächlich noch eine überkompensierte Betriebsweise möglich ist.

Erwähnt sei, dass eine wirksame Verstimmung noch einen weiteren Vorteil aufweist. Werden Systeme von Höchst- und Hochspannungsfreileitungen gemeinsam auf einem Mast geführt, so induzieren die Felder der Höchstspannungsleitung im Hochspannungssystem sowohl zwischen den Leitern selbst als auch zwischen den Leitern und der Erde Spannungen. Sofern das Hochspannungsnetz kompensiert betrieben wird, können die Induktionsspannungen, die sich zwischen Leiterseil und Erde ausbilden, über die Masche Leiter-Erdkapazität-Erde-Erdschlusslöschspule Ströme treiben. Im Wesentlichen ist dabei anstelle des Parallelkreises aus $3 \cdot \omega L_E$ und $1/(\omega C_E)$ der entsprechende Serienkreis wirksam. Liegt eine annähernd ideale Kompensation vor, ist dessen Impedanz klein; die Induktionsspannungen treiben große Ströme. Sie werden jedoch auf tragbare Werte begrenzt, falls das Netz verstimmt bzw. überkompensiert betrieben wird. Abschließend sei noch auf die messtechnische Erfassung von Erdschlüssen eingegangen.

Im Vergleich zu Netzen mit isolierten Sternpunkten treten in Netzen mit Erdschlusskompensation wegen der großen räumlichen Ausdehnung und der zu wählenden Überkompensation bei jedem Erdschluss relativ hohe Blindströme auf. Die Spulenströme betragen durchaus mehrere hundert Ampere. Trotz der größeren Fehlerströme ist die Lokalisierung des Fehlerorts auch bei dieser Sternpunktbehandlung gerätetechnisch nur mit großem Aufwand zu verwirklichen. Eine häufige Messmethode besteht darin, mithilfe von *Erdschlussrichtungsrelais* die Richtung der Nullströme in jeder Leitung zu ermitteln. Die Stromrichtungen werden dann an die Schaltleitung bzw. Netzbetriebsführung weitergeleitet und dort bildlich wiedergegeben. Aus dieser Darstellung versucht man, den Ort des Erdschlusses zu bestimmen. Die Nullströme sind jedoch gerade in der Nähe der Fehlerstelle klein, sodass deren Richtung dort nur ungenau zu ermitteln ist. Deshalb kann deren Lokalisierung bei diesem Verfahren im Einzelfall Probleme mit sich bringen. Demgegenüber lässt sich das *Auftreten* eines Erdschlusses wiederum mithilfe eines Erdschlussmelderelais sehr einfach nachweisen. Es ist erneut lediglich eine Spannungsmessung gegen Erde notwendig (s. Abschnitt 11.1.1).

Die bisherigen Ausführungen haben u. a. gezeigt, dass die Kompensation bei Übertragungsnetzen und größeren 110-kV-Kabelnetzen ihre Vorteile verliert. Es bietet sich dann an, eine andere Sternpunktbehandlung, die niederohmige Erdung, zu verwenden.

11.1.3 Netze mit niederohmiger Sternpunkterdung

Eine niederohmige Erdung liegt vor, wenn im Netz mindestens ein Sternpunkt entweder direkt oder über niederohmige Impedanzen mit dem Erder verbunden ist. Wie bereits erwähnt, wird diese Erdungsart in Freileitungsnetzen ab 220 kV und in größeren Kabelnetzen ab 110 kV angewendet. Die wesentlichen Eigenschaften der niederohmigen Sternpunkterdung sollen wiederum anhand eines Erdschlusses in einer speziellen Netzanlage gezeigt werden, bei der die Erdungsimpedanzen nur einen schwachen ohmschen Anteil aufweisen mögen (Bild 11.11). Für niederohmig geerdete Netze wird dieser einpolige Fehler als *Erdkurzschluss* bezeichnet, um anzudeuten, dass die auftretenden Fehlerströme Werte im Bereich der dreipoligen Kurzschlussströme annehmen können (s. DIN VDE 0102). Deshalb wird im Folgenden anstelle der Bezeichnung $\underline{I}_{eF}$ der Ausdruck $\underline{I}''_{k1p}$ verwendet.

Ein Vorteil dieser Sternpunktbehandlung liegt darin, dass sich die Spannung in den fehlerfreien Leitern bei Erdkurzschlüssen schwächer erhöht als in Netzen mit isolierten Stern-

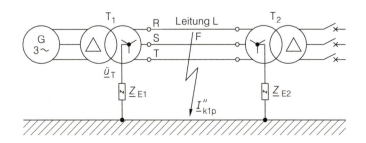

Bild 11.11
Erdkurzschluss in der Leitungsmitte bei einer Anlage mit niederohmiger Sternpunkterdung

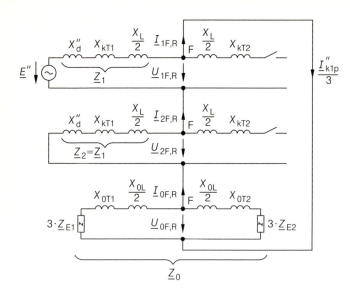

Bild 11.12
Ersatzschaltbild der Anlage in Bild 11.11

punkten bzw. mit Erdschlusskompensation. Um diese Eigenschaft nachzuweisen, wird die Sternspannung z. B. für den Leiter S berechnet. Sie ergibt sich mithilfe des stationären Komponentenersatzschaltbilds in Bild 11.12 zu

$$\underline{U}_{F,S} = \underline{E}'' \cdot \left(\underline{a}^2 + \frac{\underline{Z}_1 - \underline{Z}_0}{2\underline{Z}_1 + \underline{Z}_0} \right) \approx \underline{E}'' \cdot \left(\underline{a}^2 + \frac{\mathrm{j}X_1 - \mathrm{j}X_0}{\mathrm{j}2X_1 + \mathrm{j}X_0} \right) \,. \tag{11.6}$$

Eine Diskussion dieser Beziehung zeigt, dass die Spannungserhöhung umso geringer wird, je weniger sich X_0 und X_1 voneinander unterscheiden. Für den in der Praxis auch auftretenden Fall $X_0 < X_1$ ergibt sich sogar eine *Spannungsabsenkung*. Die Abschwächung der Spannungserhöhung ist somit ein Maß für die Niederohmigkeit des Nullsystems und damit auch der Erdung. Um diese Spannungsverhältnisse im Hinblick auf die Isolationskoordination quantitativ bewerten zu können, wird der bereits in Abschnitt 4.12.1.1 benötigte *Erdfehlerfaktor*

$$\delta = \frac{U_{F,E}}{U_{bF}/\sqrt{3}} \tag{11.7}$$

verwendet. In dieser Beziehung bezeichnet die Größe U_{bF} den Effektivwert der Betriebsspannung, die an der betrachteten Fehlerstelle F ohne Einfluss des Fehlers auftreten würde. Die Größe $U_{F,E}$ beschreibt den Effektivwert der Spannung, die im Fehlerfall an der Stelle F zwischen einem gesunden Leiter und der Erde ansteht.
Für die Bestimmung des Erdfehlerfaktors interessiert derjenige Fehler, bei dem die Spannung $U_{F,E}$ maximal wird. Sofern der Einfluss von Serienresonanzen ausgeschlossen werden kann, ist diese Spannung stets bei demjenigen Fehler am größten, der zur größten Nullimpedanz führt. Sie nimmt grundsätzlich im Fall eines Erdkurzschlusses ihren höchsten Wert an. Aus der zugehörigen Ersatzschaltung kann man die Größe δ auch an anderen Orten im Netz berechnen. Die Ergebnisse unterscheiden sich bei niederohmiger Sternpunkterdung allerdings nur geringfügig; daher darf der Erdfehlerfaktor am Fehlerort dann als alleiniges Kriterium zur Beurteilung des ganzen Netzes verwendet werden (s. Anhang zu DIN VDE 0675 Teil 5). Zur Veranschaulichung dieser Größe wird der Ausdruck (11.7)

11.1 Einfluss der Sternpunktbehandlung auf das stationäre Netzverhalten

für das betrachtete Beispiel mit $U_{F,E} = U_{F,SE}$ ausgewertet. Es gilt dann

$$\delta = \frac{E'' \cdot \left|\underline{a}^2 + \frac{\underline{Z}_1 - \underline{Z}_0}{2\underline{Z}_1 + \underline{Z}_0}\right|}{U_{bF}/\sqrt{3}} = \frac{E''}{U_{bF}/\sqrt{3}} \cdot \left(\frac{1}{2} \cdot \left|\frac{3\underline{Z}_0/\underline{Z}_1}{2 + \underline{Z}_0/\underline{Z}_1} + j\sqrt{3}\right|\right). \tag{11.8}$$

Wie in Kapitel 6 ausgeführt ist, kann bei Netznennspannungen über 1 kV wieder $E'' = 1{,}1 \cdot U_{nN}/\sqrt{3}$ als wirksame Spannung im Fehlerfall eingesetzt werden. Schätzt man nun auch die Betriebsspannung, die unmittelbar vor dem Fehlereintritt an der Fehlerstelle vorhanden gewesen ist, mit dem Wert $U_{bF} = 1{,}1 \cdot U_{nN}$ ab, so lässt sich die Definition (11.8) noch weiter vereinfachen. Der Erdfehlerfaktor reduziert sich dann auf einen reinen Impedanzterm und kann dadurch vorteilhafterweise als eine *spannungsunabhängige Netzkenngröße* verwendet werden (s. DIN VDE 0111). Sie wird zunächst für zwei Grenzfälle berechnet.

Einen solchen Grenzfall stellt ein *Netz mit isolierten Sternpunkten* dar. Dessen Nullimpedanz $\underline{Z}_0$ nimmt infolge $X_E \to \infty$ sehr hohe Werte an, sodass der Term (11.8) in den Zusammenhang

$$\delta \approx |\underline{a}^2 - 1| = \sqrt{3} \tag{11.9}$$

übergeht. Ein anderer Grenzfall liegt vor, wenn die *Nullimpedanz sehr niedrig wird*, wie z. B. in der Nähe von Transformatoren mit der Schaltgruppe Yz bzw. Dz. Für $\underline{Z}_0 \to 0$ nimmt die Beziehung (11.8) die Form

$$\delta = \left|\underline{a}^2 + \frac{1}{2}\right| = \frac{\sqrt{3}}{2} = 0{,}87 \tag{11.10}$$

an. Bei anderen Nullimpedanzen ergeben sich für den Erdfehlerfaktor δ Zwischenwerte. So erhält man z. B. für übliche Werte von $X_0/X_1 \approx 3$ aus der Beziehung (11.8) einen Erdfehlerfaktor von 1,25. Dieses Ergebnis zeigt, dass während eines Erdkurzschlusses auch bei niederohmig geerdeten Netzen eine erhöhte Leiter-Erde-Spannung an den fehlerfreien Außenleitern auftritt.

Im Weiteren wird nun der einpolige Kurzschlussstrom in der Anlage gemäß Bild 11.11 berechnet. Aus dem zugehörigen Ersatzschaltbild in Bild 11.12 ermittelt er sich zu

$$\underline{I}''_{k1p} = \frac{3E''}{\underline{Z}_1 \cdot (2 + \underline{Z}_0/\underline{Z}_1)}. \tag{11.11}$$

Bezogen auf den dreipoligen Kurzschlussstrom

$$\underline{I}''_{k3p} = \frac{E''}{\underline{Z}_1}, \tag{11.12}$$

der an der Stelle F auftritt, erhält man dann

$$\underline{I}''_{k1p} = \frac{3}{2 + \underline{Z}_0/\underline{Z}_1} \cdot \underline{I}''_{k3p} \approx \frac{3}{2 + X_0/X_1} \cdot \underline{I}''_{k3p}. \tag{11.13}$$

Bei üblichen Nullimpedanzen von niederohmig geerdeten Netzen ist der einpolige Fehlerstrom somit nicht wesentlich kleiner als der dreipolige Kurzschlussstrom. Unter der Bedingung $X_0/X_1 < 1$ kann der *einpolige Kurzschlussstrom sogar größer* werden. In der

Praxis liegt dieser Fall z. B. dann vor, wenn der Fehler direkt hinter einem geerdeten Transformator der Schaltgruppe Yd5 bzw. Yd11 auftritt, bei dem $X_0/X_1 \leq 1$ gilt. Zu bemerken ist, dass die in Kapitel 7 betrachteten Leiterschienen bei einem dreipoligen Kurzschluss trotzdem mechanisch stärker belastet werden, da dann alle drei Außenleiter gleichzeitig einen großen Strom führen. Beim einpoligen Erdkurzschluss tritt dagegen nur im fehlerhaften Leiter ein höherer Strom als I''_{k3p} auf; in den anderen beiden Leitern ist der Fehlerstrom kleiner. Es ergibt sich daher eine geringere Kraftwirkung als bei dreipoligen Fehlern.

In niederohmig geerdeten Netzen kann der Erdkurzschlussstrom ohne weiteres *Werte von ca. 80 kA annehmen.* Daher ist ein *schneller und sicherer Netzschutz* notwendig, der eine Ausschaltung in möglichst kurzer Zeit – spätestens nach 0,1...0,2 Sekunden – bewirkt. Dieser Strom tritt nämlich an der Fehlerstelle in das Erdreich ein und breitet sich dort entlang der Leitungstrassen aus (s. Abschnitt 9.4.1), um dann in den Schaltanlagen über die niederohmig geerdeten Transformatorsternpunkte ins Netz zurückzufließen. Die Netzanlagen sind so zu gestalten, dass durch die Erdströme an der Fehlerstelle und in den Schaltanlagen keine Menschen gefährdet werden. Auf diese Aufgabenstellung wird in Kapitel 12 eingegangen.

Im Unterschied zu einem dreipoligen Kurzschluss verursacht ein Erdkurzschluss eine starke Asymmetrie in den Leiterströmen und in den Spannungen zur Erde. Dadurch entstehen starke Magnetfelder. Sie können in Leiterschleifen der Nachrichtentechnik, die sich in der direkten Umgebung der fehlerbehafteten Höchstspannungsanlage befinden, mitunter erhebliche Spannungen induzieren. Zusätzlich, wenngleich auch schwächer, werden dort über die Teilkapazitäten zwischen den nachrichtentechnischen Leiterschleifen und der Höchstspannungsleitung Spannungen eingekoppelt. Darüber hinaus können die Erdströme u. a. in Rohren oder Eisenbahnschienen Spannungsabfälle bewirken. Es findet demnach durch die Starkstromanlagen eine *induktive, kapazitive und ohmsche Beeinflussung* statt. Insgesamt können die dadurch erzeugten Beeinflussungsspannungen z. B. in der Elektronik von Schaltanlagen oder in nahe gelegenen Fernmeldeleitungen Funktionsstörungen oder sogar eine Personengefährdung verursachen. Die in diesem Zusammenhang auftretenden Fragen haben sich zu einer eigenen Fachdisziplin, der *Starkstrombeeinflussung*, entwickelt [148]. Zu dieser Problemstellung sind eine Reihe von Vorschriften entstanden, die weitgehend in DIN VDE 0228 sowie in den Technischen Empfehlungen der Schiedsstelle für Beeinflussungsfragen zusammengefasst sind.

Falls die erzeugten Beeinflussungsspannungen die zulässigen Grenzen überschreiten, gibt es eine Reihe von Abhilfemaßnahmen. So verwendet man anstelle von Kupfer-Fernmeldeleitungen bevorzugt Lichtwellenleiter-Kabel. Sie unterliegen keiner Beeinflussung. Auf der Seite der Starkstromanlagen besteht eine Möglichkeit darin, die Erdkurzschlussströme herabzusetzen: Man erdet entweder nur einen Teil der Transformatorsternpunkte im Netz oder geht auf eine so genannte *induktive Erdung* über. Eine induktive Erdung liegt vor, wenn niederohmige Induktivitäten – meist mit Reaktanzen von 5 Ω bis 20 Ω – zwischen Sternpunkt und Erder geschaltet werden. Vielfach wird der Erdkurzschlussstrom bereits durch diese geringen Reaktanzen auf ca. 2/3 seines Werts begrenzt, der ohne die Induktivität auftreten würde. Diese Sternpunktbehandlung hat sich für große 110-kV-Kabelnetze als besonders zweckmäßig erwiesen.

Bei Netzen mit niederohmiger Sternpunkterdung führt jeder Erdkurzschluss zu hohen Strömen. Aus diesem Grunde ist die fehlerbehaftete Leitung schnell auszuschalten. Dadurch wird allerdings die Versorgung der Verbraucher beeinträchtigt. Dieser Nachteil verkleinert sich erheblich, wenn die Netze für die bereits angesprochene Kurzunterbrechung

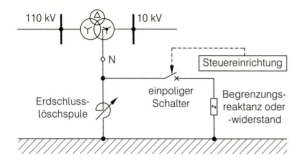

Bild 11.13
Kombination der Erdschluss-
kompensation mit einer
Kurzerdung (KE)

(KU) ausgerüstet sind (s. Kapitel 7). In Höchstspannungsnetzen kann eine dreipolige KU jedoch zu Stabilitätsschwierigkeiten führen (s. Abschnitt 7.5). Solche Schwierigkeiten lassen sich vermeiden, falls sich die KU nur auf den erdkurzschlussbehafteten Außenleiter erstreckt, also nur *einpolig* vorgenommen wird. Erst im Falle einer erfolglosen einpoligen KU wird endgültig eine dreipolige Ausschaltung der Fehlerstelle vorgenommen [42].
In Mittelspannungsnetzen wird die niederohmige Erdungsart häufig mit einer Erdschlusskompensation kombiniert. Gemäß DIN VDE 0101 liegt dann ein Netz mit vorübergehender niederohmiger Sternpunkterdung vor. Dort wird zusätzlich zur hochohmigen Erdschlusslöschspule eine niederohmige Drosselspule oder ein niederohmiger gusseiserner Widerstand vorgesehen (Bild 11.13). Etwa 5...10 s nach dem Auftreten eines Erdschlusses wird dieses Netzelement kurzzeitig zur Erdschlusslöschspule parallel geschaltet. Es ist so bemessen, dass der dabei verursachte Erdkurzschlussstrom auch für die Schutzeinrichtungen eines Mittelspannungsnetzes ausreichend groß ist (z. B. 2000 A), um den Dauererdschluss selektiv auszuschalten. Diese Einrichtung wird als *Kurzerdung* (KE) bezeichnet und ist in [144] sowie [149] behandelt.
Im Folgenden wird nun auf wichtige *transiente* Überspannungseffekte eingegangen, die durch einpolige Fehler hervorgerufen werden können. Wiederum ist dabei die Art der Sternpunktbehandlung sehr bedeutsam.

11.2 Einfluss der Sternpunktbehandlung auf das transiente Netzverhalten bei einpoligen Erdschlüssen

Zunächst wird auf den Überspannungsmechanismus eingegangen, der durch Dauererdschlüsse verursacht wird. Dabei werden stets ideale Schalter vorausgesetzt, sodass die unbeeinflussten Ausgleichsvorgänge berechnet werden.

11.2.1 Transiente Überspannungen durch Dauererdschlüsse

Ausgegangen wird von der 10-kV-Anlage in Bild 11.14, die zunächst mit isoliertem Transformatorsternpunkt betrieben werden soll. Sie weise am Ende des Kabels K_2 einen Dauererdschluss am Leiter R auf; die Schalter S_1 und S_3 seien zunächst noch geschlossen. Bei den Lasten V_1 und V_2 handelt es sich um Hochspannungsmotoren, die ohne Neutralleiter angeschlossen sind. Zur Beschreibung der transienten Vorgänge wird das transiente Komponentenersatzschaltbild herangezogen (s. Abschnitt 10.4). Für die betrachtete Anlage nimmt es die in Bild 11.15 dargestellte Form an. Der Erdschluss soll bereits vor so langer

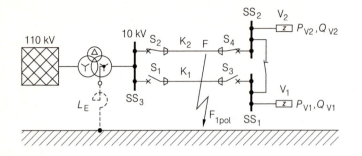

Bild 11.14
Untersuchte Anlage mit
Dauererdschluss nach dem
Ausschalten des Kabels K_1

Zeit eingesetzt haben, dass sich eine stationäre Strom-Spannungs-Verteilung eingestellt hat.

Ein solcher Dauererdschluss wird – wie bereits erläutert – durch das Erdschlussmelderelais angezeigt und aktiviert das Betriebspersonal, die fehlerhafte Strecke zu suchen. Im Rahmen dieser Bemühungen wird zunächst versuchsweise das fehlerfreie Kabel K_1 freigeschaltet. Die erste Schaltmaßnahme besteht darin, alle Lasten von der Sammelschiene SS_2 aus zu versorgen. Als zweite Maßnahme wird zuerst der Schalter S_3 und dann der Schalter S_1 geöffnet. Das Öffnen des Schalters S_1 erfolgt z. B. im Nulldurchgang des Erdschlussstroms i_{eF}. Zu diesem ungünstigen Zeitpunkt durchläuft die Speisespannung $u_R(t)$

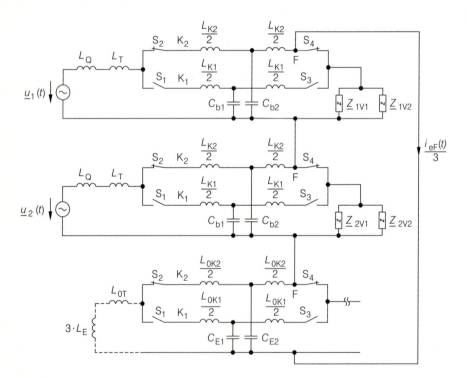

Bild 11.15
Transientes Komponentenersatzschaltbild der Anlage in Bild 11.14 ohne Darstellung der in den Simulationsrechnungen berücksichtigten ohmschen Widerstände
(Gestrichelt eingezeichnete Elemente im Nullsystem sind nur wirksam beim Anschluss einer Erdschlusslöschspule an den Sternpunkt des Transformators.)

11.2 Einfluss der Sternpunktbehandlung auf das transiente Netzverhalten

ihr Maximum, das den Wert $1{,}1 \cdot \hat{U}_{nN}/\sqrt{3}$ aufweist und im Folgenden als Bezugsgröße u_{bez} bezeichnet wird. Von der Erdkapazität C_{E1} wird dann die vergleichsweise große Ladung $Q_{01} = C_{E1} \cdot (-u_{bez})$ gespeichert. Nach dem Öffnen des Schalters S_1 ist das Kabel K_1 beidseitig ausgeschaltet, sodass diese Ladung nicht mehr abfließen kann. Da die Wirkwiderstände der Kabelisolierung sehr hochohmig sind, bleibt der Spannungswert an der Erdkapazität und somit die Spannung im Nullsystem über einen längeren Zeitraum erhalten. Zeitgleich erfolgen dieselben Schaltmaßnahmen im Mit- und Gegensystem. Deren Betriebskapazitäten weisen danach nur die Spannung $0{,}5 \cdot u_{bez}$ auf, wie sich mithilfe der Beziehungen (10.42) und (10.43) berechnen lässt.

Die Amplitude des Erdschlussstroms i_{eF} ist aufgrund der geringen Netzausdehnung klein. Daher beträgt der Anteil des Stroms i_{eF}, der über den Schalter S_1 vor dem Öffnen zurückfließt, höchstens einige Ampere. Bei solchen niedrigen Strömen darf im Schalter S_1 an dessen Polen S und T beim Ausschalten ein Stromabriss unterstellt werden; im Leiter R fließt bei dem angenommenen Schaltzeitpunkt, einem Nulldurchgang im Fehlerstrom i_{eF}, ohnehin kein Strom zur Einspeisung zurück. Gemäß Abschnitt 10.4 erfasst das transiente Komponentenersatzschaltbild unter dieser Bedingung neben den Einschaltvorgängen auch Ausschaltvorgänge.

Nach dem Ausschalten des Kabels K_1 zeigt das Erdschlussmelderelais immer noch einen Erdschluss an. Daraus ist zu ersehen, dass dieses Kabel K_1 fehlerfrei ist. Es soll daher wieder ans Netz genommen werden; zu diesem Zweck werden nacheinander die Schalter S_1 und S_3 geschlossen. Zwischen dem Öffnen und dem Schließen des Schalters S_1 sollen zumindest einige Sekunden verstrichen sein, sodass zum Zeitpunkt des Schließens die netzseitig angeregten Einschwingvorgänge bereits abgeklungen sind. Auf der Netzseite hat sich damit wieder die für einen Dauererdschluss typische stationäre Spannungsverteilung eingestellt. Der Schalter S_1 soll darüber hinaus zu dem Zeitpunkt geschlossen werden, an dem sich betragsmäßig die gleiche Spannungsverteilung wie zuvor beim Öffnen einstellt; jedoch soll ihre Polarität entgegengesetzt sein. Durch die Wahl dieses Schaltzeitpunkts bildet sich über jeder Schaltstrecke des Schalters S_1 eine sehr große Spannungsdifferenz aus. Bei dieser Wiedereinschaltung des Kabels K_1 entstehen hohe Überspannungen.

In Bild 11.16a ist die Einschwingspannung für den Leiter T dargestellt. Sie ist mit dem Ersatzschaltbild in Bild 11.15 für die beschriebene Schaltfolge ermittelt worden. Dabei ist zunächst angenommen worden, dass an der Sammelschiene SS_2 keine Lasten liegen. Es wird dann im Leiter T der Wert $u_{TE,max} = 2{,}8 \cdot u_{bez}$ erreicht. Bei einem Anschluss von Verbrauchern verringert er sich. Mit einer Last von z. B. $S_L = 2$ MVA und $\cos\varphi_L = 0{,}8$ sinkt der Spitzenwert auf $u_{TE,max} = 2{,}4 \cdot u_{bez}$.

Die beschriebenen ungünstigen Schaltmaßnahmen werden nun am *erdschlussbehafteten Kabel K_2* in der gleichen Weise wiederholt. Für ein leerlaufendes Kabel K_2 erhält man nun die sehr hohe Überspannung von $3{,}8 \cdot u_{bez}$ (Bild 11.16b). Sie verkleinert sich bei einer Last an der Sammelschiene SS_1 von $S_L = 2$ MVA und $\cos\varphi_L = 0{,}8$ nur geringfügig auf $3{,}7 \cdot u_{bez}$.

Durch den Übergang auf eine Erdschlusskompensation erniedrigen sich die Überspannungen auf $2{,}7 \cdot u_{bez}$ am Kabel K_1 und $2{,}9 \cdot u_{bez}$ am Kabel K_2. Sie verringern sich nochmals, wenn eine niederohmige Sternpunkterdung vorgesehen wird. Die Simulationsrechnung liefert dann die Werte $2{,}0 \cdot u_{bez}$ bzw. $2{,}6 \cdot u_{bez}$. Dabei gelten die angegebenen Werte jeweils für den besonders ungünstigen Leerlauffall an den Sammelschienen.

Demnach entsteht die größte Überspannung in Netzen mit isolierten Sternpunkten beim Wiedereinschalten erdschlussbehafteter Kabel. Dabei erzeugt die erste Schaltmaßnahme – das Ausschalten – Restspannungen auf dem Kabel. Die zweite Schaltmaßnahme – die

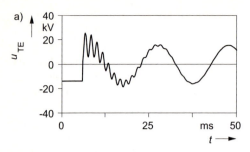 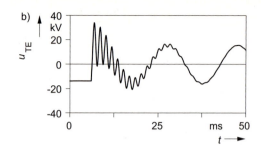

Bild 11.16
Wiedereinschaltung eines Kabels bei der in Bild 11.14 dargestellten 10-kV-Anlage mit isoliertem Transformatorsternpunkt ohne Einfluss der Lasten
a) Schaltmaßnahme am erdfehlerfreien Kabel K_1
b) Schaltmaßnahme am erdschlussbehafteten Kabel K_2

Wiedereinschaltung – bewirkt eine große Zustandsänderung über den Schaltstrecken. Dadurch wird zwischen jedem Außenleiter des Kabels und der Erde eine Wanderwelle ausgelöst. Allerdings wird ihre Wellenfront durch Vorentladungen im Leistungsschalter so abgeflacht, dass sie nur in die Klasse der langsam ansteigenden Überspannungen einzuordnen ist. Die Wanderwelle breitet sich entlang des Kabels aus und wird am Kabelende reflektiert. Nach der Reflexion läuft die Welle zum Kabelanfang zurück und breitet sich zum Teil im Netz aus, sodass auch dort Überspannungen auftreten. Sie sind allerdings niedriger als die Überspannungen, die sich am Ende des wiedereingeschalteten Kabels ausbilden (s. Abschnitt 4.12.1.2).

Die Wiedereinschaltung von erdschlussbehafteten Strecken stellt eine Grenzbeanspruchung dar, für die 10-kV-Netze ausgelegt sind. Der Pegelwert der Kurzzeitwechselspannung liegt mit $\hat{U}_{\mathrm{rw}} = \sqrt{2} \cdot 28 \text{ kV} = 39{,}5 \text{ kV}$ über dem Spitzenwert der Überspannung am erdschlussbehafteten Kabel mit ca. 35 kV. In Hochspannungsnetzen wird eine solche Wiedereinschaltung nur beherrscht, sofern die Transformatorsternpunkte nicht isoliert ausgeführt sind. In der Praxis sollte man solche Grenzbeanspruchungen vermeiden und grundsätzlich *keine erdschlussbehafteten Leitungen wieder einschalten*. Die folgende Fehlersituation, ein Erdschluss mit selbstständig löschendem Lichtbogen, kann – theoretisch zumindest – sogar zu noch höheren Überspannungen führen.

11.2.2 Erdschlüsse mit selbstständig löschendem Lichtbogen

Ein Erdschluss mit Lichtbogen ist bevorzugt in Freileitungsnetzen zu finden. Im Unterschied zu Kabeln können sich dort größere Lichtbogenstrecken ausbilden. Wenn zugleich der Erdschlussstrom an der Fehlerstelle niedrig ist, entsteht dort ein stromschwacher Störlichtbogen. Der wesentliche Unterschied im Vergleich zu stationären Lichtbogen liegt darin, dass er im Stromnulldurchgang verlöschen kann. Die Löschgrenze wird dabei sehr stark von der Brenndauer des Lichtbogens und den Windverhältnissen beeinflusst [145]. Für die weiteren Erläuterungen wird von der Anlage in Bild 11.17 ausgegangen, deren Transformatorsternpunkt zunächst wiederum isoliert ausgeführt sein soll. Das zugehörige transiente Komponentenersatzschaltbild ist dem Bild 11.18 zu entnehmen.
Am Ort F trete zur Zeit $t_1 = 5$ ms im Leiter R ein einpoliger Erdschluss auf. Dieser Fehler wird im Ersatzschaltbild durch das Schließen des Schalters S_E erfasst. Dadurch bildet sich ein Erdschlussstrom $i_{\mathrm{eF}}(t)$ aus, der im Bild 11.19 dargestellt ist. Bereits nach etwa

11.2 Einfluss der Sternpunktbehandlung auf das transiente Netzverhalten

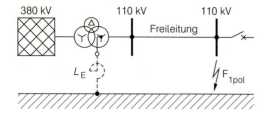

Bild 11.17
Erdschlussbehaftete Anlage mit selbstständig löschendem Lichtbogen

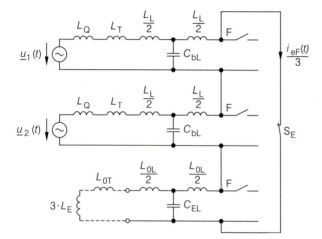

Bild 11.18
Transientes Komponentenersatzschaltbild der Anlage in Bild 11.17 ohne Darstellung der in den Simulationsrechnungen berücksichtigten ohmschen Widerstände
(Gestrichelt eingezeichnete Elemente im Nullsystem sind nur wirksam, wenn an den Sternpunkt des Transformators eine Erdschlusslöschspule angeschlossen ist.)

einer Millisekunde weist er zum Zeitpunkt t_2 einen Nulldurchgang auf, in dem der Lichtbogen erlöscht. Diese Zustandsänderung wird im Ersatzschaltbild durch das Öffnen des Schalters S_E simuliert. Sie löst in den dann entkoppelten Mit- und Gegensystemen jeweils einen eigenen Einschwingvorgang aus. Im Nullsystem bleibt der zugehörige Augenblickswert der Spannung gespeichert, da aufgrund des freien Sternpunkts nur die Erdkapazität wirksam ist und keine Ladung abfließen kann. Aus den drei Verläufen im Mit-, Gegen- und Nullsystem lassen sich die Leiter-Erde-Spannungen $u_{RE}(t)$, $u_{SE}(t)$ und $u_{TE}(t)$ an der Stelle F ermitteln. Wie aus Bild 11.19 zu ersehen ist, erreicht die Spannung $u_{RE}(t)$ bei einer Speisespannungsamplitude von $u_{bez} = 1{,}1 \cdot \hat{U}_{nN}/\sqrt{3}$ nach ca. 10 ms den Wert $3 \cdot u_{bez}$ und beansprucht erneut die Lichtbogenstrecke.

Bei frei brennenden Lichtbogen erfolgt die Verfestigung nicht so schnell wie in Leistungsschaltern, bei denen spezielle Löschmechanismen – z. B. eine intensive Kühlung – diesen Vorgang extrem schnell ablaufen lassen. Sollte daher eine Lichtbogenstrecke kurze Zeit nach der zuvor eingetretenen Löschung erneut mit einer hohen Spannung beansprucht werden, ist ein nochmaliges Zünden nicht ausgeschlossen. Im Ersatzschaltbild schließt sich dann zum Zeitpunkt t_3 wieder der Schalter S_E. Der dadurch ausgelöste Einschwingvorgang führt bei der Spannung u_{TE} zu einem maximalen Spannungswert von $3{,}9 \cdot u_{bez}$ (Bild 11.19).

Dieser Überspannungseffekt beruht auf einem Wechselspiel zwischen Zünden und Löschen des Lichtbogens am Fehlerort. Sofern sich diese Zyklen wiederholen sollten, können sich theoretisch noch höhere Werte als $3{,}9 \cdot u_{bez}$ einstellen. Allerdings kann nach [88] ein theoretischer Grenzwert von $7{,}5 \cdot u_{bez}$ nicht überschritten werden. In der Praxis sind dagegen nur Werte von maximal $3{,}5 \cdot u_{bez}$ beobachtet worden. Der beschriebene Effekt wird als *aussetzender* oder *intermittierender* Erdschluss bezeichnet [150].

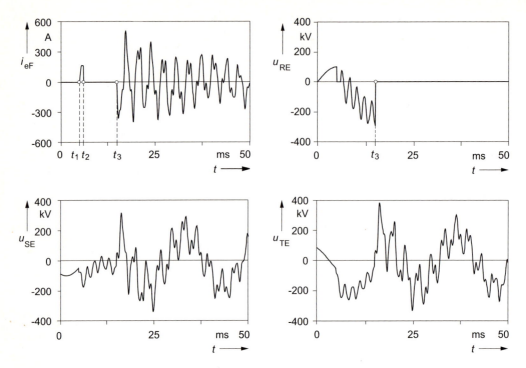

Bild 11.19
Simulation eines aussetzenden Erdschlusses in dem 110-kV-Netz mit isolierten Sternpunkten gemäß Bild 11.17 unter Verwendung des transienten Komponentenersatzschaltbilds 11.18
$t_1 = 5$ ms: Erdschlusseintritt im Leiter R
$t_2 = 6$ ms: Lichtbogenlöschung im transienten Stromnulldurchgang
$t_3 = 15$ ms: Rückzündung im Spannungsmaximum von u_R

Die Obergrenzen der angegebenen Überspannungswerte treten nur bei Netzen mit isolierten Sternpunkten auf. Bei Netzen mit Erdschlusskompensation bewirkt die Erdschlusslöschspule, die in Bild 11.17 gestrichelt eingezeichnet ist, deutlich niedrigere Überspannungen. Ähnlich günstige Verhältnisse ergeben sich, wenn die Sternpunkte über kleine Induktivitäten L_E niederohmig geerdet sind (Bild 11.20). Im Wesentlichen beruht dieser Effekt darauf, dass die Ladung auf der Kapazität C_{EL} in Form einer gedämpften Schwingung abfließen kann. Dadurch ergibt sich bei der Rückzündung eine geringere Beanspruchung.
Diese Ergebnisse zeigen wiederum, dass in Netzen mit isolierten Sternpunkten besonders hohe Überspannungen auftreten. Die in Bild 11.19 dargestellten Verläufe übersteigen die Bemessungskurzzeitwechselspannung von $\hat{U}_{rw} = \sqrt{2} \cdot 230$ kV $= 325$ kV in 110-kV-Netzen. Diese Aussage gilt selbst dann noch, wenn nur der höchste bisher in der Praxis beobachtete Wert von $3{,}5 \cdot u_{bez}$ zugrunde gelegt wird. Mittelspannungsnetze weisen dagegen in Bezug auf ihre Nennspannung einen deutlich höheren Isolationspegel auf. Sie beherrschen daher den aussetzenden Erdschluss bei dieser Sternpunktbehandlung.
Die bisher verwendeten transienten Komponentenersatzschaltbilder setzen Betriebsmittel voraus, die sich linear verhalten. Sie verlieren ihre Aussagefähigkeit, wenn nichtlineare Effekte tragend werden wie z. B. der Einfluss des Eisenkerns bei Wandlern und Transformatoren. Neben dem Rush-Effekt (s. Abschnitt 4.1.4) werden auch Ferroresonanzerscheinungen davon geprägt.

11.3 Einfluss der Sternpunktbehandlung auf Ferroresonanzerscheinungen

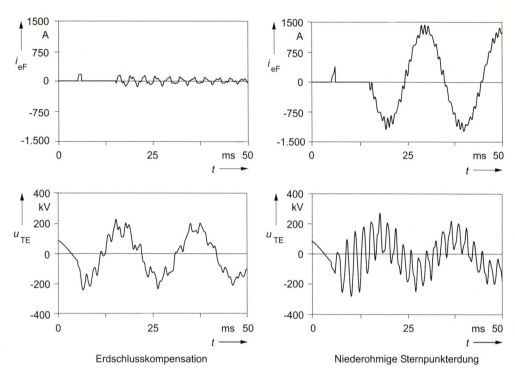

Bild 11.20
Simulation eines aussetzenden Erdschlusses an der Fehlerstelle F in der 110-kV-Anlage gemäß Bild 11.17 mit Erdschlusskompensation sowie mit niederohmiger Sternpunkterdung

11.3 Einfluss der Sternpunktbehandlung auf Ferroresonanzerscheinungen

In den Abschnitten 4.12.1.1 und 8.2 sind bereits Ferroresonanzeffekte erwähnt worden, die auch als Kippschwingungen bezeichnet werden und – wie am Ende des folgenden Abschnitts noch näher erläutert wird – zur Klasse der chaotischen Schwingungen zu rechnen sind. Besonders unangenehm an ihnen ist, dass sie sich auch in störungsfreien Netzen bei betriebsüblichen Schaltzuständen entwickeln können. Für die Praxis sind in dieser Hinsicht drei Konfigurationen von Interesse, die im Weiteren noch erläutert werden. Dabei bestimmt die Art der Sternpunktbehandlung, welche von diesen drei Konfigurationen jeweils maßgebend ist. Um diese Zusammenhänge genauer erklären zu können, wird zunächst das Grundprinzip dieses Effekts erläutert [151].

11.3.1 Erläuterung des Ferroresonanzeffekts

Grundsätzlich ist mit diesem Effekt immer dann zu rechnen, wenn eine Drosselspule mit Eisenkern sowie eine Kapazität in Reihe geschaltet sind (Bild 11.21). Eine Gefährdung liegt jedoch erst vor, wenn die Kapazität so groß ist, dass sich die Kapazitätsgerade $\hat{U} = \hat{I}/(\omega C)$ und die Kennlinie der Drosselspule $\hat{U} = f(\hat{I})$ schneiden (Bild 11.22). Mit

Bild 11.21
Schaltung zur Erläuterung des Ferroresonanzeffekts

der Größe $\hat{I}$ wird dabei die Amplitude des netzfrequenten Stroms $i(t) = \hat{I} \cdot \sin\omega t$ bezeichnet. Bei der Kennlinienermittlung stellt dieser Strom die eingeprägte Größe dar. Der Schnittpunkt der Kapazitätsgeraden mit der Drosselspulenkennlinie beschreibt demnach einen 50-Hz-Resonanzpunkt.

Zusätzlich wird davon ausgegangen, dass die Kennlinie der Drosselspule steil ansteigt. Die im linearen Anfangsbereich auftretende Induktivität L_a soll so groß sein, dass sich nach Zustandsänderungen eine Eigenschwingung einstellt, deren Frequenz

$$f_\mathrm{e} = \frac{1}{2\pi \cdot \sqrt{L_\mathrm{a} \cdot C}} \tag{11.14}$$

deutlich unter 50 Hz liegt.

Nach einer Zustandsänderung – z. B. dem Einschalten des Kreises in Bild 11.21 mit eingeprägter Spannung – verhält sich die Schaltung zunächst linear. Der Strom setzt sich aus einem stationären, netzfrequenten 50-Hz-Anteil und einem transienten Anteil zusammen. Bei zwei Netzelementen L und C besteht der transiente Anteil entsprechend Abschnitt 4.1 nur aus einer Eigenschwingung. Nach einer gewissen Zeitspanne, die vom Einschaltaugenblick abhängig ist, beginnen sich die transiente und die stationäre Schwingung zunehmend gleichsinnig zu überlagern; die Kennlinie wird dementsprechend höher ausgesteuert. Der Strom kann dabei so groß werden, dass schließlich der Schnittpunkt der Kennlinien durchlaufen wird.

Vor dem Schnittpunkt verhält sich der stationäre 50-Hz-Stromanteil induktiv, danach wird er kapazitiv. Also dreht sich die Phase um 180°, sodass sich bei dieser Komponente eine *Unstetigkeit* ergibt. Andererseits kann der Gesamtstrom in einer Induktivität nicht springen. Wie bei einer Zustandsänderung wird diese Bedingung dadurch erfüllt, dass sich die zugehörige Eigenschwingungskomponente vergrößert und für einen stetigen Übergang im Gesamtstrom i sorgt.

Falls dieser Schnittpunkt im Krümmungsbereich der Drosselspulenkennlinie liegt, verkleinert sich anschließend die Induktivität besonders ausgeprägt. Dadurch verringert sich die Eigenfrequenz f_e sehr stark; zugleich wird die Amplitude der Eigenschwingung deutlich

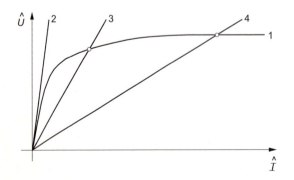

Bild 11.22
Kennlinienverlauf eines ferroresonanzgefährdeten Kreises
1: Kennlinie $\hat{U} = f(\hat{I})$ der Drosselspule bei eingeprägtem, netzfrequentem Strom $\hat{I} \cdot \sin\omega t$
2...4: Kapazitätsgeraden $1/(\omega C)$ für $C_2 < C_3 < C_4$ (bei C_2 keine Gefahr von Ferroresonanz)

11.3 Einfluss der Sternpunktbehandlung auf Ferroresonanzerscheinungen

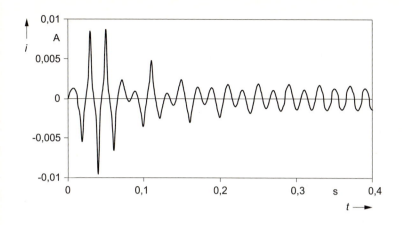

Bild 11.23
Zeitverlauf einer transienten Ferroresonanzschwingung

größer. Im Gesamtstrom i entsteht ein steiler Stromimpuls (Bild 11.23), der die Drosselspule mit einer Überspannung beansprucht.
Mit dem zunehmenden Auseinanderlaufen der beiden Schwingungen verkleinern sich die Impulse. Sie wachsen erst wieder an, wenn sich die nachfolgenden Halbschwingungen erneut gleichsinnig überlagern. Bei einer ausgeprägten Dämpfung verkleinert sich anschließend die Eigenschwingung so weit, dass sich schließlich keine Stromimpulse mehr ausbilden.
Aus den beschriebenen transienten Ferroresonanzimpulsen kann sich – z. B. bei einer etwas größeren Speisespannung – auch eine stationäre Ferroresonanzschwingung entwickeln. Entsprechend der Beziehung

$$u(t) = \frac{1}{C} \int i(t) \mathrm{d}t$$

rufen sie an der nachgeschalteten Kapazität einen steilen Spannungsanstieg hervor. Dieser verursacht gemäß Abschnitt 4.1 wiederum eine Eigenschwingung mit der gleichen Frequenz f_e. Auf diese Weise wird zusätzliche Energie aus der Spannungsquelle gezogen, die dazu dient, die Eigenschwingung zu verstärken. Sofern die Stromimpulse groß genug sind, überdeckt diese Verstärkung die Dämpfung. Daraus resultiert dann eine stationäre Ferroresonanzschwingung (Bild 11.24).
Bei den bisher diskutierten Ferroresonanzerscheinungen ist stets vorausgesetzt worden,

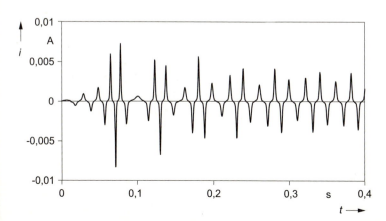

Bild 11.24
Zeitverlauf einer stationären Ferroresonanzschwingung bei einem Kennlinienschnittpunkt im Krümmungsbereich (kleine Kapazität)

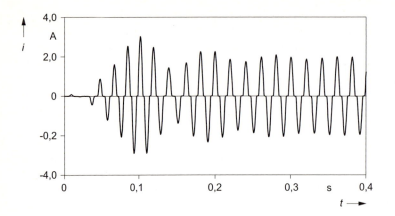

Bild 11.25
Zeitverlauf einer stationären Ferroresonanzschwingung bei einem Kennlinienschnittpunkt im Sättigungsbereich (große Kapazität)

dass sich der Kennlinienschnittpunkt im Krümmungsbereich der Drosselspulenkennlinie befindet. Liegt der Schnittpunkt aufgrund einer größeren Kapazität weiter im Sättigungsbereich, so bildet sich ein anderer Verlauf aus. Entsprechend Gl. (11.14) verringert sich durch die größere Kapazität die Eigenfrequenz, die im Anfangsbereich der Kennlinie auftritt. Dadurch prägt sich der Überlagerungseffekt zwischen Eigenschwingung und 50-Hz-Komponente deutlicher aus. Zugleich verkleinert sich nach dem Durchlaufen des Schnittpunkts die Eigenfrequenz nur geringfügig. Daher werden die entstehenden Stromimpulse breiter und erreichen wesentlich größere Amplituden (Bild 11.25). Allerdings treten diese Impulse nur dann auf, wenn die Speisespannung so hoch ist, dass der Kennlinienschnittpunkt tatsächlich durchlaufen wird.

Falls der Schnittpunkt sehr weit im Sättigungsbereich liegt, wird er nicht mehr erreicht oder nur noch sehr kurzzeitig überschritten. Der beschriebene Resonanzeffekt bildet sich dann kaum noch aus, sodass der Stromverlauf praktisch nur noch von der Kennlinie der Drosselspule bestimmt wird. Die Ferroresonanzerscheinung ähnelt dann zunehmend dem in Abschnitt 4.1 beschriebenen Rush-Effekt. Die bisherige Darstellung zeigt Folgendes: Ist die Schaltung in Bild 11.21 so dimensioniert, dass ein Schnittpunkt der Kennlinien existiert, tritt Ferroresonanz immer dann auf, wenn dieser durchlaufen wird. Den wesentlichen Parameter dafür stellt die Höhe der Netzspannung dar. Sind ihre Amplituden zu klein, ist mit Ferroresonanz nicht zu rechnen. Falls sie hinreichend große Werte annehmen, treten stets stationäre Ferroresonanzschwingungen auf. In einem Spannungsbereich zwischen diesen Werten wird die Ferroresonanz dann transient.

Bei den *praktisch interessierenden Anlagen reicht die Netzspannung allein nicht aus*, um den Kennlinienschnittpunkt zu überschreiten. Die Frage, ob Ferroresonanz einsetzt, hängt dann primär von den Anfangsbedingungen ab, die zum Zeitpunkt der Zustandsänderung vorliegen. So muss für Ferroresonanz z. B. der Schaltaugenblick so beschaffen sein, dass die Amplitude der Eigenschwingung möglichst groß wird. Eine weitere wichtige Einflussgröße stellt die Remanenz in der Drosselspule dar. Je nach ihrer Polarität kann sie die Ferroresonanz begünstigen oder abschwächen. Mitunter ist sogar die Erwärmung der Betriebsmittel von Bedeutung, weil sich dadurch die wirksame Dämpfung erhöht.

Diese Aussagen zeigen nochmals, dass der Ferroresonanzeffekt in der Praxis sehr stark von den Anfangsbedingungen geprägt wird. Eine solch hohe Abhängigkeit von den Anfangsbedingungen (hohe Sensitivität) ist typisch für chaotische Schwingungen. Dieser Begriff beinhaltet weiterhin, dass die Schwingungen unperiodisch und unregelmäßig verlaufen; dabei sind die Amplituden durchaus begrenzt. Ihr Verlauf ist jedoch eindeutig bestimmt,

11.3 Einfluss der Sternpunktbehandlung auf Ferroresonanzerscheinungen

wenn die genauen Anfangsbedingungen bekannt sind; bei Hystereseeffekten in Eisenkernen ist zusätzlich sogar die weiter zurückliegende Vorgeschichte zu berücksichtigen. So muss auch die Trajektorie bekannt sein, auf der man in den Remanenzpunkt gelangt ist (s. Abschnitt 4.1.4). Aufgrund ihres determinierten Verhaltens dürfen chaotische Verläufe nicht mit stochastischen Vorgängen verwechselt werden.

In den vorhergehenden Ausführungen sind die genannten chaotischen Eigenschaften der Ferroresonanzschwingungen herausgearbeitet worden. Im Netzbetrieb tritt dieser Effekt meist sehr selten auf, da eine Reihe voneinander unabhängiger Anfangsbedingungen gleichzeitig bestimmte Grenzwerte einhalten müssen, bevor der Kennlinienschnittpunkt durchlaufen wird. Das heißt, die Vergangenheit ist sehr prägend. Da von den Anfangsbedingungen besonders die Remanenz und deren Vorgeschichte schlecht bestimmbar ist, braucht die gleiche Abfolge von Schalterbetätigungen in der Praxis keineswegs jedes Mal Ferroresonanzerscheinungen zu verursachen. Daher ist diese Ferroresonanzanfälligkeit einer Konfiguration über wenige Schaltversuche nur in Ausnahmefällen nachzuweisen. Simulationsrechnungen stellen meistens ein anderes Hilfsmittel dar, den Grad der Ferroresonanzgefährdung festzustellen. Im Folgenden werden die wesentlichen Anlagenkonfigurationen beschrieben, für die solche Rechnungen empfehlenswert sind.

11.3.2 Ferroresonanzgefährdete Anlagenkonfigurationen

Zunächst wird auf Anlagen eingegangen, bei denen sich bereits durch betriebsübliche Zustandsänderungen Ferroresonanz ausbilden kann. In Netzen mit niederohmiger Sternpunkterdung sind prinzipiell zwei Konfigurationen gefährdet, die in den Bildern 11.26 und 11.29 dargestellt sind [152], [153].

Bei der Anlage in Bild 11.26 handelt es sich um ein leerlaufendes 380-kV-Sammelschienensystem, dessen Leistungsschalter im Einspeisefeld geöffnet wird. Gemäß Abschnitt 4.3 müssen Spannungswandler ab 3 kV nicht nur sekundär-, sondern auch primärseitig geerdet sein; der Sternpunkt des Einspeiseumspanners sei ebenfalls niederohmig geerdet. Nach dem Öffnen des Leistungsschalters S entsteht für jeden Außenleiter über das sehr niederohmige Erdreich eine Masche, in der die Hauptinduktivität L_h des Spannungswandlers und der Steuerkondensator C_S des Leistungsschalters in Reihe liegen. Das Ersatzschaltbild dieser Masche ist Bild 11.27 zu entnehmen; darin wird die im Vergleich zu L_h sehr kleine Streuinduktivität des Transformators vernachlässigt.

Im Unterschied zu der bisher diskutierten Konfiguration liegt zusätzlich zur nichtlinearen Induktivität noch die Erdkapazität C_E parallel, die sich aus den Eigenkapazitäten des Wandlers sowie des Sammelschienensystems zusammensetzt. Die gestrichelt eingezeichnete Erdkapazität C_{ET} des Transformators darf – gewissermaßen als Bestandteil der Einspeisung – dagegen unberücksichtigt bleiben. Eine Durchrechnung dieser Schaltung unter

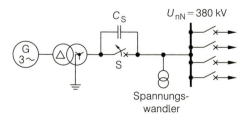

Bild 11.26

Ferroresonanzgefährdung eines leerlaufenden Sammelschienensystems durch das Öffnen des Leistungsschalters S im Eingangsfeld eines niederohmig geerdeten Netzes (Spannungswandler primärseitig geerdet)

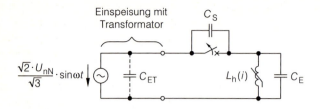

Bild 11.27
Ersatzschaltbild der Anlage in Bild 11.26 für einen Außenleiter

Annahme einer linearen Hauptinduktivität L_h zeigt, dass für die 50-Hz-Reihenresonanz

$$\omega L_h = \frac{1}{\omega(C_S + C_E)}$$

gilt. Die im normalen Betrieb wirksame Hauptreaktanz ωL_h des Wandlers ergibt sich aus dessen Leerlaufstrom I_μ. Er beträgt bei einem 380-kV-Spannungswandler höchstens 1 mA, sodass für dessen Reaktanz

$$\omega L_h = \frac{U_{nN}}{\sqrt{3} \cdot I_\mu} \approx \frac{380 \text{ kV}}{\sqrt{3} \cdot 1 \text{ mA}} = 2{,}19 \cdot 10^8 \; \Omega$$

resultiert. Demgegenüber kann die kapazitive Reaktanz maximal den Wert $1/(\omega C_S)$ annehmen, der bei $C_E = 0$ auftritt. Für den bei Steuerkondensatoren häufig verwendeten Wert von $C_S = 200$ pF erhält man dann die Beziehung

$$\frac{1}{\omega C_S} = 1{,}59 \cdot 10^7 \; \Omega \; .$$

Diese Rechnung zeigt, dass die Kapazitätsgerade mit $C_E = 0$ bereits flacher als die Drosselspulenkennlinie verläuft und damit die notwendige Bedingung eines Schnittpunkts stets erfüllt ist. Durch die Erdkapazität C_E verlagert sich dieser Schnittpunkt weiter in den Sättigungsbereich, sodass dadurch eine größere Stromaussteuerung erforderlich wird, um Ferroresonanz zu erzeugen. Hinzu kommt, dass mit wachsender Erdkapazität C_E der 50-Hz-Strom zunehmend am Wandler vorbeigeleitet wird. Dadurch senkt sich die Ferroresonanzanfälligkeit der Anlage ab. Konkrete Angaben über ihren Gefährdungsgrad lassen sich allerdings nur über Simulationsrechnungen ermitteln.

Aus diesen qualitativen Ausführungen ist jedoch bereits zu ersehen, dass Schaltungen mit großen Erdkapazitäten nicht ferroresonanzgefährdet sind. Deshalb sollte der Leistungsschalter nur geöffnet werden, wenn mindestens ein oder zwei Abzweige mit dem Sammelschienensystem verbunden sind.

Grundsätzlich wäre auch ein ähnliches Verhalten zwischen dem Steuerkondensator C_S und einem niederohmig geerdeten 380/110-kV-Transformator denkbar (Bild 11.28). In

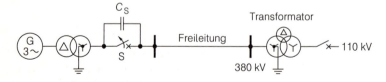

Bild 11.28
Leistungsschalter S mit Steuerkondensator bei niederohmig geerdetem Transformatorsternpunkt

11.3 Einfluss der Sternpunktbehandlung auf Ferroresonanzerscheinungen

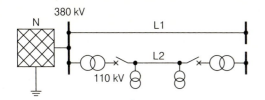

Bild 11.29
Ferroresonanzgefährdung durch kapazitive Beeinflussung eines 110-kV-Freileitungssystems von einem auf demselben Mast geführten 380-kV-System
(Spannungswandler primärseitig geerdet)

der Praxis besteht keine derartige Gefahr. So weist die Erdkapazität C_E bereits durch die Eigenkapazität des Umspanners zu große Werte auf, als dass Ferroresonanz entstehen könnte.

Bei der zweiten ferroresonanzgefährdeten Anlage in Netzen mit niederohmig geerdeten Sternpunkten handelt es sich um Freileitungssysteme des Hoch- und Höchstspannungsbereichs, die auf einem Mast parallel geführt werden. Erfahrungen und Simulationsrechnungen zeigen, dass eine Parallelführung von 380-kV- und 110-kV-Systemen gefährdet ist. In Bild 11.29 ist eine spezielle Anordnung mit einem 380-kV-System L1 und einem 110-kV-System L2 dargestellt. Die notwendige Zustandsänderung erfolgt dadurch, dass das 110-kV-System der Freileitung ausgeschaltet wird, wobei die Spannungswandler mit der Leitung verbunden bleiben. Solche Schalthandlungen werden in der Praxis gern vorgenommen, weil dadurch gewährleistet ist, dass eventuelle Restladungen über die Wandler zur Erde abgeleitet werden.

Im Zusammenwirken mit der niederohmigen Sternpunkterdung des Netzes N entsteht eine Schleife, in der die Koppelkapazitäten zwischen dem 380-kV- und dem 110-kV-Freileitungssystem mit den parallel geschalteten Wandlerhauptinduktivitäten in Reihe liegen (Bild 11.30). Die Gefährdung ist umso größer, je unterschiedlicher die Koppelkapazitäten beschaffen sind. Bei einer ausgeprägten Asymmetrie ergänzen sich nämlich die von den drei Außenleitern des 380-kV-Systems übertragenen 50-Hz-Ströme nicht mehr zu null, sondern fließen durch den Wandler und überlagern sich mit den Eigenschwingungen aus der Zustandsänderung. Daraus kann ein Ferroresonanzverlauf entstehen. Er weist im Wesentlichen eine *dritte Subharmonische* (ca. 16 Hz) auf. Als kritisch sind Parallelführungen von 3 km bis 20 km einzustufen.

Bei einer Parallelführung von zwei 110-kV-Freileitungssystemen eines kompensiert betriebenen Netzes tritt dagegen unter normalen Betriebsbedingungen keine Ferroresonanz auf. Eine Ausnahme liegt dann vor, wenn im Netz ein Dauererdschluss vorhanden ist. Zumin-

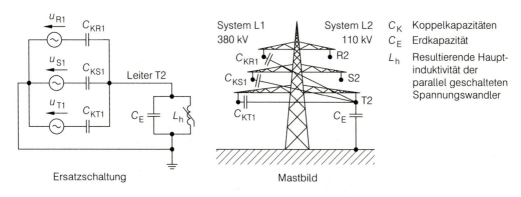

Bild 11.30
Ersatzschaltbild der Anlage in Bild 11.29 für die Spannungswandler im Außenleiter T

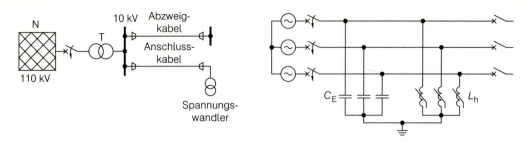

Bild 11.31
Ferroresonanzgefährdete Netzkonfiguration in Netzen mit isoliertem Transformatorsternpunkt und zugehöriges Ersatzschaltbild (Spannungswandler primärseitig geerdet)
L_h: Hauptinduktivität des Wandlers; C_E: Erdkapazitäten

dest eines der beiden 110-kV-Systeme sei nicht fehlerbehaftet und werde ausgeschaltet. In diesem Fall wirkt zusätzlich zur Asymmetrie der Koppelkapazitäten eine Asymmetrie im speisenden Spannungssystem. Dadurch wird im Vergleich zum Normalbetrieb ein erhöhter 50-Hz-Strom in das ausgeschaltete System kapazitiv eingekoppelt. Zugleich sind die Anfangsbedingungen in zwei von den drei Wandlern höher, sodass sich dort stärkere Eigenschwingungen ausbilden. Im Zusammenwirken mit dem eingekoppelten 50-Hz-Strom können sie dann stationäre Ferroresonanzschwingungen auslösen.

Im Vergleich zu den Hoch- und Höchstspannungsnetzen mit Erdschlusskompensation bzw. niederohmiger Sternpunkterdung treten in Anlagen mit isoliert betriebenen Transformatorsternpunkten am häufigsten Ferroresonanzeffekte auf. Die gefährdete Konfiguration und die zugehörige Ersatzschaltung sind in Bild 11.31 dargestellt. Es handelt sich wieder um ein leerlaufendes Sammelschienensystem, das nun jedoch mit dem Netz verbunden wird (Einschaltvorgang).

Die Ersatzschaltung weist im Unterschied zu den bisher kennen gelernten Anlagen direkt keine Serienschaltung von Kapazitäten und Wandlerhauptinduktivitäten auf. Wie im Folgenden erläutert wird, entsteht eine solche Serienschaltung erst durch die Nichtlinearität der Wandlerhauptinduktivität.

Nach dem Einschalten bildet sich in jedem Außenleiter eine niederfrequente Eigenschwingung aus. Diese drei Eigenschwingungen sind untereinander phasenverschoben. Mit der stationären 50-Hz-Komponente zusammen steuern sie die Wandlerkennlinien der drei Leiter mit unterschiedlichen Strömen aus. Infolge der Nichtlinearität dieser $L(i)$-Kennlinien sind dadurch auch drei unterschiedliche Induktivitätswerte L_h wirksam. Deshalb ergänzen sich die Ströme nicht mehr zu null. Der resultierende Summenstrom schließt sich über die Erdkapazitäten der Anlage, die nun für diesen Stromanteil wie Serienkapazitäten wirken.

Die Größe der Erdkapazitäten C_E schwankt je nach Anlage zwischen Werten, die sich von einigen Nanofarad bis hin zu einigen hundert Nanofarad erstrecken. Prägend wirken der 110/10-kV-Transformator mit ca. 8 nF und die angeschlossenen Kabel. Bei kleinen Erdkapazitäten – also bei kurzen Kabellängen – kann ein Ferroresonanzverlauf mit einer ausgeprägten *zweiten Harmonischen* auftreten, der spitze Stromimpulse aufweist und hohe Überspannungen hervorruft (Bild 11.32a). Jedoch bildet sich diese Ferroresonanzform nur in einem sehr engen Kapazitätsbereich aus, bei dem sich der Schnittpunkt im Krümmungsbereich der Wandlerkennlinie befindet.

Bei höheren Kapazitätswerten verläuft die stationäre Ferroresonanzschwingung im Wesentlichen *netzfrequent* (Bild 11.32b). Bemerkenswert ist, dass dabei häufig einer der drei

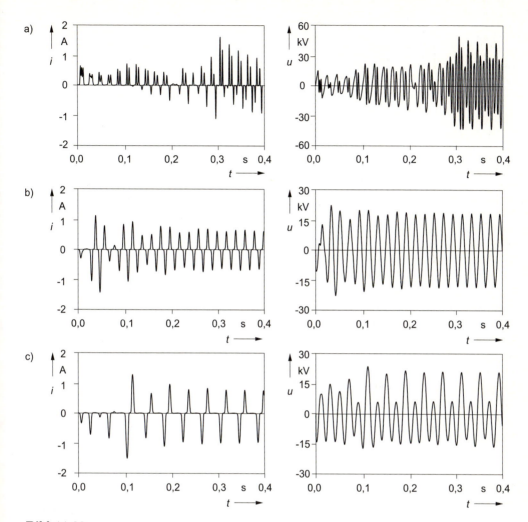

Bild 11.32
Ferroresonanzarten beim Einschalten eines unbelasteten 10-kV-Netzes mit induktiven Spannungswandlern und isoliertem Transformatorsternpunkt (dargestellt sind jeweils Strom und Spannung eines Wandlers)
a) Ausgeprägte zweite Harmonische (kleine Erdkapazität)
b) Überwiegend netzfrequenter Verlauf (mittlere Erdkapazität)
c) Ausgeprägte zweite Subharmonische (größere Erdkapazität)

Wandler praktisch stromlos wird und an den anderen dann die Leiterspannung abfällt. Diese Ferroresonanzschwingung wird daher vom Netzschutz als *Erdschluss* interpretiert. Im Unterschied zum tatsächlichen Erdschlussfall kann aber bei dieser Ferroresonanzart der Wandler bereits thermisch zerstört werden. Die am Wandler auftretenden Überspannungen sind wesentlich niedriger als bei einer zweiten Harmonischen.

Falls es sich um eine große Anlage handelt und die Erdkapazitäten Werte von einigen zehn Nanofarad überschreiten, entsteht wiederum ein anderer Stromverlauf. In diesem Kapazitätsbereich verschiebt sich der Schnittpunkt in den Sättigungsbereich der Kennlinie, wobei die stationäre Ferroresonanzschwingung in eine ausgeprägte *zweite Subhar-*

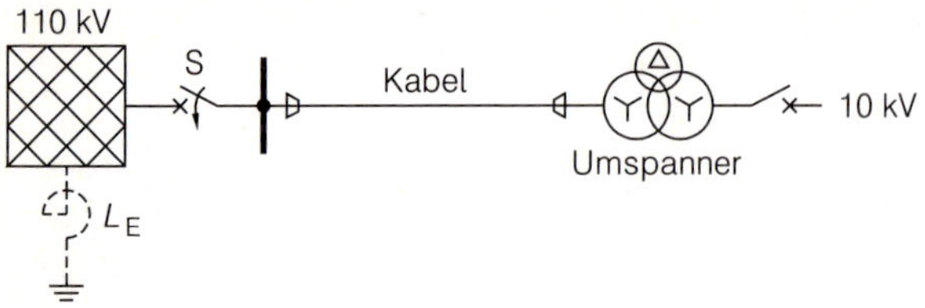

Bild 11.33
Ferroresonanzgefährdung einer Anlage als Folgefehler eines Defekts im Schalter S (Beim Einschalten bleibt ein Pol des Schalters S offen)

monische übergeht (Bild 11.32c). Dabei wird der Strom höher und überschreitet in dem betrachteten Beispiel deutlich den thermisch zulässigen Grenzstrom des Wandlers, der primärseitig ca. 100 mA beträgt. Die verursachten Überspannungen liegen in einer ähnlichen Größenordnung wie bei der netzfrequenten Ferroresonanzart.

Abhilfe gegen diese drei Ferroresonanzarten ist auf mehreren Wegen möglich: Einer besteht darin, das Netz mit einer Erdschlusslöschspule auszurüsten und es kompensiert zu betreiben. Eine weitere und billigere Lösung beruht darauf, an jeden gefährdeten Spannungswandlersatz ein spezielles Gerät anzuschließen: Bei einsetzender Ferroresonanz schließt es vorübergehend die Reihenschaltung der drei e-n-Wicklungen niederohmig kurz. Dadurch wird die Dämpfung vergrößert und zugleich der Strom durch die Hauptinduktivität so weit abgesenkt, dass der Kennlinienschnittpunkt nicht mehr erreicht wird. Betont sei, dass dieses Gerät *nur bei der speziellen Anlagenkonfiguration* in Bild 11.31 Schutz gegen Ferroresonanz bietet.

Bei den bisher diskutierten Anlagen handelt es sich insgesamt um *betriebsübliche Schaltungen*, die bei ungünstiger Dimensionierung ferroresonanzgefährdet sind. Für neu zu erstellende Netze sollten solche Konstellationen bereits im Planungsstadium durch Simulationsrechnungen auf ihre Ferroresonanzgefährdung überprüft werden. In bereits bestehenden Anlagen, die sporadisch zu Wandlerfehlern neigen, können solche Rechnungen aufklärend wirken.

Daneben gibt es noch eine Reihe von Anlagenkonfigurationen, bei denen Ferroresonanz als *Folgefehler* auftritt. Ein Beispiel dafür stellt die 110-kV-Anlage in Bild 11.33 dar. Es handelt sich um einen Umspanner mit isoliertem Sternpunkt, der über ein Kabel aus einer Umspannstation versorgt wird. Beim Schließen des 110-kV-Leistungsschalters S möge ein Pol hängen bleiben, d. h. nicht ordnungsgemäß schließen. Zugleich sei der 10-kV-Leistungsschalter offen. In Bild 11.34 ist das Ersatzschaltbild dieser Anlage dargestellt; die Erdkapazität C_{EK} des Kabels liegt wiederum in Reihe mit dem Umspanner. Sofern das Kabel etwa 1...2 Kilometer lang ist, schneidet die Kapazitätsgerade die Kennlinie des Umspanners, die wegen der geringeren Windungszahl erheblich flacher verläuft als bei Wandlern ($L_h = w^2 \cdot \Lambda$). Eingehendere Untersuchungen in [35] zeigen, dass für diese Konfiguration bei einem kompensiert betriebenen 110-kV-Netz in einem weiten

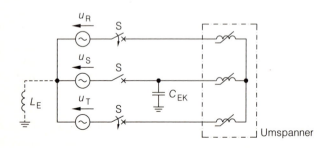

Bild 11.34
Vereinfachtes Ersatzschaltbild der Anlage in Bild 11.33
C_{EK}: Erdkapazität des Kabels

11.4 Aufgaben

Parameterbereich Überspannungen durch Ferroresonanz zu erwarten sind. Transformatoren in Netzen mit niederohmiger Sternpunkterdung sind dagegen üblicherweise nicht gefährdet.

Auch an dieser Netzkonfiguration ist wieder zu sehen, dass die Art der Sternpunktbehandlung sehr nachhaltig deren Ferroresonanzanfälligkeit beeinflusst. Ähnlich bedeutsam ist die Sternpunktbehandlung auch für die in Kapitel 12 erläuterten Erdungsmaßnahmen.

11.4 Aufgaben

Aufgabe 11.1: In dem Mittelspannungsnetz gemäß Aufgabe 6.1 mögen die Kabel als Radialfeldkabel ausgeführt sein und eine mittlere Erdkapazität $C'_E = 0{,}5 \ \mu\mathrm{F/km}$ aufweisen.

a) Berechnen Sie den Fehlerstrom, der bei einem einpoligen Erdschluss in der Station K auftritt, wenn das Netz mit isolierten Sternpunkten betrieben wird. Ist eine isolierte Sternpunktbehandlung zulässig, wenn laut DIN VDE 0228 der zulässige Erdschlussstrom für 10-kV- und 20-kV-Netze bei 35 A liegt?

b) Ändert sich der Fehlerstrom, wenn der einpolige Fehler an einem anderen Ort auftritt?

c) Üblicherweise versorgt eine Umspannstation ein Netz mit einer gesamten Kabellänge von 100…150 km. Zeigen Sie, ob bei der angegebenen mittleren Erdkapazität ein kompensierter Betrieb zulässig ist. Der zulässige Reststrom liegt für 10-kV- und 20-kV-Netze bei 60 A. Welche Möglichkeiten bieten sich bei Unzulässigkeit an?

Aufgabe 11.2: In 10-kV- bzw. 20-kV-Schaltanlagen weisen die 110/10-kV- bzw. 110/20-kV-Einspeisetransformatoren häufig die Schaltgruppe YNd5 bzw. YNd11 auf. Im Hinblick auf eine Kompensation fehlen dann Sternpunkte im Mittelspannungsnetz. Um dort den Einbau eines Sternpunktbildners zu vermeiden, ist es häufig auch möglich, die Erdschlusslöschspule an den Eigenbedarfstransformator der Umspannstation anzuschließen. Bei der dargestellten Anlage handelt es sich um ein 20-kV-Freileitungsnetz mit einer Ausdehnung von insgesamt 130 km Leitungslänge.

a) Stellen Sie für den Fall eines einpoligen Erdschlusses an der 20-kV-Sammelschiene das Komponentenersatzschaltbild der Anlage auf, wobei im Mit- und Gegensystem die induktiven und ohmschen Impedanzen der Netzeinspeisung und der Freileitungen sowie der induktive Anteil der angeschlossenen Lasten vernachlässigt werden sollen.

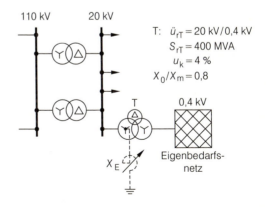

T: $\ddot{u}_{rT} = 20\ \mathrm{kV}/0{,}4\ \mathrm{kV}$
$S_{rT} = 400\ \mathrm{MVA}$
$u_k = 4\ \%$
$X_0/X_m = 0{,}8$

b) Zu welchen Konsequenzen führt der durch diese Vernachlässigung verursachte systematische Fehler bei der Berechnung der Ströme?

c) Berechnen Sie für den Fall, dass die mittlere Erdkapazität der Freileitungen $C'_E = 6\ \mathrm{nF/km}$ beträgt, die Induktivität der zur Kompensation benötigten Erdschlusslöschspule. Das Netz möge als verlustfrei angesehen werden, und die Nullimpedanz des Transformators kann unberücksichtigt bleiben.

d) Um wie viel Prozent verstimmt der Eigenbedarfstransformator die Kompensation? Welche Betriebsweise wird dadurch begünstigt?

e) Aus welchem Grund werden kompensierte Netze verstimmt betrieben?

f) Welchen Induktivitätswert muss die Erdschlusslöschspule aufweisen, wenn bei einer Netzausdehnung von 130 km die Induktivität um 30 % kleiner sein soll als im idealen Fall? Welchen Wert weist bei weiterhin als verlustlos angenommenen Verhältnissen dann der Spulen- und der Fehlerstrom auf? Welcher Betrieb liegt vor?

g) Wie wirkt sich ein weiterer Netzausbau auf diese Zusammenhänge aus?

h) Welchen Wert weist der Strom am Fehlerort bei einer idealen Abstimmung und bei einer um 30 % verstimmten Erdschlusslöschspule auf, wenn das Netz als widerstandsbehaftet angesehen wird? Verwenden Sie dafür eine empirische Beziehung.

i) Das Netz möge zusätzlich über eine Kurzerdung verfügen. Der einpolige Kurzschlussstrom möge dabei auf 1200 A ansteigen. Welche Reaktanz muss die Drosselspule aufweisen, die dann parallel zur Erdschlusslöschspule zu schalten ist?

j) Wie groß darf bei einem 400-kVA-Eigenbedarfstransformator maximal der Eigenbedarf der Anlage sein, wenn der Transformator während des Erdschlusses, der höchstens einige Stunden ansteht, wie üblich um 30 % überlastet werden darf? Das Netz möge dabei um 30 % überkompensiert betrieben werden (s. Aufgabenteil f). Die Eigenbedarfsverbraucher können vereinfachend als konstante Impedanzen angesehen werden.

k) Erläutern Sie, wie sich Erdschlusslöschspulen in kleinen Netzen konstruktiv bezüglich ihrer Windungszahl, ihres Leiterquerschnitts und ihrer Leiterisolierung von solchen Spulen unterscheiden, die zur Kompensation eines räumlich ausgedehnten Netzes eingesetzt werden. Der Eisenkern soll in beiden Fällen – wie in der Praxis üblich – die gleiche Ausführung aufweisen.

l) Wie ist bei der abgebildeten Netzschaltung in dem 0,4-kV-Eigenbedarfsnetz der Sternpunkt zu realisieren, der für den Anschluss des Neutralleiters benötigt wird?

Aufgabe 11.3: In der Aufgabe 10.3 ist ein 110-kV-Netz dargestellt, bei dem der Sternpunkt des Transformators T_2 unmittelbar mit dem Maschenerder der Umspannstation verbunden ist. Das Netz soll dabei vereinfachend als verlustlos angenommen werden.

a) Berechnen Sie für einen Erdkurzschluss in F (Umspannstation US3) den am Kurzschlussort vorhandenen Erdfehlerfaktor.

b) Berechnen Sie für den eingezeichneten Betriebszustand den Erdfehlerfaktor an der Netzeinspeisung, wenn nach wie vor in F der Fehler auftritt.

Aufgabe 11.4: Die 110-kV-Bahnnetze der Bundesrepublik werden über Transformatoren mit Mittenanzapfung gespeist. An die Mittenanzapfung ist eine Drosselspule L_E – eine *Erdschlusslöschspule* – angeschlossen, die mit der Erde verbunden wird. Dadurch weisen die beiden Leiterseile der Bahnleitung jeweils das Potenzial $+\underline{U}/2$ bzw. $-\underline{U}/2$ auf.

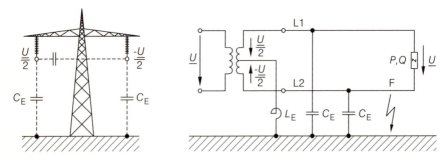

a) Fertigen Sie ein Ersatzschaltbild für den Fall an, dass der Leiter L2 in F einen Erdschluss aufweist. Dabei soll der Einspeisetransformator als ideal und die Induktivität der Freileitung als vernachlässigbar klein im Vergleich zur Induktivität L_E der Drosselspule angesehen werden. Die Kapazitäten der Freileitung sind jedoch zu berücksichtigen.

b) Berechnen sie aus dem Ersatzschaltbild die Ströme, die im Fehlerfall durch die Drosselspule und durch die Erdkapazitäten fließen.

c) Welchen Induktivitätswert muss die Drosselspule aufweisen, wenn die Fehlerstelle im Erdschlussfall bei idealen Verhältnissen stromlos sein soll?

d) Mit welchem Strom wird dann die Drosselspule beansprucht?

e) Wie ändern sich im Fehlerfall der kapazitive Strom zwischen den Leiterseilen und der Laststrom?

Aufgabe 11.5: Zur Interpretation von Fehlern werden in den Schaltanlagen Störungserfassungsmodule installiert und über einpolige Spannungswandler an die Außenleiter angeschlossen. Sie speichern im Störungsfall die interessierenden Zeitverläufe. Früher wurden lediglich deren Amplituden erfasst und auf Schreibstreifen grafisch dargestellt. In den Bildern 1 und 2 sind für zwei Fehler solche Schreibstreifen wiedergegeben, die allerdings zum besseren Verständnis um Koordinatensysteme ergänzt sind. Klassifizieren Sie aus den Verläufen den jeweils aufgetretenen Fehler.

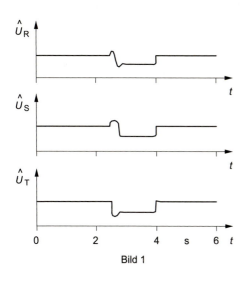

Bild 1

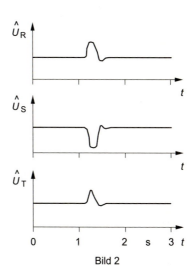

Bild 2

12 Wichtige Maßnahmen zum Schutz von Menschen und Tieren

In den Abschnitten 4.12 und 4.13 sind bereits die wesentlichen Einrichtungen zum Schutz von Betriebsmitteln beschrieben worden. Nun werden die Maßnahmen erläutert, die vornehmlich zum Schutz von Menschen und Tieren dienen.

12.1 Berührungsschutz in Netzen mit Nennspannungen größer als 1 kV

Für ein genaueres Verständnis der Schutzmaßnahmen sind zunächst Kenntnisse über die Gefährdung erforderlich, der Menschen bei einer Berührung mit spannungsführenden Anlagenteilen ausgesetzt werden. Diese Gefährdung wird vom Strom, nicht von der Spannung verursacht. Dabei hängt die Wirkung des Stroms wesentlich von dessen Stärke I_B und der Durchströmungsdauer t_F ab. Eine weitere wichtige Einflussgröße stellt der Stromweg dar. Prinzipiell gilt, dass er umso gefährlicher ist, je stärker das Herz durchströmt wird. Jedoch ist nicht nur die Höhe des Herzstroms von Bedeutung, sondern auch die Stromverteilung und das zugehörige elektrische Feld, das sich innerhalb des Herzens ausbildet [154].

12.1.1 Zulässige Körperströme und Berührungsspannungen

Im Bild 12.1a werden die Auswirkungen von Körperströmen auf Menschen veranschaulicht. Wie in der Vornorm VDE V 0140 Teil 479 und in [154] beschrieben ist, sind vier Bereiche zu unterscheiden. Im Bereich 1 mit $I_B < 0{,}5$ mA wird der Strom üblicherweise nicht wahrgenommen (Wahrnehmbarkeitsschwelle, Grenze a). Bei den größeren Strömen im Bereich 2 entstehen bereits Muskelkrämpfe. Unterhalb eines Schwellwerts von $I_B = 10$ mA, der Loslassschwelle (Grenze b), kann eine umfasste Elektrode gerade noch losgelassen werden. Für kurze Zeiten erhöht sich diese Grenze auf bis zu 200 mA. Im anschließenden Bereich 3 nehmen die Muskelreaktionen zu, jedoch treten in der Regel noch keine organischen Schäden auf.
Oberhalb der Sicherheitskurve c_1 kann bereits Herzkammerflimmern ausgelöst werden. Es äußert sich darin, dass die gleichmäßige Tätigkeit der Herzkammerwände gestört wird; sie kontrahieren dann nur noch unkoordiniert, wodurch der Blutkreislauf zusammenbricht. Im Nahbereich der Sicherheitskurve ist allerdings die Wahrscheinlichkeit einer Gefährdung sehr gering. Mit zunehmendem Körperstrom wächst die Gefahr des Herzkammerflimmerns überproportional an: Auf der Kurve c_2 führt von 20 Versuchen bereits einer zum Herzkammerflimmern, falls ein Körperstrom von 50 mA über mehrere Sekunden auftritt. Erhöht sich dieser Strom nur auf das Doppelte, so vergrößert sich die Gefährdung auf das Zehnfache. Zu beachten ist, dass diese Angaben nur für den Stromweg „linke Hand–Fuß" gelten. Bei dem Weg „linke Hand–Brust" tritt eine stärkere Gefährdung auf, weil das Herz stärker beansprucht wird. In VDE V 0140 Teil 479 wird dieser Zusammen-

12.1 Berührungsschutz in Netzen mit Nennspannungen größer als 1 kV   561

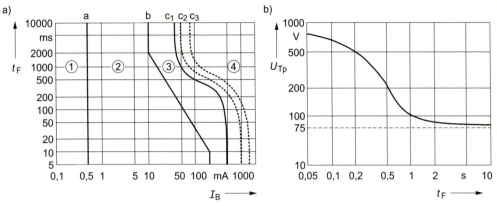

Bild 12.1
Zulässige Körperströme I_B und Berührungsspannungen U_Tp bei Menschen in Abhängigkeit von der Durchströmungsdauer t_F (Grenzen für Wechselspannung)
a) Auswirkungen von Körperströmen mit 50...60 Hz bei Menschen
   a: Wahrnehmbarkeitsschwelle; b: Loslassschwelle;
   c_1: Sicherheitskurve (Herzkammerflimmern unwahrscheinlich);
   c_2: Herzkammerflimmern mit 5 % Wahrscheinlichkeit;
   c_3: Herzkammerflimmern mit 50 % Wahrscheinlichkeit
b) Effektivwerte der zulässigen Berührungsspannung U_Tp bei Erdfehlern
   (Für größere Durchströmungsdauern kann $U_\mathrm{Tp} = 75$ V verwendet werden)

hang durch einen Herzstromfaktor F berücksichtigt, der bei einem solchen Stromweg 1,5 beträgt. Dadurch verkleinert sich der zulässige Berührungsstrom auf $I_\mathrm{B}/1{,}5$. Ungefährlicher ist z. B. der Weg „linke Hand–rechte Hand" mit $F = 0{,}4$.
Wenn der menschliche Körper von höheren Strömen durchflossen wird, als sie im Bereich 4 des Bilds 12.1a angegeben sind, so stellt sich Herzkammerflimmern nur noch bei sehr kurzen Durchströmungsdauern ein. Für einen Strom von einigen Ampere gilt z. B. eine Zeitspanne von einigen Zehntelsekunden [154]. Sofern die Einwirkdauer größer ist, beginnen sich zunehmend Verbrennungen einzustellen. Sie finden insbesondere an Körperstellen mit erhöhten Widerständen statt – wie z. B. in den Gelenken. Dort kann es sogar zu einem Verkochen oder Verkohlen des Gewebes kommen.
Die bisherigen Erläuterungen haben die Wirkungen der Ströme gekennzeichnet. In den Anlagen stellt jedoch nicht der Strom, sondern die Spannung die eingeprägte Größe dar. Dabei bezeichnet man diejenigen Spannungen, die vom Menschen überbrückt werden können, als *Berührungsspannungen* U_T (T: touch). Es interessieren nun Aussagen darüber, bis zu welcher Höhe die Berührungsspannungen als zulässig anzusehen sind. Solche Werte lassen sich nur festlegen, wenn zusätzlich noch der Widerstand des menschlichen Körpers bekannt ist.
Grundsätzlich ist der wirksame Widerstand des menschlichen Körpers nichtlinear von der Berührungsspannung abhängig. Wichtige Parameter stellen u. a. der Knochenbau und – bei Berührungsspannungen bis 200 V – auch die Größe der Kontaktfläche sowie der Feuchtigkeitsgehalt der Haut dar. Für den Stromweg „Hand–Fuß" liegen niedrige Widerstandswerte des Körpers bei 1100 Ω [154]. Wird ein Strom von etwa 46 mA noch über eine lange Durchströmungsdauer als zulässig angesehen, ergibt sich eine Spannung von 50 V. Dieser Wert ist in DIN VDE 0100 Teil 410 als *vereinbarte Grenze der Berührungsspannung* festgelegt, die bei Wechselspannung unter normalen Umgebungsbe-

dingungen zeitlich unbegrenzt bestehen bleiben darf; für Gleichspannung gilt ein Wert von 120 V.

Unter erschwerten Umgebungsbedingungen wie Feuchtigkeit oder großen Berührungsflächen sowie bei Tieren kann eine Verringerung dieser Berührungsspannungsgrenze auf 25 V Wechselspannung oder noch kleinere Werte erforderlich sein [155]. So ist z. B. bei Arbeiten in metallenen Behältern der sehr gefährliche Stromweg „beide Hände–Brust" möglich, der das Herz besonders beansprucht. In diesem Fall stellt der menschliche Körper nur einen Widerstand von etwa 450 Ω dar [154].

Aus dem Verlauf der Kurven – wie z. B. c_2 in Bild 12.1a – ist Folgendes abzulesen: Ein großer Strom, der den Körper für eine kurze Zeit beansprucht, kann genauso gefährlich sein wie ein kleiner Strom, der den Körper während eines längeren Zeitraums durchströmt. Dieser Zusammenhang gilt in gleicher Weise für die zulässigen Berührungsspannungen U_{Tp} (p: permissible). Er ist in DIN VDE 0101 und 0210 quantitativ festgelegt; die zugehörigen Werte werden für Erdfehler in Abhängigkeit von der Durchströmungsdauer t_F in Bild 12.1b dargestellt. Bei der Ermittlung dieser Kurve wurden keine besonderen Zusatzwiderstände wie z. B. Schuhwerk oder hochohmiges Oberflächenmaterial berücksichtigt; die Kurve gilt daher gemäß DIN VDE 0210 auch für Spielplätze, Schwimmbäder und Erholungsgebiete. Für typische Standorte mit Zusatzwiderständen (wie z. B. Straßen) oder solche mit hohen Erdwiderständen (z. B. Granit) sind noch höhere Berührungsspannungen zugelassen (s. DIN VDE 0210 und 0101).

Für Fehlerdauern über 10 s ist in Bild 12.1b der Wert 75 V zu verwenden. Dabei wird vorausgesetzt, dass Erdfehler stets automatisch oder von Hand abgeschaltet werden und demnach *keine zeitlich unbegrenzten Berührungsspannungen* zur Folge haben. Ohne Abschaltung müsste die dauernd zulässige Grenze von 50 V eingehalten werden. Dieser Grenzwert wird in 0,4-kV-Netzen allerdings bereits von der Betriebsspannung überschritten. Von ihrer Spannungshöhe her verursacht diese Netzebene bei einer Berührung im Wesentlichen Herzkammerflimmern. Im Unterschied dazu rufen die Mittel- und Hochspannungsnetze mit ihren höheren Betriebsspannungen primär Verbrennungen hervor. Es stellt sich nun die Frage nach Schutzmaßnahmen.

12.1.2 Direkter und indirekter Berührungsschutz

Eine Schutzmaßnahme besteht darin, es zu verhindern, dass Menschen oder Tiere Anlagenteile berühren, die unmittelbar zum Betriebsstromkreis gehören und im Folgenden als *aktiv* bezeichnet werden. Dieser *direkte Berührungsschutz* wird üblicherweise durch Isolierungen und Absperrungen erzielt. Eine vollständige Beschreibung aller zulässigen Maßnahmen ist den VDE-Bestimmungen 0100, 0101, 0105 und 0210 sowie den Unfallverhütungsvorschriften zu entnehmen.

Im Hinblick auf den Berührungsschutz sind bisher nur Anlagenteile betrachtet worden, die betriebsmäßig unter Spannung stehen. In bestimmten Fehlerfällen können jedoch auch an anderen leitfähigen Teilen, die nicht zum Betriebsstromkreis gehören und als *passiv* bezeichnet werden, Spannungen auftreten. Es ist deshalb sicherzustellen, dass Menschen an passiven Teilen im Abstand von 1 m keine unzulässig hohen Spannungen abgreifen können (Bild 12.2). Die zugehörigen Maßnahmen werden als *indirekter Berührungsschutz* bezeichnet.

Um hinreichend kleine Berührungsspannungen zu erhalten, werden in Anlagen mit Nennspannungen über 1 kV zunächst alle passiven Teile geerdet, also über niederohmige *Erdungsleitungen* bzw. *Erdungssammelleitungen* an einen *Erder* angeschlossen. Beim Erder

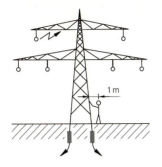

Bild 12.2

Gefährdungsbereich von Menschen durch eine Berührungsspannung U_T an passiven Anlagenteilen

handelt es sich um Leiter, die in der Erde eingebettet sind und mit ihr großflächig in Verbindung stehen. Bild 12.3 verdeutlicht in schematisierter Form den gesamten Aufbau, der auch als *Erdungsanlage* bezeichnet wird.

Wie ebenfalls aus Bild 12.3 zu ersehen ist, erzwingt diese Anordnung einen Potenzialausgleich zwischen den passiven Teilen. Dann können z. B. zwischen dem Gehäuse eines Wandlers und einer eventuell in der Nähe befindlichen Druckluftleitung keine gefährlichen Berührungsspannungen mehr auftreten. Normalerweise werden nicht nur die passiven, sondern auch diejenigen aktiven Teile, die zu erden sind, an den gleichen Erder angeschlossen. Als Beispiel dafür seien Sternpunkt-Erdungsdrosselspulen und Erdschlusslöschspulen genannt.

Um bei einer solchen Anordnung stets die erforderliche Schutzwirkung erfüllen zu können, ist der Erder zweckmäßig zu gestalten. *In Umspannwerken und -stationen* ist der Aufbau gemäß Bild 12.4a üblich. Im Betriebsgelände sind verzinkte Stahlbänder, seltener Kupferseile, in etwa 80 cm Tiefe und damit unterhalb der Frostgrenze verlegt. Sie sind so angeordnet, dass Maschen von maximal 10 m × 50 m entstehen. Bei Maschen bis zu dieser Größe wirkt der Erder praktisch wie eine Metallplatte gleicher Fläche. Die gesamte Anordnung wird als *Maschenerder* bezeichnet und stellt eine spezielle Ausführung eines Oberflächenerders dar.

In die Betonfundamente der Betriebsgebäude werden ebenfalls Stahlbänder eingebettet, die untereinander verbunden sind. Da Beton leitfähig ist, wirken sie wie ein Oberflächenerder, für den der spezielle Ausdruck *Fundamenterder* verwendet wird. Fundament- und Maschenerder sind miteinander verbunden. Daher kann das gesamte Betriebsgelände als ein zusammenhängender Maschenerder angesehen werden. Falls tiefere Erdschichten deutlich besser leitend sind, werden zusätzlich so genannte *Tiefenerder* in Form von Metallstäben in das Erdreich getrieben. Bei mehreren Tiefenerdern ist jedoch darauf zu achten, dass ihr gegenseitiger Abstand mindestens eine Erderlänge beträgt. Wenn diese Restriktion eingehalten wird, beeinflussen sich die Tiefenerder nur unwesentlich. Anderenfalls würde sich ihre Erderwirkung verringern (s. DIN VDE 0101).

Bei Netzstationen ist der Erdungsaufwand erheblich geringer. Es werden lediglich ein

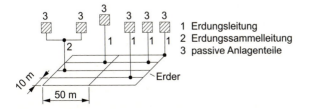

1 Erdungsleitung
2 Erdungssammelleitung
3 passive Anlagenteile

Bild 12.3

Prinzipieller Aufbau einer Erdungsanlage zum Schutz gegen zu hohe Berührungsspannungen

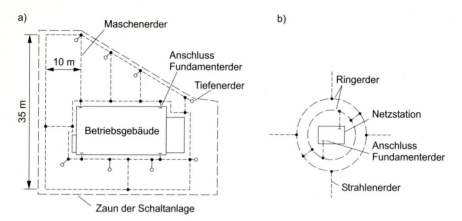

Bild 12.4
Ausführung technisch üblicher Erder
a) Erder von Umspannwerken bzw. -stationen
b) Erder von Netzstationen

oder zwei Ringe aus Stahlband, so genannte *Ringerder*, um die Fundamente gelegt und mit dem Fundamenterder der Netzstation verbunden. Sternförmig abgehende Banderder, die in den Kabelgräben mitverlegt und auch als Strahlenerder bezeichnet werden, können die Erderwirkung noch vergrößern (Bild 12.4b).

Der *Querschnitt* der in den Erdungsanlagen verwendeten Stahlbänder bzw. Kupferseile richtet sich nach den *maximal zu erwartenden Fehlerströmen*, der mechanischen Festigkeit sowie der zu erwartenden Korrosion. Er ist in DIN VDE 0101 festgelegt. Die Fehlerströme, die je nach Fehlerart die Erdungsanlagen belasten, errechnen sich aus den Ersatzschaltbildern gemäß Kapitel 10. Darin sind die Erdungsanlagen der Schaltanlagen nicht berücksichtigt. Dies ist zulässig, da ihre Widerstände mit $0{,}1\ldots 1\ \Omega$ üblicherweise klein im Vergleich zu den übrigen Netzimpedanzen sind. Ihre Vernachlässigung führt auf etwas höhere Fehlerströme und damit auch auf höhere Berührungsspannungen, als sie tatsächlich auftreten. Wegen dieses systematischen Fehlers verbessert sich der indirekte Berührungsschutz bei den so dimensionierten Anlagen.

Für den Strom, der über den Erder ins Erdreich eingeleitet wird, verwendet man den Ausdruck *Erdungsstrom* I_E. Die Erdungsanlagen werden so ausgelegt, dass der wesentliche Spannungsabfall, den der Erdungsstrom erzeugt, im Erdreich auftritt, nicht jedoch an den Erdungsleitungen und dem Erder. Um zu verhindern, dass sich an der Erdoberfläche unzulässig hohe Berührungsspannungen einstellen, muss der Erder eine bestimmte Größe aufweisen. Die dafür benötigten Zusammenhänge werden im Folgenden erläutert.

12.2 Berührungsspannungen bei Erdern

Für das Verständnis der im Weiteren beschriebenen Zusammenhänge ist es zweckmäßig, zunächst von einer gleichstrombelasteten Erderanordnung auszugehen, die in Bild 12.5 dargestellt ist. Es handelt sich um Halbkugelerder, die jedoch normalerweise in der Praxis nicht verwendet werden. Die im Erdreich interessierenden Strom-Spannungs-Verhältnisse lassen sich aber bei dieser Anordnung analytisch besonders einfach darstellen. *Vorteil-*

12.2 Berührungsspannungen bei Erdern

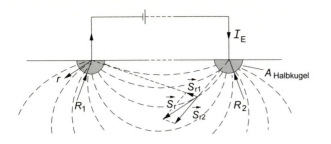

Bild 12.5
Strömungsfeld einer einfachen
Erderanordnung mit
Halbkugelerdern
R_1, R_2: Radien der Erder
S_r: Stromdichte

hafterweise gelten die daraus abgeleiteten grundsätzlichen Aussagen zugleich auch für die technisch üblichen Erderausführungen.

Das Erdreich wird als homogen angesehen; dessen spezifischer Widerstand wird mit ρ_E bezeichnet. Zusätzlich sei der Abstand zwischen den Erdern im Vergleich zu ihren Radien R_1 und R_2 sehr groß. Unter diesen Voraussetzungen erhält man das Strömungsfeld $\vec{S}_r$ durch eine Überlagerung der Stromdichten $\vec{S}_{r1}$ und $\vec{S}_{r2}$. Im Folgenden interessiert nur das Strömungsfeld in der unmittelbaren Umgebung der Erder. Bei den vorausgesetzten großen Abständen kann der Einfluss des jeweils anderen Erders vernachlässigt werden. Aus den bekannten Beziehungen

$$S_r(r) = \frac{I_E}{2\pi \cdot r^2}, \qquad E_r(r) = \rho_E \cdot S_r(r), \qquad U(r) = \int_r^\infty E_r(\xi) \cdot d\xi \qquad (12.1)$$

ermittelt sich der Spannungsverlauf, der sich auf der Erdoberfläche in der Umgebung des betrachteten Halbkugelerders einstellt, zu

$$U(r) = I_E \cdot \frac{\rho_E}{2\pi} \cdot \frac{1}{r}. \qquad (12.2)$$

Dieser Spannungsverlauf ist in Bild 12.6 grafisch dargestellt. Wie daraus zu ersehen ist, sinkt die Spannung $U(r)$ mit zunehmender Entfernung r vom Erder schnell ab. Der Bereich, in dem sich die Spannung asymptotisch dem Wert null nähert, wird als *Bezugserde* bezeichnet. Bei Masten ist die Bezugserde bereits nach 20...30 m hinreichend gut erreicht.

Am Rand $r = R$ des Erders weist die Spannung $U(r)$ ihren größten Wert auf. Diese so

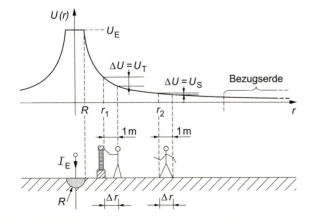

Bild 12.6
Spannungsverlauf in der Nähe
eines Halbkugelerders und
Berührungsspannung U_T sowie
Schrittspannung U_S eines
Menschen bei eingeprägtem
Erdungsstrom I_E
($U(r)$: Spannung an der Stelle
r gegen die Bezugserde)

genannte *Erdungsspannung* U_E beträgt bei Halbkugelerdern

$$U_E = I_E \cdot \frac{\rho_E}{2\pi \cdot R} \qquad (12.3)$$

und hängt sowohl vom Erdungsstrom I_E als auch von der Erderausdehnung R ab.
Auf der Erdoberfläche verlaufen die Äquipotenziallinien kreisförmig um den Erder. Wenn man die zugehörigen Potenzialwerte über der Entfernung vom Erder dreidimensional darstellt, ergibt sich eine trichterförmige Fläche. Man spricht daher auch sehr anschaulich vom *Spannungs- oder Potenzialtrichter eines Erders*. Falls Menschen im Bereich dieses Trichters an der Stelle $r = r_1$ eine Wegstrecke Δr überbrücken, wird dort ein Spannungsabfall ΔU wirksam:

$$\Delta U = \left.\frac{\partial U(r)}{\partial r}\right|_{r=r_1} \cdot \Delta r \,.$$

Bei Menschen gilt für die interessierende Wegstrecke $\Delta r = 1$ m. In Bild 12.6 ermitteln sich die Berührungsspannung U_T, die bei $r = r_1$ vorhanden ist, sowie die Schrittspannung U_S, die am Ort $r = r_2$ auf der Erdoberfläche auftritt, zu

$$U_T = \left.\frac{\partial U(r)}{\partial r}\right|_{r=r_1} \cdot 1\,\text{m} \qquad \text{bzw.} \qquad U_S = \left.\frac{\partial U(r)}{\partial r}\right|_{r=r_2} \cdot 1\,\text{m} \,. \qquad (12.4)$$

Demnach werden Schrittspannungen zwischen den Füßen und Berührungsspannungen zwischen Hand und Füßen abgegriffen; sie errechnen sich jedoch mit gleichen Beziehungen. Beim Halbkugelerder ergibt sich für die Berührungsspannung

$$U_T = I_E \cdot \frac{\rho_E}{2\pi} \cdot \frac{1\,\text{m}}{r_1^2} \,. \qquad (12.5)$$

Sie ist bei $r_1 = R$, also unmittelbar am Rand des Erders, mit

$$U_{T,\text{max}} = I_E \cdot \frac{\rho_E}{2\pi} \cdot \frac{1\,\text{m}}{R^2} = \frac{U_E}{R} \cdot 1\,\text{m} \qquad (12.6)$$

am größten. Folglich ist die Erdungsspannung U_E eine Oberschranke für die *maximale Berührungsspannung*, die nach den vorhergehenden Betrachtungen gewisse Grenzwerte nicht überschreiten darf, wenn Menschen nicht gefährdet werden sollen.
Im Folgenden wird für die betrachtete Anlage in Bild 12.5 ein Ersatzschaltbild erstellt, mit dessen Hilfe auch die Erdungsverhältnisse in umfassenderen Netzanlagen übersichtlich dargestellt werden können. Zu diesem Zweck wird Gl. (12.3) umgeschrieben in

$$\frac{U_E}{I_E} = \frac{\rho_E}{2\pi \cdot R} = R_A \,.$$

Der Quotient U_E/I_E wird als *Ausbreitungswiderstand R_A eines Erders* bezeichnet. Dieser Widerstand beschreibt aufgrund des vorausgesetzten großen Abstands zwischen den Erdern den Zusammenhang zwischen der Erdungsspannung und dem Erdungsstrom für *jeweils einen Erder*. Die Anordnung in Bild 12.5 wird somit durch das Ersatzschaltbild 12.7a erfasst, das für Gleichspannungsverhältnisse abgeleitet ist. Analoge Beziehungen für die Ausbreitungswiderstände von Banderdern R_{AB} und Tiefenerdern R_{AT} lauten

$$R_{AB} = \frac{\rho_E}{\pi \cdot l} \cdot \ln \frac{4 \cdot l}{b} \,, \qquad R_{AT} = \frac{\rho_E}{2\pi \cdot l} \cdot \ln \frac{4 \cdot l}{d} \,,$$

12.2 Berührungsspannungen bei Erdern

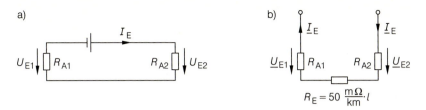

Bild 12.7 Ersatzschaltbild von Erdern
a) Ersatzschaltbild für zwei Halbkugelerder bei Gleichstrom
b) Stationäres Ersatzschaltbild einer Erdungsanlage für einen 50-Hz-Wechselstrom

wobei die Größe l jeweils die Länge des Erders kennzeichnet. Die weiteren Angaben b und d spezifizieren die Breite des Erdungsbands bzw. den Durchmesser des Tiefenerders (s. DIN VDE 0101).
Abweichend davon werden die Erdungsanlagen der Energieversorgungsnetze im Fall von unsymmetrischen Fehlern nicht durch Gleich-, sondern durch Wechselströme belastet. Genauere Berechnungen zeigen, dass sich die Strömungsverhältnisse eines Gleichstroms und eines netzfrequenten Wechselstroms im Bereich bis zur Bezugserde kaum unterscheiden [156]. Bei größeren Entfernungen treten jedoch Unterschiede auf. Der Wechselstrom fließt dann im Erdreich entlang der Trasse in einigen Kilometern Breite und Tiefe, wobei der ohmsche Widerstand der Erde konstant ist und bei einem 50-Hz-Wechselstrom ca. 50 mΩ/km beträgt (s. Abschnitt 9.4.1.1). Der Gleichstrom dagegen breitet sich in alle Richtungen unendlich weit aus. Ein Spannungsabfall tritt in diesen Bereichen kaum noch auf.
Das stationäre Strömungsfeld, das bei Wechselstrom auftritt, lässt sich mit hinreichender Genauigkeit durch das Ersatzschaltbild 12.7b beschreiben. Hierin kennzeichnet der Widerstand R_E den weitgehend parallelebenen Bereich des Strömungsfelds, die Widerstände R_{A1} und R_{A2} erfassen jeweils den Übergangsbereich um den zugehörigen Erder (Bild 9.14). In der Praxis führen die Übergangsbereiche zu Widerständen, die je nach Größe des Erders im Bereich von ca. 0,1...50 Ω liegen: Kleinere Mastfüße weisen bei normalen Bodenverhältnissen wie z. B. Ackerboden mit $\rho_E = 100$ Ωm einen Ausbreitungswiderstand von ca. 40...50 Ω auf, der jedoch durch zusätzliche Ring- bzw. Strahlenerder bis auf ca. 5...10 Ω abgesenkt werden kann. Die Widerstandswerte der Erder von Schaltanlagen liegen in niederohmig geerdeten Netzen im Bereich von ca. 0,1...0,5 Ω. Meistens werden dort großflächige Maschenerder eingesetzt. Bei dieser Erderausführung ergibt sich der Ausbreitungswiderstand mit einer Genauigkeit von ca. 5 % aus der Beziehung

$$R_A = \frac{\rho_E}{2 \cdot D} \,. \tag{12.7}$$

Mit D wird dabei der Durchmesser eines Kreises bezeichnet, der die gleiche Fläche wie der jeweilige Maschenerder aufweist (s. DIN VDE 0101). Der Verlauf des zugehörigen Spannungstrichters wird für $|r| > D/2$ durch die Beziehung

$$U(r) = I_E \cdot \frac{\rho_E}{\pi \cdot D} \cdot \arcsin \frac{D}{2 \cdot r} \tag{12.8}$$

beschrieben; die Erdungsspannung eines Maschenerders beträgt mithin

$$U_E = I_E \cdot \frac{\rho_E}{2 \cdot D} \,. \tag{12.9}$$

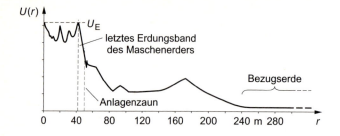

Bild 12.8
Gemessener Spannungsverlauf eines Maschenerders in einer Höchstspannungsschaltanlage bei eingeprägtem Erdungsstrom I_E

Entsprechende Angaben für weitere technisch übliche Erderausführungen sind u. a. [157] zu entnehmen.

Bei Schaltanlagen mit sehr hohen Kurzschlussströmen ergeben sich mitunter hohe Erdungsspannungen oder – wie man auch sagt – schwierige Erdungsverhältnisse. Dann ist eine messtechnische Überprüfung des Spannungsverlaufs vorgeschrieben. In Bild 12.8 ist ein solches Messergebnis dargestellt. Innerhalb der Maschen des Erders baut sich eine Spannung auf, die durch die Maschenweite auf ungefährliche Werte begrenzt ist. Der Anlagenzaun ist nicht mit dem Maschenerder verbunden, sodass die maximale Berührungsspannung innerhalb der Anlage auftritt. Außerhalb der Anlage führen Metallrohre oder Kabel zu lokalen Verzerrungen und Abweichungen von dem projektierten Spannungsverlauf gemäß Gl. (12.8). Im Weiteren stellt sich nun die Frage, wie in umfassenderen Netzanlagen am zweckmäßigsten die Erdungsspannungen zu berechnen sind, die sich bei unsymmetrischen Fehlern einstellen.

12.3 Berechnung von Erdungsspannungen bei unsymmetrischen Fehlern

Prinzipiell ist eine Berechnung von Erdungsspannungen erst möglich, wenn geklärt ist, wie die stationären Ersatzschaltbilder für die Erdungsanlagen mit den Komponentenersatzschaltbildern aus Kapitel 11 zu verknüpfen sind.

Erdungsanlagen sind Bestandteile des vierten Leiters, des Rückleiters. Sie beeinflussen somit nur das Komponentenersatzschaltbild für das *Nullsystem*. In Bild 12.9a wird die Art der Beeinflussung anhand einer speziellen Netzanlage erläutert. Das zugehörige Ersatzschaltbild des Nullsystems ist Bild 12.9b zu entnehmen. Wie im vorhergehenden Abschnitt abgeleitet, wird jeder Mast mit seinem Ausbreitungswiderstand R_M nachgebildet; zwischen den Masten i und j wirkt in der Erde der Wechselstromwiderstand $R_{E,i-j} = 50\,\text{m}\Omega/\text{km} \cdot l^*_{i-j}$. Dabei gibt die Länge l^*_{i-j} den Abstand zwischen den Bezugserden der beiden Masten an. Ebenfalls abschnittsweise wird auch das Erdseil durch seine Reaktanz $X_{ES,i-j}$ und den Leiterwiderstand $R_{ES,i-j}$ erfasst. Zusätzlich ist die induktive Kopplung M_{i-j} zwischen dem Erdseil und den drei Außenleitern zu berücksichtigen. Für jeweils ein Mastfeld werden die Außenleiter wiederum durch die Induktivität $X_{LE,i-j}$ sowie ihren Leiterwiderstand $R_{L,i-j}$ beschrieben.

Da es sich um ein Komponentenersatzschaltbild handelt, sind die Impedanzen der Außenleiter und des Umspanners mit ihrem einfachen Wert, die Impedanzen des Rückleiters dagegen dreifach anzusetzen. In Abschnitt 9.4.2 werden die magnetischen Verhältnisse einer Freileitung mit Erdseil durch die Beziehungen (9.30) und (9.31) analytisch erfasst.

12.3 Berechnung von Erdungsspannungen bei unsymmetrischen Fehlern

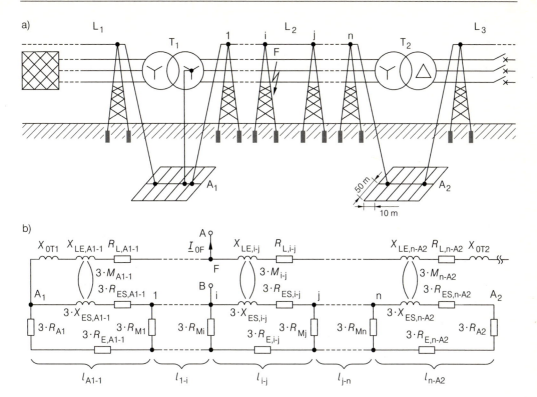

Bild 12.9
Netzanlage mit Erdkurzschluss an einem Mast der Freileitung L_2 (Fehlerort F sei von beiden Schaltanlagen jeweils mindestens 10...15 Masten entfernt)
a) Skizze der Netzanlage (Leitung L_2 mit n Masten)
b) Ersatzschaltbild des Nullsystems für die Leitung L_2 und die Anlagen A_1 sowie A_2
   (A,B: Anschlüsse des ESB)

Sie gelten dementsprechend auch für das Leitungsstück zwischen den Masten. Aus diesen Gleichungen ergeben sich für die Induktivitäten eines Mastfelds mit der Länge $l_{i\text{-}j}$ die folgenden analytischen Ausdrücke:

$$X_{\mathrm{LE}} = \omega \cdot \frac{\mu_0 \cdot l_{i\text{-}j}}{2\pi} \cdot \ln \frac{\delta^3}{r_{\mathrm{B}}^3}, \quad X_{\mathrm{ES}} = \omega \cdot \frac{\mu_0 \cdot l_{i\text{-}j}}{2\pi} \cdot \ln \frac{\delta}{r_{\mathrm{ES}}}, \quad M = \frac{\mu_0 \cdot l_{i\text{-}j}}{2\pi} \cdot \ln \frac{\delta}{D}.$$

Leider ist auf solche Netzwerke mit induktiven Kopplungen das in Kapitel 5 dargestellte Knotenpunktverfahren nicht anwendbar. Stattdessen sind spezielle Programme erforderlich. Da diese häufig nicht zur Verfügung stehen, ist eine analytische Aufbereitung für die Projektierung sehr nützlich. Zu diesem Zweck werden im Weiteren einige Vereinfachungen vorgenommen. Die Genauigkeit der dann resultierenden Ergebnisse ist so lange ausreichend, wie der fehlerbehaftete Mast mehr als 10...15 Mastfelder von den Schaltanlagen entfernt ist. Anderenfalls können zu große Erdungsspannungen berechnet werden. Auf diese Problematik wird am Ende dieses Abschnitts noch einmal eingegangen.

Zunächst wird vorausgesetzt, dass sich die Erdseile – außer bei dem Mast an der Fehlerstelle – isoliert auf den Mastspitzen befinden. Durch diese Annahme werden Querströme über benachbarte Masten vernachlässigt. Zur weiteren Vereinfachung wird zusätzlich angenommen, dass z. B. infolge eines Störfalls das Erdseil der Leitung L_2 nicht an die

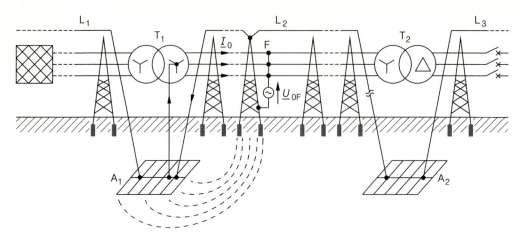

Bild 12.10
Verlauf der Nullströme bei einem Erdkurzschluss in F
(Erdseil der Leitung L_2 vereinfachend nur auf dem fehlerbehafteten Mast und an der Erdungsanlage A_1 angeschlossen)

Erdungsanlage A_2 angeschlossen ist. Im Ersatzschaltbild 12.9b lässt sich der Erdkurzschluss nun dadurch nachbilden, dass man an der Fehlerstelle F zwischen den Klemmen A und B eine Nullspannung $\underline{U}_{0F}$ anlegt. Der sich dann einstellende Stromverlauf ist in Bild 12.10 skizziert. Daraus ist zu ersehen, dass die Widerstände der Masten bis auf den Ausbreitungswiderstand R_M des Fehlermastes entfallen dürfen und die Induktivitäten zusammengefasst werden können. Entsprechendes gilt für die jeweiligen Erdwiderstände $R_{E,i\text{-}j}$. Es ergibt sich dann die Ersatzschaltung in Bild 12.11; bei den zugehörigen Werten ist im Vergleich zu Bild 12.9b lediglich die gesamte Leitungslänge l anstelle der Feldlängen $l_{i\text{-}j}$ zu verwenden.

Auch das so reduzierte Ersatzschaltbild für das Nullsystem ist noch recht kompliziert. Eine Auswertung des zugehörigen kompletten Komponentenersatzschaltbilds für den angenommenen einpoligen Fehler (Bild 12.12) führt zu aufwändigen analytischen Rechnungen.

Durch eine weitere Vereinfachung lässt sich der analytische Aufwand erheblich verringern: Dazu wird der Nullstrom $\underline{I}_0$ in der Leitung bzw. $\underline{I}_{0F}$ an der Fehlerstelle – wie gewohnt – aus dem *herkömmlichen* einpoligen Komponentenersatzschaltbild ermittelt, wobei Freileitungen und Kabel mit dem üblichen Nullsystem nachgebildet werden (Bild 12.13). Bei dieser herkömmlichen Modellierung sind sowohl der Ausbreitungswiderstand R_{A1} der Erdungsanlage A_1 als auch R_M des Mastes an der Fehlerstelle nicht berücksichtigt. Anschließend wird jedoch das genauere Komponentenersatzschaltbild für das Nullsystem in Bild 12.11 ausgewertet, wobei der *vorher bestimmte Nullstrom $\underline{I}_{0F}$ als ein-*

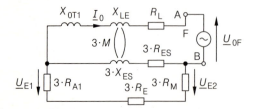

Bild 12.11
Nullsystem der Anlage in Bild 12.10 ohne Berücksichtigung der Querströme
(ES: Erdseil)

12.3 Berechnung von Erdungsspannungen bei unsymmetrischen Fehlern

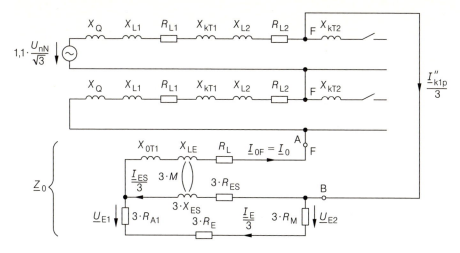

Bild 12.12
Komponentenersatzschaltbild für einen Erdkurzschluss unter Berücksichtigung der Erdungsanlagen in der Nullimpedanz

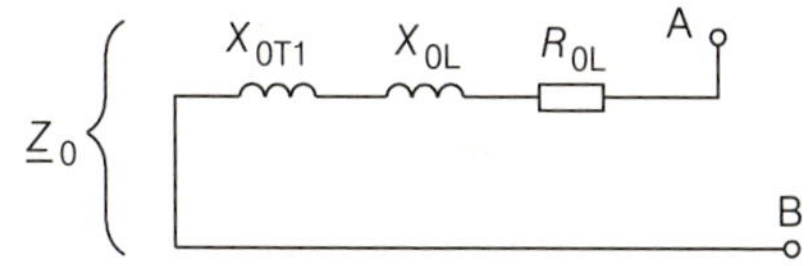

Bild 12.13
Vereinfachung der Nullimpedanz in Bild 12.12 durch Vernachlässigung der Ausbreitungswiderstände

geprägt angesehen wird. Aus diesem Ersatzschaltbild lassen sich dann – wie gewünscht – die Erdungsspannungen $\underline{U}_{E1}$ sowie $\underline{U}_{E2}$ an den Widerständen R_{A1} und R_M einfacher berechnen. Der systematische Fehler, der mit dieser iterativen Vorgehensweise verbunden ist, führt zu größeren Nullströmen. Dies gilt dann auch für die Erdungsspannung, d. h. die ermittelten Werte liegen *im Hinblick auf den Berührungsschutz auf der sicheren Seite.*

Noch weiter gehend lässt sich die beschriebene Berechnung der Erdungsspannung vereinfachen, wenn der *Reduktionsfaktor $\underline{r}$* verwendet wird. Dieser Faktor, der in Abschnitt 9.4.2 abgeleitet ist, stellt im Allgemeinen eine komplexe Größe dar. Er wird aus dem Nullsystem einer Freileitung ohne Berücksichtigung der Querströme ermittelt und ist ein Maß dafür, welcher Anteil des Erdkurzschlussstroms $\underline{I}''_{k1p}$ als Erdungsstrom $\underline{I}_E$ über den Erder abfließt. Mithilfe dieser Größe $\underline{r}$ vereinfacht sich das aufgestellte Ersatzschaltbild auf die Form in Bild 12.14. In praktischen Rechnungen verwendet man jedoch häufig nur den Betrag r des Reduktionsfaktors, der für technisch übliche Ausführungen z. B. [157] zu entnehmen ist. Für eine Freileitung mit einem Al/St-Erdseil liegt sein Wert bei einem spezifischen Erdwiderstand $\rho_E \approx 100~\Omega\text{m}$ im Bereich $0{,}6 \ldots 0{,}7$ (s. DIN VDE 0101 und DIN VDE 0102 Teil 3). Der durch die Betragsbildung verursachte systematische Fehler führt zu einem größeren Erdungsstrom, also auch wieder zu einer geringfügig größeren Erdungsspannung. Dieser Schritt ist daher ebenfalls berechtigt.

Aus dem Nullsystem in Bild 12.14 ist – wie bereits in Abschnitt 9.4.2 erwähnt – direkt zu ersehen, dass der Fehlerstrom im Erdreich durch das Erdseil erheblich verringert wird. Noch günstigere Verhältnisse ergeben sich, wenn die bisher vernachlässigten Querströme in den Masten bei der Modellierung mit einbezogen werden. Das heißt, dass nun die leitenden Verbindungen zwischen Erdseil und Mastspitzen der Leitung L_2 sowie der

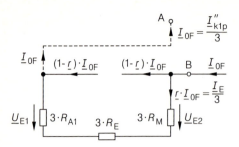

Bild 12.14
Vereinfachung des Komponentenersatzschaltbilds im Nullsystem durch Verwendung des Reduktionsfaktors $\underline{r}$ (ausgeglichene Stromverteilung)

Anschluss des Erdseils an die Erdungsanlage A_2 berücksichtigt werden (Bild 12.9a).
Bei den Masten wirkt der Mastfuß als Erder. Sein Ausbreitungswiderstand R_M einschließlich des Mastwiderstands liegt je nach Größe des Mastfundaments üblicherweise im Bereich von 10...50 Ω (s. Abschnitt 12.2). Infolgedessen bestehen zwischen Erdseil und Erde parallel zum fehlerbehafteten Mast weitere leitende Verbindungen. Sie sind relativ niederohmig (s. Bild 12.9b), sodass sich darüber Querströme vom Erdseil zur Erde ausbilden. Demnach nimmt das Erdseil über den Anteil $(1-\underline{r}) \cdot \underline{I}_E$ hinaus zunächst noch zusätzliche Ströme auf. Die angeschlossenen Erdseile entlasten dadurch den Erder in einem noch höheren Maße. Eine Vernachlässigung dieses Effektes würde zu größeren Abmessungen des Erders führen.
Die einzelnen Querströme lassen sich aus dem Ersatzschaltbild 12.9b berechnen. Auswertungen dieses genaueren Modells haben gezeigt, dass sie sich nur in den ersten 10 bis 15 Masten einstellen. Danach gleichen sich die Ströme im Erdseil und in der Erde nicht mehr weiter durch Querströme aus. Man spricht dann von einer *ausgeglichenen Stromverteilung*. Diese lässt sich hinreichend genau mit dem bereits betrachteten Reduktionsfaktor $\underline{r}$ gemäß der Ersatzschaltung in Bild 12.14 berechnen. Darüber hinaus zeigen die erwähnten Modellauswertungen, dass sich auch die Auswirkung der Querströme auf dem folgenden Weg mit ausreichender Genauigkeit erfassen lässt [158]:
Im Komponentenersatzschaltbild 12.14 wird für jede von der Fehlerstelle abgehende Freileitung mit Erdseil eine im Weiteren noch erläuterte Impedanz $\underline{Z}_\infty$ zum Ausbreitungswiderstand R_A bzw. R_M parallel geschaltet. An einer Fehlerstelle innerhalb einer Leitung wirkt das Erdseil *zu beiden Seiten hin entlastend*, da sich auf beiden Seiten Querströme ausbilden. Es ist dann für jede Seite eine solche Impedanz in das Ersatzschaltbild einzufügen. In einer Schaltanlage ist dagegen für jedes dort angeschlossene Erdseil nur *eine* Impedanz $\underline{Z}_\infty$ wirksam, da das Erdseil infolge der Randlage nur einmal Querströme abführt. Zu beachten ist dabei, dass die Impedanzen $\underline{Z}_\infty$ ebenso wie die Ausbreitungswiderstände R_A Bestandteil des Rückleiters sind und daher mit ihrem dreifachen Wert in das Nullsystem eingehen. Dagegen darf der Widerstand R_E des Erdreichs entlang der Leitung nicht im Komponentenersatzschaltbild berücksichtigt werden, da er bereits in den Widerstand R_{0L} einbezogen ist (s. Bild 12.13).
Bild 12.15 zeigt das so vervollständigte Ersatzschaltbild. Es handelt sich um eine analytisch einfach auszuwertende Parallelschaltung, das Ziel der bisherigen Betrachtungen. Wie daraus zu ersehen ist, wird bei diesem verfeinerten Modell der Begriff *Erdungsstrom* $\underline{I}_E$ für den insgesamt durch die Erde fließenden Strom verwendet, der sich erst im Bereich der ausgeglichenen Stromverteilung einstellt. Der kleinere Strom durch den Masterder

12.3 Berechnung von Erdungsspannungen bei unsymmetrischen Fehlern

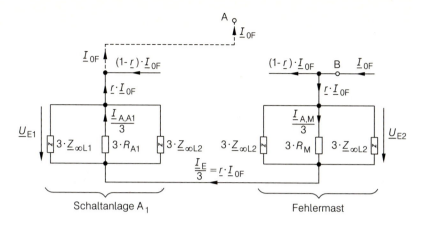

Bild 12.15
Vereinfachtes Ersatzschaltbild des Nullsystems der Netzanlage in Bild 12.9a unter Berücksichtigung der leitenden Verbindungen zwischen Erdseil und Masten

(Index M) bzw. durch die Erdungsanlage A_1 wird im Unterschied dazu als *Ausbreitungsstrom* I_A bezeichnet. Bemerkenswert ist, dass bei einer Berücksichtigung der Querströme der Anschluss des Erdseils in der Schaltanlage A_2 ohne Belang ist, sofern die Schaltanlage mehr als 10...15 Mastfeldlängen von der Fehlerstelle entfernt ist. Im Bereich der zweiten Schaltanlage fließt dann praktisch kein Querstrom mehr. Allerdings ergäben sich andere Verhältnisse, sofern der Umspanner in der Anlage A_2 ebenfalls geerdet wäre. In diesem Fall müsste in Bild 12.15 auf der rechten Seite des fehlerbehafteten Mastes für die Anlage A_2 ein von der Struktur her gleiches Teil-Ersatzschaltbild angeordnet werden, wie es für die Anlage A_1 verwendet worden ist (linke Parallelschaltung im ESB). Es sind lediglich die Indizes 1 durch 2 und der Index 2 durch 3 zu ersetzen. Bei einer solchen Konfiguration würde sich auch auf der *rechten* Seite des Fehlermastes nach einer Entfernung von 10...15 Masten eine ausgeglichene Stromverteilung einstellen. Im Folgenden sollen nun die Impedanzen Z_∞ genauer betrachtet werden.

In dem bereits angesprochenen genaueren Modell, das jedes einzelne Mastfeld berücksichtigt, führt die Nachbildung des Erdreichs und des Erdseils im zugehörigen Ersatzschaltbild auf Kettenleiter. Die in dem vereinfachten Ersatzschaltbild eingefügten Impedanzen Z_∞ stellen jeweils die Eingangsimpedanz dieser Kettenleiter dar. In DIN VDE 0102 Teil 3 wird für diese Kettenleiterimpedanz der Begriff Eingangserdimpedanz Z_P verwendet. Die Bestimmung dieser Größe vereinfacht sich, wenn die Freileitung als unendlich lang angesehen wird. Aus dem gleichen Grund betrachtet man zusätzlich die Mastfeldlängen als gleich groß und das Erdreich als homogen. In der Praxis weichen diese Modellvoraussetzungen meist von den tatsächlichen Gegebenheiten ab, sodass an sich eine genaue Nachbildung erforderlich wäre. Die dann zusätzlich benötigten Angaben sind nur messtechnisch zu ermitteln und liegen meist unzureichend vor. Daher erhöhen auch verbesserte Nachbildungen nicht die Aussagekraft. Häufig ist es deshalb sogar sinnvoll, noch weiter zu vereinfachen: Anstelle der an sich komplexen Größe Z_∞ wird ein ohmscher Widerstand verwendet, dessen Größe dem Betrag $Z_\infty = |Z_\infty|$ entspricht. Es lässt sich zeigen, dass durch diesen Schritt nochmals ein Sicherheitszuschlag für die Erdungsspannung entsteht. Bei den üblichen technischen Ausführungen – z. B. einem Al/St-Erdseil – liegt Z_∞ für Freileitungen mit mehr als 10...15 Masten im Bereich von 1...2 Ω. Weitere Angaben sind u. a. [157] zu entnehmen.

Es sei noch erwähnt, dass bei Kabeln metallene Mäntel, Schirme und – falls vorhanden – Bewehrungen ebenfalls an die Erdungsanlagen angeschlossen werden müssen. Solche Kabel besitzen eine *Erderwirkung*, wenn eine metallene Hülle einen kontinuierlichen Kontakt mit der Erde aufweist und der zugehörige Ausbreitungswiderstand in der Größenordnung von Banderdern liegt. Diese Voraussetzung wird z. B. von Gaskabeln sowie von Massekabeln mit Bleimantel und Juteumhüllung erfüllt. Solche Kabel mit Erderwirkung, auch als *erdfühlig* bezeichnet, entlasten die Erder ähnlich wie Erdseile. Bei einer Kabellänge ab 1 km und einem spezifischen Erdwiderstand $\rho_E = 100$ Ωm liegt die zugehörige Impedanz Z_∞ z. B. im Bereich von 0,7...0,8 Ω. Detailliertere Angaben über diese Größen sind DIN VDE 0101 zu entnehmen. Dort ist u. a. der Einfluss der Parameter Kabellänge, spezifischer Erdwiderstand und gegenseitige Beeinflussung bei Mehrfachverlegung aufgezeigt.

Zu beachten ist, dass Kunststoffkabel keine Erderwirkung aufweisen. Ihr Schirm ist isoliert und führt den darin fließenden Strom nur zu dem Erder, der am anderen Kabelende angeschlossen ist. Diese Anordnung ist vergleichsweise hochohmig. Daher wirken solche Kabel nur schwach entlastend auf den Erder an der Fehlerstelle. Bei der Projektierung von Erdungsanlagen wird diese Entlastung nicht berücksichtigt und *Kunststoffkabeln kein Widerstand Z_∞ zugeordnet*.

Zur Veranschaulichung der Auswirkungen von Erdseilen und Kabeln mit Erderwirkung wird in Bild 12.16 eine Netzanlage dargestellt, in dem ein Erdkurzschluss an der Fehlerstelle F direkt in einer Schaltanlage vorliegt. In diesem Bild ist zugleich auch die zur

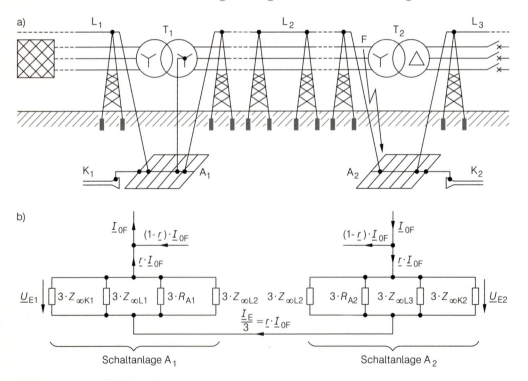

Bild 12.16
Netzanlage mit Erdkurzschluss innerhalb der Schaltanlage A_2
a) Skizze der Netzanlage
b) Ersatzschaltbild des Nullsystems zur Bestimmung der Erdungsspannungen $\underline{U}_{E1}$ und $\underline{U}_{E2}$

Ermittlung der Erdungsspannungen $\underline{U}_{E1}$ und $\underline{U}_{E2}$ benötigte Ersatzschaltung angegeben. Dort treten die Widerstände $Z_{\infty K1}$ und $Z_{\infty K2}$ auf. Sie zeigen, dass es sich bei den Kabeln K_1 und K_2 um erdfühlige Ausführungen handelt.

Abschließend soll nun der bisher noch ausgeschlossene Fall betrachtet werden, dass der Fehler zwar an einem Freileitungsmast auftritt, jedoch weniger als 10...15 Masten von einer Schaltanlage entfernt liegt. Mit wachsender Nähe zur Schaltanlage wird die Stromverteilung zwischen Erde und Erdseil dann zunehmend durch den niedrigen Erdungswiderstand der dort vorhandenen Erdungsanlage beeinflusst. Wegen der im Vergleich dazu hohen Ausbreitungswiderstände R_M der Masten fließt ein immer größerer Anteil der Fehlerströme über das Erdseil zur Erdungsanlage ab und entlastet das Erdreich zusätzlich. Deshalb bilden sich einerseits in der Umgebung eines solchen Fehlermastes geringere Berührungsspannungen aus, als mit den bisher entwickelten Modellen ermittelt werden. Andererseits führen die erhöhten Ströme im Erdseil dort häufig zu einer thermischen Überbeanspruchung. Besteht diese Gefahr, so ist die Freileitung im Bereich der ca. zehn letzten Masten vor der Schaltanlage mit *zwei* Erdseilen auszurüsten.

Im bisherigen Abschnitt ist das Nullsystem einer Netzanlage modelliert worden. Die entwickelten Ersatzschaltbilder ermöglichen die Berechnung der Erdungsspannung, also der maximalen Berührungsspannung, die an einem Erder auftreten kann. Es stellt sich nun die Frage, nach welchen Kriterien die Erder auszulegen sind, um unzulässige Berührungsspannungen zu vermeiden.

12.4 Wichtige Auslegungskriterien für Erdungsanlagen

Grundsätzlich müssen Erdungsanlagen so beschaffen sein, dass die maximal zu erwartenden Fehlerströme keine unzulässigen Berührungsspannungen verursachen. Die Erfahrung hat gezeigt, dass in dieser Hinsicht bis auf wenige Ausnahmen *ein Erdschluss die ungünstigste Fehlerart darstellt* (s. DIN VDE 0101).

12.4.1 Auslegungskriterien für Netze mit isolierten Sternpunkten oder mit Erdschlusskompensation

Die Höhe der zulässigen Berührungsspannung hängt von der Fehlerdauer ab. Bei Netzen mit isolierten Sternpunkten oder mit Erdschlusskompensation können *Dauererdschlüsse über mehrere Stunden* anstehen. In diesem Zeitbereich dürfen Berührungsspannungen *über 75 V nicht überschritten werden* (s. Abschnitt 12.1.1). Diese Bedingung gilt als erfüllt, wenn die *Erdungsspannung für jeden Erdschluss in der gesamten Netzanlage unterhalb von 150 V liegt*. In Schaltanlagen von Netzen mit isolierten Sternpunkten ist diese Bedingung leicht einzuhalten, da die Erdungsanlage bei den kleinen Fehlerströmen nur geringe Abmessungen aufweisen muss, um eine hinreichend niedrige Erdungsspannung zu gewährleisten. Diese Verhältnisse gelten auch in kompensierten Netzen für die Schaltanlagen, in denen keine Erdschlusslöschspulen aufgestellt sind. In diesen Schaltanlagen wird der Fehlerstrom im Wesentlichen von dem relativ kleinen Reststrom I_{rest} bestimmt. In Schaltanlagen mit Erdschlusslöschspulen fließen jedoch neben den Restströmen auch noch die meist recht großen Spulenströme. Ohne es näher zu begründen, sei gesagt, dass in diesem Fall der Erder mit dem Strom

$$I_E = r \cdot \sqrt{I_{rest}^2 + I_{Spule}^2} \qquad (12.10)$$

belastet wird (s. DIN VDE 0101). Wenn die Erder räumlichen Beschränkungen unterworfen sind, kann es bereits bei diesen Erdströmen Schwierigkeiten bereiten, Erdungsspannungen unter 150 V einzuhalten. Dann sind so genannte *Ersatzmaßnahmen* anzuwenden, die im Einzelnen DIN VDE 0101 zu entnehmen sind. Sie stellen sicher, dass die Berührungsspannungen keine unzulässigen Werte erreichen. Anzahl und Art hängen dabei von der Höhe der Erdungsspannung ab. Als eine Möglichkeit sei die Isolierung des Standorts – z. B. mit einer Schotterschicht – genannt.

Bisher sind nur die Verhältnisse in Schaltanlagen dargestellt worden. Darüber hinaus ist sicherzustellen, dass auch an Betriebsmitteln außerhalb von Schaltanlagen – z. B. Masten – die Erdungsspannung den Wert von 150 V nicht überschreitet. Die Einhaltung dieser Bedingung ist bei Netzen mit Nennspannungen im Bereich 6...20 kV häufig mit Schwierigkeiten verbunden. Dort weisen die Masten und damit auch die Mastfundamente relativ kleine Abmessungen auf, sodass die Ausbreitungswiderstände R_M – auch bei normalen Bodenverhältnissen – relativ große Werte annehmen. Sie liegen dann im Bereich von 40...50 Ω. Bereits bei einem Fehlerstrom von 10 A beträgt die Erdungsspannung somit ca. 400 V. Durch eine solche Erdungsbedingung wird der Anwendungsbereich von Netzen mit isolierten Sternpunkten stark eingeschränkt. Dann stellt sich die Frage, ob der Einbau von Erdschlusslöschspulen, eine Netzaufteilung oder Ersatzmaßnahmen wie z. B. zusätzliche Ringerder um die Mastfüße niedrigere Kosten verursachen.

12.4.2 Auslegungskriterien für Netze mit niederohmiger Sternpunkterdung

In Netzen mit *niederohmiger Sternpunkterdung* können sich bei einem ordnungsgemäß arbeitenden Schutz kaum Fehler ausbilden, die eine Dauer von 0,2 Sekunden wesentlich überschreiten. *Infolge der geringeren Fehlerdauer dürfen die zulässigen Berührungsspannungen höhere Werte annehmen* (Bild 12.1b). Dafür treten allerdings auch erheblich höhere Fehlerströme in Form der Erdkurzschlussströme I''_{k1p} auf. Die dadurch hervorgerufenen Berührungsspannungen gelten gemäß DIN VDE 0101 als eingehalten, wenn die Bedingung $U_E < 2 \cdot U_{Tp}$ nicht verletzt wird. Anderenfalls sind wiederum – abhängig vom Wert der Erdungsspannung U_E – Ersatzmaßnahmen vorzunehmen. Einfachere Verhältnisse ergeben sich dagegen an den *Masten* niederohmig geerdeter Hoch- und Höchstspannungsnetze. Dort bleiben die Berührungsspannungen bereits *ohne Zusatzmaßnahmen* unter den zulässigen Grenzwerten, denn im Vergleich zu Mittelspannungsnetzen ist die Erderwirkung der Mastfüße infolge ihrer größeren Abmaße bereits hinreichend groß. Weitere Gesichtspunkte im Hinblick auf Erdungsfragen sind in Niederspannungsnetzen zu beachten.

12.5 Indirekter Berührungsschutz in Niederspannungsnetzen

Bisher ist der indirekte Berührungsschutz nur in Netzen mit Nennspannungen über 1 kV betrachtet worden. In Niederspannungsnetzen, also in Netzen mit Nennspannungen bis 1 kV, ist dieser Schutz auf die Endverbraucher auszudehnen. Dabei haben sich verschiedene Lösungsmöglichkeiten herausgebildet, die Berührungsspannungen U_T auf das zulässige Maß zu beschränken. Bei Menschen beträgt die dauernd zulässige Berührungsspannung 50 V (s. Abschnitt 12.1).

12.5 Indirekter Berührungsschutz in Niederspannungsnetzen

Für die weiteren Betrachtungen ist es zweckmäßig, von der Einspeisung des Niederspannungsnetzes, also von den Netzstationen, auszugehen. Das Niederspannungsnetz weise zunächst die übliche Vierleiterausführung auf. Häufig liegen die Netzstationen in Gebieten mit einer *geschlossenen* Bebauung. Dort wirken die vielen vorhandenen Fundamenterder sowie u. a. auch Rohrleitungen zusammen wie ein großer Maschenerder bzw. ein globales Erdungssystem. Unter diesen Bedingungen empfiehlt DIN VDE 0101, den Transformatorsternpunkt der Niederspannungsseite an die Stationserdung anzuschließen. Unzulässige Berührungsspannungen treten dann erfahrungsgemäß auch niederspannungsseitig nicht auf; die Stationserdung selbst ist nach den Gesichtspunkten für Erdungsanlagen von Netzen mit Nennspannungen über 1 kV auszulegen.

Netzstationen, deren Stationserdung *nicht* Teil eines globalen Erdungssystems ist, müssen eine weitere Forderung erfüllen. In solchen Netzstationen darf der niederspannungsseitige Transformatorsternpunkt nur mit der Stationserdung verbunden werden, wenn die Erdungsspannung U_E bei einem Erdschluss auf der Mittelspannungsseite nicht die zulässige Berührungsspannung U_{Tp} gemäß Bild 12.1b überschreitet.

Falls diese Forderung verletzt wird, muss der Transformatorsternpunkt *außerhalb* der Station geerdet werden. Um die gegenseitige Beeinflussung zwischen der Stationserdungsanlage und dem zusätzlich benötigten Erder hinreichend klein zu halten, soll der Abstand zwischen den beiden Erdern mindestens 20 m betragen (Bild 12.17). An die Stationserdung sind alle passiven Anlagenteile sowohl der Mittel- als auch der Niederspannungsseite anzuschließen. Dadurch ist gewährleistet, dass sich im Fehlerfall an diesen Gegenständen nur hinreichend niedrige Spannungspotenziale ausbilden können. Dementsprechend erfüllt diese Erdungsanlage eine reine Schutzfunktion. Sie wird daher als *Schutzerdung* bezeichnet.

Der vierte Leiter des Niederspannungsnetzes, der *Neutralleiter* N (s. Abschnitt 3.1), wird dagegen gemeinsam mit dem niederspannungsseitigen Transformatorsternpunkt N an die

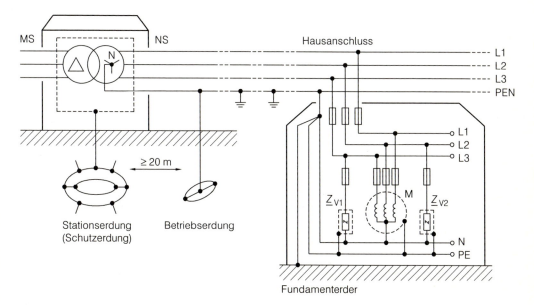

Bild 12.17
Erdungsanlagen bei Netzanlagen mit Nennspannungen über 1 kV (links) und bis 1 kV (rechts) außerhalb eines globalen Erdungssystems

zweite Erdung angeschlossen. Da bei unsymmetrischer Last der Neutralleiter betriebsmäßig Strom führt, wird dann auch der zusätzliche Erder beansprucht. Aufgrund dieser Eigenschaft ist für diese Erdung der Begriff *Betriebserdung* eingeführt worden. Zusätzlich ist der Neutralleiter stets auch noch im Netz an möglichst vielen Stellen zu erden, z.B. an den Fundamenterdern der zu versorgenden Gebäude (Bild 12.17). Dadurch entsteht ein niederohmiger Parallelschluss über das Erdreich, sodass der Neutralleiter auf das Erdpotenzial gezwungen wird. Er stellt demnach sowohl einen Teil des Betriebsstromkreises als auch eine mitgeführte, niederohmige Erdung dar. Da dieser Leiter somit zugleich eine Schutzfunktion erfüllt, wird er als PEN bezeichnet (PE: P̲rotective E̲arth).

Wie aus Bild 12.17 zu ersehen ist, verzweigt sich der PEN innerhalb von Gebäuden in einen Neutralleiter N und einen fünften Leiter, den *Schutzleiter* PE. Er hat die Funktion einer reinen Schutzerdung. Zur Unterscheidung wird in der Gebäudeinstallation der Schutzleiter mit einer *grün-gelben* und der Neutralleiter mit einer *blauen* Aderisolierung versehen.

Niederspannungsnetze dieser Struktur werden generell als *TN-Netze* bezeichnet. Dabei charakterisiert der erste Buchstabe die Sternpunktbehandlung des Einspeisetransformators. Die beschriebene niederohmige Erdung wird durch ein T (T̲erra, Erde) symbolisiert. Der zweite Buchstabe kennzeichnet die Art der Erdung an den passiven Teilen der Verbraucher. Erfolgt diese Erdung über einen Neutral- oder Schutzleiter des Netzes, wird ein N gewählt.

Bei TN-Netzen werden drei verschiedene Varianten unterschieden, die in Bild 12.18 dargestellt sind. Die innerhalb von Gebäuden übliche Ausführung mit einem eigenständigen Schutzleiter PE wird als TN-S-Netz bezeichnet, wobei der Buchstabe S (S̲eparated) auf die Trennung zwischen Schutz- und Neutralleiter hinweist (Bild 12.18a).

In älteren Gebäuden findet man noch eine andere Netzform. Dort wird der vierte Leiter auch innerhalb der Gebäude als PEN weitergeführt (Bild 12.18b). Die kombinierte Verwendung dieses Leiters als Schutz- und Neutralleiter spiegelt sich auch in der zugehörigen Netzbezeichnung TN-C wider (C: C̲ombined). Seit den sechziger Jahren ist man bei Neubauten von dieser Netzform abgegangen, weil sich bei einem solchen Aufbau z.B. durch einen Bruch des Neutralleiters und einen gleichzeitigen Erdschluss unzulässig hohe Berührungsspannungen ausbilden können. In öffentlichen Verteilungsnetzen, also außerhalb von Gebäuden, wird dagegen immer noch die Netzform TN-C verwendet. Die in Bild

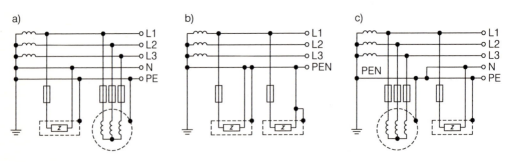

Bild 12.18
Varianten im indirekten Berührungsschutz bei Niederspannungsnetzen in TN-Ausführung
a) TN-S (S: separated)
b) TN-C (C: combined)
c) TN-C-S

12.5 Indirekter Berührungsschutz in Niederspannungsnetzen

12.17 dargestellte Netzanlage weist demnach die beiden beschriebenen TN-Netzformen gleichzeitig auf. Eine solche Kombination wird als TN-C-S-Netz bezeichnet. Ihr prinzipieller Aufbau ist in Bild 12.18c noch einmal veranschaulicht.

Alle TN-Netze sind so auszulegen, dass bei einem satten Erdkurzschluss zwischen einem Außenleiter und dem PE- oder PEN-Leiter spätestens nach 5 s eine Ausschaltung erfolgt. Für Stromkreise mit Steckdosen oder mit ortsveränderlichen Betriebsmitteln bzw. Verbrauchern beträgt die Verzugszeit bei $U_{nN} = 230$ V nur 0,4 s; bei $U_{nN} = 400$ V sind 0,2 s und für $U_{nN} > 400$ V sogar nur 0,1 s zulässig (s. DIN VDE 0100 Teil 410). In diesen Zeitspannen müssen die jeweils nächstgelegenen Sicherungen ansprechen. Der dafür benötigte *Auslösestrom* I_a ist für die vorgegebene Ausschaltzeit den Zeit/Strom-Kennlinien der Sicherung zu entnehmen. Dieser Wert muss von dem Kurzschlussstrom in der Schleife überschritten werden, die durch einen Außenleiter und den Neutral- oder Schutzleiter gebildet wird. Für diesen Kreis mit der Schleifenimpedanz Z_S muss die Relation

$$I_a < \frac{U_{nN}}{\sqrt{3} \cdot Z_S} = I_k'' = I_k \qquad (12.11)$$

erfüllt sein. Schwächere Bedingungen gelten in öffentlichen Verteilungsnetzen. Ein solches Netz liegt z. B. im Bereich zwischen der Netzstation und den Hausanschlüssen vor. Dort gilt lediglich die Bedingung, dass ein Erdkurzschluss die jeweils nächstgelegenen Sicherungen noch zuverlässig auslösen muss. Dementsprechend ist es bei solchen Netzen ausreichend, wenn anstelle des Auslösestroms I_a in der Bedingung (12.11) der große Prüfstrom der Sicherung überschritten wird.

Durch die Verwendung von *Fehlerstrom*- bzw. *FI-Schutzschaltern* lässt sich der Berührungsschutz in TN-Netzen noch weiter verbessern. Aus Bild 12.19 ist der prinzipielle Aufbau eines solchen FI-Schutzschalters zu ersehen. Außen- und Neutralleiter sind gemeinsam durch einen Stromwandler geführt, nicht jedoch der eventuell vorhandene Schutzleiter. Bei einem Erdschluss fließt über den Schutzleiter oder die Erde ein Fehlerstrom I_Δ, der im Wandler eine von null verschiedene Stromsumme bewirkt. Dadurch entsteht im Eisenkern ein Feld, das in der Sekundärwicklung einen zum Fehlerstrom proportionalen Strom induziert. Überschreitet der Fehlerstrom einen Schwellwert $I_{\Delta r}$, so wird der Stromkreis dreipolig ausgeschaltet. Diese Ansprechgrenze beginnt bei Fehlerströmen ab 10 mA. Ein Personenschutz ist bis zu Werten von 30 mA gewährleistet. Bei höheren Schwellwerten sind andere Gesichtspunkte wie z. B. der Brandschutz maßgebend.

Nicht nur in den bisher dargestellten TN-Netzen, sondern auch bei den im Folgenden beschriebenen *TT-Netzen* werden FI-Schutzschalter eingesetzt. Diese Netze sind häufig in landwirtschaftlichen Betrieben zu finden. Der Aufbau eines TT-Netzes ist Bild 12.20a zu entnehmen. Wie der erste Buchstabe T zeigt, ist die Netzstation wiederum niederohmig geerdet. Der zweite Buchstabe T besagt, dass im Unterschied zu TN-Netzen alle passiven Verbraucherteile direkt oder über einen Schutzleiter mit einer gemeinsamen *lokalen*

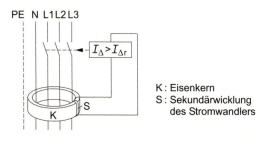

Bild 12.19
Prinzipieller Aufbau eines Fehlerstrom- bzw. FI-Schutzschalters

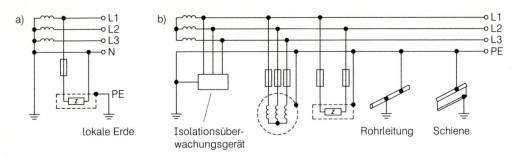

Bild 12.20
Indirekter Berührungsschutz bei Niederspannungsnetzen in TT- und IT-Ausführung
a) TT-Netz
b) IT-Netz

Erdungsanlage verbunden sind. Vielfach wird diese Schutzerdung durch den bereits vorhandenen Fundamenterder realisiert. Zu beachten ist bei einer derartigen Netzform, dass der Schutzerder nicht an den Neutralleiter angeschlossen werden darf. Eventuell auftretende Erdfehlerströme werden dann wie in TN-Netzen durch FI-Schutzschalter oder, in speziell ausgelegten TT-Netzen, durch die vorgeschalteten Überstromschutzeinrichtungen unterbrochen.

Als niederohmig geerdete Netze weisen TN- und TT-Anlagen demnach gemeinsam die Eigenschaft auf, dass *ein einpoliger Kurzschluss stets eine Ausschaltung herbeiführt*. In Industriebetrieben und Krankenhäusern können dadurch unangenehme Folgewirkungen entstehen. Diese Gefahr lässt sich verringern, wenn der Sternpunkt der Netzstation isoliert betrieben wird. Der erste einpolige Fehler wird bei dieser Netzgestaltung durch ein Isolationsüberwachungsgerät gemeldet, erst ein zweiter Fehler zur gleichen Zeit verursacht eine Ausschaltung (Bild 12.20b). Um Potenzialdifferenzen zu vermeiden, die sich während eines Dauererdschlusses einstellen können, wird über einen zusätzlichen Leiter ein Potenzialausgleich aller im Umfeld leitfähigen Gegenstände durchgeführt. Dabei ist dieser zusätzliche Leiter, der auch als *Potenzialausgleichsleiter* bezeichnet wird, an möglichst vielen Stellen zu erden. Für Niederspannungsnetze dieser Struktur wird auch der Begriff *IT-Netz* verwendet (I: Isolierung).

Neben diesen Maßnahmen gibt es noch eine Reihe weiterer Methoden für den indirekten Berührungsschutz. Bei Geräten wird ein solcher Schutz sehr häufig durch eine besonders verstärkte Isolierung erzielt, die früher auch als *Schutzisolierung* bezeichnet worden ist. Eine andere Lösung stellt die *Schutztrennung* dar. In diesem Fall sind die Betriebsmittel z. B. durch einen Trenntransformator sicher vom speisenden Netz getrennt und nicht geerdet. Einen besonders weitgehenden Schutzgrad weist die Anlage auf, wenn die sekundärseitige Bemessungsspannung des Transformators nicht größer als 50 V ist. Diese Maßnahme wird als *Schutz durch Kleinspannung SELV* (Safety Extra Low Voltage) bezeichnet; früher wurde sie auch *Schutzkleinspannung* genannt. Weitere Einzelheiten zu diesen Schutzprinzipien sind in DIN VDE 0100 im Teil 410 dargestellt.

In den bisherigen Kapiteln ist die technische Gestaltung von Netzanlagen behandelt worden. Im Folgenden werden nun Verfahren beschrieben, um deren Wirtschaftlichkeit bewerten zu können.

12.6 Aufgaben

Aufgabe 12.1: Die abgebildete 110/10-kV-Schaltanlage in SF_6-Ausführung ist auf einer Grundfläche von 50 m × 30 m untergebracht. In die Fundamente sind Fundamenterder eingelassen. Diese sind mit einem Ring verbunden, der um das Gebäude gelegt ist. Das weitere Gelände außerhalb des Ringes ist mit Maschen aus Banderdern bedeckt. Diese Fläche beträgt 4500 m^2. Inhomogenitäten im Oberflächenerdreich werden durch 5...6 m lange Staberder ausgeglichen. Bei den 110-kV- sowie den 10-kV-Kabeln handelt es sich um Kunststoffausführungen.

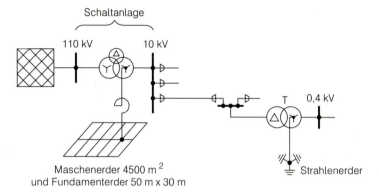

a) Wie groß ist der Ausbreitungswiderstand der Erdungsanlage, wenn das Erdreich einen spezifischen Widerstand von 100 Ωm aufweist?

b) Das 10-kV-Kabelnetz wird kompensiert betrieben und weist bei einem Erdschluss einen Strom von 200 A in der Erdschlusslöschspule auf. Wie groß ist die Erdungsspannung, die durch den Spulenstrom der Erdschlusslöschspule in der 110/10-kV-Anlage hervorgerufen wird?

c) Liegen bei diesem Wert bereits schwierige Erdungsverhältnisse vor?

d) In der Netzstation T des 10-kV-Kabelnetzes tritt oberspannungsseitig ein einpoliger Erdschluss auf. Welche Erdungsspannung kann maximal in der Anlage auftreten, wenn in den drei abgehenden Kabelgräben der Netzstation ein 3,3 cm breites, feuerverzinktes Stahlband von jeweils 10 m Länge eingelassen ist ($\rho_E = 100\,\Omega m$)?

e) Erläutern Sie, ob die Stationserdung auch als Betriebserdung benutzt werden kann.

Aufgabe 12.2: In dem 110-kV-Hochspannungsnetz gemäß Aufgabe 10.3 trete wie in Aufgabe 11.3 in F ein einpoliger Erdkurzschluss auf. Die Ausbreitungswiderstände der Umspannstationen betragen jeweils 0,25 Ω, die zweisystemigen 110-kV-Freileitungen weisen einen Reduktionsfaktor von $r = 0,55$ auf. Die abgehenden Kabel seien als Kunststoffkabel ausgeführt. Vereinfachend kann die Anlage als verlustlos betrachtet werden.

a) Welche Erdungsspannungen treten bei einem Fehler in F an den Erdungsanlagen in den beiden Umspannstationen auf ($Z_\infty = 2\,\Omega$)?

b) Der Erdschluss möge an der Freileitung L_3 in der Nähe der Umspannstation US3 auftreten. Bestimmen Sie die Erdungsspannung am fehlerbehafteten Mast, wenn dessen Ausbreitungswiderstand 10 Ω betrage und der Fehlerort mindestens 10 Masten vom Umspannwerk entfernt ist.

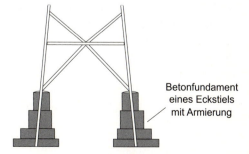

Betonfundament eines Eckstiels mit Armierung

c) Welchen Wert weist die Berührungsspannung am Mast auf, wenn die vier Eckstiele des Mastfußes durch einen gemeinsamen zylindrischen Erder mit der Länge $l = 3,5$ m und dem Durchmesser $d = 5$ m angenähert werden?

Das Potenzial eines solchen Zylinders berechnet sich zu

$$U(r) = I_\mathrm{A} \cdot \frac{\rho_\mathrm{E}}{2\pi \cdot l} \cdot \ln \frac{\sqrt{l^2 + r^2} + l}{r} \quad \text{mit} \quad r > \frac{1}{2} \cdot d \quad \text{und} \quad \rho_\mathrm{E} = 100\,\Omega\mathrm{m}\,.$$

Der Ausbreitungswiderstand des Zylinders ergibt sich daraus zu

$$R_\mathrm{A} = \frac{U(r = d/2)}{I_\mathrm{A}}\,.$$

d) Liegt der mit dieser Abschätzung verbundene systematische Fehler auf der sicheren oder unsicheren Seite, wenn der Mastfuß – wie üblich – das in der Abbildung dargestellte Aussehen aufweist?
(Gehen Sie bei diesen Überlegungen von dem qualitativen Verlauf der Strömungsfelder aus.)

Aufgabe 12.3: In dem dargestellten TN-C-Netz bekommt der Außenleiter L1 metallischen Kontakt mit einer Schutzerdung, die einen ohmschen Widerstand von 10 Ω aufweist und irrtümlicherweise nicht an den PEN-Leiter angeschlossen ist. Der PEN-Leiter ist bei drei Häusern jeweils mit dem Fundamenterder verbunden, dessen Widerstand 6 Ω beträgt. Die Betriebserdung der Netzstation hat einen Widerstandswert von 2 Ω. Die Impedanzen der Erde, des PEN-Leiters und der Außenleiter dürfen vernachlässigt werden.

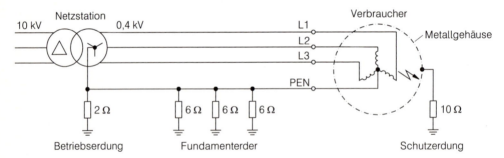

a) Welcher Spannungsunterschied tritt bei dem beschriebenen Fehler zwischen dem PEN-Leiter und der Erde auf?

b) Ab welchem Spannungswert würde sich eine Personengefährdung einstellen?

Aufgabe 12.4: Eine 630-kVA-Netzstation speist ein TN-C-Netz mit einer Nennspannung von 0,4 kV. Nach einem Ausfall dieser Netzstation soll das Netz mit einer Notstromanlage versorgt werden. Deren Außenleiter werden an die Sammelschienen der Netzstation geklemmt; der Sternpunkt wird mit der Stationserdung verbunden. Bei 630-kVA-Aggregaten werden – anstelle der bei kleineren Einheiten üblichen Asynchrongeneratoren – Synchronmaschinen eingesetzt, die auch für einen Parallelbetrieb mit der Netzstation geeignet sind.
Die Daten der Betriebsmittel lauten:

Synchronmaschine:
$x''_\mathrm{d} = 0,15$; $R_\mathrm{sG}/X''_\mathrm{dG} = 0,3$; $X_\mathrm{0G}/X''_\mathrm{dG} = 0,25$; $R_\mathrm{0G}/R_\mathrm{sG} \approx 1$; $\cos\varphi_\mathrm{r} = 0,9$; $S_\mathrm{r} = 630$ kVA.

Transformator:
$\ddot{u}_\mathrm{r} = 10$ kV $/$ 0,4 kV; Dyn5; $u_\mathrm{k} = 5\,\%$; $X_\mathrm{0T}/X_\mathrm{kT} = 0,95$; $R_\mathrm{kT}/X_\mathrm{kT} = 0,15$; $R_\mathrm{0T}/R_\mathrm{kT} = 1,5$.

a) Bei niederohmig geerdeten Synchrongeneratoren können sich im Strom die durch drei teilbaren Oberschwingungen ausbilden. Die Polradspannung weise im Bemessungsbetrieb eine dritte Harmonische von 3 V auf.

12.6 Aufgaben

Berechnen Sie den zugehörigen Außenleiterstrom für einen Inselbetrieb des Generators, und beziehen Sie das Ergebnis auf den gleichzeitig fließenden 50-Hz-Strom. Dabei braucht nur die Lastimpedanz berücksichtigt zu werden; die Leitungsimpedanzen und die Innenimpedanz des Generators sind zu vernachlässigen.

b) Erläutern Sie, welche Induktivität in der Synchronmaschine für Harmonische mit $3\nu \cdot \omega_r$ wirksam ist. Welche Induktivität ist bei anderen Oberschwingungen zu verwenden?

c) Mit welchem Strom wird der Neutralleiter durch die dritte Harmonische im Aufgabenteil a) belastet?

d) Berechnen Sie den 50-Hz-Fehlerstrom, den die Notstromanlage liefert, wenn in dem kurzen Anschlusskabel des Generators ein Erdkurzschluss im Leiter L1 auftritt.

e) Zur Senkung der Spitzenlast wird in der Mittagszeit vorzugsweise bei Energieversorgungsunternehmen mit einer hohen Bezugsleistung ein Parallelbetrieb von Notstromanlagen mit Netzstationen vorgenommen.

Berechnen Sie den Strom der dritten Harmonischen, der sich bei einem solchen Parallelbetrieb in den Erdungsleitungen einstellt, wenn sowohl der Generator als auch der Transformator der Netzstation mit geerdetem Sternpunkt betrieben werden. Dabei sollen die Leitungsimpedanzen vernachlässigt werden. Erläutern Sie, ob ein solcher Betrieb zulässig ist, und geben Sie anderenfalls eine Abhilfemaßnahme an.

Aufgabe 12.5: In Aufgabe 4.13.1 ist ein 0,4-kV-Netz in TN-C-Ausführung dargestellt. Zeigen Sie, dass die dafür ausgewählten NH-Sicherungen auch die Ansprechbedingung (12.11) erfüllen. Für die wirksame Nullimpedanz gelte $Z_0 = 1{,}5 \cdot Z_1$.

13 Investitionsrechnung und Wirtschaftlichkeitsberechnung für Netzanlagen

In dem Energiewirtschaftsgesetz fordert der Gesetzgeber, dass die Allgemeinheit sicher, preisgünstig und umweltverträglich mit Elektrizität versorgt wird. In der Verbändevereinbarung (s. Abschnitt 8.1) wird der Begriff der Preisgünstigkeit weiter erläutert. So sollten sich die Preise verursachungsgerecht nach den Kosten richten, die bei einer rationellen und wirtschaftlichen Betriebsführung entstehen. Demnach bilden sowohl das Prinzip der Kostengerechtigkeit als auch das Prinzip der Kosteneffizienz die Grundlage bei der Festlegung der Entgelte für das Gut bzw. die Ware elektrische Energie. Auf die Ermittlung der Kosten – der Basisgröße – wird im Weiteren eingegangen.

13.1 Struktur der Kosten

In einem Unternehmen entstehen sehr unterschiedliche Kosten. Sie lassen sich nach verschiedenen Kriterien gliedern. Ein mögliches Ordnungsprinzip stellt die Entstehungsart der Kosten dar.

13.1.1 Kostenarten

Laut VDEW gliedert man die anfallenden Kosten nach dem Verursachungsprinzip in drei Hauptkategorien: Kapital-, Betriebskosten und sonstige Kosten [159], [160], [161]. Diese drei Kostenarten werden anschließend noch weiter aufgeschlüsselt.

13.1.1.1 Kapitalkosten

Im Wesentlichen setzt sich diese Kostenart aus zwei Komponenten zusammen, den Abschreibungen und den Zinsen.

Abschreibungen

Für die Erzeugung, den Transport und die Verteilung elektrischer Energie sind umfangreiche Anlagen zu errichten. Dafür wird Investitionskapital benötigt, das im Weiteren auch als *Kapitaleinsatz KE* bezeichnet wird. Er deckt zum einen die direkten Ausgaben ab, die zum Aufbau der Anlagen notwendig sind. Zum anderen werden damit aber auch solche Ausgaben finanziert, die indirekt anfallen wie z. B. für die Planung. Die im Kapitel 8 gestellten Aufgaben dienen u. a. dazu, den Kapitalbedarf zu errechnen, der für die Errichtung von Netzanlagen notwendig ist. Für Kraftwerke und wichtige Betriebsmittel von Netzen sind Angaben über deren Kapitalbedarf für die Herstellung und Anschaffung – auch als erforderlicher Kapitaleinsatz bezeichnet – dem Anhang zu entnehmen.
Durch die Investition wird der Kapitaleinsatz KE in Anlagevermögen umgesetzt. Dieses „altert" durch Verschleiß sowie technischen Fortschritt. Dadurch entsteht am Anlagever-

13.1 Struktur der Kosten

mögen ein Wertverlust. Ein solcher Werteverzehr stellt einen eigenständigen Kostenfaktor dar. Nach einer gewissen *Nutzungsdauer* sinkt der Wert der Anlage auf einen Restwert. In der elektrischen Energietechnik wird der Verlauf der Wertminderung über die Nutzungsdauer als degressiv oder linear angenommen; der Restwert wird zumeist nicht berücksichtigt: Nach der Nutzungsdauer wird die Anlage bzw. das zugehörige Investitionskapital als abgeschrieben betrachtet.

Tabelle 13.1
Festgelegte Nutzungsdauern T_n aus der AfA-Tabelle für wichtige Betriebsmittel der Energieversorgung (AfA: Abschreibungsfristen für Anlagengüter)

Betriebsmittel	Nutzungsdauer in Jahren
Betriebsgebäude	50
Freileitungen Hoch- und Höchstspannung Mittelspannung Niederspannung	35 30 25
Kabel Hoch- und Mittelspannung Niederspannung	35 25
Schaltanlagen	20
Transformatoren	20
Kondensatoren	20
Mess-, Regel- und Steuerungsanlagen	15
Thermische Kraftwerke	15

Die Höhe des pro Jahr abgeschriebenen Kapitals K_{Abschr} hängt von der gewählten Länge der Nutzungsdauer T_n ab. Diese Kosten – auch *Abschreibungen* genannt – spielen eine große Rolle in den Bilanzen sowie in den Gewinn-und-Verlust-Rechnungen der Unternehmen. Um zwischen den Unternehmen die Vergleichbarkeit dieser Abschreibungen sicherzustellen, werden die Nutzungsdauern der Betriebsmittel standardisiert. Eine Grundlage dafür bilden die „Abschreibungsfristen für Anlagengüter" (AfA). Wichtige Werte sind für die Betriebsmittel einer Netzanlage Tabelle 13.1 zu entnehmen. Mit diesen Daten ergeben sich bei einer linearen Wertminderung und Vernachlässigung des Restwerts die Abschreibungen zu

$$\dot{K}_{\text{Abschr}} = \frac{KE^*}{T_n} \; ; \tag{13.1}$$

dabei kennzeichnet der Punkt über der Größe K – und im Weiteren auch über anderen Formelzeichen –, dass die Kosten pro Zeiteinheit (meistens pro Jahr) auftreten. Für innerbetriebliche Kostenrechnungen dürfen auch die tatsächlichen *betrieblichen Nutzungsdauern* verwendet werden, denn in der Betriebspraxis stellen sich z. B. infolge einer guten Wartung und einer gründlichen Instandhaltung häufig längere Zeitspannen ein.
In der Beziehung (13.1) tritt der abzuschreibende Kapitaleinsatz KE^* auf, der von dem eingesetzten Kapital KE abweicht. Für die Berechnung von KE^* werden das Eigenkapital

KE_{eig} und der Fremdkapitalanteil ($KE - KE_{\text{eig}}$) unterschiedlich behandelt. Das Fremdkapital wird als ein Kapitaleinsatz betrachtet, der vom Zeitpunkt der Inbetriebnahme an zu tilgen ist und sich von da ab nicht mehr verändert. Zur Deckung des Eigenkapitals ist nach dem Prinzip der Nettosubstanzerhaltung jedoch der aktuelle W̲ieder̲beschaffungswert KE_{Wb} der Anlage maßgebend. Dementsprechend ergibt sich für KE^* die Beziehung

$$KE^* = (KE - KE_{\text{eig}}) + KE_{\text{eig}} \cdot \frac{KE_{\text{Wb}}}{KE} = KE \cdot \left(1 - \frac{KE_{\text{eig}}}{KE}\right) + KE_{\text{Wb}} \cdot \frac{KE_{\text{eig}}}{KE},$$

in der KE_{eig}/KE die *Eigenkapitalquote* darstellt.

Kalkulatorische Zinsen

Zur Berechnung der Zinsen werden die jeweils aktuellen Werte der so genannten *kalkulatorischen Zinssätze* gewählt. Es handelt sich um die Mittelwerte, die bei rentabel angelegten, längerfristigen Geldanlagen auftreten. Vereinfachend wird üblicherweise der Zins für langfristige Schuldverschreibungen angesetzt. Dabei ist zu beachten, dass im Rahmen von Wirtschaftlichkeitsberechnungen sowohl das Eigen- als auch das Fremdkapital zu verzinsen sind; denn das Eigenkapital würde bei einer anderen Anlageform zu Einnahmen führen. Solche entgangenen Einnahmen von alternativen Verwendungen des Kapitals sind ebenfalls als Kosten zu werten (Opportunitätskosten).

13.1.1.2 Betriebskosten

Bei den Betriebskosten (Index b) ist es zweckmäßig, zwischen betriebs- und verbrauchsgebundenen Kosten zu unterscheiden.

Betriebsgebundene Kosten

Zu den betriebsgebundenen Kosten werden hauptsächlich die Bedienungs-, Wartungs- und Überwachungskosten gerechnet. Zusätzlich zählt man auch die Schadenversicherungen dazu. Gemeinsam ist diesen Kostenkomponenten, dass sie durch Verträge gebunden sind und sich mindestens über ein Jahr erstrecken. Ihre jährliche Höhe wird im Wesentlichen von der Bemessungsleistung P_{r} und damit von der Höhe des Kapitaleinsatzes KE für die Anlage bestimmt. Die Summe dieser jährlichen leistungsabhängigen Kosten $\dot{K}_{\text{P,b}}$ lässt sich als Proportion

$$\dot{K}_{\text{P,b}} = c_{\text{P,b}}(KE) \cdot KE \tag{13.2}$$

schreiben. Die Größe $c_{\text{P,b}}$ liegt meist bei $0{,}5\ldots 1\,\%$. Zu wesentlich höheren Beträgen können die verbrauchsgebundenen Kosten führen.

Verbrauchsgebundene Kosten

Wie der Name schon aussagt, werden die verbrauchsgebundenen Kosten von dem Verbrauch an elektrischer Energie A bestimmt. Sie haben bei den Erzeugungsunternehmen und bei den Netzbetreibern unterschiedliches Gewicht. Für die Kraftwerksbetreiber stellen die Brennstoffkosten eine wesentliche Komponente dar. Sie errechnen sich für jedes Kraftwerk, indem die Beziehung

$$\dot{K}_{\text{w}} = q(P) \cdot P \cdot w$$

(s. Abschnitt 2.1.1.3) über die Zeit integriert wird. Mit dem mittleren Wärmepreis w, dem mittleren spezifischen stationären Wärmeverbrauch $q(P)$ sowie der in Anspruch genommenen Leistung $P(t)$ gilt für die Zeitspanne T

$$K_\mathrm{w} = \int_0^T \dot{K}_\mathrm{w} \cdot \mathrm{d}t = w \cdot \int_0^T q(P(t)) \cdot P(t) \cdot \mathrm{d}t \;. \tag{13.3a}$$

Wird der spezifische Wärmeverbrauch $q = \mathrm{const}$ gesetzt, vereinfacht sich der Term auf

$$K_\mathrm{w} = w \cdot q \cdot A \quad \text{mit} \quad A = \int_0^T P(t) \cdot \mathrm{d}t \;. \tag{13.3b}$$

Die Beziehung (13.3b) besagt, dass dann die Energieerzeugungskosten direkt von der ins Netz eingespeisten elektrischen Energie A bestimmt werden. Diese Größe hängt wiederum von mehreren Einflussgrößen ab – wie z. B. der Witterung, Urlaubszeit sowie Konjunktur. Einige von ihnen können sich bereits im Verlauf weniger Tage ändern.

Nicht nur die Energie A kann kurzfristig schwanken, sondern auch der Wärmepreis w ist lediglich abschnittsweise konstant. Er ist von dem Marktgeschehen abhängig und wird von Angebot und Nachfrage bestimmt. Der Wärmeverbrauch $q(P) \cdot P(t)$ hängt außerdem von der Gestaltung der Fahrpläne ab (s. Abschnitt 8.1.2.4). Bei den Regelkraftwerken führen die ständigen Leistungsschwankungen zu dynamischen Verlusten, die den stationären spezifischen Wärmeverbrauch $q(P)$ noch erhöhen.

Von der ins Netz eingespeisten Leistung $P(t)$ erreichen in deutschen Netzen meistens über 95 % die Endverbraucher. Der Verlustanteil (Index Vl) hängt im Wesentlichen von der Lastflusssituation sowie vom Netzzustand ab. Über Lastflussberechnungen kann man für jedes Netz die Verlustenergie A_Vl bestimmen, die im Mittel durch einen Verbraucher hervorgerufen wird, der die Energie A_Vb pro Abrechnungsperiode – meistens pro Jahr – bezieht:

$$A_\mathrm{Vl} = c_\mathrm{Vl}(A_\mathrm{Vb}) \cdot A_\mathrm{Vb} \;. \tag{13.4}$$

Nun ist die Verlustenergie A_Vb kostenmäßig zu bewerten. Multipliziert man den mittleren spezifischen Wärmepreis w mit der Verlustenergie A_Vl, so entstehen damit Verlustkosten in Höhe von

$$\dot{K}_\mathrm{w} = w \cdot c_\mathrm{Vl} \cdot A_\mathrm{Vb} \;. \tag{13.5}$$

Getragen wird diese Kostenkomponente zunächst von den Netzbetreibern, die jeweils für ihr Netz eine entsprechende Kostenrechnung durchführen müssen. Letztendlich werden die Netzverluste mit Regelleistung oder einer zusätzlichen Leistungseinspeisung gedeckt, die der Übertragungsnetzbetreiber (ÜNB) bei den Erzeugern einkauft. Daher erfährt der Netzbetreiber nicht mehr direkt die Kosten $\dot{K}_\mathrm{w}$. Stattdessen teilt ihm der Kraftwerksbetreiber ein dazu äquivalentes spezifisches Entgelt e_A in €/kWh mit. Diese Größe wird mit A_Vl multipliziert und ergibt dann die Kosten für die Netzverluste.

13.1.1.3 Sonstige Kosten

Zu den sonstigen Kosten werden alle Komponenten gezählt, die bei den bisherigen beiden Kostenarten nicht berücksichtigt sind. Als Beispiel seien allgemeine Abgaben, Steuern sowie solche Versicherungen genannt, die nicht zu den Schadenversicherungen gehören.

Insgesamt ist dieser Kostenanteil pro Jahr häufig mit 0,5...3 % der Investitionssumme anzusetzen. Vielfach werden zu dieser Kostenart auch die Instandhaltungskosten gerechnet, die an sich unregelmäßig auftreten, im Mittel jedoch meistens dem Kapitaleinsatz proportional sind. Auch für die gesamten sonstigen Kosten gilt eine zu Gl. (13.2) ähnliche Beziehung:

$$\dot{K}_{\text{P,sonst}} = c_{\text{P,sonst}}(KE) \cdot KE \;. \tag{13.6}$$

Ähnlich wie bei den betriebsgebundenen Kosten erstreckt sich die Abrechnungsperiode meist auf ein Jahr oder länger.

Von den Kostenarten gilt es die Begriffe Ausgaben und Einnahmen sowie operatives Betriebsergebnis abzugrenzen.

13.1.1.4 Ausgaben, Einnahmen, operatives Betriebsergebnis

Zunächst seien diese Begriffe am Beispiel eines Stromlieferanten erläutert. Der Ankauf elektrischer Energie vom Erzeuger über den Bilanzkreisverantwortlichen (BKV) stellt eine Ausgabe dar. Der Verkauf dieser Ware führt zu Einnahmen. Die Differenz zwischen den Einnahmen und den Ausgaben sowie allen Kostenarten wird als operatives Betriebsergebnis bezeichnet, falls keine weiteren Erträge zu berücksichtigen sind; der Ausdruck Gewinn wird in einer Kostenrechnung nicht verwendet. Als ein weiteres Beispiel seien Netzverluste in einem Übertragungsnetz betrachtet, die verbrauchsgebundene Betriebskosten verursachen. Seitens des Netzbetreibers werden die Netzverluste z. B. durch den Einkauf bei einem Erzeuger von Energie in Ausgaben überführt. Die bisher betrachteten Kostenarten stellen nur *ein* Ordnungsprinzip dar. Man kann die Kosten auch noch nach anderen Kriterien gliedern.

13.1.2 Fixe und variable Kosten

Die bisherige Analyse der Kostenarten zeigt, dass ihre Abhängigkeit vom Ausnutzungsgrad der Anlagen sehr unterschiedlich ist. So stellen Abschreibungen und kalkulatorische Zinsen Kostenfaktoren dar, die sich nur längerfristig – über einige Jahre – ändern. Ein ähnliches Verhalten weisen die betriebsgebundenen Kosten sowie die sonstigen Kosten auf. Sie sind ebenfalls weitgehend unabhängig von der erzeugten Energiemenge. Im Unterschied dazu ändern sich die verbrauchsgebundenen Kosten in Abhängigkeit von der eingespeisten Energiemenge A (vgl. Gl. (13.3b)). Ein solch unterschiedlicher Einfluss der Kapazitätsausnutzung ist nicht nur bei energietechnischen Kostenkomponenten zu finden, sondern ist von allgemeiner betriebswirtschaftlicher Bedeutung. Dementsprechend unterscheidet man generell zwischen *fixen* und *variablen Kosten*.

Der wesentliche Anteil der variablen Kosten tritt bei den Betriebskosten auf. Allerdings enthalten sie auch eine fixe Komponente. Während in der elektrischen Energiewirtschaft dafür die Begriffe fixe bzw. variable Betriebskosten üblich sind, wird demgegenüber in der Richtlinie VDI 2067 das Begriffspaar betriebs- bzw. verbrauchsgebundene Betriebskosten bevorzugt.

Wie auch die Beziehungen (13.1), (13.2) und (13.6) zeigen, treten in allen Kostenarten fixe Kostenanteile auf, die sehr stark vom Kapitaleinsatz KE geprägt werden. Sie stellen also ein Maß für den Wert der Anlage sowie für die damit korrespondierende Bemessungsleistung P_r dar. Daher werden die fixen Kosten in der Elektrizitätswirtschaft auch summarisch als *leistungsabhängige Kosten* bezeichnet. Sie dienen zur Bereitstellung der Erzeugungs- und Netzanlagen in ausreichendem Umfang. Demgegenüber werden die verbrauchsgebundenen Kosten weitgehend von der eingespeisten Energiemenge A festgelegt. Solche Komponenten werden insgesamt als *arbeitsabhängige Kosten* bezeichnet.

Für die Erzeuger bewegen sich die leistungs- und arbeitsabhängigen Kosten etwa im gleichen Größenbereich. Bei den Netzbetreibern sind dagegen die arbeitsabhängigen Kosten deutlich kleiner als die leistungsabhängigen. Summiert man diese sowohl von den Erzeugern als auch von den Netzbetreibern auf, so liegt der leistungsabhängige Anteil bei ca. 70 % der Gesamtkosten; mithin bewegen sich die arbeitsabhängigen Komponenten bei ca. 30 %. Als weiteres Begriffspaar gilt es nun, die Einzel- und Gemeinkosten zu erörtern.

13.1.3 Einzel- und Gemeinkosten

Als Einzelkosten bezeichnet man Kosten, die einem Kostenträger, z. B. einem Kunden, direkt zugeordnet werden können. Diese Definition gilt auch für innerbetriebliche Abrechnungen, wo Teilbereiche eines Unternehmens – so genannte Kostenstellen – eigenständig ihre Kosten erfassen. Im Unterschied zu den Einzelkosten handelt es sich bei Kosten, die von mehreren Kostenträgern gemeinsam verursacht werden, um Gemeinkosten.

Die beiden Begriffe seien an einem Beispiel veranschaulicht: Ein neu anzusiedelnder Industriebetrieb soll an eine bereits bestehende 110/10-kV-Umspannstation angeschlossen werden. Dann stellen die Kosten für die 10-kV-Netzanbindung Einzelkosten dar, da sie direkt durch den Kunden verursacht werden. Kompliziertere Verhältnisse ergeben sich für die 110/10-kV-Umspannstation. Die dadurch bewirkten Kapital-, Betriebs- und sonstigen Kosten sind auf alle diejenigen Kunden bzw. Kostenträger zu verteilen, die von der Umspannstation versorgt werden. Im Hinblick auf eine Kostenabrechnung sind diese Kosten nun verursachungsgerecht auf die einzelnen Kunden aufzuschlüsseln. Dabei ist der wirtschaftliche Grundsatz zu beachten, dass jeder an den Gemeinkosten entsprechend seinem Nutzungsanteil zu beteiligen ist.

Man löst diese Aufgabenstellung dadurch, dass man über die gesamte Nutzungsdauer aus den jährlich auftretenden fixen Kosten der Umspannanlage (Index Um) einen Mittelwert berechnet, der auch den Zinseszins berücksichtigt; das zugehörige Verfahren wird im Abschnitt 13.4.2.1 noch erläutert. Dieser Mittelwert wird dann auf den Höchstwert der Durchgangsleistung bezogen, der in dem betrachteten Jahr erwartet wird. Multipliziert man die sich dann ergebenden spezifischen leistungsabhängigen Gemeinkosten $\dot{k}_{P,G,Um}$ mit der Höchstlast $P_{Vb,max}$ des Kunden, so erhält man einen repräsentativen Wert für den Anteil an den fixen Gemeinkosten:

$$\dot{K}_{P,G,Um} = \dot{k}_{P,G,Um} \cdot P_{Vb,max} \ . \tag{13.7}$$

Vom Ansatz her wird die Aufschlüsselung noch genauer, indem man die zeitliche Verschiebung zwischen der Höchstlast beim Kunden und in der Anlage berücksichtigt. Dazu verwendet man den Gleichzeitigkeitsgrad g (s. Abschnitt 4.7). Speziell für Umspannanlagen – nicht jedoch für Netze – wird zurzeit bei der Berechnung des Netznutzungsentgelts vereinfachenderweise $g = 1$ gesetzt. Bisher sind die *fixen* Gemeinkosten betrachtet worden; daneben gibt es auch *variable* Gemeinkosten.

Im Wesentlichen werden die variablen Kosten in der Umspannanlage durch die Netzverluste (Leerlaufverluste des Umspanners sowie dessen Stromwärmeverluste) verursacht. Man kann, wie in Abschnitt 13.4.1.2 noch ausgeführt wird, die jährlichen Netzverluste in der Anlage recht genau berechnen. Aus diesen jährlichen Verlustwerten bestimmt man wieder einen Kostenmittelwert über die Nutzungsdauer. Er wird auf die jährliche Durchgangsleistung bezogen. Analog zu den fixen Gemeinkosten ergibt sich ein spezifischer Mittelwert der variablen Gemeinkosten $\dot{k}_{A,G,Um}$. Multipliziert mit der vom Verbraucher entnommenen Energiemenge, also der elektrischen Arbeit A_{Vb}, gilt für die variablen Gemeinkosten in der Umspannanlage

$$\dot{K}_{A,G,Um} = \dot{k}_{A,G,Um} \cdot A_{Vb} . \tag{13.8}$$

In entsprechender Weise können die variablen und die fixen Gemeinkosten auch für die 380/110-kV-Umspannwerke und die 10/0,4-kV-Netzstationen bestimmt werden. Mit der dargestellten Methodik lassen sich natürlich ebenfalls die Gemeinkosten für die einzelnen Netzebenen ermitteln. In Tabelle 13.2 sind die üblichen Richtwerte der spezifischen fixen Gemeinkosten für wichtige Netzebenen und die zugehörigen Umspannanlagen angegeben. Diese Gemeinkosten stellen die Basiswerte dar, an denen sich die leistungsabhängigen Netznutzungsentgelte der Netzbetreiber orientieren.

Höchstspannungsnetz 380 kV	30 €/kW
Umspannung 380 kV/110 kV	5 €/kW
Hochspannungsnetz 110 kV	35 €/kW
Umspannung 110 kV/10 kV	10 €/kW
Mittelspannungsnetz 10 kV	75 €/kW
Umspannung 10 kV/0,4 kV	23 €/kW
Niederspannungsnetz 0,4 kV	150 €/kW

Tabelle 13.2
Richtwerte für spezifische fixe Gemeinkostenzuschläge von Netzen pro Jahr

Je nach Vertragslage bezahlen die Netzkunden die Netznutzungsentgelte entweder über den Stromhändler oder direkt an den Verteilungsnetzbetreiber (VNB). Dabei werden nur die Kosten der jeweils höheren Spannungsebenen – vom Verbraucher aus gesehen – berücksichtigt. Man bezeichnet diese summarische Erfassung als eine Kostenwälzung in die unteren Netzebenen. Auf einen Niederspannungskunden entfallen z. B. gemäß Tabelle 13.2 summarisch die spezifischen Gemeinkosten

$$\dot{k}_{P,G,s} = (30 + 5 + 35 + 10 + 75 + 23 + 150) \text{ €/kW} = 328 \text{ €/kW} , \tag{13.9}$$

die bei einer Verbraucherleistung $P_{Vb,max}$ zu den Gemeinkosten

$$\dot{K}_{P,G,s} = \dot{k}_{P,G,s} \cdot P_{Vb,max} \tag{13.10}$$

führen. Allerdings wird in der Regel die maximale Verbraucherleistung wiederum nicht zeitgleich mit der Leistungsspitze in der Anlage zusammenfallen, sodass die tatsächliche Auslastung der Anlage geringer ist. Die Kostengerechtigkeit der Beziehung (13.10) erhöht sich, indem erneut ein Gleichzeitigkeitsgrad g eingeführt wird:

$$\dot{K}_{P,G,s} = \dot{k}_{P,G,s} \cdot P_{Vb,max} \cdot g . \tag{13.11}$$

Dessen Bestimmung wird in der Verbändevereinbarung sowie in [65] erläutert. Danach wird der Gleichzeitigkeitsgrad abschnittsweise durch eine Beziehung der Form

$$g = a + b \cdot A_{Vb}/P_{Vb,max} \tag{13.12}$$

beschrieben. Eingesetzt in die Gleichung (13.11) ergibt sich für die Gemeinkosten des Netzes der Zusammenhang

$$\dot{K}_{\mathrm{P,G,s}} = \dot{k}_{\mathrm{P,G,s}} \cdot P_{\mathrm{Vb,max}} \cdot a + \dot{k}_{\mathrm{P,G,s}} \cdot A_{\mathrm{Vb}} \cdot b \, . \tag{13.13}$$

Durch die Verwendung des Gleichzeitigkeitsgrads fächert sich der ursprüngliche Ansatz für die fixen Gemeinkosten in eine leistungs- und eine arbeitsabhängige Komponente auf. In den arbeitsabhängigen Anteil sind die Gemeinkosten für die Netzverluste des betreffenden Netzbetreibers gemäß Gl. (13.8) noch einzubeziehen; die Verluste dürfen nicht individuell entfernungsabhängig abgerechnet werden.

Analog zu den bisherigen Betrachtungen kann man Gemeinkosten auch für die einzelnen Kraftwerke und daraus für einen Kraftwerkspark aufstellen. In Tabelle 13.3 sind die fixen Gemeinkosten für die einzelnen Kraftwerkstypen dargestellt.

Kernkraftwerke	570 €/kW
Braunkohlekraftwerke	210 €/kW
Steinkohlekraftwerke	180 €/kW
Gasturbinen-Anlagen	30 €/kW
GuD-Kraftwerke	75 €/kW
Laufwasserkraftwerke	360 €/kW

Tabelle 13.3
Richtwerte für spezifische fixe Gemeinkosten von verschiedenen Kraftwerkstypen pro Jahr

Bisher sind die Kosten analysiert worden. Darauf aufbauend lassen sich nun verursachungsgerecht die Entgelte der Verbraucher bzw. die Einnahmen der EVU festlegen.

13.2 Gestaltung der Strompreise

Wie bereits in Abschnitt 8.1 gezeigt worden ist, hat die Deregulierung der Elektrizitätswirtschaft zu einem Geflecht von Stromverträgen zwischen den Erzeugern, Netzbetreibern, Lieferanten sowie Netzkunden geführt. In diesen Verträgen werden zum einen technische Absprachen fixiert und zum anderen die zu zahlenden Entgelte festgelegt. Sie sollen nach dem Energiewirtschaftsgesetz verursachungsgerecht, preisgünstig und umweltfreundlich gestaltet sein. Die erste Forderung nach Verursachungsgerechtigkeit ist erfüllt, sofern die Entgelte die gleiche Struktur wie die Kosten aufweisen; die zweite Bedingung der Preisgünstigkeit bedeutet, dass die Höhe der Preise sich an den Kosten orientieren müssen. Eine umweltfreundliche Gestaltung liegt wiederum vor, falls die Preise einen sorgsamen Umgang mit dem Gut „Elektrizität" bewirken. Diese Bedingung erfüllt die im Folgenden erläuterte Grundstruktur der Entgelte.

13.2.1 Grundstruktur der Preise bzw. Entgelte

Um der Forderung nach verursachungsgerechten Preisen bzw. Entgelten zu entsprechen, bildet man – wie in der Betriebswirtschaft üblich – zunächst spezifische Kosten; die anfallenden leistungsabhängigen Kosten werden auf die maximal übertragene Leistung des jeweiligen Systems bezogen, die während der betrachteten Periode auftritt. Die arbeitsabhängigen Komponenten werden durch die Energie A_{ges} dividiert, die von allen angeschlossenen Verbrauchern während dieser Zeit – meistens ein Jahr – insgesamt abgenommen wird. Aus dieser Information leitet man spezifische Preise bzw. Entgelte ab: das spezifische leistungsabhängige Entgelt e_P in €/kW und das spezifische arbeitsabhängige Entgelt e_A in €/kWh. Diese Größen werden dann mit der individuellen Lastspitze $P_{Vb,max}$ bzw. dem Jahresverbrauch A_{Vb} des Verbrauchers multipliziert. Daraus ergeben sich die Entgelte des Verbrauchers zu

$$E_P = e_P \cdot P_{Vb,max} \tag{13.14}$$

$$E_A = e_A \cdot A_{Vb} \tag{13.15}$$

mit der Einheit €. Für das Gesamtentgelt gilt dann

$$E_{P,A} = E_P + E_A \ .$$

Allerdings ist zu beachten, dass diese Beziehungen eventuelle Anschlusskosten an das Netz nicht erfassen. Diese sind vom Stromkunden stets gesondert – und nur einmal – zu entrichten.

Vom Ansatz her sind die Entgelte gemäß den Beziehungen (13.14) und (13.15) zwar verursachungsgerecht den Kosten zuzuordnen; für die Praxis sind sie aber in dieser Form im Wesentlichen aus zwei Gründen noch nicht brauchbar. Der erste ergibt sich daraus, dass bei einer rein kostenorientierten Ausrichtung der Entgelte der Anteil von E_P bei ca. 70 % und derjenige von E_A bei ca. 30 % liegen würde (s. Abschnitt 13.1.2). Eine solche Preisgestaltung würde demnach zu hohen fixen und vergleichsweise niedrigen variablen Entgelten führen. Die Folge davon wäre kein sparsamer Umgang mit der elektrischen Energie. Um dennoch den Verbraucher in diese Richtung zu lenken, verkleinert man das spezifische Leistungsentgelt e_P und erhöht stattdessen das spezifische Arbeitsentgelt e_A in der Weise, dass sich das summarische Entgelt $E_{P,A}$ bei einem durchschnittlichen Jahresverbrauch nicht ändert.

Die zweite Maßnahme in der Preisgestaltung zielt auf eine optimale Ausnutzung der Ressourcen ab. Man versucht, den Lastverlauf einzuebnen, indem man dem Verbraucher Anreize bietet, Energie während der Niedriglast(NT)-Zeit und nicht während der Hochlast(HT)-Zeit zu beziehen. Dadurch werden sowohl die Investitionskosten als auch die Energieverluste und damit die Betriebskosten gesenkt. Man spricht dann auch von einem zeitlich gezonten Stromvertrag. Häufig erstreckt sich die HT-Zone im Sommer auf die Zeit von 7.00–21.00 Uhr und das NT-Intervall auf 21.00–7.00 Uhr; im Winter verschieben sich meist die Bereiche etwas. Der spezifische Arbeitspreis liegt während der NT-Zeit wesentlich niedriger und in der HT-Zeit bei vielen Unternehmen etwas höher als bei den nicht gezonten Verträgen. Häufig unterscheiden sich der NT- und HT-Arbeitspreis sogar um den Faktor 2.

Die beschriebenen Maßnahmen sind auch bei den Preisen zwischen Kraftwerksbetreibern, Netzbetreibern und Stromhändlern zu finden.

13.2.2 Preisgestaltung der Netzbetreiber

Gemäß Abschnitt 8.1 müssen die ÜNB ihren Bedarf an Regelleistung bei den Kraftwerksbetreibern einkaufen. Prinzipiell unterscheiden sich die Regelblöcke von anderen Kraftwerken darin, dass die erhöhten Anforderungen an die Leistungsänderungsgeschwindigkeit (Wärmespannungen) einen erhöhten Investitionsbedarf bedingen, der sich in höheren spezifischen leistungsabhängigen Kosten widerspiegelt. Für den Netzbetrieb benötigt der

ÜNB zum Ausgleich der Lastschwankungen sowie der Netzverluste Sekundärregelleistung. Um einen gewählten Arbeitspunkt eines jeden Regelblocks ist ein positives und negatives Regelband freizuhalten. Für die bereitgestellte positive Regelleistung – also oberhalb des Arbeitspunkts – sind dem Erzeuger zumindest die entsprechenden leistungsabhängigen Kosten vom ÜNB zu erstatten. Naturgemäß sind sie höher als die Kosten für die negative Regelleistung, da der untere Teil des Regelbands vom Erzeuger teilweise mit genutzt wird. Dementsprechend gibt es einen positiven und einen negativen spezifischen Leistungspreis für die Sekundärregelleistung. Ein analoger Zusammenhang gilt für die arbeitsabhängigen Preise: Eine positive Regelleistung führt zu einem Mehrverbrauch an Brennstoff, eine negative zu Einsparungen. Allerdings mindern die dynamischen Verluste, die mit den Hubbewegungen verbunden sind, die Kostenersparnis, die sich im stationären Fall einstellen würde.

In der Praxis unterscheiden sich die Leistungspreise im positiven und negativen Bereich etwa um den Faktor 2, die Arbeitspreise bis zum Faktor 10. Dabei richtet sich die Höhe der Preise auch nach der HT- bzw. NT-Zeitzone.

Bei der Minutenreserve liegt eine ähnliche Preisstruktur vor. Da die betreffenden Blöcke längerfristig eingesetzt werden, spielen die dynamischen Verluste eine geringere Rolle. Daher unterscheiden sich die Preise für die positive und negative Minutenleistung bzw. -energie noch ausgeprägter. Im Unterschied zur Minutenreserve werden die primärgeregelten Blöcke nur kurzzeitig unterhalb einer Dauer von 15 Minuten beansprucht. Man verrechnet dort nur einen Leistungspreis; ein Arbeitspreis wird nicht angesetzt.

Für die verschiedenen Arten der Regelenergie stellen die Preise der Kraftwerksbetreiber Ausgaben für den ÜNB dar. Dieser stellt die Arbeitspreise über die BKV den Stromhändlern in Rechnung; die Leistungspreise jedoch werden in die Netznutzungskosten des ÜNB einbezogen. Gleiches gilt, wie bereits erwähnt, für die Arbeitskosten durch die Netzverluste.

Die Analyse der Netznutzungskosten ist bereits im Abschnitt 13.1 erfolgt. Es ergeben sich arbeits- und leistungsabhängige Kosten. Bei der Preisgestaltung für diese Kostenkomponenten wird die beschriebene Struktur beibehalten, wobei zusätzlich eine Zeitzonung einbezogen wird.

Wie bereits bei der Kostenanalyse dargestellt, wird jeder Verbraucher mit den summarischen Gemeinkosten der Netz- und Umspannungsebenen beaufschlagt, die oberhalb von ihm bis hin zur Übertragungsebene liegen. Auch wenn z. B. ein Stromhändler bei einem 110-kV-Müllkraftwerk Strom einkauft und an einen Netzkunden im Mittelspannungsnetz bei einem anderen VNB verkauft, werden bei der Preisgestaltung nur die Kosten der eigenen Mittelspannungsebene, der 110/10-kV-Umspannung, des 110-kV-Netzes, der 380/110-kV-Umspannung sowie des 380-kV-Übertragungsnetzes des zuständigen ÜNB berücksichtigt. Die Entrichtung des Netznutzungsentgelts an den zuständigen VNB berechtigt dazu, die Energie an jeder Stelle des deutschen Netzes einzukaufen. Aufgrund dieser Eigenschaft werden die Netznutzungsentgelte in ihrer Wirkung mit einer Briefmarke verglichen.

Zu beachten ist, dass die Preise der einzelnen Netzbetreiber sich durchaus unterscheiden können, denn die jeweiligen Investitionskosten hängen sehr maßgebend z. B. von der Einwohner- und Kostendichte sowie von dem Verkabelungsgrad ab. Gleiche Netznutzungsentgelte sind nur zu erwarten, sofern sich die Strukturmerkmale entsprechen. Der für den Verbraucher zuständige VNB muss wiederum für die aus dem Übertragungsnetz entnommene Leistung bzw. Energie diejenigen Netznutzungsentgelte entrichten, die von dem jeweiligen ÜNB veröffentlicht sind. Infolge der Durchmischung der Lasten (Gleichzeitigkeitsgrad) ist dieser Wert etwas kleiner als die Summe der einzelnen Lasten, die in seinem Versorgungsgebiet bei den Verbrauchern auftreten. Für die Abrechnung der Transite zwischen den ÜNB sind diese untereinander zuständig. Angaben dazu werden in der Regel nicht veröffentlicht.

Die Aufgabe eines Stromhändlers ist es nun, mit den Netznutzungs- und Energiepreisen optimale Angebote für seine Netzkunden zu finden.

13.2.3 Preisgestaltung der Stromhändler

Üblicherweise überlassen es die Netzkunden den Stromhändlern, die Netznutzungskosten zu entrichten. Grundsätzlich dürfen die Verbraucher den Netznutzungsvertrag jedoch auch direkt mit dem VNB abschließen. Macht der Stromkunde von diesem Recht keinen Gebrauch, so schließt er mit dem Stromlieferanten einen so genannten all-inclusive-Vertrag. In diesem Fall hat der Stromhändler die Energiepreise beim Erzeuger, den Preis für die Regelenergie beim BKV und die Netznutzungsentgelte beim zuständigen VNB zu entrichten. Sie bilden die Grundlage für die Preisgestaltung mit dem Netzkunden. Ihre Struktur entspricht im Kern derjenigen vor der Deregulierung.

13.2.4 Strombezugsverträge mit Niederspannungsnetzkunden

Aus dem Niederspannungsnetz werden eine Vielzahl von Stromkunden versorgt, deren Jahresbezug unter 10 000...20 000 kWh liegt. Man bezeichnet sie häufig auch als Kleinkunden. Bei einem Verbrauch in dieser Höhe verursachen die so genannten *Verrechnungskosten* einen relevanten Anteil an den Stromkosten. Sie werden im Wesentlichen durch die Erfassung der Größen $P_{Vb,max}$ und A_{Vb} hervorgerufen. Um die Versorgung von Kleinkunden mit elektrischer Energie möglichst kostengünstig zu gestalten, verwendet man dort lediglich einen Einzonenarbeitszähler, der allein den Strombezug A_{Vb} misst; Aussagen über die Lastspitze $P_{Vb,max}$ liefert dieser Zähler nicht. Näherungsweise wird die Information über diese Größe gewonnen, indem man dem Kleinkunden ein Lastprofil zuordnet, das auf empirischem Wege in Abhängigkeit von A_{Vb} zu ermitteln ist (s. Abschnitt 13.3). Diese Zuordnung lässt sich noch verfeinern, indem man jeweils ein Lastprofil für Haushaltskunden, Gewerbekunden und landwirtschaftliche Betriebe erstellt. Über dieses Lastprofil kann der Ausdruck (13.14) auf die Form

$$E_P = e_P \cdot P_{Vb,max}(A_{Vb}) \qquad (13.16)$$

gebracht werden. Diese Beziehung lässt sich wieder umformen in den Zusammenhang

$$E_P = e_P(A_{Vb}) \cdot A_{Vb} \, . \qquad (13.17)$$

Dann beträgt die Summe der leistungs- und arbeitsabhängigen Entgelte (13.17) und (13.15)

$$E_{P,A} = \big(e_P(A_{Vb}) + e_A\big) \cdot A_{Vb} = e_{P,A}(A_{Vb}) \cdot A_{Vb} \, .$$

Zusammen mit den leistungs- und arbeits*unabhängigen* Kosten E_G, deren wesentlicher Anteil die Verrechnungskosten darstellen, ergibt sich das resultierende Entgelt zu

$$E = E_G + e_{P,A}(A_{Vb}) \cdot A_{Vb} \, . \qquad (13.18)$$

Diese Gleichung kennzeichnet die üblichen Einzonenstromverträge für Kleinkunden; der konstante Anteil E_G wird als *Grundpreis*, die spezifische Größe $e_{P,A}$ als *spezifischer Arbeitspreis* bezeichnet. Je nach Gruppenzugehörigkeit und Arbeitsverbrauch bieten die Stromhändler den Kleinkunden Verträge mit unterschiedlichen Entgelten E_G sowie $e_{P,A}$ an. Zusätzlich hängen die Entgelte natürlich auch noch davon ab, bei welchem Erzeuger der Stromhändler einkauft.

Anstelle des Einzonenvertrags kann jeder Kunde auch einen Zweizonenstromvertrag wählen (s. Abschnitt 13.2.1); allerdings erfordert diese Entscheidung die Installation eines Zweizonenarbeitszählers; der Aufwand für die Messeinrichtung und für die Verrechnung steigt. Wegen dieser zusätzlichen Kosten und des gleichzeitig höheren HT-Arbeitspreises lohnt sich ein solcher Vertrag erst dann, wenn der Bezug während des günstigeren NT-Intervalls mindestens ca. 15 % desjenigen beträgt, der während der HT-Periode pro Jahr benötigt wird. Haben Stromkunden einen höheren Jahresverbrauch als 10 000...20 000 kWh, werden sie *zwangsläufig* in einen zeitlich gezonten Vertrag – meist einen Zweizonenvertrag – eingestuft.

Sollte die Lastspitze $P_{Vb,max}$ einen Grenzwert von z. B. 30 kW übersteigen, so wird die Abschätzung des Leistungspreises über ein Lastprofil zu ungenau. Zur Bestimmung der tatsächlich auftretenden Leistung wird dann eine Leistungsmessung vorgenommen, die den monatlichen Höchstwert bestimmt. Dazu wird bei der gemessenen Leistung über ein fortlaufendes 15-Minuten-Intervall der Mittelwert gebildet, dessen höchster Wert während der HT-Zeit in jedem Monat zu speichern ist. Für die Abrechnung wird dann wiederum der Mittelwert aus den drei höchsten Monatswerten eines Jahres gewählt. Man bezeichnet diesen Wert als Dreimonatsmittel. Übersteigt der Strombezug deutlich die Werte von 30 kW und einigen zehntausend Kilowattstunden, so ist ein Anschluss an das Mittelspannungsnetz zu erwägen.

13.2.5 Strombezugsverträge mit Mittelspannungsnetzkunden

Aus den bisherigen Erläuterungen ist bereits die Grundtendenz zu erkennen, dass die Stromverträge umso differenzierter gestaltet sind, je stärker der Stromkunde das Netz beansprucht. Dadurch ist es möglich, die Preise gerechter an die jeweils individuell verursachten Kosten anzupassen. Zu diesem Zweck sind vielfach bei Mittelspannungsstrombezugsverträgen die spezifischen Arbeitspreise e_A nicht nur zeitlich, sondern auch in Abhängigkeit von A_{Vb} gezont. Ein solches typisches Vertragsmuster ist dem Anhang zu entnehmen. Aus diesem Beispiel ist weiterhin zu erkennen, dass im Mittelspannungsnetz zusätzlich die Blindleistung zu bezahlen ist, wenn sie einen Schwellwert überschreitet. Mit hohen Blindleistungen ist insbesondere in Betrieben zu rechnen, bei denen viele Motoren im Teillastbereich arbeiten. Erwähnt sei, dass es jedoch auch Verträge ohne eine Zonung der Arbeitspreise gibt.

Bei den Stromverträgen im Mittelspannungsnetz sind die spezifischen Entgelte deutlich kleiner als im Niederspannungsnetz. Darin spiegelt sich wider, dass die Investitionskosten für das besonders kostenintensive Niederspannungsnetz entfallen (vgl. Tabelle 13.2).

Im Vergleich zu den anderen Kostenkomponenten sind die Verrechnungskosten in der Mittelspannungsebene sehr klein. Sie werden daher nicht gesondert in Rechnung gestellt. Zur Erhöhung der Preisgerechtigkeit werden häufig mehrere Vertragsvarianten von den Stromhändlern angeboten.

Bisher sind die Grundmuster der Stromverträge zwischen Stromhändlern und Stromkunden behandelt worden; der Verbraucher kann nur zwischen vorgelegten Verträgen wählen. Großkunden wirken dagegen bei der Gestaltung der Verträge mit.

13.2.6 Strombezugsverträge mit Großkunden

Als Großkunden bezeichnet man solche Stromkunden, die einen sehr hohen Verbrauch aufweisen. Im Fall von Industriebetrieben kann deren Energiebedarf direkt aus dem Hochspannungsnetz gedeckt werden. Andererseits kann z. B. bei Geschäftsketten der Bezug aus dem Niederspannungsnetz erfolgen. Für derartige Verbraucher ist auch der sich selbst erklärende Ausdruck *Bündelkunden* üblich.

Trotz einer eventuell unterschiedlichen Struktur ist den Großkunden gemeinsam, dass sie es dem Stromhändler ermöglichen, Rabatte beim Erzeuger zu erwirken, die diesem wiederum aus dem günstigeren Brennstoffeinkauf erwachsen. Daher ist es attraktiv, solche Großverbraucher zu gewinnen. Anstelle der Vertragsmuster werden dann Individualverträge abgeschlossen, die man auch als bilaterale Verträge bezeichnet. Üblicherweise decken die Großverbraucher über solche Verträge ihre Grund- und Mittellast ab. Dagegen wird die Spitzenlast in zunehmendem Maße an der Energiebörse in Leipzig, der EEX, eingekauft.

Käufer und Verkäufer agieren dort anonym. Im Unterschied zu den bilateralen Verträgen haftet beim Ausfall eines Partners die Börse. Sie vermindert ihr Risiko dadurch, dass sie von jedem Börsenteilnehmer Sicherheiten verlangt. Bei den Auktionen werden unterschiedliche Vertragsarten angeboten. Für den kurzfristigen Handel gibt es so genannte Stundenkontrakte, in denen für einzelne oder aufeinander folgende Stunden eine konstante Leistung in 0,1-MW-Schritten vereinbart wird. Eine weitere Variante sind Blockkontrakte. Sie können längerfristig abgeschlossen werden und gelten für feste Zeitbereiche. Für diese Kontrakte beträgt die kleinste handelbare Einheit 1 MW. Die Abschlüsse gelten frühestens jeweils für den Folgetag. An der Börse treten auch die Stromhändler untereinander als Anbieter und Käufer auf.

Sowohl der Stromhandel als auch die noch später erläuterte Wirtschaftlichkeitsberechnung setzen eine gute Kenntnis der Lastverläufe voraus. In diesem Zusammenhang ist eine Aufbereitung der Lastverläufe von Vorteil.

13.3 Aufbereitung der Lastverläufe

Die bisherigen Betrachtungen über den Strombezug haben gezeigt, dass die Leistungsspitze $P_{\text{Vb,max}}$ sowie die zu beziehende Energie A_{Vb} die Schlüsseldaten für die Stromentgelte darstellen; dagegen sind die Lastgradienten für die Strombezugsverträge uninteressant. Diese Eigenschaft nutzt man dazu aus, die Lastverläufe – auch Ganglinien genannt – umzuformen, ohne dass für die Abrechnung ein Informationsverlust entsteht. So dürfen die Leistungswerte der Ganglinien monoton fallend angeordnet werden. Bild 13.1 veranschaulicht diese Umordnung. Die sich dann ergebenden Kurven werden als *Dauerlinien* bezeichnet. Ihr wesentlicher Vorteil besteht vor allem darin, dass sie glatter verlaufen und daher besser prognostizierbar sind. Dieser Gesichtspunkt ist auch für die Wirtschaftlichkeitsberechnung von Interesse, wenn es darum geht, die Auslastung und Verluste in Netzanlagen zu bestimmen.

Für die praktische Handhabung ist es zweckmäßig, diese Kennlinien noch weitergehender aufzubereiten. Man formt sie in ein flächengleiches Rechteck um, dessen Höhe die Spitzenlast $P_{\text{Vb,max}}$ bildet. Der zugehörige Zeitwert wird als *Benutzungsdauer* T_{ben} bezeichnet.

13.3 Aufbereitung der Lastverläufe

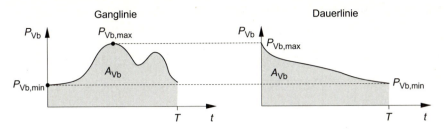

Bild 13.1
Umformung der Ganglinie $P_{Vb}(t)$ in eine monoton abfallende Dauerlinie mit z. B. $T = 1$ Tag $= 24$ Stunden bzw. $T = 1$ Jahr $= 8760$ Stunden

Die im gesamten Jahr vom Verbraucher bezogene elektrische Energie beträgt dann

$$A_{Vb} = \int_0^T P_{Vb}(t) \cdot dt = P_{Vb,max} \cdot T_{ben} \,. \tag{13.19}$$

Bei Betriebsmitteln wie z. B. einem Umspanner wird diese Größe als Durchgangsenergie bezeichnet.
Man kann noch einen Schritt weiter gehen und jede Dauerlinie auf ihre Spitzenlast beziehen. Dadurch werden diese Kennlinien auf den Maximalwert 1 normiert, ohne dass sich die zugehörige Benutzungsdauer T_{ben} ändert. Für ähnlich strukturierte Gebiete wie z. B. für Mischlasten oder Verbrauchergruppen werden nun die Dauerlinien mit unterschiedlichen Benutzungsdauern T_{ben} in ein Diagramm eingetragen. Als ein Beispiel dafür sei das Diagramm in Bild 13.2 angegeben [162].
Auf solche Kennlinien greift man für Wirtschaftlichkeitsberechnungen gerne zurück. Die Spitzenlast $P_{Vb,max}$ sowie die Benutzungsdauer T_{ben} lassen sich aus den Bebauungsplänen sowie den vergangenen Lastverläufen gleichartiger Verbraucher recht gut schätzen. Mit diesen Parametern wählt man die zugehörigen Kennlinien aus, die dann eine hinreichend genaue Bestimmung der ohmschen Verluste ermöglichen.
Die bisherigen Betrachtungen werden auch auf die Dauerlinien von Einspeisungen angewendet, die ebenfalls in Rechtecke umgeformt werden. Anstelle der Spitzenlast $P_{Vb,max}$ wählt man als Höhe jedoch die maximale Leistung, die tatsächlich dauerhaft von der

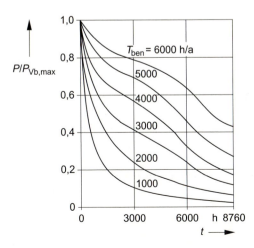

Bild 13.2
Normierte Darstellung von Dauerlinien in Abhängigkeit von der Benutzungsdauer T_{ben} in Stunden pro Jahr als Parameter (Mittelwerte der Dauerlinien ähnlich strukturierter Lastgebiete)

Einspeisequelle in das Netz geliefert werden kann, die so genannte *Engpassleistung*. Bei einem Generator handelt es sich häufig um dessen Bemessungsleistung P_{rG}. Der zugehörige Zeitabschnitt wird als *Ausnutzungsdauer* T_a bezeichnet, vielfach wird auch der Ausdruck *Volllastbenutzungsstunden* verwendet. Für die insgesamt im Jahr eingespeiste elektrische Energie A_{Gen} gilt dann

$$A_{Gen} = P_{rG} \cdot T_a \, .$$

Umgekehrt kann man aus den Dauerlinien bei Kenntnis der Spitzenlast und der Benutzungsdauer auch wieder auf gemittelte Ganglinien zurückschließen, wie sie für die Lastprognose von Verbrauchergruppen benötigt werden. Allerdings muss man dazu die Grundstruktur des Verlaufs bereits kennen. Man kann ihn z. B. aus dem Datenarchiv von Netzservern gewinnen. Ganglinien im Viertelstundenraster werden auch als *Lastprofile* bezeichnet.

Mit den bisherigen Erläuterungen sind die elektrizitätswirtschaftlichen Grundlagen so weit gelegt, dass nun auf die Investitionsrechnung für Netzanlagen eingegangen werden kann.

13.4 Investitionsrechnung für Netzanlagen

Unter einer Sachinvestition soll in diesem Zusammenhang die Umwandlung von Kapital in Sachanlagen – wie z. B. Kraftwerke oder Netze – verstanden werden. Bevor eine Investition durchgeführt wird, ist neben anderen Kriterien wie z. B. der Versorgungssicherheit stets ihre Wirtschaftlichkeit zu überprüfen. Dafür benutzt man die Methoden der Investitionsrechnung [65], [163]. Für eine Reihe von Investitionsvorhaben lassen sich diese Verfahren auf einen Kostenvergleich zurückführen.

13.4.1 Kostenvergleich

Zunächst soll geklärt werden, unter welchen Bedingungen ein Kostenvergleich als Grundlage für eine Investitionsentscheidung dienen kann.

13.4.1.1 Zulässigkeit eines Kostenvergleichs

Ausgegangen wird von einem konkreten Beispiel. Es wird eine Netzanlage betrachtet, in der ein Betriebsmittel defekt ist. Es handelt sich um einen von zwei parallel geschalteten 380-kV-Transformatoren. Nach einer Begutachtung des Transformators durch die zugehörige Schadenversicherung übernimmt diese den weiteren Versicherungsschutz nur, wenn ein neuer Umspanner beschafft wird. In der Betriebswirtschaft bezeichnet man ein solches Vorhaben als Ersatzinvestition.

Wie nun üblich, wird der Auftrag von dem Unternehmen ausgeschrieben. Daraufhin reichen die Hersteller ihre Angebote ein. Jeder der angebotenen Umspanner hält die ausgeschriebenen Spezifikationen ein. Dabei handelt es sich u. a. um die Bemessungsspannungen U_r, die Bemessungsleistung S_r, die relative Kurzschlussspannung u_k, die Schaltgruppe, die Stufung der Übersetzung sowie den zulässigen Geräuschpegel. Allerdings

13.4 Investitionsrechnung für Netzanlagen

unterscheiden sich die Umspanner in ihrer Auslegung. Jeder Hersteller erfüllt die gestellten Bedingungen meistens mit anderen Entwurfsparametern. Dementsprechend weichen die Leerlauf- und Stromwärmeverluste sowie die Preise voneinander ab.

Für den Betreiber stellt sich nun die Frage, welche Variante die wirtschaftlich günstigere ist; denn üblicherweise ist es so, dass der teurere Umspanner weniger Verluste aufweist. Es gilt also die wirtschaftliche Grundregel, dass höhere Investitionskosten niedrigere Betriebskosten bewirken. Unabhängig davon, welches Angebot gewählt wird, ändern sich die Netznutzungsentgelte und Ausgaben nicht. Das Betriebsergebnis – die Differenz aus den Einnahmen und den Kosten sowie Ausgaben – wird also maximiert, sofern die Kosten minimiert werden. Ein solcher Zusammenhang gilt in der elektrischen Energietechnik bei Ersatzinvestitionen sehr häufig. Dann genügt es, die kostengünstigste Angebotsvariante zu ermitteln. Man findet sie, indem man die Kosten für jedes eingereichte Angebot berechnet und miteinander vergleicht. Es brauchen jedoch nur solche Kosten berücksichtigt zu werden, die bei den untersuchten Varianten *unterschiedlich* hoch sind. Der Rechnungsgang wird an den beiden in Tabelle 13.4 dargestellten Entwurfsvarianten T_1 und T_2 erläutert. Dabei bezeichnet die Größe s den spezifischen Umspannerpreis pro kVA, $P_{L,Vl}$ die Leerlaufverluste und R_{kT}/X_{kT} das Verhältnis des resultierenden Wicklungswiderstands R_{kT} zur Streureaktanz X_{kT}.

	$\dfrac{U_{rT}}{kV}$	$\dfrac{S_{rT}}{MVA}$	$\dfrac{R_{kT}}{X_{kT}}$	$\dfrac{s}{\text{€}/kVA}$	$\dfrac{P_{L,Vl}}{kW}$	u_k
T_1	420	250	1/12	11,7	110	16 %
T_2	420	250	1/15	12,3	90	16 %

Tabelle 13.4 Vergleich von zwei Entwurfsvarianten für einen Höchstspannungstransformator

Kostenrechnungen dieser Art werden dynamisch genannt, falls der Zinseszins berücksichtigt wird. Anderenfalls verwendet man den Ausdruck statisch.

13.4.1.2 Statischer Kostenvergleich einer Ersatzinvestition für einen Umspanner

Nacheinander werden für die Ersatzinvestition eines Umspanners die verschiedenen Kostenarten berechnet, die bereits in Abschnitt 13.1 erläutert worden sind. Dazu ermittelt man die jährlichen Durchschnittskosten, die im Weiteren mit $\dot{K}$ bezeichnet werden.

Kapitalkosten

Eine wichtige Kostenart stellen die Abschreibungen dar. Unter der üblichen Annahme, die Abschreibung erstrecke sich linear über die Nutzungsdauer T_n und der Restwert betrage null, ergibt sich ein Kapitaleinsatz KE von

$$KE = s \cdot S_{rT}.$$

Bei einer Gleichbehandlung von Fremd- sowie Eigenkapital entsteht ein jährlicher Abschreibungsbetrag von

$$\dot{K}_{Abschr} = \frac{KE}{T_n}.$$

Um diese Summe vermindert sich pro Jahr das bilanzierte Investitionsvermögen bzw. das eingesetzte Investitionskapital KE für den Transformator bis auf den Restwert null. Neben dem Kapital verringern sich natürlich auch die zugehörigen Zinszahlungen von Jahr zu Jahr. Ihr mittlerer Wert ergibt sich bei statischer Rechnung, wenn nur das halbe Investitionskapital $KE/2$ angesetzt wird. Mit dem kalkulatorischen Zinssatz p erhält man dann die mittleren Zinskosten pro Jahr zu

$$\dot{Z} = p \cdot \frac{KE}{2} \ .$$

Fixe Betriebskosten und sonstige Kosten

Gemäß den Beziehungen (13.2) und (13.6) ergeben sie sich zu

$$\dot{K}_{\mathrm{P,b}} + \dot{K}_{\mathrm{P,sonst}} = (c_{\mathrm{P,b}} + c_{\mathrm{P,sonst}}) \cdot KE \ , \tag{13.20}$$

wobei diese jährlichen Kosten insgesamt selten 3 % von KE überschreiten. Umfangreicher als bisher gestaltet sich die Berechnung der verbrauchsgebundenen Kosten.

Verbrauchsgebundene Kosten

Da nur die Kostenanteile interessieren, in denen sich die Umspanner unterscheiden, brauchen bei diesem Kostenvergleich lediglich die Stromwärmeverluste $P_{\mathrm{S,Vl}}$ sowie die Eisen- bzw. Leerlaufverluste $P_{\mathrm{L,Vl}}$ berücksichtigt zu werden. Im Normalbetrieb sind die Leerlaufverluste unabhängig von der Durchgangsleistung des Umspanners. Sie treten daher stets in voller Höhe auf, solange der Transformator ans Netz geschaltet ist. Üblicherweise wird nur bei extremer Schwachlast einer der beiden parallelen Umspanner in einer Umspannstation ausgeschaltet, sodass er z. B. für 7000 h/a unter Spannung steht. Für die Leerlaufverlustenergie $A_{\mathrm{L,Vl}}$ gilt dann pro Jahr

$$A_{\mathrm{L,Vl}} = P_{\mathrm{L,Vl}} \cdot 7000 \ \mathrm{h/a} \ .$$

Daraus ergeben sich mit dem spezifischen Arbeitspreis e_{A} die zugehörigen jährlichen Kosten zu

$$\dot{K}_{\mathrm{L,Vl}} = e_{\mathrm{A}} \cdot A_{\mathrm{L,Vl}} \ .$$

Ähnlich einfach lassen sich auch die Stromwärmeverluste modellieren. Eine genauere Erfassung ist z. B. [133], [164] zu entnehmen. Zunächst werden aus den abgespeicherten Lastverläufen unter Berücksichtigung einer eventuellen Veränderung der zukünftigen Verbraucherstruktur sowohl für die Spitzenlast $P_{\mathrm{Vb,max}}$ als auch für die Benutzungsdauer T_{ben} aktuelle Werte ermittelt. Die Spitzenlast $P_{\mathrm{Vb,max}}$, die sich zumindest über einige Stunden erstreckt, soll in diesem Beispiel der Bemessungsleistung des Umspanners P_{rT} entsprechen; weiterhin möge die Benutzungsdauer $T_{\mathrm{ben}} = 4000$ Stunden betragen. Mit diesen Daten bestimmt man die zugehörige Dauerlinie, z. B. aus Bild 13.2. Sie gibt an, wie lange der Umspanner während eines Jahres mit welcher Leistung P_{T} belastet wird. Daraus ergeben sich die Stromwärmeverluste des Umspanners zu

$$\begin{aligned} P_{\mathrm{S,Vl}}(t) &= 3 \cdot \left(\frac{P_{\mathrm{T}}(t)}{\sqrt{3} \cdot U_{\mathrm{nN}} \cdot \cos \varphi} \right)^2 \cdot R_{\mathrm{kT}} \\ &= \left(\frac{P_{\mathrm{Vb,max}}}{U_{\mathrm{nN}} \cdot \cos \varphi} \right)^2 \cdot \left(\frac{P_{\mathrm{T}}(t)}{P_{\mathrm{Vb,max}}} \right)^2 \cdot R_{\mathrm{kT}} \ . \end{aligned} \tag{13.21}$$

13.4 Investitionsrechnung für Netzanlagen

In dieser Rechnung kennzeichnet die Größe R_{kT} den ohmschen Widerstand des Transformators. Ferner wird angenommen, dass der Quotient aus Wirk- und Blindleistung und damit $\cos\varphi$ konstant bleibt. Wird nun die normierte Dauerlinie durch einen Linienzug aus Treppenstufen approximiert, lassen sich für jede Stufe die Stromwärmeverluste $P_{S,Vl}$ ermitteln. Durch die Multiplikation der jeweiligen Verlustleistung $P_{S,Vl}$ mit der zugehörigen Breite der Stufe kann man summarisch die Verlustenergie $A_{S,Vl}$ bestimmen. Unter Verwendung des spezifischen Arbeitspreises e_A ergeben sich damit die Kosten für die Stromwärmeverluste zu

$$\dot{K}_{S,Vl} = e_A \cdot A_{S,Vl}.$$

Für den Kostenvergleich wird dann die Summe der einzelnen Komponenten

$$\dot{K}_R = \dot{K}_{P,b} + \dot{K}_{P,\text{sonst}} + \dot{Z} + \dot{K}_{\text{Abschr}} + \dot{K}_{L,Vl} + \dot{K}_{S,Vl} \tag{13.22}$$

herangezogen. Eine numerische Auswertung der Beziehung (13.22) für die beiden zu vergleichenden Umspanner T_1 und T_2 ist in Bild 13.3 in Abhängigkeit von den Daten in Tabelle 13.4 sowie der Benutzungsdauer T_{ben} dargestellt. Dabei werden eine Nutzungsdauer von $T_n = 20$ Jahren, ein kalkulatorischer Zinssatz $p = 8\%$, ein spezifischer Arbeitspreis $e_A = 0{,}03$ €/kWh sowie jährliche fixe Betriebskosten und sonstige Kosten in Höhe von insgesamt 1 % des Kapitaleinsatzes angenommen. Aus dem Diagramm resultiert, dass die Umspannervariante T_2 etwa ab $T_{\text{ben}} = 2000$ h/a geringere Kosten aufweist.

Bei der erläuterten Rechnung handelt es sich, wie bereits erwähnt, um einen *statischen Kostenvergleich*. Diese Methode unterstellt, dass die Kosten, die in der fernen Zukunft entstehen, genauso viel Kapital binden wie die gegenwärtigen. Sie berücksichtigt nicht den Zinseszins, der jedoch von einem *dynamischen Kostenvergleich* erfasst wird.

13.4.1.3 Dynamischer Kostenvergleich einer Ersatzinvestition für einen Umspanner

Ein- und Auszahlungen zu unterschiedlichen Zeitpunkten lassen sich mit der Barwertmethode erfassen.

Erläuterung der Barwertmethode

Der Kerngedanke dieses Verfahrens besteht darin, alle Zahlungen auf einen gemeinsamen Zeitpunkt zu beziehen. Üblicherweise wählt man dafür den Beginn des Projekts. Für

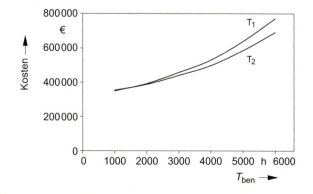

Bild 13.3

Statischer Kostenvergleich für die Ersatzinvestition eines Umspanners T_1 bzw. T_2 in Abhängigkeit von der Benutzungsdauer T_{ben} und den Daten in Tabelle 13.4

die Zeitspanne zwischen diesem Bezugszeitpunkt und dem vergangenen oder zukünftigen Fälligkeitsdatum der Zahlung werden die Zinsen einschließlich Zinseszins berücksichtigt, wobei der *kalkulatorische Zinssatz p* verwendet wird. Als *Barwert* der Zahlung bezeichnet man ihren fiktiven Wert zum Bezugszeitpunkt: Sind Kosten ein Jahr *vor* dem Bezugszeitpunkt angefallen, so ergibt sich der Barwert K_0 für diese Kosten $K_{(-1)}$ zu

$$K_0 = K_{(-1)} \cdot (1 + p) = K_{(-1)} \cdot q \quad \text{mit} \quad q = 1 + p \,.$$

Für Kosten $K_{(-m)}$, die m Jahre vor dem Bezugszeitpunkt $t = 0$ entstanden sind, erhöht sich der Barwert entsprechend auf

$$K_0 = K_{(-m)} \cdot q^m \,, \tag{13.23}$$

es liegt eine so genannte Aufzinsung vor. Umgekehrt vermindert sich der Barwert bei solchen Kosten K_n, die n Jahre *nach* der Inbetriebnahme anfallen, auf

$$K_0 = \frac{K_n}{q^n} \,. \tag{13.24}$$

Man spricht dann von einer Abzinsung. Für den speziellen Fall, dass jährliche Kosten $\dot{K}$ nacheinander über m bzw. n Jahre in gleicher Größe auftreten, bilden die einzelnen Barwerte dieser Kosten eine geometrische Folge. Ihre Summe S lautet bei einer Aufzinsung

$$S_{\text{auf}} = \dot{K} \cdot q \cdot \frac{q^m - 1}{q - 1} \,, \tag{13.25}$$

bei einer Abzinsung dagegen

$$S_{\text{ab}} = \dot{K} \cdot \frac{q^n - 1}{q^n \cdot (q - 1)} = \dot{K} \cdot r(q) = K^* \,. \tag{13.26}$$

Der Faktor $r(q)$ wird als Rentenbarwertfaktor bezeichnet, das Produkt $\dot{K} \cdot r(q)$ stellt den Barwert der regelmäßigen Zahlung dar. Dieser wird im Weiteren durch einen Stern gekennzeichnet.

Zu beachten ist, dass bei der Barwertmethode die *Zinsen und die Abschreibungen als eigenständige Zahlungsreihen entfallen*. So sind die Zinsen bereits in der Auf- und Abzinsung der einzelnen Kosten enthalten; die Abschreibungen werden dadurch berücksichtigt, dass die Investitionskosten KE zum Bezugszeitpunkt in die Rechnung einbezogen werden. Die bisher erläuterten Zusammenhänge werden nun auf die bereits beschriebene Ersatzinvestition eines Umspanners angewendet.

Variantenvergleich für Umspanner

In Abschnitt 13.4.1.2 ist gezeigt worden, dass die einzelnen Kostenkomponenten eine Zahlungsreihe bilden, die pro Jahr in gleicher Höhe fällig wird. Um ihre Barwerte zu erhalten, sind sie entsprechend der Beziehung (13.24) abzuzinsen. Zugleich sind über das Investitionskapital noch die Abschreibungen zu berücksichtigen. Für eine Benutzungsdauer von n Jahren lautet der resultierende Barwert K_R^* der Gesamtkosten für einen Umspanner mithin

$$K_R^* = KE + (\dot{K}_{S,\text{Vl}} + \dot{K}_{L,\text{Vl}} + \dot{K}_{P,\text{sonst}} + \dot{K}_{P,b}) \cdot \frac{q^n - 1}{q^n \cdot (q - 1)} \,.$$

13.4 Investitionsrechnung für Netzanlagen

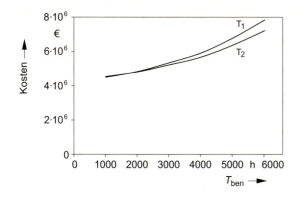

Bild 13.4
Dynamischer Kostenvergleich für die Ersatzinvestition eines Umspanners in Abhängigkeit von dessen Benutzungsdauer T_{ben} bei gleicher Datenbasis wie in Bild 13.3

Mit dieser Beziehung wird der Kostenvergleich für die beiden Umspanner durchgeführt. Bild 13.4 zeigt die Ergebnisse. Zu beachten ist, dass die Kosten in Bild 13.3 und 13.4 nicht miteinander zu vergleichen sind. Bei der statischen Rechnung handelt es sich um jährliche Kosten, dagegen ergeben sich beim dynamischen Kostenvergleich Barwerte. Mit beiden Methoden ist für eine längere Benutzungsdauer die teurere Variante T_2 die wirtschaftlich günstigere. Allerdings unterscheiden sich die Aussagen geringfügig darin, ab welcher Benutzungsdauer dieser Wechsel zu dem teureren Umspanner hin stattfindet.

Der bisher erläuterte Kostenvergleich hat als Kriterium dazu gedient, die optimale Investitionsalternative auszuwählen. Die Aussage darüber, wie sich die geplante Investition auf die Wirtschaftlichkeit des Unternehmens auswirkt, kann ein Kostenvergleich bei der betrachteten Aufgabenstellung nicht liefern. Bei einer speziellen Investitionsart, der Rationalisierungsinvestition, bietet jedoch ein Kostenvergleich auch diese Möglichkeit.

13.4.1.4 Kostenvergleich bei einer Rationalisierungsinvestition

Als ein konkretes Beispiel für eine Rationalisierungsinvestition sei der Ersatz des Netzrechners durch ein moderneres Rechnersystem angeführt (s. Abschnitt 8.1). Während es sich bei der bisher betrachteten Ersatzinvestition um eine Muss-Maßnahme gehandelt hat, stellt dieses Projekt eine Kann-Investition dar. Aus finanzieller Sicht ist sie daher nur zu empfehlen, wenn sich das eingesetzte Kapital ausreichend rentiert und amortisiert. Der jährlich entstehende Ertrag ergibt sich aus der Differenz der Kosten, die vor und nach der Investition anfallen; denn die Netznutzungsentgelte verändern sich nicht durch diese Investitionsentscheidung. Um den jährlichen Kapitalrückfluss und dann dessen Barwert quantitativ ermitteln zu können, sind nacheinander die einzelnen Kostenarten vor und nach der Investition zu berechnen.

Den zusätzlichen Kapitalkosten nach der Investition stehen üblicherweise Einsparungen bei den Wartungs- und Instandsetzungskosten gegenüber. Darüber hinaus senken sich die verbrauchsgebundenen Kosten. So ermöglicht ein leistungsfähigeres Rechnersystem auch den Einsatz einer leistungsfähigeren Software und damit eine bessere Optimierung der Netznutzung sowie eine Verringerung der Netzverluste. Ein weiterer Vorteil liegt in einer erhöhten Versorgungssicherheit, die mit der Rationalisierung der Leittechnik verbunden ist. Allerdings ist die monetäre Bewertung dieses Effekts schwierig und kann nur unternehmensspezifisch erfolgen. Monetär eindeutig ist es dagegen, mögliche Verringerungen im Personal zu bewerten.

Wenn die Kosteneinsparungen und damit auch der Kapitalrückfluss bekannt sind, lassen sich mit den im Folgenden erläuterten dynamischen Methoden die Rendite und die Amortisationsdauer ermitteln.

13.4.2 Methoden zur Beurteilung der Wirtschaftlichkeit

Für die elektrische Energietechnik sind im Wesentlichen vier dynamische Investitionsrechnungen von Bedeutung: die Kapitalwert-, die interne Zinsfuß-, die Annuitätenmethode sowie die Ermittlung der Amortisationsdauer. Zunächst wird das Kapitalwertverfahren beschrieben.

13.4.2.1 Kapitalwertmethode

Prinzipiell handelt es sich bei diesem Verfahren um eine zweifache Anwendung des Barwertverfahrens. Es wird sowohl auf die Einnahmen E als auch auf die Kosten K angesetzt; die Differenz ihrer Barwerte E^* und K^* liefert den Kapitalrückfluss R^*:

$$R^* = E^* - K^* \,. \tag{13.27}$$

Vermindert man diese Größe um das eingesetzte Investitionskapital KE, so erhält man den *Kapitalwert* C, der auch den Namen des Berechnungsverfahrens geprägt hat:

$$C = R^* - KE = E^* - K^* - KE \,. \tag{13.28}$$

Wird dieser Barwert C auf den Kapitaleinsatz KE bezogen, so ergibt sich die Rentabilität C/KE.

Die erläuterte Kapitalwertmethode ist immer dann einzusetzen, wenn sich durch die Investition die Einnahmen des Unternehmens ändern. Eine solche Situation liegt z. B. vor, wenn das Netz erweitert wird und dadurch neue Kunden an die Netzanlage angebunden werden. Handelt es sich um Mittelspannungskunden, die keiner Anschlusspflicht unterliegen, ist die geplante Erweiterungsinvestition durch den Netzbetreiber auf ihre Wirtschaftlichkeit zu überprüfen. Dieses Kriterium ist erfüllt, falls sich für den zu berechnenden Kapitalwert $C > 0$ ergibt. Dabei ist die Rentabilität umso höher, je weniger Kapital KE dafür benötigt wird.

Bestimmend für die Einnahmen E bzw. die Netznutzungsentgelte ist der gewählte Strombezugsvertrag; dessen wichtige Parameter sind mit dem Kunden abzuklären. Im Einzelnen sind die Höchstlast $P_{\text{Vb,max}}$ des Kunden, die Benutzungsdauer T_{ben}, der Blindstrombezug und die Inanspruchnahme der HT- sowie der NT-Zeit festzulegen. Damit lassen sich dann die jährlichen Entgelte des Kunden ermitteln, die während der Nutzungsdauer T_{n} auftreten. Um den Barwert E^* zu erhalten, werden die jährlichen Einnahmen des Netzbetreibers auf den Bezugszeitpunkt abgezinst und aufaddiert; meistens wird dafür der Zeitpunkt des Kapitaleinsatzes gewählt.

Entsprechend wird mit den Kosten verfahren, die jährlich anfallen. In einem ersten Schritt sind die Einzelkosten für die Erweiterungsinvestition bzw. die zugehörigen Kostenarten zu erfassen. Dann gilt es, über die erläuterten spezifischen Schlüsselgrößen die jährlichen fixen und variablen Gemeinkostenzuschläge zu bestimmen, die beim Netzbetreiber – meist ein VNB – anfallen. Richtwerte dafür können der Tabelle 13.2 entnommen werden. Häufig

13.4 Investitionsrechnung für Netzanlagen

sind die sich daraus ergebenden Kostenkomponenten sehr viel größer als die Einzelkosten. Die Summe dieser einzelnen Kostenkomponenten wird wieder abgezinst und führt auf den Barwert K^*. Zusätzlich sind in dieser Bilanz noch die Netznutzungsentgelte zu berücksichtigen, die der VNB an den ÜNB zu zahlen hat.

Die Größen E^*, K^* sowie der Kapitaleinsatz KE für die Erweiterungsinvestition bestimmen dann den Kapitalwert C. Die Wirtschaftlichkeit der Netzerweiterung ist umso größer, je höhere Werte C annimmt. Über die Rentabilität der geplanten Investition im Vergleich zu anderen Investitionsvorhaben sagt diese Größe allerdings wenig aus, insbesondere dann, wenn sich die zugrunde gelegten Periodendauern unterscheiden. Eine solche Aussage lässt sich jedoch mit dem Verfahren des internen Zinsfußes gewinnen.

13.4.2.2 Methode des internen Zinsfußes

Im Wesentlichen handelt es sich um eine mehrfache Anwendung der Kapitalwertmethode, also um ein iteratives Verfahren. Wenn die Kapitalwertmethode einen positiven Kapitalwert C liefert und somit eine wirtschaftliche Investition vorliegt, wird der kalkulatorische Zinssatz p nacheinander solange erhöht, bis sich der Kapitalwert $C = 0$ einstellt; der zugehörige Zinssatz wird als *interner Zinsfuß* p_{int} bezeichnet. Gemäß der Beziehung (13.28) gilt dann

$$0 = E^*(p_{\text{int}}) - K^*(p_{\text{int}}) - KE \ . \tag{13.29}$$

Der interne Zinsfuß kennzeichnet demnach, mit welchem Zinssatz sich das eingesetzte Kapital verzinst, und ist damit ein Maß für dessen *Rentabilität*. In der praktischen Anwendung gilt diese Methode als die wichtigste.

Wie Bild 13.5 für ein Beispiel zeigt, hängt der interne Zinsfuß sehr maßgeblich von der Benutzungsdauer T_{ben} und damit von der Auslastung der Netzanlage ab. Nimmt diese Größe kleinere Werte als geplant an, so sinkt die Rentabilität. Im umgekehrten Fall steigt sie. Daraus ist zu ersehen, dass die Benutzungsdauer eine Schlüsselgröße für die Beurteilung der Wirtschaftlichkeit darstellt. Aus diesem Grund ist es auch zweckmäßig, die Ganglinien in die besser prognostizierbaren Dauerlinien umzuformen (s. Abschnitt 13.3).

Neben der Rentabilität stellt die Amortisationsdauer – die Zeitspanne für den Rückfluss des Investitionskapitals – ein weiteres wichtiges Kriterium für die Wirtschaftlichkeit dar. Grundlage für die Berechnung dieser Größe ist das Annuitätenverfahren.

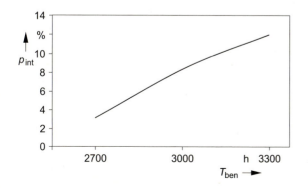

Bild 13.5

Beispiel für die Abhängigkeit des internen Zinsfußes p_{int} von der Benutzungsdauer T_{ben} bei einer Erweiterungsinvestition

13.4.2.3 Annuitätenmethode

Entsprechend der Beziehung (13.28) bestimmt der Kapitalwert C die Differenz aus dem Barwert des Rückflusses $R^* = E^* - K^*$ und dem investierten Kapital KE zum Bezugszeitpunkt. In der Praxis ist das jährlich zurückfließende Kapital keineswegs konstant. Dann interessiert insbesondere die umgekehrte Aufgabenstellung, den Kapitalwert C in eine Folge von jährlichen Zahlungen mit einem konstanten Wert A_n über die angesetzte Nutzungsdauer T_n zu verwandeln. Der sich aus dieser Rechnung ergebende konstante Wert A_n wird als *Annuität* bezeichnet, wobei T_n in Jahren einzusetzen ist:

$$A_n = C \cdot \frac{q^{T_n} \cdot (q-1)}{q^{T_n} - 1} = C \cdot r^{-1}(q) \;. \tag{13.30}$$

In diesem Zusammenhang bestimmt die Annuität das mittlere jährliche Ergebnis der Investition und ist damit ein weiteres Maß für die Wirtschaftlichkeit. Analog dazu kann auch für Kosten eine Annuität bestimmt werden, die dann die mittleren jährlichen Kosten beschreibt.

Setzt man bei diesen Rechnungen den Barwert der Erlöse E^* gleich null und fasst in dem Ausdruck K^* *alle leistungsabhängigen Kosten* zusammen, so wird nur dieser Kostenanteil in einen konstanten, jährlich anfallenden Kostenbetrag umgerechnet. Diese Größe bezeichnet man als den *festen Kapitaldienst* oder kurz als *feste Dienste*. Sie liegt pro Jahr bei ca. 15...18 % des eingesetzten Kapitals KE. In Tabelle 13.2 sind spezifische Richtwerte für solche leistungsabhängigen Gemeinkosten in den einzelnen Netzebenen und in Tabelle 13.3 für wichtige Kraftwerksarten angegeben.

Die Annuitätenmethode erlaubt es auch, die Zeitspanne t_a zu berechnen, die zur Amortisation des eingesetzten Kapitals KE benötigt wird.

13.4.2.4 Dynamische Amortisationsdauer

Zur Bestimmung dieser Größe wird zunächst der Barwert des Rückflusses R^* in eine jährliche Zahlungsreihe mit konstantem Betrag R_K umgewandelt; der zugehörige Zeitraum ist die Nutzungsdauer T_n. Unter Berücksichtigung von Zinseszins werden nun so viele Glieder addiert und jeweils auf den Bezugszeitpunkt abgezinst, bis man den Kapitaleinsatz KE erhält. Die Anzahl der benötigten Glieder entspricht der so genannten *dynamischen Amortisationsdauer* T_a. Sie lässt sich aus der Beziehung

$$\underbrace{\left(R^* \cdot \frac{q^{T_n} \cdot (q-1)}{q^{T_n} - 1} \right)}_{R_K} \cdot \frac{q^{T_a} - 1}{q^{T_a} \cdot (q-1)} = KE$$

zu

$$T_a = -\frac{1}{\ln q} \cdot \ln \left(1 - \frac{KE \cdot (q^{T_n} - 1)}{(E^* - K^*) \cdot q^{T_n}} \right) \tag{13.31}$$

ermitteln. In diesen Zusammenhang ist die Nutzungsdauer T_n in Jahren einzusetzen. Mit Hilfe der Amortisationsdauer T_a, die sich ebenfalls in Jahren ergibt, können u. a. genauere Aussagen über die Liquidität eines Unternehmens erfolgen. Neben der Rentabilität stellt daher diese Größe ein weiteres wichtiges Kriterium dar, um Investitionsentscheidungen zu treffen.

13.4.3 Investitionsentscheidung

Im Rahmen einer Investitionsentscheidung ist neben den beiden Kriterien Rentabilität und Amortisationsdauer darüber hinaus noch die Bonität eines Kunden zu beurteilen. Darunter versteht man das Vertrauen in seine Zahlungsfähigkeit. Allerdings ist dieser Gesichtspunkt monetär schwer zu bewerten.

Falls die beiden ersten Kriterien nur unzureichend erfüllt sind, bietet es sich an, die Netzanlage mit geringerem Aufwand zu planen. So wäre z. B. anstelle der SF_6-Technik auf der 10-kV-Seite einer Umspannstation die billigere Zellenbauweise zu verwenden. Solche Maßnahmen verringern jedoch auch geringfügig die Sicherheit der Anlage. Eine Planung des Netzes im Zusammenwirken mit der Investitionsrechnung eröffnet dem Ingenieur erst die Möglichkeit zu erkennen, wie viel die Versorgungssicherheit kostet. Daraus resultiert jenes Kostenbewusstsein, das für den Planer von Netzanlagen wichtig ist.

13.5 Aufgaben

Aufgabe 13.1: Es sollen zwischen einer Umspannstation und einer Schwerpunktstation drei in den 70er-Jahren eingesetzte 5 km lange 10-kV-PE-Kabel durch moderne VPE-Kabel in Einebenenverlegung ersetzt werden. Zur Verfügung stehen die beiden Kabel NA2X2Y 1×185 RM/25 für 21 €/m und NA2X2Y 1×240 RM/25 für 25 €/m (Preis jeweils für drei Einleiterkabel). Sie werden mit der Höchstlast $P_{Vb,max} = 5$ MW bei einem $\cos\varphi$ von 0,9 beansprucht. Die Benutzungsdauer beträgt $T_{ben} = 4000$ bzw. 5000 Stunden. Weiterhin ist der spezifische Arbeitspreis e_A mit 0,03 €/kWh anzusetzen. Die gesetzliche Nutzungsdauer der Kabel beträgt $T_n = 35$ Jahre, der kalkulatorische Zinssatz wird zu $p = 8\%$ angenommen. Die betriebsgebundenen Kosten und die sonstigen Kosten betragen insgesamt 1 % des Kapitaleinsatzes.

a) Welche Kostenarten gilt es zu berücksichtigen?

b) Berechnen Sie für eine Benutzungsdauer von $T_{ben} = 4000$ h statisch und dynamisch die Kostendifferenz zwischen den beiden Kabelvarianten und treffen Sie eine entsprechende Investitionsentscheidung. Das dafür benötigte Integral $\int (P/P_{Vb,max})^2 dt$ weist für die zugehörige normierte Dauerlinie etwa den Wert 2130 Stunden auf.

c) Führen Sie die entsprechende Berechnung für $T_{ben} = 5000$ h durch. Für diese Benutzungsdauer gilt $\int (P/P_{Vb,max})^2 dt \approx 3230$ h.

d) Erläutern Sie, warum die Kosten bei der dynamischen Rechnung höher ausfallen.

Aufgabe 13.2: In Tabelle 13.2 sind für die Netze in den unterschiedlichen Spannungsebenen spezifische fixe Gemeinkosten pro Jahr angegeben. Die Spitzenlast eines Niederspannungsnetzes betrage 500 kVA. Für ein entsprechendes Mittelspannungsnetz seien es 40 MVA, für das überlagerte Hochspannungsnetz 100 MVA und für das zugehörige Höchstspannungsnetz 2000 MVA. Der $\cos\varphi$ betrage jeweils 0,9.

a) Berechnen Sie für das Höchstspannungsnetz die fixen Gemeinkosten. Sie stellen eine Grundlage für die Ermittlung des Netznutzungsentgelts dar (Selbstkosten).

b) Berechnen Sie die fixen Gemeinkosten, die für das Hoch-, Mittel- und Niederspannungsnetz einschließlich der zugehörigen Umspannungen entstehen.

c) Unter welcher Voraussetzung stellen diese Gemeinkosten eine Annuität dar?

Aufgabe 13.3: Ein Industriekunde mit einer Spitzenlast $P_{Vb,max} = 6$ MW und einer Benutzungsdauer von $T_{ben} = 5500$ h soll von einem VNB an eine bereits bestehende 110-kV/10-kV-Umspannstation mit Ausbaureserve angeschlossen werden. Für die 10-kV-Netzanbindung werden Investitionsmittel in Höhe von 500 000 € benötigt. Es ist die Wirtschaftlichkeit dieser Investition zu überprüfen. Die Umspannanlage hat bereits ein Finanzierungskapital von $4,8 \cdot 10^6$ € in Anspruch genommen; die festen Dienste erfordern jährlich 16 % der Investitionssumme. Die betriebliche Nutzungsdauer T_n der Anlage beträgt 25 Jahre. Für die Verlustenergie muss der VNB einen Arbeitspreis von $e_A = 0,026$ €/kWh bezahlen.

a) Berechnen Sie den Barwert der fixen Einzelkosten, die dem Netzkunden direkt zuzuordnen sind. Der kalkulatorische Zinssatz betrage $p = 8\%$ und die betriebsgebundenen sowie sonstigen Kosten belaufen sich insgesamt auf 2,5 % des Kapitaleinsatzes.

b) Berechnen Sie den Barwert der arbeitsabhängigen Einzelkosten für die Verluste. Die Verluste betragen 0,3 % der Durchgangsenergie; für den spezifischen Arbeitspreis gilt $e_A = 0,026$ €/kWh.

c) Berechnen Sie den spezifischen Wert der fixen Gemeinkosten für die 110-kV/10-kV-Umspannstation, wenn die am Umspanner maximal auftretende Wirkleistung 45 MW beträgt.

d) Berechnen Sie den Barwert $K^*_{P,Um,Ku}$ der fixen Gemeinkosten, die in der Umspannanlage auf den neuen Kunden entfallen, wenn er zum Zeitpunkt, an dem die Spitzenlast am Umspanner auftritt, nur eine Leistung von $0,79 \cdot P_{Vb,max}$ aufnimmt.

e) Berechnen Sie den Barwert $K^*_{Vl,Um}$ der variablen Gemeinkosten in der Umspannanlage, wenn die Verluste 0,2 % der Durchgangsenergie betragen.

f) Berechnen Sie den Barwert $K^*_{P,Ne}$ der fixen Gemeinkosten der 110-kV-Netzebene unter Verwendung der Tabelle 13.2, wenn sich durch den Gleichzeitigkeitsfaktor die wirksame Spitzenlast auf $0,79 \cdot P_{Vb,max}$ absenkt.

g) Berechnen Sie den Barwert der variablen Gemeinkosten für die überlagerten Netzeinrichtungen, also für das 380-kV-Netz sowie das 380/110-kV-Umspannwerk, wenn die dortigen Verluste insgesamt 3 % der Durchgangsenergie A_{Vb} betragen.

h) Berechnen Sie den Barwert der Einnahmen beim VNB, wenn die Entgelte für die Netznutzung der 110-kV-Ebene sowie der 110-kV/10-kV-Umspannung $e_{P,Ne} = 45,64$ €/kW und $e_{A,Ne} = 0,0028$ €/kWh betragen. Davon sind für die Systemdienstleistungen – wie z.B. Zähldienst, Netzplanung und Betriebsführung – ein Leistungsentgelt von 4,20 €/kW und ein Arbeitsentgelt von 0,0001 €/kWh abzuziehen.

i) Berechnen Sie den Kapitalwert der Netzinvestition nach der Kapitalwertmethode und ermitteln Sie die Rentabilität. Verwenden Sie dabei – soweit nötig – die Ergebnisse der vorangehenden Teilaufgaben.

j) Bestimmen Sie den internen Zinsfuß der Investition.

k) Bestimmen Sie die Annuität der Investition.

l) Bestimmen Sie die Amortisationsdauer der Investition.

m) In welcher Höhe sind die Anschlusskosten mindestens zu bemessen, wenn sich die Anlage bereits nach 6 Jahren amortisiert haben soll?

Aufgabe 13.4: Der Stromkunde aus Aufgabe 13.3 schließt mit einem Stromhändler einen all-inclusive-Vertrag ab, dessen Daten dem Anhang zu entnehmen sind.

a) Welche Einnahmen weist der Stromhändler auf, wenn nur die Hochtarifzeit vom Kunden in Anspruch genommen wird?

b) Welches Netznutzungsentgelt muss der Stromhändler für den Stromkunden an den VNB entrichten, wenn die folgenden Preise veröffentlicht sind? (Gemäß Aufgabe 13.3 beträgt die Benutzungsdauer des Stromkunden $T_{ben} = 5500$ h/a.)

	Leistungspreis €/kW	Arbeitspreis ct/kWh
Höchstspannung einschließlich Umspannung	23,50	0,14
Hochspannung einschließlich Umspannung	45,64	0,28

Netznutzungsentgelte für Benutzungsdauern $T_{\text{ben}} > 2500$ h/a

c) Welches Netznutzungsentgelt muss der VNB an den ÜNB für den Stromkunden entrichten, wenn eine Durchmischung von 0,9 zugrunde zu legen ist.

d) Von den Einnahmen im Aufgabenteil a) muss der Stromhändler an den Kraftwerksbetreiber dessen Preise für die Energieerzeugung zahlen. Formal werden sie über den BKV abgerechnet. Bei der Kalkulation dieser Preise ist für die spezifischen fixen Gemeinkosten des vorhandenen Kraftwerksparks ein Mischwert von $\hat{k}_P = 285$ €/kW zugrunde gelegt worden, die Durchmischung wird zu 0,9 angenommen. Die Arbeitskosten (Brennstoffkosten) entsprechen 30 % der Leistungskosten, die bei dem Gleichzeitigkeitsgrad 1 entstehen würden. Wie hoch ist dann der Eigenkostenanteil des Kraftwerksbetreibers an dem Entgelt, das der Stromhändler entrichten muss?

Lösungen

Lösung zu Aufgabe 2.1

a) Maschinenleistungszahlen in MW/Hz: $K_{M1} = 100$; $K_{M2} = 62{,}5$; $K_{M3} = 75$.

b) $\Delta P = \Delta P_1 + \Delta P_2 + \Delta P_3 = -50\,\text{MW}$;
$\Delta P = -(K_{M1} + K_{M2} + K_{M3}) \cdot \Delta f \quad \rightarrow \quad \Delta f = +0{,}21\,\text{Hz}$.

c) $P_1 = 53{,}95\,\text{MW}$; $P_2 = 86{,}84\,\text{MW}$; $P_3 = 109{,}21\,\text{MW}$.

d)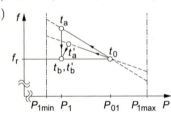

t_0 : Kurzschlusszeitpunkt
$t_0 \rightarrow t_a$: Primärregler
$t_a \rightarrow t_b$: Sekundärregler

e) t'_a und t'_b kennzeichnen den Verlauf $\Delta P'$ bei frequenzabhängiger Last:
$\Delta P' = \Delta P + P_{rL} \cdot c_P \cdot \Delta f / f_r$ (s. Gl. (2.2)).

f) Leistungserhöhung: Primärregler 30...40 s, Sekundärregler einige Minuten.
Leistungsabsenkung: Primärregler 5...10 s, Sekundärregler einige Minuten.

g) $K_{Mi} \rightarrow \infty$ ist nicht sinnvoll, da große Ventilhübe notwendig sind und außerdem keine eindeutige Lastzuordnung zu den Generatoren möglich ist; die Kennlinien verlaufen dann annähernd parallel.

Lösung zu Aufgabe 2.2

$\Delta P = -(K_{M1} + K_{M2} + K_{M3}) \cdot \Delta f = +11{,}88\,\text{MW}$.

Lösung zu Aufgabe 2.3

a) $K_N = K_{M1} + K_{M2} + K_{M3} = 237{,}5\,\text{MW/Hz}$.

b) Unverändert.

c) $K_N = K_{M2} + K_{M3} = 137{,}5\,\text{MW/Hz}$.

d) Geringe Änderung, da $K_{Mi} \ll \sum_{j=1}^{n} K_{Mj}$.

e) Die Netzleistungszahl K_N muss nachgestellt werden, da der Kraftwerkseinsatz schwankt.

f) K_N wird größer, da die Kennlinien durch den Selbstregeleffekt flacher verlaufen.

Lösung zu Aufgabe 2.4

a) $\Delta P = -(K_{N1} + K_{N2} + K_{N3}) \cdot \Delta f \quad \rightarrow \quad \Delta f = -71{,}43\,\text{mHz}$.

b) $\Delta P_{1 \rightarrow 2} = 28{,}57\,\text{MW}$; $\Delta P_{3 \rightarrow 2} = 35{,}71\,\text{MW}$;
Leistungserhöhung in Netz 2: $\Delta P_2 = 35{,}71\,\text{MW}$.

c) $\Delta P_{R1} = \Delta P_{R3} = 0$; $\Delta P_{R2} = \Delta P_{1 \rightarrow 2} + \Delta P_{3 \rightarrow 2} - K_{N2} \cdot \Delta f = 100\,\text{MW}$.

Lösungen   611

d) Regelzeit des Sekundärreglers ca. 5...10 Minuten.

e) Durch größere Maschinenleistungszahlen bei den Kraftwerksblöcken, die dann jedoch aufgrund von schnellen, großen Leistungsänderungen stärker beansprucht werden.

Lösung zu Aufgabe 2.5

a) Regelbereich eines Blocks: $P_n - P_{min} \approx 2/3 \cdot P_n = 300\,\text{MW}$;

$$\frac{500\,\text{MW}}{2\,\text{min}} = m \cdot 0{,}03 \cdot 300\,\text{MW} \quad \rightarrow \quad m \geq 28\,;$$

b) Regeldifferenz zwischen Schwach- und Nennlast ca. 2,5 Hz:

$$K_M \approx \frac{300\,\text{MW}}{2{,}5\,\text{Hz}} = 120\,\frac{\text{MW}}{\text{Hz}}\,;$$

$$K_N = 28 \cdot 120\,\frac{\text{MW}}{\text{Hz}} = 3360\,\frac{\text{MW}}{\text{Hz}}\,.$$

Lösung zu Aufgabe 3.1

a) $R_Y = \dfrac{(U_b/\sqrt{3})^2}{P/3} = 8\,\Omega\,; \quad R_\Delta = \dfrac{U_b^2}{P/3} = 24\,\Omega\,.$

b) $\underline{Z} = jX_L + R_Y \parallel (R_\Delta/3) = 4\,\Omega + j\,2\,\Omega \quad$ ($R_\Delta/3$: äquivalente Sternschaltung).

Leiterströme:

$\underline{I}_1 = 51{,}64\,\text{A} \cdot e^{-j26{,}57°}\,; \quad \underline{I}_2 = 51{,}64\,\text{A} \cdot e^{-j146{,}57°}\,; \quad \underline{I}_3 = 51{,}64\,\text{A} \cdot e^{j93{,}43°}\,.$

Sternschaltung:

$\underline{I}_{Y1} = 0{,}5 \cdot \underline{I}_1\,; \quad \underline{I}_{Y2} = 0{,}5 \cdot \underline{I}_2\,; \quad \underline{I}_{Y3} = 0{,}5 \cdot \underline{I}_3\,.$

Dreieckschaltung:

$\underline{I}_{\Delta 1} - \underline{I}_{\Delta 3} = 0{,}5 \cdot \underline{I}_1\,; \quad \underline{I}_{\Delta 2} - \underline{I}_{\Delta 1} = 0{,}5 \cdot \underline{I}_2\,; \quad \underline{I}_{\Delta 1} + \underline{I}_{\Delta 2} + \underline{I}_{\Delta 3} = 0$ (Symmetrie).

$\underline{I}_{\Delta 1} = 0{,}5 \cdot (\underline{I}_1 - \underline{I}_2)/3 = 14{,}91\,\text{A} \cdot e^{j3{,}43°}\,;$

$\underline{I}_{\Delta 2} = 0{,}5 \cdot (\underline{I}_2 - \underline{I}_3)/3 = 14{,}91\,\text{A} \cdot e^{-j116{,}6°}\,;$

$\underline{I}_{\Delta 3} = 14{,}91\,\text{A} \cdot e^{-j236{,}6°}\,.$

Leiterströme im Zeitbereich:

$i_1 = \sqrt{2} \cdot 51{,}64\,\text{A} \cdot \sin(\omega_N t - 26{,}57°)\,;$

$i_2 = \sqrt{2} \cdot 51{,}64\,\text{A} \cdot \sin(\omega_N t - 146{,}57°)\,;$

$i_3 = \sqrt{2} \cdot 51{,}64\,\text{A} \cdot \sin(\omega_N t + 93{,}43°)\,;$

$\omega_N = 2 \cdot \pi \cdot 50\,\text{s}^{-1}\,.$

Lösung zu Aufgabe 3.2

a) Leiterströme:

$\underline{I}_1 = \underline{U}_1/(jX_L) = 115{,}47\,\text{A} \cdot e^{-j90°}\,;$

$\underline{I}_2 = \underline{U}_2/(R_Y + jX_L) = 28{,}01\,\text{A} \cdot e^{-j134°}\,;$

$\underline{I}_3 = 28{,}01\,\text{A} \cdot e^{j106°}\,.$

b) $\underline{I}_N = 112\,\text{A} \cdot e^{-j104°}\,.$

c) Die Maschengleichungen L1–L2 und L1–L3 sowie die Knotenpunktgleichung für den Sternpunkt liefern:

$\underline{I}_1 = 3 \cdot \underline{U}_1/(R_Y + j \cdot 3X_L) = 69{,}3\,\text{A} \cdot e^{-j36{,}9°}\,;$

$\underline{I}_2 = -\underline{U}_1 \cdot (2R_Y + j \cdot 3X_L)/[(R_Y + jX_L) \cdot (R_Y + j \cdot 3X_L)] - \underline{U}_3/(R_Y + jX_L) = 33{,}7 \text{ A} \cdot e^{-j175{,}3°}$;

$\underline{I}_3 = 49{,}45 \text{ A} \cdot e^{j116{,}2°}$.

d) Je niederohmiger der Neutralleiter N ausgelegt ist, desto geringer sind die Auswirkungen eines einphasigen Fehlers auf die Ströme und Spannungen der nicht betroffenen Leiter.

Lösung zu Aufgabe 3.3

a) Aus den Maschengleichungen L1–L2 und L2–L3 sowie der Knotenpunktgleichung $\underline{I}_1 + \underline{I}_2 + \underline{I}_3 = 0$ resultiert:

$\underline{I}_1 = \underline{U}_1/(jX_L) + \underline{U}_3 \cdot R_\Delta/[j \cdot 2X_L \cdot (R_\Delta + j \cdot 3X_L)] = 113{,}6 \text{ A} \cdot e^{-j61{,}7°}$;

$\underline{I}_2 = \underline{U}_2/(jX_L) + \underline{U}_3 \cdot R_\Delta/[j \cdot 2X_L \cdot (R_\Delta + j \cdot 3X_L)] = 86{,}5 \text{ A} \cdot e^{j122{,}3°}$;

$\underline{I}_3 = 28 \text{ A} \cdot e^{j105{,}9°}$;

$\underline{I}_{\Delta 2} = -\underline{I}_{\Delta 3} = -\underline{I}_3/2 = 14 \text{ A} \cdot e^{-j74{,}1°}$.

b) Eine Sternschaltung, insbesondere mit Neutralleiter, führt im Fehlerfall zu einer ausgeglicheneren Stromverteilung.

Lösung zu Aufgabe 4.1.1

a) $\underline{Z}_{11} = j\omega L \cdot \left(\dfrac{\omega^2 LC - 1}{\omega^2 LC}\right)$; $\underline{Z}_{22} = j\omega \cdot 2L$.

b) $\underline{Z}_{12} = \underline{Z}_{21} = +j\omega L$; $\underline{Y}_{21} = \underline{Y}_{12} = -\dfrac{j\omega C}{2 - \omega^2 LC}$.

Das Minuszeichen berücksichtigt, dass bei den Toren der Strom *in* die Schaltung *hinein* fließt (s. auch Aufgabe 4.1.2).

c)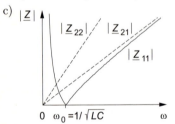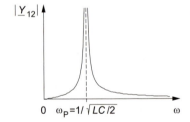

d) Bei offenem Tor 2 gilt: $\underline{I}_1 = \underline{U}_1/\underline{Z}_{11}$ → $f_P = \omega_0/(2\pi) = 1/(2\pi \cdot \sqrt{LC})$.

e) Bei offenem Tor 1 gilt: $\underline{I}_2 = \underline{U}_2/(j\omega \cdot 2L)$ → $f_P = 0$ (transienter Gleichstromanteil).

f) $\underline{I}_2 = \underline{Y}_{12} \cdot \underline{U}_1$ → Eigenfrequenz $f_P = 1/(2\pi \cdot \sqrt{LC/2})$.

Lösung zu Aufgabe 4.1.2

a)

$\underline{U}_1 = \dfrac{1}{j\omega C} \cdot \underline{I}_1 + j\omega L \cdot (\underline{I}_1 + \underline{I}_2) + j\omega M \cdot \underline{I}_2 = j\omega L \cdot \left(\dfrac{\omega^2 LC - 1}{\omega^2 LC}\right) \cdot \underline{I}_1 + j\omega \cdot (L + M) \cdot \underline{I}_2$;

$\underline{U}_2 = j\omega \cdot (L + M) \cdot \underline{I}_1 + j\omega \cdot 2(L + M) \cdot \underline{I}_2$.

$\underline{Z}_{11} = j\omega L \cdot (\omega^2 LC - 1)/(\omega^2 LC)$; $\underline{Z}_{22} = j\omega \cdot 2(L + M)$.

Lösungen 613

b) $\underline{Z}_{12} = \underline{Z}_{21} = j\omega \cdot (L + M)$.

Übertragungsadmittanz:
$\underline{U}_2 = 0$ setzen, $\underline{I}_2$ aus den Gleichungen von a) ermitteln,
$\underline{Y}_{12} = \underline{Y}_{21} = \underline{I}_2/\underline{U}_1 = -j\omega C/[2 - \omega^2 C \cdot (L - M)]$.

c) $\underline{Z}_{11}(\omega)$ ist identisch mit dem Verlauf von Aufgabe 4.1.1c;
$\underline{Z}_{22}(\omega)$ und $\underline{Z}_{21}(\omega)$ weisen lediglich eine größere Geradensteigung auf;
bei $\underline{Y}_{12}(\omega)$ erhöht sich die Eigenfrequenz: $\omega_P = 1/\sqrt{C \cdot (L - M)/2}$.

d) $\omega_P = 1/\sqrt{LC}$.

e) Wie im Fall ohne Gegeninduktivität tritt nur ein Gleichstrom auf, der wegen der höheren Induktivität $2 \cdot (L + M)$ jedoch eine andere Größe aufweist.

f) $\omega_P = 1/\sqrt{C \cdot (L - M)/2}$.

Lösung zu Aufgabe 4.1.3

a) $\begin{bmatrix} \underline{U}_1 \\ \underline{U}_2 \\ \underline{U}_3 \end{bmatrix} = j\omega \cdot \begin{bmatrix} 2L & L & L \\ L & 2L & L \\ L & L & 2L \end{bmatrix} \cdot \begin{bmatrix} \underline{I}_1 \\ \underline{I}_2 \\ \underline{I}_3 \end{bmatrix}$.

b) $\underline{Z}_{11} = j\omega \cdot 2L$; $\underline{Z}_{22} = j\omega \cdot 2L$; $\underline{Z}_{33} = j\omega \cdot 2(L - M)$.

$\underline{Y}_{33} = \dfrac{3}{j\omega \cdot 2(L - M) \cdot (2 + M/L)}$.

Lösung zu Aufgabe 4.2.1

a)
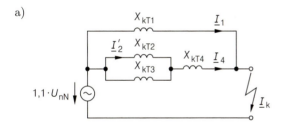

Bezugsebene: $U_{nN} = 10$ kV.
$X_{kT1} = 0{,}3\ \Omega$; $X_{kT2} = X_{kT3} = 0{,}2\ \Omega$; $X_{kT4} = 0{,}254\ \Omega$.

b) $\underline{I}_4 = \dfrac{1{,}1 \cdot 10\ \text{kV}}{j\,0{,}354\ \Omega} = -j\,31{,}07$ kA; $\underline{I}_1 = \dfrac{1{,}1 \cdot 10\ \text{kV}}{j\,0{,}3\ \Omega} = -j\,36{,}67$ kA;

Gesamtstrom: $\underline{I}_k = -j\,67{,}74$ kA.

c) Eine Berechnung mit gemeinsamer Bezugsebene ist nicht möglich, da der Transformator T_1 mit den anderen Transformatoren eine Masche bildet und die Transformatoren unterschiedliche Übersetzungen aufweisen.

Lösung zu Aufgabe 4.2.2

a) T_3: Yd5 (wie T_2); T_1: Yd11 $(5 \cdot 30° + 6 \cdot 30° = 11 \cdot 30°)$.

b) Gleiches Ersatzschaltbild wie in Aufgabe 4.2.1, jedoch ist anstelle der Spannung $1{,}1 \cdot U_{nN}$ der Wert $1{,}1 \cdot U_{nN}/\sqrt{3}$ zu verwenden. Dabei ist der Rückleiter als Neutralleiter anzusehen.

c) $\underline{I}_4 = 1{,}1 \cdot U_{nN}/(\sqrt{3} \cdot j\,0{,}354) = -j\,17{,}94$ kA; $\quad \underline{I}'_2 = \underline{I}_4/2$.

Mit $\underline{\ddot{u}}_2 = \ddot{u}_2 \cdot \mathrm{e}^{j150°}$, $\underline{\ddot{u}}_4 = \ddot{u}_4 \cdot \mathrm{e}^{j180°}$ sowie $\ddot{u}_2 = 110/20$, $\ddot{u}_4 = 20/10$ ergibt sich

$$\underline{I}_2 = \frac{1}{\underline{\ddot{u}}_2^* \cdot \underline{\ddot{u}}_4^*} \cdot \underline{I}'_2 = \frac{1}{\ddot{u}_2 \cdot \ddot{u}_4} \cdot \mathrm{e}^{j150°} \cdot \mathrm{e}^{j180°} \cdot \underline{I}'_2;$$

$\underline{I}_2 = 815{,}47$ A $\cdot \mathrm{e}^{j240°}$; $\quad \underline{I}_4 = 17{,}94$ kA $\cdot \mathrm{e}^{-j90°}$; $\quad \angle(\underline{I}_2, \underline{I}_4) = 330°$.

Lösung zu Aufgabe 4.2.3

a) $\underline{\ddot{u}}_{12} = \dfrac{110}{10} \cdot \mathrm{e}^{j150°}$; $\quad \underline{\ddot{u}}_{13} = \dfrac{110}{6} \cdot \mathrm{e}^{j150°}$; $\quad \underline{\ddot{u}}_{23} = \dfrac{10}{6} \cdot \mathrm{e}^{j0°}$.

Schaltgruppe der 10/6-kV-Wicklungen: Dd0.

b)

Bezugsebene: $\quad U_{nN} = 110$ kV.

Transformator:
$X'_{k12} = 32{,}27\,\Omega$; $\quad X'_{k13} = 121{,}0\,\Omega$; $\quad X'_{k23} = 48{,}4\,\Omega$.
$X_1 = 52{,}43\,\Omega$; $\quad X_2 = -20{,}17\,\Omega$; $\quad X_3 = 68{,}57\,\Omega$.

Lasten:
$X'_{L3} = U_{nN}^2/Q = 6050\,\Omega$; $\quad X'_{L2} = \ddot{u}_{12}^2 \cdot 2\,\Omega = 242\,\Omega$;
$\tilde{X}_2 = -20{,}17\,\Omega + 242\,\Omega = 221{,}8\,\Omega$; $\quad \tilde{X}_3 = 68{,}57\,\Omega + 6050\,\Omega = 6118{,}6\,\Omega$;
$\tilde{X}_2 \parallel \tilde{X}_3 = 214{,}1\,\Omega$;
$X_{ges} = X_1 + \tilde{X}_2 \parallel \tilde{X}_3 = 266{,}5\,\Omega$.

$\underline{I}_1 = \dfrac{U_{nN}}{\sqrt{3} \cdot jX_{ges}} = \dfrac{110\text{ kV}}{\sqrt{3} \cdot j\,266{,}5\,\Omega} = 238{,}3$ A $\cdot \mathrm{e}^{-j90°}$;

$\underline{I}'_2 = \dfrac{j\tilde{X}_3}{j(\tilde{X}_2 + \tilde{X}_3)} \cdot \underline{I}_1 = \dfrac{6118{,}6}{221{,}8 + 6118{,}6} \cdot 238{,}3$ A $\cdot \mathrm{e}^{-j90°} = 230$ A $\cdot \mathrm{e}^{-j90°}$;

$\underline{I}'_3 = 8{,}3$ A $\cdot \mathrm{e}^{-j90°}$;

$\underline{I}_2 = \underline{\ddot{u}}_{12}^* \cdot \underline{I}'_2 = 110/10 \cdot \mathrm{e}^{-j150°} \cdot 230$ A $\cdot \mathrm{e}^{-j90°} = 2530$ A $\cdot \mathrm{e}^{-j240°}$;

$\underline{I}_3 = \underline{\ddot{u}}_{13}^* \cdot \underline{I}'_3 = 110/6 \cdot \mathrm{e}^{-j150°} \cdot 8{,}3$ A $\cdot \mathrm{e}^{-j90°} = 152{,}2$ A $\cdot \mathrm{e}^{-j240°}$.

c) $\underline{S}_1 = 3 \cdot U_{nN}/\sqrt{3} \cdot \underline{I}_1^* = j\,45{,}4$ MVA;
$\underline{S}_{L3} = 3 \cdot jX'_{L3} \cdot |\underline{I}'_3|^2 = j\,1{,}25$ MVA;
$\underline{S}_{L2} = 3 \cdot jX'_{L2} \cdot |\underline{I}'_2|^2 = j\,38{,}4$ MVA.

Lösung zu Aufgabe 4.2.4

a) Schaltgruppe Dy5:

$\underline{U}_{1UV} = -w_1/w_2 \cdot \underline{U}_{2UN}$; $\quad \underline{U}_{1VW} = -w_1/w_2 \cdot \underline{U}_{2WN} = \underline{U}_{1UV} \cdot \mathrm{e}^{-j120°}$;
$\underline{U}_{2UV} = \underline{U}_{2UN} - \underline{U}_{2VN} = w_2/w_1 \cdot \underline{U}_{1UV} \cdot (-1 + \mathrm{e}^{-j120°})$;
$\underline{\ddot{u}} = w_1/(\sqrt{3} \cdot w_2) \cdot \mathrm{e}^{j150°}$.

Schaltgruppe Dy11:

Eine zu Dy5 analoge Rechnung liefert: $\underline{\ddot{u}} = w_1/(\sqrt{3} \cdot w_2) \cdot e^{j330°}$.

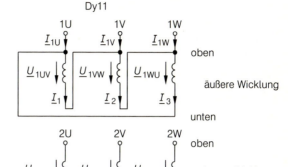

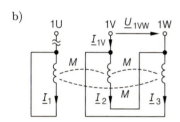

b)

Ansatz:
Zu beachten ist, dass die Koppelflüsse zwischen zwei Spulen auf unterschiedlichen Schenkeln negativ anzusetzen sind, wenn ihre Spulenströme gleichsinnig verlaufen.

$\underline{U}_{1VW} = j\omega L \cdot \underline{I}_2 - j\omega M \cdot \underline{I}_3 - j\omega M \cdot \underline{I}_1 = U_{r1} \cdot e^{-j90°}$;

$0 = j\omega L \cdot \underline{I}_2 - j\omega M \cdot \underline{I}_3 - j\omega M \cdot \underline{I}_1 + j\omega L \cdot \underline{I}_3 - j\omega M \cdot \underline{I}_2 - j\omega M \cdot \underline{I}_1$;

$0 = j\omega L \cdot \underline{I}_1 - j\omega M \cdot \underline{I}_2 - j\omega M \cdot \underline{I}_3$.

$\underline{I}_{1V} = -\underline{I}_{1W} = \dfrac{2U_{r1}}{\omega \cdot (L+M)} \cdot e^{-j180°}$ (Bezugsspannung: $\underline{U}_{1UN} = U_{r1}/\sqrt{3} \cdot e^{j0°}$).

c) $\underline{I}_{1U} = \dfrac{\sqrt{3} \cdot U_{r1}}{\omega \cdot (L+M)} \cdot e^{-j90°}$; $\underline{I}_{1V} = \dfrac{\sqrt{3} \cdot U_{r1}}{\omega \cdot (L+M)} \cdot e^{-j210°}$; $\underline{I}_{1W} = \dfrac{\sqrt{3} \cdot U_{r1}}{\omega \cdot (L+M)} \cdot e^{+j30°}$.

d) Symmetrischer Transformator ohne Streuung:
$M = L/2 \quad \rightarrow \quad I_{1U} = 2 \cdot U_{r1}/(\sqrt{3} \cdot \omega L)$;
$I_{r1} = 630 \text{ kVA}/(\sqrt{3} \cdot 10 \text{ kV}) = 36{,}4 \text{ A}$;
$I_{1U} \approx I_\mu = 0{,}0035 \cdot I_{r1} = 0{,}13 \text{ A} \quad \rightarrow \quad L = 282 \text{ H}$.

e) Einphasiges Ersatzschaltbild:
$I_{1U} = U_{r1}/(\sqrt{3} \cdot \omega L_h)$ mit $L_h = L \cdot 3/2$ (s. Bild 4.36, wenn $\Lambda_{12} \approx \Lambda$);
$L = 94 \text{ H}$ (Einphasiges Ersatzschaltbild = Sternschaltung).
Wirkliche Spulen in Dreieckschaltung $\quad \rightarrow \quad L_\Delta = 3 \cdot L$.

Lösung zu Aufgabe 4.2.5

a)

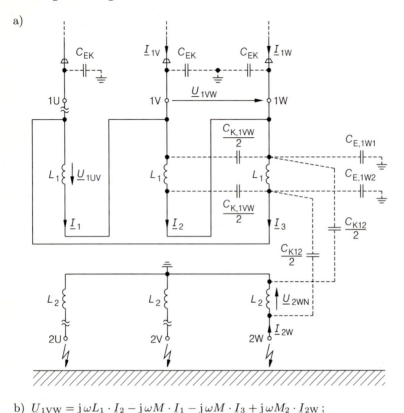

b) $\underline{U}_{1\text{VW}} = j\omega L_1 \cdot \underline{I}_2 - j\omega M \cdot \underline{I}_1 - j\omega M \cdot \underline{I}_3 + j\omega M_2 \cdot \underline{I}_{2\text{W}}$;
$0 = j\omega(L_1 - 2M) \cdot \underline{I}_1 + j\omega(L_1 - 2M) \cdot \underline{I}_2 + j\omega(L_1 - 2M) \cdot \underline{I}_3 + j\omega(2M_2 - M_1) \cdot \underline{I}_{2\text{W}}$;
$0 = j\omega L_2 \cdot \underline{I}_{2\text{W}} + j\omega M_2 \cdot \underline{I}_1 + j\omega M_2 \cdot \underline{I}_2 - j\omega M_1 \cdot \underline{I}_3$;
$\underline{I}_3 = \underline{I}_1$;
mit
$L_1 = w_1^2 \cdot \Lambda$; $L_2 = w_2^2 \cdot \Lambda$; $M = w_1^2 \cdot 0{,}45\Lambda$; $M_1 = w_1 \cdot w_2 \cdot 0{,}96\Lambda$; $M_2 = w_1 \cdot w_2 \cdot 0{,}45\Lambda$;
$\underline{I}_{1\text{V}} = 1{,}35 \cdot \underline{U}_{1\text{VW}}/(j\omega w_1^2 \cdot \Lambda) = 0{,}136 \text{ A} \cdot e^{-j180°}$.

c) Die Kapazitäten sind gestrichelt im Ersatzschaltbild eingetragen.

d) $C_{\text{K12}} \approx 2\pi \cdot \varepsilon_0 \cdot 0{,}42 \text{ m}/\ln(0{,}280 \text{ m}/0{,}265 \text{ m}) = 1 \text{ nF}$.

Die Annahme von Kupferblöcken erfasst den Zustand, dass ein Wicklungsende einer Oberspannungsspule an Spannung gelegt wird, während das andere Ende offen bleibt (gleiches Potenzial an allen Windungen). Diese Vorgehensweise ist zulässig, weil die Teilkapazitäten nicht vom Betriebszustand abhängen.

e) Die Kabelerdkapazität C_{EK} bestimmt die Eigenschwingung, da selbst die größte interne Transformatorkapazität C_{K12} einen erheblich kleineren Wert aufweist. Die durch die weiteren Kapazitäten resultierenden Eigenschwingungen sind dementsprechend wesentlich hochfrequenter und werden durch Wirbelströme stärker abgedämpft.

Die relevante Eigenschwingung bildet sich im Parallelkreis aus der Eingangsinduktivität L_E und den Kabelerdkapazitäten C_{EK} aus:

$$f_e = \frac{1}{2\pi \cdot \sqrt{L_E \cdot C_{\text{EK}}/2}} = 32{,}9 \text{ Hz} \quad \text{mit} \quad L_E = \frac{10 \text{ kV}}{\omega \cdot 0{,}136 \text{ A}} = 234 \text{ H}.$$

Lösung zu Aufgabe 4.2.6

a)
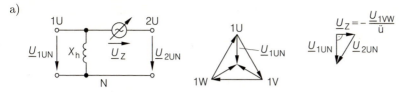

$\underline{U}_Z$: in die Reihenwicklung RW eingekoppelte Zusatzspannung.

b)
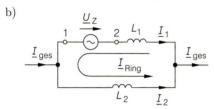

$\underline{I}_\text{Ring} = \dfrac{\underline{U}_Z}{j\omega(L_1+L_2)}$ (phasengleich mit $\underline{U}_\text{1UN}$).

c) $\underline{I}_\text{ges} = 1400$ A   (gemäß Aufgabenstellung phasengleich mit $\underline{U}_\text{1UN}$).

Eingeprägte Ströme ohne Zusatzspannung:

Stromteilerregel $\rightarrow$ $\underline{I}_1 = j\omega L_2/(j\omega L_1 + j\omega L_2)\cdot \underline{I}_\text{ges} = 933{,}3$ A; $\underline{I}_2 = 466{,}7$ A.

Eingeprägte Ströme mit Zusatzspannung:

$\underline{I}_1 - \underline{I}_\text{Ring} = \underline{I}_2 + \underline{I}_\text{Ring}$ $\rightarrow$ $\underline{I}_\text{Ring} = 233{,}3$ A.

d) $\underline{U}_Z = j\omega(L_1+L_2)\cdot \underline{I}_\text{Ring} = 10{,}5$ kV.

e)
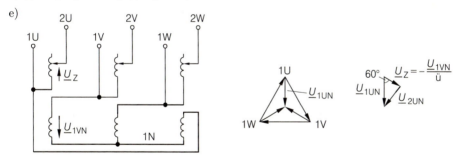

Lösung zu Aufgabe 4.2.7

a) $(420\text{ kV}/\sqrt{3})/366\text{ V} = 662{,}5$ $\rightarrow$ 666 Windungen (111 Scheiben).

b) $(22+0{,}6)\text{ mm}\cdot 111 \approx 2{,}51$ m Mindestlänge.

c) $2{,}51$ m $+ 2\cdot 0{,}25$ m $+ 2\cdot 0{,}75$ m $\approx 4{,}51$ m Kernhöhe.

d) $w_\text{US} = 27\text{ kV}/(420\text{ kV}/\sqrt{3})\cdot w_\text{OS} \approx 74$ Windungen.

e) $I_r = 500\text{ MVA}/(\sqrt{3}\cdot 420\text{ kV}) = 687$ A;

687 A/$(30\text{ mm}^2 \cdot 3\text{ A/mm}^2) = 7{,}6$ $\rightarrow$ 9 Teilleiter (nächst größere ungerade Zahl).

Lösung zu Aufgabe 4.2.8

In Leistungstransformatoren entstehen bei den Eigenfrequenzen Eigenformen im Magnetfeld (s. Abschnitt 4.2.1.1). Die Feldlinien der Eigenformen dringen kaum in den Eisenkern ein und bilden demzufolge nahezu keinen Hauptfluss. Stattdessen stellen sie im Wesentlichen ein Streufeld dar, das mit den Windungen der Wicklung verkoppelt ist. Darüber hinaus haben die Erdkapazitäten zwischen der Wicklung und den senkrechten Rückschlussschenkeln nur einen geringen Einfluss. Deshalb bleibt das Eigenschwingungsspektrum des Transformators durch das Entfernen dieser beiden Teile des Eisenkerns praktisch unverändert.

Lösung zu Aufgabe 4.4.1

a)

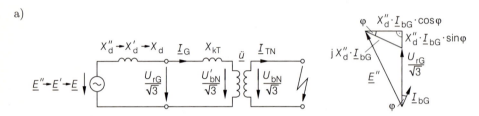

Bezugsspannung: $U_{rG} = 21$ kV.

$X''_d = \dfrac{x''_d \cdot U^2_{rG}}{S_{rG}} = \dfrac{0{,}2 \cdot (21 \text{ kV})^2}{300 \text{ MVA}} = 0{,}294 \, \Omega$; $\quad X'_d = 0{,}3675 \, \Omega$; $\quad X_d = 2{,}94 \, \Omega$.

$X_{kT} = \dfrac{0{,}15 \cdot (21 \text{ kV})^2}{350 \text{ MVA}} = 0{,}189 \, \Omega$.

Aus dem Zeigerdiagramm folgt:

$E'' = \sqrt{(U_{rG}/\sqrt{3} + X''_d \cdot I_{bG} \cdot \sin\varphi)^2 + (X''_d \cdot I_{bG} \cdot \cos\varphi)^2} = 12{,}99$ kV $\quad$ (s. Gl. (4.96)).

Mit X'_d bzw. X_d anstelle von X''_d ist diese Formel auch für E' und E anwendbar:
$E' = 13{,}235$ kV; $\quad E = 25{,}389$ kV.

b) $I''_{kG} = E''/(jX''_d + jX_{kT}) = 26{,}89$ kA $\cdot e^{-j90°}$ $\quad$ ($\underline{E}''$ als Bezugsphasenlage gewählt).
$\underline{\ddot{u}} = 395$ kV$/21$ kV $\cdot e^{j150°}$; $\quad I''_{kTN} = I''_{kG}/\underline{\ddot{u}}^* = 1{,}43$ kA $\cdot e^{j60°}$.

c) $I_{g,\max} = |\underline{I}''_k| \cdot \sqrt{2}$; $\quad I_{gG,L1} \leq 38{,}0$ kA; $\quad I_{gG,L2} = I_{gG,L3} = -I_{gG,L1}/2$;
$I_{gTN,\max} = 2{,}02$ kA $\quad$ (tritt zu einem anderen Zeitpunkt auf als $I_{gG,\max}$).

d) $I'_{kG} = E'/(X'_d + X_{kT}) = 23{,}78$ kA; $\quad I_{kG} = E/(X_d + X_{kT}) = 8{,}11$ kA.

e) $I_{rG} = 300$ MVA$/(\sqrt{3} \cdot 21$ kV$) = 8{,}25$ kA;
$P = \sqrt{3} \cdot U_{rG} \cdot I_{bG} \cdot \cos\varphi = 196{,}4$ MW;
$Q = \sqrt{3} \cdot U_{rG} \cdot I_{bG} \cdot \sin\varphi = 95{,}1$ Mvar.

Lösung zu Aufgabe 4.4.2

a) $\ddot{u} = 1{,}03 \cdot 395$ kV$/21$ kV; $\quad U_{rG} = 21$ kV; $\quad U'_{bN} = 380$ kV$/\ddot{u} = 19{,}614$ kV; $\quad P = 196{,}4$ MW.
Gemäß Gl. (4.65) gilt:
$\sin\varphi_U = X_{kT} \cdot P/(U_{rG} \cdot U'_{bN}) = 0{,}090 \quad \rightarrow \quad \cos\varphi_U = 0{,}9959$;
$Q = (U_{rG} \cdot U'_{bN} \cdot \cos\varphi_U - U^2_{rG})/X_{kT} = -162{,}7$ Mvar.

(Das negative Vorzeichen in Q kennzeichnet, dass der Strom in Bild 4.51 entgegengesetzt fließt, wenn für Netz 2 der Generator eingesetzt wird.)
Eine Erhöhung der Übersetzung um 3 % erhöht die Blindleistungseinspeisung ins Netz auf den 1,7-fachen Wert und wirkt stützend auf die Netzspannung.

b) $I_{bG} = \sqrt{P^2 + Q^2}/(\sqrt{3} \cdot 21 \text{ kV}) = 7{,}01 \text{ kA}$;
$\tan \varphi = Q/P = 0{,}828 \rightarrow \cos \varphi = 0{,}770$; $\sin \varphi = 0{,}638$;
$E'' = 13{,}53 \text{ kV}$; $I''_{kG} = 28{,}02 \text{ kA}$; $I''_{kN} = I''_{kG}/\ddot{u} = 1{,}45 \text{ kA}$.

Lösung zu Aufgabe 4.5.1

a) $L'_b = \mu_0/(2\pi) \cdot \ln(D/r_S)$;
$D = \sqrt[3]{d_{12} \cdot d_{13} \cdot d_{23}} = 1{,}512 \text{ m}$ mit $d_{12} = d_{23} = 1{,}2 \text{ m}$ und $d_{13} = 2{,}4 \text{ m}$;
$X'_b = \omega L'_b = 0{,}319 \text{ }\Omega/\text{km}$.

b) $C'_b = 2\pi \cdot \varepsilon_0 / \ln(D/r_S) = 10{,}97 \text{ nF/km}$.

c) $X'_b = 0{,}335 \text{ }\Omega/\text{km}$; $C'_b = 10{,}96 \text{ nF/km}$ (aus Anhang).

d) $Z_W = \sqrt{L'_b/C'_b} = 304 \text{ }\Omega$; $P_{nat} = U_{nN}^2/Z_W = 1{,}316 \text{ MW}$.

e) $I_b = 185 \text{ A}$; $P = \sqrt{3} \cdot U_{nN} \cdot I_b = 6{,}409 \text{ MW} > P_{nat}$.
Es liegt demnach ein übernatürlicher Betrieb vor. Bei dem zulässigen Betriebsstrom $I_z = 535 \text{ A}$ wird die Leitung dann ebenfalls übernatürlich betrieben ($I_z > I_b$).

Lösung zu Aufgabe 4.5.2

a) $X'_b = 0{,}5 \cdot 0{,}322 \text{ }\Omega/\text{km} = 0{,}161 \text{ }\Omega/\text{km}$; $X_b = 35{,}4 \text{ }\Omega$.

b) Betriebskapazität bei 2 parallelen Systemen:
$C'_b = 2 \cdot 14 \text{ nF/km} = 28 \text{ nF/km}$; $C_b = 6{,}16 \text{ }\mu\text{F}$.
Pol im Eingangsstrom eines Π-Glieds:
$$f_P = \frac{1}{2\pi \cdot \sqrt{L'_b \cdot C'_b/2 \cdot l^2}} \geq 500 \text{ Hz};$$
$$l_{\Pi\text{-Glied}} \leq \frac{1}{500 \cdot 2\pi \cdot \sqrt{L'_b \cdot C'_b/2}} = 118{,}8 \text{ km};$$
Für eine Leitungslänge von 220 km sind demnach zwei Π-Glieder erforderlich:

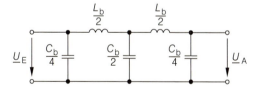

c) Impedanzen zusammenfassen, Strom- und Spannungsteilerregel anwenden:
$$\frac{\underline{U}_A}{\underline{U}_E} = \frac{1}{1 - \omega^2 L_b C_b/2 + \omega^4 L_b^2 C_b^2/32} = 1{,}03533 \cdot e^{j0°}.$$

d)

$$\frac{\underline{U}_A}{\underline{U}_E} = \frac{1}{1 - \omega^2 L_b C_b/2} = 1{,}03549 \cdot e^{j0°}.$$

Die Differenz der Ergebnisse von c) und d) beträgt 0,015 %. Bei einem einzigen Π-Glied ist der Ferranti-Effekt etwas stärker ausgeprägt.

e) $Q_c = 3 \cdot (U_{nN}/\sqrt{3})^2 \cdot \omega C_b = 279{,}4$ Mvar;

$Q_{ind} = 0{,}8 \cdot Q_c = U_{nN}^2/(\omega L_K) \rightarrow L_K = 2{,}06$ H.

$$\frac{\underline{U}_A}{\underline{U}_E} = \frac{1}{1 + (1 - \omega^2 L_K C_b/2) \cdot L_b/L_K} = 0{,}9799 \cdot e^{j0°} \quad \text{(s. Bild zu Lösung 4.5.2, Teil d)}.$$

Das Ergebnis beschreibt eine Absenkung der Ausgangsspannung im Vergleich zur Eingangsspannung.

f)

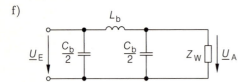

$Z_W = \sqrt{L'_b/C'_b} = 135{,}3\ \Omega$;

$$\frac{\underline{U}_A}{\underline{U}_E} = \frac{1}{1 - \omega^2 L_b C_b/2 + j\omega L_b/Z_W} = 0{,}9994 \cdot e^{-j15{,}2°} \quad \text{(nur Phasendrehung)}.$$

Lösung zu Aufgabe 4.5.3

a) Radius des Kreises:

$\dfrac{a/2}{R} = \cos 30° = \dfrac{\sqrt{3}}{2} \rightarrow R = \dfrac{a}{\sqrt{3}}$.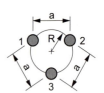

Ersatzradius des Bündelleiters gemäß Gl. (4.110a):

$\rho_{ers} = \sqrt[3]{\rho \cdot 3 \cdot (a/\sqrt{3})^2} = \sqrt[3]{\rho \cdot a^2}$.

Betriebsinduktivität:

$L'_b = \dfrac{\mu_0}{2\pi} \cdot \ln \dfrac{D}{\rho_{ers}}$.

b) Mittlerer geometrischer Abstand der Teilleiter untereinander:

$m = \dfrac{3^2 - 3}{2} = 3, \quad D_T = \sqrt[3]{d_{12} \cdot d_{13} \cdot d_{23}} = \sqrt[3]{a \cdot a \cdot a} = a$.

Ersatzradius des Bündelleiters gemäß Gl. (4.110b):

$\rho_{ers} = \sqrt[3]{\rho \cdot a^{3-1}} = \sqrt[3]{\rho \cdot a^2}$.

Betriebsinduktivität:

$L'_b = \dfrac{\mu_0}{2\pi} \cdot \ln \dfrac{D}{\rho_{ers}}$.

c) $d_{12} = 1{,}1 \cdot a, \quad d_{13} = d_{23} = a$;

$D_T = \sqrt[3]{1{,}1 \cdot a \cdot a \cdot a} = \sqrt[3]{1{,}1} \cdot a$;

$\rho_{ers} = \sqrt[3]{\rho \cdot \sqrt[3]{1{,}1^2} \cdot a^2} = \sqrt[3]{\rho \cdot a^2} \cdot \sqrt[3]{\sqrt[3]{1{,}1^2}} = \sqrt[9]{1{,}1^2} \cdot \rho_{ers,b)}$;

$L'_b = \dfrac{\mu_0}{2\pi} \cdot \ln \dfrac{D}{\sqrt[9]{1{,}1^2} \cdot \rho_{ers,b)}}$;

$\Delta L'_b = L'_{b,c)} - L'_{b,b)} = -\dfrac{\mu_0}{2\pi} \cdot \ln \sqrt[9]{1{,}1^2} = -0{,}0042\ \dfrac{\text{mH}}{\text{km}}$.

Die Betriebsinduktivität verringert sich – unabhängig von ρ und D – um 0,0042 mH/km.

d) Vor der Änderung:

$L'_b = \dfrac{\mu_0}{2\pi} \cdot \ln \dfrac{9\ \text{m}}{\sqrt[3]{0{,}012\ \text{m} \cdot (0{,}4\ \text{m})^2}} = 0{,}856\ \dfrac{\text{mH}}{\text{km}}$.

Nach der Änderung:

$L'_\text{b} + \Delta L'_\text{b} = 0{,}856 \ \dfrac{\text{mH}}{\text{km}} - 0{,}004 \ \dfrac{\text{mH}}{\text{km}} = 0{,}852 \ \dfrac{\text{mH}}{\text{km}}$.

Die Betriebsinduktivität verringert sich um 0,49 %.

Lösung zu Aufgabe 4.6.1

a) Leitungsparameter gemäß Anhang:

NA2XS2Y: $\quad L'_\text{b} = 0{,}57 \ \text{mH/km}; \quad C'_\text{b} = 0{,}456 \ \mu\text{F/km}; \quad R' = R'_\text{w90} = 0{,}177 \ \Omega/\text{km};$
(Daten für Verlegung nebeneinander).

N2XS(FL)2Y: $\quad L'_\text{b} = 0{,}61 \ \text{mH/km}; \quad C'_\text{b} = 0{,}144 \ \mu\text{F/km}; \quad R' = R'_\text{w90} = 0{,}112 \ \Omega/\text{km};$
(Daten für Verlegung nebeneinander).

b) Wellenwiderstand:

$$\underline{Z}_\text{W} = \sqrt{\dfrac{R' + \text{j}\omega L'_\text{b}}{\text{j}\omega C'_\text{b}}};$$

NA2XS2Y: $\quad \underline{Z}_\text{W} = 41{,}9 \ \Omega \cdot \text{e}^{-\text{j}22{,}3°};$
N2XS(FL)2Y: $\quad \underline{Z}_\text{W} = 70{,}0 \ \Omega \cdot \text{e}^{-\text{j}15{,}2°}.$

Natürliche Leistung:

NA2XS2Y: $\quad \underline{S}_\text{nat} = 2{,}4 \ \text{MVA} \cdot \text{e}^{\text{j}22{,}3°};$
N2XS(FL)2Y: $\quad \underline{S}_\text{nat} = 172{,}9 \ \text{MVA} \cdot \text{e}^{\text{j}15{,}2°}.$

Übertragene Scheinleistung bei 1 A/mm²:

NA2XS2Y: $\quad S = 4{,}2 \ \text{MVA};$
N2XS(FL)2Y: $\quad S = 57{,}2 \ \text{MVA}.$

Betriebsform:

NA2XS2Y: $\quad$ übernatürlich;
N2XS(FL)2Y: $\quad$ unternatürlich.

c) Kabellänge:

$$l = \dfrac{\sqrt{3} \cdot I_\text{C}}{U_\text{nN} \cdot \omega C'_\text{b}};$$

NA2XS2Y: $\quad I_\text{C} = 240 \ \text{A} \quad \rightarrow \quad l = 290{,}2 \ \text{km};$
N2XS(FL)2Y: $\quad I_\text{C} = 300 \ \text{A} \quad \rightarrow \quad l = 104{,}4 \ \text{km}.$

d) In der Einspeisung und am Kabelanfang. Die Stromstärke nimmt zum Kabelende hin linear ab.

e) Bei gleichem Summenstrom werden die einzelnen Kabel aufgrund der kürzeren Längen geringer belastet.

Lösung zu Aufgabe 4.6.2

$X_\text{kT} = \dfrac{0{,}1 \cdot (10 \ \text{kV})^2}{63 \ \text{MVA}} = 0{,}159 \ \Omega;$

$C_\text{b} = 0{,}456 \ \mu\text{F/km} \cdot 120 \ \text{km} = 54{,}7 \ \mu\text{F};$

$f = \dfrac{1}{2\pi \cdot \sqrt{X_\text{kT}/\omega C_\text{b}}} = 957 \ \text{Hz}.$

Lösung zu Aufgabe 4.8.1

a) Ersatzschaltbild für die Oberschwingungen:

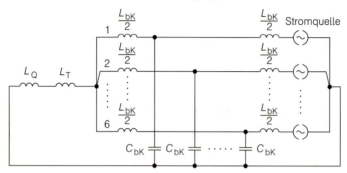

b) Vereinfachtes Oberschwingungsersatzschaltbild:

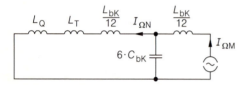

c) Bezugsspannung: $U_{bez} = 400$ V.

Netzeinspeisung:
$$L_Q = \frac{1{,}1 \cdot U_{nN}^2}{\omega_N \cdot S_{kN}''} \cdot \left(\frac{1}{\ddot{u}_r}\right)^2 = \frac{1{,}1 \cdot (10\text{ kV})^2}{2\pi \cdot 50\text{ Hz} \cdot 400\text{ MVA}} \cdot \left(\frac{0{,}4\text{ kV}}{10\text{ kV}}\right)^2 = 1{,}4\ \mu\text{H}.$$

Transformator:
$$L_T = \frac{u_k \cdot U_{bez}^2}{\omega_N \cdot S_{rT}} = \frac{0{,}06 \cdot (400\text{ V})^2}{2\pi \cdot 50\text{ Hz} \cdot 630\text{ kVA}} = 48{,}5\ \mu\text{H}.$$

Kabel:
$$L_{bK} = \frac{X_{bK}' \cdot l}{\omega_N} = \frac{0{,}08\ \Omega/\text{km} \cdot 0{,}5\text{ km}}{2\pi \cdot 50\text{ Hz}} = 127{,}3\ \mu\text{H};$$
$$C_{bK} = C_{bK}' \cdot l = 0{,}4\ \mu\text{F/km} \cdot 0{,}5\text{ km} = 0{,}2\ \mu\text{F}.$$

Eingeprägter Oberschwingungsstrom mit $\Omega = 2\pi \cdot 250$ Hz $= 1570{,}8$ s^{-1}:
$$I_{\Omega M} = 6 \cdot 0{,}02 \cdot I_{rM} = 12{,}480\text{ A}.$$

Oberschwingungsstrom im Mittelspannungsnetz (Stromteilerregel):
$$I_{\Omega N}' = I_{\Omega M} \cdot \frac{1}{1 - \Omega^2 \cdot 6 \cdot C_{bK} \cdot (L_Q + L_T + L_{bK}/12)} = 1{,}00018 \cdot I_{\Omega M} = 12{,}482\text{ A}.$$

Ohne Kabelkapazitäten gilt: $I_{\Omega N}' = I_{\Omega M} \quad \rightarrow \quad$ Erhöhung um 0,018 %.
10-kV-Seite: $I_{\Omega N} = I_{\Omega N}'/\ddot{u}_r = 0{,}499$ A.

Lösung zu Aufgabe 4.9.1

a) $L_{kT1} = L_{kT2} = 0{,}072\ \Omega/\omega_{50} = 2{,}292$ mH; $\quad L_D = 0{,}036\ \Omega/\omega_{50} = 1{,}146$ mH
mit $\omega_{50} = 2\pi \cdot 50$ Hz;
$C_K = Q_c/(U_{nN}^2 \cdot \omega_{50}) = 265{,}3\ \mu$F bei der Maximaleinstellung C_{Kmax}.
$$f = \frac{1}{2\pi \cdot \sqrt{C_K \cdot (L_{kT2} + L_D)}} = 527\text{ Hz}.$$

Stationäre Netzrückwirkungen treten bei dem angegebenen Schaltzustand im Frequenzbereich 527...745,3 Hz auf. Abhilfe bietet ein 550-Hz-Filter.

b)
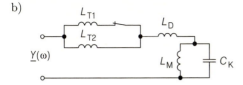

$L_M = U_{nN}^2/(\omega_{50} \cdot 4 \text{ Mvar}) = 28,648 \text{ mH}$; $L_1 = (L_{T1} \parallel L_{T2}) + L_D = 229,2 \text{ μH}$.
$\underline{Y}(\omega)$ bestimmen, aus dessen Nennerpolynom sich die Eigenfrequenz des Pols zu
$$f_P = \frac{1}{2\pi \cdot \sqrt{C_{K\max} \cdot L_1 \cdot L_M/(L_1 + L_M)}} = 648,1 \text{ Hz} \quad \text{ergibt.}$$

Lösung zu Aufgabe 4.11.1

a) Natürliche Leistung bei U_{nN}: $P_{nat} = U_{nN}^2/Z_W = (380 \text{ kV})^2/260 \text{ Ω} = 555,4 \text{ MW}$
   → Ein System kann ein 300-MVA-Umspannwerk versorgen.
   Natürliche Leistung bei U_m: $P_{nat} = U_m^2/Z_W = (420 \text{ kV})^2/260 \text{ Ω} = 678,5 \text{ MW}$
   → Ein System kann zwei 300-MVA-Umspannwerke versorgen.
b) $n \cdot 300 \text{ MVA} + 200 \text{ MVA} \leq 2 \cdot 800 \text{ MVA}$ → $n \leq 4,7$.
   Von den beiden Generatoreinspeisungen können zusätzlich zum 200-MVA-Umspannwerk noch maximal 4 Umspannwerke mit 300 MVA versorgt werden.
c) Das Sammelschienensystem A versorgt zwei 300-MVA-Umspannwerke; von dem Sammelschienensystem B werden zwei 300-MVA-Umspannwerke sowie die 200-MVA-Anlage gespeist.
d) Die Sammelschienensysteme A und B weisen jeweils 7 Felder mit einer Breite von 18 m auf, d. h. ihre Länge beträgt $l_{SSA} = l_{SSB} = 126 \text{ m}$.
e) Im Hinblick auf die Leistung ist das (n–1)-Ausfallkriterium erfüllt, da alle Umspannwerke eines Rings nach dem Schließen einer Trennstelle von einem Sammelschienensystem aus versorgt werden können.
f) Mittlere Erdkapazität: $C_E' = (6,6 + 5,3 + 6,6)/3 \text{ nF/km} = 6,167 \text{ nF/km}$;
   mittlere Koppelkapazität: $C_K' = (1,5 + 3,8 + 3,8)/3 \text{ nF/km} = 3,033 \text{ nF/km}$.
   Betriebskapazität einer Sammelschiene: $C_b' = C_E' + 3 \cdot C_K' = 15,266 \text{ nF/km}$
   → $C_b = C_b' \cdot 0,126 \text{ km} = 1,923 \text{ nF}$.
g) $C_b = \dfrac{2\pi \cdot \varepsilon_0 \cdot l_{SS}}{\ln(D/r)} = \dfrac{2\pi \cdot 8,85 \cdot 10^{-12} \text{ F/m} \cdot 126 \text{ m}}{\ln \dfrac{\sqrt[3]{4 \text{ m} \cdot 4 \text{ m} \cdot 8 \text{ m}}}{0,125 \text{ m}}} = 1,896 \text{ nF}$.
h) $I_C = \dfrac{U_{nN}}{\sqrt{3}} \cdot \omega C_b = \dfrac{380 \text{ kV}}{\sqrt{3}} \cdot 2\pi \cdot 50 \text{ Hz} \cdot 1,923 \text{ nF} = 0,133 \text{ A}$.
i) 2 Felder → $l_{SSC} = 2 \cdot 18 \text{ m} = 36 \text{ m}$.
j) Einzelne Sammelschiene C: $C_b = 15,266 \text{ nF/km} \cdot 36 \text{ m} = 0,55 \text{ nF}$ → $I_C = 37,9 \text{ mA}$.

Lösung zu Aufgabe 4.11.2

a) Kapazität der Sammelschiene (Formel für Zylinderkondensator):
$$C_{SS} = \frac{2\pi \cdot \varepsilon_0 \cdot l}{\ln(r_a/r_i)} = \frac{2\pi \cdot 8,85 \text{ pF/m} \cdot 20 \text{ m}}{\ln(140 \text{ mm}/80 \text{ mm})} = 1,99 \text{ nF};$$
$$I_C = \frac{110 \text{ kV}}{\sqrt{3}} \cdot \omega C = 0,04 \text{ A}.$$

b) Summarische Kapazität C_s von einer Sammelschiene und drei Abzweigen:
$C_\text{s} = C_\text{SS} + 3 \cdot C_\text{E} = 1{,}99 \text{ nF} + 3 \cdot 3 \text{ nF} = 10{,}99 \text{ nF}$;
$I_\text{C} = \dfrac{110 \text{ kV}}{\sqrt{3}} \cdot \omega C_\text{s} = 0{,}219 \text{ A}$.

c) Der bei diesem Schaltzustand auftretende kapazitive Strom wäre für den Trennschalter noch zulässig ($I_\text{C} < 0{,}5$ A). In der Praxis kommt dieser Schaltzustand jedoch aufgrund von Verriegelungsschaltungen mit der Ausnahme von Wartungsarbeiten nicht vor.

Lösung zu Aufgabe 4.13.1

a) Bemessungsströme der Lasten:
$I_\text{rL} = S_\text{rL}/(\sqrt{3} \cdot U_\text{nN})$;
$I_\text{rL1} = 43{,}3$ A; $I_\text{rL2} = 115{,}5$ A; $I_\text{rL3} = 90{,}2$ A; $I_\text{rL5} = 173{,}2$ A;
$I_\text{rL4} = I_\text{rL3} + I_\text{rL5} = 263{,}4$ A.
Vorläufige Auswahl der NH-Sicherungen:
S_1: NH-gL-63 A; S_2: NH-gL-160 A; S_3: NH-gM-100 A;
S_4: NH-gL-400 A; S_5: NH-gL-250 A.

b) Überprüfung der Kurzschlussströme bei den NH-Sicherungen:
$I_\text{aS} = 100$ kA; $I_\text{min} \approx 2{,}1 \cdot I_\text{rS}$.
(I_min wird mit $2{,}1 \cdot I_\text{rS}$ zur sicheren Seite abgeschätzt, da der große Prüfstrom – abhängig vom Bemessungsstrom der NH-Sicherung – stets im Bereich $(1{,}6 \ldots 2{,}1) \cdot I_\text{rS}$ liegt).
$2{,}1 \cdot I_\text{rS1} = 132{,}3$ A; $2{,}1 \cdot I_\text{rS2} = 336$ A; $2{,}1 \cdot I_\text{rS3} = 210$ A;
$2{,}1 \cdot I_\text{rS4} = 840$ A; $2{,}1 \cdot I_\text{rS5} = 525$ A.
Bei einem auftretenden Kurzschlussstrom $I_\text{k}'' = 22$ kA ist somit für alle NH-Sicherungen die Kurzschlussbedingung $2{,}1 \cdot I_\text{rS} \leq I_\text{k}'' \leq I_\text{aS}$ erfüllt.
(Im Verlauf der weiteren Dimensionierung müsste zusätzlich noch überprüft werden, ob die Sicherungen auch bei einpoligen Kurzschlüssen sicher auslösen. Das dafür benötigte Kriterium ist in Kapitel 12 in der Bedingung (12.11) angegeben und wird in der Aufgabe 12.5 vertieft.)

c) NH-Sicherung S_4 zu S_5:
$I_\text{rS4}/I_\text{rS5} = 1{,}6$ (Selektivitätsbedingung erfüllt).
NH-Sicherung S_4 zu S_3 im Normalbetrieb:
Für S_3 ist gemäß Aufgabenstellung der 1,6-fache Bemessungsstrom zu verwenden, da es sich um einen gM-Typ handelt;
$I_\text{rS4}/(1{,}6 \cdot I_\text{rS3}) = 2{,}5 > 1{,}6$ (Selektivitätsbedingung erfüllt).
NH-Sicherung S_4 zu S_3 im Anlaufbereich des Motors:
$I_\text{anS3} = 5 \cdot I_\text{rM} = 451$ A mit $I_\text{rM} = 55$ kW$/(\sqrt{3} \cdot 0{,}4$ kV $\cdot 0{,}88) = 90{,}2$ A.
Schmelzzeit von S_3 (bei Kennlinie mit $1{,}6 \cdot I_\text{rS3} = 160$ A ablesen): $t_\text{sS3} \approx 50$ s.
Schmelzzeit von S_4: $I_\text{anS4} = I_\text{anS3} + I_\text{rS5} = 451$ A $+ 250$ A $= 701$ A
$\rightarrow$ $t_\text{sS4} \approx 1000$ s $> t_\text{sS3}$ (Selektivitätsbedingung erfüllt).

d) Auswahl der HH-Sicherung:
$I_\text{rS} \geq 630$ kVA$/(\sqrt{3} \cdot 10$ kV$) = 36{,}4$ A $\rightarrow$ Sicherungstyp HH-63 A ($I_\text{rS} = 63$ A).
Überprüfung der Kurzschlussbedingungen:
$I_\text{aS} = 100$ kA; $I_\text{min} = 2{,}5 \cdot I_\text{rS}$ (s. Abschnitt 4.13.1.1).
Bei einem oberspannungsseitigen Kurzschluss am Transformator mit einem Strom von $I_\text{k}'' = 70$ kA ist für die HH-Sicherung die Kurzschlussbedingung $I_\text{min} \leq I_\text{k}'' \leq I_\text{aS}$ erfüllt.
Bei einem Kurzschluss an der niederspannungsseitigen Sammelschiene mit $I_\text{k}'' = 22$ kA ist für die HH-Sicherung die Bedingung $I_\text{k}''/(10$ kV$/0{,}4$ kV$) > I_\text{min}$ erfüllt, d. h. der Transformator wird oberspannungsseitig ausgeschaltet.

Lösungen 625

e) Bei einem Kurzschluss mit einem Strom von $I_k'' = 22$ kA in einem der Niederspannungsabzweige muss die zugehörige NH-Sicherung schneller auslösen als die HH-Sicherung. Dabei ist nur die Sicherung mit dem größten Bemessungsstrom zu überprüfen, weil sie die längste Schmelzzeit aufweist.

NH-Sicherung S_4: $t_s < 0{,}005$ s   bei $I_k'' = 22$ kA;

HH-Sicherung: $t_s \approx 0{,}01$ s   bei 22 kA/(10 kV/0,4 kV) $= 880$ A;

Die NH-Sicherung S_4 verhält sich demnach zur HH-Sicherung selektiv. Die anderen NH-Sicherungen der Sammelschienenabzweige sind dann ebenfalls selektiv, da sie kleinere Bemessungsströme und somit noch kürzere Schmelzzeiten aufweisen.

Als weitere Selektivitätsbedingung ist zu überprüfen, ob die NH-Sicherungen auch bei einem solchen Strom noch auslösen, der auf der Oberspannungsseite nur den minimalen Ausschaltstrom der HH-Sicherung fließen lässt.

HH-Sicherung: $t_s \approx$ mehrere Minuten   bei $I_{\min} = 157{,}5$ A;

NH-Sicherung S_4: $t_s \approx 0{,}2$ s   bei $157{,}5$ A $\cdot$ (10 kV/0,4 kV) $= 3937{,}5$ A;

Selektivität ist ebenfalls erfüllt.

Lösung zu Aufgabe 4.13.2

Stich b–e: Es werden nur Kurzschlussanzeiger in den Netzstationen verwendet.

Ringleitung R_1–R_2: Jeweils ein Überstromrelais mit 0,3 s Auslösezeit in der Schwerpunktstation. Dieser relativ hohe Zeitwert ist im Hinblick auf die Selektivität zu den HH-Sicherungen und deren Auslösetoleranzen erforderlich. Weiterhin werden in den Netzstationen der Ringleitung Kurzschlussanzeiger installiert.

Kabel K_2 und K_3: Differenzialschutz mit 0,1 s und zusätzlicher Überstromschutz mit 0,8 s als Reserveschutz. Als Alternative kann anstelle des Überstromschutzes auch ein Distanzschutz mit 0,8 s als niedrigster Auslösestufe gewählt werden (Reservefunktion).

Kabel K_1: Distanzschutz mit 0,1 s Schnellzeit und 0,8 s in der 2. Stufe. Ein Differenzialschutz wird wegen der eingeschleiften Netzstation (Stromabzweig) nicht verwendet.

Lösung zu Aufgabe 4.13.3

Es sind der Reihe nach die Netzstationen der Ringleitung und des Stichs aufzusuchen, um die Kurzschlussanzeiger zu überprüfen. Der Fehler liegt vor der ersten Station, deren Kurzschlussanzeiger nicht angesprochen hat.

Lösung zu Aufgabe 5.1

a) Der zulässige Spannungsabfall beträgt $\Delta U_{Y,\text{zul}} = 0{,}03 \cdot 10$ kV$/\sqrt{3} = 173{,}2$ V.
   Der größte Spannungsabfall tritt an der Leitung S1–S2–S5 auf:
   $M_W^* = 7300$ kW $\cdot$ km; $M_B^* = 5475$ kvar $\cdot$ km;
   149-AL1/24-ST1A: $R_b' = 0{,}194$ Ω/km; $X_b' = 0{,}315$ Ω/km;
   $\Delta U_Y \approx \Delta U_{1Y} = 181$ V $\rightarrow$ größeren Querschnitt wählen.
   184-AL1/30-ST1A: $R_b' = 0{,}157$ Ω/km; $X_b' = 0{,}309$ Ω/km;
   $\Delta U_Y \approx 164$ V $< 173{,}2$ V $\rightarrow$ zulässiger Querschnitt.

b) M_W^*(SS–S2) $= 4780$ kW $\cdot$ km; M_B^*(SS–S2) $= 3585$ kvar $\cdot$ km; ΔU_Y(SS–S2) $= 86$ V.
   M_W^*(S2–S7) $= 750$ kW $\cdot$ km; M_B^*(S2–S7) $= 562{,}5$ kvar $\cdot$ km; ΔU_Y(S2–S7) $= 24{,}8$ V.
   ΔU_Y(SS–S7) $= \Delta U_Y$(SS–S2) $+ \Delta U_Y$(S2–S7) $= 110{,}8$ V.

c) $\Delta \underline{U}_T = jX_T \cdot \underline{I}_{\text{ges}} \cdot e^{-j36{,}9°} = 65{,}5$ V $\cdot e^{j53{,}1°}$
   mit $I_{\text{ges}} = 2600$ kW$/(\sqrt{3} \cdot 10$ kV $\cdot 0{,}8) = 187{,}6$ A   und $X_T = 0{,}349$ Ω.

Wegen der elektrisch kurzen Leitungen braucht nur der Längsspannungsabfall des Transformators berücksichtigt zu werden:

$U_{Y,SS} \approx 110 \text{ kV}/(\sqrt{3} \cdot \ddot{u}) - \Delta U_T \cdot \sin 36{,}9° = 5742 \text{ V}$ (vgl. Lösung 4.4.1a).

Mit dem Spannungsabfall ΔU_Y zwischen der Sammelschiene SS und der Station S5, der im Aufgabenteil a) für Leiterseile 184-AL1/30-ST1A ermittelt worden ist, ergibt sich an der Station S5 die Spannung

$U_{Y,S5} = U_{Y,SS} - \Delta U_Y(SS-S5) = 5578 \text{ V}$.

Lösung zu Aufgabe 5.2

a) $I'' = (7300/6 - \text{j}\,5475/6)/(\sqrt{3} \cdot 10)\,\text{A} = 87{,}8 \text{ A} \cdot e^{-\text{j}36{,}9°}$
$I' = I_{\text{ges}} - I'' = 99{,}8 \text{ A} \cdot e^{-\text{j}36{,}9°}$.

b) $\Delta \underline{U}_Y(SS-S1) = 25{,}1 \text{ V} \cdot e^{\text{j}8{,}4°}$; $\Delta \underline{U}_Y(S1-S2) = 17{,}5 \text{ V} \cdot e^{\text{j}8{,}4°}$;
$\Delta \underline{U}_Y(S2-S6) = 16{,}8 \text{ V} \cdot e^{-\text{j}10{,}5°}$.

Lösung zu Aufgabe 5.3

a)
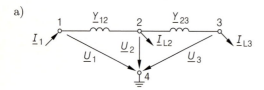

Die abgehenden Ströme sowie die Nebenelemente der Admittanzmatrix sind negativ anzusetzen:

$$\begin{bmatrix} \underline{I}_1 \\ -\underline{I}_{L2} \\ -\underline{I}_{L3} \\ 0 \end{bmatrix} = \begin{bmatrix} \underline{Y}_{12} & -\underline{Y}_{12} & 0 & 0 \\ -\underline{Y}_{12} & \underline{Y}_{12}+\underline{Y}_{23} & -\underline{Y}_{23} & 0 \\ 0 & -\underline{Y}_{23} & \underline{Y}_{23} & 0 \\ 0 & 0 & 0 & 0 \end{bmatrix} \cdot \begin{bmatrix} \underline{U}_1 \\ \underline{U}_2 \\ \underline{U}_3 \\ 0 \end{bmatrix}.$$

b) Nach Streichung des Erdknotens (Knoten 4) und Vorgabe des Einspeiseknotens (Knoten 1) als Bezugsknoten ergibt sich:

$$\begin{bmatrix} -\underline{I}_{L2} + \underline{Y}_{12}\underline{U}_1 \\ -\underline{I}_{L3} + 0 \end{bmatrix} = \begin{bmatrix} \underline{Y}_{12}+\underline{Y}_{23} & -\underline{Y}_{23} \\ -\underline{Y}_{23} & \underline{Y}_{23} \end{bmatrix} \cdot \begin{bmatrix} \underline{U}_2 \\ \underline{U}_3 \end{bmatrix}.$$

Nach der Inversion der Matrix erhält man:

$$\begin{bmatrix} \underline{U}_2 \\ \underline{U}_3 \end{bmatrix} = \begin{bmatrix} \dfrac{1}{\underline{Y}_{12}} & \dfrac{1}{\underline{Y}_{12}} \\ \dfrac{1}{\underline{Y}_{12}} & \dfrac{\underline{Y}_{12}+\underline{Y}_{23}}{\underline{Y}_{12}\cdot\underline{Y}_{23}} \end{bmatrix} \cdot \begin{bmatrix} -\underline{I}_{L2} + \underline{Y}_{12}\underline{U}_1 \\ -\underline{I}_{L3} + 0 \end{bmatrix}.$$

c) $\underline{Y}_{23} = \underline{Y}_{12} = -\text{j}\,0{,}1\,\dfrac{1}{\Omega}$; $\underline{Y}_{12}\underline{U}_1 = -\text{j}\,6350{,}9 \text{ A}$; $U_{nN} = 110 \text{ kV}/\sqrt{3} = 63{,}51 \text{ kV}$.

1. Schritt

Stromiteration:

$\underline{I}_{L2} = \underline{I}_{L3} = -\text{j}\,\dfrac{30 \text{ Mvar}}{3 \cdot 110 \text{ kV}/\sqrt{3}} = -\text{j}\,157{,}5 \text{ A}$.

Lösungen

Spannungsiteration:
$\underline{U}_2 = \mathrm{j}\,10\ \Omega \cdot (-\mathrm{j}\,6193{,}4\ \mathrm{A}) + \mathrm{j}\,10\ \Omega \cdot \mathrm{j}\,157{,}5\ \mathrm{A} = 60{,}36\ \mathrm{kV}$;
$\underline{U}_3 = \mathrm{j}\,10\ \Omega \cdot (-\mathrm{j}\,6193{,}4\ \mathrm{A}) + \mathrm{j}\,20\ \Omega \cdot \mathrm{j}\,157{,}5\ \mathrm{A} = 58{,}78\ \mathrm{kV}$.

2. Schritt

Stromiteration:
$\underline{I}_{L2} = -\mathrm{j}\,\dfrac{30\ \mathrm{Mvar}}{3 \cdot 60{,}36\ \mathrm{kV}} = -\mathrm{j}\,165{,}7\ \mathrm{A}$;

$\underline{I}_{L3} = -\mathrm{j}\,\dfrac{30\ \mathrm{Mvar}}{3 \cdot 58{,}78\ \mathrm{kV}} = -\mathrm{j}\,170{,}1\ \mathrm{A}$.

Spannungsiteration:
$\underline{U}_2 = \mathrm{j}\,10\ \Omega \cdot (-\mathrm{j}\,6185{,}2\ \mathrm{A}) + \mathrm{j}\,10\ \Omega \cdot \mathrm{j}\,170{,}1\ \mathrm{A} = 60{,}15\ \mathrm{kV}$;
$\underline{U}_3 = \mathrm{j}\,10\ \Omega \cdot (-\mathrm{j}\,6185{,}2\ \mathrm{A}) + \mathrm{j}\,20\ \Omega \cdot \mathrm{j}\,170{,}1\ \mathrm{A} = 58{,}45\ \mathrm{kV}$.

3. Schritt

Stromiteration:
$\underline{I}_{L2} = -\mathrm{j}\,\dfrac{30\ \mathrm{Mvar}}{3 \cdot 60{,}15\ \mathrm{kV}} = -\mathrm{j}\,166{,}2\ \mathrm{A}$;

$\underline{I}_{L3} = -\mathrm{j}\,\dfrac{30\ \mathrm{Mvar}}{3 \cdot 58{,}45\ \mathrm{kV}} = -\mathrm{j}\,171{,}1\ \mathrm{A}$.

Für beide Ströme gilt im Vergleich zum 2. Schritt: $|\Delta \underline{I}| \leq 2\ \mathrm{A}$. Die Iteration kann abgebrochen werden.

Lösung zu Aufgabe 5.4

a)

$$\begin{bmatrix} \underline{I}_1 \\ -\underline{I}_{L2} \\ \underline{I}_3 \\ \underline{I}_4 \end{bmatrix} = \begin{bmatrix} \underline{Y}_{12} & -\underline{Y}_{12} & 0 & 0 \\ -\underline{Y}_{12} & \underline{Y}_{12}+\underline{Y}_{23} & -\underline{Y}_{23} & 0 \\ 0 & -\underline{Y}_{23} & \underline{Y}_{23} & 0 \\ 0 & 0 & 0 & 0 \end{bmatrix} \cdot \begin{bmatrix} \underline{U}_1 \\ \underline{U}_2 \\ \underline{U}_3 \\ \underline{U}_4 \end{bmatrix} \ !.$$

b) Bekannte Größen: $\underline{U}_1$, $\underline{U}_3$, $\underline{I}_{L2}$ ($\underline{U}_1$ und $\underline{U}_3$ sind Speisespannungen).
Unbekannte Größen: $\underline{I}_1$, $\underline{I}_3$, $\underline{U}_2$.

c) Hybride Form: Alle Unbekannten sind auf die Seite des Stromvektors zu bringen, alle bekannten Größen auf die andere Seite. Das Gleichungssystem ist anschließend nach den Unbekannten aufzulösen:

$$\begin{bmatrix} \underline{U}_2 \\ \underline{I}_1 \\ \underline{I}_3 \end{bmatrix} = \begin{bmatrix} \dfrac{1}{\underline{Y}_{12}+\underline{Y}_{23}} & \dfrac{\underline{Y}_{12}}{\underline{Y}_{12}+\underline{Y}_{23}} & \dfrac{\underline{Y}_{23}}{\underline{Y}_{12}+\underline{Y}_{23}} \\ -\dfrac{\underline{Y}_{12}}{\underline{Y}_{12}+\underline{Y}_{23}} & \underline{Y}_{12}-\dfrac{\underline{Y}_{12}^2}{\underline{Y}_{12}+\underline{Y}_{23}} & -\dfrac{\underline{Y}_{12}\underline{Y}_{23}}{\underline{Y}_{12}+\underline{Y}_{23}} \\ -\dfrac{\underline{Y}_{23}}{\underline{Y}_{12}+\underline{Y}_{23}} & -\dfrac{\underline{Y}_{12}\underline{Y}_{23}}{\underline{Y}_{12}+\underline{Y}_{23}} & \underline{Y}_{23}-\dfrac{\underline{Y}_{23}^2}{\underline{Y}_{12}+\underline{Y}_{23}} \end{bmatrix} \cdot \begin{bmatrix} -\underline{I}_{L2} \\ \underline{U}_1 \\ \underline{U}_3 \end{bmatrix}.$$

d) $\begin{bmatrix} \underline{U}_2 \\ \underline{I}_1 \\ \underline{I}_3 \end{bmatrix} = \begin{bmatrix} \mathrm{j}\,10 & 0{,}5 & 0{,}5 \\ -0{,}5 & -\mathrm{j}\,0{,}025 & \mathrm{j}\,0{,}025 \\ -0{,}5 & \mathrm{j}\,0{,}025 & -\mathrm{j}\,0{,}025 \end{bmatrix} \cdot \begin{bmatrix} -\underline{I}_{L2} \\ \underline{U}_1 \\ \underline{U}_3 \end{bmatrix}.$

$\underline{U}_3 = 110 \text{ kV}/\sqrt{3} \cdot \mathrm{e}^{\mathrm{j}0°}$ (Netzeinspeisung als Bezugsspannung gewählt).
Startwerte für den 1. Iterationszyklus: $\underline{U}_1 = \underline{U}_3\,;\quad \underline{U}_2 = \underline{U}_3\,.$

1. Iterationszyklus

Stromiteration:
$\underline{I}_{L2} = -\mathrm{j}\,\dfrac{30 \text{ Mvar}}{3 \cdot 110 \text{ kV}/\sqrt{3}} = 157{,}5 \text{ A} \cdot \mathrm{e}^{-\mathrm{j}90°}.$

Die Hybridmatrix liefert:
$\underline{U}_2 = 61{,}93 \text{ kV} \cdot \mathrm{e}^{\mathrm{j}0°}\,;\quad \underline{I}_1 = 78{,}8 \text{ A} \cdot \mathrm{e}^{-\mathrm{j}90°}\,;\quad \underline{I}_3 = \underline{I}_1\,.$

2. Iterationszyklus

Stromiteration mit neuem Wert für $\underline{U}_2$ aus vorangegangenem Iterationsschritt:
$\underline{I}_{L2} = 161{,}5 \text{ A} \cdot \mathrm{e}^{-\mathrm{j}90°}.$

Die Hybridmatrix liefert:
$\underline{I}_1 = 80{,}7 \text{ A} \cdot \mathrm{e}^{-\mathrm{j}90°}\,;\quad \underline{I}_3 = \underline{I}_1\,.$

Für beide Ströme gilt im Vergleich zum 1. Schritt: $|\Delta \underline{I}| \leq 3$ A. Die Iteration kann abgebrochen werden.

e) In diesem Fall bietet sich das im Abschnitt 5.7.2 beschriebene Verfahren mit den Leistungssummen an.

Lösung zu Aufgabe 5.5

Das zu untersuchende Netz hat das folgende Ersatzschaltbild:

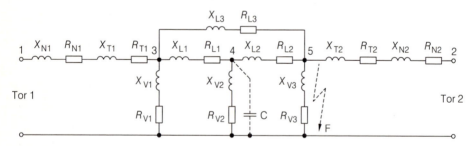

Ohne die Kapazität C lautet die zugehörige Knotenpunktadmittanzmatrix

$[Y_K(p)] = \begin{bmatrix} Y_{13} & 0 & -Y_{13} & 0 & 0 \\ 0 & Y_{25} & 0 & 0 & -Y_{25} \\ -Y_{13} & 0 & Y_{13}+Y_{30}+Y_{34}+Y_{35} & -Y_{34} & -Y_{35} \\ 0 & 0 & -Y_{34} & Y_{34}+Y_{40}+Y_{45} & -Y_{45} \\ 0 & -Y_{25} & -Y_{35} & -Y_{45} & Y_{25}+Y_{35}+Y_{45}+Y_{50} \end{bmatrix}$

mit
$Y_{13} = Y_{25} = (0{,}396275\ \Omega + p \cdot 0{,}0241685\ \mathrm{H})^{-1},\quad Y_{34} = (7{,}02\ \Omega + p \cdot 0{,}0744845\ \mathrm{H})^{-1},$
$Y_{45} = (5{,}85\ \Omega + p \cdot 0{,}0620704\ \mathrm{H})^{-1},\quad Y_{35} = (7{,}8\ \Omega + p \cdot 0{,}0993127\ \mathrm{H})^{-1}.$

Im Folgenden werden die Einheiten zur Vereinfachung weggelassen. Die Reihenimpedanzen der

Lösungen ergeben sich gemäß Abschnitt 4.7.3 aus den Beziehungen

$$R_{\mathrm{V}} = \frac{U_{\mathrm{bez}}^2}{S_{\mathrm{rV}}} \cdot \cos\varphi \quad \text{und} \quad \omega L_{\mathrm{V}} = X_{\mathrm{V}} = \frac{U_{\mathrm{bez}}^2}{S_{\mathrm{rV}}} \cdot \sin\varphi$$

zu

$Z_{\mathrm{V1}} = R_{\mathrm{V1}} + p\, L_{\mathrm{V1}} = 1028{,}50 + p \cdot 2{,}02893\,,$

$Z_{\mathrm{V2}} = 685{,}667 + p \cdot 1{,}35262\,,$

$Z_{\mathrm{V3}} = 857{,}083 + p \cdot 1{,}69077\,.$

Daraus resultieren die Admittanzen

$Y_{30} = 1/Z_{\mathrm{V1}}\,,\quad Y_{40} = 1/Z_{\mathrm{V2}}\,,\quad Y_{50} = 1/Z_{\mathrm{V3}}\,.$

a) Bestimmungsgleichung für die Eigenwerte bei Stromeinprägung an den Toren 1 und 2:

$\det[Y_{\mathrm{K}}(p)] = 0\,.$

Dieser Ausdruck kann vereinfacht werden, indem die Admittanzen Y_{13} und Y_{25} der Einspeisungen unberücksichtigt bleiben und nur der untere rechte 3×3-Block von $Y_{\mathrm{K}}(p)$ betrachtet wird. Es ist also lediglich die Determinante der Matrix

$$[Y'_{\mathrm{NN}}(p)] = \begin{bmatrix} Y_{30}+Y_{34}+Y_{35} & -Y_{34} & -Y_{35} \\ -Y_{34} & Y_{34}+Y_{40}+Y_{45} & -Y_{45} \\ -Y_{35} & -Y_{45} & Y_{35}+Y_{45}+Y_{50} \end{bmatrix}$$

null zu setzen. Der Zähler dieser auf den Hauptnenner gebrachten Determinante führt auf das Polynom

$2{,}120858023 \cdot 10^{10} + 3{,}267381987 \cdot 10^{8}\, p + 1{,}051361361 \cdot 10^{6}\, p^2 + 965{,}4399479\, p^3\,.$

Im Folgenden wird dafür der Begriff *Zählerpolynom* verwendet. Dessen Nullstellen lauten

$p_1 = -500{,}866\,\mathrm{s}^{-1}\,,\quad p_2 = -500{,}500\,\mathrm{s}^{-1}\quad \text{und}\quad p_3 = -87{,}6317\,\mathrm{s}^{-1}\,.$

Diese Nullstellen sind *zugleich die gesuchten Eigenwerte der Spannungen*. Die Genauigkeit von 10 Stellen, mit der die Koeffizienten des Polynoms angegeben worden sind, ist erforderlich, um die Nullstellen mit mindestens 6 Stellen bestimmen zu können.

b) Die Bestimmungsgleichung für die Eigenwerte bei Spannungseinprägung lautet

$\det[Y_{\mathrm{NN}}(p)] = 0\,,$

wobei $[Y_{\mathrm{NN}}(p)]$ aus $[Y_{\mathrm{K}}(p)]$ durch Streichen der zu den Toren gehörigen Spalten und Zeilen entsteht. Diese Determinante enthält im Gegensatz zu $[Y'_{\mathrm{NN}}(p)]$ noch die Informationen über die Admittanzen Y_{13} und Y_{25} der Tore. Das zugehörige Zählerpolynom

$5{,}703825863 \cdot 10^{16} + 2{,}067319899 \cdot 10^{15}\, p + 2{,}325344637 \cdot 10^{13}\, p^2 + 9{,}458149025 \cdot 10^{10}\, p^3 +$
$$1{,}608677004 \cdot 10^{8}\, p^4 + 98185{,}18190\, p^5$$

hat die Nullstellen

$p_1 = -503{,}763\,\mathrm{s}^{-1}\,,\quad p_2 = -503{,}069\,\mathrm{s}^{-1}\,,\quad p_3 = -490{,}214\,\mathrm{s}^{-1}\,,\quad p_4 = -88{,}5703\,\mathrm{s}^{-1}\quad \text{und}$
$p_5 = -52{,}7950\,\mathrm{s}^{-1}\,.$

c) Wegen des Kurzschlusses an Knoten 5 ist in $[Y_{\mathrm{NN}}(p)]$ die Spannung am Fehlerort F, nämlich U_5, null zu setzen; die zugehörige Spalte entfällt. Außerdem wird die zu I_5 gehörige Zeile gestrichen. Für die unveränderte Spannungseinprägung ergibt sich dann die Matrix

$$[Y_{\mathrm{NN,F}}(p)] = \begin{bmatrix} Y_{13}+Y_{30}+Y_{34}+Y_{35} & -Y_{34} \\ -Y_{34} & Y_{34}+Y_{40}+Y_{45} \end{bmatrix}\,.$$

Das Zählerpolynom von $\det[Y_{\mathrm{NN,F}}(p)]$ lautet

$2{,}527124154 \cdot 10^{12} + 7{,}847932982 \cdot 10^{10}\, p + 7{,}324284994 \cdot 10^{8}\, p^2 +$
$$2{,}070545695 \cdot 10^{6}\, p^3 + 1798{,}687498\, p^4$$

und hat die Nullstellen

$p_1 = -503{,}600\,\mathrm{s}^{-1}\,,\quad p_2 = -495{,}129\,\mathrm{s}^{-1}\,,\quad p_3 = -89{,}3547\,\mathrm{s}^{-1}\quad \text{sowie}\quad p_4 = -63{,}0594\,\mathrm{s}^{-1}\,.$

d) Für eine Stromeinprägung wird von der in Aufgabenteil a) ermittelten Matrix $[Y'_{NN}(p)]$ ausgegangen. Analog zu Aufgabenteil c) ist die dritte Spalte und Zeile zu streichen, um den Kurzschluss an Knoten 5 zu berücksichtigen:

$$[Y'_{NN,F}(p)] = \begin{bmatrix} Y_{30} + Y_{34} + Y_{35} & -Y_{34} \\ -Y_{34} & Y_{34} + Y_{40} + Y_{45} \end{bmatrix}.$$

Die gesuchten Eigenwerte ergeben sich aus dem Zähler von $\det[Y'_{NN,F}(p)]$, aus dem das Polynom

$1{,}169367868 \cdot 10^{10} + 1{,}807565851 \cdot 10^{8}\, p + 587744{,}4235\, p^2 + 545{,}995773\, p^3$

mit den Nullstellen

$p_1 = -500{,}753\ \mathrm{s}^{-1},\quad p_2 = -488{,}082\ \mathrm{s}^{-1}\quad$ und $\quad p_3 = -87{,}6286\ \mathrm{s}^{-1}$

resultiert.

e) In $[Y'_{NN,F}(p)]$ muss $Y_{30} = 0$ und $Y_{40} = Y_C$ mit

$$Y_C = p \cdot \frac{Q_C}{U^2_{\mathrm{bez}} \cdot \omega} = p \cdot 5{,}26132 \cdot 10^{-7}$$

gesetzt werden. Das Zählerpolynom lautet

$45017{,}87925 + 513{,}8032772\, p + 2{,}219109030 \cdot 10^{-3}\, p^2 + 1{,}236137600 \cdot 10^{-5}\, p^3$

und hat die Nullstellen

$p_1 = -87{,}6339\ \mathrm{s}^{-1},\quad p_2 = -45{,}9428\ \mathrm{s}^{-1} - \mathrm{j}\,6446{,}32\ \mathrm{s}^{-1},\quad p_3 = -45{,}9428\ \mathrm{s}^{-1} + \mathrm{j}\,6446{,}32\ \mathrm{s}^{-1}.$

Es tritt eine Schwingung mit $f = 6446{,}32/(2\pi) = 1025{,}96$ Hz auf. Ihr Abstand zur nächsten Netzharmonischen (1050 Hz) beträgt $\Delta f = 24{,}04$ Hz.

f) Bei Verwendung einer R,L-*Parallel*schaltung als Lastnachbildung werden die zugehörigen Lastimpedanzen mithilfe von Gl. (4.132) bestimmt. Die Admittanzen der Lasten ändern sich auf

$Y_{30} = 7{,}02479 \cdot 10^{-4} + 0{,}136772/p, \quad Y_{40} = 1{,}05372 \cdot 10^{-3} + 0{,}205157/p;$

die Last Y_{50} wird infolge des Kurzschlusses nicht benötigt. In der Matrix $[Y_{NN,F}(p)]$ aus Aufgabenteil c) ergibt sich dann das Zählerpolynom der Determinante zu

$320968{,}8117 + 7{,}081254011 \cdot 10^{6}\, p + 1{,}011702747 \cdot 10^{7}\, p^2 + 270113{,}9673\, p^3 +$
$\qquad\qquad\qquad 1773{,}703052\, p^4 + 0{,}08960254839\, p^5 + 7{,}402158323 \cdot 10^{-7}\, p^6$

mit den Nullstellen bzw. Eigenwerten

$p_1 = -96173{,}2\ \mathrm{s}^{-1},\quad p_2 = -24722{,}8\ \mathrm{s}^{-1},\quad p_3 = -89{,}3613\ \mathrm{s}^{-1},$
$p_4 = -63{,}1085\ \mathrm{s}^{-1},\quad p_5 = -0{,}66386\ \mathrm{s}^{-1},\quad p_6 = -0{,}0487123\ \mathrm{s}^{-1}.$

Anzahl und Beträge dieser Eigenwerte weichen von denen der R,L-*Serien*nachbildung ab. Demzufolge weisen beide Nachbildungen ein unterschiedliches transientes Verhalten auf, obwohl das stationäre Lastverhalten übereinstimmt (s. Abschnitt 4.7.3).

Lösung zu Aufgabe 6.1

a) Generatorferner Kurzschluss, da nur Netzeinspeisungen vorhanden sind.

b) Der Gleichstromwiderstand bei $20\,^\circ\mathrm{C}$, da er zu maximalen Kurzschlussströmen führt.

c)

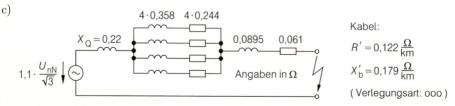

$$\underline{I}_k'' = \frac{1{,}1 \cdot 10 \text{ kV}}{\sqrt{3} \cdot (0{,}122 + \text{j}\,0{,}399)\ \Omega} = 15{,}22 \text{ kA} \cdot e^{-j73°}.$$

d) $R/X = 0{,}122/0{,}399 \rightarrow \kappa = 1{,}41$;
$I_s = \kappa \cdot \sqrt{2} \cdot I_k'' = 30{,}35 \text{ kA}$;
$I_a = I_k = I_k'' = 15{,}22 \text{ kA}$ (kein Abklingen, da generatorferner Kurzschluss).

Lösung zu Aufgabe 6.2

a) Ersatzschaltbild:

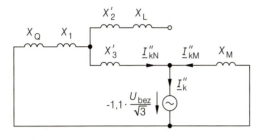

Bezugsspannung: $U_\text{bez} = 660$ V.

Netzeinspeisung:
$$X_Q = 1{,}1 \cdot \frac{(10 \text{ kV})^2}{400 \text{ MVA}} \cdot \left(\frac{0{,}66 \text{ kV}}{10 \text{ kV}}\right)^2 = 1{,}20 \text{ m}\Omega.$$

Transformator:
$$X'_{k12} = \frac{u_{k12} \cdot U_\text{bez}^2}{S_{r12}} = \frac{0{,}08 \cdot (660 \text{ V})^2}{500 \text{ kVA}} = 69{,}70 \text{ m}\Omega;$$
$$X'_{k13} = \frac{u_{k13} \cdot U_\text{bez}^2}{S_{r13}} = \frac{0{,}06 \cdot (660 \text{ V})^2}{630 \text{ kVA}} = 41{,}49 \text{ m}\Omega;$$
$$X'_{k23} = \frac{u_{k23} \cdot U_\text{bez}^2}{S_{r23}} = \frac{0{,}03 \cdot (660 \text{ V})^2}{500 \text{ kVA}} = 26{,}14 \text{ m}\Omega;$$
$X_1 = 0{,}5 \cdot (X'_{k12} + X'_{k13} - X'_{k23}) = 42{,}52$ mΩ;
$X'_2 = 0{,}5 \cdot (X'_{k12} - X'_{k13} + X'_{k23}) = 27{,}18$ mΩ;
$X'_3 = 0{,}5 \cdot (-X'_{k12} + X'_{k13} + X'_{k23}) = -1{,}04$ mΩ.

Motor:
$$S_\text{rM} = \frac{P_r}{\eta \cdot \cos\varphi_r} = \frac{500 \text{ kW}}{0{,}96 \cdot 0{,}89} = 585{,}2 \text{ kVA};$$
$$I_\text{rM} = \frac{S_\text{rM}}{\sqrt{3} \cdot U_\text{rM}} = \frac{585{,}2 \text{ kVA}}{\sqrt{3} \cdot 660 \text{ V}} = 511{,}9 \text{ A};$$
$$X_\text{M} = \frac{I_\text{an}}{I_\text{rM}} \cdot \frac{U_\text{rM}}{\sqrt{3} \cdot I_\text{rM}} = \frac{1}{5} \cdot \frac{660 \text{ V}}{\sqrt{3} \cdot 511{,}9 \text{ A}} = 0{,}1489\ \Omega.$$

Kurzschlussstrom an der 0,66-kV-Sammelschiene:
$$I_k'' = \frac{1{,}05 \cdot U_\text{bez}}{\sqrt{3}} \cdot \frac{1}{(X_Q + X_1 + X'_3) \parallel X_\text{M}} = 12{,}062 \text{ kA}.$$

b) Bemessungsstrom der Mischlast:
$$I_\text{rL} = \frac{400 \text{ kVA}}{\sqrt{3} \cdot 0{,}4 \text{ kV}} = 577{,}4 \text{ A}.$$

Bemessungsstrom der HH-Sicherung:

$$I_{rHH} \geq \frac{I_{rL}}{\ddot{u}_{12}} + \frac{I_{rM}}{\ddot{u}_{13}} = 56{,}9 \text{ A} \quad \text{mit} \quad \ddot{u}_{12} = \frac{10 \text{ kV}}{0{,}4 \text{ kV}}, \quad \ddot{u}_{13} = \frac{10 \text{ kV}}{0{,}66 \text{ kV}}.$$

Die HH-Sicherung muss gemäß Bild 4.193 mindestens einen Bemessungsstrom von 63 A aufweisen.

c) Bemessungsstrom der NH-Sicherung: $I_{rNH} \geq I_{rM} \rightarrow I_{rNH} = 630$ A.
Bemessungsstrom der HH-Sicherung: $I_{rHH} = 63$ A.

Überprüfung der Selektivität: $I''_{kHH} = \dfrac{12{,}062 \text{ kA}}{\ddot{u}_{13}} = 796{,}1$ A $\rightarrow t_{sHH} \approx 0{,}01$ s;

NH-Sicherung: $t_{sNH} \approx 0{,}03$ s.

Selektivität liegt nicht vor, denn die HH-Sicherung löst schneller aus als die NH-Sicherung. Für die HH-Sicherung ist deshalb ein größerer Bemessungsstrom I_{rHH} zu wählen:

$I_{rHH} = 160$ A $\rightarrow t_{sHH} \approx 0{,}1$ s (Selektivität erfüllt).

(Im weiteren Verlauf der Dimensionierung müsste darüber hinaus noch mithilfe der Bedingung (12.11) überprüft werden, ob die NH-Sicherung auch bei einpoligen Kurzschlüssen sicher auslöst.)

Lösung zu Aufgabe 6.3

a) Ersatzschaltbild und Impedanzwerte ermitteln; als Bezugsspannung wird 110 kV gewählt.

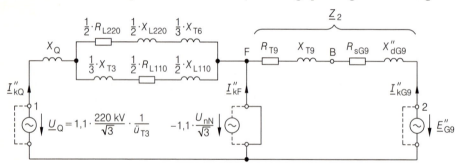

(Gestrichelte Angaben werden für die Lösung zu Aufgabe 6.4 benötigt.)

$$X_Q = \frac{1{,}1 \cdot (220 \text{ kV})^2}{20 \text{ GVA}} \cdot \left(\frac{110}{240}\right)^2 = 0{,}559 \text{ }\Omega$$

$$X_{L220} = 0{,}298 \frac{\Omega}{\text{km}} \cdot 50 \text{ km} \cdot \left(\frac{110}{240}\right)^2 = 3{,}130 \text{ }\Omega \quad (1 \text{ System})$$

$$R_{L220} = 0{,}26 \cdot X_{L220} = 0{,}814 \text{ }\Omega$$

$$X_{T3...8} = 0{,}12 \cdot \frac{(110 \text{ kV})^2}{200 \text{ MVA}} = 7{,}26 \text{ }\Omega$$

$$X_{L110} = 0{,}393 \frac{\Omega}{\text{km}} \cdot 50 \text{ km} = 19{,}65 \text{ }\Omega \quad (1 \text{ System})$$

$$R_{L110} = 0{,}3 \cdot X_{L110} = 5{,}895 \text{ }\Omega$$

$$X_{T9} = 0{,}1 \cdot \frac{(112 \text{ kV})^2}{250 \text{ MVA}} = 5{,}018 \text{ }\Omega$$

$$R_{T9} = 0{,}03 \cdot X_{T9} = 0{,}151 \text{ }\Omega$$

$$X''_{dG9} = 0{,}19 \cdot \frac{(21 \text{ kV})^2}{225 \text{ MVA}} \cdot \left(\frac{112}{21}\right)^2 = 10{,}593 \text{ }\Omega$$

$$R_{sG9} = 0{,}05 \cdot X''_{dG9} = 0{,}530 \text{ }\Omega$$

Lösungen   633

$$\underline{E}''_{G9} = \ddot{u}_{T9} \cdot \sqrt{\left(\frac{21\text{ kV}}{\sqrt{3}} + \frac{X''_{dG9}}{\ddot{u}_{T9}^2} \cdot I_{rG9} \cdot \sin\varphi_{rG9}\right)^2 + \left(\frac{X''_{dG9}}{\ddot{u}_{T9}^2} \cdot I_{rG9} \cdot \cos\varphi_{rG9}\right)^2} \cdot e^{j\vartheta''_{G9}}$$

$$= 72{,}702 \text{ kV} \cdot e^{j7{,}77°} \quad \text{(s. Gl. (4.96))} \quad \text{mit}$$

$$\vartheta''_{G9} = \arctan\frac{X''_{dG9}/\ddot{u}_{T9}^2 \cdot I_{rG9} \cdot \cos\varphi_{rG9}}{21\text{ kV}/\sqrt{3} + X''_{dG9}/\ddot{u}_{T9}^2 \cdot I_{rG9} \cdot \sin\varphi_{rG9}} = 7{,}77°,$$

$$I_{rG9} = \frac{225\text{ MVA}}{\sqrt{3} \cdot 21\text{ kV}} = 6{,}186 \text{ kA}, \quad \cos\varphi_{rG9} = 0{,}8 \quad \text{und} \quad \ddot{u}_{T9} = 112\text{ kV}/21\text{ kV}.$$

Aus diesen Daten ergibt sich die Admittanzmatrix des Netzes

$$[\underline{Y}] = \begin{bmatrix} \underline{Y}_{11} & \underline{Y}_{12} & \underline{Y}_{1F} \\ \underline{Y}_{12} & \underline{Y}_{22} & \underline{Y}_{2F} \\ \underline{Y}_{1F} & \underline{Y}_{2F} & \underline{Y}_{FF} \end{bmatrix}$$

mit

$\underline{Y}_{11} = 0{,}278 \text{ S} \cdot e^{-j83{,}50°}; \qquad \underline{Y}_{12} = 0; \qquad \underline{Y}_{22} = 0{,}064 \text{ S} \cdot e^{-j87{,}51°};$
$\underline{Y}_{1F} = -0{,}278 \text{ S} \cdot e^{-j83{,}50°}; \quad \underline{Y}_{2F} = -0{,}064 \text{ S} \cdot e^{-j87{,}51°}; \quad \underline{Y}_{FF} = 0{,}342 \text{ S} \cdot e^{-j84{,}25°}.$

Teilkurzschlussströme in den Einspeisungen:

$\underline{I}''_{kQ} = \underline{Y}_{11} \cdot 1{,}1 \cdot 220 \text{ kV}/(\sqrt{3} \cdot \ddot{u}_{T3}) + 0 \cdot \underline{E}''_{G9} + \underline{Y}_{1F} \cdot 0 = 17{,}793 \text{ kA} \cdot e^{-j83{,}50°}$

$\underline{I}''_{kG9} = 0 \cdot 1{,}1 \cdot 220 \text{ kV}/(\sqrt{3} \cdot \ddot{u}_{T3}) + \underline{Y}_{22} \cdot \underline{E}''_{G9} + \underline{Y}_{2F} \cdot 0 = 4{,}653 \text{ kA} \cdot e^{-j79{,}74°}.$

Anfangskurzschlusswechselstrom an der Fehlerstelle:

$$\underline{I}''_{kF} = \underbrace{\underline{Y}_{1F} \cdot 1{,}1 \cdot 220 \text{ kV}/(\sqrt{3} \cdot \ddot{u}_{T3})}_{\underline{I}''_{k1F}} + \underbrace{\underline{Y}_{2F} \cdot \underline{E}''_{G9}}_{\underline{I}''_{k2F}} = -22{,}438 \text{ kA} \cdot e^{-j82{,}72°}.$$

Dieser Strom kann auch aus der Beziehung $\underline{I}''_{kF} = -(\underline{I}''_{kQ} + \underline{I}''_{kG9})$ berechnet werden. Die Summanden $\underline{I}''_{k1F}$ und $\underline{I}''_{k2F}$ kennzeichnen die Beiträge der Einspeisungen zum Kurzschlusswechselstrom an der Fehlerstelle. In einem Netz, bei dem der Kurzschluss nicht die Spannungsquellen voneinander entkoppelt, sind diese Beiträge aufgrund von Ausgleichsströmen zwischen den Einspeisungen *nicht identisch mit den tatsächlichen Teilkurzschlussströmen* $\underline{I}''_{kQ}$ und $\underline{I}''_{kG9}$.

b) $I_{sF} = 1{,}15 \cdot \kappa_{1F} \cdot \sqrt{2} \cdot I''_{k1F} + 1{,}15 \cdot \kappa_{2F} \cdot \sqrt{2} \cdot I''_{k2F}$

$\kappa_{1F} = 1{,}717 \quad \text{mit } R/X = \text{Re}\{-\underline{Y}_{1F}^{-1}\}/\text{Im}\{-\underline{Y}_{1F}^{-1}\} \quad \rightarrow \quad 1{,}15 \cdot \kappa_{1F} = 1{,}974$

$\kappa_{2F} = 1{,}880 \quad \text{mit } R/X = \text{Re}\{-\underline{Y}_{2F}^{-1}\}/\text{Im}\{-\underline{Y}_{2F}^{-1}\} \quad \rightarrow \quad 1{,}15 \cdot \kappa_{2F} > 2 \ (2{,}0 \text{ einsetzen})$

$I_{sF} = 62{,}828 \text{ kA}.$

Da das betrachtete Netz durch den Kurzschluss in zwei voneinander unabhängige einmaschige Kreise zerfällt, bewirkt der Faktor 1,15 in diesem Spezialfall eine besonders hohe Sicherheit.

c) Netzeinspeisung:

$I_{aQ} = I''_{kQ} = 17{,}793 \text{ kA} \quad \text{(kein Abklingen)}$

Generator:

$I_{aG9} = \mu_{G9} \cdot I''_{kG9} = 3{,}629 \text{ kA} \quad \text{mit}$

$I''_{kG9}/(I_{rG9}/\ddot{u}_{rT9}) = 4{,}012 \text{ kA} \quad \rightarrow \quad \mu_{G9}(t=0{,}2\text{ s}) = 0{,}78 \quad \text{(s. Bild 6.23)}.$

Ausschaltwechselstrom an der Fehlerstelle:

$I_{aF} = I_{aQ} + I_{aG9} = 21{,}422 \text{ kA}.$

d) Ohne Berücksichtigung der Wirkwiderstände ergeben sich geringfügig zu große Kurzschlusswechselströme. Für den Stoßfaktor gilt dann: $\kappa \rightarrow 2{,}0$.

Lösung zu Aufgabe 6.4

a) Wie im Bild zu Lösung 6.3 gestrichelt dargestellt ist, sind beim Ersatzspannungsquellenverfahren im Ersatzschaltbild alle Spannungsquellen kurzzuschließen; anstelle des Fehlers ist dann an der Kurzschlussstelle eine Spannungsquelle mit $1{,}1 \cdot U_{nN}/\sqrt{3}$ einzusetzen.

Die Widerstände und Reaktanzen des Generators G_9 sowie des zugehörigen Transformators T_9 sind zunächst mithilfe eines Kraftwerkskorrekturfaktors K_{KW} gemäß DIN VDE 0102 zu korrigieren:

$$K_{KW} = \left(\frac{U_{nN}}{U_{rG9}}\right)^2 \cdot \left(\frac{U_{rTUS}}{U_{rTOS}}\right)^2 \cdot \frac{1{,}1}{1 + (x''_{dG9} - u_{kT9}) \cdot \sin\varphi_{rG9}}$$

$$= \left(\frac{110 \text{ kV}}{21 \text{ kV}}\right)^2 \cdot \left(\frac{21 \text{ kV}}{112 \text{ kV}}\right)^2 \cdot \frac{1{,}1}{1 + (0{,}19 - 0{,}1) \cdot 0{,}6} = 1{,}0067$$

$\underline{Z}_{KW} = K_{KW} \cdot \underline{Z}_2 = 0{,}686 \text{ } \Omega + \text{j } 15{,}716 \text{ } \Omega \quad \text{mit} \quad \underline{Z}_2 = 0{,}681 \text{ } \Omega + \text{j } 15{,}611 \text{ } \Omega$.

Mit der daraus resultierenden Impedanz $\underline{Z}_{KW}$ des Kraftwerks ergibt sich an der Fehlerstelle eine im Vergleich zu Aufgabe 6.3 geringfügig veränderte Eingangsimpedanz
$\underline{Y}_{FF} = 0{,}341 \text{ S} \cdot e^{-\text{j}84{,}25°}$.

Man erhält dann den Anfangskurzschlusswechselstrom an der Fehlerstelle
$\underline{I}''_{kF} = -\underline{Y}_{FF} \cdot 1{,}1 \cdot 110 \text{ kV}/\sqrt{3} = -23{,}822 \text{ kA} \cdot e^{-\text{j}84{,}25°}$.

Die zugehörigen Teilkurzschlussströme in den Einspeisungen können wiederum mithilfe der Übertragungsadmittanzen $\underline{Y}_{1F}$ und $\underline{Y}_{2F}$ ermittelt werden. Der Wert von $\underline{Y}_{1F}$ hat sich im Vergleich zu Aufgabe 6.3 nicht geändert; für $\underline{Y}_{2F}$ ergibt sich
$\underline{Y}_{2F} = 0{,}0636 \text{ S} \cdot e^{-\text{j}87{,}51°}$.

Netzeinspeisung:

$\underline{I}''_{kQ} = -\underline{Y}_{1F} \cdot 1{,}1 \cdot 110 \text{ kV}/\sqrt{3} = 19{,}421 \text{ kA} \cdot e^{-\text{j}83{,}50°}$.

Generator:

$\underline{I}''_{kG9} = -\underline{Y}_{2F} \cdot 1{,}1 \cdot 110 \text{ kV}/\sqrt{3} = 4{,}441 \text{ kA} \cdot e^{-\text{j}87{,}50°}$.

Da die Ersatzspannungsquelle als einzige Spannungsquelle vorhanden ist, können die Teilkurzschlussströme alternativ auch mithilfe der Stromteilerregel aus dem bereits berechneten Fehlerstrom $\underline{I}''_{kF}$ ermittelt werden.

b) Stoßkurzschlussstrom an der Fehlerstelle bei verzweigten Netzen:

$I_{sF} = 1{,}15 \cdot \kappa_F \cdot \sqrt{2} \cdot I''_{kF}$

$R/X = \text{Re}\{\underline{Y}_{FF}^{-1}\}/\text{Im}\{\underline{Y}_{FF}^{-1}\} = 0{,}2938/2{,}918 = 0{,}10069$

$\kappa_F = 1{,}745 \quad \rightarrow \quad 1{,}15 \cdot \kappa_F > 2 \quad \rightarrow \quad I_{sF} = 2{,}0 \cdot \sqrt{2} \cdot 23{,}822 \text{ kA} = 67{,}379 \text{ kA}$.

c) Prinzipiell werden die Ausschaltwechselströme von verzweigten Netzen gemäß DIN VDE 0102 mit den Anfangskurzschlusswechselströmen nach oben abgeschätzt. In dem betrachteten Fall liegt jedoch ein Spezialfall vor, bei dem alle Spannungsquellen sternförmig auf den Kurzschluss speisen und voneinander entkoppelt sind. Daher können für die einzelnen Zweige genauere Ausschaltwechselströme ermittelt werden:

$$\frac{I''_{kG9}}{I_{rG9}/\ddot{u}_{rT9}} = \frac{4{,}441 \text{ kA}}{6{,}186 \text{ kA}/(112/21)} = 3{,}829 \quad \rightarrow \quad \mu_{G9} = 0{,}8$$

$I_{aG9} = \mu_{G9} \cdot I''_{kG9} = 3{,}553 \text{ kA}$

$I_{aQ} = I''_{kQ} = 19{,}421 \text{ kA} \quad (\mu_Q = 1)$

Ausschaltwechselstrom an der Fehlerstelle:

$I_{aF} = I_{aG9} + I_{aQ} = 22{,}974 \text{ kA}$.

Lösung zu Aufgabe 6.5

a) Für die Erstellung des Ersatzschaltbilds sind die Netzeinspeisungen N_1 und N_2 zusammenzufassen und alle Wirkwiderstände zu vernachlässigen ($R/X < 0{,}3$). Als Bezugsspannung wird der Wert $U_{nN} = 380$ kV gewählt.

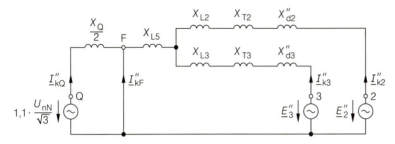

Freileitungen:
$X'_b = 0{,}5 \cdot 0{,}259$ Ω/km   (2 parallele Systeme)
$X_{L2} = 6{,}475$ Ω; $X_{L3} = 1{,}295$ Ω; $X_{L5} = 12{,}95$ Ω

Netzeinspeisungen:
$$X_Q = 1{,}1 \cdot \frac{(380 \text{ kV})^2}{20 \text{ GVA}} = 7{,}942 \text{ Ω}$$

Transformatoren:
$$X_{T2} = 0{,}16 \cdot \frac{(425 \text{ kV})^2}{1400 \text{ MVA}} = 20{,}643 \text{ Ω}$$
$$X_{T3} = 0{,}13 \cdot \frac{(425 \text{ kV})^2}{1100 \text{ MVA}} = 21{,}347 \text{ Ω}$$

Generatoren:
$$X''_{d2} = 0{,}32 \cdot \frac{(27 \text{ kV})^2}{1300 \text{ MVA}} \cdot \left(\frac{425 \text{ kV}}{27 \text{ kV}}\right)^2 = 44{,}462 \text{ Ω}$$
$$X''_{d3} = 0{,}23 \cdot \frac{(27 \text{ kV})^2}{900 \text{ MVA}} \cdot \left(\frac{425 \text{ kV}}{27 \text{ kV}}\right)^2 = 46{,}160 \text{ Ω}$$
$E''_2 = ü_{rT2} \cdot E''_2(27 \text{ kV}) = 299{,}153$ kV   mit Gl. (4.96)
$E''_3 = ü_{rT3} \cdot E''_3(27 \text{ kV}) = 282{,}861$ kV.

Mit den Korrekturfaktoren
$K_{KW2} = 0{,}811$ und $K_{KW3} = 0{,}835$
ergeben sich für die Impedanzen der Blockkraftwerke die Werte
$\underline{Z}_{KW2} = K_{KW2} \cdot (jX''_{d2} + jX_{T2}) = j\,52{,}800$ Ω   und $\underline{Z}_{KW3} = j\,56{,}368$ Ω.

Anfangskurzschlusswechselstrom an der Fehlerstelle:
$\underline{I}''_{kF} = -\underline{Y}_{FF} \cdot 1{,}1 \cdot U_{nN}/\sqrt{3} = -j\,0{,}2860$ S $\cdot 1{,}1 \cdot 380$ kV$/\sqrt{3} = -69{,}021$ kA $\cdot e^{-j90°}$.

Teilkurzschlussströme in den Kraftwerkszweigen:
$\underline{I}''_{k2} = -\underline{Y}_{2F} \cdot 1{,}1 \cdot U_{nN}/\sqrt{3} = j\,16{,}871$ mS $\cdot 1{,}1 \cdot 380$ kV$/\sqrt{3} = 4{,}071$ kA $\cdot e^{-j90°}$,
$\underline{I}''_{k3} = -\underline{Y}_{3F} \cdot 1{,}1 \cdot U_{nN}/\sqrt{3} = j\,17{,}342$ mS $\cdot 1{,}1 \cdot 380$ kV$/\sqrt{3} = 4{,}185$ kA $\cdot e^{-j90°}$.

In den Netzeinspeisungen N_1 und N_2 fließt jeweils der Teilkurzschlussstrom
$0{,}5 \cdot \underline{I}''_{kQ} = 0{,}5 \cdot (-\underline{Y}_{QF} \cdot 1{,}1 \cdot U_{nN}/\sqrt{3}) = 30{,}387$ kA $\cdot e^{-j90°}$ mit $\underline{Y}_{QF} = 0{,}1259$ S $\cdot e^{j90°}$.

b) Bei Netzen mit Nennspannungen über 1 kV kann der Stoßfaktor maximal die Größe $\kappa = 2{,}0$ annehmen. Mit diesem Wert wird der Stoßkurzschlussstrom zur sicheren Seite abgeschätzt:
$I_{sF} = 195{,}221$ kA.

c) Ausschaltwechselströme:

$$\frac{I''_{k2}}{I_{rG2}/\ddot{u}_{rT2}} = 2{,}305 \quad \rightarrow \quad \mu_{G2} = 0{,}96$$

$$\frac{I''_{k3}}{I_{rG3}/\ddot{u}_{rT3}} = 3{,}423 \quad \rightarrow \quad \mu_{G3} = 0{,}83$$

$I_{a2} = \mu_{G2} \cdot I''_{k2} = 3{,}908$ kA
$I_{a3} = \mu_{G3} \cdot I''_{k3} = 3{,}474$ kA
$I_{aF} = I_{a2} + I_{a3} + I''_{kQ} = 68{,}156$ kA.

Lösung zu Aufgabe 6.6

a)

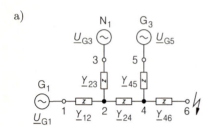

$\underline{U}_G$: Spannungen an den Einspeiseknoten,
$\underline{U}_L$: Spannungen an den Lastknoten,
$\underline{I}_G$: Ströme in den Einspeisungen,
$\underline{I}_{k6}$: Kurzschlussstrom.

$$\begin{bmatrix} \underline{I}_{G1} \\ 0 \\ \underline{I}_{G3} \\ 0 \\ \underline{I}_{G5} \\ -\underline{I}_{k6} \end{bmatrix} = \begin{bmatrix} \underline{Y}_{12} & -\underline{Y}_{12} & 0 & 0 & 0 & 0 \\ -\underline{Y}_{12} & \underline{Y}_{12}+\underline{Y}_{23}+\underline{Y}_{24} & -\underline{Y}_{23} & -\underline{Y}_{24} & 0 & 0 \\ 0 & -\underline{Y}_{23} & \underline{Y}_{23} & 0 & 0 & 0 \\ 0 & -\underline{Y}_{24} & 0 & \underline{Y}_{24}+\underline{Y}_{45}+\underline{Y}_{46} & -\underline{Y}_{45} & -\underline{Y}_{46} \\ 0 & 0 & 0 & -\underline{Y}_{45} & \underline{Y}_{45} & 0 \\ 0 & 0 & 0 & -\underline{Y}_{46} & 0 & \underline{Y}_{46} \end{bmatrix} \cdot \begin{bmatrix} \underline{U}_{G1} \\ \underline{U}_{L2} \\ \underline{U}_{G3} \\ \underline{U}_{L4} \\ \underline{U}_{G5} \\ 0 \end{bmatrix}$$

$\underline{I}_{k6}$ substituieren:
$\underline{I}_{k6} = \underline{I}_{G1} + \underline{I}_{G3} + \underline{I}_{G5}$.

Bei der Lösung des sich dann ergebenden Gleichungssystems wäre folgendermaßen vorzugehen:

Da die Admittanzmatrix singulär ist, muss eine beliebige Zeile (Gleichung) gestrichen werden. Dafür bietet sich die 6. Zeile an, weil sie nach der Substitution im Unterschied zu den anderen Zeilen mehrere Ströme enthält. Anschließend muss die resultierende Matrix noch um eine Spalte reduziert werden. Für diese Maßnahme ist die 6. Spalte zu wählen, da das Potenzial am Kurzschlussknoten 6 bekannt ist und den Wert 0 aufweist (vgl. Abschnitt 5.7).

b) Dem Kurzschlussknoten 6 wird das Potenzial $\underline{U}_6 = 1{,}1 \cdot U_{nN}/\sqrt{3}$ zugewiesen (Ersatzspannungsquelle).

Alle anderen Spannungsquellen sind kurzzuschließen; die Knoten 1, 3 und 5 weisen dadurch Erdpotenzial auf. Sie werden zusammengefasst und gemeinsam als neuer Knoten 1 bezeichnet. Ferner ist in den Admittanzen $\underline{Y}_{12}$, $\underline{Y}_{23}$ und $\underline{Y}_{45}$ noch jeweils ein Kraftwerkskorrekturfaktor gemäß DIN VDE 0102 zu berücksichtigen. Auf diese Modifikation der Admittanzwerte wird durch die Kennzeichnung $\underline{\tilde{Y}}$ hingewiesen.

$$\begin{bmatrix} -\underline{I}_{k6} \\ 0 \\ 0 \\ \underline{I}_{k6} \end{bmatrix} = \begin{bmatrix} \underline{\tilde{Y}}_{12}+\underline{\tilde{Y}}_{23}+\underline{\tilde{Y}}_{45} & -(\underline{\tilde{Y}}_{12}+\underline{\tilde{Y}}_{23}) & -\underline{\tilde{Y}}_{45} & 0 \\ -(\underline{\tilde{Y}}_{12}+\underline{\tilde{Y}}_{23}) & \underline{\tilde{Y}}_{12}+\underline{\tilde{Y}}_{23}+\underline{Y}_{24} & -\underline{Y}_{24} & 0 \\ -\underline{\tilde{Y}}_{45} & -\underline{Y}_{24} & \underline{\tilde{Y}}_{45}+\underline{Y}_{24}+\underline{Y}_{46} & -\underline{Y}_{46} \\ 0 & 0 & -\underline{Y}_{46} & \underline{Y}_{46} \end{bmatrix} \cdot \begin{bmatrix} 0 \\ \underline{U}_{L2} \\ \underline{U}_{L4} \\ \underline{U}_6 \end{bmatrix}$$

Lösungen

Die Admittanzmatrix ist wiederum singulär. Man streicht daher die 1. Zeile und die 1. Spalte, weil der Knoten 1 das Potenzial 0 aufweist. Durch diese Maßnahme wird der Einspeiseknoten eliminiert, sodass die Admittanzmatrix nur noch Netzknoten enthält.

c) Nach der in b) durchgeführten Knotenreduktion führt eine Inversion der Admittanzmatrix auf folgende Impedanzform:

$$\begin{bmatrix} \underline{U}_{L2} \\ \underline{U}_{L4} \\ \underline{U}_6 \end{bmatrix} = \begin{bmatrix} \underline{Z}_{22} & \underline{Z}_{24} & \underline{Z}_{26} \\ \underline{Z}_{24} & \underline{Z}_{44} & \underline{Z}_{46} \\ \underline{Z}_{26} & \underline{Z}_{46} & \underline{Z}_{66} \end{bmatrix} \cdot \begin{bmatrix} 0 \\ 0 \\ \underline{I}_{k6} \end{bmatrix}.$$

Aus der letzten Zeile dieses Gleichungssystems folgt der Zusammenhang:
$\underline{U}_6 = \underline{Z}_{66} \cdot \underline{I}_{k6} \quad \rightarrow \quad \underline{I}_{k6} = \underline{U}_6 / \underline{Z}_{66}$.
Damit sind alle noch unbekannten Spannungen bestimmt.

Falls ein anderer Netzknoten zum Kurzschlussknoten wird, steht der Kurzschlussstrom in der zu diesem Knoten gehörenden Zeile des Stromvektors. Gleichzeitig nimmt das Potenzial dieses Knotens die Größe der Ersatzspannungsquelle an. Der bisherige Kurzschlussknoten wird dann zu einem Netzknoten und erhält im Stromvektor den Wert 0; die entsprechende Knotenspannung wird eine Unbekannte. Das restliche Gleichungssystem bleibt erhalten, sodass keine erneute Matrixinversion erforderlich ist.

Der Kurzschluss- und der Netzknoten haben somit lediglich ihre Bedeutung vertauscht. Auf diese Weise sind Aussagen über die Kurzschlussströme an allen Netzknoten möglich. Über die Einspeiseknoten können jedoch keine Angaben erfolgen, da sie in der reduzierten Matrix nicht mehr enthalten sind.

Lösung zu Aufgabe 7.1

a) $I_{rG} = 225 \text{ MVA}/(\sqrt{3} \cdot 21 \text{ kV}) = 6185{,}9 \text{ A}$.

Gemäß Anhang sind 3 Stromschienen (Teilleiter) mit jeweils 200 mm × 15 mm und einem zulässigen Betriebsstrom von insgesamt $I_z = 6240$ A erforderlich. Die stärkste mechanische Beanspruchung erfolgt durch einen dreipoligen Kurzschluss.

b) $X_d'' = 0{,}18 \cdot (21 \text{ kV})^2/(225 \text{ MVA}) = 0{,}353 \text{ }\Omega$;

$$I_k'' = \frac{1{,}1 \cdot 21 \text{ kV}}{\sqrt{3} \cdot X_d''} = 37{,}8 \text{ kA}.$$

$R_{sG}/X_d'' = 0{,}05 \quad \rightarrow \quad \kappa = 1{,}86 \quad \rightarrow \quad I_s = 99{,}44 \text{ kA}$.

Hauptleiterkraft: $F' = 4{,}89 \text{ kN/m}$ (gemäß Gl. (7.11)).

c) Da bei einem dreipoligen Kurzschluss der mittlere Hauptleiter am stärksten beansprucht wird, ist aus den Abständen a_{ij} seiner 3 Teilleiter zu allen 3 Teilleitern eines außen liegenden Hauptleiters der wirksame Hauptleitermittenabstand a_m zu berechnen:

$b/d = 200 \text{ mm}/15 \text{ mm} = 13{,}3$; $\quad d = 15 \text{ mm}$; $\quad a = 350 \text{ mm}$.

$a_{11} = a$; $\qquad a_{12} = a + 2d$; $\qquad a_{13} = a + 2 \cdot 2d$;
$a_{21} = a - 2d$; $\qquad a_{22} = a$; $\qquad a_{23} = a + 2d$;
$a_{31} = a - 2 \cdot 2d$; $\qquad a_{32} = a - 2d$; $\qquad a_{33} = a$.

Damit ergeben sich gemäß Bild 7.9 die folgenden Korrekturfaktoren:

$k_{11} = 0{,}95$; $\quad k_{12} = 0{,}955$; $\quad k_{13} = 0{,}96$;
$k_{21} = 0{,}94$; $\quad k_{22} = k_{11}$; $\quad k_{23} = k_{12}$;
$k_{31} = 0{,}93$; $\quad k_{32} = k_{21}$; $\quad k_{33} = k_{11}$.

$$\frac{1}{a_m} = \left(\frac{0{,}95}{0{,}35} + \frac{0{,}955}{0{,}38} + \frac{0{,}96}{0{,}41} + \frac{0{,}94}{0{,}32} + \frac{0{,}95}{0{,}35} + \frac{0{,}955}{0{,}38} + \frac{0{,}93}{0{,}29} + \frac{0{,}94}{0{,}32} + \frac{0{,}95}{0{,}35} \right) \frac{1}{\text{m}} = 24{,}59 \, \frac{1}{\text{m}}.$$

Aus Gl. (7.16) ergibt sich unter Verwendung des Teilleiterstroms $I_s/3$ die Hauptleiterkraft $F'_m = 4{,}68$ kN/m.
Die ermittelte Hauptleiterkraft ist geringer als bei vergleichbaren Linienleitern.

d) $\dfrac{1}{a_s} = \dfrac{0{,}35}{0{,}03 \text{ m}} + \dfrac{0{,}56}{0{,}06 \text{ m}} = 21{,}0 \ \dfrac{1}{\text{m}}$;

$F'_s = 4{,}61$ kN/m   (s. Gl. (7.18)).

e) Gesamtkraft: $F_{\text{ges}} = F_s + F_m = 9{,}29$ kN.
Diese Kraft wirkt waagrecht und entsteht gleichmäßig verteilt auf der gesamten Schienenlänge. Jeder der Stützer muss die halbe Kraft aufnehmen: $F_{A1} = F_{A2} = F_{\text{ges}}/2$.

f) Einpolig gekapselte Anlage:
Die Kräfte zwischen den Leitern reduzieren sich infolge der Rückströme in der Kapselung, wenn diese beidseitig geerdet ist.
Dreipolig gekapselte Anlage:
Die Kräfte zwischen den Leitern werden durch die Kapselung nicht wesentlich beeinflusst.

g) Im Bereich der Krümmung treten erhöhte Streckenkräfte auf. Dort sind zusätzliche Stützer erforderlich.

Lösung zu Aufgabe 7.2

$X''_d = 0{,}353\ \Omega$; $I''_k = 37{,}8$ kA ; $I_{rG} = 6185{,}9$ A .

$R_{sG}/X''_d = 0{,}05 \quad \rightarrow \quad \kappa = 1{,}86 \quad \rightarrow \quad m = 0{,}37$.

$I_k = 1{,}76 \cdot I_{rG} = 10{,}89$ kA ; $I''_k/I_k = 3{,}47 \quad \rightarrow \quad n = 0{,}7$.

$I_{\text{th}} = I''_k \cdot \sqrt{m+n} = 39{,}1$ kA ; $S_{\text{th}} = 4{,}34\ \text{A/mm}^2$ mit $A = 3 \cdot (200 \cdot 15)\ \text{mm}^2$.

$S_{\text{th,zul}} = 87\ \text{A/mm}^2 \cdot \sqrt{1\ \text{s}/0{,}2\ \text{s}} = 194\ \text{A/mm}^2 \quad \rightarrow \quad S_{\text{th}} < S_{\text{th,zul}}$.

Die Leiterschiene ist demnach auch thermisch kurzschlussfest.

Lösung zu Aufgabe 7.3

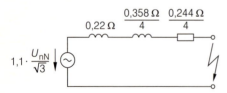

Die maximale Beanspruchung der Kabel tritt bei einem Kurzschluss unmittelbar hinter der Sammelschiene auf:

$I''_k = 20{,}13$ kA.

$R/X = 0{,}197 \quad \rightarrow \quad \kappa = 1{,}56 \quad \rightarrow \quad m = 0{,}05$.

$I''_k = I_k \quad \rightarrow \quad n = 1$ (Netzeinspeisung).

$I_{\text{th}} = 20{,}63\ \text{kA} \cdot \sqrt{1+0{,}05}$ (s. Gl. (7.27)) ;

$S_{\text{th}} = 20{,}63\ \text{A}/240\ \text{mm}^2 = 85{,}97\ \text{A/mm}^2$;

$S_{\text{th,r}} = 91{,}2\ \text{A/mm}^2$ mit $\vartheta_b = 90\,°\text{C}$ und $\vartheta_e = 250\,°\text{C}$;

$S_{\text{th,zul}} = S_{\text{th,r}} \cdot \sqrt{1\ \text{s}/0{,}3\ \text{s}} = 166{,}5\ \text{A/mm}^2$.

Die Bedingung $S_{\text{th}} < S_{\text{th,zul}}$ ist erfüllt, die Kabel sind demzufolge thermisch kurzschlussfest.

Lösung zu Aufgabe 7.4

a) Oberspannungsseite: SF_6-Technik.
   Unterspannungsseite: Bevorzugt SF_6-Technik wegen erhöhter Sicherheit, jedoch auch Zellenbauweise möglich.

b)
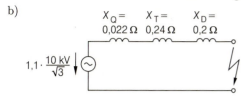

Anfangskurzschlusswechselstrom: $I_k'' = 13{,}75$ kA.

c) $\dfrac{R_Q + R_T + R_D}{X_Q + X_T + X_D} = 0{,}0688 \quad \to \quad \kappa = 1{,}82$;

$S_{th,r} = 91{,}2$ A/mm² mit $\vartheta_b = 90\,°C$ und $\vartheta_e = 250\,°C$.

Mindestschaltverzug $t_{min} = 0{,}3$ s:
$m = 0{,}18$; $n = 1$ (Netzeinspeisung);
$S_{th,zul} = S_{th,r} \cdot \sqrt{1\,\text{s}/0{,}3\,\text{s}} = 166{,}5$ A/mm²;
$I_{th} = 14{,}93$ kA; $S_{th} = 62{,}2$ A/mm² $< S_{th,zul}$.

Mindestschaltverzug $t_{min} = 0{,}8$ s (Reservezeit):
$m = 0{,}064$; $n = 1$ (Netzeinspeisung);
$S_{th,zul} = S_{th,r} \cdot \sqrt{1\,\text{s}/0{,}8\,\text{s}} = 102{,}0$ A/mm²;
$I_{th} = 14{,}2$ kA; $S_{th} = 59{,}1$ A/mm² $< S_{th,zul}$.

Die Kabel sind thermisch kurzschlussfest.

d) $I_k'' = 24{,}24$ kA.

e) $t_{min} = 0{,}3$ s: $I_{th} = 26{,}33$ kA; $S_{th} = 109{,}7$ A/mm²;
$t_{min} = 0{,}8$ s: $I_{th} = 25{,}0$ kA; $S_{th} = 104{,}2$ A/mm².

Die Kabel sind bei $S_{th,zul} = 102{,}0$ A/mm² für einen Mindestschaltverzug von $t_{min} = 0{,}8$ s nicht kurzschlussfest. Daher sind die Drosselspulen erforderlich.

f) $X_Q + (X_T + X_D)/2 = 0{,}242\,\Omega \quad \to \quad I_k'' = 26{,}24$ kA; $\kappa = 1{,}81$.

Mindestschaltverzug $t_{min} = 0{,}3$ s:
$m = 0{,}18$; $n = 1$; $I_{th} = 28{,}5$ kA; $S_{th} = 118{,}8$ A/mm² $< S_{th,zul}(t_{min} = 0{,}3\,\text{s})$.

Mindestschaltverzug $t_{min} = 0{,}8$ s:
$m = 0{,}064$; $n = 1$; $I_{th} = 27{,}07$ kA; $S_{th} = 112{,}8$ A/mm² $> S_{th,zul}(t_{min} = 0{,}8\,\text{s})$.

Ein stationärer Parallelbetrieb der Transformatoren ist nicht zulässig.

g)

Mit I_s-Begrenzer (Drosselspule kurzgeschlossen):
$I_b = 1824{,}7$ A; $U = \sqrt{3} \cdot I_b \cdot |R_{LS} + jX_{LS}| = 9{,}481$ kV $= 0{,}948 \cdot U_{nN}$.

Ohne I_s-Begrenzer (Drosselspule wirksam):
$I_b = 1750{,}6$ A; $U = 9{,}096$ kV $= 0{,}910 \cdot U_{nN}$.

h)

$$X_Q = 2{,}66\,\Omega \quad \ddot{u}_T \quad X_T = 0{,}24\,\Omega \quad X_D = 0{,}2\,\Omega$$

$$\frac{110\,\text{kV}}{\sqrt{3}} \quad R_{LS} = 2{,}4\,\Omega \quad X_{LS} = 1{,}8\,\Omega$$

$\ddot{u}_T = \ddot{u}_{rT} \pm 12\,\% \quad \rightarrow \quad \ddot{u}_{T\max} = 12{,}32\,; \quad \ddot{u}_{T\min} = 9{,}68$.

Spannung an der 10-kV-Sammelschiene:
Spannungsteilerregel anwenden, Impedanzen auf die Unterspannungsseite beziehen.

$$U_Y(\ddot{u}_T) = \frac{110\,\text{kV}}{\sqrt{3}\cdot \ddot{u}_T} \cdot \frac{\sqrt{R_{LS}^2 + X_{LS}^2}}{\sqrt{R_{LS}^2 + (X_Q/\ddot{u}_T^2 + X_T + X_D + X_{LS})^2}}\,;$$

$U_Y(\ddot{u}_{T,\max}) = 4{,}69\,\text{kV} = 0{,}812 \cdot U_{nN}/\sqrt{3}\,;$
$U_Y(\ddot{u}_{T,\min}) = 5{,}96\,\text{kV} = 1{,}032 \cdot U_{nN}/\sqrt{3}\,.$

Anfangskurzschlusswechselstrom an der 10-kV-Sammelschiene:
$I_k''(\ddot{u}_{rT}) = 13{,}75\,\text{kA}\,;$
$I_k''(\ddot{u}_{T,\max}) = 12{,}39\,\text{kA} = 0{,}902 \cdot I_k''(\ddot{u}_{rT})\,;$
$I_k''(\ddot{u}_{T,\min}) = 15{,}4\,\text{kA} = 1{,}121 \cdot I_k''(\ddot{u}_{rT})\,.$

Lösung zu Aufgabe 7.5

Oberspannungsseite (Schalter S_1):
$I_a = I_k'' = 5\,\text{GVA}/(\sqrt{3}\cdot 110\,\text{kV}) = 26{,}24\,\text{kA} < 31{,}5\,\text{kA}\,;$
$I_{rT} = 50\,\text{MVA}/(\sqrt{3}\cdot 110\,\text{kV}) = 262{,}4\,\text{A}\,;$
bei zeitweiliger Überlastung zulässig: $\quad 1{,}3 \cdot I_{rT} = 341{,}2\,\text{A} < 1250\,\text{A}\,;$
$I_s = \sqrt{2}\cdot 1{,}65 \cdot I_k'' = 61{,}2\,\text{kA} < 80\,\text{kA}\,;$
$I_{th,zul} = I_{th,r} = 30\,\text{kA} \quad \text{wegen} \quad T_k = 0{,}1\,\text{s} \leq T_{kr} \quad (\text{s. Gl. (7.30))}\,;$
$t_{\min} = 0{,}1\,\text{s} \quad \rightarrow \quad m = 0{,}23 \quad \text{und} \quad n = 1\,;$
$I_{th} = I_k'' \cdot \sqrt{1{,}23} = 29{,}1\,\text{kA} < I_{th,zul}\,.$
Die Bemessungsdaten des Schalters S_1 werden eingehalten.

Abzweigkabel (Schalter S_2):
$I_a = I_k'' = 15{,}4\,\text{kA} < 16\,\text{kA} \quad$ (bei minimaler Stufenschalterstellung);
$I_z = I_r = 416\,\text{A} < 630\,\text{A}\,;$
$I_s = \sqrt{2}\cdot 1{,}65 \cdot I_k'' = 35{,}9\,\text{kA} < 45\,\text{kA}\,;$
$I_{th,zul} = I_{th,r} = 16\,\text{kA} \quad (\text{s. Gl. (7.30))}\,;$
$t_{\min} = 0{,}1\,\text{s} \quad (\text{kleinste Zeit maßgebend}): m = 0{,}23 \quad \text{und} \quad n = 1\,;$
$I_{th} = I_k'' \cdot \sqrt{1{,}23} = 17{,}1\,\text{kA} > I_{th,zul} \quad (\text{unzulässig}).$
Die Bemessungsdaten des Schalters S_2 werden überschritten.

Lösung zu Aufgabe 7.6

Die Daten des Ersatzschaltbilds – bezogen auf die 380-kV-Ebene – sind Bild 7.22 zu entnehmen. Es wird angenommen, dass die Klemmenspannung am Generator durch einen Spannungsregler konstant gehalten wird. Damit gilt: $U_{bG} = \ddot{u}_1 \cdot U_{rG} = 425\,\text{kV}$.

Analog zur Lösung 4.4.1a ergibt sich die transiente Spannung durch eine Modifikation der Gl. (4.96) zu:

$$E' = \sqrt{(U_{bG}/\sqrt{3} + X'_d \cdot I_{bG} \cdot \sin\varphi)^2 + (X'_d \cdot I_{bG} \cdot \cos\varphi)^2} = 286{,}0 \text{ kV} \quad \text{mit}$$

$$I_{bG} = \frac{\sqrt{P_{bG}^2 + Q_{bG}^2}}{\sqrt{3} \cdot U_{bG}} = 455{,}36 \text{ A} \quad \text{und} \quad \varphi = \arctan\frac{269 \text{ Mvar}}{200 \text{ MW}} = 53{,}37°.$$

Mithilfe der Ersatzschaltung 7.22 ist die Übertragungsadmittanz zwischen den Knoten K_1 und K_2 zu ermitteln. Dafür ist der Knoten K_1 kurzzuschließen, die Spannung am Knoten K_2 anzulegen und der Strom $\underline{I}_1$ am Knoten K_1 zu bestimmen:

$\underline{Y}_{12} = \underline{I}_1/(\underline{U}_{bN}/\sqrt{3})$.

Normalbetrieb: $\quad \underline{Y}_{b12} = j\,5{,}53 \text{ mS}$;
Kurzschluss in F_2: $\quad \underline{Y}_{k12} = j\,1{,}46 \text{ mS}$.

Die übertragene Wirkleistung wird durch die Leistungskennlinien $P_N(\delta)$ beschrieben und ergibt sich gemäß den Gln. (7.39) und (7.42) zu

$P_N(\delta) = \sqrt{3} \cdot Y_{12} \cdot E' \cdot U_{bN} \cdot \sin\delta \quad \text{mit} \quad U_{bN} = 380 \text{ kV}$.

Normalbetrieb: $\quad P_{bN}(\delta) = 1041 \text{ MW} \cdot \sin\delta \quad \to \quad \delta_0(200 \text{ MW}) = 11{,}1°$;
Kurzschluss in F_2: $\quad P_{kN}(\delta) = 274{,}8 \text{ MW} \cdot \sin\delta \quad \to \quad \delta_k(200 \text{ MW}) = 46{,}7°$.

Gemäß Bild 7.23 wird mit $P_A = 200$ MW das Flächenkriterium angewendet:

$$A_1 = \int_{\delta_0}^{\delta_k} 200 \text{ MW} \cdot d\delta - \int_{\delta_0}^{\delta_k} 274{,}8 \text{ MW} \cdot \sin\delta \cdot d\delta$$
$$= 200 \text{ MW} \cdot (\delta_k - \delta_0) - 274{,}8 \text{ MW} \cdot (\cos\delta_0 - \cos\delta_k) = 43{,}1 \text{ MW} \quad (\delta \text{ in Bogenmaß})\,;$$

$$A_2 = \int_{\delta_k}^{\delta_{max}} 274{,}8 \text{ MW} \cdot \sin\delta \cdot d\delta - \int_{\delta_k}^{\delta_{max}} 200 \text{ MW} \cdot d\delta$$
$$= 274{,}8 \text{ MW} \cdot (\cos\delta_k - \cos\delta_{max}) - 200 \text{ MW} \cdot (\delta_{max} - \delta_k)$$
$$= 351{,}5 \text{ MW} - (274{,}8 \text{ MW} \cdot \cos\delta_{max} + 200 \text{ MW} \cdot \delta_{max}) \quad (\delta \text{ in Bogenmaß}).$$

Transiente Stabilität liegt gemäß Bild 7.24 vor, wenn δ_{krit} nicht überschritten wird. Diese Bedingung ist erfüllt, wenn die Ungleichung $A_2(\delta_{krit}) > A_1$ gilt. Der zugehörige Grenzwinkel δ_{krit} muss im Bereich $90°\ldots180°$ liegen und ergibt sich aus der Beziehung $274{,}8 \text{ MW} \cdot \sin\delta_{krit} = 200 \text{ MW}$ zu $\delta_{krit} = 133{,}3°$.

Dieser Winkel ist in der Bestimmungsgleichung für die Fläche A_2 anstelle von δ_{max} einzusetzen: $A_2(\delta_{krit}) = 74{,}7$ MW.

Der so erhaltene Maximalwert für die Fläche A_2 ist größer als die Fläche A_1. Transiente Stabilität liegt somit vor.

Der maximale Ausschlagswinkel δ_{max} wird durch die Bedingung $A_2 = A_1$ gekennzeichnet. Er ist durch iteratives Einsetzen von Werten für δ_{max} in die Bestimmungsgleichung von A_2 zu ermitteln. Dabei kann aus jeweils zwei geschätzten Werten für δ_{max} und den zugehörigen Werten für A_2 durch lineare Interpolation ein verbesserter Schätzwert δ_{max} bestimmt werden (Regula Falsi). Man erhält so das Ergebnis: $\delta_{max} = 94{,}4°$.

Lösung zu Aufgabe 8.1

a) $S_{ges} = 152 \cdot 21 \text{ kW} \cdot (0{,}07 + 0{,}93/152)/0{,}9 = 3192 \text{ kW} \cdot 0{,}076/0{,}9 = 270 \text{ kVA}$.
   Netzstationen werden üblicherweise im Bemessungsbetrieb zu $60\ldots70\%$ ausgelastet. Es wird demnach eine 400-kVA-Netzstation benötigt, die mittelspannungsseitig von der Netzstation N_1 gespeist wird.

b)

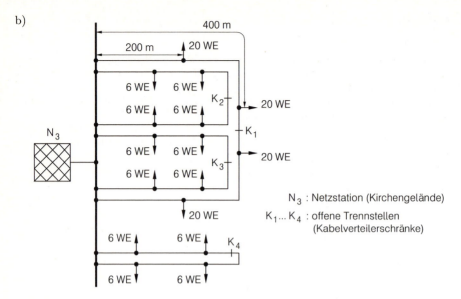

N_3 : Netzstation (Kirchengelände)
$K_1 ... K_4$: offene Trennstellen (Kabelverteilerschränke)

c) **Spannungshaltung:**

Zulässiger Spannungsabfall: $\Delta U_{Y,zul} = 0{,}03 \cdot 400 \text{ V}/\sqrt{3} = 6{,}9 \text{ V}$.

Äußerer Ring:

Der Ring speist bis zum Kabelverteilerschrank K_1 2×20 WE.
20 WE entsprechen einer Wirkleistung von $P = 20 \cdot 21 \text{ kW} \cdot (0{,}07 + 0{,}93/20) = 48{,}93 \text{ kW}$.
$M_W^* = 48{,}93 \text{ kW} \cdot 0{,}2 \text{ km} + 48{,}93 \text{ kW} \cdot 0{,}4 \text{ km} = 29{,}36 \text{ kW} \cdot \text{km}$;
$M_B^* = 48{,}93 \text{ kW} \cdot 0{,}2 \text{ km} \cdot \tan\varphi + 48{,}93 \text{ kW} \cdot 0{,}4 \text{ km} \cdot \tan\varphi = 14{,}22 \text{ kvar} \cdot \text{km}$.
$R_b' = 0{,}249 \text{ }\Omega/\text{km}$; $X_b' = 0{,}08 \text{ }\Omega/\text{km}$ (s. Anhang mit $\vartheta_b = 70 \text{ °C}$) .
$\Delta U_Y = 12{,}2 \text{ V}$ (Längsspannungsabfall gemäß Gl. (5.15a)).
Um den zulässigen Spannungsabfall einzuhalten, sind zwei parallel verlegte Kabel erforderlich, die jeweils die halbe Last versorgen ($\Delta U_Y = 0{,}5 \cdot 12{,}2 \text{ V} = 6{,}1 \text{ V}$).

Alle weiteren Ringe:

Diese Ringe versorgen bis zum jeweiligen Kabelverteilerschrank 2×6 WE.
6 WE entsprechen einer Wirkleistung von $P = 6 \cdot 21 \text{ kW} \cdot (0{,}07 + 0{,}93/6) = 28{,}35 \text{ kW}$.
$M_W^* = 17{,}01 \text{ kW} \cdot \text{km}$; $M_B^* = 8{,}24 \text{ kvar} \cdot \text{km}$.
$\Delta U_Y = 7{,}1 \text{ V}$ (s. Gl. (5.15a)) .
Es sind ebenfalls zwei parallel verlegte Kabel notwendig ($\Delta U_Y = 3{,}5 \text{ V}$).
Die Annahme, dass die Lasten konzentriert in der Mitte und am Ende der Kabel angreifen, bedeutet eine Abschätzung zur sicheren Seite.

Strombelastbarkeit im Normalbetrieb:

Zulässiger Betriebsstrom der Kabel: $I_z = I_r = 270 \text{ A}$ (s. Anhang).

Äußerer Ring:

$S = 40 \cdot 21 \text{ kW} \cdot (0{,}07 + 0{,}93/40)/0{,}9 = 87{,}03 \text{ kVA}$;
Betriebsstrom pro Kabel: $I_b = 0{,}5 \cdot S/(\sqrt{3} \cdot 400 \text{ V}) = 62{,}8 \text{ A} < I_z$.

Alle weiteren Ringe:

$S = 12 \cdot 21 \text{ kW} \cdot (0{,}07 + 0{,}93/12)/0{,}9 = 41{,}3 \text{ kVA}$;
Betriebsstrom pro Kabel: $I_b = 0{,}5 \cdot S/(\sqrt{3} \cdot 400 \text{ V}) = 29{,}8 \text{ A} < I_z$.

Lösungen 643

d) **NH-Sicherungen:**

Sicherungsauswahl:

Wegen des einheitlichen Kabeltyps wird für alle Kabel dieselbe Sicherungsgröße verwendet, für die dann der größte Betriebsstrom von $I_b = 62{,}8$ A maßgebend ist. Gewählt wird der Sicherungsbemessungsstrom $I_{rS} = 100$ A.

Der große Prüfstrom liegt gemäß Abschnitt 4.13.1.2 wegen $I_{rS} > 25$ A bei $1{,}6 \cdot I_{rS}$. Er darf den Wert $1{,}45 \cdot I_z$ nicht überschreiten (s. Abschnitt 8.2):

$1{,}6 \cdot 100$ A $\leq 1{,}45 \cdot 270$ A   (erfüllt).

Kurzschluss:

$X_{kT} = 0{,}04 \cdot (400\text{ V})^2/400\text{ kVA} = 0{,}016\ \Omega$;

$I''_{k,\max} = \dfrac{1{,}0 \cdot 400\text{ V}}{\sqrt{3} \cdot X_{kT}} = 14{,}43$ kA   (Kurzschluss am Kabelanfang);

$I''_{k,\min} = \dfrac{0{,}95 \cdot 400\text{ V}}{\sqrt{3} \cdot |0{,}4 \cdot (0{,}249 + \mathrm{j}\,0{,}08)\ \Omega + \mathrm{j}X_{kT}|} = 1984{,}4$ A   (Kurzschluss am Kabelende).

Die Bedingung $1{,}6 \cdot 100$ A $\leq I''_k \leq I_{aS}$ mit $I_{aS} = 80$ kA wird von beiden Kurzschlussströmen eingehalten.

Zusätzlich ist zu gewährleisten, dass die NH-Sicherung auch noch auslöst, wenn am Kabelende ein *einpoliger* Kurzschluss auftritt. Dabei kann gemäß Abschnitt 8.2 der einpolige Kurzschlussstrom I''_{k1p} mit dem Wert $I''_{k,\min}/3$ zur sicheren Seite (nach unten) abgeschätzt werden. Damit ist auch für diesen Kurzschlussstrom die Forderung $1{,}6 \cdot 100$ A $\leq I''_{k1p} \leq I_{aS}$ erfüllt.

Die gewählte NH-Sicherung ist demnach ein zulässiger Sicherungstyp.

HH-Sicherung:

Sicherungsauswahl:

Für den Sicherungsbemessungsstrom muss gelten: $I_{rS} \geq 400\text{ kVA}/(\sqrt{3} \cdot 10\text{ kV}) = 23{,}1$ A.
Gewählt: $I_{rS} = 63$ A.

Kurzschluss:

Die Selektivität zu den unterlagerten NH-Sicherungen ist für den minimalen und den maximalen niederspannungsseitigen Kurzschlussstrom zu überprüfen. Zu diesem Zweck sind die Zeit/Strom-Kennlinien gemäß den Bildern 4.193 und 4.195 auszuwerten:

$I''_{k,\max}$: $t_{sNH} < 0{,}005$ s; $t_{sHH} \approx 0{,}02$ s   (selektiv) ;

$I''_{k,\min}$: $t_{sNH} \approx 0{,}01$ s; $t_{sHH} \gg 1000$ s   (selektiv) .

e) Der größte Mindestschaltverzug tritt bei dem minimalen Kurzschlussstrom $I''_{k,\min}$ auf und beträgt 0,01 s:

$R_T/X_T = 0{,}1$ $\rightarrow$ $\kappa = 1{,}73$ $\rightarrow$ $m = 1{,}5$;

$n = 1$ (Netzeinspeisung).

Die größte thermische Beanspruchung entsteht bei dem maximalen Kurzschlussstrom $I''_{k,\max}$ und wird zur sicheren Seite abgeschätzt, wenn gleichzeitig der größte Mindestschaltverzug angenommen wird:

$I_{th} = I''_{k,\max} \cdot \sqrt{1{,}5 + 1} = 22{,}8$ kA; $S_{th} = 152$ A/mm^2;

$S_{th,zul} = 76$ A/mm$^2 \cdot \sqrt{1\text{ s}/0{,}01\text{ s}} = 760$ A/mm^2.

Die Kabel sind thermisch kurzschlussfest.

f) Die nach dem Schließen der Trennstelle K_1 vorliegende Stichleitung ist 800 m lang und versorgt 80 WE. Gemäß der geforderten Lastdiskretisierung werden 40 WE (97,86 kW) in der Mitte und 40 WE am Ende der Leitung angeordnet:

$M_\text{W}^* = 97{,}86 \text{ kW} \cdot 0{,}4 \text{ km} + 97{,}86 \text{ kW} \cdot 0{,}8 \text{ km} = 117{,}43 \text{ kW} \cdot \text{km}$;

$M_\text{B}^* = 97{,}86 \text{ kW} \cdot 0{,}4 \text{ km} \cdot \tan\varphi + 97{,}86 \text{ kW} \cdot 0{,}8 \text{ km} \cdot \tan\varphi = 56{,}87 \text{ kvar} \cdot \text{km}$.

Spannungsabfall an den zwei parallel verlegten Kabeln:

$\Delta U_\text{Y} = 0{,}5 \cdot 48{,}8 \text{ V} = 24{,}4 \text{ V}$ (s. Gl. (5.15a)).

Der Spannungsabfall beträgt 10,6 % der Netznennspannung und ist nach dem angenommenen Ausfall noch vertretbar.

g) Kapitaleinsatz für das geplante Niederspannungsnetz

4 Ringe mit 2 Segmenten von jeweils 400 m Länge (Längenangaben gemäß Aufgabenteil c)):
$l = 4 \cdot 2 \cdot 400 \text{ m} = 3200 \text{ m}$.

Kabel: $2 \cdot 3200 \text{ m} \cdot 5 \text{ €/m} = 32\,000 \text{ €}$.   (In jedem Kabelgraben liegen 2 Kabel.)

Verlegung: $3200 \text{ m} \cdot 50 \text{ €/m} = 160\,000 \text{ €}$.

Netzstation N3: $16\,000 \text{ €}$.

Transformator: $400 \text{ kVA} \cdot 12 \text{ €/kVA} = 4800 \text{ €}$.

4 Kabelverteilerschränke: $4 \cdot 500 \text{ €} = 2000 \text{ €}$.

Gesamtes Investitionskapital:
$32\,000 \text{ €} + 160\,000 \text{ €} + 16\,000 \text{ €} + 4800 \text{ €} + 2000 \text{ €} = 214\,800 \text{ €}$.

Lösung zu Aufgabe 8.2

a) Leistungsmomente:

$\cos\varphi_1 = 0{,}9 \quad \rightarrow \quad \sin\varphi_1 = 0{,}436$;

$\cos\varphi_2 = 0{,}7 \quad \rightarrow \quad \sin\varphi_2 = 0{,}714$.

Mit $l_1 = 0{,}5$ km, $l_2 = 5$ km und $S_\text{r} = 630$ kVA erhält man

$M_\text{W}^* = S_\text{r} \cdot [(1+2+3+4) \cdot l_1 \cdot \cos\varphi_1 + (4 \cdot l_1 + l_2) \cdot \cos\varphi_2]$
$= 630 \text{ kVA} \cdot (0{,}9 \cdot 5 \text{ km} + 0{,}7 \cdot 7 \text{ km}) = 5{,}92 \text{ MW} \cdot \text{km}$;

$M_\text{B}^* = S_\text{r} \cdot [(1+2+3+4) \cdot l_1 \cdot \sin\varphi_1 + (4 \cdot l_1 + l_2) \cdot \sin\varphi_2]$
$= 630 \text{ kVA} \cdot (0{,}436 \cdot 5 \text{ km} + 0{,}714 \cdot 7 \text{ km}) = 4{,}52 \text{ Mvar} \cdot \text{km}$.

Spannungsabfall im 10-kV-Netz bis Station 5:

Mit $R_\text{b}' = 0{,}2264 \ \Omega/\text{km}$, $X_\text{b}' = 0{,}19 \ \Omega/\text{km}$ (s. Anhang) und $U_\text{nN} = 10$ kV ist

$\Delta U_\text{Y5} = \dfrac{R_\text{b}' M_\text{W}^* + X_\text{b}' M_\text{B}^*}{\sqrt{3} \cdot U_\text{nN}} = 127 \text{ V}$ (Abschätzung nach oben mit $R_\text{b}' = R_\text{w90}'$).

Spannungsabfall am Transformator:

$X_\text{kT} = \dfrac{u_\text{k} \cdot U_\text{rT}^2}{S_\text{rT}} = \dfrac{0{,}06 \cdot (10 \text{ kV})^2}{630 \text{ kVA}} = 9{,}52 \ \Omega$;

$I_\text{rT} = \dfrac{S_\text{rT}}{\sqrt{3} \cdot U_\text{rT}} = \dfrac{630 \text{ kVA}}{\sqrt{3} \cdot 10 \text{ kV}} = 36{,}37 \text{ A}$.

Es wird nur der Längsspannungsabfall berücksichtigt, wodurch die Betriebsspannung zur sicheren Seite abgeschätzt wird:

$\Delta U_\text{T} = \text{Re}\left\{jX_\text{kT} \cdot I_\text{rT} \cdot e^{-j \cdot \arccos 0{,}7}\right\} = 247{,}4 \text{ V}$.

Spannung auf der 0,4-kV-Seite:

$U_\text{US} = \dfrac{U_\text{nN,OS} - \Delta U_\text{Y5} - \Delta U_\text{T}}{\ddot{u}} = \dfrac{10 \text{ kV} - 127 \text{ V} - 247{,}4 \text{ V}}{10/0{,}4} = 385 \text{ V}$.

Der Spannungsabfall beträgt 3,74 %.

b) $\Delta U_\mathrm{T} = 0{,}5 \cdot 247{,}4 \text{ V} = 123{,}7 \text{ V}$;

$$U_\mathrm{US} = \frac{10 \text{ kV} - 127 \text{ V} - 123{,}7 \text{ V}}{10/0{,}4} = 390 \text{ V}.$$

Der Spannungsabfall beträgt 2,5 %.

c) Kapitaleinsatz für den Transformator: $K_\mathrm{T} = 12 \text{ €/kVA} \cdot 630 \text{ kVA} = 7560 \text{ €}$.

Kapitaleinsatz für die Station: $K_\mathrm{S} = 18\,000 \text{ €}$.

Investitionskapital für die komplette Netzstation: $K_\mathrm{N} = K_\mathrm{T} + K_\mathrm{S} = 25\,560 \text{ €}$.

d) Durch die zusätzliche Netzstation 6 verzweigt sich das Kabel an der Station 4:

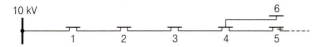

Spannungsabfall bis Station 4:

$M^*_\mathrm{W4} = 630 \text{ kVA} \cdot [(1+2+3+4) \cdot 0{,}5 \text{ km} \cdot 0{,}9 + 2 \text{ km} \cdot 0{,}7] = 3{,}717 \text{ MW} \cdot \text{km}$;

$M^*_\mathrm{B4} = 630 \text{ kVA} \cdot [(1+2+3+4) \cdot 0{,}5 \text{ km} \cdot 0{,}436 + 2 \text{ km} \cdot 0{,}714] = 2{,}273 \text{ Mvar} \cdot \text{km}$;

$$\Delta U_\mathrm{Y4} = \frac{R'_\mathrm{b} M^*_\mathrm{W4} + X'_\mathrm{b} M^*_\mathrm{B4}}{\sqrt{3} \cdot U_\mathrm{nN}} = 73{,}5 \text{ V}.$$

Spannungsabfall bis Station 5:

$M^*_\mathrm{W4-5} = 630 \text{ kVA} \cdot 0{,}5 \cdot 5 \text{ km} \cdot 0{,}7 = 1{,}103 \text{ MW} \cdot \text{km}$;

$M^*_\mathrm{B4-5} = 630 \text{ kVA} \cdot 0{,}5 \cdot 5 \text{ km} \cdot 0{,}714 = 1{,}125 \text{ Mvar} \cdot \text{km}$;

$$\Delta U_\mathrm{Y4-5} = \frac{R'_\mathrm{b} M^*_\mathrm{W4-5} + X'_\mathrm{b} M^*_\mathrm{B4-5}}{\sqrt{3} \cdot U_\mathrm{nN}} = 26{,}8 \text{ V} \quad \to \quad \Delta U_\mathrm{Y5} = \Delta U_\mathrm{Y4} + \Delta U_\mathrm{Y4-5} = 100{,}3 \text{ V}.$$

Spannungsabfall am Transformator:

$\Delta U_\mathrm{T} = \mathrm{Re}\left\{jX_\mathrm{kT} \cdot I_\mathrm{rT}/2 \cdot \mathrm{e}^{-j \cdot \arccos 0{,}7}\right\} = 123{,}6 \text{ V}$.

Spannung auf der 0,4-kV-Seite:

$$U_\mathrm{US} = \frac{10 \text{ kV} - 100{,}3 \text{ V} - 123{,}6 \text{ V}}{10/0{,}4} = 391 \text{ V}.$$

Der Spannungsabfall beträgt 2,24 %. An der zusätzlichen Netzstation ergeben sich dieselben Spannungsverhältnisse, weil das zugehörige Kabel denselben Typ und die gleiche Länge aufweist wie bei der Station 5.

e) Investitionskapital (Kapitaleinsatz) für die Netzstation: $25\,560$ € (s. Aufgabenteil c)).

Investitionskapital für das Kabel (5 km): $100\,000$ €.

Investitionskapital für die Verlegung: $250\,000$ €.

Der Kapitaleinsatz für diese Variante beträgt 375 560 €.

f) Leistungsmomente: $\cos\varphi_2 = 0{,}95 \quad \to \quad \sin\varphi_2 = 0{,}312$;

$M^*_\mathrm{W} = 630 \text{ kVA} \cdot (5 \text{ km} \cdot 0{,}9 + 7 \text{ km} \cdot 0{,}95) = 7{,}02 \text{ MW} \cdot \text{km}$;

$M^*_\mathrm{B} = 630 \text{ kVA} \cdot (5 \text{ km} \cdot 0{,}436 + 7 \text{ km} \cdot 0{,}312) = 2{,}75 \text{ Mvar} \cdot \text{km}$.

Spannung auf der 0,4-kV-Seite:

$$\Delta U_\mathrm{LY} = \frac{R'_\mathrm{b} M^*_\mathrm{W} + X'_\mathrm{b} M^*_\mathrm{B}}{\sqrt{3} \cdot U_\mathrm{nN}} = 121{,}9 \text{ V};$$

$\Delta U_\mathrm{T} = \mathrm{Re}\left\{jX_\mathrm{kT} \cdot I_\mathrm{rT} \cdot \mathrm{e}^{-j \cdot \arccos 0{,}95}\right\} = 108{,}1 \text{ V}$;

$$U_\mathrm{US} = \frac{10 \text{ kV} - 121{,}9 \text{ V} - 108{,}1 \text{ V}}{10/0{,}4} = 390{,}8 \text{ V}.$$

Nach der Blindleistungskompensation beträgt der Spannungsabfall nur noch 2,3 %.

g) Benötigte Blindleistung:
$Q_K = Q_{V,\text{ind}} - Q_{\text{res,ind}} = S_{rT} \cdot (\sin\varphi - \sin\varphi_s) = 630 \text{ kVA} \cdot (0{,}714 - 0{,}312) = 253{,}3 \text{ kvar}$.
Bei einem Richtpreis von 10 €/kvar betragen die Kosten
$K_Q = 10 \text{ €/kvar} \cdot 253{,}3 \text{ kvar} = 2533 \text{ €}$.

h) Die zusätzliche Netzstation mit einem Kabelstich zu der Nachbarstation sowie die Blindleistungskompensation unterschreiten einen Spannungsabfall von 2,5 %. Bei der zusätzlichen Netzstation ohne Kabelstich wird diese Grenze gerade erreicht.

i) Zusätzliche Netzstation (Netzaufteilung) : 25 560 € ($\Delta U/U_{nN} = 2{,}5\,\%$).
Zusätzliche Netzstation mit Kabelstich: 375 560 € ($\Delta U/U_{nN} = 2{,}24\,\%$).
Blindleistungskompensation : 2533 € ($\Delta U/U_{nN} = 2{,}3\,\%$).
Der geringste Kapitaleinsatz wird durch eine Blindleistungskompensation erforderlich; die dafür benötigten Investitionsmittel sind vom Kunden bereitzustellen. Die Ausbaumaßnahme mit einer zusätzlichen Netzstation über einen Kabelstich ist mit Abstand die teuerste Variante. Sie weist jedoch im Vergleich zu der neuen Netzstation ohne Kabelstich nur einen geringfügig niedrigeren Spannungsabfall auf.

j) Notstromanlage ohne Generator: 140 000 €.
Synchrongenerator: 630 kVA · 35 €/kVA = 22 050 €.
Kapitaleinsatz für die gesamte Notstromanlage: 162 050 €.

Lösung zu Aufgabe 8.3

a) Wegen 50 MVA/8 MVA = 6,25 können 6 Schwerpunktstationen versorgt werden.

b) $I_r = \dfrac{S_r}{\sqrt{3} \cdot U_r} = \dfrac{8 \text{ MVA}}{\sqrt{3} \cdot 10 \text{ kV}} = 461{,}9 \text{ A}$.

Mit $I_z = I_r = 453$ A (s. Anhang) werden unter Beachtung des (n–1)-Ausfallkriteriums mindestens (2+1) = 3 Kabel benötigt.

Mit $R'_b = 0{,}1772\ \Omega/\text{km}$, $X'_b = 0{,}179\ \Omega/\text{km}$, $l = 3$ km und $\varphi = \arccos 0{,}85 = 31{,}79°$ ist
$M^*_W = 8 \text{ MVA} \cdot 3 \text{ km} \cdot 0{,}85 = 20{,}4 \text{ MW} \cdot \text{km}$;
$M^*_B = 8 \text{ MVA} \cdot 3 \text{ km} \cdot 0{,}527 = 12{,}6 \text{ Mvar} \cdot \text{km}$;
$\Delta U_Y = \dfrac{1}{3} \cdot \dfrac{R'_b M^*_W + X'_b M^*_B}{\sqrt{3} \cdot 10 \text{ kV}} = 113 \text{ V}$; $\quad \Delta U = \sqrt{3} \cdot \Delta U_Y = 195{,}7 \text{ V } (\hat{=} \ 1{,}96\,\%)$.

Wegen $\Delta U/U_{nN} < 2\,\%$ wird der zulässige Spannungsabfall nicht überschritten. Zwei Kabel würden im Hinblick auf die Spannungshaltung nicht ausreichen, d. h. das (n–1)-Ausfallkriterium ist nicht erfüllt. Es sind 4 Kabel erforderlich.

c) 10-kV-Seite der Umspannstation:
6 Schwerpunktstationen mit jeweils 4 Kabeln: 24 Abzweigfelder.
2 Transformatoren: 2 Einspeisefelder.
Es werden 26 10-kV-Felder benötigt.
Stellfläche für diese 10-kV-Felder: $A_F = 26 \cdot 0{,}6 \text{ m} \cdot 1{,}5 \text{ m} = 23{,}4 \text{ m}^2$.

d) 110-kV-Seite der Umspannstation:
2 Eingangsfelder + 2 Transformatorfelder = 4 Felder.
(Die Trennschalter sind in das Sammelschienensystem integriert).

e) Mögliche Planungsvariante:

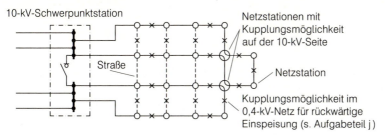

f) Die Schwerpunktstation verfügt über 4 Abzweig- und 4 Einspeisefelder. Die Zellenbauweise ist um ca. 20 % preiswerter im Vergleich zu der SF_6-Technik.

g) Investitionskapital für die Zellen: $K_Z = 8 \cdot 15\,000\ € = 120\,000\ €$.

h) Nein, da Blitzeinschläge in das Kabel unwahrscheinlich sind. Lediglich ein Blitzschutz des Gebäudes ist notwendig.

i) Das Mittelspannungsnetz besteht aus 18 Kabelsegmenten mit einer Länge von 250 m und 4 Segmenten mit 400 m.
Kapitaleinsatz: $K_N = (18 \cdot 250\text{ m} + 4 \cdot 400\text{ m}) \cdot (50\ €/\text{m} + 20\ €/\text{m}) = 427\,000\ €$.

j) Die Transformatoren werden nur mit $2/3 \cdot S_{rT}$ ausgelastet; über mehrere Stunden ist eine Überlastung um $1/3 \cdot S_{rT}$ möglich.

Ein Verteilungstransformator kann demnach bereits die Last $2/3 \cdot S_{rT}$ eines benachbarten Niederspannungsnetzes mit übernehmen. Der Überlastbereich wird sogar vermieden, wenn über zwei Umspanner rückwärtig eingespeist wird, die dann jeweils mit ihrer Bemessungsleistung ausgelastet sind. Daher sind in jedem Niederspannungsnetz zwei Kuppelstellen zu benachbarten Niederspannungsnetzen vorzusehen. Diese Kuppelstellen sind im Bild zum Lösungsteil e) bereits eingezeichnet. Eine weitere Erhöhung der Netzsicherheit entsteht durch die zusätzlichen Kupplungsmöglichkeiten zwischen den 10-kV-Ringleitungen in zwei Netzstationen.

k) Die Kuppelstellen werden durch Kabelverteilerschränke realisiert, in denen Kabel benachbarter Netzbezirke über NH-Sicherungen verbunden werden können.

l) Die 18 Netzstationen versorgen jeweils ein Gebiet von $250\text{ m} \cdot 250\text{ m} = 0{,}0625\text{ km}^2$. Bei einer Gesamtlast von 8 MVA beträgt die Lastdichte $8\text{ MVA}/(18 \cdot 0{,}0625\text{ km}^2) = 7{,}1\text{ MVA/km}^2$.

Lösung zu Aufgabe 9.1

a) $L'_b \approx \dfrac{\mu_0}{2\pi} \cdot \ln \dfrac{d_{12}}{r_L} = \dfrac{\mu_0}{2\pi} \cdot \ln \dfrac{90\text{ mm}}{9\text{ mm}} \quad \to \quad X'_b = 0{,}145\ \Omega/\text{km}$.

b) Die Nullinduktivität L_0 wird vom Feldraum zwischen Leiter und Schirm geprägt:

$$\tfrac{1}{2} \cdot L_0 \cdot I_0^2 = \tfrac{1}{2} \cdot \int B \cdot H \cdot \mathrm{d}V \quad \to \quad L_0 = \dfrac{\mu_0}{2\pi} \cdot \ln \dfrac{r_S}{r_L} \quad \to \quad X'_0 = 0{,}032\ \Omega/\text{km}.$$

Der Feldraum Leiter/Schirm ist kleiner als der für die Betriebsinduktivität maßgebende Feldraum zwischen den Leitern der drei Einleiterkabel. Daher ergibt sich für die Nullinduktivität ein kleinerer Wert. Eine wesentlich größere Nullinduktivität erhält man, wenn der Schirm auf beiden Seiten geerdet wird und somit das Erdreich als zusätzlicher Rückleiter für den Nullstrom zur Verfügung steht.

Lösung zu Aufgabe 9.2

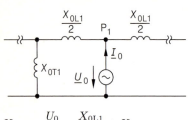
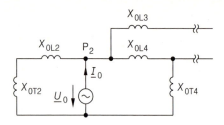

$$X_{0P1} = \frac{U_0}{I_0} = \frac{X_{0L1}}{2} + X_{0T1}$$

$$X_{0P2} = \frac{U_0}{I_0} = (X_{0L2} + X_{0T2}) \parallel (X_{0L4} + X_{0T4})$$

Lösung zu Aufgabe 9.3

a) Mittlerer Leiterabstand: $D = \sqrt[3]{d_{12} \cdot d_{23} \cdot d_{13}} = 8{,}19 \text{ m}$;

$$X'_b = \omega L'_b = \omega \cdot \frac{\mu_0}{2\pi} \cdot \ln \frac{D}{r_L} = 0{,}416 \text{ }\Omega/\text{km}.$$

b) Gemäß Abschnitt 9.4.1.2 kann für verdrillte Mehrleitersysteme ein Ersatzradius r_B sowie das geometrische Mittel der Abstände verwendet werden.

L1, L2 und L3 werden zu einem Ersatzleiter zusammengefasst.

Ersatzradius des Leiterbündels:
$r_B = \sqrt[3]{r_L \cdot D^2} = 0{,}902 \text{ m}$

Abstand des Ersatzleiters von den Erdseilen:
$D^*_{E1} = D^*_{E2} = \sqrt[3]{d_{L1E1} \cdot d_{L2E1} \cdot d_{L3E1}} = 8{,}05 \text{ m}$

E1 und E2 werden zu einem Ersatzleiter zusammengefasst.

Radius des Ersatzerdseils:
$r_{B,ES} = \sqrt{r_{ES} \cdot d_{E1E2}} = 0{,}224 \text{ m}$

Abstand zwischen Ersatzleiter und Ersatzerdseil:
$D^*_{ES} = \sqrt{D^*_{E1} \cdot D^*_{E2}} = 8{,}05 \text{ m}$

Die Zusammenfassung der Erdseile ist zulässig, da aufgrund der Symmetrie beide Erdseile den gleichen Strom $3 \cdot \underline{I}_0/2$ führen:

Der in dem Bild eingezeichnete resultierende Nullfluss Φ_0 der Freileitung beträgt

$$\Phi_0 = 3 \cdot \underline{I}_0 \cdot \frac{\mu_0 \cdot l}{2\pi} \cdot \left(\ln \frac{D^*_{ES}}{r_B} + \ln \frac{D^*_{ES}}{r_{B_{ES}}} \right) = \left(3 \cdot \frac{\mu_0 \cdot l}{2\pi} \cdot \ln \frac{D^*_{ES}}{r_B \cdot r_{B_{ES}}} \right) \cdot \underline{I}_0 = L_0 \cdot \underline{I}_0.$$

Daraus ergibt sich die gesuchte Nullreaktanz zu
$X'_0 = \omega L'_0 = 1{,}087 \text{ }\Omega/\text{km}$.

Lösung zu Aufgabe 10.1

a)

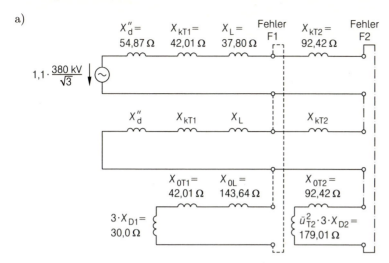

Bezugsebene: 380 kV.

Mit- und Gegensystem:

$X_1 = X_2 = X_d'' + X_{kT1} + X_L = 134{,}68 \ \Omega$.

Nullsystem:

$X_{0T1} = X_{kT1}$ (gilt bei der üblichen Bauart mit Dreischenkelkern);

$X_{0L} = 3{,}8 \cdot X_L$ (s. Abschnitt 9.4.2);

$X_0 = 3 \cdot X_{D1} + X_{0T1} + X_{0L} = 215{,}65 \ \Omega$.

Komponentenströme:

$\underline{I}_{1R} = \underline{I}_{2R} = \underline{I}_{0R} = 497{,}58 \ \text{A} \cdot e^{-j90°}$.

Kurzschlussstrom an der Fehlerstelle F1:

$\underline{I}_{kF1}'' = 3 \cdot \underline{I}_{0R} = \dfrac{1{,}1 \cdot 380 \ \text{kV} \cdot \sqrt{3}}{j(2 \cdot X_1 + X_0)} = 1{,}49 \ \text{kA} \cdot e^{-j90°}$.

Ströme in der 380-kV-Leitung gemäß Gl. (9.3):

$\underline{I}_{R,L} = 1{,}49 \ \text{kA} \cdot e^{-j90°}$; $\quad \underline{I}_{S,L} = 0$; $\quad \underline{I}_{T,L} = 0$.

Generatorströme (Index G):

$\underline{\ddot{u}}_{1T1} = (380 \ \text{kV}/21 \ \text{kV}) \cdot e^{j150°} = 18{,}1 \cdot e^{j150°}$;

$\underline{\ddot{u}}_{2T1} = (380 \ \text{kV}/21 \ \text{kV}) \cdot e^{-j150°} = 18{,}1 \cdot e^{-j150°}$;

$\underline{I}_{1R,US} = \underline{\ddot{u}}_{1T1}^* \cdot \underline{I}_{1R} = 9{,}0 \ \text{kA} \cdot e^{-j240°}$;

$\underline{I}_{2R,US} = \underline{\ddot{u}}_{2T1}^* \cdot \underline{I}_{2R} = 9{,}0 \ \text{kA} \cdot e^{j60°}$;

$\underline{I}_{0R,US} = 0$ (Nullstrom wird nicht übertragen).

Eine Rücktransformation dieser Ströme mithilfe der Gl. (9.3) liefert:

$\underline{I}_{R,G} = \underline{I}_{1R,US} + \underline{I}_{2R,US} = -15{,}6 \ \text{kA} \cdot e^{-j90°}$;

$\underline{I}_{S,G} = \underline{a}^2 \cdot \underline{I}_{1R,US} + \underline{a} \cdot \underline{I}_{2R,US} = 0$;

$\underline{I}_{T,G} = \underline{a} \cdot \underline{I}_{1R,US} + \underline{a}^2 \cdot \underline{I}_{2R,US} = 15{,}6 \ \text{kA} \cdot e^{-j90°}$.

b) Bezugsebene: 110 kV.

Mit- und Gegensystem:
$X_d'' = 4{,}60\ \Omega$; $\quad X_{kT1} = 3{,}52\ \Omega$; $\quad X_{kT2} = 7{,}74\ \Omega$;
$X_{L,110} = X_L \cdot (110\ \text{kV}/380\ \text{kV})^2 = 3{,}17\ \Omega$;
$X_1 = X_2 = X_d'' + X_{kT1} + X_{kT2} + X_{L,110} = 19{,}03\ \Omega$.

Nullsystem:
$X_{0T2} = X_{kT2}$;
$X_0 = X_{0T2} + 3 \cdot X_{D2} = 22{,}74\ \Omega$.

Komponentenströme:
$$\underline{I}_{1T2,US} = \underline{I}_{2T2,US} = \underline{I}_{0T2,US} = \frac{1{,}1 \cdot 110\ \text{kV}}{\sqrt{3} \cdot j(2 \cdot X_1 + X_0)} = 1{,}149\ \text{kA} \cdot e^{-j90°}.$$

Kurzschlussstrom an der Fehlerstelle F2:
$\underline{I}_{kF2}'' = 3 \cdot \underline{I}_{0T2,US} = 3{,}45\ \text{kA} \cdot e^{-j90°}$.

Ströme in der 380-kV-Leitung gemäß Gl. (9.3):
$\underline{\ddot{u}}_{1T2} = (380\ \text{kV}/110\ \text{kV}) \cdot e^{j0°} = 3{,}45 \cdot e^{j0°}$;
$\underline{\ddot{u}}_{2T2} = (380\ \text{kV}/110\ \text{kV}) \cdot e^{j0°} = 3{,}45 \cdot e^{j0°}$;
$\underline{I}_{1T2,OS} = \underline{I}_{1T2,US}/\underline{\ddot{u}}_{1T2}^* = 332{,}58\ \text{A} \cdot e^{-j90°}$;
$\underline{I}_{2T2,OS} = \underline{I}_{2T2,US}/\underline{\ddot{u}}_{2T2}^* = 332{,}58\ \text{A} \cdot e^{-j90°}$;
$\underline{I}_{0T2,OS} = 0$ (Nullstrom wird nicht übertragen).

Eine Rücktransformation dieser Ströme mithilfe der Gl. (9.3) liefert:
$\underline{I}_{R,L} = 665{,}17\ \text{A} \cdot e^{-j90°}$; $\quad \underline{I}_{S,L} = -332{,}58\ \text{A} \cdot e^{-j90°}$; $\quad \underline{I}_{T,L} = -332{,}58\ \text{A} \cdot e^{-j90°}$.

Aus den oberspannungsseitigen Komponentenströmen $\underline{I}_{1T2,OS}$, $\underline{I}_{2T2,OS}$ und $\underline{I}_{0T2,OS}$ erhält man analog zu der Vorgehensweise im Aufgabenteil a) die Generatorströme:
$\underline{I}_{R,G} = -10{,}42\ \text{kA} \cdot e^{-j90°}$; $\quad \underline{I}_{S,G} = 0$; $\quad \underline{I}_{T,G} = 10{,}42\ \text{kA} \cdot e^{-j90°}$.

Zum Vergleich sei erwähnt, dass der Bemessungsstrom des Generators $I_{rG} = 13{,}7\ \text{kA}$ beträgt.

c) Transformatoren mit Fünfschenkelkern oder Transformatorenbänke weisen eine sehr große Nullreaktanz auf. Dementsprechend treten wesentlich geringere Kurzschlussströme auf, deren Werte dann in der Nähe der Magnetisierungsströme liegen.

d) Im Mit- und Gegensystem wären die Lastimpedanzen zu berücksichtigen. Die Kurzschlussströme sind zu den Betriebsströmen zu addieren, die sich vornehmlich im Mitsystem ausbilden.

e) Bis zu einer Zeitdauer von 1,5 Stunden darf der Sternpunkt N des Transformators T_2 gemäß Gl. (9.44) mit einem Sternpunktstrom von
$I_{N,zul} = 0{,}25 \cdot I_{rT2} = 0{,}25 \cdot 1{,}31\ \text{kA} = 0{,}328\ \text{kA}$
belastet werden. Während des Erdkurzschlusses weist der Sternpunktstrom jedoch den Wert
$I_N = I_{D2} = I_{kF2}'' = 3{,}45\ \text{kA}$
auf. Es ist daher eine Ausgleichswicklung erforderlich.

Erwähnt sei, dass bei sehr kurzzeitigen Beanspruchungen auch höhere Sternpunktströme als $0{,}25 \cdot I_{rT}$ zulässig sind (s. Abschnitt 9.4.5.1).

Lösung zu Aufgabe 10.2

a)

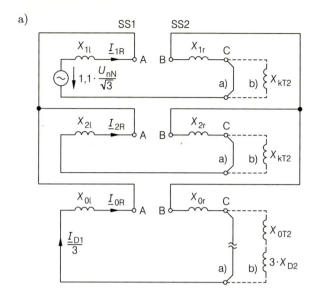

Bezugsebene: 380 kV.

Für diesen Aufgabenteil ist in dem Ersatzschaltbild im Punkt C der Zweig a) wirksam.

Mit den Daten gemäß Aufgabe 10.1 sind die Reaktanzwerte zu ermitteln:

$X_{1l} = X_{2l} = X_d'' + X_{kT1} = 96{,}88 \ \Omega$;

$X_{1r} = X_{2r} = X_L = 37{,}8 \ \Omega$;

$X_{0l} = 3 \cdot X_{D1} + X_{0T1} = 72{,}01 \ \Omega$;

$X_{0r} = X_{0L} = 143{,}64 \ \Omega$.

Komponentenströme:

$$\underline{I}_{1R} = \frac{1{,}1 \cdot 380 \ \text{kV}}{\sqrt{3} \cdot j \, (X_{1l} + X_{1r} + X_{2l} + X_{2r})} = 895{,}9 \ \text{A} \cdot e^{-j90°} \, ;$$

$\underline{I}_{2R} = -\underline{I}_{1R} = -895{,}9 \ \text{A} \cdot e^{-j90°}$;

$\underline{I}_{0R} = 0$.

Ströme in der Freileitung:

$\underline{I}_{R,L} = 0$; $\underline{I}_{S,L} = -1{,}552 \ \text{kA}$; $\underline{I}_{T,L} = 1{,}552 \ \text{kA}$.

Ströme in den Drosselspulen:

$\underline{I}_{D1} = 0$; $\underline{I}_{D2} = 0$.

b) Im Ersatzschaltbild ist am Punkt C der Zweig a) durch den Zweig b) zu ersetzen (gestrichelt eingezeichnet).

c) Durch die angegebenen Grenzübergänge geht der dreipolige Kurzschluss an der Fehlerstelle F1 in einen dreipoligen Kurzschluss *mit Erdberührung* über. Zusätzlich ist nach wie vor noch die einpolige Leiterunterbrechung an der Sammelschiene SS1 wirksam.

Mit dem beschriebenen Kunstgriff kann somit in diesem speziellen Fall ein Doppelfehler nachgebildet werden, ohne komplexe Übertrager zu verwenden.

d) Auf beiden Seiten der Leiterunterbrechung tritt im Strom zusätzlich eine Nullkomponente auf, d. h. die Drosselspule D_1 und das Erdreich führen einen Strom.

Komponentenströme:

$$\underline{I}_{1R} = \frac{1{,}1 \cdot 380 \text{ kV}}{\sqrt{3} \cdot j\,[X_{11} + X_{1r} + (X_{21} + X_{2r}) \parallel (X_{01} + X_{0r})]} = 1{,}109 \text{ kA} \cdot e^{-j90°};$$

$$\underline{I}_{2R} = -\underline{I}_{1R} \cdot (X_{01} + X_{0r})/(X_{21} + X_{2r} + X_{01} + X_{0r}) = -682{,}8 \text{ A} \cdot e^{-j90°};$$

$$\underline{I}_{0R} = -\underline{I}_{1R} - \underline{I}_{2R} = -426{,}4 \text{ A} \cdot e^{-j90°}.$$

Strom in der Drosselspule D_1:

$$\underline{I}_{D1} = 3 \cdot \underline{I}_{0R} = -1{,}28 \text{ kA} \cdot e^{-j90°}.$$

Ströme in der Freileitung:

$$\underline{I}_{R,L} = 0; \quad \underline{I}_{S,L} = 1{,}678 \text{ kA} \cdot e^{j157{,}6°}; \quad \underline{I}_{T,L} = 1{,}678 \text{ kA} \cdot e^{j22{,}4°}.$$

Strom im Erdreich:

$$\underline{I}_E = \underline{I}_{R,L} + \underline{I}_{S,L} + \underline{I}_{T,L} = 1{,}28 \text{ kA} \cdot e^{j90°}.$$

Lösung zu Aufgabe 10.3

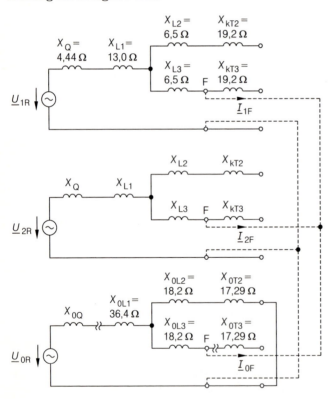

Bezugsebene: 110 kV.

$\underline{U}_R = 110 \text{ kV}/\sqrt{3};\quad \underline{U}_S = 0;\quad \underline{U}_T = 0$.

Komponentenspannungen gemäß Gl. (9.8):

$\underline{U}_{1R} = 21{,}17 \text{ kV};\quad \underline{U}_{2R} = 21{,}17 \text{ kV};\quad \underline{U}_{0R} = 21{,}17 \text{ kV}$.

Ermittlung der Reaktanzen:
$X_1 = X_2 = X_Q + X_{L1} + X_{L3} = 23{,}94 \ \Omega$;
$X_0 = X_{0L3} + X_{0L2} + X_{0T2} = 53{,}69 \ \Omega$.

Zur Auswertung des Komponentenersatzschaltbilds ist wegen der zusätzlichen Spannungsquellen im Gegen- und Nullsystem das Überlagerungsverfahren anzuwenden.

Nur $\underline{U}_{1R}$ wirksam: $\quad \underline{I}_{0F}(\underline{U}_{1R}) = -\dfrac{\underline{U}_{1R}}{j(X_1 + X_2 \parallel X_0)} \cdot \dfrac{X_2}{X_2 + X_0} = 161{,}2 \ \text{A} \cdot e^{j90°}$.

Nur $\underline{U}_{2R}$ wirksam: $\quad \underline{I}_{0F}(\underline{U}_{2R}) = -\dfrac{\underline{U}_{2R}}{j(X_2 + X_1 \parallel X_0)} \cdot \dfrac{X_1}{X_1 + X_0} = 161{,}2 \ \text{A} \cdot e^{j90°}$.

Nur $\underline{U}_{0R}$ wirksam: $\quad$ Aus dem Netz N kann kein Nullstrom übertragen werden.

$\underline{I}_{0F} = \underline{I}_{0F}(\underline{U}_{1R}) + \underline{I}_{0F}(\underline{U}_{2R}) = 322{,}4 \ \text{A} \cdot e^{j90°}$.

Erdstrom:
$\underline{I}_{EF} = 3 \cdot \underline{I}_{0F} = 967{,}2 \ \text{A} \cdot e^{j90°}$.

Lösung zu Aufgabe 10.4

a) $u_R(t) = \sqrt{2} \cdot U_R \cdot \sin\omega_N t \quad$ mit $\quad U_R = U_{nN}/\sqrt{3} \quad$ und $\quad \omega_N = 2\pi \cdot 50 \ \text{Hz}$;
$L_1 = (X_Q + X_{kT} + X_L)/\omega_N$; $\quad L_0 = (X_{0T} + X_{0L})/\omega_N$;
$\underline{I}_{k1p} = \dfrac{3 \cdot \underline{U}_R}{j(2 \cdot \omega_N L_1 + \omega_N L_0)}$.

b)

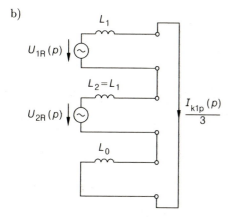

$I_{k1p}(p) = \dfrac{3 \cdot (U_{1R}(p) + U_{2R}(p))}{2 \cdot pL_1 + pL_0}$;

$U_{1R}(p) + U_{2R}(p) = U_R(p)$;

$I_{k1p}(p) = \dfrac{3 \cdot U_R(p)}{2 \cdot pL_1 + pL_0} \quad$ mit $\quad U_R(p) = \sqrt{2} \cdot U_R \cdot \dfrac{\omega_N}{p^2 + \omega_N^2}$.

c) Anstelle von $j\omega_N$ tritt in den Impedanzen die Größe p auf, und $\underline{U}_R$ wird durch die zugehörige Laplace-Transformierte ersetzt.
Voraussetzung: Es liegen keine Anfangsbedingungen vor.

d) Eine Rücktransformation von $I_{k1p}(p)$ liefert:

$i_{k1p}(t) = \dfrac{3 \cdot \sqrt{2} \cdot U_R}{2 \cdot \omega_N L_1 + \omega_N L_0} \cdot (1 - \cos\omega_N t)$.

Lösung zu Aufgabe 10.5

a) $$\underline{I}_{kE} = 3 \cdot \underline{I}_0 = -\frac{3 \cdot \underline{U}_R}{\left(j\omega_N L_1 + \dfrac{j\omega_N L_2 \cdot j\omega_N L_0}{j\omega_N L_2 + j\omega_N L_0}\right)} \cdot \frac{j\omega_N L_2}{j\omega_N L_2 + j\omega_N L_0} \quad \text{mit} \quad L_2 = L_1.$$

b)

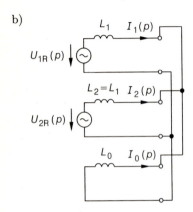

$$I_{kE}(p) = 3 \cdot I_0(p) = -\frac{3 \cdot (U_{1R}(p) + U_{2R}(p))}{\left(pL_1 + \dfrac{pL_1 \cdot pL_0}{pL_1 + pL_0}\right)} \cdot \frac{pL_1}{pL_1 + pL_0}.$$

c) Anstelle von $j\omega_N$ tritt in den Impedanzen die Größe p auf, und $\underline{U}_R$ wird durch die zugehörige Laplace-Transformierte ersetzt, wobei gilt:
$U_R(p) = U_{1R}(p) + U_{2R}(p)$.

d) Eine Rücktransformation des Stroms $I_{kE}(p)$ ergibt:
$$i_{kE}(t) = -\frac{3 \cdot \sqrt{2} \cdot U_{nN}}{\sqrt{3} \cdot (X_1 + 2 \cdot X_0)} \cdot (1 - \cos\omega_N t).$$

Lösung zu Aufgabe 11.1

a) Gesamtlänge aller Kabel: $l_{ges} = 4 \cdot 2 \text{ km} + 22 \cdot 0{,}5 \text{ km} = 19 \text{ km}$.
Gesamtkapazität aller Kabel: $C_E = C'_E \cdot l_{ges} = 9{,}5\ \mu\text{F}$.
Fehlerstrom: $I_{CE} = \sqrt{3} \cdot 1{,}1 \cdot 10 \text{ kV} \cdot \omega C_E = 56{,}9 \text{ A} > 35 \text{ A}$.
Ein Betrieb mit isoliertem Sternpunkt ist nicht zulässig.

b) Der Fehlerstrom hat unabhängig vom Fehlerort überall dieselbe Größe.

c) $C_E = 150 \text{ km} \cdot 0{,}5\ \mu\text{F/km} = 75\ \mu\text{F} \quad \to \quad I_{CE} = 448{,}9 \text{ A}$;
Reststrom gemäß Abschnitt 11.1.2: $I_{rest} \approx 0{,}1 \cdot I_{CE} = 44{,}9 \text{ A} < 60 \text{ A}$.

Ein kompensierter Betrieb ist zulässig. Anderenfalls wären eine Netzaufteilung oder eine niederohmige Sternpunkterdung mögliche Maßnahmen, um die Löschgrenze zu unterschreiten.

Lösung zu Aufgabe 11.2

a)

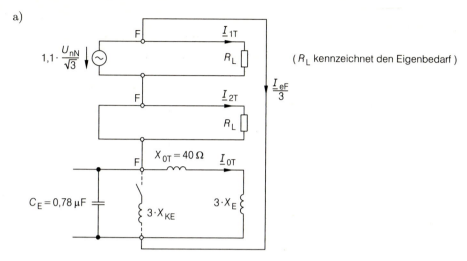

(R_L kennzeichnet den Eigenbedarf)

b) Die angegebenen Vernachlässigungen führen zu höheren Strömen und bewirken somit eine Abschätzung zur sicheren Seite.

c) Gemäß Gl. (11.3) gilt bei einem verlustfreien Netz:
$$3X_E = \frac{1}{\omega C_E} \quad \rightarrow \quad L_E = \frac{1}{3 \cdot \omega^2 C_E} = 4{,}33 \text{ H} \quad \text{mit} \quad C_E = 130 \text{ km} \cdot 6 \text{ nF/km} = 0{,}78 \ \mu\text{F}.$$

d) Der Verstimmungsgrad v ergibt sich aus der Beziehung:
$$v = \frac{3X_E + X_{0T}}{3X_E} - 1 = 0{,}98\ \%.$$
Der Eigenbedarfstransformator verschiebt die Abstimmung in Richtung einer Unterkompensation.

e) Bei kompensierten Netzen erzeugen Asymmetrien in den Erdkapazitäten bereits im Normalbetrieb zeitweilige Überspannungen. Sie werden durch eine Verstimmung der Erdschlusslöschspule verringert.

f) Induktivitätswert:
$$L_{E,v} = 0{,}7 \cdot L_E = 3{,}02 \text{ H}.$$
Fehlerstrom:
$$I_{eF} = 3 \cdot \frac{1{,}1 \cdot U_{nN}}{\sqrt{3}} \cdot \left| -j \frac{1}{3 \cdot \omega L_{E,v} + X_{0T}} + j \omega C_E \right| = 3{,}86 \text{ A}.$$
Spulenstrom:
$$I_E = 3 \cdot \frac{1{,}1 \cdot U_{nN}}{\sqrt{3} \cdot (3 \cdot \omega L_{E,v} + X_{0T})} = 13{,}2 \text{ A}.$$
Es liegt ein überkompensierter Betrieb vor.

g) Ein weiterer Netzausbau vergrößert die Kapazität C_E und verringert somit die Verstimmung. Dadurch treten im Erdschlussfall größere Spannungserhöhungen auf.

h) Erdschlusslöschspule abgeglichen:
$$I_{CE} = 3 \cdot 1{,}1 \cdot U_{nN}/\sqrt{3} \cdot \omega C_E = 9{,}34 \text{ A} \quad \rightarrow \quad \text{Reststrom:} \quad I_{\text{rest,F}} \approx 0{,}1 \cdot I_{CE} = 0{,}93 \text{ A}.$$
Erdschlusslöschspule um 30 % verstimmt:
$$I_{eF} = \sqrt{I_{\text{rest,F}}^2 + I_{eF,f}^2} = 3{,}97 \text{ A}.$$
In dieser Beziehung kennzeichnet die Größe $I_{eF,f}$ den Fehlerstrom gemäß Aufgabenteil f) mit Verstimmung und ohne Verluste.

i) Mit der Bedingung $X_0 \gg 3X_E$ gilt:
$$X_{KE} \approx \frac{1}{3} \cdot \frac{1{,}1 \cdot U_{nN}}{\sqrt{3} \cdot 1200 \text{ A}} = 3{,}53 \text{ }\Omega \,.$$

j) Im Erdschlussfall kann die Betriebsspannung gemäß DIN VDE 0102 mit dem Wert $1{,}1 \cdot U_{nN}$ zur sicheren Seite abgeschätzt werden. Der Eigenbedarfstransformator weist dann folgende Komponentenströme auf:

$\underline{I}_{1T} = 1{,}1 \cdot I_{rT} = 12{,}7$ A   mit $I_{rT} = S_{rT}/(\sqrt{3} \cdot U_{rT}) = 11{,}55$ A   (20-kV-Seite);

$\underline{I}_{2T} = 0$ (Gegensystem kurzgeschlossen) ;

$\underline{I}_{0T} = j\, I_E/3 = j\,4{,}4$ A $= -4{,}4$ A $\cdot \mathrm{e}^{-j90°}$ (fließt entgegen dem eingezeichneten Zählpfeil).

Transformatorströme:

$\underline{I}_R = \underline{I}_{1T} + \underline{I}_{0T}\,;\quad \underline{I}_S = \underline{a}^2 \underline{I}_{1T} + \underline{I}_{0T}\,;\quad \underline{I}_T = \underline{a}\underline{I}_{1T} + \underline{I}_{0T}\,.$

Wie sich mit einem Zeigerdiagramm zeigen lässt, ist bei den vorliegenden Werten für die Komponentenströme $\underline{I}_{1T}$ und $\underline{I}_{0T}$ der Transformatorstrom $\underline{I}_T$ im Leiter T am größten. Der maximal zulässige Komponentenstrom $\underline{I}_{1T}$ ergibt sich dementsprechend aus der Bedingung:

$|\underline{a}\underline{I}_{1T} + \underline{I}_{0T}| \leq 1{,}3 \cdot I_{rT}\,.$

Eine Auswertung dieser Beziehung führt auf eine quadratische Gleichung und liefert:

$I_{1T} \leq 11{,}04$ A $\rightarrow$ $S_{\text{Eigen}} \leq \sqrt{3} \cdot U_{rT} \cdot 11{,}04$ A $= 382{,}4$ kVA .

Die vorausgesetzte Überlastungsfähigkeit bis zu $1{,}3 \cdot S_{rT}$ ist im Erdschlussfall zulässig, da ein Erdschluss höchstens einige Stunden ansteht.

k) Der Spannungsabfall $1{,}1 \cdot U_{nN}/\sqrt{3}$ im Erdschlussfall ist bei beiden Ausführungen gleich groß. Die bei ausgedehnteren Netzen auftretenden höheren Spulenströme erfordern einen stärkeren Leiterquerschnitt und eine kleinere Induktivität ($L = w^2 \cdot \Lambda$), die infolge des gleichen Eisenkerns mithilfe einer kleineren Windungszahl zu erreichen ist. Aufgrund der verringerten Windungszahl bei gleichem Spannungsabfall erhöht sich die Windungsspannung, sodass eine verstärkte Isolierung notwendig ist.

l) Ein Sternpunkt lässt sich mit einem Sternpunktbildner realisieren. Dabei handelt es sich um eine Drosselspule, die im Hinblick auf eine möglichst kleine Nullreaktanz in Zickzackschaltung ausgeführt ist (s. Abschnitte 4.9 und 11.1.2). In Mittelspannungsnetzen kann der benötigte Sternpunkt mithilfe des Eigenbedarfstransformators der Schaltanlage gebildet werden (s. Abschnitt 4.11.1).

Lösung zu Aufgabe 11.3

a) Ermittlung der Reaktanzen:

$X_Q = 4{,}44$ Ω; $X_{L1} = 13{,}0$ Ω; $X_{L3} = 6{,}5$ Ω;

$X_{0L2} = 18{,}2$ Ω; $X_{0L3} = 18{,}2$ Ω; $X_{0T2} = 17{,}29$ Ω;

$X_1 = X_2 = X_Q + X_{L1} + X_{L3} = 23{,}94$ Ω;

$X_0 = X_{0L3} + X_{0L2} + X_{0T2} = 53{,}69$ Ω.

Komponentenströme:

$$\underline{I}_{1R} = \underline{I}_{2R} = \underline{I}_{0R} = \frac{1{,}1 \cdot U_{nN}}{\sqrt{3} \cdot j(2X_1 + X_0)} = 687{,}8 \text{ A} \cdot \mathrm{e}^{-j90°}\,.$$

Komponentenspannungen an der Fehlerstelle:

$\underline{U}_{1R,F} = 1{,}1 \cdot U_{nN}/\sqrt{3} - jX_1 \cdot \underline{I}_{1R} = 53{,}39$ kV ;

$\underline{U}_{2R,F} = -jX_2 \cdot \underline{I}_{2R} = -16{,}47$ kV ;

$\underline{U}_{0R,F} = -jX_0 \cdot \underline{I}_{0R} = -36{,}93$ kV .

Spannung zwischen dem nicht fehlerbehafteten Leiter S und der Erde:

$U_{F,SE} = |\underline{a}^2 \underline{U}_{1R,F} + \underline{a}\underline{U}_{2R,F} + \underline{U}_{0R,F}| = 82{,}03$ kV .

Erdfehlerfaktor an der Fehlerstelle gemäß Gl. (11.7):
$$\delta_F = \frac{82{,}03 \text{ kV}}{110 \text{ kV}/\sqrt{3}} = 1{,}29\,.$$

b) Komponentenspannungen an der Netzeinspeisung:
$\underline{U}_{1R,Q} = 1{,}1 \cdot U_{nN}/\sqrt{3} - jX_Q \cdot \underline{I}_{1R} = 60{,}46 \text{ kV}\,;$
$\underline{U}_{2R,Q} = -jX_Q \cdot \underline{I}_{2R} = -3{,}05 \text{ kV}\,;$
$\underline{U}_{0R,Q} = -j(X_{0L2} + X_{0T2}) \cdot \underline{I}_{0R} = -24{,}41 \text{ kV}\,.$

Spannung zwischen dem nicht fehlerbehafteten Leiter S und der Erde:
$\underline{U}_{Q,SE} = |\underline{a}^2 \underline{U}_{1R,Q} + \underline{a}\underline{U}_{2R,Q} + \underline{U}_{0R,Q}| = 76{,}46 \text{ kV}\,.$

Erdfehlerfaktor an der Netzeinspeisung gemäß Gl. (11.7):
$$\delta_Q = \frac{76{,}46 \text{ kV}}{110 \text{ kV}/\sqrt{3}} = 1{,}20\,.$$

Lösung zu Aufgabe 11.4

a) Ersatzschaltbild:

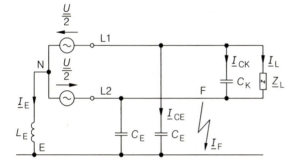

b) Maschengleichung L2–N–E–F:
$$\frac{-U}{2} + j\omega L_E \cdot \underline{I}_E = 0 \quad \rightarrow \quad \underline{I}_E = \frac{U/2}{j\omega L_E} = -j\frac{U}{2\omega L_E}\,.$$

Maschengleichung L2–N–L1–E–F:
$$\frac{-U}{2} - \frac{U}{2} + \frac{1}{j\omega C_E} \cdot \underline{I}_{CE} = 0 \quad \rightarrow \quad \underline{I}_{CE} = j\omega C_E \cdot \underline{U}\,.$$

Die zweite Erdkapazität ist infolge des Kurzschlusses stromlos.

c) Kompensationsbedingung:
$$\underline{I}_F = -\underline{I}_E - \underline{I}_{CE} = 0 \quad \rightarrow \quad j\frac{U}{2\omega L_E} - j\omega C_E \cdot \underline{U} = 0\,.$$

Daraus resultiert für die Drosselspule der Induktivitätswert
$$L_E = \frac{1}{2\omega^2 C_E}\,.$$

d) Strom durch die Drosselspule im Erdschlussfall:
$$\underline{I}_E = -j\frac{U}{2\omega/(2\omega^2 C_E)} = -j\omega C_E \cdot \underline{U}\,.$$

Im Normalbetrieb fließt kein Strom durch die Drosselspule.

e) Der kapazitive Strom $\underline{I}_{CK}$ zwischen den Leiterseilen und der Laststrom $\underline{I}_L$ ändern sich im Erdschlussfall nicht, denn die Maschengleichungen L1–C_K–L2–N–L1 und L1–Z_L–L2–N–L1 werden durch den Fehler nicht beeinflusst.

Lösung zu Aufgabe 11.5

a) Im Außenleiter T sinkt die Spannung auf einen kleinen Wert ab, während in den anderen Leitern die Spannung etwa auf die Dreieckspannung ansteigt. Demnach ist im Leiter T ein *Erdschluss* aufgetreten. Kurze Zeit später sinkt die Spannung auch in den anderen Leitern ab. Der Fehler hat sich jetzt zu einem *dreipoligen Kurzschluss* ausgeweitet, der schließlich vom Schutz dreipolig ausgeschaltet wird. Danach steigen alle Spannungen wieder auf die normalen Sternspannungswerte an.

b) Die Spannung geht im Leiter S gegen null und steigt in den Leitern R und T etwa auf die Dreieckspannung an. Im Leiter S ist also ein Erdschluss aufgetreten. Nach weniger als einer Sekunde nehmen alle Spannungen wieder ihre normalen Werte an. Es handelt sich demnach nur um einen kurzzeitigen Fehler, einen so genannten *Erdschluss-Wischer*.

Lösung zu Aufgabe 12.1

a) Die Gesamtfläche aller Erder ist in einen flächengleichen Kreis umzurechnen:
$D = 2 \cdot \sqrt{A_{ges}/\pi} = 87{,}4$ m mit $A_{ges} = 4500$ m$^2 + 50 \cdot 30$ m$^2 = 6000$ m^2.
Ausbreitungswiderstand:
$R_A = \rho_E/(2 \cdot D) = 0{,}572\ \Omega$.

b) $U_E = I_E \cdot R_A = 114{,}4$ V mit $I_E = 200$ A (Kabel ohne Erderwirkung).

c) Es liegen keine schwierigen Erdungsverhältnisse vor, da die Bedingung $U_E < 150$ V eingehalten wird (s. Abschnitt 12.4).

d) Das in den abgehenden Kabelgräben verlegte Stahlband wirkt als Banderder, der gemäß Abschnitt 12.2 jeweils einen Ausbreitungswiderstand von
$$R_{AB} = \frac{100\ \Omega\text{m}}{\pi \cdot 50\ \text{m}} \cdot \ln \frac{4 \cdot 10\ \text{m}}{0{,}033\ \text{m}} = 4{,}52\ \Omega$$
aufweist. Der resultierende Ausbreitungswiderstand R_A der drei parallel geschalteten Banderder beträgt dann $R_A = 1/3 \cdot R_{AB} = 1{,}51\ \Omega$. Daraus ergibt sich die maximale Erdungsspannung zu
$U_E = I_{rest} \cdot R_A = 30{,}1$ V
mit dem Reststrom
$I_{rest} \approx 0{,}1 \cdot I_E = 20$ A (s. Abschnitt 11.1.2).

e) Die Stationserde darf auch als Betriebserde verwendet werden, da die Erdungsspannung die Bedingung $U_E < 75$ V einhält (s. Abschnitt 12.5).

Lösung zu Aufgabe 12.2

a) Nullstrom:
$\underline{I}_{0R} = 687{,}8$ A $\cdot\ e^{-j90°}$ (s. Lösung 11.3a).
Widerstände des Ersatzschaltbilds für die Erdungsanlage (vergl. Bild 12.15):
$(3 \cdot R_A) \parallel (3 \cdot Z_\infty) = 0{,}667\ \Omega$.
Erdungsspannung der Erdungsanlage:
$U_E = r \cdot I_{0R} \cdot 0{,}667\ \Omega = 252{,}2$ V mit $r = 0{,}55$.
Bei der in niederohmig geerdeten 110-kV-Netzen üblichen Ausschaltzeit von 0,1 s darf eine Berührungsspannung bis zu $U_{Tp} \approx 650$ V auftreten (Bild 12.1b). Diese Berührungsspannung gilt gemäß DIN VDE 0101 als eingehalten, da die ermittelte Erdungsspannung den Wert $2 \cdot U_{Tp}$ nicht überschreitet (s. Abschnitt 12.4).

b) Widerstände des Ersatzschaltbilds für den Masterder (vgl. Bild 12.15):
$(3 \cdot R_A) \parallel (3 \cdot Z_\infty) \parallel (3 \cdot Z_\infty) = 2{,}73 \; \Omega$.
Erdungsspannung am Mast:
$U_E = r \cdot I_{0R} \cdot 2{,}73 \; \Omega = 1031{,}7 \; V$.

c) Ausbreitungswiderstand des zylindrischen Erders:
$$R_A = \frac{100 \; \Omega m}{2\pi \cdot 3{,}5 \; m} \cdot \ln \frac{\sqrt{3{,}5^2 + 2{,}5^2} + 3{,}5}{2{,}5} = 5{,}17 \; \Omega \; ;$$
Der Strom, der am Mast in die Erde eingeleitet wird (Strom durch R_A), beträgt
$$\frac{I_A}{3} = r \cdot I_{0R} \cdot \frac{3 \cdot (Z_\infty \parallel Z_\infty)}{3 \cdot (Z_\infty \parallel Z_\infty) + 3 \cdot R_A} \quad \rightarrow \quad I_A = 183{,}8 \; A \; .$$
Berührungsspannung ΔU_{Tp} am Mast:
$U(r = d/2) = 951{,}1 \; V \; ; \quad U(r = d/2 + 1 \; m) = 736{,}6 \; V \; ;$
$\Delta U_{Tp} = |U(r = d/2) - U(r = d/2 + 1 \; m)| = 214{,}5 \; V \; .$

d) Der mit dieser Abschätzung verbundene systematische Fehler liegt auf der unsicheren Seite, weil die für die Ströme wirksame Austrittsfläche der 4 Eckstiele des Mastfußes kleiner als bei dem angenommenen Zylinder ist.

Lösung zu Aufgabe 12.3

a) Ersatzschaltbild:

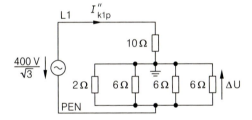

In 0,4-kV-Niederspannungsnetzen ist gemäß DIN VDE 0102 bei Kurzschlüssen der Wert $1{,}0 \cdot U_{nN}/\sqrt{3}$ als Spannungsquelle im Ersatzschaltbild zu verwenden (s. Kapitel 6). Man erhält dann den Fehlerstrom
$$I''_{k1p} = \frac{400 \; V}{\sqrt{3} \cdot (10 \; \Omega + 2 \; \Omega \parallel 6 \; \Omega \parallel 6 \; \Omega \parallel 6 \; \Omega)} = 21 \; A \; .$$
Spannungsunterschied:
$\Delta U = I''_{k1p} \cdot (2 \; \Omega \parallel 6 \; \Omega \parallel 6 \; \Omega \parallel 6 \; \Omega) = 21 \; V \; .$
Das Potenzial der Erde wird gegen den PEN-Leiter um 21 V angehoben.

b) Eine Personengefährdung würde gemäß DIN VDE 0100 erst bei Spannungsunterschieden von mehr als 50 V auftreten.

Lösung zu Aufgabe 12.4

a) Nachbildung der Lastimpedanzen bei 50 Hz als Reihenschaltung:
$$X_{LS} = \frac{U_r^2 \cdot \sin \varphi_r}{S_r} = \frac{(400 \; V)^2 \cdot 0{,}436}{630 \; kVA} = 0{,}111 \; \Omega \; ;$$
$$R_{LS} = \frac{U_r^2 \cdot \cos \varphi_r}{S_r} = \frac{(400 \; V)^2 \cdot 0{,}9}{630 \; kVA} = 0{,}229 \; \Omega \; .$$

Lastreaktanz bei dritter Harmonischer:
$$\Omega = 3 \cdot \omega_r \quad \text{mit} \quad \omega_r = 2\pi \cdot 50 \text{ Hz} \quad \rightarrow \quad X_{\text{LS},\Omega} = 3 \cdot X_{\text{LS}} = 0{,}332 \text{ }\Omega.$$

Außenleiterstrom bei Ω:
$$I_\Omega = \frac{3 \text{ V}}{\sqrt{3} \cdot \sqrt{(0{,}229 \text{ }\Omega)^2 + (0{,}332 \text{ }\Omega)^2}} = 4{,}3 \text{ A}.$$

Laststrom bei ω_r:
$$I_{\text{rL}} = \frac{400 \text{ V}}{\sqrt{3} \cdot \sqrt{(0{,}229 \text{ }\Omega)^2 + (0{,}111 \text{ }\Omega)^2}} = 909{,}3 \text{ A} \quad \rightarrow \quad I_\Omega / I_{\text{rL}} = 0{,}47\%.$$

b) Durch 3 teilbare Harmonische mit $\Omega = 3\nu \cdot \omega_r$ treten gleichphasig auf und müssen sich über den Neutralleiter schließen. Sie wirken also wie Nullströme. Dementsprechend ist für diese Harmonischen die Nullinduktivität maßgebend. Bei Oberschwingungen mit anderen Frequenzen ist die subtransiente Induktivität L_d'' wirksam (s. Abschnitt 4.8.3).

c) Der Strom der dritten Harmonischen im Neutralleiter kann wie bei einem Nullstrom ermittelt werden: $\quad I_N = 3 \cdot I_\Omega = 12{,}9 \text{ A}$.

d) Der einpolige Kurzschlussstrom des Generators ergibt sich aus dem zugehörigen Komponentenersatzschaltbild (nicht dargestellt) mit $1{,}0 \cdot U_{\text{nN}}/\sqrt{3}$ als Spannungsquelle zu:
$$I_{\text{k1p}}'' = 3 \cdot \frac{400 \text{ V}}{\sqrt{3} \cdot |\underline{Z}_{1G} + \underline{Z}_{2G} + \underline{Z}_{0G}|} = 7505 \text{ A} \quad \text{mit}$$
$X_{\text{dG}}'' = 0{,}0381 \text{ }\Omega,$
$R_{\text{sG}} = 0{,}3 \cdot X_{\text{dG}}'' = 0{,}0114 \text{ }\Omega,$
$X_{0G} = 0{,}25 \cdot X_{\text{dG}}'' = 0{,}0095 \text{ }\Omega,$
$R_{0G} \approx R_{\text{sG}},$
$\underline{Z}_{1G} = \underline{Z}_{2G} = R_{\text{sG}} + jX_{\text{dG}}'',$
$\underline{Z}_{0G} \approx R_{0G} + jX_{0G}.$

e)
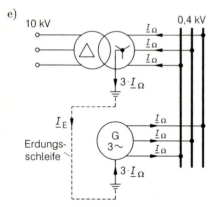

Falls sowohl am Generator als auch am Transformator der Sternpunkt geerdet wird, entsteht eine relativ niederohmige Erdungsschleife, in der sich ein Strom mit der dritten Harmonischen ausbilden kann:
$$I_E = 3 \cdot I_\Omega = 3 \cdot \frac{3 \text{ V}}{\sqrt{3} \cdot \sqrt{(R_{0G} + R_{0T})^2 + (\Omega L_{0G} + \Omega L_{0T})^2}} = 78{,}4 \text{ A}$$

mit
$$L_{\text{kT}} = u_k \cdot \frac{U_r^2}{\omega_r \cdot S_r} = 0{,}05 \cdot \frac{(400 \text{ V})^2}{314{,}16 \text{ s}^{-1} \cdot 630 \text{ kVA}} = 40{,}42 \text{ }\mu\text{H},$$
$L_{0T} = 0{,}95 \cdot L_{\text{kT}} = 38{,}4 \text{ }\mu\text{H},$
$R_{\text{kT}} = 0{,}15 \cdot \omega_r \cdot L_{\text{kT}} = 1{,}9 \text{ m}\Omega,$
$R_{0T} = 1{,}5 \cdot R_{\text{kT}} = 2{,}85 \text{ m}\Omega.$

Lösungen 661

f) Der Strom der dritten Harmonischen in der Erdungsschleife kann unerwünschte Erwärmungen verursachen und sollte vermieden werden. Im Parallelbetrieb mit der Netzstation darf deshalb der Sternpunkt der Synchronmaschine nicht geerdet werden.

Lösung zu Aufgabe 12.5

a) Aus dem Komponentenersatzschaltbild (nicht dargestellt) ergibt sich bei einem einpoligen Kurzschluss der Fehlerstrom

$$I''_{k1p} = 3 \cdot \frac{1{,}0 \cdot U_{nN}}{\sqrt{3} \cdot (Z_1 + Z_2 + Z_3)} = \frac{3}{3{,}5} \cdot \frac{U_{nN}}{\sqrt{3} \cdot Z_1} = \frac{3}{3{,}5} \cdot I''_{k3p} = 18{,}9 \text{ kA}$$

mit

$Z_2 = Z_1$; $\quad Z_0 = 1{,}5 \cdot Z_1 \quad$ und $\quad I''_{k3p} = 22$ kA $\quad$ (s. Aufgabe 4.12.1).

In dem untersuchten Verteilungsnetz ist gemäß Abschnitt 12.5 lediglich zu fordern, dass die vorgelagerten NH-Sicherungen auslösen; eine zeitliche Beschränkung besteht nicht. Diese Forderung wird durch den auftretenden einpoligen Kurzschlussstrom erfüllt, da er den großen Prüfstrom der NH-Sicherungen überschreitet.

Lösung zu Aufgabe 13.1

a) Es brauchen nur solche Kostenarten berücksichtigt zu werden, die sich bei den beiden betrachteten Investitionsvarianten unterscheiden. Dazu gehören Kapitalkosten, betriebsgebundene und sonstige Kosten sowie verbrauchsgebundene Kosten durch die Stromwärmeverluste, nicht jedoch die Verlegungskosten.

b) Kabel 1:
NA2X2Y 1×185 RM/25 $\quad$ mit $\quad R'_{w90} = 0{,}2282 \; \Omega/\text{km} \quad$ (aus Anhang)

Kabel 2:
NA2X2Y 1×240 RM/25 $\quad$ mit $R'_{w90} = 0{,}1772 \; \Omega/\text{km} \quad$ (aus Anhang)

Statischer Kostenvergleich

Kapitaleinsatz:
$KE_1 = 21 \text{ €/m} \cdot 5000 \text{ m} = 105\,000 \text{ €}$
$KE_2 = 25 \text{ €/m} \cdot 5000 \text{ m} = 125\,000 \text{ €}$

Abschreibungen pro Jahr:
$\dot{K}_{\text{Abschr}} = KE/T_n \quad$ mit $\quad T_n = 35$ Jahre
$\dot{K}_{\text{Abschr1}} = 3000 \text{ €}, \quad \dot{K}_{\text{Abschr2}} = 3571 \text{ €}$

Durchschnittliche Zinsen pro Jahr:
$\dot{Z} = p \cdot KE/2 \quad$ mit $\quad p = 0{,}08$
$\dot{Z}_1 = 4200 \text{ €}, \quad \dot{Z}_2 = 5000 \text{ €}$

Betriebsgebundene und sonstige Kosten pro Jahr:
$\dot{K}_{P,b} + \dot{K}_{\text{sonst}} = 0{,}01 \cdot KE \quad$ (s. Aufgabenstellung)
$(\dot{K}_{P,b} + \dot{K}_{\text{sonst}})_1 = 1050 \text{ €}, \quad (\dot{K}_{P,b} + \dot{K}_{\text{sonst}})_2 = 1250 \text{ €}$

Verbrauchsgebundene Kosten pro Jahr bei $T_{\text{ben}} = 4000$ h:

$$A_{\text{SVl}} = \int_0^{8760 \text{ h}} P(t)\,\mathrm{d}t = 3 \cdot R'_{w90} \cdot l \cdot \left(\frac{P_{\text{Vb,max}}}{\sqrt{3} \cdot U_{nN} \cdot \cos\varphi}\right)^2 \cdot \int_0^{8760 \text{ h}} \left(\frac{P}{P_{\text{Vb,max}}}\right)^2 \mathrm{d}t$$

mit $\quad P_{\text{Vb,max}} = 5$ MW, $\quad U_{nN} = 10$ kV, $\quad \cos\varphi = 0{,}9, \quad l = 5$ km

und $\quad \displaystyle\int_0^{8760 \text{ h}} \left(\frac{P}{P_{\text{Vb,max}}}\right)^2 \mathrm{d}t = 2130$ h.

$\dot{K}_{SVl} = A_{SVl} \cdot e_A$

$A_{SVl1} = 750{,}1$ MWh $\rightarrow$ $\dot{K}_{SVl1} = A_{SVl1} \cdot 0{,}03$ €/kWh $= 22\,503$ €

$A_{SVl2} = 582{,}5$ MWh $\rightarrow$ $\dot{K}_{SVl2} = A_{SVl2} \cdot 0{,}03$ €/kWh $= 17\,475$ €

Summe der jährlichen Kosten:

$\dot{K}_R = \dot{K}_{Abschr} + \dot{Z} + (\dot{K}_{P,b} + \dot{K}_{sonst}) + \dot{K}_{SVl}$

$\dot{K}_{R1} = 30\,753$ €, $\quad \dot{K}_{R2} = 27\,296$ €.

Das Kabel 2 mit dem größeren Leiterquerschnitt ist in den jährlichen Kosten um 3457 € günstiger.

Dynamischer Kostenvergleich

Rentenbarwertfaktor:

$$r = \frac{q^{T_n} - 1}{q^{T_n} \cdot (q-1)} = 11{,}655 \quad \text{mit} \quad q = 1{,}08 \quad \text{und} \quad T_n = 35 \text{ Jahre}.$$

Barwert der Gesamtkosten:

$K_R^* = KE + (\dot{K}_{P,b} + \dot{K}_{sonst} + \dot{K}_{SVl}) \cdot r$

$K_{R1}^* = 379\,510$ €, $\quad K_{R2}^* = 343\,240$ €.

Beim dynamischen Kostenvergleich ergeben sich für das Kabel 2 um 36 270 € niedrigere Gesamtkosten.

c) **Statischer Kostenvergleich**

$A_{SVl1} = 1137{,}5$ MWh $\rightarrow$ $\dot{K}_{SVl1} = 34\,125$ €

$A_{SVl2} = 883{,}3$ MWh $\rightarrow$ $\dot{K}_{SVl2} = 26\,499$ €

Bei einer Benutzungsdauer von 5000 Stunden ist das Kabel 2 in den jährlichen Kosten sogar um 7626 € günstiger.

Dynamischer Kostenvergleich

$K_{R1}^* = 514\,965$ €, $\quad K_{R2}^* = 448\,415$ €.

Die Differenz zwischen den beiden Gesamtkosten vergrößert sich bei $T_{ben} = 5000$ h auf 66 550 € zugunsten von Kabel 2.

Lösung zu Aufgabe 13.2

a) Fixer Gemeinkostenzuschlag für das Höchstspannungsnetz gemäß Tabelle 13.2:

$\dot{K}_{P,\text{Höchstspg}} = 30$ €/(kW · Jahr) · 2000 MVA · 0,9 = 54 000 000 €/Jahr.

b) Hochspannungsnetz mit Umspannung 380 kV / 110 kV:

$\dot{K}_{P,HS} = (35 + 5)$ €/(kW · Jahr) · 100 MVA · 0,9 = 3 600 000 €/Jahr,

Mittelspannungsnetz mit Umspannung 110 kV / 10 kV:

$\dot{K}_{P,MS} = (75 + 10)$ €/(kW · Jahr) · 40 MVA · 0,9 = 3 060 000 €/Jahr,

Niederspannungsnetz mit Umspannung 10 kV / 0,4 kV:

$\dot{K}_{P,NS} = (150 + 23)$ €/(kW · Jahr) · 500 kVA · 0,9 = 77 850 €/Jahr.

c) Als Annuität wird eine mittlere jährliche Zahlung oder Einnahme bezeichnet. Der berechnete jährlich Gemeinkostenzuschlag stellt somit direkt eine Annuität dar, wenn er über die gesamte Nutzungsdauer T_n die gleiche Höhe aufweist.

Lösung zu Aufgabe 13.3

a) Rentenbarwertfaktor:

$$r = \frac{q^{T_n} - 1}{q^{T_n} \cdot (q-1)} = 10{,}675 \quad \text{mit} \quad q = 1{,}08 \quad \text{und} \quad T_n = 25 \text{ Jahre}.$$

Jährliche betriebliche und sonstige Kosten:
$\dot{K}_{P,b} + \dot{K}_{P,sonst} = 0{,}025 \cdot KE = 12\,500\ €$ mit $KE = 500\,000\ €$.

Zugehöriger Barwert:
$K^*_{P,b} + K^*_{P,sonst} = (\dot{K}_{P,b} + \dot{K}_{P,sonst}) \cdot r = 133\,438\ €$.

b) Durchgangsenergie pro Jahr:
$A_{Vb} = P_{Vb,max} \cdot T_{ben} = 6\ MW \cdot 5500\ h = 33\ GWh$.

Jährliche variable Einzelkosten für die Verluste:
$\dot{K}_{Vl} = e_A \cdot A_{Vb} \cdot 0{,}003 = 2574\ €$ mit $e_A = 0{,}026\ €/kW$.

Zugehöriger Barwert:
$K^*_{Vl} = \dot{K}_{Vl} \cdot r = 27\,477\ €$.

c) Maximale Wirkleistung der Umspannstation:
$P_{max,Um} = 45\ MW$

Feste Dienste der Umspannstation pro Jahr:
$\dot{K}_{P,Um} = 0{,}16 \cdot 4\,800\,000\ € = 768\,000\ €$

Spezifischer Wert der fixen Gemeinkosten pro Jahr:
$c_{P,Um} = \dot{K}_{P,Um}/P_{max,Um} = 17{,}07\ €/kW$.

d) Kundenanteil $\dot{K}_{P,Um,Ku}$ an den jährlichen fixen Gemeinkosten $\dot{K}_{P,Um}$ der Umspannstation bei einem Gleichzeitigkeitsfaktor von 0,79:
$\dot{K}_{P,Um,Ku} = 0{,}79 \cdot c_{P,Um} \cdot P_{Vb,max} = 0{,}79 \cdot 17{,}07\ €/kW \cdot 6\ MW = 80\,912\ €$

Zugehöriger Barwert:
$K^*_{P,Um,Ku} = \dot{K}_{P,Um,Ku} \cdot r = 863\,736\ €$.

e) Jährliche variable Gemeinkosten der Umspannstation:
$\dot{K}_{Vl,Um} = e_A \cdot 0{,}002 \cdot A_{Vb} = 1716\ €$

Zugehöriger Barwert:
$K^*_{Vl,Um} = \dot{K}_{Vl,Um} \cdot r = 18\,318\ €$.

f) Spezifischer fixer Gemeinkostenzuschlag für das 110-kV-Netz gemäß Tabelle 13.2:
$35\ €/kW$

Jährliche fixe Gemeinkosten für das 110-kV-Netz:
$\dot{K}_{P,Ne} = 35\ €/kW \cdot 0{,}79 \cdot 6\ MW = 165\,900\ €$

Zugehöriger Barwert:
$K^*_{P,Ne} = \dot{K}_{P,Ne} \cdot r = 1\,770\,983\ €$.

g) Jährliche variable Gemeinkosten der überlagerten Netzeinrichtungen:
$\dot{K}_{Vl,Ne} = e_A \cdot 0{,}03 \cdot A_{Vb} = 25\,740\ €$

Zugehöriger Barwert:
$K^*_{Vl,Ne} = \dot{K}_{Vl,Ne} \cdot r = 274\,775\ €$.

h) Leistungspreis:
$e_P = e_{P,Ne} - 4{,}20\ €/kW$ → $E_P = e_P \cdot 6\ MW = 248\,640\ €$

Arbeitspreis:
$e_A = e_{A,Ne} - 0{,}0001\ €/kWh$ → $E_A = e_A \cdot 33\ GWh = 89\,100\ €$

Jährliche Einnahmen:
$\dot{E} = E_P + E_A = 337\,740\ €$

Zugehöriger Barwert:
$E^* = \dot{E} \cdot r = 3\,605\,375\ €$.

i) Kapitalwert der Investition:
$C = E^* - K^* - KE = 3\,605\,375\,€ - 3\,088\,727\,€ - 500\,000\,€ = 16\,648\,€$
mit $\quad K^* = K^*_{P,b} + K^*_{P,sonst} + K^*_{Vl} + K^*_{P,Um,Ku} + K^*_{Vl,Um} + K^*_{P,Ne} + K^*_{Vl,Ne}$.

Wegen $C > 0$ ist diese Investition wirtschaftlich.

Rentabilität: $C/KE = 0{,}033$.

j) Gemäß Gl. (13.29) gilt für den internen Zinsfuß p_{int} der Zusammenhang
$$0 = E^*(p_{int}) - K^*(p_{int}) - KE$$
$$= r(p_{int}) \cdot (\dot{E} - \dot{K}) - KE$$
$$= r(p_{int}) \cdot (337\,740\,€ - 289\,342\,€) - 500\,000\,€$$
mit $\quad \dot{K} = \dot{K}_{P,b} + \dot{K}_{P,sonst} + \dot{K}_{Vl} + \dot{K}_{P,Um,Ku} + \dot{K}_{Vl,Um} + \dot{K}_{P,Ne} + \dot{K}_{Vl,Ne}$.

Nach einigen Iterationen erhält man den Wert $p_{int} \approx 8{,}39\,\%$.

k) Annuität der Investition gemäß Gl. (13.30):
$A_n = C \cdot r^{-1} = 16\,648\,€/10{,}675 = 1560\,€$.

l) Mit $q = 1{,}08$ und $T_n = 25$ Jahren resultiert eine Amortisationsdauer von
$$T_a = -\frac{1}{\ln q} \cdot \ln\left(1 - \frac{KE \cdot (q^{T_n} - 1)}{(E^* - K^*) \cdot q^{T_n}}\right) = 22{,}8\,.$$

Die Investition amortisiert sich nach 22,8 Jahren, also 2,2 Jahre vor dem Ende der Nutzungsdauer.

m) Die geforderte Amortisationsdauer beträgt $T'_a = 6$ Jahre. Eingesetzt in die Gleichung
$$KE' = (E^* - K^*) \cdot \frac{q^{T_n}}{q^{T_n} - 1} \cdot \frac{q^{T_a} - 1}{q^{T_a}}$$
erhält man dann $KE' = 223\,743\,€$. Damit sich die Anlage bereits nach 6 Jahren amortisiert, dürften nur Investitionsmittel in dieser Höhe benötigt werden. Daraus ergeben sich Anschlusskosten von mindestens $KE - KE' = 276\,257\,€$.

Lösung zu Aufgabe 13.4

a) Leistungspreis:

$e_P = 134\,€/kW \quad \rightarrow \quad E_P = e_P \cdot P_{Vb,max} = 804\,000\,€ \quad$ mit $\quad P_{Vb,max} = 6$ MW

Arbeitspreis für $A_{Vb} = 33$ GWh:

Zone 1 (0...3 GWh): $\quad e_{A1} = 0{,}068\,€/kWh \quad \rightarrow \quad E_{A1} = e_{A1} \cdot$ 3 GWh $= \quad 204\,000\,€$
Zone 2 (3...6 GWh): $\quad e_{A2} = 0{,}063\,€/kWh \quad \rightarrow \quad E_{A2} = e_{A2} \cdot$ 3 GWh $= \quad 189\,000\,€$
Zone 3 (6...9 GWh): $\quad e_{A3} = 0{,}058\,€/kWh \quad \rightarrow \quad E_{A3} = e_{A3} \cdot$ 3 GWh $= \quad 174\,000\,€$
Zone 4 (> 9 GWh): $\quad e_{A4} = 0{,}055\,€/kWh \quad \rightarrow \quad E_{A4} = e_{A4} \cdot 24$ GWh $= 1\,320\,000\,€$

Jährliche Einnahmen:

$\dot{E} = E_P + E_{A1} + E_{A2} + E_{A3} + E_{A4} = 2\,691\,000\,€$.

b) Netznutzungsentgelt des Stromhändlers:

Leistungspreis:
$\dot{K}_{P,Ne,S} = (45{,}64 + 23{,}50)\,€/kW \cdot P_{Vb,max} = 414\,840\,€$

Arbeitspreis:
$\dot{K}_{A,Ne,S} = (0{,}0028 + 0{,}0014)\,€/kWh \cdot A_{Vb} = 138\,600\,€$

Insgesamt:
$\dot{K}_{Ne,S} = 553\,440\,€/kWh$.

c) Netznutzungsentgelt des VNB:

Leistungspreis:
$\dot{K}_{P,Ne,VNB} = 0{,}9 \cdot 23{,}50 \;€/kW \cdot P_{Vb,max} = 126\,900 \;€$

Arbeitspreis:
$\dot{K}_{A,Ne,VNB} = 0{,}0014 \;€/kWh \cdot A_{Vb} = 46\,200 \;€$

Insgesamt:
$\dot{K}_{Ne,VNB} = 173\,100 \;€/kWh.$

d) Spezifischer fixer Gemeinkostenzuschlag für den Kraftwerkspark:

$\dot{k}_{P,G,s} = 285 \;€/kW$

Leistungsabhängige Kosten:
$\dot{K}_P = \dot{k}_{P,G,s} \cdot 0{,}9 \cdot P_{Vb,max} = 1\,539\,000 \;€$

Arbeitsabhängige Kosten:
$\dot{K}_A = 0{,}3 \cdot \dot{k}_{P,G,s} \cdot P_{Vb,max} = 513\,000 \;€$

Summe der Kosten:
$\dot{K} = \dot{K}_P + \dot{K}_A = 2\,052\,000 \;€$

In dem Entgelt, das der Stromhändler für den Strombezug des Industriekunden an den Kraftwerksbetreiber entrichten muss, beträgt der Eigenkostenanteil des Kraftwerksbetreibers 2 052 000 €.

Anhang

Richtwerte für Freileitungen

Daten von Al/St-Leitungsseilen gemäß DIN EN 50182

Bezeichnung	alte Bezeichnung	Seildurch- messer	Gleichstrom- widerstand	zulässiger Betriebsstrom
15-AL1/3-ST1A	16/2,5-Al/St	5,4 mm	1,8769 Ω/km	105 A
24-AL1/4-ST1A	25/4-Al/St	6,8 mm	1,2012 Ω/km	140 A
34-AL1/6-ST1A	35/6-Al/St	8,1 mm	0,8342 Ω/km	170 A
48-AL1/8-ST1A	50/8-Al/St	9,6 mm	0,5939 Ω/km	210 A
70-AL1/11-ST1A	70/12-Al/St	11,7 mm	0,4132 Ω/km	290 A
94-AL1/15-ST1A	95/15-Al/St	13,6 mm	0,3060 Ω/km	350 A
122-AL1/20-ST1A	120/20-Al/St	15,5 mm	0,2376 Ω/km	410 A
149-AL1/24-ST1A	150/25-Al/St	17,1 mm	0,1940 Ω/km	470 A
184-AL1/30-ST1A	185/30-Al/St	19,0 mm	0,1571 Ω/km	535 A
243-AL1/39-ST1A	240/40-Al/St	21,8 mm	0,1188 Ω/km	645 A
305-AL1/39-ST1A	305/40-Al/St	24,1 mm	0,0949 Ω/km	740 A
490-AL1/64-ST1A	490/65-Al/St	30,6 mm	0,0590 Ω/km	960 A

Zulässige Betriebstemperatur: $\vartheta_{b,max} = 80\,°C$ bei allen Seilen.
Zulässige Endtemperatur im Kurzschlussfall: $\vartheta_e = 200\,°C$ (s. DIN VDE 0103).
Der zulässige Betriebsstrom I_z gilt bei Freileitungen für Dauerbetrieb ($I_z = I_d$).
AL1: hartgegossenes Aluminium, AL2...AL7: Aluminiumlegierungen.
ST1...ST6: Festigkeitsklassen der Stahlseele, A...E: Verzinkungsklassen.

Betriebskapazitäten

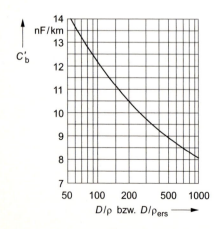

Betriebskapazität C'_b von Freileitungen für $f = 50$ Hz

C'_b: Betriebskapazität in nF/km;
D: mittlerer Leiterabstand in cm;
ρ: Leiterradius in cm;
ρ_{ers}: Ersatzradius von Bündelleitern in cm.

Bei fehlenden geometrischen Angaben ist für Freileitungen im Bereich 110...380 kV der Richtwert $C'_b \approx 9...14$ nF/km zu verwenden.

Anhang

Betriebsreaktanzen

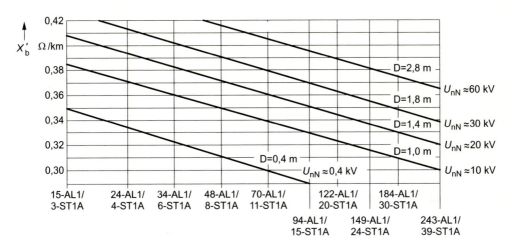

Betriebsreaktanz X'_b von Drehstromfreileitungen im Mittelspannungsbereich für $f = 50$ Hz in Abhängigkeit vom Leiterquerschnitt A

(Einfachleitung mit Al/St-Seilen; D: mittlerer geometrischer Abstand der Leiterseile)

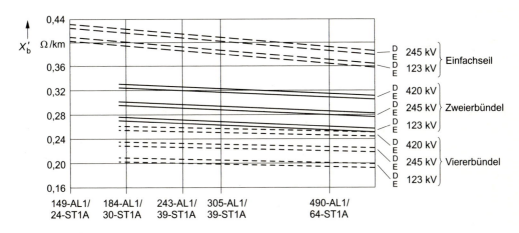

Betriebsreaktanz X'_b von Drehstromfreileitungen im Hoch- und Höchstspannungsbereich für $f = 50$ Hz bei Al/St-Leiterseilen und Donau-Mastbild

Zugrunde gelegter mittlerer geometrischer Abstand der drei Leiter eines Systems:
 4 m bei 110 kV; 6 m bei 220 kV; 9,4 m bei 380 kV.

E gilt für Betrieb mit einem System; D gilt für Betrieb mit zwei Systemen (Doppelleitung, Reaktanzangaben gelten für jedes der beiden Systeme).

Richtwerte für Kabel

Niederspannungskabel: $\vartheta_{b,max} = 70\,°C$, $\vartheta_e = 160\,°C$ (Kurzschlussfall)

Kabeltyp	R'_{g20} Ω/km	R'_{w70} Ω/km	X'_b Ω/km	I_r A
NAYY 4×50 SE	0,642	0,772	0,083	142
NAYY 4×120 SE	0,255	0,305	0,080	242
NAYY 4×150 SE	0,208	0,249	0,080	270

Mittelspannungskabel: $\vartheta_{b,max} = 90\,°C$, $\vartheta_e = 250\,°C$ (Kurzschlussfall)

Kabeltyp	U_Y/U_b kV/kV	Verlegungsart	R'_{g20} Ω/km	R'_{w90} Ω/km	X'_b Ω/km	C'_b μF/km	I_r A
NA2XS2Y 1×95 RM/25	6/10	o°o	0,313	0,4046	0,123	0,315	249
		ooo	0,313	0,4173	0,207	0,315	281
	12/20	o°o	0,313	0,4043	0,132	0,216	252
		ooo	0,313	0,4158	0,210	0,216	282
NA2XS2Y 1×185 RM/25	6/10	o°o	0,161	0,2114	0,110	0,406	358
		ooo	0,161	0,2282	0,187	0,406	393
	12/20	o°o	0,161	0,2111	0,117	0,273	362
		ooo	0,161	0,2264	0,190	0,273	396
NA2XS2Y 1×240 RM/25	6/10	o°o	0,122	0,1617	0,105	0,456	416
		ooo	0,122	0,1772	0,179	0,456	453
	12/20	o°o	0,122	0,1613	0,112	0,304	421
		ooo	0,122	0,1756	0,183	0,304	457

Hochspannungskabel: $\vartheta_{b,max} = 90\,°C$, $\vartheta_e = 250\,°C$ (Kurzschlussfall)

Kabeltyp	Verlegungsart	R'_{g20} Ω/km	R'_{w90} Ω/km	X'_b Ω/km	C'_b μF/km	I_r A
N2XS(FL)2Y 1×120 RM/35 64/110 kV	o°o	0,153	0,205	0,166	0,112	366
	ooo	0,153	0,233	0,219	0,112	382
N2XS(FL)2Y 1×185 RM/35 64/110 kV	o°o	0,099	0,136	0,156	0,125	457
	ooo	0,099	0,164	0,206	0,125	467
N2XS(FL)2Y 1×240 RM/35 64/110 kV	o°o	0,075	0,106	0,149	0,135	526
	ooo	0,075	0,132	0,198	0,135	528
N2XS(FL)2Y 1×300 RM/35 64/110 kV	o°o	0,060	0,087	0,144	0,144	588
	ooo	0,060	0,112	0,191	0,144	580

Bedeutung der Kenngrößen in den Kabeltabellen (Herstellerangaben):
R'_{g20}: Gleichstromwiderstand bei 20 °C; R'_{w70}: Wechselstromwiderstand bei 70 °C;
R'_{w90}: Wechselstromwiderstand bei 90 °C; X'_b: Betriebsreaktanz; C'_b: Betriebskapazität;
I_r: Bemessungsstrom für Verlegung in der Erde bei EVU-Last
(zulässiger Betriebsstrom: $I_z = I_r$ bei normalen Umgebungs- und Verlegungsbedingungen).

Zulässige Betriebsströme für Stromschienen aus Aluminium

Breite × Dicke	I_z			
	▯	▯▯	▯▯▯	▯▯▯▯
50 mm × 5 mm	556 A	916 A	1050 A	1580 A
80 mm × 5 mm	851 A	1360 A	1460 A	2250 A
100 mm × 10 mm	1480 A	2390 A	3110 A	4020 A
120 mm × 15 mm	2090 A	3320 A	4240 A	5040 A
160 mm × 15 mm	2670 A	4140 A	5230 A	6120 A
200 mm × 15 mm	3230 A	4950 A	6240 A	7190 A

▯, ▯▯, ▯▯▯, ▯▯▯▯ :
Anzahl und Anordnung der Teilleiter (senkrechte Lage).

Daten gelten für lackierte Schienen aus Aluminium in Innenraumanlagen (DIN 43670 Teil 1). Umgebungstemperatur 35 °C, Schienentemperatur 65 °C, I_z bei Dauerbetrieb ($I_z = I_d$). Lichter Teilleiterabstand = Schienendicke (bei 4 Teilleitern zwischen 2. und 3. Schiene mindestens 50 mm aufgrund von Stromverdrängungseffekten); lichter Hauptleiterabstand > 0,8 × Hauptleitermittenabstand (Mindestabstände s. DIN VDE 0101, Kupferschienen s. DIN 43671).

Kennlinien für NH-Sicherungen zum Motorschutz

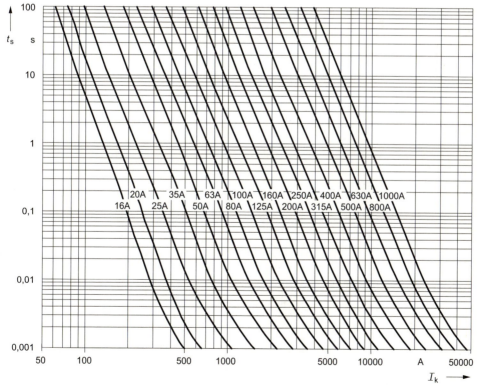

Zeit/Strom-Kennlinien von NH-Sicherungen zum Schutz von Motoren für $U_{nN} = 660$ V (Weitere Zeit/Strom-Kennlinien sind den Bildern 4.193 und 4.195 zu entnehmen.)

Übersichtsschaltpläne realer Energieversorgungsnetze

380-kV-Freileitungsnetz eines Übertragungsnetzbetreibers

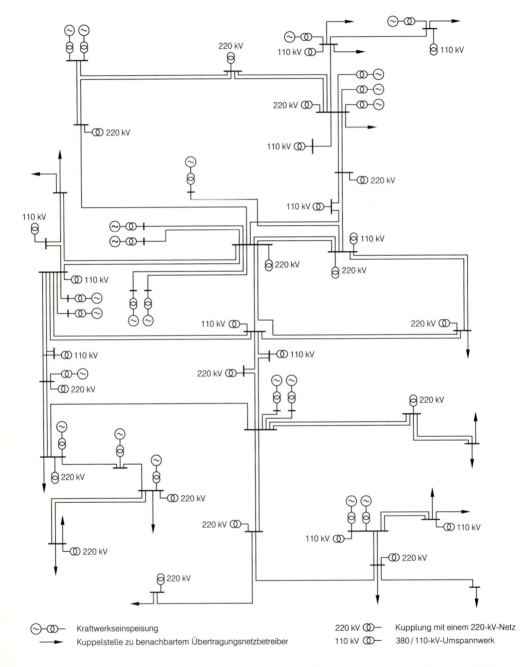

In das Höchstspannungsnetz speisen Kraftwerksblöcke mit Leistungen bis zu 1300 MVA ein. Kuppelstellen verbinden dieses Übertragungsnetz mit Nachbarunternehmen sowie unterlagerten 220-kV-Netzen, Umspannwerke versorgen die 110-kV-Hochspannungsnetze.

110-kV-Freileitungsnetz eines Verteilungsnetzbetreibers

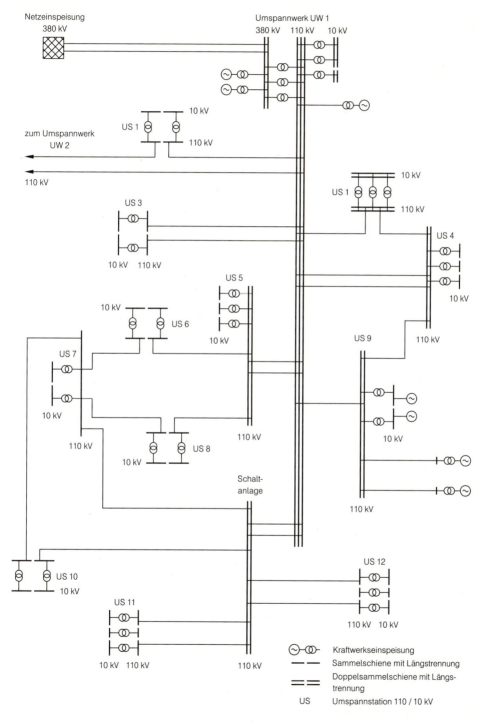

Das aus einem eigensicheren 380/110-kV-Umspannwerk versorgte Hochspannungsnetz weist vorwiegend eine Ringstruktur auf und speist über Umspannstationen 10-kV-Netze.

10-kV-Kabelnetz eines Energieversorgungsunternehmens

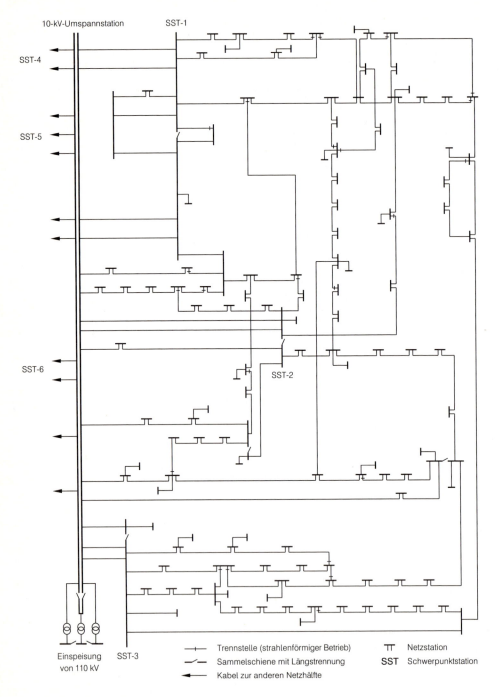

Das Mittelspannungsnetz wird aus einer 110/10-kV-Umspannstation versorgt und speist unterlagerte Niederspannungsnetze über Netzstationen. Sie sind an verzweigte Ringe angeschlossen, die von der Umspannstation sowie von Schwerpunktstationen ausgehen.

Richtwerte für Kosten

Spezifische Investitionskosten wichtiger Betriebsmittel

Transformator (110 kV / 10 kV)	12 €/kVA
Feld einer SF_6-Schaltanlage (110 kV, 50 MVA)	500 000 €
Freileitung (110 kV, 243-AL1/39-ST1A, Donaumast)	250 000 €/km
VPE-Kabel (10 kV, 3×185 mm^2)	20 €/m
PVC-Kabel (0,4 kV, 4×150 mm^2)	5 €/m
Kabelverlegungskosten unterhalb von Straßen in 0,8 m Tiefe	50 €/m

Weitere Preisangaben sind den Aufgaben zu Kapitel 8 zu entnehmen.

Spezifische Investitionskosten wichtiger Kraftwerksarten

Kernkraftwerk	3000 €/kW
Braunkohlekraftwerk	1200 €/kW
Steinkohlekraftwerk	1100 €/kW
GuD-Kraftwerk	500 €/kW
Gasturbinen-Anlage	200 €/kW
Laufwasserkraftwerk (50 MW)	3000 €/kW
Windenergie-Anlage	1000 €/kW
Solarthermisches Kraftwerk	4400 €/kW
Photovoltaische Anlage	8500 €/kW

Spezifische Gesamtkosten wichtiger Kraftwerksarten

Kernkraftwerk		0,06 €/kWh
Kohlekraftwerk	Inlandskohle	0,09 €/kWh
	Importkohle	0,06 €/kWh
GuD-Kraftwerk		0,04 €/kWh
Gasturbinen-Anlage		0,05 €/kWh
Laufwasserkraftwerk (50 MW)		0,07 €/kWh
Windenergie-Anlage		0,10 €/kWh
Solarthermisches Kraftwerk		0,33 €/kWh
Photovoltaische Anlage		1,05 €/kWh

Die genannten Gestehungskosten ergeben sich aus den Gesamtkosten pro Jahr bezogen auf die abgegebene Energie.

Elektrischer Wirkungsgrad wichtiger Kraftwerksarten

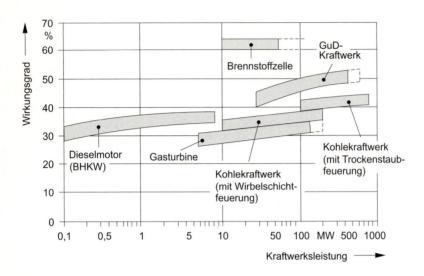

Beispiel für Strompreise

Strompreise eines Sondervertrags (Stand 2004):

Leistungspreis		134 €/kW
Arbeitspreis HT	erste 3 GWh	0,068 €/kWh
	weitere 3 GWh	0,063 €/kWh
	weitere 3 GWh	0,058 €/kWh
	darüber	0,055 €/kWh
Arbeitspreis NT	erste 1,5 GWh	0,036 €/kWh
	weitere 1,5 GWh	0,033 €/kWh
	weitere 1,5 GWh	0,031 €/kWh
	darüber	0,029 €/kWh
Blindstromarbeitspreis bei $\cos\varphi < 0{,}9$ induktiv		0,013 €/kvar (für Blindanteil, der 50 % der Wirkarbeit übersteigt)

Preise einschließlich Netznutzungsentgelt (all-inclusive)
HT: Hochlast-Zeit
NT: Niedriglast-Zeit
$\cos\varphi$: durchschnittlicher Leistungsfaktor

Wichtige Laplace-Transformierte

$F(p)$	$f(t)$
$\dfrac{1}{p}$	1
$\dfrac{1}{p+a}$	e^{-at}
$\dfrac{1}{p^2+\Omega^2}$	$\dfrac{1}{\Omega}\cdot\sin\Omega t$
$\dfrac{p}{p^2+\Omega^2}$	$\cos\Omega t$
$\dfrac{1}{p\cdot(p^2+\Omega^2)}$	$\dfrac{1}{\Omega^2}\cdot(1-\cos\Omega t)$
$\dfrac{1}{(p^2+\Omega_1^2)\cdot(p^2+\Omega_2^2)}$	$\dfrac{\Omega_2\cdot\sin\Omega_1 t-\Omega_1\cdot\sin\Omega_2 t}{\Omega_1\cdot\Omega_2\cdot(\Omega_2^2-\Omega_1^2)}$
$\dfrac{1}{p\cdot(p^2+\Omega_1^2)\cdot(p^2+\Omega_2^2)}$	$\dfrac{1}{\Omega_1^2\cdot\Omega_2^2}\cdot\left(1+\dfrac{\Omega_2^2\cdot\cos\Omega_1 t-\Omega_1^2\cdot\sin\Omega_2 t}{\Omega_1^2-\Omega_2^2}\right)$
$\mathrm{e}^{-Tp}\cdot U(p)$	$u(t-T)$ für $t>T$, $\quad 0$ für $t\leq T$
$U(p+a)$	$\mathrm{e}^{-at}\cdot u(t)$
$p\cdot U(p)-u(t=0)$	$\dfrac{\mathrm{d}u(t)}{\mathrm{d}t}$

Alle Zeitfunktionen $f(t)$ gelten für $t>0$.
Im Zeitbereich $t<0$ gilt für alle Zeitfunktionen einheitlich $f(t)=0$.

Die in diesem Anhang angegebenen Tabellen enthalten im Wesentlichen alle Daten, die zur Lösung der Aufgabenteile erforderlich sind. Darüber hinausgehende Daten sind z. B. [14], [25], [26], [70], [73], [157] und [165] zu entnehmen.

Quellenverzeichnis

Bild	Titel	Quelle
2.3b	Heizkraftwerk	ABB Kraftwerke
2.7	Niederdruckturbine	Moll
2.9b	Gasturbine	SIEMENS
3.14	Prinzip eines Klauenpolgenerators	Bosch
3.15	Aufbau eines Klauenpolgenerators (Schnitt)	Bosch
3.17	Bordnetz in einem Flugzeug	Airbus
4.11a	Einphasiger Zweiwicklungstransformator (Schnitt)	Trafo-Union
4.45a	Umspanner mit Stufenschalter (Schnitt)	Trafo-Union
4.61c	Generatorläufer	SIEMENS
4.61d	Generatorständer	SIEMENS
4.122	Aufbau eines vieradrigen Niederspannungskabels	SIEMENS
4.124	Aufbau eines einadrigen 10-kV-Kabels	SIEMENS
4.125	Aufbau eines VPE-Höchstspannungskabels 220/380 kV	ABB Kabel und Draht
4.128	Aufbau eines Gasaußendruckkabels	HSU Hamburg
4.130	Aufbau einer 110-kV-Verbindungsmuffe	ABB Kabel und Draht
4.131	Aufbau eines 10-kV-Endverschlusses	HSU Hamburg
4.132	Aufbau eines 110-kV-Endverschlusses	ABB Kabel und Draht
4.155a	Schnitt durch eine Reihendrosselspule	SIEMENS
4.155b	Eisenkern einer Kompensationsdrosselspule	Trafo-Union
4.159	Aufbau eines Vakuumschalters	HSU Hamburg
4.161c	Aufbau eines SF_6-Trennschalters für 110 kV	HSU Hamburg
4.172	Sammelschienensystem in Rohrbauweise für 110 kV	VEW
4.173a	Aufbau einer SF_6-Schaltanlage für 110 kV	SIEMENS
4.177a	Mittelspannungsschaltfeld in Zellenbauweise	HSU Hamburg
4.178	Mittelspannungssammelschiene mit Durchführung	HSU Hamburg
4.188b	Aufbau eines 20-kV-Metalloxidableiters	HSU Hamburg

Verzeichnis der zitierten Normen

DIN VDE 0100
Bestimmungen für das Errichten von Starkstromanlagen mit Nennspannungen bis 1000 V
   Teil 100: Anwendungsbereich, Zweck und Grundsätze
   Teil 200: Begriffe
   Teil 410: Schutzmaßnahmen; Schutz gegen elektrischen Schlag
   Teil 430: Schutzmaßnahmen; Schutz von Kabeln und Leitungen bei Überstrom
   Teil 442: Schutzmaßnahmen; Schutz bei Überspannungen; Schutz von
      Niederspannungsanlagen bei Erdschlüssen in Netzen mit höherer Spannung
   Teil 470: Schutzmaßnahmen - Anwendung der Schutzmaßnahmen
   Teil 520: Auswahl und Errichtung von elektrischen Betriebsmitteln: Kabel und
      Leitungsanlagen
   Teil 705: Elektrische Anlagen in landwirtschaftlichen und gartenbaulichen Betriebsstätten

DIN VDE 0101
Starkstromanlagen mit Nennwechselspannungen über 1 kV

DIN VDE 0102 / DIN EN 60909
Kurzschlußströme in Drehstromnetzen
   Teil 0: Berechnung der Ströme
   Teil 3: Doppelerdkurzschlußströme und Teilkurzschlußströme über Erde
   Teil 10: Kurzschlußströme in Gleichstrom-Eigenbedarfsanlagen in Kraftwerken und
      Schaltanlagen
   Beiblatt 1: Beispiele für die Berechnung von Kurzschlussströmen
   Beiblatt 3: Faktoren für die Berechnung von Kurzschlußströmen
   Beiblatt 4: Kurzschlussströme in Drehstromnetzen – Daten elektrischer Betriebsmittel für
      die Berechnungen von Kurzschlussströmen

DIN VDE 0103 / DIN EN 60865
Kurzschlußströme - Berechnung der Wirkung
   Teil 1: Begriffe und Berechnungsverfahren
   Beiblatt 1: Beispiele für die Berechnung

DIN VDE 0105 / DIN EN 50110
Betrieb von elektrischen Anlagen

DIN VDE 0110 / DIN EN 60664
Isolationskoordination für elektrische Betriebsmittel in Niederspannungsanlagen

DIN VDE 0111 / DIN EN 60071
Isolationskoordination
   Teil 1: Begriffe, Grundsätze und Anforderungen
   Teil 2: Anwendungsrichtlinie

DIN VDE 0129 / DIN EN 60092
Elektrische Anlagen auf Schiffen
   Teil 507: Yachten

DIN VDE 0140 / DIN EN 61140
Schutz gegen elektrischen Schlag
    Teil 1: Gemeinsame Anforderungen für Anlagen und Betriebsmittel
    Teil 479: Wirkungen des elektrischen Stromes auf Menschen und Nutztiere

DIN VDE 0175 / DIN IEC 60038
IEC-Normspannungen

DIN VDE V 0185 (Vornorm)
Blitzschutz

DIN VDE 0197 / DIN EN 60445
Grund- und Sicherheitsregeln für die Mensch-Maschine-Schnittstelle – Kennzeichnung der Anschlüsse elektrischer Betriebsmittel und einiger bestimmter Leiter, einschließlich allgemeiner Regeln für ein alphanumerisches Kennzeichnungssystem

DIN VDE 0210
Freileitungen über AC 1 kV
    Teil 1: Freileitungen über AC 45 kV (**DIN EN 50341-1**)
        Allgemeine Anforderungen – Gemeinsame Festlegungen
    Teil 3: Freileitungen über AC 45 kV (**DIN EN 50341-3-4**)
        Nationale Normative Festlegungen
    Teil 10: Freileitungen über AC 1 kV bis einschließlich AC 45 kV (**Entwurf**)
        Allgemeine Anforderungen – Gemeinsame Festlegungen
    Teil 12: Freileitungen über AC 1 kV bis einschließlich AC 45 kV (**Entwurf**)
        Nationale Normative Festlegungen

DIN VDE 0211
Bau von Starkstrom-Freileitungen mit Nennspannungen bis 1000 V

DIN VDE 0228
Maßnahmen bei Beeinflussung von Fernmeldeanlagen durch Starkstromanlagen
    Teil 2: Beeinflussung durch Drehstromanlagen

DIN VDE 0276
Starkstromkabel
    Teil 1000: Strombelastbarkeit, Allgemeines; Umrechnungsfaktoren

DIN VDE 0414 / DIN EN 60044
Messwandler
    Teil 1: Stromwandler
    Teil 2: Induktive Spannungswandler
    Teil 3: Kombinierte Wandler

DIN VDE 0432
Hochspannungs-Prüftechnik
    Teil 1: Allgemeine Festlegungen und Prüfbedingungen

DIN VDE 0530 / DIN EN 60034
Drehende elektrische Maschinen
    Teil 3: Besondere Anforderungen an Dreiphasen-Turbogeneratoren
    Teil 4: Verfahren zur Ermittlung der Kenngrößen von Synchronmaschinen durch Messungen

DIN VDE 0532 / DIN EN 60076
Leistungstransformatoren / Transformatoren und Drosselspulen
  Teil 3: Isolationspegel, Spannungsprüfungen und äußere Abstände in Luft
  Teil 6: Trockentransformatoren
  Teil 10: Anwendung von Transformatoren
  Teil 30: Stufenschalter (**EN 60214**)
  Teil 76-1: Allgemeines (**EN 60076-1**)
  Teil 76-4: Leitfaden zur Blitz- und Schaltstoßspannungsprüfung von Leistungstransformatoren und Drosselspulen (**EN 60076-4**)
  Teil 289: Drosselspulen (**EN 60289**)

DIN VDE 0560
Kondensatoren

DIN VDE 0636 / DIN EN 60269
Niederspannungssicherungen

DIN VDE 0641 / DIN EN 60898
Leitungsschutzschalter

DIN VDE 0670
Hochspannungsschaltgeräte
  Teil 2: Wechselstromtrennschalter und Erdungsschalter (**EN 60129**)
  Teil 4: Hochspannungssicherungen (**EN 60282**)
  Teil 6: Metallgekapselte Wechselstrom-Schaltanlagen für Bemessungsspannungen über 1 kV bis einschließlich 52 kV (**EN 60298**)
  Teil 8: Gasisolierte metallgekapselte Schaltanlagen für Bemessungsspannungen von 72,5 kV und darüber (**EN 60517**)
  Teil 102: Hochspannungs-Wechselstrom-Leistungsschalter, Einstufung
  Teil 213: Anforderungen an Trennschalter zum Schalten kapazitiver Ströme (**EN 61259**)
  Teil 301: Hochspannungs-Lastschalter für Bemessungsspannungen unter 52 kV (**EN 60265-1**)
  Teil 302: Hochspannungs-Lastschalter für Bemessungsspannungen ab 52 kV (**EN 60265-2**)
  Teil 1000: Gemeinsame Bestimmungen für Hochspannungsschaltgeräte (**EN 60694**)

DIN VDE 0675 / DIN EN 60099
Überspannungsableiter
  Teil 1: Überspannungsableiter mit nichtlinearen Widerständen für Wechselspannungsnetze
  Teil 4: Metalloxidableiter ohne Funkenstrecken für Wechselspannungsnetze
  Teil 5: Anleitung für die Auswahl und die Anwendung

DIN VDE 0839 / DIN EN 61000
Elektromagnetische Verträglichkeit (EMV)
  Teil 2-12: Umgebungsbedingungen - Verträglichkeitspegel für niederfrequente leitungsgeführte Störgrößen und Signalübertragung in öffentlichen Mittelspannungsnetzen

DIN VDE 0845
Schutz von Fernmeldeanlagen gegen Blitzeinwirkungen, statische Aufladungen und Überspannungen aus Starkstromanlagen
  Teil 1: Maßnahmen gegen Überspannungen

DIN VDE V 0848 (Vornorm)
Sicherheit in elektromagnetischen Feldern
   Teil 4/A3: Schutz von Personen im Frequenzbereich von 0 bis 30 kHz

DIN 1304-3
Formelzeichen; Formelzeichen für elektrische Energieversorgung

DIN 40108
Elektrische Energietechnik – Stromsysteme – Begriffe, Größen, Formelzeichen

DIN 42500
Drehstrom-Öl-Verteilungstransformatoren 50 Hz, 50 bis 2500 kVA
   Teil 1: Allgemeine Anforderungen und Anforderungen für Transformatoren U_m bis 24 kV

DIN 42523
Trockentransformatoren 50 Hz, 100 bis 2500 kVA
   Teil 1: Allgemeine Anforderungen und Anforderungen für Transformatoren U_m bis 24 kV

DIN 43670
Stromschienen aus Aluminium; Bemessung für Dauerstrom

DIN 43671
Stromschienen aus Kupfer; Bemessung für Dauerstrom

DIN 89023 (Entwurf) / IEC 363
Schiffe und Offshore-Einheiten: Berechnung von Kurzschlussströmen in dreiphasigen Bordnetzen

DIN EN 50182
Leiter für Freileitungen – Leiter aus konzentrischen verseilten runden Drähten

DIN EN 60617
Graphische Symbole für Schaltpläne

DIN EN 61850 / IEC 61850
Kommunikationsnetze und -systeme in Stationen

VDI 2067
Wirtschaftlichkeit gebäudetechnischer Anlagen
   Blatt 1: Grundlagen und Kostenberechnung

(DIN: Deutsche Industrie-Norm, DIN VDE: VDE-Bestimmung, VDI: VDI-Richtlinie, EN: Europäische Norm, IEC: Internationale Norm)

Literatur

[1] KUGELER, K.; PHILIPPEN, P.-W.: Energietechnik. 2. Auflage. Berlin : Springer, 1993

[2] ROEMER, H.-W.: Dampfturbinen. Essen : W. Girardet, 1972

[3] IZW: Mehr Akzeptanz durch neue Reaktoren? In: Stromthemen 10 (1993), Nr. 6, S. 1–3

[4] HEIER, S.: Windkraftanlagen im Netzbetrieb. Stuttgart : Teubner, 1994

[5] KÖTHE, H.K.: Stromversorgung mit Solarzellen. 5. Auflage. Feldkirchen : Franzis, 1996

[6] MARKVART, T.: Solar Electricity. Chichester : John Wiley & Sons, 1994

[7] LEONHARD, W.: Regelung in der elektrischen Energieversorgung. Stuttgart : Teubner, 1980

[8] REISSING, T.: Dynamische Modelle der Lasten elektrischer Energieübertragungssysteme. Dortmund, Universität, Dissertation, 1983

[9] NELLES, D.: Bedeutung der Spannungs- und Frequenzabhängigkeiten von Lasten in Netzplanung und Netzbetrieb. In: etzArchiv 7 (1985), Nr. 1, S. 11–15

[10] ERNST, D.; STRÖLE, D.: Industrieelektronik. Berlin : Springer, 1973

[11] VDI / VDE: Wirkleistung- und Blindleistung-Sekundenreserve. VDI-Berichte 582. Düsseldorf : VDI-Verlag, 1986

[12] FROHNE, H.; UECKERT, E.: Einführung in die Elektrotechnik. Band 1–3, 4. Auflage. Stuttgart : Teubner, 1985

[13] KÜPFMÜLLER, K.: Einführung in die theoretische Elektrotechnik. 14. Auflage. Berlin : Springer, 1993

[14] OEDING, D.; OSWALD, B.R.: Elektrische Kraftwerke und Netze. 6. Auflage. Berlin : Springer, 2004

[15] ROSENBERGER, R.: Optimierender Entwurf von städtischen Verteilernetzen. Hamburg, Universität der Bundeswehr, Dissertation, 1987

[16] DVG: Netz- und Systemregeln der deutschen Übertragungsnetzbetreiber (GridCode). Heidelberg, 2000

[17] ROBERT BOSCH GMBH: Generatoren und Starter. Stuttgart : Robert Bosch GmbH, 2002

[18] ROBERT BOSCH GMBH: Autoelektrik / Autoelektronik. 4. Auflage. Braunschweig : Vieweg, 2002

[19] GLESS, B.: Schiffselektrotechnik. Berlin : VEB Verlag Technik, 1985

[20] SIMONYI, K.: Theoretische Elektrotechnik. Leipzig : Deutscher Verlag der Wissenschaften, 1993

[21] KADEN, H.: Wirbelströme und Schirmung in der Nachrichtentechnik. 2. Auflage. Berlin : Springer, 1959

[22] UNBEHAUEN, R.: Synthese elektrischer Netzwerke und Filter. München : Oldenbourg, 1988

[23] HEIDORN, D.: Ein Beitrag zur Theorie transienter Leitungsnachbildungen. Hamburg, Universität der Bundeswehr, Dissertation, 1988

[24] HIRSCH, G.: Semianalytische Simulation von systemimmanenten elektromechanischen Pendelschwingungen in Verbundnetzen. Göttingen : Cuvillier, 2003. Zugl.: Hamburg, Universität der Bundeswehr, Dissertation, 2003

[25] NIXON, F.E.: Handbook of Laplace transformation. 2nd Edition. Englewood Cliffs (N.Y.) : Prentice-Hall, 1965

[26] WEBER, H.: Laplace-Transformation für Ingenieure der Elektrotechnik. 6. Auflage. Stuttgart : Teubner, 1990

[27] BOLL, R.: Magnettechnik. Grafenau : Expert-Verlag, 1980

[28] TALUKDAR, S.; BAILEY, J.R.: Hysteresis Models for System Studies. In: IEEE Transactions on Power Apparatus and Systems Vol. PAS-95 (1976), Nr. 4, S. 1429 ff

[29] JANSSENS, N.: Static Models of Magnetic Hysteresis. In: IEEE Transactions on Magnetics Vol. MAG-13 (1977), Nr. 5, S. 1379–1381

[30] KIND, D.; KÄRNER, H.: Hochspannungs-Isoliertechnik. Braunschweig : Vieweg, 1982

[31] DIETRICH, W.: Transformatoren. Berlin : VDE-Verlag, 1986

[32] LEOHOLD, J.: Untersuchung des Resonanzverhaltens von Transformatorenwicklungen. Hannover, Universität, Dissertation, 1984

[33] BUCKOW, E.: Berechnung des Verhaltens von Leistungstransformatoren bei Resonanzanregung und Möglichkeiten des Abbaus innerer Spannungserhöhungen. Darmstadt, Technische Hochschule, Dissertation, 1986

[34] BÖDEFELD, T.; SEQUENZ, H.: Elektrische Maschinen. Wien : Springer, 1971

[35] KEGEL, R.: Ein Beitrag zur Berechnung von Ferroresonanzerscheinungen in Energieversorgungsnetzen. Hamburg, Hochschule der Bundeswehr, Dissertation, 1981

[36] BARKHAUSEN, H.: Zur Theorie des Transformators. In: ETZ 52 (1931), S. 1463–1466

[37] BOYAJIAN, A.: Resolution of Transformer-Reactance in two primary and secondary Reactances. In: Trans. AIEE (1925), Part 1: S. 805–810, Part 2: S. 810–820

[38] M.I.T.: Magnetic Circuits and Transformers. New York : John Wiley & Sons, 1963

[39] CAUER, W.: Theorie der linearen Wechselstromschaltungen. Berlin : Akademie-Verlag, 1954

[40] HEIDORN, D.: Ermittlung von Ersatzschaltbildern eines Transformators aus seiner Impedanzmatrix. In: Archiv für Elektrotechnik 73 (1990), S. 271–279

[41] RICHTER, R.: Elektrische Maschinen (Band 3) : Die Transformatoren. Basel : Birkhäuser, 1963

[42] FUNK, G.: Der Kurzschluß im Drehstromnetz. München : Oldenbourg, 1962

[43] GARIN, A.N.; PALUEV, K.K.: Transformer circuit impedance calculations. Electr. Engng. 55 (1936), S. 717–730

[44] ROEPER, R.: Kurzschlußströme in Drehstromnetzen. 6. Auflage. Berlin : Verlag Siemens, 1984

[45] FRICKE, L.: Simulation von induktiven Hoch- und Höchstspannungswandlern und deren eigenschwingungsarme Gestaltung. Hamburg, Universität der Bundeswehr, Dissertation, 1989

[46] GRAMBOW, I.: Messwandler für Mittel- und Hochspannungsnetze. Sindelfingen : Expert-Verlag, 2003

[47] GRAMBOW, I.: Meßwandler für Schutzzwecke. In: HUBENSTEINER, H.: Schutztechnik in elektrischen Netzen 2 : Planung und Betrieb. Berlin : VDE-Verlag, 1993, S. 39–59

[48] AEG-Telefunken: Synchronmaschinen. AEG-Telefunken-Handbücher, Band 12. Berlin, 1970

[49] MÜLLER, G.: Elektrische Maschinen : Grundlagen, Aufbau und Wirkungsweise. Berlin : VDE-Verlag, 1985

[50] EDELMANN, H.: Berechnung elektrischer Verbundnetze. Berlin : Springer, 1963

[51] Hütte: Elektrische Energietechnik (Band 1) : Maschinen. Berlin : Springer, 1978

[52] BONFERT, K.: Betriebsverhalten der Synchronmaschine. Berlin : Springer, 1962

[53] LAIBLE, T.: Die Theorie der Synchronmaschine im nichtstationären Betrieb. Berlin : Springer, 1952

[54] FISCHER, R.; KIESSLING, F.: Freileitungen. 4. Auflage. Berlin : Springer, 1993

[55] LANGREHR, H.: Der Schutzraum von Blitzfangstangen und Erdseilen. München, TU, Dissertation, 1972

[56] DENZEL, P.: Grundlagen der Übertragung elektrischer Energie. Berlin : Springer, 1966

[57] BEYER, M.; BOECK, W.; MÖLLER, K.; ZAENGL, W.: Hochspannungstechnik. Berlin : Springer, 1986

[58] HEROLD, G.: Elektrische Energieversorgung II : Stromkreisparameter – Leitungen – Transformatoren. Wilburgstetten : Schlumbach Fachverlag, 2001

[59] RÜDENBERG, R.: Elektrische Wanderwellen. 4. Auflage. Berlin : Springer, 1962

[60] VDEW: Die öffentliche Elektrizitätsversorgung 1995. Frankfurt (Main) : VWEW-Verlag, 1996

[61] HEINHOLD, L.; ITTMANN, K.H.; ROLLER, A.; SCHALLER, F.; SCHRÖTER, O.E.; STUBBE, R.; SUTTER, H.; WIEDEMANN, R.; WINKLER, F.: Kabel und Leitungen für Starkstrom: Teil 1, 4. Auflage. Berlin : Verlag Siemens, 1987

[62] RICHTER, S.: Einführung in die Starkstromkabeltechnik. Band 1–2. Hannover : Kabel- und Metallwerke, 1970

[63] KIWITT, W.; WANSER, G.; LAARMANN, H.: Hochspannungs- und Hochleistungskabel. Frankfurt (Main) : VWEW-Verlag, 1985

[64] DABRINGHAUS, H.-G.: Transiente Überspannungen auf Hochspannungskabeln. Duisburg, Gesamthochschule, Dissertation, 1983

[65] MÜLLER, L.: Handbuch der Elektrizitätswirtschaft : Technische, wirtschafliche und rechtliche Grundlagen. 2. Auflage. Berlin : Springer, 2001

[66] VDN: Verbändevereinbarung über Kriterien zur Bestimmung von Netznutzungsentgelten für elektrische Energie und über Prinzipien der Netznutzung. Berlin : Verband der Netzbetreiber, 2001

[67] VDN: Kommentarband – Umsetzung der Verbändevereinbarung über Kriterien zur Bestimmung von Netznutzungsentgelten für elektrische Energie und über Prinzipien der Netznutzung (VV II+). Berlin : Verband der Netzbetreiber, 2002

[68] FUNK, G.: Die Spannungsabhängigkeit von Drehstromlasten. In: Elektrizitätswirtschaft 68 (1969), Nr. 8, S. 276–281

[69] JUST, W.; HOFMANN, W.: Blindstromkompensation in der Betriebspraxis. 4. Auflage. Berlin : VDE-Verlag, 2003

[70] BALZER, G.: Schaltanlagen. Asea-Brown-Boveri-Taschenbuch, 9. Auflage. Düsseldorf : Cornelsen, 1994

[71] HEROLD, G.: Elektrische Energieversorgung I : Drehstromsysteme – Leistungen – Wirtschaftlichkeit. Wilburgstetten : Schlumbach Fachverlag, 2002

[72] GEISE, H.: Leistungsfaktorverbesserung durch Kondensatoren und Saugkreise in Industriewerken mit Stromrichteranlagen. In: AEG-Mitteilungen 48 (1958), Nr. 11/12, S. 659–675

[73] Hütte: Elektrische Energietechnik (Band 3) : Netze. Berlin : Springer, 1988

[74] BECKER, H.; SCHULZ, W.: Grundlagen zur Beurteilung von Oberschwingungsrückwirkungen in Versorgungsnetzen. In: ETZ-A 98 (1977), S. 335–338

[75] NELLES, D.; TUTTAS, C.: Elektrische Energietechnik. Stuttgart : Teubner, 1998

[76] TUTTAS, C.: Statische Blindleistungskompensation mit thyristorgestellten Sättigungsdrosselspulen (TCSR). Kaiserslautern, Universität, Dissertation, 1984

[77] HINGORANI, N.; GYUGYI, L.: Understanding FACTS : concepts and technology of flexible AC transmission systems. New York : IEEE Press, 2000

[78] ERICKSON, R.; MAKSIMOVIC, D.: Fundamentals of Power Electronics. 2nd Edition. Norwell Massachusetts USA : Kluwer Academic Publishers, 2001

[79] JÄGER, J.: Stromrichtergesteuerter Schrägtransformator zur dynamischen Leistungsflußregelung in Hochspannungsnetzen. Erlangen-Nürnberg, Universität, Dissertation, 1996

[80] GRÜNBAUM, R.; NOROOZIAN, M.; THORVALDSSON, B.: FACTS – powerful systems for flexible power transmission. In: ABB Review 5 (1999)

[81] LINDMAYER, M.: Schaltgeräte. Berlin : Springer, 1987

[82] LIPPMANN, H.J.: Schalten im Vakuum : Physik und Technik der Vakuumschalter. Berlin : VDE-Verlag, 2003

[83] PANCK, J.; FEHRLE, K.G.: Overvoltage phenomena associated with virtual chopping in three phase circuits. In: IEEE Transactions on Power Apparatus and Systems, Vol. PAS-94 (1975), Nr. 4, S. 1317 ff

[84] RZIHA, E.V.: Starkstromtechnik. Band 1–2. Berlin : Verlag von Wilhelm Ernst & Sohn, 1955

[85] BOEK, W.: Isolationssysteme metallgekapselter SF_6-isolierter Schaltanlagen. In: ETG-Fachbericht 34: Gasisolierte Schaltanlagen im Mittel- und Hochspannungsnetz. Berlin : VDE-Verlag, 1990, S. 7–27

[86] FOHRMANN, F.; REUTER, E.: Thermisches Verhalten einpolig gekapselter gasisolierter Mittelspannungsanlagen. In: etz 105 (1984), Nr. 17, S. 898–901

[87] STRNAD, A.; VÖLCKER, O.: Elektromagnetische Verträglichkeit. In: ETG-Fachbericht 34: Gasisolierte Schaltanlagen im Mittel- und Hochspannungsnetz. Berlin : VDE-Verlag, 1990, S. 91–110

[88] BAATZ, H.: Überspannungen in Energieversorgungsnetzen. Berlin : Springer, 1956

[89] ECKL, M.: Vorteile der zukünftigen IEC 61850 bereits heute nutzen. In: etz (2002), Heft 13–14, S. 2–8

[90] HASSE, P.; WIESINGER, J.: Handbuch für Blitzschutz und Erdung. Berlin : VDE-Verlag, 1982

[91] DORSCH, H.: Überspannungen und Isolationsbemessung bei Drehstrom-Hochspannungsanlagen. Berlin : Verlag Siemens, 1981

[92] IEC: Insulation coordination : Application guide. IEC-Publikation 71-2

[93] HINRICHSEN, V.: Simulation des elektrischen und thermischen Verhaltens von funkenstreckenlosen Metalloxid-Ableitern bei Betrieb an Wechselspannung. Berlin, TU, Dissertation, 1990

[94] BALZER, G.; RUDOLPH, R.: Metalloxid-Ableiter in gelöschten 110-kV-Netzen. In: etz 109 (1988), Nr. 18, S. 824–829

[95] VÖLCKER, O.: Einsatz von Metalloxidableitern in Mittel- und Hochspannungsnetzen. In: Elektrizitätswirtschaft 86 (1987), Nr. 13, S. 561–566

[96] MÜLLER, L.; BOOG, E.: Selektivschutz elektrischer Anlagen. Frankfurt (Main) : VWEW-Verlag, 1990

[97] KOETTNITZ, H.; PUNDT, H.; SCHULTHEISS, F.; WESSNIGK, K.-D.; SCHALLER, D.: Berechnung elektrischer Energieversorgungsnetze. Band 1–3. Leipzig : VEB Deutscher Verlag für Grundstoffindustrie, 1972

[98] HEUCK, K.; ROSENBERGER, R.; WALDHAIM, E.; HEIDORN, D.: Netzreduktion zur Berechnung von Schaltvorgängen in großen Hochspannungsnetzen. In: Archiv für Elektrotechnik 71 (1988), S. 161–167

[99] DETTMANN, K.-D.; HEUCK, K.; HIRSCH, G.: Kanonische Zustandsgleichungen linearer Energieversorgungsnetze mit mehreren Einspeisungen. In: Electrical Engineering 82 (2000), S. 183–192

[100] DETTMANN, K.-D.; HIRSCH, G.: Zustandsformen von Verbundnetzen. In: Electrical Engineering 84 (2002), S. 119–122

[101] GOLUB, G.H.; LOAN, C.F.: Matrix Computations. Baltimore : John Hopkins University Press, 1996

[102] HANDSCHIN, E.: Elektrische Energieübertragungssysteme. Heidelberg : Hüthig, 1992

[103] OSWALD, B.: Netzberechnung : Berechnung stationärer und quasistationärer Betriebszustände in Elektroenergieversorgungsnetzen. Berlin : VDE-Verlag, 1992

[104] LERCH, E.: Ein neues Verfahren zur robusten Lösung stationärer Arbeitspunktprobleme im elektrischen Energienetz. Augsburg, Universität, Dissertation, 1984

[105] Digsilent: Dokumentation zur Software PowerFactory

[106] ASCHMONEIT, F.: Ein Beitrag zur optimalen Schätzung des Lastflusses in Hochspannungsnetzen. Aachen, TH, Dissertation, 1974

[107] ROSENBERGER, R.; HEUCK, K.: Verhalten wichtiger Estimatoren bei groben Meßfehlern. In: Elektrizitätswirtschaft 87 (1988), Nr. 4, S. 227–230

[108] BALZER, G.; NELLES, D.; TUTTAS, C.: Kurzschlussstromberechnung nach VDE 0102. Berlin : VDE-Verlag 2001

[109] SLAMECKA, E.; WATERSCHEK, W.: Schaltvorgänge in Hoch- und Niederspannungsnetzen. Berlin : Siemens Aktiengesellschaft, 1972

[110] STRANG, G.: Introduction to applied mathematics. Wellesley (Mass.) : Wellesley-Cambridge Press, 1986

[111] KOGLIN, H.-J.: Der abklingende Gleichstrom beim Kurzschluß in Energieversorgungsnetzen. Darmstadt, TH, Dissertation, 1971

[112] HEUCK, K.; ROSENBERGER, R.; DETTMANN, K.-D.: Netzabhängige Fehlerschranken für verschiedene Verfahren zur Stoßkurzschlußstromberechnung. In: etzArchiv 9 (1987), Nr. 8, S. 261–265

[113] BÖKER, A.: Analytische Berechnung von symmetrischen und asymmetrischen Kurzschlußströmen in Drehstromnetzen mit Generator- und Netzeinspeisungen. Hamburg, Universität der Bundeswehr, Dissertation, 1996

[114] BÖKER, A.; DETTMANN, K.-D.; HEUCK, K.: Analytische Berechnung von Kurzschlußströmen als Spezialfall der allgemeinen Lösung von Differentialgleichungssystemen linearer R,L,M-Netze mit periodisch veränderlichen Koeffizienten. In: Electrical Engineering 78 (1995), S. 321–329

[115] BÖHM, T.; DETTMANN, K.-D.; HEUCK, K.: Verfahren zur Ermittlung der Eigenwertspektren und Zustandsformen von Energieversorgungsnetzen. In: Electrical Engineering 80 (1997), S. 259–268

[116] ERK, A.; SCHMELZE, M.: Grundlagen der Schaltgerätetechnik. Berlin : Springer, 1974

[117] POLL, J.: Löschung von Erdschlußlichtbögen. In: Elektrizitätswirtschaft 83 (1984), S. 322–327

[118] HOLZMANN, G.; MEYER, H.; SCHUMPICH, G.: Technische Mechanik. Stuttgart : Teubner, 1980

[119] BALLUS, H.: Ein Beitrag zur Berechnung elektromagnetischer Kräfte zwischen stromführenden Leitern. Darmstadt, TH, Dissertation, 1970

[120] PRENZLAU, H.: Kurzschlußkräfte und -momente bei rechtwinklig abgebogenen Drehstromsammelschienen. In: etz 108 (1987), Nr. 11, S. 480–485

[121] HAAS, W.: Berechnung der Stromverteilung in ebenen Dreileiteranordnungen für eingeprägte Ströme. In: Siemens Forschungs- und Entwicklungsberichte 14 (1985), S. 268–274

[122] EHRICH, M.: Transiente und quasistationäre Stromverdrängung ebener Leiteranordnungen. Berlin, TU, Habilitationsschrift, 1979

[123] BALZER, G.; DETER, O.: Berechnung der thermischen Kurzschlußbeanspruchung von Starkstromanlagen mit Hilfe der Faktoren m und n nach DIN VDE 0103/2.82. In: etzArchiv 7 (1985), Nr. 9, S. 287–290

[124] ANDERSON, P.M.; FUAD, A.A.: Power System Control and Stability. Ames (Iowa) : Iowa State University Press, 1982

[125] KIMBARK, E.W.: Power System Stability (Volume I) : Elements of Stability Calculations. New York : John Wiley & Sons, 1948

[126] ERCHE, M.: Überspannungen in Energie-Übertragungs- und Verteilungsnetzen. In: ETZ-A 97 (1976), Nr. 5, S. 264–269

[127] NOACK, F.: Schalterbeanspruchungen in Hochspannungsnetzen. Berlin : VEB Verlag Technik, 1980

[128] HEROLD, G.: Elektrische Energieversorgung IV : Ein- und Ausschaltvorgänge – Überspannungen – Grundlagen des Selektivschutzes. Wilburgstetten : Schlumbach Fachverlag, 2003

[129] VIK: Statistik der Energiewirtschaft 1996/97. S. 21–22

[130] GÖRS, J.; REIN, O.; REUTER, E.: Stromwirtschaft im Wandel. Wiesbaden : Deutscher Universitätsverlag, 2000

[131] Verband der Netzbetreiber VDN. (Stand 2004). Verfügbar im Internet: <http://www.vdn-berlin.de>

[132] BURKHARDT, T.: Ein Beitrag zur rechneroptimierten Planung in Mittelspannungsnetzen. Darmstadt, TH, Dissertation, 1984

[133] HOSEMANN, G.; BOECK, W.: Grundlagen der elektrischen Energietechnik. 4. Auflage. Berlin : Springer, 1991

[134] HOCHRAINER, A.: Symmetrische Komponenten in Drehstromsystemen. Berlin : Springer, 1957

[135] FUNK, G.: Symmetrische Komponenten. Berlin : Elitera, 1976

[136] WHITE, D.C.; WOODSON, H.H.: Electromechanical Energy Conversion. New York : John Wiley & Sons, 1959

[137] RICHTER, R.: Elektrische Maschinen (Band 2) : Synchronmaschinen und Einankerumformer. Basel : Birkhäuser, 1963

[138] CARSON, J.R.: Wave Propagation in Overhead Wires with Ground Return. In: Bell System Technical Journal 5 (1926), S. 539–554

[139] POLLACZEK, F.: Über das Feld einer unendlich langen wechselstromdurchflossenen Einfachleitung. In: E.N.T. 3 (1926), Nr. 9, S. 339–359

[140] RÜDENBERG, R.: Elektrische Schaltvorgänge. Berlin : Springer, 1974

[141] DETTMANN, K.-D.; HEUCK, K.; HIRSCH, G.; LOTTER, O.: Transient node admittance matrices of three-phase power transformers (Part 1) : Two-winding transformers. In: Electrical Engineering (84) 2002, S. 241–249

[142] BLUME, L.F.; BOYAJIAN, A.; CAMILLI, G.; LENNOX, T.C.; MINNECI, S.; MONTSINGER, V.M.: Transformer Engineering. New York : John Wiley & Sons, 1951

[143] AEG-Telefunken: AEG-Hilfsbuch. Band 1, 2. Auflage. Berlin : Elitera, 1976

[144] REUTER, E.: Sternpunktbehandlung in Mittelspannungsnetzen. In: ETZ-A 97 (1976), Nr. 9, S. 554–559

[145] FIERNKRANZ, K.: Mittelspannungsnetze mit isoliertem Sternpunkt oder Erdschlußkompensation. In: ETG-Fachbericht 24: Sternpunktbehandlung in 10- bis 110-kV-Netzen. Berlin : VDE-Verlag, 1988, S. 64–77

[146] HOSEMANN, G.: Sternpunktbehandlung in Deutschland und im internationalen Vergleich. In: ETG-Fachbericht 24: Sternpunktbehandlung in 10- bis 110-kV-Netzen. Berlin : VDE-Verlag, 1988, S. 7–19

Literatur

[147] FUNK, G.; KIZILCAY, M.: Begrenzung der Sternpunktspannungen von erdschlußkompensierten Netzen bei Unsymmetrie der Erdkapazitäten. In: etzArchiv 10 (1988), Nr. 4, S. 117–122

[148] FEIST, K.-H.: Starkstrom-Beeinflussung. Sindelfingen : Expert-Verlag, 1986

[149] AGEL, H.; REUTER, E.: Niederohmige, mittelbare Kurzerdung zur Fehlererfassung. In: ETZ-B 20 (1968), S. 757–759

[150] HEROLD, G.: Elektrische Energieversorgung III : Drehfeldmaschinen – Sternpunktbehandlung – Kurzschlußströme. Wilburgstetten : Schlumbach Fachverlag, 2002

[151] DETTMANN, K.-D.; HEUCK, K.; KEGEL, R.: Ferroresonanz vor allem in Netzen mit Spannungswandlern (Teil 1) : Entstehung der Ferroresonanzschwingung. In: etz 109 (1988), Nr. 17, S. 780–783

[152] DETTMANN, K.-D.; HEUCK, K.; KEGEL, R.: Ferroresonanz vor allem in Netzen mit Spannungswandlern (Teil 2) : Abhilfemaßnahmen bei verschiedenen Netzanlagen. In: etz 109 (1988), Nr. 19, S. 900–904

[153] DETTMANN, K.-D.: Ferroresonanzgefährdete Betriebszustände in Netzen mit Spannungswandlern. In: etzArchiv 7 (1985), Nr. 1, S. 33–36

[154] BIEGELMEIER, G.; KIEBACK, D.; KIEFER, G.; KREFTER, K.-H.: Schutz in elektrischen Anlagen (Band 1) : Gefahren durch den elektrischen Strom. 2. Auflage. Berlin : VDE-Verlag, 2003

[155] KIEFER, G.: DIN VDE 0100 richtig angewandt – eine Übersicht über das Errichten von Niederspannungsanlagen. Berlin : VDE-Verlag, 2002

[156] OTTO, H.: Ausgleichsvorgänge im Erdreich bei Eintritt eines Erdschlusses oder Erdkurzschlusses. Karlsruhe, TH, Dissertation, 1963

[157] LANGREHR, H.: Rechnungsgrößen für Hochspannungsanlagen. AEG-Telefunken-Handbücher, Band 9. Berlin : Elitera, 1974

[158] FUNK, G.: Verfahren zur Bestimmung der Stromverteilung auf Erde, Erdseile, Bodenseile und Erdungsanlagen bei einem Erdkurzschluß an homogenen und inhomogenen Drehstrom-Freileitungen. Aachen, RWTH, Dissertation, 1964

[159] VDEW: Investitionsrechnung in der Elektrizitätsversorgung. Frankfurt (Main) : VWEW-Verlag, 1993

[160] WARNECKE, H.-J.; BULLINGER, H.-J.; HICHERT, R.; VOEGELE, A.: Kostenrechnung für Ingenieure. 4. Auflage. München : Hanser, 1993

[161] VDEW: Begriffsbestimmungen in der Energiewirtschaft : Teil 1: Elektrizitätswirtschaftliche Grundbegriffe; Teil 7: Elektrizitätsversorgungsverträge; Teil 8: Begriffe des Rechnungswesens. Frankfurt (Main) : VWEW-Verlag

[162] MUSIL, L.: Praktische Energiewirtschaftslehre. Wien : Springer, 1949

[163] WARNECKE, H.-J.; BULLINGER, H.-J.; HICHERT, R.; VOEGELE, A.: Wirtschaftlichkeitsrechnung für Ingenieure. 3. Auflage. München : Hanser, 1996

[164] VDEW: Netzverluste : Eine Richtlinie für ihre Bewertung und ihre Verminderung. 3. Auflage. Frankfurt (Main) : VWEW-Verlag, 1978

[165] FUNK, G.: Kurzschlußstromberechnung. Berlin : Elitera, 1974

Als weiterführende Literatur werden die folgenden Werke empfohlen:

[1], [7], [14], [26], [30], [52], [57], [58], [70], [71], [73], [75], [90], [96], [102], [103], [128], [133], [148], [150], [159], [160]

Sachwortverzeichnis

Abbildfunkenstrecke 291
Abdampf 6 ff, 14
Abgangsfeld 253, 260
Abhitzekessel 18, 22
Abklingfaktor 376, 379
Ableitstoßstrom 290
Ableitwiderstand 201, 221, 288 ff
Abschreibungen **584**, 588, 599, 602
Abspannmast 181
Abstandskurzschluss 429 ff, 457
Abzinsung 602
Abzweig **253**, 261, 282, 298, 407
Abzweigdrosselspule 407
Abzweigfeld 254, **260**, 262–264
Abzweigmuffe 258, 271
Abzweigschutz 301, 302
Amortisationsdauer 605, 606
AMZ-Relais 304
Anfangseinschwingspannung 428, 457
Anfangskurzschlusswechselstrom **177**, 348, 369 ff, 372, 373, 402
Anlaufstrom 297, 298, 379
Annuitätenmethode 606
Anschlusskosten 592
Anschlussnetz 55
Anschlussnutzungsvertrag 440
Anschlusspflicht 438
Ansprechblitzstoßspannung 290
Ansprechschaltstoßspannung 290
Ansprechspannung (Ableiter) 288, 293
Antriebsleistung 42, 410, 419
Antriebsmoment 33, 410
Anzapfdampf 7, 59
aperiodische Komponente
— → Gleichstromkomponente
APU 67
Arbeitserder **254**, 260, 264, 268
Arbeitspreis 592 ff, 600
Asynchrongenerator 28
Asynchronmotor 70, 224, 378
Auftrennmethode 79, 327
Aufzinsung 602
Ausbreitungsstrom 573
Ausbreitungswiderstand 566 ff, 568, 572 ff, 575
Ausfallkriterium **53**, 57, 302, 418, 444, **445**, 451, 455
Ausfallrate 210
ausgeglichene Stromverteilung 572, 573
Ausgleichsvorgang 75
— dreipoliger Kurzschluss 347 ff
— Freileitungen 207 ff

— Netze 85 ff
— Umspanner 98 ff, 126
— unsymmetrische Fehler 515 ff, 541 ff
Ausgleichswicklung **255**, 261, **488**, 490
Ausnutzungsdauer 598
Ausschaltleistung 377
Ausschaltstrom **245**, 297, 375 ff, 422
Ausschaltwechselstrom 375 ff, 422
Außenleiter 48
Außenleiterspannung 48, 65
aussetzender Erdschluss 281, 545
Austauschleistung 40, 41, 59, 136

Banderder 566
Barwertmethode 601
Basisserver 442
Beeinflussung → Starkstrombeeinflussung
Belastungskurve 43
Bemessungs-Ausschaltstrom 297, 298
Bemessungsbetrieb **47**, 161, 224
Bemessungs-Blitzstoßspannung 285
Bemessungsfrequenz 47
Bemessungs-Isolationspegel 287
Bemessungs-Kurzzeit 403
Bemessungs-Kurzzeitstrom 403
Bemessungs-Kurzzeitstromdichte 403
Bemessungs-Kurzzeitwechselspannung 285
Bemessungsleistung 5, **27**, **47**, 53, 55, 57, 106, 125, 156, 224, 254
Bemessungs-Schaltstoßspannung 285
Bemessungsspannung **47**, 282 ff, 293, 297, 422
Bemessungsstrom **47**, 217, 298
Bemessungsübersetzung 47
Benutzungsdauer 597, 600
Berührungsschutz 560 ff
— direkter 262, 562, 576 ff
— indirekter 562 ff, 576 ff
Berührungsspannung 564 ff, 575, 576 ff
Betriebserdung 578
Betriebsführung 437 ff
Betriebsinduktivität **191**, 204, 222, 482
Betriebskapazität 199 ff, 204, 222, 482
Betriebskosten 586, 588
— fixe 588, 600
— variable 588
Betriebsspannung 48, 50
Betriebsstrom (zulässiger) 184, 216, 297
Betriebstemperatur 183, 216, 404
Betriebsverhalten **75**, 107 ff, 119 ff, 126 ff, 154 ff, 157 ff
Bezugsebene 108

Sachwortverzeichnis

Bezugserde 565 ff, 568
Bezugsleiter 462
Bilanzkreis 440, 441
Bilanzkreisverantwortlicher (BKV) 440, 442, 448
Bilanzkreisvertrag 440
Biomasse → Kraftwerk
Blasspule 289
Blaszylinder 246, 422
Blindleistung 136 ff, 159, 445, 451, 595
Blindleistungskompensation 229 ff
— schnelle 236
— statische 238
Blindleistungsmaschine 69
Blitzeinschlag 184, 276 ff, 294 ff
Blitzschutz 184, 267
Blitzschutzeinrichtungen 287 ff, 294 ff
Blitzstoßspannung 283 ff
Blitzüberspannung 277 ff, 279, 293
Bordnetz 60–73
Börse 596
Börsenbilanzkreis 441
Bremsleistung (Generator) 410 ff
Brennelement 24
Brenner 9, 16
Brennkammer 17
Brennstoff 5, 18, 21, 37, 44, 449
Brennstoffkosten 16
Brennstoffzellen 20
Buchholzschutz 306
Bündelleiter **183**, 192, 200, 201, 277, 456
Bürde 140, 142, 144, 145

CSC-Anlage 239, 240
CSD 65, 380

Dämpferwicklung 171 ff, 372, 415, 420, 471
Dampfturbine 2, 13 ff, 146
Datenserver 442
Dauerbelastung 316 ff, 444, 451, 453, 455
Dauererdschluss **529**, 532, 553, 575, 580
Dauerkurzschlussstrom **177**, 345 ff, 379
Dauerlinie 596, 600
Dauerspannung 293
Deckenspannung 163, 377
DENOX 11, 12
Deregulierung 437
Diagonalbauweise 259, 260
Differenzialschutz 301
Distanzschutz 304, 456
DistributionCode 439
Donaumast 181
Doppelerdschluss 497, 513 ff, 530, 534
Doppelleitung 479 ff
Drehfeld **149**, 150, 158, 169, 170, 470

Drehstrombank → Transformator
Drehstromsystem 48 ff, 181
Drehstromwicklung 146 ff
Drehzahlregelung **34**, 36, 39, 68, 70
Dreieckschaltung 49 ff, 114 ff, 125, 230, 488
Dreieckspannung 48, 534
Dreileitersystem 50
Dreimonatsmittel 595
Drosselspule 238, 240, 241 ff
Druckwasserreaktor 25
Durchführung **94**, 140, 143, 266, 269
Durchgangsenergie 597
Durchgangsleistung 128, 590
Durchhang 180
Durchlasskennlinie 296–298, 300
Durchlassstrom 295, 297, 298, 300
Durchleitung 438
Durchschlagskennlinie 282 ff, 288, 290

Economizer (ECO) 11
Eigenbedarf 8, 15, 59, 254
Eigenbedarfsnetz 447
Eigenfrequenzen 87
— FACTS 240
— Freileitungen 209
— Messwandler 142
— Netze 236, 276, 280, 364, 426
— Umspanner 88, 96 ff, 209, 294, 431
Eigenkapitalquote 586
Eigenleistung 128
Eigenschwingungen 87
— dreipoliger Kurzschluss 364
— Ferroresonanz 548, 554
— Freileitungen 280 ff
— Netze 389, 425 ff, 457
— Umspanner 98, 134
Eigensicherheit **54**, 57, 254, 453–455
Eigenwert 351, 358, 364
Einebenenmast 181
Eingangsadmittanz **81**, 330, 354, 357
Eingangsimpedanz **83**, 234, 235, 363, 372, 376
Einschaltsicherheit 247, 251, 254
Einschaltstoßstrom 91, 281
Einschaltwiderstand 281, 434
Einschleifung 256, 258
Einschubtechnik 269
Einschwingspannung (Schalter) 245, 247, 422 ff, 432, 457, 543
Einschwingvorgang
— dreipoliger Kurzschluss 347 ff, 354 ff
— Erdschluss 545
— Freileitungen 207
— Regelung 34
Einspeiseknoten 332

Einspeisung 54, 57
Einzelkosten 589
Eisenkern 60, 91, 93 ff, 140, 142, 243, 244, 547
Elektrizitätswirtschaft 437, 584 ff
EMV 64, 66, 272
Energieaustausch 42, 58
Energiebörse 596
Energieerzeugungskosten 587
Energieversorgungsnetz 47 ff
Energieversorgungsunternehmen (EVU) 3, 437
Energiewirtschaftsgesetz 3, 437, 438, 452
Engpassleistung 598
Entgelte 591 ff
Entnahmestelle 440
e-n-Wicklung 140, 531
Erder **184**, 259, **562**, 564 ff, 572, 577
Erderwirkung 574
Erdfehlerfaktor **275**, 280, 290, 291, **538**
erdfühlig 574
Erdkapazität **96**, 198, 477, 528, 531
Erdkurzschluss 537
— TN-Netz 579
Erdkurzschlussstrom 540, 576
Erdschluss 497 ff
— Erdungsspannung 575
— Ferroresonanz 555
— Sternpunktbehandlung 527 ff
— Überspannungen 275
Erdschlussanzeige 72, 530, 537
Erdschlusskompensation 279, 531 ff, 541, 575
Erdschlusslöschspule 244, 434, 531 ff
Erdschlusslichtbogen 536
Erdschlussmelderelais 72, **531**, 537, 542
Erdschlussrichtungsrelais 537
Erdschlussschutz 305
Erdschlussstrom 528 ff, 531 ff
Erdseil **184**, 259, 277, 477 ff, 568, 571, 572, 575
Erdung 212, 540
Erdungsanlage 563 ff, 568, 575 ff
Erdungsschalter 251, 254
Erdungsspannung 530, **566**, 568 ff, 571, 575
Erdungsstrom 564 ff, 572
Erdungswiderstand 277
Erdwiderstand **474**, 567, 574
Erregereinrichtung 72, 153, **162**, **163**, 276
Erregerfeld 165
Erregerstrom 64, 65, 160, **162**
Erregerwicklung **60**, 64, 65, 135, **146**, 167 ff, 372
Ersatzerdleiter 476, 477, 480

Ersatzinvestition 598 ff, 599, 601
Ersatzleiter 193
Ersatzmaßnahmen 576
Ersatzschaltbild
— Asynchronmotor 235
— Erdschluss 505
— Freileitung 191, 202
— Kabel 221
— Leiterunterbrechung 511
— Synchronmaschine 155, 166, 170, 178
— Transformator 102 ff, 111, 130, 133, 485 ff, 490
— zweipoliger Kurzschluss 510
Ersatzspannungsquelle 352 ff, 370
Erweiterungsinvestition 604
Erzeugungsmanagement 445, 446
Ethernet 273, 274

FACTS 238 ff
Fahrplan 440–442, 444, 448
Fahrplanmanagement 448
Fehler
— Einfachfehler 344 ff, 497 ff, 527 ff
— Fehlerfolge 280
— Mehrfachfehler 280, 513 ff
Fehlerbedingungen 499 ff, 510, 513
Fehlerstrom **352**, 499, 518, 531, 564, 571, 575, **579**
Fehlerstrom-Schutzschalter 579
Feldleitebene 271 ff, 442
Fernwirktechnik 273
Ferranti-Effekt **205**, 223, 276, 456
Ferroresonanz 276, 457, 547 ff
Festdruckbetrieb 37, 39
Festdruckregelung 37, 410
Feuerung 11 ff, 37
FI-Schutzschalter → Fehlerstrom-Schutzschalter
Filterdrosselspule 234, 242, 451
Folgestrom 289
Francis-Turbine 23
Freileitung 53, 55, 180 ff, 472 ff
— Richtwerte 477 ff, 666
Freiluftanschlussbauteil 266
Frequenzabweichung 34, 59
Frequenzgang 79 ff, 87, 356, 358, 535
Frequenzhaltung 444
Frischdampf 6
Frischluft 15, 17
Frischwasserkühlung 15
Fundamenterder 563, 578, 580
Funkenstrecke 288, 291, 293

Ganglinie 596, 605
Gasturbine 17, 20, 21

Gebietshoheit 437
Gegenimpedanz 469, 520
Gegeninduktivität **76**, 96, 110, 121
Gegensystem **461**, 465, 469 ff, 500
Gemeinkosten 589, 606
Gemeinkostenzuschlag 604
Genauigkeitsgrenzfaktor 145
Generator 22, 28, 60 ff, 65, 68 ff, 145 ff, 276, 365 ff, 467, 491, 500
Generatorableitung 397
Generatorknoten 332
Generatorschalter 254
Generatorschutz 301
Glaskappenisolator 185, 186
Gleichdruckturbine 13
Gleichstromkomponente 87, **164**, 165, 168, 174, 297, 348, 372, 422 ff, 457, 520
Gleichzeitigkeitsgrad 225, 452, 594
Gleitdruckbetrieb 38, 39
Gondelantrieb 70
Großkunden 596
Grundpreis 595
Grundschwingung 237
Gruppendrosselspule 407
GTO-Thyristor 240

Hängeisolator 185
Hängekette 186
Harmonische 231, 491, 554
Hauptfeld **98**, 148, 156, 158, 471
Hauptfluss 103, 484
Hauptinduktivität 144, 552 ff
Hauptleiter 391, 398
Hauptreaktanz **103**, 105, 124, 156, 488, 490
Hausanschlusssäule 54
Heißdampf 6, 29
HH-Sicherung 257, 295 ff, 300, 302
Hochdruckanlage 23, 42
Hochdruckturbine 6, 14
Hochlast(HT)-Zeit 592
Hochlaufzeit 18, 24
Hochspannungs-Gleichstromübertragung (HGÜ) 48, **51**, 206, 214, 407
Hochspannungsmotor 52, 224
Hochspannungsnetz 52, 57 ff, 455
Höchstädter-Folie 218
höchste zulässige Spannung U_m 47
Höchstspannungsnetz 52, 57 ff, 455
Hybridmatrix 335
Hysterese 87, 89, 95, 105
Hystereseverluste 105

IGBT 240
IGCT 240
Individualvertrag 596
induktive Kopplung 75 ff, 478, 480, 568
Induktivität
— innere 78
— nichtlineare 89, 104, 144, 489
Industrienetz 52, 55, 57
Inselbetrieb 33 ff, 38, 39, 161
Inselbetriebsfähigkeit 447
Inselnetz 38 ff, 39
Inter-Area-Schwingungen 421
intermittierender Erdschluss
 → aussetzender Erdschluss
Intranet 274
Investitionskapital → Kapitaleinsatz
Investitionsrechnung 584 ff
— Ersatzinvestition 598 ff
— Erweiterungsinvestition 604
— Rationalisierungsinvestition 603
I_s-Begrenzer 300, 407, 454
Isolationskoordination 275, 275 ff
Isolationspegel 285, 287
Isolator **185**, 277, 293, 399, 529
Isolierung 211 ff, 222, 258, 262
Isoliervermögen 282 ff, 287

Kabel 53, 55, 210 ff, 317, 400, 404, 453, 481 ff, 534
— Aufbau 211 ff
— Dreimantelkabel 215
— Endverschluss **219**, 261, **266**, 268
— Garnituren 219
— Gaskabel 215, 574
— Gürtelkabel 215
— Höchstädter-Kabel 215
— Kunststoffkabel 211 ff, 214
— längswasserdichtes Kabel 213
— Massekabel 214, 574
— Muffe 219
— Normbezeichnungen (Kurzzeichen) 217
— Ölkabel 215
— querwasserdichtes Kabel 214
— Radialfeldkabel 212, 215
— Richtwerte 481 ff, 668
— Seekabel (HGÜ) 214
— Verlegungsarten 216
— Verlegungstiefe 210
Kabelanschlussbauteil 266
Kabelverteilerschrank **54**, 258, 270, 453
kapazitive Kopplung 200, 278
Kapitaleinsatz 22, 32, **584**, 599, 602, 606

Kapitalkosten 584, 599
Kapitalwertmethode 604, 605
Kaplan-Turbine 23
Kappenisolator 185
Kapselung 262 ff, 292
— dreipolig 264 ff
— einpolig 264 ff
Kernspaltung 25
Kessel 6, 9 ff, 18, 485, 488, 489, 533
Kesselregelung 36, 37, 161
Kesselspeisepumpe 15
Kettenleiter 573
Kettenreaktion 25
Kippschwingung → Ferroresonanz
Klauenpolgenerator 60
Kleinkunden 594
Klemmenspannung 154, 160, 162
Knotenadmittanzmatrix 82, 332
Knotenpunktverfahren 331, 569
Kohlekraftwerk 449
Kohlemühle 8, 9, 34
Kohlevergasung 19
Kombiwandler 143, 260, 261
Kompensationsdrosselspule 205, 223, **243**, 281, 434, 442, 445, 456
Kompensatoren 237
Komponentennetzwerk
— stationär 468
— transient 521
Komponentensystem 462
Kondensationsbetrieb 8
Kondensationsblock 8
Kondensator 6, 14, 227 ff, 234, 434
Kondensatorbatterie 229
Kondensatordurchführung 266, 267
Kondensatpumpe 6, 8, 15
Koppelfluss 103
Koppelgleichungen 77, 102, 110
Koppelkapazität **96**, 198, 199, 477, 553
Koppelleitwert 103
Koronaverluste 201, 534
Körperstrom 560 ff
Kosten 584 ff
— Anschlusskosten 592
— arbeitsabhängige 589
— betriebsgebundene 586
— fixe 588
— leistungsabhängige 589, 606
— Richtwerte 459, 673
— sonstige 587, 600
— variable 588
— verbrauchsgebundene 589, 600
— Verrechnungskosten 594, 595
Kostenarten 584 ff
Kostenträger 589

Kostenvergleich 598 ff
— dynamischer 601
— statischer 599, 601
Kraft-Wärme-Kopplung 8
Kraftwerk 5 ff, 254
— Biomasse 32
— Blockheizkraftwerk 19, 21
— Blockkraftwerk 5, 8, 9 ff, 22, 371
— Brennstoffzellen 20
— erdgasbefeuertes Kraftwerk 17 ff
— erdgas-/kohlebefeuerte Anlage 21
— Gas-und-Dampf-Kraftwerk (GuD) 18
— Gasturbinen-Kraftwerk **17**, 59, 447
— Gegendruckanlage 8
— geothermisches Kraftwerk 29
— Gezeitenkraftwerk 30
— Grundlastkraftwerk 44
— Heizkraftwerk 8, 9
— Kernkraftwerk 24 ff, 254
— kohlebefeuertes Kraftwerk 5 ff
— Kombinationskraftwerk 21
— Kosten 673
— Laufwasserkraftwerk 23, 24
— Mittellastkraftwerk 44, 57, 449
— photovoltaische Anlage 30
— solarthermisches Kraftwerk 29
— Spitzenlastkraftwerk 44, 57
— Verbundkraftwerk 22
— Wasserkraftwerk 22 ff, 58, 447
— Windenergieanlage 27 ff
Kraftwerksbetreiber 440–442, 446–448
Kraftwerkseinsatz 43 ff, 448, 449
Kraftwerkseinspeisung 254
Kraftwerksregelung 33 ff
Kraftwirkungen 390 ff, 540
Kühlturm 15
Kuppelfeld 254, 269, 272
Kuppelleitung 40, 42, 58, 136
Kuppelnetz 53
Kurzerdung 541
Kurzkupplung 52
Kurzschluss 163 ff, 269, 293, 446
— dreipolig 89, 266, 344 ff, 392, 540
— einpolig 264, 280, 290, 497 ff, 537, 539
— generatorfern 345 ff, 516
— generatornah 365 ff, 392, 520
— Klemmenkurzschluss 163 ff, 365, 376, 411, 422 ff
— Korrekturfaktor 370, 372, 373, 397
— Netzkurzschluss 180
— satter 344, 402
— zweipolig 497, 505 ff
Kurzschlussanzeiger 303
Kurzschlussausschaltstrom 375 ff
Kurzschlussdauer 403 ff

Sachwortverzeichnis

Kurzschlussdrosselspule 222, **242**, 406, 454
Kurzschlussfestigkeit 387 ff, 444, 445, 451, 453, 455, 487
— mechanische 390 ff
— thermische 400 ff
Kurzschlussleistung 329, 377, 405 ff, 456
Kurzschlussreaktanz **106**, 108, 112, 130, 156
Kurzschlussspannung **106**, 124, 125, 131, 406
Kurzschlussstrom (unbeeinflusster) 297
Kurzschlussversuch 105, 125, 157
Kurzschlusswechselstrom 174, 345 ff
Kurzunterbrechung 394, **402**, 420, 433, 540
Kurzzeitstrom 401
Kurzzeitstromdichte 403
Kurzzeitwechselspannung 284, 285, 287

Ladestrom 222
Lagenwicklung 94
LAN 273, 442
Längsdrosselspule 406
Längsentkupplung 407
Längskupplung 256
Längsreaktanz 104, 130, 202
Längsspannungsabfall 319, 320
Langstabisolator 185, 186
Längstrennung 254 ff, 261, 264, 269, 406
Längswiderstand 221
Laplace-Transformation 85 ff, 207, 424, 516
Laplace-Transformationstabelle 85, 675
Lastabwurf **59**, 276, 280, 290, **448**
Lastabwurffaktor 276, 290
Lastdichte 53–55, 453, 454
Lasten
— asymmetrische 515
— symmetrische 2, 3, 224 ff, 363
Lastflussberechnung 330 ff, 444, 455
Lastknoten 332
Lastprofil 451, 594, **598**
Lastprognose **44**, 440, 442, 450, **598**
Lastschaltanlage 270
Lastschalter 251 ff, 295
Lastschwerpunkt 257, 452
Lastspitze → Spitzenlast
Lasttrennschalter 251, 257, 295
Lastverlauf **43**, 440, 441, 444, 451, 592
Lastverteilung 44
Lastwinkel → Polradwinkel
Läufer 146, 155, 471
Läuferwicklung 471
Laufrad 13, 23
Laufschaufel 13

Leichtwasserreaktor 24, 25
Leistung
— freie 40, 43
— natürliche 203, 223
Leistungsänderungsgeschwindigkeit 9, 37, 42, 447, 449
Leistungsblindmoment 320
Leistungsfaktor **158**, 161, 228, 229, 232, 251, 445, 451
Leistungsflusssteuerung 238 ff
Leistungs-Frequenz-Regelung 40, 443
Leistungskennlinie 415
Leistungskondensator 228 ff
Leistungsmessung 595
Leistungspendelungen 420
Leistungspreis 592 ff
Leistungsregelung 23, 39, 41, 161
Leistungsschalter 246 ff, 375, 389, 432 ff, 457, 551
— SF_6-Leistungsschalter 246
— Vakuumschalter 248, 269, 388
Leistungstransformator 92 ff
Leistungswirkmoment 320
Leiterschleife 75 ff
Leiterseil 180, 182
Leiterspannung 48
Leitersystem 180
Leiterunterbrechung 498, 510 ff
Leitrad 14
Leitschaufel 13, 23
Leitschicht 212
Leittechnik 271 ff, 306
Leitung 180 ff, 210 ff
— elektrisch kurze 206, 317
— Leitungskonstanten 187 ff, 221
Leitungsschutzschalter 300
Leitungstrennschalter 260, 269
Liberalisierung 437
Lichtbogen 246 ff, 261, 268, 289, 295, 304, 387 ff, 422, 434, 529, 532, 544
Lichtbogenerdschluss 532
Lichtbogenkurzschluss 344, 387 ff, 402, 504
Lichtbogenwiderstand 289, 388, 504
Lichtmaschine 60
Lichtwellenleiter 272, 273
Lieferantenrahmenvertrag 440
Löschgrenze 534, 544
Löschspannung 289–291
Luftspalt **60**, **120**, 145, **148**, 154, **156**, 158, **243**, 464, 471, 490
Luftspaltfeld 491
Luftvorwärmer (Luvo) 9, 15

Magnetischer Leitwert 102, 120, 133
Magnetisches Ersatznetzwerk 119

Magnetisierungskennlinie 89 ff, 144, 281
Magnetisierungsstrom 105, 111, 113, 433
Maschenerder 563, 567
Maschennetz 54, 257, 299, 452
Maschennetzschalter 257
Maschinenleistungszahl 35, 41
Mast 180 ff, 568, 572, 576
Mastbild 181
Mastfuß 572
Maststation 257
Mehrfachfehler 280, 513 ff
Mehrtor 330
Messfeld 254
Messwandler 139 ff
Metalloxidableiter 291 ff
MeteringCode 439
Mindestschaltverzug 375
Mindeststromstärke 289, 290
Minutenreserve 18, 40, **447**, 448
Mischimpedanz 304
Mischlast **225**, 227, 363, 378
Mitimpedanz 469, 520
Mitsystem **461**, 465, 469 ff, 524
Mitteldruckanlage 23, 42
Mitteldruckturbine 6, 22
Mittelspannungsnetz 52, 55 ff, 72, 450, 541
mittlerer Leiterabstand 192, 200
Modell 75, 148 ff
Moderator 25
Momentanreserve 59
Motor 47, 224, 378, 595

Nachverdampfungseffekt 37
Naheinschlag 279, 290, 294
Nassdampf 6, 26
natürlicher Betrieb 203
Nennableitstoßstrom 290
Nennbetrieb 8
Nenndrehzahl 14
Nennlast 16
Nennleistung 18, 19, 449
Nennspannung 52, 55, 218
Netz 47 ff, 63, 65, 70
— mit Erdschlusskompensation 531 ff, 543, 546, 553, 556, 575
— mit isolierten Sternpunkten 527 ff, 541, 546, 556, 575
— mit niederohmiger Sternpunkterdung 491, 537 ff, 543, 546, 551, 557, 576
— starres Netz 136
— vermaschtes Netz 54, 327 ff, 339, 454
— IT-Netz 71, 580
— TN-Netz 72, 578
— TT-Netz 579
Netzanalyse 443

Netzanschlussvertrag 440
Netzbedingungen 452
Netzbetriebsführung **39**, 57, 272, 274, 537
Netzebene 53
Netzeinspeisung 328 ff, 419
Netzführung 437, 443
Netzfrequenz 34, 443
Netzkennlinienregelung 42
Netzknoten 332
Netzlast 34, 59
Netzleistungszahl 41
Netzleitebene 272
Netznennspannung 47
Netznutzungsentgelt 440, 441, 451
Netznutzungsvertrag 440
Netzplanung 437, 451
Netzrechner 272, 442, 450
Netzrückwirkungen **234**, 276, 451
Netzschutz 293, **301**, 405, 417, 452, 530
Netzsicherheit 443, 444, 447
Netzspannung 48
Netzstation **53**, 55, **257**, 270, 450, 452, 563, 577
Netzverluste 58, 444, 454, 589
Netzzugangsvertrag 441
Neutralleiter 50, 211, 465, 472, 577 ff
NH-Sicherung 298 ff, 302, 452
Niederdruckanlage 23
Niederdruckturbine 6, 14
Niederspannungsnetz 52, 53 ff, 70, 72, 450, 451
Niedriglast(NT)-Zeit 592
Normalbetrieb 316 ff, 451, 453
Notstromanlage 53, 491
Nullimpedanz 471 ff, 538, 539
Nullinduktivität 480 ff
Nullkapazität 477, 482
Nullreaktanz 477, 486, 488 ff
Nullspannung 472
Nullstrom 472, 484, 518, 537, 570
Nullsystem **461**, 465, 469 ff, 471 ff, 568
Nullwiderstand 475, 482, 490
Nutzungsdauer 585

Oberflächenerder 563
Oberflächenkondensator 14
Oberflächenvorwärmer 16
Oberschwingungen 105, 169, 223, 231 ff, 276, 451, 467, 471, 491, 520
Oberschwingungsfilter 237, 240
Oberwellen 154

Parallelwicklung 128, 134
Parksche Gleichungen 366
Pegelsicherheit 291, 293

Sachwortverzeichnis

Pelton-Turbine 23
Pendeldämpfungsgerät 421
Pendelschwingung 159, 172, 238, 240, 241, 380, 408, 415 ff, 420, 421, 448, 456
Pendelsperre 305, 420, 456
Pendelvorgang → Pendelschwingung
Personenschutz 579
Petersenspule 244
Phasenanschnittsteuerung 237
Phasenschieber 238
Phasenschieberbetrieb 369
Phasenvergleich 302
photovoltaische Anlage → Kraftwerk
Π-Ersatzschaltbild 208, 280
Polfaktor 432
Polpaarzahl 146
Polrad 146
Polradspannung **61**, **150**, 161, 162, 276, 471
Polradwinkel 158, 418
Portalmast 259, 261, 266
Potenzialausgleich 563, 580
Potenzialtrichter 566
Preise → Kosten
Primärenergie 5
Primärregelleistung 447, 448
Primärregelung **36**, 38 ff, 59, 161, 408
Primärtechnik 271
Propellerantrieb (elektrischer) 70, 72
Prozessbus 274
Prüfstrom
— großer 298, 452, 579
— kleiner 298
Pumpspeicherwerk 24, 59, 447
Punktlast 224, 378

Querimpedanz 202
Querkupplung **253**, 255, 261, 264
Querreaktanz (Synchronmaschine) 130
Querspannungsabfall 319, 320

Rationalisierungsinvestition 603
Rauchgasreinigung 8, 11
REA 11, 12
Reaktanznetzwerk 80
Reaktor 24 ff, 42
Redispatch 445, 446
Reduktionsfaktor 479, 571, 572
Referenzlinie 427, 457
Regelabweichung 34–36, 39, 443
Regelband 446, 447
Regelblock 39, 40, 43
Regelkraftwerk 40, 449
Regelleistung 441, 446
Regelmaschine 39, 444

Regelreserve 446
Regelstäbe 25
Regelstufe 34, 37
Regelventile 34
Regelzone **4**, 40, 58, 440–442, 444, 447
regenerative Energiequellen 27 ff
Regulierungsbehörde (Regulierer) 441
Reihendrosselspule 242
Reihenwicklung 128, 135
Remanenz 90, 91
Rentabilität 604–607
Rentenbarwertfaktor 602
Reserveleistung 58
Reserveschutz 303, 304, 418
Resonanz 81 ff, 205, 209, 234 ff, 244, 276, 535, 548, 552
Restladung **229**, 254, 260, 264, **280**, 553
Restspannung **280**, **288**, 290, 293, 294
Restspannungskennlinie 290
Restspannungsverfahren 323
Reststrom 534, 575
Richtungsvergleich 302
Ringerder 564, 567, 576
Ringfluss 240
Ringleitung **54**, 56, 73, 256, 302, 323, 326, 454
Ringstrom 136
Rohrleiterbauteil 266
Rohrsammelschiene 260
Rückenhalbwertszeit 276, 279, 283, 294
Rückschlussschenkel 98, 243
rückwärtige Einspeisung 53, 453
rückwärtiger Überschlag 277, 294
Rückzündung **422**, 434, 546
Rundsteueranlage 274
Rush 91, 281, 550

Sammelschiene 252 ff, 260, 263, 269, 406
Sammelschienenlängsdrosselspule 406
Sammelschienenlängstrennung 250
Sammelschienen-Schnellentkupplung 407
Sammelschienenschutz 301
Sammelschienentrennschalter 260, 269
Sammelschienenwandler 260, 264, 269
Sattdampf 6, 26
Sattdampfturbine 147
Sättigung **89**, 91, 157, 173, 242, 243, 379, 489, 550, 552, 555
Schaltanlage 252 ff, 278, 288, 442, 575
— Freiluftschaltanlage 258 ff, 261
— SF_6-Schaltanlage 258, 262 ff, 270, 281, 395, 396
— Zellenbauweise 268 ff, 397
Schalter 244 ff, 421 ff, 443
— idealer Schalter 244

— Lastschalter → Lastschalter
— Leistungsschalter → Leistungsschalter
— Trennschalter → Trennschalter
Schaltfolge 433
Schaltgruppe 114 ff, 118, 126, 128, 134, 256, 261, 267, 487, 490
Schaltleitung 39, 441, 450, 537
Schaltstoßspannung 283 ff
Schaltstrecke 246, 247, 252, 281, 433
Schaltüberspannung 281 ff, 295
Schaltwarte 261
Schaltzeichen
— Drosselspule 241
— I_s-Begrenzer 300
— Kabel 210
— Lasttrennschalter 251
— Leistungsschalter 246
— Sicherung 295
— Synchronmaschine 145
— Transformator 92, 128, 131
— Trennschalter 249
— Überspannungsableiter 287
Scheibenspule 94
Schenkel 93, 485, 490
Schenkelpolmaschine 22, 146, 155
Schirm 94, 140, 186, 212, 268
Schmelzleiter 295
Schmelzstrom 298
Schmelzzeit 296, 298
Schnellschlussventil 14, 15
Schnellwiedereinschaltung 433
Schnellzeit 302, 304
Schrägtransformator 241
Schrittspannung 565, 566
Schutz 63, 272, 275 ff, 417, 560 ff, 576
Schutzbereich 185, 288, 293, 294
Schutzerdung 577
Schutzkonzept 455
Schutzkriterien 301
Schutzsystem 274, 300 ff
Schwachlast 24, 35, 305
Schwarzstartfähigkeit 447
Schwerpunktstation **257**, 270, 271, 454
Seilschlag 182, 200
Seilschwingungen 183
Sekundärkreislauf 26
Sekundärregelleistung 40, 448
Sekundärregelung 36, 39 ff, 58, 161, 408
Sekundärtechnik 271
Selbstauslastung 211, 222
Selbstinduktivität 76, 96, 121
Selbstregeleffekt 34, 41, 227
Selektivität 295, **299**, 302, 304, 418, 452, 453, 456, 541
Sicherung 63, 142, 251, 270, 295 ff, 579

Sicherungskennlinien 296, 299, 669
Siedewasserreaktor 26
Slack-Knoten 337
Solargenerator 30
Spannungsabfall 240
Spannungsebene 2, 3, 52 ff, 64, 275, 284, 406
Spannungseinstellung
— direkte 132 ff
— indirekte 134 ff
Spannungserhöhung 231, 538
Spannungsfestigkeit 283
Spannungshaltung 44, 316 ff, 407, 444, 445, 451, 453–455
Spannungsregelung 62, 161 ff, 377, 401
Spannungstrichter 566, 567
Spannungswandler 140 ff, 254, 259, 261, 268, 269, 531, 551, 553
Speisewasserpumpe **6**, 8, 15, 26, 59, 224
Speisewasservorwärmer 11, 15
Spektrum **87**, 88, 142, 209, 231, 426, 431
Spitzenlast 44, 596 ff, 600
Stabilität 159, 206, 406, 408 ff, 444, 447, 456, 541
Staffelzeit 303, 304
Stammwicklung 132
Ständer 146
Ständerwicklung 146, 420, 471
Ständerwiderstand 174, 179
Starkstrombeeinflussung 540
State-Estimation 340, 443
Statik 35
stationärer Vorgang 75
Stationsbus 273, 274
Stationserdung 577
Stationsleitebene 271 ff, 442
Stationsrechner 272, 273
Stehspannung 283, 286
Sternpunkt 49, 50, 487, 580
Sternpunktbehandlung 261, 275, 281, 291, 432, 491, 527 ff, 540, 578
Sternpunktbelastbarkeit 486, 488, 490, 533
Sternpunktbildner 244, 533
Sternpunktleiter 50, 116
Sternschaltung 49 ff, 114, 115, 230
Sternspannung **49**, 65, 141, 531, 534
Steuerkondensator 248, 250
Steuerschrank 261, 264, 269, 272
Steuertrichter 219, 220, 266
Stich 257, 323
Stoßfaktor **349**, 357, 359, 373, 374, 524
Stoßimpedanz 277
Stoßkurzschlussstrom **177**, 179, **348**, 355, 357 ff, 371 ff, 373, 393, 398, 521, 523
Stoßwiderstand 179

Strahlenerder 564, 567
Strahlennetz 53 ff, 66, 299, 302, 452
Strahlruder 70, 72
Strang 49, 146
Strangspannung 49
Streufeld **99**, 102, 121, 148, 156, 158, 491
Streufluss 471, 484
Streuinduktivität **99**, 144, 168, 489
Streureaktanz **103**, 105, 112, 125, 235
Stromabriss 247, 249, 389, 433, 523
Strombezugsvertrag 439, 440
Stromblindmoment 319, 323
Strombörse 441, 596
Stromhandel 438, 439, 441
Strommarkt 437
Strompreis 438, 591 ff, 674
Stromrichter 69, 73, 224, 231, **232**, **240**, 276, 382
Stromrichtererregung 163, 377
Stromschiene 397, 540
— Richtwerte 669
Strom-Spannungs-Verhalten 75 ff
Stromverdrängung → Wirbelstromeffekte
Stromverteilung → ausgeglichene Stromverteilung
Stromvertrag 439, 591 ff
— Einzonenstromvertrag 594
— Zweizonenstromvertrag 595
Stromwandler 142 ff, 261, 268
Stromwirkmoment 319, 323, 452
Stufenschalter 132, 136, 370
Stufenwicklung 132
Stummelnetz 55
Stützenisolator 185
Stützer 399
— Innenraumstützer 269
— Scheibenstützer 262
— Schottstützer 262, 282
— Trichterstützer 262
Subbilanzkreis 441
Subharmonische 553, 556
subsynchrone Generatorschwingung 240
subtransiente Reaktanz **172**, 372, 467, 471, 520
subtransiente Spannung **172**, 178, 368, 369, 378
SVC-Anlage 238, 240
symmetrische Komponenten 461 ff
symmetrischer Betrieb 49, 126
synchrone Induktivität 153
synchrone Spannung **150**, 158, 161, 165
Synchronmaschine 22, 29, 60, 65, 68, 70, 72, 145 ff, 228, 276, 365 ff, 401, 448, 467, 470, 491, 500
— Richtwerte 156, 169, 173, 175, 179, 491

Synchronmotor 224, 238, 378
Synchronquerreaktanz 155
Synchronreaktanz 155, 156 ff

TCR-Anlage 238, 239
Teilentladungen 94, 201, 212, 213, 219, **286**, 306
Teilkapazität 96, 134, 194 ff, 222, 250, 264, 291, 477
Teilkurzschlussstrom 352
Teilleiter 95, 183, 192, 200, 269, 398
Teilnetz 273, 452
Teilspannungsabfall 321, 322
T-Ersatzschaltbild 102, 103, 130
Tertiärwicklung 131, 134, 255
TFH → Trägerfrequenzübertragung
Tiefenerder 563, 566
Toradmittanzmatrix 82, 83
Torimpedanzmatrix 83
Torsionsschwingung 415
Trägerfrequenzübertragung (TFH) 259, 274
Tragmast 181
Transformator 92 ff, 209, 231, 254, 272, 276, 281, 294, 339, 431, 433, 453, 483 ff, 540
— Anzapfung 133
— Ausgleichsverhalten 98
— Ausgleichswicklung **255**, 261, **488**, 490
— Blocktransformator 115
— Drehstrombank 113, 128, 134
— Drehstromtransformator 113 ff
— Dreischenkeltransformator 113, 483 ff
— Dreiwicklungstransformator 92, 109 ff, 131, 205, 254
— Eigenbedarfstransformator 255, 256
— Eigenform 100, 101, 244
— Eigenfrequenzen 88, 96 ff, 209, 294, 431
— Frequenzgang 96 ff
— Fünfschenkeltransformator 113, 490 ff
— Haupttransformator 134
— Maschinentransformator 115, 254
— Netzkupplungstransformator 115
— Parallelschaltung 109, 126
— Quereinstellung 135
— Richtwerte 125, 486, 488 ff
— Schrägeinstellung 135
— Spartransformator 92, 128 ff, 134, 487
— Verluste 105
— Verteilungstransformator 115, 486
— Volltransformator 92 ff, 128
— Zusatztransformator 134
— Zweiwicklungstransformator 92 ff
Transformatorschutz 301, 305
transiente Reaktanz 168

transienter Vorgang → Ausgleichsvorgang
Transit 58, 441, 444
TransmissionCode 439
Transportnetz 2, 4, 57, 58, 416, 455
— siehe auch Übertragungsnetz
Trasse 181
Traverse 181
Trennschalter 249 ff, 264, 270, 272, 281, 287
— Drehtrennschalter 250, 260 ff
— Einsäulentrennschalter 250
— Scherentrennschalter 250, 260, 261
— SF_6-Trennschalter 251
Trennstelle 54, 56
Trennstrecke 250, 251, 260, 264, 269, 287
TSC-Anlage 237, 239
Turbine 13 ff, 23 ff, 26, 159, 160
Turbinenregelung 14, 16
Turbogenerator 146 ff

Überdruckturbine 14
übererregter Betrieb 159
Übergabeleistung 443, 444
Übergangswiderstand 344, 346, 498, 504 ff
Überhitzer 6, 11
Überkompensation 231, 535
Überlagerungsverfahren 351, 369, 374
übernatürlicher Betrieb 204, 222, 316
Übersetzung 104, 108, 116 ff, 131, 339
— Bemessungsübersetzung 116
— einstellbare 129, 131 ff, 134, 442, 445
— komplexe **116**, 470, 503, 519, 521
— Leerlaufübersetzung 104
Überspannung 94, 209, 223, 261, 267, 275 ff, 288 ff, 293, 389, 433, 541 ff, 554
— in Drosselspulen 243
— langsam ansteigende 279 ff, 283 ff, 293, 544
— repräsentative 283 ff
— schnell ansteigende 276 ff, 283 ff, 294
— sehr schnell ansteigende 282 ff
— transiente 275, 276 ff
— zeitweilige 275 ff, 283 ff, 293, 530
Überspannungsableiter 115, 256, **261**, 266, 267, 275, 286, 287 ff, 527
Überstrom 295 ff
Überstrom-Begrenzungsfaktor 144
Überstromprinzip 302
Überstromschutz 304
Übertragungsadmittanz 81, 330, 354
Übertragungsnetz 2, 253, 281, 441 ff, 451
— siehe auch Transportnetz
Übertragungsnetzbetreiber (ÜNB) 3, **439**, 451, 587, 592
Umgehungssammelschiene 253

Umspannanlage 252 ff
Umspanner → Transformator
Umspannstation **55**, 256, 270, 300, 407, 450, 563
Umspannwerk **57**, 256, 258 ff, 267, 563
Umsteller 133
UMZ-Relais 302
untererregter Betrieb 160
Unterimpedanzanregung 305
Unterkompensation 535
unternatürlicher Betrieb 204, 445
UPFC-Anlage 240

Vakuumschalter → Leistungsschalter
VDN 3, 439
— 5-Stufen-Plan 59, 448
— DistributionCode 439
— MeteringCode 439
— TransmissionCode 439
— Verbändevereinbarung 439, 451
Ventilableiter 288 ff
Ventilpunkt 449
Verband der Netzbetreiber → VDN
Verbändevereinbarung → VDN
Verbraucher 3, 224 ff
Verbraucherzählpfeilsystem 76
Verbundnetz 4, **40**, 57 ff, 157, 161
Verbundseil 183, 200
Verbundunternehmen 438
Verdrillung 95, 191, 200
Vergleichsprinzip 301
Vergleichsschutz 302, 305
Vermaschung 445
Vermaschungsgrad 54, 420, 453
Verrechnungskosten 594, 595
Verstimmungsgrad 536
Verteilerschrank 298
Verteilungsnetz **3**, 57, 450, 451
Verteilungsnetzbetreiber (VNB) 3, **439**, 450, 451, 590, 593, 594, 604
Verträge 439 ff
Verwerfen der Lasten 325
Verzögerungslinie 428, 457
verzweigter Ring 54, 56
Vierleitersystem 50, 53
Virtual Chopping 249
Volllastbenutzungsstunden 27, 32, 598
Vollpolmaschine 146 ff, 467, 470
Vorbelastung 166, 170 ff, 378, 523
Vorwärmer 6, 7
VPE-Isolierung 211, 213

WAN 273, 442
Wanderwelle 207 ff, 278 ff, 288, 428, 544
Wanderwellenresonanz 209

Sachwortverzeichnis

Wandler 139 ff
Wärmedurchschlag 216
Wärmeverbrauch 16, 587
Wärmeverbrauchskennlinie 44
Wasserturbine 22, 23 ff, 42
Water-Trees 213
Wellengenerator 68, 381
Wellenwiderstand **203**, 205, 223, 238, 240, 277
Wickelkopf 146, 148, 163, 169
Wicklung 92 ff, 114, 140, 142
Wicklungskapazität 96
Wicklungsstrang 114, 146, 484
Wicklungsteil 146
Wiedereinschaltsperre 420
Wiedereinschaltung 280, 402, 543
wiederkehrende Spannung 422 ff
Wiederzündung 249, **422**, 428, 434
Windenergieanlage → Kraftwerk
Windungskapazität 96
Wirbelschichtfeuerung 12
Wirbelstromeffekte 78, 233, 280, 400
— im Eisenkern 105, 243
— im Transformatorkessel 486
— in der Erde 474
— in der Synchronmaschine 471
— in Kabeln 221, 483
— in Leiterseilen 182, 187, 200

Wirbelstromverluste
— im Eisenkern 105
— in der Kapselung 262, 266
— in Leitern 78, 95, 183, 221
Wirkleistung 136 ff, 158
Wirkungsgrad 2, 68, 446
— Betriebsmittel 92, 145, 205, 224
— Kraftwerke 5 ff, 674
Wirtschaftlichkeitsberechnung 584 ff
Worst-Case 280

Zähldienst 450
Zähler 594
Zählpfeile 76, 102
Zählstelle 440
Zeitkonstante 176, 179, 351, 372, 377, 520
Zeit/Strom-Kennlinie 296 ff
Zellenbauweise → Schaltanlage
Zickzackschaltung 114, 115, 256
Zinsen 586, 600, 602
— interner Zinsfuß 605
— kalkulatorischer Zinssatz 586, 602
Zustandsgrößen 6, 8, 17, 18, 26
Zustandsschätzung → State-Estimation
Zuverlässigkeit 57, 210
Zwangsdurchlaufkessel 8, 9, 21
Zweitor 81, 186, 187
Zwischenüberhitzer 6, 11

ENERGIE-MESSTECHNIK GMBH

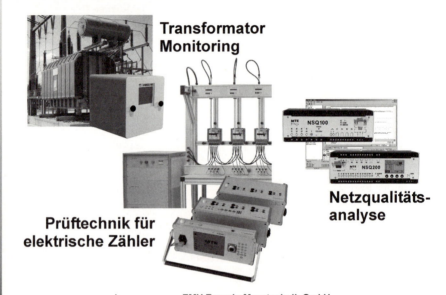

Geräte und Systeme für die Messung und Prüfung von Elektrizitätszählern

Transformator Monitoring

Prüftechnik für elektrische Zähler

Netzqualitäts-analyse

Mess- und Prüftechnik für die Energieversorgung

EMH Energie-Messtechnik GmbH

MTE EDI

Vor dem Hassel 2
21438 Brackel
Deutschland

Telefon: +49-4185-58 57 0
Fax: +49-4185-58 57 68
Internet: www.emh.de
E-Mail: info@emh.de